都市型卓越农林人才培养体系的创新与实践

——北京农学院人才培养成果

王慧敏　范双喜　张喜春　主编

中国农业出版社

编 委 会

前 言

《国家中长期教育改革和发展规划纲要（2010—2020 年）》提出，要把提高人才培养质量作为当前高等教育发展的核心任务，创新人才培养模式。"十二五"期间，作为深化高等教育改革、提高人才培养质量的重要时期，教育部陆续颁发了《教育部关于全面提高高等教育质量的若干意见》（教高〔2012〕4 号）、《教育部、农业部、国家林业局关于推动高等农林教育综合改革的若干意见》（教高〔2013〕9 号）和《国务院办公厅关于深化高等学校创新创业教育改革的实施意见》（国办发〔2015〕36 号）等多项指导性文件，为高校教育教学改革指明了方向，对高等教育发展及人才培养提出了新目标、新要求和新任务。提高人才培养质量，实现内涵发展成为我国高等教育改革最核心、最紧迫的任务。

北京农学院主动适应新形势，不断更新教育观念，积极推进人才培养机制创新，加快建立人才培养、科技服务、技术创新、文化繁荣的一体化发展机制，大力提升人才培养质量和水平，推动学校的内涵式建设。为总结北京农学院教育教学改革成果和经验，进一步促进高等教育教学改革的深入和人才质量的提升，推进"本科教学工程"建设和高等教育综合改革工作，学校组织编写了《都市型卓越农林人才培养体系的创新与实践——北京农学院人才培养成果》一书。本书主要就都市型高等农业教育理论内涵、现代农业发展对人才的需求、"3＋1"人才培养模式构建和实践、理论课程教学体系、创新创业课程建设、实践教学体系构建、实验教学中心建设、实践教学基地建设、特色教材建设、教学内容和方法改革以及其他教育教学成果等方面进行了深入探索和实践，构建和完善了具有都市型现代农业特色的人才培养培养体系。该著作集中展现了北京农学院在人才培养定位、人才培养特色和服务都市型现代农业发展的成果，同时展现了学校上下锐意进取、勇于开拓创新的精神，为都市型卓越农林人才培养起到积极地引领、示范和导向作用，力求推动高等农业教育内涵式发展。

本书编辑和出版得到了北京市教委"教育教学—教改立项—都市型农业院校'3＋1'人才培养模式创新与实践"、北京市教委"教育教学—教改立项—农业院校'3+1'人才培养模式中实践教学体系研究"、北京市教委"本科生培养—校内实训基地建设—实践技能提升"、北京市教委"本科生培养—卓越人才培养高校联盟—卓越农林人才联合培养"、教育部、农业部、国家林业局第一批卓越农林人才教育培养计划改革试点（复合应用型园艺、动物医学、农林经济管理、食品科学与工程专业）和北京市教委"京津冀一体化形势下都市型现代农业人才培养的改革与探索"等项目的资助。

由于本书覆盖面广，涉及内容多，编著时间较紧，在本书编辑过程中难免存在疏漏和不妥，真诚地希望读者提出宝贵意见与建议。同时希望本书的出版，在丰富都市型高等农林院校人才培养研究的成果，促进农林高校之间的相互学习、借鉴和应用，培养和造就适应京津冀协同发展和都市型现代农林产业发展需要的卓越农林人才等方面作出积极的贡献。该著作是学校多年来教育教学成果的凝练和总结，是学校领导、教师和教学管理人员等集体智慧的结晶。感谢为本书出版提供实证和资料的国内外学者，感谢编著者付出的辛勤努力，感谢中国农业出版社为本著作的出版给予的大力支持。

目 录

前言

第一篇　都市型高等农业教育的基本理论研究

第二篇　都市型现代农业发展对人才的需求

第四篇　都市型高等农业教育实践教学体系的探索研究

第五篇　都市型高等农业创新人才培养研究

第六篇　高等教育教学项目及成果

都市型高等农业教育的基本理论研究

绪　　论

随着都市化社会形成、城市生态环境的恶化等，都市农业应运而生。都市型农业是社会经济发展到较高水平时，在整个城市区域范围及环城市经济圈形成的依托并服务于城市、促进城乡和谐发展、功能多样、业态丰富、产业融合的农业综合体系，是城市经济和城市生态系统的重要组成部分，是现代农业在城市的表现形式。都市农业具有经济、社会、生态、文化等多种功能性，都市农业的发展对于转变农业发展方式、改变农业弱势地位、推进城乡一体化发展具有重要意义。

都市农业自第二次世界大战以后开始在西方国家萌芽，20世纪60年代在美国大规模兴起。都市农业是工业化和城市化高度发展之后的产物，它在农业的布局、形态和功能方面都表现出一些新的特征。随着农村与城市、农业与非农产业的进一步融合，为适应都市城乡一体化建设需要，在都市区域内形成具有紧密依托并服务于都市的、生产力水平较高的现代农业生产体系。都市农业并不是某些农业技术设施的简单集合，而是一个复杂的综合系统，它既是融商品生产、建设、生物技术、休闲旅游、出口创汇等功能为一体的新型农业，又是市场化、集约化、科技化、产业化的农业。

一、都市型现代农业形成背景

伴随着工业化、城市化进程和经济社会发展水平的提高，一方面城市发展推动了环绕城市的产品市场和要素市场形成，出现都市化社会，另一方面，城市的环境污染、交通拥挤等"城市病"日益凸显，直接带来城市居民从单一需求向多元需求、低级需求向高级需求的转变。都市型现代农业就是在这样的背景下产生和发展的。

（一）城市生态环境恶化

在任何一个国家，城市往往都是人口最密集的地区，由于城市生活空间过于狭窄，对人的身心健康会产生许多负面影响。尤其是城市的工业污染和人口过于密集而导致的生活污染，加剧了都市生存环境的恶化，也严重威胁着城市郊区的生产和生活环境。为了远离城市的不良生存环境，人们开始把眼光转向农村，一些人移居郊区，另一些人则去城郊旅游观光，这就带动了城郊房地产业和旅游观光产业的兴起。城市环境污染的治理难度要远远大于郊区的环境污染治理难度，如城市密布的道路网络使汽车的尾气治理难度加大，人口的过于密集加大了生活垃圾治理的难度等。而郊区原本的污染程度就轻，治理起来也更容易。这样，郊区的环境明显优于城市，郊区对人们的吸引力越来越大，都市农业也随之发展起来。

（二）环绕城市要素市场和产品市场形成

在大城市郊区环绕城市所产生的要素市场和产品市场为都市农业的发展提供了得天独厚的优势。这使得都市农业的发展具备了低成本的可能性，因为低成本运行的要素市场和产品市场是任何一个产业发展的基本条件。对农业发展来说，郊区优先具备了这样的条件，因此都市农业在郊区率先替代了传统农业。随着国民经济发展水平的提升，广大乡村的基础设施条件将会逐步完善，农村与城市之间的经济距离将会缩短，都市农业便会在更大的范围内替代传统农业。

（三）都市化社会形成

据人口学家分析，目前全世界有接近一半的人口居住在城市，发达国家的城市人口占总人口的 70％以上，发展中国家平均城市人口占总人口的比重为 35％。我国目前城市人口占总人口的比重仅为 30％左右，这一数字低于发展中国家的水平，这说明我国的城市化还将是一个艰难的过程，但我国大城市地区的城市化水平要高于一般地区。人口的都市化形成了都市化社会，这会降低农业作为基础产业的竞争力，并促使第二产业和第三产业迅速发展。但是，都市化社会的形成对农业的发展也有一定的好处。在我国，随着都市化社会的形成，可以吸引农村人口流向城市，使愿意继续务农者有了扩大经营规模的可能性。同时，随着人口在城市的集聚，农产品消费市场扩大了，这有利于农产品价格的提高和农产品加工业、运输业的发展。这一切最终都会促进都市农业的发展，因为都市农业可以通过自身的发展来满足城市人口对优质、高档农副产品日益增长的物质需求，同时还可以满足他们回归自然、体验劳作、观光旅游、休闲娱乐的精神需求。

（四）经济发展和国民收入水平提高

衣食住行是人类的基本需求，这些需求的内容、水平、档次都是随着经济发展和国民收入水平的提高而变化的。经济发展水平越高，人们对物质需求的水平和档次的要求就越高，人们用于满足精神需求的支出份额就越大，这是人们消费发展的一般规律。都市农业正是适应这种消费需求的发展而产生的。都市农业首先适应了都市的需要，积极为都市服务，同时都市农业的发展又依赖于都市经济的发展和国民收入水平的提高。都市第二产业、第三产业的发展在一定程度上支持了农业的基础地位，使城乡产业关联互动，结果推动和发展了都市农业。

（五）生态文明建设提出新要求

生态文明就是人与自然和谐共存，在改造自然的同时要尊重自然。生态文明是以尊重和维护自然为根本，以人与人、自然、社会和谐共存、全面协调、持续繁荣为目标，以建立可持续的经济发展模式、绿色合理的消费模式为宗旨，指引人们走上和谐发展的道路。

党的十八大明确指出，建设生态文明，是关系人民福祉、关乎民族未来的长远大计。面对资源约束趋紧、环境污染严重、生态系统退化的严峻形势，必须树立尊重自然、顺应自然、保护自然的生态文明理念，把生态文明建设放在突出地位，融入经济建设、政治建设、文化建设、社会建设各方面和全过程，努力建设美丽中国，实现中华民族永续发展。

在我国，农业水平决定了民族的文明，现代农业的发展直接影响着生态文明的进程。农业作为全方位与自然融合的生命产业，在生态文明建设中具有特殊的地位。都市农业在工业化和城市化不断推进的背景下，通过不断引入各种先进技术和先进制度、优化配置各种先进生产要素，实现生态效益与经济效益的平衡。都市农业有条件、有能力在生态文明建设中发挥不可替代的积极作用。

二、都市型现代农业概念与比较

都市农业是在工业化和城市化快速发展过程中出现的，是城市化进程发展到一定阶段的必然产物，它适应了都市城乡一体化发展的要求，是在都市区域范围内形成的紧密依托于都市的现代农业生产体系。都市农业能促进城乡和谐发展，有利于拓展农业的多功能性，是城市经济和城市生态系统的重要组成部分，是现代农业在都市区域发展的特殊形式。

（一）概念

1. 国际都市农业组织提出的都市农业的概念

国际都市农业组织、世界粮农组织和联合国计划开发署，曾对都市农业下过定义。其定义的主要内容是：都市农业是指位于城市内部和城市周边地区的农业，它是一种包括从生产（或养殖）、加工、运输、消费到为城市提供农产品和服务的完整经济过程，它与乡村农业的重要区别在于它是城市经济和城市生态系统中的组成部分。

2. 美国经济学家休马哈提出的都市农业的概念

人类是自然界中脆弱的一部分，都市农业将城市人同自然界连接起来，改善和提高其生存环境，生产粮食等农产品和工业原料，以满足市民生活的多种需要。

3. 日本地理经济学家青鹿四郎提出的都市农业的概念

都市农业作为学术名词最早见于青鹿四郎的《农业经济地理》，是指分布在都市工商业和住宅区等区域，或都市外围的特殊形态的农业，它依附于都市经济并直接受其影响，主要经营奶、鸡、鱼、菜、果等，其特点是集约化和专业化程度较高，同时还包括稻、麦、水产、畜牧等的复合经营，都市农业的覆盖范围一般是都市面积的2～3倍。

4. 农政经济学家桥本卓尔提出的都市农业的概念

都市农业是都市内及周边的农村受城市膨胀的影响，在农村城市化进程中受席卷而形成的一种新的农业形态。这一区域被都市包容、位于都市中，最容易受到城市扩张的影响，但又最直接地得益于城市完备的基础设施，是双重意义上最前线的农业。都市农业与城市建设发展占地和居民住宅建设占地同时并存，并混杂、镶嵌其中，若对其放任自流就有灭亡的危险，因此需要有计划地保护市区内的农业。

5. 中国学者提出的都市农业的概念

我国都市型农业的理论探索已经走过了25年的发展历程，但在一些关键性问题上仍存在着一定的争议，关于都市农业概念性的提法很不规范，给政府决策部门工作造成混乱，也制约着各地都市型农业的进一步发展。为此，在2006年9月中国农学会都市型农业分会成立大会上，作为发起单位之一，北京农学院的都市农业研究人员根据近年来国内外相关研究对都市型农业的解释，经过对都市型农业、现代化都市型农业和都市农业等概念仔细推究讨论后，对都市型农业的概念给予重新阐释并在全国都市农业学术会议上达成共识：

都市型农业是社会经济发展到较高水平时，在整个城市区域范围及环城市经济圈形成的依托并服务于城市、促进城乡和谐发展、功能多样、业态丰富、产业融合的农业综合体系，是城市经济和城市生态系统的重要组成部分，是现代农业在城市的表现形式。这个概念是站在社会经济全面、协调、可持续发展的高度上，借鉴国外经验，总结过去认识，广泛征求各位专家学者意见，经过反复研讨，汲取大家智慧凝炼而成的。

（二）内涵

一般认为，都市农业是靠近都市，以为都市居民提供优质农副产品和优美生态环境为主要目的区域性农业。结合世界都市农业发展和我国都市农业的现状，其内涵可以概括为以下四个方面：一是都市农业存在于都市内部或外围周边；二是都市农业是城郊农业的高级阶段；三是都市农业是特殊形态的、集约化程度较高的农业形态，是现代农业的重要组成部分；四是都市农业在经济上依附于都市经济发展，是现代都市经济的重要组成部分。

都市农业的外延可以涉及观光农业（休闲农业、旅游农业）、工厂化农业（设施农业、精准农业）、农业高新科技园（农业高新技术开发区）等。总的来看，国内外都市农业的发展最初都是以"市民农园"为主要模式的。伴随着社会经济的快速发展，体验、观光、休闲功能的都市农业得以迅速发展，并通过发挥大中城市在资金、技术、市场、信息和人力资本方面的优势，成为现代农业发展中的一种特殊模式。

都市农业区别于乡村农业的一个显著特征，就是它和城市经济、城市生态系统的关系十分紧密。都市农业和乡村农业的根本区别不在于其地理位置的差别，而在于其根植于城市内部并与城市系统相互作用的特殊属性。由于城乡条件的不同，以及都市农业和城市社会经济、城市生态系统之间彼此的相互作用，传统的乡村农业和都市农业在许多方面存在差异（表1）。

表 1 传统的乡村农业与都市农业的对比

	传统的乡村农业	都市农业
农业类型	传统的 农场由互相依存的附属单位组成	非常规的 部分无土栽培（屋顶农业，液体栽培等） 生产单位更加专业和独立
生产目的	农业是主要的谋生手段 从事全职农业劳动	农业经常被作为第二职业 农业被作为兼职劳动
从业者类型	具有较丰富的传统农业知识 通常为"天生的农民"	较多的掌握现代农业知识 部分为"初学者"或新移民 城市居民因需要或者通过选择（企业家）从事农业
生产的产品	主要为初级农产品	主要为鲜活产品（品质高、加工程度较高）
播种时段	季节性生产	周年生产（轮作、人工灌溉、覆膜、温室等）
生产要素	地价较低 劳动力廉价 水资源的价格较低 利用高成本的化学肥料	土地价格高（由于稀缺而导致） 劳动力成本较高 水资源价格较高（因而回收利用废水） 利用低成本的有机废物作肥料
农民组织	农民具有相同的社会背景，容易形成固定的组织	农民分散、社会背景各异，难以形成固定的组织
社会联系	社区性质 大多数家庭从事农业生产 社会背景相同，具备同质性 人群相对稳定 外来人员很少	城市性质 农民社区以外从事活动，务农家庭比例不稳定 都市农民的社会文化背景各异 人群不稳定 外来人员较多
生态环境	生态环境比较稳定 土地、水资源几乎无污染	生态环境比较脆弱 土地、水资源极易被污染

（续）

	传统的乡村农业	都市农业
产品营销	市场距离远 通过中介人或中介组织进行买卖 产品只进行初加工	靠近市场 可直接与顾客进行交易 产品进行深加工
土地保障性	土地使用有保障	土地使用无保障（土地使用存在竞争性）

（三）农区型农业、城郊型农业与都市型现代农业的比较

农区型农业、城郊型农业与都市型现代农业有着明显的区别（表2）。

表 2　农区型农业、城郊型农业与都市型现代农业的区别

	农区型农业	城郊型农业	都市型现代农业
城乡关系	联系少	城乡结合	城乡融合
空间地域	农村地区	城市郊区	城市的全部范围
经济结构	以第一产为主	以第一、二产业为主	第一产业与第二、三产业融合
农业功能	生产农产品功能	提供副食品功能	功能多元化
关注焦点	经济、社会效益	经济、社会效益	生态、经济、社会效益
本质特征	自养为主	服务城市	服务、依托城市
社会经济条件	较差	较好	很好
农业设施	较差	较好	很好
技术哲理	顺应自然	改造自然	人与自然和谐发展
技术类型	生物技术	工业化技术	工业化技术、生物技术、信息技术
劳动生产率	较低	较高	很高
土地生产率	较低	较高	很高

城郊型农业成长于城市周边地区，是从一般农区中分化而来的，它是以生产本地城市所需要的鲜活农产品为主要目标的农业生产类型。都市农业成长于现代大都市及其城市化地区，由城郊型农业发展而成，以满足城市建设和人民生活的多种需求与生态环境优化为主要目标，是一种与城市融为一体的农业生产类型。城郊型农业与都市型现代农业的主要区别如下。

1. 生长的起点不同

城郊型农业的生长起点是农区型农业，而都市型现代农业的生长起点是城郊型农业。

2. 生成的区域不同

城郊型农业的生成区域主要是城市周边的农村地区，即城市的郊区。而都市型现代农业却生成于城市之中，以及周边的城市化地区。这就是说，城郊型农业在地域上，实际上是与城市分离的，而都市型现代农业在地域上与城市是融合的，并且成为城市的一个组成部分。

3. 功能不同

由于都市农业真正成为城市的一个组成部分，因而城市功能的多样化也就决定了都市型现代农业功能的多元化。在与城市化为一体和与城市利益相一致的情况下，这种功能的多元

化与城市的内在需求相一致性。而城郊型农业，由于在地域上与城市是分离的，因此，它以生产功能为主，再加上一部分生态功能。

4. 产品的上市形态不同

都市型现代农业的产品上市形态，从本质上说是现代产业型的、城市型的；而城郊型农业的产品上市形态，本质上属于农业型的，它并未真正摆脱传统农业产品的上市形态。

5. 产业布局不同

都市型现代农业呈块状或片状形态遍布于城市及城市化地区，而城郊型农业则是呈梯级环状形态分布于城市的郊区。

6. 与城市的融合度不同

都市型现代农业与城市真正融合成了一个有机整体，而城郊型农业与城市常常处于若即若离的状态，只是保持着城市鲜活农产品生产基地的地位，但并没有与城市真正融为一体。

7. 产业融合度不同

由于都市型现代农业在本质上具有城市化的产业结构，这就为都市型现代农业与城市其他产业之间，架起了一座能够相互融合的桥梁。而城郊型农业，在本质上还是农区式的产业结构，因此，城郊型农业与城市其他产业之间的融通难度较大。

8. 集约化程度不同

由于都市型现代农业具有城市化的产业结构，以及与城市其他产业相融合的本质特征，因而都市型现代农业可以实现较高的集约化程度。而城郊型农业的集约化程度，在总体上要比都市型现代农业低得多。

9. 产业地位不同

由于都市型现代农业产业结构的城市化，产业链也相应地加宽、加长，产业集约化程度与城市其他产业可以接轨，因此有条件使都市型现代农业摆脱弱质产业地位。而城郊型农业不具备这样的条件和可能性，因而它无法摆脱作为弱质产业的地位。

三、都市型现代农业的功能与特征

从都市型现代农业发展的内容来看，都市型农业与传统的城郊农业相比，最明显的区别之一就是它的多功能性。都市型农业由于其特殊的地域特征和产业特征，承担着城市与农村、人与自然、社会与经济和谐发展的多重功能。都市型现代农业只有从单一的生产功能向多功能转变，才能真正体现其"服务城市，依托城市"的本质特征。

（一）功能

1. 都市型现代农业的生产功能

在现阶段，生产功能仍然是都市型现代农业的基本功能。都市型现代农业要为都市居民提供充足的"名特优""鲜活嫩"的农产品，以满足不同层次的物质消费需求，同时也要保证生产者和经营者有较高的、稳定的收入。这就要求都市型现代农业生产不能简单地停留在初级农产品的生产阶段，而要通过农业产业化经营的发展模式，建立起农产品产、加、销一体化的生产经营体系，特别是要对农产品进行深加工，产出高附加值的产品，从而提高都市型现代农业生产的经济效益。同时，都市型现代农业对于城市居民的物质需求不能仅仅从数量上满足，还要从质量和安全性上全面满足城市居民的需求。

2. 都市型现代农业具有调节城市环境的生态功能

生态功能是农业在都市地区不断被强化的重要功能。随着城市化范围逐步扩大，人们对环境质量的要求也在不断地提高。因此，借助于农业来调节环境、平衡生态是都市型现代农业重要的功能之一。都市型现代农业不仅要为人们提供鲜活的农产品，还要为人们带来清新的空气、洁净的水质和优美的自然风光，成为城市的绿洲。

通过发展生态农业，创建生态园区、休闲农区、绿色屏障和有机食品生产基地，建立起人与自然、城市与郊区和谐相处的生态环境，可以使整个城市充满活力，也能满足都市人讲求生活质量、注重环境意识和回归自然的需求。

3. 都市型现代农业包含了以观光休闲为主的旅游功能

随着我国经济近年来的快速发展，旅游已逐渐成为人们生活方式的一部分。收入相对较高的城市人久居于高楼大厦之中，对乡村旅游市场的需求旺盛，发展潜力巨大。近年来，人们的旅游观念和消费方式正在发生变化，在旅游活动中人们更加注重亲身体验和参与，更加注重对环境的要求，这种需求为农村蓬勃发展的乡村旅游业提供了巨大的市场空间。

通过开发农业旅游产业，可以为国内外游客提供清洁优美的乡村环境以及民俗旅游资源，还可以通过发展农耕体验、休闲采摘等旅游项目直接增加农民的收入。我国历史悠久、幅员辽阔，各地的乡村都有丰富的民风、民俗、民宅等乡村旅游资源。通过对这些资源的深入挖掘，可以提高人们休闲生活的质量，也能直接提高乡村居民的经营收益。

4. 都市型现代农业具有出口创汇功能

依托于对外开放地区的市场优势，努力扩大出口创汇农业的生产规模，建设特色农产品生产基地，或利用外资实现产业化经营，大力发展出口创汇型农产品的生产与加工，这正是都市型现代农业的优势所在。

尽管近年来世界经济不振促使贸易保护主义有所抬头，有关国家以食品安全为由制定更严格甚至苛刻的检验检疫标准，对我国的农产品出口产生了一定的影响。但长期以来我国的劳动密集型农产品一直具有比较优势，随着我国都市型现代农业的发展，我国农产品的技术优势必将显现。因此，改善投资环境，开拓国际市场，提升我国农业的创汇水平，是我国目前发展都市型现代农业的努力方向。

5. 都市型现代农业具有传承乡村农耕文化的功能

人具有亲近自然环境的本能，也具有寻根溯源的期望。比如，优美的自然环境可以抚慰人的心灵，回故乡寻根溯源可以了却人们长久的期盼。城市的繁华和经济发达在一定程度上割裂了人与乡土文化的天然联系。因此，通过发展都市型现代农业，给市民提供更多的与农村、农耕、农民接触的机会，可以为他们了解自然、了解社会、了解农村传统文化创造条件。在乡村的农事体验园、农业科技园区、观赏采摘园中，市民通过亲身体验、参与和感知农业与农村，这正是农业多功能的良好体现。

都市型现代农业的社会学意义，在于它能带动乡村社区建设和改善农民的生活质量。发展都市型现代农业的构想和规划对于加快乡村建设有着不可低估的作用。因为单纯以生产性功能为出发点来考虑农业的发展，往往容易片面追求产量，忽视对自然环境和人文环境的保护；从都市型现代农业的多种功能来综合考虑农业发展问题，就必然会重视乡村环境的改善对于吸引市民回归乡村的重要性。

6. 都市型现代农业可以增进农业科技的示范和辐射功能

大都市具有交通便利、信息畅通等优势，都市型现代农业凭借大都市在科技、资金、人才等方面的优势，在农业装备、农业高科技成果的应用和农业生产力水平等方面，都达到了较高的水平。我国的大部分都市都已率先基本实现农业现代化，有些地区甚至已经接近发达国家的水平。

通过都市型现代农业的发展，可以为我国广大农区起到科技示范和科技辐射的作用。都市地区的农业科技优势，会随着都市型现代农业的发展传播开来，对全国农业的发展起到良好的科技示范作用。

7. 都市型现代农业的公益功能

一是防震减灾功能。都市人口密集，建筑物多而高，在地震来临时波及面大，损失严重，但如果在都市区域及周边预留农地发展农业，则可以起到缓冲作用，削弱地震波的破坏，防止大规模灾害的发生，而且一旦发生灾害，农地也可用作暂时避难所，这已得到地震学家的证明。上海在内外环线间尽量保留些农田以防灾减损，起拦减雨水、减轻城市内涝的作用；北京郊区正在兴起的"避灾农业"也正是为发挥都市型现代农业在这方面的功能，城市林业在防止沙尘灾害的影响方面也被证明是卓有成效的。

二是景观功能。城市发展不仅需要有强大的物质力量，也需要错落有致的景观，调节居民心理，增加居民福利，都市型现代农业的活动可以为城市增加自然景观，缓和单一人工聚落景观对人心理的伤害，并创造城市新的旅游资源。

此外，都市型现代农业还有保护生物多样性，增加人类对自然的了解和利用等功能。都市型现代农业给人类提供了新的生存与发展的空间，它的功能在不断扩展和延伸，在不同国家有不同的对都市型现代农业功能的认识和利用，但其本质内容大多是一致的，即追求生态、经济与社会效益的高度统一。

8. 都市型现代农业具有促进农业可持续发展的功能

都市型现代农业不是掠夺式的农业，而是一种综合兼顾产量、质量、效益和环境等因素的农业生产模式。都市型现代农业追求在不破坏环境和资源、不损害后代利益的前提下，实现当代人对农产品需求的目标。

农业的可持续性包括农业在社会、经济、生态环境三个方面的可持续性，其中社会与生态环境的可持续性，涉及后代子孙的利益。经济发展的伦理要求当代人的发展不应危及后世子孙的发展。因此，可持续发展的农业不应只注重经济效益，更应注重社会效益和环境效益。促进农业和农村经济的可持续发展同样是都市型现代农业发展的重要目标。

9. 都市型现代农业体现了一种大科学观

都市型现代农业是现代化农业在大中城市的表现形式，因此，它具有以下显著特征：

（1）都市型现代农业以生物技术、信息技术和现代化工程技术为主导，是技术高度密集型的产业。

（2）都市型现代农业是面向全球经济的技、农、工、贸一体化经营的企业生产模式。

（3）都市型现代农业是正在扩展中的多元化的和综合性的新型产业。

（4）都市型现代农业已由传统的农产品生产发展成为以物质产品生产为基础，快速向农产品加工、制药、生物化工、环保、观光休闲等领域拓展，传统的一、二、三产界限已趋向模糊。

（5）都市型现代农业是一种开源节资和可持续发展的绿色产业。

综上所述，都市型现代农业吸纳众多学科的成果，其生产方式、表现方式和最终成果真正体现了一种"大科学观"，并有其深刻的内涵。

（二）特征

都市型现代农业是高层次、高科技、高品位的绿色产业；是完全依托于城市的社会经济和结构功能的生态系统；是按照市民的多种需求构建、培育的融生产、生活、生态、科学、教育、文化于一体的现代化农业体系；是种养销、农工贸、产研教一体化的工程体系；是城市复杂巨大的生态系统不可缺的组成部分。在"城市与自然共存""绿色产业回归城市""城市和乡村融合"的呼唤中诞生，因此具有鲜明的个性特征。

1. 空间布局

都市型现代农业是城区与周边间隙地带的农业，不同于城郊农业。在城市周边和城市内部间隙进行生态经济的规划设计、开发利用、生产经营，具圈层性和放射状相互交织的网络结构，使整个城市形成绿色生态结构。设计中要作为城市总体规划的一部分，对具体项目要进行自然生态景观、经济社会文化的全面充分论证，然后科学地进行定性、定量、定位。

2. 城乡融合

都市型现代农业在用地、生产、流通、消费、空间布局、结构安排、与其他产业的关系等方面服从城市的需要和总体规划设计，为城市的建设发展和提高城市生活质量服务。市民的需求体现了大都市对农业的依赖性，决定了都市型现代农业的发展必须充分体现与大都市相互作用、相互促进的城乡融合的一体化关系。

3. 多功能性

随着生活质量的提高，城市对都市型现代农业的需求不仅是新鲜、营养、多样化的食物供给，还有生态环境、科学实验、绿色文化、科普教育、休闲娱乐的多元化功能。都市型现代农业不仅要开发经济功能，还要进行生态、社会等功能的开发，进而实现全功能性的协调发展，这样才能使都市型现代农业全方位地服务市民，最优化地提高城市的生活质量和生态文化品位。

4. 高智能化

都市型现代农业是充分运用高新科技的绿色产业，要依靠大专院校、科研院所，发挥大城市的人才优势，应用现代高科技特别是生物工程和电子技术，从基础设施、生产、系列加工、流通、管理等方面，形成高科技、高品质、高附加值的精准农业体系。

5. 高度产业化、市场化

都市型现代农业具有高度的规模化、产业化、市场化，并形成产加销、产研教、农工贸的一体化。其模式因城市情况的不同而多种多样，有龙头企业型、专业市场型、社会化服务型、专业技术协会型、开发集团型、主导产业型等，投资类型也是多种多样。

6. 行政关系

都市型现代农业的行政关系直接隶属于城市，应纳入城市经济、社会总体发展的规划和设计中，得到相应的政策扶持和财政保障，是城市生态经济系统的重要组成和可持续发展的重要保障。

四、都市型现代农业发展的意义

改革开放以来，随着我国农业的发展和城市化进程的加速，以大城市为依托、为都市经济社会服务的都市型现代农业逐步形成，但我国都市型现代农业总体上处于城郊型农业阶段，其生产仍以满足基本的城市农产品为主，而且这种状况在短期内不会有根本性的改变。不过这并不排除个别城市和个别地区发展都市型现代农业的现实性。事实上，一些比较发达的城市和地区，利用资本、技术和市场的优势，已经开始了发展都市型现代农业的实践探索。在一些经济比较发达的大城市圈内出现了高科技农业、休闲观光农业、花卉产业等农业生产形式。在江苏南部、广东等地，通过引进外资和技术，促进了精细化工厂式农业的发展，建成了大批创汇型、空运型的农副产品生产基地；在上海、山东等地，高技术化、规模化的蔬菜大棚得到了广泛发展。都市型现代农业的发展具有极为重要的战略意义，具体表现在：

（一）有利于促进城乡一体化

都市型现代农业提高了农业市场化的程度，把传统的生产方式与现代的科学技术融合起来，加速了城市郊区农业现代化的进程，把农产品的生产、加工、运销联结起来，提高了城郊农业的综合效益，从而促进了城郊农业向社会化、专业化、现代化的转变。通过把农业纳入城市社会、经济、文化、生态的整体发展规划，形成农业、农村和城市的有机协调发展与相互兼容，既保证了城市本身的可持续发展，又加强了城乡的融合。

（二）改变传统的农业土地利用方式

都市型现代农业既重视发挥土地的生产性资源功能，又重视发挥由土地、农作物和自然环境共同形成的观光资源功能，同时还发挥土地作为农业休闲、体验农业劳作和度假的场地性资源功能。

（三）有助于吸引投资者

都市型现代农业由于具有较高的比较利益和多种功能，从而具有投资主体多元化的特征，除农村居民外，城市居民和企业也可以将农业纳入其投资组合中。由于资源组合空间和规模的扩大，都市型现代农业逐步向资本化、技术化和企业化方向发展。在我国的一些大城市郊区，正是由于都市型现代农业的发展，促进了农业应用科学技术的发展，遗传工程、自动控制、新材料等尖端科学技术正逐步在农业生产经营中得到广泛应用。

（四）引导城市健康发展

都市型现代农业促进了郊区城镇化和城镇郊区化的互动发展。这种发展正在改变传统的农业人口向城市单向流动的格局，促进了城镇人口向郊区和农村流动、农村人口向城镇流动这一双向流动格局的形成。这一格局的形成，为缓解工业化和城市化的过度发展所带来的问题和弊端创造了条件。

（五）拓宽城市投资领域与渠道

都市型现代农业作为一种资金、技术与劳动相结合的产业，有助于城市企业下岗分流与再就业工程的实施。都市型现代农业改善了城市生态环境，有助于预防和缓解"城市病"的发生。

（六）有利于改变农业弱势格局

传统观点认为，农业是一个社会效益大而经济效益低，易受自然和市场风险影响的弱势产业。都市型现代农业的发展，改变了农业的弱势格局，使农业处于一个较为有利的经营位置。这是因为都市型现代农业接近市场，经营都市型现代农业不仅可节省农产品上市费用，而且能比其他产地农业、大田农业更快、更直接地获取市场销售信息以及时调整生产结构。此外，都市型现代农业还具有可以满足饭店、宾馆等一些特殊的需求，享受大城市完备的基础设施带来的益处；贴近都市消费者，可以随时了解市民的消费潮流等有利条件。

（七）农村现代化有效途径

都市型现代农业是大中城市郊区农业实现农村现代化最有效的途径，也是有效缓解我国农业面临的三大难题（农民收入低、结构不合理、加入世界贸易组织后应对国际农业产品冲击）最有效的措施。

（八）有利于促进产业融合

都市型现代农业是把城区与郊区、农业和旅游、三次产业结合在一起的新型交叉产业，是利用农业资源、农业景观吸引游客前来观光、品尝、体验、娱乐、购物的一种文化性强、大自然情趣很浓的新的农业生产方式，体现了"城郊合一""农游合一"的基本特点和发展方向。

（九）有利于农民就业和市民休闲

都市型现代农业有比传统农业更长的产业链，不仅具有产品功能，更具有服务功能，这会带来更多的就业机会和更大的发展空间，有助于解决乡村劳动力过剩的问题；同时，城市的拥挤和娱乐场所的不足恰好可以通过观光休闲模式的都市型现代农业来弥补。因此，在我国发展都市型现代农业是城市周边地区的必然选择，而且能实现经济效益、生态效益和社会效益的统一。

执笔人：史亚军

第一章 都市型现代农业发展的基础理论

第一节 经济学理论

研究都市区域内农业经济的发展及其与整个都市经济系统如何协调的问题，是农业经济学研究的一个新领域，有学者将这一新领域称为都市农业经济学。在这一新领域，宏观农业经济学与微观农业经济学得以整合，可以说都市型现代农业是区域经济学与农业经济学、城市经济学共有的一个新的研究对象，是一个交叉领域。本章通过对与都市型现代农业相关的经济学理论进行综述，从经济学角度阐释都市型现代农业发展理论。

一、农产品需求理论

"生产决定消费，消费对生产又具有反作用"。在市场经济条件下，农产品的供应不仅是由土地生产力水平与性质决定的，随着现代科技日益发展，受消费市场需求的制约越来越大。长期以来，受恩格尔定律的困扰，我们认为，作为第一产业属性的农业，其产品主要是解决人们吃、穿问题的消费资料，最终多构成人们的生活必需品，它的需求特征是当人们的生活水平、收入水平达到一定程度后，在人们的收入水平进一步提高时，难以随着人们收入的增加而同步增加。也就是说农产品需求的收入弹性具有下降倾向，恩格尔系数（食品开支占家庭总支出的比重）具有随收入水平上升而下降的规律，这一规律就成为解释国民收入在产业间的相对比重发生变化的原因，因此普遍认为农业在国民收入中的份额随国民经济增长趋于减少，没有发展前途。

但是，深入考察恩格尔定律，思考人类需求的满足特点以及发展中国家人口的实际状况，可以发现：

第一，恩格尔定律中讲的食物消费支出的比例随收入增加，而递减并不包含现代农业的全部产出。其实，农业产业化发展后提供给消费者的已经不仅仅是传统意义上满足温饱的食物产品，花卉、水果、反季节蔬菜、天然保健食品、生态园艺产品、休闲产品以及很多我们现有技术条件下还未开发出来的大农业产品都是农业产品范畴。随着人们消费观念的提升、人类科学技术的发展以及对农业资源开发能力的增强，有形的和无形的农产品需求与开发永远没有止境，农业产品具有广阔的市场前景，农业产品的绝对值随农业生产结构的变化会趋于相对稳定，甚至上升。

第二，传统理论只将农业作为生产提供吃、穿等产品的产业，但是农业活动还可以为工业生产提供原料，还可以带动农业机械、农药、贮运、加工等行业的成长。随着人们消费结构的升级，对农产品的深加工要求进一步增加，会衍生出农业产前、产后各种产业，并增加农业产业链条上的环节，农业产品随产业链延伸是在不断增加的，农业产值与消费总额是不会萎缩的，由农业导致的初级消费、中间消费、最终消费会不断增加，整个经济体系因这种不断扩张的消费需求会拉动投资需求增长，从而拉动国民经济增长。

第三，农业活动除提供物质消费品外，还能提供服务，满足人们情感享受、生活教育、体验旅游等服务的需要，这也应日益成为农业的一种重要产品，而服务业传统上是被归入第三产业的。由于随着人们收入水平的提高，对服务业的需求是不断上升的，即服务业产品收入弹性大于1，第三产业在国民收入中的比重是不断上升的。20世纪70年代后，全球第三产业的劳动力和国民收入的相对比重都保持着向上的趋势，比重都在50％以上，出现了"经济服务化"的现象。根据发达国家经验，当人均年收入达到800～1 000美元时居民服务消费就会得到重视，目前我国许多城市人均年收入已经达到1 000美元以上，北京市已超过了7 000美元，但服务消费才刚刚起步，市场空白点还很多，这说明，大城市农业服务性产业的发展空间非常广阔。

第四，农业活动还能提供外部经济效果巨大的公共产品。如新鲜空气、宜人景观、防震抗灾功能等。人类生产活动越复杂，经济越发展，对这些产品的需求也就会越多，政府要考虑用适当的方式提供这类产品，满足人们对生活质量的需求。

大城市和中心市区的存在，是由于它的空间集中形成有利于从事生产和消费活动。由于城市居民消费水平相对全国平均水平来说较高，城市的聚集效应也决定了城市产业活动应追求较高的平均收益率，有较高的利润回报，因此城市的生产活动要受生产者的利润率动机与消费者偏好双重制约，城市消费者对多种农业产品有现实及潜在的需求，城市农业必须在围绕市场需求选择最大利润的方式进行生产，要满足城市居民对农产品高质量、多样化的需求。

二、农业多功能性理论

长期以来，世界农产品贸易一直是作为特例游离于世界贸易组织多边贸易体制的管理之外，原因之一就在于农业的多功能性对国家安全等方面的特殊重要性，有时使农业的多功能性成为各发达国家进行贸易保护的借口。

农业多功能概念的提出可追溯到20世纪80年代末和90年代初日本提出的"稻米文化。"日本提出，日本文化与水稻种植密切相关，国内许多节日和庆典都根据水稻的播种、移植和收获活动确定，因此保护了日本的水稻生产，就保护了日本的"稻米文化"。欧、日、韩等国特别强调农业的多功能性，强调农业对保护文化遗产、确保粮食安全、保持空间上的平衡、发展保护地面景观和环境具有不可替代的重要作用。1992年，联合国环境与发展大会通过《21世纪议程》，并将第14章第12计划（持续农业和乡村发展）定义为"基于农业多功能性考虑上的农业政策规划和综合计划"。1996年，世界粮食首脑会议通过的《罗马宣言和行动计划》的承诺中提出"将考虑农业的多功能性特点在高潜力和低潜力地区实施……农业和乡村可持续发展政策"。1999年9月，在马斯特里赫召开的国际农业和土地多功能特性会议认为，所有的人类活动均具有多功能性，即除了履行其基本职能外，还可以满足社会的多种需要和价值。农业亦如此，其基本职能是为社会提供粮食和原料，是农民谋生的基础。在可持续发展范畴内，农业具有多重目标和功能，包括经济、环境、社会、文化等各个方面，对此，需要在充分考虑各区域和各国不同情况的基础上，制定一个系统的分析框架，来衡量相互联系的经济、环境、社会成本和效益。通过分析，促进对农业不同方面相互关系的重新认识和思考，以制定相应政策，确保农业所涉及的各个方面协调和有机结合。

尽管对农业多功能性的概念还存在诸多争议，农业多功能性理论提出的背景是一些国家为了替其农业高保护政策寻求理论依据，但是也应该看到，加强对农业多功能性的研究，并用来指导经济政策的制定，是有助于实现经济体系可持续发展的。

三、休闲经济理论

（一）休闲经济的内涵

1. 休闲经济的形成

休闲经济是指建立在休闲的大众化基础之上，由休闲消费需求和休闲产品供给构筑的经济，是人类社会发展到大众普遍拥有大量的闲暇时间和剩余财富的时代而产生的经济现象。休闲经济一方面体现着人们在闲暇时间的休闲消费活动；另一方面也体现着休闲产业对于休闲消费品的生产活动。它主要研究的是人在休闲行为中的投入与产出、休闲行业所创造的价值、休闲经济的运行规律、休闲行为和经济的变量关系等。休闲经济的兴起是人类社会发展的必然，也是人类社会文明进步的标志，它是人类社会经济的高级形态，从本质上讲休闲经济是人类改造自身获得全面发展的需求而引起的一种经济现象。

休闲经济的形成至少需要以下六个条件：①高度的物质文明。休闲经济是建立在物质文明基础之上的经济。伴随着生产力的发展，社会剩余产品不断增加，为人们休闲提供了物质基础。没有发达的第一产业、第二产业和第三产业，休闲经济不可能形成。②完善的休闲供给。改善休闲供给条件，提高休闲供给效率，在短期内可以扩大需求，使休闲经济进一步高涨。③充足的制度供给。④休闲时间的增加。休闲时间是实现休闲消费的前提条件。⑤大众休闲时代的来临。时至今日，休闲经济已经不是少数人组成的"有闲阶级"的经济，而是大众化的经济。而大众休闲时代的来临，正是休闲经济形成的社会基础。⑥现代休闲消费观念的确立。确立现代休闲消费理念，是休闲经济所必备的条件。现代休闲消费观念要求消费者树立休闲和工作同等重要的理念，变封闭式消费观念为开放式消费观念，释放休闲消费潜能。

2. 休闲需求与休闲供给

（1）休闲需求。休闲需求是指当前休闲主体利用休闲对象的水平以及未来希望利用的数量，将个人的休闲活动以大众化的形式表现出来。它不仅包括当前实际观察到的休闲活动，还包括未来的休闲行为需要。因此，休闲需求有一种行动趋向性，是反映潜在行动倾向的概念，是进行休闲活动、利用休闲设施及空间的个人爱好或欲望倾向。

休闲需求的类型可分为三种：有效需求、延期需求和潜在需求。

有效需求是指实际参加或消费休闲服务的数量。有效需求取决于休闲时间、休闲者年龄、交通条件以及其他社会经济背景等因素。延期需求是指有参加休闲活动的能力，但由于缺乏休闲信息或休闲设施等原因而没有实现的需求。潜在需求是指由于自身社会、经济、环境等原因无法参加休闲活动，但希望未来能参加的需求。所有的人都有潜在的休闲需求，但它没有反映在现实的休闲利用中。

休闲需求的决定因素有收入水平、教育水平、职业、性别、年龄、家庭生命周期等，这些因素通过对休闲消费的心理和行为的影响而表现出来。

（2）休闲供给。休闲供给是指在休闲现象中，满足休闲利用者休闲需求的休闲资源、休闲产业等的总和，它往往也包括促进休闲活动的教育、项目等的开发和提供。

休闲供给的组成要素有直接满足休闲需求的主要供给要素和间接满足休闲需求的次要供给要素。主要供给要素指的是特定的休闲空间及主要设施本身，而次要供给要素指的是辅助人们顺利使用主要供给要素的补充型休闲空间及设施等。

休闲供给的决定因素包括如下几方面：

①休闲容量。指在不明显引起资源的生物性和物理性变化或者不严重影响休闲体验的前提下，休闲设施所能提供的休闲机会的数量。休闲容量是衡量休闲资源接待能力十分有用的工具。②可进入性。休闲供给的物理因素包括可进入性，可进入性是增加休闲资源利用率的重要变量。对于利用者导向型的休闲资源来说，可进入性是休闲供给的首要考虑因素。③资源管理。休闲资源管理是提高资源价值和供给质量的重要途径。资源的性质和类型对资源管理方式和内容有决定性影响。④活动项目。休闲活动项目的类型主要有身体活动项目、知识性活动项目、艺术活动项目、社交活动项目、实习活动项目、特别项目等。

（3）休闲供求的影响因素。①政治因素。政治和政策会极大影响国民的休闲活动。大部分现代国家为了提高人们的福利，从政策上积极努力地保护休闲空间，缩短劳动时间、实行带薪休假制度等。各国的休闲政策有显著的差异，发达国家主要致力于提高低收入层的福利，其基本理念是认定休闲是基本需要，体现机会均等。而发展中国家的享受者主要是中、低收入层，主要通过政府来健全休闲以提高生产效率，普及休闲理念。②经济因素。国家的整个经济状况在很大程度上影响人们休闲活动的数量、形式以及休闲意识。个人收入直接影响休闲支出的情况。如果经济发展增加家庭可支配收入，那么家庭消费能力也会提高。家庭可支配收入的增加自然会促进更高层次的文化生活消费活动，而逐渐形成的新的休闲价值观也会进一步促进更加丰富多彩的文化休闲活动。③社会文化因素。影响休闲的社会文化因素是指社会、文化环境整体。社会环境是指人口统计因素，包括人口规模、出生率、死亡率、人口密度、人口分布、人口增减、人口流动、结婚及离婚率等。影响休闲的人口统计因素主要有人口的增减、因老龄人口的增加而引起的人口结构的变化、家庭结构的变化等。文化环境包括个人意识、生活方式、价值观等。由于文化差异，不同群体具有不同的传统风俗、生活方式和价值观，其休闲空间、休闲设施及休闲形态、休闲内容也各不相同。④技术因素。技术的发展直接或间接地影响休闲。快速和舒适的交通手段不仅提高休闲空间和设施的可进入性，还能实现休闲活动空间的扩大；发达的媒体及通信提供快捷又丰富的休闲信息，从而影响休闲供求。此外，应用尖端技术开发的新的休闲设施诱发新的休闲活动形式，导致休闲供给的增加和多样化。⑤生态因素。城市生活环境的破坏迫使城市人口进行野外娱乐和休闲旅游，而休闲空间和设施、生态系统的休闲容量超载，加速休闲资源的破坏和污染，最终导致环境破坏、休闲供需不均衡等问题。

（二）休闲经济理论在都市型现代农业中的应用

经济学产生于一种发展不平衡状态，这种不平衡状态来源于可使用资源的稀缺性与人们需求无限性之间的矛盾。休闲产业与所有的经济领域一样，都存在着资源稀缺性的问题。从微观经济学角度看，对于正常商品，当消费者收入增加时，会促使该商品消费需求的增加；社会的进步和科学技术的发展则会增加新的商品供给，同时降低现有产品的价格。由休闲经济理论可知，经济的发展和社会的进步是休闲经济产生及发展的前提条件。若把休闲产品及服务视为一种商品，当人们收入增加到一定程度时，会逐渐增加对休闲产品及服务的需求（当然，人们收入的增加是与闲暇时间的减少存在一定相关性的。但当经济发展到较高阶段时，人们将会以放弃部分收入为机会成本，去换取更多的闲暇时间，即可视为对休闲产品及服务的购买）；而休闲条件的改善、技术的进步又为休闲服务的增加提供了可能。近年，随着我国经济的发展，越来越多的人选择外出旅游作为一种休闲方式，"假日经济"现象即为有力例证。

"假日经济"是休闲经济的特殊表现形式，是休闲产业的一个缩影。随着国民经济的发展，越来越多的人选择旅游作为一种休闲方式，这在客观上为都市型现代农业的发展提供了巨大的客源市场。农事活动、农村文化、农情民俗等都是都市型现代农业重要的资源，是提供休闲供给的前提条件。此外，同其他大多数经济活动一样，休闲产业的发展也会在一定程度上受到政府的干预。在我国部分大城市，都市型现代农业已成为繁荣农村经济的重要力量，各级政府部门也越来越重视都市型现代农业的发展，并在政策、资金、技术、信息等方面给予大力支持，为都市型现代农业的进一步发展创造了良好条件。

四、产业结构演进理论

（一）产业结构演进理论的提出

产业结构演进理论是英国著名经济学家克拉克提出来的，它认为随着经济的发展，第一产业的就业人口比重将不断下降，而第二产业、第三产业的就业人口比重将会增加。这一结论是他根据大量的统计资料进行时间序列分析而归纳出来的。

克拉克将生产结构的演进置于经济发展的运动之中来研究，结果他发现随着经济发展及国民收入水平的提高，劳动力首先由第一产业向第二产业移动，随着经济继续发展及国民收入水平进一步提高，劳动力又开始由第二产业向第三产业转移。为什么劳动力会呈现这种移动趋势呢？因为经济发展中各产业之间会出现收入的相对差异，人往高处走，水往低处流，人们总是向高收入的产业移动，这种劳动力结构的自然演变，就产生了产业结构随着时间的推移而逐渐演进的过程，及其表现出来的规律性。

（二）产业结构演进理论的分析

克拉克的产业结构演进理论不仅可以从一个国家经济发展的时间序列分析中得到印证，而且还可以从处在不同发展阶段和不同发展水平的国家在同一时间上的横断面比较中得到类似的结论。也就是说，人均国民收入水平越高的国家，农业劳动力在全部劳动力中所占的比重相对越小，而第二产业和第三产业的劳动力所占的比重相对越大；反之，人均国民收入水平越低的国家，农业劳动力在全部劳动力中所占的比重相对越大，而第二产业和第三产业的劳动力所占的比重相对越小。

关于第一产业的国民收入和劳动力的相对比重下降的原因可以从以下两个方面进行分析。首先，第一产业以农业为主，而农产品主要是用来解决人们的吃、穿问题的消费资料，是人们的生活必需品。而生活必需品的需求特征是当人们的生活水平和收入达到一定程度的时候，人们收入水平的进一步提高就不能引起生活必需品需求量的同步增长。这也就是说，农产品需求的收入弹性会呈下降趋势，这一点可以由德国统计学家恩格尔提出的恩格尔法则给予证明。农业的低收入弹性使农产品在价格和获得附加价值上处于不利地位。这必然使农业所实现的国民收入的份额趋于减少，而使其他产业所实现的国民收入的份额趋于增加。其次，在第一产业和第二产业之间，也就是农业和工业之间，技术进步的可能性有很大的差别。由于农业具有自然再生产与经济再生产相互交织的特点，农业生产技术的进步比工业要困难得多，因此对农业的投资容易出现一个限度，这就是"报酬递减规律"在农业中的普遍存在。而工业的技术进步要比农业迅速得多，因此对工业的投资多数处于"报酬递增"状态，表现为随着工业投资的增加及产量的加大，单位成本下降的潜力很大。如果这一点进一步与农产品需求的低收入弹性及工业品需求的高收入弹性相联系，则必然表现为农业的国民收入比重下降而工业的国民收入比重上升。

关于第二产业和第三产业的国民收入相对比重上升的原因可以从以下两个方面分析。第一，不仅人们的消费结构的变化趋势使工业的收入弹性处于有利地位，而且国民收入的支出在工业上的增加也在不断扩大着工业的市场。因此，整个国民收入的支出结构的演变都在支持着工业的高收入弹性，这样工业所实现的国民收入在整个国民收入中的比重上升就顺理成章了。第二，工业部门是提高国民经济效益及增加国民收入的主要来源，但是当经济发展到一定水平时，由于工业部门资本有机构成的提高不断排斥着工业部门自身的劳动力，因此它不可能吸收新的劳动力。从发达国家的情况来看，从工业部门中排斥出的劳动力主要被第三次产业吸收。第三次产业所提供的"服务"产品有着很高的收入弹性，而且根据恩格尔法则，"服务"会随着收入的增加而同步地增加需求。这样看来，第三次产业的国民收入的相对比重上升也是顺理成章的了。

通过对产业结构演进理论的分析，北京都市型现代农业的发展必然呈现以下趋势。第一，产业链条的延长，即成品农业的发展。因为京郊国民收入的提高仅仅依靠种植业和养殖业是不够的，农产品加工业的发展及以农产品为原料的工业品生产的发展会使京郊产业结构升级，并能提高京郊的国民经济效益。第二，农业生产过程的工业化。只有当农业生产能够克服自然再生产的固有限制时，才能克服"报酬递减规律"的限制，才能向工业那样使投资处于"报酬递增"阶段，使农业随着投资的加大而成本递减。要实现这一目标就要发展高科技农业、设施农业、工厂化农业和精准农业，即实现农业生产过程的可控制化和工业化。第三，服务产业在京郊的兴起。随着单纯农产品比较利益的降低，大量的农业劳动力必将从农业中游离出来，并由于服务业的兴起及其创造国民收入的水平高于农业的吸引力而转向服务业。这就是休闲农业、观光农业、体验农业、度假农业、疗养农业等都市农业发展模式兴起的原因。随着服务业在京郊的兴起，服务业吸纳劳动力的数量及其创造的国民收入将会有很大的提高。

五、产业融合理论

产业融合的概念最早可追溯到美国学者卢森伯格（Rosenberg，1963）对于美国机械工具产业早期演变的研究，其后，各学者纷纷对产业融合的概念进行了进一步的阐释。在理解产业融合内涵时应把握以下五点：①技术进步、放松管制、管理创新是产业融合产生的基础条件。②产业融合不仅包括技术方面的融合，而且还涵盖了业务和市场方面的融合。③产业融合往往最容易发生在产业的边界交叉处。④产业融合改变了企业之间的竞争合作关系，提高了它们的运作效率，从而促进了整个产业市场的效率。⑤发生融合的产业相互之间具有一定程度的产业关联性或技术与产品的可替代性。

产业融合表现为产业之间的渗透发展，产业界限趋于模糊，新兴产业不断涌现。具体讲，产业融合的主要类型有四种：第一，高新产业向传统产业的技术渗透型融合；第二，产业之间的延伸型融合；第三，产业内部的重组型融合；第四，全新产业对传统旧产业的替代型融合。

产业融合的最大作用在于通过融合不仅能发挥原来各自的优势，而且重要的是突破了固定化边界的产业限制，打破了传统生产方式纵向一体化的市场结构，塑造出新型横向结构，产生边缘、交叉产业，促生新的产业领域，产生新的经济式样，形成新的经济增长点。同时，通过产业融合，还能拉长产业链条，聚集并释放出原产业内部所具有的潜力，产生出1＞2 的效果。产业融合还能实现经营管理模式、运行机制的变革和创新，实现各市场要素的重新有效率的配置，使工业的手段、农业的资源、农村劳动力等各种要素更好地结合，实现经济的快速发展。

产业融合在都市农业领域日趋深入。随着都市型现代农业产业化的发展，以及人们需求层次的提升、科学技术的发展和生产力水平的提高，第一产业加快了同第二、第三产业的融合。都市型现代农业与加工业、高科技产业、旅游业以及服务业出现了加速融合的趋势，比如信息化农业，它是集知识、信息、智能、技术等生产经营诸要素为一体的开放型、高效化、高科技的新型农业。再比如生态型农业，是农业与高新技术产业的融合，这种融合打破了传统经济与现代经济、夕阳产业与朝阳产业之间不可逾越的分界和障碍，使传统农业实现质的飞跃。又比如观光型农业是农业与旅游业的融合，它把农业经济与旅游经济、科普教育工作结合起来，从而可以取得最大效益，实现可持续发展。此外，工厂化农业，综合性农业都是产业融合的结果。

六、农业布局的区位理论

（一）农业布局的区位理论的产生

农业布局的区位理论产生于19 世纪30 年代，当时德国农业经济与农业地理学家杜能在《孤立国同农业和国民经济的关系》一书中首次提出了农业布局的区位理论。杜能将复杂的农村社会假设为一个简单的孤立国，并认为孤立国唯一的城市位于中央，它是唯一的工业品供应中心和农产品消费中心。孤立国与世隔绝，四周全是荒地，其内部各种土地的肥力和气候条件均等，农业生产者的经营能力和技术条件完全一致，而且市场价格、工资、利息等在孤立国中也是均等的。孤立国的交通工具为马车，运输费用与距离成正比。根据这一假设，农产品消费地距产地越远，运费越高。这种空间距离造成的价格差决定了农业的地域分布模式，造成了农业不同的经营组织状况，从而形成了以城市为中心向外呈同心圆状扩展的农业分布地带，这些地带有明显的层次性。

（二）农业布局的区位理论分析

按照杜能的假设，空间距离造成了农产品价格的差异，也决定了农业的地域分布模式，并造成了农业不同的经营组织状况，从而形成了以城市为中心向外呈同心圆状扩展的农业分布地带，这些地带必然具有明显的层次性。

第一层接近市中心，用来生产含水量大、不易保存的农产品，这是集约度最高、而且没有荒地的高效益农业地带；第二层为林业地带，供应城市燃料所需的木材；第三层为轮作农业地带，供应城市粮食；第四层为轮作式农牧地带，且有一定的荒地；第五层为三圃式农业地带，有三分之一的土地为荒地；第六层也就是最外的一层为畜牧业地带。

这六个层次土地的单位面积产量和收益由中心向外围逐渐递减，农业的集约化水平也由内向外降低。农业布局的区位理论假设了多种相同条件，但结果仍是形成了多种相异的地带。事实上，各地区的农业生产条件不可能是相同的，总是千差万别的，因此，各地区农业和农村经济的发展模式亦应是多种多样的。

从北京都市型现代农业的发展情况看，虽然不能照搬杜能农业布局理论的六个层次，但其对农业生产布局的层次性和地带性描述却值得北京在发展都市型现代农业时借鉴，而且京郊在发展农村经济过程中也确实体现出了层次性和地带性。京郊围绕城市中心已形成了三个农业地带，第一层为近郊平原地带，城乡交错，主要发展园田，是北京的蔬菜集中生产地区；第二层为远郊平原地带，通过田、林、路、渠的统一规划形成田间林网，是京郊的粮食和畜产品的主产区；第三层为远郊山区地带，主要通过发展水源涵养林、封山育林来保持水土，能起到调节城市气候和保护北京周边的生态环境的作用。同时，这一层也是北京林果产品的主产区。北京都市农业的地带化有助于稳定都市农业的食品生产基地功能和实现生产的区域规模化，也有助于实现都市农业的生态屏障功能，三个层次即为三个环境保护带，可以防风固沙、调节气候、保持水土及涵养水源，这对北京都市农业的可持续发展有很大的推动作用。

执笔人：史亚军

第二节　管理学理论

都市型现代农业是现代农业的一种表现方式。作为一种产业形态，都市农业及其相关的各种管理活动也要遵循一般管理学理论原则和方法。具体地，都市型现代农业管理学理论涉及都市型现代农业产业中的生产力、生产关系和上层建筑三个方面。生产力方面，主要研究如何合理配置产业组织中的人、财、物，使各生产要素充分发挥作用的问题；研究如何根据组织目标、社会需求，合理使用各种资源，以求得最佳经济效益与社会效益的问题。生产关系方面，主要研究如何处理组织内部人与人之间的相互关系问题；研究如何完善组织机构与各种管理体制的问题，从而最大限度地调动各方面的积极性和创造性，为实现组织目标服务。上层建筑方面，主要研究如何使组织内部环境与组织外部环境相适应的问题；研究如何使组织的意识形态（价值观、理念等）、规章制度与社会的政治、法律、道德等上层建筑保持一致的问题，从而维持正常的生产关系，促进生产力的发展。

一、需求层次理论

需要是个体对内外环境的客观需求的反映，表现为个体的主观状态和个性倾向性。一个人在出现生理或心理失衡时就会产生需要。这些需要有时表现得十分微弱，不足以激发一个人的行为。但有时，当这种失衡达到不予以满足就影响人的生命或生活时，就会演变成明显的需要倾向。因而可以说，人类的行为是为了满足这种需要而产生的。很多心理学家和社会学家对这种需要进行了研究，并得出各种各样的结论。其中最常用的是马斯洛的需要层次理论。

马斯洛理论的基本假设是：第一，人类的需要是按照一定层次排列的，由最低层次上升到最高层次；第二，如果某种需要得到满足，那么这种需要不能再诱发动机；第三，低层次需要得到满足以后就会上升到更高一层需要。

马斯洛主张人类的需要分五个层次或阶段，按重要性依次是生理需要、安全需要、社会需要、尊重需要和自我实现需要。根据该理论，生理需要是人类维持生命的需要，如饮食、衣服、居住等方面的需要。这些基本需要未得到满足之前，人们的大部分行为只停留在为满足生理需要的阶段，基本上不会受到其他层次需要的刺激。当生理需要得到一定程度的满足以后，人们会产生安全的需要，即保障人身安全的需要，如保险、医疗、保健以及防老、避免失业等需要。依此类推，生理需要和安全需要得到一定程度满足后，人们会产生社会需要，即爱和归属的需要。表现为生活在社会中的人，重视人与人之间的交往（友谊、忠诚），希望爱和被爱，希望归属一个集团或群体，互相关心、互相照顾等。在社会需要得到一定程度满足后，则会产生尊重需要，即自尊、名誉、地位和权力的需要。自我实现需要是尊重需要得到一定程度满足后出现的，主要表现为不断地自我发展、极大地发挥潜力、寻找自我、实现自我等。

根据马斯洛的需要层次理论，当物质生活水平提高，人们的衣、食、住等基本生理需要得以满足后，将倾向于追求高层次的精神生活，人类需求将由生存型逐步向发展型、享受型转变。都市型现代农业即是满足城市居民精神需求的一种典型产业。都市型现代农业体验者到野外呼吸新鲜空气、欣赏田园景观、参与农事体验，有利于调整身心，追求身体状态的稳定，满足身体需要；逃离熟悉、单调的都市生活，到农村享受乡野情趣，在"水泥森林"外开拓生活的第三空间，能够满足人们的好奇心和新鲜感，满足冒险需要和变化需要；亲朋好友利用节假日结伴而行，到郊外游玩，有助于建立新的社交范围，巩固原有的社交关系，满足归属需要和社会需要。

依据马斯洛所提出的金字塔需求理论，人在任何时候都有这五方面的需求欲望，但只有在前一级的欲望得到满足以后，后面的需求才会上升为现实需求。人类价值的存在就在于实现这些欲望，社会各项产业活动的开展也就在于有这一些欲望、需求的存在。农业活动在前工业化社会主要是满足人类衣、食、住的需要，但到工业化及后工业化时期，它还能在促进环境可持续发展、提供营养安全食品、满足人类互相交流、回归自然以及体验成功的喜悦等方面发挥巨大作用，人类的需求不断升级，消费结构不断变化，农业活动的空间也就永无止境，由此促进都市型现代农业由低层次不断向高层次拓展。

二、创新理论

创新就是利用已存在的自然资源创造新事物的一种手段。创新作为一种理论可追溯到1912美国哈佛大学教授熊彼特的《经济发展概论》。J. 熊彼特认为，创新包括五个方面的内容：引进一种新产品或提供一种产品的新质量；采用一种新技术、新的生产方法；开辟一个新市场；获得一种原材料新的供给来源；实行一种新的企业组织形式。熊彼特关于创新的基本观点中，最基础的一点即创新是生产过程中内生的。他认为经济生活中的创新和发展并非从外部强加而来，而是从内部自行发生的变化。这实际上强调了创新中应用的本源驱动和核心地位。

随着科技进步、社会发展，对创新的认识也是在不断演进的。特别是知识社会的到来，对创新模式的变化进一步被研究、被认识。创新在研究领域产生，随后在经过一个时间过程后在应用领域得到接受和采纳，其中较为著名的是创新扩散模式。在创新扩散研究中，最有代表性的是罗杰斯的研究工作，他所提出的创新扩散理论从 20 世纪 60 年代起一直在领域内居于主导地位。罗杰斯认为创新扩散受创新本身特性、传播渠道、时间和社会系统的影响，并深入分析了影响创新采纳率和扩散网络形成的诸多因素。进入 21 世纪，信息技术推动下知识社会的形成及其对创新的影响进一步被认识，科学界进一步反思对技术创新的认识，创新被认为是各创新主体、创新要素交互复杂作用下的一种复杂涌现现象，是创新生态下技术进步与应用创新的创新双螺旋结构共同演进的产物，关注价值实现、关注用户参与的以人为本的创新模式，也成为新世纪对创新重新认识的探索和实践。

都市型现代农业作为一种新型产业形态，也是顺应经济社会发展需要，各创新主体和创新要素相互作用而产生的。都市型现代农业的创新发展主要包括五个方面：都市型现代农业提供的新型产品，如休闲体验产品、生态景观产品等；都市型现代农业使用的新技术，如生物技术、3S 技术等；都市型现代农业开拓新的目标市场，如大都市居民、青少年群体等；都市型现代农业生产使用新的生产要素，如网络信息、社会资本等；都市型现代农业产生新的组织形式，如休闲农庄、科技园区等。

三、系统管理理论

系统管理理论，即把一般系统理论应用到组织管理之中，运用系统研究的方法，兼收并蓄各学派的优点，融为一体，建立通用的模式，以寻求普遍适用的模式和原则。是运用一般系统论和控制论的理论和方法，考察组织结构和管理职能，以系统解决管理问题的理论体系。该理论主要应用系统理论的范畴、原理，全面分析和研究企业和其他组织的管理活动和管理过程，重视对组织结构和模式的分析，并建立起系统模型以便于分析。系统管理理论向社会提出了整体优化、合理组合、规划库存等管理新概念和新方法。

系统管理学说的基础是普通系统论。系统论的主要思想是：系统是由相互联系的要素构成的；系统的整体性；系统的层次性。系统管理理论要点主要是企业是由人、物资、机器和其他资源在一定的目标下组成的一体化系统，它的成长和发展同时受到这些组成要素的影响，在这些要素的相互关系中，人是主体，其他要素则是被动的。企业是一个由许多子系统组成的、开放的社会技术系统。企业是社会这个大系统中的一个子系统，它受到周围环境（顾客、竞争者、供货者、政府等）的影响，也同时影响环境。它只有在与环境的相互影响中才能达到动态平衡。

用系统论的观点来解释都市型现代农业，可以把都市型现代农业看作一个复合的系统。该系统又包括生产系统、生态系统等多个子系统，每个子系统又由若干个不同的要素组成。同时，在都市型现代农业大系统中，每个从事都市型现代农业活动的企业或组织则可以看作是系统中的单元。企业的生产活动要受到管理者、劳动者、资金、技术、信息等多个生产要素的影响和制约，同时还要受政府宏观政策、社会文化环境、都市消费市场等外界环境的影响。当然，都市型现代农业的各项生产活动也对外部环境产生一定的反作用力。

执笔人：史亚军

第三节 社会学理论

都市型现代农业不仅具有经济功能，而且具有社会功能和生态功能。都市型现代农业是一种与城市经济、文化、科学技术密切相关的农业现象，是都市经济发展到较高水平时，农村与城市，农业与非农业等进一步融合过程中的一种发达的现代农业。从城市角度看，都市型现代农业是城市可持续发展的必然选择，是现代都市建设的重要内容。因此，都市型现代农业发展必须要以社会学理论为基础。

一、消费行为理论

消费者行为是感情、认知以及生活交流的一种能动的交互作用。一般从经济学、心理学、社会学和人类学的视角对消费者行为进行研究。消费者购买行为是指消费者在一定的购买欲望的支配下，为了满足某种需求而购买商品的活动过程。研究消费者行为就是要掌握消费者如何做决定，把资源用于有关消费的事项上，了解他们购买什么、何时购买、何处购买、由谁购买、为何购买，这就是反映消费者购买规律的"5W"理论。

都市型现代农业消费实质上就是消费者对相关都市农业产品及服务的消费。都市型现代农业消费者行为是消费者为了满足各种需求，选择、咨询、决策、购买、享用和反馈都市型现代农业产品和服务的一系列行为过程总和。它是贯穿于整个消费过程的全部行为表现，是一个复杂过程，包括消费者收集有关都市农业产品和服务的信息而产生的购买动机（动机行为），并经过对信息的筛选比较做出购买决策（决策行为），进行消费活动及事后评价的全过程。

都市型现代农业消费者行为研究有如下几个基本假定前提：第一，都市型现代农业消费者的行为是有目的的。第二，都市型现代农业消费者具有选择的余地。各种信息和备选方案都经过细致的筛选过程。第三，都市型现代农业消费者行为是一个序列性的过程，购买行为只是这个过程中的一个中间环节。在购买之前和之后，都存在大量的影响消费者行为的因素。第四，对都市型现代农业消费者行为可以施加影响，但前提是已经了解了消费者的需要、欲望和问题。第五，都市型现代农业消费者也需要教育或引导。

都市型现代农业消费者购买决策过程的各个环节都受到多种因素的综合的、交叉的影响。这些因素包括：第一，背景因素，如文化、亚文化、社会阶层等。第二，人口统计因素，如年龄、性别、家庭及其生命周期、职业、收入、受教育程度等。第三，心理因素，如需要、动机、知觉、学习、信念与态度、个性等。第四，生活方式。第五，限制因素，如参照群体、产品价格等。

因此，在进行都市型现代农业营销时，要着重抓住消费体验者进行消费决策的几个关键环节进行分析，并对消费者的相关信息进行调研，如这些消费者的个人特征是什么，他们进行消费体验的动机和目的是什么，他们是通过哪些渠道获取的都市农业供给信息，他们普遍的消费时间是什么时候，用于消费的支出一般为多少，等等。只有对相关市场信息进行深入的调查研究，才能更好地了解和把握消费者的心理，进而对其消费行为进行准确的预测，并以对都市型现代农业相关产品和服务市场的预测结果为依据，进行资源的配置，实现都市型现代农业产品及服务的有效供给。

二、城乡一体化发展理论

（一）城乡一体化发展理论的提出

恩格斯在分析社会发展情况时，提出了"城乡融合"的观点，他认为城市和乡村的对立是可以消灭的，而且消灭这种对立是工业生产本身的直接需要。正如消灭这种对立已成为农业生产和公用事业的需要一样，只有通过城市与乡村的融合，才能使城市和农村都获得更好的发展环境。这里的"城乡融合"就是指城乡一体化。

（二）城乡一体化发展理论分析

城乡一体化理论认为，在人类社会发展的早期，城市脱离乡村而独立出来，但随着人类社会的进一步发展，城乡必将从分离发展到融合，并进一步实现城乡一体化，这是人类社会发展的必然规律。都市型现代农业发展是以城乡一体化理论为基础的，它改变了传统的城乡对立观点，追求城乡之间的有分工、多层次、一体化的新经济格局，并追求都市与乡村经济、社会、环境的协调统一。随着都市型现代农业的发展，必然会产生城乡经济融合、产业融合、劳动力融合，最终完成城乡一体化。

北京在发展都市型现代农业时，应从经济融合、产业融合、劳动力融合等几个方面着手，促进城乡一体化。首先从城乡经济融合的角度，促进城乡经济的互动互促；其次，在产业融合方面延长农业产业链，发展农产品加工业，推动成品农业的发展，并使农业向第三产业渗透，发展观光农业、休闲农业、体验农业，实现城乡产业全面融合；第三，促使劳动力在城乡之间良性流动，充分发挥人力资源优势，促进城乡一体化经济走向繁荣。另外，城乡一体化还有助于都市地区生态环境的改善，都市人口居住地向乡村的扩展能缓解城市人口过于密集的压力，这有助于改善都市生态环境，同时也能提高乡村土地的经济价值。都市绿化农业的发展一方面可以美化都市城市环境、改善生态状况，另一方面也可以提高农民的经济收入，促进都市型现代农业的效益提高。总之，城乡一体化最终会促进北京都市型现代农业的发展。

三、民俗学理论

民俗即民间风俗习惯，指一个国家或民族中广大民众在长期的历史生活过程中所创造、享用并传承的物质生活文化和精神生活文化。它反映了人们心灵、情感、精神、思想等内在素质，并体现在他们由这些素质外化出的各种行为习惯和语言方式上，其载体是不同民族、不同地域的人类自身。民俗还包括了人们根据世代传承的技艺所进行的生产活动及其物质产品。

民俗是民间文化中带有集体性、传承性和模式性的现象，形成于过去，影响表现到现实生活。从文化角度来说，民俗文化可以分为三个层面：物化民俗、制度民俗和精神民俗。物化民俗是指当地人们模式化了的物质产品创造方式，如饮食、服饰、住宅、特产和田园、牧场及生产交通工具等；制度民俗是当地社会组织体制和运作方式，对个人参与社会活动具有规范性意义，如节庆民俗、礼仪民俗及娱乐竞技等；精神民俗主要是当地集体性意识形态，如道德观、伦理观、宗教信仰等心理习惯和语言习惯、民间文学。

民俗文化是民众的生活文化，它与民众所处的特定的自然、人文环境紧密相关，它是都市农业发展的重要文化资源。一个国家或地区的民俗特点越鲜明、原始氛围越重、地方差异越大、生活气息越足，就越具有吸引力。我国传统社会是以农耕生产为主业的社会，因而围绕着农耕生活累积形成的民俗本身就具有一种大农业的特点。利用乡村特有的民俗风情，组织开展休闲、游憩、考古、体验等休闲活动是都市农业的重要方式。利用民俗文化打造都市型现代农业，不仅有利于宣传我国灿烂悠久的历史文化，而且也有利于提升都市型现代农业的品位。通过这种城乡间的人流互动和文化交流，有利于农村传统文化资源的传承与保护、有利于城乡文化的交流与传播，推动城乡一体化发展。

四、公民素质理论

加强公民意识培养是当前世界各国现代化进程中普遍关注的话题。许多国家在面向 21 世纪的教育计划中，都把公民教育列入重要的议事日程。在我国，公民素质是现代化建设必须正视的重要国情。公民素质的提高对于经济社会发展具有特殊意义和重要作用。公民作为和谐社会的基本单位，是构建和谐社会的主要力量。而公民能否发挥有效作用的关键在于公民是否具备适应构建和谐社会的素质，构建和谐社会需要独立、理性、能够将权利和责任统一的现代公民。公民素质应包括主体意识、权利意识、责任意识、参与意识、守法意识和道德意识六个方面。

农民素质是我国农业现代化建设必然面临的问题。现代农业发展的基础是农民素质的提高，无论是现代物质条件、现代科学技术，还是现代产业结构的提升或现代经营形式，都不可能由传统农民和"老农民"老完成。因此，现代农业的关键在于能否塑造出新型农民。

都市型现代农业是现代农业在大城市的一种表现方式。要实现都市型现代农业快速发展，必然相应地要培育懂科学、会经营、善组织、有文化的新型农民。新型农民的素质是由一系列知识、能力、观念和道德品质构成的，要建设都市现代农业，现阶段特别强调农民正确使用科技的能力、组织能力和文化素养。组织能力解决的是农业的集约化、产业化问题，是保护农民自身利益，促进农业健康发展的重要前提；文化素养是农业产业健康发展的内在保障，包括树立科学发展的理念（如生态农业问题），具有高度的社会责任感和良好的道德品质。农民素质的提高以及农民教育的发展要着眼于农村与农业制度创新。

五、产业文化理论

文化是指人类在社会历史发展过程中所创造的物质财富和精神财富的总和。产业文化是指存在于产业的物质器物、景观及非物质的价值观念、宗教、信仰、风俗、规范、语言与文字等。它除了包括产业生产所衍生的技术或经济活动外，还包括休闲娱乐、生活、教育、空间和生态、环境保护、习俗、传统技艺、特殊才能、民间礼俗等多层面的价值和活动特性。产业文化受地方文化长时间的影响而成，不同产业、区域、民居和风俗等因素，均对形成地方特色的产业文化有所影响。

产业文化以产业为基础，展现出与之相关的物质、行为、制度、精神等方面的文化现象，对提升产业生命力具有重大作用。因此可将产业文化分为物质文化、行为文化、制度文化和精神文化四个组成部分。其中，产业的物质文化主要体现在饮食文化、产业空间、建筑风格和布局等方面；产业的行为文化包括生产方式、生活方式、商贸行为、行业分工等；产业的制度文化包括社会制度、经济制度和社会规范等；产业的精神文化则包括风俗节日，宗教信仰和历史轶事等。

中国的传统文化就是农耕文化，农耕经济是中国传统文化产生和发展的经济基础，它贯穿于中国传统文化发展的始终，对中国传统文化特征的形成产生过多方面的影响。农业文化是由农业生产实践活动所创造的、与农业生产活动直接相关的和对农业生产活动有直接影响的各种文化现象的总和。农业文化是中国传统文化的根柢。

都市型现代农业文化是指由都市型现代农业生产实践活动所创造的各种文化现象的总和。都市型现代农业文化是传统农耕文化与商业文明的交融。实质上，都市型现代农业在文化的本质上具备了城市化和工业化属性，它实现了乡村文化和城市文化的集合，也实现了农耕文明和商业文明的融合。相应地，都市型现代农业文化可分为智能型都市农业文化、物质型都市农业文化、规范型都市农业文化、精神型都市农业文化四个组成部分。智能型都市农业文化包括各种高新农业科技，如胚胎工程、籽种农业、生物制药、数字农业等；物质型都市农业文化包括各种有形都市农产品，如绿色天然食品、有机农产品、品牌农产品等；规范型都市农业文化包括各种与都市农业相关的社会制度、法律法规、规章标准等；精神型都市农业文化包括各种无形产品，如农事节日、传统节日习俗、神话传说、诗词歌赋、民间谣谚等。

执笔人：史亚军

第四节　生态学理论

都市型现代农业是高层次、高科技、高品位的绿色产业；是完全依托于城市的社会经济和结构功能的生态系统；是按照市民的多种需求构建、培育的融生产、生活、生态、科学、教育、文化于一体的现代化农业体系；是城市复杂巨大的生态系统不可或缺的组成部分。都市型现代农业发展必须要遵循生态学发展规律。

一、循环农业理论

以沼气为纽带的循环农业是一种经济效益、生态效益和社会效益并重的新型农业发展模式，是我国农业发展的必由之路。循环农业是以循环经济理论为指导，以经济效益为驱动力，以节约农业资源、保护生态环境为主要目的，通过农业生态系统的调控而实现其发展目标，在既定的农业资源存量、环境容量等的综合约束下，应用产业经济学与农业生态学的原理，按照可持续发展农业的原则和农业发展方式转变的要求，实现物质的多级循环使用和产业活动对环境的有害因子"零排放"，真正实现经济效益、社会效益和生态效益协调统一的农业可持续发展模式。

循环经济是在全球人口剧增、资源短缺、环境污染和生态蜕变的严峻形势下，人类重新认识自然界、尊重客观规律、探索经济规律的产物。循环经济的核心理念是"物质循环利用、能量阶梯利用、减少环境污染"。何尧军等指出"循环经济是一种以资源的高效利用为核心，以减量化、再利用、资源化为原则（3R原则），以低投入、低消耗、低排放和高效率为基本特征，符合可持续发展理念的经济发展模式"。3R原则中减量化原则针对输入端，要求用较少的原料和能源投入来达到既定的生产目的或消费目的，进而达到从源头上节约资源和减少污染，再利用原则针对使用过程，尽可能多次使用物品，避免物品过早地成为垃圾；资源化原则针对输出端，把社会消费领域的废弃物进行回收利用和再资源化"。在循环农业中，循环经济的"3R"原则得到充分的体现：循环农业要求尽量做到外界物质能量输入的减少，最大限度地利用已投入生产和消费系统的物质和能量，通过"资源——利用——资源"方式，提高经济运行的质量和效益，达到经济发展和资源、环境保护相协调，实现农业可持续发展战略目标。

二、景观美学理论

景观是具有多重价值的地理实体，通常它具有经济（区位、生产力）、生态与美学三方面的特性与价值。

景观美学是应用美学理论研究景观艺术的美学特征和规律的学科。景观美学涉及的范围甚广，除了对美学基本原理的运用，还包括民俗、艺术等方面的内容，它是生态美学和环境美学的具象化和人居化，是建筑美学的延伸和拓展。

景观美学的理论建构中应该始终体现功能性、艺术性和生态性相统一的原则。这既是从景观设计与规划艺术自身发展的特点和规律提出的要求，也适应了当今城市化进程中应该尊重自然保护环境，走可持续发展之路的需要。此外，设计适度性原则、文化传承性原则、地域化原则等也均是在当代审美文化与和谐社会的城市文化建设实践的有机体中多层次、多方位、动态地提升景观美学的理论建构水平和现实审美价值的题中之意。

都市型现代农业的景观有其特殊的美学价值，有自然风景美（桑基鱼塘、牧歌草原、金色的麦浪、成片的橘园）、文化景观美（茶艺、竹艺、农村文化）、工程设施美（高科技连栋大棚、沟渠设施）、生态和谐美（人与自然的融合）等。从农村地理学角度看，农村景观景致是在农村地区具有一致的自然地理基础、利用程度和发展过程相似、形态结构及功能相似或共轭、各组成要素相互联系、协调统一的基础上存在的。它是指农村地域范围内不同土地单元镶嵌而成的嵌块体，包括农田、果园及人工林地、农场、牧场、水域和村庄等生态系统，以农业特征为主，是人类在自然景观的基础上建立起来的自然生态结构与人为特征的综合体。

景观美是景观师对生活（包括自然）的审美意识（思想感情、审美趣味、审美理想等）和优美的景观形式的有机统一，是自然美、艺术美和社会美的高度融合。景观美学原理对都市农业区的景观设计具有重要的指导作用，能够深化设计者对自然景观、人工景观和人文景观进行感性认识和理性认识，并更好地把握大众审美心理。

三、景观生态学理论

景观生态学是在20世纪60年代的欧洲形成的，到20世纪80年代为北美所普遍接受。它是研究在一个相当大的区域内，由许多不同生态系统所组成的整体（即景观）的空间结构、相互作用、协调功能及动态变化的一门生态学新分支。景观生态学理论是结合生态学思想的景观规划把景观客体和人看作一个生态系统来设计，认为景观质量是由景观客体中相互依赖且呈动态和整体特征的各个部分所决定。与传统生态学研究相比，景观生态学更加强调空间异质性、等级结构和尺度在研究生态学格局和过程中的重要性，以及人类活动对生态学系统的影响，尤其突出空间结构和生态过程在多个尺度上的相互作用。

每个生态系统即景观要素都由其中的植物、动物、生物量等组成并在景观中呈异质性分布。景观异质性的特点决定了没有任何景观可以在自然条件下达到同质性，也决定了景观的多样性。景观系统在结构和功能方面随时间推移而不停地发生变化，即景观变化。景观的变化是一个缓慢而长期的永恒的过程。影响景观变化的因素主要包括自然因素和人类行为因素。

景观生态学对时空尺度和人文因素的综合考虑使得它成为景观规划设计的中心理论。景观生态规划的主要特点体现在规划思想上的多角度、多层次、综合性、宏观性及开放性。景观生态规划原理是在对各种设计思想兼收并蓄基础上形成的，以地理学的格局研究与生态学的过程研究相结合作为原理的核心，吸收园林及建筑美学思想，综合考虑各种社会学、经济学、环境学、文化人类学等因素，并强调规划设计的动态调整。

农村景观与城市景观、自然景观有本质差异。它是自然与人为因子交互作用下的景观基本类型之一。农村景观是农村地区范围内，经济、人文、社会、自然等多种现象的综合表现。农村地区除聚落外，大部分的土地都作为作物栽植、水产养殖或放牧等用途，是由当地生产条件、居民生活方式、社会文化背景等因素交互作用而成的生态空间。从景观生态学的角度看，农村是一种人口相对聚居的、以耕种为主业的田园景观。在生态结构和特征方面，农村以面积广大的农田，呈斑块状的村庄，呈廊道状的河流、农渠和道路的功能为主。

为了在生态环境可持续发展的基础上创造经济利益以达到生产发展的目的，都市型现代农业在进行景观规划和设计时，要根据景观生态学的原理和方法，合理地规划景观空间结构，使景观要素的数量及其空间分布合理化，使景观不仅具有一定的美学价值而且符合景观生态学原理。

四、田园城市理论

田园城市理论是由英国社会活动家埃比尼泽·霍华德（Ebenezer Howard）在 1989 年出版的《明日——条通向真正改革的和平之路》一书中提出的。该理论倡议建设一种兼具城市和乡村优点的田园城市，而若干个田园城市围绕中心城市，构成城市群，即社会城市。它反映了当时人们对理想城市的一种思考。该书自问世以来，受到广泛的关注，被学界奉为现代城市规划领域中的一部经典著作。田园城市理论至今仍对城市建设有很大的启发和指导意义。

田园城市理论有着时代社会背景以及深厚的思想渊源。

从 18 世纪后半叶开始，英国和其他西方国家先后经历了工业革命。工业革命促进了城市化的进程，农村大量的劳动力涌入城市，出现了一系列的社会问题和环境问题：城市人口和用地急剧膨胀，城市原有的市政基础设施不堪重负；大量贫民窟产生，居民住宅需求问题日益突出；城市空气和水域受到污染，城市环境恶化；城市流行病肆虐。这时候人们渴望有一个健康、有序而美丽的城市，同时也认识到城市规划的必要性，于是对城市规划问题的研究显得日益急迫。正是在这样的时代背景，催生了田园城市理论。

霍华德设想的田园城市是一个占地 2 400 公顷、人口为 3.2 万人的城乡一体化的城市。城区平面呈圆形，中央是一个公园，由六条主干道路从中心向外辐射，把城区分为六个扇形地区。在其核心部位布置一些独立的公共建筑。在城市直径外的 1/3 处设一条环形的林荫大道，并以此形成补充性的城市公园，在此两侧均为居住用地。在居住建筑地区中，布置学校和教堂，在城区的最外围地区建设各类工厂、仓库和市场。当田园城市发展到一定的规模，则由若干个这样的田园城市围绕一个占地4 860公顷、人口为5.8万人的中心城市形成社会城市。其中每个城市之间设置永久的隔离绿带，并通过放射交织的道路、环形的市际铁路、从中心城市向各田园城市放射的上面有道路的地下铁道和市际运河来相互联系。通过上述各种规划，将城市和乡村的各自特点吸取过来，取长补短，加以融合，形成一种具有新的特点的生活方式。所以说田园城市根本的目的就是建立一个这样的"城市—乡村磁铁"。

田园城市理论不仅仅只停留于城市规划，它更多涉及了社会改造的问题。霍华德对城市收入来源、土地的分配、城市财政的支出、田园城市的经营管理等都提出了具体的改革建议。

田园城市理论的影响广泛且深远。从城市运动到卫星城建设，到战后新城运动，直至20世纪80年代以后的"新城市主义"无不受到田园城市理论的影响。从广度上来讲，田园城市理论影响到了除英国之外的其他许多国家。美国在其影响下有过田园城市运动，在理念上把田园城市的基本原则与广泛意义上的区域规划结合了起来，并导致"邻里单元"与"瑞本模式"两个新概念的出现。在法国，在巴黎周围出现了类似的田园城市，之后又在巴黎四周建成了高密度住宅区作为卫星城。此外，在日本与澳大利亚，城市规划方面都可以看到田园城市理论的影响。

田园城市理论对于现如今的城市绿地系统规划的影响也是十分深远。霍华德在其理论中划出了大量农田和绿化用地，并出现了服务性绿地，例如中央公园以及林荫大道。同时，他提出用绿地来控制城市的无限制蔓延。田园城市理论使得城市绿地系统规划从局部的城市调整转向对整个城市结构的重新规划。

五、可持续发展理论

（一）可持续发展理论的提出

可持续发展理论的提出是人类社会发展观的重大突破。人类社会发展到今天，人们在享受农业文明和工业文明的同时，也为环境的破坏和资源的枯竭付出沉重的代价。生态的失衡、资源的枯竭和自然灾害的频繁正威胁着人类的生存和发展。反思过去，人们意识到人类不能仅仅向自然界索取，而应追求自然环境、经济、社会的协调发展，人类必须解决人类自身无限发展的需求与自然资源的有限性这一基本矛盾。人们追求的可持续发展经济模式应该是经济发展的生态代价和社会成本最低的经济模式。

（二）农业的可持续发展

农业的可持续发展是在合理利用和维护资源与保护生态环境良性循环的同时实行农业的结构调整和技术革新，以生产丰足的食品和纤维，来满足当代人及其后代对农产品的永续需求，促进农业的合理发展。我国人口众多，多年来由于粮食需求的压力，使许多宜农或不宜农的土地都变成了农田，结果破坏了原有的生态环境，水土流失严重，恶化了农业的生存环境，背离了农业可持续发展的方向，破坏了后世子孙赖以生存的农业资源。现在，我国粮食供求已基本达到平衡，而且丰年粮食有余，农产品市场上的供需矛盾主要是结构性矛盾，而非总量上的矛盾。在这种情况下，实行退耕还林、还草，调整农业结构，发展可持续农业已经成为我国农业发展的必然选择。

农业是自然再生产与经济再生产的结合，农业再生产的可持续性具体表现为生态的可持续性、经济的可持续性和社会的可持续性三个方面。生态的可持续性主要是指合理利用资源并使其永续利用、同时注重防止环境退化。农业资源包括可再生资源和不可再生资源，可再生资源如光、热、水、生物等自然资源，这些资源可以年复一年地自然更新并被重复利用；不可再生资源如化肥、农药、土地、机械、电力等，这类资源会越用越少，并且无法再生。除了太阳能之外，大部分的可再生农业资源其再生能力也是有限的，如果使用得当则可以永续利用，如果使用不当或不重视保护则可能枯竭消失。经济可持续性是指经营农业的经济效益良好，其产品在市场上竞争能力也保持良好和稳定，这直接影响到生产能否维持和发展下去。在市场经济条件下，一种生产模式或某项技术措施能否推广和持久应用主要是看经济效益如何。社会可持续性是指农业生产与国民经济总体协调发展，农产品能满足不断发展变化的市场需求。同时，农业生产结构和布局合理，区域和地区经济发展平衡。总之，我国农业可持续发展应是以上三个方面的综合发展，不能偏废任何一个方面。

（三）都市型现代农业的可持续发展

　　大都市往往人口密集、交通拥挤、环境污染严重，通过发展都市型现代农业可以改善整个城市的生态环境，促进城郊产品型农业的发展和服务型农业的发展，从而推进都市经济整体发展。但是，在发展都市型现代农业的同时，必须重视可持续发展问题。可持续的都市农业是城市经济与周边农业的有机结合，这样的都市型现代农业不仅技术发展水平高、经济效益好，而且还能改善城市的生态环境。这样发展的结果是既能使农业永续地为人们提供优质农产品，又能使乡村环境优美并能长久地为人们提供旅游观光、休闲娱乐等服务。可持续发展的都市型现代农业应成为集生态、生产、服务等功能为一体的现代化城郊农业，既具有良好的生态效益又具有很高的经济效益，既有高科技含量和高投入又有由高质量的产品和服务而带来的高产出。

　　产品型都市农业有生态农业、设施农业和创汇农业三种形式。生态型农业是运用生态学原理和系统科学方法，把现代科学技术成果与传统农业技术的精华相结合而建立起来的具有生态合理性的现代农业体系，它既代表了我国现代农业发展的方向，又是全球可持续农业发展的一种具体形式。近年来我国的大城市开始了建设生态农业的实践，而且发展很迅速。设施农业是在一定的技术设施条件下，由人工控制环境条件、对农业进行科学管理的一种生产方式。设施农业开始于蔬菜的保护与栽培，目前已广泛应用于种植业、畜牧业和水产养殖业之中。其主要特点是对环境因素的控制能力强，能使生产不受地区和季节的限制，做到周年均衡生产。随着都市型现代农业的进一步推进，都市设施农业的发展将成为一种必然趋势，因为它改变了农业依赖于自然的固有特征，实现了农产品的工业化生产。创汇农业是一种以出口创汇为中心的外向型农业经营模式，大都市有资金、科技、信息等方面的优势，在提高农业的外向化程度和产品在国际市场上的竞争力方面有很大的优势，因此，都市农业应率先实现国际化经营，大力发展创汇农业。农业参与国际市场竞争更应注重无污染、无公害，以保证在生态上和经济上的可持续发展。

　　服务型都市农业包括绿化农业、旅游农业和休闲农业三种形式。绿化农业是改善城市生态环境、发挥都市的生态功能的重要手段。大都市多数都受到环境污染的影响，绿化农业可以提高城市的环境质量、美化和装点城市，同时还可以带动园林业、花卉业、旅游业和房地产业的发展。因此，绿化农业可以促进城市的生态功能和经济功能的可持续发展。旅游农业是将农业生产过程和农业景观与旅游观光结合在一起的都市农业发展模式。他利用农村景观和农业生产场所吸引游客前来观光、游览、品尝、体验，是一种全新的农业经营模式。都市郊区通过发展旅游农业一方面可以丰富人们的精神生活，另一方面也可以提高农村土地的利用率和收益率，同时还可以促进城乡之间的交流。休闲农业涵盖了现代休闲度假的全部功能，是都市农业可持续发展的又一模式。参与休闲农业消费的人可以参与农业生产和农村生活体验，还可以学习民俗技艺与民间传统文化。休闲农业的实质就是利用农业的自然属性和乡间的风土人情满足市民休闲度假等生活需要的农业经营模式。服务型都市农业由于其自身的服务性质和经营方式的特点，决定了他必须走可持续发展的道路。也只有走可持续发展的道路，服务型都市农业才可能长期吸引顾客、才可能赢得长期经济效益。

执笔人：史亚军

第二章　国外都市型现代农业发展

第一节　国外都市型现代农业发展状况

一、日本

一般认为，都市型现代农业概念最早起源于日本。早在 1930 年《大阪府农会报》上就介绍了北中通村（现泉佐野市）的"都市型现代农业"。1935 年，日本著名学者青鹿四郎在其《农业经济地理》一书中引用具体事例分析了"都市型现代农业"的涵义。20 世纪 60—70 年代是日本经济高速发展的时期，也是日本都市型现代农业发展最迅速的时期。

尽管日本是最早开始发展都市型现代农业的国家，但其产生并不是有计划地进行的，而是被动地产生和发展的。第二次世界大战以后，日本的城镇化发展非常迅速，许多农用地被规划为工业和城市建设用地。当时有部分农民反对将农用地变为建设用地，要求保留农用地，继续从事农业经营。农民的这一要求，引起了日本政府的重视，并使得农业在都市得以保留和发展。

（一）日本都市农业的分布范围

日本都市农业的空间范围一般是指都市半径 2~3 倍距离范围内的农业区域。在东京是以日本桥为中心，在大阪市是以心齐桥为中心，在名古屋市是以荣町十字路为中心，涵盖了其周边 2~3 倍都市半径内的区域。在 20 世纪 60—70 年代，这三大都市圈不断扩张，导致都市内部及周边的农业用地大幅度减少，有些农用地最终被隔离成为城市中的孤岛。结果使许多农用地存留于高楼大厦之间，小块、分散的土地利用方式是也日本都市农业的主要特征之一。

因此，日本的都市农业被称为是存在于都市中的农业，是农业在城市中的遗存，也被称为是保全型农业、再生型农业。日本的都市农业虽然面积小而分散，但借助于信息传递迅速、产品销售和生产资料运输等方面的便利，再加上经营者拥有的技术优势，因而它以强大的生命力生存于工业化的大都市之中，并成为现代都市中不可缺少的产业之一。

（二）日本都市农业的功能

1. 提供都市居民所需的生鲜农产品

以东京为例，有 9 000 公顷农用地，相当于东京总面积的 4.1%，有农户 15 460 户，其中专业农户占 16.5%。这些农户承担着为东京市内居民提供新鲜蔬菜等农产品的功能，但这种生产性功能有不断衰退的趋势。目前，东京地区的蔬菜自给率已经降为 7%。

2. 城市绿地功能

在东京城区市内镶嵌在高楼大厦之间的农用地共有 5 114 公顷，美化城市环境的绿地功能十分明显。据调查显示，邻近绿地的住宅估价较高，临近农用地的住宅因农用地有耕种活动因而估价更高。

3. 防灾及作为灾害发生时的疏散空间

镶嵌在高楼大厦之间的农用地，除了具有绿地功能和观赏功能之外，当灾害来临时，还可以充当疏散场所。比如地震发生时，城市中的农用地就可以用作避难的空间场所。

4. 为市民接触农业提供了场所

日本的市民农园、学童农园等数量较多，这为都市区的市民接触农业、了解农耕提供了最佳场所。

5. 农业也是都市地区人口的就业形式之一

经营农业在都市地区也是令人羡慕的职业，从事农业也属于最佳职业之一，都市中的农业是最有趣和最有活力的产业之一。

6. 农用地起到弥补都市空间设施单一化的效果

都市地区高楼林立、拥挤繁杂，城镇化发展加快了都市的喧嚣和拥挤，而在高楼大厦之间存在一部分农用地，可以起到舒缓都市空间设施过于单一化和过于拥挤的作用。

7. 为城市增添独特的农业景观和生机与活力

在建设有"农"的都市理念中，农业作为重要角色给都市带来温馨与独特的魅力，被人们称为是都市的"后花园"。从现代化都市的建筑、文化、景观、公园绿地、街道树木、休闲生活广场和田园风光等多方面的需求来看，没有农业的都市显得缺乏生机与活力。

（三）日本都市农业的基本特征

日本的都市农业主要集中在"三大都市圈"内，即东京圈、大阪圈和名古屋圈。东京圈是日本最早提出有计划地建设都市农业的地区，其都市农业发展也处于领先的地位。日本都市农业伴随着城市建设而产生，也伴随大城市地区经济的繁荣而成熟。日本的都市农业主要呈现以下特点。

1. 都市农业呈片状与点状分布

从20世纪50年代开始，日本城市经济高速发展，城市人口增长迅速，城市中建设用地、工业用地、商住用地的需求不断增长，许多耕地被开发为非农业用地，但仍然由于人多地少而使城市周边的地价飞涨。

由于日本是土地私有制的国家，传统的土地拥有观念很强，土地作为稀缺资源既可增值又可保险，因而农民不愿意放弃土地。日本政府为了保护耕地也采取了一些较为有效的措施，所以至今在大都市内还是保留了不少耕地。这些耕地往往面积不大，在大城市内呈现点状分布。与点状分布的农用地并存的是在城郊地带也有一些规模较大的成片农田。

2. 以蔬果园艺产品生产为主的都市农业产业结构

日本都市农业呈点状和片状镶嵌在大城市之中，不仅起到了绿化环境、改善城市生态的作用，还为市民提供生活所需的优质蔬菜和水果等产品。在2000年，东京有农田9 000公顷，其中旱田占74.2%，主要生产蔬菜、花卉等园艺类农产品，果树林地占21.4%，水田占4.4%。

3. 都市农业设施先进

日本农业在20世纪70年代就基本实现了农业机械化。在政府的财政支持下，都市农业生产开始向现代化和智能化的方向发展。政府提供的农、林、水产业补助金主要用于农业基础设施和经营设施建设等项目，具体用于项目补贴和农业贷款利息补贴，这对都市设施农业的发展起到了重要的促进作用。日本都市农业的园艺设施采用了先进的技术，实现了小型化、集约化经营，蔬菜与花卉生产的80%实现了现代化设施栽培，其商品率在90%以上。

4. 都市农业的劳动力呈现兼业化、高龄化和女性化趋势

日本农民按照从事职业的情况被分为三种：第一种为专业农户，即全部家庭劳动力从事农业；第二种是以农业为主、兼作他业，称为第一种兼业农户；第三种是以他业为主、以农业为副业，称为第二种兼业农户。目前，农村中专业农户所占比重不到20%，第一种兼业农户占15%，第二种兼业农户则占65%以上。

自从20世纪60年代以来，日本女性劳动力在农业劳动力中所占的比重不断增加，70年代为33%，80年代为43%，90年代高达61%，同时，农业劳动力也呈现出向高龄化发展的趋势。据统计，大城市郊区农民近半数超过65岁，从事科技含量高的设施蔬菜生产的菜农也有30%超过了60岁。

（四）日本都市农业的经营类型

日本都市农业经过几十年的发展，已日臻完善。其经营类型主要有以下几种。

1. 农业公园

农业公园是日本城郊出现的一种休闲型农业设施。由农业部门开发建设，主要资金来源于国家和地方财政。比如，大阪市城郊的农业公园内有各种农业生产分区，根据植物种类和生产方式而定，比如有葡萄园、梨园、玫瑰园等，可供市民采摘或观赏。在玫瑰园中，收集了国内外400多个玫瑰品种，颜色各异、花枝招展，令人赏心悦目。园内的热带植物温室，将各种高大新奇的植物品种展示出来，让人尽享自然之美。设施农业生产区向市民介绍农业生产技术的新发展。

大阪市城郊的农业公园内还建有民间艺术交流厅，所有艺术品的原料均来自于农产品，如干花、麦秸、树皮等，赋予农业生产浓重的文化色彩。此外，还有各种娱乐和餐饮设施。在经营方面，农业公园根据一年四季的生产变化推出各种主题公园活动，举办特色婚礼等，因而吸引了大量的市民参与其中。在管理方面，为保证投资的有效性，政府部门委派人员直接介入公园的日常管理。总之，日本的农业公园项目的社会效益十分显著。

2. 农业特区

农业特区是日本千叶县开辟的山地农业项目，其目的是利用山区农地开展农村和城市间的交流活动。千叶县南部山地较多，比如在鸭川市，大块平坦的农田面积为3 000公顷，山地面积为1 200公顷。随着农业生产机械化程度的提高，大块平坦的土地容易被农民的后代所继承，而小块的土地则往往遭遇弃耕。针对这种状况，地方农协开发了农业特区项目，即由农协出面以低价收购农民欲丢弃的土地，集中进行开发经营。

对这些土地的开发方式之一是建立学校的自然基地，使之成为城市中学校开展有关农业生产的实地教育基地，让学生亲自插秧、收割，体验农业生产；方式之二是将小块土地租给市民，供其业余时间前来劳作休闲，市民在周末和节假日来到自己承租的土地上劳动，比如种菜、种花、插秧等，其他时间可以委托农协代为管理。这种方式能让市民在紧张的工作之余，体验自然环境，使身心得到放松，并感受到农业生产带来的愉悦。

此外，农业特区还不定期地开展风筝节、插秧比赛、磨豆浆等活动，吸引广大市民积极参与。目前，千叶县的农业特区项目已经在全国范围内引起了很大的反响。

3. 农业观光园

农业观光园是町村（相当于我国的街道、村委会）办的农户合作制项目，是由町村组织、农户参加建设的观光园。观光园以农田生产设施为主，配套建设小木屋、会议室、餐厅等，接待城市游客。观光园内建设各种小型农园，一般占地面积在 1 亩①地以内。小型农园有两种出租方式，一种有配套住房，适合于距离较远的客人；另一种没有配套住房，适合于稍近一些易于往返的市民。

观光园项目在早期难以被农户所接受，但随着市场的不断扩大，越来越多的农户愿意参加进来。观光园主要由国家、地方政府和农户投资，预计用 10 年左右的时间就可收回投资。观光园定期在媒体上进行广告宣传，此外，还经常组织啤酒节、烤肉聚餐等活动。目前，农业观光园在日本已经被众多的市民所熟知和喜爱。

4. 家庭农庄

农业公园、农业特区和农业观光园主要还是政府或农协组织开发的项目，而家庭农庄则完全是由农民或农场主从自身的农业资源中开发出来的另一类休闲农业。主要是农民将废弃或多余的农舍加以改造，并提供给都市休闲度假者前来住宿和休息。

另外，日本的都市农业还有银发族农园、农村留学等其他形式。

（五）日本的都市农业政策

在发展都市农业过程中，为了维护都市的秩序，推动都市农业建设与运作的规范化，日本制定了有关法律法规，对都市农业实行严格的管理。

在 1969 年实施《新都市计划法》时，日本将都市土地分为市街化区域和市街化调整区域，大量农用地被划入属于都市发展之列的市街化区域。1974 年 6 月 1 日颁布实施的《生产绿地法》规定，市街化区域内 500 平方米以上规模的地块，经过勘察认为具备继续供农、林、渔业使用的农用地，可以列入生产绿地地区。1990 年 9 月 20 日，政府颁布了《市民农园整备促进法》。1991 年，政府为了增加都市住宅土地的供给，又对《生产绿地法》进行了再一次的修订。

目前，日本的都市农业主要向以下几个方向发展。第一是生产逐渐规模化。日本小规模的农业生产成本比美国大规模的农业生产成本高出几倍甚至几十倍。因此，日本政府采取相应措施（比如给予贷款及贴息），鼓励农户扩大农业生产规模。第二是农业结构逐步调整。逐渐淘汰效益低、成本高的农产品生产，大量生产绿色食品和保健食品。第三是生产手段向全自动化、设施化、智能化方向发展，尤其是蔬菜和水果的设施栽培，一年四季都可生产各种洁净的时令鲜果菜。

二、德国

德国的市民农园是都市农业最早的生产组织形式。市民农园起源于中世纪德国的 Klien Gorden。那时德国人多在自家的大庭院里划出一小部分土地作为园艺用地，享受亲手栽培作物的乐趣。而德国都市农业的真正发端一般认为始于 19 世纪。19 世纪初德国政府为每户

---

① 1 亩＝1/15 公顷。

市民提供了一小块荒丘，市民用作自家的"小菜园"，实现蔬菜生产自给自足。19世纪后半叶，德国正式建立了"市民农园"体制，主要是从建立健康社会的理念出发，让住在狭窄公寓里的都市居民能够得到充足的营养。近年来建立市民农园的宗旨已经发生了很大的变化，转向为市民提供体验农家生活的机会，使久居都市的市民享受田园之乐。

德国都市农业以市民农园为代表。德国政府于1983年对《市民农园法》进行了修订，并规定了市民农园的五大功能：一是提供体验农耕之乐趣，二是提供健康且自给自足的食物，三是提供休闲娱乐及社交的场所，四是提供自然、绿化、优美的绿色环境，五是提供退休人员或老年人最佳消磨时间的地方。

市民农园的土地来源于两大部分，一部分是镇、县政府提供的公有土地，另一部分是居民提供的私有土地。每一个市民农园的规模约有2公顷。大约50户市民组成一个集团，共同承租市民农园，每个承租人租地100平方米。租赁者要与政府签订为期25～30年的使用合同，自行决定如何经营，种花、植草、种菜或是栽树、养鱼，政府都不加干涉，但其产品不能出售。如果承租人不想继续经营，可以中途退出或转让，市民农园管委会会选出新的承租人继续租赁，新承租人要承担原承租人合理的已投入的费用。目前，德国市民农园呈兴旺发展之势，承租者已超过80万人，其产品总产值占到全国农业总产值的三分之一。

除市民农园外，德国设有农产品购销合作社，以及奶制品、马铃薯、甜菜加工合作社等。在德国，几乎所有的农民都参加1～3个合作社。各种合作社在区域范围内成立联社，并设立全国机构。各种农民合作组织的最高联合机构是设在波恩的德国赖夫艾森合作联社，它代表农民在经济、法律、税收政策等方面的利益，负责咨询并设立合作组织基金，保持与政府及国内外农民合作组织的联系。正是这种合作社保障了分散的市民农园在产、供、销和技术方面紧密地联系在一起。

德国的都市农业属于生活社会功能型。除了市民农园和农产品购销合作社之外，还有休闲农庄。休闲农庄主要是吸引游客前往农庄休闲度假，与农庄主人一起生活、居住，游客可以尽情欣赏田园风光，体验农庄生活，并亲身参与农场生产活动，享受耕种与体验田园生活以及接近大自然的乐趣。

三、法国

法国都市农业属于环保生态功能为主的都市农业，是以大田作物为主，采取较大规模的专业化农场生产，逐步减少小型农场。巴黎的都市农业对城市食品供应的功能并不明显，巴黎的各种食品供应，主要经过四通八达的高速公路网，由全国各地乃至欧洲其他国家完成。所以，巴黎的都市农业突破了自给自足的生产，而突出农业的生态功能，利用农业把高速公路、工厂等有污染的地区和居民分隔开来，营造宁静、清洁的生活环境。

法国是高度城市化的国家，但其农业又非常发达。法国农用地面积为59万公顷（占国土面积的49%），林地面积27.9万公顷（占23%），非农业用地占27%。法国都市农业的组织形式以中小型家庭农场为主，在欧洲，法国是中小型农场最多的国家。

法国充分利用欧共体的农业结构调整政策，扶持和发展了各种农业协会组织，并鼓励农场间的土地合作，力图扩大土地作业规模。在农场面积较小的地区，为了解决土地过于分散的问题，提倡和鼓励农民集体生产，这样就出现了"农业土地组合"和"农业共同经营组合"等以土地合作为主的农村合作组织。到20世纪80年代中期，全国农业土地组合共有

2 000余个，农业共同经营组合达到25 000多个。

虽然巴黎大区以种植业为主，但农业对城市食品供应的功能并不明显。除农牧业生产以外，农业对生态、景观、休闲和教育方面的功能则比较显著。政府利用农业限制城市进一步扩张；利用农业作为巴黎市与周边城市之间的绿色隔离带；利用农业把四通八达的高速公路、工厂等有污染的地区与居住区分隔开来，营造一种宁静、清洁的生活环境，并成为城市景观的组成部分；通过农用地种植新鲜的水果、蔬菜、花卉等产品，作为市民运动休闲的场所，以及作为青少年的教育基地。

巴黎市的面积与北京市比较接近，是高度城市化的地区，但仍有着非常发达的农业。巴黎的农业生产是以私人农场为主。其农业的特点是：粮食生产农场规模较大，一般都有上百公顷；生产鲜活农产品的农场规模较小，一般在 10 公顷以下；农场经营的经济效益较高。

除农牧业生产外，法国重视农业在生态、景观、休闲和教育方面功能的发挥。巴黎近郊区还设立了农业保护区，主要是保护环境、文化景观遗产，特别是要保护农田及村庄。并且规定：保护区农田不允许随意侵占；超出保护范围的土地使用必须高额纳税；种树不得侵占农田；保护区土地的买卖要由政府机构监督，不得自由交易；对农民出售的土地，政府有优先购买权。保护区的功能首先是保护，并在保护的基础上进行经济开发。

四、荷兰

荷兰是欧洲具有最发达都市农业的国家，其农业以国际化、专业化、优质化和高新技术为特征。其生产组织形式以家庭农场为主，家庭农场主要采取的是集约化设施农业。设施农业和"温室革命"与完善的社会服务网络相辅相成，使荷兰成为世界农业强国。

2001 年，荷兰全国的玻璃温室面积超过了 1.06 万公顷，占世界温室总面积的 1/4。特别是在西部的威斯兰地区，温室集中连片，设施先进，以"玻璃城"驰名于世。温室配套设施齐全，配有以燃烧天然气为主的加温系统（同时配备供给 CO_2 的施肥系统）、通风系统、遮阳和保温幕、营养液循环灌溉系统和人工补光系统。

另外荷兰还通过合作组织发展规模经营。一方面是联合起来进行农产品生产、加工和销售；另一方面是利用农民的合作银行筹集资金，对农业投资。从规模上来看，20 世纪 70 年代以后，荷兰的农场数量减少了 1/4，同期玻璃温室的面积却增加了 91%；温室农场平均面积从 3 664 平方米扩大到 9 495 平方米。

农业的发展除了为荷兰人提供了优美的生活环境，而且还成为国家经济、特别是出口创汇的重要组成部分。目前，荷兰已成为世界第三大食品和农业产品出口国，仅次于美国和法国。其农产品的 75% 用于出口，每年给荷兰带来大约 390 亿欧元的收入。农业部门在国内生产总值中的贡献率约占到 12%，生产总值约达到 330 亿欧元。荷兰农业中观赏植物栽培占据着越来越重要的作用，销售额已达 45 亿欧元。首都阿姆斯特丹与周边几个城市共同发展现代设施园艺业，花卉占国际花卉市场总贸易量的 60% 以上。

多年来荷兰政府将农业定位为持续、独立和具有国际竞争力的行业，创造出了"三高一快"的奇迹，即土地生产率高，每公顷产出 2 468美元；土地创汇率高，每平方米农用地出口额 1.86 美元；人均创汇率高，为 14.06 万美元；出口增长快，1961—2000 年农产品净出口额增加了 45 倍。

荷兰都市农业是以创汇经济功能为主的都市农业。确切地说是以园艺业和畜牧业为主的出口型农业，蔬菜、花卉、猪肉、马铃薯、鸡蛋、奶酪等出口量均居世界第一位。荷兰重点发展具有设施园艺技术辐射、园艺产品集散、农业生态观光功能和地区专业分工的都市农业生产体系。

荷兰国内各地区的专业区域分工如下：北部是以奶牛饲养及奶制品加工为主的畜牧区，西部是以种植牧草为主的农牧混合区，南部是以蔬菜花卉为主的园艺区，东部是混合农业区。各地区农场根据区域分工进行专业化、集约化生产，每个农场平均只生产 3～4 个品种的农产品，由农业合作社提供完善的产销一体化服务。

荷兰发展都市农业的主要经验有以下四个方面。

1. 大力调整农业结构，发展特色农业

20 世纪初，荷兰对失去优势的粮食生产没有采取"保护"政策，而是开放粮食市场，不失时机地调整农业结构，利用廉价的进口粮食大力发展畜牧业，很快使畜牧业成为主导产业。20 世纪 70 年代，畜牧业与种植业的产值之比曾达到 2：1。后来由于欧盟共同农业政策的配额制度和国内环境问题，荷兰畜牧业的发展受到限制，此后园艺业迅速发展。20 世纪 90 年代以后，园艺业成为荷兰农业的主导产业。

2. 依靠先进的科学技术，发展都市农业

荷兰在采用节约土地技术的基础上，向资本替代劳动和技术转变，运用现代的科学技术，实现了高投入、高产出和高效益。特别是在西部的威斯兰地区，温室集中连片，设施先进。温室配套设施齐全，配有以燃烧天然气为主的加温系统、CO_2 施肥系统、通风系统、遮阳和保温幕、营养液循环灌溉系统和人工补光系统，全面实行了温、光、水、气的全自动控制。通过电脑采集环境变化数据，自动进行数据处理分析，农业生产实现了高度自动化。

3. 通过建立合作组织，发展规模经营

荷兰的农业合作社办得很有特色，其作用体现在两个方面：一是合作社从事农产品生产、加工和销售；二是利用农民的合作银行筹集资金，不断对农业追加投资。荷兰在 20 世纪 70 年代以后，农场数量减少了 1/4，同期玻璃温室的面积越来越大。同样，奶牛集约饲养规模也在扩大，产奶量也在不断提高，平均年产奶量 1 000 万吨，并加工成乳制品、黄油、奶粉和食品加工业配料，其中一半以上销往国外。

4. 大进大出，大力发展外向型农业

荷兰进口的农产品主要有两类：一是土地密集型产品，包括粮食、豆类、油料等，特别是发展畜牧业所需的大量饲料；二是进口本国不能生产或很少生产的产品，如热带水果、咖啡、可可、茶叶等。同时，荷兰发挥自身的优势，大力发展外向型的园艺业和奶牛业。荷兰的花卉、蔬菜、乳制品等的出口额均位居世界前列。

五、新加坡

新加坡是一个没有郊区的城市经济国家，自然资源十分贫乏，农产品不能自给，大量依靠进口，本地只生产少量的蔬菜、花卉、鸡蛋、水产品和牛奶。但新加坡也是一个国际性的都市化国家，享有"都市之国"及"世界花园城市"的美誉，其农业生产具有典型的都市农业特点。新加坡将都市农业发展与城市发展看作一个整体，认为工业现代化和城市现代化需要都市农业来提供良好的生态环境。

由于经营农业的自然资源贫乏，因此新加坡政府非常重视都市农业的发展。20 世纪 60

年代以来，新加坡在工业经济高速发展的同时，在过去几乎没有农村的基础上，建立起了都市农业，并使其向高科技、高产值的方向发展。他们重点建设现代集约型农业科技园，最大限度地提高农业生产力，并使之成为"都市之园"。

新加坡的都市农业模式之一是现代化的农业科技园。其基本建设由国家投资，然后再通过招标的方式租给商人或公司，租期为 10 年，现有耕地约 1 500 公顷，供 500 多个不同规模的农场经营。

新加坡都市农业模式之二是园林绿化。整个城市绿地多，花草多，公园多，街道宽敞，楼宇密度不大，园林艺术水平高，犹如将一个大都市建设在美丽的花园和花木的海洋之中。

新加坡都市农业模式之三是农业生物科技园。其农业生物科技园占地 10 公顷，拥有现代化的设备，主要从事农业技术（比如动植物基因研究、新品种选育等）研究与开发工作。

新加坡都市农业模式之四是海水养殖场。新加坡有海水养殖面积 45 公顷，主要发展海水养殖业。

六、韩国

韩国都市农业兴起于 20 世纪 70 年代后的"新农村运动"，他们发展都市农业的特点是与乡村建设结合在一起进行推进。当时，韩国政府设计实施了一系列乡村开发项目，以政府支援、农民自主和项目开发为基本方式，通过一系列项目开发和工程建设，增加了农民的收入，改善了农村的面貌。

20 世纪 90 年代，韩国政府认为已经完成了新农村运动初期的主要任务，于是便通过规划、协调、服务来推动新农村运动向深度和广度发展。在扩大非农收入、建设现代农渔村、扩大农村公路、鼓励经营农业、增加信用保证基金、搞活农用耕地交易、健全食品加工制度、建立健全农业支持机构方面推出了许多具体的政策和措施。

从 20 世纪 80 年起，韩国推行绿色观光概念。1983 年颁布了农渔村收入来源促进法，促进农户增加除农业以外的收入来源；1990 年颁布了发展农渔村特别法。这些都促进了农渔村观光休闲资源产业的开发和经营。

绿色观光农业的发展，为城市居民提供了利用业余时间在农村体验农、林、渔业的机会，加深了城镇居民对农、林、渔业的理解。此后，又逐步拓宽了地方政府实施农业政策的方案，并形成了以绿色观光为中心的都市农业发展格局。

绿色观光农业的发展对防止农村人口流失与减少农民转业产生了重要的作用，也为促进农村的发展提供了新的契机。同时，绿色观光农业作为自然导向型产业，其投资规模较小，但经营效益显著，它是一种时间消费型的休闲方式，具有很大的发展潜力。

七、古巴

古巴拥有全球规模最大的生态农业，都市居民吃的蔬菜、餐桌上的米饭，75％来自方圆十公里内的农地，当有机农业在全世界蔚为风潮，古巴农民早在 20 年前就不再使用农药化肥。古巴用多样化的耕作方式，为全世界提供另类的粮食新解。

古巴的农业被人们称为都市农业。之所以得此美称，是因为在古巴城市的中心地带大多分布着大片的旱地，比如在首都哈瓦那。从市政府街开始，沿街都有旱地分布，其面积占全市总面积的 12％，勤劳的古巴人民在这些旱地上种上了不使用农药的蔬菜和水果。出产的蔬菜和水果，可以满足哈瓦那全市 220 万居民对蔬菜和水果的消费需求。

古巴向都市农业的大转换，可以追溯到 1991 年苏联解体时。当时，古巴的食物和石油严重依赖苏联进口，苏联解体后，古巴立刻陷入食物和石油危机。因此，古巴政府推进一系列措施，如在全国实行免费出租土地政策，以推进农业发展，但由于缺乏肥料和农药，除了发展有机农业外，别无他法。为了提高生产效率，古巴也花了不少力气。另外，为了使每个人都可以及时开始农业生产，在城市街道的每个角落随处可见常驻的农业指导者，并开设了"咨询商店"。古巴政府确立"生态农业"政策后，各个大学开始进行天敌防治研究，还协助农民田间交流，分享保种、抓害虫心得。经过一连串农业改革，古巴的粮食自给率已经达到六成以上。

除了生态农业，古巴的城市中还随处可见一排排蔬菜、玉米、花卉，每块土地至少种了20 个种类的蔬菜。古巴政府将都市周围 5 公里定为城市农业，10 公里定为郊区农业，全面禁止农药化肥，都市居民可以到这里买菜，若有兴趣也可在自家门口种菜，食物里程超短，有些农民甚至会设置小型风力发电机、自制储水系统，实现自给自足的循环型农业。这种精细且多样化的种植，让古巴就算面临剧烈的气候变迁，作物也不至于全军覆没，保有一定的粮食自给率。这些都市的零碎土地，也成为许多妇女的经济来源，他们种植花卉到市场换取现金。作为全球唯一一个经历能源危机且成功转换农业政策的国家，古巴的生态农业值得借鉴。

八、美国

在美国，都市农业被称为都市区域内的农业，占美国总面积的 10%，其生产的农产品价值已占美国农产品总价值的 1/3 以上。美国都市农业的主要形式是耕种社区或称市民农园，这是采取一种农场与社区互助的组织形式，在农产品的生产与消费之间架起一座桥梁。这种市民农园在北美发展很快。1996 年总计达 600 个。参与市民农园的居民，与农园的农民或种植者共同分担生产成本、风险及盈利，农园尽最大努力为市民提供安全、新鲜、高品质且低于市场零售价的农产品，也为农园提供了固定的销售渠道，做到双方互利。美国学者认为，市民农园是一种创新与变革，加强了农民和消费者的关系，增加了区域食品供给，促进了当地农业经济发展。

美国都市农业的发展经验：

（一）重视农业生物技术开发

21 世纪是生物技术大放光彩的时代，而农业将是生物技术获得广泛应用的一个重要领域。顺应时代发展需求，美国也从传统农业步入生物工程农业时代，其中生物育种、生物农药等技术成为这一时代的亮点。美国是最早发展农业生物技术的国家，农业生物技术的应用已进入产业化阶段，并已在农业生产的各个环节得到广泛应用。成熟、先进的农业生物技术为美国农业提供了良好的发展机遇。与此相应，近 20 年来，美国在开发农业生物技术方面的投入年均增长达 15.5%，美国政府专项拨款达 35 亿美元。同时，美国各级政府从各个方面加强了对农业生物技术的推广和高效服务，并积极与各种专业协会和决策咨询机构形成了民间农业社会化服务，引导农民使用生物技术。此外，还运用经济政策等杠杆，引导资金对农业生物技术及产业的投入。

（二）及时向农民提供农业信息服务

现代信息技术的规范应用可以促进农业和农村经济结构调整，增强农业的市场竞争力，增加农民收入，加速农村现代化进程。而市场信息对于美国农业发展也起到了至关重要的推动作用。因为美国农业的商品率和出口比重较大，这使得其农业发展受到国内外市场的共同影响，而准确、及时、权威的市场信息则成为其长远发展的关键。美国市场信息来源是由农业部市场营销局与各地的农产品市场报价员联合提供。其中，农业部每个月都要对世界农产品的供求形势进行一次预测。农民在家中可借助互联网，获得关于产品价格波动、品种改良、动植物病虫害防治等方面的最新数据。

（三）都市农业专业化程度高

都市农业生产专业化对于充分发挥各地区、各企业的优势，提高农业经济效益，提高农业机械化水平和农业科学技术水平，提高劳动者的素质等方面具有积极的作用。在家庭农场的组织形式下，美国积极发展都市农业。从 20 世纪 50 年代起，美国家庭农场形式由多种经营向专业化经营转变。2010 年，美国棉花农场专业化的比例为 76.9%，大田作物农场为 81.1%，果园农场为 96.3%，牛肉农场为 87.9%，奶牛农场为 84.2%。其中，各类水果尤其是苹果、柑橘、葡萄等大宗水果，都是由专业化农场或公司生产经营的。而有些农业公司也已经列入了美国前 500 强公司，其专业化程度较为明显。

（四）农产品服务物流渠道组织健全

农产品服务物流渠道建设有利于农产品"货畅其流"，减少农产品物流过程中不必要的损耗，降低农产品物流成本，提高农业生产的效益和竞争力。美国的农业社会化服务体系健全，主要的农业服务组织或合作社类型包括：各类大型生产资料公司、为农民提供信贷业务的银行和信用社，以及由农民自发组织的农业合作社、协会、农贸市场等。并且各个农业服务组织或合作社之间形成互助交叉的流通体系，比如，农场与公司联合、农场与协会联合、农场与合作社联合等模式，充分体现了农产品服务物流渠道组织健全的一面。

执笔人：史亚军

第二节　都市型现代农业国际比较

由于世界各国大中城市的发展布局各不相同，因而其都市农业的发展也有所差别。根据对地域范围的界定，都市农业可以分为两类：一是指大都市中城市区域内部的农业；二是指大都市中城市区域外围的农业。当然，随着城市化的逐步推进，城乡界限越来越模糊，都市农业的地域范围将呈动态变化趋势，其含义也将随之逐渐发生变化。

一、动因分析

都市农业在世界各国广泛存在，但因不同国家的社会政治制度、经济发展水平、自然历史条件差别很大，各国都市农业产生、形成的动因各异，其发展演变的历程也各不相同。

（一）缩小城乡差距、协调城乡发展

大多数发达国家都市农业的产生原因都包含了缩小城乡差距、协调城乡发展的需要。比如在 20 世纪 50—70 年代，日本、韩国等亚洲国家经济先后进入快速发展时期，在工业化前期，城市化的无序扩张使得农田大量被占用，由于缺乏相应的发展规划，市区内有很多零星的农业用地留存下来，农民顺势将这些农用地开办成农园，这就出现了都市农业的雏形。而后，随着城市化进程的进一步加快，带来了许多社会问题，比如生态环境恶化、自然景观破坏、生活空间缩减等，在农村则主要表现为乡村人口大量减少、生产生活基础薄弱等，结果是城乡居民收入差距拉大，地区发展趋向于不平衡。与此同时，农业的多功能性逐渐被认识，为了避免城市过于拥挤和农村衰退现象的继续，政府开始有意识地对部分都市农业给予扶持。

都市农业已经成为这些国家促进城乡和谐、地区协调发展、多功能利用土地的重要手段。欧洲大多数国家的都市农业也是因城市发展中的环境问题凸显而产生的，比如德国、法国等。

（二）出于提升城郊农业的考虑

在我国各大中城市，都市农业是伴随着社会经济的快速发展而由传统的城郊型农业转变而来的。长期以来，我国城市的发展格局一般是以城区为中心呈带状或环状向外扩张的，城区内农业用地极少，农业生产多分布于城市郊区，属城郊型农业。进入 20 世纪 90 年代以来，社会经济发展使得人们的消费需求逐渐升级，对城郊农业的发展也提出了新的要求。由于城郊农业功能亟待进一步转变和拓展，因此，各级政府纷纷提出了提升大城市农业发展的战略。传统的城郊型农业最佳的发展趋向就是向都市农业转变，因此，都市农业应运而生。

（三）出于提升农业竞争力的考虑

荷兰通过发展都市农业，极大地提升了其农业竞争力。以发展都市农业为目标，通过对农业结构进行调整，发展出了特色农业，依靠先进的科学技术，发展出了世界上最先进的设施农业，借助于先进的管理理念，使农业合作社的经营效率不断提高。另外，为了克服资源的不足，荷兰的农业实行大进大出，不断提升其农业的国际竞争力，大力发展外向型农业。

（四）出于改善城市环境的考虑

新加坡基本上没有农业，但出于改善城市环境的目的，为了使人居环境更加良好，因而大力发展城市绿地和公园，以促使楼宇密度降低、城市环境优美。新加坡将都市农业发展与城市发展看作一个整体，认为工业现代化和城市现代化需要都市农业来提供良好的生态环境。

日本都市农业的城市绿地功能和防灾及作为灾害发生时的疏散空间的功能也很突出。在东京城区市内镶嵌在高楼大厦之间的农用地共有5 114公顷，美化城市环境的绿地功能十分明显，同时也为市民接触农业提供了便利。另外，镶嵌在高楼大厦之间的农用地，除了具有绿地功能和观赏功能之外，当灾害来临时，还可以充当疏散场所。比如地震发生时，城市中的农用地就可以用作避难的空间场所。

二、功能分析

都市农业与乡村农业最大的区别就在于其显著的地域性特点。都市农业的发展与整个城市社会经济及生态系统紧密相连，这就决定了都市农业除具备最基本的生产功能之外，还具有生态、服务、社会等多种功能。由于不同国家和地区都市农业的发展动因、各地的资源禀赋不尽相同，因而各国都市农业的功能也各有侧重。

表 2-1　都市农业发展功能的国际比较

	主　要　功　能	国家或地区
经济功能	提高传统农业的生产效率	美国等
	提高农业资源的使用效率	日本、荷兰等
	提高城市贫民的家庭收入	坦桑尼亚达累斯萨拉姆、印度海得拉巴等
生态功能	改善自然生态环境	德国、法国、英国等
	处理城市废弃物	印度海得拉巴、塞内加尔达喀尔、中国北京等
	保持都市农用地的土壤肥力	加纳阿克拉、塞内加尔达喀尔等
社会功能	提供休闲场所，拓展生活空间	德国、日本、新加坡、中国北京、中国台湾等
	保障食物安全，供给农副产品	津巴布韦哈拉雷、乌干达坎帕拉、中国北京、中国台湾等
	增加就业机会，提高妇女参与度	印度海得拉巴、秘鲁等

（一）经济功能

生产功能是农业最基本的功能，在大多数国家，尤其是发展中国家和地区，以生产为主的经济功能仍是都市农业的主要功能，都市农业所具备的这种生产功能是对乡村农业一种必要的补充。据联合国开发计划署估计，目前世界上约 15% 的食物是由都市农业提供的。

1. 提高传统农业的生产效率

都市农业因其距离城市较近，具有空间便利性，可以有效接受城市社会经济系统的辐射，农业生产在技术、资金、人才、信息、基础设施等各方面都可依托于城市丰富的资源优势，其生产效率一般比较高。

2. 提高农业资源的使用效率

都市农业的发展受限于较为短缺的农业自然资源，只有致力于大幅度提高农业生产效率和资源使用效率，才能充分实现土地的经济价值，并保障其农产品的产出率，比如日本和荷兰的都市农业的发展就属于这种情况。

（二）生态功能

都市农业的生态功能是指农业生态系统对自然环境的调节以及对自然资源的保护等功能，它包括调节气候、固碳制氧、防风固沙、维护生物多样性、保护自然景观等多个方面。随着历史的发展，整个社会的经济增长方式必将由农业经济、工业经济逐步过渡到环境经济时代，生态系统对自然资源及环境的调节和保护作用将越来越显著。都市农业作为都市发展的重要支柱，因其能为城市增加绿地空间，兼具保护环境功能，因而已被列为都市发展的重要课题之一。

1. 改善自然生态环境

德国、法国等欧洲国家的都市农业是为了解决城市化、工业化快速发展而带来的资源紧张、生态恶化、景观破坏等环境问题而产生的，因此这些国家在发展都市农业的过程中往往更加重视自然环境的改善、农业资源的节约和生活质量的提高。如德国的市民农园、英国的森林城市以及巴黎大区的农业，特别强调农业调节城市气候、净化空气、营造自然景观等生态功能。此外，日本、韩国、新加坡等亚洲发达国家，以及我国北京等大城市的都市农业在强调生产的同时，也较为注重其生态功能。

2. 处理城市废弃物

城市有机废水和废物的再利用是都市农业未来计划的重点发展内容。都市农业因其具有完善城市的养分循环、促进城市废弃物循环利用的功能，而成为解决这一难题的有效途径。当前，欧洲发达国家以及我国北京等地正在积极挖掘和利用都市农业对废弃物的这种循环利用功能。

（三）社会功能

都市农业的社会功能对于城市的可持续发展具有重要意义，包括为市民提供休闲场所、开展科普教育、增加就业机会、促进产业融合、缓解社会危机、协调城乡发展等多个方面。它的这种社会功能因发达国家和发展中国家的社会经济条件不同而表现各异。

1. 提供休闲场所，拓展生活空间

在大部分欧美国家及亚洲一些发达国家，都市农业的产生起源于城市化和工业化引发的社会问题，因此，其社会功能主要体现在休闲教育方面。如德国的市民农园、日本的观光农园、新加坡的农业科技园等，中国台湾的休闲渔业等，不仅能够作为市民观光旅游的重要场所，还兼具农业耕作体验和休闲的功能，同时又可成为对广大青少年进行农业科普教育的基地，并充当市民放松身心的生活空间，这些功能都是都市农业所特有的。

2. 保障农副产品供给，提供特色农产品

发展都市农业，可以更好地保障农副产品供给，并能提供一些特色农产品。比如为城市居民提供高质量、个性化的农产品等。在北京，通过实行严格的标准化生产管理，都市农业能够提供更多的无公害、绿色、有机农产品，为市民健康提供了有力的保障；依靠较高的科技水平，提供唯一性的特色农产品，以满足不同层次消费者的需求。

3. 增加就业机会，提高妇女的参与度

都市农业因其具有较高的产业融合度、较多的劳动密集型生产以及与市场联系的紧密性，这为劳动者提供了广泛的就业空间，这对于那些人多地少、劳动力大量过剩的国家和地区来说，是非常重要的。另外，都市农业还适合于兼业家庭，当男主人进入城市就业以后，女性可以在不影响家务劳动和照看孩子的前提下，从事都市农业生产活动，补充家庭收入。因此，都市农业能提高女性的参与度。

三、政策分析

（一）欧洲的都市农业发展政策分析

以欧洲国家为例，其都市农业发展政策大体上经历了三个阶段。

第一个阶段是食品政策时期，也可以称为食品农业时期，大体上是从 20 世纪 50 年代初期到 70 年代中后期。第二次世界战后，欧洲城市化加速，西欧国家面临严重的食品供给匮乏状况。针对这种情况，西欧国家都把增加食品供给作为农业发展的首要目标，在提高农业产出量上下工夫。在这期间，荷兰开展了大规模的农业基础设施建设，包括土地整治、建设高标准农田、修建道路、保护水源和水质等，目的就是要提高土地产出率。经过持续多年的努力，欧盟国家在 20 世纪 70 年代初期就成功地解决了食品供给问题，而且农业现代化获得了很大的成功，农业生产力有了很大提高。但是与此同时，也开始出现农产品过剩和农民收入增长受到影响的问题，这些都需要采取新的政策措施加以解决。

第二个阶段是农业政策时期，也可以称为结构农业时期，大体上是从 20 世纪 70 年代后期到 90 年代初期。这一阶段的中心问题是调整农业结构，缓解农产品过剩的矛盾。由于农产品供大于求，因而市场价格下跌。欧洲多数国家对农业生产实行了限制与保护并举的政策，以调节供给与需求的关系。通过对实行休耕和限产计划的农户予以补贴以保证农户的收入。与此同时，欧盟通过实行统一的对外贸易措施，限制农产品进口，并以价格补贴等方式鼓励农产品出口。对于牛奶、小麦等欧盟严重过剩、而且国际市场滞销的农产品，则通过对外援助的方式来缓解供求矛盾。

第三个阶段是农村政策时期，也可称为环境农业时期，大体上是从 20 世纪 90 年代初期开始直到现在。与前两个阶段相比，这个阶段的农业发展目标发生了很大变化，发展农业不仅要从农民的角度考虑问题，而且要从整个社会的角度来考虑；不仅要提供农产品，而且要提供整洁的环境和城市人口的旅游、休闲场所；不仅要继续关注质量、效益，而且要把重点放在国土整治和环境保护方面。在这个阶段，关注农业发展的远不止是农业人口，整个社会普遍关注农业发展，特别是从环境保护角度对农业发展提出了新的要求。

（二）日本和韩国的都市农业发展政策分析

日本政府则采取了一系列激励和保护都市农业发展的措施，对初次从事都市农业的农户提供无息贷款、资助学习相关农业技术和经营方法等。日本振兴都市农业的主体是地方政府和各种团体、市民以及农民，比如大阪府制定的《都市禄震区制度》，横滨市制定的《晨案尊用地区》等。

日本在 1968 年制定了《都市规划法》，对都市土地，农业土地的利用进行了明确划分。之后又制定了《生产绿地法》和《食料、农业和农村基本法》，进一步强调了都市农业的重要性和必要性，并通过法律的形式对都市农业予以政策和资金支持。依据 1998 年的《农政改革大纲》及《农政改革程序》，都市农业要为都市居民提供新鲜的农产品，要利用学童农园、市民农园、观光农园进行亲农教育、体验农业，提供娱乐场所、绿色场所、避难场所等，需要满足都市居民的多方位的需要。

20 世纪 80 年代以来，韩国推行绿色观光概念。1983 年颁布农渔村收入来源促进法，以增加农村除农业以外的收入来源。在土地制度上，土地所有权和经营权的分离为都市农业分散生产、集中销售创造了有利条件。

（三）中国都市农业发展政策分析

我国最早将都市农业纳入城市发展规划的是一些经济发达的大城市如北京、上海、深圳等。经过近 20 年的发展，都市农业现已成为我国各大城市发展的主题，呈现出良好的发展态势，其中尤以分别地处环渤海湾地区、长江三角洲、珠江三角洲地区的北京、上海、珠海和广州等地发展得最好，已取得显著成效。

上海市是我国第一个将都市农业列入"九五"及2010年国民经济发展规划的城市，"十五"把都市农业作为城乡一体化的重要内容，提出了把传统的郊区农业转变为都市农业，率先实现农业现代化的发展目标。上海的都市农业定位为：适应大都市的具体环境，以源头农业、创汇农业、生态农业、设施农业为基础，以现代农业科技武装的园艺化、设施化、工厂化生产为主要手段，包括农产品生产、加工、营销、服务相互配套的大农业系统。

2005年11月，北京市出台《加快发展都市农业的指导意见》（以下简称《意见》），明确提出北京农业将由城郊型农业向都市农业转变，不再只追求单一的生产功能，而是围绕市场需求，综合开发生活、生态和社会功能，首次对发展都市农业作出全面、系统部署。提出发展都市农业的总体目标就是要实现郊区农业单一功能向多功能转变；城郊型农业向都市型现代化农业转变；郊区农业由粗放型向集约型农业转变；从注重生产向注重市场领域转变。

在《意见》中，根据北京大都市及其延伸地带不同地域的资源状况和功能特点，北京都市农业总体发展布局概括为五个发展圈：即以景观农业和会展农业为主的城市农业发展圈，主要是四个城区和部分近郊区；以精品农业和休闲农业为主的近郊农业发展圈，主要是六环路以内的城近郊区；以规模化的产品农业和加工农业为主的远郊平原农业发展圈，主要是远郊平原及浅山区；以特色农业和生态农业为主的山区生态涵养发展圈，主要是北部、西部和西南部山区；以与外埠基地横向联系为主的合作农业发展圈。同时，编制了《关于北京市农业产业布局的指导意见》，北京市科学技术委员会出台了《北京都市农业技术支撑体系科技专项》，以保障都市农业的科学有序发展。

为规范休闲观光农业的发展，北京还出台了《北京市乡村民俗旅游户食品安全管理规定（试行）》，《北京市郊区民俗旅游村评定标准（试行）》，《北京市郊区民俗旅游接待户评定暂行办法》，《北京市郊区民俗旅游接待户评定标准（试行）》。

2000年以来，武汉、郑州、杭州、无锡等大中城市先后制定了详细的都市农业发展规划，使都市农业的发展由理论走向规范发展。

纵观国内的都市农业的发展与支撑政策，主要包含了如下内容：一是提高都市农业投入政策，主要是优先支持都市农业发展的重点基本建设项目；二是支持都市农业持续性发展的经济政策，主要是运用投资、信贷、税收等经济杠杆来优先支持一部分重点工程的建设；三是保持都市生态平衡的环境政策，用经济和行政以至法律手段来保护生态环境，保障食物安全和人类健康，促进环境和经济的协调发展；四是都市农业区域内农业从业人员技能培训政策，使农业劳动者很快掌握科学技术和劳动技能，通过培训有知识、懂技术、善经营的人才，使自然资源、都市经济资源优势变成资本优势。

执笔人：史亚军

第三节 国外都市型现代农业发展借鉴

都市农业已成为世界各国在不同农业基础和社会发展背景下，为实现城乡社会和谐发展的一种最普遍响应。我国正处于城市化快速发展阶段和社会主义新农村建设的起步时期，因此，国际都市农业发展可为我国提供重要的参考经验。

一、促进城乡和谐发展

都市农业的发展背景、所处的地域环境、所采取的组织形式和预期的效果是内在的统一体。从世界都市农业发展历程看，都市农业可以在城市与乡村（农业）协调的背景下实施，如美国；也可以是以工业化为代表的高速城市化发展之后的一种反思和觉醒，如欧洲大部分国家；还可以是加速发展乡村、缩小城乡差距的一种努力，如日本和韩国；亦可以是应对社会危机和保障城市的一种有效途径，如拉美和非洲。

我国目前正处于城市的高速发展时期。城乡差距扩大，农业传统遗失，农村劳动力区域间和产业间的双重转移，以及城市居民绿色资源贫瘠、城市贫民增多等问题随着这一进程的增速而凸现。从我国社会发展的总体特征来看，城市发展进程和欧美进程相当，但市场化和城市化结合的力量更倾向于复制美国，所暴露出的城市社会问题更像早期的欧洲社会；农业发展所处的社会背景非常复杂，既有英国在城市发展时期的农业衰退，也有日本在城市发展时期的城乡差距扩大和传统农业社区保留等。城市和农业发展问题的错综复杂需要我们有个切实可行的途径，前瞻性地解决当前和未来的发展问题。

无论城市和乡村处于何种背景，都市农业为各国都提供了一条城市和乡村和谐发展的道路，发达国家的经验更是表明都市农业的发展实现了农业和农村在城市社会中的价值。当然，复杂的城市和农村发展环境决定了我国将不可避免地经历从传统农业向都市农业的一次跳跃。在这期间，我们既有对发达国家经验的吸收，也在一定程度上表现出发展中国家在食品安全和就业等方面的焦虑。从我国的国情来看，平衡农业和城市用地关系、保护城市发展环境、缩小城乡差距、加快农业市场化进程、提供农村剩余劳动力区域间和产业间转移应该是都市农业实施的主要议题；而与城市经济相结合的产品城市化，与农业传统相结合的产品传统化，与国际发展背景相结合的过程国际化，与地域特点相结合的资源地域化将会使我国都市农业的发展多姿多彩。

二、因地制宜

我国地域辽阔、地区背景迥异，因此都市农业不易采取整齐划一的政策和措施。鉴于各国在不同背景下实现都市农业的成功经验，我国可以根据地区特点采取不同发展模式。简单来说，在特大城市地区，城市快速发展，在环境和社会功能方面对农业产生了需求，都市农业发展应在休闲、绿色空间创造和环境保护方面努力；而在粮食产区，则应提高农业规模化、现代化和科技化的水平。

功能上，都市农业要与城市经济体系融为一体。根据城市社会经济特征设定都市农业在特定城市发展阶段所应扮演的主要角色。如特大城市人均收入已经达到小康水平，农业资源已成为城市旅游的重要组成部分，休闲农业可以逐步从城市近郊区向有条件的中远郊区推进，满足城市休闲功能的需要；在农业资源丰富的中远郊区，加快农业产业化和企业化建设，根据我们多年经验，这两种发展方向最后会互为补充，形成有效带动。在一般大城市地区，一方面要努力开拓农业资源，另一方面要努力把农业产品精（优势产品）准（面向市场）化，如昆明和成都的花卉业；城市近郊区要充分考虑快速城市化对土地带来的影响，在农业和城市建设中做好平衡，不宜将农业企业等工业化形式布局在近郊区，近郊区应为灵活的服务业和旅游业发展方向做好准备。东部一些城市和产粮区，农业特殊资源优势明显，如山东，不应刻意模仿农业和旅游业结合的道路，而应提高农业的规模和品质。另外，城市远郊区要建设成为城市绿色保护的重要屏障，这一点对于我国西北和北方城市尤为重要。

三、组织形式多样化

不同的发展背景下，都市农业的组织形式和生产特点会有很大的差别。如美国地多人少，城市和农村一直在高水平上发展，因此采取了现代化的、规模化的农场发展方式。而在欧洲，早期的工业革命留下了很多的社会问题，土地资源稀缺，因此中小型农场和家庭农场是主要的组织形式，在家庭分散经营的过程中，协会组织在加工和经营方面发挥了重要作用。

所以在平原粮食产区和离城市较偏远地区，有条件发展规模化的农业生产；在土地较少、气候等自然因素较复杂的地区，采取农业土地组合和农业共同经营组合等以土地合作为主的农村合作组织；而在大城市地区，由于城市不断扩张，农田分散化，因此适宜发展中小型规模经营。无论采取哪种形式，农业协会和合作组织均是整合地方资源的一种有效组织形式，如日本和德国。在农业生产时，要选择有地方代表性的农业产品形成拳头优势，如荷兰、新加坡等。事实上，我国一些大城市地区，伴随着农业和工业、第三产业的结合，都市农业已经开始普遍采取企业化的组织形式。企业和协会合作组织有利于解决目前我国农民对市场信息失灵的问题。只有建立起通向市场的桥梁，才能改进产业结构，提高农民收益。

四、现代化与专业化生产

专业化生产曾是城市经济发展中的重要策略。随着都市农业与城市经济系统的不断融合，农业产品生产需要专门化和专业化。不少国家在这一方面取得了经验，如美国，虽然农场规模大，但每个农场几乎只生产一种产品。而荷兰的都市农业由于（土地）资源有限，只能大力发展花卉业和奶业等，而进口茶叶和咖啡等，但这丝毫不影响其农业出口大国的地位。

世界发达国家的农业已走上现代化，这不仅表现为采用先进的技术增加农产品产值，更深层的意义是农业发展已走向了企业化的道路。所以发展现代都市农业，需要建立现代企业制度，规范和完善农业生产和服务体系。只有这样，才能快速有效地把都市农业融入到城市经济体系之中去。

现代专业化生产还需综合考虑资源利用和环境保护问题。采用农业科技手段，实施节水技术，改善土壤质量，才能创造出高效、优质、清洁和环保的都市农业来，都市农业也才会有生命力。

五、发展农业物流

从各国都市农业发展可以看出，发达国家普遍重视农业物流的发展，如美国、荷兰和日本。完善的物流体系建立不仅可以依托已有的城市发展水平（如美国），也可以通过农业协会提高运输效率，降低管理和运营成本（如荷兰和日本）。

农业物流可以说是我国农业走向市场最为欠缺的一环。发展农业物流，可以提高农民进入产业链的机会，降低交易成本。国外实践表明，只有让农民（不仅仅是农产品）进入产业链的各环节，才能使农民从农产品深加工和贸易（甚至涉外贸易）中分得利益。

农业物流为农产品开拓了市场。借助城市发展起来的快速道路体系，农业物流可以大大缩短产品的运输时间，延伸农产品、特别是保险品的可达性和科技性。再配合其他技术手段，如冷冻技术等，农产品的市场范围有可能服务整个区域或更大的地区。

发展农业物流要注意以下几方面：一是建立城市服务于农业的软硬环境，如连接城乡道路体系和网络系统；二是借助农业协会组织，把物流系统伸进乡村，将分散经营的农业生产联系起来；三是发展农产品加工配送中心，提升产销地农副产品批发市场；四是开发先进的采摘、运输、储存技术，减少农业物流中的损失。目前我国的农产品在物流过程中的损失率在 25％～30％，而发达国家则控制在 5％以下，美国仅为 1％～2％。

六、政策支持与规范

作为新的农业方式，特别是要改变农业和农村的落后局面，都市农业的发展需要政策的规范和大力支持。这样有利于避免非洲等国家在发展过程中造成的环境污染、粮食品质下降等问题。

从日本和韩国等国家的经验来看，在土地制度上，土地所有权和经营权的分离为都市农业分散生产、集中销售创造了有利条件。都市农业发展需要对土地进行经营，而土地经营的实质不是土地所有制问题，而是经营形式问题。另外，都市农业的指导政策要符合城市的总体规划，城市规划要对都市农业的空间布局和土地利用加以关注。基于都市农业对城乡经济的连接性和多功能性，乡村农业发展可以围绕都市农业来展开。

农业科技进步是现代农业发展的最根本的动力，因此农业研发是都市农业发展重要的一环。不过，对于农业发展来讲，更重要的是使都市农业科技手段与本国农业资源相匹配，并且能推广普及。世界上许多发达国家每年用于农业科研的经费支持力度，一般为本国农业 GDP 的 16％，而用于农业科技推广经费的支持力度为农业科研经费的 3 倍。从这一点来说，政府需要建立农业科技推广和普及体系，提高现有农业科技的使用效率。

另外，国家和地区还要采取多元化的投资政策。借助都市农业的发展，改善农村生产、生活环境，产生吸引投资的能力。使都市农业成为乡村建设中的助推器。

总之，各国都市农业发展表明，都市农业具有地域性、阶段性、易推广和多功能性。都市农业的发展必定会为我国建设社会主义新农村和构建新型城乡社会提供新的途径。

执笔人：史亚军

第三章 我国都市型现代农业发展历程

第一节 我国都市型农业发展的时期划分

从时间发展序列看，我国都市型农业的发展经历了三个时期。

一、理论研究时期（1989—1993年）

我国的都市农业脱胎于"城郊农业"，它更多地属于经济范畴，行政区划的色彩比较浓，比如存在"市管县""市带县"等说法。在20世纪70年代之前，大城市郊区同一般农区一样，"以粮为纲"，粮油生产是主导；80年代初期，北京、上海等地提出建设城郊型农业，明确农业的主要任务是为城市提供新鲜的农副产品，满足市民的消费需求，突破了城市郊区单一农业结构的局面，其目标是使城郊成为城市的副食品生产基地。《西南民族大学学报（人文社科版）》1989年第4期刊发了西南民族学院研究人员发表的文章《略论都市农业》，文章指出，"农业发展滞后已经成为中国改革与发展的重大制约因素。人多地少的尖锐矛盾短期内非但不能缓解，反而有加深之势，严峻的形势要求我们展开新的思路，寻找并解决农业的出路。开辟农业第二战场，探索发展都市农业，成为一种可取的选择。"这是国内学术期刊上公开发表的首篇关于都市农业的研究论文。文章对都市农业的理解，还仅限在城市范围内种植果树，在屋顶上种植蔬菜等，并未对都市农业进行更多的阐述。20世纪80年代末，上海农科院研究人员开始翻译介绍国外的都市农业，国内始有都市农业（城市农业）的提法。

到了20世纪90年代，随着我国由计划经济向市场经济的转变，农产品市场供不应求的局面得到根本性改观，农民生活逐步改善，城市居民生活水平大幅提高，城市对农业的非生产性功能需求日趋强烈。此时，经济理论学界广大学者提出，我国大城市地区必须实现由城郊农业向都市农业的转变，实现农业的多功能性，并使现代化的大城市成为"有农"的都市。因此，进入20世纪90年代以来，都市农业的实践在以北京、上海、广州、深圳为代表的各大城市逐步展开，对都市农业理论的研究与探索也在不断深入，越来越多的学者开始进行都市农业的理论研究。

二、实践探索时期（1994—2004年）

我国都市农业的实践探索始于20世纪90年代初期，地处长江三角洲、珠江三角洲、环渤海湾地区的上海、深圳、北京和天津等地开展较早。

1994年12月，北京市朝阳区第七次党代会把"建设以三高为中心，具有旅游、观赏、无公害等特点的都市农业"作为农业发展的战略方针，并把都市农业作为全区"九五"时期经济发展的六大工程之一。同时，上海市政府提出与建设国际化大都市相适应，建设具有世界一流水平的现代化都市型农业的构想，并率先将发展都市农业列入到"九五"规划和2010年发展目标纲要中。1996和1997年，由北京市农村经济研究中心牵头，组织了京、沪等大城市郊区研究单位，与台湾同行举行了以"城市化与都市农业"为主题的研讨会，会后编印了国内第一本论文集《都市农业理论与实践》一书。1998 年在北京召开了首届全国都市农业研讨会，北京、上海、天津、深圳等地的代表出席了会议，都市农业在我国沿海发达地区受到了广泛重视。北京市明确提出要以现代农业作为都市农业新的增长点，抢占科技制高点和市场制高点，强化都市农业食品供应、生态屏障、科技示范和休闲观光功能，使京郊农业成为我国农业现代化的先导力量。深圳特区在建立之初，主要是发展创汇农业进而发展"三高"农业，适应建设国际化大都市的需要，发展现代都市农业成为特区再创辉煌的重要战略选择。为此，深圳市提出加快促进观光农业、高科技农业建设。1999 年，天津市提出在近郊环城地带发展都市型农业，在远郊地带发展城郊型农业和在海滨地带发展海滨型农业的客观布局模式。之后，全国许多大城市都提出了都市农业的发展构想，中国都市农业发展进入实践探索时期。

三、快速发展时期（2005 年至今）

在 2005 年开始制定"十一五"农业发展规划时，北京市政府决定制定《北京市"十一五"时期都市型现代农业发展规划》，在全国率先提出大力发展都市型现代农业的发展战略。规划在优化都市型现代农业布局、提高都市型现代农业的综合生产能力、提高都市型现代农业的社会服务能力、提高都市型现代农业的生态保障能力、加强政府对都市型现代农业的支持和保护等方面明确提出具体目标和要求。2005 年北京市政府出台了《关于加快推进都市型现代农业发展的意见》。同年，武汉、郑州等地把发展都市型农业列入到政府的发展规划中，并积极制定政策法规等相关配套措施推动都市型农业的快速发展，中国都市型农业发展进入了新时期。上海立足于建设以浦东开发开放为龙头，以国际经济、国际金融、国际贸易为中心的国际化大都市，其都市农业的发展目标定位与国际化大都市相配套、人与自然以及都市与农业和谐发展并具有世界水准的现代农业，使上海成为全国乃至世界重要的农产品物流、农业生物技术研发、农产品加工、大型农业公司聚集、农业信息流的展示与贸易中心之一。

2009 年，北京市委市政府重新认识首都"三农"，明确首都的农业是都市型现代农业，确立了农业是"建设世界城市的特色产业、首都生态宜居的重要基础、首都高端农产品供应和城市应急安全的基本保障"三个定位。近 10 年来，北京都市农业充分发挥北京的科技优势、信息优势、人才优势、资本优势、文化优势以及市场优势，已逐步发展为经营形态高级化和形式多样化的都市型现代农业。以科技化、高效化、生态化、多功能化为特点，通过延长和拓宽传统农业产业链，在农业生产的基础上，充分挖掘农业的生活和生态功能，形成了高效农业、生态农业、休闲农业、观光农业、会展农业等多种表现形式。"十一五"期间，北京市第一产业增加值由 88.8 亿元增长到 118.3 亿元，年均增长 9.8%。2012 年农民的收入是 2002 年的 3.3 倍，近 3 年农民增收速度快于城镇居民；农业、林业的生态服务价值近 1 万亿元；北京农业科技贡献率已达到 69%，高出全国平均水平 16 个百分点，接近发达国家水平。

执笔人：史亚军

第二节　我国都市型农业发展的阶段特征

根据功能特征的差异，我国都市型农业的发展过程可划分为五个阶段。

一、萌芽阶段

随着城市人口的聚集、城市环境的恶化以及"城市病"的出现，人们开始追求环境优美、空气清新的田园风光，对农业、生态形成了隐形的需求，但由于地理区位条件、自然资源禀赋、经济发展水平等限制，该阶段的农业仍滞留在传统农业或城郊农业。不过在这个阶段已开始酝酿都市型农业规划，并将其列入到城市建设规划之中。该阶段都市型农业虽然起步比较晚，但在发展过程中有其他地区宝贵经验可以借鉴，若能发挥后发优势，发展速度会较快。

二、初步发展阶段

该阶段都市型农业功能比较单一，通常只注重农业生产功能，如保护市场的"菜篮子"生产、"米袋子"工程，逐步向重视增加农民收入、提高农业经济效益转变。随着人们消费水平的逐年提高，人们的健康意识逐年增强，98％的消费者都愿意消费绿色产品和健康、无污染的食品。消费者对农产品品种多样化需求以及对果蔬、动物性食品需求的增多，也提出了对农产品进行品质更新与功能改造的需求。通过延长产业链，发展鲜活农产品配送业和农产品加工业，提高农产品附加值和产品档次，满足消费者的多样化需求。同时，注重生态环境与经济效益的结合，逐步退出粮食作物生产和畜牧养殖，着重发展生态经济效益型产业。于是，促进农业的特色化、标准化生产以及农产品的深加工开始发展，表现为由农产品生产、加工和销售等环节构成的产业型农业。都市农业产品的生产主要是以精品、高效、特色、无污染的绿色食品为主，主要依靠农产品的传统生产及初级加工来增加郊区农民收入。

随着市民生活水平的提高，开始要求农业的休闲、观光、体验和环境保护等方面的功能。市场对农业的休闲文化活动需求也逐渐高涨，设施农业、观光休闲农业和特色农业发展迅速。民俗旅游发展尚停留在初级模仿阶段，没有形成完整的发展规划，但已逐渐重视农业的生态功能。

三、快速发展阶段

该阶段都市型农业形态主要有特色精品型、优质示范型、高科技设施型、生态景观型、体验参与型、旅游度假型等。都市型农业的生态平衡、观光休闲、文化科普、辐射示范等功能不断增强，多功能性得以较充分发挥。都市型农业发展速度很快，但随之而来的政策保障、资源制约、产业组织等各种问题也开始凸现。

都市农业的表现形式丰富多样。观光果园、垂钓乐园、森林公园、森林旅游风景区、观光牧场、租赁乐园、民俗观光村、民俗农庄、少儿农庄等在北京迅猛发展。上海大力发展温室产业、种子种苗产业、农机产业，促进传统农业向都市农业转变。广州市减少粮食作物种植面积，积极发展经济作物和养殖业，然后把当地菜场、水果基地、花卉交易场地等办成了许多旅游景点，吸引游客在游玩的同时吃到健康农产品，充分利用了山水城市的优势，发展休闲农业，成为都市旅游业的亮点。杭州市积极发展无公害绿色农业、高科技农业和设施农业、花卉苗木等绿化农业和发展休闲、观光、旅游农业和外向型农业。台湾都市农业出现了观光农园、市民农园、休闲农场、假日花市、农业公园、教育农园、银发族农园、森林旅游区、屋顶农业等丰富的表现形式。

四、成熟阶段

该阶段都市型农业发展定位非常明确，业态更为丰富，功能继续深化，各种矛盾得以磨合，城乡由对立走向融合。

市场农业框架形成，都市农业的高效性凸显。创造比较优良的生活、生态和投资环境，保障了城市鲜活农产品的需要及社会的繁荣稳定，初步实现了从自给型向高产型、市场型转变，从粗放经营向集约型转变，从家庭或小农经营向企业化农业转变。

产业结构不断优化，建立了企业化生产体系。以市场需求为导向，以企业为主体，建立了一批规模化种植、专业化生产的农业生产基地，形成以畜牧、水产、蔬菜、水果、花卉等鲜活产品为主导产品的企业化体系。

二、三产业高度发达，为农业的发展提供了原动力。工业化、城市化为农业与农村建设提供了资金、人才、科技等先进的生产要素，形成了区域优势特色产业，产业开发带动交通运输业、金融业、房地产业、文化教育事业发展，大大缩小了城乡差别，基本实现了城乡一体化。

农业科学研究体系和技术开发体系和农产品大市场流通体系初步形成。表现为以较完善的组织机构和运行机制为核心，农业社会化服务体系基本完善，保障都市农业产前、产中、产后的高效运作。

农业的多功能性发挥充分。把发展都市农业与改善城市生态环境结合起来，使农业在进行生产的同时创造出赏心悦目、回归自然、休闲度假的优美环境，从而将"都市"与"农业"真正地融为一体，实现都市农业生产、生活、生态的多功能性，改善城市景观，探索有中国特色的都市化发展道路，促进人与自然和谐、农业增效、农民增收和城乡统筹协调发展。

五、转型阶段

在未来，随着城市社会经济向前发展，农业出现新的问题，都市型农业将呈现不适应性，新的农业形态出现，都市型农业逐渐转型。

自2004年北京进入都市型现代农业快速发展阶段以来，以信息技术、生物技术、新能源技术、海洋开发技术、空间开发技术和经营管理技术为核心和动力的现代农业革命正在进行，运用现代高新技术改造传统农业、转变农业发展方式使北京形成了新的农业生产力，从根本上改变传统农业生产方式，使都市农业迅速向资本和技术密集的产业发展，北京已经初步形成绿色、高效、可持续发展的现代化都市型特色农业。以农业的多功能开发为中心，北京农业基础设施建设不断完善，农业结构不断优化升级，农业综合生产能力显著提高，农业科技创新应用水平引领全国。以首钢搬迁、生产服务业发展以及以中关村为代表的国家级高科技示范区为代表，北京经济结构在发生质的转型和调整，北京农业亦是进入一个重要的转型升级期。但资源、生态问题日益凸显，成为都市农业转型发展需考虑的主要因素。

土地和水是一种稀缺资源，都市农田和水不仅具有生产功能，而且也是北京生态系统的重要组成部分，更是宜居城市重要的绿色空间。但随着工业化和城市化进程的加快，一方面，城市的土地资源和水资源日渐稀缺，另一方面，农业"高投入、高消耗、高产出"的特点愈加明显，农业生产行为导致农业生态问题日益严峻，比如，耕地用养失调、土地质量下降、裸露农田增多、耕地和水资源废弃物污染严重、土壤重金属超标等问题日益突出，农业的点源和面源污染是影响都市生态环境的重要因素。同时，农、林、水是城市生态系统的基础和支撑，在保障城市运行、提高人民生活质量方面发挥着不可替代的重要作用。以北京市为例，根据北京市统计局数据，农、林、水生态服务价值10 000亿元，其中农业 700 多亿，林业5 600多亿，水3 900多亿；1 万亿的生态服务价值支撑了北京 2012 年 1.8 万亿的 GDP。

立足于生态文明建设，面对人口、资源、环境压力越来越大，破解现存和今后都市农业发展的各种矛盾成为都市农业发展的重中之重。纳入新的生产要素、重新配置资源要素，促生新的农业生产方式、新的产业形态、新的城乡一体化模式，成为推进都市农业转型发展的有效途径。

执笔人：史亚军

第四章 我国都市型现代农业发展

我国都市型现代农业的发展实践始于 20 世纪 90 年代初期，上海、深圳、北京等地开展得比较早，随后以天津、广州、武汉、珠海、西安的都市农业发展为代表，我国都市农业快速发展，呈现出产业特征、地域特征、文化特征、阶段特征。产生了生态型、设施型、科技型、休闲观光型、出口创汇型五种类型的发展模式，并朝着市场营销、连锁经营、多功能性、智能信息化、国际化经营等趋势发展。

第一节 都市型现代农业发展概况

目前，我国都市型现代农业有了一定的发展，但地区之间的发展极不平衡。城市化水平较高的地区，都市型现代农业的发展就越快，其发展水平也就越高。早在 1994 年，上海提出了建立与国际大都市相适应的，具世界一流水平的都市型现代农业的构想，并率先将发展都市型现代农业列入其"九五"规划和 2010 年国民经济发展规划纲要。在 1995 年，上海和日本大阪又开展了都市型现代农业国际合作研究，并于 1996 年在上海召开了"上海市—大阪都市型现代农业国际研讨会"。1998 年，北京市也首次召开了全国"都市型现代农业发展研讨会"。此后，全国各地对发展都市型现代农业的认识都有所加深，都市型现代农业的发展实践也逐步展开。

一、上海

上海发展都市型现代农业有着独特的优越条件，背靠着国际化大都市，庞大的人口总量和发达的经济社会水平提供了巨大市场容量，强大的现代化物质技术装备为都市型现代农业的发展提供了良好的物质保证。再加上四通八达的交通和先进的通讯网络，以及水、电、煤等基础设施，还有市场和信息的优势，这些都为都市型现代农业的发展奠定了良好的基础。

经过十几年的发展，上海已经形成了以蔬菜种植、生猪饲养、奶牛养殖、乡村休闲等为特色的都市型现代农业。上海都市型现代农业的发展呈现出以下几点特征：

第一是土地资源利用率高、集约化经营程度高，而农田面积却呈不断缩减的趋势。与日本的都市型现代农业零星插花型布局相反，上海的都市型现代农业主要集中分布在市郊。作为农业经营中最重要的资源，耕地得到了充分的利用，耕地利用集约化程度很高。在一般情况下，上海的粮田是 1 年 3 熟，蔬菜的复种次数都在 4 次以上，立体化栽培十分普遍。上海地处长江三角洲地区，雨量充沛、水网密布。随着都市型现代农业的发展，对水面的利用也越来越充分，已从野生捕捞转向水产养殖，这使水域的生产力大大提高。农业生产有很强的地域性，但都市型现代农业要兼顾农产品特性、运输条件等因素。因此，上海近郊和远郊的土地利用各不相同。按照距离市区的远近，呈现出不同的分布特点：近郊是鲜奶、花卉等不易长途运输的鲜活农产品，以及与奶牛饲养相配套的青饲料生产基地；远郊以生产蔬菜和粮食为主，养鱼塘也比较集中。

第二是农业内部生产条件优越，外部发展环境宽松。上海都市型现代农业的装备已经实现现代化，单位面积的资本投入量大，技术先进，生产条件优越。上海市的机耕地面积已经占到耕地面积的90％以上，高出全国平均水平30个百分点，每公顷耕地排灌用电量为698千瓦时，每亩使用的农机动力为全国平均水平的2倍。另外，先进的天气预报技术配合防洪挡潮工程、农田排灌工程等设施，使上海抗御自然灾害的能力大大增强。上海都市型现代农业利用外资的环境得天独厚。上海地区经济实力雄厚，政府对农业生产基础设施的投入力度大，市政府连续多年坚持对生猪、蛋鸡、奶牛等给予生产补贴，并坚持对规模饲养场的电费优惠政策。

第三是农业生产经营方式逐步市场化、专业化、社会化，劳动生产效率较高。在市场需求和经济效益的拉动下，发展都市型现代农业的各项资源受价值规律的作用会向获利多的行业重新配置，这就必须增加经济附加值高的农产品的比重，使农业产业结构进一步优化。现代农艺栽培技术和农业机械的推广使得上海的都市型现代农业开始向着工厂化生产的方向发展。

第四是农业劳动力总数减少，并呈现出老龄化、女性化、兼业化的趋势。在城市化进程的推动下，都市地区全职从事农业劳动的人数不断减少，特别是年轻男劳动力的数量锐减，这导致农村劳动力的严重老龄化、女性化和兼业化。现在上海市从事农业的劳动力主要由两部分人组成：一是当地的老人和妇女，二是外来打工者。劳动力锐减的另一个后果，就是农业劳动力的兼业化程度不断提高。农业劳动力大量转向非农兼业，这说明农民的经济生活已经不再仅仅局限于占有和经营一小块土地，而更主要的是从事其他行业。

上海充分拓展都市型现代农业的产业功能和外延性经济功能，通过市场的引导，形成了能够获取较高经济效益的经营机制。在这一过程中，上海市重点发展三大板块，使上海的都市型现代农业真正走上可持续发展的良性循环轨道。

1. 以农产品供应链为纽带的农业产业板块

上海都市型现代农业充分利用了都市的产业发展优势，建立了以农产品供应链为特征的新型农业产业体系，构建成农产品一体化板块，即在原有的产业基础上，对产业进行整合、重组，扩大农业产业的经营范围，提高了农业产业的综合竞争能力，推动了新型农业产业的产生和发展，使农业走上了企业化经营的道路。

2. 以生态、观光、休闲为系列的农业生态旅游板块

上海作为一个世界级的大都市，都市型现代农业必须与上海的城市地位相符，在建设中当然不能缺少都市型现代农业的生态旅游休闲项目。上海市吸取了全国各地发展生态旅游休闲农业的成功经验，并结合自身的实际情况，采取系列化板块集成的方式开发生态旅游休闲项目，组成了回归自然生态系列、怀旧休闲系列等主题。在此基础上，还将住宿、交通、乡土特产以及旅游工艺品生产等项目进行了系统集成，形成了一个农业生态旅游休闲产业系列。

3. 以技术推广、信息服务、教育、培训为体系的农业服务板块

上海由于特定的区位和经济社会条件，在经济活动中已经出现商务成本高、基础产业竞争能力弱化的趋势。针对这种情况，上海通过先行一步的农业技术进步，将上海农业逐步改造成科技先导型农业，将成本的竞争转换为科技的竞争。一是形成了"内向型"科技先导农业，利用上海是"长三角"对外开放窗口的有利条件，将上海的农业资源作为吸纳、传播、扩散现代农业科技的有效载体，开展以高、新、特为标志的农业技术贸易。二是培育技术示范、教育与辐射基地。利用上海在农业科技、人才、设施等方面的优势和丰富的教育、会展资源，将农业高新技术成果的展示、农业技术贸易的发展与农业职业培训教育有机结合起来，形成了一种与上海国际大都市相匹配的农业科教产业，成为上海科教兴市的组成部分之一。三是发展农业技术产品基地。与农业生产相关的产前、产中和产后涉及一系列产业和经营，上海结合都市型现代农业建设，发展科技含量较高的农业生产资料产业，比如优质专用复合肥、有机肥料、生物农药、饲料添加剂、生物制剂、食品添加剂以及与都市型现代农业配套的设备、设施等，最终形成了与都市型现代农业发展相配套的农业技术产品基地。

二、天津

天津发展沿海都市型现代农业的条件独特而优越，主要表现在城市规模日益扩大、农村城镇化水平逐年提高、建制镇占乡镇总数比例已达 42.4%、农村道路和通信等基础设施比较完善等方面。另外，天津的农业产业化水平、农业科技水平也都在不断提高，观光农业已有一定的基础。由于历史的原因，天津市民长期受到城市文化娱乐设施狭小、休闲旅游景点缺乏的困扰，因此对农业观光休闲的需求迫切。随着市民收入水平的不断提高，天津的体验观光农业必将面对更为广阔的市场空间。

实现由传统的城郊型农业向都市型现代农业的战略转变，是天津农业和农村发展进入新阶段的客观要求，也是建设现代化港口城市和北方重要经济中心的必然选择。具体来说：一是要适应大市场、大流通的格局，改变以满足本市农产品自给性需求为主的传统城郊型农业发展思路，提升农业产业的层次和竞争力，拓展都市型现代农业的发展空间；二是主动参与农业的国际竞争，对传统城郊型农业进行根本的改造，按国际化要求发展外向型农业；三是建设现代化港口大城市，实现都市型现代农业的可持续发展，不断提高城市生态环境的质量；四是建设北方重要的经济中心，调整农业经营的内容、方式及产业结构，挖掘农业的多功能性，实现农业的高效化经营。

（一）天津沿海都市型现代农业发展的主要功能

1. 提高经济功能

进一步改造和提高农业的经济功能，重点突出农业的经营效益和增加农民收入，使天津市农业的产业结构、经济效益、农民收入水平上升到新的层次。

2. 港口都市带动功能

依据港口城市的优势，以建设现代化港口城市和北方重要经济中心为战略定位，大力提高港口的带动功能，形成北方农业科技龙头、产业化龙头和市场龙头，进而形成现代农业的科技中心、产业化中心、国际商贸中心和信息中心。

3. 都市文化功能

拓展延伸农业文化功能，并使之成为都市文化的重要组成部分。文化功能的拓展要按照经济功能文化化、文化功能经济化及产业化经营的原则，着力发展乡村休闲文化、饮食文化、民俗文化、环境文化、海洋文化等，以满足都市居民的文化需求。

4. 体验、观光、休闲功能

天津沿海都市型现代农业发展应纳入天津市都市生态环境发展总体规划之中，要以能供给都市持久、高质量的生态景观为发展目标，并使都市型现代农业成为都市生态景观的组成部分，以及满足都市居民体验、休闲、旅游观光的需求。

5. 城乡一体化的社会功能

都市型现代农业发展于城乡一体化的前沿阵地和优先发展区域，它通过农业、农村与都市在经济、产业、科技、文化、生活等多方面的融合，来实现全方位的城乡一体化，逐步弱化城乡差别，并确保农业在都市圈经济发展中的基础地位，这将有利于实现城乡一体化的社会经济发展战略目标。

（二）天津都市型现代农业发展的主要模式

根据国内外都市型现代农业发展的经验和天津市的资源条件，在人多地少、城市化不断发展的过程中，天津沿海都市型现代农业的发展模式从总体上看是以经济功能的改造为主、逐步拓展其他功能，最终形成经济功能、体验观光休闲功能、文化功能、环境功能等多种功能并举的发展模式。目前的主要的发展模式有以下几种。

1. 海洋资源综合开发模式

在滨海经济带，围绕丰富的海洋资源，通过综合规划，全面开发海产品生产、海洋旅游休闲、海洋文化及港口贸易等产业，形成具有天津特色的滨海都市型现代农业。

2. 以乡村自然景观旅游带动农业功能拓展的模式

把天津蓟县山区、静海的团泊洼水库、滨海的芦苇荡、杨柳青的森林公园等自然景观旅游资源开发，与当地的农业生产经营以及体验、观光、休闲等功能有地地机结合起来，形成以自然景观旅游带动农业功能的拓展的发展模式。

3. 农耕文化体验、乡野休闲模式

在环城经济带，重点发展市民农园、学童农园、银发族农园、采摘农园等，在山区开发农户小院度假游等形式，为都市居民体验农业以及休闲娱乐提供场所。

4. 乡村文化景观开发带动模式

围绕天津农村的人文历史景观，开发乡村旅游景点（比如杨柳青），再配合农业观光旅游的拓展，丰富旅游观光的内容，并以此来带动都市型现代农业的发展。

5. 现代农业展示、观光模式

天津市建有市级和区县级20多个现代化农业示范园区，各地区还建有规模化、专业化的农产品商品生产基地，这些均可作为现代农业观光旅游的资源基础。如果再配合以有组织的宣传和引导，就会成为天津新的观光景点，既可以使市民、中小学生在领略田园风光、回归自然的同时，了解现代农业文明，也可以更好地实现城乡之间的沟通和交流。

6. 绿化产业模式

绿化产业的发展是天津沿海都市型现代农业发展的重要产业，它为旅游观光农业提供了良好的生态环境基础。其中的某些绿化产业基地本身就具有很大的观光旅游价值。比如，中北镇的花卉产业基地、花卉市场以及其他地区的各种苗圃等，都可常年开放供游人观光。

7. 农业高新技术产业化带动模式

通过农业高新技术产业化发展，形成农业高新技术生产资料产业，带动传统农业改造和农业产业结构的战略性调整，提升产业结构的层次，提高天津农业及周边农业的经济功能和市场竞争力。

8. 国际市场导向模式

根据国际市场对农产品需求的变化趋势，通过发展无公害农产品、有机食品、食品加工业以及名特优新产品，提高本市农产品的国际竞争力，推动天津农业向都市型现代农业迈进。

三、广州

广州市地处广东省中南部，位于珠江流域下游，属于南亚热带海洋性季风气候区，热量充足，雨量充沛，从事农业生产的气候条件非常优越。广州地区有低山、丘陵、平原、滩涂、台地等多种地形地貌，平原广阔、土地肥沃，再加上地处南方丰水区，水土资源和农业耕作的自然条件很好，作物生产和水产养殖业都比较发达，农业生产的效率很高。

广州农业发展速度快，农民增收幅度大，农业增加值增长幅度位居全国前列，农民人均收入居于全国十大城市之首。之所以有这样的优势，其原因不是粮食种植面积大、也不是粮食产量高，而是农业结构调整得好，走出了一条都市型现代农业的发展之路。

广州发展都市型现代农业，首先是把粮食作物种植面积降下来，积极发展经济作物和养殖业。另外，当地的菜场、水果基地、花卉交易场地等环境优美、品种鲜丽，这些就可以直接兴办成旅游景点，吸引游客娱乐休闲，既充分利用了山水城市的优势，又发展起了现代休闲旅游农业。

近几年来，一种新的农业经营模式——"庄园经济"，在国家"三高"农业政策的激励下在广东兴起，各种农庄、果庄不断涌现。"庄园经济"依靠土地的规模经营，通过开发商、投资者、经营者以及农民形成紧密的经济利益共同体，融资渠道多样化，使普通农村居民投资的可能性增大。"庄园经济"已经成为广州都市型现代农业发展的新亮点。广州"庄园经济"的类型主要有以下几种：

（一）观光农园

观光农园主要以生产、生态功能为主，同时提供农业观光服务。它是为了保证某些生态环境要求严格的农业项目的发展而产生的。主要形式有森林公园、设施农业基地等。

（二）体验农园

体验农园主要以休闲功能为主，旅游者可参与农业劳务活动或租赁耕种一些土地，种植某种农作物，体验农民的生活。比如市民农园、农户乐园等都属于这一类。

（三）科教农园

科教农园能体现科技交流和教育功能，主要以农业技术学习和青少年教育为主。主要形式有农业技术园、高科技农艺观光园、少年农庄、青少年农科基地等。

（四）产品农园

产品农园是以某种农业资源产品生产为主，突出产品特色的农园。游客在其中可以采摘、品尝、购买农产品。主要形式有各种花卉园、果园、园艺园等。

（五）庄园农园

庄园农园是综合了生产、观光、休闲、体验、教育等多种功能的农园，以开发商集中开发经营管理为主。其最大的特点是可以实行社会多渠道、小规模融资，将旅游者纳入旅游投资开发和管理的责任范围。游客可以购买庄园内的果林或园地，这样既能稳定客源，又能吸引投资。

四、深圳

深圳市土地总面积为2 020平方公里，全市可建设用地 931 平方公里，占土地总面积46.1％。随着深圳市工业化和城市化的快速发展，土地利用已从农村形态转为大城市郊区形态。

（一）深圳都市型现代农业的四大支柱

深圳农业主要分布在宝安、龙岗两区，以"三高"农业和创汇农业为主，主要是为深圳、香港市场提供农产品以及鲜活产品。蔬菜、畜牧、水果、水产是深圳都市型现代农业的四大支柱。

（二）深圳市体验观光休闲农业的主要项目

深圳市都市型现代农业中体验观光休闲农业发展迅速，其主要项目如下。

1. 西部田园风光

西部田园风光位于宝安区内，占地 20 多平方公里，是利用沿海鱼塘建成的高品位生态农业休闲旅游区。

2. "青青世界"生态旅游景点

"青青世界"生态旅游景点的特点是把精致旅游与观光旅游结合起来，经营的效益较高。

3. 深圳中心公园

深圳中心公园是以高大乔木、灌木和草本植物等丰富的植物类群构建的人工生态型公园。

4. 公明镇大型荔枝园和花卉基地

公明镇大型荔枝园和花卉基地以开展生态农业旅游、观光农业旅游为主。

5. 光明农场

光明农场是深圳最大的农牧区，具有丰富的土地资源优势，可以满足人们回归大自然的心理需要。可供参观的小区有奶牛场、自助农场和农业高科技示范园区等。

此外，南山区西丽镇的荔枝园、龙岗南澳渔港和海鲜市场、旭联养殖基地、东冲水产基地、坝光生态走廊和深圳东部海洋高新技术产业园区等，也都是具有特色的都市休闲农业项目。

（三）深圳市都市型现代农业的市场发达

深圳市都市型现代农业的另一特色是具备发达的农产品市场。经过 20 多年的发展，深圳农产品市场已经进入快速扩张阶段，农产品批发和零售市场遍布市区。全市每年农产品市场交易额接近 300 亿元，并以规模大、影响远、分布广、品种全、功能宽和上游产业完善等特点享誉全国。

深圳已经成为我国最大的农产品集散中心和转口贸易基地，不仅满足深圳市民对农产品的需求，还向整个华南地区和珠江三角洲辐射，部分农产品还外销到美国、澳大利亚、加拿大、南非、日本、韩国和东南亚、西欧各国以及我国的港、澳、台地区。据统计，近几年每年农产品出口交易额逾 10 亿元。

（四）深圳发展都市型现代农业面临的问题

在全球气候变化、环境污染加剧、人口急剧膨胀、农村城市化进程加快等大背景下，深圳都市型现代农业发展也面临着几个突出的问题。

1. 农业用地面积逐年减少

自从建立经济特区以来，深圳农业用地逐年减少，至今这一势头仍然没有得到有效地遏止。如果不对农业用地加以有效的保护，深圳农业的前景不容乐观。只有保障一定规模的农业用地，才能发挥都市型现代农业的经济效益、生态效益和社会效益。

2. 高素质农业人才缺乏

深圳市有文化的农业青年劳动力不断减少，农业劳动力呈现出年龄老化的现象。

3. 农业环境污染比较严重

由于过去不适当或过量地使用杀虫剂、氮肥、含重金属离子的未熟化有机粪肥等，积年累月通过渗漏或地表流进饮用水源和农用水源，造成了有害物质污染水源和农田。集约化的畜禽养殖和水产养殖会产生大量的粪渣、废水和污泥，如不加处理就排放到环境中，势必会使致病微生物滋生，并导致生态环境恶化。

五、珠海

（一）珠海都市型现代农业的发展类型

1. 观光农园

观光农园是在 20 世纪 90 年代初，农民将自己成熟期的果园、菜园、花圃等开放，供游客观景赏花摘果，以促销产品的方式逐渐发展而来的。至今已经产生了大量的民俗村、乡情园、杨桃园、荔枝园、兰花园、柑橘园、甘蔗林、香蕉林等。观光农园的主要作物有柑橘、杨桃、草莓、荔枝、龙眼、番石榴、甘蔗、茶叶及各种花卉等。近年来，珠海市农科中心无土栽培基地举办的"甜瓜采摘月""龙眼、荔枝游赏团"等活动，吸引了大量的港澳游客，赢得了较好的社会效益和经济效益。

2. 休闲农场

这是一种综合性的休闲农业区，游客不仅可观光、采果、体验农作，也可以了解农民生活、享受乡土情趣，而且还可以住宿和度假。比如，农垦系统国营农场逐步对外开放的橡胶园、胡椒园、海产养殖等都属于这一类休闲农场。休闲农场适宜在山区发展，可以利用山区丰富的农业资源，依托周边的名胜古迹与自然景观，建设综合性的观光、体验、游乐度假区。

3. 市民农园

这是由农民提供土地，让市民参与耕种的园地，有自助菜园地，也有休闲休憩农园，还有田园体验农园。农民将农田划分成若干小区，分块出租给个人、家庭或团体，每块地面积为10～1 000平方米不等，由农民直接将土地分块出租给市民，租金约为每月10元/平方米。

4. 教育农园

这是面向城市大中小学生等特定对象，让他们亲近自然、体验农事的园地。比如，"青少年农庄"就分为饲养乐园、绿色营地、童话作坊、时尚大棚、垂钓池塘等小区，让孩子们在娱乐中长知识，在动手中长能力。

5. 农业公园

农业公园把农产品生产场所和消费场所以及观光游乐场所结合在一起，以公园的形式向游人开放。比如，湾仔镇建设的一座花卉公园，就把赏花、养花、咨询花卉知识以及购买等结合在一起，兼具观赏、休闲、教育、购物等多种功能，对市民有很大的吸引力。

6. 森林公园

森林公园类似香港的郊野公园。珠海市区的板樟山、凤凰山、斗门的黄扬山、东区的一些岛屿等，均已被建设成为独具特色的森林公园。

7. 民俗观光园

民俗观光园是选择具有地方或民族特色的村庄，稍加装修之后，提供农舍给游人居住，或开办乡村旅店之类的游憩场所，让游客充分享受乡土风情和浓重的泥土气息，以及别具一格的民间文化和地方习俗。珠海市还推出了双休日"住农户房、吃农户饭、干农户活、享农户乐"的系列活动，受到城市居民的广泛欢迎。

8. 居民庄园

居民庄园被珠海城市规划总体定位为成功人士选择的最佳居住地，在那里建设的一些独具特色的居民庄园，已经成为都市富有阶层的抢手货。

（二）珠海都市型现代农业发展中的一些问题

1. 亟待确立法规和推出扶植政策

由于缺乏必要法规规范和扶植政策，都市型现代农业项目呈现一哄而上的态势。一些经营者过于偏重观光游乐开发，结果使园区内农业项目和内容偏少。

2. 科学规划和设计有待加强

都市型现代农业涵盖的范围广、类型多，但目前还缺乏科学的规划和设计，也没有形成完整的体系。有些市民农园明显缺乏规划设计，停车场、洗手间、工具房、休息室及其他必要的公共设施过于简陋，结果招致游客怨言较多。

3. 项目经营者的素质有待提高

目前的都市型现代农业项目多以乡村自主开发为主，经营者素质普遍不高，管理亦不够规范。从经营的效果来看，农园的规模明显过小，水果的成熟期也过于集中，这都影响了游客的游览兴致。另外，农业观光园往往是平时游客少而节假日游客过多，这又给观光园的管理带来了一些困难。

4. 某些项目比较粗糙，缺乏文化和教育内涵

由于发展较快，因而鱼龙混杂，致使某些项目比较粗糙，缺乏文化和教育内涵。甚至有

些城市郊区景观稍好的地段，简单地设立起围墙就开始收费，这都对都市型现代农业的发展十分不利。另外，对市民也需要进行公德教育，一些游客对农业缺乏了解，乱摘乱采，践踏和毁坏农田和作物，结果给观光园造成很大的损失。

六、南京

改革开放以来，工业和服务业的发展支撑了南京经济的持续高速增长。伴随工业发展、收入增长、人口集聚、城市扩张，城市的生态环境问题日渐突出，密集的建筑群、忙碌的工作、拥挤的交通、稀少的绿地等，使市民的生活空间显得十分狭小。有资料显示，由于环境拥挤，七成的南京人患有"城市拥挤综合征"。城市居民对食品消费多样化的需求以及对优美、清新环境的需求越来越强烈，这就促使人们把目光投向城市郊区的农村和农业。

市民对食品安全的关注，刺激了绿色食品生产基地、无公害食品生产基地、设施农业等的发展。走出拥挤的城市、回归自然的心理需求又促进了休闲农业、休闲渔业、观光旅游农业等的发展。南京的农业虽然地处郊区，但从其提供的产品和服务来看，已经与传统的"城郊型农业"有了很大的区别。南京的农业已经发展成为一种能够承载多种功能的新型农业，即"都市型现代农业"。

近年来，南京市在"城乡一体、科教兴农、外向带动、多元发展"战略的指导下，都市型现代农业呈现出了良好的发展势头。具体表现在以下几个方面：①确立了农业主导产业，不断优化农业结构，重点发展花卉苗木、经济林果、特种水产、蔬菜等适合市场需求的高效农产品，大力压缩粮食面积；②依靠科技进步，促进农业产业升级，建立了多个省级和市级农业科技园区；③围绕市场需求，推进农业产业化经营，已建立一批初具规模的农业产业化龙头企业；④农村基础设施建设得到改善，已经形成了城乡一体的大交通框架。

七、武汉

武汉市在2000年就把新世纪农业发展定位于建设都市型现代农业。这为武汉农业实现转型升级明确了思路、指明了新方向。2003年，武汉市又提出了"肉、菜、奶、禽、鱼、游"的发展都市型现代农业6字方针。计划通过5～10年的努力，在区域布局上建设"近、中、远"三大圈层；在功能开发上构造"生产、生活、生态"的三维空间；在产品形态上塑造"一、二、三"的三大产业结构。最终形成以近郊为主的绿色园艺观赏基地，以中郊为主的种养加多种经营集约化生产基地，以远郊为主的名特优新特色农业和森林自然生态休闲旅游基地，充分体现特大城市、中心城市、沿江城市的特点。

武汉发展都市型现代农业的思路概括起来讲，就是要适应武汉现代化、国际性大城市发展的需要，以服务城市、实现农业现代化为目标，立足区域资源优势，以市场为导向，依靠高新技术对农业的推动力，同时实行农业产业化经营，大力发展设施农业、生态农业、加工农业、旅游休闲农业和创汇农业。另外，还要完善农产品市场体系和农业社会化服务体系，实现农业资源的合理配置，促使都市型现代农业全面、快速、健康和可持续的发展。

（一）武汉都市型现代农业发展的功能拓展模式

武汉都市型现代农业是有主有辅的多功能、立体、全面的发展模式。

第一种模式是高科技生产和加工基地农业。它运用现代的高科技装备，以市场需求为导向，生产优质绿色农产品，建设农产品加工基地，以满足城市居民对安全、可口、健康的食品消费需求。

第二种是观光休闲农业。以休闲度假为主的休闲农业是都市型现代农业中旅游农业的一个重要组成部分。农业观光旅游能使参与者更加珍惜农村的自然文化资源，激发城市居民热爱劳动、热爱生活、热爱自然的兴趣。尤其是能够满足市民周末休闲旅游等消费需要，观光休闲农业已经成为武汉市民假日黄金周之外的旅游休闲主要场所。另外，花卉产业、绿化产业亦是城市周边发展观光休闲农业的较好场所。

第三种是科教基地型农业。武汉是科技院校的集中地，具有较强的科技力量和较高的科研水平。利用科技、资金、人才、管理等优势，培育新品种、开发新技术来带动周边农村和农业发展，可以起到农业科技示范和推广的作用。在市郊建立起融教育、娱乐、生产于一体的农业公园，也能满足市民学农、爱农和了解农业的需求。

（二）武汉都市型现代农业的发展模式

1. 设施农业

设施农业是在农业领域广泛采用现代科学技术、现代工业技术和现代科学管理方法来装备和管理农业，实现栽培和饲养设施化。要通过大力发展大棚生产、温室生产、无土栽培、网箱养殖、大棚养殖等设施农业，彻底改变武汉的农业生产方式和生产手段，实现工厂化生产、产业化经营、企业化管理，加快建设都市型现代农业的步伐。

2. 生态农业

要按照经济与自然环境相互协调发展原则，着手整治由于农村工业化、农村城市化带来的土壤、水源、空气和环境污染等问题，大力发展林业、花卉、苗木、草皮等产业，在促使农业自身具有洁、净、美、绿的同时，也为绿化、美化、净化城市提供产品和服务。

3. 加工农业

要进一步加大农业开放和招商引资的力度，充分利用外来资本、民营资本和工商资本，大力发展农产品加工业，加强农产品加工园区建设，以创品牌、扩规模、增效益为目标，促进农产品的加工、转化和增值，改变农产品经营效益偏低的现状，发挥加工企业在农业产业化经营中的龙头和带动作用。

4. 旅游休闲农业

要充分发挥武汉市山林多、湖泊多、水面多、名胜古迹多的资源优势，利用好城区的公园、广场和江滩，适应城市居民向往悠闲、宁静的环境和希望回归自然、体验农趣和旅游休闲的需要，发展乡村旅游度假村、兴办农家乐，大力发展各种具有乡土特色的旅游休闲农业。

5. 创汇农业

要不断扩展农产品对外贸易，提高农业的开放度，要利用国内、国际两个市场，加强与国际经济的联系，扩大在国际市场上具有比较优势和竞争力的农产品生产规模和农产品加工制成品的生产规模，充分利用武汉市的区位和交通优势出口农产品，促进武汉的都市型现代农业面向国际市场健康发展。

八、西安

西安古称长安，位于关中盆地中部偏南，北临渭河，是我国七大古都之一。全市人口600多万，是一个以军工、电子、纺织、旅游为特色的城市。在农业生产方面，主要生产小麦、玉米、蔬菜、水果等农产品。在陕西的杨凌设有国家农业高新技术产业示范区，这为西安发展都市型现代农业提供了很大的便利。

西安市很早就开始了都市型现代农业的发展，并在周边县区设立了农业生产基地，逐步推进农业的规模化经营。西安市的都市型现代农业发展已经形成了多个特色经营区。其特色经营区分为三种类型：一是特色产业区，例如临潼石榴生产区、草莓生产区等；二是工厂化农业区，比如杨凌、蓝田、草滩的示范园，主要生产花卉、蔬菜和种苗；三是休闲度假区，以东晋桃园为代表的休闲度假村，设有观光、餐饮、休闲等内容，使游客通过欣赏田园风光来放松身心、亲近自然。

（一）特色产业区

特色产业区以当地的特色资源作为都市型现代农业的发展主题。比如，临潼县距西安仅30公里，是被誉为"世界第八奇迹——秦始皇兵马俑"的所在地，也是陕西著名的风景旅游区。为配合休闲旅游业的发展，当地在农业发展上抓住了特色农产品石榴和草莓的生产，已建成333.33公顷的石榴园和万亩草莓园。当地的农民不仅直接增加了收入，而且也为游客提供了一处独特的休闲旅游景观。

（二）工厂化农业区

用高科技建成现代化农业示范园，游客通过游览不但能学习到最新知识和技术，而且也能体验到现代农业的神奇和魅力。陕西杨凌农业科技扶贫示范园就是典型代表。农业科技扶贫示范园的建设按照面向市场、发挥优势、产业示范、服务"三农"的原则，为农业产业结构调整探索出了新模式，已经成为农业高新技术的推广和示范样板。

陕西杨凌农业科技扶贫示范园是农业科技成果转化与试验示范的基地，又是农业科技培训的基地，同时，还具有旅游观光的功能。园区占地13.47公顷，项目建设内容分为三个部分，一是设施农业，包括全自控温室大棚2座、人工控制温室大棚2座、双拱日光温室7座，并配有种苗组织培养及初加工车间；二是露地优质苗木繁育区，占地6公顷，主要用以种植和展示优质苗木和花卉；三是科研培训楼，内设客房、会议室、教室、展销厅以及餐饮用房等。园区建立后，已成功地用无土栽培的方式生产出樱桃番茄、荷兰黄瓜、彩色辣椒、生菜等产品，并种植出郁金香、风信子、唐菖蒲、百合等花卉。陕西杨凌农业科技扶贫示范园每年接待游客约为7万~8万人次。

（三）休闲度假区

休闲度假区是利用环境优美的田园建成的度假区，已经成为城市居民亲近自然、休憩旅游的场所。建在西安现代农业开发区内的东晋桃园就是一处典型的休闲度假区。该园区占地近千亩，建有田间农业展示区和娱乐区。环境布置上建有我国传统建筑和欧式别墅等景观，园内有小桥流水、白墙灰瓦的农舍，有反映我国优秀农业文化的转轮式水车、水磨，有桃花、垂柳和红灯笼，还有餐饮厅、娱乐室、运动场、宾馆等服务设施，每年都吸引大批游客前来度假休闲。

九、台湾

台湾的都市型现代农业发展效法于德国，因而与德国极为相似，主要是以市民农园为主。台湾都市型现代农业兴起于 20 世纪 80 年代。当时岛内农业人口老龄化、农地荒废等问题日益严重，于是由台湾的"农委会"派出专家和学者考察德国、日本已经实施的"银发族农园""市民农园""民宿农庄""农业公园""农村留学"等农业经营设施。这些考察者提出了借鉴他国经验、发展都市型现代农业的政策建议。

此后，在 1981 年台湾开始推广观光农园建设。在 1989 年，为改善农村生产结构，提高农民的收入，充分利用农村的自然景观和人文资源，又开始通过挖掘农业生产与乡村文化的特色来发展休闲农业。在 1994 年，又制定了"发展都市型现代农业先驱计划"，积极引导各地兴办示范性的市民农园。

（一）台湾的都市型现代农业发展模式

台湾的都市型现代农业从发展历程来看经历过三种模式：①观光农园，就是开放成熟的果园、菜园、花圃等，让游客采果、摘菜、赏花，享受田园乐趣；②市民农园，就是由农民提供农地，让市民参加耕作，承租人或体验、或品尝、或游赏、或教育、或休闲，皆依兴趣而自由选择；③休闲农场，这是一种综合性的休闲农业区，不仅可以观光、采果、体验农作、了解农民生活、享受乡土情趣，而且还可住宿、度假、游乐。

另外，台湾的都市型现代农业发展模式还有假日花市、农业公园、教育农园、银发族农园、森林旅游区、屋顶农业等。

（二）台湾的都市型现代农业发展特点

台湾的都市型现代农业经过 20 多年的发展，已经取得了明显的成效，目前已进入了普及阶段，其主要特征表现为：①都市型现代农业分布广、类型多、规模大；②都市型现代农业的管理已初步走向规范化、制度化，特别是观光农园的管理体制已基本健全；③赋予都市型现代农业以文化内涵，提升了都市型现代农业的层次和水平；④强化了文化教育功能，如进行亲子教育等，使都市型现代农业摆脱了单纯的经济功能；⑤把都市型现代农业与开发具有民族特色的旅游业结合起来，对促进少数民族地区的经济发展起到了积极作用。

（三）台湾都市型现代农业的作用

1. 为社会大众提供了休闲空间、丰富了旅游的内容

都市型现代农业的发展为社会大众提供了有益身心健康、陶冶情操的新的活动空间，也丰富了旅游的内容。台湾都市人口剧增，这使得都市居住空间与休闲活动场所相对不足，而工业化的结果，又造成人们工作与生活的紧张、繁忙、单调和乏味，因而社会大众渴望有较多的休闲旅游场所。利用都市化地区的农业资源与农村空间，发展都市型现代农业，为都市居民提供了新的休闲和观光场所，这有利于城市居民放松身心和消除紧迫感。

2. 扩大了农业的经营范围、增加了农民的收入

都市型现代农业的发展，扩大了农业的经营范围和经营规模，改善了农业的产业结构，增加了农民的实际收益。都市型现代农业将农业由第一产业转向第三产业，使农田既是生产的园地，又成为休闲游憩的场所。发展都市型现代农业，把农产品直接销售给消费者，解决了部分农产品的运销问题，也避免了运销商的中间盘剥，增加了农户的直接收益。同时，农民也可从提供休闲游憩服务中获取合理的报酬，增加收入。

3. 开辟了保护农村自然和文化资源的新途径

都市型现代农业为合理地开发利用与保护农村自然、文化资源提供了新的途径。农村绿满大地、山清水秀、景色天成，农林牧渔生产除了提供采摘、销售、观赏、垂钓、游乐等活动以外，部分耕作或制造过程也可以让旅游者参与、体验和观赏。而且农村还有丰富的乡土文物、民俗古迹等多种有形或无形的文化资源，可供市民观赏和体验。因此，合理地开发这些自然景观资源、田园文化资源，发展具有高度观赏性、乡土性、寻根性、娱乐性的都市型现代农业，恰好为农业与农村资源的高效利用找到了一条良好的出路。

4. 都市型现代农业的发展促进了农村社会的发展

在都市型现代农业发展的同时，也促进了农村社会的发展。都市型现代农业的发展，使人们逐步认识到农业产业、农村自然景观与文化的珍贵，从而激发起他们热爱农村、维持农业与乡土文化的动力。同时，由于城乡居民的交流与沟通，提升了农民的生活品质，缩小了城乡差别，进而促进了农村社会的发展。

执笔人：史亚军

第二节　都市型现代农业主要类型与发展趋势

一、主要类型

（一）生态型都市现代农业

生态型都市型现代农业是指运用生态学原理和系统科学的方法，通过合理耕作、种养结合来调节和控制农业生态系统，建立起具有生态功能良性循环的一种现代化的农业发展模式。包括：①有机农业。即不使用人工合成的化学投入品如化肥、农药、生长调节剂、除草剂和家畜饲料添加剂等的一种自然农业生产体系，为城市提供纯天然、无污染的有机食品。②环保农业，又称循环农业。这是一种新兴的农业生产模式，该模式严格控制化肥、农药的使用，充分利用太阳能、生物固氮和其他生物技术实现农业经济和环境的协调发展。③绿化农业。都市型现代农业的一个很重要的功能就是要起到绿化城市的作用，即建设田园城市。④健康型农业。这是指农业生产的产品有利于人们身心健康，生产的环境有益于人们健康长寿的新兴产业。

（二）设施型都市现代农业

设施型都市型现代农业是指利用先进的工程技术设施，改变农业自然环境，建设人工生产环境，获得最适宜植物生长的环境条件，以增加作物的产量、改良作物的品质、延长生长季节、提高作物对光能利用的现代农业，生产出无污染、安全、优质、富营养的绿色农产品。

（三）观光休闲型都市现代农业

观光休闲型都市型现代农业是以农业生产活动为基础，农业和旅游业相结合的一种新型产业。观光休闲型都市型现代农业是利用农业资源、农业景观、农业生产活动，为游客提供观光、休闲、旅游的一种参与性、趣味性和文化性很强的农业。观光休闲农业是集田园风光和高科技农艺于一体，建立观光农园、观光果园、观光菜园、观光花园、水面垂钓园、郊野森林公园、野生动物园、药用植物园、休闲农庄、休闲农场、生态农业园、体验农业园、高科技农业园等多种模式。

（四）高科技型都市现代农业

高科技型都市型现代农业是指在现代工业和现代科学技术基础上的现代农业。将现代科学的成果广泛应用于农业生产。高科技农业包括：精准农业、数字农业、智能化农业、三维农业等多种形式。精准农业是建立在电脑、全球卫星定位系统和遥感遥测等高新技术基础上的现代高精技术农业系统工程，包括精准播种、施肥、灌溉、估产、作业等技术。数字农业是指在地学空间和信息技术支撑下的集约化和信息化的农业技术，是以大田耕作为基础，从耕作、播种、灌溉、施肥、中耕、田间管理、植物保护、产量预测到收获、保存、管理的全过程实现数字化、网络化和智能化。智能化农业是指利用智能化农业信息技术来指导农业生产的一种农业系统模式。三维农业是指三维网络结构农业，一是生物生产结构，二是资源开发结构，三是经济增值运转结构。

（五）加工创汇型都市现代农业

加工型都市型现代农业是指对所生产出的农产品进行再加工，以提高其附加值的一种高效农业。创汇农业又称外向型农业，是以创汇为目的新型农业，是以国际市场为着眼点，要求农产品质量高、时效性强、包装加工要好，生产、运输、销售要求系列配套。

二、发展趋势

（一）市场营销观念趋势

都市型现代农业的未来发展将会借鉴工业制成品的成功经验，更多采用市场营销观念。从市场营销角度来看，市场营销强调4P组合，即产品、价格、促销、渠道四要素的组合。首先从产品看，产品分为核心产品、形式产品和延伸产品，而当前大农业和郊区农业只做到核心产品层次，所以亟需提高农产品的外延价值，采取品牌经营策略，通过树立品牌等策略实施差异化战略，从而提高该产品的需求弹性和收入弹性，这就是都市型现代农业需要做到的。其次从价格看，因为农产品的无差异性和生产者众多性等原因，农民在农产品的价格制定过程中处于被动的、不利的地位，都市型现代农业的一个很重要的目标就是要实现农产品差异化，解决农民在农产品价格制定中的被动地位，当然前提是培养一批拥有自主知识产权的农产品品种。再次从促销看，都市型现代农业未来将借鉴工业品的促销方法。最后从渠道来看，由于农产品具有易腐性，只适合短渠道，因此，未来都市型现代农业的销售渠道应大力发展农产品的第三方物流，实施农产品拍卖制度，发展完善农产品期货市场和建设农产品超市以减少中间环节。

（二）连锁经营趋势

都市型现代农业是一种资本密集型产业，它能吸引大量的非农资本进入该领域，这些资本进入后必然会采用其他产业的经营模式，使用专业化经营模式，树立品牌然后采取国内连锁的经营模式，或者直接加盟国外知名的都市型现代农业品牌，这是我国都市型现代农业发展的方向之一，也是我国目前发展有所欠缺的地方。

（三）国际化经营趋势

随着经济全球化发展和国际化大都市的建设，都市型现代农业将纳入国际经济轨道。为此，都市型现代农业将充分利用对外开放的优势，建立以农产品出口创汇为中心的、较高层次的农业生产体系，从而提高都市型现代农业的外向化程度。

（四）智能信息化趋势

都市型现代农业将是一种利用农业专家和互联网为代表的电子商务系统来指导农业生产和农产品销售的一种知识型、信息型农业。它拥有一批高层次、多方面的农业专家，利用现代农业科学技术和计算机手段，对农业生产、科技、经济信息等进行加工处理，提出解决农业生产问题最佳方案，帮助农业生产者、管理者进行决策，提高科学管理水平和农民的文化素质，促进现代农业发展。同时，都市型现代农业需要广泛地利用农业科技信息、商贸信息、市场销售信息、农资市场信息、农产品价格信息、气象预报信息等信息源，通过计算机处理和农业咨询业，为都市型现代农业生产和销售提供服务。

（五）多功能性凸现趋势

近年来都市型现代农业根据现代城市发展的要求，进一步突破生产保障型的城郊农业模式，向多功能的现代都市型现代农业模式发展。比如生态农场、绿色食品基地、观光休闲农业园、文化教育农业园、加工创汇农业园等，体现了都市型现代农业向多元化功能发展的趋势。

执笔人：史亚军

第二篇

都市型现代农业发展对人才的需求

第五章 农学类专业人才培养需求

第一节 农学专业

一、都市型现代农业发展对农学专业作物遗传育种方向人才的总体需求趋势

国以农为本，农以种为先。我国是农业生产大国和用种大国，农作物种业是国家战略性、基础性核心产业，是促进农业长期稳定发展、保障国家粮食安全的根本。2003年以来，按照"人文北京、科技北京、绿色北京"的建设要求，北京市在都市型现代农业发展的基础上，确定打造"种业之都"的根本目标，近期内在北京建成中国种业科技创新中心和世界种业交易交流服务中心。为此，将实现种业的"八大工程"，即种质资源创新引进与保护利用工程、优良新品种选育工程、种业园区和新品种展示基地建设工程、良种繁育加工基地建设工程、种业服务平台建设工程、龙头企业及名优品牌培育工程、优势品种产业化工程和种业发展环境优化工程等。

实现"种业之都"的目标，种业的"八大工程"，需要一大批专业技术人发挥作用。北京农学院作为一所高等农业院校，根据北京市都市型现代农业的发展需要，将传统的以作物育种和作物栽培耕作为核心技术的农学专业，改造为以作物遗传育种为核心的新型农学专业——作物遗传育种方向，为优良新品种选育和种质资源创新引进等工程的实现输送专业人才，以适应北京市建立"种业之都"的培养需求。

二、都市型现代农业发展对农学专业作物遗传育种方向人才的具体需求类型

进入20世纪以来，我国农作物种业发展实现了由计划供种向市场化经营的根本性转变，取得了巨大成绩，特别是在新品种选育方面，一大批新品种选育成功并推广应用，为提高农业综合生产能力、保障农产品有效供给和促进农民增收作出了重要贡献。例如，成功培育并推广了超级杂交稻、紧凑型玉米、优质专用小麦、转基因抗虫棉、"双低"油菜等一大批突破性优良品种，主要农作物良种覆盖率提高到96%，良种在农业增产中的贡献率达到43%以上。

多年以来，北京市品种选育水平一直处于全国领先地位，形成了玉米、小麦、大豆、马铃薯、瓜菜、果树等多种作物名牌品种系列，并已在全国推广普及。据全国农业技术推广服务中心统计，2001年全国玉米推广面积最大的前五个品种中，北京市选育的"农大108"和"农大3138"分别列第一名和第四名。2003年在全国推广"农大108"达到266.67万公顷，仅此一个品种就占全国玉米生产面积的10%以上，现已累计推广0.067亿公顷以上，增产60亿千克，增收60亿元；北京市选育的"京411"和"京9428"小麦品种在我国北部冬麦区种植面积累计达到133.33万公顷，增产10多亿千克，增收10亿多元。北京蔬菜研究中心和中国农科院蔬菜花卉所育成的甘蓝、大白菜、番茄、甜（辣）椒、黄瓜、西甜瓜、萝卜、菠菜、绿菜花等主要蔬菜系列优良品种，已经成为全国各主要蔬菜产区主要栽培品种，到目前累计推广面积千余万亩，创社会经济效益数十亿元。

在《北京种业发展规划（2010—2015 年）》进一步提出，北京市近几年在品种创新上要有更大提升，具体指标为：获取具有自主知识产权的显著功能基因 5 个左右，选育推出玉米、小麦、大豆、马铃薯、蔬菜等作物高产、优质、多抗、广适、市场价值大的系列农作物新品种 50 个以上，培育符合市场需求的畜禽良种专门化配套品系 3 个、水产种苗品系 2 个，培育、推荐园林绿化种苗优新品种和优良种质 20 个，推出具有自主知识产权的林果新品种 2～5 个。

从上述国家和北京市种业发展趋势看，农作物新品种的选育工作是种业发展的关键环节。在未来，北京市对作物遗传育种专业人才的需求会大幅度提升。北京农学院自 1979 年恢复本科生招生以来，教学和科研活动一直围绕农作物种质创新和新品种选育进行，获得了一大批农作物新品种。近 5 年，先后育成北农 66、北农 67 和北农 9549 等小麦新品种，北白糯 1 号、北农青贮 208、北农青贮 303、北农青贮 308 和北农青贮 316 等玉米新品种，京农 2 号、京农 5 号、京农 6 号、京农 7 号等小豆品种，北农 101、北农 103 和北农 106 大豆品种，京薯 1 号、京薯 2 号、京薯 4 号、京薯 6 号等甘薯品种。上述品种在北京及周边地区大面积推广应用，新品种成果转化创造社会经济效益约 4.56 亿元。目前，农学专业师资力量雄厚，科研成果斐然，可以针对北京市选育的农作物特色，规划课程，加强实践环节，培养能在北京地区发挥作用的育种人才。

三、都市型现代农业发展对农学专业作物遗传育种方向人才培养提出的新要求

随着科学技术的进步，农作物的新品种的选育方法和技术也在不断发展和更新，这对育种专业人才的培养提出了更高的要求。主要体现在：

（一）高新技术育种的研究和应用

目前利用高新技术如分子标记技术辅助育种和航天搭载诱变技术、转基因技术以及细胞遗传学技术（如利用非整倍体、单倍体、多倍体、倒位、易位等技术创造育种中间材料）与常规技术结合进行育种的育种方法和技术已成常态。

（二）有目的地引进国内外优异种质资源

加强主要农作物以及瓜菜作物种质创新研究。如：优势瓜菜、道地药材、名贵花卉、牧草、优势果树等作物新品种的引种和改良，为丰富城市居民的"菜篮子"和"米袋子"作出了贡献。

（三）高产、优质、专用、多抗新品种的选育

高产、优质、专用、多抗玉米和小麦新品种选育和根据市场需求开展的特异性品质育种，（如：优质特用小麦、高产优质和淀粉工业及粮饲通用型玉米品种、鲜食作物、出口红小豆、保健大豆品种新品种配套栽培技术和良种繁育技术的研究）引领了全国的农作物品种创新工作。

（四）生态型及经济生态型作物育种

为保护生态环境发挥作用。如抗病、抗虫以及高效（氮高效）、耐旱节水型生态型及经

济生态型作物育种。

上述农作物育种目标的提出，为农学（作物遗传育种方向）专业人才的培养指明了方向。一方面要求加大高新育种和种质创新技术知识的传授，另一方面围绕北京都市农业对特色农作物新品种的需求，加强专项育种知识的传授，保障培养的育种人才能够适应不同的工作岗位，全方位提升人才培养的水平。

四、都市型现代农业发展对农学作物遗传育种方向专业建设的建议

人才培养不仅是专业知识的传承，更主要的是科技创新理念的开发。新品种的选育和种质资源的挖掘工作本身就是一项宏大的创新工程，对于农作物育种人才在开发其创新能力的培养方面显得尤为重要。同时，育种工作也是一项实践性较强的技术工作。因此，在农学（作物遗传育种方向）专业人才的培养方面还需要注意以下方面的工作：

（一）加强科技创新理念的培养

科技创新理念的培养是个系统工程，不仅要求教师在传授专业知识的同时介绍每项新理论、新技术发展的脉络，开发的思路，启发学生的创新意识，更需要教师在指导科研训练、毕业论文以及专业实习的教学活动中，要求学生独立完成各项活动，培养自己解决问题的能力，有意识地开发学生的创新潜力。

（二）加强实践环节的锻炼

农作物育种工作也是一个实践的过程，理论知识的掌握并不意味着能够成为优秀的育种工作者。因此，在教学活动中，有意识地加强实践操作，培养动手能力是十分必要的。增加更多的实践课程，即使是纯理论课程，也应安排学生动手实践的机会。

（三）加强学生交流和交往能力的培养

农作物育种工作同时也是一项协同创新的工作，要求学生不仅有创新能力，还应该具备与人交流、交往和互助的团队精神。需要教师在教学活动中，提供学生发表自己思想的机会，创造集体活动的氛围。

执笔人：谢　皓

第二节　种子科学与工程专业

一、都市型现代农业发展对种子科学与工程专业人才的总体需求趋势

北京种业是都市型现代农业的重要组成部分，具有高端、高效、高辐射的显著特征。经过几十年的建设发展，北京已初步确立了全国种业发展的"三中心一平台"地位，即全国种业的科技创新中心、全国及世界种业企业的聚集中心、全国种业的交易交流中心和全国种业发展平台，建立了农作物品种试验展示四级网络。在《北京种业发展规划（2010—2015年）》规划中进一步确立了以打造"种业之都"为根本目标，并提出了未来几年北京种业跨越式发展的"2468种业行动计划"，即围绕建立中国种业科技创新中心和

全球种业交易交流服务中心两大基本目标，以种植、畜禽、水产、林果花卉四大种业为载体，以杂交小麦、抗旱型玉米、优势瓜菜（草莓）、食用菌、专用马铃薯、种猪、奶牛、蛋种鸡、肉种鸡、种鸭、鲟鱼、观赏鱼、盆栽花卉、切花、鲜果、绿化树种共16个种业优势品种为重点，以八大基础工程为主要措施，全力推进北京种业的跨越式发展。

北京实施种业发展规划不仅是因为种业是战略性资源和战略性产业，对于提高北京在全球的影响力、吸引力和控制力，促进世界城市建设具有重要的意义，而且对于北京都市型农业的发展能够起到巨大的推动作用。主要体现在以下几个方面：

（一）以种业为突破口，能够提升都市型现代农业整体水平

北京种业拥有得天独厚的科技、市场、信息、人才等优势，具备了超常规、跨越式发展种业的基础和条件，同时，由于种业具有高端、高效、高辐射的特征，在推动农业产业结构调整、促进农业产业集群形成等方面具有明显的比较优势。因此，把种业作为提升都市型现代农业整体水平的突破口具有重要的意义。

（二）促进郊区农业增效，带动农民持续增收

受多种因素制约，北京市的生产型农业不具优势，种业产品同普通产品比较具有较高的市场价值。因此，高效发挥首都资源优势，规避土地不足和劳动力成本过高等劣势，推进种业发展，可以促进郊区农业增效，带动农民持续增收。

（三）引领全国种业发展，做大做强民族种业

2010年中央农村工作会议上提出：要加快种业科技创新，做大做强民族种业。北京种业是全国种业发展的排头兵和引领者，通过集成利用北京优势资源、提高产业集群效应和网络增值效应，不断完善产业链条，对于促进北京种业跨越式发展，强化对全国种业的引领作用，做大做强民族种业具有重要意义。

（四）站在世界城市高度，促进北京种业国际化

种业是世界各国争夺的基础性、战略性产业。我国已步入世界大国行列，北京已进入建设世界城市新阶段，进一步发挥北京种业优势，强化种业创新，提升吸引国际种业企业集聚、链接全球种业市场的能力，增强世界种业进入中国、中国种业走向世界的支撑和服务能力，加快北京种业国际化进程，对于促进首都种业乃至我国种业国际竞争力、影响力和控制力，对于建设世界城市具有重要意义。

北京种业的快速发展，对种业从业人员的需求将不断增加，同时对从业人员的质量要求也会随之增加，因此，作为种子科学与工程专业培养的专业技术和管理人才在相当长的一段时间内将供不应求。

二、都市型现代农业发展对种子科学与工程专业人才的具体需求类型

从目前北京种业的发展来看，北京成为"种业之都"的设想正在实现，"三中心一平台"的构架已基本完成，主要表现在：

（一）北京已初步形成全国种业的科技创新中心，技术研发水平全国领先

北京市目前拥有种业研发机构 80 多家，专业育种者 1 000 多人。北京地区保存的国家级种质资源达到 39 万份，列世界第二位。北京市育种、检测等技术均处于国内领先水平。每年引育农作物新品种数量约占全国 20%，林果花卉育种研发科研网络初步建成。

（二）北京已成为种业企业的聚集中心，总部经济效应逐步显现

北京是国内种业企业聚集密度最大的地区，全市籽种经营企业 1 361 家，其中部级发证企业 28 家，占全国的 11%，市级发证企业 64 家，区县级发证企业 233 家，零售商 1 036 家；注册资本 3 000 万元以上，育繁销一体化企业 11 家，占全国的 12%；注册资本 1 000 万元以上、具备种子进出口权的企业 11 家，占全国的 10%；外商投资企业 8 家，占全国的 24%；全国种业前 10 强中北京市的企业有 4 家，全球 10 强种业巨头有 8 家在首都建立研发或分支机构。

（三）北京已初步成为全国种业的交易交流中心，服务能力显著提升

据统计，2008 年，北京种业销售额达到 46.85 亿元，相当于农业总产值的 15%，其中种植种业销售额超过 27 亿元，占北京市场份额的 57.6%，占全国市场份额的 10% 左右，占全球市场份额的 1% 左右。林果花卉种业为 2.6 亿元，占北京市场份额的 5.5%。北京进出口种子贸易额已达 6 000 万美元左右，占全国贸易额的 35% 以上，占全球贸易额的 2% 左右。北京种子大会已成功举办 17 届，是全国种子交易会之首，2009 年成交额达 5 亿元人民币。2014 年世界种子大会成功举办，为北京种业迎来前所未有的发展契机。

（四）北京搭建了种业发展服务平台，辐射、带动效应显著增强

目前已初步搭建了"10+1+5"农作物品种试验展示网络框架，构建了北京林木种苗网、花卉网、果树网等网络平台，每年有几千个国内外品种在京郊进行试验示范，吸引了来自国内外数百个科研、企业与生产单位数千人参观、考察和观摩。北京市已拥有一批在国内外具有较大影响力的种业品牌，如"中蔬""京研""一特""奥瑞金""中育""华都""顺鑫"等，北京逐步成为国内外种业发展的重要核心。

针对北京种业的发展目标、发展方向和功能与特色，急需一大批熟悉现代农作物、蔬菜、花卉、牧草品种改良、种子生产繁殖的基本理论，既掌握种子生产、检验、贮藏、加工、处理、包装技术及国内外质量标准要求，又懂得国内外种子法规、经营管理等方面知识的专业人才。

三、都市型现代农业发展对种子科学与工程专业人才培养提出的新要求

从北京种业的发展趋势来看，"高端化、精品化、特色化、集群化、国际化、总部化"是未来的发展方向；从种业的发展步伐看，北京种业正逐步从产业巩固发展阶段向产业优化提升阶段演化；从科技发展水平来看，正从传统的随机、模糊、粗放的育、繁、推理念逐步向精确育种、精益生产和精准推广的新型理念转变，从科研育种模式主导逐步转向商业育种模式与科研育种模式有机结合。

北京种业的发展趋势也对种子专业人才培养提出了更高的要求，人才的培养应该顺应行业的发展趋势。主要表现在：

（1）北京种业人才的培养不仅要求科技类型的专业技术人才，也需要大量的管理类型的专业人员。懂经营、懂管理的专业人才在现阶段需求量更大。

（2）北京种业人才的培养不仅要求种子生产的专业技术人才，也需要种子检验、贮藏、加工、处理、包装等多方面的技术，即复合型专业人才。

（3）北京种业人才的培养不仅需要一些掌握种子科学方面的专业人才，也需要一些掌握现代生物高新技术的人才，以适应发展迅速的生物技术育种的需要。

四、都市型现代农业发展对种子科学与工程专业建设的建议

我国农作物种业发展尚处于初级阶段，与发展现代都市型农业的要求还不相适应。一是创新能力较低；二是种子生产水平不高；三是种子企业数量多、规模小，竞争能力较弱。

针对上述问题，在种子科学与工程专业建设中要注意通过课程设计、实践环节培养具有创新能力的学生；借鉴种业先进国家的相关文献资料，结合我国具体情况，传授先进的种子生产技术和理念；重视复合人才的培育，增加一定程度的管理课程的授课学时。

执笔人：谢　皓

第三节　园艺专业

一、都市型现代农业发展对园艺专业人才的总体需求趋势

随着我国经济的不断发展，城镇居民对农业提出了多元化的服务要求。都市型现代农业是社会经济发展到较高水平阶段，以城市为依托，形成服务于城市的融生产性、生活性、生态性于一体的现代综合农业体系。都市园艺是都市农业的主要形式，是在都市这一特定环境下，将园艺生产、生活、生态、教育以及艺术和美学等功能结合于一体的产业，其实质是生产力发展到较高水平，农业与工业进一步结合，城乡之间的差别逐渐消灭过程中的一种发达形态的农业。都市型园艺产业是现代农业发展的一个缩影，是都市型农业发展的一个集中体现，是解决我国三农问题的一个重要途径。

都市园艺作为一种新型的农业模式，在我国具有广阔的市场空间，除了一些新型的市场外，还存在着许多潜在的市场，相应的人力资源需求缺口较大。经分析，都市园艺的潜在市场有如下几个：

①盆栽蔬菜、香草、花卉：盆栽适宜家庭、办公室摆放，兼具观赏、使用、绿化环境等多种功能，当今市场的"小菜园"园艺种植、"只浇水就开花"的香草花卉种植和袖珍园艺等都深受都市人们喜爱。②植物医院：在较为成熟的大型社区附近开设植物医院，聘请植物专家坐诊，提供植物寄养或托管服务并附带园艺工具、农资等销售服务。③高档蔬菜连锁销售。④家庭园艺资材店。⑤家庭园艺。⑥针对都市人的小块土地族中与托管业务等潜在市场都在反映了都市型农业园艺专业人才的需求总趋势。

都市的发展要求都市中的园艺要相应地配套，甚至有"都市园艺师现代都市不可或缺的元素"，或者"都市园艺是现代都市的标志之一"的说法。从以上论述的都市园艺的类型、模式以及潜在的市场空间来看，其需求的相应的专业人才空间巨大。2009年教育部新增设的普通高等教育高职高专专业44种，都市园艺专业就是其中一种，这也说明了市场对该专业人才的

迫切需求。现在各高校开始设立都市园艺（农业）专业或者专业方向，是将人才培养向着市场需求方向调整的重要举措。不论是新的专业，还是新的专业方向，均需要相应的课程体系、师资力量和教学硬件条件相配套，只有这样，才能培养出市场需要的真正的都市园艺人才。

二、都市型现代农业发展对园艺专业人才的具体需求类型

作为农学专业中最具活力的一个分支，园艺生产凭借着其品种的多样性及作物观赏性而成为最能体现现代化农业特色的一个产业。目前随着我国经济的不断发展，城镇居民对农业提出了多元化的服务要求，都市型现代农业以城市为依托，同时融生产性、生态性、生活性于一体，是现代综合农业体系的产物。都市型现代农业的主导产业，是第一、二、三产业交叉的融合产业。因此，都市型现代园艺产业发展对人才培养提出更高的要求，它要求注重综合能力培养。在技能方面，人才培养兼备园艺产品生产技能、园艺产品规划设计技能和管理技能等；在能力方面，培养的人才需要较强的解决问题的能力及创新能力。

（一）都市型现代农业发展需要基础知识结构全面的园艺科技人才

不断发展的现代都市型农业随着其发展领域不断拓展，新品种、新技术层出不穷，要求培育出一批知识结构全面的复合型园艺人才。在基础知识方面，人才培养具备园艺植物、环境生态、经济等领域多学科交叉融合的知识。现代园艺发展不仅需要人才具有全面的专业知识，更需要人才具有农业经营管理的市场意识、竞争意识、诚信意识和创新意识，并且具备农业经营管理人才队伍的创业能力和经营水平。因此，培养复合型优秀组织园艺人才，是一项极其艰巨和困难的社会任务，亦是我国深入科技体制改革中必须要解决的关键问题。

（二）都市型现代农业发展需要技能熟练的园艺人才

都市型现代农业发展对相关领域人才专业技能要求越来越高，不仅要求人才具有全面的书本知识，更要求相关人才实践能力的拓展。加强人才培养的实践平台的建设是都市型园艺专业学生能力培养的基础，并通过实践课程及毕业论文设置进行积极探索，增强学生实践能力。

（三）都市型现代农业发展需要能力全面的园艺人才

在能力方面，培养的人才需要较强的解决问题及创新能力。应该注重培养人才在实践中发现问题、解决问题的能力，同时应该具备在解决问题中的协调能力及人际交往能力。

三、都市型现代农业发展对园艺专业人才培养提出了新的要求

都市型现代农业是我国快速城市化进程发展的必然趋势。据不完全统计，我国已有将近30个大中城市和300多个地级市在进行都市型现代农业发展的理论与实践探索。都市型现代园艺产业是都市型现代农业的主导产业，是第一、二、三产业交叉的融合产业，是集生产、生活、生态、示范、文化为一体的多功能产业。因此，都市型现代农业的发展特点对人才需求发生了质的变化。

（1）用人单位由过去关注人才专业知识的理论和技术的系统性，转向在考察人才专业知识的同时则更多强调人才综合素质能力。具体而言，都市型现代园艺产业高层次人才，不仅要懂生产，还要懂规划设计；不仅会经营管理，还要能洞察市场和经济运行规律。过去重知

识、轻能力的人才培养模式显然无法满足现代农业发挥的需要。园艺产品高附加值的实现是综合服务的体现，也是人才创新能力的体现。

（2）都市型现代园艺产业人才培养要求注重综合能力培养。在知识方面，人才培养具备园艺植物、环境、经济等领域多学科交叉的知识；在技能方面，人才培养具备园艺产品生产技能、园艺产品规划设计技能和管理技能等；在能力方面，培养的人才需要较强的发现问题和解决问题的能力。

四、都市型现代农业发展对园艺专业建设的建议

园艺专业具有实践性和应用性的特点，因此在其专业建设中需要突出试验和实践环节的建设，培养具有专业意识较强，知识结构合理，专业实践能力强的园艺技术人才。

（1）以促进都市农业产业发展为目标，形成自身特色。结合都市型农业发展的特点，培养适应都市园艺市场的专业人才。

（2）突出专业特色，重点培养学生的专业实践技能。培养具有动手能力强、具有创新能力的园艺人才是有专业技术人才培养目标决定的。因此，专业建设中需要增加试验和实习比例，配合专业的"3＋1"的培养探索，进一步调整学生的实习方式及实习性质。在实践教学中，培养学生独立思考和发现、分析、解决问题的能力。另外，建立特色园艺专业实习基地资源，进一步与多元化的校外基地合作，充分利用实习基地资源，进行专业实习，了解园艺专业在生产实践中的应用，实践自己所掌握的技术和理论。

（3）优化师资结构，为专业建设提供人才保障。教师是专业建设的主要实施者，因此，年龄和知识结构合理的教师队伍对于专业建设至关重要。教师的年龄结构搭配合理，可以保证专业建设的可持续发展。其次，知识结构的多样化和合理配置可以保证专业建设的稳定性。对于学校来讲，通过搭建高水平科研和教学平台，才能吸引更加优秀的高素质人才加入到教师队伍中。在教师队伍建设中，根据课程性质和学科方向设置教学团队和科研创新团队，老师可以根据自己的专业背景选择不同的团队，形成合力。通过不同来源的教学、科研项目培育，以及出国进修、国内外培训等提高教师自身的专业素养。

（4）充分利用国内外优质资源合作办学，提高专业建设的层次。园艺科学与技术领域全球化合作的进程加快，国内很多高校采用"3＋1"或"2＋2"的与国外合作办学的模式，国内采用双语授课2～3年，输送优秀生源到国外合作大学学习交流一年或两年，培养高水平科研和产业化人才。与国内优秀农业院校合作也是培养高水平学生的重要途径，每年选派成绩好、综合素质高的学生前往学习和交流。利用国内外优良的师资队伍、教学资源和科研资源培育高质量人才。

执笔人：张　杰

第四节　植物保护专业

一、都市型现代农业发展对植保专业人才的需求趋势

北京市新型农业为都市农业的快速发展提供了基础保障和技术支撑，植物保护作为农业生产过程的一个重要环节，是现代农业生产提高农产品产量和质量、保证食品安全的重要保

障。但北京市植保行业人才短缺，从业人员的综合素质普遍较低，已不能适应都市型现代农业的发展需要。未来几年，北京市对植保专业人才的需求中，传统植保人才的需求将大量减少，而都市型现代专业人才的需求将急剧增加。都市型现代农业发展需要的人才，在专业类型上要求能够适应新兴农业和涉农产业的发展。

都市型现代农业的发展，对植物保护科技人才的需求处于一种比较旺的需求态势。现代植物保护科技人才的定义已不仅仅是定位于传统植物保护专业培养出的人才，它至少包括两个方面的含义：一是适应都市型现代农业发展需要培养出的掌握植物保护学科知识为主的多类型、复合型科技人才；二是现代植物保护技术工作领域需要的植物保护专业及相邻相关学科的各类人才，是指广义的服务于植物保护工作领域的人才群体。

（一）人才类型需求趋势

在人才类型方面，需要科学研究型、技术推广型和生产经营型人才。技术推广型植保人才是植物保护技术推广和成果转化的主体力量，今后应会有所增加。生产经营型植保人才目前人数较少，将来植保技术推广和转化的技术队伍载体，将由现在的政府事业单位转变为政府和企业两方面技术队伍共同承担，生产经营型人才队伍发展的潜力很大，将是加大植保科技队伍建设的新增长。

（二）专业类型需求趋势

在专业类型方面，现代植物保护科技人才知识和专业覆盖的领域会更宽更广。除对传统意义的病、虫、草害防治为主的植物保护专业的人才会有稳步的需求外，今后还将对以下几个方面的技术人才有较旺的需求，主要包括用于植物保护技术管理、分析和服务的网络技术人才；用于重大生物灾害监测预警的遥感（RS）、地球信息系统（GIS）、全球定位系统（GPS）和计算机信息技术人才；用于病虫害可持续控制的化学信息调控、生态调控和先进鉴定监测的技术人才；用于高效低毒无公害的化学防治技术及农产品安全的人才；用于现代植物保护产业发展和技术推广的现代农业管理人才、营销人才、农资及农产品国际贸易人才等。

（三）学位类型需求趋势

在学位类型方面，对高学历的人才需求将会增加。博士生仍将是供不应求，硕士生会由供不应求逐步达到供求相当，研究生的就业走向和就业选择仍会有较大的空间。本科生会继续保持在供略大于求的状态，但掌握新植保技术和与植保技术交叉、融合的技术领域的人才需求会有大幅增加。本专科生的去向将主要是农技推广部门、农业企业和自主创业。高校应按照大力发展研究生教育，巩固和稳定本科教育，逐步压缩专科教育的思路调整培养规划。同时可加快发展农业推广硕士教育、中外合作培养和双专业、双学位教育，适度发展高职本科教育和植物保护科技人才的再教育。

二、都市型现代农业发展对植物保护专业人才的具体需求类型

（一）都市型现代农业发展需要大力培育新型农村实用型植保科技人才

掌握了大量植物保护技术的农村实用性人才是植物保护科技成果转化的主体。这类人才

以基层科技工作者和农民为主，他们对农村的种植业结构十分清楚，还掌握了种植业的管理知识以及后期农产品加工、储藏、保鲜等技术内容。了解植物病虫害发生的基本情况，是植物保护工作者的一线人才。因此应加强这类人才的定期交流和培训，使的这类植保人才能够及时获得现代的植保新技术，更好地应用于农业生产。

（二）都市型现代农业发展需要懂得管理的复合型植物保护人才

北京市农业的发展定位为现代都市农业，农业发展领域不断拓展，新品种、新技术层出不穷，这一情况要求北京市既要培育出一批现代化农民，更要培育出一批复合型农技人员。在发展现代农业的过程中，人们逐渐意识到这样一个问题：现有的农技人员综合能力亟需提升，现代农业发展需要培养和引进更多有技术、有能力的复合型农技人才。所以植物保护人才不仅是掌握整个生产过程的实用型人才，更要进一步增强农业经营管理人才的市场意识、竞争意识、诚信意识和创新意识，具备农业经营管理人才队伍的创业能力和经营水平。培养复合型优秀组织人才，是一项极其艰巨和困难的社会任务，亦是我国深入科技体制改革中必须要解决的关键问题。

（三）都市型现代农业发展需要执法监管人才

都市型农业除了具有农业生产功能外，还具有调节北京市生态环境，满足城市市民休闲度假，观光采摘等功能。生态安全、食品安全问题是都市型农业能否可持续发展的关键。植物保护工作者应加大执法监管队伍建设，提高植物保护执法人才的知识水平和执法能力。例如严格引进种子种苗的检疫审批管理，建立产地检疫和调运检疫的追溯体系，加强重点种苗繁育基地的检疫措施。建立有效防范植物疫情传播的联合执法与检查联动机制。强化农药监督管理，加强农药质量监控、风险评估和使用指导，严厉打击假冒伪劣农药坑农害农等不法行为。

（四）都市型现代农业发展需要推广型植物保护人才

目前，北京都市型农业的经营者主要是农民，而且种植经营模式多以一家一户为单位。农民的管理种植经验丰富，但是缺乏系统的栽培管理知识，也没有办法获得先进的植物保护技术。因此，要想建设好都市型现代农业必须提高农民的综合素质，而这就成为了推广专业技术人才的重要任务。因此植物保护新技术、植物病虫害的综合管理知识就需要植保科技工作者下到田间地头，或者定期办理培训班的方式传播给农民。

三、都市型现代农业发展对植物保护专业人才培养提出了新的要求

随着农业现代化的发展，特别是都市型农业体系的形成，对环境和农产品要求的日益严格，对科技进步和劳动力素质提高的依赖度增强，从而对植物保护专业人才在内的各种农业科技人才提出了新的要求，对植物保护专业人才培养新要求主要集中反映以下几个方面。

（一）都市型现代农业的发展要求植物保护人才培养符合绿色农业发展要求

长久以来，我国农作物上的病、虫、草、鼠害（以下简称病虫害）的防治都是高效高毒的化学农药防治为主，这种防治措施在提高粮食产量和控制农作物病虫害方面取得了一定的

成就，但是也造成了很大的问题，如环境污染问题，食品安全问题等。特别是我国在加入WTO之后，国际间的贸易日趋紧密，而绿色技术壁垒几乎全部涉及到了植物保护技术及其应用的结果。都市型农业相对传统农业，除生产、经济功能外，同时具有生态、休闲、观光、文化、教育等多种功能。因此对绿色环保农业的要求更高。这就要求培养的植物保护人才在农作物病虫害防治上更注重使用绿色环保或环境友好型农药，或者采取综合防控策略。

（二）都市型现代农业的发展要求培养发展推广应用型植物保护人才

随着经济社会不断向前发展，农业农村经济加速分化演进，越来越要求农业科技人才结构不断优化，以服务农业经济的转型发展。长期以来植物保护人才的培养比较重视教学和科研型的人才，而忽视了推广型的人才培养。在我国，科学研究和生产实际脱离的现象也说明我们缺少这种技术推广型人才。都市型现代农业对科学技术的依赖程度增加，这就使得推广型人才变得尤为重要。最先进的防治技术，最新型的防治方法等都需要这种推广型的植物保护人才将其推向市场，推向基层。

（三）都市型现代农业的发展要求植物保护专业人才综合能力不断提升

当前，我国已经进入一个快速发展的知识经济时代，知识、信息、技术正逐步改造传统农业。都市型农业是一个典型的知识农业，它涵盖了信息农业、精准农业、生物农业、绿色农业、设施农业、标准农业、专家农业等多种农业形式，是各都市郊区农业经济增长的重要推动力量。都市现代农业发展日益要求农业科技人才能够站在规模化、集约化、标准化、现代化农业的高端，以更高的素质和能力推动现代都市型农业的加速发展。另一方面，植保科技人才的系统性、梯次性要求不断提高。既要求植保科技人才能够掌握大生态领域（如整个山丘）病虫害的综合防控能力，又要求能够对小生态领域进行综合管理，如一个温室，大棚等设施栽培中的病虫害防治等。另外还要求植保科技人员要掌握最新的植保科技知识，并将其运用到农业生产发展的实践之中。

（四）都市型现代农业的发展要求植物保护专业人才国际化标准提高

都市型现代农业也是市场农业，市场的竞争说到底是农产品科技含量的竞争，谁的农产品质量好、科技含量高、成本低，谁就有竞争力。如果没有高质量的农产品，不但进不了国际市场，就连国内市场也难以保住。而高质量的农产品的研制和开发，需要高质量的植保科技人才。都市型现代农业不仅仅是服务都市，服务城区人民，更应该做大做强，做到国际知名，产品也要达到国际市场。因此，从国际市场对农业科技人才的需求分析，一专多能复合型植保人才的需求日趋旺盛，既熟悉国内植物保护的现状、又熟悉国际植物保护的应用成果和农产品质量要求的复合型人才需求越来越大。同时，随着国际间的贸易不断加强，各国农产品不断进入我国，再加上种子、苗木等繁殖材料的不断引入，给植物检疫工作带来巨大的压力，因此高质量的植物保护人才还必须了解各国农产品中潜在的病虫害的主要类型，以及检疫的主要类型，替我们国家把好关、守好门。另外，高层次创新型人才的竞争日趋激烈，农业科技人才流动进入新的阶段，能开辟植物保护技术新领域的前沿人才越来越受到各国的青睐。这种趋势充分表明，随着农业外向度的快速发展，要求植保科技人才的国际化水准也必须不断提高。

（五）都市型现代农业的发展要求植物保护专业人才规模不断扩大

北京是国际化大都市，农业作为世界城市的特色产业，就国际国内而言，都市型现代农业建设将全面推进，为确保实现农产品有效供给和优质安全、农业功能拓展和农民收入稳定增长、农业资源持续利用和生态安全三大任务，根本出路只能依靠科技进步和劳动者素质的提高，走科技兴农、人才兴农之路。这就需要培养大量的农业科技人才，特别是植物保护人才。现在的植物保护人才的规模远不能满足现代农业全面发展的需要，随着都市型现代农业的发展，这个缺口还在加大。由此可见，加速扩大植物保护科技人才规模是都市型农业建设的迫切需要。

四、都市型现代农业发展对植物保护专业建设的建议

我国是农作物病虫害多发、重发、频发国家。防控好病虫害是植物保护工作的主要职责。北京作为现代化大都市，城市与郊区的农林建设除了要适应城郊居民的高品质生活需要，更要考虑其生态功能和环保功能。随着新北京、新奥运的城市建设和都市生活质量的不断提高，都市型植物保护的专业建设将在城市建设中发挥重要作用，其功能不断突显都市特色。植物保护又是公共性、公益性、社会性防灾减灾事业，建设现代植保体系事关都市型现代农业的发展。为提升我国植保防灾减灾水平，增强重大病虫疫情监测预警和防控处置能力，服务现代农业，现就加快推进植物保护专业建设提出如下建议。

（一）充分认识到现代植物保护体系对都市型现代农业的重要性

随着经济发展和人民生活水平提高，农产品农药残留超标问题越来越受到广泛关注。当前和今后相当长一段时期，施用农药仍然是重要的植物保护措施。实现农药的科学、合理和安全使用，不仅关系到农产品数量安全，也与农产品质量密切相关。而发展都市型现代农业，首先要保证产品和服务的安全性。从国际经验看，必须建设一个从田间地头到餐桌的完整的食品安全体系，建立完善的农产品标识、追踪和市场准入制度。大力推进以提高农产品质量为核心的食用农产品安全生产体系需要建设现代植保体系，尽快改善病虫害监测防控手段，转变传统的防控方式，大力推广绿色防控技术，从生产过程控制农药和有害生物毒素残留，是大力促进农产品质量安全和生态环境安全的有效途径。

（二）植物保护专业建设的培养目标要符合都市型农业发展要求

随着北京农业的发展，植保专业人才的培养要向都市型农业、现代农业转变，植保专业的人才培养目标向掌握现代植保体系的复合型人才方向转变是必然趋势。现代植物保护体系要贯彻"预防为主、综合防治"的方针，树立"科学植保、公共植保、绿色植保"的理念。全面提升农作物病虫疫情监测预警、防控处置和执法监管能力。转变病虫防控方式，发展绿色植保技术，加强农田生态环境保护，促进人与自然和谐发展，为保障农产品质量安全提供强力支撑。

（三）植物保护专业建设要强化植保科技创新

植物保护科技创新是植物保护专业建设的灵魂，是适应都市型农业生产和发展的需要。加

强植保科技创新和团队建设，密切农科教和产学研协作，要在继续加强病虫害发生规律、监测预警、综合治理等基础研究和应用研究的同时，大力研发植物疫苗、病虫分子诊断、抗病虫品种、航空植保、物联网应用等高新技术。加快植保科技成果的转化应用，鼓励科研、教学单位专家深入基层开展植保新技术示范推广。要加强病虫害生物防治、生态控制、物理防治、化学防治等关键实用技术的集成应用，做好农机农艺融合和良种良法配套，强化科学用药指导和农药抗性监测评估，大力推广绿色植保技术，全面提高农药利用率和病虫害科学防控水平。

（四）植物保护专业建设要淡化专业界限，拓展发展空间

面对都市型现代农业的发展形势，植物保护专业不能墨守成规，却步不前。要瞄准学科发展前沿、面对经济主战场，理清发展思路，明确发展方向，拓宽发展空间。都市型现代农业发展的方向是充分利用新技术的研究成果，改造或培育植物新品种、研究或探索现代植物生产方法与技术和创造绿色农业的工厂化、精确化、自动化的生产模式。植物保护技术将与现代科技结合，不断创新以适应当今需要。植物保护专业建设在重点建设自身优势学科的同时还要结合其他学科专业的发展方向，做到多学科融合，才能在将来的科技创新中不断前进，才能更好地服务于都市型农业发展。

（五）植物保护专业建设旨在提高公共服务队伍和水平

北京农学院是北京市所属的高等农业院校，肩负着为北京市培养人才的任务。植物保护专业人才的培养主动求变，适应都市的发展，针对植物保护专业所包括的学科面广、基本内容多、信息量大、实践性强等特点，制定科学合理、符合都市需要的人才培养模式具有重要的意义。

植物保护专业毕业的学生中大部分工作在北京，已成为服务于都市农业、服务于北京城郊经济的生产者、管理者与经营者。各区县农业有关局（委）机关、各乡镇企事业单位和农业现代化公司等均有北京农学院植物保护专业的毕业生。毕业生在各自的岗位上做出了贡献。

执笔人：任争光　赵晓燕

第五节　农业资源与环境专业

一、都市型现代农业发展对农业资源与环境专业人才的总体需求趋势

当前，我国农业问题、资源问题、环境问题都十分突出，严重影响和制约着我国国民经济持续发展和人民生活水平的提高。在北京地区，近年来由于水资源过度开发，年均超采1亿立方米，水资源已成为可持续发展的瓶颈；土地污染日益严重，雾霾等空气污染日益频繁，这些都严重威胁着首都人民的生命安全。

《中共中央关于制定国民经济和社会发展第十二个五年规划的建议》中，将"建设资源节约型、环境友好型社会"作为基本国策；党的十八大提出"五位一体"总体布局，把推进生态文明建设提到前所未有的高度，提出"要加大自然生态系统和环境保护力度"、"坚持预防为主、综合治理，以解决损害群众健康突出环境问题为重点，强化水、大气、土壤等污染防治。"北京市为实现宜居城市的定位，在2004—2020年城市总体规划中，提出了要将北京

建设成为生态城市的目标。习近平总书记 2014 年年初视察北京时，提出要把北京建设成为国际一流的和谐宜居之都。和谐宜居，首先需要一个天蓝、水净、气新的生态环境和气候，让居民望得见山、看得见水、记得住乡愁，这对首都教育、科技、文化等各个领域、各个行业的发展，特别是农业产业和农业教育发展提供了新空间、新机遇。

北京农学院是一所办学特色鲜明、多学科融合的北京市属都市型高等农业院校，学校紧密围绕首都新农村建设和都市型现代农业发展需求，坚持"以农为本、唯实求新"的办学理念和"立足首都、服务三农、辐射全国"的办学定位，培养具有创新精神和创业能力的应用型、复合型都市型现代农业人才。绿色生态环保是都市型现代农业的一个重要标志。随着首都经济社会的不断发展，首都农业结构调整进入了关键阶段。基于城市定位和产业结构现状，北京在发展都市型农业过程中，重点突出生态保障功能，发挥农业的环境保护和生态修复功能。在种植业结构调整过程中，发展高效节水农业，农田逐步实行园艺化管理，减少裸露农田和扬尘；加快规模畜禽场粪污治理，提高养殖业排泄物污染治理水平，实行清洁生产；大力发展循环经济，鼓励发展种养一体、农牧结合的生态型生产方式；鼓励加工生产和科学使用有机肥，逐步替代化肥，减少农业面源污染；保护生物多样性，鼓励动植物病虫害生物防治；运用循环经济理念，发展低消耗、低排放、高效率的农业循环经济产业，促进再生资源和非再生资源的循环利用。

根据我国资源环境的现状和问题、北京都市型现代农业发展的特点和发展趋势及北京农学院的办学定位，社会对农业资源与环境专业人才的需求处于一种比较旺盛的需求态势。当前，高等教育改革发展更加强调提高质量、优化结构、注重内涵、突出特色，更加注重高等教育对都市发展贡献力，这对于我们都市型农业资源与环境专业的发展提供了一个良好机遇。

二、都市型现代农业发展对农业资源与环境专业人才的具体需求类型

（一）本科人才培养的总体要求

根据北京都市型现代农业发展的现状和问题以及 21 世纪资源环境科学技术的特点和发展趋势，对资源环境人才也提出了更新更高的要求。在培养目标中强调学生应有比较全面的基础知识和从事实际工作的专业技能，把"博"与"专"结合起来，做到一专多能，以适应我国社会和经济发展的需求。即具有良好的思想素质和道德修养，知识面广；具有团结、勤奋、求实、创新的治学态度和工作作风；具有一定的体育和军事基本知识，达到大学生体育合格标准；具有一定的美育基本知识和美学感受与鉴赏能力；具有较高的中外文表达和计算机应用能力；具有人文社会科学和自然科学的基本知识，系统地学习农业资源与环境科学、生态学、生物科学等基本理论，并具有较强的创新精神和能力，掌握资源环境分析技术、植物营养诊断与施肥技术、肥料工艺与肥料资源利用技术、土壤资源调查与评价技术和土壤环境污染分析与治理技术等专门技术；具有较强的科学素养，具有较强的实践能力；具有一定的从事相关专业业务工作的基本能力和基本素质，满足在国内外高校和科研院所资源与生态环境领域继续深造，和在都市型现代农业相关农副业生产行业从事农业生产资料设计和生产、技术咨询与推广服务、农业资源利用管理，以及在农业、国土资源、环境保护和规划设计等公益性行业部门从事农村资源开发与管理、农业生产和农村环境监测分析、农业环境保

护和农村生态建设等方面的教学与科研、科技推广与经营管理等工作。

（二）本科人才培养的类型

农业资源与环境专业是一个多学科融合、涵盖面非常广泛的交叉性学科，涉及到土壤、水、气候和养分资源的高效利用和生态与环境建设的各个方面。该专业与农业院校的其他专业及其他类型院校（综合性大学、工科院校）的相近专业比较，有其自身的特点，主要表现在以下几方面：

1. 与农业生产和农业可持续发展密切相关

农业资源与环境是发展农业的重要保证，近年来出现的资源破坏、生态失衡、环境污染等灾害都严重地影响和制约着农业的发展。

该专业所设的课程及学生所学的知识、技能都是直接面向农业生产或间接地为农业生产服务的，只有保护好农业资源与环境，使农业生态系统实现良性循环，才能保证和实现农业的可持续发展。

2. 学科的综合性

该专业由原来与农业资源与环境有关的几个专业组成，涉及土壤、水、气候、生物等农业资源和广大的农村环境，需要学生既能使这些资源与环境的要素为农业生产服务，又要克服现代化农业生产带来的不利后果。包括化肥、农药的过量使用，农业废弃物造成的污染以及资源耗竭、生态破坏等。

因此这一学科综合了与农业资源环境有关的大量基础知识及保护环境与资源的工程技术及管理知识等，具有很强的综合性，不仅包括自然科学，还包括社会科学的知识，要求学生具有较强的综合能力。

3. 专业的实践性

由于我国的资源与环境问题很多，水土流失，植被破坏，土地荒漠化，生物多样性被破坏，气候变化，大气、水和土地的污染，畜禽粪便和生活垃圾的堆积，乡镇企业产生的问题，化肥、农药、农膜的不合理使用等，这些都对农业生产产生了严重的影响。

如何合理地使用和调配农业资源，防治环境污染，保持生态平衡，促进农业环境和农村经济协调发展，是农业资源与环境工作者面对的现实和应承担的任务。因此这一专业培养的学生必须具备良好的素质，成为具有实践能力、创新能力和应变能力的技术与管理兼备的复合型人才。

4. 学生就业范围的局限性

与综合大学和工科院校不同，农业院校的资源环境专业毕业生的就业范围基本上仍在农业系统内从事技术、管理、科研、教学等方面的工作，只有少数人可能进入其他部门或继续深造。

因此，为了更好地为经济建设和社会发展服务，都市型现代农业发展对农业资源与环境专业人才的具体需求类型，既包括少量高层次的科研型人才，也包括大量实用性的职业型人才。研究型人才的培养更强调基础，注重培养学生的知识面，通过设置大量的通用课程和较多的选修课程，既考虑到择业的范围扩大，又强调个性化人才的培养。职业型人才的培养既强调基础，更重视实践教学，包括用于大量的时间进行实践活动。在 4 年的学习过程中，除各课程要求的实践性活动外，至少有一年的时间集中用于社会实践，并且注重与企业的合作。为北京建设一个"天蓝、水净、气新"的世界宜居城市培养更多人才。

三、都市型现代农业发展对农业资源与环境专业人才培养提出的新要求

（一）多学科的综合、自然科学与社会科学融合

农业资源环境涉及面广，已经出现许多部门学科，如资源学、生态学、环境生物学、环境工程学、环境化学、环境法学等，这些学科都发展很快。

由于农业资源环境问题特点决定，要解决农业资源环境问题，必须靠多学科的综合。农业资源环境科学不是单纯的自然科学，它与社会科学中许多学科也都有着密切关系，如经济学、管理学、社会学，甚至哲学、心理学、美学等。因此，自然科学与社会科学的融合也是这一学科发展的必然趋势。

（二）高新技术的应用

随着科学技术的发展，一些高新技术必将渗透到农业资源环境领域，并得到更多的应用，例如生物遗传工程、新材料技术、遥感技术、电子技术与计算机技术、新能源技术等，使得过去难以解决的污染物治理、全球环境与资源的监测、废物的再利用、资源的节约与回收等问题都可能得到有效的解决。

（三）与社会经济发展密切结合

农业资源环境科学技术本来就是为人类的生存发展服务的，随着可持续发展观念日益深入人心，农业资源环境科学技术必然与社会、经济发展中的实际问题结合更加密切，特别是区域的社会经济发展，无论是工业、农业、城镇建设，还是商业、旅游业，都要考虑资源环境问题和利用资源环境科学技术，因此与社会经济发展更加密切结合也成为资源环境科学技术发展的必然趋势。

（四）资源环境问题的国际化

资源环境是地球上人类共同享有的财富，许多资源环境问题涉及到双边、多边甚至全球，例如温室气体、臭氧层破坏、酸雨、海洋污染、生物多样性、危险废物的越境转移等，因此出现了"环境纠纷""环境外交"等新词汇。随着冷战的结束，资源环境领域的国际合作也日益增多，国际会议频繁举行，双边会谈中有关资源环境的合作成为不可缺少的议程，在科学技术上的合作也是资源环境领域内国际合作的一部分。

四、都市型现代农业发展对农业资源与环境专业建设的建议

（一）经济与社会发展的需求与农业资源与环境专业人才培养

农业资源与环境科学应当着重研究农业生产活动中的基本资源问题及资源利用与生态、环境之间的相互关系，其工作重点是：在可持续发展战略思想的指导下，努力提高土地生产力水平，注重生态环境的保护和环境质量的改善，保证优质农产品生产。自然资源的有限性，决定了人类社会必须走可持续发展的道路，我国水土资源的相对短缺，既要在有限的耕

地面积条件下，努力提高单位面积产量，又要高效利用水资源。而且，随着经济全球化和人民生活水平的不断提高，社会对优质、无污染的农产品需求迫切，这样才能满足国内市场需要并参与国际市场的竞争。

（二）培养多样化农业资源与环境学科人才

农业资源与环境学科涵盖面广，研究的问题都比较复杂，客观上需要在专业方向上各有侧重的多样化人才。同样，现阶段我国农业和农村经济与社会发展水平和就业市场的要求，决定了高校培养多层次、多类型的农业资源与环境专业人才的必要性。在专业方向的设置上，紧密结合我国农业资源与环境方面的问题与社会需求，既要考虑农业资源利用和农业生产方面的问题，也要考虑农业环境问题；既要考虑资源与环境的宏观管理，也要考虑资源与环境监测与环境治理技术；既要考虑国家的需要，也要区域性需要确定专业方向。根据专业方向的要求，开设一系列配套的实用性较强的课程。

（三）培养掌握现代高新技术和实用性技术的农业资源与环境学科人才

我国农业高校专业目录（2012）农业资源与环境学科设置土壤与植物营养两个专业，与国外相关专业研究型人才的培养相比较，我们培养的人才存在着知识面较窄、对实际问题的分析与解决能力不够等问题，向环境拓展是农业资源与环境学科发展的趋势。随着生物技术与信息技术在资源与环境领域的大量应用，社会对掌握现代高新技术人才的需求也将显著增加。在提供实用性技术方面，既要学生掌握传统的实用技术，又要加强生物技术和信息技术等现代技术的培养。

农业资源与环境问题目前还有许多新的内容有待挖掘，其研究方法、手段也不完备，这对从事这一工作的教师提出了更大挑战。自身也需要具有丰富的想象力、创造力，而不能墨守成规，因循守旧，否则这一学科就不能得到发展。只要从实际出发，以创新的精神，就能培养出适合现代社会发展的农业资源与环境专业人才。

执笔人：段碧华

第六节 动物医学专业

一、都市型现代农业发展对的动物医学专业人才的总体需求趋势

动物医学是研究经济类动物、都市伴侣动物和野生动物等所有动物类疾病的探索、预防、诊断、治疗的理论和技术的一门科学。动物医学以生物学为基础，研究探索各类动物，包括家禽、家畜、伴侣动物、野生动物等疾病的发生发展规律，并在此基础上对疾病进行诊断、预防和治疗，保障动物生命健康和相关产业健康发展的一门综合性学科。动物医学的基本任务就是有效地防治家畜、家禽、伴侣动物、医学实验动物及野生动物等的疾病发生。

近年来，随着人们生活水平的增加，以及人们对动物性食品安全关注度的不断加深，与动物管理，动物疾病预防与治疗相关的职业对动物医学专业人才的需求不断升高。此外，犬猫等宠物的饲养量逐年增加，宠物在家庭中的地位也逐年升高，与之相关的宠物医疗保健、宠物饲养推广等职业也逐渐成为动物医学专业人才毕业就业的一个主要方向之一。

在国内对动物医学专业人才需求不断升高的大背景下，动物医学专业向畜牧兽医行政管理、进出口动物及其产品的检验、饲料加工工业、食品安全、环境保护、畜禽疾病的预防、诊断和治疗、伴侣动物的医疗保健、实验动物的饲养及质量控制、比较医学、公共卫生及生物学领域等广泛的工作岗位输送了大量的优秀技术人才，为我国的畜牧兽医行业的健康发展做出了贡献。

二、都市型现代农业发展对动物医学专业人才的具体需求类型

（一）经济动物疾病的诊断治疗

经济类动物，如马、牛、羊、肉鸡等，一直是动物医学专业的主要研究对象，对这些动物的培育和繁殖、常发疾病的预防、诊断和治疗已经有了非常成熟的经验。然而因为相关疫病，尤其是病毒病的不断变异，很多疾病仍然对经济类动物的健康造成了极大的威胁。有时某个疾病的流行，会造成极大的经济损失，为我国的经济发展造成很大的危害。此外，人畜共患病，也是传统动物医学的主要研究方向之一。很多人畜共患病，比如寄生虫病，得到了有效地控制，然而距离完全消灭依然有很长的路要走，这就给我们传统动物医学提出了要求和挑战，这就需要越来越多的青年人才投入到动物医学的研究和从业中去。

人们的生活水平不断提高，对动物类食品的需求不断增加。不但是动物类食品的数量，因为近年来日益曝光的食品安全问题，人们对动物类食品的安全也愈发关注。很多常见的问题，比如抗生素滥用等，成为动物医学从业人员必须研究解决的问题。近年来，经济类动物生产加工企业不断增多，已有的生产加工企业规模不断扩大，这些企业对经济类动物从业人员的需求也不断扩大。就是说，作为传统类动物医学从业方向的经济类动物疾病的诊断治疗，在其原来的基础上，规模不断扩大，成为动物医学专业从业的主要方向之一。

（二）现代都市伴侣动物疾病的诊断治疗

随着我国经济的增长，人们收入水平的增加，越来越多的人，尤其是空巢老人，对伴侣动物的需求不断增加。随着伴侣动物数量的增加，伴侣动物疾病的发生数量也不断增加，这就给伴侣动物疾病的诊断和治疗带来了极大的挑战。所以，现代都市伴侣动物疾病的诊断治疗成为了动物医学专业学生毕业后就业的一个很重要的方向。

伴侣动物已经在很多家庭里成为了必不可少的一名家庭成员，因此，当它们发生疾病的时候，该家庭急切希望能够有效地救治该伴侣动物。正因为这个原因，伴侣动物行业日益成为一个经济效益不断增加的行业，其产业规模也不断扩大。据推测，伴侣动物行业的产业规模会一直扩大下去，这就意味着该行业对伴侣动物诊疗方面的人才需求也会不断地扩大下去。

（三）现代都市伴侣动物的周边服务

动物医学专业学生毕业后可以从事伴侣动物保健、美容、玩具等周边服务领域的相关工作，包括犬、猫、观赏鱼、观赏鸟及其它伴侣动物的培育、驯养、繁殖、医疗和保健、美容和护理、伴侣动物营销、伴侣动物食品的研发与推广、宠物用品的生产、研究开发及其他服务类的相关工作。在人们生活水平逐渐增加，对宠物需求不断增加，宠物在家庭地位的不断上升，现代都市伴侣动物的周边服务市场会不断扩大，需要一大批具有相关专业知识的动物医学人才加入到这一行业中去。

（四）动物及动物类产品进出口的检验检疫

随着中外贸易的不断扩大，我国与世界其他各地的交流逐渐增加，其中动物及动物类产品的贸易量和贸易额也不断升高。因为各大洲之间主要疫病流行不同，以及世界各地区对动物类产品的标准要求不同，所以对动物和动物类产品进出口的检验检疫对一个国家的畜牧兽医行业的健康发展有着极其重要的作用。因此，我国对动物和动物类产品进出口检验检疫行业人才的需求也不断增加。动物医学专业毕业生毕业后，从事动物及动物类产品进出口检验检疫也成为一个比较重要的就业方向。

该行业需要能在国家各级检验检疫部门、动物产品卫生安全与监督机构、农畜产品生产销售等企业从事动物检验检疫和防治、农畜产品卫生安全检测等方面的技术、管理与推广的高技术人才。

（五）兽药研发与推广

随着疾病的不断变异，很多细菌病、病毒病、寄生虫病等对相关药物的抗药性不断增加，这使得传统疾病的治疗愈发困难。此外，随着人们对动物类产品的要求不断升高，很多药物的使用也越来越受到制约。另外，一些药物使用的传统问题，比如抗生素的滥用，对人类的健康造成了威胁。这些都意味着我们必须积极地开发研究新型兽药，辅助传统药物，去应对疾病变异带来的新挑战，满足人们对动物类产品的需求，并逐渐地降低抗生素的用量，并达到最终替代抗生素的目的。此外，兽药研发成功后，如何进入到一线使用也是一个很重要的问题。从医药公司，到各级代理商，再到动物类产品生产加工企业，每一步都需要有动物医学专业背景的人进行相关操作，很多没有动物医学相关背景的人从事这类工作时并不能很好地完成任务，甚至使得动物类产品生产加工企业与兽药研发企业之间产生误会，更有甚者造成了无法挽回的巨大经济损失。因此，兽药的推广需要大量动物医学专业人才的参与，其对动物医学专业人才的需求也不断增加。

根据中国兽药协会 2009 年的统计报告，在我国的化药企业中拥有已建成研发特别关注部门的企业达 852 家，占到企业总数的 79.92%。其中自主研发的占到 53.85%，其余为联合研发，其中与研究单位联合研发的占到 56.94%，与其他企业联合研发的占到 14.73%。但是相对来说，生物制品企业更加注重创新。在研发资金投入方面，化药企业年度研发资金总投入为 9.30 亿元，占全年总销售额的 5.05%。2010 年，我国开发二类新兽药 8 个、三类新兽药 10 个、四类新兽药 4 个，没有一类新兽药出现。因此，我国现在需要大量的兽药研制人才，而有能力担当此类任务的也就只有动物医学专业的学生了。

（六）兽医防疫检疫

近年来，我国畜牧产业不断发生疫病流行，比如猪的繁殖与呼吸综合征、家禽的禽流感和新城疫，这些疫病会使得家畜和家禽数量降低，甚至丧失经济价值，对我国畜牧产业造成了极大损害，造成动物类食品价格产生巨大波动，破坏了动物类食品的供需平衡，对我国的经济发展造成了不可挽回的经济损失。此外，因为经济利益的驱使，会有一些个体或企业收售病死动物，导致本该被处理掉的病死动物重新流入到消费市场，危害人民的生命健康，增加了人们患上人畜共患病的风险。兽医防疫检疫就是为了保障畜牧兽医行业的健康发展，为人民的生命健康保驾护航的，因此，畜牧产业的防疫工作成为了兽医工作管理的重中之重。随着畜牧类产业经济规模的扩大，兽医防疫检疫队伍也亟需扩大，这就需要动物医学专业的学生尽快地填补到兽医防疫检疫队伍的人员缺口上。

三、都市型现代农业发展对动物医学专业人才培养提出的新要求

（一）经济动物疾病的诊断治疗

因为经济类动物疾病诊断和治疗一直以来是各农业高校动物医学教学的主要方向，其教学经验已经非常丰富。有志于从事经济类动物疾病诊疗的学生，在本科学习期间，除了要较好地修完课程，并积极参加实验，还要了解熟悉诊治及手术过程中的基本操作、基本原理、增强自己的动手能力。此外，还应该积极地参加临床实践和跟诊学习，更好更全面的了解病例的临床特点和诊断技巧及治疗方法。除此之外，本科学习的过程中，应该积极培养自己优秀的专业医学素养，为经济类动物生产加工行业的健康发展保驾护航。

（二）现代都市伴侣动物疾病的诊断治疗

动物医学专业的学生，如果有志于从事现代都市伴侣动物疾病的诊断治疗，应该明确自己的目标，把救治伴侣动物作为自己的崇高目标，并为了这个目标，从一开始进入专业学习，就必须熟悉理解伴侣动物，尤其是犬和猫的基本生理构造、特点、常发疾病、疾病预防、诊断治疗等方面的基本知识和技能。除了学习必修课外，还应当选修兽医外科学与手术学、兽医内科学、兽医产科学、中兽医学、动物传染病学等课程。在熟悉了相关知识和技能后，要积极地参加相关课程试验学习，在课余时间要尽可能多的去动物医院实习，提升自己的实践经验，慢慢地成为一个伴侣动物疾病诊断和治疗的优秀人才，为伴侣动物行业的健康发展作出自己的贡献。

（三）现代都市伴侣动物的周边服务

要较好地从事这一行业，需要学生在本科学习期间，除了要学习必修课，选修兽医外科学与手术学、兽医内科学、兽医产科学、中兽医学、动物传染病等课程外，还应积极学习伴侣动物的相关课程，掌握伴侣动物服务的相关知识和技能，并积极参见相关伴侣动物培训，为以后参加此类工作打下坚实的基础。

近年来，伴侣动物医疗与保健行业缺少大量人才。在本科学习期间，多数学校只注重于理论知识的培养，而不注重实际的动手操作能力，致使很多动物医学专业的本科毕业生在毕业后，无法很好地将专业知识应用于临床实践。此外，多数学校对动物医学的培养依然只注重与大型经济动物，如牛、马、羊等的饲养繁殖及疾病诊疗上，对都市类小型动物，如犬、猫、兔子的饲养繁殖和疾病诊疗的侧重偏低。这导致了很多动物医学专业的毕业生在毕业后依然对都市类小型伴侣动物的基本了解偏低，对伴侣动物饲养繁殖及相关疾病的预防诊疗的基本知识、基本方法和基本技能掌握不够。然而，随着我国经济的发展，人们收入水平的增加，以及独生子女户的增多，人们对伴侣动物的需求越来越大，这样就导致了都市类伴侣动物市场的扩大，对伴侣动物相关服务保健和诊疗的人才的需求越来越大，这就使得伴侣动物医疗和保健行业成为了急需人才行业。所以，学生在校期间，除了学习必修课及相关选修课外，还

应该积极地去美容中心、宠物训练基地等地方去实践，切实地将自己置于未来所从事行业的环境中去，提高自己的相关能力，增加自己的从业经验，为以后从事相关行业做好准备。

（四）动物及动物类产品进出口的检验检疫

动物进出口检验检疫行业对本科生的培养目标就是立足现在经济和社会发展对动物检验检疫人才的需求，构建多层次的人才培养框架，着力培养具有动物检验检疫基本理论和技能、创新思维和实践能力、知识丰富、本领过硬的高素质动物检验检疫多层次人才，以适应我国动物检疫检验工作、食品安全卫生检验和监督、兽医公共卫生事业和官方兽医制度发展的需要。而对本科生业务培养要求为要求学生学习和掌握动物基础医学、动物预防医学和动物检疫学等方面的基本理论、基本知识和基本技能，了解动物和动物类产品检疫检验法规及动物卫生监督相关行业的管理知识，具备独立从事动物检疫、动物源性食品检验、动物产品药物残留检测、人畜共患病控制及动物疫病防控和兽医公共卫生管理等方面的综合能力。学生熟悉动物医学和动物检验加以学科科学的研究方法和实验手段，在各级检验检疫部门、动物卫生监督机构和疫病防控机构、动物养殖与产品加工企业、出入境检验检疫机构、环境保护等机构胜任动物和动物产品检疫、检验、卫生监督、产品控制、评价、监控管理、动物疫病防控和染疫动物处理等方面的工作。

在本科学习期间，本科生应学习有机化学、分析化学、生物化学、病毒学、微生物学、昆虫学、兽医病理学、动物卫生检验学、食品卫生检验技术、动物检验检疫法规等方面的基本理论和基本知识，同时还应接受动物检疫技术、化学分析实验、仪器分析实验、组织切片技术、计算机应用等方面的基本训练，具有动物生理病理、化验、检测等方面的基本能力。

总之，对于医学专业的学生来说，以后要想做好动物及动物类食品检验检疫工作，首先要学好动物医学的基本知识，基本技能，打下坚实的基础；在此基础上，积极选修动物类食品检验检疫的相关课程，搜集学习相关知识，并积极参加与动物及动物类食品检验检疫有关的实践活动，提高自己在这方面的能力，为今后从事该类行业做好准备。

（五）兽药研发与推广

兽药的研发和推广不是一两天就能解决的问题，其对人才的要求除了牢固的专业基本知识和技能外，还需要极高的科研能力、沟通能力等。这需要有相关知识的动物医学人才不断地投入时间和精力，最终达到想要的结果。这就需要很多动物医学类专业人才，兽药的研发和推广也成为动物医学类专业学生毕业后就业的一个重要方向。

有志于从事兽药研发和推广的学生，要学好必修课程，并积极选修药理学等相关课程，积极参加相关课程试验，并参与兽药研发和推广的实践工作。

（六）兽医防疫检疫

要想胜任兽医防疫检疫的工作，接收4～5年的动物医学专业学习是必需的。在本科学习期间，应该熟练掌握动物组织学与胚胎学、动物生物化学、动物生理学、动物病理解剖学、兽医药理及毒理学、兽医临床诊断学、兽医免疫学、兽医内科学等课程。在完成理论课程学习的同时，应掌握各项实验技能，能够完成独立的实验操作，积极培养自己的创新思想。在掌握了动物医学专业基本理论、知识和技能之外，还有侧重地学习兽医防疫检疫的相关知识，多了解兽医防疫检疫的相关法律法规，并积极参加兽医防疫检疫的相关实践活动，以备毕业后很好地从事此项工作。

四、都市型现代农业发展对动物医学专业建设的建议

动物医学专业对学生的要求是掌握兽医学，包括基础兽医学、预防兽医学和临床兽医学的基本理论、基本知识和基本技能，培养学生团结协作能力、开拓创新能力，掌握具体的动物保健、临床诊疗、预防建议、动物产品安全监管和兽医卫生管理的工作能力，能够服务生命科学、医学等领域的新型都市型、复合型、应用型卓越兽医师。

所以，毕业生应该获得以下几方面的知识和能力：具备数学、化学、物理和生命科学的基本理论和知识的基础上，主要学习基础兽医学、预防兽医学和临床兽医学课程；掌握致病因素、疾病发生发展和转归的规律及预防，具有诊断、治疗和兽医科学的基本知识和较强的兽医师技能；具备致病因素分析、检验、药物正确使用与开发、常规仪器诊断、主要治疗方法以及动物检疫的基本技能；具备农业尤其是现代都市农业可持续发展的意识和基本知识，了解生命科学、动物医学的学科前沿和发展趋势及自然科学中相关技术的应用前景；熟悉国家及地区在动物生产动物医学发展规划、兽医防疫检疫、环境保护、动物及出口检疫以及动物性产品检疫等方面相关的方针、政策和法规；掌握科学研究的基本方法和技能，具有独立获取知识、信息的基本能力，具有自主知识产权的自我保护能力；有较强的调查研究与决策、组织管理、口头与文字的表达能力，具有良好的团队合作精神；掌握计算机科学与技术的基本理论、基本知识与常用软件的使用；掌握文献检索和资料查询的基本方法，具有获取信息的能力。

动物医学本科期间，主要开设课程应该有动物解剖学、动物组织学与胚胎学、动物生物化学、动物生理学、动物病理解剖学、兽医药理及毒理学、兽医临床诊断学、兽医微生物学、兽医免疫学。另外，根据不同专业的培养需求不同，还会对以下课程进行选修：兽医外科学与手术学、兽医内科学、兽医产科学、中兽医学、动物传染病学、动物寄生虫病学、实验动物学、实验动物医学、比较医学、动物实验技术、实验动物微生物检测技术、动物性食品理化检验、动物性食品微生物检验、动物性食品卫生学等。

动物医学专业的培养目标就是要让学生掌握动物医学专业的基本理论、基本知识和基本技能，成为拥有优良品德和优秀专业素养的，能够在兽医业务部门、动物生产部门及其他有关部门从事畜牧兽医管理、兽医临床、动物防疫检疫、动物类食品的检验检疫、实验动物生产管理和质量控制工作的高级复合型人才。与其他医学类专业类似，动物医学专业首先要学习基础生物学和动物医学理论，然后通过大量实例操作，包括解剖试验，强化学生对动物医学理论的理解。最后，经过一年左右的临床实习之后，使动物医学专业的学生最终掌握动物疾病相关预防、诊断和治疗的方法和技术。

执笔人：任晓明

第七节　动物科学专业

一、都市型现代畜牧业的发展趋势对动物科学专业人才的总体需求

"十二五"是我国全面建设小康社会的关键时期，也是加速现代农业发展的攻坚时期，

调整经济结构、转变发展方式已经成为社会共识。标准化、规模化、产业化的快速发展，为加快畜牧业发展方式转变创造了良好条件。畜牧业作为农业农村经济的支柱产业，加快转变畜牧业发展方式、建设现代畜牧业迎来新的发展机遇。"十一五"统计数据表明，畜牧业产值占农业产业 1/3，2010 年肉类产量 7 925 万吨，连续 21 年居世界第一；禽蛋产量 2 765 万吨，连续 26 年居世界第一；奶类产量 3 780 万吨，居世界第三位，确保了国家食物安全。2010 年我国肉、蛋、奶人均占有量分别达到 59.1 千克、20.6 千克、28.2 千克，显著改善了我国居民的膳食结构和营养水平。目前中国肉类、蛋类和奶类产量分别占世界总产量的 27.8％、41.4％和 5.8％，对整个世界食物安全做出了贡献。

动物科学专业人才需求应适应中国畜牧业的发展。"十二五"期间从我国未来发展趋势看，畜产品生产要围绕稳定畜产品供给，优化畜产品结构，提高优势产区供给率，稳定销售区域自给率。在区域布局上，生猪和家禽生产向粮食主产区集中；奶牛养殖仍以北方为主，加快南方发展；肉牛生产以牧区与半农半牧区为主要繁殖区，粮食主产区集中育肥；肉羊生产坚持农区牧区并重发展，绒毛羊养殖以东北、西北地区为主。在有条件的地区积极发展草原畜牧业。饲料工业要进一步提高东部，稳定发展中部，加快发展西部。

因此，动物科学专业人才需求应在充分理解我国畜牧业发展规划及趋势的基础上与针对性的进行培养。

二、都市型现代畜牧业发展对动物科学专业人才的具体需求类型

（一）都市型现代畜牧业存在的问题

动物源食品质量安全。随着生活水平的不断提高，社会公众对畜产品安全的要求也越来越高，社会关注度空前加大。由于畜产品生产者素质参差不齐，部分生产者质量安全意识淡薄，非法使用违禁添加物的事件时有发生，对行业发展的冲击和影响很大。畜产品质量安全监管机制不健全，监管任务十分艰巨。

生态环境制约日益凸显。随着社会公众环保意识的不断提高，环境保护和污染治理等系列法律法规的出台，对畜牧业污染防控提出了更高要求。由于畜禽养殖污染处理成本偏高，部分畜禽养殖者粪污处理意识薄弱，设施设备和技术力量缺乏，畜禽养殖污染已经成为制约现代畜牧业发展的瓶颈。

优良品种培育不能满足日益增长的安全优质高效畜牧业生产需要。在过去的半个多世纪里，动物育种应用数量遗传学理论，通过采用品系选育、杂交改良等常规技术，实现了品种的不断改良和杂种优势的利用。目前，传统育种处于"爬坡"阶段，培育出突破性品种的难度越来越大。与此同时，人类及动物基因组学的迅猛发展，对动物重要经济性状基因定位与诊断、分子标记辅助育种技术带来技术和研究方法的革新。

（二）都市型现代畜牧业发展对动物科学专业人才的具体需求类型

1. 动物遗传育种与繁殖方向

按照常规的动物育种方法要改良家畜的遗传特性，提高其生长速度、产奶量、产毛量、产蛋量、饲料利用率及产品质量等，往往需要进行多代的选择和选配（杂交），才能得到高产的纯种家畜或品种。目前大多数生产上所用的家畜都是用这种选择和选配相结合的传统动

物育种方法培育出来的。然而这种方法的不足之处，一是所需时间长，二是一旦品种育成，就不易引入其他新的遗传性状。随着现代生物技术的发展，传统的杂交选择育种法的各种缺点日益明显，而分子育种技术却显示出越来越强大的生命力，逐渐成为动物育种的趋势和主流。通过各种现代生物技术的综合应用，结合传统的育种方法，可以大大加快育种进展。家畜育种是通过创造遗传变异和控制繁殖等手段来提高畜禽经济性能或观赏价值的科学技术。研究家畜育种理论和方法的学科称家畜育种学，是畜牧科学的重要分支。其内容主要包括引变、选种、近交（动物）、杂交以及品种（系）的培育、保存、利用和改良等。与动物育种有关的现代生物技术包括胚胎工程技术、动物克隆技术、转基因动物技术和 DNA 标记辅助技术等。转基因动物（育种）技术和 DNA 标记辅助（育种）技术共同构成动物分子育种的基本内容。加上胚胎工程（育种）技术和动物克隆技术，则构成动物分子育种的基本技术框架。因此相关生物技术与动物遗传育种专业型、创新人才培养势在必行。

2. 动物营养与饲料方向

中国的饲料工业经过二十年持续高速发展，初步形成了由饲料加工业、饲料原料工业、饲料添加剂工业、饲料机械工业以及饲料工业的质量监督与检测组成的相对比较完善的饲料工业体系。相关资料表明"十一五"期间，我国饲料工业年均递增率达 9.4%，2010 年全国商品饲料总产量 1.62 亿吨，已连续 6 年过亿吨。配合饲料、浓缩饲料、添加剂预混合饲料三者比例为 23.6：4.9：1。特别提出的是饲料添加剂总产值 365 亿元，同比增长 14.2%，占总产值 7.4%；产品结构日益多样化。实际生产中几乎每个添加剂生产企业都生产植物提取物，科技含量不断提高。

饲料中的有害物质通过在动物中残留对人体造成危害，直接影响人类健康，是党和国家关心的政治问题，甚至还影响到国际地位。近年来，我国各级政府非常重视食品工程，食品安全问题主要集中在农药和兽药残留，一些畜产品的生物污染或药物残留常有报道，部分兽药在畜产品中的残留引发人类中毒事件，如水产品的"氯霉素"事件和"孔雀石绿"事件、猪肉"瘦肉精"事件、牛奶"三聚氰胺"事件等。另外，由于抗生素大量使用、甚至滥用，导致细菌耐药性问题较为严重，加之部分人用抗生素和兽用抗生素结构相同，兽药临床也有混用现象，导致人用抗生素临床药量逐渐加大。随着各国对饲用抗生素的限制规定，以药食同源为主的功能性植物提取物的使用是饲用抗生素的替代趋势。

三、都市型现代农业发展对动物科学专业人才培养要求与建议

（一）培养要求

动物科学专业是培养具备动物科学方面的基本理论、基本知识和基本技能，适应北京地区经济和社会发展需要，能胜任都市型畜牧业与动物科学相关领域业务、行政、事业等工作的高级应用复合型人才。从专业培养要求上看，本专业学生主要学习动物安全生产与管理、动物遗传育种与繁殖、动物营养与饲料、家畜环境卫生与环境管理、伴侣动物饲养与管理等方面的基本理论和基本知识，受到与动物科学相关的调查、分析、评估、设计等方面的基本训练，具有从事动物育种、繁殖、生产与管理的基本能力。

按照北京市都市型现代农业的发展规划，动物科学专业围绕着健康养殖业的发展，以环境友好型的农场动物、伴侣动物养殖与保健，安全优质的动物营养与饲料，优良特色品种繁育三

大学科群为支撑，力图适应北京市都市型农业规划，使都市型动物养殖业具有生产性、生活性和生态性等多种功能。针对北京地区地处中国农业大学、中国农业科学研究院及北京市农林科学研究院等传统优势科研单位及北京农学院的地方优势定位，我们认为面对当今安全优质生态畜产品需求不断增长的具体情况，动物科学专业的人才培养要向动物营养与饲料科学倾斜。动物营养与饲料短、平、快的创新产品类型有利于北京农学院综合型、复合型人才的培养定位。

随着国内外动物源食品市场对产品安全监测手段日益更新，后抗生素时代与替代抗生素相关的动物营养及保健产品创新人才需求不断增加。随着人们对动物源食品安全的重视，对安全优质生态动物源食品消费需求也不断增长。专家预测，"安全优质生态畜牧业"及其产品发展是未来畜牧业的发展趋势，因此创新型动物营养与饲料研发人才需求旺盛，特别是对115种药食同源功能性植物提取物的研制开发汇聚中国特色的养生精华应用于养殖行业动物保健，是培育和发展我国饲料工业中战略性新兴产业的关键步骤。在生物制品如酶制剂、微生态制剂、药食同源天然植物饲料产品等涉及动物营养与饲料的创新性人才培养需求增加。

为此，动物科学专业人才培养方案回应了都市型农业的人才培养需求与建议。体现在课程群设置上：

（1）以环境友好、生态环保、动物福利为理念设计的动物环境卫生学、动物行为学、伴侣动物营养学、伴侣动物养殖与保健为主题的课程群。

（2）以安全优质饲料为核心的动物营养学、饲料生产学、饲料添加剂、规模化单胃动物养殖等课程群。畜产品安全的关键在于饲料安全。以本方向为基础开展的科学研究非常活跃，包括研究开发中药添加剂、微生态制剂、免疫调节剂、风味调节剂、酶制剂、益生素、复合营养强化剂、免疫调节剂等，代表着当今饲料添加剂领域的研究热点，已经在全国占有一席之地。畜禽"功能性植物提取物"系列饲料添加剂研制开发紧扣安全优质畜禽生产密切相关的绿色、环保型、无药残的饲料添加剂创制需求，涉及畜牧生产中禽、猪、牛羊、水产等方面与安全优质饲料相配套的全程"功能性植物提取物"饲料添加剂调控技术研究。主要包括研究开发"功能性植物提取物"饲料添加剂、涉及生产性能促进剂、促繁殖、促产蛋、提高畜产品风味、抗氧化剂等，上述产品的开发应用代表着当今饲料添加剂领域的研究热点，与畜牧业健康养殖密切结合。多学科交叉的研究除动物饲料学、营养学、动物生产学科外，更涉及系统生物学、动物生理学、分子生物学、高级生物化学、分子营养学、制剂工艺及分析化学等前沿学科，学科交叉中的亮点不断为本方向的科技创新提供新的动力。

（3）以优质、高效、规模化畜禽品种培育、繁殖为特色的家畜繁殖学、家畜育种学、规模化反刍动物养殖课程群。

（二）实践动手能力的培养

根据学校2011版《本科专业人才培养方案》，结合动物科学专业的特点，制定动物科学专业"3+1"培养方案中"1"的具体实施计划。动物科学人才培养的创新与实践根据动物科学专业特点以及目前本专业领域的发展趋势，特别是适应现代都市农业发展对动物科学技术的需求，采取不同的实践能力培养模式，以培养学生的专业技术能力、动手操作能力和职场适应能力为导向，着力提高学生的实践意识、实践素质和实践能力，全面提高教学质量和毕业生的就业竞争力。

执笔人：刘凤华

第八节　园林专业

目前北京的农业为都市型现代农业，即建立在现代农业科学技术基础上融城市与郊区农村为一体，运用现代化生产手段，实行集约经营（或工厂化）的优化和美化的现代大农业生产与供销。北京都市型现代农业的发展体现在城乡一体化、功能多元化、经营集约化、科技现代化和农民知识化。在这样的社会发展大背景下，作为地方农林院校的园林植物专业在人才培养时必须考虑到如何适应北京发展都市型现代农业的需求，以满足北京经济社会发展的需求。

一、都市型现代农业发展对园林专业人才的总体需求

伴随着北京都市型现代农业发展过程中出现的城乡一体化发展、科技现代化和农民知识化的需求，对园林专业的人才需求也源源不断。特别是北京郊区城镇化水平不断提高，城市化建设迅猛发展，无论是发展乡村旅游还是城市和郊区居住环境的改善、城市郊区道路、社区、乡村的美化绿化都需要大量的园林植物方面的专业人才。

北京在发展都市型现代农业的进程中还将大力发展以城市绿地、园林景观、楼宇居室美化以及农产品展示交易等为主要内容的"景观农业"和"会展农业"以及广受人们欢迎的"休闲农业"等新型农业产业，这些新型农业的发展、规划和建设同样需要大量的园林植物专业人才。最近北京的大气环境污染问题越来越引起人们的重视，治理大气污染特别是治理时常光顾首都的雾霾问题已经到了刻不容缓的地步。而改善空气质量、降低粉尘特别是降低空气中 PM2.5、PM10 颗粒物等都与整个城市和乡村的绿化密切相关，因此服务于环境绿化美化的园林专业大有用武之地。多年来园林植物专业毕业生的就业率始终保持在较高的水平，园林专业在地方农林院校也成了热门专业。

二、都市型现代农业发展对园林专业人才的具体需求

园林本科专业人才就业比较对口的部门是在各类园林工程公司、各类公园和道路绿化养护部门及其他企事业单位从事行政管理和技术支持等工作，即使在新型景观、会展、休闲农业等领域，各个业务部门对园林植物专业毕业生的要求也是希望他们"能马上上手工作"。具体地说就是希望我们培养的人才应该是一种复合型人才，即不仅具有园林植物专业知识而且还应具有一定的行政管理知识。另外，对于园林植物人才的要求就是要有一定的实践动手能力。不仅能够使用计算机完成一定的园林设计工作，同时具备具体的对园林植物的养护管理能力，具有一定的独立工作能力。

目前园林工程都是实行公开招标，园林公司要想拿到工程，在具备资质的情况下，公司拥有足够的复合型的园林人才显得尤为重要。园林工程的竞争背后，实际上是园林人才的竞争。另外，不同性质的用人单位对人才的需求层次也有差异。如二级园林资质企业，一般需求研究生学历层次，园林研究所及部分行政事业单位及大量的基层单位需要本科学历人才。在不同层次的园林工作单位，园林人才所从事的工作内容也有显著差异。本科层次人才多从事中小型园林工程的设计、施工及园林物业管理，园林植物生产、营销、园林工程养护等工作。另外，不同经济发展水平区域内的用人单位对园林人才的需求也有不同特点。北京经济发展水平较高地区对园林人才的需求量明显较大，且高端人才（研究生）与低端人才（大中专生）需求量偏

大。这说明园林行业是朝阳产业，随着社会经济的发展，社会对人才的需求也会随之加大。

三、都市型现代农业发展对园林专业人才培养提出的新要求

在北京建设都市型现代农业的大背景下，对地方高等农林院校的园林专业人才培养也提出了新的要求。首先我们培养的人才不仅仅是具备生态学、园林植物与观赏园艺、园林规划与设计等方面的基础理论知识，能在园林、城市建设、农业、林业等部门及花卉企业，从事苗木花卉生产、园林绿地植物养护管理、城镇各类园林绿地的规划设计及施工等方面工作高级应用型人才，还应当具有较高的审美情趣，这样在未来的工作中才能更好完成从事的工作，因为园林工作很大程度上是一项环境美化的工作，在考虑植物对环境适应的基础上，美化是一项很重要的内容。提高学生的审美情趣，构建具有中国特色的，反应人与自然和谐相处、能够陶冶人的情操、放松人的心情的园林作品和园林景观是我们的毕业生的职责。

当前园林行业竞争激烈，园林企业要想在竞争中取胜占领市场，在开展业务的时候就需要有自己的特点，要有创新。而企业的创新就需要在企业工作的人才有创新精神。作为培养园林植物高级人才的学校必须在课程设置、课程实践教学等环节培养学生的创新精神。

另外，在当今电子信息产业突飞猛进发展的形势下，培养能够熟练掌握农业信息化技术的园林人才也非常重要。园林工程的设计、园林植物的生产、管理和销售等环节已开始越来越多地使用各种信息化技术，因此我们在高校人才培养时也要考虑到社会对这方面知识和能力的需求。

四、都市型现代农业发展对园林专业建设的建议

（1）当前北京农学院在园林专业人才培养方面首先是要进一步加强师资队伍建设，改善师资队伍结构，教师除具备扎实的专业基础知识外，还应具备较强的实践动手能力，这样才有可能去培养学生的动手实践能力。

（2）在专业培养计划中通过增加一些与美学相关的课程加强对学生审美情趣的培养。

（3）在专业培养计划中要进一步完善实践教学内容的落实和考核，特别是目前"3+1"的培养模式还存在不少问题。像园林这样的专业在教学实践中对外界的气候环境要求较高，到了冬天几乎无事可做。在这种情况下，秋冬季学期学生的实践活动怎么落实，而到了春季学期学生又忙于找工作及进行工作实习等都是我们在人才培养过程中面临的问题。

（4）在培养计划中还缺乏对学生使用现代电子信息手段对园林植物进行养护和管理的教育和训练。而目前，伴随着多媒体电子信息技术的迅猛发展，使用电子信息技术对园林树木的养护和管理是必然的趋势。

执笔人：胡增辉

第九节　林学专业

2014年3月，国务院正式印发了《国家新型城镇化规划（2014—2020年）》，表明今后我国城市化发展会越来越快。城市的扩大和发展，不仅带来了经济繁荣、生活便利，也产生了水资源不足、城市交通拥堵、城市污染严重等问题，其中城市的生态问题近几年尤为突

出，主要表现在城市空气质量差，雾霾严重，城市热岛效应凸显、自然景观退化、生态脆弱等（尹成勇，2006；李晓兰，2012）。因此，我国政府在《国家新型城镇化规划（2014—2020年)》中，着重强调要加强生态文明建设，推进农业现代化发展。

一、都市发展对林学专业人才的总体需求趋势

我国政府在《国家新型城镇化规划（2014—2020年)》中，强调生态文明，就是要着力推进绿色发展、循环发展、低碳发展，要节约集约利用水、土地、能源等资源，强化生态修复和环境治理，推进绿色城市、智慧城市的建设。而建设绿色城市，改善城市环境生态，就需要大力发展都市农业，强化绿色植物、尤其是森林对城市发展的重要性。北京是严重缺水的大城市之一，是世界人口规模前15位城市中唯一一年降水量不足600毫米的半干旱城市，人均占有水资源量不足300立方米，远低于联合国极度缺水城市人均年水资源占有量1 000立方米的标准，是全国人均占有水资源量的1/8，是世界的1/3（梁明武，高春荣，2012）。北京作为现代化国际大都市，在城市发展过程中，早就建立了"绿色首都"的发展战略，强调城市绿化、营建水源涵养林对北京发展的重要性。建设绿色城市，改善城市环境生态，就需要有相应人员来从事这方面的工作。目前，北京中心城区绿化率在40％以上，全市林木覆盖率达到了50％，山区林木覆盖率达到70％，全市形成三道绿色生态屏障，"五河十路"（"五河"指：永定河、潮白河、大沙河、温榆河、北运河；"十路"包括京石路、京开路、京津唐路、京沈路、顺平路、京密路、京张路、外二路8条主要公路和京九、大秦2条铁路）两侧形成2.3万公顷的绿化带，市区建成1.2万公顷的绿化隔离带，并争取到2020年，林木覆盖率达到55％（北京市委组织部，2009）。北京有一半的国土面积被林木覆盖，大范围的林木需要专业人员去管护，为实现林木覆盖率达到55％的目标，仍需营造大面积的森林，这也需要大量懂得绿化造林技术的专业人才。林学专业是培养能在林业、农业、环境保护等部门从事森林培育、森林资源保护、森林生态环境建设的高级科学技术人才。该专业人才培养目标符合北京城市发展需要，而我国政府颁布的《国家新型城镇化规划（2014—2020年)》，也明确指出城市化发展是要建设生态城市、绿色城市，这就表明在我国城镇化发展进程中，对从事环境绿化、森林资源保护、管理的林学专业的人才需求是一个不断上升的趋势。

二、都市型现代农业发展对林学专业人才的具体需求类型

都市型现代农业，是指依托并服务都市，以高科技为支撑，以产业一体化经营为手段，以提供安全健康的农产品和生态服务为主要目标，融生产、生活、生态为一体，具有服务辐射带动作用的区域性现代农业（孟智华等，2009）。北京市在农业、林业发展方面，早在"十一五"规划中就提出建设"人文北京、科技北京、绿色北京"的战略构想，打造绿色、高效、可持续发展的现代化都市型农业特色。根据中共北京市委书记刘淇同志的阐述，建设"绿色北京"，就是要把城市的发展建设与改善生态环境紧密结合起来，努力建设生态文明，加快环境友好型和资源节约型城市建设；就是要加大环境保护基础设施的建设力度，继续下大力气治理空气质量，加强绿化美化，不断提升首都的环境质量；就是要大力推广节能环保新技术，加强节能减排，发展循环经济，使首都的发展更加可持续；就是要倡导绿色健康的生活方式和消费方式，不断增强全社会的环保意识（北京市委组织部，2009）。因此，在"绿色北京"的建设过程中，加大了植树造林，保护生态环境的力度，充分发挥森林在保护环境方面的生态效益、景观效益

和社会效益。由于都市面积有限，在都市绿化管理中，更加注重都市林木的经营管理，更加注重以生态效益和景观效益为主体的多种效益的发挥，更加注重林业生态文化的塑造、宣传和推广，使都市林业以最小的面积实现生态效益与景观效益的最大化，实现良性结构功能的彰显（乔进勇，2013）。这就要求所培养的林学专业人才，即成为能够对现有林木资源进行管理维护，进一步营造更多绿地的应用型人才、管理型人才，也成为能够使城市中的林木更大发挥其生态效益、景观效益和社会效益的创新型、复合型人才。

近些年来，从社会各类招聘信息和大学生就业方面来看，我国各地对林学专业的人才需求明显增加，林学专业的大学生就业率较高。以北京农学院近几年的大学生就业情况来看，林学专业大学生就业率达到了100％，毕业生对用人单位普遍感到满意，毕业后出现频繁跳槽者很少。从数字英才专业人才推荐网、应届生求职网、592招聘网、林业英才网等网站在2013年6月至2014年3月发布的招聘信息上也可看出，社会对林学专业人才的需求还是比较多的。需求单位既包括国家机关、科研院所、学校、森林公园、城市公园等各类事业单位，也有各类园林绿化公司、生态农业公司、生物技术公司、环境科技公司、环保公司、市政建设工程公司、投资公司、房地产公司等。各招聘单位提供的工作岗位有：森林监测、森林资源调查、林业工程师、园林施工员、园林工人、林业主管、苗圃技术员、林业市场调研、组培接种、林产品销售等多种工作岗位，对林学专业人才学历要求从中专到博士，多数岗位要求求职者具有大专以上的学历，少数岗位直接要求求职者具有博士学位。因此，为了满足社会对林学专业不同层次人才的需求，林学专业的人才培养模式也应该进行相应调整。

三、都市型现代农业发展对林学专业人才培养提出的新要求

都市的发展是以建设生态文明为核心内涵，满足城市居民要求提高城市环境质量，回归自然的需求。森林作为陆地生态系统的主体，在都市文明建设中具有无可替代的作用，可以讲没有森林，就不可能有发达的都市生态文明，也就没有良好的生态环境和适宜的人居环境。城市森林是包含了城市园林在内的一大类绿地系统，该系统中的林木具有吸收有毒气体，阻滞尘埃、降低噪声、杀菌等功效，从而达到改善城市环境的效果。绿色城市中的森林还可以起到涵养水源，调节人的身心健康，提供游憩环境等功能，实现人与自然的和谐发展。《北京"十一五"时期新农村建设发展规划》提出，"十一五"时期的总体目标是围绕"人文北京、科技北京、绿色北京"战略构想，推进农村经济、社会、生态环境平稳较快发展，发展都市型现代农业，要打造绿色、高效、可持续发展的现代化都市型农业特色。当前《国家新型城镇化规划（2014—2020年）》，也明确指出要建设绿色城市、智慧城市。为实现城镇化发展中的这些发展目标，必然对人才提出了新的要求。高校作为人才培养的摇篮，如何使培养的人才符合社会需求，满足社会发展的需要，一直是我国高等教育教学改革的重要内容。人才培养质量是衡量高等学校办学水平的最重要标准。提高人才培养质量，可大大提高毕业生的竞争力，促进就业，同时促进高校的学科建设，提高高校科学研究和服务社会的能力。在近一二年城市发展中，从各用人单位对林学专业人才的招聘信息上可看出，社会需要专业基础扎实，知识面宽，专业素质高，实践能力强，具有社会适应能力、创新精神和创业能力，能够从事科学研究与教学等工作的复合型高级专门人才，也需要从事林业技术推广与应用、产业经营、管理等工作的应用型、管理型人才。因此，在林学专业人才培养中，要求学生学习生物学和林学的基本理论和基本知识，受到林学科研、生产、管理方面的基本训

练，具备能够从事森林培育、森林资源经营与管理、森林旅游规划与管理、种质创新与遗传改良、城（乡）镇环境重建与维护、城市风景林的规划与管理、自然保护区与森林公园经营管理、城市绿地规划与设计、森林应对气候变化、森林碳汇、森林矿物质能源等生态环境建设方面的能力。总之，随着新型城镇化的发展，在林学专业人才培养方面，不仅需要学生所学知识能够服务于国家林业发展的总体布局，也需要能够更好地服务于城市生态文明建设。

四、都市型现代农业发展对林学专业建设的建议

随着我国城镇化脚步的加快和都市型现代农业的发展，社会对人才的需求也发生了变化，需要高校培养的学生能够更好地运用所学知识服务社会的发展，进而促使高等教育人才培养质量不断提高。从人才培养质量来看，毕业生的发展潜力，在较大程度上取决于学科建设的效果。毕业生在工作岗位上的知识转化程度（即知识转化率）在很大程度上由专业建设的效果决定。如何防止毕业生的知识陈旧，不仅与专业建设中的教学内容、课程体系和教学方法的改革有关，而且与学科发展中的学术成果转化为专业建设的有效资源有密切关联。从某种程度上说，人才培养质量是学科建设和专业建设的试金石（龙春阳，2006）。人才培养质量的提高，可大大地提高毕业生的竞争力和质量，同时扩大学校的知名度和影响力，使学校更容易获得外界的关注和支持，从而为学校的学科建设和专业建设提供良好外部环境和资源支持。人才培养质量提高了，就意味着学校培养的学生的学习能力和科研能力提高了，尤其是研究生质量提高了，这样，有利于推动和促进高校的科学研究，促进高等教育学科建设的发展。

在当前城市建设中，强调生态文明建设，强调城市生态修复和环境治理，推进绿色城市、智慧城市的建设，从而推动形成绿色低碳的生产生活方式和城市建设运营管理模式，使城市建设尽可能地减少对自然的干扰，尽可能地降低对环境的损害，做到人与自然和谐共存。当前，随着社会经济的发展，城市人口不断增多，城市的规模也越来越大，进而也改变了城市周边的传统农业生产，形成了集观光、旅游、休闲与体验于一体的新型都市农业。该类型农业充分利用大城市提供的科技成果及现代化设备，主要是为大城市的可持续发展服务，为保持大都市景观的生态性服务，为城市居民的健康生活、美化城市居民的生活环境提供优质的服务。这种都市农业推进了都市现代农业建设，符合经济发展的客观趋势。在都市与都市农业的发展过程中，服务于都市环境与都市农业的人才也相应发生了变化。从都市发展过程中对林学专业的人才需求类型来看，社会不仅需要高校培养的林学专业的学生懂得传统林业生产、经营、管理，也需要这些学生同时能够应用所学知识服务于都市周边的森林旅游、都市环境绿化及生态环境建设。这就要求高等教育院校改变传统林学专业的教学内容及课程体系设置，改变教学方法，加强专业建设，提高林学专业的人才培养质量。

为促进林学专业人才培养质量的提高，就应该加强林学专业建设。加强林学专业建设，可以从以下几方面着手进行：

（一）在教学内容及课程体系设置方面

增加林木经营管理、环境生态建设方面的课程，调整各教学环节结构比例，使教学计划更有利于能力培养。因此，应修订教学计划，全面调整课程体系，调整基础课、专业课比重，加强基础理论教育。压缩总课时与必修课时，增加选修课开设，充分发挥学生自主学习

的积极性。在课程设置方面，增加本专业的覆盖面，使林学专业从原来单一专业向复合专业发展。新的专业课程体系和教学内容应涵盖传统林业、经济林经营、城市林业、园林绿化、资源环境保护、森林资源管理、森林保护、城市生态修复与建设等知识，形成了较完善的专业课程结构体系。

（二）实行专业模块教育，适应社会对不同层次的人才需求

林学专业具有学生就业口径较宽，涉及学科领域广泛的特点，在办学上，应分不同模块实施专业教育。传统林学模块，课程内容重点是传统林业、良种选育与繁育、资源保护与管理、生态环境工程建设等方向。城市环境绿化与森林旅游模块，课程内容重点是绿化设计、施工，绿地养护管理、生态旅游等方向。森林生态环境建设模块，课程内容重点是城（乡）镇环境重建与维护、森林碳汇、森林营建、树木多功能利用等。通过实施模块教学，使学生的自主选择性大大增加，促使学校适应社会需求办学的能力增强。

（三）改革实践教学环节，加强学生实践能力培养，走产、学、研相结合道路

为了增强学生实践能力，在教学环节上，应对各实验课程进行整合、重组，减少过程简单、内容重复的常规实验，增加综合性，创新性实验。另外，采取有效措施，使一部分专业课实验与科研分析结合起来，使实验课成为学生获取新知识、新技能、新信息的重要手段。在教学实习方面，采用多课程的综合实习代替单一课程的实习，通过实习，建立课程间的广泛联系，使课程之间形成一个完整的教学体系，加强学生对所学专业课程的理解和认识。同时，可将学生的教学实习环节和毕业实习环节与用人单位的生产实践、科研等活动结合起来，使学生带着任务去完成相应的实践教学环节，增加对所学知识的应用能力，形成创新意识，有利于培养应用型、复合型人才。

（四）加强师资队伍建设

高水平、高素质的师资队伍是提高办学水平，培养高素质人才的前提条件。为此，高校应该采取积极措施，鼓励教师攻读学位，提高教师学历层次，参加各种提高教学、科研水平的培训活动，扩展教师知识面，改善任课教师知识结构，提高教学水平。

（五）全面实施素质教育，提高人才素质培养

实施全面素质教育是高等学校人才培养的基本要求。在人才素质培养方面，首先使每个教师都能准确理解素质教育的重要性，把素质教育贯彻到教学活动中。开展教学法研究，职业道德教育，业务课教学与素质教育的关系讨论等活动，使全体教师能准确理解大学生的素质教育问题，并在教学实践活动中积极投身到素质教育中去。为提高学生素质，教学计划中增设人文科学类、艺术类选修课，改善学生单一的知识结构。加强对学生的爱国主义教育，艰苦奋斗精神教育和勤俭节约意识教育。使学生的道德、情操、精神境界得到提高。

总之，高等教育院校积极采取的加强专业建设措施，必然会在提高人才培养的质量、为社会输送各类符合社会需求的高素质人才方面发挥重要作用。

执笔人：胡增辉

第六章　工学类专业人才培养需求

第一节　风景园林专业

风景园林专业属于工学门类建筑类本科专业之一，对应的研究生授予学位为风景园林学一级学科和风景园林硕士专业学位。

风景园林学研究的主要内容有：风景园林历史与理论、园林与景观设计、地景规划与生态修复、风景园林遗产保护、风景园林植物应用、风景园林技术科学。

风景园林专业是经国家教育部批准设立的本科专业，是为了适应风景园林事业发展以及人居户外空间环境建设对人才的需求应运而生的。其核心知识点是风景园林规划、设计、建设、保护和管理。风景园林专业主要培养具有风景园林规划设计、风景园林建筑设计、园林工程设计、城市规划学、林学方面的知识，掌握城乡各类园林绿地规划、设计、施工、组织管理等方面技能，能在政府相应职能部门从事专业管理。在园林、城乡建设、林业、环境保护等部门和企业从事园林绿地规划、设计、施工、组织管理等方面所需的应用型专业人才。

面对城乡一体化建设的需要以及都市型现代农业发展的形势需要，农业院校的风景园林专业应主动转变教育观念，找准定位，突出特色，准确把握社会需求，坚定服务社会和城乡建设的意识，增强高校服务社会的能力，充分发挥高校在服务经济社会发展中的重要作用。

一、都市型现代农业发展对风景园林专业人才的总体需求趋势

（一）风景园林专业人才是都市型现代农业发展及北京城乡一体化建设的迫切诉求

都市型现代农业发展对风景园林专业提出了新的要求。城乡风景园林建设规划是以景观生态学为理论基础，解决如何合理地安排乡村土地及土地上的物质和空间来为人们创造高效、安全、健康、舒适、优美的乡村环境的科学和艺术，其根本目的是创造一个社会经济可持续发展的整体化和美化的乡村生态系统。乡村景观绿化建设对统筹城乡发展，引导乡村绿化纵深发展，实现城乡绿化一体化，改善人居环境，促进农村精神文明建设，建设和谐的社会主义新农村有着积极的作用。乡村景观建设美化了乡村，提高了游览观赏价值，增强了社会公益设施，为人们提供了更高层次的文化娱乐、休闲游憩的绿色生态环境。乡村景观建设能有效地防风固土、调节气候、净化空气、削减噪声，完善由乡村田野、自然植被和自然山水共同组成的生态系统，逐步使空气更加清新、河流更加清澈、林木更加茂密，植被更加葱郁，改善了乡村的生态环境；乡村景观建设作为农村经济、环境等协调发展所必要的建设内容，其提高了人居环境质量，促进了农村精神文明建设；乡村景观建设可以有效地提升乡村的品质与魅力，吸引城市居民到乡村休闲度假，增加农民收入，带来可观的经济效益。

城乡一体化，即以城市为中心、小城镇为纽带、乡村为基础，城乡依托、互利互惠、相互促进、协调发展、共同繁荣的新型城乡关系。城乡一体化是我国现代化和城市化发展的一

个新阶段，是要把工业与农业、城市与乡村、城镇居民与农村居民作为一个整体，统筹谋划、综合研究，通过体制改革和政策调整，促进城乡在规划建设、产业发展、市场信息、政策措施、生态环境保护、社会事业发展的一体化，改变长期形成的城乡二元经济结构，实现城乡在政策上的平等、产业发展上的互补、国民待遇上的一致，让农民享受到与城镇居民同样的文明和实惠，使整个城乡经济社会全面、协调、可持续发展。北京城乡一体化是建设北京乡村的重要途径，而城乡绿化一体化是新农村建设的基础。实施城乡绿化一体化工程，搞好城乡交通干线、江河流域和风景名胜区的绿化美化，对于构建本地区总体绿化格局，建设山水园林城市，实现山川秀美，具有重大而深远的意义。将森林引入城市、园林辐射郊县，实现城镇园林化、农田林网化、山岗森林化，整体提高城乡绿化水平，努力将城市与乡村建设成为一个多类型、多层次、多功能、城乡一体的生态园林体系。

随着都市型现代农业的发展以及城乡一体化进程的加快，具有区域特征的新型风景园林形式也迫切需要大量的风景园林人才，如农业观光园建设、城乡绿道建设、郊野公园建设等。

综合来看，都市型现代农业发展以及城市城乡一体化建设拉动了风景园林专业人才的巨大需求，使城乡生态景观建设人才的需求缺口凸显。因此，风景园林专业人才的培养已成为发展风景园林业的首要任务。

（二）城市化与人居环境建设需要大量的高层次应用型风景园林人才

随着我国社会经济的飞速发展，城市化进程不断快速推进。据估算，我国未来城镇化水平年均增长约 1 个百分点，2020 年的城镇化水平将达到 57%。快速城市化，导致快速出现城市新区、层出不穷的新建设项目。快速城市化，导致城市、人口与生态环境的矛盾日益突出，产生了前所未有的生态压力。中国 20 世纪的城市建设，导致大量的城市自然资源和人文资源遭到破坏。风景园林行业是围绕以城市自然素材为主的空间环境规划设计、建设与管理等方面的工作。它能协调人工环境（例如城市建筑、道路等）与自然环境之间的关系，因此在创造适宜人居环境、保护城市生态中具有重要作用。风景园林专业人才，作为城市人居环境的设计师、建设者、管理者，有着大量艰巨、复杂的任务需要他们去承担。

（三）风景园林行业是达成一系列北京城市建设目标的核心需要

《北京城市总体规划（2004—2020 年）》将北京城市发展目标确定为"国家首都、国际城市、历史名城和宜居城市"，核心是实现城市的可持续发展。2010 年 1 月 25 日北京市十三届人大第三次会议上，建设"世界城市"被写入了北京市政府工作报告，积极实施"人文北京、科技北京、绿色北京"发展战略，建设"世界城市"已成为北京市未来发展的新目标。2012 年党的十八大首次提出"美丽中国"的概念，把美丽中国作为未来"生态文明"建设的宏伟目标，把"生态文明"建设摆在总体布局的高度论述。风景园林建设作为城市基础设施，是城市市政公用事业和城市环境建设事业的重要组成部分。风景园林建设是以丰富的园林植物，完整的绿地系统，优美的景观和完备的设施发挥改善城乡生态，美化城乡环境的作用，为广大人民群众提供休息、游览，开展科学文化活动的园地，增进人民身心健康；同时还承担着保护、繁殖、研究珍稀、濒危物种的任务。优美的园林景观和良好的城市环境又是吸引投资、发展旅游事业的基础条件。城市园林绿化关系到每一个居民，渗透各行各业，覆盖全社会。在北京大力建设生态文明和高速城镇化的背景下，风景园林师承担起生态文明建设的光荣使命，努力建设美丽北京，走向社会主义生态文明新的时代。一方面，风景园林是有生命的绿色基础设施，是构建生态文明空间载体和重要的实体要素。另一方面，风景园林可以在不同尺度上提供生态、美观、宜人和安全的生活居住和社会活动空间，从而保障人类安全、福利、健康和生命力，促进国土安全和可持续发展。因而，它也是生态文明的重要实施途径，具有生态文明的行为层面价值。

综上所述，风景园林行业是达成北京城市建设一系列发展目标的核心需要，它使得风景园林行业领域不断扩展，社会需求不断增加，风景园林行业地位和风景园林专业人才需求将不断提高。

二、都市型现代农业发展对风景园林专业人才的需求类型

中国风景园林的历史源远流长，有近四千年历史，现代风景园林学科在中国也有 60 多年的发展历程。1951 年由清华大学营建系和北京农业大学园艺系共同创办的，当时设在北京农业大学的园艺系是最早开设现代风景园林专业的地方，1956 年，该专业调到北京林业大学。在 1963 年、1984 年、1993 年和 1998 年进行了四次本科专业目录修订，本专业先后以园林、风景园林、观赏园艺、城市规划等名称出现在工学或农学门类中。按教育部 1998 年颁布的《普通高等学校本科专业目录》，风景园林本科专业被取消，将其分别划分到城市规划和园林两个专业中，即改为工学门类的城市规划专业和农学门类的园林专业。2003 年教育部又增设"景观建筑设计"本科专业，2005 年 3 月，经国务院学位委员会批准，增设风景园林专业硕士学位，并于同年开始招生。2006 年 3 月，风景园林专业被列入了教育部公布的 2006 年高考新增专业名单，恢复在高等院校中招收本科生，同年增设本科景观学专业。上述三个专业均归属工学门类土建类专业中。2011 年 3 月 8 日，国务院学位委员会、教育部公布《学位授予和人才培养学科目录（2011 年）》。一级学科从 89 个增加至 110 个。"风景园林学"新增为国家一级学科，设在工学门类，可授工学和农学学位。风景园林成为一级学科是我国风景园林教育的一件大事，也是风景园林行业发展的一件大事。风景园林一级学科的设立，对统一学科名称，规范学科领域，整合人才队伍，形成行业共识等有重要作用，对我国未来风景园林人才培养和事业的发展起到积极的推动作用。一级学科的设立，从根本上理顺了风景园林教育学科体系，表明我国的风景园林教育与风景园林事业的发展进入了一个新的阶段。2012 年教育部《普通高等学校本科专业目录》，又增设风景园林本科专业（082803），属工学建筑类专业。

在 1979 年之前我国的高等教育只有北京林业大学有风景园林专业，随着经济的发展，社会的进步，对园林专业人才的需求不断增加，高等教育园林专业迅速发展，截至 2012 年，我国已有 184 所高等院校设置风景园林类本科专业点，32 个风景园林专业硕士点，87 个科学硕士点，30 个科学博士点，除北京林业大学外，南京林业大学、东北林业大学、中南林学院等农林院校，同济大学、苏州城建环保学院、武汉城建学院、重庆建工学院等工科院校也先后开设了风景园林规划与设计专业。

风景园林学科的发展与风景园林教育、风景园林行业的发展是紧密结合在一起的，风景园林学科的发展首先要从教育开始。整合学科、深化教改、形成特色、办出水平是风景园林专业教育发展的重要目标。虽然风景园林专业已成为一级学科，但远没有达到一级学科的水

平及能力，园林队伍的建设、人才的培养和引进还相对薄弱，具备一线丰富经验的人才很少。而作为风景园林的专业人才，需基础扎实、知识面宽、专业素质高、实践能力强，并同时具备风景园林规划设计、城市规划与设计、风景名胜区和各类城市绿地的规划设计等方面的知识，是能在城市建设、园林等部门从事规划设计、施工和管理的应用型综合人才。风景园林专业人才供给远远无法满足风景园林产业发展的需求。从全国范围内来看现状如下：

根据 2012 年包括北京、上海、广东等一线地区以及二、三线地区近 80 个城市情况，其中，2012 年北京地区园林（景观）设计师职位招聘需求较 2011 年同期相比增长 26％；广东地区园林（景观）设计师职位招聘需求同期相比增长 22％；上海地区园林（景观）设计师职位招聘需求同期相比增长 15.8％。可见，北京地区对园林景观人才需求仍占据首要席位。

据建筑英才网最新数据显示，截至 2012 年 9 月底，植物造景（配置）师招聘需求与 2011 年同期相比涨幅为 42％；规划设计师招聘需求较去年同期相比增长 27％；园林（景观）设计师招聘需求与 2011 年同期相比增长 23％。

北京作为全国政治文化中心，风景园林业占据重要地位，而且国家级行业协会集中，风景园林的需求很大，高级风景园林管理、规划设计的设计人才是北京风景园林人才的需求方向。

风景园林专业旨在培养从事风景园林设计、城乡绿地规划、风景区规划等专业领域的风景园林高端人才、培养园林工程施工管理以及园林植物配置等的支持性专门管理人才。在北京人才市场上，有经验的高级项目经理人不多，复合型风景园林人才更是缺少。据不完全统计，2012 年中国风景园林事业第一线的从业人员约 500 多万人，其中接受过高等教育的约占 3.5％，相当于国际平均水平的 1/10 甚至 1/20。目前全国风景园林学科的本科生在校人数在 3.5 万人左右，并逐年递增，但是与巨大的市场需求相比，还相差很多。园林设计师、园林工程师、施工图设计师、绘图员、绿化工程师、花卉工程师、园林养护师、植物造景、苗场技术员等的需求巨大。

风景园林专业毕业生就业去向主要包括五类，第一是园林规划设计研究院；第二是园林绿化工程公司；第三是房地产开发公司、房地产工程公司；第四是市政交通；第五是教育与科研单位。

三、都市型现代农业发展对风景园林专业人才培养提出的新要求

根据"十二五"规划，北京全市森林覆盖率要达到 40％，林木绿化率要达到 57％，城市绿化覆盖率要达到 48％，这需要大量城乡园林绿化建设；城市化进程的加快使城市人口和城市规模迅速扩大，新的城市和城市建成区拉动了大规模的风景园林绿化建设；国民收入水平不断提高也大大促进了园林材料产品消费，城镇居民的生活水平已达到小康，开始进入富裕阶段，因此市场空间迅速扩大，居民家庭绿化、私人庭院造园也将快速启动，风景园林产业市场范围大大拓展；中国的会展园林发展迅速，从 1999 年开始，世界园艺博览会在中国已经举办了 4 次，由住房城乡建设部和各地政府举办的国际花卉博览会已经举办了 9 届；旅游及休闲度假产业迅速崛起刺激了风景园林建设和旅游城市的园林绿化建设，再加上新兴风景名胜区及旅游城市园林景观建设，大大拉动了园林产业的发展。

北京都市型现代农业的发展以及风景园林的快速发展使得风景园林的行业领域不断拓宽，其工作领域已从私人花园和城市公园，扩大到了城乡绿地系统的规划建设、城市开敞空间的构建、风景名胜区的管理和保护、生态修复等方面。特别是 20 世纪 90 年代以来，风景

园林师的工作已越来越多地涉足森林公园、城市湿地公园、地质公园、休闲娱乐游憩地、湿地保护区、自然保护区、大地生态基础设施规划和建设、地域性景观生态规划、区域性开敞空间建设、城乡工业遗址和废弃地整治、水系及流域的风景建设和生态保护、人类游憩空间开发、自然遗产与文化景观保护、重大自然灾害后的生态和景观重建等方面。行业领域的扩展要求学生的知识面更广，城乡规划建设领域的知识也更加迫切，相应的，对风景园林专业培养也提出了新的要求。风景园林应从师资队伍建设、整合学科基础、构建学科特色、社会服务、基地建设以及课程体系建设等方面应对这些需求。

四、都市型现代农业发展对风景园林专业建设的建议

风景园林课程体系以风景园林规划设计、城市绿地规划、风景区规划为主体，学生毕业后主要从事城市领域的园林规划设计、施工和管理工作。应对都市型现代农业发展的需求，风景园林专业如何结合都市型现代农业发展及城乡一体化建设的需要，解决乡村园林景观的关键技术，实现乡村生产、生活、生态三位一体的可持续发展目标，需要在专业建设方面进行改革和创新。为了使学生了解农村经济发展的基本规律、农村景观建设的基本规律，可以从以下几方面进行课程体系调整：一是在现有课程体系的基础上，开设选修课，如乡村景观规划设计、农业观光园规划、土地利用规划、农村经济学、景观生态学等课程；二是调整课程结构，如城市规划课程中，增加村镇规划的内容，城市绿地系统规划改为城乡绿地规划，内容增加乡镇绿地规划的内容；三是增加乡村地区的教学实习，使学生在实习过程中，认识农村、了解农村，掌握乡村景观建设的要点及基本规律；四是加强园林生态、园林树木学、园林花卉学、野生植物资源调查等课程课时的份量。相对于城市地区，广大农村地区的景观环境建设更多的是在自然环境中进行，需要更多的园林生态学、野生植物等知识，因此风景园林专业应更加注重对学生此方面知识的积累和能力的培养。

执笔人：付　军

第二节　生物工程专业

生物工程，广义上讲是由分子生物学、基因工程、细胞工程、酶工程、微生物工程以及生物化学工程等多学科相互交叉渗透、融合、发展而成的新兴工程技术学科，是 21 世纪三大前沿学科之一；以应用为目标的生物工程，特别是指以微生物学、遗传学、生物化学和细胞学为主要的生物学理论和技术为基础，结合化工、机械、电子计算机等现代工程技术，充分运用分子生物学的最新成就操纵遗传物质，定向地改造获得"工程菌"或"工程细胞株"，并进行大规模的培养以生产大量有用代谢产物或发挥它们独特生理功能一门新兴学科。生物工程包括五大工程，即遗传工程（基因工程）、细胞工程、微生物工程（发酵工程）、酶工程（生化工程）和生物反应器工程。在这五大领域中，前两者的作用是将常规菌（或动植物细胞株）作为特定遗传物质受体，使它们获得外来基因，成为能表达超远缘性状的新物种——"工程菌"或"工程细胞株"，后三者的作用则是为新物种创造良好的生长与繁殖条件，进行大规模的培养，以充分发挥其内在潜力，为人们提供巨大的经济效益和社会效益。

高校开办生物工程专业，是为实验室研究通向大规模工业化生产提供重要纽带；是生物高新技术成果产业化的基础，为医药、轻工、食品、化工、农业、环保、矿业等领域培养高级科技人才，以发挥其重要的社会与经济效益。

都市型现代农业是城乡关系发展到一定阶段的产物，是城市的重要组成部分，以农业为依托，形式和功能独具特色。主要的形式有产业型都市农业、休闲型都市农业、科技型都市农业、文化型都市农业和示范型都市农业等；主要的功能有促进传统农业更新增强经济效益、注重生态和谐、增强环保效益、提供技术和文化支持增强服务效益等。逐步走向集约化、科学化、商品化和市场化的现代农业越来越受到人们的重视，都市型农业作为现代农业的主要形态之一，是指依托于大都市，服务于大都市，遵从都市发展战略，以与城市统筹和谐发展为目标，以城市需求为导向，以现代技术为特征，具有生产、生态、生活等多功能性和知识、技术、资本密集特点的现代集约持续农业。以服务于都市现代农业的发展为特色的教育服务理念决定了其专业人才培养需求的总体趋势、具体类型和新要求。

一、都市型现代农业发展对生物工程专业人才的总体需求趋势

二十多年来，我国培养了大约十余万名生物类相关人才，这些人才绝大多数为学术型人才，且其中很大一部分流向生物技术与产业发达国家和地区。我国一些企业对生物科技人才的重视程度不高，缺乏有利于人才培养和使用的机制和竞争激励机制，影响了我国生物科技人才的储备与稳定。我国的生物工程应用型人才培养机制相对落后，人才模式陈旧，缺乏与国家产业发展和经济布局衔接机制，人才培养与产业需求脱节。因此，培养和造就专业基础扎实、素质全面、工程实践能力强并具有一定创新能力的生物工程应用型、复合型高层次工程技术和工程管理人才恰逢其时，具有良好的就业前景和职业发展预期。

随着经济持续发展和生活水平不断提高，人们对生活质量日益关注，在农业生产、医药保健、营养卫生、资源环境等领域产生了强烈预期和需求；而"人口剧增、资源匮乏、环境恶化"等痼疾却严重地影响和阻碍了人们的发展和进步。都市型现代农业是依托于都市、服务于都市，以高科技为支撑，以设施化、园区化为标志，以产业一体化为经营手段，以提供安全健康农产品和生态服务为主要目标，融生产、生活和生态于一体，具有服务辐射带动作用的区域性现代农业。因此，都市型现代农业发展对生物工程专业人才需求也集中趋向于"高品质、多样式农产品种源的科学研究与开发应用""打破传统农业季节、地域等限制的现代设施农业的发展与创新""绿色、环保生态农业的建立与推广"等重要方向。

应用复合型人才培养目标和都市型现代农业发展需求决定了其对生物工程专业人才的总体需求：既不是基于技能的职业型教育，也不是基于理论的研究型教育，而是培养介于技能应用型和工程研究型之间的工程应用型人才，以满足都市型现代农业重要发展方向和领域的特定需求。

二、都市型现代农业发展对生物工程专业人才的具体需求类型

建设都市型现代农业和实现农业现代化的战略目标，构筑都市型优质种源、现代化设施农业、人性化生态农业等农业新高地，在经济、社会、生态功能融为一体协调发展的前提下实行对内强化生态功能、对外强化服务功能的创新功能，决定了都市型现代农业发展对生物工程专业人才的总体需求是培养应用型、复合型人才，具体可以分为以下三大类型：

（一）需要能够发挥经济功能的生物工程专业人才

北京市要建设农业科技强市，实现各类新型农业和涉农产业的经济效益，则培养以发挥经济功能的专业人才是重要因素，而生物工程专业人才要发挥其经济功能，首先要掌握生物工程专业通用知识、了解生物产业发展状况和趋势，其次要在经营管理、工程建设、产品加工和技术推广等领域具有一定优势。①具有生物工程专业背景、懂科技、会经营的涉农企业家和管理人才；②能够利用生物技术从事都市型农产品科研型创新人才和进行设施农业开发的工程人才；③具有生物背景，可从事农产品深加工的技能型人才；④农业生产产前、产中、产后开展生物农业科技成果推广应用的推广人才。发挥经济功能生物工程专业人才的培养有利于产业型和科技型现代都市农业的发展。

（二）需要能够发挥生态功能的生物工程专业人才

发展生态农业是都市农业现代化发展中的重要方向之一，应都市型现代农业对生态环境的高要求，强化对内生态功能为目标，主要需要培养能够发挥生态功能的研究和应用新型人才，主要包括以下专业人才：①生物农产品标准化检验检测人才；②都市园林、花卉人才；③都市农业环境保护研发人才。发挥生态功能的生物工程专业人才的培养有利于休闲型和文化型现代都市农业的发展。

（三）需要能够发挥服务功能的生物工程专业人才

都市农业需要对外强化服务功能，以服务带动产业发展，也就要求培养相应类型人才：①利用生物科技研发新型优质种源的科研人才；②能够科普推广生物农业的宣传人才；③农产品标准化检验检测、监督、认证等人才。发挥服务功能生物工程专业人才的培养有利于示范型和科技型现代都市农业的发展。

三、都市型现代农业发展对生物工程专业人才培养提出的新要求

适应首都都市型现代农业发展对应用型复合型人才需要，改革人才培养模式，创新人才培养机制，着力提高学生解决现代农业生产、经营管理实际问题的能力。突出都市型现代农业的专业特色，以专业能力培养为起点，以综合素质提高为根本，不断完善和优化课程知识体系与教育教学测评体系。培养德、智、体、能全面发展，系统掌握生物工程技术及其产业化的科学原理、工艺技术过程等基本理论和基本技能，能够在科研机构、高等院校从事科学研究或教学工作，在生物工程领域从事新技术研究、新产品开发、生产管理和行政管理等工作的创新性人才。

应用型研发人才的培养是都市型农业发展的核心，都市型现代农业的发展对生物工专业人才培养从各方面都提出了新的要求：①质量要求上，应培养理念新、技术精，会经营、善管理的复合型生物农业人才，适应都市现代农业的需求，从真正意义上做到生物工程专业运用现代生物科学的理论与方法，按照人类的需要改造和设计生物的结构和功能，以便更经济、更有效、更大规模地生产人类所需要的物质和产品。②层次规格上，应合理调整人才资源结构，将研究生、本科生按照合理比例培养和配置，以适应都市农业不同层次的需求，既要培养能够全面掌握都市农业相关生物学科的基础知识，能够驾驭都市农业生产全过程的

"通才"，也要培养能深刻理解并掌握都市农业生产的一项或几项关键技术，对其他学科只有基本的了解的"专才"。③总体素质上，都市型现代农业对生物工程专业人才的要求更广泛，不仅需要懂农业的生物工程专业人才，更多需要具有农业生物工程专业知识的同时，对外语、计算机、商务管理、金融贸易等各领域交叉知识也有一定程度掌握的复合型人才。

四、都市型现代农业发展对生物工程专业建设的建议

目前，我国高等学校人才培养模式与社会职业需求在很多方面都存在不相匹配的问题，高等学校人才培养模式较为单一，存在严重的重理论轻实践、重科研轻技能的问题，而都市型现代农业发展急需实用型、技能型复合人才。为适应都市型现代农业的发展，生物工程专业的人才培养需要采取不同的实践模式，以培养学生的技术能力、动手操作能力和职场能力为导向，着力提高学生的实践意识、实践素质和实践能力，全面提高教学质量和毕业生就业竞争力。在此，对生物工程专业建设提出几点建议：

（一）更新人才培养理念

北京农学院"立足首都、服务三农、辐射全国"的办学定位，决定了学校要培养适应都市型现代农业发展的需求，不能一味追求培养能够进行钻研高端的生命科学理论型人才，也不能存在"轻农"思想，出现办学模式"离农"，教育结构"脱农"的弊端，需要让生物工程专业建设能够更好地为都市农业发展服务，培养具有较强学习能力、创新能力和创业能力的"独特性""实用性"高素质人才。

（二）完善人才培养模式

培养适应都市型现代农业发展需求的生物工程专业人才，需要在专业建设中合理设置人才培养模式，需要拓展各种生物农业教育资源，以现代农业生物技术、信息技术和管理科学改造和提升农业科学技术、农业经营管理，以达到现代农业与生物工程学科的有机结合，加强学校与农业产业、行业企业的联合培养，以便学生可以较早、较快地了解高新技术和经营管理的现状与要求，增强和提高学生学习的目标性和责任心，形成为农服务的生物工程学科特点。北京农学院生物科学与工程学院已经开始尝试"3+1"的人才培养模式，"1"的培养方案实施方法为：3年校内理论学习完成后，第4年进行半年的专业实习和半年的毕业实习。半年专业实习，即把学生分流到各大从事生物农业的研究和生产单位，如从事现代都市农业优质种源等研究的中国农业科学院等科研单位，以生产适应都市生活的现代化农业生产和加工业的北农集团、首农集团、北京丹路生物科技有限公司等；另外半年毕业实习，即学生按照人才基础、可塑性和兴趣性分流到类似专业实习单位和京郊设施农业等具体岗位上。

（三）改革教学模式

以提高学生实际应用能力和自主创新能力为目标，改革传统的教育教学模式，培养适应都市型现代农业发展需求的生物工程专业人才教学模式需要注重教师团队建设、完善课程体系、加强实践教学。

（1）要实现教学模式的转变，在师资队伍建设上，着重培养适应"学生能力培养"所需

要的"双导型"教师，通过多种途径培养和锻炼教师实践能力、教学能力，改变当前教师队伍基本是理学和农学背景，而缺乏原理性和应用性特色的工科能力，建设既可以承担专业基础课、专业课，也可以指导实践应用操作的"双师型"师资队伍。

（2）要完善课程体系，首先应以满足现代都市农业发展对人才需求为基点，以职业岗位剖析为起点，以学生知识、能力、素养为重心，开发设计核心课程和专业技术基础课、文化基础课和人文素质课，使得生物工程专业的课程体系以建设核心课程为主线，以突出化学、生物、工程系列的基本理论和技能为特点，以加强外语和计算机能力为两翼，辅以人文、经管等知识，力求达到整体优化，使学生具备"厚基础、高素质"和创新能力的优势。教学内容和课程体系的构建要以职业岗位能力培养为主线，以"必需、够用"为度，以满足专业课教学和学生岗位能力培养的需要为前提，形成以就业为导向。以培养学生技术应用能力为主线，以职业素质和应职岗位（群）能力培养为目标的培养模式。

（3）加强实践性教学与实习在教学内容的组织与安排上，应坚持理论教学与实践教学相结合的原则。从职业能力结构要求出发，构建与理论教学体系相辅相成、以突出职业能力培养为核心、针对性较强的实践教学体系。加强对实践教学环节的管理，确保职业能力训练效果良好。建立高水平、多功能的校内外实习实训基地，为实践教学提供有力的保障。生物工程专业主干学科：生物学、化学、化学工程与技术。主要课程：有机化学、生物化学、微生物学、化工原理、生化工程、生物工艺学、发酵设备。因此根据专业特点和人才培养目标，其校内外实习基地可选择的空间较大。如菌草所、菌物研究中心、化工、生物医药、细胞工程等方面的实习等，可以发挥每个老师的社会关系，联系相应的实习单位，有组织地带学生去实习；同时适时开展年度生产实习教学活动，加强与实践教学基地的协作和沟通，以项目为纽带，带动合作共建。

执笔人：薛飞燕

第三节 食品质量与安全专业

随着我国经济的发展和人民生活水平的提高，食品质量与安全问题日益成为人们关注的焦点，而造成食品安全问题的一个重要原因是目前食品生产、经营与管理机构中懂得食品安全专业知识的技术人员极其匮乏，因此必须培养和造就一大批食品安全的专业技术人才，以满足食品安全监管、食品贸易、食品安全教育、食品安全研究的需要。而如何培养适合都市型现代农业发展需求的食品质量与安全专业从业人员，成为我国都市型高等农业院校食品质量与安全专业教育教学的关键。如何准确理解现代食品质量与安全人才的社会需求特点，如何提高食品质量与安全人才的综合素质，如何在新的食品质量安全形势及高等教育大发展的背景下，构建新的人才培养目标和课程体系是食品质量与安全专业人才培养工作应该思考的重要课题。

一、都市型现代农业发展对食品质量与安全专业人才的总体需求趋势

从 1997 年至今，我国食品行业生产总值始终在 GDP 总量中占第一位。据统计，2006—2010 年我国食品行业总产值年均递增率 12%，到 2010 年食品工业总产值实现 35855 亿元以上，占国内生产总值比例保持在 9.6% 左右。2012 年，全国规模以上食品工业企业增加值同

比增长12.0%，比全国工业平均值高2.0个百分点。全年食品工业完成工业增加值占全国工业增加值的比重达到11.2%。2012年规模以上食品工业企业33 692家，占同期全部工业企业的10.1%；从业人员707.04万人，比上年新增39.70万人。完成现价食品工业总产值89 551.84亿元，同比增长21.7%。到2013年，我国食品工业总产值突破10万亿元。据专家预测，到2015年我国食品工业总产值将达12.7万亿元，利税达到1.6万亿元。食品工业总产值与农业总产值之比提高到1.5∶1。相应地，截至2012年年底，中国从事食品、农产品检测的实验室已有6 000多家，其中，获得国家计量认证、可以对外提供检测服务的实验室约5 000家。全国共有食品加工企业44.8万家，其中中等规模以上企业2.6万家，10人以上企业6.9万家。

在食品行业高速发展的同时，食品安全事件也频繁发生。人们对食品安全的高度关注，也促使各国政府重新审视这一已上升到国家公共安全高度的问题，各国纷纷加大了对本国食品安全的监管力度。2003年4月16日，我国国家食品药品监督管理局正式挂牌，标志着我国食品安全工作迈入了综合监管与具体监管相结合的新阶段，也表明了我国政府与时俱进、切实抓好食品安全工作的决心。2003年我国开始实施"食品安全行动计划"，并在2009年通过并实施了《食品安全法》。国家质量监督检验检疫总局发布的《食品生产加工企业质量安全监督管理实施细则》规定食品生产加工企业必须具有相应的食品生产加工专业技术人员，检验人员必须取得从事食品质量检验的资质，食品检验人员实行职（执）业资格管理制度。随着人们对食品安全的日益重视，国家已对食品加工企业实施QS认证的行业准入制度，出口的食品企业则要通过HACCP、ISO、GMP等认证。为此，高素质的食品质量与安全人才相当紧缺。通过对业内有关人士的调查表明，目前我国食品安全人才缺口超过100万。

目前，国内传统的相关专业对食品质量与安全人才培养的共同特点是重技术、轻控制、轻管理，尤其是重检验检测技术、轻过程控制和预防管理，没有充分认识过程控制和预防管理在新时期食品质量安全管理中的地位与作用。这种培养模式已经明显不适应当前食品质量安全的宏观形势和国家食品安全战略的要求，因此，食品质量与安全专业的人才培养必须在培养目标与课程设置上有所创新、有所突破。面对当前食品安全的不乐观的形势和今后的发展趋势，培养和造就一大批掌握一定食品加工、理化分析、生命科学、食品安全检测的知识和技能，从事食品安全监督、检验、安全性研究和品质管理工作的复合型专业技术人才就显得尤为迫切。

二、都市型现代农业发展对食品质量与安全专业人才的具体需求类型

社会服务功能是都市农业特有的功能。北京作为国际化大都市，农产品消费市场空间巨大、居民消费层次高、消费类型多样，都市居民对于物质产品和精神产品都具有较强需求。充分发挥都市农业的社会服务功能，满足首都居民多元化、多层次、多角度的消费需求，是体现北京都市型现代农业发展特色的关键。以奥运农产品供应保障工作和国庆农产品质量安全工作的成功经验为契机，北京实施了食用农产品安全生产体系建设，努力打造北京农产品质量安全品牌的工程。加快了农产品质量安全生产履历、源头追溯和检测技术的应用，完善了农产品安全生产技术规程和产品质量安全标准体系，构建了覆盖农业生产全过程的安全技术推广和服务体系。上述功能的实现依赖于食品质量与安全专业人才的培养。都市型现代农

业发展对食品质量与安全专业人才的需求类型主要体现在以下几个方面：

（一）掌握食品安全检测技术的专业人才

食品检测是指根据食品标准对食品进行感官、理化和微生物检验，以确定食品是否符合标准要求，并对食品出现的某种信号进行判定。都市型现代农业对食品质量的首要要求是保证其安全性。而对于食品质量安全工作来说，快速、准确的安全检测技术是最基本要求。能够将食品中危害人体安全的有毒、有害因子快速、准确地进行分析检测依赖于专业的检测人员。他们对生产原料的检测能在食品生产的源头构筑起安全壁垒；对流通中的食品进行抽检，发现问题能直接召回避免造成更严重后果；对出现问题的食品进行检测化验就能找出症结，避免再次出现同样的安全问题。

我国食品检验机构主要分布在卫生、农业、质检、商务、工商行政管理等部门，另外粮食、轻工、商业等行业也参与检测。同时，大、中型食品生产加工企业也建立了具备一定条件的检测实验室；在部分沿海经济发达地区还有中外合资、合作的食品检测技术服务中介机构；在食品产地、集散地和批发市场、集贸市场，各有关方面集资建立了食品检验检测站，配备了流动检测车、快速检测仪等。目前我国已经建立了一批具有资质的食品检验检测机构，初步形成了"国家级检验机构为龙头，省级和部门食品检验机构为主体，市、县级食品检验机构为补充"的食品安全检验体系，能基本满足对食品产地环境、生产投入品、生产加工、储藏、流通、消费全过程实施质量安全检测的需求。

从 2003 年开始，我国开始进行食品检测方面的高级专门人才的培养，开始形成专门的培养体系和模式。目前为止首批毕业生到现在虽已有 10 年时间，但是他们毕业后不见得全部从事相关行业，所以食品检测方面的专门人才数量上是远远不够的。而且学科成立时间不长，还处于摸索阶段，培养出的毕业生能力相当有限，再加上数量较少，这就与当前食品安全的严峻形势，食品安全检测高质量高标准的要求和繁重的工作任务对检测专门人才的紧迫需求是极不相适应的。

一方面，从政府层面，地方商检局、质量技术监督局、工商局、卫生监督局、卫生防疫站等，需要检验人员定期或不定期到食品市场进行现场检查食品质量安全和指导检验人员工作。因此，从业人员必须掌握相应的食品质量安全检测技术。另一方面，对食品企业而言，企业内部的食品检验员、生产监督员和企业品控员同样需要掌握食品安全检测技术，从而对食品企业的生产进行监督。食品检验员需要具备专业的知识和技能，能检验产品的感官指标、理化指标和微生物指标，根据检验结果出具检验报告，定期对检验结果进行整理和分析，协助品控员进行产品质量改进。

（二）掌握食品营养知识的专业人才

食品营养是指人体从食品中所能获得的热能和营养素的总称。食品中所含的热能和营养素能满足人体营养需要的程度即称为食品营养价值。都市型现代农业为城市提供的食品不但要求食品中不含有毒、有害因子，更要求食品本身的营养价值能够得到最大的体现。

北京是全国的经济、政治和文化中心，各行业的发展也处于领先地位，健康产业也不例外。由于近年来人们的健康意识和医药消费形式发生了很大的变化，人们的健康观念也发生了改变，心理疾病、亚健康状态逐渐引起人们的重视，健康产业的服务方式的转变也势在必行。由此产生了一批以健康体检为主要业务，同时兼顾营养设计、食物选择及配送、功能性食品营销的机构，此类业务的开展即需要有食品营养与卫生方面专业人才。这类人才既要熟悉各类食品的营养元素含量特点，又能成为掌握缺乏特定的营养元素的缺乏病，熟悉常见慢性疾病的营养支持、食物组配、剂量的公共营养师。

同时，要获得营养丰富的食品，需要生产者掌握科学的种植生产与管理、养殖生产与管理、收获、运输和储藏保鲜等知识和技能。要获得营养丰富的加工食品需要加工生产者掌握食品原料特性、食品加工工艺设计、设备操作技术、产品质量控制、产品检验以及产品包装、储藏等知识和技能。因此，以食品营养学为基础，掌握食品质量与安全相关知识的专业人才是都市型现在农业发展的必然要求。

（三）熟悉食品安全法律法规、懂管理的专业人才

近年来，我国日益重视食品安全危机管理法律制度的建设，制定了一系列与食品安全以及食品安全危机管理相关的法律法规和制度。主要有 1982 年的《中华人民共和国国境口岸卫生监督办法》，1989 年的《中华人民共和国国境卫生检疫法实施细则》，1995 年颁布实施的《中华人民共和国食品卫生法》，2003 年的《突发公共卫生事件应急条例》，2008 年的《乳品质量安全监督管理条例》，2009 年的《国务院关于加强食品等产品安全监督管理的特别规定》，2009 年的《中华人民共和国食品安全法》和《中华人民共和国食品安全法实施条例》，2011 年的《食品安全国家标准管理办法》，2010 年的《食品添加剂新品种管理办法》和《餐饮服务食品安全监督管理办法》，2006 年的《突发公共卫生事件与传染病疫情监测信息报告管理办法》等几十个规范性法律和文件。

这些法规的制定，规范了食品行业从业人员的行为，要求食品从业人员严格按照相关法规的规定进行日常的食品生产与管理工作，避免了由于食品行业从业人员自身的不法行为所引起的食品安全事件。因此，熟悉各项法规的内容是相关食品从业人员的首要条件。同时，随着都市型农业的发展，食品企业参与国际贸易的机会在逐渐增加，熟悉国际贸易法的管理人员同样十分重要，可以使企业在国际贸易间避免由于不熟悉法规所引起贸易纠纷所造成的损失。

同时，为了进一步保障食品安全，对食品链中多个环节进行控制、预防，从而消除一些潜在的危害，国家制定了一系列食品安全控制体系法规，如良好农业规范（GAP），良好操作规范（GMP），良好卫生规范（GHP）、ISO 9000、ISO 22000、HACCP 等管理体系认证以及无公害农产品、绿色农产品、有机农产品等产品的认定和管理。这些食品安全管理及认证体系都要求食品安全管理机构及食品企业的管理者熟悉法规的内容、了解认证及管理的程序，并在日常的管理工作中能够熟练应用，从而保证政府管理工作的进行及企业生产的安全运行。因此，熟悉食品安全相关的法律法规的专业人才是都市型农业发展的必然要求。

三、都市型现代农业发展对食品质量与安全专业人才培养提出的新要求

随着经济形势的不断发展和国际贸易的增多，食品质量安全已经成为影响农林业和食品工业竞争力的关键因素，并在某种程度上约束了我国农业和农村经济产品结构和产业结构的战略调整。农业、环保、食品生产企业、执法监督机构、教学科研部门以及科技管理部门的人员都必须具备食品质量与安全方面的知识和能力，而目前这方面人员相当缺乏，与都市型

现代农业发展对人才的需求存在相当大的距离，这使得食品质量与安全专业人才有非常广阔的就业前景。

食品科技水平与科技人力资源的状况直接相关，人才缺乏是提高食品质量安全科技水平的直接制约因素。因此必须培养和造就一大批掌握一定食品加工、理化分析、生命科学、食品安全检测的知识和技能，从事食品安全监督、检验、安全性研究和品质管理工作的复合型专业技术人才。目前，国内传统的相关专业对食品质量与安全人才培养的共同特点是重技术、轻控制、轻管理，尤其是重检验检测技术、轻过程控制和预防管理，没有充分认识过程控制和预防管理在新时期食品质量安全管理中的地位与作用，这种培养模式已经明显不适应当前食品质量安全的宏观形势和国家食品安全战略的要求。

"十一五"期间，按照《国家中长期科学和技术发展规划纲要》已确定的将食品安全关键技术列入优先主题的总体部署，重点加强风险评估技术、食品安全标准、检测技术、预警与溯源技术、全程安全控制技术等方面的技术攻关，完善建立食品安全监管的长效机制，保障我国食品和农产品国际贸易安全。面对新的形势，在人才培养上，在加强食品质量安全专业的基础理论教学的同时，注重学科的交叉和融合，培养学生既具有食品安全的基本理论、知识和技能，又具备食品生产、企业管理的知识和技能，同时注重加强学生实践动手能力和独立思考的教育，培养学生的科学研究能力，使毕业生具有较强的择业竞争能力和较宽的就业适应能力。都市型现代农业的发展要求食品质量与安全专业人才具有以下几方面的知识和能力：①具备一定的人文社会科学知识与自然科学基本知识；②掌握食品科学的基本理论和基本技术，掌握食品营养学、食品安全学、食品毒理学的基本理论，掌握食品分析检测及安全性检验的基本原理与实验技术，掌握食品质量与安全控制和管理的基本理论和基本方法，熟悉国内外食品法规与标准，了解国内外食品质量与安全领域的发展动态；③掌握一门外语，能阅读外文专业文献；④掌握计算机应用基础知识、资料查询、文献检索的基本方法，具有运用现代信息技术获取相关信息的能力；⑤注重实践能力的培养，能够独立完成食品安全检测、产品设计、食品工艺开发等方面的工作，具有创新能力。只有掌握上述能力，才能适应都市型现代农业对食品行业从业人员的要求，为都市型现代农业发展更好的服务。

四、对食品质量与安全专业建设的建议

作为一个新兴、热门专业，尽管目前全国已有超过 100 所的高校增设了食品质量与安全本科专业，主要以农业类院校为主，其他包括海洋水产、轻工、商业、综合性大学、师范类、工业类、医学类等高校，但由于这些高校所在行业不同，依托学科背景不同，对食品质量与安全人才培养目标的理解也各不相同，因此各校制定和构建的本专业培养计划也千差万别，同时也存在一些问题和不足。因此，针对现有的高校中食品质量与安全专业建设的不足，提出以下几点建议：

（一）专业设置应以满足社会发展和社会需求

专业设置应以满足社会发展和社会需求为原则，因此课程设置必须满足培养人才的需要。食品安全是贯穿于原料生产、加工、流通和消费的全过程，也就是说现代食品安全管理体制模式是从农田到餐桌的全程监管。学生除了需要掌握相关的微生物和理化检测技术以

外，还要懂得过程控制和预防管理等知识。针对我国食品出口的技术壁垒，还要充实与食品质量、安全相关的法律、法规内容，培养出既懂法又懂实际操作的专业人才。此外，还要注重交叉学科知识的获取，如基因工程、分子生物学等现代新兴学科。

（二）注意教学方法的改革

食品安全问题层出不穷，教师在课堂教学中应注重案例教学，案例教学生动具体，一方面可以使学生更容易掌握专业知识，另一方面可以激发学生的课堂兴趣，提高学生分析问题和解决问题的能力。同时，作为食品质量与安全专业的教师，在授课的过程中，向学生灌输诚信教育也尤为重要。目前，食品行业卫生安全状况堪忧，食品安全监管期待高素质人才支持和健全的法律法规保障，需要一大批拥有食品安全专业知识的诚信守法的高素质人才。高校教师在专业教学过程中，从专业、法律、道德三方面，强调诚信的作用更显重要。

（三）重视学生实践技能培养，提高实践教学内容的比例

丰富学生课程试验的内容，改革实验类型，减少验证性实验，增加设计性、研究性、综合性实验，锻炼学生实际解决问题的能力。鼓励学生尽早进入实验室，开展毕业设计。在毕业设计的选题上，尽量选择生产实践中亟待解决的问题，锻炼学生独立解决问题的能力。针对生产实习中存在的问题，学院根据自身办学特点和优势，加强与食品生产企业的联系与沟通，探讨一种双赢的合作模式，解决学生生产实习问题。定期聘请企业管理或专业技术人员到学校为学生做专题报告，让学生对自己的专业学习有更明确的目标。积极创造条件，适应社会需要，开展各类有效的技术培训，达到各食品企业的岗位需求，使学生毕业后就可以上岗。

随着社会的发展，都市型现代农业发展对食品质量与安全专业人才的需求也在不断地变化，因而，人才培养和专业建设是一个不断改革、不断创新的过程。在保障现有办学质量的前提下，应大胆探索、不断实践，为国家培养出更多高素质的人才，为都市型现代农业的发展提供人才保障。

执笔人：艾启俊

第四节　食品科学与工程专业

一、都市型现代农业发展对食品科学与工程专业人才的总体需求趋势

当前，食品工业正朝着规模化、产业化、系列化、规范化的方向发展，从事食品加工和生产的专业技术人员，除了需要掌握相应的现代食品贮藏、加工、管理、营销等相关理论知识外，更需要具备较强的实践技能和创新能力。通过调研发现，食品专业人才需求量大，其中技术应用型人才出现较大缺口，新形势下人才需求的岗位类型发生了变化。

（一）国家发展农村经济，建设社会主义新农村需要大批食品加工技术专业人才

食品加工业属于与工业和农业相关的行业，《中华人民共和国国民经济和社会发展第

十一个五年规划纲要》中明确指出"延长农业产业链条,使农民在农业功能拓展中获得更多收益。发展农产品加工、保鲜、储运和其他服务"。2003 年国务院办公厅下发了《关于促进农产品加工业发展的意见》,因为食品工业是以大宗农产品——包括粮、油、菜、肉、蛋、奶、水产、果品等初级农产品为原料的加工业,对农业增效、农民非农就业增加和农民增收最直接,农业部在《全国主要农产品加工业发展规划》和 2004 年开始实施的"农产品加工推进行动方案"中都明确提出"十一五"时期我国农产品加工业的发展的战略重点是食品工业,因此我国发展农村经济,建设社会主义新农村需要大批的食品专业技术人才。

(二)食品行业的发展急需大量的食品专业技术人才

1. 行业的快速发展急需食品技术专业人才

据 1998 年在法国举行的巴黎国际食品展资料表明,食品工业已成为目前世界上第一大产业。在 1996 年完成的全国第三次工业普查中,揭示了我国食品工业总产值在全国工业部门总产值中首次攀到了第一位,成为我国国民经济的重要支柱。食品工业的快速发展将会促进社会对食品专业技术人才需求的持续增加。食品工业的快速发展,促进了企业对食品专业技术人才需求的持续增加。调查发现,企业所需的食品人才中生产操作人员、销售人员的需求比较大,其中应用技术型人才出现较大缺口。食品企业的职位需求主要集中在食品生产操作工、销售人员、食品检验工、食品制作工、食品包装工、一线 QC、基层管理人员、食品加工设备操作工这几个岗位。

2. 产业结构的调整急需食品专业技术人才

由于食品工业的原料主要是动、植物,即农副产品,因此,食品工业与农业(包括农、林、牧、渔)有着密切的联系。据统计,我国目前农业总产值已达到24 500亿元,而食品工业产值仅为8 000亿元左右,农业总产值与食品工业产值的比例为 1:0.3 左右,而发达国家已达到1:4,中等发达国家也大于1:2。可见,我国的食品工业有着广阔的发展空间。但是在《全国主要农产品加工业发展规划》中指出"农产品加工业科技基础薄弱,企业创新发展的后劲不足企业技术人才缺乏,在全国食品加工企业职工中,大中专毕业生只占 1.5% 左右"。由此可见,国家进行产业结构调整,大力发展农产品加工业急需大批的食品专业技术人才。

3. 实施"食品安全行动计划"急需食品专业技术人才

食品安全是一个重大的公共卫生问题,直接关系人民群众的身体健康和社会稳定,深受党和政府的高度重视。《中华人民共和国食品卫生法》颁布后,我国实行食品卫生监督制度,把食品安全纳入了法制化管理。2003 年我国开始实施"食品安全行动计划",并在 2005 年制定了《食品安全法》,国家质量监督检验检疫总局发布的《食品生产加工企业质量安全监督管理实施细则》规定食品生产加工企业必须具有相应的食品生产加工专业技术人员,检验人员必须取得从事食品质量检验的资质,食品检验人员实行职(执)业资格管理制度。随着人们对食品安全的日益重视,国家已对食品加工企业实施 QS 认证的行业准入制度,出口的食品企业则要通过 HACCP、FDA、GMP 等认证,为此,高素质的食品加工技术人才相当紧缺。通过对业内有关人士的调查表明,目前我国食品安全人才缺口 80 万。因此,国家实施"食品安全行动计划"急需大批的食品专业技术人才。

4. 实施"营养改善行动计划"急需食品专业技术人才

随着人民生活水平的不断提高，居民饮食结构将迅速发生变化，这就要求现代食品加工行业必须改造传统的食品生产方式，进行食品深加工、开发新产品，提高食品质量和减少营养损失，为人们提供大量经济、安全、高质量的食品。因为食品安全问题关系着人民群众的身体健康和社会稳定，因此近年来食品安全受到社会越来越多的关注。2005 年 9 月 1 日国家质量监督检验检疫总局发布的《食品生产加工企业质量安全监督管理实施细则》规定，食品生产加工企业必须具有相应的食品生产加工专业技术人员，检验人员必须取得从事食品质量检验的资质，食品检验人员实行职（执）业资格管理制度。通过对业内有关人士的调查表明，目前我国食品安全人才缺口达 80 万。因而，培养优秀的食品营养与安全方向的人才势在必行，功在千秋。

从新世纪开始，我国人民生活在总体达到小康水平的基础上继续改善，向全面建设小康社会迈进。今后十年，将是我国居民食物结构迅速变化和营养水平不断提高的重要时期。我国政府制定的《中国食物与营养发展纲要（2001—2010 年）》明确了要"提高营养师的社会地位，逐步在医院、幼儿园、学校、企事业单位的公共食堂及餐饮服务业推行营养师制度"。现代的食品加工技术的出现为改造传统的食品生产，进行食品深加工，开发新产品，提高食品质量和减少营养损失等增添了新的活力，可以为人们提供足够的、经济的、安全的、高质量的食品以及传统技术无法获得的食物。由此可见，国家实施"营养改善行动计划"需要大量的食品专业人才。综上所述，国家及地区经济、食品行业需要大批量的食品专业技术人才，食品专业人才培养事业的发展前景广阔。

二、都市型现代农业发展对食品科学与工程专业人才的具体需求类型

随着我国经济的迅速发展、人们生活水平的提高，人们越来越重视饮食的合理性和营养性。食品工业的迅速发展满足了人们对其提出的要求，但也面临加快转变发展方式、保证食品安全等重大挑战。因此，面对食品行业快速发展的实际以及我国建设都市型现代农业战略的机遇，认真分析食品类人才需求趋势，并探讨相关人才培养方法，以满足行业发展对人才的需求。当前，我国的食品工业正朝着规模化、产业化、系列化、规范化的方向发展，通过调研发现，食品专业人才需求量大，特别是新形势下人才需求的岗位类型发生了变化，其中高水平的技术应用型人才出现较大缺口，从事食品加工和生产的专业技术人员，除了需要掌握相应的现代食品贮藏、加工、管理、营销等相关理论知识外，更需要具备较强的实践技能。这就要求培养食品类专业人才的院校必须加强实践教学，增强学生的实践动手操作能力。

根据都市型现代农业发展的现状及《食品工业发展"十二五"规划》中对食品工业发展制定的战略目标，未来若干年内以下食品类人才需求必将进一步增加。

（一）食品营养类人才

随着经济的发展，营养饮食引起了全社会的重视，政府也加强了对居民饮食结构和合理膳食的引导。如《中国食物与营养发展纲要（2001—2010）》中提出要"提高营养师的社会地位，逐步在医院、幼儿园、学校、企事业单位的公共食堂及餐饮服务业推行营养师制度"。而在《食品工业发展"十二五"规划》中重点发展的肉及肉制品行业，其发展趋势是"安

全、营养、卫生、美味"，以更加营养的冷鲜肉替代传统的热鲜肉。另外，据专家预计，在未来 10 年内中国营养师岗位缺口将达到 400 万，现在持证的营养师仅有百万左右。可见，都市现代农业发展过程中，对食品营养类人才的需求势必很大。

（二）食品检测类人才

在人们日益重视饮食安全和营养的今天，虽有国家加强对食品质量的监管，但是食品安全事件仍然时有发生。要避免此类事件的出现，首当其冲的就是加强食品生产加工企业技术人员的技术水平，尤其是检验人员的专业水平。可是调查结果显示，目前我国食品安全人才缺口 80 万。

（三）具有食品知识的销售类人才

随着食品市场竞争的日益激烈，食品企业的经营重心已由过去的重视生产向生产与销售并举。企业在选用销售人才时，不仅注重学历，还看重其实际操作能力及所要从事行业的专业背景。根据近几年来所接触的食品专业就业情况来看，具有专业知识的销售类人才在招聘市场上所占的比例越来越大。从长远来看，具有一定的专业知识，又懂得销售技能的人才将受到用人单位的青睐。

（四）食品生产管理类人才

随着食品工业的快速发展，大量先进技术在食品领域的广泛应用，势必催生食品企业对一线生产管理类人才的需求，据调查，企业现在急需管理型人才，其次，则是生产操作及销售人才。同时，根据另一项调查结果计算，规模以上食品企业年均对食品经济管理人才的需要数量在 10 人左右。据国家统计局和中国食品工业协会统计，截至 2006 年 4 月，全国规模以上食品工业企业有21 658家。据此可以推算，我国仅是规模以上食品企业年均对食品经济管理人才需求在 20 万左右。考虑到作为食品加工链上游的农业生产链和下游的食品流通消费链（如食品超市和农贸市场），对食品经济管理的人才需求要远大于 20 万。

（五）食品研发类人才

社会的发展离不开创新，企业的进步同样离不开研发。首先，技术创新成为企业在市场竞争中取胜的法宝，产品周期的缩短，降低生产成本取得价格上的比较优势，使食品研发人员成为企业抢手的人才。其次，面对激烈的市场竞争，企业要在原有市场的基础上，发展特色的产品，占有未占有的市场，这就需要有既懂市场又能研发新产品的人才。再次，大量新技术在食品行业的应用，引发了食品行业的技术革新，从而催生了新产品的大规模研发，这就需要大量的食品研发人员充实到企业中。

（六）具有专业知识的食品售后类人才

当今消费者在选购食品时，除了注意食品本身、同类食品的质量及性能外，应更加重视食品的售后服务。售后服务类人员不仅要对客户投诉的产品进行及时处理和专业解释，还要根据市场反馈信息，与生产研发部进行沟通与改良，这就需要从事售后服务的人员具备一定的专业背景。因此，售后岗位对具有食品专业知识的人才需求量将会不断增加。

三、都市型现代农业发展对食品科学与工程专业人才培养提出的新要求

（一）注重综合素质的培养

逐步与国际接轨，以基础教育为主，强调知识、能力、素质、个性的协调发展和综合提高，努力培养厚基础、宽口径、高素质、富有创新和实践能力的高水平综合型人才。

（二）注重高级人才的培养

以本科教育为主，把硕士和博士研究生的培养作为增强学科发展的力量和目标。

（三）注重拓展知识面

文理渗透、理工结合，吸收各类院校食品学科之所长，加强工学、理学文学等学科领域的渗透与发展，甚至包括运输、物流、销售、经营管理、贸易文化、消费等相关学科的知识的渗透，使之既具有多学科交叉并重，又具有各自不同的特色。

四、都市型现代农业发展对食品科学与工程专业建设的建议

依据市场上对食品类专业人才的需求，食品类专业人才培养应该在以下 4 个方面进行探索和实践。

（一）依据社会需求，对专业和课程进行调整，优化人才培养的知识结构

为了增强人才培养的适应性，进行课程体系和教学内容的改革是教学改革的重点和难点，是转变教育思想、教育观念和培养高素质创新人才的实际内容，也是提高教学质量和办学水平，努力办出特色的根本保证。认真研究现行教学内容和课程体系，并依据社会、经济和科技发展对人才培养的要求，调整课程体系和教学计划，构建交叉学科渗透的新体系。在巩固、发展原有优势专业的前提下，开办具有发展潜力的新兴专业，构建具有优势和特色的专业群，优化专业结构。

（二）加强实践教学，培养学生的实际动手能力

当今社会对复合型人才的需求与日俱增，学校应该以能力培养为本位，针对食品行业人才岗位的需求，以科目课程改革为基础，对专业课程进行课程调整。根据现代食品企业需要生产操作工、食品销售人员、食品检测工、一线 QC、基层管理人员、食品加工设备操作工等实际，调整课程的设置，将食品工艺调整为果蔬加工、粮油加工、酿造酒工艺、软饮料工艺和乳品工艺等工艺课程，同时增加了实验、实训、实习等实践教学环节，增强学生的实践动手能力。

加强实践教学课程体系建设，培养学生实践能力，突出实践教学体系的有效性和实用性，加强对实践教学计划、教学组织、教学运行的管理，注重实践教学方法的改革，增加实训实习内容。加强对实践教学的考核，将理论知识考核与实践技能考核相结合。推行多证书制度，引导和鼓励学生参加食品营养师证书、HACCP 认证、ISO 认证、食品检验工等各种食品行业相关的职业资格考试。根据市场对人才的需求，建立与职业技能培养、职业资格证书获取相配套的实践教学体系。

利用第二课堂，以各类科技创新竞赛、科技讲座等为载体，促使学生的创新实践活动向多渠道、多形式、规模化的方向发展。鼓励学生创办以食品为主题的特色活动，增加他们对专业的兴趣，培养学生的创新意识和创新能力。

（三）实施因材施教，形成"合格＋拓展"的培养模式

按照共性教育与个性培养相结合的原则，实施多种途径、多种层次的教学方法和多种类型的人才培养方式。在专业课程中实行分级教学，开设不同难度层次的课程模块供学生选修，学生在达到本专业培养方案基本要求的前提下，按照自己的学习基础、能力水平选择不同层次的课程，加强学生学习的选择性、自主性。在学生达到"合格"要求的情况下，实施拓展培养计划，给学有余力的学生创造更大的空间，学生根据自己的特长、爱好，自主设计成才方案，选择"个性化"的学习方式，形成"合格＋拓展"的培养模式。

（四）实施多样化考核方式，培养学生灵活运用知识的能力

实施多样化考核方式，注重学生创新素质和灵活运用知识能力的培养。在课堂教学过程中，采用作业、提问、讨论、报告、阶段测验等多种形式进行分段考核，增加平时成绩所占比重，加强对学生平时学习的督促和考核。根据课程的性质和内容特点，采取开卷、闭卷、操作、论文报告等课程考核方式，注重考查学生解题思路和分析问题的方式方法，从而促进学生知识、能力、素质的协调发展。

人才培养需要符合行业需求，要适合企业口味，学校在加强培养学生的综合素质的同时，更加需要创造更多的实习实践的条件与机会。

（五）实施"双证制"教育

为适应企业对从业人员职业资格证的要求，将"双证制"纳入教学计划，规定本专业学生必须取得至少一项职业资格证书方可毕业。实施校企合作，有效地提高学生职业素养、职业能力、实践能力及就业能力和就业率。

综上所述，充分利用建设都市型现代农业，加强食品类专业人才的培养，不仅为高校食品人才教育培养模式的改革提供便利条件，也将为实现都市现代农业和建设科技强国提供人才保障。

执笔人：马挺军

第五节　包装工程专业

我国国家标准 GB/T4122.1－1996 中规定，包装的定义是："为在流通过程中保护产品、方便贮运、促进销售，按一定技术方法而采用的容器、材料及辅助物等的总体名称。也指为了达到上述目的而采用容器、材料和辅助物的过程中施加一定技术方法等的操作活动。"

该定义以包装功能和作用为其核心内容，有以下两重含义：①关于盛装商品的容器、材料及辅助物品，即包装物；②关于实施盛装和封缄、包扎等的技术活动。

包装工业就其自身而言，它是设计、制造各种包装用品及其辅助材料的产业。包装的对象是商品，当今社会只要有产品（商品）生产、销售的地方就离不开包装，从这个意义上

讲，包装工业是依托、配套、覆盖于国民经济各个产业部门的工业。

随着我国包装工业的快速发展，目前已基本形成了一个以纸、塑料、金属、玻璃、印刷和各类包装机械为主要构架，以纸包装制品、彩印包装制品、塑料包装材料及制品、金属包装材料及制品、包装装潢、包装机械等主要产品的独立完整、门类齐全的现代工业体系。包装生产在促进国民经济建设、改善人民群众物质文化生活中的地位作用的日益显现，包装产业作为一个独立的行业体系，其发展已被列入国民经济和社会发展规划。

包装工业一方面依托于各个产业部门的发展，没有产品也就谈不上包装；另一方面，包装产品的保护功能和社会精神功能（促销功能），又促进了各产业部门的发展与进步。因此，包装工业在国民经济中的地位和作用是不可代替的，而且随着人们物质文化需求的不断增加和加入WTO后国际间商品与市场竞争的日益加剧，它的地位和作用将更加突出。

根据中国包装业协会数据显示，全世界每年包装销售额为5 000亿～6 000亿美元左右，占国民生产总值的1.5%～2.2%。通常发达国家的包装工业在其国内属于第九或第十大产业，发展中国家的包装工业和产品的年增长率达10%以上。到2014年，全球包装市场规模将从2009年的4 290亿美元增至5 300亿美元，其增长速度将明显高于全球经济增速。

中国包装行业发展迅速，包装产业总产值从2003年2 500亿元，发展到2010年约12 000亿元，年复合增长率为21%。由于全球包装行业向亚洲转移，特别是向中国转移，预计未来三到五年中国包装总产值增长将加速，年增长率大于21%，将继续保持仅次于美国的世界第二大包装产品生产国，甚至有望超越美国。

包装工业已直接为3万多亿元国内商品和1 200多亿美元的出口商品提供配套包装服务，总产量已跃居国民经济的第16位，主要包装制品如塑料编织带、纸箱包装制品、复合软包装、金属罐桶制品等产量已名列世界前茅。

然而，与世界先进国家相比，我国包装工业仍存在较大的差距，这种差距反映在企业规模、人员素质、产品质量与档次、科技水平及开发能力、包装基础工业水平以及综合利用与环境保护等多个方面。其中，科技人才的不足和开发能力的薄弱是制约我国包装工业发展和技术进步的重要因素。据初步统计，我国包装行业的科技人才（包括大、中专生在内）目前仅占企业职工人数的4.9%，低于全国其他行业6%的平均水平，而且无论从知识结构、综合素质、创新意识和创新能力等方面与现代包装工业发展对人才的要求尚有不少差距。科学技术是第一生产力，科技人才是科学技术活动的载体，而人才培养离不开教育。因此，重视包装教育，加快人才培养（包括在职人员的培训和提高）是加速我国包装工业发展、提高技术水平的重要战略措施和手段。

自1984年江南大学创办包装工程专业以来，我国各种层次的包装教育的发展与进步，对加速包装工业的高速发展功不可没，尤其是高等教育已成为向包装行业培养和输送高层次专业技术人才的主要渠道。然而，包装工业在我国毕竟是新兴的产业，包装教育也相对起步较晚，面对当代科学技术和世界经济迅猛发展的潮流和入世后来自各个方面的竞争与挑战，教育战线还有很多课题需要去探索、研究和解决。

总体而言，社会对包装工程专业的人才需求有以下几个特点：

一、包装工程的核心和主体是包装设计

包装设计的主要内容应包括以下几方面：

（一）包装的材料设计与应用

现代包装设计师应根据被包装产品的特点、性状，并参考其可能在储运、销售、消费和环保等方面的安全、方便和易加工等要求，设计一种能够真正达到上述各种要求的现代包装材料制作包装。这是现代包装设计的第一步骤，也是最重要的内容之一。因为没有包装材料，以后的设计就无法进行。

（二）包装的造型设计

根据被包装物的形体，包装材料性质、特点及方便运储、堆码和携带等要求，设计漂亮而适用的包装造型。

（三）包装的结构设计

确保内容物安全，依据包装材料性质和易加工成型，牢固、便于拆装及节省工料等要求，设计一个最合理的包装结构形式。

（四）包装的装潢设计

以最优异、简练的美术形式，达到充分美化、宣传被包装产品的性质、特点、用途及品牌。以精美的包装装潢手段和技法，发挥最大的视觉冲击，吸引消费者。

（五）包装工艺及设备设计

包装设计应该是一个系统设计，要考虑的因素错综复杂，除了装潢设计外，还要考虑商品的功能性需求，包装产品在生产和应用中的实际可操作性，要进行市场调研，要研究消费心理，地域间风俗差异等。诚然包装设计师没有相当的美术基础是不行的，但仅有艺术造诣，而不理解包装设计的特殊性，也是绝对不能胜任的，所以说绝对不是会绘画的人都可以进行包装设计。2004 年 7 月 1 日，国家劳动部发布了 14 个新职业中，包装设计师就名列其中，足以说明了国家对包装设计领域的重视，但就从五级包装设计师所应具备的职业功能来分析，足以说明包装设计师不等于美术师，而且装潢方面的功能需求项多占到 25%。对于包装设计类人才的培养，应该在掌握了包装材料与印刷应用技术的基础上，学习包装防护原理与方法，包装设计原理及方法，包装结构及 CAD，绿色包装设计、防伪包装设计理论与方法，包装管理与法规。在培养计划中应重点开设平面设计、包装销售与心理学、运输包装、包装装潢设计、防伪包装、现代广告设计、包装工艺学、条形码技术、包装结构设计、包装 CAD 等课程或内容。向学生们介绍哪些已有或尚未开发的新材料、新技术是包装设计中急需的，这些新技术，新材料又将如何快捷地运用到现代包装设计中去。让学生能了解和把握如何使用这些成果，如何将这些成果运用到新产品的设计中去。

二、包装工程专业方向应因地制宜，培养适合于本地的高技术人才

北京农学院是北京市属高校，人才培养主要服务于北京地区，定位于为都市型农业服务，设定专业方向为食品与农产品包装。

在食品工业高速发展的今天，包装对食品流通起着极其重要的作用，包装的好坏影响到食

品能否以完美的状态传达到消费者手中，包装的设计和装潢水平直接影响到企业形象乃至食品本身的市场竞争。可以说食品包装已成为食品生产和人们日常生活消费中必不可少的内容。

食品包装是以食品为核心的系统工程，它涉及食品科学、食品包装材料和容器、食品包装技术方法、标准法规及质量控制等技术问题。随着食品工业的发展，食品包装行业对高技能人才的需求越来越多，对人才的要求也越来越高。

三、包装材料的性能与安全性检测

企业需要的包装测试类人才主要是包装测试员和包装测试工程师。企业要求包装测试类的人才擅长包装材料测试和包装设备测试的原理与应用，能够参与设备生产、测试、质量控制。包装测试技术是一门研究包装材料、包装容器和包装件性能测试与分析的科学技术，对优化包装设计、提高包装质量、提高企业的经济效益都具有十分重要的意义。企业需求的包装测试类人才除熟悉包装学基本知识之外，还应重点了解包装材料、包装容器和运输包装件的测试技术以及国内外在包装测试技术领域的理论、方法和测试仪器。

四、包装研发与技术服务

推动一个行业发展的原动力就在于创新，培养各种包装技术，包装机械，包装材料等方面的研发人才，是中国包装行业前进和发展不可或缺的。中国的包装行业大多是依赖国外的技术、设备和材料，很少有独立的自主研发，这样等于是给别人做嫁衣，大钱让别人赚了去。从这个方面来讲，包装研发类的人才是至关重要的。包装研发类人才研究的主要方向可以是：包装材料的特性及应用，新型缓冲包装材料，可食性包装材料，可降解（生物降解，光降解，水降解）包装材料，包装废弃物的回收、利用与处理技术及环保技术，包装材料的印刷适性等。

包装技术服务就是包装供应（制造）商向用户提供从包装设计、包装制造、产品包装、运输、仓储、发运直到产品安全到达目的地的一整套系统服务。要求从业人员有丰富的实践经验，熟悉包装行业工艺流程，从设计开始就能周全地想到加工的每一步工艺及成本的预算，以最优化的设计、最合理的加工工艺和最低廉的成本为客户提供最优质的包装。

执笔人：徐广谦

第六节　计算机科学与技术专业

一、都市型现代农业发展对农业院校计算机科学与技术专业本科专业人才的总体需求趋势

农村对农业院校计算机科学与技术专业人才需求来源于农业现代化。农业现代化是指农业、农村和农民共同的现代化，其含义是通过农业现代化建设，实现对农业的工业化武装、技术化生产、科学化管理、产业化经营，使农业成为市场化、集约化、高效益的产业，农村经济结构得到战略性调整，农村社会获得全面发展。

（一）农业工业化人才

广泛采用工业机械装备农业，使得农业生产由以体力为主转向以机械为主，农业现场管

理由以人工为主转向以自动化为主。农业工业化以新的农业生产工具的广泛使用来改变当前以体力劳动为主、看天吃饭的传统农业生产方式，但新的生产工具的发明、改进和使用，让受教育水平较低的传统农民难以胜任。

（二）生产技术人才

技术化生产要求农业生产决策由以经验决策转向以科学决策为主、以粗放型扩大再生产转向以内涵型再生产为主。在我国农业生产用地资源有限的情况下，走集约化、标准化、内涵型再生产发展是必由之路，只有掌握现代农业生产技术的人才，方能胜任这一发展要求。

（三）科学化管理人才

科学化的管理，既包括产前和产中管理，也包括产后的管理，更包括深加工生产的管理。在当前农业生产潜力已经非常有限的情况下，要提高农业生产的质量和效益，惟有依靠科学管理。在传统的农业生产模式下，科学管理一直缺位，这是农学专业人才大有用武之地的空间。

（四）产业化经营人才

长期以来，有农业，但没有农业产业是我国农业生产的一个基本特点。综合学界的基本共识是，农业产业化经营其实质就是用管理现代工业的办法来组织现代农业的生产和经营，促进农业和农村经济结构战略性调整，有效拉长农业产业链条，使农产品由以初级产品为主转向以深加工产品为主，农业经营由以农业本身为主转向以非农业人口的需求发展为主，增加农业附加值，显著提高农业的整体效益，增加农民的非农业收入。产业化经营需要科学技术的支持，优化整合各种生产要素，实现集种养加、产供销、内外贸一体。在农业一体化经营、社会化服务刚刚起步的今天，需要受过现代高等教育的复合型、应用型人才。

（五）适应时代发展要求的新型人才

人们生活水平的提高，社会对食品安全的关注，使得绿色农业、生态农业、现代都市农业等新型农业形态成了农业生产的发展趋势，这为农学专业人才在农村的发展提供了更加广阔的空间，提出了更高的人才培养要求。总体上，农业生产率低，传统农业生产方式仍占主要地位，市场化程度低，科技贡献不大，农民通过农业生产本身提高收入的潜力非常有限，农业现代化远未完成。因此，农村农业发展为农学类专业人才提供了广阔的发展空间，专业技术过硬、懂市场经营管理、一专多能的复合型、应用型农学专业人才，正是广大农村需要的人才。

（六）都市型现代农业发展特别是农业信息化对计算机专业人才的总体需求趋势。

曾几何时，精准农业与自动控制、移动互联、无线传感、物联网、大数据、云计算……这些看似与农业不搭界的现代信息化技术，如今已深度渗透到农产品生产销售、农村综合信息服务、农业政务管理的方方面面，将现代理念、现代工业、现代科学技术和现代管理方法等与传统农业相结合，实现了现代信息技术与传统农业的深度融合，促进农业生产力突破各种制约因素，为中国现代农业发展注入了强劲动力。

党中央、国务院高度重视农业农村信息化工作，加强农业农村信息化建设的顶层设计。各级农业部门积极探索和实践，农业信息化基础明显改善。

20世纪80年代以来，以计算机技术为代表的现代信息技术的发展和普及对人类文明的影响史无前例，信息化发展水平已经成为衡量一个国家和地区现代化水平和综合国力的重要标志。推进农业信息化，成为正在经历由传统向现代转型的中国农业必须跨越的门槛。特别是进入新世纪以来，党中央、国务院高度重视农业农村信息化工作，将信息化作为建设现代农业的必然选择，促进城乡统筹发展的重要举措，转变农业农村经济发展方式的紧迫需要，培养新型农民的有效途径和转变政府职能、提高"三农"工作能力和水平的有力推手。

着眼信息化发展新趋势，适应农业现代化新要求，从2004年到2013年，连续10年中央1号文件对农业信息化的指向越来越明确。2004年提出支持对农民专业合作组织进行信息服务；2005年明确提出"加强农业信息化建设"；2006—2010年，逐步从信息技术装备农业、农业信息资源建设、信息服务平台建设、信息基础设施建设等方面，强调大力推进农业信息化建设；特别是2012年对农业农村信息化的关注和强调超出了以往；2013年提出，"加快用信息化手段推进现代农业建设"，还明确了启动"金农工程"二期等工作内容。中央1号文件对农业信息化内涵的表述逐步清晰、地位日益突出，这表明，党中央、国务院把握农业发展规律，信息化已经成为新时期农业农村经济工作的重要支撑。

二、都市型现代农业发展对计算机科学与技术专业人才的具体需求类型

都市型现代农业是以绿色生态农业、观光休闲农业、市场创汇农业、高科技现代农业为标志的现代农业。绿色生态农业需要农业生态系统、农业环境保护等的信息化；观光休闲农业需要观光休闲信息展示、查询等的信息化；市场创汇农业需要消费需求、市场流通等的农业经济的信息化；高科技现代农业需要农业科技的信息化。所以农业信息化是都市型现代农业的主要支撑，培养都市型现代农业信息技术人才是实现都市型现代农业的重要保障。

都市型现代农业的发展对农业信息技术人才的需求提出了更高的要求，农业信息技术人才方面的问题不仅是数量上的严重短缺，更为突出的是知识能力结构不尽合理，主要表现在：缺少收集、处理、传播信息的软硬件设备；信息网络体系不健全，无信息服务中介组织；缺少能够主动、科学地进行信息管理的人员，信息技术人才不足，服务人员素质不高，影响了信息服务质量。因此，服务于都市型现代农业的农业信息技术人才应当是既懂得信息技术，又懂得农业相关知识的应用型、复合型人才，应该具备多种能力，例如，获取和运用知识的能力、较强的专业能力和外语能力、一定的沟通表达能力、组织管理能力和团队合作能力等。这些能力是创新的基础，创业的前提。

计算机科学与技术专业作为都市型现代农业信息技术人才培养的主要专业，着力培养农业信息技术应用人才，包括信息收集与农业数据库开发建设人才、农业信息技术培训与推广应用人才、农业信息系统开发人才以及农业信息系统运行维护人才。

都市农业信息技术的发展对农业信息技术人才的需求是"以计算机技术为基础，面向农业应用，服务都市农业建设"。应当具备农业信息系统开发能力、农业信息技术应用能力、农业信息系统管理三个方面能力。①农业信息系统开发能力：是指利用计算机技

术开发农业信息应用系统的能力。它所涉及的能力是集开发、设计能力于一体的综合能力，它们之间不是独立的，有着很强的依赖关系。②农业信息技术应用能力：是指将农业信息技术应用到农业生产、经营管理、战略决策过程的能力。农业信息技术是收集、存贮、传递、处理、分析和利用与农业有关信息的技术，运用其创建农业信息数据库、农业生产管理系统、专家决策系统等，可进行不同方式的模拟、预测和监测等。③农业信息系统管理能力：是农业信息系统的规划设计与系统实施的实际运作能力，以及管理与维护组织内部信息的能力。

都市型现代农业对计算机科学与技术专业需求的具体就业重要岗位包括：信息系统开发、信息系统测试、信息系统运维、互联网产品经理等。

（一）信息系统开发岗位

能够真正理解、掌握开发思想，企业主流开发技术，熟练使用软件设计、开发工具等，掌握调试技巧及软件测试方法，增强解决处理问题的能力，积累开发经验；按照软件工程的要求，强化需求分析、设计、编码、测试及系统架构技能，提高编码熟练度，熟悉项目开发文档和表格的撰写。能够真正理解、掌握项目的开发和测试流程。

软件开发工程师是从事软件开发相关工作的人员的统称。它是一个广义的概念，包括软件设计人员、软件架构人员、软件工程管理人员、程序员等一系列岗位。这些岗位的分工不同，职位和级别不同，但工作内容都是与软件开发生产相关的。软件开发工程师是 IT 行业需求量最大的职位。软件开发工程师的技术要求是比较全面的，除了最基础的编程语言（C语言、C++、JAVA 等）、数据库技术（SQL、ORACLE）、.NET 平台技术、C#、C/S 和 B/S 程序开发，还有诸多如 JAVA SCRIPT、AJAX、HIBERNATE、SPRING、J2EE、WEB SERVICE、STRUTS 等前沿技术。

（二）信息系统测试岗位

掌握软件测试核心技术内容及主流自动化测试工具的使用；掌握软件测试技术文档的编写与缺陷管理的流程；按照软件生命周期的要求，强化需求分析与评审、系统设计与评审、代码编写与单元测试、测试文档编写及缺陷管理、自动化测试工具使用及测试脚本编写，熟悉项目开发及测试文档的撰写。

软件测试工程师（Software Testing Engineer）指理解产品的功能要求，并对其进行测试，检查软件有没有错误（Bug），决定软件是否具有稳定性（Robustness），写出相应的测试规范和测试用例的专门工作人员。按其级别和职位的不同，分为三类：高级软件测试工程师，熟练掌握软件测试与开发技术，且对所测试软件对口行业非常了解，能够对可能出现的问题进行分析评估；中级软件测试工程师，编写软件测试方案、测试文档，与项目组一起制定软件测试阶段的工作计划，能够在项目运行中合理利用测试工具完成测试任务；初级软件测试工程师，其工作通常都是按照软件测试方案和流程对产品进行功能测验，检察产品是否有缺陷。

（三）信息系统运维岗位

能够负责系统平台级应用软件的运行维护和技术支持工作；负责系统平台级应用软件的部署、实施、故障排错等工作；负责运行系统平台软件巡检工作，应用软件的运维、部署、实施情况，故障排错情况；协助项目经理完成信息系统建设、实施、验收等工作；协助项目经理检验项目是否达到建设目标，是否顺利验收和结算。

（四）互联网产品经理岗位

具备互联网产品的产品设计技能，产品管理能力、项目管理能力以及其他相关软技能力，掌握互联网产品经理在工作中所需要使用的工具，如（Axcure RP、Visio、Mind Manager、Project 等），掌握互联网产品设计能力、产品设计理论、产品设计原则、具有产品相关文档撰写、项目计划制定能力，能够独立完成互联网产品原型设计、产品需求文档编写、项目计划编写，能够掌握互联网产品设计方法和原则，能够掌握互联网产品竞品分析能力、SWOT 分析技术以及数据分析方法。

三、都市型现代农业发展对计算机科学与技术专业人才培养提出的新要求

（一）转变教育思想

高等农业院校要培养适应 21 世纪需要的有能力自主创业的创新型人才，必须转变教育思想，树立以市场为导向、以学生为主体、以素质为基础、以能力为本位、以创新创业为目标的新的教育思想，不断深化教育教学改革，把大学生培养成具有很强的学习能力、创新能力、创业能力的高素质人才。

（二）完善人才培养模式

人才培养模式是根据国家教育方针和现代经济、科技与社会发展的人才标准设计的知识、能力和素质结构，以及实现这种结构的运行方式。

1. 构建"宽、厚、强、高"的人才培养模式

高等农业院校应借鉴国内外先进人才培养模式，结合自身特点，构建"宽、厚、强、高"的人才培养模式。"宽"就是宽口径，指具有专业知识面宽，适应能力强，就业创业机会多的特点；"厚"就是厚基础，指具有扎实的基础知识、宽厚的基础理论、扎实的基本技能和较强的自学能力；"强"就是强实践，生产实践能力和动手操作能力强；"高"就是高素质，包括高水平的科学文化素质、高境界的思想道德、高智能、高情感、高稳定能力结构的心理素质、高体能的身体素质。

2. 拓展国内外产学研合作办学，培养创新型人才

农科创新人才，需要拓展国内外农业教育资源，引进或利用国内外师资和相关软件，开展农业企业、农业科研推广与涉农院校的合作办学，以现代农业生物技术、信息技术和管理科学来改造和提升农业科学技术、农业经营管理，在学科建设上顺应现代农业与其他学科相结合的趋势，以农为主、多学科协调发展，在发展过程中实现学科交叉、融合并产生新的学科生长点，形成为农服务的学科新特点。在各种学科互相渗透、各种文化互相融合的环境下，把学生培养成具有创新意识、创新精神和创新能力的创新人才。

加强涉农专业院校与农业产业、行业企业、地区的联合培养或合作培养，增强和提高毕业生的就业能力。在院校与企业、地区联合或合作培养的过程中，各层次的涉农专业的学生可以较早、较快地了解高新技术、经营管理的现状与要求，可以较早地了解工作要求，增强

和提高毕业生的就业能力。

3. 改革教学模式

发达国家高等农业院校十分重视改革教学模式,以提高学生的实际应用能力和自主创业能力为最终目标。高等农业院校应以能力培养为核心,以素质养成为保证,改革传统的教育教学模式,培养适应都市型现代农业需要的人才。加强"双师型"教师队伍建设,要实现教学模式的转变,在师资队伍建设上,着重培养适应"学生能力培养"所需要的"双师型"教师,通过多种途径培养和锻炼教师的实践能力、教学能力,使承担专业课与专业基础课的教师大多数都具备"双师型"素质。

以能力为本位构建教学内容和课程体系。在课程开发上,应以满足农业、农村发展和社会对人才的需求为基点,以职业岗位(群)剖析为起点,以职业岗位(群)所需知识、能力、素质分析为重心,本着"以能力为本位,以素质为核心"的培养目标,开发设计核心课程及专业技术基础课、文化基础课和人文素质课。教学内容和课程体系的构建要以职业岗位能力培养为主线,以"必需、够用"为度,以满足专业课教学和学生岗位能力培养的需要为前提,形成以就业为导向,以培养学生技术应用能力为主线,以职业素质和应职岗位(群)能力培养为目标的培养模式。

加强实践性教学与实习,在教学内容的组织与安排上,应坚持理论教学与实践教学相结合的原则,从职业能力结构要求出发,构建与理论教学体系相辅相成、以突出职业能力培养为核心、针对性较强的实践教学体系。加强对实践教学环节的管理,确保职业能力训练效果良好,建立高水平、多功能的校内外实习实训基地,为实践教学提供有力的保障。

4. 树立科学的发展观与质量观

在对教育发展观的把握上,高等农业院校必须主动为区域经济社会发展服务,积极探索农业现代化的发展道路,使高等农业院校成为培养农业科技人才的摇篮,成为农村精神文明建设的辐射源之一。在对人才质量关把握上,明确特色人才培养,树立科学的人才观、质量观,清除办学思想"轻农"、办学模式"离农"、教育结构"脱农"的弊端,让农业教育真正姓"农";注意培养人才的"独特性""优质性"和"效用性";以教学为中心,加大教学投入,强化教学管理,深化教学改革,严格教学评估,加强实践环节,突出科技创新,培养和造就创新型人才。同时,农业高校要充分利用有限的教育资源,走内涵发展的道路,深化内部改革,理顺校内关系,提高办学效益。

四、都市型现代农业发展对计算机科学与技术专业建设的建议

(1) 以培养本科人才为重点,适当发展农业信息化专业硕士的培养。

(2) 以培养应用型工程技术人才为主,着力培养农业信息化工程师。

(3) 学生一专多能,掌握计算机基础技术,具备技术应用核心技能。

(4) 学生重点学习与物联网、智能农业、农业电子商务相关的技术。

(5) 需要建设一个与都市型现代农业发展相适应的农业工程专业群。

(6) 建设一支以工学博士和硕士为主体的双师型教学科研师资队伍。

(7) 建设符合培养卓越农业工程师的校内实训平台和校外实习基地。

执笔人:兰　彬

第七节　信息管理与信息系统专业

一、都市型现代农业发展对信息管理与信息系统专业人才的总体需求趋势

信息化是当今世界发展的大趋势，农业信息化是国民经济信息化的重要组成部分。农业信息化已成为农业现代化的一个重要标志和必要条件，农业生产要以市场为导向，不断调整生产经营方向，生产适销对路的产品，才能取得最好的效益；农业生产需要优良品种、先进技术；农民的科学决策、有序管理、生产时机把握等都需要信息与信息技术的支持；我国农业资源人均占有率较低，要充分利用好农业资源，提高单位资源的使用效益，更需要利用农业信息技术，信息技术是农业现代化的必备条件。从发展趋势看，网上信息资源的建设及管理信息系统在我国农业生产经营管理上的应用正在起步，智能化农业信息技术开始在全国范围进行示范，"3S"技术也将在农业资源调查、农业灾害预测预报、农作物测产等领域逐步走向实用。

北京是全国的政治、文化中心，发展都市型现代农业对优化城市结构、提升城市现代化水平具有重要的战略意义。培养复合型、应用型农业信息化专业人才是发展都市型现代农业的关键。从目前看，北京市各有关院校将信息科学技术应用专门瞄准农业及相关领域的还不多，而且，信息管理与信息系统属于管理和计算机科学与技术的交叉学科。北京农学院作为北京市唯一的一所市属农业本科院校，在学院的中长期发展规划中将学校定位在服务于都市型农业的现代农林科技大学，增设以农业及相关领域为重点服务方向的信息管理与信息系统（农业信息化方向）本科专业，培养都市型现代农业急需的农业信息采集、处理、分析与管理人才，符合北京农学院的长远发展战略要求，必将成为北京农学院服务于都市型现代农业建设的重要支撑专业，在较短的时间内可以使信息管理与信息系统成为一个优势学科。

信息管理与信息系统专业处于管理学、计算机科学技术等学科的边缘，是一个新兴的综合性交叉学科。农业院校设置该专业要充分与农业结合，创建自身的特色，以现代农业管理科学、现代信息科学与信息技术、现代系统科学与系统工程为基础，覆盖信息科学、计算机科学、系统科学和农业生产经营管理科学等领域，运用管理学、运筹学、系统科学和经济学的知识和方法，在组织中通过以计算机为基础的信息系统来实现各种管理活动和信息处理业务。在主干课程的设置上有：农业数据分析、农学概论、农业信息学、信息系统分析与设计、管理学原理及应用、计算机网络、数据结构与算法、计算机组成原理、数据库原理与应用、信息安全概论等，力求把学生培养成具备现代农业经营管理知识和扎实的信息理论基础、熟悉现代农业信息采集、处理过程和管理方法，具有较强实际操作和解决问题能力的应用型、复合型农业信息管理人才，能够真正地服务于都市型农业信息化建设。在学科发展上，信息管理与信息系统（农业信息化方向）本科专业可以很好地与北京农学院的其他农科专业有机结合，实现信息科学在农业各领域的综合应用，促进各相关专业的发展，形成群体学科优势，从而极大地促进北京农学院的学科发展。因此，信息管理与信息系统专业的设置，无论是在农业信息化人才的培养上，还是在促进北京农学院的学科融合与整体发展上，都将起到非常积极的推动作用。

北京市是第一个国家农业信息化科技工作示范市，农村信息化建设在改造传统农业、发展现代农业中正发挥着越来越重要的作用。北京农业信息技术发展的基础设施水平较好，高

层次研发人员也基本能够满足行业发展的需要，但农业信息技术的研发水平和应用水平却较为落后，通过对北京市乡镇农业信息化现状调查分析，农业信息科技人才数量还处于短缺状态，还没有一支稳定的农业信息服务队伍，反映出对农业信息技术的研发人员和推广应用人员的强烈需求，主要表现在：

（一）农村信息化设施的建设、管理、维护和使用需要农业信息化人才

在调查的乡镇中农业信息化基础设施建设较完善，有47％的乡镇网络覆盖率超过50％，只有20％的乡镇网络覆盖率低于30％；在这些乡镇中有80％的乡镇设置了乡镇信息服务站。这些农村信息化基础设施的建设、管理、维护、使用都需要农业信息专业技术人才。

（二）乡镇信息化基础设施未得到充分利用，需要提高农业从业人员的总体信息意识与水平

北京市乡镇农业信息化基础设施较完善，而广大农民应用信息技术手段为农业服务能力较差，未能充分利用信息化基础设施与现代信息技术提高农业劳动生产力。在被调查的农民中，只有4％的农民通过网络获取农业信息，其余大多通过电视、报纸、广播等途径获得；多数农民使用网络进行聊天、看电影、随便看看等，而把网络应用到学习、工作、生活中的很少，网络利用率低。在网络价值需求方面，有28％的农民通过网络进行休闲娱乐、放松心情，只有15％的使用者希望通过网络直接或间接带来经济利益情况，其中10％的使用者通过网络来获取农产品的商情信息，5％的使用者希望通过网络能够给企业带来利润。有53％的被调查农民从没有利用网络开展电子商务，进行农产品网络销售。在被调查的农民中，会使用网络的人占87％，但是真正能够熟练操作，把网络当做工具为农业服务的只占7％。

相对于其他传统工作形式，由于乡镇信息化基础设施未得到充分利用，广大农民对应用信息技术所带来经济方面的效益，还不足以产生重视，需要农业信息化人才通过信息技术指导农民进行农业生产，并使其掌握信息技术作为服务于农业生产的手段，通过调查显示有73％的农民有需要开展信息技术培训的意愿。因此，信息管理与信息系统（农业信息化方向）培养的人才既懂信息技术，又具备了现代农业生产经营知识，能够通过对农业信息的收集、分析、加工和处理，为农业生产提供决策辅助服务，服务于农业生产的"产前、产中、产后"；并且能够通过农业信息技术教育、培训与推广工作，提高我国农业从业人员的总体信息意识与水平，加快农业信息技术成果的推广应用，提高我国农业信息化速度，满足我国农业信息化发展的需要。

（三）建立稳定的农业信息服务队伍人才的需要

农业信息服务体系的科技人才是发展我国农业信息化的战略性资源，科技人才资源的数量在某种程度上决定着农业信息化的发展水平，高素质的人才是提高农业信息服务质量的关键。通过调查显示农业信息技术专业人员缺乏，乡镇农业信息服务站人员具有大学本科学历的仅占40％，有10％的乡镇农业信息服务站人员是由离退休人员及大学生志愿者担当。有52％的被调查者认为乡镇现有从事农业信息化工作的人数与实际的需求相比还是不够。

因此，北京市农业信息科技人才数量还处于短缺状态，还没有一支稳定的农业信息服务

队伍，急需大量的农业信息技术人才。

根据北京农学院的办学特点和北京市都市型现代农业发展对农业信息化人才的需求，北京农学院拟开设的信息管理与信息系统（农业信息化方向）专业培养具备现代农业生产经营知识，掌握现代农业信息处理的基本理论、方法和技术，熟悉现代信息采集、处理过程和分析方法，既懂现代农业科学生产经营又懂信息技术的应用型、复合型人才，不仅掌握计算机相关技术，还将具备农业生产管理、信息系统开发及驾驭信息资源的能力，可从事农业信息服务工作、农业信息技术项目开发、研究、推广等工作。建立以农业及相关领域为应用方向的信息管理与信息系统（农业信息化方向）本科专业，适应北京市都市型现代农业发展的需要，具有巨大的市场需求。

二、都市型现代农业发展对信息管理与信息系统专业人才的具体需求类型

信息管理与信息系统（农业信息化方向）本科专业主要培养既具有扎实的农业基础理论与专业知识又具有计算机理论知识与技术水平的应用型、复合型专业人才，能够独立承担农业信息化软硬件系统的设计、开发、运行、维护和管理工作，为北京市都市型现代农业发展输送实用型人才。

我国农业信息化建设与美国、日本等发达国家相比存在着相当大的差距，在某种程度上已经阻碍了我国农业生产的发展。实现农业信息化关键在人才培养，国家人事部以及有关部门的调查分析数据表明，今后十年，农村现代化建设对农业信息化专业人才的需求缺口很大，迫切需要大力加强掌握农业运行规律并能进行科学管理的农业信息人才的培养。同时，结合北京市都市型现代农业发展特点，农村现代化建设对农业信息化专业人才的需求缺口也很大，迫切需要掌握农业运行规律并能进行科学管理的农业信息人才，主要体现在以下几个主要方面。

（一）京郊都市型现代化农业迫切需要掌握农业及农村信息化的技术人才

北京发展都市型现代农业，是以科学发展观统领京郊农村工作的必然要求，是对农业发展规律认识的深化，是实现京郊农村经济社会快速发展、服务首都、富裕农民的必然选择。北京市领导多次指出，北京都市型现代农业，需要开发生产功能，发展籽种农业，开发生态功能，发展循环农业，开发生活功能，发展休闲农业，开发示范功能，发展科技农业。为实现这"四个开发"和"四个发展"，必须发挥首都科技、人才、信息、市场和资本方面的优势，整合资源，扬长避短，走可持续发展的道路。其中，摸清市场需求和农业自然资源两张底牌，搞好科技和资金两个支撑，通过农业信息化人才对庞杂的信息内容进行加工整理，搭建一个都市型现代农业信息平台，使农民在都市型现代农业信息平台完成信息交互，实现信息对等，是今后相当长一个时期内都市型农业发展与新农村建设中的重要任务，亟需大量合格的农业信息化人才来担当此重任。

（二）农业生产可持续发展对农业信息化人才的需求

北京市有 16 个区县，183 个乡镇和 3 955 个行政村，在现代科技农业发展过程中，需通过计算机自动控制技术、农业专家系统、农业生产模拟技术和"3S"技术等的技术集成与应用，发挥农业信息化技术在农田基本建设、农作物生产管理、病虫防治、畜禽饲养全程管

理中的应用，实现优质高效农业，提高农业生产过程的科学化、精确化和标准化水平，同样需要大量既熟悉农业技术，又掌握信息技术的复合型人才。

（三）都市型现代农业的科学规划与合理布局迫切需要农业信息化人才

都市农业除了满足人们的食品和生存需要，具备传统农业具有的商品生产和经济功能，更多地还体现在社会和生活、文化和教育、生态、旅游、休闲、体验、示范和辐射等功能，需要更合理地规划和布局等。首先，需要大量的农业信息采集技术人员，根据都市农业发展的需要，大力挖掘信息资源，摸清市场需求和农业资源，逐步建立大型综合数据库及专业特色数据库，提供北京都市型现代农业科学规划和合理布局所需的信息。其次，由于都市农业的生产比一般农业生产更具复杂性，都市农业生产要求奇、特、优、新、生态、多样化，必然会涉及到庞大的农业生产知识、技术和信息，需要农业信息处理技术人员对大量农业信息资源（知识）进行整合与分析，提供既包括空间格局数据，也包括定性特征和趋势分析的北京都市型现代农业长远发展新业态、新发展、新领域的规划设计方案。最后，需要大量的信息模拟技术人员利用三维仿真技术、多媒体技术和人工智能技术构建虚拟的空间，模拟都市农业现状布局和规划成果，实现规划产业的三维立体展示，使农业规划数据真正"落地"，为北京都市型现代农业的科学规划和合理布局提供决策支持。

（四）首都农产品的质量安全体系建设迫切需要农业信息化人才

随着人们生活水平的提高，农产品质量安全已经成为从市民到政府部门都十分关注的社会热点问题。面对严峻的农产品质量安全形势，北京市政府特别强调一定要使首都的农产品质量达到"安全"，能让老百姓"放心"，因此，更强调利用信息技术开发适用于农产品物流的信息化技术与产品，为加快农产品流通和增加农产品效益提供有力的信息技术支撑，从源头进行监督，对农产品的生产、加工、运销、储存实现全过程的控制，强化农产品质量监管部门和农业生产企业对农业生产、流通过程信息的管理和农产品质量的追溯，这些工作的顺利实施同样需要既懂农业知识又能够熟练掌握各种信息技术的复合型人才。

（五）农产品生产标准化对农业信息化人才的需求

农产品生产标准化建设是农业标准化体系建设的重要内容，是提升农产品质量安全水平，增强农产品市场竞争力的重要保证，是促进农业增效，农民增收和发展外向型农业的基本前提。随着农产品参与国际竞争的机会逐渐增加，需要利用信息技术，对农业生产企业实现全面实时的监控，确保农产品的生产环境、生产状况和产品数量达到预期的目标；对单个农户进行统一规范化的管理和指导，明确生产技术指标，及时反馈生产过程中的各种问题，并及时提供准确的解决方案。

（六）农业市场化信息传播与采集对农业信息化人才的需求

北京市农业生产正处于由传统农业向现代农业的过渡中，农民收入普遍不高，城乡差距依旧很大，主要原因是农民对市场状况了解较少，生产中多数是"跟着感觉走"或"随大流"。因此，在提高农民生活水平，增加经济收入的过程中，农民对市场信息的需求急为迫切。要解决这一问题的关键就是要把农民的一切活动纳入到市场活动之中，为此需要积极推进农业市场化进程。而农业经营市场化需要大量掌握现代信息技术和现代化农业技术人才，通过农业信息化人才对庞杂的信息内容进行加工整理，利用信息技术搭建农业信息服务综合平台，使农民在信息服务综合平台完成信息交互，实现信息对等。

（七）农业信息管理与经营对农业信息化人才的需求

信息化的管理手段贯穿了农业的产前、产中和产后，无论是前期的资源配置和优化，还是中期生产的数字化、智能化和精准化，力求生产的标准化和管理的规范化，从而需要培养既具有扎实的农业基础知识又具有农业生产经营管理知识的信息化专业人才。

三、都市型现代农业发展对信息管理与信息系统专业人才培养提出的新要求

根据北京农学院的办学特点和北京市都市型现代农业发展对农业信息化人才的需求，学校拟开设的信息管理与信息系统（农业信息化方向）专业具有以下四个创新点：培养模式创新、培养目标创新、培养方式创新和人才定位创新。培养具备现代农业生产经营知识，掌握现代农业信息处理的基本理论、方法和技术，熟悉现代信息采集、处理过程和分析方法，既懂现代农业科学生产经营又懂信息技术的应用型、复合型人才，不仅掌握计算机相关技术，还将具备农业生产管理、信息系统开发及驾驭信息资源的能力，可从事农业信息服务工作、农业信息技术项目开发、研究、推广等工作。

（一）培养目标创新

农业信息化人才不是农业人才和信息人才的简单相加，是信息技术与整个农业产业的结合。以往的经验表明：农科、管理、计算机、信息专业的人才在从事农业信息化工作时，往往存在信息能力不强，信息技术、网络知识不精，农业知识不通等专业针对性过强而知识面不广的问题。而本专业从根本上打破了学科间的壁垒，利用北京农学院的学科优势及计算机与信息工程系在信息与计算机方面的办学优势与原有传统学科进行交叉融合，在培养计划中按比例设置农业类、管理类、计算机类等课程。在信息与计算机类课程的设置中，充分体现农林院校信息类专业特点，所有的专业实践均结合涉农项目，使学生的知识结构适应农业信息化和北京都市型现代农业的发展需要。为农业科研、农业教育、农业管理、农业推广、涉农企业等部门中与信息化相关的各种岗位，培养具有多学科知识融合的不同层次的应用型、复合型人才。

（二）人才定位创新

本专业人才培养定位将主要针对北京市都市型现代农业人才需求，北京新农村建设对农业信息化的需求包括农业宏观调控、管理决策信息化与公益性信息化服务体系建设；面向"三农"的信息服务体系；IT提升与改造传统农业；减小农村"数字鸿沟"，解决农村信息服务最后"一公里"等方面。北京市农业信息化发展重点是建设数字化农业宏观决策体系；数字化农业生产管理技术体系；数字化绿色农产品供应链体系；数字农业信息服务体系。国家农业信息化工程技术研究中心从不同角度对北京农业信息技术发展现状进行了分析和评价，评价内容包括作物模拟、精准农业、数字农业、虚拟农业等多方面。这些都需要掌握农业信息化技术的人才，尤其是着重培养既有信息知识又懂农业技术的人才。

（三）培养模式创新

依托两院联动的机制与国家农业信息化工程研究中心、北京市农林科学院农业科技信息研究所开展在人才培养、教学实践、学术交流、科技成果转化方面的全方位合作。聘请两院专家与计算机与信息工程系教师共同组建教学指导委员会。该机构的设置使合作培养方式具有了组织上的保证。第一，该委员会是计算机与信息工程系教学方面的咨询审议机构，负有积极协助系主任对全系教学工作提出各种建设性建议的职责，负有对系教学重大事情提供咨询和进行审议的职责。第二，负责对计算机与信息工程系教学工作的重要环节（包括专业设置、课程计划、教学大纲、课程建设、教材建设、实验室建设、优秀教师奖评选、教学成果奖评选、优秀教材评选等）和有关业务工作进行咨询和审议。第三，将对计算机与信息工程系日常教学过程进行检查、监督和指导，及时发现问题，提出改正意见。对违反教学秩序的行为有权提出批评和建议，从而进一步完善本系教学管理体制和教学管理措施。第四，提出并组织实施教学研究课题和教学调研等工作，以社会岗位需求为导向制定人才培养目标和教学计划；共同设计专业实践教学内容，实施双导师制，为每名学生指派校内外指导教师各一名；采用聘请名誉教授、客座教授等形式，把两院的学科带头人、专家请上讲台，直接参与课堂讲学，构建更加完善的合作教学体系；通过联合培养使各个教学环节都能充分体现两院资源共享的特点，使学生在具有扎实的理论知识的同时，能够及时了解农业信息化和相关农业科技的前沿知识。联合培养模式在确立培养人才为主导地位的同时，还将都市农业信息化和现代农业最新研究方向和研究成果整合于学科建设之中，借助农科院的科研优势改善现行教学体制中弱化科学研究的现象，从而加速计算机与信息工程系教师与农科院在学术和科研上的交流与合作，提高计算机与信息工程系教师科研水平，推进相关科研成果的产品化，从而达到提升计算机与信息工程系学科整体水平的目的。

（四）培养方式创新

充分利用国家农业信息化工程研究中心、北京市农林科学院农业科技信息研究所的资源和环境优势，在夯实理论的基础上，加大行为导向模式，重视实践教学，使实践教学环节贯穿本科生培养全过程。在共同制定严格的实习管理条例和明确的实习计划的基础上，开展院系合作的实践教育。采取理论、实践、再理论、再实践的方式，提高专业能力的同时，旨在加强学生对岗位需求的了解，不断调整知识和能力的储备。毕业论文的联合培养方式主要体现在论文题目的选取主要来自两院在研的各类项目及由其提供的具有农业生产实际或具有明确的农业生产背景和应用价值的各类题目。以激发学生的学习兴趣提高学生发现问题、解决问题的能力，促进交流，加强合作，实现双赢。

四、都市型现代农业发展对信息管理与信息系统专业建设的建议

实现我国农业信息化关键在人才，培养人才关键在教育，培养高质量的农业信息人才，满足我国农业信息化发展的需要，是我国高等农业院校义不容辞的责任。

长期以来，我国高等农业院校农业信息人才培养工作一直未受到应有的关注，在专业设置、培养层次和结构、专业特色构建、培养的环境与条件等方面存在的问题严重影响了农业信息人才培养的数量与质量。近几年，随着我国农业信息化的不断深入，为了满足迅速扩展

的农业信息化工作需要，中国农业大学、北京林业大学、天津农学院、仲恺农业工程学院等高等农林院校纷纷开设信息管理与信息系统专业，培养既懂现代农业科学生产经营又懂信息技术的应用型、复合型人才，服务于我国农业现代化建设，提高农业生产效率、管理和经营决策水平。

北京农学院在中长期发展规划中，明确了以农科为特色、突出信息科学技术与生物科学技术为支撑，农、工、理、经、管、法、文各学科相互融合，围绕都市型农业发展和北京经济社会发展对人才培养的需要，每年新增一至两个具有鲜明办学特色的涉农本科专业。在学校"十一五"专业发展规划中，早已把农业信息化、自动化、电气化相关专业列入发展规划之中。信息管理与信息系统（农业信息化方向）本科专业，完全符合北京农学院的中长远教育发展战略要求。

信息管理与信息系统专业处于管理学、计算机科学技术等学科的边缘，是一个新兴的综合性交叉学科。农业院校设置该专业要充分与各涉农学科相结合，创建自身的特色，以现代农业管理科学、现代信息科学与信息技术、现代系统科学与系统工程为基础，覆盖信息科学、计算机科学、系统科学和农业科学等领域，运用管理学、运筹学、系统科学和经济学的知识和方法，通过以计算机为基础的信息系统来实现各种管理活动和信息处理业务。在主干课程的设置上有：农业基础、农业信息学、管理学原理、信息系统工程与实践、数字农业、信息管理学、数据结构与算法、计算机组成原理、数据库与信息管理技术、现代农业技术、信息安全概论等，力求把学生培养成既具备农业专业知识又掌握信息技术基础理论，熟悉现代农业信息采集、处理过程和管理方法，具有较强实际操作和解决问题能力的应用型、复合型农业信息管理人才，能够真正地服务于都市型现代农业信息化建设。在学科发展上，信息管理与信息系统（农业信息化方向）本科专业可以与北京农学院的其它农科专业有机结合，实现信息科学在农业各领域的综合应用，促进各相关专业的发展，形成群体学科优势，从而促进北京农学院的学科发展。因此，信息管理与信息系统专业的设置，无论是在农业信息化人才的培养上，还是在促进北京农学院的学科融合与整体发展上，都将起到积极的推动作用。

执笔人：张　娜　潘　娟

第七章 管理学类专业人才培养需求

第一节 农林经济管理专业

一、都市型现代农业发展对农林经济管理专业人才的总体需求趋势

（一）北京都市型现代农业发展概况

北京都市型现代农业起源于 20 世纪 90 年代末期，2003 年，北京正式提出了发展都市型现代农业的战略任务，2005 年，北京市农村工作委员会《关于加快发展都市型现代农业的指导意见》（京政农发〔2005〕66 号）正式出台，并明确提出"都市型现代农业是指在我市依托都市的辐射，按照都市的需求，运用现代化手段，建设融生产性、生活性、生态性于一体的现代化大农业系统"。以此为标志，北京都市型现代农业进入快速发展时期。2006 年北京市更加明确了开发"四种功能"，发挥"四种农业"的都市型现代农业发展方向，并于2007 年发布了《关于北京市农业产业布局的指导意见》（京政农发〔2007〕25 号）对北京都市型现代农业的总体功能及产业布局进行了确定。

北京都市型现代农业有六个基本特征，即："三新"相结合（新城市规划、新功能发展、新农村建设相结合）、"三效"相统一（景观效果、生态效益、经济效益相统一）、"三生"为一体（生产、生活、生态为一体）、"三产"相互动（一、二、三产业相互动）、"三位"相协调（人口、资源、环境相协调）、"三现"为支撑（现代科技、现代物质装备、现代经营形式和管理手段为支撑）。

（二）农林经济管理专业概况

北京农学院多年来一直以立足北京，融入郊区，以服务首都农村、农民和农业为己任，全力培养有文化、懂技术、善经营的应用型、复合型人才。进入 21 世纪，北京开始探索都市型现代农业发展之路，学校迅速抓住这一发展良机，主动适应区域经济发展，转变教育教学观念，及时调整人才培养目标，将学校科学定位为北京社会主义新农村建设的人才培养基地、都市型现代农业发展研究基地、科研成果转化与新技术服务基地、国内外都市型现代农业的交流平台。

北京农学院经济管理学院农林经济管理专业已具有 30 多年的办学历史，2008 年被批准为"北京市重点建设学科"和"北京市特色专业"，2010 年被遴选为"国家级特色专业建设点"，2009 年农林经济管理教学团队被评为"北京优秀教学团队"；多年来农林经济管理专业紧密结合北京都市型现代农业发展实际和学校定位，深入研究和系统探索都市型农林经济管理专业学生能力培养的新途径，形成以都市型高等农业教育为特色，以学生综合素质提升为目标，以实践教学为突破，以优化课程体系为重点，以系列课程建设为基础，创建并系统践行一个创新行动（特色农经行动计划）、两个建设机制（激励资助机制、多方共建机制），

以"知识传授、能力培养、素质提升"为基本着力点的卓越农林经济管理专业人才培养模式。现有农业经济管理和林业经济管理 2 个方向的学术硕士点和 1 个农村与区域发展专业学位硕士点。

农林经济管理专业以北京市精品课程农业企业经营管理学为核心、以都市型现代农业概论、农业经济学、农村财政与金融、农业政策与法规等为骨干课程的课程体系，增设了农村专业合作组织管理、家庭农场学、村镇规划、环境与经济综合核算、农村公共管理等相关专业课程，形成了系统性、科学性、时代性和实践性为特征的专业课程体系结构，实现了理论教学模块化、专业教学特色化，充分发挥各学科融合对卓越农林经济管理专业人才培养的推动作用。

农林经济管理专业教师始终围绕特色专业展开教学改革，2005 年 9 月都市型农林京郊管理专业改革的研究与实践获得"北京市教育教学成果二等奖"，2009 年 5 月都市型高等农业院校人才培养的创新与实践获得"北京市教育教学成果一等奖"，2012 年 9 月特色农经行动计划：都市型农林经济管理专业人才培养与创新获得"北京市教育教学成果二等奖"，并多次获得北京农学院校级教育教学一等奖、二等奖和三等奖；2009 年农业企业经营管理学被评为"北京市精品课程"，农村统计与调查评为北京市精品教材，2012 年农业经济学被评为北京农学院校级精品课程。

在课程开发上，以满足农业、农村发展和社会对人才的需求为基点，以职业岗位（群）剖析为起点，以职业岗位（群）所需知识、能力、素质分析为重心，本着"以能力为本位，以素质为核心"的培养目标，开发设计核心课程及专业技术基础课、文化基础课和人文素质课。教学内容和课程体系的构建要以职业岗位能力培养为主线，以"必需、够用"为度，以满足专业课教学和学生岗位能力培养的需要为前提，形成以就业为导向，以培养学生技术应用能力为主线，以职业素质和应职岗位（群）能力培养为目标的培养模式。

（三）都市型现代农业发展对农林经济管理专业人才的需求趋势

在实现"人文北京，科技北京，绿色北京"的战略构想和构建首都和谐社会首善之区的进程中，加快建设公益功能为主，兼顾经济功能的都市型现代农业具有重要意义，而培养大批适用于北京都市型现代农业快速发展的人才则是关键。

1. 懂科技

科学技术是第一生产力，农业发展最终要靠科技进步。适应北京都市型现代农业发展，需要培养一支高素质、高水平的农业研发队伍，将农业科研成果及时转化为生产力，不断提高农产品的科技含量来满足高质量、变化快的市场需求。在人才培养中要进一步普及科技知识，培养懂技术的高素质人才，以科技进步为支撑促进北京都市型现代农业发展。

随着北京都市人民生活水平的显著提高，人们对农产品的安全性以及生态环境的要求也越来越高。因此，在发展北京都市型现代农业的过程中，培养懂得可持续发展和环境保护的人才来处理好农业发展与环境的关系显得尤为重要。

2. 有技能

理论联系实践科研成果能否尽快尽早地转化为生产力，很大程度上取决于农业技术人员的推广。适应北京都市型现代农业发展还要培养一支技能精干的农业技术队伍，要将理论知识和实践技能联系起来。

北京都市型农业的建设目标是实现郊区农业单一功能向多功能转变；实现城郊型农业向都市型现代农业转变；实现郊区农业由粗放型向集约型农业转变；实现注重生产向注重市场领域转变。这些目标的实现要求农业专业化和标准化，也出现了一些需要高技能人才的岗位群。适应北京都市型现代农业发展，实现北京都市型农业的建设目标需要培养高素质、高技能的人才，将理论与实践充分联系起来，从实践中来，到实践中去，灵活运用农业理论知识。

3. 善经营

实现农业经济效益最大化适应北京都市型现代农业发展更要培养一支擅长经营管理，能够融入经济全球化的农业经济型人才队伍。

北京市山区面积占全市总面积的 62%，丰富的山区资源是北京都市型现代农业发展的巨大潜力，需要有经济视野的人才来开发这些资源，并且进行科学的经营和管理。这就需要进一步普及经济学的基础知识。比如北京市的一些农业经营者在山区进行果树栽培，如果这些经营者懂得农产品市场的"蛛网价格理论"，就会减少果树栽培中的盲目性，进而降低栽培作物价格的市场波动，从而减少经济损失，实现资源的优化配置和农业经济效益的最大化。

除此之外，适应北京都市型现代农业发展还需要培养乐于服务农村，具有奉献精神的人才。总之，发展北京都市型现代农业，要培养一批懂科技、有技能、善经营的高素质多层次人才，充分发挥都市型现代农业的优势，实现生态效益、社会效益和经济效益，同时也要全面落实科学发展观，发展低碳经济，实现可持续发展，加快社会主义新农村建设。

二、都市型现代农业发展对农林经济管理专业人才的具体需求类型

北京都市型现代农业展示了北京农业发展的美好前景，在发展的过程中蕴含着有待进一步挖掘的巨大潜能，需要培养高素质、多层次的农业科技人才队伍来适应北京都市型现代农业的发展。

高等农业院校要培养适应 21 世纪需要的有能力自主创业的创新型人才，必须转变教育思想，树立以市场为导向、以学生为主体、以素质为基础、以能力为本位、以创新创业为目标的新的教育思想，不断深化教育教学改革，把大学生培养成具有很强的学习能力、创新能力、创业能力的高素质人才。

都市型现代农业发展的人才需求主要有以下三大类型：

（一）经济功能类人才

发展都市型现代农业，提高各类新兴农业和涉农产业的经济效益，需要经济功能类人才。经济功能类人才是提高都市现代农业竞争力的关键因素。经济功能类人才包括：①懂科技、会经营、善管理的涉农企业家、乡村机构管理人才、农业企业经营管理人才及农村合作经济组织经营管理人才；②厚基础、宽口径、多专业、复合型的涉农科研专业人才及都市型农产品（农、林、牧、渔业）创新人才，尤其是各专业领域的顶尖领军人物和学科专业带头人，以及农业设施技术的农业工程人才；③既懂农业技术，又懂农产品加工专业的涉农产品深加工的农业技能型人才（高级技工、技师）；④掌握现代农业技术，具有实践经验，深入农业生产的产前、产中、产后开展农业科技成果推广应用、农产品推销的农业推广人才；

⑤能够用一定设施和工程技术手段进行设施栽培和设施养殖的设施农业技术人才。

（二）生态功能类人才

建设现代化国际大都市，发展都市型现代农业对生态环境功能有更高要求，对内强化生态功能，因而对生态功能类人才的需求将有较大、较快的增加。生态功能类人才包括：①林业、园林花卉业人才；②绿色食品标准化检验检测人才；③农业（农村）生态和环境保护人才；④农业生物技术与化学技术人才；⑤农业生物质能人才；⑥农业节水技术人才。

（三）服务功能类人才

适应都市型现代农业对外强化服务功能的需要，以服务带动农业产业发展，需要大量具有都市型现代农业服务功能的人才。服务功能类人才包括：①涉农物流人才（包括涉农外贸）；②涉农会展人才；③涉农市场中介与媒体（包括广告）人才；④涉农信息技术（包括咨询服务、数据化技术）人才；⑤精通专业和外语的复合型人才；⑥农畜产品标准化检验检测、监督、认证等人才。

三、都市型现代农业发展对农林经济管理专业人才培养提出的新要求

都市型现代农林经济管理专业人才培养的目标与北京农学院"以农为本、唯实求新"的办学理念以及"立足首都、服务三农、辐射全国"的办学定位相统一，主要是造就一大批具有服务国家和社会的责任感、有献身国家农林事业的志向、有解决农林业经济管理实际问题能力的高素质复合型应用型人才。

（一）突出培养一批满足北京都市型现代农业发展的复合应用型人才

大力发展集合"生存、生活、生产、生物、生态、生命"六大功能于一体的都市型农业是今后北京市农业发展的趋势。都市型现代农业是北京建设世界城市的特色产业和首都生态宜居的重要基础，北京都市型现代农业涉及产业结构调整、城乡统筹推进、城市发展、生态文明建设以及京津冀一体化发展等多个互相关联而又相互独立的内容，是一个多层次、多角度等融合的复杂性多元综合系统，为此，需要立足北京区位，推进农科与人文社会科学类学科的交叉与融合，促进农科教合作、产学研结合，建设农科教合作人才培养基地，探索与农林科研院所、企业、用人单位等联合培养人才的模式，拓展农林经济管理专业人才培养口径，培养一大批跨学科领域的复合型应用型人才。

（二）重点培养一批适应北京都市型现代农业发展的农业经营管理人才

现代农业是以市场为导向，注重质量安全、重视品牌建设、强化产后经济、强调企业化运作的经营管理型活动，其领域也不再局限在第一产业，而是向第二、第三产业延展并融合，为此，需要充分发挥农林经济管理的专业优势，适应目前对生产的市场化、农民的组织化、管理的现代化、知识的系统化等提出的迫切要求，培养一批掌握市场营销、金融贸易、物流管理、财务管理、人力资源管理、信息化管理、企业管理等方面知识的"下得去、用得上、干得好、留得住"的适应北京都市型现代农业发展需求的农业经营管理人才，为村镇干部、农村新型社区管理人员、农民专业合作社管理者、农村经纪人、家庭农场主等培养重要

的后备力量。

（三）培养一批推动北京市都市型现代农业发展的拔尖创新型人才

都市型现代农业的发展不仅需要立足区位，而且还需要具有一定的国际竞争意识和开阔的国际视野，能及时将世界上先进的经营管理思想与产业发展融合，创新都市型现代农业发展思路和拓展发展模式，推动北京市都市型现代农业发展。因此需要培养一批少而精，创新能力强、综合素质高、全面发展的拔尖创新型人才。

四、都市型现代农业发展对农林经济管理专业建设的建议

（一）人才培养模式建议措施

通过与农林科研院所、企业、用人单位等合作制定和实施"卓越计划"，创立校内校外联合培养人才的新机制，建立学校教学与农业产业发展和农村社区建设实践相结合的产、学、研合作教育方式，以实际应用为背景，共同制定培养方案、共同建设课程体系和教学内容、共同实施培养过程、共同评价培养质量，具体主要从以下方面展开：

1. 构建农林经济管理人才培养的课程体系

着重建设以关键能力、创造性思维和创业能力为主的课程体系，正确处理知识、能力和素质的关系，夯实专业知识，拓宽专业口径，强化实践教学，让未来学生真正能够适应新形势下农村的发展，构建符合都市型现代农林经济管理人才培养要求、突出培养未来为了满足都市型现代农业对人才培养全方位、多类型、高规格的需求，培养学生创新精神和创业能力，搭建了以北京市精品课程农业企业经营管理学为核心、以都市型现代农业概论、农业经济学、农村财政与金融、农业政策与法规等课程为主干的课程体系，增设了农村专业合作组织管理、家庭农场学、村镇规划、环境与经济综合核算、农村公共管理等相关课程，形成了系统性、科学性、时代性和实践性为特征的专业课程体系结构，实现了理论教学模块化、专业教学特色化、实践教学体系化的目标，充分发挥各学科融合对都市型现代农林经济管理专业人才培养的推动作用。

2. 实施"社科＋自科"的人才培养双导师制

改革教学方式方法，采用校内师资与校外师资相结合、专任教师与农业技术教师相结合的双导师制。校内师资由具有农经理论知识与农场实践经验的教师组成；校外师资主要面向社会、业界和国际聘任高水平专家承担相应的教学任务。专任教师以科学研究领域的优秀教师为主，农业技术相关教师实施聘任制，主要参与现代都市型农林经济管理人才培养计划的学生配备由学校专业教师和农业技术教师担任的双导师，专业导师负责制定学生学业规划，帮助学生确定研究内容、方法，指导学生进行专业知识探索和完成学位论文等；农业技术相关教师负责传授给学生相关的农业知识，增强学生的实践操作能力。

3. 合作推行"涉农企业深度培养"模式

选择具有较强的行业背景、影响力大的大中型涉农企业、合作社组织和新型家庭农场作为合作对象，共同建立农林经济管理实践教育中心，联合培养都市型现代农林经济管理人才，让学生在实践教育中心，进行半年至一年的实践锻炼，提升综合素质和实践能力。

4. 建立人才的国际联合培养模式

都市型现代农业发展所需要的创新型农林人才需要有国际视野，开放合作的精神以及跨区域、跨文化交流的能力，一方面需要设置专业基础和专业方向的双语课程，引入国外优质教学资源，提高课程的国际通用程度，增强学生跨区域、跨文化交流的能力；另一方面还需要积极开展与国外高校之间的联合培养与交流合作，依托和开发各类国际合作项目，积极设置相关课程学分互认机制，选派优秀学生赴国外高校进行短期的交流和为期一年的学习、研究和实践工作。

5. 建立"六位一体"的实践教学平台

实践教学的目的是使学生以亲历实践检验所学知识，从而实现理论和实践的结合，最终达到学以致用，培养和提高学生分析判断能力和解决综合问题的能力，以及创新思维能力，使其真正成为应用型创新人才，增强创新和创业能力。为此，着重构建了"专业联基地，基地带社团，社团融项目，项目促实践"的实践教学模式，形成了实验教学平台、专业实习平台、跨专业的综合实训平台、创业教育平台、社会实践与就业实习平台"六位一体"的实践教学体系。

（二）师资队伍建设建议措施

1. 优化师资队伍结构

优化师资队伍专业结构、学历结构、职称结构、年龄结构、学缘结构；加大中青年教师的引进和培养力度，鼓励和支持中青年骨干教师出国研修，到海外学习交流或开展合作研究；通过多元化渠道引进校外、京外和海外优秀人才，鼓励教师访学、进修和继续教育学习，进一步优化教师队伍的结构。

2. 建设学术人才梯队

制定市级学科带头人、校级学科带头人、校级中青年骨干教师、院级优秀青年教师四个层次的人才培养计划，通过考核遴选、跟踪培养、动态发展，建设高水平学术队伍。强化对中青年教师的培养培训力度，为中青年教师的成长提供良好的环境，鼓励优秀中青年教师脱颖而出。实施人才培养工程，使市级以上各类人才工程入选者和市级学科带头人达到一定比例；校级学科带头人、校级中青年骨干教师、院级优秀青年教师要重点培养。

3. 培育"双师型"教学团队

在校内专职教师中抽调部分教学科研水平高、教学经验丰富的教师，分期、分批选派到相关实务部门挂职锻炼，并力争多数教师具备一定年限的企业、政府部门实践经历或工作经历，积累应用型实践经验；从相关行业企业、政府部门等实务部门聘请实践经验丰富、具有较高理论水平的专业人员和管理人员担任兼职教师，承担专业课程教学任务，或担任本科生联合导师，承担培养学生、指导毕业论文等任务，形成一支稳定的、高水平的兼职教师队伍。

4. 建立院校联合培养人才的长效机制

利用学校在北京地区的地缘优势，在搭建农林院校联盟基础上，拓展京内外高校农经专业教师合作的平台与途径，通过聘请外校知名教师长期担任学生课程任课教师、举办学术讲座、邀请参加学术研讨等方式，建立各院校之间联合培养农经专业人才、教育资源共享的稳定机制。

（三）实践教学基地建设建议措施

1. 加强实践教学师资队伍的建设

实践教学质量的高低，在很大程度上取决于实践教学师资队伍的整体素质与结构。因此，制定相关政策，建立有效的激励和约束机制，充分调动教师参与实践教学的主动性、积极性和创造性，使校内外的实验专家或学者、实验技术能手和实验管理人员积极参与到实践教学中来。

2. 搭建实验实训平台，加强实训基地建设

建立实验室开放机制，加快实验室建设，为学生提供创新的空间，同时扩大校外实训基地，构建多个培养学生创新能力和实践能力，富有特色的高水平实验、实训平台和大学生创新实践基地。

3. 建立有效的实践教学评价体系

结合农林经济管理实训的实际情况，确定评价要素，设定评定指标，通过实践教学质量评价体系，对学生的整个实践教学环节进行考评、控制、反馈，有利于提高实践教学改革的成效，有利于提高学生实验质量，从而实现学生综合素质的整合和提高。

4. 加强制度建设，强化实践教学管理

不断完善实践教学运行机制，强化实践教学规范化建设，对实践教学进行严格的监控和管理，用制度来保证实践教学整个过程及其中间环节的实施。

执笔人：陈　娆

第二节　会计学专业

一、都市型现代农业发展对会计专业人才的总体需求趋势

根据财政部制定的《会计行业中长期人才发展规划（2010—2020 年）》，到 2020 年，会计人才资源总量增长 40%，会计人员中受过高等教育的比例达到 80%，涉及会计审计实务、会计理论研究、会计管理等方面的各类别高级会计人才总量增长 50%；各类别初、中级会计人才在会计从业人员中的比重继续增加，力争使各类别高、中、初级会计人才比例达到10：40：50，以合理的分布、层次和类别结构满足经济社会发展的需要。

近年来，国家对"三农"问题高度重视，北京市相继出台农业方面的扶持政策，涉农企业、农民专业合作社及相关行业得到了前所未有的发展，对会计人才的需求剧增。

二、都市型现代农业发展对会计专业人才的具体需求类型

随着经济发展步伐的不断加快，都市型现代农业对会计人才的要求也越来越高，具有普通会计技能的专业人员已开始无法适应快捷的企业发展，而"管理型"的会计人才却属于极度紧缺的人才行列。

目前在人才市场上，初级会计人才已相对饱和，甚至过剩，再加上一般会计人员企业一般通过内部员工推荐，所以人才市招聘的数量就更少了。中高级会计人员一直是企业人力资源竞争的对象，就目前每年的供需比来看，中级会计人才需求的缺口很大，高级会计人才的紧缺就更严重了。尤其是随着对外开放的力度不断加大，跨国企业及一些外国企业家纷纷在

华设立公司，这就需要大量熟悉国际会计准则的本土高级财务人才。

三、都市型现代农业发展对会计专业人才培养提出的新要求

都市型现代农业对会计专业人才培养提出了更高的要求，总体来说，要求培养综合素质较高的会计专业人才，包括心理素质、政治素质、业务素质等。

（1）要求培养具备良好的心理素质和职业道德的人才。现代社会生活工作节奏加快，竞争日益激烈，财务人员在面对重重压力之时，要保持一种自信、乐观、积极的心态，还需要时刻保持冷静、细心和谨慎，这样才能胜任自己的工作。同时必须具备崇高的会计职业道德，有较强的社会责任感；具有独立思考、实事求是和谦虚谨慎的科学态度；具有爱岗敬业、遵纪守法的品质。这些基本素质，是做好财务会计工作的保证。

（2）要求培养较高的业务素质的人才。一是牢固的财务基础知识和专业知识的培养；二是广泛知识面的培养，会计毕竟只是经济科学的一个分支，所以，一名合格的会计人员，对于财务会计工作相关的知识，技能和相关的学科如经济学、营销、管理、法律等方面的知识也要熟悉。

（3）要求培养具备较强的综合能力的人才。包括：应用能力、研究能力、创新能力、社会适应能力、交流与沟通能力、组织协调能力等。

（4）要求培养具备较强的语言文字应用能力的人才。包括阅读、写作、口头表达能力等。

（5）要求培养掌握一门外语，具有较高的读、说、听、写、译的能力的人才。

四、都市型现代农业发展对会计专业专业建设的建议

都市型现代农业发展为会计专业建设提出了要求，同时也提供了平台。对会计专业建设提出如下建议：

（一）北京农学院会计专业特色

重视基础教育，突出实践操作，注重执业能力培养。

首先，不同于全国各类专业院校的会计专业。全国各类专业院校的会计专业注重现代会计理论知识的培养，注重国际会计人才的培养；北京农学院的会计专业要求学生在掌握宽厚的会计和管理知识的基础上，熟练掌握实用的操作技能。

其次，不同于大专院校的会计专业。大专院校的会计专业主要培养学生的实际技能；而北京农学院的会计专业要求学生在掌握宽厚的会计和管理知识的基础上，熟练掌握实用的操作技能。

（二）课程特色

突出课程体系的系统性、科学性、时代性、实践性特征。

课程设置除了体现宽口径、厚基础之外，特别设置了一些培养学生实践能力和执业能力的课程，如会计信息系统、会计实务、企业经营管理决策综合模拟训练、ERP 财务管理资格认证等，2009 年成功研发了会计综合实训系统，进一步加强学生实践能力的培养，力争使学生"零距离"上岗。

执笔人：李瑞芬

第三节　工商管理专业

一、北京经济快速发展催生对工商企业管理人才的大需求量

北京经济经过改革开放以来三十多年的高速发展，已进入新的发展时期。近年来，随着大量国际化企业总部在北京的落脚以及原有本地企业的快速发展，北京的工商企业单位数不断增加，对于专业管理人才的需求也呈现出增长的趋势。

具体分析来看，随着北京产业结构的调整升级，不断优化了第一产业、第二产业和第三产业的结构，未来大力发展先进制造业和第三产业，促进各产业之间的融合，提高先进制造业和第三产业在社会经济发展中所占的比重，将是北京经济未来发展的趋势。因此，新的经济发展趋势不仅带来了对于工商管理人才数量上的需求，也带来了对于工商管理人才在知识结构上新的要求。

高等教育是经济未来发展的支撑力量，其对经济发展的贡献呈现出不断上升的态势。北京产业结构的调整必然会带来就业结构的调整和对于各类人才知识结构的新要求，这就要求工商管理专业未来必须紧跟北京经济结构调整的步伐，在培养大量工商管理人才的同时，也不断更新培养理念和培养方案，以适应社会经济发展对于人才培养的新要求，在北京未来的经济发展中起到更加显著的支撑作用。

二、北京对于工商企业管理人才的需求量的发展趋势

未来北京社会经济发展工商管理人才的需求总量呈现增长的趋势，同时对于工商管理各类特色人才的需求也呈现出新的发展趋势。另外，对于专门适应某一类行业的特色工商管理专业人才的需求会呈现更加紧迫的态势。

北京是一个总人口超过2 000万人的特大型城市，保障其食品供给和食物安全是城市发展的基本需求。为此，发展具有涉农企业管理特色的工商管理人才培养就有着十分重要的现实意义。北京农学院的工商管理专业就是定位于涉农企业管理这一特色，这样既能发挥北京农学院的农业基础优势，又能满足北京社会经济发展对于特色工商管理人才的需求。

还有，北京的乡村经济发展正在走都市型现代农业的发展之路，在这其中，乡村创意产业发展潜力巨大，由此也就产生了对于与乡村创意产业发展相关的特色工商管理人才需求。在这一方面，北京农学院的工商管理专业责无旁贷，必须率先培养这类特色工商管理专业人才，以适应北京乡村经济发展的特有需求。

北京聚集了2 000多万人口，其居住范围广、居住区域类型多样、不动产数量庞大，其管理分门别类，既专业又复杂。这就产生了对于不同类型房地产经营、居住、物业等管理的特殊工商管理人才需求。未来能满足这类需求的特色工商管理专业人才也会有更为广阔的就业市场。

尽管北京是大都市，但中小企业数量依然庞大，适应中小企业工商管理需要的特色工商管理人才需求量也很大。这也将成为未来工商管理人才市场的一大特色需求。北京农学院的工商管理专业兼有中小企业经营管理特色也将是未来的发展趋势。

中小型工商企业相对于大中型企业而言，其管理更具有综合性，分工没有那么清晰，更需要能力全面的适应综合管理的工商管理人才，而不像在大中型企业那样每个基层管理人员

都只是其庞大管理体系中的"一颗螺丝钉"。因此，强调工商管理专业学生综合能力的培养，突出中小企业管理特色，也将是未来的发展趋势之一。

三、北京对于工商企业管理人才的求量的数量分析

据统计显示，截至2013年6月，北京全市市场主体存量（含企业、公司及个体工商户）为149.03万户，其中企业（或公司）为79.98万户，个体工商户为68.47万户。

从近年来北京市场主体存量数据来看，企业或公司的数量持续增长，年增长为5％～8％，而个体工商户的数量则呈现出下降的趋势。同时，随着北京社会经济国际化发展，北京市新设外商投资企业注册资本总额达也呈现出增长的趋势，年增长达10％以上。这表明北京的市场主体变化正朝着企业化或公司化以及经营国际化的方向发展。

由此，伴随着北京个体工商户的减少（个体工商户不需要专业管理人员），企业和公司数量的增长，北京对于工商管理专业人才的需求必将呈现出增长的态势，且对于工商管理特色专业人才的需求会愈加旺盛。

四、对工商管理专业建设的几点建议

（一）加强学生职业道德教育

随着我国社会诚信体系的确立，对于工商管理专业人员（从事管理工作，涉及到资金及经营、对待被管理者的公平意识、职业操守等）的诚信度要求也越来越高。注重职业操守、讲求专业道德，必将成为限制工商管理专业人员发展的第一道门槛。因此，加强学生社会责任感的培养，树立良好的职业道德规范就显得十分必要。

社会责任感和职业道德是对于所有从业人员在职业活动中的基本要求，但对于从事工商管理的人员要显得更为重要。随着现代社会经济发展，市场竞争会日趋激烈，这就要求所有的市场经济参与者都要有规则意识和法律观念，整个社会对从业人员职业观念、职业态度、职业技能、职业纪律的要求也会越来越高，职业道德教育将会日益显示出其重要性。

企业或公司在选用人才时，对大学毕业生的要求，除了资格证（能力）、学历之外，更加关注的是其道德水准和职业操守。由于在现实工作中，很多企业或公司都曾遇到过员工离职时带走客户资源、泄露商业机密等情况，所以加强工商管理专业学生道德教育和职业操守教育就显得十分重要。

（二）加强学生专业"考证"指导

就业市场竞争的剧烈导致企业或公司对于人才的要求也越来越苛刻，比如既希望学生能有良好的专业基础，也希望学生一到岗位就能发挥其应有的作用。因此，学生在这也之前获得各类任职资格证书就显得尤为重要。

为了避免学生盲目"考证"，就需要对学生考取就业资格证书有所指导，使学生在有限的时间之内获得最能发挥自己特长的职业资格证书，避免盲目跟风的现象。只有指导学生认清自己的能力与特长所在，才能使学生的就业之路更为顺畅，也能使所培养的工商管理专业人才在社会这个大市场中实现"物尽其用"。

（三）提高学生的考研兴趣和科研能力

北京社会经济发展对于人才的需求层次越来越高，这已经成为全社会的共识。因此，鼓励学生考取研究生继续深造，提高学生的科研能力，也成为工商管理专业培养人才必须关注的一个方向。在工商管理专业培养方案中，对于学生的科研能力的培养也要重视，要为学生的长远发展奠定良好的基础。

加强学生的科研训练，加强学生的毕业论文（毕业设计）指导，提高学生的研究分析能力，对于学生的长远发展是不可或缺的。

（四）进一步加强实验和实训，提高学生的参与能力和主动精神

未来的社会是一个更加需要协作的社会，仅靠个人单打独斗难以取得事业的成功。为了提高学生的协作精神和社会适应能力，就必须要加强学生在校期间的实验和实训，通过多种手段为学生提供更多的实际操作机会和协作机会，提高工商管理专业学生的综合能力。

执笔人：邓　蓉

第四节　市场营销专业

一、都市型现代农业发展对市场营销专业人才的总体需求趋势

随着都市型现代农业发展和农产品市场竞争的加剧，使具有北京农学院特色的农产品营销管理在企业经营中的地位越来越重要，同时营销专业因其就业适应面较广而使市场需求也相对较大。近年来市场营销专业一直是各类企业招聘量较大的专业之一，2008 年还入围北京市人事局毕业生就业服务中心认定的本科毕业生 12 大紧缺专业，说明北京市场对营销专业人才的需求还是较大的，许多企业需要能够从事营销管理、市场调研、市场推广以及营销组织与策划等方面的人才。据职友集网（http：//www.jobui.com）的最新统计，北京是市场营销专业就业前景较好和薪酬较高的地区之一。

二、都市型现代农业发展对市场营销专业人才的具体需求类型

都市型现代农业对营销专业人才的主要需求类型，表现在对既有农业生产经营一般知识和营销理论，又有一定的实践经验及市场开拓能力者需求量较大。具体类型包括农产品推广促销代表、农产品电子商务项目运营者、负责农产品销售渠道开拓的市场经理以及农产品营销项目整体策划等方面。其中农产品销售人才需求最大，市场上农产品或者农业销售人才相对较少。目前农户层面的农产品销售大部分人员是一些农民转型后作为主导，企业层面的集农产品营销、策划、销售为一体的"高级层面营销人才"更是难以寻找。因此，真正能够适应都市型现代农业发展需求的营销专业人才还远不能满足实际市场需求。

三、都市型现代农业发展对市场营销专业人才培养提出的新要求

都市型现代农业发展对市场专业人才培养提出的新要求，是培养既了解农业生产经营一般知识并系统掌握营销管理主要理论，又有在实践中能够吃苦耐劳，勇于开拓市场的经营

者。由此，需要在增加农产品生产经营一般知识学习的同时，增加营销管理知识应用的实践环节，并结合实践加强对学生在营销策划、销售技巧等方面的锻炼，使学生毕业后能够在较短时间既接地气、又有提升自身营销管理水平的空间。

四、都市型现代农业发展对市场营销专业建设的建议

（一）培养目标和培养层次定位进一步强调理论结合实践

培养目标是学校一切教学活动的出发点和归结点，而课程体系则是培养目标全面和具体的体现。目前我国一些在外延式扩张战略指导下涉足营销教育的招生院校，在培养目标、专业设置和课程体系设置方面存在一定的盲目性。有的在对营销管理发展的内在规律、发展现状和发展趋势及高等营销教育所承载的使命缺乏了解的情况下，以自己原先所在学科的优势和特点为出发点，通过对国内外高等院校营销专业设置和课程体系的"编辑组合"，确立自己的专业和课程体系，致使专业设置一定程度上存在缺乏规范性和培养目标模糊等现象。在营销专业教育中的中专、高职、大专、本科、硕士和博士等不同层次，培养目标和定位具有明显不同：中专、职高和大专主要应突出技能型营销服务人才的培养，毕业后主要面向营销管理从事基础性工作；本科生应当在增加营销理论和营销管理等知识学习、思维能力与理论素养培养的同时，增加其知识应用的实践环节教学，使学生毕业后在从事基础工作的基础上，能够有提升自身营销管理能力的空间和潜在素质。

（二）通过走产学研一体化发展之路提升师资力量

产学结合就是协调营销需求与院校人才培养的关系：通过与营销业界的需求沟通，学校可结合项目或学生实习参与到企业营销咨询和营销管理活动中，从而深化校企合作力度并形成优势互补的双赢关系。

（三）为企业定点培养营销人才

学校也可通过协议为企业定点培养营销人才，为学生直接参与营销实践和最终就业提供互相合作的舞台，并通过聘请企业营销实践经验丰富的人作为校外导师，提高实践教学的实效。同时，通过鼓励教师到营销管理类企业兼职或创办企业，来增强教师的营销实践能力，为提高实践教学的针对性积累经验。

执笔人：刘瑞涵

第五节　旅游管理专业

一、都市型现代农业发展对旅游管理专业人才的总体需求趋势

都市型农业，从空间位置上说，就是地处大城市或都市圈地区的农业。改革开放以来，随着工业化和城市化发展，大城市以及都市连绵区对全国经济的影响不断扩大。在这个过程中，城市和都市圈地区的农业从最初被人们认为是一种"临时性、过渡性"的产业，变成了一种有生命力的产业。城市和都市圈地区的农业发展，逐渐表露出一些具有共性的特点，已

经成为农业的一个特殊的地域类型。拥有2 000万人口、1.64万平方公里属地面积的北京市，属于我国都市型农业的发源地之一和具有代表性的地区之一。20世纪90年代后期，在率先实现农业现代化的进程中，北京市提出了发展都市型农业的要求。21世纪初，北京市正式将都市型现代农业作为农业发展方向。北京市国民经济和社会发展第十一个五年规划的重点专项规划"新农村建设发展规划"确定，按照"生态、安全、优质、集约、高效"的都市型现代农业发展方向，以服务城市、改善生态和增加农民收入为宗旨，提高农业综合生产能力、社会服务能力和生态保障能力，实现功能多样化、布局区域化、设施现代化、生产标准化、经营产业化、产品安全化、景观田园化、环境友好化。

都市型现代农业建设的工作是多方面的，其重点之一就是观光农业的发展。观光农业，是一种以农业和农村为载体的新型生态旅游业。近年来，伴随全球农业的产业化发展，人们发现，现代农业不仅具有生产性功能，还具有改善生态环境质量，为人们提供观光、休闲、度假的生活性功能。随着收入的增加，闲暇时间的增多，生活节奏的加快以及竞争的日益激烈，人们渴望多样化的旅游，尤其希望能在典型的农村环境中放松自己。于是，农业与旅游业边缘交叉的新型产业——观光农业应运而生。当前，我国观光农业蓬勃发展，规模逐年扩大，功能日益拓展，模式丰富多样，内涵不断丰富，发展方式逐步转变，呈现出良好的发展态势。2012年，全国农家乐已超150万家，规模休闲农业园区1.8万家，年接待人数超过4亿人次。2013年，北京全市农业观光园1 299个；观光园总收入27.4亿元。民俗旅游实际经营户8 530户，民俗旅游总收入10.2亿元。观光农业已经成为都市型现代农业发展的一个重要组成部分。此外，我国农村地区集聚了70%的旅游资源，观光农业发展潜力巨大。大力发展集农业生产、农业观光、休闲度假、参与体验于一体的观光农业和乡村旅游，对于适应我国旅游消费转型升级，培育新型消费业态，提高居民幸福指数具有重要意义。

综上所述，都市型现代农业发展的重要方向之一就是观光农业和乡村旅游，而发展观光农业和乡村旅游产业，则必须有更多的旅游管理专业的人才投身其中。我国农村具有悠久的农耕文化，丰富的农业历史，多样的旅游资源，这些需要具有现代旅游规划技能的人才来开发。在已有的150多万旅游接待企业中，需要上千万具有现代旅游服务知识和技能的旅游服务人才和新型农民来满足游客的需求。可以说，未来的观光农业和乡村旅游产业发展过程中，不仅需要具备现代农业知识和技能的人才，还需要懂得现代旅游基础知识和服务技能的人才，复合型、高素质的旅游人才将是未来都市型农业发展的人才基础。

二、都市型现代农业发展对旅游管理专业人才的具体需求类型

都市型现代农业发展对旅游管理专业人才的需求缺口很大，具体来说表现在以下几个方面：

（一）高级行政管理人才与企业管理人才

伴随着时代发展，我国的观光农业和乡村旅游产业已经开始逐渐升级，与国际接轨，出现了一大批规模庞大，具有很强影响力的大型观光农业园区，比如北京的张裕爱斐堡国际酒庄、蟹岛度假村等等。这就要包括熟悉国际惯例的高层行政领导人才、企业高级经营管理人才和旅游高端人才，尤其是具有国际水平，对国际旅游市场比较敏感的高级旅游经营管理人才。与高级企业管理人才相比，旅游企业的中层管理人才在供给数量上能够满足市场需求，

但素质需进一步提升。

（二）旅游专业技术人才

专业技术人才包括新业态旅游业专业人才，如旅游信息管理人才、旅游电子商务人才、大型会展活动管理服务人才、旅游研究人才等。近年来，一些大型会展活动开始从城市向乡村转移，对都市型农业和乡村旅游产业的发展起到巨大的带动作用。例如，北京的世界草莓大会、2014年的世界葡萄大会、青岛的世界园艺博览会等。但我国会展旅游等新兴旅游研究人才缺乏，旅游人才整体水平有待提高。

（三）服务技能型人才

主要需求的是服务于乡村旅游第一线的技能型人才，如农家乐饭店一线服务人员、西点厨师、中菜厨师等。目前的乡村旅游一线服务人员主要是农村的一些妇女和老人，缺乏基本的服务知识和技能，需要进行专门的培训。同时，年轻人更愿意在城市中心区的旅游企业和酒店中工作，不愿意到农业旅游企业中，这些都为我们进行乡村旅游企业管理人才的培养和人力资源管理提出了新课题。

三、都市型现代农业发展对旅游管理专业人才培养提出的新要求

近20年来，我国旅游业高速发展。目前已跃居全球第三大入境旅游接待国和第四大出境旅游消费国。同时，我国旅游业的国际化、专业化、特色化趋势更为明显，这就要求旅游从业人员有更高的业务水平和综合素质，也对我国旅游教育提出了更高的要求。都市型农业在我国也发展迅速，北京、上海等地农业与旅游业已经开始紧密结合，这些都对旅游管理专业人才培养提出的新的要求。

（一）当前旅游管理专业教育存在的问题

1. 专业方向划分过细

多年来我国旅游高等本科教育统一为旅游管理专业。2010年酒店管理专业增补为目录外专业，2011年设为正式本科专业。多年来，为了与我国旅游行业对口，旅游管理专业划分了细化的专业方向，涉及酒店管理、餐饮管理、旅行社管理、旅游物业管理、旅游交通管理、商务旅游与会展等不同方向。每一个方向都设有专门的专业课程和知识技能培训方案，但又统归于旅游管理大专业。在农业院校，旅游管理专业基本上设置在原来的园林一级学科下，专业交叉问题更加严重。由于目前我国旅游教育的综合水平、师资力量尚处于较低水平，且英语、政治等基础课程占用了大量的学时，少量的专业课程和实践学时用于分配到如此多的专业方向之中，人为地分散了师资力量和教学资源，培养的学生往往对于每一个方向只能了解一点皮毛无法深入，特别是专业技能，到企业就业必须从头学起。

2. 课程设置偏离行业需求

目前，我国一些高校在进行课程设置时，缺乏对旅游行业的深度的调研和分析，在讨论课程设置时也没有经验丰富的旅游业界人士参与。同时，由于我国高等教育教学计划更改手续繁琐，可以更改的课程数量较少。且教学计划修订周期较长，使我国高等旅游教育课程的设置长期与业界的需求脱节。特别是农业院校的旅游高等教育是从相关农林专业转型而来。

在制订教学计划和设置课程方面，受原专业课程体系的影响较大，因人设课的现象十分严重。如从园林专业转向旅游教育的，在课程设置中偏向地理类课程，导致教学与实际人才需求的知识结构脱节。

3. 师资力量较为薄弱

由于我国高等教育旅游专业发展迅速，近年来，高素质旅游师资力量严重缺乏。多数农林高校的旅游师资是从地理、园林、环境等其他专业转行而来，专业知识、教学水平、实践经验有限。同时，我国本科高校教师岗位有限，教学评估对教师的学历有较高的要求，一般要求有硕士或博士学位，而有硕士、博士学位的多为应届毕业生，缺乏旅游实践经验。有丰富旅游实践经验的旅游从业人士很难跨越学历限制，进入高校师资队伍。这在一定程度造成了我国高等教育旅游专业重理论、轻实践的现状。

（二）都市型现代农业发展对旅游管理专业人才培养提出的新要求

1. 明确专业定位

将都市型农业所需的旅游专业的管理人才的定位转向高素质服务人员的定位。加强素质教育，培养一专多能的旅游人才。在旅游教育中，应加强通识知识、沟通知识、信息知识、法律知识的教育，使学生在打下扎实的专业知识基础和掌握运用专业知识能力的同时，培养良好的服务意识，强烈的事业心、敬业精神，培养学生的社会交往和人际沟通能力，使学生具备较强的情绪自控能力、较好的与人合作能力和社会适应能力，以及面对挫折与失败的耐受力、较好的身心素质等。由于旅游人才属于涉外型的人才，因此要把英语水平、计算机水平、人际关系处理能力的提高作为一项重要内容。同时，针对都市型农业的快速发展，农业院校的旅游管理专业培养也应与现代农业、休闲农业的需要紧密结合，让学生了解都市农业。

2. 弱化专业方向

专业方向的设置虽增加了学生的"专"和"精"，但也在一定程度上限制了学生的就业面和知识面，禁锢了学生的兴趣和特长。因而，需要在取消专业方向的基础上科学设置课程，减少固定课程的比例，增设活动课和选修课。特别是应大量增加都市农业和旅游业相关的交叉课程，比如观光农业概论、观光农业导游基础等。

3. 优化课程设置

要特别注意协调好专业课、技能课与实习课之间的关系，旅游是个应用型很强的专业。需要大量的实践操作和实际经验，大部分专业课和技能课应考虑减少课堂讲授，通过搞好实践调查和增加模拟教学的途径实现教学目的。同时，适当调整拓展课程体系，增加拓展知识课和选修课的比重。将大量不成熟的课程以学术讲座的形式进行，同时加强课外培养力度。提高学生科研创新能力。可以考虑通过考取"职业资格证"来增加学生学习的积极性和压力，并通过适当的选修课丰富教学内容，比如，可以在教学上引入双证制教育。

4. 强化实践环节

争取建立自己的教学实践基地，将旅游管理专业的教学办公地点按星级酒店或者休闲农庄的标准进行建设和管理，逐步完善设施，构建情境化的教学环境。培养师生的服务意识和专业素质。对现有的实践教学环节进行优化配置，减少单次实习的时间，增加实习的次数和类型，且要求每次实习的岗位有轮换，实行"理论—实习—理论"的交错教学模式，以较好地实现专业基本技能、专业技术应用能力和职业综合能力训练的有机结合。

5. 争取国际合作

都市型农业和休闲农业的发展我们应多借鉴国外发达国家和地区的经验。在旅游管理专业的培养方面，我们应加强与国外旅游企业集团和科研机构合作交流、协作办学，吸纳国外的优秀教学模式和先进办学经验，共享国外优质教学资源，在旅游院校培训师资队伍和学生队伍时采取"送出去、请进来"的培养模式，创造政策扶持的有利的教学环境。

四、都市型现代农业发展对旅游管理专业专业建设的建议

（一）专业设置

都市型现代农业的发展对于旅游管理专业建设应突破旧有的观念，比如国外没有旅游管理这个专业，而是设置了接待业管理、休闲学、酒店管理、会展专业、餐饮管理等专业。从专业名称来看，我国的旅游管理更偏向于培养旅游企业管理和行政管理的人才，而国外则偏向培养高素质的服务类人才。国外高校旅游类专业在大学前两年不确定专业，而是学习服务业的基本知识，实习后再进一步确定专业。这样可以先让学生在服务行业实践、体验后再选择专业或专业方向。更有利于学生科学评估自己的优劣势，选择自己喜好、专长的专业方向。我校园林学院的旅游管理专业、城乡发展学院的会展专业、植物科技学院的观光农业专业、经济管理学院的农林经济管理专业在专业内容都有交叉，其实可以考虑进行专业整合，从而发挥更大优势。

（二）教学设施建设

国外旅游类高校一般都有自己的教学酒店或者休闲农业基地，且教室及教师办公地点按高星级酒店的标准来进行装修、布置，让学生和教师每天在实战的环境下工作、学习。习惯成自然，从而培养了学生的服务意识，养成了专业型的工作、生活习惯。教学基地多采用双重管理，院长（老总）必须要对教学负责，同时要对教学基地的运营负责，且必须自负盈亏。

（三）课程教学

1. 重视通识教育和沟通知识教育

除专业课程外，应强调通识教学模块和沟通基础模块。通识教学包括企业运营管理类、管理的组织行为类、人力资源管理类、财务会计类、参与管理类模块。近年来，通识教育逐步重视信息类、法律类的知识教育。通识教育主要培养学生与人交往合作的能力及社会适应能力。

2. 重视实践教学

教学计划应遵循"理论—实践—理论"的原则，深化提高学生运用的知识能力。在时间分配上，其实习占整个教学时间的30％甚至更长，教师现场指导，把理论贯穿到实习中去。根据旅游专业综合性很强的实际特征，在课程设置上、学时分配上既注重基础理论又突出特色。本科生教育应努力做到尊重学生的意愿，允许广泛选择，掌握一技之长，力求全面发展，把广泛精深的理论和实际有机地结合起来。

3. 重视综合素质培养

未来旅游管理专业的课程考核应减少采用考试的模式测验学生学习效果，而是多采用论文或调查报告的形式。对学生论文要求应进一步提高，要有第一手的数据，且必须是实地调

研和认真思考的，应鼓励学生采用团队合作的方式完成。学生首先自由选择组建团队，无法组建团队的同学需要重修课程，或者经任课教师同意剩余同学共同组建成一个团队。团队需要提交论文报告，并进行宣读、答疑，如不通过，整个团队成绩会受到影响，甚至全部重修课程。这种考核形式既锻炼了学生综合利用知识的能力，又培养了学生的团队意识和沟通、表达能力，有利于学生综合素质的培养。

4. 重视优质教学资源的共享

学生上课的方式多样，可参考国外流行的旅游管理专业教学方式。学生可选择 face to face mode（聊天模式）、fix mode（教室授课形式）、video mode（视频形式）中的任何一种，课程通过内部网络在教室和图书馆直播，学生可用移动终端（如手机、笔记本电脑）共享教学资源。

（四）实践教学

1. 渐进式实习模式

旅游管理专业可采用渐进式的旅游实践教学流程，要求学生必须完成"初级—中级—高级"实习过程，实习流程必须依次进行，且遵循"理论—实习—理论"的教学流程。实习过程必须达到相应的时间。其中初级实习只需从事服务业的相关工作，例如洗盘子、传菜等都可以。中级实习必须从事服务业中管理岗位或重要技术岗位的工作，如酒店的前台、旅行社的计调等。高级实习要求学生必须从事部门经理、主管及以上管理岗位工作。此外，实习单位必须学生自己找，学校不进行安排，只负责宣传，且学生的实习必须是带薪实习。

2. 专人负责型实习管理模式

实践教学采用专人负责制，每个专业一般有 2～3 名专业实习带队老师，全程对学生实习进行跟踪，负责对实习学生的指导与管理。

3. 实用型方案策划模式

在毕业论文方面，本科生不一定必须以毕业论文作为毕业手段，也可以是针对某一个旅游企业，做一个能高度融合所学知识的实用性很强的 project（策划方案），如营销、财务管理、人力资源、项目开发、主题活动等方面的方案，并进行答辩或试用。

执笔人：马　亮

第六节　农村区域发展专业

一、农村区域发展的国际渊源

农村区域发展专业在国际上对应的"国际发展"（International Development）和"区域发展"（Regional Development）专业。这两个专业的诞生与社会经济发展过程中缺乏相关的实践操作人才和理论人才有非常紧密的关系。

第一个专业起源于国际农村发展，自二战后，美国和苏联为了争取更多的国家加入自己的战线，因此开展了大量的对外援助，最早援助是采取简单的经济模式复制，如市场化、工业化，但是结果证明，诸多援助失败了，甚至很多模式不适应地方的需求。由此出现了大量的社会科学家，包括经济学家、社会学家、人类学家、政治学家等开始研究发展援助应该采取哪些恰当的模式，比较典型的为参与式发展模式以及由此衍生的其他各类模式。当发达国家在20世纪90年代初期开始援助中国后，相关的发展援助和研究领域对从事参与式发展规划、评估以及方案实施等方面人才的需求也表现强劲，而且薪资水平均处于较高水平，同时也推进了中国公民社会的发展。这一方向实际上是国际发展与管理方向，一般而言，从事过较好的专业训练的学生，比其他专业的学生有更好的适应能力和发展实践以及发展规划和管理的操作能力。

第二个专业起源于区域发展规划，其核心是从事参与式发展规划。目前国际上从事区域发展规划的机构通常采用的是参与式发展规划。20世纪90年代初，在中国开展的发展原则大量地采用参与式发展规划方法。德国援助的黄淮海盐碱地改造工作采用了大量的参与式土地利用规划即是如此。当时中国农业大学等高校申报该专业时将"农村发展"改为"农村区域发展"与此有密切的关系。

二、农村社会经济发展对复合型人才的新要求

我国农村社会经济的发展对复合型人才的需求越来越大已经是不可回避的一个趋势。现代社会经济的发展对经济管理类的人才已经不再表现为对某个具体学科的需求，而是对复合型知识和适应能力的需求。

各个用人单位对复合型专业技能人才的需求体现在两个层次：一方面为具体的技术层次，另外一方面为战略思维层次。技术层次要求非常具体，招聘岗位也直接对应掌握专门技能的人才，比如掌握种植技术、养殖技术，能够熟练使用项目管理软件、财务软件、制图软件、统计软件等进行相关的分析，另外有些还有对各类证书的要求，如英语6级证、会计证等。另外一方面是对战略思维层次的要求，这类要求是对人才更高的需求，比如如何开展问题分析、如何选择最优战略等；各类开拓性工作岗位比如策划和规划、筹资、市场分析和资源拓展等具体的岗位对此需求较高。

各种岗位均对适应能力和学习能力有较高的要求。现代社会对知识更新的要求越来越高，各类工具性的知识不断更新升级，新出现的职业要求新的知识跟进，传统的商业模式、社会管理模式正在被新的模式替代或者补充，要满足当前社会经济对人才能力的需求，就要求各类人才能够及时更新自己的知识，因此学习能力体现得尤为重要。现代工作环境在硬件和软件上的变化速度都比以往要快，大部分人一生要换多个工作岗位，或者要处理不同的事务，因此要求各类人才要适应不同岗位或者不同事务所要求的不同的角色，因此如何理解并适应不同的角色是各类人才面临的首要问题。

以某招聘网上招聘一名农业可持续发展项目官员为例，可以看出其岗位及要求的能力具备明确的复合型要求，如项目报告的写作能力、沟通能力、能够经常出差及对外的适应能力。

某机构招聘农业可持续发展项目官员的任职要求

工作地点：北京
主要岗位职责描述：
(1) 参与棉花/大豆产业可持续发展项目各类报告拟写；
(2) 负责与全球其他办公室的联系与沟通；

(3) 负责每月或每季度棉花/大豆项目网传稿件；

(4) 负责每季度棉花/大豆项目情况总结；

(5) 承担机构分配的其他与本岗位相关的工作。

资质要求：

(1) 英文读写流利，能够运用口语交流，书写一般性行业报告；

(2) 有2年及以上工作经验者优先，学历本科及以上；

(3) 从事过农业相关领域者优先；

(4) 具有良好的沟通、表达、分析问题、解决问题的能力；

(5) 认同公益理念，能适应出差。

三、北京农学院农村区域发展专业设置的特点

（一）专业培养目标

北京农学院农村区域发展专业（规划方向）旨在培养能够从事农村区域经济和社会发展项目规划、项目管理和评估的应用型人才，满足当前城市化过程中，农村、农民和农业表现出的转型特征，特别是在都市型农村发展的特征下，政府机构和公益机构实施发展项目规划、管理和评估的需要，同时也为了满足企业履行社会责任以及开发和实施公益项目促进社会发展的迫切要求。

（二）专业培养要求

本专业要求学生系统掌握基本的社会、经济和环境可持续发展理论及基本方法，熟悉我国当前转型期社会、经济、政治和环境发展背景和现状，能够比较熟练地使用发展规划、社会和经济评估方法，至少掌握一门统计软件以及项目管理软件的基本使用方法，具有社会和经济管理创新项目设计的基本能力。除此之外，本专业也鼓励学生积极考取各类职业资格证书。

（三）主干课程

西方经济学、管理学、会计学、人力资源管理、社会学、普通发展学、项目管理、统计方法与应用、区域经济规划、地理信息系统、项目投资评估、计算机辅助制图等课程。

（四）主要实践教学环节

本专业注重实践教学，专业实践教学约占专业课学时的32%。各类实践教学学时分布如下：课程实验学时为8.5周，分布在各个课程教学中；课程实习学时为7周，分布在各个学期期末和课程教学中；专业实习16周，分布在第7学期；毕业实习12周，分布在第8学期；毕业论文学时为5学时，分布在第8学期；科研训练学时为2周，分布在第5小学期和第6小学期；社会实践学时为2周，分布在第1学年暑期。在安排各类实习的同时，学院鼓励同学们考取各类专业技能证书，积极参加各类竞赛、社会实践活动，以丰富其经历，拓展其见识，同时也为就业增分添彩。

（五）授予学位

修完教学计划规定的全部课程和实践环节，并达到所要求的学分数，达到国家规定的大学生体质健康标准，即准予毕业。达到北京农学院的学位授予条件，即授予管理学学士学位。

四、北京农学院对农村区域发展专业能力培养要求

农村区域发展专业根据培养复合型人才的目标，将专业能力培养体系分为两大类，第一大类为专业技能能力，第二大类为非专业的各种业务能力。第一大类的能力可以进一步分为"项目规划能力""项目管理能力""项目评估能力"；第二大类能力可以细分为"沟通能力""学习能力""实验动手能力"（表7-1）。

表7-1 农村区域发展专业能力培养体系

序号	专业技能	技能分解	训练课程	其他途径
1.1	项目规划能力	项目活动规划能力	参与式发展规划、村镇规划、区域经济规划、地理信息系统、社会调查研究方法、统计方法与应用、市场营销学、企业社会责任与社会创新、公民社会发展管理、金融与发展专题	科研训练和社会实践等
		制图能力	测量学、规划制图、村镇规划、地理信息系统、计算机辅助制图、土地资源管理、毕业实习、毕业论文	名师讲学和各类科研项目
		财务分析能力	会计学、项目投资评估	各类科研训练和社会实践
1.2	项目管理能力	项目活动管理能力	管理学、项目管理、参与式发展规划、人力资源管理、农业企业经营管理、公共管理	各类科研训练、社会实践和相关培训
		财务分析能力	会计学、项目投资评估	各类科研训练和社会实践
1.3	项目评估能力	项目管理评估能力	参与式发展规划、项目管理、社会调查研究方法、统计方法与应用	科研训练、科研项目和社会实践
		社会评估能力	普通发展学、社会学、社会调查研究方法、统计方法与应用、民法总论、企业社会责任与社会创新	科研训练和科研项目
		经济评估能力	经济学、会计学、项目投资评估	科研训练和科研项目
2.1	沟通能力	口头表达能力	各类专业课程	参与案例教学讨论、课堂互动、讲台展示等
		人际交流能力	科研训练、各类课程的实训、专业实习、毕业实习	专业实习
2.2	学习能力	阅读理解能力	科研训练、各类专业课程要求阅读书目	科研项目
		信息技术能力	计算机基础；统计学；统计方法与应用实习、项目管理、ERP决策模拟	文件检索培训、参加教师科研项目
2.3	实验动手能力	各类实践技能	项目管理综合实习、村镇规划综合实习、毕业实习	参与各类实训竞赛

五、北京农学院农村区域发展专业的就业方向

从就业的角度来看，农村区域发展专业就业面颇广，这与其培养复合型人才目标有关系。一些岗位作为本科毕业生可以做，一些岗位本科生胜任不了，要求相关的研究生学历，因此从学生也可以进一步深造研究生，为将来有更好的就业岗位。2009 年，北京农学院招收第一届农村区域发展本科生，2013 年迎来第一届该专业的毕业生。从 62 名学生实习和就业的岗位来看，充分体现该专业的复合型特征。下面就学生开展的半年专业实习和就业去向来说明该专业的特点。

（一）学生实习的岗位类型分布情况

2009 级农村区域发展专业于 2012 年 7 月至 2013 年 1 月开展专业实习，岗位分布包括人力资源、项目管理、行政助理、会计、出纳、市场咨询、测绘、市场督导、编辑、库管、产业发展规划、经纪人和培训等多种岗位，约 80％的同学从事相关的工作，另外还有 20％的同学以及准备考研和出国深造。

表 7-2　2009 级农村区域发展专业学生专业实习岗位类型统计

专业实习类型	人数（人）	百分比（％）	累计百分比（％）
考研	12	19.35	19.35
在政府和事业单位实习	10	16.13	35.48
人力资源	6	9.68	45.16
项目管理	6	9.68	54.84
行政助理	5	8.06	62.90
会计、出纳	4	6.45	69.35
美国和荷兰农业研修	3	4.84	74.19
从事市场咨询	3	4.84	79.03
测绘	2	3.23	82.26
市场督导	2	3.23	85.48
项目策划	2	3.23	88.71
编辑	1	1.61	90.32
测绘培训	1	1.61	91.94
出入库管	1	1.61	93.55
创业	1	1.61	95.16
产业发展规划	1	1.61	96.77
经纪人	1	1.61	98.39
准备出国考托福	1	1.61	100.00
合计	62	100.00	

（二）学生就业单位性质分布情况

从 2009 级学会就业单位的性质分布来看，就业单位性质种类较多，也反映了农村区域发展专业毕业生能够满足社会各类人才的需求。根据就业部门和教师的相关统计，民营企业工作的人数占到 40.32%，国有企业工作的人数占到 14.52%，事业单位工作的占 8.06%，教育单位的占 6.45%，国内研究生的占 6.45%，国外研究生的占 4.84%，另外还有少量服务于农村工作的"村官"等比例约占 10%。

表 7-3 2009 级农村区域发展专业学生就业单位类型分布

单位性质	人数（人）	百分比（%）	累计百分比（%）
民营企业	25	40.32	40.32
国有企业	9	14.52	54.84
其他事业单位	5	8.06	62.90
中等、初等教育单位	4	6.45	69.35
国内研究生	4	6.45	75.81
国外研究生	3	4.84	80.65
党政机关	3	4.84	85.48
农村建制村	3	4.84	90.32
消防武警	1	1.61	91.94
待就业	1	1.61	93.55
地方基层项目	1	1.61	95.16
国家基层项目	1	1.61	96.77
民办非营利性组织	1	1.61	98.39
"三资"企业	1	1.61	100.00
合计	62	40.32	

这些学生在其工作岗位上从事的专业性的工作和他们之前的实习工作基本上类似，多数为项目报告写作和工作总结、人力资源管理、项目管理、会计、教育等，除此之外还有很多非专业性的工作，这些工作则体现为对其综合素质或者能力的要求。一些在郊区县当"村官"的同学，由于其专业为农村区域发展（规划方向），并且懂得有关规划方面的基本知识，熟悉其中的一些基本技能，在村服务的通常被安排来为村申报专项、争取资金写可行性研究报告，一些被抽调到乡镇上的同学，通常是被安排到与城乡规划和建设相关的部门从事相关的工作。还有同学由于实习表现突出，在公益机构工作初期即被聘为项目官员。从继续深造的角度来看，农村区域发展专业课程设置较广的特点为学生深造提供了更多的选择渠道和机会，数学基础不错的可以考取经济和管理类研究生，数学基础稍弱的可以考取公共管理、农业与农村发展、农村区域发展方面的研究生，而相关的专业课程在该专业的本科教育中都有系统的教育。

中国城市化的推进，为农村发展提供了新的机遇，在现代社会节奏不断加快，对人才学习能力和适应能力要求越来越高的社会，具体的某项专业技能的培养模式已经不适合现代社会的需要，北京农学院农村区域发展（规划方向）专业正是针对目前的人才需求趋势设置了多学科和多样化的培养模式，旨在给学生打开更多的门，启迪学生思考问题的智慧，教授学生解决问题的方法，培养学生的团队工作精神和健康的人格，督导学生在大学期间提前考取相关的工作技能证以及完成相关的设计作品。任何工作不可能是一成不变或者是单一要求具备某一学科知识或者技能则能胜任的，培养复合型人才是北京农学院农村区域发展专业教师所秉持的、不变的使命。

执笔人：苟天来

第七节　会展经济与管理

随着经济全球化脚步的日益加快和我国经济的快速发展，对外开放的不断扩大及奥运会、世博会的成功举办，近年来我国会展市场快速扩容。中国人口众多，经济发展迅速，蕴含着巨大的消费潜力，吸引了国外众多的跨国公司及代理商、进出口商以及批发商抢滩。如，在北京举办的国际汽车展，国际汽车巨头瞄准中国汽车市场的巨大潜力，蜂拥而至。同时，在我国产业结构升级中，出现了一大批具有国际竞争力的企业和具有国际水平的名牌产品，这些企业的产品不仅需要开拓和占领国内市场，而且期望通过会议和展示的渠道，将产品打入并占领国际市场。加入 WTO 使我国获得了与欧美发达国家进行公平贸易的地位，我国的一些优势产品和劳动密集型产品，如纺织品、服装、手工艺品、轻工、家电、玩具、鞋类等有了更多的出口机会，举办各类国际会展为中国企业的扩大出口提供了商机。

我国的现代会展业起步于 20 世纪 80 年代，最近几年得到蓬勃发展，据资料统计显示，我国会展产业正以年均 20％以上的速度迅猛发展，作为蕴藏巨大商机的朝阳产业，会展业在中国已经步入迅速发展的成长期，并逐步走向国际化、专业化、规模化和品牌化。截至 2012 年，我国每年的展会数量超过 9 000 个；主营展览公司 10 000 家左右，从业人员超过 200 万人，我国各类展会每年的直接经济价值超过 3 500 亿元人民币，在住宿、餐饮、通信、游览等方面的间接收益超过 10 000 亿元。各大城市纷纷将会展业列为优先发展的重要产业，出台各项优惠政策予以扶持。同时，会展经济的发展，直接刺激了旅游、宾馆、交通、运输等行业的市场发展。

一、我国会展人才的状况

广义的会展人才，分为三个层次：会展核心人才、会展辅助性人才以及会展支持性人才。会展核心人才，包括会展策划和会展高级运营管理；会展辅助性人才，包括设计、搭建、运输、器材生产及销售等；会展业支持性人才，包括高级翻译、旅游接待等。

近几年我国会展经济在质和量两方面都有新的突破，已成为名副其实的"展览大国"。会展品牌建设步伐加快，展会层次提高，各地形成了一批规模大、效益好、品牌影响力强的展会。据中国就业培训技术指导中心最新统计显示，目前我国会展从业人员约有 200 多万人。

但在众多的会展从业人员中，科班出身者寥若晨星，基本上都是半路出家、自学成才，从业人员总体层次较低，是一种"师傅带徒弟"式的人才成长模式。而且会展行业的机构中，管理层领导多为行政配备，缺乏专业背景；会展设计人员也是从其他专业如平面、广告、装潢等专业转向而来；展会项目的招展营销人员虽有一定的外语水准，但少有学经济管理出身的；工程、制作、施工人员更是来自各行各业。

在 200 多万从业人员中，从事经营、策划、设计、管理人员约 15 万人以上；会展设计人员不足 1%。核心人才和辅助性专业人才的缺乏已成为制约我国展览业健康发展的一大瓶颈。

二、会展产业链各个环节人才需求

一个成功的会展活动离不开会展策划、会展组织、会展举办、会展服务四大环节。在这四个不同环节的产业活动中，活动主体各不相同；随着会展产业活动的推进，相关的活动主体相继介入；由于不同活动主体在产业活动中所要发挥的职能各不相同，因此产生了不同的人才需求。

会展策划环节：涉及项目策划和项目审批的活动主体，主要是展览公司、广告策划公司、政府机构和行业协会四大活动主体。从主体的功能来看，展览公司与广告策划公司主要负责可行性项目的策划，同时，展览公司还需要进行展会申报中的公关活动。政府机构和行业协会则负责会展项目的依法或依约备案或参与。

会展组织环节：招商、招展、宣传推广。政府、行业协会承担行政发动的职能；展览公司承担专业推广和商业化运作的职能；广告公司围绕主办方的目标要求进行相关的策划、设计。

会展举办环节：产业活动涉及展示设计与搭建、高端服务（翻译及法律咨询）、现场管理、展会宣传、物流运输、餐饮住宿、政府管理（海关检疫检验消防及安全保障等）、专业服务（速录、礼仪接待等）。

服务环节：所要进行的跟踪服务主要由展览公司、各行业参展公司、会展行业协会（自办展）、政府机构（自办展）来完成；旅游（票务）基本上由旅行社协作完成，而物流与运输由物流公司完成。

三、国内会展业人才需求状况

现代会展业是一个涉及面广、政策性强、专业化程度高的产业，对专业会展人才和高素质技能型会展人才的需求与日俱增。2007 年国家劳动和社会保障部向社会正式发布了 10 个新职业，其中会展设计师这个职业作为发展前途最为光明的新人才名列 10 种职业的第一位。高素质技能型专业会展人才的奇缺，使得会展业提升竞争力、与国际会展业接轨方面动力明显不足，并已成为制约会展业进一步发展的"瓶颈"。从 2012 年度的统计中可以看到，会展专业人才岗位空缺与求职者的比例：北京为 9：1、广州为 7：1、上海为 10：1。而且，由于我国会展业发展时间较短，许多从业人员虽然有一定的实践经验，但专业底子薄，对展会运作模式也了解不够。展览公司中绝大多数管理人员专业知识不够，造成展览公司资质差，展会水平普遍不高。相当数量的展览公司只是一个招牌两三个人经营，而且工作人员没有参加过专业培训，由此导致展览总体水平低，无论从设计、创意到服务等方面，都与国外发达国家存在很大的差距。以上海会展业为例，目前上海会展业有经验的高素质技能型会展人才不足 100 人，而通常举办一个大型国际会展至少需要专业人才 80～90 人，上海如今平均每周要举办 5.5 个展览，人才缺口非常大。其中，最缺的是会展战略分析和管理服务人才，包括会展策划设计、会展服务、会展销售等人才；这些需求又带动了会展辅助人才的需求，包括广告、法律咨询、物流、贸易人才等。

以下是几大中心城市会展行业发展及人才需求状况调查数据：

（一）深圳

深圳目前从事会展设计的公司（其中包含装饰公司、广告公司）约 2 000 家左右，从事会展设计的专业人才近2 000人。深圳市商业性展馆主要有深圳会展中心和华南城国际会展中心两个，会展企业近 600 家，从业人员近万人；上下游相关企业近千家，相关从业人员近10 万人，全年举办展览超过 80 个，会议活动近万场。2009 年，深圳会展业直接收入超过20 亿元，拉动相关产值将近 200 亿元。4 所大专院校开设 5 个会展专业方向，在校生 500 多名。目前，深圳市会议展览业协会与 5 所培训机构合作开设了会展商务师、会展策划师、会展设计师三类职业资格培训课程。

（二）北京

北京是会展行业的发源地，是全国会展的组织地，而且是国家级协会、各部委的所在地，很多展会源于北京。北京作为首都，各式人才较多，但缺乏有高端设计能力的资深会展设计师。

北京以文艺演出、新闻出版、广播影视、文化会展为主的创意产业发展迅速。其中，艺术表演团体、演出经纪机构总量均居全国之首；出版物品种、电视剧出品集数、电影产量和会展数量均占全国的1/2；艺术创造性和经营性人才全国最多。

北京会展设计人才稀缺也就再正常不过了，一方面是快速发展的会展业，一方面是滞后的会展教育。更准确地说，北京真正缺乏的是具有高端设计能力的资深会展设计人员人员。这几乎是每个展览展示公司共性的问题。力洋公司对会展设计人才的要求早已不满足于业务，更注重设计人员对事务的控制力及对相关领域的了解和沟通能力。尽管现在高端会展设计人才奇缺，但是力洋公司的定位，决定了他们对设计人才的理解和要求是"宁缺毋滥"。

（三）上海

在 2010 年世博会期间，上海会展类人才的缺口达到 10 万余人。2011 年，"后世博时代"的来临使人才缺口进一步扩大。上海市会展行业协会提供的数据显示，注册该协会的会展设计公司 2011 年达到 150 家，从业人员大约是5 000名，但具有 5 年以上实际操作经验的只有 1%。通常举办一星期左右的展览，如车展或房展类的大型会展，需要专业会展人才近百名，如果展会时间和内容增加则这一人数还要增加。即便是在会展业条件最好的上海，有经验的高级项目经理也不过百人，而复合型会展设计人才也成为了稀缺资源。随着上海世博会的成功举办，上海逐步成为21 世纪亚太地区的重要会展中心，但会展设计人才数量的悬殊差距，已成为上海确立重要会展中心地位的瓶颈。

（四）昆明

经过 10 多年的发展，内陆旅游城市——昆明的会展业已跻身全国的"第二梯队"。目前，每年在昆明地区举办的 100 人以上的中型会议近千个，几乎每天都有 3 个以上的会议在昆明召开，在国际、国内有一定影响和知名度的大型会展活动每年都有 5~8 个。与会展业蓬勃发展的现状不协调的是，昆明的会展人才队伍却并没有一起壮大。劳动部门预计，当前，昆明会展企业的高级专业人才缺口达近千人。今后，随着昆明会展业开打"东盟牌"，会展市场进一步扩大，这一缺口还会加大。

　　在会展行业发展和设计人才奇缺等因素的推动下，各类高校也在主动调整培养方式。目前，该专业（方向）的发展状况是：第一个展示设计本科专业是 1991 年中央工艺美院（现清华美术学院）开设的。2007 年，本科类教育院校开设会展专业的有 23 所，其中只有两所隶属美术或设计系的会展技术与艺术专业。到 2010 年为止，以原有艺术类专业为基础而开设会展设计方向的高校数量不到 10 所，但开设本专科各相关专业会展方向的高校已达到 30 所，招生人数约每年 300～500 名。

表 7-4　会展企业的职业—技能取向需求状况调查

单位：%

		会展主办方	会展承办方	会展设计搭建方	会展场馆物流方	会展代理方
核心运营技能	会展研究型	12.8	0	0	0	7.4
	会展开发与项目管理	38.7	16.9	2.8	16.3	5.5
	会展策划与营销管理	35.0	42.6	13.5	17.2	11.3
辅助专业技能	会展设计与销售型	13.5	24.5	45.9	11.4	10.4
	会展搭建运输与器材生产型	0	0	36.4	34.7	15.2
基础支持技能	会展礼仪与服务型	0	13.0	0		34.3
	会展翻译与场馆商务型	0	3.0	1.4	20.4	15.9
	合计	100.0	100.0	100.0	100.0	100.0

四、会展人才职业指导

　　职业指导指教育或就业服务机构等根据社会需要和各种职业岗位对劳动者素质的具体要求及个体条件，对学生和其他求职者提供择业咨询指导，帮助其选择合适的职业或专业，达到人与职业优化结合的过程。

　　职业指导帮助人们根据社会需要和自身特点选择职业、预备职业、获得职业和改进职业。学校根据社会需要及职业结构对大学生素质的要求，结合大学生的个性特点和现实需要，通过一系列教育活动帮助学生了解自我，认识社会的职业情况，树立职业理想，获得职业知识和技能，进而正确择业并得到发展；同时帮助用人单位选择合格的大学毕业生，达到人与职业的合理匹配。

　　必须把会展专业人才的职业指导贯穿大学生在校期间，以市场需求分析为导向，以职业生涯规划为基础，以专业实践为手段，最终目标是让会展专业学生学以致用，实现会展人才和会展企业更好地对接。

（一）以市场需求分析为导向

1. 会展人才需求环节

　　了解市场对人才的需求是职业指导的首要任务。市场对会展人才的需求从纵向可依托会展活动展开的各个环节中对参与会展活动的几大活动主体进行分析。

一个成功的会展活动离不开会展策划、会展组织、会展举办、会展服务四大环节。在这四个不同环节的产业活动中，活动主体各不相同，其所发挥的职能各不相同，因此产生了不同的人才需求。

（1）会展策划环节：涉及项目策划和项目审批的活动主体，主要是会展公司、政府机构和行业协会。会展公司主要负责可行性项目的策划，并进行展会申报中的公关活动。政府机构和行业协会则负责会展项目的依法或依约备案或参与。

（2）会展组织环节：招商、招展、宣传推广。政府、行业协会承担行政发动的职能；会展公司承担专业推广和商业化运作的职能，围绕主办方的目标要求进行相关的策划、设计。

（3）会展举办环节：产业活动涉及展示设计与搭建、翻译及法律咨询、现场管理、展会宣传、物流运输、餐饮住宿、政府管理、礼仪接待等。

（4）会展服务环节：所要进行的跟踪服务主要由会展公司、各行业参展企业、会展行业协会、政府机构来完成；旅游服务基本上由旅行社协作完成，而物流与运输由物流公司完成。

从以上四大环节可见，参与会展活动的主体主要在会展公司、各行业参展公司、政府机构、行业协会等。

2. 会展人才需求特征

（1）会展公司的人才需求特征：所从事的是会展策划和组织环节，其主要目标是完成展位的租赁。这就需要既懂得营销又要懂得会展行业，更要懂展览项目本身的行业现状，以此来把握目标客户的投资心态。所以，会展营销人才是会展公司需求的主要类型。

（2）各行业参展企业人才需求特征：一些规模大、有品牌基础的大型企业通过不同类型的展览会达到品牌包装和推广的目的。所以需要既懂展览行业又懂企业的会展专业人才，对相关展会的功能、展示效果等结合企业自身特点和发展需求制定展览计划和展台设计方案。

（3）政府部门和行业协会的人才需求特征：由于政府部门和行业协会具有一定的展会审批职能，这要求会展人才要有统筹和分析展览项目的能力，懂得展览资源的配置和调控，同时还要懂得区域会展的战略规划。

因此，学生可以有意识地选择旅行社或酒店进行交叉就业，在这些企业需要开展会展活动或者宴会服务时，特别需要懂得会展知识的人，会展专业学生的优势就会凸显。现在，很多大旅行社都已经或正在设立会展、会奖旅游部门或会奖旅游公司，这都为会展学生提供了很好的就业机会。

市场对会展人才的需求从横向则可由其区域会展定位进行分析。会展业的发展离不开区域的优势资源，资源优势决定了一座城市的功能定位，不同城市的功能定位决定了不同城市的办展格局，不同的办展格局使得各区域对人才的需求形成了自己的特色。

3. 不同区域会展人才需求类型

（1）北京作为全国政治文化中心，以政治、文化为背景的政府主导型展览会占有一定的比重，同时由于各行业协会高度集中，行业交流性展览会也占据北京展览业的半壁江山。据北京会展格局发展的必然趋势推测，高级会展管理、策划与高端展示设计人才将是北京会展市场的需求主力。

（2）以上海为龙头的长三角会展经济区，以国际经济、金融、贸易和航运为优势，依托长三角地区的产业基础，形成以国际贸易为主导的会展产业发展格局，其会展大多以国际贸易类为主，国际展览巨头纷纷在上海设立合资公司，所以精通外语又懂商务谈判的应用人才将是上海会展人才市场需求的主要类型。

（3）以广州为中心的珠三角会展经济区，是中国最早的经济开放区域，基础优势和国际贸易出口产业格局形成，以贸易进出口类型展览为主导的会展业发展战略，是其会展业的一大特征。以广交会为代表的一批展会历史悠久，展览会题材开发相对比较充分，故而商务类、创新型会展人才是其需求的重点。

其他区域会展也大多是依据当地区域主导及优势产业为基础。由于区域城市会展业起步晚，战略规划和营销类的人才将是其需求的方向。

（二）以职业生涯规划为基础

职业生涯规划，是指组织或者个人把个人发展与组织发展相结合，对决定个人职业生涯的个人因素、组织因素和社会因素等进行分析，制定有关对个人一生中在事业发展上的战略设想与计划安排。

个人职业生涯规划，是个人对自己一生职业发展道路的设想和规划，它包括选择什么职业，以及在什么地区和什么单位从事这种职业，还包括在这个职业队伍中担负什么职务等内容。

进行个人的职业生涯规划，需要先对自己的需求、兴趣、能力、性格、气质等方面作出全面的评估，找出自己的优劣势，结合对所处的行业与市场环境分析，制定职业生涯长期、中期、短期的奋斗目标以及相应的行动计划方案。大学阶段的职业生涯规划是个人整体职业生涯规划的一个重要环节，这个阶段对从学生到从业人员的转变起到了主要的影响作用，尤其对于高职院校学生而言，在校三年的职业生涯规划引导尤其关键。

大学一年级，是职业生涯规划初步形成的阶段。一方面，学生需要对行业信息有清晰的了解，深入了解会展行业、行业里的企业以及相关的岗位职业的情况，知道行业的发展动态以及相关企业的运作模式。另一方面，要求学生通过一系列心理测试和职业测试，发现自己的性格和爱好，发现自己在会展行业中感兴趣的领域，是会展理论研究、会展策划、展台设计还是展会营销；以及判断自己所擅长的工作种类，能清晰描述出自己所要应聘的岗位的工作职责和流程，以及要出色完成工作任务所需要具备的素质和能力，进而初步做好自己的职业生涯规划，使自己在校期间有明确的学习目标和强烈的学习动力。

大学二年级，是职业生涯规划的调整阶段。学生除了要根据市场人才需求和学校课程设置，努力构建专业知识结构，还要结合自己的个性特点以及专业实践情况，提高自己的就业能力和就业主动性，在理论知识和实际操作中不断调整自己的职业生涯规划。另外建议会展专业学生根据自己的实际情况选考会展策划师、物流师、人力资源管理员、营销员等从业资格证书，以提高就业竞争力。

大学三年级，毕业前夕的预就业，是职业生涯规划的初步实现阶段。这一阶段学生通过预就业，对自己的专业知识以及实践能力进行查缺补漏，使其理论运用水平与实操水平进一步提高。同时学校可突出职前教育的重要性，通过就业政策、就业心理准备、就业定位、简历制作、求职面试技巧等方面的培训，进一步强化学生的求职和就业优势。

（三）以专业实践为手段

会展独特的运行规律决定了会展学科的复杂性，会展是一项集全局性、专业性、操作性和政策性于一身的系统工程，会展人才需要多种专业应用型人才的集合，因而培养会展专业的学生，必须以培养专业实践能力为核心，而高职院校人才定位的特殊性，更是要求专业实践系统化的建设。采取会展专业的产学合作教育，与会展行业协会建立联系，与重点展览馆所、展览企业共建产、学、研合作教育基地，为学生的专业实践提供条件。

以就业指导为目的，建立全程专业实践教育体系，一方面要全面提高学生的职业能力，另一方面要注重学生职业道德和职业素养的培养。

职业能力主要有三个层面：一是通过课堂理论知识学习、通过组织市场调研、专题研究等活动培养的学习研究能力；二是通过会展策划比赛、考等级证等提高学生知识运用与实操结合的能力；三是通过大型活动认知实习和大型活动项目管理中的项目实习，培养学生的实际操作和综合决策以及解决问题的能力。

职业指导除了能力培训，还具有价值取向，要求学生较好地适应社会、融入社会，也注重学生在发展自身的同时为社会作贡献。帮助学生树立正确的职业价值观，在职业中要具有爱岗敬业、团结协作、服务意识、文明礼貌等职业道德。会展企业最需要的是"来之能战，战之能胜"的具有综合素质的人才，要培养学生成为办事细致、富有责任感、沟通能力、策划能力、组织能力的"全才"。

执笔人：申　强

第八章　理学类专业人才培养需求

第一节　生物技术专业

一、都市型现代农业发展对生物专业人才的总体需求趋势

21世纪是生命科学的世纪。随着生物技术的快速发展，形成了巨大的生物技术产业。《国民经济和社会发展第十二个五年规划纲要》提出了实施"生物经济强国"的发展战略，明确了生物技术产业作为我国重点培育发展的战略性新兴产业之一，对国家经济发展和产业结构转换起着至关重要的作用。科技部下发的《"十二五"生物技术发展规划》中明确了我国现阶段重点发展的生物技术产业，包括生物医药、生物农业、生物制造、生物能源和生物环保产业。在2010年生物技术总产值达到1 340亿元，生物医药、生物农业、生物能源和生物环保产业分别占42.5%、27.2%、22.3%、6.7%和1.4%。"十二五"规划对生物技术人才培养同时也提出了要求，即重视基础研究积累，提高科研创新能力，培养生物技术人才。根据我国生物技术产业发展特点，目前我国生物技术产业处于培育形成阶段，2016—2020年将步入快速发展阶段，2021—2030年达到产业成熟阶段。

生物技术产业及人才需求的特征主要体现在以下几个方面。一是生物技术研究可提高基础研究和应用创新的水平，即科学研究人才的需求。二是生物技术产品开发周期长，前期研发投入高，产品研制时间长，即产品研发人才的需求。三是生物技术企业面对特殊的风险，如技术和市场风险等，即技术推广和销售人才的需求。

二、都市型现代农业发展对生物专业人才的具体需求类型

生物技术已经成为现代科技研究和开发的重点，在农业、环保、能源、医疗、食品等领域都发挥着越来越重要的作用。

根据工作性质的不同，生物技术企业及企事业单位需求的生物技术人才有三大类型：

（一）研究开发型人才

主要有技术支持、研究员、技术总监等。工作性质主要是利用生物技术改善或提高产品的科技含量，研发拥有自主知识产权的生物技术产品等。但这一类人才需求比较重视对学历的要求，一般情况下，要求硕士学历或以上，而在应届本科毕业生中需求较少。

（二）生产技术型人才

主要有实验助理、生产技术员、分析化验员、质量检验员等。工作性质主要是利用现代生物技术进行简单的检测和检验，重复性工作比较多，对应届本科生的需求较大。

（三）营销管理型人才

主要有业务员、营销员、销售代表等。工作主要是面向客户，推销代理的生物产品，对应届本科生的需求较大。但这一类岗位往往需要有一定营销的经验，或者优先选择有相关工作经验的人员。

不同人才需求的生物类企业所从事的领域众多，包括从事医药、疫苗的生物制药公司，从事微生物肥料的生物菌肥公司，从事饲料和饲料添加剂的生物饲料公司，从事生产诊断、临床检验试剂的生物制品公司，以代理和销售仪器和设备的生物仪器公司，以及从事试剂销售的生物试剂公司和提供技术服务为主的生物技术公司等。

三、都市型现代农业发展对生物专业人才培养提出的新要求

新形势下生物技术人才需求的岗位类型发生了变化，但目前，培养生物类专业人才的院校还存在着人才培养模式和人才培养方案单一、培养的人才实践能力不足、人才培养特色不鲜明的通病，造成生物类专业毕业生就业对口率不高、就业率低，从而影响了生物类专业人才培养事业的发展。都市型现代农业发展对生物专业人才培养提出了新的要求，具体体现在以下几个方面：

（一）动手能力和实验操作能力强

生物技术专业特点决定了生物技术专业应届毕业生主要从事技术性操作，因此需要加强学生动手能力、实验操作能力以及独立操作的能力。这就需要学校加大比例投入教学经费，改善实验条件，增加实验学时数，增加综合性和设计性实验比例，创造更多学生实验、实习的机会，提高学生的动手和独立操作能力。

（二）需要营销领域的人才

生物技术企业在营销领域需要大量的人才，但目前高校很少有为生物类毕业生开设与营销有关的课程。生物公司为了节省培训成本，往往选择有工作经验的或者市场营销的人才，很大程度影响了对生物技术应届毕业生的选择。因此，对于高校来讲，应该与生物类公司多沟通和衔接，适当设置有关生物产品营销的课程，掌握基本的营销策略。

（三）对毕业生的综合素质提出了更高要求

除了对毕业生专业技能的要求外，其他方面如团队精神、协作能力等综合素质方面提出了要求。因为现代社会更讲究分工协作，一项工作很少由一个岗位独立完成，往往需要一个团队共同协作完成，能不能相互配合是完成任务的关键。此外，对销售和技术人才来讲，需要培养诚信、耐心的基本品质。对于从事研发和继续深造的学生来讲要有创新精神，以及保守技术秘密的职业操守。

（四）培育科技创新能力，自主创业

当前在毕业生就业难的大背景下，国家积极出台相应政策鼓励学生自主创业。一方面作为高校应该多介绍生物技术行业最新的进展，鼓励学生多了解生物技术行业动态和走向。其

次，鼓励学生多进实验室，利用掌握的技能研发、申请国家发明专利、实用新型专利、软件著作权等，主动寻找创业机会。最后，鼓励学生设计课外或学术作品，争取机会多参加"挑战杯""农林杯"等竞赛，开拓学生视野。

要做到这几方面的要求，需要学校和学生相互配合，共同努力。学生要根据自己的兴趣和特长，对自己本身要有正确的定位，做好初步的职业规划。学校要尽可能加大学科培育力度，建设高水平实验室；鼓励学生加入老师科研课题项目，尽早开始毕业设计；建立实习基地，加强校外专业实习等，创造各种机会，培育学生的专业技能和综合能力。

四、都市型现代农业发展对生物技术专业建设的建议

生物技术专业具有实践性和应用性的特点，因此在其专业建设中需要突出实验和实践环节的建设，培养具有专业意识较强，知识结构合理，专业实践能力强的生物技术人才。

（一）以促进都市农业产业发展为目标，形成自身特色

突出专业特色，重点培养学生的专业实践技能。培养动手能力强、具有创新意识的生物技术人才是由专业技术人才培养目标决定的。因此，专业建设中需要增加实验和实习比例，在验证性实验的基础上，结合课程特点和实验条件，增设综合性和设计性实验，并加大这一部分实验的比例，培养学生独立思考和分析问题的能力。其次建立多样化的生物技术实习基地资源，如测试中心、菌保中心、科研院所、药物公司等，充分利用实习基地资源，进行专业实习，了解生物技术在生产实践中的应用，实践自己所掌握的技术和理论。

（二）优化师资结构，为专业建设提供人才保障

教师是专业建设的主要实施者，因此，年龄和知识结构合理的教师队伍对于专业建设至关重要。教师的年龄结构搭配合理，可以保证专业建设的可持续发展。其次，知识结构的多样化和合理配置可以保证专业建设的稳定性。对于学校来讲，通过搭建高水平科研和教学平台，才能吸引更加优秀的高素质人才加入到教师队伍中。在教师队伍建设中，根据课程性质和学科方向设置教学团队和科研创新团队，老师可以根据自己的专业背景选择不同的团队，形成合力。通过不同来源的教学、科研项目培育，以及出国进修、国内外培训等提高教师自身的专业素养。

（三）完善和更新教学内容，改进教学方法，积极进行教学改革

重视课程群的建设，淘汰过时或设置不合理的课程或内容。把最新的科研成果引入到理论教学中，增加最新技术、方法和设备的介绍。通过学术讲座的形式，定期邀请国内外知名学者、教授、企业家等为学生讲授本专业的科研动态和研究方向。采取多样化的教学方法和手段，增设双语授课，由老师全盘授课转向提问式、自学式、小组汇报式等教学方式，充分发挥学生在学习过程中的主体作用，改善教学效果。

（四）充分利用国内外优质资源合作办学，提高专业建设的层次

生命科学与技术领域全球化合作的进程加快，国内很多高校采用"3+1"或"2+2"的与国外合作办学的模式，国内采用双语授课 2～3 年，输送优秀生源到国外合作大学学习交

都市型卓越农林人才培养体系的创新与实践

流一年或两年，培养高水平科研和产业化人才。与国内优秀农业院校合作也是培养高水平学生的重要途径，每年选派成绩好、综合素质高的学生前往学习和交流。利用国内外优良的师资队伍、教学资源和科研资源培育高质量人才。

执笔人：曹庆芹

· 170 ·

第九章 经济学类专业人才培养需求

第一节 国际经济与贸易专业

一、都市型现代农业发展对国际经济与贸易专业人才的总体需求趋势

（一）北京农学院国际经济与贸易专业就业现状

国际经济与贸易专业是北京农学院经济学学科设立的第一个专业，始于2001年。从满足社会需求方面来看，北京是我国经济贸易的中心，是对外经济交流最为活跃的地区，对国际经济与贸易方面的专业人才保持着旺盛的需求。北京农学院国际经济与贸易专业的设立，正是基于对社会需求的判断。由于北京的区位优势，社会对各类人才的需求量大，而各类人才的就业竞争也更为激烈。但是，国际经济与贸易专业是我国高校开设最多的专业之一，从目前的调查情况来看，我国普通高校国际经济与贸易专业毕业生对口就业率为60%[①]。而根据北京农学院国际经济与贸易专业的毕业生就业统计，历年来毕业生一次签约率均在80%左右，就业率在90%左右，而对口就业率则明显低于60%的平均水平。

（二）国际贸易国际商务实用型人才就业形势分析

近年来，教育部连续发布了就业蓝皮书，书中根据就业率、就业满意度和失业风险等几个方面，对就业前景不良的专业提出了红牌警示和黄牌警示。2012年，国际经济与贸易专业被归类于红牌专业，即失业量较大，就业率较低，月收入较低且就业满意度较低的专业，是所谓高失业风险型专业。

表9-1 2012年中国大学毕业生"红黄绿牌"本科专业

红牌专业	黄牌专业	绿牌专业
动画	计算机科学与技术	地质工程
法学	艺术设计	港口航道与海岸工程
生物技术	美术学	船舶与海洋工程
生物科学与工程	电子信息科学与技术	石油工程
数学与应用数学	公共事业管理	采矿工程
体育教育	信息管理与信息系统	油气储运工程
生物工程	工商管理	矿物加工工程

[①] 赵政旭. 国际贸易专业多层次应用型人才培养模式研究 [J]. 经营管理者，2014（3）：268.

（续）

红牌专业	黄牌专业	绿牌专业
英语	汉语言文学	过程装备与控制工程
国际经济与贸易		水文与水资源工程
		审计学

资料来源：麦可思—中国2009—2011届大学毕业生社会需求与培养质量调查。

从北京农学院国际经济与贸易专业历届毕业生的就业情况来看，2012年签约率和就业率分别为83.61％和88.52％，2013年为88.24％和94.12％，远远高于全国的平均水平。这反映出北京对于各类商务人才的需求较大，并且保持着旺盛的需求态势。北京农学院国际经济与贸易专业毕业生就业率高于全国平均水平的另一直接原因是，近年来学校强调宽口径通识教育，注重学生实践能力的培养，毕业生的就业适应性强。但国际经济与贸易专业毕业生的对口就业率低是一个值得关注的问题。据统计，毕业生中从事国际经济与贸易或国际商务工作的人数较少，也印证了该专业全国的总平均就业率低的现实。只是由于北京对各类商务人才的需求大，掩盖了对口就业率低的问题。

二、首都经济发展对国际经济与贸易专业人才的具体需求类型

北京农学院虽然是农业院校，但经济人才的培养也要着眼于北京经济全局的发展，在强调都市型现代农业特色的前提下，拓宽学生的就业门路。当前，北京对国际经济与贸易和国际商务人才的岗位要求主要有：

（一）金融业务岗位

银行、保险、证券公司的基本业务岗位。随着北京都市圈的不断扩大，金融机构在中心城区外围的设点布局需要大量的基层业务人员，北京农学院国际经济与贸易专业每年都有15％左右的毕业生进入各类金融机构工作，是吸纳毕业生最多的部门。其岗位要求毕业生具有基本的金融业务知识和会计专业知识，在经短期培训后，能够从事基本业务的办理。

（二）中小型企业的外贸工作岗位

中小型企业提供的外贸工作岗位主要是出口营销、单证处理、报关、报检四项工作，企业要求外贸人才不仅要有扎实的外贸专业知识，而且要有一定的实务操作经验，同时必须持有国家颁发的资格证书，如对跟单员、报关员、报检员都要求持有国家通用的资格证上岗工作。

（三）通用国际商务岗位

北京除了大型国企、外资企业之外，对通用国际商务人才的需求主要来自中小型企业。随着经济全球化，企业涉外业务越来越多，中小企业对国际商务人才的需求也不断增加。中小企业在人才需求方面最重实效，不仅注重学历，更注重其实践操作技能和经验，以及对所在行业是否了解。要求毕业生有较强的外语水平和沟通能力，灵活地把握市场信息能力以及沟通协调能力，能灵活处理涉外业务，有较强的营销能力，比如沟通、开拓、商务谈判、把

握商机能力等。

三、农产品贸易和都市农业的发展对国际经济与贸易专业人才培养提出的新要求

北京农学院的办学定位于为都市型现代农业的发展培养专业人才，国际经济与贸易专业虽非涉农专业，但专业培养具有农业院校的特点，而这正是北京农学院国际经济与贸易专业的特色所在。北京农业和农产品贸易有鲜明的地域特色，培养的国际经济与贸易人才也应该适应这种地域需求。

（一）基础扎实，外贸实务能力强

北京农产品贸易的地域特色表现在以下几个方面：其一，进口大于出口。北京是国际大都市，农业产出相对较小，农产品自给能力差，北京地区的农产品消费主要依靠从国内其他地区输入，对进口农产品的需求也大于国内其他地区。其二，由于北京不是海运口岸，进口农产品品种主要集中于新鲜水果、蔬菜、水产品、肉制品、奶制品等高品质、高价值商品，低值大宗农产品的进口较为罕见。其三，北京是商务中心，是业务流的汇聚中心。北京集中了包括跨国公司在内的许多贸易主体，也是国际贸易结算的中心。北京虽然不是海运口岸，农产品进出口数量不大，但北京是行政中心，许多贸易业务环节在北京办理更为方便。

国际贸易人才的培养要求有扎实的国际贸易专业知识基础，熟悉贸易实务的操作流程，有较强的执行能力和专业业务处理能力。

（二）懂农业会经营，开拓能力强

都市农业的多功能性将农业从传统的第一产业领域拓展到第三产业，从种植、养殖拓展到娱乐休闲、观光旅游，将产业环境从封闭转变为开放，为经管专业人才从事农业提供了施展才华的舞台。国际经济与贸易专业的毕业生可以在龙头企业从事涉外商务，也可以自主创业，从事家庭经营。这就要求学校教育要给学生宽阔的视野，培养他们独立思考问题解决问题的能力。

四、对国际经济与贸易专业建设的建议

（一）加强学生职业道德教育

对外贸易、国际商务讲究诚信，业务操作注重规范，因此以职业道德自觉约束职务行为是企业对员工的一般要求。职业道德是所有从业人员在职业活动中应该遵循的基本行为准则，涵盖了从业人员与服务对象、职业与职工之间的关系。随着现代社会分工发展和专业化程度的增强，市场竞争日趋激烈，整个社会对从业人员职业观念、职业态度、职业技能、职业纪律和职业作风的要求越来越高，职业道德教育日益显示出其重要性。企业对大学毕业生的要求，除了资格证（能力）、学历外，更加关注的是道德品质。由于在实际工作中，很多企业都会遇到毕业生离职带走客户资源、泄露企业机密的情况，所以加强这方面的教育很重要。

（二）加强学生专业"考证"指导

外贸企业对报关员、报检员、单证员需求大，但是这些职位需要持有国家通用的资格证才能上岗工作，"资格证"是国际贸易专业毕业生进入国贸行业的"敲门砖"。鉴于专业从业证书已成为对国际贸易专业的毕业生对口上岗的前提，如何引导学生根据自身情况，有选择地准备职业资格的认证考试，就成为促进学生就业，提高对口就业率极其重要的一个环节。要在课程设置中计划出专门的学时，进行考证教育，辅导学生根据自己的职业规划合理地安排复习和考试时间，并有针对性地进行考前辅导，使大部分学生都能够持证走向社会。

（三）提高学生的科研能力

提高学生科研能力同强调学生的实践能力并不矛盾。在培养方案中，学生的科研训练学时要予以保留，毕业生的毕业论文（毕业设计）不宜取消。撰写毕业论文、完成课程作业等科研训练，能够提高学生的分析和总结能力，在文本的写作过程中，也能够提高学生的语言文字表达能力和写作能力。

（四）加强实训、实验

企业对毕业生和学校的评价来自于学生的实务操作能力。要加大对实验和实训课程的教学力度，通过多种手段为学生提供更多的实际操作机会，形成学生对企业和行业的认知，缩短毕业生适应实际工作岗位的时间，提高毕业生的就业竞争力。

执笔人：何　伟

第二节　投资学专业

一、投资学专业人才需求总体趋势

（一）经济的高速发展客观上需要更多的投资专门人才

按照经济发展的一般规律，随着经济的增长和发展，经济结构会不断得到优化，以金融业为代表的第三产业在国民经济中所占的比例会不断提高，投资活动会逐渐盛行，投资活动成为带动国民经济发展的主要推动力量之一，能够提供大量的就业岗位，吸纳了大量的人员就业。

21世纪以来，中国居民的可支配收入越来越高，2011年北京GDP突破1.6万亿元，全年经济增速达8.1%，超过年初设定的8%的目标；按常住人口算，全市人均GDP达到80 394元，折合12 447美元，近12年的人均可支配收入年均增长率为10%，达到中上等国家收入水平。收入的提高使得包括机构、企业和个人在内的各类经济主体越来越希望将有限的资源配置到诸如股票、国债以及其他金融资产上，企业将更加依赖资本市场，居民日益渴望能够进行财产保值增值的金融投资活动；在实物投资和金融投资的空间和行业方面，投资也不断地向农村和农业延伸；从投资主体和客体的国界范围看，国际投资也越来越盛行。

证券业、不动产投资等投资行业作为我国新兴行业日益受到人们的关注。目前中国已有千余家上市公司，数百家证券公司、基金管理公司及其他从事证券经营与投资的机构。在管理层的培植和市场各方的共同参与下，我国证券市场经过十几年历练日趋成熟，机构投资者队伍日益壮大，保险基金、社保基金、投资基金获准入市，风险投资基金、创业投资基金、创业板的开发设计，预示着我国投资行业的纵深发展。投融资产业在北京和全国的发展都处于快速成长发展时期，发展空间大。

然而，很多中国居民尤其是农村居民缺乏对投资的了解和研究，具备相关素质的投资学人才也比较紧缺，大部分投资者缺乏基本的投资知识，盲目性很大，造成市场投机盛行，不利于我国资本市场的规范发展。广大投资者特别是投资机构经营管理人员素质有待进一步提高，迫切需要掌握投资方面的知识和技能，引导市场的规范发展。这种情况严重地制约着金融业的发展，进而对经济尤其是农村经济发展形成约束。因此，要不断巩固和发展农村好的形势，促进新农村建设和国民经济又好又快发展，必须进一步加强投资人才的培养。

（二）国家政策环境的改善有利于投资人才的发展

国家对居民财产性收入、农村金融等问题的重视为投资人才的培养搭建了良好的政策平台。党的十七大报告首次提出"创造条件让更多群众拥有财产性收入"，这一精神对于理财市场，意味着居民持有的财产将向多元化发展，不再仅以储蓄为主；意味着居民收入结构将更为多元化，收入构成更加合理与平衡，理财需求将更加强烈；意味着理财市场中的理财工具、理财产品发展将更加迅速、品种将更加丰富，一个更大更有发展潜力的理财市场即将到来。因此，"财产性收入"明确写入党的十七大报告意味着投资和理财很快将进入黄金期，因而也将迎来金融人才需求的高峰期。实物投资和个人理财是每个人或每个家庭都需求的，随着人们收入水平的不断提高，个人的金融观念和意识不断增强，持有财富的形式越来越多元化，进行投资的意愿也越来越强烈。这样，必然需要一大批懂得个人理财的人才，对投资学专业的人才需求空间也不断增大。

（三）中国经济和产业结构的转型以及资本市场的进一步发展决定了投资学人才的需求量将越来越大

20世纪80年代，中国人民银行组建的第一批证券公司可以视为我国投资银行的雏形。进入90年代，随着沪深证券交易所的建立，投资银行在国民经济中的作用日渐显现。到了21世纪，资本市场在国民经济发展中的作用不断加强，从国债一级自营商到上市公司主承销商，从股票经纪到基金投资，从境内证券业务到境外证券发行，为国有企业筹集资金和建立现代企业制度做出了重要贡献。当然，初建阶段的资本市场，无论在规模或规范化方面与发达证券市场都有较大差距，但发展空间和余地也较大。特别是随着体制改革的深化，社会经济生活中对投融资的需求日益旺盛，大中型企业转机换制、民营企业谋求发展将更加依赖资本市场，从而为证券行业的长远发展奠定基础，也预示着证券投资人才潜在的市场需求。证券业作为"经验第一"的行业，应用技能与从业经验尤其重要。因而具备扎实理论功底且兼通法律、会计专业知识的复合应用型人才最为紧缺。自从新股发行实行核准制后，项目的发行周期不仅延展，且对项目的质量要求更高。如果拟发行股票或债券的企业质量不高，定价不合理，承销商将面临发行不成功且自购大量余额的尴尬境地。在现实利益驱动下，承销商必将扩大对宏观金融投资政策和动态研究的金融分析人才的需求。因此，目前证券业招聘量最多的是投资经济核心业务人才、计算机人才和证券投资高级管理人才。

基金管理公司自1998年起步至今，基金行业整体上有了一定的经验积累与人才储备。在人力资源管理上，基金管理公司已开始制定符合自身需要、切实可行的人力资源战略，以提高公司竞争力。各基金管理公司的进人渠道除公司发起人股东及海外相关专业人士外，大量员工将从国内证券、银行、保险等投资经济专业人才中招聘。

金融产品多元化、银行服务全能化，是全球金融业的发展趋势。随着住房贷款、购车贷款、信用卡等业务的推出、商业银行股份化与资产证券化的运作，以及股指期货等金融衍生工具的引入及其在风险管理中的应用，投资银行业务创新能力逐渐增强，国外投资银行业从事的投资分析与咨询、投资管理、风险投资、项目融资、公司理财、企业重组与收购兼并等一系列业务在我国正从无到有，由小到大地发展起来。这些新的业务领域亟需一批专业的高素质的投资学专业人才。

二、北京经济的发展对投资专业人才的需求

（一）北京金融布局增加了对投资人才的需求

北京对投资专业人才需求除了具有上述全国的投资专业人才需求的特点外，"一主一副三新四后台"的总体布局更加增强了对投资人才的需求。"一主"是指金融街作为金融主中心区，要进一步聚集国家级金融机构总部，提高金融街的金融聚集度和辐射力。"一副"是北京商务中心区（CBD）作为金融副中心区，是国际金融机构的主聚集区。加快北京商务中心区的核心区建设，提供适合国际金融机构发展的办公环境，提高国际金融资源聚集度。发挥朝阳区使馆、跨国公司、国际学校聚集的优势，吸引更多的国际金融机构法人和代表处、交易所代表机构、中介机构聚集，集中承载国际金融元素，形成国际金融机构聚集中心区。研究针对国际金融从业人员聚集区的特色金融服务。"三新"是新增海淀中关村西区、东二环交通商务区、丰台丽泽商务区为北京市新兴科技金融功能区。通过对新兴金融功能区的开发建设，优化首都金融中介服务环境、加快金融功能区的建设、推动多层次资本市场体系。"四后台"是加快推进金融后台服务支持体系建设，完成四个金融后台服务园区基础设施规划编制工作，推进海淀稻香湖、朝阳金盏、通州新城金融后台服务园区的征地拆迁和土地开发工作，推进西城德胜金融后台服务园区配套设施建设。

在优化金融政策环境方面，要建立北京金融发展顾问委员会和北京金融系统研发联席会。要整合资源，建立促进企业上市联动机制和综合服务平台，支持各类企业利用国内主板市场进行直接融资，推动上市公司通过增发、配股等方式进行再融资。加大企业债券、公司债券发行力度，积极研究企业债券、公司债券发行的新途径、新方式。继续推进中小高新技术企业、文化创意企业集合发债工作，创新中小企业共同利用资本市场新途径。

北京还将着力推动全国棉花电子交易市场、北京石油交易所等重要商品市场的发展，构建商品市场与金融市场有机联系、相互依存、相互促进的统一市场体系，并为探索培育期货等衍生性金融市场创造条件。

北京的这种金融布局和要求必然在未来的若干年大幅增加对投资专业人才的需求，而且北京的金融发展对周边省市也会有辐射和带动作用。周边很多省市不具有北京这样

集中而且优秀的人才培养环境和条件，所以周边省市对北京的投资专业人才的需求也将会增加。

（二）北京产业结构的改变增加了对投资人才的需求

北京市三次产业结构由 2000 年的 2.5：32.7：64.8 变化为 2005 年的 1.4：30.9：67.7，2011 年北京三次产业就业结构为 5.5：20.5：74，第三产业比重稳步提升，表明北京的产业结构已接近发达国家或地区的水平，经济发展的内在素质提高，后工业化社会的特征表现突出；第三产业中，作为国际金融中心，银行、证券、保险等业务所占的比重也逐年增加，资本市场日益发达；如图 9-1 所示，北京证券市场交易量的折线图表明近年北京证券业发展速度陡增；北京都市型现代农业是资本密集型产业，农业领域的实物投资和金融投资都不断增加。所有这些发展变化都要求培养适应新形势的复合型人才，需要越来越多的投资方面的应用型人才。

据中华英才网对 2005 年 8 月至 2006 年 7 月的企业人才招聘指数的统计，自该年度开始，在金融行业就业指数中，北京人才的需求量开始明显高于上海。2009 年 12 月 19 日在北京朝阳人才市场举办地的第 45 届金融专场招聘会显示，2009 年北京金融人才需求继续攀升。据《2009 年北京市就业形势分析及 2010 年展望》报告，2009 年金融、科技研发、教育卫生、文化等行业增加值增长的同时，对就业的需求也在增加。但是从劳动力供给来看，结构性矛盾依然突出，北京市建设国际大都市、发展高端产业所需要的高端研发、商务、金融人才以及技能工人明显缺乏。2009 年 10 月 27 日，由麦可思研究院（MyCOS Institute）撰写的《2009 年北京市大学毕业生就业报告》完成，该报告显示，金融、保险类专业的就业人员占总就业人员的 8%，这个比例在经济类专业的毕业生就业比例中位列第一，金融保险类就业人员毕业半年后的平均月收入仅次于采矿业毕业生的月收入位列第二（图 9-1）。根据北京高校毕业生就业指导中心的一项调查，2011 届北京高校毕业生期望首选的前三大行业分别是金融业（14.9%）、信息产业（11.4%）和教育业（9.9%），最终落实的前三大行业也正是这三大行业，即金融业、信息产业和教育业落实（最终就业）的比率分别为 11.1%、10.7% 和 9.5%。

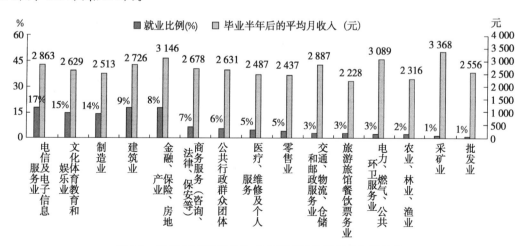

图 9-1　2008 届本科毕业生在北京市就业的行业大类排名

根据 30 天内在职友集网站更新的职位量多少进行排列，投资学专业人才需求量最大的 10 大城市分别为北京、武汉、深圳、上海、广州、朝阳（市）、郑州、西安、成都和重庆。其中，北京市位列第一。

（三）都市型现代农业金融的发展需要投资专门人才

农村金融业务已经成为农村经济的血脉，农村金融发展不好将会使新农村建设步伐减缓。中国各级政府也深刻的意识到这一点，并且将深化金融改革尤其是农村金融改革落实到行动上。从 2003 年开始，中央就加大了对农村金融改革的力度，所推出的信用社改革已经在 8 个省市进行试点，2004 年将在总结试点经验的基础上逐步向全国推开。从 2004 年开始至 2012 年连续颁布了 8 个中央 1 号文件锁定"三农"问题，每个文件都对农村金融体制改革提出了一些要求。中央政府对农村金融的要求也彰显了农村金融人才需求增加的政策基础：①在金融机构方面，形成商业金融、合作金融、政策性金融和小额贷款组织互为补充、功能齐备的农村金融机构体系；②在资金来源方面，鼓励吸引多种资金来源，吸引农村外流资金回流；③在金融业务方面，鼓励和支持金融机构创新农村金融产品和金融服务；④扩大农村消费信贷市场在内的农村信贷市场；⑤加快发展多种形式、多种渠道的农业保险；⑥推进担保方式创新，建立多方参与的农村信贷担保机制，等等。这些要求的实现必然需要在农村增加相当数量的专门金融人才，包括专门的投资学人才。

"十五"和"十一五"期间，北京金融业增加值年均增长率超过 10%，金融业增加值占地方生产总值的比例在全国是最高的。资料显示，金融业已成为北京经济的战略产业、支柱产业和龙头产业，北京金融业从业人员数量增长幅度比较大，2008 年北京金融业从业人员 205 765 人，同比增长 21.4%。2003 年都市型现代农业就已经被确定为北京地区农业的战略发展目标，北京都市型现代农业的生产功能、生态功能、旅游休闲功能、出口创汇功能、教育功能和辐射示范功能推动了北京农村投资的发展，也对北京农村投资提出了许多新的需求，包括对投资人才的需求。

此外，由于房地产和保险产品也越来越成为居民投资理财的金融财产，因此北京房地产和保险业等对投资人才的需求也很大。当前，城市的房地产业受限于空间限制发展速度将会放缓，而京郊的房地产业发展空间更大一些；京郊保险业也开始处于成长阶段。因此京郊农村房地产业和保险业等的发展对投资人才的需求也日益增加。

三、投资学专业的就业和需求预测

（一）2012 年投资学专业就业趋势

投资学专业的就业趋势看好和高薪金水平反映了其巨大的人才需求。

中国某知名职位（工作）搜索引擎网站统计的 2012 年（1 月 1 日至 12 月 12 日）投资学专业就业趋势分析图（图 9-2）表明：虽然 2012 年投资学专业就业趋势在不同的月份里有波动，但是其就业量的总体趋势是上升的，而且 2012 年 9 月以后投资学人才就业需求急剧增加。

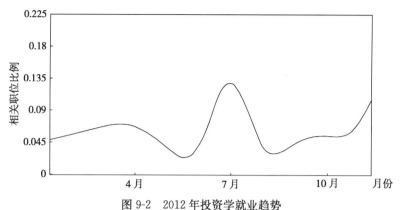

图 9-2　2012 年投资学就业趋势

注：曲线越向上代表市场需求量越大，就业情况越好。反之，代表该类职位需求量较少。该数据由各地招聘网站统计而来，可能因抓取系统稳定性等因素而致使数据偏离客观实情，仅供参考。

资料来源：职友集网站，http：//www.jobui.com/trends/yjs/touzixue/

（二）投资学专业人才需求预测

据统计数字显示，世界上的国际金融中心城市中，10％以上的人口从事金融投资业，而我国目前最大的金融城市上海却只有 1％的比率。但是，据零点公司调查统计，北京农村银行服务人员 20.6 人/万人，比城区少 31.8 人/万人。也就是说，北京农村金融业从业人员比例为 0.2％，城区为 0.52％。从金融从业人员的绝对数据来看，国际金融中心的纽约拥有 77 万金融投资人才，香港的数字是 33 万人。据统计，截至 2011 年年底，北京常住人口达 2 018.6 万人，北京乡镇及行镇村的人口大约为 550 万人，若北京金融业发展成熟的话，仅按 10％的比例和当前的人口规模计算，整个北京市的金融投资从业人员应该为 200 万人左右，农村金融投资从业人员应该为 55 万人左右。

国内一知名招聘网站提供的《金融行业人才研究报告》显示，各类金融投资人才需求与供应量的平均比例接近 9∶1，金融投资领域专业人才需求呈井喷之势。在强劲需求之下，带来的是高端人才的频繁流动。报告显示，基金经理年均淘汰率在 30％左右，流动率年均更是达到 54.3％，基金经理转投私募屡见不鲜，保险人员频繁跳槽也成为北京、上海、江苏等经济发达地区颇为头疼的问题，这使得金融人才短板更加明显。对此，国内一著名招聘网站人力资源专家表示，金融行业总体人才缺口严重，企业招聘职位和数量较多，个人选择机会增加。这些信息都说明金融投资人才的需求是很高的。

（三）投资学专业相关职位的薪酬预测

投资学专业月平均工资5 995元，取自53 721份样本，时间截至 2012 年 12 月 13 日。其中，投资学专业人才在北京的平均薪酬是8 548元，位列第二。北京市人力社保局和统计局 2012 年 4 月 6 日联合发布通知，公布了 2011 年度全市职工平均工资：2011 年度全市职工平均工资为56 061元，月平均工资为4 672元。

相比而言，投资学专业人才的平均月薪远远高于其他专业人才的平均月薪，北京市投资学专业人才的平均月薪比北京市职工月平均收入大约高出3 409元左右。投资学专业相关职位薪酬地区排行前 10 位：中山：10 000 元；北京：8 548 元；上海：6 841 元；长春：6 377 元；深圳：6 348 元；广州：5 793 元；南昌：5 413 元；厦门：5 409 元；杭州：5 306 元；昆明：5 249 元。

而且，如图 9-3 所示，投资学专业人才就业后，随着工龄的增加，经验越来越丰富，薪酬会不断增加，就业年限越长，薪酬增加得越快。

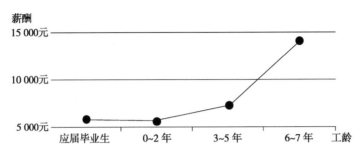

图 9-3　投资学专业人才薪酬随工龄增加而变化的趋势

注：此图取自全国 53 721 份调查样本，平均数据为 5 995 元。

（四）投资专业人才的就业岗位预测

金融企业（银行业、证券公司、保险公司、基金公司和金融业监管部门，各类企业）需要投资人才的岗位：

1. 商业银行

商业银行（包括商业银行、村镇银行等）有以下主要几种岗位：私人客户业务岗（职能：私人客户推广与维护、业务柜员、后台技术支持性业务等）；公司客户业务岗（职能：私人客户推广与维护、业务柜员、后台技术支持性业务等）；资金交易岗（职能：金融机构业务、外汇交易、资金营运等客户服务业务操作类）；风险管理岗；会计核算岗；信息技术岗；新业务（产品）研发岗；稽核监督岗；管理研发类岗位；其他。

2. 证券公司

证券公司（包括综合类证券公司、经纪类证券公司）主要有以下六种岗位：市场推广岗（职能：客户开拓与维护、产品推广等）；客户服务岗（职能：客户咨询、产品介绍、后台技术支持等客户服务业务操作类）；市场研究岗；金融工具岗；风险管理岗；资金财务岗管理研发类。

3. 基金公司

基金公司主要有以下四种岗位：客户服务专员岗（职能：客户开拓与维护）；基金交易岗（职能：基金交易、收集反馈市场及交易信息、交易资料维护等）；市场调查研究岗（职能：走访上市公司、上市公司估值分析、有价证券研究等）；产品研发岗（职能：新产品设计开发、建立改善投资模型、风险管理、业绩评价、新产品设计和数量支持等）。

4. 保险公司

保险公司主要有以下五种岗位：保险经纪；保险代理；保险核保岗客户服务；保险产品研发岗；寿险精算岗。近年的国际金融危机在某种意义上提升了人们的保险保障意识，为保险回归本业、促进保障型产品的发展提供了良机，因而增加了保险业领域对投资人才的需求。

5. 生产和服务型企业

（1）理财类服务企业的岗位：如理财管理咨询公司，这类公司涉及的金融工具包括证券、信托、基金、银行、保险等多个领域，客户包括个人、家庭、企业，经验对象包括金融风险管理、储蓄规划、医疗养老、投资理财，因而相应的有投资理财顾问、管理、销售、财务、助理、文秘等金融内、外勤岗位。

（2）生产型和一般服务型企业的岗位：与前几类企业相比，这些企业对投资人才的需求要少得多，但也是不可忽视的投资人才就业的一个领域。主要的相关岗位有实物投资、理财投资、风险管理等岗位。

此外，政府机构也有一些投资类就业岗位。

上述岗位类型可分为客户服务类、业务操作类以及管理研发类三大类。投资学专业的本科毕业生毕业后可立即上岗完成前两类岗位的任务；至于管理研发类岗位，本专业毕业生在相关岗位具有 3 年以上从业经验、较高的管理理论水平和研发能力、具有敏锐的市场意识和创新能力后即可胜任。

6. 投资学专业人才去向分析

根据北京农学院的人才培养理念和投资学的培养目标、培养要求等，农村金融方向的金融学专业人才可供给到以下单位或部门：

（1）北京市城乡各大商业银行、村镇银行、小额贷款公司、邮政储蓄银行、农业产业投资基金等农村银行或者其他信贷机构；

（2）非农公司、农村或者涉农公司（企业）的财务部门；

（3）北京市城乡的金融租赁公司、担保公司等；

（4）北京市城乡的保险公司、保险经纪公司、社保基金管理中心或社保局等；

（5）上市（欲上市）股份公司证券部、财务部、证券事务代表、董事会秘书处等；

（6）商业银行在京郊区县级的分支机构或者这些银行的涉农部门；

（7）国家开发银行、中国农业发展银行等政策性银行的涉农部门和其他业务部门；

（8）国家公务员序列的政府行政机构如财政、审计部门等；

（9）一些优秀的毕业生还可能会去证券公司（含基金管理公司）、信托投资公司、金融控股集团等风险性很大的金融投资公司就业；

（10）报考相关专业的研究生继续深造。

执笔人：何 伟

第十章 法学类专业人才培养需求

第一节 法学专业

一、都市型现代农业发展对法学专业人才的总体需求趋势

在当前和今后较长一段时期内，农业现代化、城乡发展一体化、农村生态文明建设、农产品质量安全和食品安全是北京都市型现代农业发展的重大任务。党的十八届三中全会提出，要建立城乡统一的建设用地市场，允许农村集体经营性建设用地与国有土地同等入市；要加快构建新型农业经营体系，赋予农民更多财产权利，推进城乡要素平等交换和公共资源均衡配置；要加快生态文明制度建设；要建立最严格的覆盖全过程的食品安全监管制度，等等。这些工作的开展涉及一系列法律问题，需要大量的掌握相关法律知识和实践技能的人才。

二、都市型现代农业发展对法学专业人才的具体需求类型

法律人才的需求范围广泛，包括：农村和城市郊区的乡镇政府和基层组织，农村和城市郊区的司法机关和土地调解仲裁机构，农业、食品安全、环境资源等领域的行政机关和社会服务组织，涉农企业、食品企业、房地产企业、资源开发企业，具有相关法律服务业务的大型律师事务所等。需求的人才类型主要包括：

（1）基层政府法制工作人员。目前，基层群众纠纷的焦点主要集中在征地拆迁、环境污染等领域。为此，亟待加强基层法制工作人员队伍，以化解社会矛盾，维护社会稳定。

（2）农业知识产权代理人。据相关报告显示，"十一五"期间，我国农业专利申请量年均增长18.03%，随着农业专利等知识产权申请量的快速增长，对相关知识产权代理人的需求也势必增加。

（3）食品企业的法务人员和食品安全管理人员。我国食品工业总产值占GDP高达16.55%，获得证照的食品生产加工企业44.8多万家、销售企业538多万家、餐饮单位230多万家，随着我国食品安全法律制度不断严格和完善，这些企业对法务人员的需求也将加大。另外，《食品安全法》将建立食品安全管理人员职业资格制度，要求食品生产经营者配备专职或者兼职食品安全管理人员。因此，具有食品相关专业背景的法律人才未来将有很大的需求。

（4）从事"三农"相关领域法律服务业务的律师。十八届三中全会提出的改革方案给"三农"相关领域带来很大的商机，如农村土地入市，一些目光敏锐的律师事务所正在积极拓展相关业务，这必然产生较大的人才需求。

（5）从事农民工权益保护的公益律师。我国目前有农民工2.6亿人，在都市型现代农业领域，仅16~35岁的农民工就超过约200万人，而农民工劳动与社会保障权益的保护问题始终是近年来的社会热点，亦构成城市中的不安定因素。受制于各方面条件的限制，农民工自身维权力量薄弱，而政府的服务又难以满足需求，一种可以替代的解决方式就是公益律师

的介入。党的十八届三中全会提出，适合由社会组织提供的公共服务和解决的事项交由社会组织承担，加大政府购买公共服务力度，这将为公益律师的发展带来巨大的支持。未来几年，社会对这方面的人才需求也将不断加大。

上述法律人才一方面需要具备扎实的法学功底，另一方面需要掌握"三农"相关领域的具体法律知识和实践技能，甚至还需要具备一定的农业知识基础。通过农业院校的法律专业学位来培养上述人才，将具有无法比拟的优势。

三、都市型现代农业发展对法学专业人才培养提出的新要求

都市型现代农业发展要求法学专业培养满足社会需求的应用型、复合型法律人才，特别是在农业现代化、城乡发展一体化、农村生态文明建设、农产品质量安全和食品安全等方面急需的复合型法律人才。

（1）掌握马克思主义的基本原理，自觉遵守宪法和法律，具有良好的政治素质和公民素质，深刻把握社会主义法治理念和法律职业伦理原则，恪守法律职业道德规范。

（2）掌握法学基本原理，具备从事法律职业所要求的法律知识、法律术语、思维习惯、法律方法和职业技术。能综合运用法律和其他专业知识，具有独立从事法律职业实务工作的能力，达到有关部门相应的职业要求。

（3）对"三农"和环境资源等领域的法律知识具有专长，具备相应的实践能力，能够胜任相关的法律工作。

四、都市型现代农业发展对法学专业建设的建议

都市型现代农业发展对法学专业人才培养提出了新的要求，在此背景下法学专业建设应在以下几个方面努力探索和实践。

（一）优化教学内容

适应都市型现代农业发展对于法律人才培养的特殊要求，北京农学院必须充分利用农业相关专业教学资源优势，实现法学与农业经济学、动植物科学、食品科学等学科交叉、融合并产生新的学科生长点，形成以"法"为主，为"农"服务的学科新特点。

在教学内容设计上以法律的基础知识传授为中心，强调法学专业技能的培养。同时兼顾农业经济学、环境科学、食品科学、动植物科学等相关专业知识的交叉渗透。

通过小学期、专业实习等多种形式培养法学专业学生的农业科技意识，帮助其了解和掌握农科基本知识。在复合型、应用型人才培养模式下，在农业院校特有的氛围中，搭建通识教育平台，实现农学、法学、经济学等不同学科的知识相互交融、互动。

此外，法律专业的学生还可以通过选修、辅修、自修等多种方式学习农科的相关课程，实现"农""法"知识相互促进、有机结合。

（二）改革教学方法

在教学方法的选择上，应坚持多元化原则，改变传统的法学教师满堂讲、学生被动听的灌输式教学方式。

选择适合法学学科性质和特点的方法，包括案例教学法、模拟法庭教学法、诊所教学

法，也包括那些在实践中行之有效的各种教学方法，如小组讨论、班级讨论、布置作业、多媒体辅助教学、远程教学法等。同时充分利用农业院校在农科方面的各种教学资源，采用"请进来""走出去"等多种灵活新颖的教学方法。在各种学科互相渗透，各种文化互相融合的环境下，培养具有基本农业知识和技能，富有创新意识、创新精神和创新能力的法律人才。

"请进来"是指聘请农学、农业经济学、管理学相关专业的有实践经验的教师深入浅出地讲解农学、经济学、管理学等相关学科知识，以及各学科与法学的衔接点，即他们在本专业范围内对法律的需求。聘请农业管理部门、农村基层政府和法院的同志作有关涉农经济问题的专题讲座，使学生对都市型现代农业背景下农村法律的现状、问题、发展动态等有充分的理解和把握。

"走出去"是指带领学生深入田间地头、农业企业、农村经济组织、农村司法机构进行法学调查研究、课程实习和社会实践。将法律知识与都市型现代农业发展实际有机结合，在法律实践中更好地提高理论水平。法学专业实践教学环节是培养学生的基本技能的关键阶段。它既可以检视、修正和巩固学生已有的知识和理论体系，又有利于学生较早地了解和熟悉现代农村、农业发展实际及未来工作的环境，体会农村基层和涉农企业需要什么样的法律人才。法律实践教学要注重规范化、系统化，要建立实践教学教案，明确教学目的和重点，避免随意性和走过场，提高实践教学质量。

（三）加强综合技能训练

应用型、复合型人才在知识和能力结构上，要求比技能型人才有更宽厚的理论基础，较学术型人才有更强的现场处理和解决问题的能力。因此，应用型、复合型人才的鲜明特征是具有较高的综合职业素质和较强的实践能力。

在注重学生法律职业技能培训的同时，农业院校也要结合自身优势，加强学生农业、经济职业技能的教育和培训。利用农学学科、经济学科的教学资源，通过讲座、参观、实训等多种途径培养学生在农村基层、农业企业、农村经济组织等从事法律工作所需要的最基本的职业技能。学校和教师也应当主动为学生联系提供涉农实习单位，如农村司法所、农村信用社、农业企业、农村经济组织等，让他们能有更多机会去接触现实中的农业经济法律活动。这样既有助于学生对法律知识和农业知识的掌握消化，帮助他们较早、较快地了解都市型现代农业现状与要求，同时也有利于学生积累服务于都市型现代农业发展的经验，提高解决都市型现代农业发展中产生的各种法律问题的能力。建设都市型现代农业是复杂的系统工程，是长期的历史任务。建设都市型现代农业，关键在于构建现代农业人才基地，其中包括培养一支既能熟练掌握、运用法学知识，又懂得基本农业知识和经济知识，并且能将理论与实践有机结合的，复合型、应用型的法律人才队伍。

执笔人：韩　芳

第二节　社会工作专业

一、都市型现代农业发展对社会工作专业人才的总体需求趋势

作为与现代性相伴而生的社会工作，是一门以助人自助为宗旨，运用专业的理论与方法，以协调个人与社会的关系，预防和解决社会问题，促进社会公平、公正的专门职业和专业。作为社会建设的主体，社会工作在了解群众需求、落实社会政策、改进社会服务、协调利益关系、化解社会矛盾、推动社会进步、增进社会和谐等方面都具有不可替代的作用。

伴随着社会转型的不断深入，社会建设的不断推进，社会工作获得了巨大的发展空间，专业的发展环境与条件也发展了巨大的变迁。

第一，社会工作职业化进入快车道。2010 年 6 月，《国家中长期人才发展规划纲要（2010—2020 年）》把社会工作人才队伍列为六大人才队伍之一，制定了详细具体的发展规划与目标，极大地推动了社会工作职业化的发展。

第二，社会工作实务领域中项目制逐渐实现制度化、规范化运行。项目化运作即项目制是社会工作机构的一个发展趋势，是伴随着政府职能转变和政府购买服务的出现而产生的一种社会工作实务运作体制。即社会工作机构在发展中主要是通过项目来发生与政府、社会之间的"委托"关系，这就要求社会工作人才必然要适应项目制运作对他们提出的新的要求。

第三，社会工作专业化和职业化的进一步发展对专业实习提出了新的、更高的要求。社会工作教育中对专业性的强调、实习的过程控制和评估以及实习督导教师都提出了明确的要求，实习经验与未来岗位需求的匹配度也不断提升等。

二、都市型现代农业发展对社会工作专业人才的具体需求类型

（1）都市型现代农业的发展与社会建设对社会工作人才的需求日益迫切。十八届三中全会提出由社会管理逐步向社会治理转变的任务。国家教育部和人力资源与社会保障部提出，要发展以职业需求为导向，以实践能力培养为重点，以产学结合为途径，建立与经济社会发展相适应、具有区域特色的本科人才培养模式。

（2）都市型现代农业以及城镇化的快速发展，迫切需求专业社会工作者及社会工作服务。我国高度重视城乡统筹，提出要率先形成城乡经济社会发展一体化新格局。当前农村在急剧变迁过程中出现的农村社区"空心化"、失地农民权益受损、流动人口以及农民工的城市适应、农民市民化、农村留守人群等问题，都需要社会工作人才的介入。

（3）农村快速的老龄化进程对老年社会工作、残障社会工作的强烈需求。农村大量青壮年劳动力人口向城镇迁移和流动，大量留守人群——老人、妇女、儿童以及身心障碍者使得京郊农村的家庭养老功能日益弱化，农村老年人的社会保障与社会服务等问题亟待引起重视，急需相关领域的专业社会工作人才队伍建设。

三、都市型现代农业发展对社会工作专业人才培养提出的新要求

都市型现代农业背景下，社会工作专业人才培养具有"以人为本、助人自助、公平公正"的专业价值观，掌握前瞻的社会工作理论和实务，熟悉我国社会政策，具有较强的社会服务策划、执行、督导、评估能力，胜任针对不同人群及领域的社会服务与社会管理的应用

型、复合型专业人才。培养能够运用社会工作专业知识，在农村开展社会服务，预防和解决农村社会问题，增进农村社会福利，推动农村社会发展的应用型、复合型人才。

四、都市型现代农业发展对社会工作专业建设的建议

为充分发挥社会工作在创新社会管理体制、化解社会矛盾、维护社会稳定等方面的作用，更好地为都市型现代农业的发展服务，社会工作专业建设应重视以下几个方面。

（一）以社会需求为导向，准确定位社会工作人才培养的目标体系

人才培养的最终归宿在于进入社会，实现就业。因此，社会工作人才培养模式的创新要以社会需求为导向，在准确把握市场与社会需求的基础上，清晰准确定位其人才培养的目标，实现社会工作人才培养目标与社会需求的有效衔接，这是创新人才培养的根本。

第一，清晰定位社会工作专业就业岗位；第二，详细了解具体社工岗位的相关信息，包括岗位所需的基本素质、特殊素质、职业规划与晋升等信息，为定位人才培养目标提供信息依据；第三，在整合社会、机构、高校的相关信息与资源的基础上，理清社会工作人才培养的目标体系。

（二）以项目制运作提出的能力要求为指引，合理安排人才培养体制的环节

项目的运作过程中，要求社工人才具有较强的执行力、统合协调力、开拓力、策划力、执行力和丰富的社会资源等。所以社会工作人才培养要以项目制运作提出的能力要求为指引，培养出具有"事务性能力、直接服务能力、社会服务管理能力和核心价值观"等四种能力的专业人才。以四种能力建设为核心，从课程体系改革与建设、课堂教学方法与评估、教师学缘结构优化、实习实训督导与评估等方面入手，统筹规划社会工作人才培养的体制与机制，进而实现社会工作人才培养体制各个环节与项目制能力体系之间的有效对接。

（三）以校内外实习基地建设为平台，不断优化实践教学的专业性和有效性

一方面，在校外社会工作实习模式的建构中，建立培养学校与机构的合作关系具有重要意义。具体可以考虑发展以伙伴关系为基础的社工机构与学校合作的社会工作实习模式，实行"双导师"制，切实加强对实习的督导与评估。另一方面，对于校内实习模式的建构，应注重结合学校和地区的特色，建立课程教学与社会工作实验室相结合的实习规划与模式。具体来说，一是打破传统的学科界限，依据社会工作职业岗位的工作任务，基于实务的工作过程和项目制的运作逻辑，确定社会工作专业知识模块和能力结构，并以此来设计、开发专业课程，重构模块化课程体系。二是对于个案工作、小组工作、社区工作等社会工作专业主干课程，学校应结合自身的实际合理安排实践课时和理论课时，做到强调理论课程与实践课程并重。

执笔人：韩　芳

第十一章　艺术类专业人才培养需求

第一节　环境设计专业（城市环境艺术方向）

环境艺术设计是近几年来越发蓬勃发展的一个行业，特别是在北京这种大型都市，其行业的发展更加厚重，行业分工也越来越细。在今天的细分学科门类中，环境艺术设计是一门就业范围广阔、市场收益较快的专业。都市居民对于环境的要求正在呈现出前所未有的高度敏感和日益加剧的多元化态势。这样就需要越来越多的科技元素应对纷杂变化的行业局面。同时对环境艺术设计专业的人才培养提出了更为明确的目标。就行业发展的整体局面而言，环境艺术设计领域的多元化发展意味着更广阔的就业市场，同时对于专业人才的培养也会有着较为明显的差异化需求。在人才培养体系的构建上需要及时对行业的动态做出积极的调整。

一、环境艺术设计专业人才需求宏观面剖析

（一）社会需求

社会需求是办好专业的必要条件和直接动力。从早期的建筑装饰业到景观设计，从景观设计到公共艺术。如今环境设计似乎越来越显示出它独特的魅力，目前已成为众多民众倾心的行业之一。中国近些年来的高速发展，以经济建设为中心的时代背景造就了城市环境对设计的高度依存。这些涉及内容极为广阔的行业需求为环境设计的建设提供了一个空前的巨大舞台。随着社会、经济以及人们对生存环境和历史传统认识的改变和新的要求，积极建设高质量的人文环境，改善人的居住环境质量，已经成为提高人们生活品质的重中之重。

在社会向更高层次发展过程中，环境艺术是体现环境观、审美观的重要标志。由于文化生活的普及和生活与消费水平的提高，城市管理者和普通居民对所生活的环境空间有了更深层次的理解，这种深层次的需求对应着更加广泛的精神内涵。环境设计在中国正经历着从对环境表面的直观美化处理转向对全方位的环境提升的过程。

（二）广阔的就业前景

现如今，环境设计工程建设越来越多，规模也越来越大。据有关部门不完全统计，仅北京市每年竣工的公共建筑约300万平方米，如用作装饰工程费按2 000元/平方米计算，工程总量在60亿元左右。北京市的住宅每年竣工面积为600万平方米，约12万户，按每户平均用作装饰工程费2万元，总计约24亿元。如果统计全国用在建筑室内外环境装饰工程上的费用将是一个天文数字。按照建设部相关规定，新建小区绿地面积不得小于30%，因此随着一房地产为主业的建筑业的发展，居室空间设计、室外广场及绿地园林及景观规划、商业空间环境设计，将是一个巨大的市场。

另外，飞速发展的旅游业给环境艺术设计人员提供了广阔的从业市场，北京市旅游资源十分丰富，目前郊区县各个旅游项目在规划、设计领域保持良好的发展势头，从而进一步推动了风景区、休闲旅游区、居住区的园林绿化及文化景观建设，为环境艺术设计专业注入了发展活力。正是基于这样的社会经济现状，环境设计专业对应着广阔的就业前景，在环境设计所对应的各个细分行业需要越来越多的具有专业水准的设计工作者投身其间。

（三）发展的需求

北京市着力推进服务功能区建设，塑造世界一流的服务标准和环境，坚持分区域功能定位发展，把优化区域功能配置、完善空间布局形态作为重要支撑，切实提高城乡一体化和区域协调发展水平。促进城市的规划、建设与经济社会发展更加协调。把人口、交通、环境和社会公共服务作为城市战略管理的重点，使城市的发展更好地服务于生活。这也为环境设计专业在社会行业中打开了更加广阔的视野。明确了"优化文化创意产业环境大力推进文化体制改革和政策创新，促进资源整合和市场主体培育，进一步完善文化要素市场，塑造更富活力的文化创意产业发展环境。"

针对生态环境较为敏感的生态涵养区，北京市出台了《北京市人民政府关于促进沟域经济发展的意见》，意见指出："工作原则。必须坚持生态优先、可持续发展，着力发展资源节约型、环境友好型产业，保护山区生态类型和物种资源的多样性，提升生态文明水平；必须坚持规划先行、依法推进，统一规划建设，严格审批程序，合理配置资源，确保有序推进；必须坚持一沟一策、突出特色、因地制宜、鼓励创新，确保开发一条沟域、成就一个品牌；必须坚持发挥农民主体作用，确保农民物质利益和民主权利。"市农委对山区沟域经济的规划设计高度重视，先后筹备了沟域经济发展论坛、面向国际的沟域经济规划招投标等一系列重大活动。七个山区县每年拿出一条沟域，给予 500 万元的资金支持，做好规划设计。

这也就意味在未来相当长的一段时间，环境设计行业有着较为重要的政策支撑。

二、环境艺术设计行业动态需求

随着绿色北京的逐步建设，北京大力发展生态涵养区，结合旧城区的改造以及城镇化建设。迫切需要一大批从事规划设计与建设人才，以及环境艺术设计及相关专业技术人才。如室内设计、景观设计、城镇规划、建设管理、工程监理、小区规划等，这些城市环境工程的推进为环境艺术设计专业提供了旺盛的人才需求。

尽管北京市有着众多的高等院校，但每年毕业的环境设计专业学生相对于其他设计专业的就业情况要好很多。随着北京市经济建设的加快，经济发展面临巨大的转型时期。环境艺术设计专业人员除了面临较大的缺口，还需要尽快培养适应新形势的环境艺术设计专业的技能型和高端技能型人才，时间已显得相当紧迫。

就目前行业动态而言，环境艺术设计专业岗位领域包括了室内外装饰设计、建筑装饰设计、城市及城镇的规划、街道及商业环境的规划、公园与公共绿地规划与设计、小区园林设施及景观小品设计、新农村建设规划、农业观光旅游景区设计等。

具体到行业从业的主要岗位包括：设计（景观工程方案设计、室内环境设计、旅游景区规划与设计、商业空间设计）、工程（室内装修装饰工程与施工、景观工程预算、景观工程施工）、管理（景观工程监理、工程预算、工程管理、设计销售管理、设计管理）等。

(一)行业对接模式

按照新的培养模式，环境设计专业广泛联系校外企业，实行"3＋1"的培养模式，校企紧密合作，共同打造一支精教学、设计的教师队伍，同时依靠校外企业的实践基地来弥补学校在施工、管理和项目运作的薄弱环节，达到在人才培养上的全面系统化。从而培养出真正适应社会发展需求的，特别是行业目前稀缺的，能够从事景观规划及室内和公共空间设计、施工及工程管理的高端技能型人才。环境艺术设计专业将建成产学结合紧密、人才培养质量高、社会服务能力强的品牌专业。

(二)企业需求培养目标

环境设计专业面向北京城市及各地方的建筑装饰装修行业、旅游规划、景观规划、城镇化建设、社会主义新农村建设，培养从事景观规划设计和居室空间、公共空间项目设计、施工以及工程管理的绘图员、设计营销员、景观设计员、室内设计员师、工程施工管理员等高端技能型人才。并具有景观设计师、室内设计师、项目总监、设计总监等后续提升岗位的发展能力。

从北京市环境艺术设计人员市场需求来看，设计技术人才需求较大，可提供的岗位也较多，但这些岗位多数参差不齐，甚至有部分中小企业仅要求大专以上学历，或者有相应的艺术功底和工作经验，更多的企业仅仅是要求有熟练的计算机应用水准。这种差异化的人才需求对于本科学生而言，是一个不小的就业障碍。

就企业招聘而言，大多数设计公司或相关企业均在招聘时除了会要求求职者带上简历和作品前来应征，一般还安排现场技能操作。这一点也充分说明了设计企业对于软件操作技能的高度依赖。环境艺术设计专业最常用的软件 Auto CAD 和 3DS MAX 或者是近年来被行业广泛应用的 Sketchup，再加之一些辅助软件如 Photoshop，还有 VRay 和 Lumion。Auto CAD 主要广泛用来绘制平面图、施工图，其精确的数值是行业规范的重点。3DS MAX 主要是用来制作环境设计三位效果图，Sketchup 有着较好的人机交互环境，便于环境设计中设计思路的修改或延伸，主要进行设计草图制作和景观设计图制作。Photoshop 被广泛地应用于图像素材的处理，以及对效果图进行修改、渲染和后期处理。VRay 和 Lumion 则主要是对效果图进行灯光和材质渲染，使效果图更加符合真实环境效果。在工作岗位中设计人员或多或少地都需要熟练运用这些软件帮助完成设计项目。

此外，行业中也对员工其他的素质有着明确的要求，例如：在工作中有端正的工作态度、敬业的精神、良好的沟通能力，良好的团队合作和独立工作的能力很重视，这些综合类素质往往对于员工在未来长远发展中起到更好的支撑。

多数企业对学生是否获得室内设计员（师）、景观设计员（师）、Auto CAD 制图员等相关职业资格技能的证书并不是特别重视，也不以此为作为持证上岗的基本能力要求。但是也有部分发展态势较好的企业，他们可能会面临或即将面临企业资质的评定或晋级，少数拥有职业资格技能证书的求职者往往会得到更多的重视。综合来看，企业相比学校更注重的是学生对于环境艺术设计知识的实际应用能力，而非理论知识，这也对高等院校的学生在实践技能的掌握上提出了更高的标准和要求。

就目前而言，多数毕业生实践应用能力不够强，特别是在企业比较重视的软件实操上显得较为单薄，同时由于大学生缺乏在社会和行业工作经验，进入工作岗位后仍需安排熟练人员带其进入工作状态，给用人单位带来一定程度上的麻烦。所以在新的培养方案中，学生进入大四第一个学期就进入合作企业，从最基础的工作做起，这一期间不做其他额外的课程要求，这样就能为学生毕业后准备进入的就业行业进行更早的了解，及时了解所需的工作内容、熟悉工作流程。

设计类行业在待遇和薪资方式上一般是按照岗位基本工资＋业绩提成，提成是随着完成任务量多少以及完成质量而变化。所以，设计人员的能力与收益是紧密挂钩的，因此，环境设计专业学生一定要在前3年的时间段掌握好专业知识，在大四第一个学期进入实习基地要尽快适应，以便于在毕业后的就业环境中脱颖而出。

三、学校自身发展需求

（一）专业背景概述

环境艺术设计专业于2003年开始招生，目前有八届毕业生。累计向社会输送近400余名毕业生。现有专任教师10人、实验师1人。其中教授1名、副教授4名。近年来主持和参与了20余项横向课题。累计科研到账300余万元。公开发表学术论文30余篇，主编或参编专著10余部，教材6部，其中，"十二五"规划教材2部。

本专业与校外多家企业签署合作协议，建有校外实训基地7个，分别是北京园创时代园林景观工程有限公司、北京绿景颐竹景观设计公司、柏拉吉奥国际家居装饰有限公司、北京御景天下景观工程设计有限公司、拾图（中国）景观设计有限公司、北京中经博思城市规划咨询院、北京华壹行装饰工程有限公司。校外实践基地拥有比较先进完善的实训条件，在环境设计领域具备较好的知名度和美誉度。再加上环境艺术设计专业自身的优势特点，基本实现了校内校外实践技能训练的互补，保证了环境艺术设计专业学生实践技能培养的要求。

本专业毕业生主要面向各类房地产公司、室内外装饰工程公司、城市规划设计院、景观规划设计公司等与环境艺术设计专业相关的单位工作。从事景观规划设计、建筑室外内装饰装修设计、居室空间设计、公共空间设计、效果图或施工图设计制作、施工监理、设计销售等岗位的工作。

国内目前高校整体就业压力不断增大，就业形势越来越严峻。加强和提高学生自身的综合素质成为在就业竞争环节最为紧迫的任务。环境设计系在校、院领导的大力支持下，积极根据国家政策和区域经济发展需求调整专业建设方向和建设内容，完善教学条件，注重培养和提高教师专业能力职业素质。加大与校外基地合作力度，让每一名学生都能够根据自身的特点找到属于自己的舞台。

（二）学校专业自身发展需求

1. 突出办学特色的需求

学校目前正在积极朝着早日实现都市型农林大学的目标前进，在北京农学院全面推进"十二五"、科学谋划"十三五"，加快建设特色鲜明、高水平都市型现代农林大学的关键时期，环境设计专业充分利用学校现有资源，结合学校总体发展目标，积极调整自身定位。在已完成的各类课题中，有相当一部分属于北京郊区项目，符合北京市宏观发展方向和学校发展目标。在实践中，拓展了环境艺术设计研究的方向，丰富了郊区环境在城镇化建设中的发展思路。

2. 未来调整重点

首先，结合学校构建都市型现代农林大学的总体目标，充分利用和挖掘学校、学院的优势资源。确定好专业人才培养的方向，打造环境设计专业毕业生在就业上的综合竞争力。实时关注行业领域的动态变化，密切跟踪毕业生在行业企业中的动态发展过程。培养与市场接轨的高素质环境艺术设计专业技能人才。就行业整体而言，分工越来越明晰，这也就要求毕业生要尽早为自己做出职业规划，对自己要有有合理的估价和定位。让学生在个人定位、择业态度、择业方向、发展规划上要认清现实；通过在学校内的教学环节和校外的实习实训环节逐步让学生了解行业的知识需求和能力需求，让学生有明确的学习方向和自我规划方向；培养积极的工作心态，认清就业形势；对就业单位性质和就业区域、就业薪酬上要根据自身的条件来分析，避免造成"高不成低不就"的现象。

其次，应该培养学生正确的择业观和就业观，一定要有自己的独立见解，不断完善自己的思想体系，对自己有信心，无论成功与否，身在顺境或逆境都能坦然面对。不对自己的家庭、亲人产生过多的依赖。在竞争的社会中始终能够做到自尊、自爱，在学习和工作中始终自信、自强。要积极锻炼和锤炼心理素质，保持良好的心态，能够及时调整自己的择业目标，适应行业中的具体工作岗位或内容，早日实现自我。

再次，加强与用人单位的沟通与联系，让行业企业尽早地参与到对学生的现状和职业能力的评价中来，加强学校和企业互动式的培训和管理方式，只有保持良好的互动，才能使教育教学始终与社会、行业的人才需求接轨，也只有做好互动才能够将毕业生未来的成长及时回馈给学校。真正实现高等教育培养综合型高等人才的目标，使教育教学从被动中解放出来，实现向主动的华丽转身。

执笔人：贾海洋

第十二章 国际合作办学专业人才培养需求

国际合作办学是国家引进优质教育资源、提高办学水平、适应高等教育国际化发展的有效途径。随着知识经济的到来，面对经济全球化的冲击，树立适应经济全球化的教育国际化观念，借鉴国际上先进的教育理念和教育经验，促进教育改革发展，提升高等教育的国际地位、影响力和竞争力，努力培养适应全球化、信息化、有国际交往和国际竞争能力的国际型、复合型人才，是国际合作办学的主要目的和培养目标。

2003年，为适应北京农业向都市型现代农业的转型，北京农学院与农科特色、具有百年办学历史的英国哈珀亚当斯大学在国际经济与贸易（国际商务管理）、食品科学与工程（食品质量与零售管理）两个专业开展本科中外合作办学项目；2012年，为适应都市型现代农业对环境发展的需求，北京农学院与澳大利亚伊迪斯科文大学在"农业资源与环境（环境管理方向）"专业开展本科中外合作办学项目。

20世纪90年代后，北京城乡格局发生了深刻变化，郊区农业开始向经济、社会、生态等综合功能发展，籽种、精品、创汇、观光、设施农业和农产品加工等新型农业得到发展，农业的现代化内涵不断拓展，日益凸现出都市型现代农业的鲜明特色。都市型现代农业是以高效农业、生态农业、休闲农业为主要内容，进行集约化生产和产业化经营的现代农业。它是国民经济新的增长点，是大城市经济社会发展到新阶段形成的高投入、高产出、高效益的新的农业发展形态。都市型现代农业的发展为高等农业教育在北京农学院国际合作办学的历程中，确立了办学方向，都市型现代农业的发展需求始终决定着国际合作办学专业的人才培养目标。

第一节 国际经济与贸易专业（国际商务管理方向）

国际经济与贸易专业（国际商务管理方向）为北京农学院与英国哈珀亚当斯大学合作办学项目，采用英国哈珀亚当斯大学教学体系和质量保证体系，项目专业课程均为英语授课和考核，实行在国内学习三年，第四年在英国学习的方式，完成学业者将分别获得北京农学院的经济学学士学位和英国哈珀亚当斯大学的学士学位。该专业设置由我国经济发展、北京城市发展以及都市型现代农业发展的需求确定的。

一、中国国际化发展战略为该专业的人才需求提供支撑

2001年，中国加入WTO标志着中国经济国际化进入了新的发展阶段。外国资本进入中国更广泛领域，包括制造业的高端领域和金融、商贸、流通、信息、高新技术研发等服务业领域。中国企业国际化进程也取得了长足的进步，大批企业走出国门展开国际竞争。截至2013年，中国1.53万家境内投资者在境外设立了2.54万家对外直接投资企业，分布在全球184个国家和地区，中国企业"走出去"对外直接投资从2000年的不足10亿美元增长到2013年的1 078.4亿美元，增长了100多倍。这种发展态势为该专业人才需求提供了有力支撑。

近年来，中国企业国际化的方式不断创新，包括工业园、科技园和境外经贸合作区等形式正在兴起，中国企业国际化呈现出十分广阔的前景。目前，中国已经成为新兴国家对外直接投资的主体，其过去对外直接投资热衷能源资源的传统驱动形式正在发生转变，逐步形成了能源资源驱动、市场驱动、技术驱动等多种投资驱动格局，越来越多的中国企业涉足国外高科技领域投资，追求高附加值投资，其中美国的高新技术产业成为中国企业首选。分析2004—2013年中国对外直接投资情况，中国企业对外直接投资主要集中在租赁和商务服务、能源资源、零售业和机械制造等行业，这些行业企业通过对外直接投资和跨国并购活动延伸产业链，直接投资到自己不具有比较优势的领域。同时，根据CCG统计，有62%的对外直接投资是为了获得销售渠道和营销服务的网络优势。由于过去中国以低劳动成本参与国际分工，处于新兴制造业的低附加值生产环节，因此中国企业在对外直接投资中出现向上游价值链延伸的转变。这意味对国际化人才的需求越来越来高，不再是简单熟悉英语的人才，而转向需求国际化、复合型的专业人才。

二、北京建设世界城市为该专业的需求类型明确了方向

2009年，北京确定了建设世界城市的奋斗目标。2008年北京通过承办奥运会，增进了全世界对北京的了解，提升了北京的开放性和包容性，为北京的发展创造了新机遇。在这种背景下，北京提出了建设世界城市、建设国际一流和谐宜居之都的奋斗目标。

能够称之为世界城市的都市，需要具有较强的经济实力，是国际金融和贸易中心；需要具有现代化的基础设施，是跨国公司总部和国际组织所在地；城市居民要有较高的素质和较好的生活水平，是国际人才高地和新技术的研发应用中心。同时，这个城市要在国际经济、政治和文化交流等方面具有较强的辐射力、影响力和控制力。伦敦、纽约、东京、巴黎等目前被公认的世界城市都是高度发达的城市，它们的共同点是：城市规模很大，人口均在1 000万以上，有的甚至达到3 000万人。这些城市不仅在政治、经济等多方面具有影响力，城市中的常驻国际机构，尤其是重要商业机构的数量、召开国际大型会议的数量、入境旅游人数等与其他城市相比也都有相当大的优势。

作为中国的首都，北京具有得天独厚的政治、经济、地理位置，具有深厚的历史文化底蕴，具有极强的集聚吸引扩散能力，具有实力强大的科技、智力、人才资源，即使放在全球范围里，也具有强大的竞争力，具有建设成国际一流水平世界城市的有利条件。这意味着北京在建设世界城市的过程中必将开展更多的国际合作与交流，必将有更多的国际化知名企业落户北京。培养能够熟练使用英语，精通国际贸易业务，掌握国际商务管理基本方法和技能的专业人才应对国际化发展就显得非常有必要。

三、都市型现代农业的国际化为该专业培养提出新要求

都市型现代农业，它是指靠近都市，在城乡结合处或者说在城乡边界模糊地区发展起来的，可为都市居民提供优良农产品、优美生态休闲旅游环境的高集约化、多功能的农业。都市型现代农业是城乡关系发展到一定阶段的产物，是城市的重要组成部分。当前，都市型现代农业已经成为中国大城市农业的主要发展形态。北京市按照"建设有中国特色世界城市"的总体要求，发展世界水平的农业，建设世界水平的农村，培育世界水平的农民，增强农业的应急保障、休闲生态、科技示范等功能，推进都市型现代农业发展。转变农业发展方式。

建设国家农业科技城；延长农业产业链，促进都市农业融合发展；创新农业实现形式。开拓籽种农业、休闲农业、循环农业、会展农业实现形式，提高都市农业的国际化开放性。这些发展趋势也为国际经济与贸易专业提出了新要求。要求之一：能够熟练使用英语，并必须具备系统的管理科学和经济学基础理论知识。要求之二：精通国际贸易业务，掌握国际商务管理基本方法和技能。

基于以上需求，该专业的办学定位立足于培养具有双语能力的本科国际化、应用型和复合型专业技术管理人才，在培养方案中，强化对学生英语运用能力的培养，并实行英文授课和考核。学生经过第一年的英语强化训练，达到相当于雅思5.5分的英语水平，在后续的专业学习过程中用英语累计完成6万字的各项作业和报告、1万字的论文，以及全部课程的笔试和口试，英语应用能力大大加强。通过借鉴英国国际商务管理专业的教学模式，使传统的国际经济与贸易专业更侧重在实用型国际商务管理人才的培养。通过国际化的课程教学与实践，使学生充分体验到在国际环境下的商务管理。

执笔人：刘铁军

第二节　食品科学与工程专业（国际食品质量与零售管理方向）

食品科学与工程专业（国际食品质量与零售管理方向）为北京农学院与英国哈珀亚当斯大学合作办学项目，采用英国哈珀亚当斯大学教学体系和质量保证体系，项目专业课程均为英语授课和考核，实行在国内学习三年，第四年在英国学习的方式，完成学业者将分别获得北京农学院的经济学学士学位和英国哈珀亚当斯大学的学士学位。该专业人才需求由食品安全的需求、国际化发展、都市型现代农业产业链的发展决定的。

一、食品质量与安全要求为该专业人才需求提供有力支撑

近几年来，食品安全问题频繁发生，已然成为了世人关注的焦点。食品安全问题的存在不仅损害着消费者的利益，而且还危害着人体的健康。因此，如何培养专业人才保障食品质量安全成为大学教育的义务与责任。

长期以来，中国的食品行业一直存在着一系列问题：对市场把握不准、计划频繁调整、生产要么过剩要么不足、批号老化、全国范围工厂间调货、客户要货批量减少、渠道渗透及产品铺货率不够高、产品推广不理想、责任难以划分、横向协调较难、配送陷入被动操作等，可以说这些都与供应链运作密切相关。食品供应链涉及的环节比较多，但总体分为上游、中游、下游三个部分。上游为生产加工企业，这里的加工主要指针对原料的初级加工，因此也可称为初级生产环节。中游为加工商，通常内部构成比较复杂，但一般都包括采购，生产，财务，加工，营销等部门，也可称为采购加工环节，通过采购原料进行再加工进行食品的生产，然后通过作为承接中下游的桥梁——中间商（批发商）将食品向下游输送。下游即零售商和终端消费者，而产品经过零售商销售给终端消费者，就称为销售环节。这就是整个食品供应链的过程，在整个供应链的过程，流通环节（物流环节）贯穿全程，而政府监管部门监督整个食品供应链，也就是监督环节。

食品链出现的问题成为食品质量安全的重要隐患，对食品的管理和质量控制贯穿于从农田到餐桌的供应链全过程是解决食品质量安全的根本保障。因此，培养了解食品供应链的食品专业人才尤为重要，这为该专业人才需求提供有力支撑。

二、中国国际化发展为该专业的人才需求提供了发展空间

该专业立足食品供应链体系，重在培养国际化人才。这是由中国走向世界的过程中，在借鉴和学习国外先进管理经验的基础上，结合自身实际逐渐形成的专业方向。食品供应链是从食品的初级生产者到消费者各环节的经济利益主体（包括其前端的生产资料供应者和后端的作为规制者的政府）所组成的整体。

1996 年，Zuurbier 等学者在一般供应链的基础概念上，首次提出了食品供应链概念，并认为食品供应链管理是农产品和食品生产销售等组织，为了降低食品和农产品物流成本、提高其质量安全和物流服务水平而进行的垂直一体化运作体系。如今在美国、英国、加拿大和荷兰等农业生产较为发达的国家这一管理体系已经广为应用，并逐渐成为了当今学术研究的重点课题。研究国外食品供应链的经验或做法、解决中国食品安全质量成为中国学习先进经验的一种方式，这为该专业人才需求提供了发展空间。

三、都市型现代农业产业链的发展为该专业人才培养提出新要求

都市型现代农业与二、三产业融合发展是北京加快转变农业发展方式的必然要求。延长农业产业链，依托农业，发展农产品加工业、农业工厂、休闲农业等多种形态，是北京都市型现代农业的突出优势。比如，近年来，北京农业着眼于提升农业附加值，不断拓宽农业发展领域，探索出了以"三元奶业"为代表的精品农业发展新路，这种发展模式，就是利用外埠的奶源，利用北京的科技、资本优势，通过严把产品质量关，做强冷链物流配送服务，延长了产业链，强化了食品供应链的发展。因此，都市型现代农业及食品工业随着流通领域特别是食品零售业的发展已步入食品供应链体系，对食品的管理和质量控制已贯穿于从农田到餐桌的供应链全过程。而传统食品专业毕业生对营销与管理领域知识缺乏，营销等专业的毕业生又不熟悉食品产品性质和安全、质量管理。该专业通过借鉴英国食品质量与零售管理专业教育模式，在课程设置上以各 50％ 比例分别覆盖食品科学类课程如食品及食品原料、食品加工保藏及包装、卫生与食品安全等，以及营销和管理类课程如食品营销、零售运营、食品质量管理等，通过构建跨学科专业，为北京培养既懂技术又懂经营与管理的复合型食品专业人才。

与此同时，北京国际化大都市建设，需要培养既能够熟练使用英语交流又具备专业知识和能力的双语专业人才。因此，本专业确立了培养具有双语能力的本科国际化、复合型、应用型专业技术管理人才的办学定位，在培养方案中，强化对学生英语运用能力的培养，并实行专业课英文讲授和考核。学生经过第一年的英语强化训练，达到相当于雅思 5.5 分的英语水平，在后续的专业学习过程中用英语累计完成 6 万字的各项作业和报告、1 万字的论文以及全部课程的笔试和口试，英语应用能力大大加强。

执笔人：刘铁军

第三节　农业资源与环境专业（环境管理方向）

2012 年 6 月，经北京市教委和教育部批准，北京农学院与澳大利亚伊迪斯科文大学在"农业资源与环境（环境管理）"专业开展本科合作办学。该项目实行在国内学习三年、第四年在澳大利亚学习的"3＋1"教育模式，完成学业者将分别获得北京农学院毕业证书和学士学位证书、澳大利亚伊迪斯科文大学学士学位证书。该项目是在北京农学院开展中英合作本科学历教育 10 年的经验基础上设立的，人才培养方案借鉴中英合作办学专业以"学习收获"为中心的人才培养体系的成功经验，结合实际情况，制订了覆盖北京农学院和伊迪斯科文大学的专业核心课程，引进伊迪斯科文大学的教学体系和质量保证体系，实行英语授课和考核的培养方案。学生入学后，经过一年的英语强化训练，须达到澳方学校英语水平要求，三年级末须达到雅思 6.0 分以上的英语水平。该专业人才需求是由生态环境建设、都市型现代农业内涵发展需求决定的。

一、生态环境建设为该专业人才需求提供有力支撑

该专业致力于培养从事环境监测、环境保护和环境管理等专业人才。当前，环境问题受到越来越多的重视，生态环境的严峻性为该专业人才需求提供了有力支撑。

生态环境是指人们生活环境的状况。主要表现在水土流失、垃圾污染、大气污染、噪声污染等方面。我国生态环境的基本状况是：总体环境在恶化，局部环境在改善，治理能力远远赶不上破坏速度，生态赤字在逐渐扩大。环保部发布的《2013 中国环境状况公报》显示，全国环境质量状况有所改善，但生态环境保护形势依然严峻，最受公众关注的大气、水、土壤污染状况依然令人忧虑。依据新的《环境空气质量标准》进行评价，74 个新标准实施第一阶段城市环境空气质量达标率仅为 4.1％，华北不少城市常年被雾霾笼罩。水质情况也不容乐观，对长江、黄河、珠江等十大水系的断面监测显示，黄河、松花江、淮河和辽河水质轻度污染，海河为中度污染，而 27.8％的湖泊（水库）呈富营养状态。在四大海区中，只有黄海和南海海域水质良好，渤海近岸海域水质一般，东海近岸海域水质极差。9 个重要海湾中，辽东湾、渤海湾和胶州湾水质差，长江口、杭州湾、闽江口和珠江口水质极差。中国还面临着严重的土地退化问题。2013 年全国净减少耕地 8.02 万公顷，有 30.7％的国土遭到了侵蚀。如何改善生态环境成为摆在人们面前的重要挑战。

农业资源与环境是生态环境重要组成部分。农业资源是农业自然资源和农业经济资源的总称。农业自然资源含农业生产可以利用的自然环境要素，如土地资源、水资源、气候资源和生物资源等。农业经济资源是指直接或间接对农业生产发挥作用的社会经济因素和社会生产成果，如农业人口和劳动力的数量和质量、农业技术装备、包括交通运输、通信、文教和卫生、农业基础设施等。农业环境是农作物或农业生产为主体的周围环境各要素的总和。主要包括农田、森林、草原、灌溉水、空气、光、热及施用于农田的肥料（包括化肥）、农药和农业机具等。这些农业环境要素共同构成了一个农业环境综合体系，相互作用，相互影响，为人类创造出生产上和生活上必需的大量物质。农业环境是人类赖以生存的自然环境中的一个重要组成部分。因此，解决好农业资源和环境问题有力改善生态环境，培养农业资源与环境专业人才会为生态环境建设提供有力支撑。

二、环境管理迫切性和国际化的管理经验为该专业人才需求类型明确了方向

环境管理是指运用计划、组织、协调、控制、监督等手段，为达到预期环境目标而进行的一项综合性活动。农业环境管理是指运用经济、行政、法律、技术等手段，对损害农业环境质量的行为实施有效的影响，使经济发展与农业环境相协调，达到既发展农业经济又改善农业环境为目的的管理工作。

农业环境具有特殊性，一旦遭到污染或破坏，往往很难恢复和治理，甚至是不可挽回的。当前，农业环境管理存在众多难题，涉及国民经济的许多部门，与许多行业的生产密切相关。如何综合协调农业内部各个产业和其他相关部门的经济发展与环境保护的关系；如何根据各地农业环境的背景值、自然条件和经济发展水平的差异，因地制宜地确定管理工作的目标和措施。这些难题都需要有专业人才去研究解决。

欧美国家在 20 世纪也经历了环境污染难题，经过他们上百年的治理，基本解决了环境污染问题。在治理过程中，他们形成了包括区域环境管理、部门环境管理、资源环境管理、环境质量管理、环境技术管理、环境计划管理等各部分内容的环境管理学，积累了一些成功经验和成功做法。研究他们的环境管理学，学习和借鉴他们的管理经验和做法是我们解决环境问题的一条途径。因此，环境管理人才应是熟悉英语，深入研究过西方环境管理科学，又了解他们环境管理经验和做法。

三、都市型现代农业内涵发展为该专业人才培养提出新要求

都市型现代农业具有生产、生态、生活、示范和教育四项功能。要为消费者提供安全、优质、功能化、多样性和个性化的农产品，为城市居民的生活、旅游、观光、体验、文化、休闲等提供优美的生态环境。

其生产功能，也称经济功能。通过发展都市地区生态农业、高科技农业和可持续发展农业，为都市居民提供新鲜、卫生、安全的农产品，以满足城市居民食物消费需要。生态功能，也称保护功能。农业作为绿色植物产业，是城市生态系统的组织部分，它对保育自然生态，涵养水源，调节微气候，改善人们生存环境起重要作用。生活功能，也称社会功能。农业作为城市文化与社会生活的组成部分，通过农业活动提供市民与农民之间的社会交往，精神文化生活的需要，如观光休闲农业和农耕文化与民俗文化旅游。示范与教育功能。都市郊区农业具有"窗口农业"的作用，由于现代化程度高，对其他地区起到样板、示范作用。作为城郊高科技农业园和农业教育园，可为城市居民进行农业知识教育。

总之，都市农业的功能主要是：充当城市的藩篱和绿化隔离带，防止市区无限制地扩张和摊大饼式地连成一片；作为"都市之肺"，防治城市环境污染，营造绿色景观，保持清新、宁静的生活环境；为城市提供新鲜、卫生、无污染的农产品，满足城市居民的消费需要，并增加农业劳动者的就业机会及收入；为市民与农村交流、接触农业提供场所和机会；保持和继承农业和农村的文化与传统，特别是发挥教育功能。

这些内涵的发展必须以农业资源环境为基础。目前，生态破坏和环境污染是当前中国农业环境的两个突出问题。农业资源衰退，自然灾害加剧，水土流失、沙漠化、土壤次生盐渍化等问题日益严重。农业环境遭到不同程度的破坏，已成为农业发展的制约因素。农田、牧场受工业（包括乡镇企业）"三废"污染严重。不合适地大量使用农药，造成土壤、水体污

染和农畜产品有害物质残留；过量和不合理地施用化肥，引起蔬菜、地下水硝酸盐积累和水体富营养化等现象比较普遍。农业环境恶化危害人体健康，危害农业生产，导致农业减产、绝产和农产品质量下降。这些因素都影响着北京都市型现代农业的深入发展。因此，培养满足北京都市农业可持续发展及生态环境保护对环境与资源专业领域人才是必要和必需的。

可见，该专业人才培养应在注重农业资源与环境专业的核心课程的基础上，引进欧美环境管理专业的核心课程，让学生在结合中国实际的同时，学习借鉴国外环境管理的先进经验。与此同时，注重培养学生能够熟练使用英语交流，系统掌握农业环境监测与质量评价、农业资源环境规划与管理、农业环境保护等的基本理论和基本技能，了解环境管理的多学科性质，具备环境质量评价及环境监控的先进技能，掌握环境污染治理及生态修复的技术方法。从而使学生全面理解农业资源与环境管理的概念，以及环境评估、保护、规划和生态系统的环境管理功能，为从事环境管理打下良好的专业基础；培养学生的管理能力，特别是在农业资源与环境管理方面的计划、领导、委托和团队建设能力；通过多学科教育，培养学生对技术、经济、社会文化影响和政治对经济影响的敏感性，以及应对能力。

执笔人：刘铁军

第十三章 高职人才培养需求特色与方向

第一节 兽医专业

一、都市型现代农业发展对兽医专业人才的总体需求趋势

随着我国经济的持续发展和产业结构的调整以及城市化进程的推进，耕地面积的不断压缩，环境资源的利用和保护等方面的因素，传统农业发展模式不断改变、调整、发展，都市型农业是近几年新出现的一种农业模式，它实现了传统的城郊型农业向现代都市型农业的战略转变，既提高了京郊农民的收入，又能够满足消费者对休闲、旅游、观光的精神需求和改善城市环境质量的生态产品需求，具有都市特色的多功能、现代化产业。都市农业是现有农业模式中发展水平最高、功能最全的一种模式，主要集中在现代化大都市及其周边。它除了具备传统农业的特征外，还具有以下特点：①经济发展导向更加突出于满足城市发展要求和市民消费需求的导向；②农业功能的多样化，都市农业除生产、经济功能外，同时具有生态、休闲、观光、文化、教育等多种功能；③三次产业之间的相互包融，三次产业之间相互延伸，相互反哺。

改革开放以来，随着都市农业中养殖业的发展和城市宠物数量的增加，兽医的职能发生了巨大变化。当今的兽医已经彻底告别了过去"劁猪骟马"的工作范畴，社会对兽医人才的需求总趋势是：

（1）高等职业兽医教育的目的就是培养能够从事动物疾病诊疗及相关工作的"兽医师"，而且是主要在生产一线、诊疗一线、防疫一线的兽医工作者。

（2）都市农业下的兽医应该具备能够满足区域经济的发展需求，为区域畜牧业的发展、优质安全的畜产品和人的生命健康安全服务的兽医。

（3）都市型现代农业下的兽医仍然需要加强对从事经济动物诊疗的临床兽医的培养教育，同时兼顾小动物（宠物）及观赏动物的临床诊疗方面的兽医人才的培养，同时既要注重动物传染病的预防和综合防治，又不能忽视常见普通病的讲授，因为经济动物关系到食品供给安全和食品质量安全。所以兽医教育应该加强这方面的综合培养。

（4）兽医工作者尤其是高职兽医人才归根结底还要归到"医"上，注重"医德"的培养，同时注意加大临床诊疗能力培养方面的师资培养。

（5）紧密与区域经济相结合，培养定向或特色兽医人才。如本地区养马和赛马及举办国际马术赛事等，可以在最后1～2学期开设马病方面的课程，满足区域经济对特定人才的需求。

（6）培养具有都市型现代农业思想，致力于满足都市人的需求。

二、都市型现代农业发展对兽医专业人才的具体需求类型

都市型现代农业发展的人才需求主要有几种类型：

（1）懂科技、会经营、善管理的畜牧兽医企业家（农场主）。

（2）既懂兽医技术，又懂宠物美容及相关产业的技术型人才（兽医师）。

（3）掌握现代兽医技术，具有实践经验，深入养殖生产的第一线开展技术讲座及科技成果推广人才。

（4）农畜产品标准化检验检测、监督、认证等人才。

（5）在动物诊疗方面具有独到的治疗手段，能够治疗一些疑难杂症的专门兽医人才或者专注于某种动物（猪、牛、马）等诊疗的专门兽医师。

三、都市型现代农业发展对兽医专业人才培养提出的新要求

（一）都市农业发展对农业院校提出的新要求

高职教育服务地方经济和社会发展是高等院校的主要任务之一，都市农业作为一种新型农业模式，对于推动区域经济发展发挥着越来越重要的作用，因而对人才的需求与日俱增，对人才提出了新的要求。建设都市农业，教育是基础，科技是关键，人才是保证。都市畜牧业的发展对兽医人才及高素质兽医人才有巨大的需求。所以，都市农业背景下的兽医高等职业教育应主动把握全局，充分认识高等职业教育对农业、农村和农民发展的重要作用，及时调整人才培养方案，使其适应飞速发展的都市现代农业需求，编写都市农业所需的特色教材，坚定不移地走科教兴农、人才强农之路。

地方农业院校肩负着为区域经济发展和社会服务输送大量高素质人才的重任，通过高层次知识和技能相结合的职业资格和能力的培训，不断建设社会需要的课程和教学内容，培养高层次合格的人才。同时，也要引进一批具有先进的都市型现代农业理念，深厚的理论基础和扎实的实践经验的人才补充到现有的教师队伍中；同时鼓励教师走出校门，深入到都市农业发展的社会环境中去指导实践，从实践中总结理论，只有这样才能够培养出高水平、高素质、高技能的都市型农业人才。

结合北京农学院近年来不断探索研究所形成的学校办学定位和各专业的办学特色，重新思考和修订非农学科本科教学培养方案和可持续发展策略，已经到了渠成引水的时刻。从北京、天津两市对毕业生的需求看，京津两市郊区人才市场对高等农业院校培养的学生综合素质的要求更加严格、更加务实。这就要求农业院校各个专业的本科毕业生具备的能力和掌握的知识体系必须更加贴近社会的需求。因此，无论是本科学生还是高职大专学生的培养目标、各专业课程体系的完善与重新建立、授课内容与授课方法的重大改革，必须适应京郊都市农业的发展趋势，必须继续对培养方案做出新的研究和新的修改。

（二）都市农业发展对人才素质需求提出的新要求

都市农业的发展呈现功能多元化、智能化、信息化、国际化发展趋势，因此对兽医人才的需求也是多元化的，既要掌握原有的"养、防、看、治"等"涉农"基本技能，还需掌握"非农"知识和技能。都市农业根据现代城市发展的要求，突破生产保障型的城郊农业模式，充分发挥自身优势，挖掘市场潜力，为市民提供多元化的体验和服务，体现了都市农业向多元化功能发展趋势，也体现出多元化的用人趋势。通过国内外都市农业发展不难看出：①开发都市农业的生产功能（基本功能），除利用农学学科的高科技支撑外，还必须有工学、理

学的支撑，才能达到设施化、智能化、信息化的要求；提高都市农业的经济效益是开发生产功能的核心，又必须广泛地利用农业科技、国际商贸、市场销售、物流及管理的相关理论和技术，在流通过程中，对农资市场信息、农产品市场信息等信息源，通过计算机处理，为都市农业生产提供服务；还将充分利用大都市对外开放的优势，建立以农副产品出口创汇为中心的、较高层次的农业生产经营体系，从而提高都市农业的外向化程度，这必然又要用到经济学、管理学及外语方面的人才。②都市农业形式下如何发展绿色、有机、可持续发展的循环畜牧业，使之与种植业有机结合，解决好环境、资源利用和生产的关系，这必然涉及工学、理学等方面的知识。③随着人民生活水平的提高，传统的种养业已经不能满足社会的需求，如何发展集休闲、观光、教育、文化于一体的新型农业产业，也会需要一定的非农学科的理论和技术保障。因此伴随着都市农业的发展，需要大批的优秀人才，包括了高素质的兽医人才，如何能够保障都市农业环境下畜牧业的健康发展，为区域经济乃至整个国家提供绿色、安全、无公害的畜牧产品是现代都市农业的发展趋势，这些都对人才的素质提出了新的、更高的、多元化的要求。

四、都市型现代农业的发展对兽医专业建设的建议

当今时代，离开了都市农业之大背景、大战略之下，农业院校的改革和发展犹如无源之水、无本之木。因而面对都市农业的新需求，需要把自身的改革和发展纳入都市农业的发展之中，不断寻求自身为都市农业服务的着力点和结合点，为都市农业提供雄厚的智力支持和技术依托。

（一）准确把握培养目标，符合都市农业的人才规格

都市农业下畜牧业发展，是传统畜牧业的延伸和突破，除了要有较扎实的兽医技能外，还要有都市农业相关知识与较强的实践能力；都市农业生产手段高新技术化、园艺化、设施化、工厂化生产已成为主流，所以，兽医人才需具备全方位的生产、生态以及科技示范等才能，既要求具备过硬的兽医技能，又具备先进的管理理念，还要有一定的环境保护及可持续发展意识，生产优质的农副产品，发展种养结合的循环有机农业，同时还需要对畜禽粪便等污物做好无害化处理乃至循环利用等。都市型现代农业对兽医人才规格提出了更高的要求，这就要准确把握人才培养的目标，及时修订人才培养方案，培养出都市农业所需要的多元化、高规格、高素质人才。

（二）拓展办学模式，适应现代都市农业需求

1. 开展多层次办学，培养多规格人才

（1）将高职兽医教育与职业本科教育联系起来，将职业技能培养和职业理念、素质培养融为一体。既培养大批具有都市农业意识的兽医职业技术人才充实到一线环境，又通过职业本科教育拓展其视野，塑造其职业发展和规划能力，同时又提升了其社会服务能力，兼而又提高了学历层次。美国经济学家舒尔茨说：没有世界上第一流的农民，也就没有世界上第一流的农业。因此，都市农业的发展，离不开具有都市农业意识和科技文化水平的"农民"。

（2）大力发展继续教育。随着都市农业的发展，知识的老化，产品的换代，技术的更新，要求都市农业的从业人员的观念、意识和技术水平不断更新和提高。因此，对于从事都市农业的各级兽医技术人员和兽医管理人员进行继续教育，及时进行知识的更新和补充，以

满足不断更新、变换的都市农业发展。

2. 实施校企联合办学

都市型现代畜牧业的发展已不是单一的生产形式，而是集科技、餐饮、休闲、文化教育等于一体的非常综合的经济体系。因此，有别于传统的"种养业"，都市畜牧业环境下的兽医人才需具备多元化的知识能力，这单靠农业院校的专业及课程设置很难完全满足需要。因而需要与各行各业企业进行密切合作，成立"校企二级学院"，建立"校中有企""企中有校"的联合办学模式，创建企业提供实习环境，同时学校为企业提供技术支持，进而形成双赢的局面。合理利用资源，进行专业的融会，实现知识和能力的有机结合，培养出适合都市农业发展的各类复合型、多功能型人才。在政策方面，首先，学校鼓励或者强制教师必须走出去，增加对各种农业园的实践参观、交流机会，亲身感受都市农业的内容和类型，学习和总结国内外都市农业成功经验，了解都市农业发展状况和动态；其次，学校应及时与校外各种较成功的都市农业实践类型相结合，建立校外实习基地，让学生体验都市农业的意义所在；再次，请都市农业的实践者来校讲课，丰富信息，提高认识。

3. 实施国际化办学

现代经济的发展具有信息化、国际化、可持续化等特点，现代都市农业的经济发展也离不开这几个特征。随着我国加入 WTO、国际化进程的加快，各国经济、文化、政治交流更为密切，并且各大城市之间相互交流学习日益频繁，因此加强国际间各高校之间的交流学习也是目前学校发展的趋势之一。通过交流互访，学习先进的办学理念和都市农业发展的形态，与本国、本市的发展相结合，找到适合自身特点的发展模式，不断与国际都市接轨。

（三）加强兽医的社会公共服务能力，提升兽医工作者的社会地位

现代兽医工作已经由传统的阶段过渡到现代的阶段，由原先的"劁猪骟马"逐渐转变为预防、控制重大动物疫情，保障肉、蛋、奶等产品的供应安全和农畜产品的食用安全，维护人类和动物的健康，避免危害公共安全的重大疫病事件发生。但是由于我国的国情，人民对兽医工作者的认识仍然不足，存在片面性，使兽医工作者的社会地位得不到应有的重视。另外，兽医这一职业也应当划为"特殊工种"，国家应当额外给予一定的政策扶持或补贴。兽医的工作环境时常与各类病原相接触，并且大多数的病原能够对人造成一定的感染，比如炭疽、布鲁氏杆菌、链球菌、支原体等，所以要提高兽医工作者的社会地位，至少要与"人医"处于相同的位置。

执笔人：傅业全

第二节　观光农业专业

一、都市型现代农业发展现状及对观光农业专业人才的总体需求趋势

观光农业是以农事活动为基础，以农业生产经营为特色，农业和旅游业相结合，利用农业景观和农业自然环境，结合农牧业生产、农业经营活动、文化生活等内容，吸引游客观赏、品尝、购物、习作、体验、休闲、度假的一种新型经营形态。观光农业具有观赏性、娱乐性、参与性、文化性和市场性等特征。相对传统农业，观光农业不仅具有一般农业所具有

的提供农产品的生产功能，还具备旅游观光、实践体验、休闲度假、教育科普等新的功能。这对于优化农业经济结构，拓宽农业及旅游业的发展空间，合理开发和保护农业自然资源和文化资源，促进社会经济一体化发展具有积极作用。

20世纪80年代末，我国内地观光农业随着旅游市场的打开逐步发展起来。深圳出现了最早的观光农业园——荔枝采摘园，并取得了很好的经济效益。20世纪90年代，观光农业园在许多大中型城市迅速兴起。1998年，国家旅游局以"华夏城乡游"作为主题旅游年，"吃农家饭、住农家屋、做农家活、看农家景、享农家乐"成为旅游热点。借此机会，"农家乐"成为农业观光游的热点词汇。据不完全统计，广东已有80多个观光果园，每年接待旅游者400多万人，旅游收入达10多亿元。在北京、上海、江苏和广东等一些大城市的近郊，还出现了引进国际先进现代农业设施的农业观光园，展示电脑自动控制温度、湿度、施肥、无土栽培和新特农产品种，成为农业科普旅游基地。例如上海旅游新区的孙桥现代农业园区、北京锦绣大地农业观光园、苏州大地园、无锡大浮观光农业园和珠海农业科技基地等。目前很多以体验游、休闲游为主题的观光农业园区蓬勃发展，例如北京的国际鲜花港、蟹岛度假村、亲农耕休闲体验园、小毛驴农场等。

在国家涉农政策逐步倾斜，我国经济迅猛发展，人们亲近乡村和土地的需求不断增加，旅游观光农业与设施农业逐渐兴起的背景下，一边是蓬勃发展、蒸蒸日上的观光农业产业，一边是人才匮乏、供不应求的行业现状。懂技术、会经营、善管理的人才供需失衡，各大院校纷纷设置观光农业专业以培养更多的人才加入到观光农业产业的队伍中去。北京农学院城乡发展学院的观光农业专业发展得比较早，从2008年至今已经有6届学生，3届毕业生服务在京城大地的各个观光产业中。

二、都市型现代农业发展对观光农业专业人才的具体需求类型

目前观光农业专业作为新兴的专业，在部分高职专科院校已作为特色专业开设，如北京农学院、江西鹰潭职业技术学院、宁波城市职业技术学院等。在这些院校中，观光农业专业依托原有专业进行拓展外延，各有偏重和特色，并没有统一的课程设置标准，而由各个院校自行设置教学大纲及教学内容。以北京农学院观光农业专业为例，观光农业专业是以旅游、园艺、园林及经营管理相互融合形成的学科。

（一）人才培养需求

观光农业专业培养具备高等专科层次文化基础和业务素质，具有合理的复合型知识结构和较好的工作适应能力，适应北京观光农业第一线工作需求，德、智、体、美全面发展的懂技术、会管理的应用型专门人才。

1. 根据观光农业及相关行业的职业特点，学生在校期间需学习的课程

①英语和必要的政治理论课程；②植物生产及病虫害防治的基础知识；③北京地区果树、蔬菜、花卉栽培管理、繁育技能训练；④农业观光景区管理、规划设计的相关基础课程及训练；⑤观光农业旅游接待所需的法规、业务及综合管理知识。

2. 毕业生将具备的素质和能力

①具备基本政治素养，较好的文字表达能力和中英文口头交流能力；②掌握北京地区果树、蔬菜、花卉的栽培管理和繁育技术，了解现代农业新技术、新工艺、新装备，了解工厂

化农业、设施农业、无土栽培、组织培养、计算机管理与智能化控制等现代农业基本知识；③初步掌握观光农业园区景观规划设计技能；④了解农业观光和休憩活动的开发、管理、接待要求和相关政策与法规。

（二）课程体系建立

1. 课程模块设置

课程分成专业教学和实践教学两部分。专业教学部分包括五大模块：公共课模块、植物生产模块、设计模块、旅游生产模块、综合模块。

公共课模块。主要培养学生具备良好的身体素质，掌握高等专科文化基础，适应社会发展，对专业形成整体和系统的认识。

植物生产模块。重点培养学生掌握北京地区果树、蔬菜、花卉栽培管理技术，了解现代农业新技术、新工艺、新装备，进一步了解工厂化农业、设施农业、无土栽培、立体栽培、组织培养、育种、计算机管理与智能化控制等现代农业常识和高科技知识。

景观规划设计模块。主要培养学生具备观光农业园区景观规划设计的基本技能，能从专业的角度对园区规划设计提出有益建议，能够综合评价观光园区规划设计的科学性和艺术性。

旅游模块。主要培养学生了解农业观光和休憩活动的开发、管理、接待要求和相关政策与法规。

综合模块。分为4项，根据学生个人兴趣及社会需求，选择合适的模块为学生提供适当的职业发展空间，提升学生综合就业能力。

2. 专业课程设置

观光农业按照结构分为观光种植业、观光林业、观光牧业、观光渔业、观光副业、观光生态农业等。目前国内院校在课程设置上偏重于观光种植业和观光生态农业。北京农学院观光农业专业依据北方地区的气候和生产特点，依托园艺生产进行课程设置，偏重于观光生态农业。

主要课程包括观光农业生产概论、果树栽培、蔬菜栽培、花卉与草坪、植物病虫害防治、设施农业、果蔬无公害生产、室内植物装饰与应用、园林制图、园林设计基础、观光园区规划设计、旅游业务、旅游法规等。

3. 实践课程设置

专业实践与课程实践相结合。课程施行理论课与实践课相结合，使学生在实践的过程中充分理解理论知识，更深入地掌握专业技能。每门专业课程均设置实践课学时，以提高学生的动手能力和实践技能。

三、都市型现代农业发展对观光农业专业人才培养提出的新要求

国家经济转型、政策调整、各项涉农政策的出台促进了都市型现代农业的迅猛发展，对人才的需求也产生了新的变化，对专业人才的培养也提出了新的要求和挑战。

（一）相关政策的出台，为涉农专业提供广阔的发展前景

2012年，北京市财政局公布了《关于同意本市普通高等学校高职涉农专业免收学费的函》。为统一相关教育惠农政策，吸引更多优质生源报考涉农类高职专业，培养更多符合农业、农村、农民需求的高技能实用型人才，根据有关规定，经市政府批准，同意北京市普通

高等学校高职涉农类专业学生免交学费。自 2012 年秋季开学起，对北京农学院和北京农业职业学院高职涉农类专业的在校生和新生免收学费。免收上述专业学生学费后，所需经费由市财政在部门预算中统筹安排。

文件出台后，吸引了大量学生对涉农专业的关注，解决了涉农专业学生的后顾之忧。尤其对于家庭条件困难的同学，不仅免收学费还可以申请各项奖学金和助学金。一方面可减轻学生的家庭负担，一方面可使学生将更多的精力投入到学习中去。

（二）学生结构变化，要求涉农专业教学体系作出相应调整

近年来，涉农专业不断升温，学生生源结构发生比较大的变化，以北京农学院城乡发展学院为例，通过对 2008—2013 年 6 年的观光农业、畜牧兽医、农业经济管理三个涉农专业的学生生源进行统计，发现非农生源所占比重越来越大，尤其是 2013 级学生中非农生源占到总人数的一半以上，非农生源与农村生源的比值为 1.2。这与城乡一体化建设有直接关系，同时也说明人们对涉农专业的思想认识在逐步转变——对农业、农村、农民的认识不再是面朝黄土背朝天，都市农业新农村新印象正逐步影响着人们。

但由于生活水平的提高，城乡一体化进程的加快，即便来自农村生源的学生对植物的认识也是有限的，很少有机会接触农业生产实践。城市生源的学生更是五谷不分，认识的植物少之又少。因此实践课程中的认知实践作为实践课程的基础内容势必加大比重，只有认识才能了解，只有了解才能掌握，只有掌握才能创新。

表 13-1　2008—2013 级学生情况

分类 ＼ 年级	2008 级	2009 级	2010 级	2011 级	2012 级	2013 级
总人数	120	120	113	111	119	112
男	52	50	44	38	44	45
女	68	70	69	73	75	67
比值	0.76	0.71	0.64	0.51	0.59	0.67
非农生源人数	14	37	35	55	57	61
农村生源人数	106	83	78	56	62	51
比值	0.13	0.45	0.45	0.98	0.92	1.20

（三）"2＋1"实践教学体系新模式的探索

面对新形势、新发展、新挑战，北京农学院城乡发展学院观光农业专业施行了"2＋1"实践教学体系的探索。所谓"1"即在第三学年的第五、六两个学期分别安排专业综合实习和毕业实习。专业综合实习为期 16 周，依据学生自身特点选择与专业相关的实习岗位；毕业实习为期 9 周。通过一年的实习提升学生的专业技能，使学生在增加感性认识的基础上，对我国大型观光园区及其管理的现状、发展和重要性形成基本的、正确的认识，为毕业后从事管理实践打好基础；了解观光农业行业出现的园艺植物新品种、新观念、新经验、新方法；掌握常见园艺植物的栽培管理技术及在观光农业中的应用。在理论与实际相结合的过程中，加深对所学知识的理解，更好地掌握观光农业经营管理和生产管理的基本理论、业务知识和方法，培养综合

运用所学知识去发现、认识、分析和解决实际问题的能力，让学生提前进入职场，提前进入社会，提前做好职场人的心理准备。

四、都市型现代农业发展对观光农业专业建设的建议

（一）培养学生良好的专业素养

学生的专业素养不仅体现在知识体系的构建，而且要注重学生思想意识的转变。在思想上转变学习的态度，在意识上培养良好的学习习惯，将会在知识体系构建过程中起到事半功倍的效果。学生上课溜号、思想不集中，多数是因为提不起学习兴趣或者没有找到引起学习兴奋的点。俗话说"生活是最大的课堂"，将专业素养的培养映射到生活中的方方面面，从生活中学习知识，将学习的知识运用到生活中去。以观光农业专业为例，要求学生对于蔬菜、花、草等有本能的亲近感和熟识度，如何培养这些能力，单靠课上老师的讲解和识别是不够的，要培养学生在生活中学习，如对家里吃的菜多观察，对公园里的花草多看看的意识。现在是信息爆炸的时代，各种途径的信息源源不断地充斥在学生周围，如何在大量的信息中将专业知识突显，专业素养的培养至关重要。"兴趣是最好的导师"，老师要为学生做知识向导，而不是填鸭。

（二）逐步建立完善人才培养模式

观光农业是个新兴专业，教学体系还不够完善和成熟，不断摸索如何改革才能培养出更适应时代发展、符合社会需求的人才培养模式是关键问题。对于农业来讲，新型都市农业的发展为观光农业专业起到了导向性作用。有了方向，路就好走了，人才培养模式的完善将在大方向的指引下逐步探索、稳步推进。

（三）加强教师队伍建设

师者，传道授业解惑也。教师在教学过程中的作用是主导性的，教师的专业水平直接影响教学质量的优劣，教师要积极进行知识更新，加强个人专业技能的提高与培养。

执笔人：姚爱敏　李　霞

第三节　园林工程技术专业

北京农学院高职园林工程技术专业以满足北京城市发展和绿化美化人才需求为目标，培养具有较高的职业素质和良好的职业道德，具备园林植物栽培、养护，花卉生产，园林景观规划设计，小型园林工程施工和组织管理等专业知识和技能，并能深入园林生产、管理一线，从事花卉生产、园林植物养护、园林景观规划设计、园林工程施工与管理、园林工程概预算、园林工程监理等相关工作的技能型应用人才。

一、都市型现代农业发展对园林工程技术专业人才的总体需求趋势

都市型现代农业是指依托于大都市、服务于大都市，遵从大都市发展战略，以与城

市统筹和谐发展为目标，以城市需求为导向，以现代科技为特征，具有生产、生态、生活等多功能性，知识、技术、资本密集性等特点的现代集约可持续的农业。北京市政府服务于首都走向国际化现代大都市的需要，审时度势，于 2005 年提出并定义"北京都市型现代农业"。在京政农发〔2005〕6 号文件中，北京都市型现代农业被定义为"在我市依托都市的辐射，按照都市的需求，运用现代化手段，建设融生产性、生活性、生态性于一体的现代化大农业系统"。花卉产业是都市型现代农业的三大形态之一，形成优良的生态和优美的景观是发展都市型农业的两个重要核心。发展花卉产业首先需要一批懂花卉生产种植科技，有花卉生产种植管理技能的专业人才；而建设优美景观，形成优良生态不仅需要园林植物生产、种植、养护管理人才，还需要景观设计和施工方面人才。有调研报告指出，现阶段园林行业从业者特别是技术人员水平良莠不齐：兼职和跨行业技术人员占 40％；本专业（中专或普通大专、本科毕业）真正接受过专业训练的人员占 30％；而擅长苗木养护、工程管理和预算、规划的岗位型技术人才仅占 10％。同时，在都市型现代农业的大背景下，北京和各大中城市园林行业发展如火如荼，园林企业数量不断增长，从而出现新的岗位人才空缺。再加之补缺现有的非专业从业人员，可知社会对园林种植、设计、施工等方面人才的需求会持续增长。建筑英才网的统计数据显示，2013 年一季度，园林景观人才的招聘需求较 2012 年同期上涨了 20.0％。北京对此类职位的招聘需求同比上涨了 6.3％。此类职位中，园林（景观）工程师、园艺工程师这两个职位的需求涨幅最大，分别上涨了 293.3％和 125.0％。其中北京对园林（景观）工程师的招聘需求上涨达 177.8％；其次是广东，对此职位的招聘需求同比上涨了 83.3％；上海则上涨了 68.8％。而有资料表明一些经济发展水平较高地区对园林人才的需求量以高端人才（研究生）和低端人才（大中专生）为主。

二、都市型现代农业发展对园林工程技术专业人才的具体需求类型

在都市型现代农业发展大背景下，体现了优良生态和优美景观的园林景观显露其在城市建设中的重要性，人民对其高品质的要求，直接导致对从业人员素质的高要求，对行业分工的精细化要求。从招聘网络数据来看，目前对园林行业招聘较多的是园林绿化人才。基于园林景观的繁荣发展，英才网联旗下建筑英才网特开通"园林景观频道"。该频道热门职位有：园林设计师、景观设计师、园林工程师、景观工程师、方案设计师、手绘设计师、施工图设计师、审图工程师、绘图员、园艺工程师、绿化工程师、花卉工程师、园林养护师、植物造景、苗场技术员等。其中，景观主创设计师、景观施工图设计师、景观设计总监、高级景观方案设计师等景观类职位受到企业与求职者的关注。建筑英才网就业指导专家指出，从职位要求来看，招聘企业对园林绿化专业人才的要求是具有风景园林或植物专业等相关专业背景，有较强的设计能力和表达能力等；此外，园林绿化人才还应对植物造景、南北方植物不同等问题有较深入的研究，具有实战经验的专才受到招聘单位的青睐。

对猎聘网、智联招聘、58 同城三个招聘网站 2014 年 1 月至 3 月中旬园林行业工作地点为北京的相关招聘信息进行统计，每网站按搜索结果的排序统计前 50 家公司招聘信息。

从三家网站近 150 个公司对不同学历招聘需求人数统计结果看（表 13-2），除猎聘网以

招聘本科及以上人才为主，智联招聘和58同城中各公司招聘需求主要集中在大专，但在三家网站的招聘信息统计中，未见到要求最低学历为研究生的岗位。三家网站中公司招聘不同学历人才需求不同，与网站定位人群不同有关，猎聘网以高端人才为主，智联招聘和58同城则以中低端人才为主。综合看，可以推断北京地区园林行业对大专学历的人才需求极大。

表13-2　三家招聘网站北京地区园林行业不同学历招聘需求人数统计

网站	学历要求				总人数
	中专及以下	大专	本科及以上	不限	
猎聘网	0	6	39	8	53
智联招聘	4（另有4岗位人数为若干）	114（另有26岗位人数为若干）	64（另有10岗位人数为若干）	11（另有4岗位人数为若干）	193（另有44岗位人数为若干）
58同城	13	138	0	79	230
总计	17（另有4岗位人数为若干）	258（另有26岗位人数为若干）	103（另有10岗位人数为若干）	98（另有4岗位人数为若干）	476（另有44岗位人数为若干）

从三家网站近150个公司对不同岗位类型的招聘需求人数统计结果看（表13-3），既有专业知识和技术，又有管理能力的技术管理岗位招聘需求人数为54人，另有5个岗位招聘需求人数为若干；而各种技术人员的招聘需求为422人，另有40个岗位人数为若干。尽管技术人员招聘需求人数远高于技术管理人才，但应该看到，园林行业中对于懂专业技术又善于管理的人才有很大市场需求，这部分人才是职业金字塔中上层人员。

表13-3　三招聘网站北京地区园林行业不同岗位类型招聘需求人数统计

网站	不同岗位类型		总人数
	技术管理岗	技术岗	
猎聘网	27	26	53
智联招聘	23（另有5岗位人数为若干）	170（另有39岗位人数为若干）	193（另有44岗位人数为若干）
58同城	4	226	230
总计	54（另有5岗位人数为若干）	422（另有40岗位人数为若干）	476（另有44岗位人数为若干）

从三家网站近150个公司对不同技术岗位的招聘需求人数统计结果看（表13-4），园林（景观）设计师是247人，另有23家公司此岗位招聘需求人数为若干；园林工程师（包括助理工程师）是21人，另有6家公司此岗位招聘需求人数为若干；施工图设计师是33人；园林技术员74人，另有8家公司此岗位招聘需求人数为若干；预算员是23人，另有3家公司此岗位招聘需求人数为若干；其他（如资料员、采购员、建筑设计师）招聘需求人数是24人。园林（景观）设计师招聘需求最多，其次是园林技术员，再次是施工图设计师。若仅以统计信息中有明确招聘需求人数的进行统计，园林（景观）设计师招聘需求人数占总招聘需求人数的59%，园林技术员占18%，施工图设计师占8%，园林工程师（包括助理工程师）、预算员和其他人员分别占5%。虽然网络招聘信息统计数据不能完全准确反应实际招聘需求情况，但仍可以为我们提供一定的参考信息。

表 13-4　三招聘网站北京地区园林行业不同技术岗位招聘需求人数统计

网站	不同岗位					
	园林/景观设计师	园林工程师（包括助理工程师）	施工图设计师	园林技术员	预算员	其他
猎聘网	19	4	0	1	1	1
智联招聘	86（另有23家公司此岗位人数为若干）	12（另有6家公司此岗位人数为若干）	30	15（另有8家公司此岗位人数为若干）	8（另有3家公司此岗位人数为若干）	19
58同城	142	5	3	58	14	4
总计	247（另有23家公司此岗位人数为若干）	21（另有6家公司此岗位人数为若干）	33	74（另有8家公司此岗位人数为若干）	23（另有3家公司此岗位人数为若干）	24

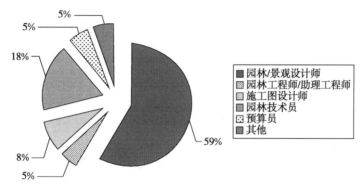

图 13-1　三招聘网站不同技术岗位招聘需求人数百分比

上述技术岗位工作职责及要求具体如下：

园林（景观）设计师：在传统园林理论的基础上，具有建筑、植物、美学、文学等相关专业知识，能对自然环境进行有意识改造和筹划的人士。该职位的人应掌握城市园林绿地规划设计、园林工程设计、园林建筑设计、园林植物景观配置设计等各类设计的基本原理和方法，了解园林植物栽培、养护及园林施工管理技术。

园林工程师（包括助理工程师）：掌握植物学基本知识和花卉栽培、园林规划设计技术的花卉生产和园林绿化事业需要的高级技术应用型专门人才。从事的主要工作包括：园林植物栽培与管理、园林植物良种繁育与园林植物应用与效益评估。

园林技术员：了解水景、绿化、铺装、小品、景观照明等的施工工艺和规范要求；熟悉施工图纸；会利用CAD绘制地形、放线、测量等；熟悉质量验收评定标准、项目施工管理、安全文明施工规范；熟悉相关技术、验收标准、工作流程安排、工艺重点及工序衔接；具备较强的施工组织、协调和沟通能力，了解景观常用材料的市场信息。

施工图设计师：绘制景观专业相关施工图，负责图纸技术交底、技术支持、设计变更、竣工图纸等，配合工程完成相关工作。掌握各类景观节点的常规要求和通用做法、掌握相关规范、能独立绘制施工图，熟练使用本专业相关计算机软件和景观材料，对施工造价有所了解。

预算员：能够熟悉掌握国家的法律法规及有关工程造价的管理规定，精通本专业理论知识，熟悉工程图纸，掌握工程预算定额及有关政策规定，为正确编制和审核预算奠定基础。能够熟练使用CAD，负责审查施工图纸，参加图纸会审和技术交底，依据其记录进行预算调整。协助领导做好工程项目的立项申报，组织招投标，开工前的报批及竣工后的验收工作。工程竣工验收后，及时进行竣工工程的决算工作。

三、都市型现代农业发展对园林工程技术专业人才培养提出的新要求

在都市型现代农业发展背景下，园林景观、绿色建筑、公共绿地、绿化广场已逐渐开始成为现代化城市的标志，成为了人们生活、文化、品质的追求。而城市园林绿化也是我国当前和今后一个时期在建设领域中重点支持的产业之一。园林产业地位提升，相应对从业人员的要求也有提升，主要体现在以下几方面：

（一）培养技术宽，有一技见长的人才

园林行业可以说是"杂家"，涉猎面广，自然、人文、社会、天文、地理、风土人情，其包含的技术工种也是广泛，土建施工、水电施工、景观设计、植物配景、测量、预算、施工图设计、资料整理、材料采购、相关图纸绘制、绿化种植养护等。作为具有较高素质的从业人员，应对该行业所涉及的技术均有所了解，特别是对于一些技术管理岗位的人，如景观设计主管、园林工程经理或项目经理等。但是，随着行业的发展，技术分工越来越细化，这又要求从业人员在某一领域技术过硬。

（二）培养"懂生产、有技术、会经营、善管理"的应用型复合人才

随着园林行业的发展，从业人员队伍不断扩大，由包工头带领十几名工人的时代已经过去，呈现出的是专业化、规范化的队伍。目前，全国已有六家园林公司上市。公司规模的扩大，对管理人才的需求也增加，特别是有专业技术背景的管理人才。很多公司已经施行分级管理，总经理下面设置技术副总或技术总监，下面还会有项目经理，再下面还会有项目组长等。为此，在专业人才培养中，我们除了培养懂生产、有技术的技术性人才，还应加强学生经营、管理方面的知识，培养"懂生产、有技术、会经营、善管理"的应用型复合人才。

（三）培养高职业素质和强职业荣誉感的人才

受传统意识影响，园林行业曾被人们简单地理解为种树种花种草，还没有脱离面朝黄土背朝天的传统农业，为此，很多学生毕业时只想着进景观设计公司，而对现场施工却认为苦脏累，对于在花卉生产企业工作更是认为除了苦脏累还没有希望。即使是进入设计公司，跳槽频率也很高。这些现象影响了具备一线工作经历的高专业素质人才的培养，学校教育应加强职业道德教育，培养学生的职业归属感。

四、都市型现代农业发展对园林工程技术专业建设的建议

（一）优化课程体系

在课程体系的设置上，认真处理好基础与专业、知识与能力、理论与实践，以及课程间的关系，优化教学内容和课程体系。根据北京农学院高职学生特点，以及未来行业发展趋势，在课程设置上，应把侧重点放在园林规划中植物的配置和园林植物的养护管理上，根据植物的生长规律，按学期将园林实训课程设置为连贯性的技能课。同时加入园林企业经营管理相关课程。如果可行，应将学校高职专科纳入全校选修课范畴，利用学校共有资源，学生

根据个人爱好和兴趣有意识选修相关课程，增强某一方面知识和技能。

（二）进一步加强专业顶岗实习

北京农学院园林工程技术专业已经实施 4 届的专业顶岗实习，凸显了对人才培养的作用。学生经过专业顶岗实习，一方面增强了对专业、行业的认识，对自身从业能力的认识，并在顶岗实习后，专业知识和技能都有很大提高。未来，应进一步增强专业顶岗实习，如能将顶岗实习时间向前调整，学生在实习后重新回到课堂学习，对于激发学生自主学习兴趣，明确学习目的将更有帮助。

（三）改善实践教学方法，培养双师型教师

在现有的课程设置中，实践性环节已经占到总人才培养学时的 60％以上，但目前的教学环节中仍存在一定的单一性、封闭性和局限性，具有一定深度和广度的综合性、设计性和创新性的实践内容很难开展。教师通过理论讲解、示范、现场指导、答疑等多个环节辅导学生掌握课程知识。实践课程教学完成后，还需要通过一段较长的时间以园林植物生长情况来检验学生的实践学习效果。由于时间、场所条件的限制，使得多数实践教学活动浅尝辄止，无法真正深入到苗圃、施工现场，多数实习只能采用现场观摩、认知实习的方式，整个实践教学难以做到系统性和连贯性。另外，教学过程中对教师的动手操作能力也提出了更高的要求，客观上也突出了对双师型教师的需求。

执笔人：陈洪伟

第四节　农业经济管理专业

北京农学院农业经济管理（高职）专业以培养"精于农业生产知识、掌握农企管理要领、擅长农产品营销"的农业经济管理高素质技能型人才培养模式。以北京都市型农业发展和新农村建设以及服务城乡经济社会发展一体化为使命，熟练掌握农业经济管理的基本方法和技能，熟悉农业企业经营管理的基本规律，善于深入调研，具有较强的组织协调能力和分析问题、解决问题能力，针对高职的特点进行多方合作，广泛调研，准确进行需求定位。对北京市各区、县的农村经济经营管理中心，部分农业企业、协会、合作社以及其他包括外省市的高职农业经济管理专业等进行走访调研，就农业经济管理专业培养目标和规格广泛征询意见。本专业培养具备高等专科层次文化基础和业务素质，具有合理的复合型知识结构和较好的工作适应能力，拥护党的基本路线，适应首都现代农业发展需求，德、智、体、美全面发展的"会技术、懂管理、善经营"、熟悉农业经济生产全过程，具有现代农业产业化、信息化、可持续发展理念，并获得相关专业资格证书的应用型农业经济管理专门人才。

这类人才掌握在农村各类合作经济组织、涉农企业、新农村建设相关行政事业单位等基层岗位从事管理工作和服务的经济、管理和法律等专业知识，具备农业项目管理、农业生产运营和农产品营销专业技能；掌握北京市主要的农产品及农业产业的整体分布及发展状况，了解现代农业经济生产全过程、城乡生产要素大循环和农业经济可持续发展等现代农业发展现状和趋势；能够在现代农业经济组织、企事业单位中从事企业策划、农产品营销、商务谈

判、基础财务工作和人力资源管理等工作。

一、对高职农经人才培养质量的理解

教育质量总体上是一个相对概念，其描述的是教育的好坏程度。《教育大辞典》中，教育质量是指"教育水平高低和效果优劣的程度"，"最终体现在培养对象的质量上"。作为高等教育的一种类型，高等职业教育质量的概念也是多层面的，包括了人才培养和社会服务等，但其核心还是人才培养质量。

（一）农经职业教育人才培养质量是外部质量与内部质量的统一

职业教育农经人才培养从外部质量来讲，是以服务为宗旨、以就业为导向，走校企合作、校校合作结合发展道路，更好地服务经济社会发展；从内部质量来讲，是高素质技能型人才培养的符合目标。内部质量标准成为了实现这一培养目标的具体实施途径，它是真正实现高等职业教育质量的基础。因此，在深度校企合作、校校合作的情况下，外部质量标准与内部质量标准就会自然统一，行业企业对人才培养质量的要求自然形成学校内部的质量标准，实现高职农经人才培养的高质量。

（二）农经职业教育人才培养最终是教育服务质量与毕业生质量的统一

在高等职业教育改革过程中，我们通常有这样一种观点，把高职教育比作生产线，把毕业生比作生产的产品，毕业生的质量就体现了高职教育的质量。然而，我们注意到这种观点会让我们在分析高职教育质量时将部分或全部质量问题归因于学生自身的质量，同时，"标准件生产"的观点也容易导致高职教育育人功能的缺失。因此，我们首先应该把提供的教育服务看作高职教育的产品，教育服务中的教师队伍水平、实习实训条件、课程与教学内容选择、教学方法与手段运用等都会影响高职教育的质量，学校内在的要求让全体教职员工为我们的服务对象提供优质的教育服务，根据服务对象的多样化需求，因材施教，实现教育服务质量和毕业生质量的统一。

（三）高等职业教育质量是人的全面发展与经济社会发展的统一

教育的目的是实现个人本位与社会本位的辩证统一。因此，高等职业教育的质量观也应将人的全面发展和适应经济社会发展的需求作为根本的出发点和落脚点。高职院校在人才培养的过程中需要更加注重系统知识的传授、核心技能的训练和综合素质的养成，在培养学生"一技之长"的同时，也为学生的可持续发展做铺垫，让学生从"学校到工作"向"学校到生涯"转变，实现人的全面发展与经济社会发展的统一。

二、对建立高职农经人才培养质量保障体系重要性的认识

（一）建立高职农经人才培养质量保障体系是满足社会各界对高素质技能型人才的需要

从国际职业教育发展来看，发达国家在产业发展过程中都把职业教育作为提高产品竞争力、国家竞争力的关键，纷纷颁布职业教育发展国家战略，不断健全职业教育质量保障体系。教育部职业教育与成人教育司葛道凯司长在多次会议上强调职业教育的重要性，提出职

业教育关系着所有普通人的生活质量，关系着社会人群生存的基本能力，关系着社会的和谐稳定，因此，政府和社会各方非常关注技能型人才的培养和教育质量。以提升职业素质和职业技能为核心，形成一支门类齐全、技艺精湛的高技能人才队伍，是促进人才结构与经济社会发展相协调的高技能人才队伍的发展目标，加之目前高等职业教育发展存在不平衡、不协调以及学生放弃高考、放弃考试、放弃报到的"三放弃"现象逐渐显现等情况的出现，都对高等职业教育的质量提出了更高的要求。

（二）建立人才培养质量保障体系是高职院校扩大国际合作与交流的需要

发达国家的实践表明，要持续提升人力资源的国际竞争力，满足人民群众终身学习的多样化需求，必须建设一个充分反映现代教育特点、契合现代产业发展需求和符合本国实际的终身教育体系，职业教育在这一过程中具有其他教育不可替代的特殊作用。而要建成世界一流的职业教育，能在国际职业教育中具有影响力和话语权，就必须开阔国际视野、瞄准国际目标，设置国际化生产的工艺流程、产品标准、服务规范等教学内容，建立符合国际化要求的人才培养质量标准，增强学生参与国际竞争的能力。

三、对构建人才培养质量保障体系的思考

（一）树立科学的质量观

如果质量观有问题，人才培养质量保障体系就无从谈起。树立科学的质量观，第一是要有正确的人才观。不能说只有少数的科学家、院士、博士才是人才，具有服务国家服务人民的社会责任感、勇于探索的创新精神、善于解决问题的具有实践能力的高职人群都是人才，在这一点上我们应该彻底转变社会上鄙视职业教育的陈旧观念。第一，职业教育培养的是"人才"，不是简单的"劳动力"，他们有崇高的社会地位，是不可替代的。第二，要明确质量保障的目标，高职教育首要培养的应该是一个全面的人，是一个爱国者，一个辩证唯物主义者，一个有文化艺术修养，道德品质高尚、心灵美好的人；其次才是拥有学科专业知识、专业技能的高素质技能型人才。第三，制定科学的质量标准，质量标准不仅仅包含培养学生的知识、能力标准，还应包含与培养学生相关的实习实训条件、任课教师资格等教学保障条件的标准，而且质量标准的制定应形成国家、地方、学校三层质量标准体系。

（二）建立政府主导、社会各方参与的质量保障体系

澳大利亚、德国、英国等发达国家的职业教育人才培养质量保障体系建设中，无论是政策的制定、内容的选取和指标体系的设计，还是工作程序、运行机制等方面都对我国建立健全高等职业教育人才培养质量保障体系具有一定的启示和参考作用。比如，澳大利亚构建了职业教育与培训质量保障体系，成立了国家质量委员会，修订澳大利亚质量培训框架，在国家技能框架范围内，监管质量保障并保证澳大利亚质量培训框架标准应用的一致性。德国建立了"德国国家职业教育质量保障与质量开发秘书处"，旨在深化职业教育质量保障，强化德国在职业教育国际合作中的地位；英国政府设立教育标准办公室，通过独立监察和规范，协助完善教育的质量和标准，并向政府提出建议。到 2020 年要形成适应经济发展方式转变、产业结构调整和社会发展要求，体现终身教育理念，中等和高等职业教育协调发展的现代职

业教育体系，我国的职业教育质量保障体系也将提上议事日程。对于构建我国职业教育质量保障体系，国家层面要建立健全教育质量国家标准，形成政府主导、社会各方参与的质量保障体系，主要应该包括国家职业教育质量框架和国家职业教育人才培养体系，其中国家职业教育质量框架中应建立完善的办学标准、科学的专业（课程）设置标准和质量评估标准。办学标准应涉及职业教育的基本办学条件和管理的基本标准，专业（课程）设置标准应强调专业（课程）设置过程中行业与学校共同开发的质量要求，对于质量评估标准，总是容易被忽视，而且存在误区，往往把质量保障剥离出来，人为地把一部分看成质量实施的、一部分看成质量保障的，同时还认为质量是设计出来的，只要设计有培养目标、人才培养方案、课程标准等，质量就有了。然而，质量不是静态的而是动态生成的，质量保障应当渗透到质量生成的每一个环节。因此，质量评估标准中的专业认证、培养质量认证（或者称为满意度评价）等应该与办学标准、专业（课程）设置标准相融合，同时将质量实施与质量保障融为一体，质量实施者应当首先保障质量。国家职业教育人才培养体系则是在终身教育理念下，通过国家职业资格证书纵向衔接、横向贯通各级各类教育，构建普通中等教育、职业教育、普通高等职业教育人才培养的"立交桥"。

（三）建立以学校为核心的人才培养质量保障体系

从发达国家的人才培养质量保障体系建设来看，人才培养质量保障，第一需要全社会的参与，政府、行业、企业、中介、职业学校几方各负其责，实现管、办、评的分离；第二需要质量保障的全过程覆盖、全方位保障和全员参与，全员参与是落实质量的直接因素，人才培养质量主要还是由学校自身来保障；第三需要建立一套科学的人才培养质量保障机制。因此，要建立以学校为核心的人才培养质量保障体系，首先要在国家职业教育质量框架下建立内部质量实施细则和管理规范，形成外部质量评价和内部质量监督两个体系，外部质量评价包括国家质量标准、质量评估以及院校质量年度报告发布等，其中行业在质量评价中要起到重要作用。其次要建立学校、专业、课程、教师、学生五个层面横向的质量保障方案，质量保障方案主要包含各自层面的质量计划、关键指标、质量标准、质量评价、信息采集等，每个层面的质量保障方案要由参与质量保障的个体来制定和评价，因此质量保障意识和信息采集就显得非常重要。

我们说质量是动态生成的，因此人才培养质量保障体系有其运行的逻辑。首先是要制定质量的目标与计划，然后对影响质量高低的主要因素进行分析，从而确定关键指标、质量标准和质量评价办法，时时采集运行过程中的信息，并实施考核评估，根据考核评估情况分析个体改进和外部环境改进的内容，持续改进工作，形成螺旋上升的质量保障与提升机制。人才培养质量保障体系的运行动力则主要体现在提出的目标标准、实施考核评估、评估结果应用和信息平台的横向评价等方面，当然最持久的运行动力还是学校在长期的人才培养过程中沉淀的质量文化。高等职业教育人才培养质量保障体系建设是一项系统工程，人才培养过程中的众多因素都影响着人才培养的质量，包括人才培养相关的培养标准的问题、资金投入的问题、师资队伍的问题、实习实训条件的问题等，而且这些因素还相互制约、相互影响。但无论如何，在高等职业教育内涵发展、质量发展的今天，只要树立科学的质量观，以合作办学、合作育人、合作就业、合作发展为主线，创新办学体制机制，建立健全人才培养质量保障体系，实施全面质量管理，高等职业教育质量就会逐步得到提升，高职教育的吸引力也将进一步增强，从而推动高职教育的健康科学发展。

实践教学作为高职教育教学的重要组成部分，是我国高职教育实施的关键和核心。实践教学既体现了高职教育为社会经济发展培养应用型技术人才的特点，又体现了高职教育改革与发展的方向，更是高职院校制定人才培养目标的重要依据。但目前高职教育的实践教学还存在着诸多问题，尤其是高职农经专业更是如此。

本专业的实践教学环节主要包括课程实验、教学实训和实习等多个环节。公共基础实践教学环节包括英语口语、军训、思想道德修养与法律基础实践、社会实践等公共实践课程；专业基础教学平台实践教学环节包括实验管理学、基础会计、基础统计、农业经济学等课程的教学实习；综合实习和毕业实习等。通过调查、策划、营销等培训，加深学生对农林经济管理知识的理解，提高学生分析问题、解决问题的能力，从而达到理论教学与实践教学密切结合的目的。

执笔人：王雪坤

第五节　物流管理专业

一、都市型现代农业发展现状及对物流管理专业人才的总体需求趋势

建设都市型现代农业是北京现代农业发展的目标，也是北京农业发展到一定阶段的客观要求。北京汇集了大量的科技、资金和人才等资源。作为全国最大的消费市场之一，为北京农业提供了巨大的市场。同时针对北京市场需求质量高、层次多的特点，就要求北京农业要为北京的消费市场提供多元的服务。

都市型现代农业利用网络信息技术拓宽了农产品流通渠道，通过及时应用最新科研成果和技术，提高农业的科技含量，促进农产品的加工和流通。都市型现代农业在促进城市周边农村的农业专业化和产业结构升级，转变经营方式，实现经济效益和社会效益等方面发挥了巨大作用。北京都市型现代农业展示了北京农业发展的美好前景，在发展的过程中蕴含着有待进一步挖掘的巨大潜能，需要培养高素质、多层次的农业科技人才队伍来适应北京都市型现代农业的发展。

随着我国加入世界贸易组织，世界经济一体化进程的加快和科学技术的飞速发展，物流产业作为国民经济的一个新兴的产业部门，已成为我国本世纪重要产业和国民经济新的增长点。物流已成为我国最具发展空间的行业。北京经济的持续快速发展带动了物流需求的增加，物流市场规模在持续扩大。

农业物流通过对农产品从生产到销售的运输、仓储、装卸、搬运、包装、配送环节，缩短、延长时间差，平衡供需关系，创造时间价值。同时，通过农业物流，扩大消费范围，通过从分散生产到集中消费，或集中生产到分销消费，并从低值生产地到高值消费地，依靠弥补供需之间的空间差创造价值。

农业物流过程中的仓储、包装环节，对离开农产品生产环节的初级农产品进行挑选、整理、分装等简单加工，以满足消费者的个性需求为目的，实现农业产品增值过程。当农业物流发展到一定程度时，将会有效地促进农业产品生产环节。农业产品生产的规模化、专业化和区域化，不仅可以增加农业产品的供应总量，充分利用环境、水土等适宜的优质资源，提高农业产品生产品质，将更有效地对农产品进行集中的大批量流通，有利于农产品物流的发

展，提高农业生产的整体效益。

物流是一个劳动力相对密集的行业。从中国物流行业的整体发展水平来看，劳动力需求量大，但受教育程度相对较低，入门门槛低，因此较易吸引大量农村强壮劳动力的输出。不仅如此，农业产品物流涉及众多环节，包括运输、配送、分拣、包装、加工、装卸搬运等，每个环节都能够吸收大量劳动力就业。

农业产品企业，尤其是从事农业产品储运的第三方物流企业，通过进行资源整合，提供专业的物流服务，提高服务质量，降低库存数量，加快资金流转速度。而农业产品生产加工企业或部门，将主要资金和关注点放在发展农业产品生产和加工本身，对农业产品物流业务进行外包后，集中精力发展企业的核心业务，有效提高农业产品质量，加快农业新产品的研发及生产，重视农业产品推广与营销，保证农业产品质量，提高企业竞争力。

二、都市型现代农业发展对物流管理专业人才的具体需求类型

随着经济社会的发展，对物流业以及社会对物流管理人才的需求，使得众多院校相继设置了物流管理专业，在这些设置中，既有研究生、本科层次，也有高职高专层次，各有拓展外延，也有特色偏重。以北京农学院城乡发展学院的物流管理高职（专科）专业为例。

（一）人才培养需求

本专业培养具备高等专科层次文化基础和业务素质，计算机应用能力较强，具有现代物流管理理论知识，了解物流信息化管理技术，侧重于综合物流管理，适应物流企业基层管理工作的德、智、体全面发展的复合型物流人才。据此确定物流管理专业的具体培养要求为：具有良好的职业道德和文化素质；了解现代物流的主要功能要素、物流企业的业务内容；熟悉物流仓储、运输、配送等主要作业环节的流程和基本作业方式；掌握物流信息系统专业软件的应用；具备一定的相关法律知识和市场调查分析能力；能较快适应各种物流企业基层管理工作；具备较好提升潜力的复合知识与能力结构。

根据物流管理职业特点，学生在校期间需学习以下方面知识：英语、计算机应用和必要的政治理论课程；物流管理基本知识及市场营销、市场调查分析方法等基本经济管理知识；仓储、运输、配送、采购供应等主要物流作业环节的管理知识和技能训练；现代物流信息技术及专业软件应用技能训练；物流管理所需的法规、业务及综合管理知识。毕业生将具备以下素质和能力：基本政治素养，较好的文字表达能力和中英文口头交流能力；熟练的计算机应用能力，并掌握一种以上物流信息系统专用软件的应用；开展市场调查、分析的能力；熟悉仓储、运输、配送、采购供应等主要作业环节内容，能很快适应各类企业的业务工作；获得物流管理专业技能证书。

（二）课程体系建立

课程设置分为了公共课程平台、经管课程平台、物流管理平台、法律以及实践平台。

1. 公共课程设置

按照教育部对大学生思政教育的相关要求，物流管理专业在公共课程平台中设置了思想道德修养与法律基础、毛泽东思想邓小平理论和三个代表等课程，同时为了配合学生的身体、心理素质和业务的基本需求，设置了体育、英语、计算机办公自动化、公共关系与礼仪

以及应用文写作课程。

2. 专业课程设置

专业课程设置分为经管课程平台和物流管理平台。经管课程平台包括经济学基础、管理学基础、统计学基础、消费者行为、市场营销、商务沟通和市场调查与预测课程。这类课程的设置，有效地为学生的进一步深造、经管类学科的互通、境外高校的学风互认等打下了良好的基础。物流管理平台设置了物流管理所需的基本专业技能要求课程，包括物流管理概论、物流设备管理、商品学、采购与供应、运输与配送管理、物流配送中心与仓储管理、供应链管理、物流客户管理、电子商务与物流。法律平台设置了经济法与合同法，有利于学生在学习过程中普及经济管理的法律知识。

3. 专业实践设置

专业实践与课程实践相结合。课程施行理论课与实践课相结合，使学生在实践的过程中充分理解理论知识，更深入地掌握专业技能。每门专业课程均设置实践课学时，增加学生的动手能力和实践技能。同时，随着高职（专科）"2＋1"教学模式的深入开展，物流管理专业已与北京物美商业集团股份有限公司等企业建立了良好的合作关系。因此，通过专业实习和毕业实习，能够使学生在校期间完成780学时的实习，有效地与社会接轨。

三、都市型现代农业发展对物流管理专业人才培养提出的新要求

随着社会主义市场经济体制的建立和完善，改革开放的进一步深入，社会用人单位对人才的需求产生了新的变化。单一的知识与能力结构的毕业生已难以适应现实的需要。劳动力密集的物流企业，是吸纳社会劳动力的主要力量，也是高校毕业生的主要就业方向。在都市型现代农业发展的今天，物流企业一般机制灵活，机构精简，效率很高，往往是一人身兼数职，其知识结构也需要多样化，急需大批懂专业、懂外语、懂计算机的高等应用型人才。同时，都市型现代农业物流企业对人才的需求更精、更专，对从业人员的业务需求不是简单的书本上的知识，这就要求毕业生有较强的解决问题的能力。目前一些高校毕业生应用知识和技能欠缺，动手能力差已成为不争的事实。从毕业生的求职择业实际来看，单一能力的毕业生已不受社会欢迎，而具有多种能力的适应力强的毕业生则普遍为用人单位看好，并能在实践中较快地适应工作并做出成绩。物流企业用人机制日趋成熟，用人单位从追求文凭转变到追求复合能力和动手能力。因此，作为培养都市型现代农业物流企业人才的高职教育，在重视通识教育的基础上，对学生的职业素养更为看重。要求高职物流管理专业的学生，既有专业特长，又懂外语、计算机，具有较强的人际交往能力和学习能力，即使学历低一些，但学生本身的素质更容易吸引用人单位的注意。因此，高等教育尤其是高职教育应根据社会需要来确立人才培养的发展方向，这是对地方高校培养人才提出的新要求和新挑战。

（一）都市型现代农业的发展需要复合型物流人才

都市型现代农业的发展中，现代物流业作为一个兼有知识密集和技术密集、资本密集和劳动密集特点的外向型和增值型的服务行业，涉及了都市型现代农业发展的方方面面。在物流实际运作的过程中，物流企业的经营、管理、市场开拓和业务操作等工作需要各种知识和技术水平的劳动者。在物流企业的运作成本中，人力资源成本占较大比重，企业为降低成本，就需要降低人力成本，但降低单位人力成本受到一定的制约，因此企业就必须提高科技应用水

平，降低单位作业的投入，在定编定岗时，压缩人员编制，多个岗位合并，所以岗位的无缝连接是岗位与岗位之间有一定比例重叠的方式，这样就需要岗位多面手来完成重叠环节的作业。

（二）都市型现代农业对物流人才需要复合知识结构

由于物流具有系统性和一体化以及跨行业、跨部门、跨地域运作的特点，企业面临降低成本的压力而增加对岗位多面手的需求。因此具有较广的知识面和具备较高的综合素质的复合型人才日益受到都市型现代农业物流企业的青睐。然而都市型现代农业的发展，对物流人才的需求除了传统意义的物流人才的知识和技能结构的掌握，还要有现代农业的视角和眼光。因此，对于具有生鲜易腐特性的农产品和其他农业设备、农业产品，物流管理的人才还要拓宽知识面和视角，并从实际的工作需求角度出发，例如学习和掌握农业产品国际贸易和通关知识、农业产品仓储运输专业知识、财务成本管理知识、外语知识、安全管理知识、法律知识及保险、环保等知识等。

（三）都市型现代农业对物流人才需要具备素质和能力

物流服务是一个动态的、连续的服务，服务质量的持续提高是企业生存和发展的基础，因此物流人才需要具备一定的素质和能力。都市型现代农业的发展，要求人才具备前瞻性的眼光和综合素质的职业素养，这包括要求毕业生具有严谨周密的思维方式、团队合作和奉献精神、信息技术的学习和应用能力、组织管理和协调能力、异常事故和应急作业的处理能力、物流质量的持续改进能力、农业企业管理及农业产品的相关知识等能力。

四、都市型现代农业发展对物流管理专业建设的建议

随着我国经济的发展及信息化技术的迅速普及，以信息技术为基础的现代物流在社会经济生活中的地位和影响不断提高。企业不断采用信息技术对物流业务的活动进行现代化管理，更加推动了物流信息技术人才的需求。都市型现代农业的发展也对信息技术的发展有着强大的需求。因此，都市型现代农业发展中的现代物流信息技术人才的培养尤为重要。这既可满足社会物流产业改革和发展的新要求，也可提高现代化企业物流管理水平，增强企业的市场竞争力。不仅如此，全球物流业发展新趋势造就了物流人才培养大潮，更揭示了现代物流业是一个跨行业跨部门的复合产业，是集理论性与实践操作性于一体的综合服务性行业，它融合了自然科学、技术科学、社会科学、经济学等众多学科精华。现代物流人才应该是社会人、职业人、专业人与发展人的和谐统一。

物流业发展新特点对物流职业岗位的复合化和专门化提出了的新要求。物流职业的复合化是指物流人才知识结构的复合化，要求物流人才首先要做到：厚基础、宽口径、应变能力强，可以胜任多个物流岗位。职业岗位的专门化是指物流人才的知识结构由低至高有不同层次的专门化，即物流人才经过"订单式""定向式"等多渠道培养，构建起一线物流操作到物流运营、高级物流管理及物流决策，以及同时精通国内物流与国际物流运作的各个层面的合理人才结构。

（一）实施培养物流教育的初、中级人才

学校教育担负起了物流行业人才培养的主要重任。物流业中 75% 从业人员是基层操作

人员，即物流初、中级人才。这个庞大的培养任务需要由职业教育完成。物流专业设置需要与社会经济的发展吻合，教学内容与职业需求相一致，实践教学与职业岗位无缝衔接。针对物流行业特点，城乡发展学院物流管理专业在两年的专业基础教育前提下，在第三年实行专业实习与毕业实习。这种方式既为学生打下基础，又调动了学生积极性，为他们毕业后迅速转化为物流人做好了准备。

（二）加强校企合作，共同培养企业适用人员

物流业是一个实践操作性很强的行业。按照行业惯例，一个物流专业毕业生从职场新人成为熟手，需要3年时间。缩短这个时间的最佳办法就是校企合作，加大物流企业对物流人才培养的参与度。通过建立校企实习、就业基地，教师在教学中融入企业岗位要求、业务流程等知识，同时聘请企业专家加入教学第一线，介绍企业文化、企业理念、企业业务操作程序等知识。城乡发展学院物流管理专业与物美集团、鸿讯物流等开展校企合作，学生受益匪浅，提前熟悉企业生产环境，为今后尽快进入角色打下基础。

（三）通过"双证书"、技能大赛鼓励学生学习与实践相结合

城乡发展学院通过目的性强的物流技能比赛和"双证书"制度，促进学生学习与实践相结合。在参与报关技能大赛的过程中，学生更有针对性地练习和应用了报关流程，在进行"双证书"培训的过程中，也进一步促进了物流技能及系统知识的学习和掌握。同时，在此基础上，学生的信息有效收集到了人才信息库，既有利于协助企业找到适用人才，又可为物流人才提供就业机会，还为学生提供了学习、培训、赢得荣誉的机会，可谓多边共赢。

（四）与行业协会共商人才培养方案

行业协会在对同行业的组织与管理方面具有独到作用。尤其在增强企业抵御市场风险，维护企业共同权益，规范市场行为，调配市场资源方面具有协调、监督监管等职能。在物流行业协会中，如中国物流与采购联合会，中国仓储协会等，与其他行业协会一样，也代表了本行业全体企业的共同利益，起到了沟通、协调、监督等职能，对本行业的基本情况进行统计、分析，同时，对本行业国内外的发展情况进行基础调查、研究、提出参考意见等，供企业和政府参考。这种职能和职责，充分说明了行业协会的重要作用。各行业在本行业的企业和政府间、企业和企业间起到了非常好的桥梁作用，也能够较快、较准确地了解行业发展动向及行业、企业人才需求情况。因此，高校与行业协会的沟通、交流，能够更好地提高学校、专业在行业的知名度，尤其是共商制定的人才培养方案，更能够充分、全面地符合和满足行业发展和多数企业发展的需要和要求。与行业协会的良好合作，也能够促进学校和众多企业的沟通、交流交往，对学生的培养，尤其是实习实训的需要，人才发展具有重要作用。

综上所述，构筑坚实的物流人才体系，是物流业发展的关键所在。结合物流业发展特点、社会需求，探寻中国特色的多渠道的完善的物流人才体系，必将加快我国物流业的发展。

执笔人：孙　曦

第六节 会展策划与管理专业

随着我国会展经济的发展，大型会展活动越来越多，会展业在各个地区、各个城市都受到广泛的关注，会展、旅游和房地产业已经逐渐成为拉动地区经济发展的三大支柱产业。会展教育也像雨后春笋般应运而生，全国多所院校纷纷开设会展专业。北京农学院领导认识到会展行业的蓬勃发展势必带动行业人才的市场需求，为此在 2004 年开始申报会展专业，并于 2005 年开始正式招生。

开设会展专业以来，北京农学院一直在摸寻会展人才的培养模式，探索出适合本校专业发展优势的特色和发展方向。会展专业通过 8 年多实践性教学，总结了会展专业人才培养的模式、教学计划的设计和实践性教学中的实习实训、组织管理、服务培训等教学实践，以期达到当今会展业人才的需求。

一、会展人才市场需求现状分析

随着我国会展业的迅速发展，会展专业人才需求数量急剧增加。但目前我国从事会展的工作人员业务素质与能力总体偏低，专业出身的人才比例很低。大部分人员未经过专业培养，半路出家，缺乏经营管理和现代会展运作方面的理论知识或实践经验，造成经验不足，专业性不强的现状（图 13-2）。

会展产业是资金、技术、人才密集型的产业。在会展经济每年以两位数的增幅快速发展的同时，会展教育却没有及时跟上，导致会展人才紧缺，或出现会展人才素质亟待提高的状况。有资料显示，像北京这样发展迅速的城市，高薪待遇却招募不到合适的会展人才，并且高素质专业人才总量不足。以职称结构为例（图 13-3），体现出高层次人才明显不足。

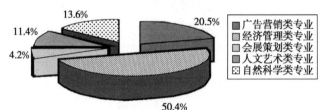

图 13-2 我国会展从业人员的专业结构

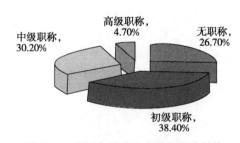

图 13-3 我国会展从业人员的职称结构

根据以上的统计图表及现在北京对会展业人才需求的情况，会展人才可以分为三大类：一类是知识结构全面，能力、素质较高，具备会展策划、管理能力的高端人才；一类是能够进行展会、展台设计制作的设计类人才；一类是从事会展销售、会展现场服务与管理的基础型人才。从人才需求量来看，会展业是一项庞杂的系统工程，对从事策划、管理工作的高端人才需求量极其有限，会展项目落实后，需要跟进大量的文印、电话、传真、沟通、协调、服务等工作，这就需要大量的基础型人才。

目前北京地区已有 18 所院校开设本专科会展专业。北京农学院结合了近些年北京对会展人才的需求进行了三次专业论证，依靠本校优势，在会展辅助型人才（即展会设计、展会策划、展台搭建、会展评估等方面的专业技术人才）方向存在很大的发展空间。会展业对于人才有特殊的要求，需要通过专门的职业化训练才能逐步培养出来。根据这方面的需求特点，北京农学院积极发挥自己的办学特长，对市场进行细分和定位，使专业设置上更有特色。

针对以上北京会展教育专业培养目标与分析，提出北京农学院会展专业培养目标：为首都蓬勃发展的会展行业培养具有会展策划能力，熟悉会展现场业务，具备一定会展展台设计、搭建和会展运营服务能力，具有较好的工作适应能力等全面发展的高等技术应用性专门人才。

二、针对现在北京会展业的情况制定会展教育的培养模式与特色

会展是一门实践性很强的学科，其培养模式也必须强调实践环节。我国高校会展教育的培养模式应该有三种：

（一）以理论研究为导向，以培养高水平的研究型人才为目标的培养模式

使用这种培养模式的，有德国的科隆大学，美国的乔治·华盛顿大学，我国的上海交通大学。但这是硕士及以上学位的培养项目，只可以在少数研究型大学里设立，虽然这种培养模式不是会展教育中的主流，但在整个培养体系中占有很重要的位置，不仅可以完善与创新会展经济与管理的理论，而且可以推动和引领整个会展专业的开展。

（二）以问题为导向，以解决会展业发展中的突出问题为目标的培养模式

这种培养模式在欧美主要是由中介组织、行业协会来承担，在北京则应该由高校与行业组织共同合作来实施。因为目前的培养体制存在先天不足，培训市场也不够规范，因此，由行业组织提出需求，由高校负责教学组织与管理，并由行业组织与高校共同来设计课程，提出培养计划，开展短期的，针对性很强的会展专业培训。

（三）以市场为导向，以满足会展业发展需要为目标的培养模式

这种培养模式是国际会展教育的主流，在美国主要是以学校原有的特色为基础，有较完整的课程体系，同时兼顾学生的实践环节的培养方式；在德国则是特别强调按行业特点，按企业需求对课程进行量体定制。但是，它们都是以市场为导向，需要都很灵活，而且大多数教师有会展行业的从业经历，有很丰富的实践操作经验，因此北京农学院聘请了有经验的会展专业人士担任兼职教师。在现阶段，要真正按这些发达国家的培养方式来开展会展教育还有一定的困难，但以市场为导向，以满足会展业发展需要为目标的培养模式无疑是主流是方向。

北京农学院慢慢摒弃了传统空洞的说教式培养，并积极创造条件按会展行业的需要，定向招生，按专业模块设置课程，"请进来，走出去"，与大量有关会展企业中的专业人士探讨，使教育方式和教育效果能够很好地结合满足现在会展业的需求。

三、北京农学院培养会展人才特色与方向

会展业有着鲜明的特色，仅仅死板地通过课堂讲解、教材讲授是很难提高实际操作能力的，只有将理论知识运用到实践中去，通过校内外实习实训基地的日常培育，才能帮助学生形成过硬的职业技能。为此，本校会展人才培养制定的教学计划最大的特色就是实践环节多于理论教学，并注重实习基地的建设，包括建立校内实训室、校外实习实训基地。

（一）承接校内相关活动，活跃校内实训项目

校内实训是开展学生仿真会展活动的重要场所，学生能够在这个平台上综合地运用所学的会展专业知识，发挥主观能动性，将知识完整、系统地整合起来并运用于仿真会展行业工作流程中，最终提高学生的工作能力和职业素养，实现实践教学的目的。然而如前文所述，虽然校内实训场所及实训方式的欠缺，导致学生无法真正将所学和所"操作"的联系起来。但学校每年举办校园双选会，让学生们自己亲自通过策划、组织和实施展览类活动，锻炼会展专业学生的实操动手能力。通过项目组的运作，使学生独立承担了工作会场的安排布置、现场接待等工作任务。同时，团队独立策划并完成"以物易物（线上、线下）"活动，"大胃口""北京地区会展专业专场招聘会""北农杯"品牌策划大赛等活动项目，在校内取得了一定的影响力。

通过项目组的运作方式，还有很多像这样的活动极大地丰富和活跃了校内实训项目，让学生全程参与会展管理与服务等工作环节，使学生完全熟悉会展项目经营的各个工作环节，提高学生在会展工作过程中所需要的各种专业技能与综合素质。并将会展策划、会展营销、展会现场服务与管理、会议管理等课程的知识整合到项目实践中，充分锻炼了学生对展览及会议的操作能力、服务能力以及执行力，并让学生们体验到团队合作的重要性。

（二）搭建校企合作多元平台，丰富校外实训模式

本校会展专业人才的培养重点在于其专业技能的培养，在实践教学中通过构建有效的校企合作机制，积极建立有效的校企合作平台作为校外实践教学的主要场所，对会展专业人才的培养十分重要。传统的校外实训模式主要是为学生提供展会实训的具体岗位，让学生参与到真实的展会运作中来，从事展会现场服务、指引、办证、营销等具体的工作过程。这样的校外实训模式存在一定的缺陷，学生在实训的过程中缺乏对展会整体运作流程的了解，特别是对于展会前期的策划和营销，以及展会后的总结和客户走访。造成这一局面的主要原因在于，在校外实训基地的建设中，校方总是处于被动的地位，无法真正融入和参与到会展企业的运作中，在岗位的分配上也只能等待企业的安排，被动接受，无法按照人才培养的目标提出具体的实训要求。所以本校积极鼓励学生参与到展会的前期和后期的运作中来，让学生深刻体会会展的整体工作流程，将理论知识运用到实际工作中来，提高学生的综合素质和解决实际问题的能力。

在整个人才培养的三年学制中，本校结合当地会展运营计划和规律，有计划分步骤组织学生到组展、设计搭建和会展场馆企业，开展低年级的会展观摩见习、会展志愿服务，高年级的会展项目设计、搭建工程管理学习锻炼，尤其是毕业前进行为期半年以上的准员工、实习员工式的顶岗实习，以及在企业最终完成毕业设计任务。

本校积极与企业合作，让学生有更多的机会去锻炼自己。这种非连续式学程、往返式学习与工学交替，能克服传统单一封闭式学校教育的弊端，使得工作过程和学习过程结合起来并有机地融于一体。学生身处会展一线，直接从事会展设计和搭建工程管理或现场服务基层实务，在企业师傅的指导下解决设计到工程搭建的种种现实问题，并在手脑并用处理设计与技术问题的操作过程中，积累实践经验，较好地实现了工作与学习的结合渗透。学校与国家会议中心、全国农业展览馆、北京展览馆、天安门博物馆、励展集团、笔克展览集团、北京双

通展览有限公司、华毅东方展览展示有限公司、《中国会展》杂志社、《中外会展》杂志社等诸多企业合作，让学生有更多实习和就业的机会，让学生们去亲身体验，更多地磨练自己。

四、以赛促学，打通就业途径

自 2008 年至今，每年组织学生参加会展专业各类竞赛活动，如全国大学生会展创意设计大赛、"国家会议中心杯"会展院校大学生专业技能大赛、全国商科院校技能大赛会展专业竞赛、全国商科院校精英挑战赛、海峡两岸暨香港品牌策划大赛等，并在各项竞赛中取得佳绩。在校内举办各种技能竞赛，引导学生积极开展市场调研，专业策划及设计，并选拔出优秀团队，参加全国性的会展技能竞赛。

通过会展专业学生组成一个项目团队的方式，在企业专家与专业教师的指导下，真实地完成这个工作来实现专业技能的获得与累积。这样的参赛经历，不仅扩展了学生的视野，锻炼了他们动手实践的能力，也在参赛的过程中体验到团队合作的重要性。

多次参赛使我们意识到会展综合技能竞赛是激励、推动学生动手能力和创新思维的重要载体，为提高学生的科技创新能力、实践动手能力及团队合作精神提供了一个良好的平台。鼓励学生参加技能竞赛是对实践教学的一种有益补充，不但能提高学生实际操作技能和解决问题的能力。同时也为学生和企业之间搭建了一个互动交流的平台，多位获奖同学获得企业专家裁判好评和认可，并顺利进入企业实习和就业。

五、建立实践教学基地，加强专业技能的提高

为了给学生提供一个全真的实践环境，并加强学生的动手能力，岗位实操能力，缩短学生从校园到工作岗位的适应期，学校充分发挥各方面的作用，与会展第一线的知名业界单位签订实践教学基地协议书，建立了大学生实践教学基地。并在实践基地推行"2＋1"实习，完成专业综合实习和毕业实习。通过实习让学生能更好地了解到自己的优势，并选择未来从事的方向。

合作的实践基地大致方向主要分为五个方面：一是场馆类，二是主办类，三是会展服务类，四是会展设计搭建类，五是政府机关类。这些校外实践基地在平时不定期地为学生进行知识讲座、专业指导，在实习期间则手把手地对实习学生进行辅导和培训。在企业实施的岗位安排、素质训练、工作培训、心理辅导、就业追踪的一条龙服务，不仅参考企业的要求完成学习的毕业实习教学任务，又实现了参加实习训练的学生对接到企业进行顶岗实习，按要求完成项目的学生可以直接就业，而且实现三年内将自己打造成行业的职业经理人的职业目标。学生的实习是一个逐渐进步上升的过程。

学生在第一次实习中，是在初步掌握了基本的理论知识，开始从实践中去认识会展，在实践中体验书本上所学到的原理，并尝试在实践中加以运用。学生在完成第一次实习之后，开始意识到自己的不足，回校后，根据在实践中得到的经验和体会，进一步有目的地学习。学生的第二次实习，与第一次实习相比，已开始走向成熟。学生在第二次实习阶段中，不但能在实践中运用自己学过的理论知识，而且还进一步思考实践过程中遇到的问题，并提出自己的想法和观点。学生在这个阶段已经具有一定的动手能力，在不断地接受各种经验教训的同时，也促进了自身能力的提高，丰富了实践经验。当然，学生自身能力的提高离不开展览公司实习指导老师的精心指导。学生的第三次实习与就业相衔接，其身份也几乎等同于企业

的员工，因此也成为就业前的良好过渡。

总之，为了将企业真实场景的实训项目常态化、模式化，必须做到通过校外实训与校内实训的结合开展系列活动，只有这样，才能从根本上解决会展学生针对性、规模化实践教学与校企一体化教学的问题。

综上所述，以就业为导向，紧密结合区域经济和社会发展的需求，加强专业人才的培养是当前会展专业发展的总体趋势。突出高职会展专业特色首先要突出人才的特色，人才特色主要体现在能力特色上，专业特色还要体现地域特色。以会展人才培养模式为重点，改革教学内容和课程体系，要按照技术领域和职业岗位的实际要求，科学制定人才培养计划，构建技术应用型人才的知识、能力和素质结构体系，按照"实际、实用、实效"的原则，建立起理论教学、实践教学和素质教育体系，努力将会展专业创建成有自己特色的品牌专业。

执笔人：仲　欣

第七节　旅游管理专业

一、都市型现代农业发展对高职旅游管理专业人才的总体需求趋势

改革开放以来，中国旅游业从小到大。实现了从旅游资源大国向世界旅游大国的历史性跨越。据 2013 年的数据显示，中国人在 2013 年用于境外旅游消费达到 1020 亿美元，在 2012 年的出境旅行中比前一年增长 41%，击败了美国和德国人近 840 亿美元的消费额。经过十年的强劲增长后，中国如今超过德国，成为世界上出境消费额第一的国家。因此，未来中国旅游业的持续发展势必会引发大量旅游人才需求，据初步估计，目前全国旅游业从业人员约 600 万人。随着旅游业的发展，实际需要旅游专业人才达 800 万人。旅游业人才缺口至少有 200 万人。今后这个缺口还将以每年 20 万人的速度递增。而目前我国高职教育旅游管理类人才在校生仅仅为 43 万多人，未来 5 年每年的毕业生人数在 14 万~19 万人。旅游人才的巨大缺口与旅游教育的相对滞后，将影响国家建设世界旅游强国目标的实现。现在旅游人才缺口 1350 万，其中，大专以上学历的旅游人才 272 万人，占到全国旅游就业人数总量的 20.15%。

随着旅游市场的不断成熟，国内旅游、出境旅游、入境旅游同步发展，旅游者需求的多元化、个性化都对旅游专业人才培养提出了严峻挑战。早在 1994 年，世界旅游组织就明确提出了"高质量的旅游服务、高素质的员工、高质量的旅游"的口号，表明高速发展中的旅游业呼唤数量足够的高素质高技能型旅游管理专门人才。因此，相应的人才培养模式研究将有利于旅游业市场快出人才、多出人才、出好人才。

二、都市型现代农业发展对高职旅游管理专业人才的具体需求类型

从人才所起的作用来划分，旅游人才大致可以分为三个层次：核心人才、支持型人才和辅助性人才。其中，核心人才主要包括战略管理、营销策划等人才，他们在旅游人才体系中层次最高、专业性最强，对旅游业经营发展影响最大；支持型人才主要包括常规经营管理、职能管理等人才，他们居于旅游人才体系的中层，是旅游业发展的中坚力量；辅助性人才主要包括接待服务、技术服务等人才，是旅游业顺利发展的关键因素。按照核心人才：支撑人

才：辅助性人才＝1∶2∶8的比例要求，当前我国旅游辅助性人才仍有很大的缺口。而这一部分人才培养主要由专科（包括高职）层次的教育承担（张西林，洪梅，李培红，2007年年会论文）。因此如何确立高职旅游人才培养规格以及培养模式，使该类型的人才培养满足市场及旅游业发展的需求，其重大意义无可质疑。

通过对休闲旅游企业进行调研，对毕业生进行跟踪调查，在专业建设指导委员会论证的基础上，归纳出本专业的初级岗位、发展岗位与高级岗位，分别确定了如下8个岗位。具体旅游管理专业对应的职业岗位和职业资格证书分析如表13-5所示。

表 13-5　高职旅游管理专业职业岗位分析表

	职业岗位	职业资格证书
初级岗位	导游	国家导游证
	休闲运动服务岗	康乐服务员
	酒水操作与服务岗	调酒师、茶艺师
发展岗位	计调与外联岗	国家导游员、旅游咨询师
	休闲旅游产品策划与营销岗	策划师、营销师
	VIP客人服务岗	"英国管家"资格证书
高级岗位	休闲旅游项目管理	人力资源管理师
	休闲旅游企业管理岗	

三、都市型现代农业发展对高职旅游管理专业人才培养提出的新要求

（一）专业培养要求

第一，根据旅游管理、职业特点，学校的教育应该使学生获得良好的中英文语言、文字表达和计算机应用能力及礼仪规范；使学生掌握旅游市场调查、分析营销技能的经济管理基础知识；使学生了解旅游行业，熟悉北京旅游环境的行业基础知识；使学生掌握旅游接待服务工作技能；使学生了解旅游政策、法规的课程及应急处理。

第二，毕业生将具备以下素质和能力：健康的体魄，良好的职业道德和敬业精神，吃苦耐劳；良好的独立工作能力和沟通协调能力；熟悉旅游相关的法律法规，具备应对突发事件的基本能力；较好的语言、文字表达能力和英语交流能力；熟练使用计算机，并掌握一种行业管理软件的应用；具备旅游接待、服务和管理等业务能力，取得导游从业资格认证；熟悉旅行社经营管理及景点、景区管理和旅游路线设计业务；了解旅游饭店经营管理业务。

（二）高职旅游管理专业的发展要求

第一，强调专业技能的实用性。高职高专院校培养的旅游专业人才，其定位非常明确，即满足实用性的要求，是一种技能型人才。技能型应成为旅游专业人才的重要特点。那么，从行业需求来看，无论是旅行社，还是酒店，缺乏的主要是掌握实际工作技能的一线操作人员。旅游专业的毕业生经过一段时间的锻炼，有望成为中级导游、宾馆或旅行社中基层岗位的生力军。为此，我们在专业课程设计中，尽可能地加大实训课的课时量，以强化技能性训练力度。

第二，强调专业知识的综合性。调研结果显示，从事旅游工作不仅需要具备服务技能的相关知识和能力，而且要掌握旅游法律法规、经营管理、资源文化、经济财务方面的专业知识，只有这样才能胜任本职工作。"一专多能"已成为旅游行业对其从业人员的基本要求。可以说，知识面越宽，就越能适应实际工作的需要。旅游专业课程体系所呈现的宽泛性正是为了适应这一需求趋势。

第三，体现就业渠道的广泛性。专业技能的实用性和专业知识的综合性，决定着旅游管理专业的就业渠道具有广泛性特征。新闻媒体和人才市场时有"白领好求，蓝领难找"的用人信息。我们所进行的市场调查也表明，大多数用人单位急于聘用具有实际操作能力的旅游专业人才，对这类人才的需求量呈逐年上升的趋势。我们培养的旅游管理专业人才是旅游队伍中的"蓝领"。从某种意见上讲，蓝领较白领更具有实在的使用价值。专业人才市场对蓝领的需求量远远超过白领。另一方面，专业知识的综合性也为就业开辟了更为广阔的领域和渠道。旅游专业培养的学生既具备服务技能方面的知识，同时还具备一系列相关专业知识，如旅游法律法规、企业管理、营销策划等。

四、都市型现代农业发展对高职旅游管理专业专业建设的建议

为了提升本校高职旅游管理专业就业的竞争力，同时也能够更好地与市场需求衔接，策略研究显得尤为重要。

（一）明确培养目标和人才规格

培养目标是人才培养的总原则和总方向。人才规格是培养目标的具体化。因此，明确高职培养目标和人才规格是区别于其他教育类型的本质所在。北京农学院城乡发展学院应用管理系旅游管理专业高职教育有着明确的培养目标和人才规格，即培养掌握旅游企业经营管理的理论、方法和手段，具备旅行社、饭店经营管理的基本能力和导游、酒店前厅、客房、餐饮等方面的专业技能，能综合应用所学知识分析和解决经营管理中的实际问题，能在旅行社、酒店等部门从事一线服务和管理的高级技术应用型人才。

（二）细分专业方向

专业方向是课程设置以及专业能力培养的前提，市场对人才的需求又是专业方向设置的前提。要达到高职教育的专精要求，又要满足旅游业发展对人才的需求，就必须将原来单一的旅游管理专业细分。北京农学院城乡发展学院应用管理系旅游管理专业分析了产业人力资源需求和学生就业的主要岗位，发现学生就业主要岗位分布在旅行社和酒店中。然后根据就业单位分析了各自的岗位群和主要的业务工作。根据现有师资力量，客观地将原有的旅游管理专业细分为导游与旅行社方向和酒店管理方向。并以专业方向为前提重新设置了专业课程，增强了针对性。

（三）进行详细的人才职业能力结构分析

要提高学生的职业能力就必须先详细地分析人才所需职业能力的结构。其体系包含基本能力、行业基础能力、专业核心能力、职业拓展能力等一级层次和它们的二级分解能力。北京农学院城乡发展学院应用管理系旅游管理专业在这方面做了较为详细地分析：将一级能力

分为基本通识能力、旅游管理基础能力、导游与旅行社业务能力、酒店业务能力、旅游职业拓展能力，进而在每个一级能力之下分出若干二级能力。如在酒店业务能力下又细分出基层服务能力和业务经营管理能力。

（四）更新课程设置与教学内容体系

课程设置是实现培养目标和培养规格的中心环节。教学内容是课程设置的延伸与实践。北京农学院城乡发展学院应用管理系旅游管理专业根据专业方向和职业能力结构来设置课程，以需求为中心，以学生为中心，以能力为中心，确定了专业理论课、专业实践课、专业必修课三大模块，建立起既相对独立又紧密联系的两个专业方向理论教学体系和实践教学体系。在教学内容上要求以培养应对能力为主，贴近实际，新颖生动，突出理论与实践相结合，采用最新编写的教材，鼓励教师自编教材，引入国内外最新成果用于教学。

（五）合理安排教学环节及时间分配

教学环节与时间分配是课程设置的具体设计和保障。在教学环节和时间的安排上大大增加了实践教学环节的比例，将专业实践课的比例提升到31.5%。在相关课程上安排了课程实习，在教学计划中安排为期四个月的专业实习和三个月的毕业实习，灵活地实施"2+1模式"。

（六）积极推进教学模式改革

教学模式是在一定教学思想或教学理论指导下建立起来的较为稳定的教学活动结构框架和活动程序。北京农学院城乡发展学院应用管理系旅游管理专业在传统教学模式的基础上，鼓励教师采用先进的教学模式，如自学—辅导式、探究研讨式、抛锚式、现象分析模式、合作学习模式等。在教学方法与手段上积极推进改革，采用启发式、互动式、情景式等新型教学手段，尤其是在很多课程上都推行模拟情境教学和多媒体教学。

（七）加大资金投入与加强师资培训

资金投入是改革行动的后盾和保障，教师是改革推进的重要参与者。北京农学院城乡发展学院应用管理系旅游管理专业保证足够教学资金的投入，建立了模拟导游实训室、模拟酒店实训室，购置了相关的专业书籍，不断添置声像资料和放映设备。在师资培训方面不懈努力，教研室教师学历全部达到硕士及以上学位。旅游管理专业在注重教师理论提升的同时，也非常重视教师职业素质的提升，先后派教师进入旅行社挂职锻炼，达到"双师型"要求。

（八）充分发挥校内外实训教学基地的作用

校内实训基地可以给学生提供日常练习的场所，使学生得到模拟的岗前培训。校外实训基地则可以为学生提供真实的工作环境和就业的准备。

北京农学院城乡发展学院应用管理系旅游管理专业与一些知名旅游企业有良好的合作，建立了一批长期稳定的、设施条件好、管理水平高、培训能力强的校外实训基地，如北京国都大饭店、北京威斯汀国际大酒店等，以及北京、天津、唐山等地的多家国际旅行社。

执笔人：张莹莹

第八节 商务英语专业

一、都市型现代农业发展对高职商务英语专业人才的总体需求趋势

商务英语专业是一门跨学科专业，它的专业知识涉及英语、贸易商科、文秘和交际学等方面。该专业学生在完成学业后不仅应当具备较好的英语语言知识、商贸基本知识、东西方文化基本概念，而且应当具有跨文化交际能力和商务运作能力，能适应职场需要，成为我国经济发展和国际商务活动需要的应用型、复合型人才。

随着经济全球化的日益加深，中国与世界其他国家在经济、文化等方面的联系越来越紧密，特别是中国的对外贸易，在国际经济中的地位不断上升，刺激了对技能型商务英语人才的需求，商务英语专业应运而生。商务英语专业人才就业面广，专业对口率高，人才需求量大，在未来的十几年里都会有广阔的发展前景。专业建设与发展的前提是人才培养目标的正确定位。商务英语专业应当以职业能力为人才培养核心，采用以学生为中心的教学方法，以多元化评估为教学手段，才能培养出国际商务活动所需要的复合型、应用型人才。如何培养出适应社会需求的商务英语人才是当前各高校都在积极探索的问题。高校只有结合学院特点和地域优势，以人才需求为切入点，制定与市场变化发展一致的人才培养目标、课程设置和实训安排，才能确保人才培养的成功，得到社会的认可。

二、都市型现代农业发展对高职商务英语专业人才的具体需求类型

本专业培养具备高等专科层次文化基础和英语语言基础，具有从事国际商务工作必需的基本经济理论知识和实际操作技能，具备较好的工作适应能力，拥护党的基本路线，适应北京对外经济贸易、服务第一线需要的，德、智、体、美等方面全面发展的复合型应用人才。据此确定商务英语专业培养目标为：热爱祖国，身体、心理健康；具有良好职业道德和文化素质；英语的听、说、读、写、译的技能达到一定的水平；掌握国际经贸专业知识以及国际经济法知识；能用英语从事国际商贸、金融、通讯、信息、运输、商业旅游等现代服务行业的工作。

目前，几乎所有设有外语系的高等院校都设有商务英语这个专业。如何办出自己的特色，培养出受用人单位欢迎的商务英语专业人才，是我们一直探讨的问题。商务英语专业人才培养目标应与社会需求相结合，而需求分析的一个重要方面是将人才培养与当地的实际市场需求和实际情况相匹配。根据几年来商务英语专业的办学实践和对人才市场和用人单位的调研，总结出其人才的培养目标是德、智、体全面发展，有较高思想文化素质，掌握一定的英语交际能力、商务运作能力以及自主学习能力和创新能力，能从事涉外文秘、国际贸易、国际商务活动的应用型人才。他们应具备以下能力：

英语交际能力。Hymes认为一个完整的语言交际能力定义应包括四项内容：语法可能性（程度）；实用可行性（程度）；场合适用性（程度）；现实真实性（程度）。这四部分交际能力反映了话语者和听者的语法知识、心理语言学知识、社会文化知识和现场应用语言的能力。因此，学生除了有扎实的语言知识基础，还应培养他们的文化意识以及商务活动中语言的实际运用能力，尤其是跨文化的交际能力。

商务运作能力（职业能力）。即学生的动手能力和实践能力，是除语言技能之外的商务

工作基本技能。如：商务领域的业务操作能力和运作能力、沟通能力、处理问题能力、团队协作能力、信息与网络应用能力等。这是商务英语人才工作和发展所必需的一种能力。自主学习能力和创新能力，也是可持续发展能力。商务英语专业应当致力于培养"一技之长＋综合素质"的高技能人才的目标，实行以素质为基础，以能力为核心，以就业为导向，产学研结合的人才培养模式，积极实施"双证书"制度，大力培养学生的职业技能。现在是知识经济时代，知识更新很快，提高学生的整体素质，培养学生的学习能力和创新能力是保证其在飞速发展的社会中生存和发展的基础。

商务英语专业人才的培养应当明确"一条主线，三个突出"，即以英语应用能力为主线，突出职业能力的培养，突出自主学习能力和创新能力的培养，突出学生团队精神和服务意识的培养，真正体现商务英语学生专业有特长、就业有优势的特点。根据企业的需求，不断完善人才培养的目标，最终把学生的就业方向和前景定位为主要面向各类大、中、小型外向型企业、驻华商社，从事国际贸易、外贸跟单、进出口货物报关、涉外商务代理、货运代理、船务代理、业务员、文员等工作。

三、都市型现代农业发展对高职商务英语专业人才培养提出的新要求

商务英语是英语的一种社会功能变体，是专门用途英语（English for Specific Purposes 或 English for Special Purposes，ESP）中的一个分支，是英语在商务场合中的应用。或者说，是一种包含了各种商务活动内容，适合商业需要的标准英文。从语言学的角度看，商务英语既然是专门用途英语的一种，它就从属于英语语言。不论商务英语如何随着国际商务的发展而变化，它都不会也不应违背英语语言的基本规律。语言学有一个语言的"共核"问题，任何语言教学都要承认这种"共核"，商务英语也不例外。商务英语专业是复合型专业，语言是载体，商务背景知识是内容，二者的有机融合构成了商务英语，因此商务背景知识是教学的重要组成部分。

我国进入 WTO 后，人力资源市场对国际型、复合型、应用型人才的要求越来越高。因此，商务英语专业面临更大的挑战，其毕业生必须具有较好的英语沟通能力，跨文化商务交流能力，熟悉掌握商务活动基本规则，并要有相当强的学习和创新能力。简单的"英语专业＋商贸专业"的课程设置不能很好满足社会对商务英语人才的要求，也不能体现商务英语的专业特色。随着信息技术的发展，一些商务手段已被淘汰，一些商务概念已落后于时代发展。因此，为培养更加适应市场需要的商务英语人才，使其拥有更大的生存空间和发展空间，商务英语专业课程设置应进行调整，使其更科学、更合理。将商务与英语有机结合，适当增加学生必需的国际商务活动操作能力的基本培训，删减一些重复或交叉以及内容滞后的教学内容。

商务英语专业课程可分成三大模块：

英语语言专业基础课程模块：包括语音、英语基础综合课、语法、泛读、英语听说。英语语言专业基础课程着重英语语言知识基础，强调基本的英语交流能力的训练，英语基础写作不单独作为一门课程，因为它被作为英语基础综合课的重要内容之一。

商务英语专业课程模块：包括商务英语、商务英语写作、商务英语阅读、商务翻译、商务口译、商务英语视听。商务英语专业课程着重训练的是国际商务活动需要的基本技能。商务英语课程涵盖商务基本原则和运作。商务英语阅读包括商务常用文件如报表、信用证等。

商务英语写作涵盖原来的外贸函电和实用英语写作，商务英语翻译和商务口译课程训练的是商务活动中的会议翻译、谈判翻译、公司及产品介绍等技能。商务英语专业课程模块设置为的是更有效地利用教学课时和教学资源，更大限度地保证人才培养目标的实现。

商贸专业课程模块：包括国际贸易实务、国际市场营销、国际制单、跨文化商务交际、商务谈判、电子商务。

四、都市型现代农业发展对高职商务英语专业专业建设的建议

（一）创新教学模式

全英或双语教学：商务英语课程要采用实践式的教学方法，当然应采用全英语或尽可能多的英语教学。国际贸易专业课程的教学，教师除了具备十分熟练的国际贸易专业知识和技能外，还应具备较高的商务英语应用和表达能力，在教学过程中采用双语教学。教师应尽可能多地使用英语讲授专业知识内容，使商务英语与国际贸易专业课相互之间形成有机结合。取得相得益彰的教学效果，使商务英语专业办出特色，从而实现"英语通，业务强"的商务英语专业人才培养目标。

情景教学法：教学过程必须结合国际商务情景，设定需要完成的任务，让学生进入商务活动的角色中，用已有的商务知识促进英语语言知识的应用表达，又以英语语言知识去深化理解和学习新的商务知识。这是一个商务知识与语言能力相辅相成的自主性、创造性的学习过程。教师要善于根据教学任务的要求，系统地循序渐进地设计学习情景，选择恰当的案例，指导学生运用自主学习、与同学团结合作的学习策略，去分析、处理和解决情景中的问题。从而达到提高学生英语语言知识和开展商务活动的能力，不断激发学生学习的自信心和兴趣。

案例教学法：要求教师关注学生的实际需要，案例材料的选择和编辑，要根据学生的知识水平、商务内容、文化背景和语言的难度等。既要考虑到学生的英语知识基础，又要让学生在学习中增长新的语言知识和能力。还要考虑运用已掌握的商务知识去解决和处理问题的能力，更要促使学生钻研、拓展新知识，实现创新学习的目的。

小组协作式教学：在组织教学时，一般可采用角色扮演、小组讨论、辩论或实况模拟等形式。必要时让学生带着问题进行信息收集，调查研究、小组合作商讨、商量对策、制订方案等，以期达到深入解决问题的效果。其最明显的特征是让小组内的学生去共同完成真实的或接近真实的任务，在完成任务的过程中通过个人的英语知识、商务知识，通过团队的协作、相互启迪、取长补短、交流与沟通，实现用语言去学和学会用语言去做。以掌握新的商务知识，提高商务技能。通过在完成任务的过程中以听、说、读、写等具体的商务英语的应用行为，获得新的语言知识和表达能力、交际能力、解决实际问题的能力。不断开发自身的潜能，不断增强自信心，勇于挑战，朝着更高更强的目标追求。养成创新型终身型学习习惯，善于与他人分享与协作的团队合作精神，培养学生心胸宽广、视野开阔、包容的品格。

师生互动式教学：学习动机是学生本身的心理特点受到外界积极的或消极的影响之后，对学习对象形成的心理倾向，它是影响学习效果最主要的非智力因素之一，是激发学生行动的主观因素和内部动力。因此，必须将教学的聚焦由关注教师怎样教转到关注学生怎样学上来，在必要指导的前提下，尽可能创造宽松的学习环境，最大限度地调动学生的参与积极

性，让学生主动和教师互动，能动地、创造性地参与各种语言、技能等训练活动，从学懂（理解）转向学会（会用），培养学生的综合技能。以培养技能为宗旨，建立交互式参与式教学模式坚持创新精神和培养技能贯穿于课堂教学的理念，以调动学生的积极性为核心，积极进行教学方式方法的改革，建立交互式、参与式教学方法体系。课堂教学总的原则是：学生参与、师生互动、学生主导、教师指导，以培养学生的综合技能为宗旨，创立学生参与、能力主导的教学模式，探索教学方式的创新。

教师在实践性教学活动中的组织者的作用，集中体现在组织学生开展学习任务之前，必须做好充分的动员工作。要学生明确本次的学习目的要求，应达到的目标。在组织学生开展完成任务的学习过程中启发学生积极主动地提出自己的观点、意见，又要倾听他人的见解、评论，并进行反思。提高综合分析、判断能力。学会与人交流、沟通，提高交际的技巧和能力。指导老师应及时提示、引导学生完成任务的有效路径。每项任务由于环境、条件、影响的因素的多样性及影响的程度不同，甚至有些条件的模糊与复杂性，处理问题的方式、路径和措施可有多种选择，不可能是唯一的结论，只能相对选择最佳方案。要培养学生形成合作共事的团队精神，须知任何一项较复杂的任务的完成都要发挥集体的力量，靠个人单干是不会有什么成效的。教师应鼓励学生积极参与到完成学习任务的共同体之中去，让学生充分展示自己的才能。同时，善于听取和接受他人的意见，吸取别人的所长，努力索取更多的新知识。

教师在组织实践性教学中以导演的身份部署学习任务。在学生完成任务的关键时刻或遭受挫折时，给予必要的点拨，保障任务的完成，达到预期的学习目标。这要求教师应具备相当高的综合素质，要有极高的责任心，每一堂课要投入巨大的精力，要做好非常充分的周密的教学设计，要付出比一般的课堂讲述方式更多的心血。

（二）多管齐下加强实训环节

根据商务英语专业是培养从事国际商务活动的业务员的教学目标，要求业务员必须具有熟练开展业务工作的能力。国际市场营销、国际贸易实务、单证实务等业务都必须动手操作。如何办理各项业务手续，如何制作业务单证，如何审核单证等，单靠课堂讲授是不可能掌握好的。专业技能靠操练、靠实际去做。所以，加强专业技能实训教学是一个必不可少的重要的教学环节。每个教学模块在完成了专业知识的教学任务之后，都要组织学生集中进行一至两周的技能实训，并依据实训考核的成绩评定专业课学习的质量。商务英语专业的学生将来所从事的业务工作动手操作性很强，加强实践能力的培养尤为应当重视。

加大实训所占学分的比重，是实现人才培养目标的重要一环。首先，要加强校内外实训基地建设。与外贸企业建立牢固的合作关系，在实践外贸流程之余，熟悉办公环境和人际交往关系。其次，鼓励学生自主联系企业，利用假期到企业实习。在不影响学习的前提下，允许学生更多地到企业实习，制定完善的实习成绩认定体系。例如，学生自主实习回来后，要求他们提交详细的实习报告及企业对实习生的鉴定书等。在条件允许的情况下，专业教师可亲自到企业访问或通过电话调查等方式，了解学生实习的实际情况。

（三）找准方向，有针对性地考证，提高通过率

商务英语专业人才的培养应该顺应市场的发展变化，不断探索和调整培养计划，充分发

挥自身的优势，这样才能培养出具有创新性、竞争性、复合型的商务英语人才，才能在竞争激烈的 21 世纪中胜出。因此，本专业为学生制定合理的职业规划，有选择性地要求学生考取相关职业技能证书，将相关职业技能证书考试的培训内容及考试引入课程教学。例如将外资企业作为雇佣、提升或调配员工所需的英语水平标准或基准分数依据的《托业（TOEIC）考试》（Test of English for International Communication，国际交流英语测评）培训内容纳入到相关课程中，并在第四小学期安排集中强化训练，鼓励学生参加考试，争取持证就业。

执笔人：周　丹

第十四章　学术型硕士研究生人才培养需求

第一节　作物遗传育种专业

一、都市型现代农业发展对作物遗传育种专业人才的总体需求趋势

作物育种学是研究作物遗传改良及种子生产的理论、方法与技术的科学是发展农业生产、提高劳动生产率的理论和技术基础。都市农业是在城郊农业基础上发展起来的现代农业的一种形式，是大都市经济高速发展形势下，在都市区域范围内形成的具有紧密依托并服务于都市的、生产力水平较高的现代农业体系。该体系具备商品生产、生态建设、旅游休闲、文化教育、出口创汇、示范辐射等多重功能。

我国已进入全面建成小康社会的决定性阶段，正处于经济转型升级、加快推进社会主义现代化的重要时期，也处于城镇化深入发展的关键时期。随着我国城市化建设步伐的加快，都市农业必将迎来大发展时期，必将拉动我国对都市型农业专业人才的需求，特别是对新型农作物品种的改良与创新人才的需求。

二、都市型现代农业发展对作物遗传育种专业人才的具体需求类型

都市农业是产业升级和经济发展到一定程度的必然产物，是在城市中非农产业挤压农业生存空间，同时城市经济的快速发展和环境问题的日趋严峻的背景下提出来的。从供给、需求和要素升级三个方面都预示了我国都市农业产生的必然性。同时都市型现代农业不是单一的种植业，而是一个综合的产业体系。为此，作物遗传育种专业人才的教育必须使学生具有一专多能的知识结构。纵向要专，为在某一学科或专业的深入发展或研究创新打下坚实的基础；横向要博学多能，即除专业知识外，学生还需了解农业商品、农业经济信息、农业综合企业、销售及经济管理、农业法规政策等一系列相关知识和技能，以适应都市农业新形势的要求。

三、都市型现代农业发展对作物遗传育种专业人才培养提出的新要求

随着社会的发展，人口的增加，产业结构的调整和人民生活的改善，对作物遗传育种专业人才的培养提出了更高的要求。因此加强作物遗传育种学的研究，不断提高技术、理论和育种水平是农业科研中的一项长期任务。今后，作物遗传育种研究的领域将会进一步扩大，作物改良的目标性状会进一步调整，作物种质资源的研究会进一步加强，以生物技术为主体的高、新技术将会更广泛应用，基础理论研究会更加深入。因此，作物遗传育种专业的学生基础知识要宽厚，专业基础知识要稳固，专业知识要精深。为此，遗传育种专业教学应始终把教学改革和提高教学质量摆在首位。

四、都市型现代农业发展对作物遗传育种专业建设的建议

随着农业生产和经济的深入发展，农业生产变成了高度知识密集、技术密集、高效能的

大农业，对农业科学化程度和农业人才的素质提出了更高的要求。为了适应新形势的要求，加大对作物遗传育种专业的建设势在必行。

执笔人：谢　皓　孙清鹏

第二节　蔬菜学专业

一、都市型现代农业发展对蔬菜专业人才的具体需求

蔬菜产业是北京发展现代化都市农业的一个不可或缺的组成部分。截至 2007 年年底，北京设施蔬菜面积 1.324 万公顷（蔬菜总面积 4 万公顷），设施蔬菜年产值 23 亿元，占蔬菜总产值的 50%。已初步形成了设施蔬菜生产优势区县和乡镇。北京巨大的蔬菜消费市场，为蔬菜产业发展提供了一个巨大的舞台。蔬菜比较效益高，其种植收入占京郊农民种植业收入的 40% 以上。有数据表明，由蔬菜产业所带动的就业人数在北京逾百万人。蔬菜产业结构调整正在推进蔬菜生产向资源节约型和最大限度地发掘蔬菜作物的生物潜能、提高劳动生产率、致富农民、以精品为主满足不同档次蔬菜需求的方向发展，正在迅速地推进产业链的延伸。北京蔬菜产业发展的趋势和基本特征决定了蔬菜从业人员的知识结构、人员素质、管理水平等必须与之相适应。

二、都市型现代农业发展对蔬菜专业人才的具体需求类型

基于都市蔬菜产业上述的特征，对蔬菜专业研究生的需求类型主要有以下几种。

（一）科研型人才

在科研院所、大学以及部分种子公司，种质资源发掘、保存和创新与新品种定向培育工作需要扎实、持续的推进，农业生物技术、农业信息技术等新的领域是研究生发挥作用的地方，需要敢于创新、坚韧不拔的精神，大量的实验室和田间工作对科研型人才也是一种挑战。

（二）生产技术创新型人才

蔬菜产业是设施农业的主体，蔬菜作物种类繁多、栽培方式方法多样，生产中需要具有多年技术经验的工作人员，一个好的蔬菜技术员需要多年的一线工作积累，不但技术扎实，还要善于进行生产管理，这些人才是蔬菜产生效益的实施者、实践者，需要有不怕苦、不怕累、常年蹲守田间地头的精神。同时，他们还必须学会与农民打交道，学会农业技术推广的方式和方法，学会转化农业技术的最新成果，学会农业企业管理等，最重要的是要按照设施蔬菜的发展规律、市场需求目标创新生产技术，改进设施工程生产工艺等。

（三）家庭农场经营型人才

按都市农业功能，目前存在着观光农园和开放成熟的果园、菜园、花圃等，让游客入内采果、摘菜、赏花，享受田园乐趣。观光农业带动了市民农园（由农民提供农地，让市民参加耕作的园地）、休闲农场（一种综合性的休闲农业区，游客不仅可观光、采果、体验农作，

了解农民生活，享受乡土情趣，而且可住宿、度假、游乐）、大量的农家院等新农业形态的发展。

民宿农庄主要是为已退休或将退休的城里人提供租住的农村房屋。这些人中有教授、导演、设计师、工程师等，他们在城里均有较好的楼房，但非常向往农村的风光，游览田园景观，希望在林间散步，呼吸着农村新鲜空气，过着宁静淡泊、无噪声、无污染的世外桃园式生活。

这些观光农园、市民农园、休闲农场里很多是以蔬菜为主体来经营的，未来的家庭农场主应该是懂蔬菜种植技术、懂经营管理、具有先进思想理念的新一代农民，不但懂经营还要身体力行地参与劳作。作为学术型研究生，在具有良好的理论基础上，完全可以向一专多能的知识结构发展，即除专业知识外，还需了解农业商品、农业经济信息、农业综合企业、销售及经济管理、农业法规政策等一系列相关知识和技能，成为优秀的企业经营型人才。

（四）与蔬菜产业相关的从业人员

都市农业是把城区与郊区、农业和旅游，第一产业、第二产业和第三产业结合在一起的新型交叉产业，它主要是利用农业资源、农业景观吸引游客前来观光、品尝、体验、娱乐、购物等的一种文化性强、大自然情趣很浓的新的农业生产方式，体现了"城郊合一""农游合一"的基本特点和发展方向。农业公园、教育农园等都需要既懂专业又善于沟通交流的科普性工作者、都市型现代农业人员。蔬菜检疫检测、安全绿色生产、采后贮藏等都需要专业知识扎实、具有创新精神的人才。

（五）都市型现代农业应用型、复合型人才

都市型现代农业要发挥生产、生活、生态和示范四大功能。都市型现代农业以市场需求为导向，以现代物质装备和科学技术为支撑，以现代产业体系和经营形式为手段，以现代新型农民为主体，融生产、生活、生态、示范等多种功能于一体。因此，对人才的需求不是单一的，要求懂得各个方面的知识，具有先进的理念、先进的管理才能、先进的技术技能等，需要复合型的人才。

（六）优秀的蔬菜教师人才

教师是办学的主体，切实加强教师队伍建设，大力提高教师队伍的整体素质是提高蔬菜学专业学生素质的关键。教师队伍需要新鲜血液补充，优秀的研究生是教师队伍的后备军。

事实上，都市蔬菜产业在城市转型发展期间对人才的需求很大。都市园艺经营者体现了对人才的极度渴求，尤其是各个郊区县。重点培养学生的创新与创业能力，造就能从事都市型现代农业发展规划、高科技园区规划与管理、休闲观光农业项目策划、蔬菜技术管理等工作的应用型复合型人才是未来人才培养的方向。

三、都市型现代农业发展对蔬菜专业人才培养提出的新要求

都市型现代农业具有生产属性、生态属性、生活属性三方面内涵，是升级了的农业，是

融合多种现代化、工业化、城市化特色的农业。目前，北京都市型现代农业初步建成都市型农业走廊，设施农业、籽种农业、观光旅游农业等特色产业正在快速发展。作为北京市唯一一所市属农业高等人才学校，都市型现代农业的发展对于蔬菜专业人才培养提出了新的要求。

（一）转变培养理念

以人为本，促进人的全面发展是教育永恒的主题。人才的全面培养是人全面发展的基础，以学生为本开展教育、教学活动，让学生有充分的学习自主权、自由度和选择性，重视学生个性，在对学生进行专业培养的过程中渗透道德、心理、人文和科学素质等方面的教育，融知识传授与能力培养为一体，通过教学和科研实践，引导学生掌握科学的学习方法、思维方法和研究方法，培养创新、创造、创业的意识。都市型现代农业的发展，对人才需求的层次、素质、综合能力的要求都更高，需要更加重视人才本身的培养和发展。

蔬菜专业作为都市型现代农业发展的生力军，在都市农业中具有特殊的地位，在设施农业、籽种农业和观光旅游农业中都发挥着不可替代的作用。在人才培养理念上，更应该在研究高等教育发展规律和人的发展基础上，实现以人为本，以人的发展和提高为核心的教育理念，培养出"厚基础、宽口径、强能力、高素质、多适应"的人才。

（二）拓展培养方向

北京市按照"建设有中国特色世界城市"的总体要求，发展世界水平的农业，建设世界水平的农村，培育世界水平的农民，增强农业的应急保障、休闲生态、科技示范等功能，推进都市型现代农业发展。具体措施有：第一，转变农业发展方式。按照高端、高效、高辐射的要求，加快建设国家农业科技城，抢占科技农业制高点；按照"优化一产、做大二产、做强三产"的思路，延长农业产业链，促进都市农业融合发展。第二，创新农业实现形式。拓展籽种农业、休闲农业、循环农业、会展农业实现形式，提高都市农业的国际化开放性。第三，探索农业经营模式。研究出台支持农业龙头企业发展的政策意见，以涉农企业上市培育为抓手，提高都市农业核心竞争力；以市级农民专业合作社示范社为抓手，提高农民组织化程度；探索家庭农场经营模式，积极稳妥地推进适度规模经营。

随着都市型农业的不断发展，对蔬菜专业的人才需求发生了较大的变化。人才培养方向由农业行政管理部门、农科所、农技推广站、农业企业等国有制单位、县级以下基层部门、农业产中领域，转向为国际国内两个市场，国有制、私有制两种经济成分，以及农业基层和城区农业，各级各类农业企业，产前、产中、产后，一、二、三产等广阔领域培养人才。

（三）提升培养规格

新时期蔬菜专业要服务都市型现代农业和区域经济社会发展，培养具有扎实基础知识和学习、实践、创新能力的高素质应用型人才。具体来说，要向优化知识、能力、素质结构，适应不同岗位群，适应国际发展趋势转变，由侧重成熟技术的学习运用向培养创新意识、实践能力转化。这类人才要掌握专业所必需的、扎实的基础理论和专业技能；在知识结构上不仅掌握产中理论，同时掌握产前产后理论；专业素质要求做到多学科交叉，熟悉农业生产、农村工作的有关方针、政策和法规，掌握蔬菜生产、遗传育种、加工贮藏、经营、管理等数个领域的相关知识和必备的专业技能。此外，还要有较高的道德品质和文化素质，较强的获取信息的能力，以及创新意识和创新能力。

（四）拓宽培养目标

以培养高质量的专业人才为目标，以开展应用基础与应用技术创新研究为特色，以服务于都市型现代园艺为宗旨，培养具备园艺学以及相关学科的基本理论和基本技能，能在都市型农业高科技企业、农林事业或研究单位、各类种苗花木公司、园艺产品经营贸易等领域或部门，从事相关的园艺良种繁育、园艺植物保护、园艺产品经营管理、农业技术推广、科学研究、技术应用与管理等方面工作的高素质复合应用型人才。高素质应用型人才培养强调的是培养具有创造意识、创新精神、创业能力和基本素质的"三创一基"人才，侧重于培养学生应用已有的理论解决实际问题的能力。

学生应具备扎实的数学、化学、植物学、外语、计算机等基础知识，掌握遗传学、植物生理学、土壤肥料学等专业基础知识和园艺植物栽培学、园艺植物育种学、设施园艺学、园艺植物保护学、园艺产品贮藏加工学、园艺产品的经营与管理等专业课程的基本理论和基本技能。

具备扎实的数学、化学等基本理论知识以及较熟练地运用英语和计算机操作的能力；掌握园艺学科（果树、蔬菜、观赏植物）的基本理论和基本知识；掌握园艺植物栽培、繁育及养护管理等方面的方法和技能；设施园艺栽培与环境调控以及园艺产品安全检测等方面的知识与技术；掌握都市农业观光园、科技示范园及各类城镇绿地景观规划设计；掌握观赏植物配置与造景设计方法及技能；熟悉都市农业生产、国土绿化、环境保护、城市建设等工作和与园艺植物生产相关的有关方针、政策和法规；具备农业可持续发展的意识和基本知识，了解园艺生产和科学研究的前沿与发展趋势；掌握科技文献检索和资料查询的基本方法，具有一定的科学研究能力和信息处理及创新的能力。

四、都市型现代农业发展对蔬菜专业专业建设的建议

北京作为一个飞速发展的国际化大都市，曾经的近郊区农业生产用地，包括绝大部分近郊蔬菜基地，都在城市发展中被开发占用了，蔬菜产业逐渐向远郊扩展，北京农业必然朝都市型现代农业的方向发展。蔬菜专业是一个传统农科专业，处身大都市，其发展必然在很大程度上受到现代都市农业的影响。了解这些影响，我们才能在蔬菜专业建设中不断进行改革与探索，以适应北京社会和经济发展的需要。都市型现代农业集生产功能（经济功能）、生活功能（社会功能）、生态功能（保护功能）和示范与教育功能等多种功能于一身，现代都市农业对蔬菜专业建设的要求，决定于它发展的定位。

首先，都市型现代农业服务中高收入阶层。都市型现代农业的实质，就是不断提高科学技术水平，提供高质量、高品位、高附加值、无污染、多样化、功能化的农产品，为城市中的高中收入阶层服务。

其次，都市型现代农业提供观光、体验、文化、教育等方面的产品或者服务。都市型现代农业提供的不仅仅是一般意义上的农产品，更主要的是包括与产品相配套的服务性产品。

通过开辟绿色景观、市民公园、花卉公园等，延伸市民双休日和休闲度假的场所，让市民体验到农耕与丰收的喜悦，为城市居民提供接触自然、体验农业以及观光、休闲的机会，增强人们对现代农业的感知，达到强身健体、愉悦心情的功效。随着收入水平的提高，北京市民的周末旅游已经从单纯的观光和体验进入了文化和教育阶段，为此，都市型现代农业还将继续拓展功能，为广大市民，尤其是青少年提供接触农业、体验农耕文化、接受农业教育的场所。

再次，都市型现代农业为城市发展提供景观和生态保障。通过对郊区的农田、菜园、果园、林地等方面的建设，可以组成马赛克式的景观，美化北京环境。并且可以保护生物物种多样性，维护生态平衡，充当都市的生态屏障，防止城市环境污染，提高城市环境质量，营造绿色景观，保持清新、宁静的生活环境，创造良好的生活空间，进一步塑造城市形象，创造城市品牌。

都市型现代农业对蔬菜专业的要求主要表现在以下几方面：

（一）都市型现代农业对蔬菜专业地位的要求

农业在北京全市经济总量中，农业增加值仅占1.3%；农业从业人员62万人，仅占全市从业人员的7%。无论是绝对数还是相对值，都是少数。但是应当看到，在工业化、城市化高速发展的进程中，农业不可替代的地位不仅没有降低，而且愈发重要和明显。而蔬菜是都市农业产业中最重要的组成部分之一。不论从人才培养还是科学研究的角度看，蔬菜专业仍有很大的用武之地。虽然北京上市的蔬菜产品大部分来自外地，但品种要求越来越多，质量要求越来越高，农业承担的食品供给、健康营养和安全保障等任务越来越重；城市休闲产业正在向农业转移，农业观光、农村度假已经成为全市旅游业的重要组成部分，所占比重正在逐步提高。

（二）都市型现代农业对蔬菜专业知识体系的要求

都市型现代农业要求深化应用型人才模式教育教学改革，不断探索人才培养的新途径，着力提高人才培养质量。蔬菜专业知识体系必须与之相适应。比如，都市型现代农业有很大一部分产业基地属于保护地，而且约95%的保护地都是用于蔬菜生产。都市型现代农业重视食品安全性。蔬菜是人们每天必不可少的消费农产品，而且消费量非常大，蔬菜产品的安全问题十分突出。蔬菜专业知识体系中需要包含蔬菜产品安全方面的知识。都市型现代农业的休闲体验功能也是比较突出的，蔬菜是不可缺少的重要元素。蔬菜的功能拓展了，蔬菜专业知识也应相应拓展。在现代市场经济条件下，品牌是一个产业发展的先决条件，农业产业也不例外。在都市型现代农业环境下，有必要将蔬菜品牌经营方面的知识补充到蔬菜专业知识体系中。

（三）都市型现代农业对蔬菜专业科学研究与研究生培养的要求

以生物技术和信息技术为支撑体系的高科技农业是都市型现代农业最重要的内容。都市型现代农业的特点是高科技、高投入、高效益。支撑和保障都市型现代农业良性运转的是不断的科技创新。对蔬菜专业而言，需要持续不断的品种改良和生产技术创新。蔬菜科学发展中不断出现的问题需要探索，蔬菜科研队伍需要承前启后。研究生培养方案的制定需要与都市型现代农业发展相适应。

（四）都市型现代农业对蔬菜专业实践教学的要求

北京农学院的办学宗旨是将学生培养成高素质都市农业应用型复合人才。在整个教学体系中，重视实践教学环节。专业实践教学贯穿整个教学计划，分时段、全方位开展。第一学期入学是认知实践；第二、第三学期是体验实践，让学生体验从种到收的蔬菜生产过程；第四学期是拓展实践；第五、第六学期在导师指导下开展毕业论文实验的设计与实施；第七学期专业实习，将学生派到一线科研或生产单位去实践；第八学期毕业实习。

执笔人：王绍辉　陈青君

第三节　果树学专业

一、都市型现代农业发展对果树学专业人才的总体需求趋势

随着北京政治、经济、社会、文化、生态的快速发展，人口激增、土地紧张、资源匮乏、环境污染等问题日益突出，已成为影响经济发展、社会稳定的重要因素。党的十八大和十八届三中全会明确提出了加强生态文明建设。中共中央总书记习近平三次到北京考察工作时都强调了北京要立足于首都城市战略定位，加快生态环境建设，建设国际一流的和谐宜居之都。市委第十一届五次全会和北京市人民政府下发《北京市大气污染防治重点科研工作方案（2014—2017年）》《北京技术创新行动计划（2014—2017年）》两个文件，将加快生态环境建设作为重点任务之一。所以，植物资源多样性利用、农林业生态功能提升和环境保护以及生态脆弱地区的修复与保护是维持北京长期生态稳定、水质安全、抑尘增绿、清洁空气的重要内容，同时也是人文北京、科技北京、绿色北京战略的重要组成部分。

京津冀协同发展背景下的北京农业产业结构需要进一步调整。如何开发利用乡土种质资源，丰富物种多样性与生态系统多样性；如何通过水循环利用和省力高效集约化技术推广，构建节水、节能、节力型林果生态产业，增加农民收入；如何发展都市型现代农林业，提升生态涵养、旅游观光、休闲体验等功能；如何引导农民面向市场调整结构，培育基地，形成规模，发展优势特色产业，不断提高农民进入市场的组织化程度和农业综合效益等已成为"三农"工作的中心任务。农业产业结构调整是加快转变经济发展方式、保障和改善民生的重点所在，将对农村建设、农业经济发展、农民增收致富起到长久的推动作用。

以上这些严峻的现实问题都对都市型现代农业发展的果树学专业人才培养提出了新的要求。果树学专业作为发展北京市单一林业产业及简单果树产业的有机结合的现代林果产业的重要支撑学科，更要根据北京都市型现代农业发展的目标，结合北京市现有产业要求，不断调整、优化及完善果树学专业人才培养方案。北京市对现代农林业发展大方针及需求上的对果树学科发展方向的要求反映了都市型农业果树学专业人才的需求总趋势。

都市的发展要求都市中的果树学专业要相应地配套，甚至有"都市园艺师是现代都市不可或缺的元素"，或者"都市园艺是现代都市的标志之一"的说法。从以上论述的都市园艺的类型、模式以及潜在的市场空间来看，其需求的相应的专业人才空间巨大。而北京各个学校的果树学专业向服务首都生态需要发展调整则是将人才培养向着市场需求方向调整的重要举措。不论是新的专业，还是新的专业方向，均需要相应的课程体系、师资力量和教学硬件

条件项配套，只有这样，才能培养出市场需要的真正的都市园艺所需的果树学专业人才。

二、都市型现代农业发展对果树学专业人才的具体需求类型

作为园艺学专业中最具活力的一个分支，果树生产凭借着其品种的多样性及作物观赏性而成为最能体现现代化园艺产业特色的一个产业。目前随着我国经济的不断发展，城镇居民对农业提出了多元化的服务要求，都市型现代农业以城市为依托，同时融生产性、生态型、生活性于一体，是现代综合农业体系的产物。都市型现代农业的主导产业，是第一、二、三产业交叉的融合产业。因此，都市型现代园艺产业发展对人才培养提出更高的要求，它要求注重综合能力培养。在技能方面，人才培养兼备园艺产品生产技能、园艺产品规划设计技能和管理技能等；在能力方面，培养的人才需要较强的解决问题的能力及创新能力。

北京市果树产业经过近十年的改革、调整、建设和发展，取得了明显成效，形成鲜明的都市果树产业特色：生产面积、产量、效益明显提高；产业区域化布局初步形成；初具产业规模，初显区域特色；发挥首都优势，加强科技创新；实现经营理念、生产方式的转变。但是，北京市林果产业也面临着亟待解决的问题：一是劳动力紧缺、雇工费用高，二是食品安全问题，三是前期投入高，见效慢。现在北京市果树产业发展趋势集中在以下几个方面：

（一）矮密栽培

目前全市果树种植面积已稳定在 16 万公顷，年果品总产量已达 30 多万吨，但矮化砧木使用面积只有 0.27 万公顷左右。收集、评价和引进适合北京地区栽培的果树矮化砧木，建立高标准的果树矮化砧和矮化中间砧示范园；建立果树矮化砧木优质苗木繁育基地，新建一批矮砧、密植、早果、优质、丰产、高效的现代化示范果园，采用简化修剪管理技术，充分利用生态手段，靠生物循环改善环境和增肥地力，提高机械化程度、降低成本，提高经济效益是林果业发展的方向。

（二）低效林改造

由于北京城市化进程不断推进，城市功能向郊区县延伸，郊区县农民收入渠道增多，一部分农民不以果树种植为主业，重视程度不足，疏忽了对果园的管理和持续投入，使得果园生产效率低下。百万亩大造林造成了生态林产业单一现象，亟待发展多功能林果系统，使得经济效益和生态效益双赢。

（三）观光生态园

近几年北京观光果业出现了迅猛发展的势头，观光果园数已达 1 000 多个，虽然 2011 年采摘人数达 741 万人次，采摘收入 3.3 亿元。观光休闲生态园、果树主题公园等以果树为题材的公众观光休闲果园，极大地增强了市民的认知。但是，多数观光果园功能单一，园区的功能没有充分发挥，果园的多功能性和综合服务功能体现不足。因此建立集采摘、观光、休闲、体验、科普等多位一体的现代化林果生态园势在必行。

（四）节水低耗技术

提高林果的水分利用效率（WUE）是实现生态水资源高效利用、减缓水资源亏缺和减

轻众多环境问题的关键途径之一。目前，提高林果 WUE 的主要途径及其主要的农艺和生物技术措施包括：选择较高水平 WUE 的砧穗组合、采用亏缺灌溉及其他节水灌溉技术以及研究肥水协同作用等。随着我国社会经济的发展和人口的增长，农业可用水资源增长的空间有限，因此，挖掘作物本身的节水潜力、培育水分高效利用资源、发展节水农业技术是我国农业发展的必然趋势。未来国内外林果生态水资源高效利用的主要趋势包括：林果水分高效利用、砧木的评价与筛选、林果水分需求规律与自然降水的协调性、主要林果优质丰产的最佳根域湿润空间与时空匹配研究，以及林果水分高效利用综合管理技术等。

（五）有机培肥技术

现代农业追求劳动生产率和增加农产品产量，伴随着持续大量的使用化肥，带来了生态环境破坏、土壤污染及贫瘠等严重问题，严重降低了农业生态系统自我维持力，引发生态危机。在这种背景下，应用有机培肥技术对林果生态系统的修复与提升越来越受到各国的重视。未来国内外发展趋势是依赖农业生态系统的自我循环，尽可能地减少外部投入，尽量降低农业生产对环境的影响，保护土壤资源，创造人类与自然和谐共生的生态环境，从而保障林果产业的可持续发展；重点研究有机肥源，研发高效有机肥、生物肥料等；强化有机农业基础理论研究，挖掘作物高效利用肥水的潜能。

（六）环境友好型植物保护技术

加强有机生产体系的生态学研究，探讨有机农业系统自净能力和自净机制以及可持续发展规律和技术、有机林果生态系统的规划。研究动植物源有机肥、营养液、杀虫抑菌制剂配方、制作工艺、应用技术及其相关的生理生化机理，揭示动植物源营养液对林果生长发育和品质形成的效应。研究驱诱植物、芳香植物在林果中的间作种类选择、间作模式设计、间作效果分析等技术环节。重点解决林果有机栽培中化学农药减量和零使用问题，提高北京地区有机化栽培技术水平、保持林果生态体系的良性循环和持续稳定。

三、针对北京果树产业的发展大趋势，对果树学专业人才的需求类型

（一）都市型现代农业发展需要基础知识结构全面的果树学科技人才

不断发展的现代都市型农业随着其发展领域不断拓展，新品种、新技术层出不穷，这一情况要求培育出一批知识结构全面的复合型果树学人才。在基础知识方面，人才培养具备果树作物、环境生态、经济等领域多学科交叉融合的知识。现代果树学发展不仅需要人才具有全面的专业知识，更需要人才具有果园经营管理的市场意识、竞争意识、诚信意识和创新意识，并且具备农业经营管理人才队伍的创业能力和经营水平。因此，培养复合型优秀果树学人才，是一项极其艰巨和困难的社会任务，亦是我国科技体制改革中必须要解决的关键问题。

（二）都市型现代农业发展需要技能熟练的果树学人才

都市型现代农业发展对相关领域人才专业技能要求越来越高，不仅要求人才具有全面的书本知识，更要求相关人才实践能力的拓展。加强人才培养的实践平台的建设是都市型果树

学专业学生能力培养的基础，通过实践课程及毕业论文设置进行积极探索，增强学生实践能力。

（三）都市型现代农业发展需要能力全面的果树学人才

在能力方面，培养的人才需要较强的解决问题及创新能力。应该注重培养人才在实践中发现问题、解决问题的能力，同时应该具备在解决问题中的协调能力及人际交往能力。

四、都市型现代农业发展对果树学专业人才培养提出了新的要求

都市型现代农业是我国快速城市化进程发展的必然趋势。据不完全统计，我国已有将近30个大中城市和300多个地级市在进行都市型现代农业发展的理论与实践探索。都市型现代园艺产业是都市型现代农业的主导产业，是第一、二、三产业交叉的融合产业，是集生产、生活、生态、示范、文化为一体的多功能产业。因此，都市型现代农业的发展特点对人才需求发生了质的变化：用人单位由过去关注人才专业知识的理论和技术的系统性，转向考察人才专业知识的同时更多强调人才的综合能力。具体而言，都市型现代果树产业高层次人才，不仅要懂生产，还要懂规划设计；不仅会经营管理，还要能洞察市场和经济运行规律。过去重知识、轻能力的人才培养模式显然无法满足现代农业的需要。果树作物产品高附加值的实现是综合服务的体现，也是人才创新能力的体现。

都市型现代果树产业人才培养要求注重综合能力培养：在知识方面，人才培养要求具备果树作物、环境、经济等领域多学科交叉的知识；在技能方面，人才培养要求具备果树产品生产技能、果树产品规划设计技能和管理技能等；在能力方面，培养的人才需要较强的发现问题和解决问题的能力。

五、都市型现代农业发展对果树学专业建设的建议

果树学专业具有实践性和应用性的特点，因此在其专业建设中需要突出试验和实践环节的建设，培养具有专业意识较强、知识结构合理、专业实践能力强的果树技术人才。

（1）以促进都市农业产业发展为目标，形成自身特色。结合都市型农业发展的特点，培养适应都市果树产业市场的专业人才。

（2）突出专业特色，重点培养学生的专业实践技能。培养动手能力强、具有创新能力的果树学专业人才是由专业技术人才培养目标决定的。因此，专业建设中需要增加试验和实习比例，配合专业的"3+1"的培养探索，进一步调整学生的实习方式及实习性质。在实践教学中，培养学生独立思考和发现、分析、解决问题的能力。另外，建立特色果树专业实习基地资源，进一步与多元化的校外基地合作，充分利用实习基地资源，进行专业实习，了解果树专业在生产实践中的应用，实践掌握的技术和理论。

（3）优化师资结构，为专业建设提供人才保障。教师是专业建设的主要实施者，因此，年龄和知识结构合理的教师队伍对于专业建设至关重要。教师的年龄结构搭配合理，可以保证专业建设的可持续发展。其次，知识结构的多样化和合理配置可以保证专业建设的稳定性。对于学校来讲，通过搭建高水平科研和教学平台，才能吸引更加优秀的高素质人才加入到教师队伍中。在教师队伍建设中，根据课程性质和学科方向设置教学团队和科研创新团队，老师可以根据自己的专业背景选择不同的团队，形成合力。通

过不同来源的教学、科研项目培育，以及出国进修、国内外培训等提高教师自身的专业素养。

（4）充分利用国内外优质资源合作办学，提高专业建设的层次。果树科学与技术领域全球化合作的进程加快，国内很多高校采用"3＋1"或"2＋2"的与国外合作办学的模式，国内采用双语授课 2～3 年，输送优秀生源到国外合作大学学习交流一年或两年，培养高水平科研和产业化人才。与国内优秀农业院校合作也是培养高水平学生的重要途径，每年选派成绩好、综合素质高的学生前往学习和交流。利用国内外优良的师资队伍、教学资源和科研资源培育高质量人才。

执笔人：邢　宇　张　杰

第四节　基础兽医专业

一、都市型现代农业发展对基础兽医专业人才的总体需求趋势

基础兽医学是一门基础学科，但同时也具有很强的实践性。其主要任务是将其基本理论和畜牧生产与兽医实践结合起来，充分发挥药物的防治疾病和促进生产的作用，为畜牧业生产的发展提供服务。近年来本学科的硕士研究生毕业去向发生了明显变化，从事科研、教学工作的传统毕业研究生吸纳单位对研究生的需求已经日趋饱和，而多数学生应聘兽药企业从事新兽药研发及销售工作。目前多数兽药企业设备先进，生产水平和工艺水平都较高，但对应的新技术、新产品的开发能力较弱。从每年的研究生招聘会上可以看到，兽药企业，尤其是高新技术企业需要大量应用型高层次人才。所以为了帮助硕士研究生适应不断变化的社会职业环境，面对新的就业机会，改变现有的封闭式教学科研型人才培养教育模式，培养具有较强的创新、创造能力的实用型人才势在必行。总趋势是加强相关学科之间相互联系、培养学生科研思维能力以及综合分析问题能力。

二、都市型现代农业发展对基础兽医专业人才的具体需求类型

都市型现代农业发展对基础兽医的人才需求主要有两大类型。一是经济功能类人才。发展都市型现代农业，除了需要有扎实的专业知识外，还需要有经济功能专业知识。经济功能类人才是提高都市现代农业竞争力的关键因素。经济功能类人才包括：①懂科技、会经营、善管理的涉农企业家、乡村机构管理人才。②厚基础、宽口径、多专业、复合型的涉农科研专业人才及都市型农产品（农、林、牧、渔业）创新人才。二是服务功能类人才。适应都市型现代农业对外强化服务功能的需要，以服务带动农业产业发展，需要大量具有都市型现代农业服务功能的人才。

三、都市型现代农业发展基础兽医专业人才培养提出的新要求

随着北京市国民经济发展，基础兽医学对人才培养提出更高的要求。培养目标是培养出德、智、体、美全面发展，适应时代和社会需求，能胜任高等院校、科研机构、兽医业务及相关管理部门工作的基础兽医学高级人才。

（1）进一步学习、掌握马列主义、毛泽东思想、邓小平理论和"三个代表"重要思想的

基本原理；坚持四项基本原则，热爱祖国；遵纪守法，品德良好，积极为社会主义现代化建设事业服务。

（2）在本学科内掌握坚实的基础理论和系统的专门知识；掌握一门外国语，能比较熟练地阅读本专业的外文资料；具有从事科学研究、教学工作或独立担负专门技术工作的能力；身体健康。

（3）通过学习，大部分毕业生考取博士、出国继续深造，或从事科研、教学、技术研发等工作。

四、都市型现代农业发展对基础兽医专业人才建设的建议

（一）构建"分段式"校企联合培养模式

经过广泛调查兽医、兽药行业现状及发展动态，根据兽医药理学硕士研究生就业需要，调整和制定本学科硕士研究生的培养目标。通过重新整合和改革，构建"厚基础、宽口径、强能力、重实践"，适应创新人才培养的课程体系和培养方案。采取特定的校企"基础＋模块＋实践"的"分段式"运行方式和操作范式，即"1＋0.5＋1.5"的分段培养模式。其中第一阶段（第1~2学期，1学年）为基础学习阶段，即学习专业必修的学位课、公共课、专业基础课及完成相应的课程实践；第二阶段（第3学期，0.5学年）为模块学习阶段，即学习学校、企业双方共同商定的专业方向选修课程及完成相应的课程实践；第三阶段（第4~6学期，1.5学年）为课题实践阶段，即学生针对企业制剂配方、生产工艺等存在的亟需解决的实际问题开展课题研究（包括论文开题、论文撰写、论文答辩等环节）。近年的实践探索证明，该模式具有较强的操作性，有利于兽药企业应用型人才的培养。

（二）优化选择联合培养企业试点，建立"双导师"培养机制

立足于本市，在原有合作单位基础上，优化选择实力较雄厚，具备新兽药开发能力的兽药厂作为联合培养试点企业。遴选兽药企业中具有高级专业技术职称的拔尖专家和业务骨干作为研究生培养副导师，建立双导师个性培养机制，二者分工协作，共同完成硕士研究生的培养计划。企业副导师根据本企业自身需求提出论文命题，双方共同商讨和确定实验方案，实验的完成、数据的采集均在企业中进行，并由副导师负责监督和审核。学校导师除初期确定实验方案和实施中调整方案外，主要负责对资料的检索、毕业论文完成各环节的监督、数据的分析、毕业论文的撰写、答辩等环节。双方导师各尽其责，共同保证毕业论文工作的顺利实施和完成，又能解决兽药企业生产和新产品开发中亟待解决的问题，同时也为企业和毕业研究生的双向选择提供良好机会。

（三）确立校企合作联合培养的教学模式

通过广泛征求兽医药理学专家及兽药企业专家意见，重新进行课程设置，调整授课内容，并对拟增加的课程和传统的优质内容进行优化分析，设置个性化、灵活的课程教学内容，突出前沿性、交叉性和启发性。对基础学习阶段的选课，除学校统一设定的英语、自然辩证法概论、科学社会主义理论与实践等基础学位课程外，专业学位和必修课应注重夯实专

业基础，拓宽专业口径，重视现代科技知识的交叉渗透的培养。同时在课程设置过程中加强对学生科研能力的培养，以多种形式促进学生科研创新，培养创新能力。对模块阶段的选课，校企双方针对企业的实际需求和课题研究方向而设立专业必修或选修课程，该阶段课程的设置依企业实际需要和人才需求变化而异，体现个性化特点，并注意对最新科技成果内容的纳入和更新，有助于学生掌握本学科的最新发展动态及增强创新意识，更好地为企业提供创新性成果。

执笔人：方洛云

第五节　临床兽医学专业

一、都市型现代农业发展对临床兽医学专业硕士研究生人才总体需求趋势

随着研究生招生规模的不断扩大，研究生的社会需求和就业方向发生了根本性的转变，由单纯的科研型向复合型、实践型转变，特别是临床兽医学研究生的需求更加明显。

二、都市型现代农业发展对临床兽医学专业硕士研究生人才培养提出的具体需求类型

临床兽医学作为实践性极强的一门学科，对研究生的人才培养提出更高的要求，除了要求扎实的专业知识，还要求会经营、善管理、多专业的复合型人才，以适应都市型现代农业的快速发展。

三、都市型现代农业发展对临床兽医学专业硕士研究生人才培养提出的新要求

临床兽医学研究生培养普遍存在着重知识轻能力、重理论轻实践、重成绩轻素质、重科研轻生产的传统教育观念和教学模式。学生的理论知识僵化，不能融于生产实践，对学生创新能力的培养没有得到足够的重视和真正落实。为了适应社会经济发展和社会对人才的需要，必须朝着培养基础实、知识广、能力强、素质高、富有创新精神、能解决生产实际问题的农业高科技专门人才而努力。

四、都市型现代农业发展对临床兽医专业硕士研究生人才建设的建议

临床兽医学是研究动物器官、系统疾病的临床学科，它包括兽医临床诊断学、兽医内科学、兽医外科学、家畜产科学、中兽医学等，是动物医学专业重要的主干课程，该学科所涉及的课程实践性很强，课程的实践教学环节对教学质量起着重要作用，实践教学的好坏直接影响学生对知识的掌握程度和解决实际问题的能力。

（一）改革课程设置

通过改革相关课程设置，开设本学院学生急需的兽医临床实验室诊疗技术和动物影像学。增加学生的实践环节，同时将兽医临床实践课程与学位论文的开题报告结合，让学生提前进入角色熟悉兽医临床。在后面学年上学期基本不安排理论课程，让学生接触兽医临床实

践和科学研究，了解畜牧生产和兽医临床的现状、存在的问题以及发展前景，提升学生的探究兴趣和实践兴趣。经过"理论—实践—再理论—再实践"的过程，使学生的实践操作能力、分析和解决兽医临床病例的能力、创新能力大大提高，也为毕业论文的选题奠定了基础。临床兽医学硕士研究生应用型人才课程教学的突出特点在于它的实践性，即解决实际问题的能力。全国兽医执业医师资格考试已于 2009 年开始，经过 5 年的实施，已经积累了大量的经验，到目前为止已有大约 2 万余人获得了执业兽医师证书。临床兽医学硕士研究生的课程设置不但要符合兽医执业资格考试要求，还要符合获得执业兽医师后进行从业的要求。加强课程建设，重点对现有课程进行改革，突出临床兽医学的特点和实践性。首先，课程设置应注重实践技能训练课程，着重于培养学生的实践操作和创新能力，着重于新理论、新技术的讲授。针对畜牧兽医行业的现状多开设综合性专题，增加兽医理论和与兽医实践紧密结合的课程，如疑难杂症分析、动物诊疗方法、兽医临床手术操作、动物疫病的防控等动手操作课程。其次，可聘请高水平畜牧兽医一线专家、学者开设专题讲座，讲授国内外动物疫病现状、趋势与控制、兽医诊疗新技术、新方法、绿色养殖技术等。最后，根据学生和兽医临床需要开设一些新的课程，如有关宠物美容与保健等课程，以适应当前社会的需要。

（二）优化实验教学内容和管理机制

实验课的目的不仅仅是验证书本上讲授的理论知识，更重要的是通过实验课培养学生发现问题、分析问题及解决问题的能力。如在兽医临床中接诊临床病例，既要有组织解剖学、生理生化学、临床病理学等方面的知识，又要有兽医临床诊断治疗的基本技能，让学生在老师的指导下独自从接诊开始，直至病例结束为止，进行病历撰写、检查，建立正确的诊断和治疗，并深刻理解发病机理与症状、局部与整体、诊断方法与结果分析、治疗方法与治疗效果的内在联系。此外，增设综合性实验。综合性实验一般耗时多、难度大，应集中在一个时间段进行。在理论课讲完后，根据实践单位或临床生产实践中提出的问题集中一段时间进行实验实习，打破课程之间的限制，遇到外科病就实习外科病，遇到内科病就实习内科病，组织病案讨论，撰写病案分析报告与小结。某些综合性实验课在实践教学中完成，解决学制短课程多的矛盾。学生在实践实习的基础上，根据个人意向，在老师指导下自主设计实验内容，学生利用课余时间进行实验，锻炼学生的实践技能。鼓励学生在第一学期就进入实验室、兽医临床或养殖第一线，参与实验或动物疫病诊疗活动。教师应把兽医实践中遇到的问题列入实验实习内容，培养学生严谨科学的态度和探索精神，有利于教学、科研和实践结合，丰富教学内容，培养学生创新性思维，增强学生的成就感和责任心。

（三）建立新型的实践教学考核评价体系

课程教学在学位教育中具有一定的基础地位，加强实践教学，改革考试、考核方式是临床兽医学硕士研究生课程教学改革的重要内容。在考试、考核上应将理论知识和实践动手能力考核并重，同等对待。理论知识考核中，应从培养学生分析、解决问题的能力和创新能力出发，增加分析能力、解决临床问题能力方面的内容。实践能力考核中，对学生参加科研活动、生产实践活动、服务"三农"等实践活动作出合理的考核评价，这种考核评价体系的建立将对学生的评价更客观、更全面、更切合实际，也符合临床兽医学研究生的培养目标。

（四）掌握更先进的兽医学检验诊断技术

当今，兽医学检验诊断技术已由过去的主要依赖临床的诊断模式转变到利用临床、实验室指标、病理到基因诊断的综合诊断模式，疾病的治疗更多依赖循证医学证据，临床兽医学研究生必须博览群书，掌握国内外专业研究动态。要求对大量检验所得到的数据进行"翻译"和"加工"，即将检验信息转化为更高层次的医学语言，指导正确的诊断和治疗。在切实保证研究生临床工作时间的前提下，要求其对临床检验指标有更深刻的了解，并结合不同疾病的特殊检验指标作出不同的医学评价。特别是动物疾病常常是多病因引起，临床症状也多样化，如何根据临床检查和实验室检验结果进行综合分析和判断是临床兽医学研究生必须具备的素质。

（五）提高临床兽医学研究生科研能力训练和教学能力

临床兽医学研究生既要有独立思考及工作能力，又要有全面分析问题和解决问题的能力，启迪创新思维，以便把知识活学活用。因此临床专业硕士生应以临床科研为其毕业论文的选题，一般要求在二年级第一学期以前根据临床实践需要确立选题，并要求能在研三全学年内完成自己的科研课题和毕业论文。同时在培养科研能力的同时还要注意教学能力的培养，因为研究生是高校师资的重要来源之一。临床医学硕士研究生可在指导教师的指导下，以带教本科生的教学为主，在一定范围内进行教学活动。让研究生了解学校教育与教学工作的实际情况，从而初步掌握临床教学实践的技巧和方法。

（六）建立导师、学院、学校三级管理体制

研究生教育的改革，首先要逐步建立起"以导师为主体、建立导师、学院、学校三级管理"的研究生管理体制及运行机制。明确导师、学院与学校的责、权、利关系，充分发挥三者在研究生教育中的主体作用，增强研究生主管部门的宏观管理能力，从而促进临床兽医学硕士研究生教育水平的全面提高。俗话说"名师出高徒"，要想保障临床兽医学硕士生的培养质量，首先要有一支高质量的硕士研究生导师队伍，他们的素质高低直接影响着硕士研究生的培养质量。硕士研究生导师一般是各学科、专业中学术造诣较深，在教学或科研工作中成绩显著的教授、副教授、研究员、副研究员、高级兽医师或相当职称的人员，是硕士学位授权学科、专业点的学术带头人或学术骨干，他们主要在大学或科研院所中从事或指导高水平的人才培养和科学研究工作。而且研究生导师直接与学生接触，最能了解学生的能力和爱好，有利于对学生进行个性化管理，促进学生的个性化发展。因此，在硕士研究生规模扩大的同时，如何用科学的管理来建设一支高质量、高素质的硕士生导师队伍，保障临床兽医学研究生的培养质量十分重要。学院是研究生培养的基层组织，在推进人才培养模式转换、全面提高研究生教育质量中具有重要作用。研究生处作为学校研究生管理的职能部门，代表学校行使学位与研究生教育的宏观管理职能，发挥"组织与协调、监督与评估、规划与研究"的作用，协调各学院研究生教育管理工作。

执笔人：方洛云

第六节　农业经济管理专业

一、都市型现代农业发展对农业经济管理人才总体需求趋势

随着改革开放的不断深入，特别是社会主义市场经济体制的建立，高等农业教育发展的内、外部环境发生了很大变化。

首先，在外部环境影响下，传统的农业逐步转变为新型农业与现代农业。全面建立，发展都市型现代农业成为新的主流趋势。都市型现代农业是指以城市化地区及周边间隙地带为主，涵盖城市区划内全部农村区域，以高科技为支撑，以设施化、工厂化、园区化为标志，以产业化经营为手段，以提高农业生产效益、发展农业多种经营、优化区域生态环境为目标，高层次、多形态的农业生产方式。都市型现代农业是现代农业的延伸和都市农业的拓展，是中国工业化和城市化发展过程中形成的一种具有中国特色的崭新农业形态。

其次，在内部环境影响下，由于工业化发展和城市化进程加快，相关的问题和变化促使农业产业升级和农村产业结构调整，随之而来的是新型都市现代化人才培养方式的变化。因此，为适应新型农业的人才需求，教育体制改革也促使高等农业教育发生深刻的变化。特别是党的十七大明确指出要发挥亿万农民建设新农村的主体作用，就要培养出"有文化、懂技术、会经营"的新型农业人才，只有培育出新型农业人才，社会主义新农村建设的各项目标才能实现。根据生产发展靠科技，科技推广靠人才，人才培养靠教育的必然途径，为农业现代化培育高素质新型农民和农业人才就成为教育工作的当务之急。尤其是我国已进入加快改造传统农业、走中国特色农业现代化道路的关键时刻，对提高农业人才素质、规格、类型、数量等提出了新要求，农业教育不仅要培养一定数量的农业研究型人才（农业本科生、农业研究生、农业博士生），更要培育大批掌握农业理论知识中高层农业技术应用型人才（农业专科生）。这些内外部环境的变换，促使农业高校的办学条件、招生规模、人才培养的总量和层次都需要得到改善和提升。

所以，近年来，为响应党的号召，我国高等职业教育面临快速发展和转型的需求，高等农业职业教育顺势而上。以培养农业科研领军人才、农业技术推广骨干人才和农村实用人才带头人、农村生产型人才、农村经营型人才、农村技能服务型人才等能满足农业农村经济发展需要的不同层次的各类人才为目标，把农业的发展真正转到依靠科技进步和提高劳动者素质上来。由此，积极稳步地发展高等农业职业教育，调整农业教育结构，建立适应都市农业发展的高等农业职业教育体系，培养高质量多层次农业科技人才是新农村建设及都市型现代农业发展的重中之重。

二、都市型现代农业发展对农业经济管理人才的具体需求类型

首先，为培养能满足农业农村经济发展需要的不同层次的各类人才，发展都市农业对高等农业教育提出了新的要求。单一化人才培养将不能达到新农村建设的需求。近年来，大中型城市的农业产业结构战略性调整速度加快，上海60％以上的农业专业技术人员难以完全适应都市型现代农业发展所需的专业要求，特别是以粮、棉、油专业和畜牧兽医专业为主的技术人员存在知识滞后性。对新型农业的生物技术、信息技术、园艺林果、动植物防疫检疫、农林经济与企业管理等现代技术知识和理念不足。因此，农业经济管理专业以下列五大

类人才作为培养目标，为都市型现代农业所需的人才培养做储备。

（一）经济功能类人才

建设都市型农业科技，实现各类新兴农业和涉农产业的经济效益，经济功能类人才是提高现代化都市农业竞争力的关键因素，主要包括以下几类人才：①懂科技、会经营、善管理的涉农企业家和经营管理人才；②厚基础、宽口径、多专业、复合型的涉农科研专业人才及都市型农产品（农、林、牧、渔业）创新人才，特别是各专业领域的顶尖领军人物和学科带头人，以及农业装备（设施）技术的农业工程人才；③既懂农业技术，又懂农产品加工专业的涉农产品深加工的农业技能型人才（高级技工、技师）；④懂农业技术，又有实践经验，深入农业生产的产前、产中、产后开展农业科技成果推广应用、农产品推销的农业推广人才。

（二）服务功能类人才

适应新型农业科技都市化建设、对外强化服务功能的需要，以服务带动农业产业发展，要有大量都市型现代农业服务功能的人才，这类人才包括：①涉农物流人才（包括涉农外贸）；②涉农会展人才；③涉农市场中介与媒体（包括广告）人才；④涉农信息技术（包括咨询服务、数据化技术）人才；⑤农产品标准化检验检测、监督、认证等人才。

从多层次教育层面上细分，则分为农业研究型人才（农业本科生、农业研究生、农业博士生），中高层农业技术应用型（农业专科生）人才的两类培育，这样同质精英培养走向了更贴近经济社会建设的多元化需求人才培养。

（三）生产技术型人才

农业技术推广体系的进一步加强，在科研成果和先进技术的转化和推广过程中，需要补充大量的本、专科学生；农业上规模经营所形成的家庭农场也需要生产技术型人才；县、乡股份制企业、私营企业、个体承包者，也需要此种人才。预测今后需求本专科生最多的仍将是生产技术型人才。这种生产技术型人才应具备农村社会学、农村经济学、农业推广的基本知识，对农业生产实际知识有较多了解，主要操作技能较熟练，具有较好的组织协调能力和语言、文字表达能力，能胜任组织农业生产、农业技术推广工作。

（四）技术研究型人才

高等农业教育的发展和农业科学研究部门，需要充实一定数量的具有坚实的理论基础和较强的研究、开发能力以及具有解决生产上重点和难点问题的能力的人才。这类技术研究型人才应具有较深厚的基础理论，对相关新兴学科、边缘学科有一定了解，具有较好的观察能力、思维能力和想象能力，外语基础较好、能胜任教学或科研工作。

（五）技术师型人才

大力发展农业职业技术教育是经济发展的要求。使农村广大青少年成为有文化、懂科学、会技术、善管理的新型农民，对农业持续、稳定发展具有十分重要的意义。但农村目前职业技术教育缺乏符合师资规范的农业中等技术学校和农业高中的专业课教师。今后，将有越来越多的农科大学生走上农业技术教育的岗位。技术师范型人才要求具有心理学、教育学、农业教育的基本理论与知识，有一定的操作技能，具有广博的知识面和较好的组织协调能力和语言、文字表达能力，能胜任农业技术教育、农业教育管理工作。

总体而言，农业经济管理专业培育出来的人才应具有高素质，能综合应用农业科技。毕业后，人才在走向农业岗位时，将发挥积极的带动作用，并提高我国目前高科技农业技术人才都市化农业转型的进程。

三、都市型现代农业发展对农业经济管理人才培养提出的新要求

（一）具有综合应用能力的农业人才培养

农业教育不仅要培养一定数量的理论人才，而且对具有综合知识的人才培养更加关注。这一转向也意味着高等教育的教学模式必须从以知识发展为导向的学科中心模式走向以社会需求为导向的学科中心模式，实现了专门性人才向综合性人才的转变，简单课程式教学向理论实践、复合式教育的转变，教师单向传授向学生自主学习的转变，教学与实践充分结合，在实践中培养创新、创业型人才。

根据农业发展目标，设置反映设施农业、精品农业、加工农业、籽种农业、观光农业、出口农业等七大都市型农业的专业。在课程设置方面，要以都市型现代农业就业导向为设置依据，突出现代高新科技应用技术和能力的培养，根据应用型、复合型人才培养的要求，科学设计课程体系，编写和选用反映现代农业成果的新教材，精减纯理论课时，加强实验、实习实践环节。具体上说，涉农都市的高等教育院校，既要重视高等农业教育的综合化，又要避免综合化过程中弱化农业知识，经济、科技、社会的发展与教育，特别是国民教育体系中最高层次的高等教育学科之间的发展存在着互动关系。因此，综合化也已成为世界高等教育发展的主要方向。例如，美国高等农业教育经历了由单科向多科性和综合性发展的历程。目前，美国高等农业教育基本上都是以综合性大学二级学院的形式存在，设有农业生物类、农业工程类、农业经济管理类三个方面专业，为其他学科的互相渗透结合，为学生知识面的拓宽，以及综合素质的培养创造了有利条件。从我国目前情况看，农业人才培养正在逐步向综合化发展，并且各高等综合性大学开始创办农科创新人才培养新模式。这样，多元化学科的设置避免了单薄学科自成体系，难以促进新兴学科的萌生和发展的问题。知识创新缺乏内在动力和有力技术手段的支持。部门和行业办学往往造成本部门或本行业的人才知识结构趋同，不利于农科创新人才的培养。

（二）具有创新能力的国际化农业人才培养

随着中国经济的快速发展，农业人才的全球性拓展，国际化培养也是不可或缺的。例如，产、学、研合作办学，引进西方创新学科，加大农科创新人才培养力度。为了培养农科创新人才，需要拓展国内外农业教育资源的利用，引进国内外师资和软件，开展农业企业、农业科研推广机构与涉农教育院校的合作办学，以现代农业生物技术、信息技术和管理科学改造与提升农业科学技术、农业经营管理，在学科建设上顺应现代农业与其他科学相结合的趋势，突破单一农科的局限，向以农为主、多学科协调发展，在发展过程中实现学科交叉、融合并产生新的学科生长点，形成为农服务的学科新特点。使学生在各种学科互相渗透，各

种文化互相融合的环境下，成长为具有创新意识、创新精神和创新能力的创新人才。

高等农业教育的综合化是现代农业科技发展和现代农业发展对创新人才培养的必然要求，但同时必须坚持以农为本，为农业、农村和农民服务，避免在综合化过程中弱化以农为本和为三农服务的根本要求。独立建制的农林高职教育、高专教育，通过各种方式依托有关重点院校的教育资源促进综合化，但同时要避免低水平的重复建设，要与普通高等教育的涉农专业院校互为补充，为都市型农业人才建设做出贡献。

四、都市型现代农业发展对农业经济管理建设的建议

在都市型现代农业发展的进程中，高等农业教育在发展过程中也出现了一些新情况新问题。例如高校院校离农、去农化现象明显，农业教育为三农服务的功能削弱；农业高校中农科专业的学生比重逐年下降，高等农业院校涉农专业难以招到优质生源；涉农专业学生毕业后不愿到农村基层工作，就业矛盾凸显。党的十七届三中全会对办好高等农业教育，强化其为农服务的取向提出了明确要求。新的形势和任务，要求农业部门和教育部门要切实增强办好高等农业教育的紧迫感和责任感，加强合作，共同推进农、科、教之间的大联合、大协作，更好地致力于培养高水平的农业科技人才、推动农业科技创新和成果转化应用。

农业部门一直关注并支持高等农业教育事业的发展，在科研经费等方面给予了大力支持。从科研基地建设、科研项目等方面积极吸纳农业高校参加，为高等农业院校提供科研建设支持。此外，农业部门也在新型农民科技培训、农村劳动力转移培训、绿色证书培训、基层农村干部培养等方面加强与农业高校合作，为提高农民科技文化素质共同努力。2014年5月27日，教育部和农业部正式签署关于合作共建中国农业大学等八所高校及开展相关工作的协议，进一步加强合作。这对于增强高校为农业农村输送人才和提供服务，更好地发挥农业高校在人才培养、科技创新与社会服务方面的作用具有重要意义。今后各级农业部门将进一步加强与教育部门的合作，加大对农业教育教学单位的支持力度，为农业农村经济发展提供更加有力的科技和人才支撑。对于都市型现代农业发展建设，农业部始终把高校作为重要依托力量，并对高等农业院校给予积极配合和扶持。

在对农业创新人才的培养上，高校要做到：高起点、厚基础、严要求、重实践、求创新地培养高质量农科创新人才，为农业和农村现代化建设做贡献。

（1）扩大研究生教育，提高办学层次。可以设立农科类本硕连读，和本硕博连读多样化的培养模式，注意吸收非农科专业本科毕业生攻读农科硕士学位、非农科硕士生攻读农科博士学位，加强国际交流，探索与国际合作培养高层次农科创新人才的培养体系。

（2）加强学生思想政治工作的针对性和实效性，增加学生为实现农业和农村现代化的历史和社会责任感，增强学生学农、毕业后务农的根本动力。

（3）优化课程结构，更新教学内容，改革教学方法，构建新型农科课程教学体系，培养学生的科学精神和终身学习的观念。

（4）充分利用各种条件，进行有效的产学研结合、校企合作办学，开设各类选修课，增设各种辅修专业或第二学位课程，充分发挥学生的个性、特长和潜能。要全面推进素质教育，全面提高教育质量，使学生成为理想远大、勇于创新，德才兼备，全面发展的新型农业人才。

在都市型现代农业高速发展的背景下，都市农业与高等农业院校相结合的意义在于都市

农业是一个国家或地区工业化、城市化的产物，也是现代农业的重要组成部分，是衡量一个国家或地区农业水平高低的重要标志。如何发挥高等农业教育的优势对农业人才培养进行新的定位和改革，是全社会关注的问题。对综合能力强，高技术要求的创新性人才的培育新模式离不开各社会部门的支持和帮助；而在这之中，最关键的核心是所有部门围绕着服务三农，为都市型现代化农业建设贡献自己的力量。

执笔人：刘　芳

第七节　林业经济管理专业

一、都市型现代农业发展对林业经济管理专业人才总体需求趋势

党的十六大以来，确立了以人为本，全面、协调、可持续的发展观。2003 年中共中央、国务院发布了《关于加快林业发展的决定》，即中央 9 号文件，不仅为林业的发展指明了方向，而且赋予了林业以极其重大的任务。因此，在当前的形势下，如何正确地认识林业，在都市型现代农业快速发展的浪潮下，有效准确地把握林业经济管理学科的发展方向，便是重中之重。现代林业通过以森林生态经济生产力水平来表示，并且通过森林自然生产力与森林经济生产力相互转换和交织得以体现。林业资源重要的生态平衡变现为生产资源，即经济资源与环境资源之间的动态平衡。一般来说，森林在生长和发育的过程中是在生态平衡的状态下进行的。这一生态平衡首先表现为森林自身生长发展的需要，其次又表现为人类社会发展的需要。所以，林业经济可持续发展与生产（经济）资源和环境资源的双重性密不可分。

中国林业正处于由计划经济体制向市场经济体制转型的重要时期，尤其是《物权法》的出台，更是加快了以林业产权制度改革为主体的林业经济改革。围绕着农林业生产经营的社会经济环境和林业经营格局发生了显著的变化。第一，在林业生产经营方式上，开放式的产供销、林工商一体化的产业化经营规模已经初显端倪。第二，把林业经营的资源与要素组合、配置，实现了部分的市场调节，但仍带有很强计划经济色彩的林地和林木这个主要的生产要素正随着林权制度改革的深入将向以市场调节为主转变，形成具有一定规模的微观林业经济组织。第三，消费者对公益性产品的需求逐步加大，但是对于数量型林业的供应链来说还是不能完成满足市场需求。第四，在现行经济核算体系下，森林的多功能价值还未被完全开发，许多还难以得到补偿，因为林业生产结构仍然是以木材产品为主，非木材产品的比重不大，但是，国家对其价值再现的投入逐年增加。第五，现代技术和信息应用对林业经济增长贡献偏低，还主要依靠自然力、劳力、资金等物质要素为主。第六，随着全球化经济发展趋势，我国的林业市场越来越受到国际资源和国际市场的约束和挑战，市场竞争将愈趋激烈。第七，林业从为工业作贡献转向工业反哺林业，物质技术装备和资本有机构成逐步提高，林业综合实力将不断加强。

市场经济的核心是自主经营的实体，以及相应的资源的自然分布和经济配置，当前采取生产性林业和资源性林业的分类经营，也为林业经济问题的研究提出了新的思路。但森林作为自然可再生的物质实体必须有一个统一的基础性认识，那就是都要建立在森林资源良好生长与发育的基础上，才能有三大效益的发挥，这也就是都市型林业经济研究的出发点。首先，经济学是研究人类社会在一定的生产方式条件下的资源合理配置问题。因此，林业经济

必须从森林资源的现状开始。森林资源作为林业经济管理学科研究的物质载体，受人为和自然双重因素的影响，而且自然因素是基础，而都市型现代林业经济必须与现代技术与装备水平和社会发展水平相适应。这充分说明林业的两大社会职能以及与森林资源和相应的现代化之间的关系。都市型现代林业经济和绿色经济要达到一个互相促进，双赢的经济形态。人与自然和谐共同发展则是森林资源开发的核心，也是都市型现代林业经济研究的重中之重。尽管目前科学的发展和当前自然条件的变化使人的经济活动有了较大的能动性，但人的因素仍是第二位的，都市型现代林业经济发展是建立在以森林生态经济生产力为出发点，与信息技术相结合，最终达到人与自然和谐发展，林业经济与绿色经济双赢的状态。

二、都市型现代农业发展对林业经济管理人才的具体需求类型

林业经济管理学科，是从林业经济学和林业企业组织计划发展而来，并根据社会发展的需求衍生出林业规划经济、林业技术经济等。20世纪90年代中期，通过教学改革，设立农林经济管理专业。随着都市型经济模式的快速发展，在当前国际国内形势下，农林经济管理专业以培养较强的经济意识的人才为主，课程设置上偏重于经济学相关知识的学习。更进一步说，高等林业院校的农林经济管理专业的培养目标应培养起具有较强的生态和环境保护意识的人才，课程设置上不仅加大资源与环境理论知识方面的学习，还应学习林业经济学，以具备独特的经济理论体系。林业经济管理毕业生应具有通过运用一般经济学的基本理论，结合林业生产经营的特点，研究林业生产经营的一般规律，并主要通过林业政策和法律对林业进行管理的能力。

林业经济管理学科的学生应是能够为我国林业经济建设贡献力量的创造性人才，在林业从传统林业向现代林业转变的时期，林业经济建设需要大量的专业性人才，他们能够运用科技创造新的成果，提高都市型现代农业的服务水平，并且开拓和发展都市型林业经济管理。

为达到都市型林业经济的培养要求，高等林业院校的农林经济管理专业的培养目标是：

（1）以森林培育专业为依托，着重培养具有系统的经济科学、管理科学、环境科学的基础理论和相关的农林业科学基础知识，具有经济意识、生态意识和环境保护意识，接受调查、规划、技术经济分析、计算机应用等方面的基本训练，掌握农林经济管理、企业经营管理、区域经济发展与规划、政策研究等方面的基本方法和技能，能在农林企业、工商企业、非营利组织、教育科研单位和各级政府部门从事行政管理、企业管理、政策研究、区域发展规划与设计等方面工作的德、智、体、美全面发展的应用型专门人才。

（2）通过学科多层次培养角度分类，来满足不同市场人才的需求类型。首先，本科林业经济培养目标主要为了达到为未来林业发展培养实用型、能够适应市场经济发展要求的人才，为林业市场提供具有较强从事经济管理、市场营销和政策分析技能的人才，并且可以从事林业及相关领域的宏微观管理的专业经济管理人才。

（3）对于林业经济管理学科硕士研究生，目标是把他们培养成为林业经济管理方面的高级专门人才，对相关学科有深入全面的了解，具有从事本学科科学研究和独立承担林业经济管理工作的能力。

（4）对于林业经济管理学科博士研究生的培养目标，则更强调培养能独立从事高层次教学、科研和管理工作的林业经济管理高级专门人才，有扎实的专业知识及较强的经济分析和社会实践能力，研究成果对于学科建设和我国林业经济发展具有理论或应用价值。

因此，高等农林业学校应当积极调整，拓展学科建设，以满足新模式下的都市型农林经济人才需求为目标，最终达到人与自然和谐发展，林业经济与绿色经济双赢的状态。

三、都市型现代农业发展对林业经济管理人才培养提出的新要求

首先，根据不同层次的专业人才培养目标改革课程内容。在专业课程内容设计上，作为农林经济管理专业的主要专业课程，系统的林业经济理论、知识与技能的学习是必不可少的，同时，增加林业经济前沿和热点理论教学。这样，培养学生的学习兴趣，使有志攻读本专业硕士研究生的本科生先行接触前沿理论；本科教育的大学生则注重林业经济基本知识与技能。而林业经济管理学强调林业经济基础知识和林业技术项目的经济分析，以增强技术类专业学生基本的经济素养，使学生掌握经济分析的基本方法。例如，开展设计全校性公共选修课，目的是增强学生的林业经济管理理念和相关知识。另外，根据经济社会环境变化及其对应用型创新人才培养的新要求改革课程内容，基于林业在环境与发展中的关键作用和林业发展的政策性趋向明显的特点，将政策学调整为林业政策学，除了让学生掌握政策学所具备的基本理论、知识以外，更强调了林业政策的特殊性，而且专门增加了林业可持续发展政策一章。

对应用型人才的培养要避免像传统林业经济管理类课程教学，主要侧重于理论知识的讲授，而缺少系统实践方法的传授，在课程讲授中增加了实践教学相关的内容。例如在林业经济学课程内容中专门增加了林业经济社会调查研究方法一章，以满足提高学生的调查研究能力和写作能力的要求。在此基础上，理顺课程之间内在的逻辑关系，有效避免计划执行的随意性，减少课程内容的重复。实践教学课程的整合增强实践教学环节是创新课程体系中一个重要的组成部分，是培养学生创新精神与创新能力的重要手段，是提高学生综合素质的关键环节。

林业经济管理类课程的实践教学举足轻重，原因在于两个方面：一方面，大众化阶段的高等教育决定了将有更多的毕业生走进生产和管理实践的第一线，服务基层，服务百姓，实践能力和社会责任感就显得极为重要；另一方面，环境问题的日益突出使得现代林业发展问题日趋综合化和复杂化，对大学生包括调查研究能力与写作能力等在内的实践能力的要求日趋强烈。而传统林业经济管理类课程教学主要侧重于理论教学，缺少系统的实践能力尤其是调查研究和科研论文撰写的基本训练。因此，通过全面地对农林经济管理专业进行探索与改革，把单一的课程实习为综合实习，实施以专题调研为特色的、渐进式的综合实习制度。综合实习以林业经济学课程为核心，以地方乡镇为试点，对其自然资源、社会经济状况进行综合专题调研活动。具体的形式是以调查小组为单位，规定一定的工作任务和外业调查时间，一般以小组独立开展工作为主，教师轮回指导和检查为辅的形式进行，最后学生按照要求进行内业整理和资料分析，写出主题鲜明的综合分析报告。通过专题调研项目的实践，提高了学生的项目开展能力，从围绕某一主题列出问题和目标到实地调查到数据资料整理和分析，最后撰写报告的一系列过程中得到训练，更有利于学生对所学的林业经济管理类课程的全面理解和掌握。

综上所述，都市型农林经济管理专业的培养目标不仅要突破传统模式下局限在纯经济学的理论知识，更要求学生具有综合应用能力，独立运用创新科技的方法，应用到都市型农业发展中。因此，在课程设置上，农林经济管理不仅创新原有的经济学理论知识，还突出拓展

了资源与环境理论知识方面的学习。在课程实践上，实施以专题调研为特色的、渐进式的综合实习制度。综合实习以林业经济学课程为核心，以地方乡镇为试点，对其自然资源、社会经济状况进行综合专题调研活动。最终达到通过理论实践相结合的课程设置，使农林经济管理专业人才培养满足都市型林业多元化的发展要求。

四、都市型现代农业发展对林业经济管理建设的建议

现代林业经济活动边界的延伸赋予了林业经济研究更广阔的空间。现代都市型林业经济活动已从传统的以木材等森林资源为主的营林和加工制造活动拓展到非木材林产品，经济森林，生态经济森林资源与环境经济林业，与社会经济可持续发展人类生态文明等新领域。另一方面，相关研究呈现出国际合作不断加强的趋势，并深入到经济社会的各个方面。都市型现代农业要求林业经济管理学科必须寻求视角选择的创新实现学科领域的拓展，不仅如此，由于价值形式和利益分配机制变化，这就要求林业经济管理学科在现代林业利益分配中，从生态补偿政策性利益倾斜资源权属及权益的制度性改革和调整等方面发挥更为积极的作用。

首先，现代林业经济活动主体和客体的多元化，因此林业经济学科研究的视角要更加丰富。例如，要加大跨学科的理论和研究方法相互融合。林业经济活动主体范围的延伸及性质的多元化使现代林业的发展更具整体性、系统性、社会性，并促使林业经济管理学科将研究视角进一步拓展到森林资源的价值属性、经济资源配置方式、林业利益分配机制以及政府和社会在林业发展中的责任等方面。

与此同时，公益性经济活动的增加和政府行为的广泛介入，使林业经济学对林业经济活动规律及问题的研究发生了较大的变化。这从客观上要求林业经济学理论体系应更多地引入相关的经济学社会学的理论和方法。从而使公共管理学、福利经济学、制度经济学、发展经济学、区域经济学和社会学与传统林业经济学的交叉和融合进一步加快。现代林业的发展使林业经济活动的客体从森林资源及其他林业生产资料拓展到森林生态系统、林业生产经营活动与社会经济系统的关系层面，并延伸到生态文化产品供给和生态文明发展的层面，林业经济活动客体的拓展和变化伴随着多样化的林业经济研究命题和创新型的经济活动组织形式，使林业经济管理学科的研究命题更为多样化，不再是仅仅局限在以生产经营者为主体的林业经济活动传统的组织形式，不同类型的企业组织形式，此外，政府组织和非政府组织也以其特有的方式参与到林业经济活动中。林业经济活动组织形式的变化，体现出新型都市型农林经济的特点，即社会林业责任体系和利益体系的变化，也必然对林业经济发展管理体制及相关制度的改革和完善提出新的要求，因此从林业经济学的角度，要加快发展其相关理论，林业经济管理学科领域的拓展对学科本身的发展提出了更高的要求。

在都市型现代农业发展对学科建设上，一方面学科需要寻求理论创新，为在新领域开展研究工作提供支撑；另一方面需要通过对新领域的持续关注和研究，推动学科理论体系和框架的完善。此外，现代林业的发展和变化势必导致林业经济活动的内涵形式和过程发生变化，这就对林业经济管理学科领域的拓展对教学人才培养等工作也提出了新的要求。林业经济管理学科建设的重点应包括以下几个方面：

(一) 加强教学和人才培养

根据林业发展的实际需要在课程体系构建上应更加注重经济学及方法论知识的传授，并

注重学生思辨能力和研究能力的培养，加强理论研究。林业经济管理学科应注重将现代经济学、管理学、政策学等学科的理论与林业进行关联和结合，并积极引入和导入经济学方法在林业经济理论研究中的应用性研究案例学习。

（二）加强学科间的交流与合作

在国内层面，林业经济管理学科应加强与农业经济生态环境等领域相关学科的交流寻求跨学科的科研合作；在国际层面，应重视引入国际林业经济前沿理论知识并与国外同领域学者开展学术交流提高我国林业经济管理学科在国际上的影响力。

（三）保障体系的建设

在开展上述重点建设的同时，林业经济管理学科还应加强现代教学体系和科研体系的构建与完善，为学科建设提供强有力的保障。就现代教学体系的建设而言，应注重人才培养方法的创新，将教学内容与现代林业建设紧密结合，培养符合现代林业建设需求具有较高实践能力的新型人才；在现代科研体系的建设上，应进一步推动产、学、研的结合，以提高研究人员服务林业实践的能力为目标，使其通过参与实践提高理论研究水平的能力。

总体而言，由于都市型现代农业相较于传统林业发生了多方面的变化，因此在学科建设上，不仅要求高等农林业学校要跨学科，多元化，寻求理论创新，为在新领域开展研究工作提供支撑；还要通过对新领域的持续关注和研究，构建完善的理论体系和框架。

执笔人：刘 芳

第八节 风景园林学专业

一、都市型现代农业发展对风景园林学专业人才的总体需求趋势

风景园林学（Landscape Architecture）是规划、设计、保护、建设和管理户外自然和人工境域的学科。其核心内容是户外空间营造，根本使命是协调人和自然之间的关系。风景园林与建筑及城市相辅相成，是人居学科群支柱性学科之一。本学科涉及的问题广泛存在于两个层面：如何有效保护和恢复人类生存所需的户外自然境域，如何规划设计人类生活所需的户外人工境域。为了解决上述问题，本学科需要融合工、理、农、文、管理等不同门类的知识，交替使用逻辑思维和形象思维，综合应用各种科学和艺术手段。因此，也具有典型的交叉学科的特征。

风景园林保护和建设已经成为国家经济社会发展和生态环境保护的重要力量。随着中国经济快速成长，人们对高品质户外空间的需求日趋强烈；大规模城镇化也给自然环境带来了前所未有的压力。二者都在呼唤更大规模的、更高质量的风景园林专业人才。

二、都市型现代农业发展对风景园林学专业人才的具体需求类型

（一）风景园林规划设计

主要研发中小尺度室外游憩空间。它以满足人们户外活动的各类空间与场所需求为目标，通过场地分析、功能整合以及相关的社会经济文化因素的研究，以整体性的设计，创建

舒适优美的户外生活环境，并给予人们精神和审美上的愉悦。研究和实践范围包括公园绿地、道路绿地、居住区绿地、公共设施附属绿地、庭园、屋顶花园、室内园林、纪念性园林与景观、城市广场、街道景观、滨水景观，以及风景园林建筑、景观构筑物等。

（二）风景园林工程与技术

主要研发风景园林保护和利用的技术原理、材料生产、工程施工和养护管理，具有较强的综合性和交叉性。研发和实践范围包括风景园林建设和管理中的土方工程、建筑工程、给排水工程、照明工程、弱电工程、水景工程、种植技术、假山叠石工艺与技术、绿地养护、病虫害防治，以及特殊生境绿化、人工湿地构建及水环境生态修复和维护、土地复垦和生态恢复、绿地防灾避险、室外微气候营造、视觉环境影响评价等。

（三）园林植物与应用

主要进行适用于城乡绿地、旅游疗养地、室内装饰应用、生态防护、水土保持、土地复垦等植物材料的选用、配置及其养护等方面的研发。研发范围包括城市园林植物多样性与保护、城市园林树种规划、园林植物配置、园林植物资源收集与遗传育种、园林植物栽培与养护、风景园林植物生理与生态分析、古树名木保护、园艺疗法、受损场地植被恢复、水土保持种植工程、防护林带建设等。

（四）大地景观规划与生态修复

是以维护人类居住和生态环境的健康与安全为目标，在生物圈、国土、区域、城镇与社区等尺度上进行多层次的研究和实践，主要工作领域包括区域景观规划、湿地生态修复、旅游区规划、绿色基础设施规划、城镇绿地系统规划、城镇绿线划定等。

三、都市型现代农业发展对风景园林学人才培养提出的新要求

（一）综合性

风景园林学科综合性非常强，涉及规划设计、园林植物、工程学、环境生态、文化艺术、地学、社会学等多学科，担负着自然环境和人工环境建设与发展、提高人类生活质量、传承和弘扬中华民族优秀传统文化的重任。

（二）人文性

体现尊重自然、顺应自然、天人合一的理念，依托现有山水脉络等独特风光，让城市融入大自然，让居民望得见山、看得见水、记得住乡愁。要融入现代元素，更要保护和弘扬传统优秀文化，延续城市历史文脉。

（三）实践性

无论是规划设计、园林工程、还是植物选择和养护，都需要较强的实践功底。

四、都市型现代农业发展对风景园林学专业建设的建议

在新的形势下，对于风景园林学硕士专业建设，我们有如下建议：

（1）加强风景园林学相关理论与方法论的学习。例如加强风景园林学空间营造理论、景观生态理论、风景园林美学理论的学习。

（2）加强人文素养的培养。风景园林大师往往是对于历史、地理、人文、文化传统等理悟较深入。只有这样，才能设计或营造能传承历史、顺应自然、具有灵性的风景园林景观。

（3）课程设置注意综合性。以规划设计类课程、园林工程类课程为骨干，同时必须开设或指定自学园林植物、生态学等方面的知识。

（4）加强专业实训操作。通过专业实训，必须至少达到如下两种以上的能力：风景园林规划设计能力；风景园林植物认知与应用能力；风景园林工程与管理能力；城乡绿地系统、生态系统与人居环境规划、设计、建设与管理能力；风景资源的规划、保护、建设与管理能力。

执笔人：张克中

第九节　园林植物与观赏园艺专业

一、都市型现代农业发展对于园林植物与观赏园艺人才总体需要趋势

园林植物及观赏园艺学是我国20世纪50年代初建立和发展起来的，它是一门以生态学与美学为基础，以改善环境、保护环境和美化环境为宗旨，以城市、风景区、森林公园中栽培应用的植物为主要研究对象，以花卉现代化栽培、生产、繁育及其室内外应用、装饰为主要内容，研究其种质资源、生态习性、地理分布、栽培繁育、环境保护、遗传育种、花卉营销及园林规划设计的综合性学科，是我国园林专业、观赏园艺专业和森林旅游专业的主要支撑学科之一。在全球生态环境不断恶化、城市污染日益严重的今天，园林植物在城市及风景区中保护环境、改善环境的重要性被日益显示出来。与此同时，最近二十多年来，世界花卉业蓬勃发展，花卉作为一种商品的巨大经济效益也日益显示出来，因此，该学科在我国的环境建设和国民经济建设中的重要性也日益被人们所认识，该学科是当前快速发展的学科之一。

二、都市型现代农业发展对园林植物与观赏园艺人才的具体需求类型

园林植物与观赏园艺产业的快速发展，对于相关人才产生了巨大的需求。主要有如下几种类型。

（一）观赏植物品种创新型人才

我国观赏植物种质资源丰富，但培育出的具有自主知识产权的品种还比较少。能否创制出大量能实现产业化、能为市场所接受的新颖、抗逆品种，成为制约产业发展的重要因素之一。各科研院所、重点花卉企业，需要大量的能从事观赏植物品种创新的人才。这些人才具有保护、收集、评价观赏植物种质资源的意识和技能，能通过选择育种、杂交育种、辐射诱变育种、航天诱变育种和分子育种等技术途径，培育观赏植物新优抗品种。

（二）观赏植物生产技术研发及推广型人才

园林植物与观赏园艺产业和企业需要大量具有观赏植物良种（种子、种苗、种球）产业化快繁技术、容器栽培技术、无土栽培技术、设施化商品花卉苗木栽培技术、花卉精准节水

施肥与灌溉技术、花卉采后包装处理与保鲜贮运技术、功能性花卉产品深加工技术等创新能力的人才。

（三）观赏植物市场营销与流通型人才

能进行现代花卉物流配送网络的设计与建设，具有建立花卉物流体系和冷链运输系统的技能，会利用现代信息技术，对花卉的保鲜、包装、检疫、海关、运输、结算等服务环节实现一体化和一条龙服务，提高服务效率。能进行各种花卉零售经营业态和网络销售业态的创新。

（四）观赏植物文化创意型人才

市场需要大量的能从事花卉生态休闲、花卉旅游观光、花卉节庆会展等方面的综合性人才，同时需要大量研究、继承和发扬我国传统插花、盆景及植物造型等花卉艺术，能进行花文化艺术创造及交流等方面的人才。

三、都市型现代农业发展对园林植物与观赏园艺人才培养提出的新要求

我国园林植物与观赏园艺产业的新发展，对于园林植物与观赏园艺学术型研究生提出了新要求。主要有如下几个方面：

（1）要求具有扎实的观赏植物育种、栽培、繁育、植物造景设计等方面的专业技能和研发能力。

（2）要求初步具有花卉市场营销和花文化技术应用的综合能力。

（3）要求具有快速接受和运用新观念、新技术、新业态的意识与能力。

四、都市型现代农业发展对园林植物与观赏园艺专业建设的建议

为了满足行业新的需求，对于园林植物与观赏园艺专业提出如下建议：

（1）由于本专业面临的行业业态多样，要求培养的研究生真正具有独立分析问题、解决问题的能力，面对不同业态出现任何问题，都能找到解决问题的思路。

（2）解决行业具体问题，都与扎实专业实践技能分不开。要提高学生观赏植物新品种的选育，不同观赏植物的差异性繁殖技术与优良种苗生产技术，高效优质栽培技术，植物景观营造技术，插花艺术操作等方面的能力。

（3）培养学生利用多样性业态及现代新技术进行创新创业的意识和能力。观赏园艺产业业态多样，又与当今重视生态、美化生活、创造宜居环境相关，具有很多的创新创业点，需要有计划地培养研究生的创新创业意识。例如年宵花卉的花期调控、水培花卉、组合盆栽、居宅内外花卉装饰、插花艺术，花境设计与施工等都是有利于创业的业态形式。

执笔人：张克中

第十节　森林培育（城市林业）专业

一、都市型现代农业发展对于森林培育（城市林业）专业总体需求趋势

森林培育（城市林业）专业是以城市森林培育、经营和管理为核心和重点。狭义的森林

培育（城市林业）是林业的一个专门分支，它是研究培育和管理那些对城市生态和经济具有实际或潜在效益的森林、树木及有关植物，其任务是综合设计和管理城市树木及有关植物，以及培训市民等。广义森林培育（城市林业）是研究林木与城市环境（小气候、土壤、地貌、水域、动植物、居民住宅区、工业区、活动场所、街道、公路、铁路、各种污染等）之间的关系，合理配置、培育、管理森林、树木和植物，改善城市环境，繁荣城市经济，维护城市可持续发展的一门科学。随着社会的发展，人们对生活环境的要求越来越高，而城市林业的功能也逐步被人们所熟知，这些功能与人们的身心健康、生存环境质量的改善和提高密切相关。城市林业系统在城市中已经具有不可替代的作用。

随着城市的快速发展及工业化的快速发展，城市生态环境承受的压力越来越大。在应对气候变化、构筑生态安全屏障、增加城郊农民收入、建设生态文明等方面，对于森林培育（城市林业）专业具有巨大的需求。

二、都市型现代农业发展对森林培育（城市林业）的具体需求类型

（一）景观生态林建设

在城市周边建立生态水源保护林、防风治沙林等构建环城绿带。在城郊加快湿地生态系统的恢复、保护和建设，实施湿地公园、湿地自然保护区建设和重要河湖水系湿地恢复等工程，着力增强湿地生态系统功能。在山区，要进行宜林荒山绿化、低效林改造、废弃矿山及病害边坡植被恢复、中幼林抚育、生物多样性保护，以提升山区植被覆盖率，建设秀美山川。在城郊平原，实施绿色通道绿化、平原造林、林网改造和村庄绿化美化建设等工程。在城市，增彩延绿，建设公园绿地，扩大休闲空间。在上述生态景观林建设中，需要大量森林培育、生态工程、群落配置、景观设计等方面的创新型人才。

（二）林木种苗产业

城市林业需要建立大量林木良种繁育基地，例如乡土树种基因资源保育基地、彩叶树种良种繁育基地，需要掌握扎实种子园理论与技术的专业技术人员；城市林业建设需要大量的苗圃、种苗企业，需要掌握扎实现代林木种苗繁育技术的科技研发人员，例如掌握无性育苗配套技术体系（通过控温、控湿、激素处理、全光雾扦插、容器育苗、菌根育苗等技术处理，提高难生根树种的扦插成活率，或者通过砧木选择，接穗贮藏与选择，嫁接时间选择、嫁接方式选用等配套技术提高嫁接成苗率）、工厂化育苗配套技术（例如组织培养快繁育苗、容器育苗、菌根育苗、控根容器育苗等方面）的人员。

（三）森林健康经营

实现森林最佳的服务功能，通过对森林的科学营造和经营，按照自然的进程维护森林生态系统的稳定性、生物的多样性，增强调节能力，减少因火灾、森林病虫害及环境污染、人为过度采伐利用和自然灾害等因素引起的损失，使可持续的生态系统得到适时更新，从破坏中恢复和保持生态系统的平衡，满足多目标、多价值、多用途、多产品和多服务水平的需要。需要具有森林经营、森林有害生物防治、森林生态、水土保持、生态旅游等方面的研发技能。

（四）林下经济

森林的生态效益被重视后，只种不伐、多种少伐，林地面积增多，短时间林农见不到经济效益。可利用生物之间的共生关系，发展林下经济，林下经济有林草、林药、林花、林油、林菌、林粮、林游等模式。需要研究生掌握林下经济相关理论与技术。

三、都市型现代农业发展对森林培育（城市林业）硕士人才培养提出的新要求

（1）本专业的硕士人才是一种复合型专业人才。以林学为其基本专业功底，同时要求具有风景园林学、生态学、观赏园艺、经济作物栽培等学科的部分知识和技能。

（2）必要扎实相关的专业技能。首先必须掌握林学方面基本研发技能，如种子园基本技术、林木种苗繁育基本技术、造林基本技术、森林病虫防治等。其次须掌握生态学方面的基本技能，如群落配置、植被恢复、生态工程。再次须掌握植物造景、园林景观设计、园林工程等方面的知识和技能。最后要了解林下经济开发的相关知识与技能。

四、都市型现代农业发展对森林培育（城市林业）专业建设的建议

（1）合理设置课程模块及培养模式，在以林学为本的基础，适当拓展一些风景园林学、生态学、观赏园艺、经济作物栽培等学科知识。

（2）加强实训操作。例如种苗繁育、大树移栽、病虫防治、生态工程等。

执笔人：张克中

第十一节　农产品加工及贮藏工程专业

一、都市型现代农业发展对农产品加工及贮藏工程人才的总体需求趋势

都市型现代农业发展的特征是，坚持以资源为基础，以市场为导向，以科技为支撑，以机制创新为途径，按照高起点规划、高水平建设、高效能管理的战略构想，不断满足城乡居民的消费结构变化及日益增长的生活水平，提高对农产品品质、安全、营养、丰富多彩加工产品的需要。

都市型现代农业发展在西安市取得明显效果。其中一个体现是，农产品加工带动水平进一步提升，如 2008 年西安市农产品加工五条龙型产业链发展较好，全年规模以上（销售收入 500 万元以上）农产品加工企业 120 家，农产品加工和流通经营收入 145 亿元，分别较 2007 年同期增长 22% 和 12%；全年市级以上农业产业化重点龙头企业 83 家，增长 63%；农产品加工带动水平 23.4%，较 2006 年提高 7.6 个百分点。

但其都市型现代农业发展中，农产品加工产业链发展存在不平衡的问题，即农产品加工五条产业链中，以银桥、东方为龙头的乳品加工产业链；以国维、火箭、亚宏面粉为龙头的粮食加工产业链；以华圣、天人等企业为龙头的鲜果销售、加工产业链；以兆龙为龙头的肉类加工产业链；以欣绿、恒绿、高墙等为龙头的蔬菜加工、配送产业链，除了乳品加工业外，果品、蔬菜加工企业数量少、规模小，满足不了生产需求；肉类加工企业数量多，但规

模小、档次低，多以屠宰加工为主，给农产品质量安全带来隐患；粮食加工企业数量多，多以小型企业为主，设备利用率低，产能过剩，竞争激烈。他们认识到，产业化不断发展必须向技术、信息、加工、销售、储运等全方位综合服务型发展。

北京涉农区县经过自身不断的探索和试验，在"十二五"时期对发展都市型现代农业也做了相关的规划。

大兴区"十二五"时期对都市型现代农业发展所作的规划中涉及农产品加工及贮藏方面的内容，即引进和培育一批具有较大规模的农产品加工企业，延伸农产品产业生产链；推进桑椹、甘薯、葡萄、肉牛等特色农产品加工业的发展；加快建设三元奶业加工基地；打造航空食品加工企业及流通配送中心，建设20家航空食品原材料提升22家基地；打造10家农产品加工企业及流通配送中心；推进农产品加工及流通企业上市。

平谷区在"十二五"时期都市型现代农业发展规划中指出：开展系列化林果产品精深加工；加大对果品贮藏保鲜和加工龙头企业的扶持力度，提高技术装备水平，加强科研攻关与技术创新，尽快形成一批具有自主知识产权的关键技术与品牌，促进产品结构向系列化多品种方向拓展；以产后商品化处理为重点，建设一批加工能力强、生产工艺先进的龙头企业；以标准化生产和精深加工为中心，以发展脱水蔬菜、速冻蔬菜、保鲜蔬菜、调理食品等产品为重点，加大出口蔬菜生产和加工基地建设，促进产品精深加工，发展壮大出口产业集群；形成蛋种鸡生产、加工、配送一条龙的完整产业链；推进养蜂生产与蜂产品加工经营相结合，实现由原料型、初加工型，向精深加工和综合利用型转变，由单一传统食品向绿色食品、有机食品和营养强化、医疗保健品等领域延伸。

二、都市型现代农业发展对农产品加工及贮藏工程人才的具体需求类型

依据北京市各区县都市型现代农业发展规划，在农产品加工及贮藏工程方面对人才需求的类型大致分为：

一是推动北京市农产品加工及物流发展的基础科学研究的中高级人才，他们能够跟踪国内外科学与技术发展的最前沿，并致力于不断推动北京市乃至全国农产品加工及物流发展，研究或研制农产品加工及物流的基础科学或技术与系统专门知识等，通过学术型硕士的培养，为社会持续输送这部分人才。

二是推动北京市农产品加工及物流发展的应用科学的研究与技术研发的中高级人才，他们能够跟踪国内外相关技术发展，结合北京市农产品加工及物流的现状，不断改进和提升农产品加工及物流的技术水平，为北京市乃至全国农产品加工及物流发展提供技术转化、技术支持和技术保障等，通过专业型硕士的培养，为社会持续输送这部分人才。

三、都市型现代农业发展对农产品加工及贮藏工程人才培养提出的新要求

我国自20世纪80年代中期开始设立农产品加工及贮藏工程学科以来，已经逐渐形成该学科人才的培养体系和模式，并不断完善，满足社会对该领域人才的需要。

近30年来，科学技术飞速发展。较传统的农产品加工及贮藏工程学科也在积极适应社会对营养、安全、高品质农产品及农产加工食品日益增长的需求。新理论、新技术、新装备带动本领域技术与设备的提升、产品的丰富与品质安全的改善，以及经济效益的大幅增长。科学发展与技术进步仍在推动农产品加工及贮藏工程专业人才培养的步伐和方向。

基于以上分析，都市型现代农业发展对农产品加工及贮藏工程人才培养提出新的、更高、更综合的要求，分析如下：

农产品加工及贮藏工程专业的学术型硕士，应具有化学、生物学、食品科学、工程与机械设备等扎实的基础理论知识与技能，在该领域的某一方面受到专门的科学研究、技术或产品研发、工程设计或系统集成等训练与培养，能够从事相关的科学研究、应用科学研究、技术装备研发、品质控制与管理等工作。他们的基础知识比较牢固与宽厚，素质既全面又专长，适应开拓性、创新性、集成性等性质的工作。

农产品加工及贮藏工程专业的专业型硕士，应具有化学、生物学、食品工艺学、食品工程技术等基础理论知识与技能，熟悉该领域主要环节的关键技术、产品研发、工程要素等，在技术管理、品质控制、产品开发、应用科学研究、工程设计等方面能形成专业优势。他们的知识面更宽，素质结构较牢固，还要掌握相关的工业企业管理知识和社会科学知识，并能结合实际工作综合应用。

四、都市型现代农业发展对农产品加工及贮藏工程专业建设的建议

西安市都市型现代农业发展所得所期，也是其他地方都市型现代农业发展正在重复或将要重复的，大多数企业的农业产业化技术水平、产品科技含量不高，仍处于初级产品加工阶段，市场竞争力差，缺乏自主研发能力，"精、深、专、特"加工企业和产品少。

郑州市把农产品加工业纳入郑州市总体规划，除了在土地、资金、信贷方面对农产品加工项目给予支持外，以扩大农产品附加值为目标，面向长远，面向需求，注重科技对产业的提升作用，推动都市型现代农业发展，同时，重视都市型现代农业的冷储业和包装业的同步发展。

农产品加工及贮藏工程涉及了化学、生物学、物理及工程学的基础知识和理论，及衍生出来的技术和方法。这些学科的发展将为农产品加工及贮藏工程学科的发展带来动力，同时，农产品加工及贮藏工程学科可以不断提出新的目标或要求，为基础学科指点方向。这就体现在农产品加工及贮藏工程学科建设需要更多的源学科发展的要素或影响，以及在源学科发展与本学科发展架桥，相关人才得以成长和发挥作用。

执笔人：韩　涛

第十二节　食品科学专业

一、都市型现代农业发展对食品科学专业人才的总体需求趋势

食品科学专业是食品科学与工程一级学科下设的二级学科之一，下设食品营养与生物技术、农产品安全检测与控制2个方向。

（一）对食品营养与生物技术学科方向人才的总体需求趋势

北京农业发展定位于都市型现代农业。发展都市型现代农业是北京农业发展方向的必然选择。北京作为国际化的大都市，作为我国政治、文化和国际交流的中心，在提倡建设和谐社会的这个大环境中，以人为本是我们的宗旨。面对高龄化社会的形成，各种老年病发病率

的上升，成年人富贵病及少年儿童成人病的增加，以及我国功能食品行业发展缓慢等问题，增设食品营养与功能学科并进行专门人才培养，发展功能食品开发技术及其有效成分检测新技术，以及饮食营养配餐的健康指导技术，显得尤为重要。食品营养是当前日益突出的民生问题，本学科的建立体现在新形势下的民生大计。该学科的建立既能体现国家优先发展的战略思想，同时也符合北京国际大都市市民对食疗与养生的需求。北京市的食品质检机构和涉及质检职能的国家机构，以及许多大中型保健食品加工企业、餐饮行业，医疗卫生行业、社会保障和福利行业、大专院校、科研院所等均需要食品营养与功能专业的人才。而食品营养与功能学科对于人才知识技能需求的特殊性及专业性，其他相关专业人员并不能胜任。尤其食品营养与功能学科涉及的营养配餐原理、食品营养成分检测、食疗养生学、饮食文化与养生、功能食品学、功能食品有效成分检测、功能性食品生物技术、天然产物有效成分的分离与制备技术、功能食品开发与加工、保健食品功能性评价以及餐饮管理等专业知识的内容，在传统食品安全与食品加工教学中远未涉及。调查显示，仅有食品安全与食品加工知识要完成功能食品开发、生产技术与质量管理、分析检测、饮食营养与养生保健指导及餐饮管理工作是不够的，学科或专业不对口已影响到了相关部门和企业的工作，因此都市型现代农业发展亟需大量培养食品营养与功能学科方向的高级人才。

生物技术已成为发达国家科技竞争的热点，美国、日本、欧洲等主要发达国家和地区竞相开展生物技术的研究和开发工作，许多国家纷纷建立了独立的政府机构，成立了一系列的生物技术研究组织，制定了近期的中长期发展规划，在政策、资金上给予大力支持。同时这些国家的企业界也纷纷投入巨资进行生物技术的开发研究，取得了一系列重大成果，从而使生物技术产业化得到迅速发展。近十年来，中国生物技术产业亦得到了迅速发展，使生物技术在传统食品和功能性食品生产上得到有效应用，可以利用食品生物技术手段解决功能性食品中功效成分普遍存在的"微量""高效"和"不稳定"等问题，研究功能成分及生物活性物质的生理作用机制，开发相关功能性食品，又可利用食品生物技术手段研究食品安全控制理论，研究和开发食品中致病菌、过敏原、抗生素和农药残留的检测技术和相关产品。但从总体上看，无论是对传统生物技术产业的改造或是对现代生物技术的研究、开发及产业化，我国都还处于起步阶段，与发达国家相比存在一定差距，其主要原因是我国尚缺乏搞食品生物技术的高级人才，使得我国生物技术产业发展较慢，基础最薄弱。

（二）对农产品安全检测与控制学科方向人才的总体需求趋势

目前我国在食品安全检测与控制技术能力方面还很不够，其主要原因是社会公众的食品质量与安全知识普及率不高，人们的食品安全意识淡薄，对食品安全问题从众心理较重；农、畜产品原料加工安全控制水平较低，尤其是有些企业领导人片面追求经济效益而忽略食品安全问题，对食品安全投资力度不够，在生产过程中容易产生各种各样的食品质量与安全问题；政府对食品安全设施重视不够，监管力度不大，甚至形成地方保护主义；目前我国存在食品安全控制技术和食品安全分析检测的人才严重匮乏，因此有必要建立能为社会提供大量合格的，具有扎实理论基础，以及掌握熟练专业技能专业人才。北京农学院是北京唯一一所市属农林高等院校，具有丰富的农、畜产品原料生产、加工、销售的人才培训和科研经验，有必要建立食品安全检测与控制学科方向，为承担起绿色食品加工、食品安全控制技术和食品安全分析检测人才的培训与科研任务，亟需大量培养食品安全检测与控制学科方向的高级人才。

二、都市型现代农业发展对食品科学专业人才的具体需求类型

（一）对食品营养与生物技术学科方向人才的具体需求类型

食品营养与功能学科方向所培养的高级人才能在疾病预防控制（CDC）、出入境检验检疫（CIQ）、商检、质检等机构从事食品安全分析检测、食品营养成分分析、功能食品有效成分分析、保健食品功能性评价等检验技术工作；能在食品企业、营养研究所从事功能食品研发与生产、食品功能因子研究、功能食品质量管理等生产技术和管理工作；能在高等院校、科研机构从事食品安全、食品营养、功能食品、食疗养生方面的教育与科研工作。为质检机构、科研机构、教育机构、食品企业、餐饮行业、医疗行业、社会保障和社会福利业培养综合素质高、适应能力强的食品营养与功能学科方向复合型（技术型、管理型）应用型高级人才，为都市型生态农业产业和健康产业的建设与发展提供强有力的人才支持。

食品生物技术学科方向所培养的高级人才能在高等院校、科研院所、政府机关（如商检、海关等）、生产企业、贸易公司等从事生物发酵等相关的教学、科研、设计、工程技术、新产品和新技术的研究开发、生物检验、监督管理等方面的管理型与生产型应用高级人才。

（二）对农产品安全检测与控制学科方向人才的具体需求类型

食品安全检测与控制学科方向所培养的高级人才能在疾控、卫生、防疫、商检、海关、质检、检验检疫等机构从事食品安全分析检验、农产品和食品质量管理等技术工作；能在食品企业、食品餐饮业从事食品原料及相关产品质量控制、质量检测、质量管理等应用技术和管理技术工作，为都市型现代农业提供具有农产品和食品分析检测、食品安全控制与食品质量管理能力的复合型（分析检测、安全控制、质量管理）应用高级人才。

三、都市型现代农业发展对食品科学专业人才培养提出的新要求

（一）对食品营养与生物技术学科方向人才培养提出的新要求

随着都市型现代农业和健康产业的不断发展，以及人民生活水平的提高，对安全、营养、功能型食品愈加重视与追求，加之高龄化社会的形成，各种老年病发病率的上升，成年人富贵病及青少年儿童成人病的增加，迫切需要食品营养与食品功能加工方面的进步和发展。本学科方向以提高北京农产品及食品的经济附加值为目标，以北京市主要特色果品蔬菜、谷物、豆类、乳制品等为对象，分析其营养、功能成分、生物活性物质并对其进行功能性评价，利用现代提取、分离纯化、加工及生物技术，开发功能性食品，包括抗氧化、降血压、降胆固醇、降血糖、调节肠道微环境等功能食品；以乳酸菌、芽孢杆菌、酵母菌为主要研究对象，筛选产特定生物活性物质的功能性微生物，分析研究生物活性物质及其功能，并进一步研究功能基因及其作用，开发功能性发酵食品、益生菌发酵剂、复合益生菌片等益生菌类产品，具有明显特色。

北京农学院在"以农为本、唯实求新"的办学理念以及"立足首都、服务三农、辐射全

国"的办学定位指导下，注重培养应用型人才，主要培养学生掌握发酵工程、酶工程、基因工程、细胞工程、生化工程等方面基础理论，以及利用这些食品生物技术在农产品生产、食品加工、贮藏与保鲜、食品安全检测与控制、食品营养与功能等食品领域中的应用，利用现代生物技术改革传统发酵食品生产工艺及开发生产新型生物化工产品、功能性食品活性因子，培养学生具备独立从事科研工作的能力，以及进一步培养学生具备分析和解决人类所面临的食品与营养、健康与环境、资源与能源等重大问题的能力。

（二）对农产品安全检测与控制学科方向人才培养提出的新要求

农产品及食品安全是全球关注的热点问题。本方向围绕农产品及食品安全的全过程控制理论与技术开展研究，包括农产品安全生产的控制理论与技术，果蔬病虫害生物防治关键技术与生物源农药及保鲜剂等，研发食品级广谱生物防腐剂；通过开发产细菌素的益生乳酸菌微生态制剂，作为生物饲料添加剂，以减少畜禽养殖过程中的兽药使用，降低动物产品兽药残留；食品加工过程的安全控制技术，食品卫生质量控制、危害分析与评价技术、综合控制农畜产品中致病菌与腐败菌生长的方法等；应用免疫学和生物技术检测农产品及食品中致病微生物及其毒素、抗生素、农兽药残留等，研发相关快速检测产品；非热杀菌技术等。目的在于实现从农田到餐桌全程控制及现场快速检测，降低危害风险。

四、都市型现代农业发展对食品科学专业建设的建议

食品科学学科（专业）依托农产品有害微生物及农残安全检测与控制北京市重点实验室、食品质量与安全北京市实验室、微生态制剂关键技术开发北京市工程实验室（共建）、北京市食品安全免疫快速检测工程技术研究中心（共建）、首都农产品安全产业技术研究院等科研平台，设有功能乳制品实验室、食品毒理学评价实验室、食品理化检测与营养分析实验室、食品安全微生物检测实验室、食品生物技术实验室、益生菌实验室、真菌实验室等，拥有制备液相色谱、中高压层析色谱、高效逆流色谱、液质联用、气质联用、超声波提取浓缩议、低压层析系统、高压细胞破碎仪等大型的食品成分分离、分析仪器，以及生物发酵增菌系统、厌氧培养系统、荧光定量 PCR 仪、倒置生物显微镜、数码显微摄像系统、凝胶成像系统、抑菌圈测量分析仪、微生物生长浊度分析仪、微生物全自动鉴定仪等大型微生物分离、分析、鉴定仪器与设备，已经具备了培养食品科学学科研究生的良好实验条件。建议在今后食品科学专业建设中，食品营养与生物技术方向围绕研究北京主要特色农产品营养、生物活性物质及其作用机理以及功能性评价，利用现代分离、提取、加工及发酵工程等生物技术开发功能性食品、提高生产效率，改善食品品质；以现代食品科学技术为基础，应用基因工程、蛋白质工程、酶工程、发酵工程等食品生物技术，进一步深入研究食品中的功能因子及其功能机制，研究以拮抗菌为基础的食品防腐保鲜机理，以及研究农产品及食品安全控制理论。食品安全检测与控制方向针对农产品的化学和生物危害，研究其原料生产、食品加工安全控制理论与技术，以及致病微生物及其毒素、抗生素、兽药、农药残留等快速检测技术，实现从农田到餐桌的农产品及食品安全的全程控制。

执笔人：刘　慧

第十三节　食品科学与工程专业

一、都市型现代农业发展对食品科学与工程专业人才的总体需求趋势

都市型现代农业是北京未来发展的方向，已经在京郊大地蓬勃发展。都市型高等农业教育体系正是伴随着北京都市型现代农业发展对人才、技术、智力支持的需求而逐渐形成的。鲜明的指导思想、开放的办学模式、科学的教育理念、全新的培养目标、合理的培养模式、规范的课程体系等是食品科学与工程专业的培养方式。食品科学与工程专业硕士学位研究生教育是我国高等教育的较高层次。食品科学硕士研究生教育要贯彻党的教育方针，按照教育要"面向现代化、面向世界、面向未来"的要求，以发展现代农业和食品产业为宗旨，为相关企事业单位和管理部门培养能够独立承担科学研究、教学和生产技术管理工作、具有良好职业道德和创新能力的高层次人才。

食品工业是国民经济的三大支柱产业之一，它在一个国家工业体系中所起的重要作用是不容置疑的。我国是一个拥有13亿多人口的世界大国，对食品的需求依然很大，值得一提的是改革开放三十多年来，我国城乡居民的生活水平不断提高，对食品的需求已由过去的单一温饱型逐步向五彩缤纷的精品科技型过渡。据最新的资料显示，反映食品消费支出占生活总支出百分比的恩格尔系数，我国城市为 44.5%，农村为 53.4%，已经达到或接近国际上 40%～50%的平均水平。它表明传统的食品制造与食品简单加工在食品工业中所占的比重日益下降，人们更加开始关注健康、营养，并已形成一个庞大的潜在市场。高科技、高附加值的食品企业不断出现，它们已经创出了很多驰名品牌。目前，食品行业走向规模化、产业化、系列化、标准化，专业技术人员从事食品加工和生产除了要掌握相应的现代食品贮藏、加工、管理、市场营销等相关理论知识，更需要有较强的实践能力和创新能力。可以预计，在不远的将来，营养保健食品、生物食品、食品的精深加工业将有较大的发展，对高素质的专业科技人才将有极大的需求。那些学有专长又勇于开拓创新的食品科学与工程专业毕业生将会成为这些新兴企业的主角。

二、都市型现代农业发展对食品科学与工程专业人才的具体需求类型

食品科学与工程的一个重要方面是引入和运用化工单元操作，并发展形成食品工程单元操作，从而促进食品工业向大规模、连续化和自动化的方向发展。食品科学与工程的发展同化学工程、生物工程紧密相关，它的发展方向是新包装手段和装备改善食品包装技术；提高食品保藏性能和货架寿命；完善蒸煮技术、无菌包装技术；研究合理的节能装置以降低冷冻食品的成本；食品工程单元操作的最优化、自动化及计算机的应用。食品科学与工程虽然是年轻的技术学科，但它在现代社会早已成为经济发展、文明程度提高的主要标志。

北京农学院是北京唯一一所市属农林高等院校，具有丰富的农、畜产品原料生产、加工、销售的人才培训和科研经验，亟需大量培养食品科学与工程方向的高级人才。目前，较为传统的食品科学与工程也在积极适应社会对营养、安全的高品质食品日益增长的需求。新理论、新技术、新装备带动本领域技术与设备的提升、产品丰富与品质安全的改善，以及经济效益的大幅增长。科学发展与技术进步仍在推动食品科学与工程专业人才培养的步伐和

方向。

食品科学与工程专业硕士研究生的培养有两种不同的培养方案。

对于食品科学与工程专业的学术型硕士，应具有化学、生物学、食品科学、工程与机械设备等扎实的基础理论知识与技能，在该领域的某一方面受到专门的科学研究、技术或产品研发、工程设计或系统集成等训练与培养，能够从事相关的科学研究、应用科学研究、技术装备研发、品质控制与管理等工作。尽可能地使食品科学与工程专业学术型硕士的基础知识更加牢固与宽厚，素质既全面又专长，更加适应开拓性、创新性、集成性等性质的工作。

食品科学与工程专业的专业型硕士，应具有化学、生物学、食品工艺学、食品工程技术等基础理论知识与技能，熟悉该领域主要环节的关键技术、产品研发、工程要素等，在技术管理、品质控制、产品开发、应用科学研究、工程设计等方面能形成专业优势。专业型硕士需要的知识面更宽，素质结构更为牢固，同时还要掌握相关的工业企业管理知识和社会科学知识并能结合实际工作综合应用。

食品科学与工程专业学生要掌握食品分析、检测的方法，工艺设计、设备选用、食品生产管理和技术经济分析的能力，了解食品储运、加工、保藏及资源综合利用的理论和发展动态。本专业毕业生适宜到有关食品研究机关、设计部门、检验单位、食品工厂、企业从事设计、研究、生产技术管理工作。根据都市型现代农业发展的现状及《食品工业发展"十二五"规划》中对食品工业发展制定的战略目标，未来若干年内以下食品类人才需求必将进一步增加。

（一）食品生产管理及销售类人才

随着食品工业的快速发展，大量先进技术在食品领域广泛应用，势必催生食品企业对一线生产管理类人才的需求，据调查，企业现在急需管理型人才，其次，则是生产操作及销售人才。

（二）食品研发类人才

社会发展离不开创新，企业进步同样离不开研发。技术创新成为企业在市场竞争中取胜的法宝，因其产品周期的缩短，从而降低生产成本取得价格上的比较优势，使得食品研发人员成为企业的抢手人才。另外，面对激烈的市场竞争，企业需在原有市场的基础上，发展特色产品，尽量占有其他市场，这就需要有既懂市场又能研发新产品的人才。大量新技术在食品行业的应用，引发了食品行业的技术革新，从而催生了新产品的大规模研发，这就需要大量的食品研发人员充实到企业中。

三、都市型现代农业发展对食品科学与工程专业人才培养提出的新要求

（一）严把研究生生源与复试关

在研究生招考过程中要坚持考试成绩和能力并重，扩大接收优秀推荐免试生比例，因推免生在校学习期间对教师和同学更加了解，考核的成绩是四年的综合绩点，再加上大学生创新项目、学术竞赛和社会实践等方面的考核，选拔出来的学生相对综合素质较高。另外，应加大差额复试力度。在研究生复试中建立一套可操作、公开透明的复试程序和公示制度，将复试方式、程序、原则、评分标准、面试结果、初试与复试成绩进行公示，接受师生、家长

以及全社会的监督，将那些真正具有科研创新潜能的学生选拔出来，减少高分低能和缺乏创新潜能的学生比例。此外，在招生过程中赋予导师更多的实际权利，强化导师招生自主权，在复试通过后，增加导师自己选择学生的程序，导师经过与学生的谈话、交流、探讨可了解学生的实际水平，能够提高录取的公正性。

（二）建立研究生培养中期考核淘汰制

淘汰制是国外研究生教育中普遍实行的制度。一般美国研究生院的淘汰率在 10％～15％，著名大学可达 30％～40％。我国研究生培养的淘汰率很低，出现了入学前拼命学习，入学后懒散的怪现象。因此，要使研究生教育有活力，就必须建立起行之有效的优胜劣汰机制，建立激励机制以鼓励优秀研究生从事创新性研究，取得创新性成果。在课程学习、开题报告、中期检查等各个环节引入淘汰分流机制，特别是加强中期考核力度。在硕士研究生培养过程中加强中期考核力度，对研究生所掌握的基础理论、专业知识、学科前沿知识以及分析问题、解决问题的能力进行一次全面考核，只有通过中期考核者方可进入后续的课题研究和学位论文工作，对于不符合要求的或予以淘汰，或实行分流为课程硕士研究生，以确保研究生的培养质量。

按照《中华人民共和国学位条例》相关规定和要求，研究生在按规定修满学分，完成毕业与学位论文的全部工作后，需向相应学科的学位评定委员会提出答辩申请，经研究生部审核批准后，由学位评定委员会组织论文评审和答辩，答辩委员会组成人员必须有 1 名以上外单位专家。论文答辩要严肃认真，做到公正、公开、严格。答辩通过者准予毕业，颁发毕业证书；达到硕士学位授予要求的经学位评定委会讨论通过，报校学位委员会批准，授予硕士学位。没有达到发表论文要求的，可以先答辩，待交论文后再发学位证书。

（三）实行宽进严出，建立多样化培养目标

科学研究和学位论文工作是研究生培养的重要环节，是培养研究生创新能力的主要手段。

研究生在读期间经过查阅国内外文献，确定研究课题，设计研究方案进行实验研究，对研究结果进行总结，发表学术论文，最后完成学位论文。经过上述各个环节训练，才能培养研究生科研素质和创新能力。对于应用性较强学科的研究生，平时对研究生应加强实际工作能力和社会实践能力的训练，建立稳定的研究生创新实习基地，搭建良好的校企合作平台，锻炼他们的实际工作能力和动手能力，让学生在生产实践中更多地发现问题和解决问题，全面提升研究生培养质量以及研究生的就业能力。培养出来的研究生最终要走向社会，所以研究生培养应以市场需求为导向，建立多样化的培养目标。

研究生教育改革已将培养目标定位于"学术型""专业型"两大类，以适应社会经济发展的需要，这标志着我国应用型硕士研究生培养方式改革的开始。在研究生培养过程中应针对社会需求，对专业学位研究生和学术型研究生制定不同的培养方案，采取不同的培养模式。对于学术型研究生，要求偏重于基础理论的创新，发表科研论文；对于专业型研究生，应重点考核其解决工程实际的能力和水平，而对于个别缺乏研究潜质和创新能力的研究生，可以授予课程硕士研究毕业。因为每个人的能力有大小、兴趣和专长也不同，在研究生培养过程中可根据其能力、专长分类培养，以满足社会对不同类型人才的需求。

四、都市型现代农业发展对食品科学与工程专业建设的意见

研究生教育当属教育的最高层次。在全面实施的科教兴国与人才强国战略中具有非常重要的作用。硕士研究生的培养应在强调专业基础理论和专业知识的学习，重视综合素质、创新和创业精神，提高分析与解决问题能力的同时，根据实际需要和不同面向确定培养目标、培养类型和培养模式。对于食品科学与工程专业建设中研究生培养方案有以下几点：

（一）实行导师负责制

硕士研究生的培养以导师为主，并建立导师指导小组，小组成员可以是聘请的校外知名教授或专家。由导师和指导小组全面负责培养工作，包括思想教育、学风教育、培养计划的制定、学位论文的指导等。入学三个月内，在导师的指导下完成个人培养计划。

（二）加强联合培养

硕士研究生的培养立足校内，同时加强与有关院校和研究机构的联合，以此提高硕士生的培养质量，促进本学科的发展。

（三）课程学习

硕士研究生的课程学习，以教师课堂讲授和自学相结合的方式，按时修完所规定的必修课，并取得学分。

（四）学术活动

硕士研究生必须参加本学科和学校相关学科的学术活动5次以上，在学科内或学科以上层次做学术报告3次以上。

（五）实践教育

实践教育是全面提高硕士研究生质量的重要环节，它包括教学实践、社会实践和生产实践。教学实践内容可以是本科教学的辅导答疑、批改作业、指导实验、辅导或协助指导本科生课程设计和毕业论文。研究生必须参加社会实践，同时应参加公益劳动。研究生应积极参加各类文体活动，坚持锻炼身体，提高艺术修养。

五、对食品科学与工程专业建设的意见

（1）实行导师负责制，在以导师为主的同时，建立导师指导小组，小组成员可聘请校外知名教授或专家，由导师和指导小组全面负责培养工作，包括思想教育、学风教育、培养计划制定、学位论文指导等。入学三个月内，在导师的指导下完成个人培养计划并提交到研究生部。硕士研究生的培养以科学研究为主，重点培养硕士生的优良学风，独立从事科学研究的能力和创新能力。在硕士生培养过程中，应合理安排课程学习、实践教育、学术交流等各个环节。

（2）食品科学与工程专业硕士的研究内容在该领域应有一定的创新性和先进性，如创建

新理论、新概念，建立新方法、新技术等。对理论和应用的创造性成果应做出详细阐述。详尽的研究生培养方案能使食品科学与工程专业建设在都市型现代农业发展中发挥其特色的作用。

执笔人：马挺军

第十五章 专业学位硕士研究生人才培养需求

第一节 作物领域

一、都市型现代农业发展对作物领域专业人才的总体需求趋势

都市农业是在城郊农业基础上发展起来的现代农业的一种形式，是大都市经济高速发展，在都市区域范围内形成的具有紧密依托并服务于都市的、生产力水平较高的现代农业体系。该体系具备商品生产、生态建设、旅游休闲、文化教育、出口创汇、示范辐射等多重功能。

作物领域人才培养的目标主要是为农业技术研究、应用、开发及推广，农村发展、农业教育等企事业单位和管理部门培养应用型、复合型高层次人才。其执行的主要社会功能是培养新型农民、发展农业、保持农产品供给；提高农业产业化，发展农村经济，增加农民收入；满足社会的需要，保障社会稳定；维护生态稳定，促进农业多功能发展和农业可持续发展。

我国正处于经济转型升级、加快推进社会主义现代化的重要时期，也处于城镇化深入发展的关键时期。随着我国城市化建设步伐进程的加快，都市农业必将迎来大发展时期。必将拉动我国对都市型农业专业人才的需求。

二、都市型现代农业发展对作物领域专业人才的具体需求类型

都市农业是产业升级和经济发展到一定程度的必然产物，是在城市中非农产业挤压农业生存空间，而同时城市经济的快速发展和环境问题的日趋严峻的背景下提出来的。从供给、需求和要素升级三个方面都预示了我国都市农业产生的必然性。同时都市型现代农业不是单一的种植业，而是一个综合的产业体系。为此，作物遗传育种教育必须使学生具有一专多能的知识结构。纵向要专，为在某一学科或专业的深入发展或研究创新打下坚实的基础；横向要博学多能，即除专业知识外，学生还需了解农业商品、农业经济信息、农业综合企业、销售及经济管理、农业法规政策等一系列相关知识和技能，以适应都市农业新形势的要求。

三、都市型现代农业发展对作物领域专业人才培养提出的新要求

随着社会的发展，人口的增加，产业结构的调整和人民生活的改善，对作物领域人才培养提出了更高的要求。发展农村生产力，更大限度地解放农村生产力，是作物领域人才培养的工作目标。因此，作物领域的学生应具有宽厚的基础知识，稳固的专业技能，丰富的实践经验。为此，作物领域教学应始终把实践教学摆在首位。

四、都市型现代农业发展对作物领域专业建设的建议

随着农业生产和经济的深入发展，农业生产变成了高度知识密集、技术密集、高效能的

大农业，对农业科学化程度和农业人才的素质提出了更高的要求。为了适应新形势的要求，应增加选修课的门数，以使学生具有一专多能的知识结构。

执笔人：尚巧霞

第二节 园艺领域

一、都市型现代农业发展对园艺专业人才的总体需求趋势

随着我国经济的飞速发展、社会需求的不断变化和研究生培养规模的逐渐扩大，硕士研究生的就业已更多地从教学、科研岗位转向实际工作岗位，我国经济社会发展迫切需要大量高层次应用型人才。2009年教育部出台文件，从应届本科毕业生中增招全日制专业学位研究生，从而使我国专业学位研究生培养进入了一个新阶段，改变了硕士研究生培养以学术型为主的格局。专业学位，是相对于学术型学位而言的学位类型，是针对社会特定职业领域的需要，培养具有较强的专业能力和职业素养、能够创造性地从事实际工作的高层次应用型专门人才而设置的一种学位类型。专业学位与相应的学术学位处于同一层次，培养规格各有侧重。

园艺专业以培养具备植物学、生态学和园艺学以及相关学科的基本理论和基本技能，能在都市型农业高科技企业、农林事业或研究单位、各位种苗花木公司、农产品贸易等领域，从事相关的园艺良种繁育、园艺植物保护、园艺产品经营管理、农业技术推广和科学研究与技术应用等方面工作的复合应用型专业人才为主。

应用型人才是指从事利用科学原理为社会谋取直接利益而工作的人才，他们的主要任务是将科学原理或新发现的知识直接用于与社会生产生活密切相关的社会实践领域。针对园艺专业来说，面向社会需求、面向生产一线，用专业知识培养学生，让学生毕业后能够用所学的专业知识解决生产中的实际问题。园艺专业应用型人才的知识结构，除扎实的基础理论外，主要由应用科学的知识体系组成，如园艺植物新品种选育技术、栽培管理技术、病虫害防治技术、园艺产品的贮藏加工等知识体系；从工作职能来看，其活动的主要目的不是为了探求园艺植物的分子结构、生理生化及生长发育规律，而是利用已学过的科学原理服务于园艺生产实践，从事与具体的园艺生产息息相关的工作，能为社会创造直接的经济利益和物质财富。

二、都市型现代农业发展对园艺专业人才的具体需求类型

园艺学是一门综合性和时间性很强的学科，也是一门应用性很强的学科。园艺学科发展离不开园艺产业对学科的拉动，也与其他相关学科的进步紧密相关。园艺产业现在正向规模化经营、产业化生产、集约化推进和现代化建设的方向发展。因此，培养园艺产业亟需的应用型专业人才成为适应这一变化趋势的需求，而园艺专业人才的培养与学生的素质和能力培养有着不可分割的关系。

园艺创新人才是指具有创新意识、创新思维、创新能力、创新情感与创新人格的园艺专业人才。要做到这一点，第一，学生必须有热爱园艺专业，愿为园艺专业献身，能吃苦耐劳、淡泊名利的奉献精神。第二，要具备较扎实的基础理论，知识面要宽，想象力要丰富，

观察力要敏锐。第三，具有较强的实践动手操作能力，信息加工能力和熟练掌握运用创新方法的能力。第四，具有坚定的信念、强烈的创新激情和远大的理想。第五，具有组织领导才能，熟悉经营管理，具有一定的综合协调能力，熟悉市场分析与经济学原理等能力。

三、都市型现代农业发展对园艺专业人才培养提出的新要求

学术学位硕士研究生教育主要培养科研后备力量以及以科学研究为职业方向的人才，专业学位硕士研究生主要是培养具有扎实理论基础，并适应行业或职业实际工作需要的应用型高层次专门人才。因此，专业学位在能力结构、培养要求等方面有自己的特点，着重突出的是"应用型、复合型、高层次"，对专业学位硕士研究生培养的知识结构也要突出这一特色。

目前，我国园艺产业在国民经济和社会发展中的作用越来越大，园艺产业已成为种植业的第二大产业。园艺产业不仅经济效益高，而且具有显著的社会效益和生态效益；不仅具有物质生产功能，还具有观光、休闲、养生等社会文化功能。因此，园艺产业已成为农业增效、农民增收，解决"三农"问题的有效途径，也是我国现代高效农业的发展方向。所有这些都需要大量具备现代生物学基础和现代农业意识，掌握现代园艺学知识和技能，具有创新素质和创业能力的园艺高级专门人才。

四、都市型现代农业发展对园艺专业建设的建议

加强专业内外资源的整合，构建相关学科和相关专业支撑体系，强化园艺专业办学特色是北京农学院追求的目标。加强相关学科建设和师资队伍建设，强化学科支撑，提升科技创新能力和办学水平，提高人才培养质量；加强产学研推一体化，科研、教学相互促进，突出学生动手能力、科研能力和创新能力。

专业学位研究生教育在我国起步比较迟，其知名度与学术型研究生教育的知名度尚不能够处于同一条水平线上，甚至部分人对其还存在片面的认知。目前，许多学校的学术型和专业应用型的研究生在培养模式上基本是雷同的，二者在招生的过程中都是将考试的分数当做考核的主要标准。在专业型学位人才选拔过程中，实践考核与考试分数并重的考核要求并不明显，入校后主要传授系统性的理论课程，培养课程体系和内容改进不大，专业型的学位课程实践缺少教学特色，未将教授的基本理论与学习方法当成人才培养的核心内容来抓。北京农学院的园艺专业学位研究生教育，应该下大力气进行课程理论体系的改革建设，增加实践类课程，切实加强园艺专业学位研究生的实践能力，符合社会对于园艺专业学位研究的人才需求。

专业学位研究生的培养，既要抓基础理论学习，又要抓实践技能培养，良好的基础理论是实践技能培养的前提，而技能的掌握有利于深化理论学习，同时指导教师本身的知识结构和实践经验对专业人才的培养至关重要。可是高校往往缺乏这样的培养条件，难以提供实践训练机会，大部分导师由于单调的学习工作背景，使他们缺乏实践应用能力。因此，需要为专业学位研究生配备双导师，聘请专业技术扎实、实践经验丰富、工作在生产一线的校外导师，最好是获得了博士、硕士学位的高级工程师，和学校导师共同培养专业学位研究生，他们有足够的经验指导学生开展应用型项目研发，同时又能提出一些具有研究价值的问题，作为研究生的课题研究。

园艺学属于典型的农学类应用学科。学科的构建离不开优秀的教材和优质的课堂教学。

还需要有趣、生动、高质量的精品课程做支撑。兴趣是激发灵感的源泉，是获取知识的动力。科学合理的专业培养方案和课程体系是激发学生兴趣的前提。在园艺专业学科建设过程中，还应该注意与社会发展需求相结合，积极拓展现代园艺专业。园艺专业的教育应以社会对园艺人才的需求为导向，在现有的基础上结合社会经济发展需要，与时俱进，寻求新的学科增长点，形成自己的专业特色。

如何将服务质量引入专业学位教育质量评估中，从有形性（教学设施）、可靠性（教学能力）、移情性（教学态度）、保证性（教学内容）、有效性（教学方法）五个维度构建专业学位教育服务感知质量测评体系，如何让将其应用与专业学位的研究生教育质量评估实践中是当前急需解决的问题。

执笔人：邢　宇　张　杰

第三节　植物保护领域

一、都市型现代农业发展对植物保护领域研究生人才的需求趋势

都市型现代农业是北京市农业发展的现实和理想选择，为北京农业的快速发展提供了基础保障和技术支撑，但北京植保行业人才短缺，特别是研究生人才已不适应都市型农业的发展需要。未来几年，北京都市植保领域对传统植保研究生人才的需求将大量减少，其中一部分转为都市型植保专业人才，而都市型现代专业人才的需求将急剧增加。北京都市型现代农业发展需要的人才，在专业类型上要求适应新型农业、涉农产业发展的人才。植物保护作为农业生产过程的一个重要环节，在提高农产品产量和质量、保证食品安全方面有重要作用。

都市型现代农业的发展，对植物保护研究生科技人才的需求处于一种比较旺的需求态势。现代植物保护科技人才的定义已不仅仅是定位于传统植物保护专业培养出的人才，它至少包括两个方面的含义：一是适应都市型现代农业发展需要而培养出的掌握植物保护学科知识为主的多类型、复合型科技人才；二是掌握现代植物保护技术的植物保护专业及相关学科专业的各类人才。

（一）人才类型需求趋势

在人才类型方面，需要科学研究型、技术推广型和生产经营型人才。技术推广型植保研究生人才是植物保护技术推广和成果转化的主体力量，是今后应大力发展的对象。生产经营型植保人才目前人数较少，将来植保技术推广和转化的技术队伍载体，将由现在的政府事业单位转变为政府和企业两方面技术队伍共同承担，生产经营型人才队伍发展的潜力很大，将加大植保科技队伍建设的新的增长。

（二）专业类型需求趋势

在专业类型方面，现代植物保护科技人才知识和专业覆盖的领域会更宽更广。除对传统意义的病、虫、草害防治为主的植物保护专业的人才会有稳步的需求外，今后还将对以下几个方面的技术人才有较旺的需求，主要包括：

（1）植物保护技术管理、分析和服务的网络技术人才。

（2）用于重大生物灾害监测预警的遥感（RS）、地理信息系统（GIS）、全球定位系统（GPS）和计算机信息技术人才。

（3）病虫害可持续控制的化学信息调控、生态调控和先进鉴定监测的技术人才。

（4）高效低毒无公害的化学防治技术及农产品安全的人才，用于现代植物保护产业发展和技术推广的现代农业管理人才、营销人才、农资及农产品国际贸易人才等。

二、都市型现代农业发展对植物保护专业人才的具体需求类型

（一）都市型现代农业发展需要大力培育新型实用型植保研究生人才

掌握了大量植物保护技术的实用型研究生人才是植物保护科技成果转化的主体。这类人才应具备种植业的管理知识以及后期农产品加工、储藏、保鲜等技术内容。了解植物病虫害发生的基本情况，能够将所学知识快速应用到生产实践中去。因此应加强此类研究生人才的培养，使得这类植保人才能够及时获得现代的植保新技术，更好地应用于农业生产。

（二）都市型现代农业发展需要懂得管理的复合型植物保护研究生人才

当前，北京市农业的发展定位为现代都市农业，农业发展领域不断拓展，新品种、新技术层出不穷，这一情况要求北京市既要培育出一批现代化农民，更要培育出一批复合型农技人员。在发展现代农业的过程中，人们逐渐意识到这样一个问题：现有的农技人员综合能力急需提升，现代农业发展需要培养和引进更多有技术、有能力的复合型农技人才。所以植物保护人才不仅是掌握整个生产过程的实用型人才，更要进一步增强农业经营管理人才的市场意识、竞争意识、诚信意识和创新意识，具备农业经营管理人才队伍的创业能力和经营水平。培养复合型优秀组织人才，是一项极其艰巨和困难的社会任务，亦是我国深化科技体制改革中必须要解决的关键问题。

（三）都市型现代农业发展需要推广型植物保护研究生人才

目前，北京都市型农业的经营者主要是农民，而且种植经营模式多以一家一户为单位。农民的管理种植经验丰富，但是缺乏系统的栽培管理知识，也没有办法获得先进的植物保护技术。因此，要想建设好都市型现代农业必须注重推广型植物保护研究生人才的培养。有了这类推广型研究生人才，植物保护新技术，植物病虫害的综合管理知识才能下到田间地头、传播给农民，应用到实际生产中。

三、都市型现代农业发展对植物保护研究生人才培养提出了新的要求

随着农业现代化的发展，特别是都市型农业体系的形成，对环境和农产品要求的日益严格，对科技进步和劳动力素质提高的依赖度增强，从而对植物保护研究生人才在内的各种农业高科技人才提出了新的要求，对植物保护研究生人才培养新要求主要集中反映以下几个方面。

（一）培养符合绿色农业发展的植保研究生人才

长久以来，我国农作物病虫草害的防治都是高效高毒的化学农药防治为主，这种防治措

施在提高粮食产量和控制农作物病虫害方面取得了一定的成就，但是也造成了很大的问题，如环境污染问题、食品安全问题等。特别是我国在加入 WTO 之后，国际间的贸易日趋紧密，而绿色技术壁垒几乎全部涉及了植物保护技术及其应用的结果。都市型农业相对传统农业，除生产、经济功能外，同时具有生态、休闲、观光、文化、教育等多种功能，因此对绿色环保农业的要求更高。这就要求培养的植物保护研究生人才在农作物病虫害防治上更注重使用绿色环保或环境友好型农药，或者采取综合防控策略。

（二）培养发展推广应用型植物保护研究生人才

随着经济社会不断向前发展，农业经济加速分化演进，越来越要求农业科技人才结构不断优化，以服务农业经济的转型发展。长期以来植物保护专业人才的培养比较重视科研型研究生，而忽视了推广型研究生人才培养。在我国科学研究和生产实际脱离的现象也说明我们缺少这种技术推广型研究人才。都市型现代农业对科学技术的依赖程度增加，这就使得推广型人才变得尤为重要。最先进的防治技术，最新型的防治方法等都需要这种推广型的植物保护人才将其推向市场，推向基层。

（三）培养综合能力不断提升的植物保护研究生人才

当前，都市农业发展日益要求农业科技人才能够站在规模化、集约化、标准化、现代化农业的高度，以更高的素质和能力推动现代都市型农业的加速发展。另一方面，植保科技人才的系统性、梯次性要求不断提高。既要求植保高科技人才能够掌握大生态领域（如整个山丘）病虫害的综合防控能力，又要求能够对小生态领域进行综合管理，如一个温室，大棚等设施栽培中的病虫害防治等。另外还要求植保科技人员要掌握最新的植保科技知识，并将其运用到农业生产发展的实践之中。

四、都市型现代农业发展对植物保护专业建设的建议

我国是农作物病、虫、草、鼠害等有害生物（以下简称病虫害）多发、重发、频发的国家。防控好病虫害是植物保护工作的主要职责。北京作为现代化大都市，城市与郊区的农林建设除了要适应城郊居民的高品质生活需要，更要考虑其生态功能和环保功能。随着新北京、新奥运的城市建设和都市生活质量的不断提高，都市型植物保护的专业建设将在城市建设中发挥重要作用，其功能不断突显都市的特色。植物保护又是公共性、公益性、社会性防灾减灾事业，建设现代植保体系事关都市型现代农业的发展。为提升我国植保防灾减灾水平，增强重大病虫疫情监测预警和防控处置能力，服务现代农业，就加快推进植物保护专业建设提出如下建议。

（一）推进植物保护专业建设要充分认识到现代植物保护体系对都市型现代农业的重要性

发展都市型现代农业，首先要保证产品和服务的安全性。从国际经验看，必须建设一个从田间地头到餐桌的完整的食品安全体系，建立完善的农产品标识、追踪和市场准入制度。大力推进以提高农产品质量为核心的食用农产品安全生产体系建设，需要建设现代植保体系，尽快改善病虫害监测防控手段，转变传统的防控方式，大力推广绿色防控技术，从生产过程控制农药和有害生物毒素残留，是大力促进农产品质量安全和生态环境安全的有效途径。

（二）植物保护专业建设要强化植保科技创新

植物保护科技创新是植物保护专业建设的灵魂，是适应都市型农业生产和发展的需要。加强植保科技创新和团队建设，密切农科教和产学研协作，要在继续加强病虫害发生规律、监测预警、综合治理等基础研究和应用研究的同时，大力研发植物疫苗、病虫分子诊断、抗病虫品种、航空植保、物联网应用等高新技术。加快植保科技成果的转化应用，鼓励科研、教学单位专家深入基层开展植保新技术示范推广。要加强病虫害生物防治、生态控制、物理防治、化学防治等关键实用技术的集成应用，做好农机农艺融合和良种良法配套，强化科学用药指导和农药抗性监测评估，大力推广绿色植保技术，全面提高农药利用率和病虫害科学防控水平。

执笔人：张爱环　赵晓燕

第四节　种业领域

一、都市型现代农业发展对种业领域专业人才的总体需求趋势

都市农业是在城郊农业基础上发展起来的现代农业的一种形式，是大都市经济高速发展，在都市区域范围内形成的具有紧密依托并服务于都市的、生产力水平较高的现代农业体系。具备商品生产、生态建设、旅游休闲、文化教育、出口创汇、示范辐射等多重功能。

种业领域是为了适应我国农业和种子产业发展的需求而设立的。种子专业人才培养目标定位应当从种业发展趋势、种业人才需求、学校定位和满足学生个性发展要求等方面综合考虑，兼顾各方需要。根据种业发展趋势定位中国是农业大国，是世界第二大种子市场。种子在农业生产中的战略地位和巨大的市场需求是种子产业赖以生存和发展的基础，也是世界级种业成长的沃土。我国自1995年实施种子工程以来，种子事业取得了巨大的进步，但"弱、小、散"的局面尚未根本改变，育繁推脱节，产学研结合不紧，目前90％的种子企业没有研发能力，种子经营售后服务面窄。国内种子企业无论在产业规模还是在科技创新能力上，目前都尚未具备与国际跨国种子企业竞争的实力和水平。

二、都市型现代农业发展对种业领域专业人才的具体需求类型

在知识经济时代，企业竞争最根本的是知识竞争，而知识竞争归根结底是人才竞争。目前我国种业管理和种子产业从业人员，大多是传统的农学、作物栽培等专业人才，学历层次也有偏低的现象。从人员结构上看，一是种子生产人员多，市场营销人才少；二是一般从业人员多，高素质企业管理人才少；三是单一技术（知识）人才多，复合创新型人才少。在当前和今后一段时间内，企业一是需要作物育种和杂交种标准化生产的技术人才，大中型企业迫切需要掌握转基因各种方法的技术人才；二是需要种子市场营销、售后服务和企业管理人才；三是需要有实际工作经验和知识面宽、实践能力强、综合素质好、认同企业文化并具有较强执行力和强烈创新意识的高级应用型人才。"实用、适用、实践能力、应用知识和理论为社会谋取直接利益能力"已成为选择人才的共识，而主动性和责任感是作为现代社会成功的一员必不可少的素质。据此，高校种子专业人才培养必须积极应对，与种业实际和发展要

求相结合，真正为种子产业第一线和企业社会化服务输送急缺有用的人才。

三、都市型现代农业发展对种业领域专业人才培养提出的新要求

（1）依照当前国内种业发展的趋势，需组建优秀的育种团队，实施常规育种与生物技术相结合，特别是与转基因技术相结合，始终进行新品种选育，提高育种效率和种子科技含量。

（2）种子生产由粗放型向集约化转变，承包土地进行制种，加强种子生产关键环节管理。

（3）由种子科研、生产、经营脱节向育繁推、产加销一体化转变。

（4）兼并重组成为企业发展方向，种子公司向规模化、集团化、国际化发展。

（5）科技和人才成为企业竞争的焦点。

（6）种子销售从代理制转向终端开发，采取特许经销商方式，对销售点进行门牌公司化操作。

面对新形势，种业领域专业人才培养应紧扣提高人才培养质量这一主题，科学定位人才培养目标，更好地为种业发展服务。

四、都市型现代农业发展对种业领域专业建设的建议

在掌握系统的学科专业背景知识的前提下，应使学生具备较强的知识应用能力和岗位实践能力。

执笔人：尚巧霞

第五节　农业资源利用领域

一、都市型现代农业发展对农业资源利用领域专业人才的总体需求趋势

当前，我国农业问题、资源问题、环境问题都十分突出，严重影响和制约着我国国民经济持续发展和人民生活水平的提高。在北京地区，近年来由于水资源开发过度，年均超采1亿立方米，寅吃卯粮，水资源问题已成为可持续发展的瓶颈；土地污染日益严重，雾霾等空气污染日益频繁，这些都严重威胁着首都人民的生命安全。

《中共中央关于制定国民经济和社会发展第十二个五年规划的建议》中，将"建设资源节约型、环境友好型社会"作为基本国策；党的十八大提出"五位一体"总体布局，把推进生态文明建设提到前所未有的高度，提出"要加大自然生态系统和环境保护力度""坚持预防为主、综合治理，以解决损害群众健康突出环境问题为重点，强化水、大气、土壤等污染防治。"北京市为实现宜居城市的定位，在2004—2020年城市总体规划中，提出了要将北京建设成为生态城市的目标。习近平总书记2014年年初视察北京时，提出要把北京建设成为国际一流的和谐宜居之都。和谐宜居，首先需要一个天蓝、水净、气新的生态环境和气候，让居民望得见山、看得见水、记得住乡愁，这对北京教育、科技、文化等各个领域、各个行业的发展，特别是农业产业和农业教育发展提供了新空间、新机遇。

北京农学院是一所办学特色鲜明、多科融合的北京市属都市型高等农业院校，学校紧密

围绕北京新农村建设和都市型现代农业发展需求，坚持"以农为本、唯实求新"的办学理念和"立足首都、服务三农、辐射全国"的办学定位，培养具有创新精神和创业能力的应用型复合型都市型现代农业人才。绿色生态环保是都市型现代农业的一个重要标志。随着北京经济社会的不断发展，北京农业结构调整进入了关键阶段。基于城市定位和产业结构现状，北京在发展都市型农业过程中，重点突出生态保障功能，发挥农业的环境保护和生态修复功能。在种植业结构调整过程中，发展高效节水农业，农田逐步实行园艺化管理，减少裸露农田和扬尘；加快规模畜禽场粪污治理，提高养殖业排泄物污染治理水平，实行清洁生产；大力发展循环经济，鼓励发展种养一体、农牧结合的生态型生产方式；鼓励加工生产和科学使用有机肥，逐步替代化肥，减少农业面源污染；保护生物多样性，鼓励动植物病虫害生物防治；运用循环经济理念，发展低消耗、低排放、高效率的农业循环经济产业，促进再生资源和非再生资源的循环利用。

根据我国资源环境的现状和问题、北京都市型现代农业发展的特点和发展趋势及北京农学院的办学定位，社会对农业资源利用领域专业人才的需求处于一种比较旺盛的需求态势。当前，高等教育改革发展更加强调提高质量、优化结构、注重内涵、突出特色，更加注重高等教育对北京发展的贡献力，这对于都市型农业资源利用专业的发展提供了一个良好机遇。

二、都市型现代农业发展对农业资源利用领域专业硕士人才的具体需求类型

（一）高级专业硕士人才培养的总体要求

根据北京都市型现代农业发展的现状和问题以及 21 世纪资源与环境领域的特点和发展趋势，对农业资源利用领域的高级专业人才也提出了更新更高的要求。专业型农业资源利用领域硕士培养中应以专业实践为导向，重视实践和应用，培养在农业资源利用领域理论和技术上受到正规的、高水平训练的高层次人才。突出特点是学术性与职业性在资源利用和环境保护中紧密结合，主要不是从事该领域的学术研究，而是从事具有明显资源环境相关职业背景的工作。在农业资源利用领域专业硕士培养目标中，强调学生应有比较全面的基础知识和从事实际工作的专业技能，把"博"与"专"结合起来，做到一专多能，以适应我国社会和经济发展的需求。即具有良好的思想素质和道德修养，知识面广；具有团结、勤奋、求实、创新的治学态度和工作作风；具有较高的中外文表达和计算机应用能力；具有人文社会科学和自然科学的基本知识，系统地学习农业资源与环境科学、生态学、生物科学等基本理论，并具有较强的创新精神和能力，掌握资源环境分析技术、植物营养诊断与施肥技术、肥料工艺与肥料资源利用技术、土壤资源调查与评价技术和土壤环境污染分析与治理技术等专门技术，具有较强的科学素养，具有较强的实践能力，具有较高的从事相关专业业务工作能力和素质，在都市型现代农业相关农副业生产行业从事农业生产资料设计和生产、技术咨询与推广服务、农业资源利用管理，以及在农业、国土资源、环境保护和规划设计等公益性行业部门从事农村资源开发与管理、农业生产和农村环境监测分析、农业环境保护和农村生态建设等方面科技推广与经营管理等工作。

（二）高级专业硕士人才培养的类型

农业资源利用领域是一个多学科融合、涵盖面非常广泛的交叉学科，涉及土壤、水、气

候和养分资源的高效利用和生态与环境建设的各个方面。该专业与农业院校的其他专业及其他类型院校（综合性大学、工科院校）的相近专业比较，有其自身的特点，主要表现在以下几方面：

1. 与农业生产和农业可持续发展密切相关

农业资源利用是发展农业的重要保证，近年来出现的资源破坏、生态失衡、环境污染等灾害都严重地影响和制约着农业的发展。

该专业所设的课程及学生所学的知识、技能都是直接面向农业生产或间接地为农业生产服务的，只有保护好农业资源与环境，使农业生态系统实现良性循环，才能保证和实现农业的可持续发展。

2. 学科的整体性、综合性、实践性

资源利用问题不是个别的局部的问题，而是区域的、全国的、甚至全球性的问题。因此，考虑和研究资源利用问题必须从整体出发，从宏观上研究，才能从根本上解决问题。在方法上要采取综合的方法，包括利用各种技术手段、技术路线和途径，从而更好地为实践服务，更好地解决实际问题，因此必须把科学技术从实验室里解放出来，让其走向工厂车间、农场田间，转化为生产力，才能取得良好的社会效益、经济效益和环境效益。

该专业由与农业资源利用有关的几个专业组成，涉及土壤、水、气候、生物等农业资源和广大的农村环境，需要学生既能使这些资源与环境的要素为农业生产服务，又要克服现代化农业生产带来的不利后果，包括化肥、农药的过量使用，农业废弃物造成的污染以及资源耗竭、生态破坏等。

因此这一学科综合了与农业资源环境有关的大量基础知识及保护环境与资源的工程技术及管理知识等，具有很强的整体性、实践性，不仅包括自然科学，还包括社会科学的知识，要求学生具有较强的综合能力。

3. 专业的实践性

由于我国的资源与环境问题很多，水土流失，植被破坏，土地荒漠化，生物多样性被破坏，气候变化，大气、水和土地的污染，畜禽粪便和生活垃圾的堆积，乡镇企业产生的问题，化肥、农药、农膜的不合理使用等，这些都对农业生产产生了严重的影响。

如何合理地使用和调配农业资源，防治环境污染，保持生态平衡，促进农业环境和农村经济协调发展，是农业资源利用领域工作者面对的现实和应承担的任务。因此这一专业培养的硕士研究生必须具备良好的素质，成为具有实践能力、创新能力和应变能力的技术与管理兼备的复合型高级人才。

4. 就业范围的局限性

与综合大学和工科院校不同，农业院校的农业资源利用领域专业毕业生就业范围基本上仍在农业系统内从事技术、管理、科研、教学等方面的工作，只有少数人可能进入其他部门或继续深造。

因此，为了更好地为经济建设和社会发展服务，都市型现代农业发展对农业资源利用专业人才的具体需求类型，既包括少量高层次的科研型人才，也包括大量实用性的职业型人才。研究型人才的培养更强调基础，注重培养学生的知识面，通过设置大量的通用课程和较多的选修课程，既考虑到择业的范围扩大，又强调个性化人才的培养。职业型人才的培养既强调基础，更重视实践教学，包括大量的时间用于进行实践活动。在学习过程中，除研究生实践性活动外，应把大量时间集中用于社会实践，并且注重与企业的合作，为把大型都市特别是北京建成"天蓝、水净、气新"的世界宜居城市培养更多人才。

三、都市型现代农业发展对农业资源利用领域专业人才培养提出的新要求

专业硕士的培养目标是培养应用型的高级人才，有着明确的职业导向，强调学生的实践能力。具体而言，专业硕士人才的培养目标可以从学术水平、运用能力和综合素质三方面进行诠释：学术水平方面，更注重培养知识的理解和应用能力，将学术价值转变为生产价值和社会价值；应用能力方面，主要培养社会特定职业的高层次技术与管理人才，强调运用所学知识和所备技能，进行技术创新、技术开发的能力；而综合素质方面，专业硕士研究生需要以实际应用为导向，通过深入学习专业理论和专业技能，培养实干家所具有的高水平的专业技能，要求在今后的岗位上能发挥先进、专业的职业精神，发扬良好的职业道德和奉献精神。而作为一所都市型高等农业院校，北京农学院农业资源利用领域专业硕士的培养必须紧密结合自身特点，培养适合都市型农业应用型高级人才。

（一）多学科的综合、自然科学与社会科学融合

农业资源利用涉及面广，已经出现许多部门学科，如环境地学、环境化学、环境生物学、环境工程学、环境医学等，这些学科都发展很快。由于农业资源利用自身特点，要解决资源环境问题，必须靠多学科的综合。农业资源利用不是单纯的自然科学，它与社会科学中的其他学科也有密切关系，如经济学、管理学、社会学，甚至哲学、心理学、美学等。因此，自然科学与社会科学的融合也是这一学科发展的必然趋势。

（二）高新技术的应用

随着科学技术的发展，一些高新技术必将渗透到农业资源利用领域，并得到更多的应用，例如生物遗传工程、新材料技术、遥感技术、电子技术与计算机技术、新能源技术等，使得过去难以解决的污染物治理、全球环境与资源的监测、废物的再利用、资源的节约与回收等问题都可能得到有效的解决。

（三）与社会经济发展密切结合

农业资源利用本来就是为人类的生存发展服务的，随着可持续发展观念日益深入人心，农业资源利用必然与社会、经济发展中的实际问题结合更加密切，特别是区域的社会经济发展，无论是工业、农业、城镇建设，还是商业、旅游业，都要考虑农业资源利用领域的资源利用和环境问题，因此与社会经济发展更加密切结合也成为农业资源利用领域发展的必然趋势。

（四）资源环境问题的国际化

资源环境是地球上人类共同享有的财富，许多资源环境问题涉及双边、多边甚至全球，例如温室气体、臭氧层破坏、酸雨、海洋污染、生物多样性、危险废物的越境转移等，因此出现了"环境纠纷""环境外交"等新词汇。随着冷战的结束，资源环境领域的国际合作也日益增多，国际会议频繁举行，双边会谈中有关农业资源利用合作成为不可缺少的议程，在科学技术上的合作也是农业资源利用领域内国际合作的一部分。

四、都市型现代农业对农业资源利用领域发展的建议

（一）经济与社会发展的需求与农业资源利用领域高级专业人才培养

农业资源利用应当着重研究农业生物生产活动中的基本资源问题及资源利用与生态、环境之间的相互关系，其工作重点是：在可持续发展战略思想的指导下，努力提高土地生产力水平，注重生态环境的保护和环境质量的改善，保证优质农产品生产。自然资源的有限性，决定了人类社会必须走可持续发展的道路，我国水土资源的相对短缺，既要在有限的耕地面积条件下，努力提高单位面积产量，又要高效利用水资源。而且，随着经济全球化和人民生活水平的不断提高，社会对优质、无污染的农产品需求迫切，这样才能既满足国内市场需要并参与国际市场的竞争。

（二）培养多样化农业资源利用领域人才

农业资源利用领域涵盖面广，研究的问题都比较复杂，客观上需要在专业方向上各有侧重的多样化人才。同样，现阶段我国农业和农村经济与社会发展水平和就业市场的要求，决定了高校培养多层次、多类型的农业资源利用领域专业人才的必要性。在专业方向的设置上，要紧密结合我国农业资源利用领域方面的问题与社会需求，既要考虑农业资源利用和农业生产方面的问题，也要考虑农业环境问题；既要考虑资源与环境的宏观管理，也要考虑资源与环境监测与环境治理技术；既要考虑国家的需要，也要根据区域性需求确定专业方向。根据专业方向的要求，开设一系列配套的实用性较强的课程和实践活动。

（三）加强农业资源利用领域专业职业型人才培养

作为一个发展中国家，现阶段社会对研究型人才需求有限，如今硕士和博士毕业生出现的就业困难就是例证。大量的专业型硕士生需要在生产企业和基层就业。因此，无论重点农业高校或是普通农业高校，都应当注意实用性职业型人才的培养。否则，在实行市场经济的今天，生源短缺将会成为一个严重问题。面向市场培养职业型人才，需要农业高校从课程设置到各个教学环节进行必要的调整。主要是在加强基础课和专业核心课程建设的基础上，重点增加实践教学的内容，并增加开设一些实用性较强的课程。鉴于农业资源利用领域专业涵盖面非常广泛的特点，在职业型人才培养方面，应当根据市场的需要考虑设立多个专业方向。根据专业方向的要求，开设一系列配套的实用性较强的课程。在专业方向的设置上，要紧密结合我国农业资源利用领域问题与社会需求，既要考虑农业资源利用和农业生产方面的问题，也要考虑农业环境问题；既要考虑资源与环境的宏观管理，也要考虑资源与环境监测与环境治理技术；既要考虑国家的需要，也要根据区域性需要确定专业方向。在提供实用性技术方面，既要学生掌握传统的实用技术，更重要的是加强生物技术和信息技术等现代技术的培养。只要从实际出发，以创新的精神，就能培养出适合现代社会发展的高级专业人才。

（四）培养掌握现代高新技术和实用性技术的农业资源利用领域人才

与国外相关专业研究型人才的培养相比较，我们培养的农业资源利用领域人才存在着知识面较窄、对实际问题的分析与解决能力不够等问题，面向环境拓展是农业资源利用领域发

展的趋势。随着生物技术与信息技术在农业资源利用领域与环境领域的大量应用，社会对掌握现代高新技术人才的需求也将显著增加。在提供实用性技术方面，既要学生掌握传统的实用技术，更重要的是加强生物技术和信息技术等现代技术的培养。

农业资源利用领域目前还有许多新的内容有待挖掘，其研究方法、手段也不完备，这对从事这一工作的教师提出了更大挑战。自身也需要具有丰富的想象力、创造力，而不能墨守成规，因循守旧，否则这领域就不能得到发展。以创新的精神，从实际出发，才能培养出适合现代社会发展的农业资源利用领域高级专业人才。

执笔人：段碧华　刘　杰

第六节　养　殖

一、都市型现代农业发展对养殖专业人才的总体需求趋势

随着科学技术与知识理论的不断发展，当今世界对职业技能分化的要求越来越细，对职业技术含量以及专业化水平的要求也越来越高。为了应对这一变化，我国教育部自 2009 年陆续发布学位教育改革文件，完善了与专业硕士相关的配套政策，并将全日制专业学位教育列入我国的《中长期人才发展规划纲要》和《教育发展规划纲要》当中，这一系列的做法完全体现了我国发展专业学位教育的决心，也充分表明了我国对发展专业学位教育的高度共识、重视和支持，形成了较好的积极发展专业学位教育的政策导向和浓厚氛围。

二、都市型现代农业发展对养殖专业人才的具体需求类型

随着都市型现代农业的发展，社会对人才的需求从过去注重学位已转变成看重人才的实践能力和理论联系实际的能力，对人才也提出了更高的要求，既具有丰富的理论知识和科研能力，又了解行业生产情况并且具备实践应用能力的实用型人才成为社会的需求。

三、都市型现代农业发展对养殖专业人才培养提出的新要求

教育部明确要求专业学位硕士要到生产企业中去完成其科技创新的环节，而且还要注重其培养时间与生产时间的结合。

四、都市型现代农业发展对某专业专业建设的建议

养殖领域专业学位教育于 2009 年历史性地走入全日制硕士培养的主渠道，并以每年递增 10％的趋势迅速发展。但是，养殖领域人才培养面临着以下问题。首先，养殖领域专业硕士教育起步晚。早在 1981 年，学术型学位研究生教育就已经产生，直到 2009 年，我国的农林院校才逐步开始全日制专业学位教育的探索与发展。第二，相对于学术型硕士，养殖硕士培养规模小且形式单一。学术型硕士研究生规模过大，专业型硕士规模过小，与社会需求存在脱轨现象，严重影响研究生教学的可持续发展。第三，培养模式单一，缺乏特色。专业学位的教育教学方式、理论实践课程设置等与学术型研究生培养的模式存在雷同现象，并且专业学位硕士研究生在其学位论文方面也呈现出明显的"学术型"，体现不出专业学位的特色。第四，专业学位教育普及效果不显著。目前，由于毕业生不多，每年只有毕业生 6～8

名，社会对专业硕士的认知还很狭隘，甚至有些专业学位的学生或导师也不了解专业硕士该做什么，只是盲目地按照原有的路子进行学习或是教育。

面对机遇与挑战，北京农学院总结多年来研究生教学经验，结合学科特色，对本学科的专业学位硕士的培养模式进行深入探索。主要体现在：

（一）实行"双导师制"

2009 年，国家相关政策出台，硕士培养单位纷纷引入了"双导师制"。有调查显示，有64％的校内指导教师、76％的校外指导教师、81％的全日制专业硕士肯定了"双导师制"的培养效果。高校师生与管理人员普遍认为它适应了专业硕士作为应用型人才的培养需要。学院从 2010 年开始，从学科内部养殖领域中选拔专业理论水平较高、现场工作经验较丰富、教学指导能力较强的具有副高级技术职称的教师担任校内第一指导教师。同时，吸收顺义峪口禽业等畜牧养殖单位、饲料企业具有副高级职称的专家或其他具有较强责任心、工作经验非常丰富的相关专家或人员，担任全日制专业学位研究生校外第二指导教师，初步建立起了"双导师制"教学体系。

（二）采用"三段式"培养方式

全日制养殖领域专业硕士的培养根基是学生具备扎实基础知识和丰富的实践经验，并让学生多进行实践操作，增强其解决实际问题的能力。基于以上原因，学院采用理论课程学习、企业现场实践和学位论文研究相结合的"三段式"人才教学培养模式，培养时间为 2年。其中，课程学习刚性学制一般应在 1 年内完成，企业实践一般从第 3 学期开始，不少于 6 个月；学位论文研究工作采取弹性学制，一般均在 1 年以上。采用学分制和双导师负责制完成上述三个环节的培养。

（三）课程设置突出专业特色

全日制专业学位教育的课程设计主要以生产需求为导向，以有利于未来人才和行业发展为目标。因此，本专业全日制专业学位教育的课程设计也以生产需求为导向，以有利于未来人才和行业发展为目标，并根据学院师资力量及专业特色进行了有机的结合。学院根据全国养殖领域协作组下发的指导性培养方案，结合学院学科优势与专业特色，在调查了解社会经济发展、生产单位实际以及企业发展需求的基础上，重新制订了养殖领域全日制专业学位研究生的培养方案，开设的领域主干课程都是学院在多年研究生教学中积累了丰富经验和实践教学案例的课程。

（四）加强师资队伍建设

师资队伍建设是实现研究生培养目标，提高培养质量的重要保障。养殖领域全日制专业学位研究生教育的师资力量包括理论教师和实践导师两个方面。一是理论教师队伍建设，养殖专业学位硕士的课程理论需要与实践生产紧密联系，因此担任养殖专业学位教学工作的必修课程和选修课程的理论授课教师必须具有丰富的实践生产经验，大部分教师都有在企业或养殖场进行挂职锻炼的经历，或者有的教师还在企业或养殖场担任技术顾问或指导。二是导师队伍建设，选择导师前，学院会指导学生上网查看教师的研究方向，并积极向学生推荐主要从事的科研项目及取得的研究成果等，引导研究生选择主要从事科技推广应用工作、与企业联系紧密、横向课题比较多、养殖领域的实践具有十分丰富的经验，解决生产实际问题的能力强，能承担养殖领域专业学位课程并经学校遴选的教师成为实践指导教师，另外，学院将组织导师学习相关文件，促进教师与企业建立联系，鼓励教师招收全日制专业硕士，为建立系统健全的养殖专业硕士体系提供更好的平台。

（五）改革教学方法

由于养殖领域全日制专业学位研究生强调应用性，重点在提高学生应用知识的能力，在教学上相应要求教学的方式、方法应灵活多样。教师在课堂教学过程中，将教师的讲授与学生的讨论结合起来，并支持学生积极参加实践实习活动，加强养殖技术、饲料配方、饲料配制案例研究，模拟这些训练或现场教学、网络教学及聘请行业中的专家进行讲座等多种教学和实践方式，形成更多元的学生培养方式，培养全日制专业学位硕士运用科学理论知识解决生产过程中的实际问题的能力。

（六）建立实践教学基地

建立实践教学基地是全日制专业学位学生培养方式中不可或缺的组成部分，专业学位硕士研究生可以在基地内训练科研创新的能力，并对生产过程进行模拟。学校通过实践教学实验室建设，从本质上提高了专业的实验教学水平，充分实现了科研、教学与生产的相互促进，建成了本学科的一批研究生专业实验平台，达到培养学生创新与实践能力的目的。同时，利用本科生教学科研实践实习基地的挂牌，建立了多个校外实践教学基地，将集中实践与分散实践相结合，用不少于 6 个月的时间，对专业学位硕士进行实践环节的培养。这样，学生的实践就分成了在学校实践实习基地的基础实践环节和进入到企业后的强化实践环节，符合培养应用型人才的宗旨。

（七）建立企业和导师相结合的奖（助）学金体系

奖（助）学金体系的建立可以吸引优秀的本科毕业生报考，是激励学生努力成才、自主学习的手段之一，是保证全日制专业学位教育质量的激励机制和长效保障机制的重要手段，对提升专业学位硕士的培养质量具有十分重大的意义。由于目前国家对全日制专业学位研究生教育仍没有专项拨款，学生全是自费学生。对养殖领域全日制专业学位硕士研究生，学校采取了导师全额给研究生提供学费，并每月给研究生提供 600 元生活补助，以促使研究生全身心投入科研学习当中。

执笔人：方洛云

第七节 兽 医

一、都市型现代农业发展对兽医专业人才的总体需求趋势

我国兽医专业学位教育是 2000 年正式开始实施的。这是我国兽医学位教育开展 20 多年来进一步发展的一个必然结果，也是与国际上通行的高等兽医教育相接轨的一项重要举措，它标志着中国兽医学位教育的成熟和发展。兽医硕士学位设置的目的主要有三个。一是为我

国培养大批具有创新思想、创新能力和实践能力的兽医专业高级技术人才。这就要求在整个培养计划的设计和实施过程中，既要重视知识理论的传授，更要重视对学生的能力特别是实践能力的培养，他们毕业之后的强项应当重点体现在解决畜牧兽医面临的实际问题的能力上。二是全面提高我国兽医技术和兽医业务管理水平。这就要求课程设置应密切结合当前兽医工作的实际，要做到有的放矢，学生论文研究的基本结论要具有普遍的指导和参考意义。三是改进我国兽医研究生教育的单一局面。这就要求承担这类招生任务学校的领导、教师和研究生本人，要转变固有思想，更新传统理念，适应新的学位设置的要求。

二、都市型现代农业发展对专业人才的具体需求类型

随着都市型现代农业的发展，社会对人才提出了更高的要求，既具有丰富的理论知识和科研能力，又了解行业生产情况，并且具备实践应用能力的复合型人才为社会的需求类型。

三、都市型现代农业发展对专业人才培养提出的新要求

教育部明确要求专业学位硕士要到生产企业中去完成其科技创新的环节，而且还要注重其培养时间与生产时间的结合。

四、都市型现代农业发展对兽医专业建设的建议

我们熟悉的学术型研究生教育主要培养从事兽医科学研究或从事高等教育的人才，而兽医专业学位则主要培养从事实际工作、基层工作的人才，两者互为补充，互相促进，共同推动我国兽医学术研究和实际工作水平不断向前发展，更好地适应和解决在经济全球化大背景下我国兽医管理和兽医技术与国际间接轨的问题。兽医专业学位教育的成败得失，关键在于人才培养的质量能否达到预先的期望值，毕业生的实际工作水平和能力能否得到用人单位和全社会的认可，能否实现兽医专业学位设置的初衷。

（一）提高对兽医专业学位教育重要性的认识

要把兽医专业学位办成一个精品学位，需要进一步做到认识到位，组织到位，措施到位。兽医专业学位教育，是学校的一个学术品牌，说到底，是为提高全民族的科学文化素养、为促进我国社会经济发展服务的。因此我们应始终把社会效益放在第一位，不要把经济利益摆到第一位。要与时俱进，不断总结经验教训，进一步完善培养方案和其他相关文件，在现有工作的基础上，把兽医专业学位教育一步步推向前进。

（二）发挥双导师、特别是校外导师的作用

在培养方案中明确指出，对攻读兽医硕士专业学位者实行双导师制，由校内指导教师和校外指导教师共同指导。校外指导教师由业务水平高、责任心强、具有高级技术职称、来自实践部门的人员担任。校内外导师均由学校按程序办理聘任手续。但在实际工作中，对校外导师聘任、管理还不规范，他们的作用发挥得不够充分，须在今后加以改进。

（三）进一步落实各个教学环节

结合几年来培养工作的实践，进一步研究确定教学科目和教学计划。加强对任课教师备

课和讲课效果的检查，条件成熟后可实行考、教分离；要组织有关教师编写适应专业硕士教学需要的教材，提倡讨论式、案例式的教学方法；要强化中期考核，不要流于形式，要有一定的淘汰率。在强化管理、落实好教学环节方面还有许多问题值得探讨。

（四）进一步提高学位论文的质量

学位论文质量的高低，是衡量兽医专业学位教育好坏的一个重要的、直接的指标，具有很大的可比性。要进一步加强兽医专业学位的宣传，吸引优秀学生报考；要强化各个教学环节，特别要注重学生动手能力的提高；要选派责任心强、有实践经验并热心这项工作的教师做导师，并且选配好校外导师，共同指导学生的论文工作；抓好选题和开题报告，在调研和论文写作中加强与学生的联系和沟通；强化对学位论文的评阅和答辩工作，对个别质量低下的论文不予通过，以维护兽医专业学位的严肃性。①选题和开题。兽医专业学位论文的选题一般应是应用型的。对预防兽医学和临床兽医学领域，我们给出了一些参考性选题。这些示范性选题起到了一种很好的导向作用。一个好的选题应体现出广泛性（面不要太窄，要有一定视野）、交叉性（多学科互补，如兽医与畜牧、兽医与经营管理结合）、应用性（以实用性课题为主）、创新性（在观点、方法、结论上有新意）。在具体操作中，要求学生入学后，应尽早配备指导教师确定学位论文方向，给论文的调研、写作、修改留下充裕的时间；鼓励研究生根据各自的工作性质选择与确立论文题目；同时要发挥学生、导师、开题报告指导小组三个方面的积极性。根据指导小组的意见，学生对开题报告进行补充、修改、完善，开题报告的好坏直接关系到论文质量的高低，是需要高度重视的。②科研工作及撰写论文。这是对兽医硕士进行科研能力和论文写作训练的重要环节。在此期间，研究生需继续搜集和阅读文献资料，进行实验、调研等工作，对所获数据和结果，要以严谨的科学态度，进行整理及分析，并得到导师的认可。各种实验、调研、计算的原始记录要保存完整，在提交论文初稿时一并交给导师进行审查。导师应对学位论文初稿进行评价，重点是看其运用现代兽医学理论及相关方法与技术，分析和解决实际存在问题的能力。学生对所研究的问题应有一定的新见解，研究成果应能解决所在单位、地区存在的实际问题，在部门的生产管理中有较大的实际应用价值。研究生处还指定有经验的老教师，对复印前的学位论文进行审查、把关，重点是论文的形式是否符合要求，在科学内容、文字图表、参考文献等技术性方面是否存在问题。③严把答辩质量关。论文质量是衡量兽医硕士水平的一个主要参照。我们选择的论文评阅人，一般都是外单位有实践经验的高级兽医师、研究员进行盲审。论文答辩委员会是由校内专家和校外专家组成的，答辩委员会坚持原则、敢于负责，对规范后几届学生的选题、开题、论文写作、答辩起到了很好的警示作用。

执笔人：方洛云

第八节　农村与区域发展

一、都市型现代农业发展对农村与区域发展人才总体需求趋势

一位美国经济学家曾经做过这样的预言，21世纪对世界影响最大的有两件事，其中之一就是中国的城市化。城市化的产生，必然带来了农业发展新型模式——都市型现代农业，即以城市化地区及周边间隙地带为主，涵盖城市区划内全部农村区域，以高科技为支撑，以

设施化、工厂化、园区化为标志，以产业化经营为手段，以提高农业生产效益、发展农业多种经营、优化区域生态环境为目标，高层次、多形态的农业生产方式。伴随着都市型农业发展，城郊经济是一种特殊类型的区域化经济，而郊区农业更是一种特殊的农业，它随着都市整体发展而变化。传统的城乡格局已被打破，产生了众多都市里的村庄。都市型现代农业将成为城市的一个组成部分，城市的总体发展布局决定了都市型现代农业的空间分布状态，同时都市型现代农业的空间分布状态，也对城市发展产生着积极的影响。都市型现代农业是社会经济发展到较高水平时在整个城市区域范围及环城市经济圈形成的依托并服务于城市、促进城乡和谐发展，功能多样、业态丰富、产业融合的农业综合体系，是城市经济和城市生态系统的重要组成部分，是现代农业在城市的表现形式。

对于农村与区域发展学科来说，要主动适应经济发展方式转变和经济结构调整，适应城乡一体化发展需求，实现学生专业化、个性化、复合型、创业型培养要求的新型现代高等农业教育发展趋势。在学科建设上，为培养高素质劳动者和创新型、实用型、复合型人才，要科学地整合与统筹教育的规模、结构、质量效益等，合理配置教育资源，科学调整教育区域布局层次结构和学科专业设置。城市周边农村的内部产业结构和经营方向因都市农业的出现将随之产生深刻变化。城市形态和农村形态成为了一个不可分割的整体，都市农业强大的生态功能，为协调城市生态环境做出贡献。而都市农业还有明显的社会文化功能，这一功能将大大调节和充实市民的文化生活。都市中发达的信息和网络充满消费需求市场，更促进了农产品的加工和流通，更易于吸收、引进、消化先进的农业技术装备和实用技术。依靠农业科技的推动力量，加快发展都市型现代农业，适应发展都市型现代农业对科技成果转化应用的迫切要求，培养农业科研领军人才、农业技术推广骨干人才和农村实用人才带头人、农村生产型人才、农村经营型人才、农村技能服务型人才等能满足农业经济发展需要的不同层次的各类人才。

二、都市型现代农业发展对农村与区域发展的具体需求类型

都市型现代农业，其实质是指建立在现代农业科学技术基础上，融合城市与郊区农村为一体，运用现代化生产手段，实行集约经营（或工厂化）的优化和美化的现代大农业生产与供销。农村区域发展专业（规划方向）旨在培养能够从事农村区域经济和发展项目规划、项目管理和评估的应用型人才，满足当前城市化过程中，农村、农民和农业表现出的转型特征，特别是都市型农村发展的特征下，政府机构和公益机构实施发展项目规划、管理和评估的需要，同时也为了满足企业履行社会责任以及开发和实施公益项目促进社会发展的迫切要求。

因此，农村与区域发展领域专业硕士研究生目前作为农业推广硕士的一个领域，其培养目标是为农村发展、农业教育等企事业单位和管理部门培养高层次人才。本专业要求学生系统掌握基本的社会、经济和环境可持续发展理论及基本方法，熟悉我国当前转型期社会、经济、政治和环境发展背景和现状，能够比较熟练使用发展规划、社会和经济评估方法，至少掌握一门统计软件以及项目管理软件的基本使用方法，形成社会和经济管理创新项目设计的基本能力。除此之外，还须按照学校基础课程要求，掌握一门外语和熟练应用常用办公软件。经过培养后的毕业生应该具备经营管理能力。随着农业生产结构的不断调整，农业规模经营和乡镇企业的不断发展，毕业生可以应用所学的各种专业现代管理理论、经营管理、财务管理、生产管理的基本知识，具有较好的组织管理能力、综合判断能力和文字写作能力，

能胜任农业现代企业管理工作。高新技术方面，毕业生能运用信息化技术，带动农村发展建设，尤其是城镇化新形势下，都市型现代农村创新发展的建设中。

总体而言，为适应都市型现代化农业发展，以教育教学改革为动力，贴合社会人才需求，创新精神和实践能力、应用型和复合型的技术、经营、管理和创业人才将成为农村与区域发展领域未来人才需求类型。因此，培养具有综合化应用的农业科技能力水平，高素质人才是农村与区域发展领域专业硕士研究生培养目标。

三、都市型现代农业发展对农村与区域发展培养提出的新要求

都市型现代农业依托于城市经济系统，具有率先实现农业现代化的优良条件，能够促使大城市郊区迅速退出传统农业领域，突破传统农业生产的局限性，推动整个农业和农村的进步。

（一）培养具有综合职业技能的应用型复合型高层次人才

农村发展、农业教育是逐步将培养目标制定成为企事业单位和管理部门培养具有综合职业技能的应用型复合型高层次人才。因此，结合都市型现代农业的发展特点，在课程学习方面也有一些差异。比如增加了"农村公共管理""区域发展与规划"两门课程，将"自然辩证法"课程换成了"中国特色社会主义理论与实践研究"及"马克思主义与社会科学方法论"两门课程。虽然依然包括公共课、领域主干课和选修课三个部分，但在质量控制方面的课程考核和环节检查论文答辩上，培养的重点放在了农业技术研究应用开发及推广，并且提高学生的应用综合能力，但形式上还是比较单一。

（二）增强学生的实践性，重视对学生动手能力的考核与评估

从课程设置角度上说，通过增加实验教学、课程实习、专业实习、社会实践、毕业实习等环节，保证资金投入，强化组织与管理，重视对学生动手能力的考核与评估。减少认知性实习比例和验证性实验比例，增加综合性、设计性、创新性实验比例，让学生提高动手操作能力的实践实习。贴合农村区域规划与发展，提高以城镇化所要求的"三农"问题、户籍问题、土地问题、资源承载问题等，分别建立相应的选修课模块。在整个课程设置中，不仅要在主干课程中突出实践，还要构建合理的课程结构框架，加强课程之间知识衔接，减少课程内容的简单重复，体现课程设置的先进性、丰富性和实用性。

综上所述，我国都市型农业发展处于以城镇化为主的背景下，全日制农村与区域发展领域专业硕士人才培养体系需要重构。较以前的培养体系，农村与区域发展领域专业学位更应在独立性与专业性上开展更多元化的课程设置。重构的人才培养体系将以两个方向延伸，其一是加大选修课力度甚至可以模块化，其二是以城镇化为指导思想，在课程设置上增加多元化课程，跨学科凝聚度。由于农村城镇化对高校人才培养在思想道德素质、心理素质、团队合作精神与协作能力、创新意识及能力等方面提出了新的更高的要求。所以增强学生的实践性，从而提高其培养质量也是都市型农业发展人才培养的关键之一。

四、都市型现代农业发展对农村与区域发展建设的建议

都市型现代农业与传统农业相比，可以发现它们发展的导向差异。传统农业侧重于以生产者为出发点；都市型现代农业，则突出满足城市发展要求和市民消费需求。这种发展导向

连接了城乡互动，拉动了消费市场，促进了生产提高。其次，都市型现代农业则更加多元化发展，其作为一种与城市经济、文化、生态紧密结合、融为一体的农业形态。传统农业已经远远不适应世界城市建设的要求，大力发展集生存、生活、生产、生物、生态、生命，六大功能于一体的都市型现代农业成为必然趋势。发挥特色培养应用型人才支撑地方经济社会发展是农村与区域发展领域学科建设的核心目标。

（一）围绕都市型现代农业发展需求，在学科建设上更加突出都市型现代农业

在学科建设上要立足"三农"、服务"三农"、支撑"三农"，突出农科特色和优势、不断提升为三农服务的能力，着力夯实可持续发展的基础。以农为主，多科融合是都市型现代农业人才培养的必然要求。都市型现代农业发展要满足人们更高层次和更广领域的需求，因此，在学科建设上打破以往的局限性，不再只局限于农科与涉农学科的支撑，而是需要农、工、管、文、经、法多学科共同支撑，跨学科相互交流学习。学科建设要围绕都市型现代农业人才培养需求，构建农林经济与文法学科群。跨学科建设打造以农科为主干和特色，以工科管理学科为重点，农、工、管、文、经、法相互联系和融会贯通的优势平台，为满足都市型现代农业人才培养的多岗位，多层次，多类别需求，为增强人才培养的综合能力与活力奠定基础。

（二）在学科建设中应坚持将科技研究和应用推广相结合

学科建设中将应用三大平台，即公共通识、专业基础和专业特色，将创新精神和实践能力培养贯穿于人才培养的全过程。其中，公共通识部分主要侧重于学生对世界现代农业发展，都市农业理论，涉农政策法规以及农业与文化等方面知识的掌握。专业基础部分，则更加侧重于培养学生专业信息技术与应用方面的能力。在专业特色部分，学科主要侧重于学生对休闲农业、乡村规划、沟域经济、农村社工等方面知识的掌握。通过优化课程体系，推进分层分类教学，规范学分设置等方式，促进三大平台之间既相互区别又相互补充，共同服务于都市型现代农业人才培养。同时，启发训练学生的创新思维，重视学生收集处理信息能力、获取新知识的能力、分析问题和解决问题能力的培养和训练。

综上所述，在都市型现代农业背景下，农村与区域发展领域专业学位更应在独立性与专业性上开展更多元化的课程设置。多学科、跨学科的学科建设将必不可少。通过多元化的学科支撑，达到都市型现代农业的人才要求。同时，在学科建设中应坚持将科技研究和应用推广相结合，通过三大平台，激发提高学生的创新与实践能力，达到现代农业创新要求。

执笔人：刘　芳

第九节　林业领域

一、都市型现代农业发展对林业领域专业学位硕士人才总体需求趋势

林业硕士专业学位培养适应生态文明建设与现代林业发展需求，具有扎实的现代林业基础理论和宽广的专业知识，善于运用现代林业科技手段解决实际问题，能够创造性地承担林业及生态建设的专业技术或管理工作的高层次、应用型、复合型林业专门人才。中央领导在中国林业工作会议上曾指出："林业具有四大使命：实现科学发展必须把发展林业作为重大

举措，建设生态文明必须把发展林业作为首要任务，应对气候变化必须把发展林业作为战略选择，解决'三农'问题必须把发展林业作为重要途径"。

在全国林业"十二五"规划中，保护和建设森林生态系统、实施林业重点生态工程，是林业的第一重点任务。"十二五"时期，服务生态北京建设是北京林业的一个重要目标。而生态林的营造，需要大量掌握造林营林技术的高层次应用型林业人才。建设生态文明，决定了林业的主要功能是生态保护。生态林营建占用大量土地，发展林下经济，开发林下空间资源，将能有效补偿生态林"多建少伐"带来的近期经济损失。林下空间资源和农林废弃物资源的开发利用，离不开掌握林下经济实用技术及农林废弃物资源化利用的高层次实用型林业人才，生态林、景观林建设离不开大量的优质林木花卉种苗供应，优质林木花卉种苗供应需要掌握林木种苗繁育与生产技术的高层次应用型林业人才。良种是林业可持续发展的重要保证，实现良种的自主创新和国产化，是保障林业产业安全的核心战略。优质林木花卉品种的自主创新，需要掌握林木花卉育种技术的高层次应用型林业人才。

二、都市型现代农业发展对林业领域专业学位硕士的具体需求类型

（一）林木良种选育科技创新与推广人才

"十二五"期间，北京大力推进林木良种选育科技创新与推广体系建设。采用原地或异地保存方式，建立28个基因资源保育基地，占地面积约1034公顷；对核心种质资源进行改良、更新和保护，扶持选育工作。建立乡土树种驯化基地3处，面积38公顷；建立和完善林木良种基地13处，面积472.8公顷。上述形势，使得对于掌握林木良种选育科技创新与推广知识和技能的高级专业人才有较大需求。

（二）林木种苗繁育与生产人才

"十二五"期间，北京市林木种苗业实现"一场、十企、百种、千圃、万顷"的产业布局。建设完善一个林木种苗交易市场，重点培育20个具有较大影响力和竞争力的林木种苗龙头企业。优化结构、提质增效，控制（维持）苗圃1 000个，其中重点完善20个保障性苗圃。建设13个良种基地，发展彩色树种、造型树种、观果树种、生物质能源树种、水生植物、容器育苗等六类特色苗木基地。

（三）造林营林人才

"十二五"期间，北京以山区为主要对象，对2.67万公顷宜林荒山进行绿化，对150万亩低效林进行改造，对0.37万公顷废弃矿山实施生态修复，对20万公顷中幼林进行抚育，推进约5 500公顷的自然保护小区建设，建立231公顷的林木种质资源基因库，建设10处湿地自然保护小区或湿地公园，实施6.67万公顷平原造林，建设0.8万公顷绿色通道，实施一批大型公园绿地建设工程、扩大休闲空间，积极推进"增绿添彩"、完成100万平方米立体绿化等规划。上述工作需要大量的掌握造林营林的专业技术人才。

（四）发展林下经济的人才

景观生态林营建占用大量土地。发展林下经济，开发林下空间资源，将能有效补偿景观

生态林"多建少伐"带来的近期经济损失。懂得林下经济的人才将有较大的需求。

三、都市型现代农业发展对林业领域专业学位硕士培养提出的新要求

（一）在培养上要求按照应用型、复合型高层次人才来进行培养

既重视专业知识与技能的培养，也重视科技推广知识和能力的培养，还重视管理知识与能力、市场营销知识与能力的培养。在专业知识方面，既重视林学相关专业知识和能力培养，也注重生态学、观赏园艺、林下经济等方面知识和能力的培养。

（二）加强学生实践动手能力的培养，重视对学生动手能力的考核与评估

林业领域农业推广专业学位主要面向基层，面向林业企业。必须在基地、课程设置、师资配备等方面保证实践能力的培养：林花种苗繁育的各种技能（例如扦插、嫁接、压条、组织培养、容器育苗、菌根育苗）、造林营林的各种技能（大树移植、修剪、间伐）、生态功程的各种技能（植被恢复、大容器控根育苗）、病虫防治的各种技能（化学防治）、生物防治、植物造景技能。

从实训基地建设方面，设置校内实训基地和开辟校外实训基地，保证实训的场所。从课程设置角度上说，增加案例教学、实验教学、课程实习、专业实习、社会实践、毕业实习等环节，重视对学生实践动手能力的培训、考核与评估。

四、都市型现代农业发展对林业领域专业学位硕士培养专业建设的建议

（一）从课程设置方面

既具有林学专业的核心课程，又具有农业科技推广与传播等方面的课程，还有其他学科的一些选修课程。

（二）从培养基地方面

既有完整的专业实验室，又有完善的校内实训基地，还有稳定、先进的校外实训基地。

（三）从师资方面

实施双导师制，既有校内导师做指导，又有校外具有丰富专业实践经验和行业管理经验的高级工程师、园艺师做指导。

执笔人：张克中

第十节　食品加工与安全

一、都市型现代农业发展对食品加工与安全人才的总体需求趋势

都市型现代农业是以生态绿色农业、观光休闲农业、市场创汇农业、高科技现代农业为标志，以农业高科技武装的园艺化、设施化、工厂化生产为主要手段，以大都市市场需求为

导向，融生产性、生活性和生态性于一体，高质高效和可持续发展相结合的现代农业。都市农业（Agriculture in City Countryside）英文本意是指都市圈中的农地作业，它是指靠近都市，在城乡边界模糊地区发展起来的，可为都市居民提供优良农产品和优美生态环境的高集约化、多功能的农业。都市农业不仅可以提供农业产品，还可以为人们休闲旅游、体验农业、了解农村提供场所。总之，都市农业的功能主要是：充当城市的藩离和绿化隔离带，防止市区无限制地扩张和摊大饼式地连成一片；作为"都市之肺"，防治城市环境污染，营造绿色景观，保持清新、宁静的生活环境；为城市提供新鲜、卫生、无污染的农产品，满足城市居民的消费需要，并增加农业劳动者的就业机会及收入；为市民与农村交流、接触农业提供场所和机会；保持和继承农业和农村的文化与传统，特别是发挥教育功能。其中生态绿色农业要求农产品的种植和食用保持绝对的安全和营养。因此都市型农业要求社会提供具有一定食品加工和安全知识的专门人才，保证食品原料加工的安全性和营养性。

食品加工与安全领域全日制农业推广硕士是与食品原料生产、食品加工、食品质量安全控制及监管等方面任职资格相联系的专业学位。以发展现代农业和食品产业为宗旨，为相关企事业单位和管理部门培养具有坚实的基础理论和宽广的专业知识，具有较强的解决实际问题的能力，能够独立承担专业技术或管理工作、具有良好职业道德的应用型高层次人才。

二、都市型现代农业发展对食品加工与安全专业人才的具体需求类型

食品加工，是指直接以农、林、牧、渔业产品为原料进行的谷物磨制、饲料加工、植物油和制糖加工、屠宰及肉类加工、水产品加工，以及蔬菜、水果和坚果等食品的加工活动，是广义农产品加工业的一种类型。食品安全（food safety）指食品无毒、无害，符合应当有的营养要求，对人体健康不造成任何急性、亚急性或者慢性危害。根据世界卫生组织的定义，食品安全问题是"食物中有毒、有害物质对人体健康影响的公共卫生问题"。食品安全也是一门专门探讨在食品加工、存储、销售等过程中确保食品卫生及食用安全，降低疾病隐患，防范食物中毒的一个跨学科领域。

农业推广是农业推广和农村发展任职资格相联系的专业学位，主要为农业技术研究、应用、开发及推广，农村发展、农业教育等企事业单位和管理部门培养具有综合职业技能的应用型、复合型高层次人才。掌握农业推广领域、坚实的基础理论、系统的专业知识，以及相关的管理、人文和社会科学知识；具有较宽广的知识面，较强的专业技能和技术传授技能，具有创新意识和新型的农业推广理念，能够独立从事较高层次的农业推广和农村发展工作。

食品加工与安全领域农业推广硕士专业学位获得者应熟悉本领域的基础理论知识，掌握相关的关键技术与高新技术，具有创新意识和从事本领域的应用、推广、管理等工作的能力。能胜任本领域技术应用与推广及管理岗位的工作。非常适合都市型农业对食品加工和安全的要求。

三、都市型现代农业发展对食品加工与安全人才培养提出的新要求

能密切结合都市型的农业生产、食品加工业、食品质量安全检测和监管方面的实际，以解决生产中存在的具体问题，促进科研成果的转化，以技术改进和技术创新为重点，对现代农业的发展和农业管理体制的改革具有一定的促进意义。都市型农业既有对农业

种子资源的需求，也具有对农产品种植以及采后产品安全的要求，因此从理论层面要求具备有安全检测技能以及对产品安全有通识认识的人才去生产和监督。因此对于食品加工和安全的硕士生，要求掌握农产品品质检测的技能，以及熟悉掌握食品加工单元操作，熟悉食品加工原料安全以及加工安全和销售安全的诸多环节，熟悉国家标准以及标准检测的知识和技能。从而在农产品安全生产以及食用上提供保障。对于北京，主要的农产品是蔬菜和水果，因此植物原料安全以及产品安全是保证北京都市型农业的农产品安全的前提。

四、都市型现代农业发展对食品加工与安全专业建设的建议

发展都市型现代农业的途径，就是深入实施"221行动计划"，着手建设产业、科技、投入、市场、服务、组织等农业综合体系。"221行动计划"，就是摸清市场需求和农业自然资源两张底牌，搞好科技和资金两个支撑，搭建一个都市型现代农业信息平台。当前和今后一个时期，北京都市型现代农业要坚持"部门联动、政策集成、资金聚焦、资源整合"的推进机制，重点推动四大农业体系建设。其中科技体系的建立，涉及食品加工关于安全人才的培养思路。高新技术是都市型现代农业发展的决定性力量。北京要以农业生物技术、农业信息技术和设施农业技术为重点方向，逐步建立起具有北京特色的技术创新体系和技术服务体系，成为现代农业的创新源和辐射源，努力提高农业的整体素质。针对农业发展中的技术难点，政府以购买服务的方式，面向社会公开招标，组织重点攻关，把新技术、新品种无偿提供给农民。农业技术推广网络是科技服务体系的关键环节，是连接科研机构与农民的桥梁和纽带。要下力量完善这个网络，强化公益性职能，放开经营性职能，开辟田间学校、科技入户、远程教育、信息驿站、科技示范户等多种渠道，解决从科技到农民"最后一公里"的问题。农业综合信息平台应根据农民和农业发展需要，不断调整完善，更好地发挥作用。

到农村旅游观光、休闲度假，了解农业知识，体验农耕文化，在人均GDP 6 000美元的阶段，已经不再只是一种时尚，而是一种生活需求。农业已经不仅是农民赖以生存的基础，而且是市民生活不可缺少的一部分。目前，北京市农业观光园已发展到1 230个，观光采摘年收入达10.5亿元以上。发展休闲农业，既满足市场消费需求，又实现农民增收愿望。对于消费者来说，都市农业既要有赏心的自然氛围，又要有悦目的田园景观，既能驻足观看，又可亲身体验，寓健身于劳动之中，益醒脑于休闲之间。加上健康的有机农产品供应，消费者将获得全面的"丰收"，充分的享受。食品加工关于安全人才培养为农业产品加工和安全提供保障。

北京有很好的农业科技资源，理应在发展现代农业中起示范带动作用，这是北京的功能定位所致，是首都农业的责任。要超前发展精准农业，围绕新品种、新技术和新装备的应用，加快精准农业的推广和普及，最大程度地节约资源，提供满足市场需求的高品质安全的农产品。要大力发展创意型农业，要搞好农产品的文化注入，面对高端消费群，完成农产品的工艺化过程，提高农产品的观赏性和附加值。

总之，凡是涉及农产品安全的领域都涉及食品加工与安全的人才培养，针对都市型农业的具体需求，掌握加工操作以及掌握分析检测技术的人才会逐渐获得企业的重视，是市场的需求。

针对北京都市型农业的要求，在课程设置上紧密围绕北京都市型农业的要求，在原料安全、加工关键技术以及产品安全上加强知识掌握力度，促进全方位了解和掌握农产品加工和安全的知识体系，为北京农产品安全生产和销售做铺垫。

执笔人：綦菁华

第十一节　农业信息化

一、都市型现代农业发展对农业信息化人才的总体需求趋势

随着北京市都市型现代农业的快速发展，北京市各级领导高度重视农业信息化建设，市政府集中财力，组织科技力量，为京郊农村的信息化、网络化建设搭建硬件平台，为北京农业信息化快速发展奠定了良好基础。但是，从事农业信息化服务的人才数量不足、农业信息人才专业结构和层次结构不合理已经严重制约了北京农业信息化建设的进程。

北京农业信息化发展的基础设施设置较完善，有95.3%的行政村具备了政务光纤网络接入能力，郊区农村基层已建设各类信息服务站点6 346个，然而运用农业信息基础设施服务于农业宏观决策体系、农业生产管理体系、绿色农产品供应链体系、农业信息服务体系的专业人才还处于短缺状态，农业信息技术应用水平较低，还没有形成一支稳定的农业信息服务队伍。

（一）都市型现代化农业迫切需要掌握农业及农村信息化技术的人才

都市型现代化农业和社会主义新农村建设的可持续发展迫切需要掌握农业及农村信息化技术的人才。

北京发展都市型现代农业，需要摸清市场需求和农业自然资源两张底牌，搞好科技和资金两个支撑，通过农业信息化人才对庞杂的信息内容进行加工整理，搭建一个都市型现代农业信息平台，使农民在都市型现代农业信息平台完成信息交互、实现信息对等，亟需大量合格的农业信息化人才来担当此重任。在现代科技农业发展过程中，需通过计算机自动控制技术、农业专家系统、农业生产模拟技术和"3S"技术等的技术集成与应用，发挥农业信息化技术在农田基本建设、农作物生产管理、病虫防治、畜禽饲养全程管理中的应用，实现优质高效农业，提高农业生产过程的科学化、精确化和标准化水平，同样需要大量既熟悉农业技术，又掌握信息技术的复合型人才。

（二）北京农产品的质量安全体系建设迫切需要农业信息化人才

面对严峻的农产品质量安全形势，北京市政府特别强调一定要使北京的农产品质量达到"安全"，能让老百姓"放心"，因此，更强调利用信息技术开发适用于农产品物流的信息化技术与产品，为加快农产品流通和增加农产品效益提供有力的信息技术支撑，从源头进行监督，对农产品的生产、加工、运销、储存实现全过程的控制，强化农产品质量监管部门和农业生产企业对农业生产、流通过程信息的管理和农产品质量的追溯，这些工作的顺利实施同样需要既懂农业知识又能够熟练掌握各种信息技术的应用型、复合型高层次农业信息化人才。

（三）都市型现代农业的科学规划与合理布局迫切需要农业信息化人才

都市农业的生产比一般农业生产更具复杂性，都市农业生产要求奇、特、优、新、生态多样化，必然会涉及庞大的农业生产知识、技术和信息，需要农业信息处理技术人员对大量农业信息资源（知识）的整合与分析，提供既包括空间格局数据，也包括定性特征和趋势分析的北京都市型现代农业长远发展新业态、新发展、新领域的规划设计方案。最后，需要大量的信息模拟技术人员利用三维仿真技术、多媒体技术和人工智能技术构建虚拟的空间，模拟都市农业现状布局和规划成果，实现规划产业的三维立体展示，使农业规划数据真正"落地"，为北京都市型现代农业的科学规划和合理布局提供决策支持。

目前，北京及其周边地区对农业信息化人才的需求量大。为了满足北京市都市型现代农业发展对应用型、复合型高层次农业信息化人才的需要，北京农学院从 2006 年开始与北京林业大学共同商讨联合培养农业信息化领域农业推广硕士，于 2008 年年底正式面向全国招生，由北京农学院组织农业信息化领域农业推广硕士招生的专业课考试和综合面试，并负责统筹教学、管理工作，承担农业信息化领域农业推广硕士相关课程的教学工作，已积累了一定的经验。

二、都市型现代农业发展对农业信息化人才的具体需求类型

（一）农业信息化应用的推广者

都市型现代农业的发展要求农业信息化技术应用到各个基层用户，从而形成庞大的、有效的农业信息化网络。

（二）农业信息系统的建设者

①都市型现代农业的发展要求形成功能完备的信息管理系统，从而在根本上改变传统农业落后的管理方式，充分利用现代化信息技术提高农业生产、流通效率。②都市型现代农业的发展要求建设权威的农业专业系统，从而使各层各级用户能够快捷、准确地解决所遇到的各种相关问题。③都市型现代农业的发展要求拥有影响力广泛的网络平台，从而充分利用互联网技术加快都市型现代农业在信息发布、特色宣传、产品流通等环节的优势。

（三）农业信息系统的维护者

农业信息系统在运行过程中，需要根据需求对系统进行备份、升级和更新，从而保证系统的有效运行。

（四）农业信息系统的管理者

各层各级的农业信息系统都需要及时对最新信息进行收集、整理、分析、处理并发布。

（五）农业信息系统的应用者

各个农业信息系统若要发挥最大的作用，需要专门的人员来运营。

三、都市型现代农业发展对农业信息化人才培养提出的新要求

根据国务院学位委员会学位〔2000〕3号文件精神和全国农业推广（农业信息化）硕士专业学位教育指导委员会《关于制定在职攻读农业推广硕士专业学位研究生培养方案的指导意见》（农推指委〔2005〕5号），在广泛调研的基础上，根据都市型现代农业的特色、新农村建设和郊区县发展的需要，应充分论证，建立有特色的课程体系、实践体系和学位论文体系，制订和严格执行培养方案，进行动态信息化管理，保证研究生完成课程学习、论文选题、开题、论文中期报告、送审答辩等关键环节。同时应鼓励支持任课教师编写适于农业推广（农业信息化领域）硕士研究生学习的专业课教材。

在农业信息化领域农业推广硕士学位研究生中应实行双导师制，聘请实践经验丰富并具有高级技术职称的校外导师进行联合培养，加强学校与其他农业企事业单位的合作、各区县相关单位的合作，实行双导师制，共同指导培养人才，使其更加适应都市型农业发展的需要。

研究生培养实行督导制，成立学位研究生培养督导小组，检查各培养环节的执行与落实过程中出现的问题，及时给研究生和导师进行信息反馈，进行讨论提出对策，并加以解决，实现培养全过程的管理，保证培养质量。

四、都市型现代农业发展对农业信息化专业建设的建议

（1）围绕北京市都市型现代农业发展对农业信息化人才培养的需要，应组建与农业信息化相关的学科群。在培养过程中，应构建农业学科和计算机科学与技术学科为主体的知识框架，侧重于交叉学科综合知识的运用和能力培养，为北京市培养具有广博的业务知识，较高的技术水平的高层次、复合型、应用型专门人才，加大对京郊农业科技与管理人才培养的力度。

（2）应在农业信息化领域建立良好的科学研究基础。

（3）应在农业信息化领域具有雄厚的师资力量。

（4）关于人才培养方案建议：

①注重教育的先进性：培养农业信息化领域专业硕士研究生及本科生，掌握现代农业技术的方法、农业信息技术与应用，农业项目策划与编写等实用技术，具有现代知识与理念支撑的推广能力。

②明确教育的针对性：针对北京农学院都市农业高等教育的特点，研究都市农业与农业信息技术的关系，确定对学生进行计算机应用能力培养的具体目标。培养农业信息化领域专业硕士研究生及本科生结合观光休闲与体验的北京农业特点，适应资源、生态、食品对高等农业教育的要求，掌握计算机的应用知识，能够将计算机与农业信息技术应用于其工作领域。专业学位论文选题应来源于北京都市型现代农业、新农村建设和北京农业生态环境建设，具有一定的针对性，成为既熟悉本专业业务又掌握计算机应用技术的、满足都市农业建设需要的复合型、应用型人才，使得毕业生在实际工作中，能运用掌握的农业信息技术促进生产，增加经济收入和建设风景秀美乡村。

③努力突出应用性：注重应用能力培养，进行教学方法改革。突出实践应用能力训练，包括计算机的各种基本操作训练、农业试验数据分析统计、编程训练、网页制作和实用模拟运用所需的相关计算机应用能力训练，课内外实践训练相结合，培训学生参加全国的电子设

计大赛，有效地促进学生计算机应用能力的提高及教学质量的提高。本单位培养方案设置的知识结构主要由信息技术与农业相关知识组成，着重于培养学生运用农业信息的科学理论、方法与技术，解决农业技术推广、农业和农村等问题的能力，培养学位研究生具有现代经营管理知识与能力。

执笔人：刘艳红

第十二节　农业科技组织与服务领域

一、都市型现代农业发展对农业科技组织与服务专业人才的总体需求趋势

虽然，北京农业在经济发展中增加的比值很小，但农业的基础作用不应减小，甚至更需加强。都市农业的发展模式为首都农业增添了后续发展的动力，北京农业的功能已经不仅是农业生产的经济意义，更重要的是丰富生活、保持生态以及示范带动方面的作用，特别是在人均 GDP 已经超过一万美元的阶段，北京的农业生态和服务价值将会得到更充分的体现，农业推广人才随着社会发展也呈现出新的需求趋势，农业科技组织与服务专业领域的农业推广人才在农业生产服务、农村社会建设和农业持续增效等方面将发挥日益重要的作用。

专业学位是与农业技术推广和农村发展领域任职资格相联系的专业型学位，应定位于培养三类人才：第一类是解决农业发展问题的人才，即掌握农村社会和农业发展规律，宏观规划农业、农村社会未来的发展方向，着重研究解决农业经济问题、农村社会发展问题的人才，这是农业推广硕士专业学位中农村与区域发展领域定位的培养目标。第二类是解决农业技术问题的人才，即掌握坚实的基础理论和系统的专业知识和技能，能紧密结合农业生产实际，运用先进方法和现代技术手段，进行现代农业应用技术研究、技术项目改造和攻关项目或者是新品种、新工艺、新材料的研制与开发的人才。这是农业推广硕士专业学位中作物领域、园艺领域、农业资源利用领域、植物保护领域、养殖领域、农业机械化领域、渔业领域、草业领域、林业等领域定位的培养目标，这类人才主要是解决农业技术推广的具体内容问题。目前农业推广硕士专业学位中已有的 10 个领域主要是培养第一类和第二类人才。第三类是解决农业科技推广组织结构、农业科技组织与服务系统的设计以及设置、调节和控制领域问题的人才。即掌握农业科技组织、管理、传播、教育的基本理论，能解决农业科技推广中的传播、教育、培训、组织、管理、服务等方面问题的高层次应用型、复合型人才，重点研究科技推广组织、科技推广服务、科技推广的方法、途径和技巧等问题，使农业科技活动围绕既定目标、达到高效利用资源、保持合理的结构、维持有序状态的目的。农业科技组织与服务领域就是要培养这类符合都市型现代农业人才需求的高素质的应用型人才。

面对都市农业发展的新要求、国内农业资源的约束和国际市场的巨大挑战，提高农业科技转化率，促进农业可持续发展，解决"三农"问题，必须依靠科技创新和技术推广。实践证明，有效的农业科技进步不仅取决于科技本身的创新，更重要的是取决于有效的农业科技推广。农业科技推广人才尤其是在农业的"第三产业功能"日益突出的背景下，农业科技组织与服务专业领域的硕士研究生将有着更广阔的发展天地，农业科技组织与服务专业领域的农业科技推广人才将有着更为广阔的需求空间，作为农业科技组织与服务专业人才培养迎来新的发展机遇。

二、都市型现代农业发展对农业科技组织与服务领域专业硕士人才的具体需求类型

（一）农业科技组织与服务专业硕士人才培养的总体要求

北京根据"建设有中国特色世界城市"的总体要求，提出了发展世界水平的农业，建设世界水平的农村，培育世界水平的农民的目标，世界水平的农业需要高素质的现代化农业人才作为保障，而现实的情况是，农业科技推广人才存在总量不足、学历偏低、年龄老化等现象。发达国家农业科技推广人才与农业人口之比为1∶100，而我国为1∶1 200，北京相对较高，但也距世界先进水平相差甚远。日本100％专门技术人员和65.6％的改良服务员具有大学本科及以上学历，美国农业科技推广人员的学历层次更高，有将近一半的县级农业科技推广人员具有硕士学位，具有博士学位的高学历人才也占有一定比例。而作为首善之区的北京，基层一线的具有硕士以上的农业推广人员也还是屈指可数，农业科技推广人才的数量、素质技能还远不能适应北京现代农业发展的需求。目前农业科技组织结构与服务体系不健全、农民受教育程度低、农业信息技术传播渠道不畅等仍然是制约北京农业发展的关键问题。

农业推广不仅是掌握农业技术人才的技术推广，这其中还涉及农业技术人才的管理、组织以及农业推广方法的选择和利用等，相比单纯的技术推广，这种非农业技术可以加速技术传播和转化，其发挥作用的空间将愈发宽广。农业科技组织与服务领域是与农业技术推广、农业科技教育、农业科技管理等任职资格相联系的专业领域。该领域以农业科技推广中的组织、管理与服务，农业科技传播中的模式、机制、媒介、规律及效果评价，农业科技人才培训培养的模式、机制、手段为主要研究内容，主要为从事农业科技推广中的传播、教育、培训、组织、管理与服务等工作的企事业单位、教育机构和管理部门培养高层次、应用型、复合型专门人才。农业科技组织与服务领域主要的培养对象是农业科技战线、农业教育战线、农业行政管理部门、农业科研部门、涉农企业与培训部门的技术人员、行政人员、业务人员、管理人员，这一群体的综合素质和业务技能的提高，有利于提高农业科技组织与服务能力，加快农业科研成果的转化与应用。

（二）农业科技组织与服务领域专业硕士培养的特点

北京农学院农业科技组织与服务专业硕士点是一个多学科融合、涵盖面非常广泛的人文管理类专业，该专业与农业院校的其他专业及非农院校的相近专业比较，有其自身的特点，主要表现在以下几方面：

1. 招收对象广泛

北京农学院农业推广硕士农业科技组织与服务专业领域是一个以人文管理类专业为依托的农业推广硕士点，招收对象不需要有特别突出的某一专业的专业背景，可以招收该硕士点依托的强势学科法学和社会工作专业毕业的本科生，也可以招收经济、管理或者其他技术类学科的本科生毕业生（应届和非应届），在职学员可以招收与农业推广任职相联系的部门和单位的在职人员，也可以招收准备就职于涉农部门的在职人员。同时，北京农学院农业推广硕士农业科技组织与服务专业领域的包容性为培养交叉学科的农业高级应用型复合型人才奠定了较好学科基础。

2. 人才培养宽口径，研究生就业范围广泛

农业科技组织与服务领域人才培养，不以某一具体的专业技能的推广为目标，而是基于农业技术、教育和管理的综合性利用的架构，更多地体现出资源整合的性能，从而改变多年来农业科技推广、教育、管理分割的格局，使高等农业教育、科研、技术推广能有效地融为一体，构建出合理高效的农业科技推广组织结构和体系。在都市农业已经不以生产性发展为第一目标的农业发展模式的背景下，农业科技组织与服务专业对于培养适应农业发展和农村经济建设需要的农业科技管理与服务队伍，增强先进技术推广的支撑力度，促进农业科研、农业技术推广事业的发展和农业的全面发展方面日益发挥其独特的作用。

3. 人才培养方面突出与职业领域相一致的实践能力

专业硕士教育的目标是培养具有职业背景，能解决生产、管理、建设工作中实际问题的应用型研究生，为全国和北京农业发展培养和造就为农业技术推广和农村发展服务的都市型高级应用人才，是都市型农业院校的历史重任。

北京农学院农业科技组织与服务专业硕士研究生培养具有得天独厚的实践基础，其依托的法学和社会工作专业都有着突出的实践性基础。本科人才培养采取"3＋1"的培养模式，研究生专业课教师和导师形成了求真理、重实践的优良传统，研究生导师在指导学生学习和实践的过程中注重学生对知识应用的开发和训练，课程体系也突出应用性的特点，专业课中带有实践性特点的课程占到 80％，如农业科技组织与服务案例讨论、农业科技管理与经营、农村社会调查理论与方法等都具有突出的实践性特点，课程内容紧扣社会发展。同时，实践课程与职业领域相衔接，注重职业能力的培养，加大实践基地建设，使研究生应用型目标有落地的平台。同时，农业科技组织与服务领域专业的导师团队的科研领域也集中于"三农"法律问题和城乡社会服务与管理，导师和任课教师科研方向的涉农特色，为专业硕士的人才培养起到了很好的支撑作用，导师在指导学生的过程中，懂需求、接地气，职业能力培养、导师科研和学生的实践课程有机结合，使学生在学习中实践、在实践中学习，职业能力与学习能力统一并进，使人才培养与社会需求高度一致。

三、都市型现代农业发展对农业科技组织与服务领域专业人才培养提出的新要求

（一）农业人才特别的高级应用型人才仍然是都市型农业发展的瓶颈

农业是我国国民经济的基础，但我国农业发展相对滞后，与发达国家相比，在农业劳动生产率、科技成果转化率、科技成果贡献率、农产品商品化率、农业资源与环境保护意识、农业技术型人才数量与质量等方面还存在较大差距，属于弱势产业。这主要是由于千百年形成的"轻农"理念，加之以前长期存在的计划经济弊端，使"三农"问题积重难返，造成农业领域的人才不济，成为制约现代农业发展的"瓶颈"。都市农业具有"高投入、高产出、高效益"的特点，这种以农业科技和产业投入带动的新型农业发展形态，更加突出作为"活劳动的人"的能动性，人力资本成为都市农业投入中的关键因素。高级应用型的农业推广人才队伍建设成为都市农业发展亟待加强的重要问题。当前北京都市农业的从业者大都是半路出家，农业推广知识薄弱，对都市农业的发展缺乏前瞻性和创新性，从而在一定程度上限制了都市农业的发展。要从根本上解决这个问题，必须培养擅长都市农业的高级应用型人

才，加大农业推广的力度，加强北京都市农业的引领作用，实现各种新兴农业以及涉农产业的经济效益，以研究农业科技组织与服务方法、保障和实施的农业科技组织与服务专业人才，成为新型的农业推广硕士

（二）农业科技组织与服务人才培养具有时代化的要求

农业推广活动是随着农业生产活动而发生、发展起来并为之服务的一项社会事业。农业推广活动的内容、形式、方式、方法因政治、经济、社会发展水平不同而不同。随着社会和科学进步，现代意义上的农业推广教育是一种大农业推广教育的概念，既要解决农业推广活动的内容问题，又要解决农业推广的主体问题、如何组织推广的问题以及推广效率的问题。因此，农业推广硕士专业学位除了培养传统意义上的高层次应用型专业技术和科研人才外，还要培养农业科技推广的组织、设置与调控，农业科技传播与教育等所必需的人才。都市农业的发展要求农业人才培养时代化。农业科技成果由知识型生产力转化为现实生产力时，随着都市农业产业化和国际化的发展，农业推广不仅是技术传播的问题，还涉及组织整合、系统管理和教育保障等各方面的因素，这种时代化的人才培养需要，为农业科技组织与服务专业带来了勃勃生机。

（三）都市农业要求农业科技组织与服务专业人才培养应以都市农业的时代化发展需求为目标

都市农业是社会经济发展到一定阶段的产物，与传统的农业相对比，都市农业的生产、生活和生态功能融为一体，对应于不同的经济或者农业发展阶段，对农业的人才需求也有差异。都市农业是与市场经济相适应，其服务生活的功能通过市场调控实现，因此，农业人才也需要有市场化的思维和眼光，具有应对市场需求的能动性。农业科技组织与服务专业学位人才，应当能够掌握坚实的基础理论和宽广的专业知识，掌握解决农业推广问题的方法和现代技术手段，具有创新意识和独立担负农业推广技术的组织和服务能力，这对北京农业现代化和农村发展以及农科研究生教育改革具有深远意义。

都市农业对人才需求的口径更宽，种植、养殖类等生产类技术已经不再是紧俏专业，从人才供应与需求的对比来看，懂管理、会经营的高级综合应用型人才更受欢迎。在北京，农业生产需要的技术可以从科研机构或其他具有科研能力的组织获得，农业生产、加工技术的供应已经不是难题。而盘活技术、盘活资金投入的软件方面包括农业科技转化能力、科技服务组织水平、法制保障条件、社会建设组织等方面急需加强。农业科技组织与服务领域专业硕士人才培养应当紧扣都市农业的发展，紧扣社会形势，以人才需求为导向，融合学科力量，强化专业实践，使专业学位研究生能够具有宏观的认知分析能力，能够将理论研究应用到具体实践操作技能中去，并能在农业生产和生活中组织管理和解决实际问题。

四、都市型现代农业对农业科技组织与服务领域发展的建议

（一）明确应用型专业硕士培养目标

农业推广硕士农业科技组织与服务专业学位研究生教育作为一种研究生教育新类型，

其目标是培养具有职业背景，能解决生产、管理、建设工作中实际问题的应用型研究生。农业科技组织与服务领域农业推广硕士专业学位获得者应掌握本领域的基础理论和系统的专业知识，以及相关的管理、人文和社会科学知识；掌握解决农业科技组织与服务问题的先进方法和现代手段；具有创新意识和独立从事农业科技组织与服务管理领域的开发或管理工作的能力，为此，培养计划、培养模式、教学安排、教学形式等都需要根据农业推广硕士专业学位研究生特点科学设置，对应人才需求，健全培养管理和服务水平，切实提高农业推广硕士专业学位研究生教育质量。专业硕士学位重点是培养学生的解决问题的能力，并非以学术发展为目的。强化专业学位人才培养，需要认真地理解应用型人才的培养目标和要求，不能用对学术型研究生的要求来衡量应用型研究生的培养，要使社会和学校教师充分地认识到，培养专业学位研究生不是放松要求、降低质量，而是培养方向不同，更不能认为专业学位是比学术型学位低的学位。明确和统一对农业推广教育的认识，通过对教师和教学管理者进行农业推广硕士专业学位研究生教育特点的教育，鼓励他们探索不同于学术学位的专业学位研究生教育的培养模式、课程体系、教学方式和管理体制，使其真正意识到不能按照学术型研究生的培养模式来培养应用型研究生。

（二）强化实践教学，注重人才培养的应用能力

探索新的实践教学模式，创建以职业能力培养为目标的实践教学模式已成为农业科技组织与服务专业一项十分重要的任务。借助科研项目与行业、协会和企业的资源建立多种形式的实践基地，完善与行业、协会和企业合作的实践模式，探索建立发展适合专业学位研究生的实习场所，是强化实践能力的重要途径。实践教学要达到培养研究生处理实际问题适应未来职业需要的应用能力，要求学校教师必须参与到学员的实习中，使理论知识与社会实践活动合为一体，有针对性地对学生的实习进行指导和监督。

农业科技组织与服务专业人才的知识结构应以横向知识拓展为主，兼顾传统专业知识的纵向深入。培养内容着重在农业推广学、市场经济条件的社会学、管理学和经济学等理论和方法的补充，以及适应农业推广、农村发展实际的专业知识拓展。为研究生安排校外行业专家任第二导师，填充校内教师实践方面的不足，注重发挥第二导师的作用，教学内容上更加侧重于应用，加强案例教学，通过产学研相结合、校企联合、校场联合、校乡联合、校村联合等多种途径，切实加强应用型教学，培养提出问题、分析问题和提出解决思路、方案的能力，加强组织协调能力、团队合作能力培养，改变重理论、轻实践的培养方式，改变以毕业论文作为衡量学生综合实践能力最后一道关口的规定，代之以岗位就业实践报告、调研报告等作为学位论文形式。

（三）分层次管理，加强培养过程与培养质量的控制

农业科技组织与服务专业学位研究生入门专业多样，学业基础也各不相同，培养方式也有区别。有在职研究生，有全日制研究生。全日制研究生大多是应届毕业生，有精力学习，理论知识相对系统，但缺少工作经验，学习的应对性也就不够具体，对实践领域缺少感性认识，培养的难点在于找寻立项的兴趣点，确立论文的立题，联系实际调研，从而做出符合学位要求的学位论文。而在职研究生，有工作实战经验，还有相当一部分来自涉农单位，有一定的农业推广工作经验，对农业科技组织与服务专业的学习需求方向明确，论文研究方向也

较为清晰，不足的方面是在职学习的研究生时间投入有限，甚至专业课程的上课时间也偶有缺课现象。因此，对于在职研究生培养管理需要加强课程监控。但无论是在职还是全日制，培养标准是统一的，课程的设置体系统一、实践课程统一、学位论文标准统一，因此，根据对在职和全日制学生培养方式的不同特点，严格要求，科学管理，是保证农业科技组织与服务专业研究生培养质量的重要关卡。

（四）与经济社会发展相协调，发挥农业科技组织与服务的专业优势

农业科技组织与服务专业领域是农业推广硕士中设置较晚的专业领域，并且各个高校中这个专业的依托学科也不尽相同，有一部分依托农学、园艺等农业生产门类的学科，有一部分设在经贸类的学科，也有一部分依托人文管理学科。北京农学院农业科技组织与服务专业领域的农业推广硕士从始建之初就设在文法学院，以法学和社会工作为依托，以农业科技组织与服务法律保障和城乡社会管理和服务为主要研究领域。当前，北京市农业产业化、组织化、集约化程度大幅提升，农业推广已经不仅仅是经济发展、技术推广的问题，而是包含着诸多人文因素的广义的农业推广方面的内容，如农村社区建设、农民素质提升、农业生产、农民生活的法律保障、农村社会矛盾化解等，依托于人文学院法学、社会学学科的农业科技组织与服务专业有着广阔的发展空间。尽管北京农学院农业科技组织与服务领域的专业建设尚处在发展的基础阶段，研究生培养的规模尚小，但后发展的小规模招生培养专业也有突出的优势，如目标清晰，特色鲜明，师资优势突出，易于推广已有经验等。因此，全体农业科技组织与服务专业群策群力，积极进取，发挥专业优势，农业科技组织与服务领域的专业人才培养定将取得丰硕成果。

执笔人：韩　芳

第三篇

都市型高等农业教育
教学体系研究

第十六章 国内外都市型高等农业教育体系

教育体系是指互相联系的各种教育机构的整体或教育大系统中的各种教育要素的有序组合。教育体系有广义和狭义之分。广义的教育体系，除教育结构体系外，还包括人才预测体系、教育管理体系、师资培训体系、课程教材体系、教育科研体系、经费筹措体系等。这些体系相对于教育结构体系，称为服务体系。狭义的教育体系，仅指各级各类教育构成的学制，或称教育结构体系。

农业教育是培养社会所需要的农业人才的社会活动，它同社会生产力特别是同作为生产力的科学技术密切相关，同农业经济、农村社会的发展密切相关。我国初步建立从低到高不同层次的农业教育体系，是1902年新学制颁布以后的事。高等教育是在完成中等教育的基础上进行的专业教育，是培养高级专门人才的社会活动，是整个教育体系结构中的重要环节。而高等农业教育体系不论是在国内还是国外，都是高等教育体系的重要组成部分。

都市型高等农业教育是适应农村城市化发展而形成的一种特色教育，从严格意义上讲，都市型高等农业教育并没有形成完整的教育结构体系，而是寓于整个高等农业教育体系之中。都市型现代农业是以高效农业、生态农业、休闲农业为主要内容，进行集约化生产和产业化经营的现代农业。经过多年的探索与实践，在一些高等农业院校逐渐形成了以服务都市型高等农业发展的教育理念与实践。

第一节 中国高等农业教育体系

中国高等教育结构体系包括两个系列和三个层次：第一个层次是研究生教育；第二个层次是本科生教育；第三个层次是高等职业教育。两个系列是全日制教育和继续教育，两个系列都是由三个层次的教育所组成。以上各级各类教育都是我国高等教育体系的重要组成部分。

中国高等农业教育体系是中国高等教育结构体系的组成部分，从结构体系上来说是一致的，同样由两个系列、三个层次构成。高等农业院校是实施中国高等农业教育体系的主要载体，是培养高等级农业专业技术及研究型人才的主要场所；高等农业职业技术院校以培养职业技术型人才为主，是高等农业教育体系的重要组分；农业科研院所除承担科研工作外，也承担一些教学任务，主要是培养硕士、博士研究生，在培养高端农业科研技术人才中发挥重要作用，也是中国高等农业教育体系的重要环节。

一、高等农业教育

中国高等农业教育的发展初期，主要受到了西方高等教育的影响。日本的高等农业教育直接影响了近代中国高等农业教育的萌生，然后是民国之后对于美国等西方高等农业教育的借鉴，直接影响了近现代中国高等教育的成长。新中国建立之后，前苏联的高等教育模式成为我国高等农业教育模仿的主体。而中国高等农业教育的真正发展壮大，则是改革开放后借鉴国外成熟的高等农业教育模式，快速发展，并以自己的特色形成体系。

农业院校学科设置包括农学、蚕桑、园艺、畜牧、森林，陆续增加了植物保护、水产养殖、农业经济、农业教育、农业机械、农田水利等学科。有的把农业院校中的所有学科归为农科，但也有的把畜牧、森林、蚕桑类从农科中单列出来，而农科则指农学、园艺、植保等合在一起的综合学科。在农业教育发展史上，农业学科从少到多不断增加、不断细化，因此其学科内涵也在不断变化，至今学术界并没有严密的划分。本节所述的高等农业教育一般包含涉及农、林、牧、渔、蚕的各类高校。

查阅一些国内高等农业院校的校史资料，许多学校的校史可以追溯到清朝晚期。如中国农业大学是我国现代农业高等教育的起源地，其历史起自于 1905 年成立的京师大学堂农科大学。华中农业大学前身是清朝光绪年间湖广总督张之洞 1898 年创办的湖北农务学堂；河北农业大学前身是创建于 1902 年（清光绪二十八年）的直隶农务学堂；南京农业大学起源于 1902 年三江师范学堂农业博物科，前身是私立金陵大学农学院和国立中央大学农学院；湖南农业大学农业由创建于 1903 年的湖南省立修业农林专科学校和创建于 1926 年的湖南大学农业学院合并组建而成；四川农业大学前身是创办于 1906 年的四川通省农业学堂；山东农业大学前身是 1906 年创办于济南的山东高等农业学堂；山西农业大学校史可以追溯到始建于 1907 年经铭贤学堂、铭贤农工专科学校；华南农业大学的办学历史可追溯至始创于1909 年的广东全省农事试验场暨附设农业讲习所。

从民国建立到中华人民共和国成立，也相继建立了一些农业院校，如河南农业大学前身是成立于 1913 年的河南公立农业专门学校；安徽农业大学源于 1928 年成立的省立安徽大学；西北农林科技大学是发源于 1934 年创办了国立西北农林专科学校；福建农林大学最早前身为 1936 年创办的福建协和大学农学院；云南农业大学前身是创办于 1938 年的国立云南大学农学院；江西农业大学溯源于 1940 年 10 月创办的"国立中正大学农学院"；甘肃农业大学的前身是 1946 年 10 月创建于兰州的国立兽医学院。东北农业大学、吉林农业大学则是中国共产党在解放区创办学校，东北农业大学 1948 年创建于哈尔滨，始称东北农学院，是中国共产党在解放区创办的第一所普通高等农业学府；吉林农业大学学校前身为 1948 年创立的黑龙江省农业干部学校。

新中国成立后，我国的教育事业有了长足的发展，大多院校建立于新中国诞生之后。其中一大批院校于 20 世纪 50 年代建校。改革开放以来，我国高等教育事业快速发展，取得令人瞩目的成绩，初步形成了适应国民经济建设和社会发展需要的多种层次、多种形式、学科门类基本齐全的高等教育体系，为社会主义现代化建设培养了大批高级专门人才，在国家经济建设、科技进步和社会发展中发挥了重要作用。高等农业教育也随着我国高等教育事业的发展而发展，各地相继建立了各种层次的农业院校，在每个省、市、自治区至少有一所专业类高等农业院校，在一些综合性大学也设有涉农专业。根据笔者统计，国内以农业大学、农学院命名的高校有 28 所。

二、高等农业职业技术院校简介

高等职业教育是职业教育层次中的高层次教育，有职业大学、职业技术学院、高等技术专科学校、成人高校、高级技工学校以及普通高等学校中设置的二级学院等。高职（高等职业学校）和高专（高等专科学校）都是专科（大专）层次的普通高等学校。所谓高职，有三种含义：一是高等教育；二是职业技术教育；三是职业技术教育的高等阶段。根据《中华人民共和国高等教育法》和国务院有关文件精神，高职高专教育由省级人民政府管理。在国家宏观政策的指导下，省级政府根据本地区经济和社会发展的实际需要为主，结合招生能力、就业状况等综合情况，确定年度招生计划、招生办法、专业设置、收费标准和户籍管理，颁发学历证书，指导毕业生就业，确定生均教育事业费的补贴标准等，并同时负有保证教育质量、规范办学秩序和改善办学条件等职责。

农业职业教育的本质是职业教育，包括农业职业学校教育和职业培训，农业高等职业教育则是指农业这一行业的高层次的职业教育。农业高职教育作为一种特殊类型的高等教育，在教育类别上既有别于普通高等教育，作为职业教育的高级阶段，也有别于中等职业教育。区别的核心体现在培养目标的不同，农业高职教育主要表现强调基础知识的"高等性"、专业理论知识的"实用性"、专业面向的"适应性"以及实践能力的"技术性"。即以技术应用能力为主线，强调技术操作与技术管理的融会贯通。

1996年，全国人大通过并颁布了《中华人民共和国职业教育法》，从法律上确定了高职教育在我国教育体系中的地位，由此也拉开了高职教育发展的序幕；而1999年全国教育工作会议的召开，中央提出"大力发展高等职业教育"的工作要求，我国高职教育进入了蓬勃发展的历史新阶段。在这种大背景下，高等农业职业教育也得到了迅速的发展，成为中国高等农业教育的重要组成成分。根据公开资料统计，我国涉农高职高专院校约有39所。

执笔人：高　飞

第二节　国外高等农业教育体系

国外的高等农业教育是一个庞杂的体系，各国的国情不同，发展程度不同，因而其高等农业教育结构体系亦不相同。发达国家的高等农业教育大多产生于中世纪前后，经过长期的改革与发展，高等农业教育大多向综合性方向发展，如美国现有140多所高等院校可提供高等农业教育，各高校着眼于本州的经济文化特点，教学和科研偏重于本州的产业和经济发展实际需要，主动为当地的经济建设和社会发展服务。

第二次世界大战以后，发达国家的农业迅速恢复，国家重视发展高等农业教育。70年代，美国高等教育入学率由战前的15％上升到50％，率先进入高等教育普及化阶段，农业教育伴随着高等教育的普及化迅速发展，并推动了农业与农业经济的发展，美国成为世界第一大农产品出口国。法国农业院校的规模较小，但培养的人才备受社会的赞赏。

发展中国家教育的普及程度和发展水平远远落后于发达国家，但经过了第二次世界大战后，绝大多数发展中国家摆脱了殖民主义的统治，各国都亟需建立高等农业院校，发挥他们在国民经济中的巨大潜能。如印度在20世纪60年代，根据印度大学教育委员会指定的"二十年高等教育综合发展规划"，各邦也相继建立了农业大学。巴西在1964年以来，借鉴德国和日本迅速恢复和发展经济依靠"拥有高素质的人才"等经验，历届政府都把教育作为经济发展的战略重点，优先投资教育，促使接受高等教育的学生迅速增多，许多著名的大学也都设有农学院和农艺系、兽医系等，对全国农业的发展起到积极的作用。

归纳起来，国外的高等农业教育有这样几个特点：①农业高等教育是一种政府行为，国家立法支持高等农业教育，如美国、英国、日本、印度等都出台过扶持农业教育的专门法案。②建立完善的农业教育体系，特别是欧美发达国家，从本科到博士层次农业高等教育院校应有尽有；存在形式有综合性大学、地区学院以及专科性学院。③国立、公立与私立教学机构并存，私立教学机构占有重要地位，如美国、日本等。④将职业教育纳入高等教育的范畴，职业教育一般为中等教育层次，有些国家的高等农业教育也含有职业教育的成分，甚至是高等职业培训的内容，如荷兰、以色列等。⑤办学经费来自政府拨款与社会团体、各种基金及企业与私人捐赠，本国学生不交学费或很少交费，如荷兰、法国；也有举办各类培训班收费办学，如英国卡福亚当农学院，一年的办班收入约为 12 万英镑。⑥课程设置重视地区性和实用性，"学以致用""与实践相结合"在很多国家形成鲜明的特色，如荷兰、以色列等农业发达国家。⑦全日制教学与半工半读教学相结合，增加学生接触实践的机会，如荷兰、法国。⑧面向世界培养人才，特别是发达国家，既接受来自世界各地的学生，又将本国学生派往世界各地学习和实践，培养具有国际化视角农业技术和管理的人才，如荷兰、法国、英国等。

从国外高等教育的结构层次来看，研究生、本科、专科这三个层次呈金字塔形，其中的短期大学和初级学院近几年来尤为受到重视，并获得了很大发展。如目前美国的初级学院或社区学院已发展到 1 500 多所，学生注册人数达 650 万，约占全美大学学生总数的 50% 以上，是当今美国高等教育中发展最快的学校。德国的初级技术大学发展也很快，已经成为高等教育体系的重要组成部分。高等教育朝着多样化方向发展，从单一结构向多种结构演化，这是当今世界高等教育改革的重要态势之一。本节择取国外有代表性的农业技术先进国家或农业大国的案例分别介绍。

一、美国高等农业教育的体系

美国经济已进入知识创造经济利益的阶段，但农业仍占有很高的地位。据统计，美国农业劳动力只占整个劳动人口的 2%，但与食品有关的劳动力达 18%，生产的粮食却占世界粮食总产量的 20%。美国每年向世界提供 50% 或以上的大豆、稻米、小麦、棉花和近 1/3 的饲料粮，美国外汇收入的 2/5 来自农业。如此发达的农业除了美国得天独厚的土地气候条件之外，主要得益于美国农业教育。

美国的农业教育体系由中等农业教育、高等农业教育和农业推广教育组成。其中，中等农业教育灵活多样，办学形式主要取决于当地的经济状况和职业结构，主要包括农业技术学校、普通中学、农学院举办的中等农业技术教育和中等农业职业技术学校；高等农业教育始于《莫里尔法案》颁布之后，在"威斯康星"思想的影响下，得到进一步发展。美国高等农业院校可划分以分成两大类型：独立建制的农业院校与综合性大学农科院系模式。

近代美国的工业化建设是在农业发展的基础上建立起来的，而美国农业发展的关键是推动农业技术改革的农业教育。美国这种完善的农业教育体系大大地推动了美国农业机械化、科学化和生产组织社会化的进程，提高了美国的劳动生产率，使美国能以较少的农业人口养活了大量的城市人口，同时还能有大量的农产品出口国外，这为美国经济的迅速发展奠定了物质基础。

美国农业教育形式的多样性主要表现在正规的多类型的中等农业教育、多层次的高等农业教育，也有非正规的各种类型的短期的、长期的培训和面向全社会的农业推广教育。课程的灵活性主要表现为各学校除开设与农业科学知识相关的专业课程外，更多的是根据当地的特点和农业发展的需要以及未来的经济结构开设课程，这些课程范围广、门类多，显示了极强的灵活性。美国高等农业院校，无论是领导还是教授、实验人员，总是强烈地表达着一个思想：要根据社会需要来考虑他们的办学，要针对学生的需要与所在州发展的需要来安排教学与科研。

美国有农业教育学科的大学约占高等院校总数的 4%～5%，但是基本上是以综合性大学中的二级学院的形式存在，与其他学科的互相渗透结合，为拓宽学生的知识面、培养学生的综合素质提供了体制上的保证。美国高等农业教育因其所属院校不同而分成不同层次类别，从而适应了社会多方面的需求。

除大学之外，社区学院在高等农业教育中也发挥着重要的作用。而且由于社区学院立足于社区，并为社区服务，所进行的农业教育，不仅专业灵活，课程也丰富多样。如：土壤机械学、农业化学、土壤与植物的营养、收获与销售、植物的培育、劳动费用控制、生产管理、农业经济、生物技术等，达数百门之多，充分适应了地方农业发展的需要。

美国还组建了一个覆盖全国各地的庞大的农业推广教育体系，在这个体系中，联邦推广处具体负责协调全国有关领域的推广活动，并与各州立大学发展、维持工作关系。州推广局制订各州的农业推广计划并负责组织实施。县推广办是州推广局的派出机构，与州推广局联合指导该地的农业推广工作，帮助实施推广计划。但其主要职责是帮助农民发现农场在经营中存在的问题，并使之了解可能解决的办法，帮助农民了解影响其利益的环境变化，并协助他们找到有效的解决办法。

农业推广教育的经费主要来自联邦政府、州和地方的税收。从事推广的人员除县以下 300 多万志愿人员外，核心力量是各州农业大学和农学院的专家学者。推广教育的主要内容有：农业生产技术，包括良种繁育、栽培、饲养方法、农机具、病虫害和兽疫防治等；农业经济，包括农业发展计划、经营管理、贸易、法令、政策等方面的知识；农产品加工储藏；自然资源利用，包括土壤、森林、水源、野生动植物的利用、环境保护等；社区开发，包括人力资源的利用、各种农业职业人员的培训、安全防护、营养、妇幼卫生等。在上述各项内容中，农业生产技术是推广活动的中心，而社区开发则是一项改善社区的项目。美国的这种农业推广教育，对普及农业科技知识、推广农业技术、发展农业经济起到了很大的促进作用。

二、英国高等农业教育体系

英国作为最早完成农业现代化的国家之一，农业教育一直处于世界前列。18 世纪后期，工业革命带来的社会变革促进了英国农业教育的变革，旧式的教育教学体制得到改变，政府加强了对于教育的管理工作，不断开设新的课程，以适应时代发展的需求。19 世纪到 20 世纪初期，《福斯特教育法》获得通过，使越来越多的劳动工人获得受教育的机会。第二次世界大战后英国政府为恢复教育，推行公共教育体系，使英国教育产业逐步恢复。

第二次世界大战以来，英国农业产量翻了将近一番，且增长是在牧、耕地和农业就业人数减少的情况下发生的。1983 年以来，英国农业的劳动生产率年均增长 2.8%，而整个英国的年均经济增长率仅 1.6%。英国发达的农业经济除了政府高度重视以及历史原因外，高效与富有特色的农业教育也是重要因素之一。

英国于1947年颁布了《农业法》，之后又多次修订。英国教育与科学部也于1967年发布了《农业教育法》，随后颁布实施《农业教育法令》，对农业经营者的资格及文化程度都作了详细和严格的规定。随着《农业教育法令》的实施，高等农业院校也相应提高了学业标准。《农业法》和《农业教育法令》进一步规范农业教育的发展，加强法律对于农业教育的支持力度，对推行农业教育提供了法律依据和保障。

英国政府根据不同地区发展水平和实际生产状况开办农业学校，英国西部在政府的支持下开办了以畜牧业为主要课程的学校，实现了因地制宜的发展策略，同时授权地方政府，使其具有更多的自主权，加大办学力度，扩大教育规模，充分实现生产和教育的有效结合，从而达到促进当地农业学校学生顺利就业和当地农业经济持续发展，以及加快生产的目的。

英国实行三级农业学校体制：①高等农业教育，主要有农业大学、农学院以及综合大学的农学系构成，英国现有农业高校57所（含农业工程学院），学生3.5万人；②中等农业教育，主要有中等农业学校、农村职业技术学校和农场技术中学，此外在中、大型农场中还开办了约2 000所农场职业中学，主要培养农业技术工人、农场独立经营者以及日后打算继续进入农业大学深造的学生；③衔接高、中等农业教育的专科农业学校，专门培养中级技术人才。

多级培养模式是英国农业学院教育的独特模式，根据农业发展需求输送不同类型的农业人才，把实用型、科研型、推广型的人才分开培养，这种培育模式极具针对性，有利于农业向专业化发展。英国皇家农业学院是1844年由爱欧拜瑟斯等人建立的，是英语国家的第一所农业大学，主要专业有农作物生产、园艺、土地资源管理等，偏重于农业应用性研究和教育。哈伯亚当斯大学学院是英国最大的农业学院，始建于1901年，下属专业分为农业工程、植物保护、水资源管理、农业生物环境、动物医学等，对于农业基础性研究具有极高的成就。近年来，英国的农业院校积极与国外高校进行联合办学，如阿伯丁大学农学系和苏格兰北方学院实行的教育联合体，哈伯亚当斯大学学院则与包括北京农学院等多所国外农业院校合作办学培养学生。英国还在许多农场建有业余农校、广播函授学院等多种类型的农业学校。不少私人及地方组织办起了各种农业讲习班，如冬季农业讲习班、广播农业教育、农工业余技校、农青培训学校和农工夜校，等等。

英国农业教育经费主要有两个来源：一是政府拨款，分两部分，一是中央政府拨款，每年为3.9亿英镑，占农业院校总办学经费34亿英镑的11％，农业院校学生的学费90％由政府负担；另一部分是地方政府拨款，即从地方税收中抽出32.6％用于初等、中等农业教育的发展。二是办学单位创收，学校扩大招生，收入就相应地增加，另外可以举办各类培训班，如卡福亚当农学院，一年的办班收入约为12万英镑。农业学院还可以通过自主招生扩大规模，通过各种优良的教育资源条件吸引国外的留学生就读，开设各种培训班，积极与当地的企业进行联合，加大新技术、新项目的开发，以获得相应的办学科研经费。

政府对于学院拨款的管理主要是采用评估式的模式，即国家教育拨款委员会每年不定期组织专家对学院的教学质量、基础设施建设、师资规模和招生规模等几个方面进行评估，且评估结果与第二年的拨款经费相挂钩；设立"教育拨款委员会"，由该委员会按照一定的条件、标准及权威机构的评价结果把国家预算中划给地方当局的教育经费分配给每所学校。

三、法国高等农业教育体系

法国商品经济发达，也是欧洲最大的农业生产国之一，拥有一整套完备的农业教育体系，特别是高等农业教育的层次和专业设置都较为齐全。法国的高等教育种类繁多，在从属关系、学生来源、教学组织和培养目标等方面的差异很大，如有公立、私立学校，有普通大学，也有具有特色的工程师学院等。

公立的普通大学属教育部领导，规模大，招生人数多，学生持有高中毕业会考的合格证书后，不用统一考试便可进入此类大学。学制分为3个阶段，第1阶段为2年，合格者可获得大学普通教育证书（DEUG）。第2阶段为2年，第1年和第2年可分别获得准学士（Licence）和学士（Maitrise）文凭。第3阶段分两部分，第一部分为1年左右时间，合格者可获深入研究文凭（DEA：Diplomed'Etudes Approfondies），有此文凭后方可申请攻读博士学位。第二部分即博士阶段，需3年左右时间。法国的高等农业学院属工程师学院。法国的工程师学院最初是由拿破仑提出的，最早是创办军工工程师学院，以培养高素质人才，增强军队的武器装备，后发展到除文、理以外的其他学科。

法国的公立高等农业学院有25所，属法国农渔业部直管；私立学院有7所，属法国农渔业部认可。这些学校每年培养农业工程师1 600多名。学校的目标是培养高素质的农业工程师，一些公立学校也有博士学位授予权。公立学校的学生获工程师文凭需要5年时间：第1、2年为第1阶段（中学毕业后预科2年）第3、4年为第2阶段（经统考录取就读的第2年）；第5年为第3阶段的第1年，学生可获工程师文凭，还可同时授予硕士学位（即农业深入研究文凭）。第3阶段的第2年起为博士阶段，博士学位的学制一般为3年。公立学校的学生全部免费上学。私立学校的学生获工程师文凭同样需要5年时间，他们不用统考入学，但需要交费上学。

公立学校的学生第1、2年（称第1阶段）学习基础课（预科），预科班一般设立在条件好的中学内，学习内容为数学、物理、化学、生物、历史、地理、计算机、两门外语等。第3、4年，即经统考进入高等农业学院后的前2年（称第2阶段）中，前15个月的时间用于学习农业基础课，即所有学生都上同样的课程，后9个月上选修课；第5年（称第3阶段的第1年）上专业课及完成毕业论文。在这3年里，每个阶段都有实习（校内、校外、工厂、农场、研究所、管理单位或国外），要完成实习报告并进行答辩交流。法国农渔业部鼓励和资助学生到国外实习，学生要掌握两门外语，其中第1外语为英语，许多学校都要求英语成绩达标，否则不予升级。在上选修课期间，英语和第二外语要继续学习，还要继续做与上一阶段衔接的工程师项目。学生选修的课程往往是与学生的学习兴趣，并与第3阶段的第1年将要选择的专业有关。

公立农业高等学校的生源质量高，统考10多门课程，方法是笔试加面试，门槛高，而且招生数量少，教学、实验与试验场地装备好。学校与研究单位、企业联系密切，为学生提供良好的学习与实践的条件。法国的公立高等农业学院与普通大学的学生入学条件、培养模式和学校的规模大不相同，毕业生就业的难易程度也不同。私立农业高等学校也非常重视教学质量。一位私立学校校长曾经说过，如果培养的学生质量不高，学生将找不到工作，那么下一次招生将遇到困难，这就意味着要减少教师，而形成一个恶性循环，最终会导致学校关门。所以学校要按照企业国际认证的做法做好学校管理和教学工作，千方百计地提高教学质量。

许多公立农业院校成立"教学研究联合单位"，单位中的成员来自本校、外校和研究单位等部门，他们共同担负学校的教学与科研工作，这对提高教学质量有积极的意义。公立农业院校的招生规模不大，如国立蒙彼利埃高等农业学院每年招收工程师学生 110 名左右，该校有 80 多名教学科研人员。此外，法国国家农业科学研究院蒙彼利埃分部设立在该校内，300 多名研究人员中有相当部分人员也兼任教学工作。

农业院校大学生由法国大中学校福利中心管理。家庭收入较低的学生，可申请入住价廉的大学城或农业院校自己的学生公寓，并可向当地市政府申请住房补助。学生可到全国统一定价的大学生食堂用餐。有些学校有多媒体制作室，供学生制作电视片、多媒体报告等。学生常常组织一些活动，如演小节目、互联网主页设计竞赛、体育比赛等，使学生在各方面得到锻炼、提高与发展。

法国农业工程师高等学校的特点是招生规模较小，教职工队伍较精干，并外聘一批教师，这样可减轻学校的负担。在聘用教师中，有的是科研人员，有的是企业中的工程技术人员或其他院校的教师，他们掌握某学科的发展动态、市场信息，把他们的研究成果、生产实践经验融进教学中，能取得较好的效果。但若碰到授课效果差的聘用教师，亦能及时辞退。不管是公立还是私立学校，它们的目标都是培养社会所需要的合格人才。每所学校都根据自身的特点，办出有自己特色的专业，做有特色的科学研究，而且把教学、科研和生产实践紧密结合起来，并跟踪科技的发展，开拓新领域的研究，并不断开出新课程。

法国最大的高等农业教育机构是昂热尔高等农学院集团（法文惯称"GROUPEESA"）成立于 1898 年，拥有 3000 名学生。集团目前拥有 4 所学校：昂热尔农学院（ESA 工程师学院）、Agricadre（农业贸易管理人才）学院、Agritec（农业技术）高级技师学校以及继续教育与职业教育培训中心。学校提供的教学课程不仅涉及生物科学各个领域，如农业、农产食品加工、领土整治、环境、园艺和葡萄种植等，而且还包括管理、贸易和商品流通。

四、荷兰高等农业教育体系

荷兰是当今世界农业高度发达的国家之一，虽然面积只有 4.2 万平方千米，但却是世界上第一大花卉、奶酪出口国和第三大农牧产品出口国。荷兰农业主要有种植业、畜牧业、园艺、森林业及农产品加工业，其共同特点是科技含量高、现代化程度高。这与荷兰完善的农业教育体系是分不开的，因为它源源不断地为农业提供了大量高素质实用型人才。

荷兰农业教育是由农业部管理，而其他行业的教育（包括职业教育）则由科学教育部管理。这种体制是教育、信息、科研、咨询和商业团体在农业发展中长期密切合作形成的。

荷兰只有一所农业大学，即瓦格宁根大学（Wageningen University），还有五所职业学院。瓦格宁根农业大学与职业学院的联系主要由荷兰职业高等农业教育联合会协调与管理，它同时还为初中级农业教育学校的教师进修提供培训。瓦格宁根大学是一所研究生命科学的著名高等学府，始建于 1876 年。作为瓦格宁根大学研究中心（Wageningen UR）的一部分，它已发展为一个国际性的科研机构，下设植物、动物、环境、农业科技、食品和社会科学等，致力于推广科研成果，以向全世界提供充足和优质的粮食作物。大学为荷兰本土学生和留学生设置了本科课程、研究生课程及短期课程，教学计划遵循"学士—硕士研究生—博士"连续模式。授予农业工程师证书，相当于硕士学位。对于少数希望毕业后继续深造的学生，学校可提供第二阶段 4 年制学习，毕业后可以获得农业或环境科学博士学位。

荷兰的农业教育体系的特点是：课程设置合理，学校间、科研单位之间资源共享，注重培养学生实践能力，学校服务社会化，科研服务于生产、教学、科研，管理人员精干，注重国际交流合作。荷兰与许多发展中国家和中、东欧地区农业教育机构都建立了这种联系 这也使得荷兰的农业高等教育成为一个开放系统，进而也促进了农产品的经贸国际交流。

五、以色列高等农业教育

以色列的自然地理环境恶劣，极不利于农业发展，但以色列人经过几十年不懈的努力使荒漠变良田，化劣势为优势，走出了一条具有高科技特色的现代农业之路。不仅实现了粮食的自给自足，还积极发展粮食出口，大力扩展国际市场。在农产品出口不断增长的同时，以色列世界领先的农业科技和生产经验也被大量的引进到国外。这其中，以色列的农业教育和研究在推动农业发展中发挥了无可替代的重要作用。

以色列的现代化农业与它一流的农业教育是密不可分的。以色列始终将人才和科技创新作为国家发展的关键，所以在人才的教育和培养上以色列的投入力度很大。以色列的农业教育分为多个层次，包括大学农业教育、农民的农业教育、农业职业教育以及普及全国的农业教育刊物。

希伯来大学是以色列的最高学府，为了加大对农业科技的研发，以色列特别设立了农业、食品和环境学院。希伯来大学农学院是以色列唯一能够取得农业专业大学文凭的地方，每年都有很多先进的农业技术从这里产生。农学院的农业教育涵盖面积广泛，涉及农业的各个领域，对农作物的良种培育、农业化学制剂、食品生产工艺、食品安全科学、农畜的品种改良和饲养工艺、农作物的栽培种植以及农业病虫害的防治等。农学院不仅重视研究如何提高农作物的产量，同时也十分重视研究产品的质量和对人类的贡献程度。为迎合本国的农业发展，农学院积极配合农产品市场进行研究，这使得农学院的大批毕业生有着很强的市场意识。农学院的研究还十分重视农业生产与生态环境的保护，且在这一领域成绩斐然。

农学院每年还开设 10～15 次专门针对农民的短期培训班，所授课程偏重于应用领域，如种植、驯养和果树栽培等实用技术。在向农民传授最新应用技术的同时，农学院还会帮助农民解决在生产实践中所遇到的具体问题，使学院的科研更趋于实用。

除了农学院，以色列的职业教育系统中还设有农业学校，综合高中里也有农业方面的课程，这使农业知识和技术得到普及。此外，以色列农业部还设有专门指导农民生产的部门。这些部门有专人长期在农业区进行服务，负责向农民提供新的农业信息和技术指导，负责对农民进行指导和培训，其中 40％的人分布在全国各地，常年在田间地头向农民讲解和传授农业技术。除直接指导之外，这些部门还组织多层次的培训活动，满足农民不同的技术需求。

多层次的农业教育体系既保证了以色列不断培养学术领域的农业科研人才和普通技术人才，也保证农民学习和掌握农业知识和技术的需要。以色列的农业从业人员，只占全社会劳动力的 2.6％，但农业生产效率和收益率很高，农业从业人员的收入已高于全国的平均水平。农学院的学生毕业之后大多会从事与农业生产相关的工作，学院的农业教育大大拓宽了研究和教育领域，并将单纯的农业技术与其他学科相结合，研究领域的拓宽使农业学科更具多样性和实用性。现在农学院的研究不仅重视农作物的产量，还关注其质量和营养成分；不仅研究农业生产，还研究农业生产与环境的关系，并对农业生产对环境造成的影响进行评估和分析等。此外，针对农民生产形式的变化，农学院还在教学中注重对学生市场意识的培养，对以色列的农业发展起到了积极的重要推动作用。

以色列政府每年投入大量的资金给希伯来大学农学院，用以支撑以色列的农业科技研究与开发，为农业技术的进步提供了源源不断的动力。希伯来大学毕业的学生有很多都是来自山区，他们毕业后大部分回到了自己的故乡，他们不仅把自己的所学用到农业生产中，也把自己的农业技术和经验传授给当地的农民，使自己的农业知识能够得到最大范围的传播，实现了农业科技到现实生产力之间的高效转化，使得全国范围内的农业科技水平有了极大的提高。以色列对农民的农业科技教育也达到了很高的水平，农学院每年开设十几次的短期农业知识培训班，这些课程是专门针对不同需求的农民开设的，更注重的是理论的实用性。在培训班中不仅能够学到最新的农业技术，还可以咨询一些生产活动中遇到的现实问题，真正做到了理论与实际相结合，增加了科研成果的实用性。

六、俄罗斯高等农业教育体系

俄罗斯的高等农业教育发展里程可以划分成三大阶段，即沙皇时代的旧体系创立、苏联时代的新体系创立、俄罗斯新时期的类型结构调整三大阶段。1992年俄罗斯颁布了《俄罗斯联邦教育法》，规定教育机构的举办者可以是国家政权管理机构和地方自治机构，也可以是俄罗斯联邦及其他国家的公民等。1996年又对其进行了修改，高等教育的举办者多元化，但国立高校仍是高等农业院校的主体。目前俄罗斯高等农业院校主要有农业大学（University）、农业学术学院（Academy，大学级学院）和农业专业学院（Institute）三种类型，它们是俄罗斯高等农业教育的实施主体；另外，也有少数综合性大学的农科院系开展高等农业教育。

俄罗斯高等农业教育的实施主体是农业大学或农学院。在学校命名方面，除了季米里亚捷夫农业大学以人名结合农科命名外，大部分学校以地名和农科相结合来命名。经过长期发展，目前俄罗斯的高等农业教育主要包括以下三类：

（一）以农业命名的农业大学或农学院

这类院校是俄罗斯高等农业教育的实施主体，分为三类：①综合性农业大学，如圣彼得堡农业大学、国立鄂木斯克农业大学等；②农业学术学院，如莫斯科季米里亚捷夫农业大学、国立基洛夫农业大学等；③农业专业学院，如乌里扬诺夫斯克农学院、国立新西伯利亚农学院等。

圣彼得堡国立农业大学是俄罗斯最大、最古老、融科研与教学为一体的高等农业院校之一。自建校以来，该校在农业科研与教学领域中始终处于全俄农业院校的前列。目前，学校设有土壤与农业生态学系、农学系、果品蔬菜系、植物保护系、动物工程系、工程系、农业电气化系、经济系、人文与教育系9个系。

国立鄂木斯克农业大学成立于1918年，是西伯利亚地区最古老的大学之一，最初称为国立鄂木斯克农业学院，1994年合并了鄂木斯克兽医学院和农业经济与继续教育学院，成为鄂木斯克农业大学，下设农业工程系、农学系、经济系等。

莫斯科季米里亚捷夫农业大学始建于1865年12月3日，以创始人季米里亚捷夫命名，是俄罗斯历史最悠久的农业高等院校。学校由7个系组成：农学系（1865年）、动物工程系（1934年）、果蔬系（1920年）、土壤农化生态系（1929年）、经济系（1922年）、师范系（1929年）以及技能提高系（1945年）。国立基洛夫农业大学成立于1930年，成立之初名为动物兽医学院，后于 1944 年更名为基洛夫农学院，后又改为农业大学。学校下设农学系、经济系等 5 个系，在校学生 4 000 人，教师 320 人。

（二）综合性大学的生物系、土壤系等

这类院校在俄罗斯高等农业教育中居少数，主要包括国立莫斯科罗蒙诺索夫大学、喀山国立大学、国立罗斯托夫大学等。

国立莫斯科罗蒙诺索夫大学（简称国立莫斯科大学）建于公元 1755 年 1 月 20 日，该大学以其奠基人——俄罗斯伟大的数学家、物理学家、语言学家、哲学家——罗蒙诺索夫的名字命名。学校现有 8 000 名教授和讲师、28 000 余名本科学生、5 000 多名博士生。学校下设 21 个系，其中包括土壤系等。

喀山国立大学成立于 1804 年 11 月 5 日，是继莫斯科大学和圣彼得堡大学之后俄罗斯建立的第三所大学，学校设有 17 个系，其中包括生物土壤系等。

国立罗斯托夫大学成立于 1915 年，是一所国际公认的著名高等教育机构，全校设 14 个系，其中包括生物及土壤学系等。

国立托姆斯科大学成立于 1878 年，学校现有23 000名大学生，下设 22 个院系，其中包括生物土壤系、国际农业系等。

（三）综合性大学下属的农学院

这类农学院由以往的独立农业学院并入综合性大学形成，在俄罗斯高等农业教育中是极少数。例如，成立于 1983 年的诺夫哥罗德农学院于 1997 年并入国立诺夫哥罗德大学，同时并入的还有诺夫哥罗德工学院、医学院和师范学院。并校后，这些学院成为大学的下属学院。

七、日本高等农业教育体系

日本是一个高度重视教育的国家，自明治维新开始，用了 100 多年的时间形成了具有自己特色的高等教育体系。截至目前，在日本全境共有 4 年制本科大学 604 所，其中国立大学 99 所，公立大学 61 所，私立大学 444 所。而高等农业教育则是其重要的组成部分。

2004 年日本国立大学法人化后，日本国立大学成为介于政府与民间之间的"独立行政法人"大学，目前日本实施高等农业教育的方式可以概括为三大类。

（一）在综合性大学的农学、生物资源学或园艺学等学部中实施高等农业教育

这是目前日本高等农业教育的主体。综合性大学中的农学部按其成因又可细分为两类：一类是由独立的农学院转入综合性大学中，作为综合性大学的农学部，如北海道大学农学部、神户大学农学部、东京大学农学部；另一类为综合性大学中新设置的农学部，如东北大学农学部、京都大学农学部、九州大学农学部等，其中较为特殊的筑波大学，下设农林学类，而非农学部。

北海道大学（Hokkaido University）的前身是成立于 1876 年的札幌农学院。学校设有农学院、文学院、教育学院、法学院等 12 个学院。在农学院下则设有农业工程系、农业经济系、动物科学系、林业科学系等。

东北大学（Tohoku University）的前身是成立于 1907 年的东北帝国大学。学校目前的农学部成立于 1947 年，下设资源与环境经济学系、应用植物学系等。

筑波大学（University of Tsukuba）的前身是东京教育大学。学校下设农林学类学部，这是由东京教育大学农学部发展起来的。学校开设的专业有生物资源生产学、生物环境结构学、生物应用化学和生物生产组织学，它比东京教育大学的"农学部"已经有了新的发展，所以称"农林学类"。不仅是名称的不同，而且意味着林学也是重点，农林并重，农林一体化，这就是筑波大学提出的面向 21 世纪的"农林科学"。

其他设立农学部的综合类大学还包括鸟取大学、高知大学、宫崎大学、香川大学、琉球大学、佐贺大学、明治大学、名城大学等。广岛大学还设水畜产部，千叶大学设立了园艺学部。

（二）在以农、农工或水产等命名的农科类大学中开展高等农业教育

这类院校在日本高等农业教育中所占比重较小。日本的农科类大学主要包括国立的带广畜产大学、东京农工大学，公立的东京水产大学，私立的东京农业大学、酪农学院大学，以及公立的宫城县农业短期大学和石川县农业短期大学。

带广畜产大学（Obihiro University of Agriculture）的前身为成立于 1941 年的带广高等兽医学校，设有兽医专业、家畜生产科学专业、草地专业、农产化学专业等 7 个专业以及 1 个草地畜产专修班。

东京水产大学（Tokyo University of Fisheries）的前身是成立于 1888 年的水产协会。下设水产部，包括食品科学与技术系、水产资源管理系等。2003 年，东京水产大学与东京商船大学合并，更名为东京海洋大学。

东京农业大学（Tokyo University of Agriculture）是日本最古老的私立农业大学，前身是 1891 年由夏本武扬先生创立的德川育英农业科，后改为东京农业大学，是目前在校学生数和教职工人数最多的农业大学之一。学校拥有 2 个研究生院，5 个学院和 15 个系，一个短期大学和 4 个系。5 个院分别为：农学院、应用生物学院、地域环境学院、国际农业与食品研究学院以及生物产业学院。

（三）高等农业教育存在于短期大学的涉农学科中

这类学校是高等农业教育的重要组成部分，主要包括富山县立大学短期大学部的农业技术学科、秋田县立大学短期大学部的畜产学科、专修大学北海道短期大学的农业机械科等。

除了上述日本文部科学省系统的高等农业教育（大学、短期大学），农林水产省和各县所管辖的农业大学校（非学历教育）则是对日本高等农业教育的有益补充。农林水产省系统所辖的学校主要是以从事 1 年以上农业实际工作的高中毕业生为对象的农林水产省农业者大学校、以高中毕业生为对象的各都、道、府、县设立的大学校和私立学校。

经过 100 多年的发展，日本高等农业教育已由最初的 2 所农业院校发展为 53 所设有农科相关学部的综合性大学、7 所农科大学及 23 所涉农学科的短期大学的独特高等农业教育体系，其中综合性大学相关学部是日本高等农业教育的施教主体。日本开展高等农业教育的综合性大学和短期大学多以地名命名学校，而综合性大学的学部、农科大学及短期大学的专业学科则多以农科命名。在高等农业教育施教主体的属性上，日本有别于其他国家的是有国

立、公立和私立 3 种形式。

八、印度高等农业教育体系

1947 年印度独立后，逐步形成了自己独特的高等农业教育体系。这一体系包含了传统意义上的农科大学直属学院、大学级农业科学中心系科、纳附大学直属农科院系、附属学院、学院级研究所（站、校）等，其典型的特征是农科大学的公立性及教育、科研与推广结合性。

印度的大学主要有三种形式：①相当于大学的机构又称"公认大学"（Deemed Universities），是借其长期的办学传统、特色和在某些知识领域内的优势，由大学专项拨款委员会（University Grants Committee）认定及经教育部和人力资源开发部批准的机构。②纳附大学，是指接纳本地区有关院校成为自己附属学院的大学，这是印度大学最普遍的存在形式，这种大学在主校区有自己的院系，开展研究生教育和科学研究，在附属学院多数都提供所选专业的研究生课程。③属于大学范畴的专业学院，印度的学院形式很特别，按学院与大学的关系形式分直属学院（University Colleges）、附属学院（Affiliated College）和自治学院（Autonomous Colleges）三种。

印度的高等农业教育体系是由大学水平机构系统和学院水平机构系统组成的复合体系。目前印度有 35 所国立农科大学（含林业、渔业、兽医、园艺及奶业技术专业等），有农科类院、校、所 250 个，其中农学院 60 个、农业工程学院 18 个、动物科技学院 35 个、园艺学院 13 个、林学院 18 个、家政学院 19 个、奶业技术学院 10 个、渔业学院 16 个、食品技术及农业经营类学院 16 个。

（一）农科大学直属学院

在印度目前的 35 所公立农科大学中，有 26 所典型（传统概念上）的农业大学（Agricultural University），有 9 个大学级农业科学中心（Krishi Vigyan Kendra）。农林、工程、医药等大学在印度被划归为专业院校，这些农科专业院校通过设立农业院系开展高等农业教育，如成立于 1981 年的伯萨农业大学有农业、兽医和林业三个学院，且都在一个校区；成立于 1971 年的泰米尔纳都农业大学，有 3 个校园，8 个学院，其中有 4 个农学院和园艺、农艺工程学院等；成立于 1962 年的旁遮普农业大学设有农业、农业工程、兽医学院等；成立于 1971 年的喀拉拉农业大学下设农林学院、园艺学院、兽医与动物科学学院等。

（二）大学级农业科学中心系科

印度的农业科学中心（Krishi Vigyan Kendra）是印度农业科技创新机构，隶属印度农业研究理事会（ICAR）的中央农业研究院（CARI），这类机构通过设立农业系开展高等农业教育和科学研究，并提供培训和推广等服务，如马哈特玛菩勒农业研究中心设有农业系与农业工程系两个系，英迪拉甘地农业研究中心（IGKW），设有园艺一个系。因此，不少这类机构也称作农业学校（Krishi Vidyapeeth）或农学院（Krishi Vidyalaya）。

（三）非农纳附大学直属农科院系

印度有 20 多所非农纳附大学通过直属农科院系开展高等农业教育，如那加兰大学

（Nagaland University）设农业科学和农村发展学院，奥拉哈巴达大学（Allahabad University）设畜牧系，B. R. 阿姆班德卡博士大学（Dr Bhirn Rao Ambedkar University）设农业系，G. N. 德夫大学（Gum Nanak Dev University）设农林系，加尔各答大学（Calcutta University）设农业与兽医学系，印度贝纳勒斯大学（Balisla's Hindu University）设农业系等。

（四）附属学院

印度有100多个各类附属学院开展高等农业教育，这些学院多数是私立的，有附属于农业大学的，也有附属于非农大学的，总体趋势是从附属于原非农大学向附属农业大学转化。例如，赖久尔农业工程学院（College of Agricultural Engineering，Raichur）附属于达尔瓦德农业科学大学。

（五）学院级研究所、站、校

在印度农业研究理事会领导下，印度已建立起世界上最为庞大和广泛的农业研究与教育网络，人数约 3 万名，直接从事研究和管理的人员接近7 000名；30 所国立农业大学（SAUS）聘用的26 000名科学家中，有6 000名以上从事该理事会的项目研究。农业研究理事会直接领导的印度农业研究所（Indian Agricultural Research Institutes）及其分所（农业研究所、兽医研究所、乳业研究所等）都在各自的学科领域担负培养研究生的任务，这些印度农科类研究所也被认为是一种大学，可以培养研究生和授予学位；还有 4 所管理学院，也培养农业经营管理和行政管理方面的研究生。另外，印度农业科学中心的区域研究站也开展高等农业教育。有些区域研究站虽然也被称作农业大学，但实际上是学院级院校，如喜马偕尔邦农业大学（Himaehal Pradesh Agricultural University）实为喜马偕尔邦国际农学院（Himachal Pradesh Krishi Vishwavidyalaya），珈嵌农业大学（Konkan Agricultural University）实为珈嵌农校（Konkan Krishi Vidyapeeth）。

印度高等农业教育机构的典型特征有：一是农科大学的公立性。印度农科大学全部由政府资助，学校的管理也带有浓厚的行政色彩，校长多是由邦政府大臣或农业部长兼任，校内选一个学术上有名望的副校长，负责学校日常的管理和学术事务。二是教育、科研与推广结合性。印度的农科院校要求在一定范围内负责起教学、科研与推广工作，这三项工作由学校统一组织和管理，并把推广与教学、科研同等看待。三是校名的人地名结合性。印度农科类院校多以地名和纪念为学校做出突出贡献者的名字命名，如1985年12月1日成立的 Y. S. 帕玛博士园林大学是以喜马偕尔邦的第一任政府大臣命名的。四是学校也有升格、合并现象，但围绕着农科。如班加罗尔农业科学大学的前身是成立于1913 年的赫保尔农校（Hebbalagri Cultural School），学校现下设农林学院、园艺学院、兽医学院等。

执笔人：高 飞

第三节 都市型高等农业教育体系

都市型高等农业教育是适应都市农业研究的理论与实践而形成的一种特色教育，严格意义上讲，尚未形成完整的教育结构体系，而是寓于整个高等农业教育体系之中。都市型现代农业是以高效农业、生态农业、休闲农业为主要内容，进行集约化生产和产业化经营的现代农业。经过多年的探索与实践，一些高等农业院校逐渐形成了一套服务都市型现代农业发展的高等教育理念与实践。

一、都市型高等农业教育的形成背景

都市型现代农业是都市经济发展到较高水平时，适应农村与城市、农业与非农产业进一步融合，以及城乡一体化建设加快的需要，在整个城市范围内形成的紧密依托和服务于城市、生产力水平较高的农业生产和运行系统。它发展的趋势主要体现在三个方面：第一，广泛运用生物技术、工程技术、信息技术等高新技术改造传统农业，加速农业现代化进程；第二，由单纯的生产功能转变为兼顾美化环境、保障生态系统良性循环的复合功能，生态环保型和旅游观光型农业应运而生；第三，市场化、集约化、信息化、产业化和人文化的特征日趋明显，在市场竞争中更加趋向国际化。

都市型高等农业教育的概念最初由北京农学院等提出，夏宗建发表在 1997 年第 1 期《北京农学院学报》上的"都市型高等农业教育刍议"一文是最早见著于学术刊物的相关文章。文中提出：都市型高等农业教育应该积极主动适应新形势，要有别于传统农业及农业教育的观念和模式，研究探索其办学特色。都市型高等农业教育面对的是都市农业，但也需要从本市、本校的实际出发，促进都市型高等农业院校的发展。同期上海农学院教务处张建华等在《学习邓小平教育思想发展都市型高等农业教育》一文中分析了在上海发展都市型农业的可能性和必要性，并提出了开创都市型农业高等教育、培养适应都市农业特征人才的思路和方法。

都市型高等农业教育需确立都市型农业观、一体化大农业观、多功能农业观和高智能农业观，并以此新观念指导农业人才的培养，发展新的办学特色。针对都市型农业技术的密集性、功能的多重性、专业的开拓性、经营的外向性特点，有必要重塑农业科技人才的智能结构。大学本科教育应以培养复合型应用人才主，这已是大多数院校的共识，都市型农业人才的培养也应以拓宽专业口径，扩大专业基础，强化知识教育，扩充专业分支，增加专业内涵为主，通过农业技术、农业生物、农业资源环境、农业工程、农村经济等专业板块之间渗透复合，使农业科技人才具有知识面宽，一专多能的特色。特别要在强化能力培养方面下功夫，使人才具备较强的创新思维能力、自学能力、开拓应变能力、实践能力、社会交际能力和表达能力。

二、都市型高等农业教育的结构体系

都市型高等农业教育特征是由都市型现代农业发展的根本要求决定的。地处我国大都市的农业院校，如北京农学院、天津农学院、原上海农学院、广州仲恺农业工程学院、西南农业大学以及青岛农业大学等，根据都市型现代农业的发展特点，密切关注世界范围内都市型现代农业的发展现状，开展了都市型现代农业和现代适用农业技术的研究，在服务都市型现代农业的过程中探索具有都市型特色的高等农业教育。以北京农学院为例，该校紧紧抓住北京市提出的"率先基本实现农业和农村现代化，使农业和农村现代化建设达到中等发达国家水平"的奋斗目标，以及把郊区定位为北京可持续发展的战略新区和建设国际大都市的现代化发展区的有利契机，走出一条以都市农业为特色的办学模式。这一特色具体表现在：第一，具有鲜明的以服务北京现代化、服务都市型郊区经济、服务都市型现代农业为宗旨的办学指导思想；第二，在办学模式上，坚持开门办学融入北京郊区、坚持开放办学与国际交流合作、坚持开发办学与企业联合，加快发展都市型高等农业教育，主动外引内联，整合校内外、国内外各种办学资源，提高教育教学质量，提高科技创新能力，提升国际化水平；第三，主动适应都市型现代农业的发展要求，加快传统学科专业改造，加快新的学科专业设置，加快农、工、经、管、法、文、理等学科专业的交叉、渗透和融合；第四，在人才培养目标上，注重培养具有创新精神和实践能力的应用型、复合型的技术人才、经营人才及管理人才；第五，在人才培养模式上，构建产学研一体化的培养模式，引导学生积极投入北京经济建设，特别是北京都市型现代农业建设与发展的实践，加强培养与锻炼学生的动手能力、科研能力和创新能力；第六，在课程建设上，根据应用型、复合型人才培养的要求，科学设计课程体系，编写、选用反映现代农业成果的新教材，精减纯理论课时，加强实验、实习环节，采用先进的教学管理方法，建立完善的教学质量监控体系。

原上海农学院（已并入上海交大）作为上海唯一的一所高等农业院校，及时确立"以农为本，服务城乡，立足上海，面向全国"的办学方针，并相应地制定了由城郊型向都市型高等农业教育转变的规划蓝图。对学校原有城郊型特色的三个专业板块，即农业生物类、农村经济与社区发展类、农村工程类的专业结构，实施适应性、发展性、战略性三个层次的调整。适应性调整是以继续改造、拓宽农业生物类板块为重点，将原有农学、植保、畜牧等生产型的传统专业尽快改造成农工贸复合的企业型新专业；通过拓宽专业口径，扩充专业内涵，培养一专多能的复合型人才，以适应上海农业转型，加速实现农业产业化对人才的需求。发展性调整主要是瞄准上海开拓多功能农业人才的需求，适时创办都市休闲农业、都市生态农业、农村城市化规划与建设、涉外农业等新专业群，造就一批跨世纪开拓型人才，进一步显示办学的都市型特色。战略性调整则以赶超世界一流高智能农业为目标，着重兴办具有上海优势的农业高新技术类和国际农业类新专业，造就一批能引导潮流的高智能人才，以求逐步办出都市型农业高等学府的一流水平。该院设想分别通过近期、中期、远期有序而交错地实施三个层次的自我调整，逐步跨越求生存、上台阶、创特色三个发展阶段，以期实现创建多科性都市型农业高等学府这一跨世纪规划的蓝图，为开拓我国都市型农业高等教育探索新路。

三、都市型高等农业教育的教材建设

都市型高等农业教育的教材建设的目标是建设一批具有中国式农业现代化特色、海派都市型农业特点的系列专业教材，以配合专业改造、专业调整，并更新专业教学内容。重点编写出版带有导向性、示范性的专业教材。一是都市农业系列教材，密切联系我国都市地区农村城市化、农业现代化、农民知识化的发展趋向，借鉴发达国家开拓都市圈农业的成功经验，从宏观决策、科学规划、创建目标、开发途径、战略措施、关键技术诸方面，总论都市农业的开发领域与发展动向，并分别系统论述持续农业的理论与实践、休闲农业资源的利用与开发、绿地系统规划与园林设计、开发涉外农业的方略与途径、创建高智能农业的战略与技术。二是现代农业系列教材，从我国都市地区推进农业科技现代化的实际出发，借鉴发达国家实现农业现代化的历史经验，分析发展动向，围绕各项中观、微观技术的基本原理，操作与管理方法，实用新技术、新工艺及其应用范例，进行周密论述与系统介绍，教材选题包括现代农业生物技术、现代农艺、设施园艺、畜禽生产加工新技术、绿色食品加工新工艺、现代农业环保诸领域。三是现代农村经济系列教材，选题包括现代农村经济管理、农村企业资产评估与管理、乡镇建设与规划、农村金融理论与实务、农村集体经济理财、农产品市场营销诸领域，从我国经济发达地区农村工业化、乡镇城市化、城乡一体化的新视角出发，并紧密联系现代市场经济规律和现代企业制度，从理论到实践阐明农村经济与社区发展中的诸多专业问题。三个系列教材中的每本教材既自成体系，又相互构成密切相关的系列。教材创作强调以适应都市型现代农业岗位对职业的素质要求，特别是以综合能力的要求为出发点，适当顾及学科体系，以利知识传授、能力训练。有关思想教育、职业道德修养、心理素质培养方面的教学内容要求渗透进专业教材之中，并做到自觉融合、自然渗透。针对开拓都市型现代农业对人才培养规格的客观要求，要处理好教材建设中思想教育与智能教育、知识传授与能力培养、知识的基础性与先进性、理论与实践的辩证关系。由曹林奎主编的《都市农业概论》《都市农业导论》、吴方卫主编的《都市农业经济分析》、王涛主编的《北京都市农业发展的理论与政策》、史亚军主编的《观光农业营销学》等都已尝试用于都市农业教学或参考。

执笔人：高　飞

第十七章　都市型农业院校专业建设

第一节　园艺特色专业建设和成效

北京作为国际大都市，近年来园艺产业发展迅速，正在向着生态化、科技化、集约规模化和市场化方向发展。在都市型园艺产业发展背景下，对园艺本科人才的知识结构、能力和综合素质的要求也将有较大提高。园艺专业是北京农学院的特色专业和优势专业，亦是国家级特色专业，其果树专业和蔬菜专业分别于1979年和1982年开始招生，1994年两专业整合后按园艺专业招生，已为北京园艺（果树、蔬菜、观赏园艺）产业培养了20余届本科毕业生，在北京郊区农业发展中提供了重要的人才支撑和技术支撑。随着北京现代农业的发展，园艺专业人才的需求正在向都市型农业、现代农业转变，因此，园艺专业的人才培养向现代园艺和复合型人才方向发展已成为必然趋势。

一、园艺特色专业建设指导思想

园艺特色专业建设要以邓小平理论和"三个代表"重要思想为指导，全面落实科学发展观，认真贯彻党和国家的教育方针，遵循高等教育规律，适应现代高等教育的发展趋势，体现先进的教育理念。以学校"十二五"发展规划为指导，全面贯彻《中共中央国务院关于深（化）教育改革全面推进素质教育的决定》及北京市教育委员会有关文件精神，以教育部提出的"以教育思想观念改革为先导，以教学改革为核心，以教学基本建设为重点"为指导，以"注重提高质量，努力办出特色"为宗旨，用新时期的人才观、质量观和教学观来指导本专业的建设。以培养具有创新精神和实践能力的高素质人才为宗旨，以大力加强教学工作、切实提高教育教学质量为中心，以改革人才培养模式、教学内容、课程体系、教学方法和手段为重点，强化品牌意识、特色意识、竞争意识和创新意识。注重改革的科学性、系统性、综合性和连续性，以品牌专业、特色专业建设推动各项教学基本建设，促进教学改革的不断深化，带动北京农学院专业建设整体水平的提高。在专业教学中充分体现创新能力、创业能力和实践能力的培养，体现人文精神和科学精神的结合，增强就业竞争能力和职业变换的适应能力，增强自学能力和可持续发展能力，使学生"学会学习、学会生存、学会发展"。以培养园艺技术应用型复合人才为根本任务，合理构筑学生的知识、能力、素质结构，系统加强教学内容、培养模式改革，全面提高学生对经济市场的适应能力。

二、园艺特色专业建设基本原则

强化优势，突出特色。特色专业建设要遵循教育教学规律，以强化优势为根本，以突出特色为核心，充分体现学校办学特色和区域经济社会发展特色。

改革创新，提高效益。特色专业建设要根据国家经济社会发展需要，以改革创新为动力，增强专业建设的开放性、灵活性和适应性，提高办学效益，探索适应社会不同类型人才需求的人才培养模式，为社会提供高质量的专门人才。

示范带动，整体推进。特色专业建设要强化专业建设实践成果的积累和有效经验的总结，主动宣传推广建设成果，发挥示范和带动作用。

三、园艺特色专业建设的具体举措

（一）改革人才培养模式

为了实现以上培养目标，在课程体系安排上贴近社会、贴近生产、贴近生活，实行"3＋1"即"学校—企业—社会"相结合的培养机制，把综合素质和职业能力的培养贯穿于整个教学活动的始终。除了进行课堂教学外，还采用了实验室模拟教学、案例教学、组织学生进行社会调查、安排学生到有关企业实习等方式，提高学生的实践能力和实际操作水平。

（二）加强以"双师型"教师为主的师资队伍建设

1. 引进和培养相结合

针对目前园艺专业师资学历层次较低现状，根据目标要求，充分利用学校的优惠政策，加大师资引进、培养和稳定力度，增加数量、调整结构，使师资力量配备更加合理，素质不断提高，争取每年引进1～2名博士及以上学历研究生，每个方向培养或引进1～2名学科带头人，形成合理的人才梯队。加快现有师资的培养提高，制定切实计划，分期分批进行培养，使其尽快提高园艺专业的教学和科研能力与水平。

2. 重点提高，优先培养，造就园艺专业教学和学术骨干

鉴于园艺专业人才力量相对不足的情况，把重点培养有潜质的中青年教师作为战略任务来抓，在教学上压担子，科研上优先扶持，各教研室尽快培养3～5名优秀学术骨干人才。

园艺专业自2008年获得市级优秀教学团队以来，十分重视教师队伍的建设和发展。在师资队伍建设方面主要做了以下几项工作：

（1）创造条件支持年青教师在职或脱产攻读博士学位。近年来，园艺专业共支持3名年青教师去中国农大和浙江大学攻读博士学位，支持1名年青教师去中国农大进行博士后研究，目前园艺师资队伍中具有博士学历的教师占园艺专业教师人数的2/3。

（2）鼓励中青年教师以提高英语水平和教学研究为目的的国外进修。近1年园艺专业共支持3名中青年教师分别到美国、英国、匈牙利进修英语和专业培训。

（3）组织专业教师参加各种与质量工程有关的会议。

①2008年10月，高遐虹、董清华等4人参加了教育部高校研究会在重庆主办的"国家优秀教学团队建设与教学质量研究"研讨会。

②2008年12月，沈漫、高遐虹、马焕普等5人参加了由教育部全国高校教师网络培训中心在北京主办的"国家精品课程骨干教师高级研修班"。

③2009年3月，高遐虹、沈漫参加了教育部高校研究会在北京主办的"高等教育课程开发暨精品课程案例讲解骨干教师培训班"。

（4）组织专业教师参加各种学术会议、外出考察和园艺学科建设会议。

①2009年7月，园艺专业16人赴四川农业大学进行学习交流和考察。

②2009年10月，园艺专业2人赴意大利参加国际板栗会议，并进行了会议交流。

③2009 年 10 月，园艺专业 6 人去陕西西北农业大学参加第 8 届"全国高等农业院校园艺学科建设与发展研讨会"，就园艺本科教学计划和课程设置等问题与参会的各农业院校本专业的同行们进行多次交流，了解其他兄弟院校的专业整合情况，借鉴他们成功的教学改革经验和课程设置上的创新。

④6 人参加园艺学会 80 周年暨 2009 园艺学会会员大会。

⑤2009 年 11 月，5 人去仲恺农业工程技术学院交流并参加全国蔬菜产业发展研讨会。

⑥2009 年 12 月，11 人参加园艺科学与技术大会（北京）。

（5）邀请国内外学者进行学术交流。近 3 年园艺专业邀请近 30 余名国内外专家学者来校进行讲学或学术交流。同时有近 20 名老师到国外参加国际学术交流，如国际园艺学大会。

3. 校内实验室建设

通过努力，建成特色鲜明、功能完善、技术先进、方案合理的实践教学基地，目前有国家级的植物生产示范中心为实验和实践教学提供保证。

4. 校外实习基地建设

在满足实践性教学的基础上，为专业化方向落实校外实习基地，积极开发"订单式"培养单位。强化实践育人的意识，合理制定实践教学方案，完善实践教学体系，加强实践教学基地管理，改革实践教学内容和方法，不断提高实践教学质量。在现有条件的基础上，积极开发校外实训基地，以满足学生实习需求。

（三）教学内容和课程体系建设

以创建精品课程为出发点，大力推进课程建设。在三年至五年内，力争市级精品课程达到 1～2 门，院级精品课程 4～5 门。结合北京农学院教育特点，加大实践课程开设比例，加强实践课程考核力度。积极推进教学内容、教学方法改革，建立奖励机制。

1. 教材建设

（1）2009 年 5 月由特色专业项目资助的、园艺专业教师孔云、姚允聪等主编的普通高等教育"十一五"规划教材《家庭园艺装饰与养护》正式出版。

（2）2009 年 6 月由张喜春主编的《果蔬无公害生产》观光农业系列教材之一正式出版。

（3）2009 年 10 月由优秀教学团队项目资助的、董清华主编的《休闲园艺：盆栽果树》教材出版。

（4）2009 年 9 月由北京农学院、天津农学院、广州仲恺工程技术学院三家合作编写都市园艺系列教材正式启动，第一阶段由北京农学院园艺专业教师牵头主编的《园艺规划设计》《设施园艺学》《观赏园艺通论》3 本教材已进入编写大纲。

（5）2009 年 9 月由教研室副主任高遐虹牵头编写《园艺专业骨干课程实验实习指导书》工作已运作，由各课程负责人组织课程组成员进行编写，园艺专业教研室专门召集会议，对实验指导书的大纲和内容进行了研讨，2009 年年底完成初稿。

2. 课程建设

作为市级优秀教学团队不仅要重视师资队伍建设，同时要加强教学课程的建设，向优秀课程、精品课程的目标迈进。

（1）2009 年 6 月，经过近 1 年时间的建设与准备，园艺专业骨干课程之一《园艺植物育种学》被评为北京市精品课程。

（2）2009年5月，园艺专业骨干课程之一园艺学总论被评为校级优秀课程。

（3）2009年5月，园艺专业骨干课程之一设施园艺学被评为校级重点建设课程。

（4）经过两年时间的调研、考察以及专家们的论证和学生就业的需求，在专业必修课中新增添一门新课园艺规划与设计。该课程是围绕北京园艺产业的转型，向观光园艺、休闲园艺、生态园艺、旅游园艺等都市园艺方向而开设的，以满足都市园艺和社会对园艺规划人才的需求。

（5）2008年至2009年园艺植物育种学、园艺学总论、设施园艺学已经被学校批准为网络建设课程，实现了优秀课程资源共享。

（四）实验室建设

（1）园艺专业实验室经过近2年市级专业建设项目经费的资助，在房屋扩建、设备增设、更新、人员配备等方面都得到很大改观，使实验室的仪器更加齐备，功能更加齐全，实验设备资源得到更充分利用，在2008年获得"北京市植物生产类实验示范中心"的基础上得到更好的建设和发展。2012年获批"国家级植物生产类实验示范中心"。

（2）由于实验室的扩建和资源统一利用，开始面对全系本科学生开放管理，所有学生进入实验示范中心都配备了白大褂，使学生得到了更多的动手操作机会，且拥有宽敞明亮良好的实验条件，更有利于综合性、设计性实验的开设。

（3）为配合新开课程园艺规划设计所需实验实习而建设的实验室，仪器设备已经到位，基本可满足课程高层次实验的开设。

四、园艺特色专业建设的成效

形成"校企联盟""专业＋公司"的专业建设模式特色。该专业将深化与校外实习基地的联系与学生的培养，发挥实习实训教学、应用技术推广和生产开发的综合作用。

形成"校内工学交替＋校外工学交替"的人才培养模式特色。将构建起"低年级学生以在校内做工为主，高年级学生以在校外做工为主，校内工学交替与校外工学交替相结合"的人才培养模式。与之配套的课程体系、教学管理制度和教学方法改革将全面启动。

1. 专业布局不断完善

在做大做强已有的传统专业方向基础上，紧跟专业发展的新动向，满足社会对新兴专业方向的人才需求，在果、菜、观赏园艺等专业方向的基础上，加强观赏园艺的健康成长，使得园艺专业的特色优势不断加强，专业布局日趋完善。

2. 精品课程建设成效显著

园艺植物育种学作为北京农学院国家级精品课程之一，在实施"质量工程"中发挥了重要的示范作用。该课程在学院各项制度和措施的保障下，在组织机构、师资队伍建设、教学内容改革、教学条件保障以及教学方法和手段改革、课程教学效果方面取得了显著的建设成效，得到了校内外有关专家、学者与学生的好评。在学院的高度重视下，园艺植物栽培学、设施园艺学、观赏园艺学等接连被评为市级精品课程，院级精品课程建设也不断加强。

3. 师资力量明显加强

本校建立了一支政治素质优良、业务精湛、创新意识强、结构合理的教师队伍，引进和培养了一批立足京郊大地、学术造诣较深、在国内外有一定影响的学科带头人和学术骨干。

目前园艺专业教授 10 人，副教授 8 人，讲师 6 人，高级实验师 2 人。具博士学位的 17 人，其中博士后 8 人。享受国家政府津贴的有 3 人，北京市科技新星 8 人，北京市教学名师 2 名。

4. 教材建设成果斐然

园艺特色专业充分利用地方资源组织学术骨干编写"普通高等教育教材"，逐步建立起以国家规划教材为重点，门类齐全，适应培养创新性实践型园艺人才所需要的教材体系。如孔云、姚允聪等主编的"普通高等教育'十一五'规划教材"《家庭园艺装饰与养护》2009 年正式出版。2009 年 6 月由张喜春主编的《果蔬无公害生产》观光农业系列教材之一正式出版。2009 年 10 月由优秀教学团队项目资助的董清华主编的《休闲园艺：盆栽果树》教材正式出版。

5. 教师、学生广泛受益

本校园艺特色专业的建设始终把教师意见放在优先地位考虑，组织召开多次教学研讨会，鼓励教师发表建设性的意见，产、学、研结合的政策激励制度对教师教学及科研的促进无疑是积极的。目前为止，教师在教学成果及科研方面均比以往有了很大突破。特色专业建设对学生创新思维能力和实践能力的培养起到了明显的作用。

6. 实验教学条件不断改善，校内外实习基地逐步拓展

目前，各专业实验室及实习基地基本能满足各专业实践教学需要，为保证本科人才的培养质量发挥了重要作用。2009 年植物生产类实验教学中心被评为北京市级实验教学示范中心，2012 年北京市教委完成对它的评估，并成功获批成为"国家级的实验教学示范中心"。

执笔人：张　杰

第二节　动物医学特色专业建设和成效

动物医学专业一直是北京农学院的传统专业、支撑专业、品牌专业和特色专业之一。该专业在学校成立之初就已设置，其培养的学生、提供的技术为北京市畜牧兽医行业的发展发挥了十分重要的作用。该专业为学校通过本科教学合格评估、获得硕士授予权等发挥了决定性的作用。经 30 多年的建设，该专业形成特色与成效如下。

一、理论教学与学生实践技能的培养并重

自 1998 年始，将动物医学四年制恢复为五年制，成为全国最早恢复五年制动物医学本科教育的学校之一，为加强学生技能的培养提供了充足的时间保障。

鉴于动物医学专业教育的特殊性，基本坚持年 2 个班 60 人的招生数，为加强学生技能的培养提供了充足的师资保障。除实验课外，解剖学、组胚学、生理学、病理学等每一门专业骨干课程都设置一周的教学实习。

该专业每一门骨干课程都建有相应的实验室，各实验室均能满足教学计划中设置的相应实验课、教学实习所需的仪器设备条件。还建有兽医学（中医药）北京市重点实验室、动物医院、实验动物房、P2 实验室，该专业拥有的仪器设备价值近 7 000 万元，实验条件在全国同类专业中处于领先地位。

目前，已与 16 个单位签署了实习基地协议，包括动物医院、动物疫控中心、兽药企业、养殖企业等，涵盖了该专业各就业方面。所有基地均具有优越的实习条件、经验丰富的指导

教师。此外，近年来学院还对基地的指导教师提供了一定的经费，确保了基地实习指导教师的到位率。

二、密切结合国家尤其是北京市国民经济和社会发展需要培养学生

动物医学专业学生的培养，优势表现在：①针对北京宠物业，该专业加强了宠物医学的教学，师资上引进了有临床教学经验的教师；加重了临床课的教学学时、实验学时、实习时间；建立了动物医院，投入了800多万元的经费购置相关的仪器设备；解剖学、病理学、传染病等各相关课程均增加了与犬猫有关的教学实习内容。此外，还开设了犬猫疾病学、影像学等多门特色专业选修课。②针对北京的宠物疾病，突出对治疗宠物老年性疾病有益的课程，如影像学、针灸学、中兽医学和内科学等，建立了中西兽医结合动物医院并作为实习医院。③针对政府和国民对畜产品安全的关注，设置了疫病诊断与检验检疫等骨干课程，在药理学和毒理学课程中增加药物残留检测的内容，增加了中药方剂学等选修课。通过开设畜产品检验检疫专业方向和中兽医专业方向，满足市场需求。④针对北京市养殖业由散养到规模化养殖，由满足市民肉蛋奶的供应到以种畜禽为主体养殖转变的特点，在课程设置、教学内容、实验和实习上进行了相应改革。加强了与种畜禽相关疾病、疫病病原检测净化等课程内容，增加产科学的教学实验与实习等。

此外，2013年始全面实施了卓越兽医师培养计划，全体兽医专业的教师参加计划，对课程设置、教学内容、实验内容、实习内容及场所均进行了合理的调整。

三、加强学科建设，构建特色鲜明的学科

结合国家和北京经济建设的需要，以既能服务于食品动物疾病防治，又能服务于畜产品安全为导向，打造出了特色鲜明的学科。

（一）提出了"中（兽）医药学是一门侧重于改善和调控动物体维持细胞环境结构及其功能防治疾病的科学"的观点

围绕中兽药防治食品、动物的疾病解决、动物疾病与食品安全等，提出"现代医学和兽医学理论缺陷在于忽视了人体和动物体存在着一套维持细胞环境的结构，更忽视了该结构在生理、病理和医学中的作用"、"微血管是人体和动物体维持细胞环境结构"的观点，提出并基本证实"经络的本质是微血管即人体和动物体维持细胞环境的结构"、"经脉的本质是机体为确保相对低血压区域的细胞环境形成的呈有序态的微血管网络"；提出并基本证实"天人合一"理论与动物体维持细胞环境的结构必须具备的高度敏感的功能、阴阳学说与动物体维持细胞环境的结构必须具备的精确稳定细胞环境的功能、五行学说与动物体维持细胞环境的结构必须具备的维持不同细胞所需相对特异性环境的功能、气血津液学说与动物体维持细胞环境的结构必须具备的确保营养供应和有害物质清除的功能密切相关的观点。此外，提出并证实针灸和中药防治疾病均是通过激活动物体维持细胞环境结构即微血管的功能完成的。

（二）保障北京畜牧业以种畜禽生产为主导方向，在动物胚胎工程方向形成明显优势

加强动物胚胎工程研究以保障北京种畜禽战略的实施是北京农学院本专业的重要研究任务。家畜胚胎工程、动物克隆与转基因技术，以及家禽生殖机理的相关研究，尤其是蛋用种

公鸡营养与生殖机能相关性以及提高种用畜禽综合繁殖力等方面是该方向主要研究内容。已建立处于国内较高水平的、稳定可靠的牛体外胚胎生产体系。在2012年7月的转基因肉牛新品种培育项目中，生出两头转入A-FABP基因的健康犊牛，实现了转基因技术育种的重大突破，标志着北京农学院具备了应用转基因技术，进行新品种培育的成熟技术体系。

（三）以保障北京的宠物业发展为导向，在治疗犬老年性疾病的研究方面形成明显优势

加强对犬老年性疾病的防治研究已成为本专业保障北京的宠物业发展的重要研究任务。犬老年性疾病有很多，本专业主要集中在肿瘤、椎间盘突出症、肺心病、白内障等疾病的防治研究方面。目前，在针灸治疗犬椎间盘突出症、中药治疗犬肺心病、手术治疗犬白内障方面已有较大影响。

（四）在防控动物传染病方面亦初具特色

开展重要畜禽传染病、寄生虫病和人畜共患病病原的分子特征及其生物学功能、变异规律、病原耐药性产生与传递机理、病原—宿主受体的确定及病原的细胞与分子致病机理等研究，尤其是内皮细胞在病原的致病机理方面的研究。

在动物源性食品安全控制技术方面，开展病原在动物源性食品中的分布与存活规律；兽药、添加剂在动物机体内的代谢与排出，在肉、蛋、奶中的含量与蓄积，在食品中的分布与降解规律；动物源性食品中病原、毒素、兽药、添加剂最低检出标准制定等研究。

四、成效

（一）都市型兽医发展需求的教学体系和教学内容的优化

围绕以种畜禽业为主的都市畜牧业和宠物行业对人才培养的新需求，建立了完善的理论课程体系和实验实践教学体系，率先实施"卓越兽医师培养计划"。"4+1"人才培养模式的实施，强化了实践教学及实际综合运用能力的培养。建立"动物生产—疫病防控—动物诊疗—食品安全"综合实习体系，在2012年获得北京农学院教育教学成果一等奖。

（二）学生学习主动性提高，专业理论与基本技能得到系统训练，理解分析问题能力提升

围绕以提高学生收获为准则，大多数主干课程均实行理论教学改革，强化过程管理，大大提高了学生学习积极性、主动性，学生运用知识解决问题能力提高。如《家畜内科学》学习中有学生结合课堂上所学动物重金属中毒，利用上网查找方法与实验指导中方法检测样品，比较检测结果，判断所用方法可靠性；模拟诊断设备结果均一性、重复性好，解决了典型症状与少见病例难题，扩大学生实验实习内容；在模拟基础上，结合教学动物医院实际病例，达到理想与实践统一，锻炼了学生的评判思维能力，加深所学知识的理解与记忆。

通过动物病例模型构建与诊断，既锻炼学生基本技能，又学习现代诊断技术，如针对细菌性疾病，给实验动物攻菌引起动物发病，诊断此病涉及病理解剖知识技能、微生物知识技能、分子生物学诊断技能，治疗要用到药理学的相关技能。仅通过这一个病例，即可将四五门课的相关技能串联到一起，学生既得到系统训练，又锻炼综合判断能力。学生参与卓越计划积极性高，首轮卓越兽医师培养中有80％左右学生参与到此计划中，参与技能考核学生

有 98％以上达到要求。

（三）丰富多彩第二课堂的互补效果实现实践教学不间断，学生综合技能和专业素质得到全面发展

在课程实验课中学生参与简单实验准备和实验过程，拓展了学生的知识面；成立各种兴趣小组，营造专业实践环境，如宠物领养锻炼学生所学基本护理与临床诊断、饲养卫生等实验技能；通过社会实践活动（社区伴侣动物咨询等），参加国际宠物医师大会接待与临床技能培训活动，锻炼学生沟通交流能力，学习新的临床诊断技能；全程导师制、实习双导师等，导师科研内容与成果融入课堂，学生参与导师科研项目，提升科研能力；大学生自主科研训练项目申请与完成，学生借助实验手段解决生产实习中遇到问题，完成毕业论文等；院校级和全国大学生专业技能大赛参与，专业指导教师指导参赛学生的选拔和培训，多途径全方位为本科生提供专业技能与科研实践的机会。

（四）师资力量得以提升，教师育人水平得到提高

通过组织青年教师参加教学基本功比赛与观摩教学等，经过教学督导与教学经验交流等，转变教学理念；以科研带动教学，在科研团队形成过程中初步形成教学团队，动科学院先后获得校级教学建设团队 4 个；吴国娟教授、刘凤华教授先后获得北京市名师称号，刘凤华教授获得"北京市师德标兵"荣誉，周双海和胡格获得北京市拔尖人才荣誉，蒋林树教授获北京市长城学者荣誉，姚华、董虹、胡格获北京市科技新星，姚华副教授获得北京市青年教师教学基本功比赛二等奖；15 名教师获得执业兽医师资格认证。以上均显示近年来动科师资队伍能力得到较大提升。

（五）学生综合素质与能力提升，就业竞争力提高，社会反响良好

毕业生产实习与其他实践环节有机衔接的探究式实践教学模式，通过"学－研－产"多途径结合锻炼学生实践能力，本科生参加教师科研项目，发表相关论文，有本科生署名的近20 篇；校企合作和国际合作多方位实践机会，全方位锻炼学生专业技能；产业化方面的知识技能传授，中法合作办学推进"3＋1"和"4＋1"实施及示范作用等，使得学生综合素质和能力提升。近五年动物医学和动物科学两个专业就业率一直保持 100％，本行业就业比例在全校领先。2014 年动物医学专业率先实施了一本招生，首次在河北、山东、山西和北京进行招生。

执笔人：李焕荣

第三节　农林经济管理特色专业建设和成效

一、创新人才培养的改革思路与理念

农林经济管理系的人才培养目标是卓越农林经济管理人才的培养，目前逐步创建"以都市型现代农林教育为特色，以学生综合素质提升为目标，以实践教学为突破，以优化课程体系为重点，以系列课程建设为基础"的人才培养教育教学改革新思路。

（一）构建了交叉复合应用型和创新型人才培养理念

围绕北京都市型现代农业发展，逐步形成了独具特色的交叉复合应用型和创新型专业人才培养理念：提出了与都市型现代农业发展相适应的"经济管理与农业科技交叉应用型"人才和"教学、科研推进与农业、农村发展相结合的创新型"人才相交叉的人才培养观。在教育理念上实现由"纯学术型人才"到"学术型兼顾实用型人才"的转变，即由完全的课堂教育转向利用一切可以依托的资源，充分利用北京都市型现代农村快速发展的机遇，增加学生与北京都市型现代农村发展紧密接触的机会，使学生随时了解北京市农村发展的动态，为将学生培养成适合北京市农村经济发展需求的人才打下坚实的基础。

（二）实现人才培养方案的改革与创新

在教育理念改革与创新的同时，结合农林经济管理专业学生的实际情况，农林经济管理专业对人才培养方案做了大幅度修订，推行"3+1"式的培养方案，根据不同的培养方向，确定为国内培养和国外培养两大方向，进而满足不同层次的人才培养要求。

（三）管理与运行机制的改革与创新

落实课程设置精细化、讲授实践化。为了培养"学术型兼顾实用型人才"，农林经济管理专业在课程设置上做了大幅调整，根据农业发展特别是北京市农村发展的最新动向，新开了与都市型现代农业发展需求相适应的若干门课程，做到课程设置与实践需求的高度一致。

实习与实践培养层次化。农林经济管理专业做到实习与实践环节的多层次结合：课程教学的实习环节、培养方案的专业实习与毕业实习、校外的各实践基地的实习与实践、特色农经行动计划和大学生科研训练活动等，这些都为卓越农林经济管理人才的提供了良好实习与实践的机会。

人才培养管理垂直化。在培养卓越农林经济管理人才过程中，推行双导师制，做到人才培养管理上的垂直化，即院系、每位导师、每位学生的垂直化管理。

国内交流与国外合作常态化。在学校的大力支持下，分别通过名师进课堂、经管论坛等一系列方式加强与科研院所、企事业等单位专家学者的交流和学习，每年选派优秀的学生到中国农业大学、北京林业大学联合培养1年，并进一步加大国际合作培养的力度，根据指定的"3+1"培养方案，通过交换生的形式将学生送往国外深造与培养。

二、构建新型的人才培养模式

通过与农林科研院所、企业、用人单位等合作制定和实施"卓越计划"，创立校内校外联合培养人才的新机制，建立学校教学与农业产业发展和农村社区建设实践相结合的产学研合作教育方式，以实际应用为背景，共同制定培养方案、共同建设课程体系和教学内容、共同实施培养过程、共同评价培养质量，具体主要从以下方面展开：

（一）构建卓越农林经济管理人才培养的课程体系

着重建设以关键能力、创造性思维和创业能力为主的课程体系，正确处理知识、能力和素质的关系，夯实专业知识，拓宽专业口径，强化实践教学，让学生未来真正能够适应新形势下农村的发展，构建符合卓越人才培养要求、突出培养未来为了满足都市型现代农业对人才培养全方位、多类型、高规格的需求，培养学生创新精神和创业能力，搭建了以北京市精品课程农业企业经营管理学为核心、以都市型现代农业概论、农业经济学、农村财政与金融、农业政策与法规等课程为主干的课程体系，增设了农村专业合作组织管理、家庭农场学、村镇规划、环境与经济综合核算、农村公共管理等相关课程，形成了以系统性、科学性、时代性和实践性为特征的专业课程体系结构，实现了理论教学模块化、专业教学特色化、实践教学体系化的目标，充分发挥各学科融合对卓越农林经济管理专业人才培养的推动作用。

（二）实施"社科＋自科"的卓越人才培养的双导师制

改革教学方式方法，采用校内师资与校外师资相结合、专任教师与农业技术教师相结合的双导师制。校内师资由具有农经理论知识与农场实践经验的教师组成；校外师资主要面向社会、业界和国际，聘任高水平专家承担相应的教学任务。专任教师以科学研究领域的优秀教师为主，农业技术相关教师实施聘任制，主要参与卓越农林经济管理人才培养计划的学生配备由学校专业教师和农业技术教师担任双导师，专业导师负责制定学生学业规划，帮助学生确定研究内容、方法，指导学生进行专业知识探索和完成学位论文等；农业技术相关教师负责传授给学生相关的农业知识，增强学生的实践操作能力。

（三）搭建培养卓越农林经济管理人才的远程教育平台

积极加强教学改革研究，实现"重视教法向重视学法"转变、"重视结果向重视过程"转变、"重视继承向重视创新"转变，并着重实施包括"远程教育"在内的现代化教育方式和手段的改进，为村镇干部、农村新型社区管理人员、农民专业合作社管理者、农村经纪人、家庭农场主等农村管理相关人员搭建一个远程教育平台，提供远程课程教育资源。

（四）合作推行"涉农企业深度培养"模式

选择具有较强的行业背景、影响力大的大中型涉农企业、合作社组织和新型家庭农场作为合作对象，共同建立农林经济管理实践教育中心，联合培养卓越农林经济管理人才，让学生在实践教育中心进行半年至一年的实践锻炼，提升综合素质和实践能力。

（五）建立"六位一体"的实践教学平台

实践教学的目的是使学生亲历实践检验所学知识，从而实现理论和实践的有机结合，最终达到学以致用，培养和提高学生分析判断能力、解决综合问题的能力以及创新思维能力，使其真正成为应用型创新人才，增强创新和创业能力。为此着重构建了"专业联基地，基地带社团，社团融项目，项目促实践"的实践教学模式，形成了实验教学平台、专业实习平台、跨专业的综合实训平台、创业教育平台、社会实践与就业实习平台"六位一体"的实践教学体系。

三、打造和培养高水平师资队伍

（一）优化师资队伍结构

优化师资队伍专业结构、学历结构、职称结构、年龄结构、学缘结构；加大中青年教师的引进和培养力度，鼓励和支持中青年骨干教师出国研修，到海外学习交流或开展合作研究；通过多元化渠道引进校外、京外和海外优秀人才，鼓励教师访学、进修和继续教育学习，进一步优化教师队伍的学缘结构。

（二）建设学术人才梯队

制定市级学科带头人、校级学科带头人、校级中青年骨干教师、院级优秀青年教师四个层次的人才培养计划，通过考核遴选、跟踪培养、动态发展，建设高水平学术队伍。强化对中青年教师的培养培训力度，为中青年教师的成长提供良好的环境，鼓励优秀中青年教师脱颖而出。实施人才培养工程，使市级以上各类人才工程入选者和市级学科带头人达到一定比例；校级学科带头人、校级中青年骨干教师、院级优秀青年教师要重点培养。

（三）培育"双师型"教学团队

在校内专职教师中抽调部分教学科研水平高、教学经验丰富的教师，分期、分批选派到相关实务部门挂职锻炼，并力争多数教师具备一定年限的企业、政府部门实践经历或工作经历，积累应用型实践经验；从相关行业企业、政府部门等实务部门聘请实践经验丰富、具有较高理论水平的专业人员和管理人员担任兼职教师，承担专业课程教学任务，或担任本科生联合导师，承担培养学生、指导毕业论文等任务，形成一支稳定的、高水平的兼职教师队伍。

（四）建立院校联合培养人才的长效机制

利用学校在北京地区的地缘优势，在搭建农林院校联盟基础上，拓展京内外高校农经专业教师合作的平台与途径，通过聘请外校知名教师长期担任学生课程任课教师、举办学术讲座、邀请参加学术研讨等方式，建立各院校之间联合培养农经专业人才、教育资源共享的稳定机制。

四、加强实验和实践教学建设

农林经济管理专业突出以实践教学为抓手，将专业理论学习和实践教学密切结合。目前拥有北京三元禾丰牧业有限公司、北京比格泰宠物食品有限公司、北京中农信达电子商务股份有限公司、北京大山鑫港技术开发有限公司、北京清水乡村旅游合作联社、北京怡诚科训技术发展有限公司等实践教学基地 10 个，形成了"六位一体"实践教学体系。

通过实践教学体系的建设，提升了学生参与实践的能力，在实验中增加了设计性、综合性和自主性实验的比例，已形成基础性实验、选做提高性实验和综合性设计实验组成的开放教学体系，为学生完成实验、实习、实训、课程设计、专业论文、毕业论文（设计）等实践活动提供相应的条件和必要的服务，并注重提高综合性课程设计、毕业设计（论文）、实习、社会实践活动等教学环节的质量和效益，强调学生的亲身经历，要求学生积极参与到各项活动中去，在"设计""考察""参观""探究""体验"等活动中发现和解决问题、体验生活，培养实践能力。

大力推进大学生科技创新计划，鼓励学生参加各类学科竞赛、科技创作和相关社团活动，提升实践创新能力。先后指导学生获得第六届"挑战杯"首都大学生课外学术科技作品竞赛二等奖和 2013 年"晨光杯"北京青年创新创业大赛铜奖,指导教师获得北京市"首都高校社会实践先进工作者"和北京农学院"暑期社会实践优秀指导老师"称号。

此外,农林经济管理系十分重视对实践教学体系的不断完善与补充:

(一)加强实践教学师资队伍的建设

实践教学质量的高低,在很大程度上取决于实践教学师资队伍的整体素质与结构。因此,制定相关政策,建立有效的激励和约束机制,充分调动教师参与实践教学的主动性、积极性和创造性,使校内外的实验专家或学者、实验技术能手和实验管理人员积极参与到实践教学中来。

(二)搭建实验实训平台,加强实训基地建设

建立实验室开放机制,加快实验室建设,为学生提供创新的空间,同时扩大校外实训基地,构建多个培养学生创新能力和实践能力,富有特色的高水平实验、实训平台和大学生创新实践基地,形成集实验、实训和实践为一体的多层次教学基地,为培养具有创新精神、创业能力的复合应用型人才服务。

(三)建立有效的实践教学评价体系

结合农林经济管理实训的实际情况,确定评价要素,设定评定指标,通过实践教学质量评价体系,对学生的整个实践教学环节进行考评、控制、反馈,有利于提高实践教学改革的成效,有利于提高学生实验质量,从而实现学生综合素质的整合和提高。

(四)加强制度建设,强化实践教学管理

不断完善实践教学运行机制,强化实践教学规范化建设,对实践教学进行严格的监控和管理,用制度来保证实践教学整个过程及其中间环节的实施。

五、整合各方面教学资源

首先是以北京市精品课程农业企业经营管理学为核心、以都市型现代农业概论、农业经济学、农村财政与金融、农业政策与法规等为骨干课程的课程体系,增设了农村专业合作组织管理、家庭农场学、村镇规划、环境与经济综合核算、农村公共管理等相关专业课程,形成了以系统性、科学性、时代性和实践性为特征的专业课程体系结构,实现了理论教学模块化、专业教学特色化,充分发挥各学科融合对卓越农林经济管理专业人才培养的推动作用。

其次是围绕特色专业建设,开设了一些应用性、操作性强的实践类课程,如农业企业经营管理实习、村镇规划实习、农业经济学实习等,并开设现代服务业综合实训,加强实验室模拟实验,增强实践性,已建成完善的课程教学体系和"六位一体"实践教学体系。

再次是以特色农经行动计划为抓手,连续 4 年组织农林经济管理专业学生通过深入调研、实习,全面了解北京都市型现代农业及农村和涉农企业等"三农"实际情况,收集数据,撰写调研报告,让学生所学与社会所用有效结合,已经连续出版《京郊乡村调查》5 册。

最后是根据教学改革和教学任务需要,组建由教学水平高、学术造诣深的教授领衔的教学团队,使专业骨干教师和年青教师快速成长,提高教学质量和教学能力。

六、特色专业建设的成效

农林经济管理专业经过不懈的努力与建设，已经取得了良好的成果。2008年农林经济管理专业被批准为"北京市特色专业"，2010年被遴选为"国家级特色专业建设点"，2009年农林经济管理教学团队被评为"北京优秀教学团队"，1人为享受国务院特殊津贴专家，1人为北京市长城学者，1人为教育部新世纪优秀人才，1人为北京市教育先锋教书育人先进个人。2005年9月《都市型农林京郊管理专业改革的研究与实践》获得"北京市教育教学成果二等奖"，2009年5月《都市型高等农业院校人才培养的创新与实践》获得"北京市教育教学成果一等奖"，2012年9月《特色农经行动计划：都市型农林经济管理专业人才培养与创新》获得"北京市教育教学成果二等奖"，并多次获得北京农学院校级教育教学一等奖、二等奖和三等奖；2009年农业企业经营管理学被评为"北京市精品课程"，《农村统计与调查》评为北京市精品教材，2012年农业经济学被评为北京农学院校级精品课程。累计为北京市各条战线输送了4 100名毕业本科生和200多名研究生，得到社会各界广泛认可，产生了显著的人才培养成效和较强的社会效果。

执笔人：刘　芳

第四节　园林特色专业建设和成效

一、园林专业建设的指导思想

建设以城市绿地空间为主要载体的人居环境，创造良好的生态环境，提高城市环境的文化及美学水准，满足现代生活的行为需求，逐步实现城市与自然和谐的生态环境，成为当今园林行业面临的巨大机遇和挑战。随着北京城市建设步伐加快，随着经济的不断发展，人们生活质量、生活水平的不断提高，绿化及生态环境成为新追求，人们对环境绿化美化的愿望与日俱增，我国园林花卉业人才市场前景将十分广阔，需求量越来越大。

北京农学院园林专业坚持"园林植物认知、栽培、繁育实践技能扎实"的培养理念，加强本专业方向建设。在专业建设中坚持跟踪现代园林科技、坚持面向北京现代园林花卉产业的发展思路，以北京区域经济社会发展和城市环境建设对园林行业人才需求为基本依据，以提高学生的职业能力和职业素养为宗旨，坚持能力本位的课程设计原则，把提高学生的技术应用能力放在突出重要的位置，强调理论知识以应用为目标，倡导以学生为主体的教育理念，建立多样性与选择性相统一的教学机制，满足学生就业的不同需要，加强实践教学和技术训练环节，使学生成为园林相关企事业单位急需的高等技术应用型专门人才。

二、园林专业建设的基本原则

作为地方院校的园林专业，相对名牌院校大多数具有本科办学历史短，办学基础薄弱，缺乏开展重大科研课题研究的机会和能力等弱势。但同时也应该看到地方院校园林专业经过专科的长期发展，基本形成了依托自身院校的学科群，服务地方区域经济，培养应用型人才的专业特点。因此地方院校园林专业要想在激烈的竞争中求发展，必须扬长避短，以特色求生存，以创新求发展。如何生存和发展，地方院校必须在满足国家对园林专业教学基本要求的同时，根据自身条件并结合地方经济和行业结构特点，制定自己的人才培养方案，逐步形成体现地方特色的人才培养模式。

专业建设原则是一个专业把握自身发展目标与方向的根本，是自身对社会人才需求多样化培养空间的选择和确定。首先应做到以下四个必须：必须充分考虑自身所处的社会背景及专业发展的总趋势；必须充分考虑自身发展的历史积淀及优势；必须以差异发展的思维分析人才需求的空间，有所为，有所不为，抓住机遇，错位发展；必须坚持"人无我有、人有我特、以特求生、特中生优"的办学方略，体现优势、持续发展。

北京农学院园林专业紧紧围绕北京地区发展要求，开展专业建设，把学科建设与人才培养、科学研究、服务社会等有机统一起来，整合学科资源，优化学科结构，凝炼学科方向，汇聚学科队伍，搭建学科平台，为专业建设奠定坚实的基础，促进多学科多专业协调发展。

定位培养目标主要解决人才培养的方向性问题，培养规格主要解决人才培养的层次和标准问题，是培养目标的具体化。不同学校由于学校层次、办学历史、学科背景的不同，园林专业的人才培养模式是不完全相同的。园林专业学生培养目标是面向园林技术行业，培养拥护党的基本路线，德、智、体、美等全面发展，具备生态学、园林植物与观赏园艺、园林规划与设计等方面的基础理论知识，具有与本专业相适应的文化水平和良好的职业道德，掌握园林专业的基本能力和基本技术，精通本专业操作技能和分析解决生产实际问题的能力，能在园林、城市建设、农业、林业等部门及花卉企业，从事苗木花卉生产、园林绿地植物养护管理、城镇各类园林绿地的规划设计及施工等方面工作的高级应用型人才。

三、特色专业建设的具体举措与成效

（一）人才培养模式改革

北京农学院园林专业培养知识结构以园林植物与生态等生命科学为主，建筑规划设计为辅的专业人才，授予农学学位，毕业生将进入园林相关职业群内从事专业技术工作。

实践教学是园林专业本科生专业技能培养的关键环节。园林专业是一个实践性非常强的应用型专业，培养学生的动手能力、处理解决实际问题的能力以及对未来工作的适应能力，重点应该加强实践课程体系的建设及人才培养模式改革，将实践教学贯穿于整个教学过程始终。因此，北京农学院园林专业在新的培养方案中开始实施"3+1"的培养模式，大一至大三为课程学习，大四一年到相关的企事业单位进行专业实习，以加强实践创新能力的培养，提高专业基本技能。

（二）构建特色人才培养方案

北京农学院园林专业根据培养目标建立了相应的课程体系，包括公共课程模块（思想政治、计算机、体育、英语等）、专业基础课程模块（美术、植物学、测量、生态学等）、专业课程模块（植物类：园林树木、园林植物栽培养护、园林植物遗传育种等；设计类：园林设计、园林工程、园林规划等）。使学生掌握两方面的知识技能，为以后发展奠定基础。

（三）高水平师资队伍建设

园林专业的综合性和实践性对园林专业教师也提出了很高的要求。教学质量的好坏，取决于教师水平的高低，因此加强师资建设，建立高水平的教师团队，对教学质量至关重要。在各大农林院校中，大多数教师是直接从学校走向学校，具有扎实的书本理论知识，但缺乏真正的实践能力。对于实践性很强的课程，没有实践经验的老师是无法上好的。所以，北京农学院园林专业通过多种措施优化队伍结构、加强教师队伍建设，重点提升教师素质、教师专业水平和教学能力，努力造就一支师德高尚、业务精湛、结构合理、充满活力的高素质专业化教师队伍。目前该专业共有教师 21 人，其中专任教师 18 人，教授 4 人，副教授 11 人，高级实验师 1 人。其中硕士生导师 16 人，北京市教学名师 1 人，北京市科技新星 2 人，北京市中青年骨干教师 4 人，北京市优秀人才 3 人，北京市优秀教学团队 1 支，北京市创新团队 1 支。

注重学科带头人、学科人才梯队建设，着意于凝聚并稳定优秀创新团队，创造良好的学术研究氛围，形成优秀人才的团队效应，大力推动本学科创新基地的建设，促进交叉学科的发展。注重教学研究成果及其应用，注重教学水平和效果评价。鼓励教师申报课题，参加科研工作，特别是鼓励年轻教师参加科研。建立健全教师培训制度和机制。在做好基础性培训和学历补偿教育的同时，进一步健全教师培训制度，以中青年骨干教师为重点，着眼于加强师德教育，更新和拓展知识结构，提高教育教学和科研创新能力，努力构建教师学位教育学科知识技能培训和高层次研修的培训体系。实施教师学历提升计划。按照分类指导的原则，采取激励政策，进一步提高本团队的学历层次，扩大高层次人才和青年骨干人才国内、国际交流，加速优秀人才成长。推行青年教师导师制。建立并推行青年教师的导师培养责任制度，充分发挥高校学科带头人以及老教授、老专家的传帮带作用，重点对青年教师进行教学、科研环节和实践环节的指导，加速青年教师成长。对优秀导师给予表彰奖励。

通过建设，园林专业建成了学历结构、年龄结构合理的师资队伍，并建立了几支高水平的团队。植物学教学团队为北京农学院优秀教学团队，园林植物教学团队被评为北京市优秀教学团队。

（四）课程和教材建设

课程与教材建设是本科教学的基础，是教学质量与教学改革工程的重要组成部分，作为人才培养的出发点，其建设效果将直接影响人才培养的质量。本专业始终将课程与教材建设作为深化高等教育教学改革，提高本科生培养质量的一项重要举措，在实践中做了大量的革新工作。在课程内容设置上突出对知识综合运用能力、创新能力、理论与实践相结合能力的培养。

在园林专业课程建设上，主干课程有植物学、植物生理学、园林树木学、花卉学、园林设计、园林生态学、园林植物遗传育种学，主要实践教学环节包括植物学、土壤肥料学、园林树木学、花卉学、苗圃学、园林植物遗传育种学、园林生态学、园林设计、园林树木栽植与养护、测量学、气象学、园林绿地规划、园林植物病理学、园林植物昆虫学、园林工程等的课程教学实习，及专业实践、科研训练、毕业实习、毕业论文和社会实践。毕业总学分为171 学分，其中必修课 89.5 学分，选修课 46.5 学分，实践课 35 学分。近几年本专业老师积极申请各类教改项目，进行课程改革和建设，不断尝试新的方法，将新的内容充实到课程教学上，增加了课堂与学生互动的比例，教学效果有了明显改善。近几年园林专业教师主持教改项目 10 余个，发表教改论文 20 余篇，获得北京农学院教学成果奖 2 项，园林生态学被评为北京市精品课程，推动了园林专业教学质量的提高。

在教材建设上，加强与时代及社会需求接轨的教材建设。建设课程中实习、实践、理论教学不同需求的匹配教材，出版专业相关教材建设，完善实习实践教材建设，以推进课程改革。园林专业老师积极参与教材编写，近年来共主编和参编教材 20 余部，其中包括多部规划教材，如《园林生态学》《农业气象学》《普通生物学》《植物学》等，并已用于本专业的课堂教学，对教学质量的提升和专业发展起到积极促进作用。

（五）实验和实践教学建设

园林专业是一门实践性很强的专业，因此加强实验和实践教学建设是保证学生培养质量的关键。园林专业一方面通过申报各类专项，加强校内实验条件的建设，完善实践教学平台，另一方面加强与校外企事业单位合作，建立稳定的校外实践基地，为学生动手操作能力的培养和训练提供支撑。

在校内实验平台建设方面，目前已建成设置细胞生物学实验室、显微解剖室、分子生物实验室、生理生化实验室、栽培生理实验室、园林生态实验室、园林植物遗传育种实验室、园林树木学实验室、花卉学实验室等，包括各类显微镜、显微制片与摄影仪器、土壤理化分析仪器、植物生理生化指标检测仪器、生态检测仪器、分子生物实验仪器、植物组织培养相关仪器等，对课程实践教学起到了很好的支撑作用，除此之外，设有场地和设施齐备的苗圃、林场等校内实践基地 4 个。北京农学院设施花卉实践基地 1.47 公顷，位于学校东区，于 2011 年建成，其中温室面积 5 500 平方米，冷库 100 平方米，田间教室 160 平方米，组培实验室 160 平方米，露地试验田 10 亩，可用于园林植物新品种培育、栽培等实践活动；园林苗圃实践基地 25 亩，位于学校东区，于 2000 年建成，主要用于园林植物种苗繁育及培育等实践活动。学校西区苗圃实践基地 20 亩，于 2012 年建成，主要用于园林树木养护等实践活动。北京农学院实习林场 10 000 亩，位于怀柔宝山镇，于 2014 年建成，主要用于植物学、园林生态学、园林树木等方面的野外实践活动。这些实践条件为专业实践和相关课程实践教学的开展提供了强有力的支撑。

在校外实践基地建设方面，园林专业与校外的生产单位、科研单位加强合作，建立长期联系，建成校外实践基地，能为提高园林专业的实践教学质量，提高学生的实践创新能力提供有力保证。目前北京农学院林学专业与百花山国家自然保护区、河北小五台自然保护区、鹫峰国家森林公园、百望山森林公园、北京市植物园、北京教学植物园、北京药用植物园等单位共建了长期稳定的校外实践教学基地。其中百花山国家自然保护区被评为北京市校外人才培养基地。除教学实习基地外，北京农学院园林专业已与北京市通州园林绿化局、北方国家级林木种苗示范基地、大兴黄垡苗圃、顺鑫农业有限公司、北京花乡花木集团、北京森森种业有限公司、北京市园林科研所等单位合作建成校外综合实践基地。每年安排学生进入基地进行顶岗实习，培养和加强在本专业领域内从事科研、生产、管理等的能力，提高了学生的综合素质和适应社会的能力，从而提高园林专业毕业生就业竞争力。

（六）教学资源建设

园林专业老师一直重视教学资源建设，为了使教学过程顺利进行，对与课程相关的纸质教材、媒体教材、网络教材进行整合，以满足课堂教学的需要。如《园林生态学》依托精品课程建设，建立精品课程网站平台，将课件、例题、习题、图片、视频等放到网站上，学生可以通过访问网站进行学习，并且可以同老师进行微博互动。

（七）人才培养质量

园林专业通过近年来的建设，人才培养质量明显提升，学生实践创新能力和综合素质有了显著提高，在应用型人才培养上取得了显著成效，为社会培养了亟需的人才。

实践教学实习及毕业论文、科研训练、毕业实习、公益劳动等实践环节，提高了学生的实践操作技能，使学生了解生产现状，培养学生理论联系实践的能力、分析问题和解决问题的能力。近年来，园林专业毕业生就业率一直保持在97%以上，处于农林院校涉农业专业的前位，并且受到了用人单位的好评。每年园林学院都有不少毕业生考入各高校研究生，其中包括中国农业大学、北京林业大学等，考上研究生人数逐年递增。同时园林专业不断扩大和深化学生参与科研课题、生产实践、课外实习和课外科技活动的广度和深度。组织学生参加"挑战杯"等国家和省、市举办的各类科技竞赛。参加了北京年宵花组合盆栽大赛、第三届北京水仙花迎春艺术展、"王城之春"第四届牡丹插花花艺展、第四届北京菊花文化节暨第三届菊花擂台赛等比赛，学生作品多次获奖。

（八）社会评价

多年来本专业毕业生受到了社会和用人单位的普遍欢迎，北京市园林绿化局、北京市各大型园林公司等有多名本专业毕业生，很多学生已走上了企业技术或管理岗位，成为企业不可缺少的骨干力量；他们在努力工作的同时也为学院赢得了声誉。许多企事业单位主动上门招聘本专业的毕业生。

执笔人：胡增辉

第五节　食品科学与工程专业建设和成效

北京农学院食品科学系成立于1985年，1989年开始招收食品科学与工程专业本科生。2011年更名为食品科学与工程学院，现有食品科学与工程、食品质量与安全、包装工程3个本科专业，其中食品科学与工程专业为北京市级特色专业，农产品加工及贮藏工程是北京市重点建设学科。食品科学与工程学院目前拥有"都市农业食品加工与食品安全"北京市实验教学示范中心、"农产品有害微生物及农残安全检测与控制"北京市重点实验室、"食品质量与安全"北京实验室、食品科学与工程一级学科硕士点和食品加工与安全领域农业推广硕士专业学位授权点，与北京德清源农业科技股份有限公司共同组建了"蛋品安全生产与加工北京市工程研究中心"、与北京伟嘉人生物技术有限公司共同组建了"微生态制剂关键技术开发北京市工程实验室"，同时中国环境科学学会绿色包装专业委员会挂靠北京农学院，为学院专业建设提供了有力的支撑。现有在校本科生和研究生810多名。

学院实验设施齐全，都市农业食品加工与食品安全实验教学中心是北京市级实验教学示范中心，现有实验室使用面积约4 000平方米，设有食品微生物检测、食品理化检测分析、食品生物检测、果蔬贮藏与加工、畜产品加工、食品工程等13个教学实验室，拥有饮料生产线、小型啤酒生产线、葡萄酒生产线、小型冷库、液质联用仪、气质联用仪、高效液相色谱仪、食品超高压加工设备、超临界提取设备、全自动快速微生物鉴定仪、食品品质测定仪等仪器设备，设备总值约2 000余万元，能够满足本院各专业及校内相关专业教学要求。

近年来，学院承担国家级项目5项，北京市自然科学基金5项，北京市教委项目29项，北京市科委项目7项，北京市属其他单位等项目20项，在研横向课题20余项，校级课题21项，在研经费近1 127.69万元；获省部级科技进步奖和教学成果奖8项，其他各级各种类奖励超过13项，获得国家发明专利18项；先后在国内外重要学术刊物上发表论文400余篇，编写教材、著作、科普书籍等近30部。

目前，毕业生的就业情况良好，一次性就业率连年升高，2012年就业率达到98%。毕业生就业范围较广，分布在政府食品检验单位、食品加工企业、食品检疫检验部门和餐饮业等多个行业。例如：百事食品有限公司，统一食品有限公司，吉百利食品有限公司，百胜餐饮集团，航空食品有限公司，全聚德餐饮集团，光明、三元、蒙牛等乳业公司，北京市、区卫生监督所，北京市海关等，从事技术或管理工作。用人单位反映良好，许多毕业生已经成为所在单位的骨干力量。

一、食品科学与工程专业建设理念

随着北京国际化都市的发展，北京农业不断转型，已由传统农业发展成"生产、生活、生态"相融合的都市型现代农业。农产品加工与安全正是都市型现代农业的重要组成部分。

（1）以学科发展引领专业建设，通过农产品加工及贮藏工程北京市重点学科和硕士点的建设，使专业方向紧密结合都市型现代农业发展的要求和食品行业科技进步需要。

（2）以实现培养应用型、复合型的高素质人才为目标，积极开展教学改革。以培养目标和培养模式改革为重点，加强实践教学改革、教学方法和教学手段改革。

（3）充分发挥北京的地域优势，与相关的科研机构、食品企业、检验检疫机构联合，建设实践教学基地，强化实践教学环节，加强学生实践能力、创新能力和创业能力的培养。

（4）加强师资队伍建设，完善师资年龄、学历、职称和学缘结构，塑造高素质、高水平、稳定的教学科研团队。

二、食品科学与工程专业建设基本原则

以厚基础，宽专业，有特色为目标，对食品科学与工程专业人才培养方案进行了多次修改，构建了"平台＋模块"的人才培养模式。

（1）搭建了食品科学与工程学院各专业通用公共平台，即公共通识教育平台和学科基础教育平台，使学生掌握本专业要求的数学、物理学、化学、生物学、计算机、外语、人文等基础知识。

（2）针对学生个性优势和志趣设计了4个模块，即食品工程类课程模块、工艺类课程模块、安全类课程模块、其他课程模块。学生根据自身的方向和兴趣，可选择相应的模块和课程。

（3）优化课程设置、精简授课时数，增加了综合性实验和研究开发性实验。新的培养方案突出一切以学生需求为本，注重素质教育，突出能力培养，理论课精减了20%，实践课增加了35%。

（4）注意研究每门课程在培养计划中的"链条"作用，减少重复授课。

（5）加强学生实践能力培养，积极拓展校外人才培养基地建设，同时强化校内实践实训课程和第二课堂建设。

三、教学团队建设

食品科学与工程专业的建设与发展离不开素质高、结构合理的师资队伍。

本专业现有专业教师 12 人，其中教授 4 人，副教授 6 人、博士 7 人，教授、副教授占83.3％，所有教师都拥有硕士及以上学位。

在师资队伍建设方面，我们主要采取以下几方面的措施：

（1）加强教学科研团队建设。按照学科建设方向，采用政策引导和自发形成相结合的方式建设教学科研团队。积极扶持具有博士学位的骨干教师开展学科建设和科学研究，鼓励年轻教师参与团队建设。

（2）通过不同途径提高教师队伍的教学科研水平。支持青年教师进行学位教育。此外，还积极组织教师进行专业培训和学术交流。

（3）聘请本学科知名教授为客座教授。

（4）积极引进适合教学工作，具有较高学术水平的博士。

通过这种"走出去，引进来"的模式，努力造就一支结构合理、富于创新精神的高素质教师队伍。

四、教育教学改革

本专业以培养"懂生产、有技术、会经营、善管理"的应用型复合型高素质食品人才为目标，结合北京都市型现代农业的特点，通过课程体系、实践教学、科研能力培养等多方面的教学改革，培养适应市场需求，具有扎实理论基础和较好实践能力、创新素质的人才。

（1）通过课程体系的改革，以"夯实基础、强化实践、拓展视野"为出发点和落脚点，重新构建了学生理论学习和实践教育的平台。

（2）强化实践教学环节，稳步推行"2＋2"活动学期制。通过集中时间大幅度增加学生的实践学时，提高学生的动手能力；将实验课从传统的课程中剥离出来，独立设课，如基础生物化学实验、食品微生物学实验、食品化学实验、食品分析与检验实验、食品品质检验与感官评价分析、食品工程原理等，同时增加综合性设计性实验比例，锻炼学生的分析问题解决问题的综合能力。

（3）提高学生生产实践能力，进行"3＋1"人才培养模式改革。学生在前 3 年完成课程学习，最后 1 年进行专业实习和毕业实习。实习方式包括校内科研实习、校外生产实习、海外实习。经过"3＋1"教学模式的培养，学生在科研能力、实践能力、创业能力等方面得到充分的锻炼，实习单位和学生反映良好，为促进学生在食品行业就业打下坚实基础。

（4）鼓励学生参加科学研究，培养学生的实践能力和创新素质。利用本专业教师承担的科研项目，鼓励学生加入项目研究，培养科研能力。鼓励并积极组织学生参加大学生创业和科学研究行动计划，提高学生的独立工作能力、实践能力和创新能力，激发学习的主动性、增强创新意识。同时鼓励学生积极参与校内科技创新竞赛，如"盼盼杯""诺维信杯""萌番姬杯"等食品科技创新创业竞赛。

（5）进一步完善以学生为主体、教师为主导的教学模式，鼓励教师进行教学改革。本专业教师承担北京市教改课题两项——"食品科学与工程专业特色方向人才培养模式的研究"和"食品科学与工程专业提高学生实践能力科研能力的研究",以及校级教改课题 12 项,"机械设计基础课件"获得北京市高校首届多媒体软件大奖赛三等奖,获校级教学成果二等奖 2 项,发表教研教改论文 16 篇。

(6)通过举办"食品节"的形式,丰富学生的课外实践活动,以学生为主体进行食品加工技术、食品高新技术和食品安全检测技术的实践,探索培养学生创新思维、独立实践能力和团队组织能力的新途径。从 2008 年始,连续举办了以"享北农美食成果,谱绿色和谐金曲""创意舞动食品文化,实践展现你我风采""弘扬实践创新精神,引领健康生活风尚""葡萄与葡萄酒实践教学成果展示""创新、实践、合作、共赢""创新、实践、凝练、提升"为主题的北京农学院食品节,坚持倡导食品从业人员的诚信操守,坚持以学生综合能力和创新素质培养为核心,注重实践,引导创新的实践教学理念,同时也大力宣传食品科技文化知识,受到广泛的好评。2014 年,总结前六届食品节经验,为推广此项活动的影响力,带动京津冀地区食品专业实践教学交流和学生实践能力培养,北京农学院与北京市食品学会合作举办了"燕京杯"首届大学生食品节暨北京农学院第七届食品节。参与活动的其他院校辐射到天津科技大学、天津农学院、天津商业大学、中国农业大学、北京工商大学、北京联合大学、北京农业职业技术学院、北京电子科技职业学院等。

(7)加强教材建设。出版教材及编写实验指导书共 20 部,其中有北京市精品教材 1 部;自编实验讲义 10 部。

(8)积极开展名师讲学活动,聘请国内外的著名学者给本科生进行前沿技术讲座。使学生了解食品领域的最新研究成果。

五、教学资源建设

本专业拥有先进的教学资源,为学生提供了良好的学习环境。

(1)理论课全部实现了多媒体教学,一部分课程实现了网络化教学,现正在向着全面网络化教学迈进。

(2)在北京市教委和学校专项资金的支持下,实践教学、科学研究和人才培养环境得到了极大的改善。现拥有一个市级实验教学示范中心和 17 家校外实习基地。实验教学示范中心拥有食品安全检测实验室、农产品加工技术实验室、食品工程基础实验室、科技创新研究实验室 4 大实验平台和 2 条校内实习生产线(果蔬汁加工生产线、葡萄酒酿造生产线),为本专业学生和教师提供了良好的教学、科研平台。

(3)通过产学研结合,先后与北京红叶葡萄酒公司、北京三元食品有限公司、北京进出口检验检疫局检验检疫中心、北京德青源农业科技股份有限公司、北京伟嘉人生物技术有限公司、庆丰包子铺等企事业单位签订教学实习基地和产学研基地协议,全面开展校企合作,共同培养食品行业的专业人才,并合作探索学生的生产实习、毕业实习、课程实习等教学方式方法和管理手段,为学生的专业认知实习、生产实习、毕业实习和课外实践活动提供了实践平台,成为培养学生实践能力的重要支撑。

六、实践教学改革

立足北京都市型现代农业的特点,紧紧围绕"加强基础,拓宽专业,提高素质,培养能力"的人才培养原则和"懂生产、有技术、会经营、善管理"应用型复合型人才培养观，通过不断深化教学体系与内容的改革、加强师资队伍建设和师德师风教育、改善实践教学环境等，形成了连接"田间到餐桌"全方位食品安全和食品加工实践能力和创新能力培养的鲜明特色。

（1）根据北京都市型现代农业的特点，构建连接产前、产中、产后的食品安全与食品加工实验教学平台（图 17-1）。

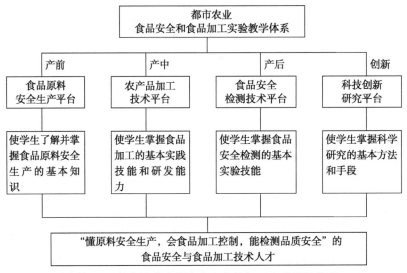

图 17-1　都市农业食品安全和食品加工实验教学体系

（2）革新教学计划，调整实验内容，形成了"以学生为主体，以教师为主导"的分模块、分层次立体的实践教学体系（图 17-2）。根据实验教学改革的思路和方案，整合了原来分散的与理论课一一对应的实验课，重新设计了层次分明的模块式实验教学体系，该实验体系由分层递进的基础实验、专业技能训练、设计性实验及创新性实验四个模块组成，分阶段、多层次培养学生的实践能力和创新能力。

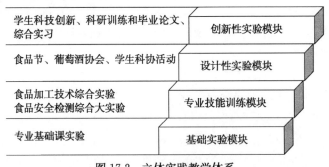

图 17-2　立体实践教学体系

（3）以科技创新平台建设和品牌专业建设为龙头，通过科研促进教学，提高实验教学水平。

（4）为大学生科技实践和创新研究提供平台。支持大学生科学研究与创业行动计划项目 13 项，目前结题 7 项，其中申请专利 1 项（利用产胆盐水解酶的乳酸菌、酵母菌制备降胆固醇蛋乳发酵饮料的方法，200910091381.8）。

葡萄酒实践教学车间是食品科学与工程专业本科教学和创新研究的校内实习基地之一，属于农产品加工技术平台，下设葡萄酒发酵、灌装、存储及葡萄酒品尝等功能区，可同时容纳 30 名学生进行实验。目前主要承担酿酒工艺学、葡萄酒欣赏等课程的实验，开设实验项目 10 余个，综合性、设计性实验可达 60% 以上。

功能乳品实验室是北京农学院重点建设实验室，是进行功能乳品基础理论研究、乳品中功能性因子研究、功能性乳品开发和乳品生物安全检测等方面人才的培训基地，属于科技创新研究平台，主要承担功能乳品实践技能训练和大学生科学研究与创业行动计划的实验工作。近 3 年，本科生发表相关研究论文 10 余篇，参与申请国家发明专利 3 项——乳酸菌及其功能性酸奶生产技术（200710123106.0）、乳酸乳球菌和嗜热链球菌中胆盐水解酶与胞外多糖的提取方法（200710123108.X）、一种小牛凝乳酶基因的克隆方法及其检测试剂盒（200810093633.6）。

为加强学生实践能力培养，全面提升学生就业竞争力。2009—2013 年北京农学院食品科学与工程学院先后与红叶葡萄酒有限公司、北京三元食品有限公司、北京庆丰包子铺庆丰万兴食品科技研发中心等 17 家企事业单位签订教学实习和产学研基地协议。

为全面锻炼学生动手实践能力、科技创新能力、组织协调能力，北京农学院食品科学与工程学院于 2008 年起，每年举办一届"食品节"，学生通过这个平台既锻炼了能力又展示了风采，成为深受学生喜爱的实践活动项目，目前与北京食品学会合作，已成为京津冀地区高校学生和企业参加的大型食品节。

执笔人：伍　军

第六节　农学特色专业建设和成效

一、农学特色专业建设的指导思想

农学专业是北京农学院的农科优势专业，致力于培养能在农业及相关部门从事与农学有关的技术与设计、推广与开发、经营与管理、教学与科研等工作的高级复合型人才。北京农学院自 1979 年恢复招生以来，农学专业已经培养出一千余名本科毕业生。这些毕业生正在北京农业的各条战线上发挥作用，并涌现出许多知名的农业专家和农业部门的管理者，为北京农业的发展做出了应有的贡献。

2003 年年初，北京市政府提出发展都市型现代农业的目标，改变传统农业产业结构，着重发展种子产业等高效优势产业。为此，农学专业为顺应都市型农业的发展特点，改革专业培养方案和学习内容，开设了与种子产业相关的农学（作物遗传育种方向）专业，培养种子产业所需遗传育种人才的新型农学专业。

二、农学特色专业建设的基本原则

北京都市型农业的发展，需要相应的专业人才保障，培养适合北京市都市型农业方面的人才成为当务之急。北京农学院是北京市唯一一所市属农业高等院校，为北京都市型农业的发展培养农业专业人才是学校的主要责任。为了更好地担负起这一责任，学校对传统农学专业进行改造和提升，重新修订培养方案，整合和引进师资力量，增补课程内容，将原农学专业调整为作物遗传育种方向。培养要求为学生在掌握生物科学、植物遗传育种理论和农业科学基本知识的基础上，以农作物新品种选育和品种改良为学习重点，接受植物遗传育种、种子生产、经营管理等方面的理论学习与技术训练，能够胜任农作物新品种选育与推广、种子生产与经营、技术创新和成果转化等方面的教学、科研和应用开发工作。

三、农学特色专业建设的具体举措

（一）人才培养模式改革

将传统上以作物栽培和耕作技术为核心农学专业，改革为以作物遗传育种为核心的新型农学专业，原农学专业的培养目标为培养从事农业生产、农业技术推广、农业经营管理、农业科学研究与教学等复合型专业技术人才。现专业培养目标为本专业学生在掌握生物科学、植物遗传育种理论和农业科学基本知识的基础上，以农作物新品种选育和品种改良为学习重点，培养能够从事作物遗传育种领域的教学、科研和应用开发工作的复合型专业人才。

近年来，农学专业利用国家和北京市"教育教学质量工程"建设的契机，教学的改革紧密围绕北京市都市型现代农业的发展方向和人才需求，不断完善教学体系。承担教育部、北京市教委教育教学改革、精品教材、精品课程建设等项目5项，其中农事学课程被评为北京市精品课程。主编了高等农林院校"十五"规划教材《种业产业化教程》、中央农业广播电视大学教材《良种繁育学》；参编了21世纪课程教材《作物育种学·各论》《种子经营与管理学》等，以及相关教材、著作10余部，作为教学的参考教材。农学专业本科教学成绩显著，多次荣获北京市级和校级奖励，2006年教研室荣获北京市学习型班组先进单位、北京农学院优秀教研室，2009年被评为北京市级特色专业建设点。

（二）特色人才培养方案

本专业学生在掌握生物科学、植物遗传育种理论和农业科学基本知识的基础上，以农作物新品种选育和品种改良为学习重点，接受植物遗传育种、种子生产、经营管理等方面的理论学习与技术训练，能够胜任农作物新品种选育与推广、种子生产与经营、技术创新和成果转化等方面的教学、科研和应用开发工作。

毕业生应获得的知识和能力：

（1）具备扎实的生物科学、植物遗传育种理论和农业科学基础知识，具有一定的创新意识和良好的科学素养，掌握作物遗传育种领域的理论知识与基本技能。

（2）掌握农作物新品种选育、种子生产、加工贮藏、质量检验等理论和技术；熟悉农业生产、新品种推广等方面的法律法规与政策；了解国内外种子产业发展前沿和趋势。

（3）具备应用现代信息技术手段获取知识、处理信息和创新的基本能力；具有一定的科学研究和开发工作能力。

（4）具有良好的组织管理能力、口头与文字表达能力，具备计算机和外语应用能力以及社会适应能力。

（三）高水平师资队伍建设

农学专业的教学团队共有18人，其中，教授4名，副教授5名，具有博士或硕士学历的 17 名，硕士生导师 7 名。近三年来，为加强师资队伍的培养和建设，选派 4 名教师出国进修，引进 5 名博士后充实师资力量。农学专业的支撑学科以作物遗传育种学科为主，作物遗传育种学科是北京农学院重点建设学科，硕士点之一，以农作物种质创新和新品种选育为特色，先后选育出小麦 6 个，玉米 6 个，小豆 4 个，大豆 3 个，新品种成果转化创造社会经济效益约 4.56 亿元，新品种的选育推动北京农业的发展。高水平的师资队伍为农学（作物遗传育种方向）专业培养方案的完成提供了可靠基础。

（四）课程和教材建设

为配合特色农学专业的建设，近年来，农学专业利用国家和北京市"教育教学质量工程"建设的契机，教学的改革紧密围绕北京市都市型农业的发展方向和人才需求，不断完善教学体系。承担教育部、北京市教委教育教学改革、精品教材、精品课程建设等项目 5 项，其中农事学课程被评为北京市精品课程。主编了高等农林院校"十五"规划教材《种业产业化教程》、中央农业广播电视大学教材《良种繁育学》；参编了 21 世纪课程教材《作物育种学·各论》《种子经营与管理学》等，以及相关教材、著作 10 余部，作为教学的参考教材。农学专业本科教学成绩显著，多次荣获北京市级和校级奖励。2006 年教研室荣获北京市学习型班组先进单位，北京农学院优秀教研室，2009 年被评为北京市级特色专业建设点，2012 年"都市型农学专业的建设与实践"成果荣获 2009—2012 年度北京农学院高等教育教学成果二等奖。

（五）实验和实践教学建设

通过多年的建设，农学专业已有专用的实验教学实验室和实践教学场所，新建的北京市植物生产实验教学示范中心（北京农学院），可满足农学专业的实验教学。同时，本院的作物遗传育种研究所现有的仪器、设备和实验材料、包括教师的科研经费可为学生毕业论文的完成提供服务。

在实践教学、毕业实习等方面，已形成了完善的实践教学体系，校内、校外建有不同类型的学生实践教学基地。校内有不同功能的教学实习基地 4 处，其中农学实验站占地 280 亩，可完成农作物良种选育、种子生产、种子加工贮藏等方面的教学实习任务。校外实习基地包括北京市种子管理站、北京市金六环农业科技园、北京市密云农业技术推广站、北京小汤山观光园、北京凯达恒业农业技术有限公司等十几个企事业单位，常年接受本专业学生的教学实习和毕业实习。其中，北京市金六环农业科技园、北京市密云农业技术推广站分别被评为北京市级和校级优秀人才培养基地。

在实践教学实施方面，结合北京都市型现代农业发展目标和重点，不断改革教学内容与教学方法，以校内外实习基地为基础，逐渐形成了"4 年不断线、8 个环节相互贯通"的实践教学体系。该体系包括：①面向大一、大二学生设置有《植物科技技能训练》课程，每周一次（3 个学时），学习与农业生产相关的技能；②大二学生第二学期参加为期 12 天、由教师指导的"三农问题调查"和"拓展训练"；③大三学生开始参加科研训练，加入到指导教师的科研课题中，在科研活动中进行毕业设计、实验实施和写作，毕业前完成论文答辩；④大四学生的第二学期结合就业参加毕业生产实习。这一实践教学体系，保证大学 4 年结合农业生产实际不断线，培养学生的理论结合实践的能力。同时每年聘请名师专家来校讲学，使课堂教学与北京都市农业的生产实际紧密结合，基本实现了"理论教学、实验教学、科学研究"三位一体的教学模式。

由于教学体系完善，实践教学有针对性，为学生创新能力和综合素质的提高提供了空间和条件，同时也激励了学生学习的主动性，积极参与北京市教委的创新性实验（实践）计划。通过一系列教学活动，巩固了专业思想，增强了专业素质，毕业生一次就业率连续5年保持在95％以上，很容易融入到工作岗位中，受到用人单位的好评。特别是近三年，毕业生积极响应国家号召的"村官"计划，每年都有数名学生，加入京郊新农村建设中去，成为"学生村官"中的骨干，多名学生受到市县级的表彰。

（六）教学资源建设

长期以来，农学专业的教师以科研带动教学，作为提高教育教学质量工程的一部分，形成了以农作物种质创新和新品种选育为特色的科研团队。近年来，获北京市科技进步二等奖、三等奖和农业技术推广二等奖各1项；获得国家发明专利2项、实用新型发明专利2项，国家版权局计算机软件著作权1项，发表研究论文100余篇；先后育成北农66、北农67和北农9549等小麦新品种，北白糯1号、北农青贮208、北农青贮303、北农青贮308和北农青贮316等玉米新品种，京农2号、京农5号、京农6号、京农7号等小豆品种，北农101、北农103和北农106号大豆品种，京薯1号、京薯2号京薯4号、京薯6号等甘薯品种。上述品种在北京及周边地区大面积推广应用，新品种成果转化创造社会经济效益约4.56亿元。

（七）人才培养质量和社会评价

农学专业是北京农学院的传统专业，自1979年开设、1983年首届毕业生参加工作以来，共培养了本科毕业生1 000余名，正在北京农业的各条战线上发挥着作用，涌现出许多知名的农业专家和农业部门的管理者。农学专业的开设为北京农业的发展做出了应有的贡献。

自1983年以来，农学专业已经为北京的农业培养了大批优秀的毕业生，学生深受北京市和区县用人单位的欢迎，据不完全统计，担任县区局处级干部的有50多名，农科所所长多名，晋升为研究员、副研究员（副教授、高级农艺师等）的有150多名。其中，81级毕业生李云伏担任北京市农林科学院院长、79级毕业生赵久然担任北京市农林科学院玉米研究中心主任、农业部玉米专家指导组组长、北京市政府农业顾问专家，80级杨刚任市科委农村发展中心主任、寇文杰任市农委种植处处长，等等。创新后的农学专业已有3届毕业生，这些毕业生中大多数已经成为北京都市型农业的实践者、经营者和管理者，得到社会的认可和好评。因此，相信农学专业的建设可为北京都市型现代农业的发展发挥应有的作用。今后的目标是重点培养学生的学习思维能力、创新能力和实践操作能力，使学生成为具备都市型现代农业素质的人才，成为获得社会认可的都市型农业专业人才。

四、农学特色专业建设的成就

农学特色专业建设以来成效显著、特色鲜明。首先，构建符合北京都市型农业发展需求的新型农学专业。人才培养定位发生转变，促进了教师积极研究新时期人才培养、教学内容、教学方法等的创新与改革，得到了校内校外农业教育领域专家的充分肯定，2012年"都市型农学专业的建设与实践"成果荣获2009—2012年度北京农学院高等教育教学成果二等奖。其次，围绕北京都市农业发展对人才的需求建设农学专业，社会影响较大，新建专业得到了学生、家长和社会的高度认可和肯定，招生一志愿录取率逐年提高，就业率连年高达96％以上。再次，人才培养质量明显提高，学生的社会竞争力显著增强，大批学生广泛深入基层一线，在北京现代农业生产、经营、管理等领域已成为骨干力量，得到了北京市各级政府和用人单位的好评。

执笔人：谢　皓

第七节　新专业建设

一、农村区域发展专业

（一）农村区域发展专业新专业建设的必要性

我国农村社会经济的发展对复合型人才的需求越来越大已经是不可回避的一个趋势。现代社会经济的发展对经济管理类的人才已经表现为不再是对某个具体的学科的需求，而是对复合型知识和适应能力的需求。

各个用人单位对复合型专业技能人才的需求体现在两个层次：一方面为具体的技术层次，另外一方面为战略思维层次。技术层次要求非常具体，招聘岗位也直接对应掌握专门技能的人才，比如掌握种植技术、养殖技术，能够熟练使用项目管理软件、财务软件、制图软件、统计软件等进行相关的分析，另外有些还有对各类证书的要求，如英语6级、会计证等。另外一方面是对战略思维层次的要求，这类要求是对人才更高的需求，比如如何开展问题分析、如何选择最优战略等；各类开拓性工作岗位比如策划和规划、筹资、市场分析和资源拓展等具体的岗位对此需求较高。

各种岗位均对适应能力和学习能力有较高的要求。现代社会对知识更新的要求越来越高，各类工具性的知识不断更新升级，新出现的职业要求新的知识跟进，传统的商业模式、社会管理模式正在被新的模式替代或者补充，要满足当前社会对人才能力的需求，就要求各类人才能够及时更新自己的知识，因此学习能力体现得尤为重要。现代工作环境在硬件和软件上的变化速度都比以往要快，大部分人一生要换多个工作岗位，或者要处理不同的事务，因此要求各类人才要适应不同岗位或者不同事务所要求的不同的角色，因此如何理解并适应不同的角色是各类人才面临的首要问题。

（二）农村区域发展专业建设的基础教学资源

农村区域发展专业现有专业课教师9人，其中农村发展系自有教师5人，其它院系4人。任课教师中副教授以上比例占到89％，博士学历达到89％，有出国留学、访问（半年以上）经历的比例达到44％，有行业内工作经验的教师比例占到67％。本专业强调教学以实践为导向，自成立以来就以"3＋1"模式（3年校内教学，1年校外实践）推进教学改革和教学工作的开展，效果显著，实现首届毕业生 100％就业。

农村区域发展注重校外实践的同时，也加大校内实践基地的建设。校内基地为农村区域发展综合实验室，由实验中心主任、实验室主任和实验员 3 人负责相关的管理，任课教师承担相关的教学指导，实验室占地面积约 86 平方米。相关实验设备包括地形地籍成图软件（CASS 标准版）1 套、用友决策模拟沙盘 1 套、用友项目管理 1 套、用友分销与零售沙盘 1 套、用友人力资源管理沙盘 1 套、用友管理会计 1 套、供应链全球卫星定位系统三鼎 T20（1＋3）数量 1 台、全站仪徕卡 TS06-2 数量 1 台、全站仪宾得 R-202NE 数量 1 台、全站仪三鼎 STS-752R 数量 10 台、经纬仪三鼎 DT-02C 数量 12 台、宾得 AP-281 水准仪数量 12 台、罗盘仪哈光 DQY-1 数量 12 台、3D 仓储管理系统数量 1 套、ArcGIS（50 用户）、绘图仪惠普 Designjet T1200 PostScript 1 台以及案例讨论工具 ZOOP 箱和 ZOOP 板等。所拥有的教学资源足够支撑培养综合素质人才的需求。

（三）新专业建设的培养目标

北京农学院农村区域发展专业（规划方向）旨在培养能够从事农村区域经济和社会发展项目规划、项目管理和评估的应用型人才，满足当前城市化过程中，农村、农民和农业表现出的转型特征，特别是都市型现代农业发展特征下，政府机构和公益机构实施发展项目规划、管理和评估的需要，同时也为了满足企业履行社会责任以及开发和实施公益项目促进社会发展的迫切要求。

（四）专业的课程设置

1. 专业的主干课程

西方经济学、管理学、会计学、人力资源管理、社会学、普通发展学、项目管理、统计方法与应用、区域经济规划、地理信息系统、项目投资评估、计算机辅助制图等课程。

2. 专业主要的实践教学环节

本专业注重实践教学，专业实践教学约占专业课学时的 32％。各类实践教学学时分布如下：课程实验学时为 8．5 周，分布在各个课程教学中；课程实习学时为 7 周，分布在各个学期期末和课程教学中；专业实习 16 周，分布在第 7 学期；毕业实习 12 周，分布在第 8 学期；毕业论文学时为 5 学时，分布在第 8 学期；科研训练学时为 2 周，分布在第 5 小学期和第 6 小学期；社会实践学时为 2 周，分布在第 1 学年暑期。在安排各类实习的同时，学院鼓励学生考取各类专业技能证书，积极参加各类竞赛、社会实践活动，以丰富其经历，拓展其见识，同时也为就业增分添彩。

3. 专业能力培养要求

本专业要求学生系统地掌握基本的社会、经济和环境可持续发展理论及基本方法，熟悉我国当前转型期社会、经济、政治和环境发展背景和现状，能够比较熟练地使用发展规划、社会和经济评估方法，至少掌握一门统计软件以及项目管理软件的基本使用方法，形成社会和经济管理创新项目设计的基本能力。除此之外，本专业也鼓励学生积极考取各类职业资格证书。

农村区域发展专业根据培养复合型人才的目标，将专业能力培养体系分为 2 大类，第一大类为专业技能能力，第二大类为非专业的各种业务能力。第一大类的能力可以进一步分为

"项目规划能力""项目管理能力""项目评估能力";第二大类能力可以细分为"沟通能力""学习能力""实验动手能力"。

除了能力培养外,学院也积极拓展学生对外交流学习、农业研修、留学等对外交流项目,以此提高学生对专业的认知和兴趣,拓展学生的视野,增加学生未来就业和继续深造的机会。

(五)新专业的教学成果

1. 就业情况

从 2013 届学生就业单位的性质分布来看,就业单位性质种类较多,也反映了农村区域发展专业培养综合性素质人才的特点,毕业生能够满足社会各类人才的需求。根据就业部门和教师的相关统计,就业于民营企业的人数占到 43.55%,就业于国有企业的人数占到 14.52%,就业于党政事业单位的占 14.52%,就业于教育单位的占 6.45%,考取国内研究生的占 6.45%,考取国外研究生的占 4.84%,另外还有服务于农村工作的村官占 8.06%。

2. 竞赛得奖

新专业建设的短短 4 年,培养学生的成效显著。在相关省部级竞赛以及学生暑期实践活动中,农村区域发展专业的学生获得了优异的专业成绩,获得省部级奖励 4 项。

3. 留学和对外交流情况

2013 届和 2014 届毕业留学的学生共有 4 名。由于农村区域发展专业的综合教育模式,可申请的留学专业范围也较广。四名出国留学的学生中,1 名申请到美国迈阿密大学学习公共管理,1 名申请到日本札幌大学学习区域发展,1 名申请到捷克布拉格生命与科学大学学习经济管理,1 名申请到荷兰鹿特丹大学(社会科学大学排名前 50)学习农村发展。

通过 4 年的努力建设,农村区域发展专业先后与多个大学建立了交流合作关系。自 2011 年开始,农村区域发展专业学生开始参加农业研修活动,共有 5 名同学参加美国、荷兰的农业研修。其中赴美国研修学生为 1 名,赴荷兰研修学生为 4 名。

4. 学生作品

从培养的角度讲,学生四年学习完成后,能够完成基础的统计分析、报告写作,同时学生也可以考取会计证等资格证并从事相关的工作;除此之外,学生还学要跟随课堂完成相关的规划课程,并完成自己的规划作品。

二、信息管理与信息系统专业

(一)新专业建设的必要性

北京市都市型现代农业的实施及农业的发展,亟需大批农业信息人才。目前从政府部门到乡镇基层信息化硬件设施已经非常完备,但是缺乏既懂农业又掌握信息技术的人才为之服务,因此从政府部门决策到农业信息向下传递到农民手中都会出现障碍,培养既懂农业知识又掌握农业技术与信息技术的应用型、复合型人才是非常迫切的。

在京高校中开设信息管理与信息系统专业的无一所涉及农业信息化方向,人才培养存在较大缺口和缺位，亟需一所高校设立这个专业以填补空白，北京农学院作为北京市唯一的一所市属农业本科院校责无旁贷。北京农学院拟增设的信息管理与信息系统（农业信息化方向）本科专业以农业及相关领域为应用方向，培养的毕业生能从事为"三农"服务的信息管理以及信息系统分析、设计、实施管理和评价、农业信息资源开发利用等方面的工作，将逐步满足北京市农业信息化领域的人才需求。

（二）新专业建设的基础教学资源

北京农学院作为北京市唯一的一所市属农林院校，在建设特色鲜明、多科融合的都市型现代农林大学目标引导下，注重用信息技术和生物技术提升和改造传统的农业技术，并由此推进学校各学科的建设和专业发展。从 2006 年开始，学校与北京林业大学共同商讨联合培养农业信息化方向农业推广硕士，并于 2008 年年底正式面向全国招生。学校自 1997 年开始招收计算机专业专科生，2001 年开始招收计算机科学与技术专业本科生，经过 12 年的教学实践，积累了丰富的教学经验，锻炼了师资队伍，为信息管理与信息系统（农业信息化方向）本科专业的开设奠定了坚实的基础。通过培训、进修和有计划的人才引进，几年来计算机科学与技术专业、农学专业和管理学专业师资力量大为增强，完全有能力承担并开设信息管理与信息系统（农业信息化方向）本科专业的各种基础课、专业基础课和专业课。

科研方面，本校计算机与信息工程系先后承担北京市科委、北京市农委、北京市财政局、北京市教委等与农业信息化相关的科研项目，相关成果获农业部丰收二等奖，北京市农业技术推广一等奖 1 项、三等奖 2 项；研发了农业虚拟可视化系统、农业节水灌溉专家系统等应用系统；分别在《中国农学通报》《计算机工程与应用》《计算机工程》等刊物发表学术论文 100 余篇；主编全国高等农林院校"十一五"规划教材《农业信息技术概论》，出版专著《虚拟现实技术在农业中的应用》。

北京农学院拥有与信息化专业建设相关的先进实验教学设备和完善的实验教学条件，包括：计算机软件实验室、农业信息网络实验室、管理信息系统实验室、ERP 实验室、图形图像处理实验室、植物生产类实验中心、图书馆信息中心等，另外与北京市农林科学院农业科技信息研究所等单位建立了校外实习基地，成功进行了多年校企合作办学。现有实验室可满足信息管理与信息系统（农业信息化方向）本科专业所需的农业信息学、管理学原理、信息系统工程与实践、数字农业、信息管理学、数据结构与算法、计算机组成原理、数据库与信息管理技术等主干课程的开设，现有的校内实验示范中心和校外实习基地，可满足相应的课程设计与专业实习、毕业实习、毕业设计等实践教学环节的需要，为信息管理与信息系统（农业信息化方向）本科专业的建设与发展搭建了良好的教学平台。

北京农学院设有全国北方地区唯一的都市农业研究院，专门负责研究收集社会主义新农村发展模式、都市型现代农业发展评价及趋势，为都市型农业提供高科技的技术支持和信息支持。学校图书馆设有都市农业信息共享空间，为北京市农业技术人才提供了强有力的信息保障。

（三）新专业建设的培养目标

结合北京农学院的办学特点和北京市都市型现代农业发展对农业信息化人才的需求，本专业培养具有良好的政治思想素质，具备现代农业生产经营管理知识，掌握现代农业信息处理的基本理论、方法和技术，熟悉现代信息采集、处理过程和分析方法，面向"三农"着力培养既具有扎实的农业专业知识又掌握信息技术的应用型、复合型专业人才。毕业生具有较强实际操作和解决问题能力，能运用所学知识和技术从事农业信息系统分析、设计、开发、维护与评价等方面的工作，也可从事信息咨询、信息管理服务等信息技术应用推广和培训工作。

本专业学生要学习农业生产与经营、农业信息获取和处理、农业数据分析方法、信息资源管理与利用、计算机及信息系统方面的基本理论和基本知识，接受系统设计方法以及信息管理方法的基本训练，掌握信息获取、管理、应用和传播的基本原理和过程及计算机为核心的信息技术体系，具备综合运用所学知识分析和解决都市型现代农业相关问题的基本能力。具体要求毕业生获得以下几方面的知识和能力：

（1）熟悉国家关于"三农"的有关方针政策，熟悉现代农业生产与经营理论，具备农业资源及生产经营等知识背景。

（2）掌握信息管理的基本理论和技术，具备信息组织、分析与开发利用的基本能力。

（3）掌握信息系统开发技术，具备信息系统尤其是农业信息系统的分析、设计能力。

（4）掌握为精准农业、数字农业等现代农业技术服务的农业信息工程基本理论和基本技能。

（5）掌握现代信息检索方法，了解农业信息技术的理论前沿、应用前景和最新发展动态，具备一定的农业信息管理技术研究能力。

（6）具备较强的文字及口头表达能力，可从事农业信息技术推广和培训工作，适应都市型现代农业发展的需要。

（四）新专业的课程设置

主要课程包括：农业基础、农业信息学、管理学原理、信息系统工程与实践、数字农业、信息管理学、数据结构与算法、计算机组成原理、数据库与信息管理技术、现代农业技术、信息安全概论。

实践环节共安排 39.6 周，用于加强学生素质和应用能力培养，包括专业实践教学和公共实践教学。其中专业实践教学 28 周，包括教学实习 11 周，毕业实习与毕业设计 17 周；公共实践教学 11.6 周。

三、会展经济与管理专业

（一）新专业建设的必要性

随着全球化浪潮的推进和后工业化社会的来临，会展经济开始以独立的面目出现在国际贸易舞台上。改革开放后，中国经济持续快速增长和国际影响力的提升，为我国提供了发展会展经济的基础条件，国内外专家普遍认为会展产业对经济具有巨大的拉动作用，同时还能带来巨大社会效益，因此，很多城市和地方政府都十分重视会展产业的发展，并出台相关政策加以支持。2008 年北京奥运会和 2010 年上海世博会的成功申办，为会展产业的发展增添了新的动力。许多中心城市和省会城市纷纷兴建现代化大型展馆，大力培育会展经济。如今全国设有会展专业的高校已有 20 余所，在相关专业基础上开设会展方向的有 50 余所，二者合计已有约 80 所高校踏入了会展学历教育的领地。但是以管理为主的会展经济与管理专业本科教育在我国则刚刚起步，与此同时会展经济相关的专业管理人才需求却十分紧张。因此，建设会展经济与管理的本科专业，不仅是本校主动贴近市场需求，以专业对应行业的教学改革的需求，更是满足培养适销对路的专门化人才，服务地方经济建设的迫切需求。

（二）新专业建设的基础教学资源

北京农学院城乡发展学院在会展专业人才培养方面积累了丰富的经验，教学基础资源也日渐完善，到目前为止，在会展经济与管理专业已有专业教师 6 名，其中具有硕士学位的有 2 人，具有博士学位的有 4 人，其中，具有高级职称的有 3 人，已具备了新专业建设的师资力量。学院注重会展经济与管理专业的实训特性，大力建设各类实训室，已有各类实训室 4 个，占地面积超过 500 平方米；学院切实推行"3+1"教学模式，已建设相关专业京内、外实训基地 10 余个，满足学生专业实习与毕业实习需要，切实提高学生理论实践应用能力。

（三）新专业建设的培养目标

会展经济与管理专业旨在培养德、智、体、美全面发展的，适应北京都市型现代农业发展需要以及会展经济发展需求，会展专业基础扎实、专业技能突出，能在各级会展行政管理部门、会展经济研究部门和会展企事业单位从事会展经济管理、会展企业策划与管理工作的应用复合型人才。

（四）新专业的课程设置

会展经济与管理专业人才的智能结构应包括四个部分。经济学、管理学和公共管理的基本理论；相关的法律知识，如经济法、知识产权保护法、会展政策法规等；相关的专业技能，如会展策划、市场营销、场馆及设施管理方面和会展服务等基本技能；相关的基础知识，如会展经济数学管理方法、会展史、经济地理等。

根据市场对会展专业人才技能需求和培养目标，会展经济与管理专业学生主要学习会展经济与管理方面的基本理论和基本知识，接受会展宏观管理和会展企业经营管理方面的基本训练，具有分析和解决实际问题的基本能力。

主要包括会展经济与管理的知识综合应用与创新能力、有关会展经济与管理问题研究的定性和定量分析方法以及从事会展策划、设计与会展项目管理的基本方法等，因此在课程设置上，本专业包括管理学、微观经济学、宏观经济学、市场营销学、会展概论、会展经济与管理、农业经济学、农业会展物流、展览会组织管理、会展管理信息系统、会展项目管理、会展策划、会展英语、展示设计等主干课程。同时也包括教学实习、社会调查、专业综合能力测试、社会实践等实践教学环节。

本专业四年学习共需完成 175 学分，其中专业必修课程 23 学分，专业选修课程 22.5 学分，实践环节 49 学分。

另外，充分利用举办大型会展活动的时机，开展实践教学活动。通过组织市场调研、专题研究、策划大赛等方式，提高学生实际操作的能力。此外，广泛应用教学软件开展实战模拟，开展会展实践教学。

四、包装工程专业

（一）新专业建设的必要性

食品工业发展及食品原料储备均与包装工业密不可分。食品包装的好坏直接影响到食品工业产品的品质、安全性、货架期和市场销售情况。食品包装虽然不能代表食品的内在质量，但良好的包装可以保持食品品质，保障食品安全，延长食品货架期，优质的包装可以为产品赢得声誉，成为消费者的优先选择。

中国工业和信息化部发布的《食品工业"十二五"发展规划》提出中国食品工业总产值计划到 2015 年达到 12.3 万亿元，比 2010 年增长 100%，年均增长 15%。

中国包装业近年来飞速发展，2011 年我国包装工业总产值约 1.3 万亿元，成为仅次于美国的世界第二包装大国。其中食品包装行业工业总产值占包装工业总产值约 60%，在 6 000 亿元以上。2010 年，北京印刷、包装行业工业总产值达到 200 亿元，年均增长率超过 10%，出口产值超过 8 亿元，从业人数达到 12 万人。

北京市现有各类食品加工企业近 9 000 家。北京市食品工业自 2001 年以来，连续 7 年工业总产值和销售收入保持 15% 以上的平均增长速度。2009 年受金融危机影响，增长速度放缓，但仍保持了 6% 以上的增长，全年北京食品工业完成工业总产值 579 亿元。食品工业已成为北京经济发展的一个新的经济增长点，对保障北京食品供应、满足市民消费、保障食品安全和社会稳定起到了重要作用。

包装与食品的关系密切，无论是商店、超市，还是每个家庭，处处可见设计精美、实用方便的食品包装。很难想象，没有包装的食品被送到每个消费者手中，将会是一个怎样的景象。事实上，食品包装就像食品的贴身衣物一样，是现代食品工业的最后一道工序，它不但起着保护、宣传食品的作用，而且便于食品的储藏、运输和销售。

特别应当注意的是，食品包装安全问题是食品安全的重要组成部分，食品包装的质量直接关系到食品质量安全和消费者健康。长期以来，人们普遍认为食品质量安全问题主要在于食品本身，而忽略了食品包装的安全性，实际上与食品直接接触的各类包装材料的质量直接影响食品质量安全。

近年来，由于食品包装中有害物质残留过高，食品被污染而引起中毒的事件频频发生，给创建和谐社会带来诸多不利因素。从有毒奶瓶中认识了双酚 A，从仿瓷餐具中认识了尿素甲醛树脂，从白酒中认识了塑化剂，从包装袋中认识了苯残留物。如此这般，全世界不仅对我国的食品安全忧心忡忡，而且对食品包装存在的问题更加的关注。

因此，2011 年申报增设包装工程专业，2012 年获教育部批准。本专业的设立可为农产品、食品、包装等一线生产企业、流通企业、质检、科研机构等部门培养食品包装应用型人才，为北京输送食品包装方面高素质的技术人员。

（二）新专业建设的基础教学资源

1. 依托食品科学与工程学科

食品包装是食品加工过程的最后一个环节，所以本专业依托食品科学与工程专业。食品科学与工程专业于 1989 开始招收本科生，为北京市级特色专业，农产品加工及贮藏工程是北京市重点建设学科，拥有"都市农业食品安全与食品加工"北京市实验教学示范中心、食品科学与工程一级学科硕士点。

2. 教学师资

包装工程专业现有在岗教师8人，3人具有博士学位，1人博士在读。其中教授2名，副教授2名，讲师4名。1人入选北京高校"青年英才计划"，正在承担国家自然基金1项。

3. 实验室条件

包装工程实验室现有水汽透过率测定仪、气体透过率测定仪、透光率雾度测定仪、保鲜气调环境模拟箱、乙烯检测仪、电子拉力机、氙灯耐候试验箱、多检测器凝胶色谱系统、高低压吹膜机、气相色谱仪、纸板打样机、纸板打印机、纸箱抗压强度测定仪、气调包装机、转矩流变仪等仪器设备90余件（套），总价值约400万元，后续还将有150万元的专业专项建设。本实验室可为包装工程专业、食品科学与工程专业提供本科生课程、毕业设计、研究生学位论文等实验教学条件。中国环境科学学会绿色包装专业委员会挂靠北京农学院，为学院专业建设提供了有力的支撑。

（三）新专业建设的培养目标

结合北京农学院的办学定位和服务对象，满足北京市都市农业发展需要，本专业面向现代包装工程和食品包装技术，培养具备包装材料、包装工艺与设备、包装机械、包装结构与装潢设计等方面的基本知识及应用能力，掌握食品质量安全与控制、食品加工技术等相关知识，能在食品、包装及其他相关生产企业、流通企业、质检、科研机构等部门从事食品包装系统设计、食品包装安全检测、技术管理和科学研究，富有创新精神的应用型工程技术人才。

（四）新专业的课程设置

1. 主干课程

高分子化学与物理、包装应用力学、包装材料学、包装工艺学、包装结构设计、包装机械、食品包装学、包装测试学、食品化学、食品微生物学、食品工艺导论、农产品贮藏概论。

2. 专业课程

普通化学、有机化学、分析化学、基础生物化学、包装装潢与造型设计、包装管理学、美术基础、平面设计软件应用。

3. 选修课程

机械制图、电工电子学、仪器分析、食品营养学、食品安全质量管理、食品安全与卫生学、专业英语、试验设计与数据处理、物流管理、包装CAD。

五、投资学专业

（一）投资学新专业建设的必要性

1. 申办投资学专业是满足北京作为金融中心对高素质投资人才需求的现实需要

北京金融发展政策和环境不断优化为投资人才的培养提供了更大的需求空间。继2005

年发布《北京促进首都金融业发展意见》、2007 年发布《关于促进金融服务后台支持体系的建设》后，2008 年 4 月 30 日中共北京市委、北京市人民政府又发布了北京金融业发展的纲领性文件《关于促进首都金融业发展的意见》，明确了北京金融发展的定位是国家的金融决策中心、金融管理中心、金融信息中心和金融服务中心，发展目标是把北京建设成为具有国际影响力的金融中心城市。提出了"一主一副三新四后台"的金融产业空间布局规划，也对金融产业如何服务首都经济社会发展进行了系统安排，包括金融服务"三农"、金融支持重点产业、金融支持中小企业、金融服务社会民生、金融服务区域经济、金融服务奥运 6 个方面。这些定位、目标、规划和安排使北京包括投资在内的金融发展政策和环境不断优化，也因此决定了北京市包括北京农村需要更多的投资方面的专业人才。

2. 设置投资学本科专业是优化北京高等教育专业布局的客观需要

从全国高校专业设置结构上来看，国内的农业院校例如中国农业大学、西北农林科技大学等虽然都设有金融学专业，但是这些专业都是纯粹的金融学专业，而不是特别针对投资的金融学专业。随着当前投资专业人才的供给匮乏与日益增长的投资专业人才需求的矛盾日益加剧，北京农学院作为北京唯一一所市属农业院校开设投资学本科专业，无疑会产生良好的社会效益，并且对优化北京市高校专业布局和提高北京市属的高等教育人才培养质量有着重要意义。

3. 设置投资学本科专业是健全本校学科专业体系与长远发展规划的迫切需要

根据北京农学院第二次党代会建设特色鲜明多科融合的都市型现代农林大学的精神，经济管理学院结合实际，坚持："以农为本，唯实求新"的办学理念，拟定了面向京郊，融合经济类学科与管理类学科的发展战略。但从经管学院经济学专业设置状况来看，现只有国际经济与贸易 1 个本科专业，投资学、财政学、税收学、金融学等经济学专业至今缺设，而投资学专业是经济类主要专业之一，显然投资学本科专业的设立对完善经济学专业体系意义重大。此外，本学院还设有会计学、市场营销、工商管理、农林经济管理等管理类本科专业，投资类课程是经济类和管理类专业学生的重要的必修课，因此投资学本科专业的设立将有利于本学院经济类和管理类专业教学水平的全面提高，也符合学校人才培养长远发展规划的要求。

总之，北京农学院设置投资学本科专业是北京新农村经济建设和社会发展的需要，是北京高等教育改革发展的需要，也是本校长远发展的需要。

（二）投资学新专业建设的基础教学资源

1. 有一支高素质的师资队伍

已形成了一支历史悠久、实力雄厚、结构合理、充满活力、方向稳定的学科队伍，现有金融学相关专业的教授 11 位，副教授 8 位，讲师 9 位；其中具有博士学位的教师 18 位；在读博士 2 位。学科带头人和主要学术骨干分别参加了 2005 年中央 1 号文件调研工作，参加了 2005 年全国农业工作大会主报告起草工作，国务院"全国公民科学素质纲要"、"全国农民科学素质纲要"、"全国阳光工程发展规划"、北京市"十一五"山区规划、新农村发展规划和都市型现代农业发展规划，参与了全国人大、科技部、财政部、国家粮食局等部门的重大课题研究。本学院有良好的学习风气和浓厚的学术气氛，不定期的学术讲座、活跃的社团活动、与国内外院校的学术交流，给广大师生创造了一个良好的学习环境。

2. 良好的科研水平为投资学专业人才的培养奠定了科研基础

以北京新农村建设研究基地、农业经济管理硕士点、都市型现代农业研究所、农村经济研究所为载体的科研平台，取得了一些突破性成果。在农村经济发展领域，近三年主持省部级课题累计 40 多项，其中国家社科基金项目 1 项，国家自然基金项目 2 项，教育部重点项目 1 项，教育部人文社科基金项目 1 项，农业部软科学课题 4 项，北京市社科规划重点项目 3 项，北京市社科规划一般课题 3 项，北京市自然科学基金 2 项。主持局级课题 20 多项，科研成果采用共 20 项，经费达到 1 000 多万元。荣获各级科技奖励 20 多项，其中"资源环境约束下的北京山区生态产业发展研究"荣获北京市第十一届哲学社会科学优秀成果二等奖，"中国农业补贴政策效果与体系研究"荣获北京市第十届哲学社会科学优秀成果二等奖，"高效农业园带动北京农业结构调整和增加农民收入的模式研究"荣获 2005 年北京市科学技术三等奖，"北京科教兴村的理论与实践"荣获 2006 年北京市科学技术三等奖。出版专著 30 部，主编教材 40 多部，发表学术论文共 600 多篇。2008 年学院被评为"全国农业产业化建设先进集体"，有 1 人被北京市授予服务京郊"十佳"农业科技工作者。在金融和投资方面，现有教师也已有一定数量的课题和论文。

3. 具有开设投资学专业的办学经验和基础

第一，1990 年和 1991 年，经济管理学院（原农经系）曾经开设金融税务方向的农业经济专业，该专业学生目前约有 90% 在金融和投资领域就业，金融业的优秀毕业生约有 300 多个。这为开设投资学专业积累了一定的经验。

第二，金融和投资类课程是经管学院目前 5 个经济管理类专业的重要课程，主要由本专业教师承担，且教学效果良好。本专业教师所授货币银行学、保险学、国际金融、金融市场学、证券投资学、期货理论与实务等总共近十门金融投资类课程的教学均得到学生的好评，学生选修踊跃。本学院现有农林经济管理、会计学、工商管理、国际经济与贸易、市场营销 5 个本科专业，他们可提供优秀教师讲授本专业的相关课程，这也为设置投资学专业提供了师资保证。目前，本学院已同北京多所设有金融和投资专业的本科院校建立了联系，聘请了一些具有一定学术造诣的金融和投资学专家、教授到本学院讲学或做兼职教授。

第三，经管学院狠抓实践教学环节，目前已有校外实习基地 33 个，其中，兴业证券股份有限公司、华夏银行、北京南北天地科技贸易股份有限公司、广发期货有限公司、海通证券、金鹏期货等金融投资类实习基地 6 个，将有力地保障投资学专业实践性教学的实施。已经成功建立期货模拟交易系统、引进财会模拟教学软件以及包含在国际贸易模拟教学软件中的国际结算教学软件等金融投资类软件，这些系统和软件的应用都取得了很好教学效果。2007 年以来，经管学院与银行和证券公司联合举办了 3 届金融证券模拟大赛，取得良好效果，有几十个学生将在金融期货公司就业。这些都为下一步投资学本科专业实践教学奠定了基础。

4. 现有的教学仪器设备和经费投入为设立投资学本科专业打下良好的物质基础

北京农学院拥有国内较先进的校园网、近 6 000 平方米的图书馆大楼、设备先进的英语语音室、先进的计算机房、多媒体教室、电子阅览室及其他电教设备。图书馆现藏书 50 余万册，其中 50% 以上是财经类图书。经济管理学院拥有一座独立的经管楼，学院内部设有 1 个金融期货实验室、1 个外贸实训室、1 个会计模拟实验室、1 个农林经济管理综合实验室、现代服务业综合实训室和 1 个三农数据分析中心。现有 347 台高配置、高性能的网络计算机，配置了众多专业模拟应用软件，不断促进和帮助学生使用计算机参加经济管理模拟实践的动手能力，为金融学专业的兴办提供了良好的软硬件环境。同时，经管学院还设有资料室、阅览室，现有专业图书资料达 5 万册、专业工具书近 5 000 册，订阅专业杂志 100 种，其中金融专业杂志有 11 种，基本满足教师教学科研需要。这都为设置投资学本科专业提供了充足的物质条件。

5. 对外合作交流、校企联合办学等方面取得显著进展

对外交流发展迅速。近年来，经济管理学院在对外合作交流、校企联合办学等方面取得显著进步：与澳大利亚悉尼大学 Orange 农学院成功地进行了两次师生互访；与英国哈伯·亚当斯大学学院、英国诺桑比亚大学和澳大利亚詹姆士库克大学商学院的合作办学取得实质性进展；与用友软件股份有限公司、北京零点调查公司、环亚调查所等单位密切协作，不断强化学生的实习与实践环节，走出去、请进来，努力提高课堂教学质量。这有利于今后拓展投资学专业学生的国际视野。

6. 良好的京郊社会服务为投资专业学生提供了良好的实践舞台

近年来，学院注重理论联系实际，加快从学术研究与社会服务的结合，配合北京市都市型现代农业发展和新农村建设，为北京郊区编制新农村建设规划、现代农业科技园规划和产业发展规划等 50 多个，参与起草《北京市"十一五"山区发展规划》《北京市"十一五"都市型现代农业规划》《北京市"十一五"新农村建设规划》，参与制定了《北京市果树产业发展规划》，主持完成《大兴梨产业发展规划》《昌平兴寿镇设施草莓发展规划》，规划设计了《门头沟樱桃沟村樱桃植物观光博览园》《通州观光主题枣园建设规划》《梨家族主题公园规划》《百里川板栗主题公园建设》《平谷苏子峪生态村规划》《丰台王佐镇农业发展规划》《昌平百善镇农业规划》《平谷西柏店新农村经济发展规划》等。推广应用科研成果、新品种 20 多项，产生直接经济效益 5 亿多元；开办培训班 100 多场，培训农民和基层干部 1 万多人，为北京的经济与社会发展，为社会主义新农村建设和发展都市型现代农业做出了较大贡献。与京郊各级村镇的良好沟通和联系，为投资专业学生提供了良好的实践舞台。

总之，北京农学院经济管理学院将遵循市场需求和人才培养规律，紧紧把握"三个北京"建设、新农村建设等有利时机，树立机遇意识、特色意识、品牌意识、创新意识和团队意识，以理念创新为先导，以市场需求和就业需求为导向，以改革创新为动力，以学科建设为龙头，以学生能力培养为核心，以培养下得去、留得住、用得上的高层次、复合型和应用型的经济管理类专业人才为重点，以紧缺急需人才培养为突破口，全面提高人才培养质量，着力培育和形成经济学科、管理学科以及经济管理类专业优势，为实现北京及周边区域经济社会可持续发展提供坚强的人才保证和智力支持，为都市型农村金融业的发展培养急需的专业人才。

（三）投资学新专业建设的培养目标

1. 人才培养定位

在"以农为本、唯实求新"的办学理念以及"立足首都、服务三农、辐射全国"的办学定位指导下，本专业注重培养服务于都市型现代农业的应用型人才而不是具有较高理论水平和较强研究能力的高层次人才。学生毕业后应该能够独立完成相关单位的基本金融投资业务，成为熟练掌握证券投资、金融资产价值与风险评估、组合投资、资本运营、公司理财等微观金融业务技能，能够在各类金融机构、工商企业、各类服务组织中以及政府部门从事投资理财或经济管理工作。

2. 人才培养方向

培养具有良好的人文社科精神、适应新农村建设和都市型现代农业建设的发展需要、具备基本理论知识、熟练掌握基本实践业务的投资专业人才，即学生应该具有基本的思想道德修养、基本的逻辑推理能力、流利的口头和书面表达能力、文献检索与利用能力、协作能力，具有随机应变地进行合理的业务调整和变通的能力，顺利完成投资业务，同时能够接受相关继续教育以便胜任更高层次的业务能力。

3. 专业培养要求

本专业采用"厚基础、宽口径、强能力、高素质"的人才培养模式。要求学生应当具备基本的适应农村的人文社科素质，熟悉党和国家的金融方针、政策和法规；具备扎实的外语、数学、经济学基本理论和基础知识，系统掌握金融学的基础理论和方法；熟练掌握银行、证券、投资、保险、国际金融等方面的基本理论、知识和业务；熟悉证券投资、财务实务操作，具有分析和解决金融投资和实物投资、财务问题的基本能力；熟练掌握在农村、农业领域从事实际金融投资类工作的基本技能。

毕业生应获得以下几方面的知识和能力：

（1）熟悉国家金融方针、政策和法规。

（2）有系统的投资学基础理论知识，熟练掌握金融市场业务、银行管理、投资分析和法律等方面的基本技能。

（3）掌握投资学的基本理论和基本知识，了解国内外投资学科的理论前沿和发展动态，具有处理固定资产投资、证券投资、国际投资、政府投资、创业风险投资、房地产投融资和投资宏观调控等工作的专门能力。

（4）具备较强的计算机、数量方法、经济学和财会学基础。

（5）熟练掌握一门外国语，在听、说、读、写、译五个方面均达到较高的水平。

（6）通过系统地辅修其他专业课程，获取多样化的专业技能。

（7）通过听课、课堂讨论、参加研讨会及实践活动、考试、撰写论文、利用图书馆和现代化信息传播技术等多种途径，开发培养分析能力、创造力和决策能力。

（四）投资学新专业的课程设置

1. 主干学科

经济学、管理学。

2. 主要课程

微观经济学、宏观经济学、管理学、计量经济学、运筹学、金融学、财政学、统计学、财务管理、投资经济学、风险投资、国际投资学、投资项目评估、金融期货与期权、投资银行学、证券投资学、房地产金融、投资管理信息系统、计算机在投资分析中的应用等。

3. 主要实践教学环节

（1）学生参加生产劳动和军事训练，由学校统一安排。

（2）毕业实习安排在第四学年，为期八个月。

（3）学生培养科研能力的途径包括听课、掌握正确的研究方法、参加研讨会、进行学术交流、阅读同所研究问题相关的历史文献和最新文献、进行社会调查等。

（4）证券投资模拟操作、商业银行业务实习、金融衍生工具模拟设计等实践环节。

（5）撰写金融期货与期权、投资银行学、行为金融学的课程论文。

（6）学生在教师的指导下，进行毕业论文的写作。

4. 专业特色

（1）依托北京农学院特色鲜明、多科融合的都市型现代农业高等教育体系。

（2）借助经管学院强大的师资队伍和已有的办学经验和基础。

（3）以校内实验室和校外实习基地为平台。

（4）培养能够熟练进行实物投资、金融投资和其他投资或者融各类投资于一体，注重微观知识和宏观知识相结合、国内国际信息相交叉、财经管理法律和理工知识相渗透的宽口径、复合型和实用型人才。

（5）培养与北京作为"世界城市"的建设目标相适应金融投资类人才。

六、种子科学与工程专业

（一）种子科学与工程新专业建设的必要性

农业是国民经济的基础，种子是农业的基础，种子关系到国家粮食安全和农业的发展水平。长期以来，我国的种子产业与世界发展水平存在很大的差距。因此，我国党和政府都非常重视种子工作，出台了一系列政策措施来扶持种业的发展。特别是 2011 年国务院发布了《关于加快推进现代农作物种业发展的意见》，我国种子产业进入了一个新的发展阶段。要加快发展现代化种业，必须有一大批掌握现代农作物、蔬菜、花卉、牧草品种改良、种子生产繁殖的基本理论，既懂种子生产、检验、贮藏、加工、处理、包装技术及国内外质量标准要求，又懂得国内外种子法规、经营管理等方面知识的应用复合型人才。我国从 2002 年开始陆续在各个农林院校开设种子科学与工程专业，培养了大批种业人才，但是仍然不能满足种业的发展需要。近年来北京市"籽种农业"等形式的都市型农业得到了迅猛发展。北京市大型种子企业、种业市场和种子贸易蓬勃发展。但是，在北京市近年来的种子检验员和贮藏管理员培训班学员中，大多数学员文化水平偏低，复合型种业人才匮乏。因此，设置种子科学与工程本科专业，培养种业复合人才，对推动北京都市型现代农业发展具有重要的意义。

北京农学院植物科学技术学院的农学专业的支撑学科以作物遗传育种学科为主，作物遗传育种学科是北京农学院重点建设学科，硕士点之一，以农作物种质创新和新品种选育为特色，先后选育出 6 个小麦品种，6 个玉米品种，4 个小豆品种，2 个大豆品种，师资力量在种子科学方面有优势。籽种农业已成为北京农业的优势产业。北京农学院农学专业曾在 1986 年至 1989 年开设了几届种子科学方向的本科生教育，收效较大，目前这些毕业生正在为北京乃至全国种子公司、科研单位的种子事业贡献着力量。为进一步满足北京市都市型现代农业中籽种农业的发展需要，农学专业调整专业学习方向，从 2003 年秋季起，将种子科学与工程专业的培养内容作为农学专业的学习方向，已招收了九届学生。几年来通过专业建设、完善专业培养计划和教学计划，增添专业仪器设备，形成了培养北京都市型现代农业中籽种产业所需人才的新专业方向，并通过与种子公司与校外校内实践基地的联系，建立了多个学生实践教学基地，拓宽了学生的学习专业知识的课堂。

（二）种子科学与工程专业建设的基础教学资源

种子科学与工程专业的教学团队共有 18 人，其中，教授 4 名，副教授 5 名，具有博士或硕士学历的 17 名，硕士生导师 7 名。近五年来，为加强师资队伍的培养和建设，选派 4

名教师出国进修，引进 5 名博士后充实师资力量。农学专业的支撑学科以作物遗传育种学科为主，作物遗传育种学科是北京农学院重点建设学科，硕士点之一，可分别招收作物遗传育种专业、作物领域和种业领域专业研究生。作物遗传育种学科以农作物种质创新和新品种选育为特色，先后选育出小麦 6 个，玉米 6 个，小豆 4 个，大豆 3 个，新品种成果转化创造社会经济效益约 4.56 亿元，新品种的选育推动北京农业的发展。高水平的师资队伍为种子科学与工程专业培养方案的完成提供了坚实基础。

（三）种子科学与工程专业建设的培养目标

针对北京市都市型现代农业和现代种业发展需求，建设种子科学与工程专业，其培养目标是培养符合北京都市农业和种子产业发展需要，掌握种子科学与工程领域的基础理论和应用技术，熟悉国内外种子法律法规和经营管理等方面的知识，能在种子管理部门、种子质量检验机构、农作物新品种选育单位、种子生产和营销企业从事种子管理、质量检验、科研开发、技术推广、生产经营等工作的应用型专业人才。要求本专业学生在掌握生物科学基本理论的基础上，以农作物种子为研究对象，接受植物遗传育种、种子生产、加工贮藏、质量检验、营销与管理和法律法规等方面的理论学习与技术训练，能够胜任农作物新品种选育与推广、种子生产与经营、技术创新和成果转化等方面的教学、科研和应用开发工作。毕业生应获得的知识和能力主要包括：

（1）具备扎实的生物科学和农业科学基础理论和知识，具有一定的创新意识和良好的科学素养，掌握种子科学与工程领域的理论知识与基本技能。

（2）掌握植物遗传育种、种子生产、加工贮藏、质量检验、营销理论和技术；熟悉农业生产、种子管理等方面法律法规与政策；了解国内外种子产业发展前沿和趋势。

（3）具备应用现代信息技术手段获取知识、处理信息和创新的基本能力；具有一定的科学研究和开发工作能力。

（4）具有良好的组织管理能力、口头与文字表达能力，具备计算机和外语应用能力以及社会适应能力。

（四）种子科学与工程专业的课程设置

1. 主要课程

植物学、普通遗传学、生物试验设计与统计分析、土壤肥料学、植物育种学、作物栽培学、种子法规、种子生物学、种子生产学、种子加工与贮藏学、种子检验学、植物细胞组织培养、种子经营管理学、种子市场营销学、农业生物技术等。

2. 主要实践教学环节

实践性教学环节包括植物育种学、植物栽培学、种子生产学、种子贮藏与加工学、种子检验学、种子经营管理学等课程的教学实习，以及农学专业技能训练、科研训练和毕业论文、生产实习、毕业实习和社会实践。

执笔人：苟天来 张 娜 潘 娟 申 强
徐广谦 何 伟 谢 皓

第十八章 都市型农业院校系列特色教材建设

第一节 农学类专业特色教材编写

一、农学专业

（一）农学专业都市型农业院校系列特色教材建设的意义和目的

教材建设是教学工作的基本建设，都市型特色教材建设是对农业院校教材的建设的要求，有着不可替代的重要作用。农学专业是北京农学院的老牌专业，传统农业的发展需要和相应人才培养方案的惯性延续，使其建设符合都市型现代农业发展需求和人才培养存在着困难和挑战。这就要求农学专业这种传统专业更加注重都市型现代农业发展需求，适时调整人才培养目标和教学内容，选用和编写符合这一人才培养目标的教材，大力培养具有创新精神和实践能力的应用型、复合型的技术人才、经营人才及管理人才。

（二）农学专业都市型农业院校系列特色教材建设的指导思想

农学专业都市型农业院校系列特色教材建设进程中全面贯彻党和学校的教育方针，落实科学发展观，实施教育部本科教学"质量工程"，更好地服务都市型现代农业，满足应用型、复合性人才培养目标的需要，建立引领和服务现代都市型农业所需的教材支撑体系。坚持学校的分类指导和多样性的原则，鼓励根据学科的发展、社会发展对人才的需要编写特色新教材。在充分研究都市型现代高等农业教育内涵的基础上，力求系列教材特色鲜明，主要以编写本科和高职学生适用的教材为主，具有较强的科学性和实用性，以推动课程体系及人才培养模式的改革。

（三）农学专业都市型农业院校系列特色教材建设的原则和方法

1. 保持传统专业优势，突出都市型农业特色原则

农学专业的教材建设要保持传统专业的优势，老牌专业的厚基础的优势，同时要结合现代都市型农业的人才培养要求，继续发展专业优势，提高专业人才市场竞争力。要体现出都市型现代高等农业教育体系的特色，在特色中求发展，积极推动都市型现代农业教育教学改革，丰富教学内容，力求知识体系同时具有传统性、先进性和实用性。

2. 完善理论教学体系，突出实践教学的原则

重点鼓励骨干课程编写教材，优先鼓励编著专业实验课、实习课方面的指导教材，着力提高学生实践动手能力和创新能力。

3. 领导带头，教学团队为主力的原则

由主管院长、系主任和教学团队带头人组织专业教师对专业课程的教材进行梳理，研讨需要改革的教材内容，制定编写教材的计划，发挥教学团队的力量，集中编写体现学校的优势学科和特色专业，优选学校优势学科和特色专业亟需教材；优先编著具都市型现代农业特色的专业基础课、专业课以及实验、实践教学指导教材。

4. 采取主编负责制原则

根据学校的指导精神，在教材编写过程中实行主编负责制，主编对教材编写质量负总责。编委会负责遴选主编，主编组织参编人员编写教材。与此同时，积极鼓励支持教师利用系列教材编写平台，走出去、请进来，加强沟通，相互学习，共同提高。

(四) 农学专业都市型农业院校系列特色教材建设的成效和推广应用效果

1. 积极参与学校京津粤农业高校特色教材建设

2008 年 8 月，北京农学院、天津农学院、仲恺农业工程学院三所农业高校召开了"京津粤农业高校特色教材建设协作会"，决定三校联合编著具有都市型现代农业特色的系列教材，教材要适合京、津、粤区域发展特点，体现现代都市农业特色，突出都市型高等农业教育办学特征，丰富都市型现代农业教学内涵。根据三所农业高校特色教材建设的指导思想、定位以及建设原则等。

2009 年，三校联合印发了《关于都市型现代农业特色教材建设的指导性意见》《都市型农业特色教材编写申请书》和《都市型现代农业特色教材编写书目指南》等有关指导性文件，提出了坚持分类指导和多样性的原则，鼓励根据学科的发展、社会对人才的需要和人才培养的实践编写特色新教材，凝炼精品。

2012 年 10 月至 2014 年 4 月第二批特色教材编写工作开始，直接送中国农业出版社，并通知教务处备案。

农学专业积极参与三校联合的农业高效特色教材建设活动，拟编写主干课程《植物育种学》的教材。

2. 加强组织领导，明确分工，积极构建特色教材建设体系

2009 年北京农学院编著具有都市型现代农业特色系列教材的工作正式开展。为了响应学校号召，积极做好特色教材的编著工作，学院专门成立了院长、书记带头，系主任为核心的领导小组负责本学院教材编写工作，负责教材建设立项、遴选，组织编写、审定、出版等工作。学院组织骨干课程的任课教师积极参加编写，动员和激励有教材编写经验的教授或副教授担任主编。农学专业积极组织编写《植物育种学》和参与学院编写《植物科技技能训练实习指导书》，基本所有的教师都参与到这项工作中。

3. 特色教材建设取得的成效

密切关注国际和首都都市型现代农业的发展现状，不断探索体现首都特点和都市型现代农业的发展特点，在启动的两批系列特色教材中农学专业都完成了申报工作，但未获批。总结原因是由于改革的亮点还不突出，编写教师团队投入的还不够，还需要更加重视和更好地组织教材的编写工作。

二、种子科学与工程专业

(一) 种子科学与工程专业都市型农业院校系列特色教材建设的意义和目的

种子科学与工程是 2009 年新建的农学类专业，本专业培养符合北京都市农业和种子产业发展需要，掌握种子科学与工程领域的基础理论和应用技术、高新技术，熟悉国内外种子法律法规和经营管理等方面的知识，在国家种子管理部门、农技推广部门、种子质量检验机构、种子生产和营销企业，从事种子管理、质量检验、科研开发、技术推广、生产经营等工作的应用型专业人才。

根据都市型农业院校专业人才的培养目标，教材建设应体现大力培养具有创新精神、充分掌握高新技术和实践应用技术能力的应用型、复合型人才的要求。都市型高等农业教育必须围绕都市型现代农业发展进行深入研究与探索，必须适应城乡一体化发展需求，实现学生专业化、个性化、复合型、创业型培养要求的新型现代高等农业教育模式。要突出时代特征、区域特点、现代都市农林院校的特色，从新农村建设对人才需求和培养应用型、复合型人才目标的需要出发，引领农林院校特色教材建设方向，建立服务现代都市型农业所需的特色教材建设理论保障体系，从而完善都市型高等农业教育体系。学校也提出对新办专业在教材建设方面的要求，突出体现其重要作用。

（二）种子科学与工程专业都市型农业院校系列特色教材建设的指导思想

坚持学校提出的全面贯彻党的教育方针，落实科学发展观，实施教育部本科教学"质量工程"，为更好地服务都市型现代农业，满足应用型、复合性人才培养目标的需要，建立引领和服务现代都市型农业所需的教材支撑体系的指导思想。建设突出农业特色的教材体系，办特色专业，建特色教材，出特色人才。

（三）种子科学与工程专业都市型农业院校系列特色教材建设的原则和方法

1. 突出专业特色的原则
教材要适应服务于都市型农业经济发展和培养高规格农业人才的需要，要体现出种子科学与工程专业特色，结合专业建设和教育教学改革，紧密结合人才市场需求，丰富教学内容，完善理论和实践知识体系。

2. 以实践教学为重点的原则
优先编著主干课程实验、实践教学指导教材，构建实践教学体系，突出实践教学，加大学生实践动手能力的培养力度。

3. 专业特色必修课优先的原则
即骨干课程教材优先编写，集中体现学科优势和专业特色的课程的教材，将资源和力量集中到一门或两门课程的教材编写上，重点建设专业特色必修课的教材。

4. 主编负责制原则
教材编写实行主编负责制，主编对教材编写质量负总责。编委会负责遴选主编，主编组织参编人员编写教材。与此同时，积极鼓励支持教师利用系列教材编写平台，走出去、请进来，加强沟通，相互学习，共同提高。

（四）种子科学与工程专业都市型农业院校系列特色教材建设的成效和推广应用效果

2012 年 10 月至 2014 年 4 月第二批特色教材编写工作开始，种子科学与工程专业积极参与第二批三校联合的农业高效特色教材建设活动，申报编写主干课程《籽种农业》的教材。

三、园艺专业

（一）园艺专业都市型农业院校系列特色教材建设的意义和目的

园艺专业是国家级特色专业，园艺专业的特色教材建设具有重要的意义。学校提出"突出优势学科，体现特色"的指导方针，优势重点学科和特色专业是特色教材建设的基础和优势支撑。教育部《关于"十二五"普通高等教育本科教材建设的若干意见》（教高〔2011〕5号）指出，鼓励编写适应优势学科、特色专业人才培养模式改革需要的特色教材；鼓励编写国家战略性新兴产业相关专业、边缘学科、交叉学科教材，填补空白。因此，作为重点专业的园艺专业，我们尤为重视其特色教材建设，体现优势学科、特色专业在教材建设方面的重要作用，并在教材建设中反映社会经济建设和科技进步的需求，不断更新内容，逐步形成了反映时代特点、与时俱进的教材体系。同时要树立"精品教材"意识，本着"出精品、出特色"的原则，特色教材建设要主动适应区域经济发展和及时反映人才培养模式及教学改革最新趋势的教材，突出鲜明的时代与科技特点。紧密结合学校的办学定位、课程建设、学科建设及专业发展前沿动态与趋势，对优秀教材要不断修订完善，将学科、行业的新知识、新技术、新成果纳入教材。在教材编写过程，注重教材内容在传授知识的同时，传授获取知识和创造知识的方法。教材建设的重心必须从注重数量转移到注重教材质量上，以主干课程、精品课程为核心，打造特色精品教材，将为培养 21 世纪现代农业高等人才提供重要保障。

（二）园艺专业都市型农业院校系列特色教材建设的指导思想

坚持学校全面贯彻党的教育方针，落实科学发展观，实施教育部本科教学"质量工程"，更好地服务都市型现代农业，满足应用型、复合性人才培养目标的需要，建立引领和服务现代都市型农业所需的教材支撑体系的指导思想。

（三）园艺专业都市型农业院校系列特色教材建设的原则和方法

秉承学校要求的突出都市型农业特色原则、突出实践教学的原则、优先原则和主编负责原则四个原则，创新并多方法的进行园艺专业都市型农业院校系列特色教材建设。力求编写适应服务于都市型农业经济发展和培养高规格农业人才的需要，要体现出都市型现代高等农业教育体系的特色，引领全国都市型现代农业教育教学改革，丰富教学内容，力求知识体系具有先进性和实用性的教材。

（四）园艺专业都市型农业院校系列特色教材建设的成效和推广应用效果

2008 年 8 月，北京农学院、天津农学院、仲恺农业工程学院等三所农业高校召开了"京津粤农业高校特色教材建设协作会"，决定三校联合编著具有都市型现代农业特色的系列教材，教材要适合京、津、粤区域发展特点，体现现代都市农业特色，突出都市型高等农业教育办学特征，丰富都市型现代农业教学内涵。2009 年北京农学院编著具有都市型现代农业特色系列教材的工作正式开展。为了响应学校号召，积极做好特色教材的编著工作，学院专业成立了院长、书记带头，系主任为核心的领导小组负责教材建设立项、遴选，组织编写、审定、出版等工作。学院组织骨干课程的任课教师积极参加编写，动员和激励有教材编写经验的教授或副教授担任主编。园艺专业积极组织编写《设施园艺学》《园艺规划设计》和《观光园艺学》教材，基本所有的教师都参与到这项工作中。学校共 11 部教材编写，其中就有园艺专业编写的教材 3 部。我们密切关注国际和首都都市型现代农业的发展现状，不断探索体现首都特点和都市型现代农业的发展特点，2011 年，学校启动的第一批 11 部系列特色教材陆续出版。

2012 年学校组织第二批京津粤都市型现代农业特色教材编写工作，园艺专业主编《园艺师实训》和《无土栽培学》，其中《园艺师实训》是实践类指导书。

2013 年 11 月，北京市教育委员会下发《关于公布 2013 年北京高等教育精品教材、经典教材评审结果的通知》（京教函〔2013〕524 号），公布了 2013 年北京高等教育精品教材及经典教材评审结果，园艺专业范双喜教授主编的《园艺植物栽培学实验指导》等 2 部教材被评为 2013 年北京高等教育精品教材。为了进一步提高园艺专业的教材建设工作水平，我们将继续加大精品教材和特色教材的建设、宣传和推荐力度，不断提高教材建设水平，更好地满足专业对高水平教材的需求，使精品教材在学校人才培养中发挥更大作用。

表 18-1　园艺专业第一、二批京津粤都市型现代农业特色教材

序号	系别	教材名称	主编姓名
1	学校	《都市农业概论》	王有年
2	植物科学技术系	《设施园艺学》	范双喜
3	植物科学技术系	《园艺规划设计》	秦岭
4	植物科学技术系	《观光园艺学》	姚允聪
5	植物科学技术学院	《园艺师实训教程》	董清华
6	植物科学技术学院	《无土栽培学》	王绍辉

四、植物保护专业

（一）植物保护专业都市型农业院校系列特色教材建设的意义和目的

植物保护专业以培养具备植物保护及其相关学科的基本理论、基本知识和基本技能，能在实践中综合运用理论知识进行植物有害生物的识别、诊断、综合治理，具备从事植物保护、植物检疫及相关领域的教学、科研、生产、推广、管理、经营等工作能力的宽口径复合型人才为目标。目前正在积极申报植物保护一级学科，教材建设是专业建设的重要组成部分，建设好都市型农业院校系列特色教材意义尤为重大。

（二）植物保护专业都市型农业院校系列特色教材建设的指导思想

坚持学校都市型农业院校系列特色教材建设的指导思想，即全面贯彻党的教育方针，落实科学发展观，实施教育部本科教学"质量工程"，更好地服务都市型现代农业，满足应用型、复合型人才培养目标的需要，建立引领和服务现代都市型农业所需的教材支撑体系。

（三）植物保护专业都市型农业院校系列特色教材建设的原则和方法

1. 突出都市型农业特色原则

教材要适应服务于都市型农业经济发展和培养高规格农业人才的需要，要体现出都市型现代高等农业教育体系的特色，引领全国都市型现代农业教育教学改革，丰富教学内容，力求知识体系具有先进性和实用性。

2. 突出实践教学的原则

优先编著具都市型现代农业特色的专业基础课、专业课以及实验、实践教学指导教材，着力提高学生实践和创新能力。

3. 优先原则

集中体现学校的优势学科和特色专业，优选学校优势学科和特色专业亟需教材；优先编著具都市型现代农业特色的专业基础课、专业课以及实验、实践教学指导教材，着力提高学生实践和创新能力。

4. 主编负责原则

教材编写实行主编负责制，主编对教材编写质量负总责。编委会负责遴选主编，主编组织参编人员编写教材。与此同时，积极鼓励支持教师利用系列教材编写平台，走出去、请进来，加强沟通，相互学习，共同提高。

5. 领导高度重视原则

将教材建设作为专业建设的重要组成部分，积极推进教材建设工作，也为申报植物保护一级学科做基础工作。

（四）植物保护专业都市型农业院校系列特色教材建设的成效和推广应用效果

目前在学校两批都市型农业院校系列教材建设中还未申报成功，但我们一直在积累素材，努力筹备，并会在今后的工作中加大对特色教材建设投入，为确保出高质量的教材做进一步的努力。争取再下一期的工作中将骨干课程的教材一到两部申请成功。

五、农业资源与环境专业

（一）农业资源与环境专业都市型农业院校系列特色教材建设的意义和目的

农业资源与环境专业是新兴的专业，本专业为满足北京郊区都市农业可持续发展及生态环境保护对环境与资源专业领域人才的长久需求，培养系统掌握农业环境监测与质量评价、农业资源环境规划与管理、农业环境保护、特色生物质资源深度开发利用等的基本理论和基本技能，具备环境质量评价及环境监控的先进技能，掌握农业环境污染治理及生态修复的技术方法，在农业资源与环境相关部门和单位从事资源合理利用与可持续发展、生态环境保护与规划管理、生态环境建设、环境规划设计等领域从事教学、科研和管理的应用型、复合型人才。

参照国内外都市农业发展对人才种类需求的调查结果，一是经济功能类人才。主要包括：懂科技、能经营、会管理的涉农企业家与经营管理人才；厚基础、复合型、多学科的科技创新人才；懂技术、高技能的技能型人才；懂科技、有经验的科技成果转化和推广人才。

二是生态功能类人才。主要包括：环境公益类人才，生态类人才，区域规划和布局类人才，安全食品产业链监控人才等。三是服务功能类人才。而农业资源与环境专业正是被包含在内，这就要求我们把握好专业发展前景，并注重突出时代特征、区域特点、现代都市农林院校的特色，从新农村建设对人才需求和培养应用型、复合型人才目标的需要出发，引领农林院校特色教材建设方向，建立服务现代都市型农业所需的特色教材建设理论保障体系，从而完善都市型高等农业教育体系。

（二）农业资源与环境专业都市型农业院校系列特色教材建设的指导思想

坚持学校关于都市型农业院校系列特色教材建设全面贯彻党的教育方针，落实科学发展观，实施教育部本科教学"质量工程"，更好地服务都市型现代农业，满足应用型、复合型人才培养目标的需要，建立引领和服务现代都市型农业所需的教材支撑体系的指导思想。结合专业特色和专业培养目标，加强农业资源与环境专业都市型农业院校系列特色教材建设，为大力培养具有创新精神和实践能力的应用型、复合型的技术人才、经营人才及管理人才提供保障。

（三）农业资源与环境专业都市型农业院校系列特色教材建设的原则和方法

农业资源与环境专业学生应具备扎实的数学、化学、植物学、外语、计算机等基础知识，掌握环境微生物学、土壤学、农业气象学、生态学基础、土地规划主要软件应用、植物生理学等专业基础知识和资源环境规划与管理、环境监测与质量评价、农业环境污染治理与保护、农业特色生物质和再生资源综合利用等方面理论、方法和技术技能，从事都市农业、生态农业、有机农业、城镇环境等领域的教学、科研和管理工作。为实现这一教育目标，农业资源与环境专业都市型农业院校系列特色教材建设制定以下原则和方法：

1. 突出都市型农业特色原则

学生通过专业学习需要掌握生物学科和资源环境学科的基本理论和基本知识；掌握农业自然资源、特色生物质资源、再生资源的高效利用管理、环境监测和质量评价、农业环境污染与防治、环境规划与管理等方面的理论、技术与方法；熟悉农业资源管理和环境保护等相关的方针、政策和法规；具备农业资源可持续利用和环境保护的意识和基本理论，综合了解国内外农业自然资源与环境现状、存在的关键问题，及其研究的前沿与发展趋势；掌握科技文献检索和资料查询的基本方法，具有一定的科学研究和独立获取知识的能力，并具备信息处理和创新能力。要求我们的教材编写能切合学生培养所需，突出都市型农业的专业特色。

2. 突出实践教学的原则

农业资源与环境专业通过资源环境规划与管理、环境监测与质量评价、农业资源利用与管理、污染生态学、资源环境综合实验、环境影响评价等课程的教学，毕业论文、科研训练、野外调研、实验教学、资环专业技能训练Ⅰ—Ⅳ、公益劳动等实践教学环节，使学生了解农业资源与利用及环境现状，综合提高学生的环境监测与质量评价、资源环境规划与管理以及环境保护技术水平，培养学生理论与实践相结合以及分析和解决问题的能力。在教材建设上优先编著具有都市型现代农业特色的专业基础课、专业课以及实验、实践教学指导教材，着力提高学生实践和创新能力。

3. 全面动员，积极鼓励教师参与原则

充分动员专业教师，使其正确认识都市型农业院校系列特色教材建设的重要意义，鼓励大家组建编写小组，取长补短，积极合作，将紧张的资源有效利用并出产符合要求较高质量的教材，为专业建设做基础，为学生培养提供养料，为学校教材建设做贡献。

(四) 农业资源与环境专业都市型农业院校系列特色教材建设的成效和推广应用效果

在学校两批都市型农业院校系列教材建设中还未申报成功，但我们一直在积累素材，努力筹备，并会在今后的工作中加大对特色教材建设投入，为确保出高质量的教材做进一步的努力。争取在下一期的工作中将骨干课程的教材一到两部申请成功。

目前围绕都市型农业院校系列教材建设，我们专业出版了由段碧华主编的《园林草坪介植与养护》，贾跃慧副主编的《土壤肥料学》。

六、动物医学专业

(一) 动物医学专业都市型农业院校系列特色教材建设的意义和目的

兽医关乎国计民生，不仅是在疫病防控、动物食品安全和兽医公共卫生方面起重要作用，而且在稳定社会、保障国家安全等方面举足轻重。动物医学专业于 2011 年贯彻《国家中长期教育改革和发展规划纲要》精神，参照由教育部率先启动的一项重大改革计划《卓越工程师教育培养计划》，制定了"卓越兽医师"培养计划。我们参照国内外相关院校专业的培养体系，分析了我国未来兽医专业人才的社会需求主要集中在兽医教育与兽医科学研究人才、农场兽医、宠物与伴侣动物兽医、官方兽医（兽医管理部门、动物与动物产品检疫、出证等）、疫苗与兽药产业的技术人才与管理人才以及自主创业等方向，与传统兽医相较呈现出明显的需求多向化的特点。目前，我国农业院校中动物医学专业的现状是培养偏向于理论化与学术型人才，动物医学人才培养中针对相关企事业具体需求方面的考虑比较欠缺，导致部分动物医学专业毕业生缺乏最基本的兽医综合实践能力。为适应现代社会发展，尤其是现代都市农业对高素质动物医学专门人才的迫切需要，提出"卓越兽医师"培养计划势在必行。都市型农业院校特色教材建设的目的在于满足都市动物医学专业的人才培养的目标需求。

(二) 动物医学专业都市型农业院校系列特色教材建设的指导思想

"卓越兽医师"培养计划重在培养学生的创新精神和综合实践能力，将创新精神和综合实践能力的培养贯穿于卓越兽医师培养的全过程，遵循"行业指导、校企合作、分类实施、形式多样"原则。借助校友优势，挖掘优势资源，在 2011 动物医学本科培养方案指导下，进一步提升学生实践教学的实操设施，对动物医学专业学生进行系统实践技能训练，结合校外不同类型实习基地的生产实践，培养出符合行业需要的卓越兽医人才。因此教材建设的目标也应针对不同的方向做必要的调整，教材建设目标是做实基础、技能当先、特点突出。

(三) 动物医学专业都市型农业院校系列特色教材建设的原则和方法

紧紧围绕培养目标，重点是都市农业与城市管理对兽医师在专业素养和技能方面的要求，改革和创新教学内容及教学重点，进行教材的改革和创新。建设重点放在实验实践教材的建设上。在内容上调整了传统兽医以大型家畜为主的模式，针对北京都市特点增加了家养宠物内容在基础兽医学、疾病预防、护理、疾病诊疗在相关课程教学中的比重。

（四）动物医学专业都市型农业院校系列特色教材建设的成效和推广应用效果

1. 特色理论与实验实践教材

在学校"教育教学质量提高计划"的资助下编撰了《兽医师实验实践教学指导书》（杨佐君主编）。该教材结合兽医师执业考试大纲要求，重点梳理了教学大纲中的实验实践教学内容，在充分调研的基础上针对兽医师要求及学生的主要就业行业对学生的实验技能要求，对实验实践教学中的知识点按课程及实验技能训练时间安排顺序进行了编排汇集，使学生能够清楚在5年的学习中要掌握的实验实践技能，重点突出、目标明确，为学生实习实践提供实用的参考书。

借助北京的地缘优势，与其他院校院校专业协作参与骨干课程的教材建设，提高了动科学院教师的专业水平和教材建设水平。胡格主编的《动物解剖学实验指导》（中国农业出版社，2014年1月），针对都市农业特点"卓越兽医师"培养目标对基础课程的要求，对原有实验教材内容进行调整修改，删减了牛、马等大动物内容，增加了宠物动物和常用实验动物的解剖所占比例，使其更加契合北京农学院动医专业的教学大纲要求，具有更好的适用性。

主持编写的高等院校实验动物学方面教材《动物福利与实验动物》（吴国娟主编，中国农业出版社，2012年），适用于兽医、畜牧、营养、生物制品、卫生检验专业本科生、专科生，对学生进行动物福利教育，熟悉实验动物，以便更好地开展相关教学与科研工作。

2. 国家级规划教材及其他

滑静主编的《动物生理学》（普通高等教育"十二五"规划教材，清华大学出版社，2012年4月），该教材注重坚持理论联系实际和基础服务临床的原则，在每章中尽力突出动物生理学与后续学科和专业的相关性，加大病例和生产案例的引用，为专业课程的学习打下坚实的专业基础。通过动物生理学的学习，使学生掌握动物在适应环境变化的过程中所发生的基本规律和理论；认识动物生理学理论在动物医学、动物生产、动物资源保护与利用等实践活动中的作用；了解动物生理学和其他相关学科间的相互关系及该学科发展的前沿热点问题。

胡格参编的《动物解剖学彩色图谱》（陈耀星主编，中国农业出版社，2013年12月），书中使用了大量解剖实物图片，使整体内容更加直观生动，是兽医专业学生解剖学学习的必备工具书。安健参编的《兽医病理学》（赵德明主编，中国农业大学出版社，2012年5月），该书结合兽医教育实际，跟踪国际先进水平，重点向学生介绍了后期临床课必需的病理学基本理论、基本病变和具有带变形的疾病，强调病理和临床实践的结合，培养学生具有病理诊断和临床治疗的能力。

段慧琴参编的国家"十二五"规划教材《中兽医学》（许剑琴主编，中国农业出版社，2014年1月），对中兽医在当代健康养殖中的应用提出了新的见解。教材从兽医传统理论、整体观念出发，在病因和病机方面分析了多种疾病的成因、辩证施治、按辨证论治原则进行畜病的诊断和治疗，并以理、法、方、药、针构成完整的学术体系。还有周双海参编的"十二五"规划教材《动物传染病学》（罗满林主编，中国林业出版社，2013年7月），姚华参编的"十二五"规划教材《动物临床诊断学》（中国林业出版社，2013 年 7 月），李秋明参编的"十二五"规划教材《动物寄生虫病学》（中国农业大学出版社，2013 年 7 月），胡格副主编的高等职业学校兽医相关专业教材《畜禽解剖与组织胚胎学》（闫毓秀主编，化学工业出版社，2011 年 4 月）。

3. 实用技术性专著

针对都市农业对畜牧业生态、绿色、环保、低污染的要求，编写、翻译了一系列专业指导书，如《奶牛健康养殖与疾病防控》（倪和民、鲁琳主编，中国农业出版社，2013 年 8 月），《猪病快速诊疗》（任晓明主编，中国农业出版社，2013 年 4 月），《动物医院基本临床技术》（石田卓夫主编，任晓明译，中国农业科学技术出版社，2014 年 1 月），《动物医院临床检查技术指南》（石田卓夫主编，任晓明译，中国农业科学技术出版社，2014 年 6 月），《柴蛋鸡放养手册》（滑静等，化工出版社，2013 年 4 月），《规模化蛋鸡饲养环保型饲料》（滑静等，中国农业出版社，2014 年 4 月）等，作为学生实践的辅助教材。

4. 未来计划

为适应都市农业培养目标的需要和京津冀一体化的背景下对畜牧兽医专业人才培养的需要，2014 年制定了新的教材建设规划，与天津农学院等兄弟院校合作编写《兽医师综合实训》实践教学技能训练以及《实用消毒学》等教材。

此外，为总结近 5 年来在质量提高项目、大学生科研创新项目等方面取得的成绩，拟通过借助 2014 年北京市专项完成《大学生科研创新课题成果汇编》《北京农学院动科学院近年教改成果汇编》等的编撰工作。

七、动物科学专业

（一）动物科学专业都市型农业院校特色教材建设的意义和目的

结合北京农学院打造都市型现代化农业的办学特点，和北京市大力发展战略性新兴产业、推进产业结构优化升级的技术需求和社会主义先进文化建设的迫切需求，动科专业特色教材建设将围绕都市型现代动物产业，聚焦京津冀协同发展中的热点和关键问题进行。

随着社会经济的发展和城市化进程的加速，人们精神生活与物质生活的不断改善，社会老龄化步伐加快，人们的休闲、消费和情感寄托方式也呈多样化发展。宠物已经走入寻常百姓家，宠物需求数量的日益增多。随之而来的是，与宠物产业相关的宠物营养需要、繁育措施以及环境卫生的控制，成为都市型农业院校动物科学专业特色教材建设的主要内容。

我国畜牧业正在经历着快速发展的时期，畜牧业在国民经济中占据越来越重要的地位。虽然经过多年的国际交流与合作，我国养殖技术和饲养管理手段基本接近国际先进水平，而育种工作仍处于有待起步阶段，世界公认畜牧业发展中基因型贡献占 40%，管理、营养、健康、生活环境等几种因素基本上平分 60% 的贡献率，可见育种工作在养殖业中的重要地位。作为北京市属唯一的农业高等院校，北京农学院动物科学专业特色教材建设需要将国内外最先进的日常管理、饲料营养、健康福利、动物与环境相互影响的技术结合起来，发展健康养殖，最终实现环境友好型、资源节约型可持续发展畜牧业。

围绕都市型现代化农业的发展对教材建设提出新的问题，动物科学专业特色教材建设将致力于培养富有创新精神、实践能力和国际视野，具备动物科学（包括宠物科学）的基本理论、基本知识和基本技能，适应首都地区经济和社会发展需要，系统掌握动物科学（包括宠物科学）营养与饲养、育种与繁殖、行为学和福利、畜产品加工知识及相关法律法规，能够在动物科学及其相关领域和部门工作的德智体美全面和谐发展的复合型高级专门人才。

（二）都市型农业院校动物科学专业特色教材建设的指导思想

以邓小平理论和"三个代表"重要思想为指导，全面贯彻党的教育方针，落实科学发展观，以培养高素质人才为目标，围绕北京市大力发展战略性新兴产业、推进产业结构优化升级的技术需求、服务京津冀协同发展国家战略，以学生为本，以教学内容、课程体系和教学方法的改革为核心，突出都市型农业院校动物科学专业学特色。

（三）都市型农业院校动物科学专业特色教材建设的原则和方法

1. 国际化原则

作为都市型农业院校，国际交流和合作比较多，更容易引进、吸收、转化国际化先进理念，也有更多机会和国际一流大学和国际化组织机构合作，有利于在专业特色教材建设方面引入国际先进的教学理念、方法和内容设置，专业科目更容易体现超前性。

2. 特色性原则

都市农业由于其自身的特点和环境，要求动物科学专业教学体现最大限度的适应性和灵活性，充分展示专业特色。由于农场动物的外迁，都市养殖业主要转为以家庭为单位的宠物养殖，这要求在教材建设过程中针对这一特殊情况，倾向于宠物的营养、饲养管理、繁育和训导等方向，在教学过程中应建立能力教育体系，实行专业"模块"教学，以培养学生的综合能力为本位。

3. 引领性原则

作为首都，北京都市型现代农业还有引领全国农业发展的作用。北京现代化养殖技术、饲养管理、特别是育种工作对全国养殖业具有重要的示范作用，高水平、高起点的都市化现代农业动物科学专业特色教材对于服务京津冀协同发展国家战略具有重要的意义。

（四）都市型农业院校动物科学专业特色教材建设的成效和推广应用效果

作为北京农学院重点支持的、刘凤华教授编写的《家畜环境卫生学》，是都市型农业院校动物科学专业特色教材建设的先期示范。《家畜环境卫生学》由中国农业大学出版社出版。该教材为满足当前畜牧业生产实践和学科发展的需要，在编写中充分体现了都市型农业院校动物科学专业特色：①强调教材内部体系的结合；②具有鲜明的时代和科技特色；③编制了配套的电教材料以改善教学手段；④按照国家标准、行业标准和地方标准对实验部分进行了调整，使得该教材更加具有国际先进性、都市特色适应性和灵活性。《家畜环境卫生学》在全国多所农业院校使用，受到好评。目前该教材已被评为北京市精品教材。

八、园林专业

（一）园林专业都市型农业院校特色教材建设的意义和目的

园林专业是一门涉及园林植物栽培、繁育、养护、管理、苗木生产、种植设计和城镇绿化、园林规划设计与施工等的应用科学，它是一门多学科交叉的综合性很强的专业，是保护生态环境、改善生态环境和美化人居环境的专业。园林专业的毕业学生可在园林、城市建设、生态环境建设、农业和林业部门和生态农业、花卉企业等从事园林植物的栽培、养护、管理及各类园林绿地规划设计工作。

随着时代的发展，园林专业也在不断发展变化，当代的园林专业已经发展到社会文化圈和自然生态环境圈相互协调发展的高度。因此园林专业涉及的理论知识领域也越来越广泛，学科综合性也变得越来越强，进一步加强园林专业教材建设工作，全面提升教材质量，是加强课程体系和教学内容改革、提高办学质量的重要环节。推进园林专业教育教学改革，建设优质教学资源，提高教育教学水平，有效实现综合素质高、实践能力强并具有创新能力的园林专业人才的培养。

（二）园林专业都市型农业院校特色教材建设的指导思想

坚持以科学发展观为指导，全面贯彻国家教育方针和教育部关于"十二五"期间普通高等教育教材建设与改革的意见，紧密围绕学校的办学定位，牢固确立人才质量观，遵循园林专业本科教育教学规律，适应现代高等教育的发展趋势，体现先进的教育理念，进行都市型农业院校园林专业特色教材的建设。都市型农业院校园林专业特色教材建设必须全面反映教学内容的改革与更新，充分体现优秀教学经验和最新科研成果，优化结构，突出特色。同时，教材建设要依托课程改革和精品课程的建设，努力建设一批体现本学科专业特色和学科水平、反映本专业最新研究成果和科学技术发展、能得到国内同行认可的教材。通过精品教材建设，抓好重点教材，丰富教材品种、全面提高质量，突出都市型农业院校园林专业的特色，优化系列配套，逐步建立符合学校实际的、适应 21 世纪都市型农业院校人才培养需要的教材体系。

（三）园林专业都市型农业院校特色教材建设的原则和方法

1. 原则

（1）科学性原则。一是都市型农业院校园林专业特色教材的结构体系要符合课程结构学的科学要求；二是满足园林专业科学技术与学科发展的需要，增加新知识、新技术和新方法，使教材具有一定的宽度、深度和广度，并具备前沿性和前瞻性；三是教材建设要为培养现代化园林专业人才服务，适应时代的需求，因此教材建设需正确把握新时代下园林专业的教学内容和课程体系的发展方向，适应培养综合素质高、实践能力强和创新能力强的人才的需要。

（2）系统性原则。都市型农业院校园林专业特色教材的结构和内容需要进行系统地统筹设计，根据新时代对人才的需求，从整体上建设教材内容，明确教材分工，调整好基础课程与专业课程、专业基础课程与专业主干课程、理论课程与实践课程的教材内容的衔接，实现教材配套和系列化；教材内容建设时，必须系统考虑对不同层次学生教育的需求，如本科教育与研究生教育；同时也要考虑园林专业自身结构系统以及园林专业与其他专业的结构系统。另外，教材形式系统化，如每门课程可配套相关的影音教材、网络教材等，这样可拓展教材内容，变化学习方式，使学生从不同的地方获取最多的知识。

（3）优化原则。在知识爆炸的今天，知识量迅增，但是学制和教材的内容不可能无限制的扩大，如何在四年中让学生学到园林专业的相关知识和技能，在教材建设过程中必须坚持优化原则，即坚持学科基本结构、学科纵横向结构、学科的信息结构、科学方法论结构、教学与教材的学导结构、学科的最新发展动态等的最佳有序状态。

（4）理论和实践相结合原则。园林专业是一门实践性非常强的专业，因此在教材建设中，教材内容必须注重理论与实践相结合的原则，可多增加实例与图片等，如《园林树木栽培与养护》《园林植物应用设计》等课程。

（5）创新性原则。都市型农业院校园林专业特色教材体系须充分反映当代园林专业理论的突破与进展，园林建设方面技术成果的创新与应用，教材建设需要考虑园林专业发展的新趋势和园林专业对相关学科的要求；教材要以创新教育论为核心，立足于培养学生的创新能力和提高学生的综合素质，构建教材体系须以高素质创造性人才培养和综合素质高、实践能力强为根本的培养目标。另外，编写教材要有创新意识，力争在体例、教材内容等方面有所创新。

（6）编、选并重原则。教材编写与选用是教材建设相依相存的两个方面，应予并重，不可偏废。要在进一步加强教材编写出版工作的同时，继续重视并做好教材选用管理工作，积极为学生推介使用质量上乘、科学适用的优质教材。教材选题要以人才培养计划为依据，对于计划中相对稳定，涉及培养学生基本理论和基本技能的主干课程，尽可能选用国家及部、省推荐的优秀教材，如需编写，要详细论证，方可列入规划。自编教材必须以教学计划为依据，以课程建设需要为前提，必须充分考虑该学科的师资力量和学术水平，经过多次使用（两届以上）的自编教材，经过论证表明教材质量较好，可列入出版教材规划。

2. 方法

精心组织，统筹安排，抓好重点，锤炼精品。积极组织和鼓励教师申报主编或参编国家级、省部级规划系列教材，力争主编或参与编写3～5门国家级、省部级规划教材。组织本专业相关专家，讨论如何编著适应现代化需求的园林专业的系列教材。编写、出版具有都市农业特色、适应21世纪教学改革要求的实用性强、水平高且具有创新性的系列精品教材。

（四）园林专业都市型农业院校特色教材建设的成效和推广应用效果

截至2014年，共编写园林专业教材20余部，包括《植物生物学》《园林生态学》《园林树木学》《植物学》《园林植物遗传育种》等，其中《园林生态学》为北京市精品教材和全国高等农业院校规划教材，经过了两次修订，在全国相关院校得到了广泛应用。

九、林学专业

（一）林学专业都市型农业院校系列特色教材建设的意义和目的

城市林业是一门发展迅速、前景广阔的边缘性科学。随着社会的发展，城市林业系统在城市中已经具有不可替代和估量的作用。在高等教育蓬勃发展的新形势下，城市林业专业越来越受到社会的追捧和重视，进一步加强城市林业专业教材建设工作，全面提升教材质量，是加强课程体系和教学内容改革、提高办学质量的重要环节。推进城市林业专业教育教学改革，建设优质教学资源，提高教育教学水平，有效实现城市林业人才德、智、体全面发展，培养具备植物遗传育种、风景林培育与管护、园林植物病虫害防治与林火管理、森林景观规划与管理、生态建设和保护、城乡绿化及其植物资源开发利用等方面的知识与专业技能的高素质专门人才的目标。

（二）林学专业都市型农业院校系列特色教材建设的指导思想

坚持以科学发展观为指导，全面贯彻国家教育方针和教育部关于"十二五"期间普通高等教育教材建设与改革的意见，紧密围绕学校的办学定位，牢固确立人才质量观，遵循林业专业本科教育教学规律，适应现代高等教育的发展趋势，体现先进的教育理念，切实推进教材创新。城市林业教材建设要依托课程改革和精品课程的建设，努力建设一批体现本学科专业特色和学科水平、反映最新科学技术发展、能得到国内同行认可的教材。教材建设必须全面反映教学内容的改革与更新，充分体现优秀教学经验和最新科研成果，优化结构，突出特色。通过精品教材建设，抓好重点教材，丰富教材品种、全面提高质量，突出学科专业特色，优化系列配套，逐步建立符合实际的、适应 21 世纪人才培养需要的教材体系。

（三）都市型农业院校系列特色教材建设的原则和方法

1. 原则

（1）坚持以改革促发展的原则。教材改革要与教学改革同步，使教材更好地为实现人才培养目标服务；要以新的专业目录为依据，正确把握新世纪教学内容和课程体系改革的方向，适应素质教育和创新能力、实践能力培养的需要，为学生知识、能力、素质协调发展创造条件。

（2）坚持抓重点保质量的原则。着重抓好林学专业专业课程的教材建设，在此基础上，加强林业信息技术、野生动植物资源管理、森林环境学、森林文化、生态旅游旅游、林政学、城市林业、森林经营管理等课程教材编写工作，努力打造精品教材，进一步提升教材整体质量。

（3）坚持增品种重配套的原则。合理配套是指城市林业专业的基础课、专业基础课、专业主干课教材要配套，同一门课程的基本教材、辅助教材、教学参考书也要系列配套。扩大教材品种、实现教材系列配套，既是实现城市林业专业教学计划的需要，更是全面推进素质教育的需要。扩大品种不仅是指总量的扩大，还要追求教材形式的多样化，即从以文字为媒体、纸为载体的单一教材逐步发展为以文字、声音、图像等为媒体，以幻灯片、投影片、影视片、录音像带、计算机软盘、光盘等为载体的各种形式的立体教材体系。

（4）坚持编、选并重的原则。教材编写与选用是教材建设相依相存的两个方面，应予并重，不可偏废。要在进一步加强教材编写出版工作的同时，继续重视并做好教材选用管理工作，积极为学生推介使用质量上乘、科学适用的优质教材。教材选题要以人才培养计划为依据，对于计划中相对稳定，涉及培养学生基本理论和基本技能的主干课程，尽可能选用国家及部、省推荐的优秀教材，如需编写，要详细论证，方可列入规划。自编教材必须以教学计划为依据，以课程建设需要为前提，必须充分考虑该学科的师资力量和学术水平，经过多次使用（两届以上）的自编教材，经过论证表明教材质量较好，可列入出版教材规划。

2. 方法

（1）抓好重点，锤炼精品。通过一系列教材建设，建立立体化教材体系，力争使专业教材能充分体现知识、能力、素质并重的人才培养模式的新要求。

（2）积极鼓励广大教师申报主编或参与编写国家级、省部级规划系列教材的立项工作，力争主编或参与编写3～5门国家级、省部级规划教材。

（3）规划出版城市林业专业校本系列教材。编写、出版具有都市农业特色、适应21世纪教学改革要求的内容新、水平高、实用性强，经过教学实践检验的系列精品教材。

（四）都市型农业院校系列特色教材建设的成效和推广应用效果

截至2014年共编写林学专业教材10余部，包括《环境学导论》《城市生态学》等，并选用多部国家级精品教材，如《森林资源经营管理》《森林培育学》《树木学》《森林生态学》《森林计测学》等。

执笔人：谢　皓

第二节　工学类专业特色教材编写

一、风景园林专业

（一）风景园林专业都市型农业院校系列特色教材建设的意义和目的

随着北京城市的快速发展，北京乡村不仅承载着原有村民的居住、生活和生产功能；还承担着保护生态环境，满足市民休闲游憩等方面的功能。这种具有鲜明多功能格局的乡村发展趋势，对乡村景观规划设计提出了更高的要求。乡村景观规划是应用多学科的理论，对乡村各种景观要素进行整体规划与设计，保护乡村景观完整性和文化特色，挖掘乡村景观的经济、历史、文化价值，保护乡村的生态环境，推动乡村社会、经济和生态持续协调发展的一种综合规划。其目的是将北京乡村逐步建成一个生产发展、生态稳定及生活舒适的乡村环境，实现乡村景观可视、可达、可居、可发展的人居环境特征，将乡村地区建设成为未来最适宜居住的景观空间。

近年来，北京大力发展都市型现代农业，基础产业取得了丰硕成果，特别是在沟域经济的发展中走出了一条理论结合实践的路子。但部分乡村存在过于追求经济效益，忽视自身地域特色的现象。导致在乡村景观规划设计上出现缺乏创意、景观构造同质化、不注重生态环境的不良倾向。这将对北京乡村可持续发展、城乡一体化发展产生不良影响。

为此，充分利用园林学院在生态、园林、植物造景等方面的学科与专业优势，编写有关都市型农业院校风景园林专业系列特色教材，对构建北京乡村生态文明、进一步加速北京城乡一体化、促进农民增收致富具有重要意义。

（二）风景园林专业都市型农业院校系列特色教材建设的指导思想

1. 满足建设中国特色"世界城市""宜居城市"、构建生态文明的需要

北京市"十二五"规划中明确提出要建设"世界城市""宜居城市"的目标，党的十八大报告中提出构建社会主义生态文明的要求，把生态文明建设与经济建设、政治建设、文化建设、社会建设一起纳入中国特色社会主义事业"五位一体"总体布局，将生态文明建设提到了前所未有的高度。乡村生态文明建设是生态文明建设的重要组成部分，北京乡村地区占地广，范围大，教材编写内容要注重加强乡村生态环境保护、规划和建设，优化乡村景观布局，改善乡村人文、自然环境，建设美丽乡村、生态乡村，是建设"宜居城市"、构建生态文明的需要。

2. 满足发展都市农业的需要

都市农业是指地处都市及其延伸地带，紧密依托城市的科技、人才、资金、市场优势，进行集约化农业生产，为国内外市场提供名、特、优、新农副产品和为城市居民提供良好的生态环境，并具有休闲娱乐、旅游观光、教育和创新功能的现代农业。教材编写可依托北京农学院现有的相关技术和科技队伍，加强北京乡村景观规划、保护与建设等方面的内容。

3. 满足城乡经济社会一体化发展的需要

2008 年，北京率先提出构建城乡经济社会一体化发展格局，建立以城市为中心、小城镇为纽带、乡村为基础，城乡依托，互利互惠，相互促进，协调发展，共同繁荣的新型城乡关系。教材编写将突破原有的教材只停留在城市层面的内容，进一步关注城乡一体化的内容。

（三）都市型农业院校风景园林专业系列特色教材建设的原则和方法

在充分研究都市型现代高等农业风景园林教育内涵的基础上，力求教材特色鲜明，具有较强的科学性和实用性，以推动课程体系及人才培养模式的改革。①针对性，主要针对农业院校风景园林专业及景观专业学生。②特色性，体现都市型农业特色，体现都市型现代高等农业教育体系风景园林的特色，力求知识体系具有先进性和实用性。③系统性，按照系统性原则，形成规划—设计—工程技术—管理等，从宏观到微观的系列教材的编写，包括专业基础课、专业课以及实验、实践教学指导教材，着力提高学生实践和创新能力。

（四）都市型农业院校风景园林专业系列特色教材建设的成效和推广应用效果

近几年，风景园林系编写出版了《乡村景观规划设计》《观光农业规划设计》《城市绿地设计》、《休闲城市旅游业可持续发展》等教材多部，其中《乡村景观规划设计》2008 年 1 月第一次出版，2009 年 1 月第二次出版，在不到 2 年的时间里，出版发行 9 750 册。2009 年，本项目作为文化部、财政部开展的"送书下乡工程"选定书目之一，对支持我国贫困地区的文化事业发展做出了贡献。2009 年 6 月，以本项目为基础，由北京市林业工作总站组织，对北京 14 个区县的 200 多名基层林业人员进行绿化技能培训；2009 年 7 月，北京市农工委组织对四川什邡林业技术人员培训中，本项目作为重要内容进行培训，取得了较好的效果。《乡村景观规划设计》《观光农业规划设计》等教材，近几年还作为北京农学院公共选修课教材，在全校有关专业应用。

二、生物工程专业

（一）生物工程专业都市型农业院校系列特色教材建设的意义和目的

随着北京市经济持续发展和人民生活水平不断提高，人口压力、环境压力、资源压力等一系列问题成为今后城市发展的巨大困扰。生物工程技术作为一类高新技术，主要采用基因工程、细胞工程、发酵工程、酶工程等手段，生产大量微生物代谢产物、菌体蛋白等，在农业、食品、医疗保健、环保、再生能源、化工等重要领域对改善人类健康与生存环境、提高农牧业和工业产量与质量等方面有巨大的内在潜力，为人们提供经济效益和社会效益。

近年来，北京市生物工程技术飞速发展，在生物制药、食品保健、现代农业、环境保护等领域的高新企业如雨后春笋，如首农集团、大北农集团、中关村生命科学园等。根据北京农学院对人才培养的定位，面向北京都市型现代农业发展对不同层次人才的需求，培养具有创新精神和创业能力的应用型复合型人才。生物工程专业充分利用本专业学科与专业优势，围绕动植物基因工程、农业生物工程、组合生物合成工程（合成生物学）、生物反应器工程、生物技术制药、生物质能源工程、生物信息学和生物工程企业管理等与北京生物工程相关企事业单位联系紧密的专业方向，编写有关都市型农业院校系列特色教材，为打造北京世界城市、宜居城市培养应用型、复合型人才。

（二）生物工程专业都市型农业院校系列特色教材建设的指导思想

　　根据北京农学院对人才培养的定位和目标，生物工程专业都市型农业院校系列特色教材建设重点突出"具有创新精神和创业能力的应用型复合型人才"的培养，贯彻德、智、体、美、劳全面发展方针，着眼综合素质和应用能力，充分考虑北京地区生物工程专业企事业单位人才需求，面向生物工程行业及相关工程部门，培养专业基础扎实、素质全面、工程实践能力强并具有一定创新能力的生物工程应用型、复合型不同层次工程技术和工程管理人才。

（三）生物工程专业都市型农业院校系列特色教材建设的原则和方法

　　在充分调研北京地区生物工程专业企事业单位人才需求的基础上，力求教材特色鲜明，具有较强的科学性和实用性，以推动课程体系及人才培养模式的改革。①针对性强，主要针对农林院校生物工程、生物化工、生物制药等相关专业学生。②特色鲜明，重点突出都市型农业特色和企事业用人需求，体现都市型现代农业中生物工程专业的特色，力求知识体系具有先进性和实用性。③系统性强，紧密围绕生物工程专业人才培养的系统性，从宏观到微观、从通论到各论开展系列教材的编写，包括专业基础课、专业课以及实验、实践教学指导教材，着力提高学生实践和创新能力。

（四）都市型农业院校生物工程专业系列特色教材建设的成效和推广应用效果

　　近年来，生物工程系教师主编或参编出版了《蛋白质工程简明教程》《食用菌栽培学》《农业防灾减灾及农村突发事件应对》《建设农村和睦家庭》《观光农业旅游英语》《植物细胞组织培养实验教程》《食用菌学实验教程》等理论和实验教材。其中，《食用菌栽培学》和《食用菌学实验教程》分别入选为全国高等农林院校生物科学类专业"十二五"规划系列教材和普通高等教育"十二五"规划教材微生物学实验教程系列教材；其他教材也作为北京农学院及其他兄弟农林院校的教材，在本科生教育中起着重要的作用。

三、食品质量与安全专业

（一）都市型农业院校食品安全专业教材建设的意义和目的

　　教材建设是都市型农业院校特色专业建设的必要条件之一。特色教材建设是把专业建设和课程建设结合起来，以特色专业建设为龙头，以课程建设为载体，通过教材编写而实施的一项系统工程。都市型农业对食品安全的要求更为严格，情况更为复杂。大都市人口基数大，流动人口多，一旦发生食品安全事件对社会影响更大。同时，由于大都市的食品原料更多的来自于都市之外，食品原料质量参差不齐，质量监管工作更为繁重、复杂。这些都对食品安全工作中的技术人员和从业人员提出了更为全面和严格的职业素质要求。因此，在人才培养上，都市型农业院校中食品安全专业教材中必须适应都市对食品安全人才的需求，为培养合格的都市食品安全人才提供知识基础。

（二）都市型农业院校食品安全专业教材建设的指导思想

1. 满足培养方案的要求

教材的遴选和编写首先要满足培养方案中培养目标的要求。食品安全专业的培养目标是"培养学生具备化学、生物学、食品科学、食品质量管理、食品安全检测及控制、食品安全的标准与法规等方面知识和基本实践技能"。通过专业学习，使毕业生能够在疾控、卫生、防疫、商检、海关、质检、检验检疫等机构从事食品安全分析检验、动植物食品检疫、农产品和食品质量管理等技术工作。因此，在教材建设中，要充分保证培养方案的可执行性，针对食品安全的不同问题，有针对性地开展教材建设。

2. 通过教材建设加强师资队伍建设

食品质量与安全专业的专业课程体系包括食品化学、食品微生物学、食品安全与卫生学及食品质量管理学几个部分，围绕这几个主体部分开展相关课程的设置。如食品化学包含生物化学、有机化学、分析化学、食品化学等几门课程。因此，学校提出教学团队建设的理念。根据教师承担课程的情况，按照课程团队的人员组成，有计划地安排条件成熟的专业课程团队编写教材，以教材建设促进课程建设，以教材建设强化课程团队的建设，为课程建设培养教师梯队。

3. 教材建设要体现都市型现代农业的特点

首先，都市型现代农业特色是专业建设的立足之本，教材的编写一定要体现这个特色。北京农学院的食品质量与安全专业起步较晚，而北京作为国际性大都市，食品安全问题较为复杂，这些都为食品质量与安全专业的人才培养提出了严格的要求。只有针对都市型食品安全问题的特色，才能有针对性地开展教材建设。我们的目标是为首都经济发展培养应用型人才，因此，教材的编写要结合首都经济和都市型现代农业发展的需求。例如，为首都培养更多合格的食品安全检验人员，为首都的食品安全保障提供必要的人才支持。

（三）都市型农业院校系列特色教材建设的原则和方法

坚持"分类规划、突出特色、示范推动"的原则，按课程需求并结合课程授课团队的人员配置情况，拟定教材编写出版计划，有条不紊地推进教材建设。

1. 科学定位、紧跟时代

教材的选题和定位很重要。北京农学院的办学定位是为都市型现代农业的发展培养应用型人才，教材在选题上要突出办学定位和专业特色。针对首都食品安全问题的发展，从科学的角度全面理解这些食品安全问题，并有针对性地提出解决措施和方法。随着首都经济发展，新近出现的一些食品安全问题在陈旧的教材中没有体现，在教材建设过程中要及时更新，从而在人才培养过程中保证食品安全从业人员的知识能够跟上时代发展的要求。

2. 系统规划、做成系列

专业建设是个系统过程，教材建设是其中的重要一环。对于具体的专业而言，教材建设要有总体规划，有轻重缓急之分，要优先将资源配置到教学急需的教材上，并以此为基础，由点到面，覆盖整个学科专业，形成系列教材。不仅要在数量上实现学科覆盖，而且内容上体现知识的承接和教学团队的分工协作。例如，从食品安全卫生和食品安全检验等角度全面理解大型都市普遍面临的食品添加剂滥用、食品的农药残留超标等食品安全问题。保证食品安全从业人员既能够掌握安全问题的本质，又能了解相关的检验方法，从而服务于都市型农业。

3. 注重质量、出成精品

编教材易，出精品难。首先，要突出教材的都市型现代农业特色。突出特色是要将教材普遍适用的知识点同学校的办学定位结合起来，在都市型现代农业的范畴内重新规划教材的内容设置，精心编排案例和习题，强化专业特色。其次，教材要体现教师的教学经验和科研、教改成果。要结合教学实际，将最新的研究成果和教学经验反映在教材中，紧跟时代潮流。第三，严格教材编写和校对的质量监督，杜绝学术不端行为，控制差错率。

（四）都市型农业院校系列特色教材建设的成效和推广应用效果

北京农学院食品质量与安全专业在专业建设过程中，走出了自己的特色。在专业改革、培养方案修订、教师队伍建设和科研方面已取得较丰硕的成果，为特色教材建设奠定了坚实的基础。十几年来，食品质量与安全专业教师主编或参编的教材有《食品微生物学》《食品原料安全控制》《食品原料资源学》《食品安全管理学》《果品加工》《食品化学分析检验》等。这些教材已投入到教学中，取得了良好的教学效果。其中，刘慧教授主编的《食品微生物学》、艾启俊教授主编的《食品原料安全控制》被全国十余所农业院校的食品质量与安全专业作为指定教材在教学中使用。这些教材都为都市型农业院校食品质量与安全专业人才培养做出了重要贡献。

四、计算机科学与技术专业

（一）计算机科学与技术专业都市型农业院校系列特色教材建设的意义和目的

为适应我国高等教育的发展趋势，从 20 世纪 80 年代末开始，大部分高等农业院校相继开办计算机科学与技术专业。经过十多年的发展，虽然取得了一些成绩，但总体上看，高等农业院校计算机科学与技术专业的办学水平与综合性大学、理工大学相比，差距较大。除了基础教学条件和实验环境的不足外，缺乏合适的高等农业院校计算机科学与技术专业特色教材，也是造成这种差距的一个重要因素。因此加强都市型农业院校系列计算机科学与技术专业特色教材建设，具有重要的现实意义。

（二）计算机科学与技术专业都市型农业院校系列特色教材建设的指导思想

在目前高等教育快速发展以及市场竞争日趋激烈的形势下，通过都市型农业院校系列计算机科学与技术专业特色教材建设，满足高等农业院校计算机科学与技术专业教学需求，提高办学水平。都市型农业院校系列特色教材建设的指导思想是走与农业相结合的道路，办出农业院校计算机科学与技术专业的特色。

高等农业院校缺乏基础教学条件和实验环境，特别是缺乏农业院校系列计算机科学与技术专业特色教材的现状，是由各方面的历史因素和环境条件决定的，要想在短期内改变这种状况是不现实的。照搬综合性大学、理工大学的办学模式显然是没有出路的，应该充分利用农业院校的条件，走一条与农业相结合的特色之路。这不仅是计算机专业本身发展的要求，同时也是现代农业信息化的需求，符合当今科学发展的趋势，即学科交叉的发展趋势。

（三）计算机科学与技术专业都市型农业院校系列特色教材建设的原则和方法

都市型农业院校系列计算机科学与技术专业特色教材建设中，应当将计算机与农业的结合实践作为特色教材建设的基本原则和方法。高等农业院校计算机与农业的结合涉及多方面的问题，如观念转变、领导重视、有关部门的协调等。从计算机科学与技术专业自身角度上，应从如下方面着手：

1. 特色教材中注意加强计算机农业应用的普及教育

通过学术报告、专题讲座与专题讨论等方式，使广大教师和学生充分了解农业信息化与计算机在农业方面的应用知识，从而达成一个共识，即计算机与农业结合具有广阔的应用前景。

《微型计算机及其在现代农业中的应用》教材，是都市型农业第一批特色教材，亦是北京市精品教材，是计算机专业的必修课微型计算机技术（后改名为 PC 技术）课程的教材。该教材在编写时注重结合北京农学院办学定位、学生特点及都市型现代农业对信息化人才需求，突出计算机为农业服务的专业重点，按照都市型现代农业对人才综合特征的要求，确定合理的知识、能力和素质结构，将理论知识与农业生产紧密结合，将微机在现代农业中的应用技术融入到教学内容之中。

2. 特色教材中突出教师积极参与农业方面的科研成果

教师参与农业方面的科研，是实现结合的第一步。开始时可以以个人的名义参加一些项目的合作研究，逐步扩大这种合作关系，发展成为院系之间的长期、稳定的合作关系。通过这种合作就可以不断壮大自身实力，从而为计算机专业创建办学特色打下一些基础。目前，已经有一部分教师开始了这方面的工作，少数教师与有关农业部门还建立了比较稳定和长期的合作关系。从他们的实践中可以发现这样一些事实：这部分教师通过合作，自身研究开发的能力得到很大提高；由于有较丰富的实践经验，他们在教学方面也具有明显特色；通过合作使整个专业在资金和设备上得到一些改善。《微型计算机及其在现代农业中的应用》教材就融入了教师科研的成果，包括设施农业的计算机监控系统、虚拟现实技术在农业中的应用等内容。微型计算机技术课程连续被评为学校的优秀课程。

（四）计算机科学与技术专业都市型农业院校系列特色教材建设的成效和推广应用效果

农业信息化创新人才的培养是一项实践性较强的教育活动，培养学生的创新能力不仅要通过课堂的教学，还要通过实践活动培养学生的创新品质和能力。因此，在都市型农业院校系列计算机科学与技术专业特色教材建设中，必须加强实践环节，注意特色教材的实践推广应用效果。农业院校的实际特点和资金现状，加上目前计算机科学与技术专业的实验设备，开展正常的教学仍存在一定的困难，加强特色教材中实践环节需要各方面的努力。首先，学校在能力范围内加大计算机科学与技术专业的投资力度；实验室配套设备齐全，是开展实践教学的基础。其次，加强教师对学生实践教学活动的指导，减少验证型实验，增加设计型、综合型、创造型的实验，提高学生的学习兴趣，使学生能够在课余时间充分利用网络资源，自觉进行实践训练，并增加主干课程的课程设计。实践教学活动有计划、有准备；有符合教学大纲要求内容先进质量较高的实验指导书；实验开出率100%；综合性、设计性实验的课程占有实验的课程总数的比例≤80%；大部分学生操作规范，常用仪器使用熟练，能独立完成实验。再次，在搞好实习实训、产学研一体化等实践教学的同时，让学生参与到农业信息化科研课题中来，将理论知识应用到农业信息化的实际中来，充分发挥特色教材建设的成效和实践推广应用效果，为培养农业信息化专业人才奠定基础。通过实践教学环节，使学生了解现代农业知识，发挥农业信息化技术在农田基本建设、农作物生产管理的应用能力。在课程设计成绩评定中，有10%的创新成绩，对学生的创新给以鼓励、肯定。

随着学生实践能力和创新能力的培养与自主参与意识明显增强，广大学生对实践教学越来越重视，积极参加各种实践和创新活动，参与教师的科研活动。2009年以来，计算机与信息工程学院学生主动参加电子设计竞赛训练、数学建模竞赛训练，申报本科生科学研究计划项目，获批北京市级本科生科学研究计划项目21项。2010年，在"情系e乡"全国大学生乡村信息化创新大赛中，计算机学院的学生经过层层闯关，在10 012个代表队中脱颖而出，获得前50名的好成绩。

五、信息管理与信息系统专业

（一）信息管理与信息系统专业都市型农业院校系列特色教材建设的意义和目的

当前，我国农业正处在由传统农业向现代农业转变的时期，信息化正在不断深入并深刻影响着农业生产经营方式，渗透进农村政治、经济、文化及社会生活等各个领域。都市型现代农业是都市经济发展到较高水平时，随着农村与城市、农业与非农产业等进一步融合，为适应都市城乡一体化建设需要，在都市区域范围内形成的具有紧密依托并服务于都市的、生产力水平较高的现代农业生产体系。都市农业的发展必须依赖信息技术，农业信息化的基本涵义不仅包括计算机技术，还应包括微电子技术、通信技术、光电技术、遥感技术等多项技术在农业上应用。以农业科学理论为基础，以农业生产信息为对象，以计算机技术为支撑，研究现代信息技术在农业领域中应用的理论与方法。信息技术的应用，在大幅提高农业生产效率的同时，使传统农业逐步向数字化、智能化、科学化、实时指挥和控制的自动精准化农业过渡。

（二）信息管理与信息系统专业都市型农业院校系列特色教材建设的指导思想

都市型农业院校系列特色教材以学校专业建设规划为依据，以深化课程体系和教学内容改革，培养学生的创新能力和实践能力，全面提高教学质量为重点，坚持以就业为导向，有计划、有目标、分阶段、分层次地开展特色教材建设工作，建设一批既能反映现代科学技术先进水平，又符合信息管理与信息系统专业人才培养目标和培养模式、适用性强、质量高的特色教材，为提高学生综合素质和就业竞争力提供保证。

（三）信息管理与信息系统专业都市型农业院校系列特色教材建设的原则和方法

1. 特色原则

特色教材编写要研究同类优秀教材，博采众长，在继承的基础上勇于创新。较之同类教材更适合教学的需要，特色鲜明，优势突出。

2. 时代原则

特色教材内容在符合教育部教学指导委员会制定的教学基本要求的基础上，要充分反映特色专业或学科的新发展、新要求，增加新技术、新知识、新成果的介绍，减少陈旧内容。

3. 教学适用性原则

特色教材分为教学型、应用型和实训型三个层次建设，根据教学需要编写教科书、实习指导书和实验指导书，以满足本专业的教学要求和人才培养目标。教材编写要根据教学的特点，贯穿科学的教学方法，体系设计更加科学、合理，满足教学适用性。基础课程教材要体现以应用为目的，以必需、够用为度，以讲清概念、强化应用为教学重点。专业课程教材要加强针对性和实用性。

4. 新编与修订相结合原则

鼓励根据学科新的发展、社会对人才新的需要和经过实践证明具有良好效果的新的教学模式编写新教材；鼓励修订基础较好的教材，锤炼精品。

(四) 都市型农业院校系列特色教材建设的成效和推广应用效果

信息管理与信息系统专业编写修订适合本专业的教材，包括由中国农业出版社出版的《都市农业信息化概论》《都市农业信息化案例分析》《都市农业与农业信息化导论》。

《都市农业与农业信息化导论》被现代农业与农业信息化课程作为教材使用。教材从都市农业发展的各个层面、各个环节上，体现信息化的重要作用和深刻影响。教材内容涵盖都市农业和农业信息化两部分内容，将都市农业与农业信息化相互融合，一方面介绍了都市农业的概念、内涵及本质，为农业信息获取和传播工作，提供必要的农学理论基础。另一方面加强了先进的信息技术在农业中的具体应用案例，对信息技术在都市农业生产领域中的应用、信息技术在农业宏观决策和管理中的应用及信息技术在公众农业信息服务领域的应用进行案例分析，使学生认清农业信息化技术在现代农业发展中的重要地位，掌握在设计、开发、测试、维护农业信息管理系统时必须考虑的农业生产技术方面的相关知识。通过案例分析，提高了学生的自学能力和实践能力；增强学生分析实际问题、解决实际问题的能力，提高学生的创新意识和能力，对信息管理与信息系统专业人才培养起到了良好的作用。

执笔人：付　军　张国庆　谢远红　张仁龙

第三节　管理学类特色教材编写

一、农林经济管理专业

(一) 都市型农业院校农林经济管理专业系列特色教材建设的意义和目的

1. 适应社会发展的需要

在当今全球化和国际化日益凸显的新时代，我国高等农林经济管理人才培养的外部环境发生巨大变化，对人才需求表现出新的时代特点。

（1）知识复合型。源于社会实践的多样化和复杂性，要求人才知识体系的复合性，需要改变过去人才专业知识体系单一狭窄的缺陷。

（2）人才的个性化。包含以人为本，尊重个性、保护个性、培育个性，但这种个性化不排斥良好的人际关系沟通和团队精神。

（3）国际化。经济全球化正迅速形成高等教育国际化趋势，人才的培养模式也趋向国际化。

（4）创新化。建设创新型国家需要越来越多的大学生需要具有创新精神、素质与能力。

但是，目前我国高等农业院校农林经济管理专业人才培养模式与新的时代发展需要还有不相适应的地方，需要通过都市型农业院校系列特色教材的建设予以提高。

2. 农林经济管理专业本身发展的需要

农林经济管理专业是中国在发展高等教育进程中设置较早的专业，在中国的现代发展进程中，为国家农业和农村经济发展培养和输送了大量的农业、农村经济管理的专门人才。但是自中国确立社会主义市场经济以来，人才培养的目标已经发生了根本性的转变，特别是在市场经济条件下，中国的社会结构和经济结构进入历史性转变，将有数亿农业人口完成从身份到职业的根本转化。这一外部环境的变化，决定了农林经济管理专业的生存与发展的空间，只有适应社会的变迁对人才培养的需求，满足社会的发展需要，农林经济管理专业才能不断地发展与壮大。

3. 北京农学院本身发展定位的需要

北京农学院是一所特色鲜明、多科融合的北京市属都市型高等农业院校。学校坚持以培养具有创新精神和创业能力的应用型、复合型现代农业人才为中心，努力打造和完善都市型现代农业高等教育体系。学校紧密围绕首都城乡发展一体化和都市型现代农业发展需求，努力打造和完善都市型现代农业科技创新体系。学校坚持"立足首都、服务三农、辐射全国"的办学定位，努力打造和完善都市型现代农业技术推广服务体系。近年来，在北京发展都市型现代农业的进程中，不断显现出独有的特色作用。在今后的进一步发展中，有待以都市型农业院校系列特色教材建设为抓手，不断夯实发展。

（二）都市型农业院校农林经济管理专业系列特色教材建设的指导思想

全面贯彻党的教育方针，强调社会主义核心价值观，实施教育部本科教学"质量工程"，更好地服务都市型现代农业，推进首都农业"三功能"建设，培养符合新时代要求的优秀人才，建立引领和服务都市型现代农业所需的教材支撑体系。

（三）都市型农业院校农林经济管理专业系列特色教材建设的原则和方法

1. 构建以农、经、管知识复合为主体的专业课程体系

为了克服过去高等农林经济管理人才培养模式专业单一，基础学科薄弱，知识面狭窄的局限，必须注重农、经、管知识融合，以系统的观点科学处理各教学内容之间的关系，从各门课程在人才培养中的地位、作用及其相互关系入手，进行系列课程优化与整合。目前，农林经济管理的"五大教学模块"主要包括基础课模块、专业课模块、实验实践教学模块、通识教育课模块、前沿与特色课模块。在基础课模块中，对英语、数学、计算机等课程提高了难度；在专业课模块中，对重复、脱节的教学内容进行了调减优化；在实验实践教学模块中，对小学期实习课程独立设课，单独考核；在通识教育课模块中，规定学生必须修满相应的农业科学和素质教育方面的课程；在前沿与特色课模块中，结合当今社会、经济和科学技术发展及教师科研成果，聘请校内外专家开展专题讲座，进行专题讨论，让学生了解本专业发展动态与前沿，并突出专业特色，开展了"特色农经"等社会调查与实践活动。通过以上教学模块，强化高等农林经济管理人才农、经、管知识的复合型教育。

2. 构建以创新能力培养为目标的实验实践教学体系

实践教学与理论教学同等重要。但是，在农林经济管理专业人才培养中，实践教学往往处于薄弱环节。因此，构建以创新能力培养的实验实践教学体系十分重要。应精心设计实践性教学环节，形成教学实习、生产实习、毕业实习和社会实践相互衔接的系列化递进式实验实践课程体系。一方面，依托专业特点，加强实习基地建设，实行产学研结合。通过建立固定的实习基地，通过学生自由选择和院系选派相结合，重视"3+1"教学中的实践环节，并强化教师指导，学生提升。另一方面，注重大学生社会实践调查。让学生在社会实践中认识、分析和解决经济与社会实际问题，提高自己的创新能力。以大学生创新精神和实践能力培养为核心，遵循基础性、提高性、综合设计性阶段递进原则，组织大学生积极参加"挑战杯"作品创作大赛、大学生科技创新基金项目、学术科技活动等各种课内外科技创新实践，推进学生自主学习、团队学习、探究性学习和团队精神与创新能力的培养，提高大学生科技创新意识、能力与素质。

3. 构建以社会责任教育为核心的养成教育体系

"三农"问题始终处在党和国家工作重中之重的位置，"三农"工作的战略性、艰巨性和重要性，决定了从事"三农"工作的特殊责任性与使命感，决定了高等农业经济管理专业培养人才素质的特殊性。本专业人才的社会责任感首先体现在爱农的情感、兴农的责任、强农的使命和关心社会、关爱他人，服务"三农"。首先，社会责任教育应以第一课堂为主渠道、主阵地，充分发挥教师言传身教的作用，将育人为本、德育为先的社会责任教育始终贯穿于课堂教学和专业教育全过程。其次，以第二课堂为延伸，拓展社会责任教育空间，开展各种社会奉献和爱心传递活动，引导学生在实践中成长，在奉献中发展，将社会责任教育融入现代化建设的具体实践之中，并将社会主义核心价值观的教育和夯实贯彻其中。

(四) 都市型农业院校农林经济管理专业系列特色教材建设的成效和推广应用效果

1. 获批国家级、省部级、校级特色专业

2008 年农林经济管理专业被批准为"北京市特色专业"，2010 年被遴选为"国家级特色专业建设点"，2009 年农林经济管理教学团队被评为"北京优秀教学团队"。多年来形成了国家级特色专业为龙头，北京市都市农业研究院、北京市新农村建设研究基地、农林经济管理硕士点、北京农学院都市农业研究所、农村经济研究所、10 多个校外学科和专业基地为支撑的科研教学平台，为北京农业农村经济建设和社会发展提供优质人才和良好服务。

2. 获评"北京优秀教学团队"等多项奖励

2009 年农林经济管理教学团队被评为"北京优秀教学团队"，为了进一步深化农林经济管理专业建设，形成了专、兼职教育和科研人员相结合的专业教学改革团队，拥有专任教师15 名，其中教授 5 名，副教授 6 名，讲师 4 名。1 人为享受国务院特殊津贴专家，1 人为北

京市长城学者，1人为服务京郊服务十佳，1人为教育部新世纪优秀人才，1人为北京市教育先锋教书育人先进个人，1人为北京市教学名师。

此外，2005年9月《都市型农林京郊管理专业改革的研究与实践》获得"北京市教育教学成果二等奖"，2009年5月《都市型高等农业院校人才培养的创新与实践》获得"北京市教育教学成果一等奖"，2012年9月《特色农经行动计划：都市型农林经济管理专业人才培养与创新》获得"北京市教育教学成果二等奖"，并多次获得北京农学院校级教育教学一等奖、二等奖和三等奖。2009年农业企业经营管理学被评为"北京市精品课程"，《农村统计与调查》评为北京市精品教材，2012年农业经济学被评为北京农学院校级精品课程。2013年现代农业企业发展漫谈获批国家精品视频公开课。

3. 指导大学生在多项比赛中获得佳绩

大力推进大学生科技创新计划，鼓励学生参加各类学科竞赛、科技创作和相关社团活动，提升实践创新能力。先后指导学生获得第六届"挑战杯"首都大学生课外学术科技作品竞赛二等奖和2013年"晨光杯"北京青年创新创业大赛铜奖，指导教师获得北京市"首都高校社会实践先进工作者"和北京农学院"暑期社会实践优秀指导老师"称号。此外，注重加强对外合作交流，与英国、澳大利亚等签约实习协议，互换本科生进行交流，提升了国际交流水平，扩大了学校专业影响。

二、会计学专业

（一）都市型农业院校会计学专业特色教材建设的意义和目的

教材建设是高等学校基本教学条件建设之一，是地方农业院校教学、科研水平及其成果的重要体现，是提高教学质量，稳定教学秩序、培养合格人才的重要保证。加强地方本科院校教材建设就是要体现特色，形成适合自身教学科研特色的教材体系。教材建设推动和反映了地方农业院校内涵建设的发展水平，有利于提升学校的美誉度和核心竞争力，有利于全面提高教育质量，是一项不可或缺的重要工作。

随着科学技术的不断发展，对高等教育质量的要求越来越高，不仅要教会学生理论知识，更要培养学生的综合能力。为此，教学内容、教学手段、教学方式都要随之改变，教材内容也要适合时代发展需要，体现综合能力、实践能力的培养。

会计学专业培养的专门人才，要求具有崇高的会计职业道德，掌握经济学、管理学的基本理论，具备比较扎实的会计学基本原理和会计业务知识，熟悉国家有关财务管理制度、会计行业制度以及会计准则，了解国际会计的惯例和规则，能独立、熟练地运用计算机处理财务会计业务，进行财务分析，具有较强的语言与文字表达、人际沟通等方面的基本能力，能够在各类企业、事业单位、会计师事务所、国家机关和政府各部门从事会计、审计、财务管理、财务咨询以及教学和科研等方面工作。编写有利于培养高质量的会计人才并体现地方本科农业院校特色的教材是提高会计人才培养质量的基础和保障。

（二）都市型农业院校会计学特色教材建设的指导思想

1. 提升现代教育理念

会计学教材建设要与时俱进。教材内容既要体现知识体系与能力体系的并重，又要具有科学的深刻性和丰富性，同时结合地方本科农业院校的特色，在教材的形式上应该具有现代化、前沿化和时代精神。

2. 加强教材编写队伍建设

教材编写队伍建设是都市型农业院校的教材建设的关键。为了提高教材内容的专业水平和编写质量，要求教材编写人员既要有深厚的专业知识，又要具备实战经验。因此，要加强会计学专业教材编写队伍建设，应该吸纳实务工作人员参与教材编写，构建一支结构合理、且具有较深学术造诣的会计专业教材编写队伍。

3. 体现因材施教

教材内容必须结合学生的基础及特点，要因材施教。教材按照学生由浅入深、循序渐进的认知规律来安排总体结构和各章内容，尽量用通俗易懂的语言来阐述会计基本原理、基本技术和基本方法，同时尽量与现实中的会计工作相联系，强调会计基本方法的整体性和应用性。

（三）都市型农业院校会计学特色教材建设的原则和方法

会计学专业是实用操作性较强的专业，在教材编写的谋划中，一定要科学谋划、准确定位，注重能力，整体优化。

1. 明确目标，准确定位

要围绕都市型农业院校以培养应用型、复合型现代农林人才的定位，明确会计类教材的定位。

2. 强化实践，注重能力

适应社会用人单位的要求以及技术革新的需要，会计学类教材应强化实践，注重能力培养，包括职业道德、学习能力、沟通协调能力、动手能力等综合能力的培养。

3. 体系合理，整体优化

会计学专业注重教材体系建设，整体优化会计学专业各教材。制定教材建设规划时，要统筹兼顾，协调内容，先修课程和后继课程教材编写要协调统一，做到系统考虑，整体构建教材体系。

4. 加强合作，协作开发

在教材建设中注重校际合作、产学研合作。为了充分优化教材质量，应加强校际合作，协作开发教材，可以有效地对各校的骨干教师进行优化组合，合理配置编写力量，促进教材建设。同时，利用实务工作者优势，吸纳实务工作者参与教材建设，以便于将最新的行业信息和科研成果引入教材，避免书本知识和工作实际相脱节，保证教材的先进性和针对性，开发适用性和实践性较强的优秀教材。

（四）都市型农业院校会计学类特色教材建设的成效和推广应用效果

随着我国市场经济的迅猛发展，我国的会计理论研究与会计改革也在不断深化。财政部2006年颁布的新会计准则标志着会计工作规范化和国际化程度的提高，同时对会计人员的知识水平和业务素质提出更高的要求，也为高等院校会计教学明确了教学目标和方向。这对会计类教材编写提出了更高的要求；广大教师多年的教学经验、教改的可喜成绩以及高度的责任感为教材建设奠定了基础。

编写出版的"十一五"规划、"十二五"规划教材，体现了理论结合实际的特色，尤其是编写的《会计学原理综合实践教程》《会计学手工模拟实训教程》深受学生欢迎，反响好。其中，"十一五"规划教材《会计学原理》2011年获得全国高等农林院校优秀教材奖，被各大高校尤其是农业院校如安徽农大、河北农大、河南农大、内蒙古农大等高校广泛采用。

三、工商管理专业

（一）都市型农业院校工商管理专业特色教材建设的意义

随着北京社会经济的不断发展，新的形势对工商管理教育质量也提出了更高的要求。北京农学院将以涉农企业管理、中小企业管理为特色制定培养方案，并围绕培养方案编写适合于都市型农业院校工商管理专业的特色教材，完成好特色人才培养的工作。

都市型农业院校工商管理专业教材，不仅要在理论上突出重点，更要兼顾在实践教学上和在未来的社会实践中能否发挥作用。这样，教师编写教材就不能局限于传统的教材内容，需要更新教学思路，编制适合专业特色和时代发展要求的特色教材，努力做到因材施教、教材特色鲜明。

要实施特色教育，就必需先在教材编写上体现创新意识和创新能力，同时加强实践、实验等教学环节，采用先进的教学手段等来提高教学的综合水平。

总之，教材建设是都市型农业院校工商管理专业发展的重要任务，必须加以重视和认真落实。教材建设也是地方农林院校教学和科研水平的重要体现，是提高工商管理特色教学质量、稳定教学秩序、培养合格人才的重要保证。

（二）都市型农业院校工商管理类特色教材建设的指导思想

1. 提升现代教育理念，适应社会经济发展需求

都市型农业院校必须树立现代化的教育教学理念，教材建设要与时俱进。在工商管理教材编写过程中，还需要着重体现涉农企业管理知识体系与相关能力体系的并重发展。同时，还要力求做到在教材的内容上具有科学的深刻性和丰富性，同时也要体现地方特色。在教材的编写形式上应该具有现代化、前沿化、时代精神和首都风貌。

2. 编写特色教材也是加强师资队伍建设的需要

都市型农业院校的工商管理教材建设需要依托于师资队伍建设。在特色教材建设中，为了提高工商管理教材内容的专业水准和教材编写水平，就必须加强教学研讨工作，提升师资队伍的专业水平。因此，都市型农业院校必须结合自身发展的实际情况，建立以教学经验以及业务基础为主要的教学考核标准，力求构建一支结构合理、且具有较深学术造诣的本科院校教材编写的专业队伍。

3. 结合工商管理专业建设进行课程改革

当代高等教育的形式越来越丰富，高等教育蓬勃发展促进了工商管理本科教育的发展。这对于都市型农业院校自身的生存与发展而言，既是机遇，同时也是挑战。

教材编写可以说是学科知识的最根本载体，同时也是学生在接受工商管理教学内容的核心媒介。因此，工商管理教材的质量会直接对都市型农业院校的教学质量产生影响。这就要求在加强工商管理学科专业改革的过程当中，不断地持续开展工商管理教材建设工作，以学

科专业的改革、创新精神为工商管理教材建设提供强大的支撑。

（三）都市型农业院校工商管理类特色教材建设的内容

1. 坚持科学定位

在规划教材选题时要充分考虑所编教材的层次性和多样性等问题，坚持科学谋划、准确定位。工商管理专业教材决不能不切实际、远离现实。

2. 注重能力培养

注重把知识目标、能力目标、素质目标与专业实践能力、学习能力、方法能力有机融合，以此为创新特色，全面融入、贯穿到教材构架和编写体系中去。要把握工商管理专业的涉农企业管理特色，适应都市型农业院校培养应用型、复合型现代农林人才的需求。

3. 做到整体优化

制定教材建设规划时，要统筹兼顾，同一专业中先修课程和后继课程教材编写要协调统一，做到系统考虑，整体构建教材体系。要着力解决以往教材应用型缺失、实践教学薄弱，评价导向重理论、缺实践等问题，做到以应用为本，充分体现工商管理专业对学生综合素质培养的要求。

4. 促进合作编写教材

随着全国都市型农业院校的不断发展，开展校际之间的教材编写合作十分重要。通过不同院校之间合作编写教材，可以加强校级之间的教学交流，实现互相沟通、共同发展。加强校际教材编写合作，可以有效地对各校的骨干教师进行优化组合，合理配置编写力量，促进教材建设水平的提高。

5. 加强学校与出版社的合作

一方面，出版社需要面向高校推荐教材、征集选题；另一方面，都市型农业院校需要和出版社建立长期战略性合作关系，以保证新编教材的出版发行。学校和出版社加强合作，有利于提高教材出版质量，降低教材价格，促进新编教材的推广工作，实现共赢。

四、市场营销专业

（一）市场营销专业特色教材建设的意义和目的

随着科学技术和营销手段的进一步发展，新的形势对营销教育质量的要求进一步提升，一方面要求理论教学重点突出，同时更强调实践教学环节的进一步强化，否则难以适应教育创新和市场对营销人才的需求趋势。这就要求教师突破传统教材内容，以新的教学思路，编制适合营销市场人才要求的特色教材。因此需要加强实践、实验等教学环节，培养和提高学生的创新意识和实践能力。市场营销教育是管理类教育的主要组成部分，其本科教育的职能主要在于提高营销管理的理论素养，同时毕业生应具备灵活应用营销管理理论从事多侧面与营销管理相关工作的主要能力。

教材建设是高等学校教学条件改善的重要环节，更是地方农业院校面向社会人才需求主战场提高教学质量、培养合格人才的重要保证。实践证明，营销管理实践能力的培养，需要与之相适应的教材。加强地方院校教材建设需体现特色，形成适合自身教学现状的教材体系。教材建设的推动体现了地方农业院校内涵建设的发展层次，有利于提升学校的认知度、美誉度和忠诚度，更利于学校教育质量的全面提高和可持续发展。

（二）市场营销特色教材建设的指导思想

1. 提升现代教育理念

树立现代化教育教学理念，教材建设要与之配套。教材编写还需要着重体现理论体系与实践能力体系的协调发展。同时力求做到在教材内容上具有理论深度深刻和多层面性，并在形式上体现地方性、区域性风格和特色，蕴涵现代化及前瞻性的超前精神。

2. 加强师资队伍建设

教材建设主要依托师资队伍建设。教材内容的专业水平和编写质量需要有强大的师资队伍和雄厚的专业力量为基础。因此，要求都市型农业院校立足自身发展实际，建立以教学实践及业务基础为主要的考核指标，来构建结构合理、学术造诣有深度的本科院校教材编写队伍。

3. 结合专业实践课程的改革

随着高等教育形式日益丰富和知识更新速度加快，使得都市型农业院校的生存与发展、机遇及挑战并存。教材作为学科理论的最根本载体，不但直接影响都市型农业院校教学质量及人才培养目标，更影响本科院校的可持续发展。因此，以学科专业改革和创新精神为教材建设方向，强调专业实践课程的改革，为教材建设和学科专业改革及创新提供实践基础。

（三）市场营销特色教材建设的原则和方法

1. 坚持市场需求导向

教材选题时要充分考虑所编教材对市场需求人才培养的适应性问题，科学谋划、跟踪市场人才需求趋势来准确定位，避免闭门造车。

（1）准确定位。市场营销专业以培养营销管理应用型人才为主。

（2）跟踪实践。特色教材要融合最新学术与营销实践成果，适应我国经济转型升级时期社会用人单位的需求及营销管理实践革新的发展趋势。

（3）提升能力。注重把理论重点、观察能力、综合素质培养与专业实践能力、学习能力等培养目标有机融合，为全面融入教材构架和编写体系奠定基础。

（4）强化实践。着力解决以往教材应用型缺失，实践教学薄弱，评价导向重理论、缺实践等问题，做到以营销管理一线实践应用为基础，充分体现培养学生应用理论解决实践问题等综合素质的主线。

（5）结构优化。统筹兼顾地制定教材建设规划，协调统一本专业先、后课程的教材编写内容及体系。

2. 纵横联合研发教材

（1）校校联合。都市型农业院校师资力量的加强，为开发高质量教材奠定了基础。但由于培养营销管理人才类教材定位各异、适应性多样，需通过加强校校联合来协同合作编写教材，既做到各校骨干教师各自优化兼顾，又能使不同特色学校间优势互补，提高教材质量。

（2）产业链合作。为提高营销管理人才培养对社会需求的适应能力，教材建设中可吸引营销管理一线的各行业管理者，结合各自管理需求及营销管理不同侧面，共同参与教材编写，研发出适用性和实践性很强的优质教材，能有效吸收最新营销管理信息和实践成果，避免理论与管理实践相脱节，进而保证教材的时效性和实践性，为适应社会对营销人才的需求趋势奠定坚实基础。

3. 监控教材质量

通过全程管理教材建设，建立健全教材质量保障体系，监督和反馈教材建设水平。

（1）选题监控。对教材建设规划、选题进行充分论证，优先考虑人才培养急需且编写提纲有新意的选题。

（2）编审监控。加强教材建设过程管理，规范编写行为。集思广益和客观公正地监控编写过程，保证教材质量符合要求。

（3）评估监控。评估是有效的事后监控手段。在坚持定性与量化结合原则构建符合都市型农业人才培养目标的教材评估指标体系同时，注重反馈监控成果并随时改进。

4. 市场营销特色教材建设的成效和推广应用效果

都市型农业院校市场营销专业的快速发展与改革，在教学、科研、师资力量等各方面已取得较丰硕的成果，为特色教材建设奠定了坚实的基础。李嘉、严继超、胡向东等编著的《市场营销理论与实践》（中国农业出版社，2013年6月）和李嘉参编的《市场营销学》（省部级规划教材，中国农业出版社，2012年3月）已经取得了可喜的教学成效。营销专业即将推出的特色教材还有桂琳老师编写的《物流管理实践指导》等结合物流实训软件和适应课程改革的特色教材。随着这些教材的陆续出版并应用于教学，保障了营销管理特色教材的建设水平和人才培养对社会需求的适应能力。

五、旅游管理专业特色教材

（一）都市型农业院校旅游管理专业系列特色教材建设的意义和目的

观光农业及乡村旅游特色教材的编写能够为观光农业和乡村旅游从业者了解行业的基本理论和相关实践技能，树立现代旅游行业的服务意识和标准，提高广大旅游者的满意度，为观光农业的健康发展提供智力支持。

（二）都市型农业院校旅游管理专业系列特色教材建设的指导思想

立足都市型现代农业和观光农业的发展现状，服务京郊乡村旅游，树立和落实科学发展观，以"服务为宗旨、就业为导向、改革为动力、质量为核心"为主旨，遵循旅游管理专业教育教学发展规律，本着"以专业岗位需要为目标，以专业能力培养为主线，以用人单位要求为标准"的建设理念，按照"体现先进性、突出实用性、强调针对性、拓展创新性、兼顾适应性"的原则，进一步转变教育思想观念，树立适应旅游管理专业教育发展规律的新理念，参照国际旅游管理人才培养的标准，深化人才培养模式及教育教学改革，强化特色意识、创新意识，促进人才培养工作整体水平的提高，以满足经济和社会发展对旅游管理人才日益增长的需求。

（三）都市型农业院校旅游管理专业系列特色教材建设的原则和方法

（1）通过校企共建、合作编写具有旅游管理教育特色的、体现理论和实践结合的高水平系列配套理论、实践教材。编写理论教材和实训教材。

（2）教材编写以突出学生专业技能培养，使学生掌握适用的基础知识，满足旅游管理专业能力培养的需要，并使学生有一定可持续发展的空间。教材采用"双师型"教师主编或和行业专家合作编写的模式，把旅游管理专业特色标准导入教材内容。

（3）开发制作与优质核心课程配套、高质量的特色专业课件。

（4）全面构建资源共享型优质教学资源库。搭建专业教学资源的网络平台，建立专业教学网站，发挥教学资源的辐射和示范作用。争取在最短的时间内实现全部教学资源上网，学生可以通过网站浏览课程标准、教案、教学录像、题库等，进行自主学习。网站设有师生互动平台，教师定期解答学生问题，指导学习。

（四）都市型农业院校系列特色教材建设的成效和推广应用效果

第一，观光农业导游基础特色教材的编写，使旅游管理专业学生参加全国导游资格考试平均通过率达40%，远超过北京市20%的平均水平。

第二，在特色教材建设取得成效的基础上，旅游管理专业的学生实践操作能力和综合素质都有了明显提高，受到了广大用人单位的好评，直接体现在就业成功率上。多年来旅游管理专业就业成功率一直以来在90%以上，最高时达到97%，领先于北京市同类重点高校旅游管理专业。

第三，在长期的合作培养过程中，我们的教师通过与培训企业合作，也提高了自身的专业教学水平，改善了教学条件，合作设计出导游模拟教学软件系统一套。

第四，参与特色教材编写合作的老师通过对旅游管理教学工作的深刻认识，共同编写培训《观光农业导游基础》等多部都市型现代农业特色教材，为建设都市型现代农林大学教学体系增加了砝码。

执笔人：陈　娆　邓　蓉　刘瑞涵　李瑞芬

第四节　理学类特色教材编写

一、都市型农业院校生物技术专业系列特色教材建设的意义和目的

现代农业是一种以生物技术和信息技术为先导的技术高度密集的知识型产业，其中都市农业是指依托大都市先进的科学技术，进而达到农业高度发展的态势，具备为都市服务的特殊功能。

北京作为现代化的首都，需要大力发展都市农业。在未来的若干年间，应该大力发展以无公害蔬菜、花卉、苗木以及畜牧业为主的特色种植业和养殖业；以有机食品和绿色食品为主的特色农产品生产加工业；以提供旅游、观光、休闲功能为主的特色都市农业。

毫无疑问，上述目标的实现必须以现代高新技术为支撑，其中农业生物技术的运用是最具潜在价值的。近年来，我国在生物技术研究方面投入了大量的人力和物力，取得了巨大的成就，使生物技术得到了极为迅猛的发展，成为当今高新技术领域中进展最快的一门学科。

面临生物技术的广阔应用与发展前景，培养生物技术领域内的专业人才就显得十分重要并具有挑战性。毋庸置疑，生物技术教育是发展生物技术的前提，顺应时代发展的潮流，进行生物技术专业教育，培养农业生物技术专门人才，是未来高等农业教育和农业发展的需

要，而特色教材建设是实现生物技术教育的关键环节。

二、都市型农业院校生物技术专业系列特色教材建设的指导思想

1. 落实科技北京行动计划的需要

2012年国务院制定的生物产业发展规划，明确提出生物产业是国家既定的一项战略性新兴产业。在拥有文化、科技和人才资源优势的基础上，北京适时地提出建设科技北京的行动计划，生物技术产业正是科技北京行动计划中的一部分。

2. 满足北京都市型农业发展的需要

为顺应北京地区现代都市农业发展的需要，学校提出培养具有创新精神和创业能力的应用型、复合型现代农业人才的人才培养目标，努力打造和完善都市型现代农业高等教育体系。生物技术在提升和改造传统农业方面具有理论和技术优势，是发展都市型农业的桥头堡。培养基础扎实、技术过硬和创新能力强的生物技术专业人才是北京都市型农业发展的需要。

三、都市型农业院校生物技术专业系列特色教材建设原则和方法

针对都市型现代农业对生物技术专业人才培养的需要，相关教材编写力求特色鲜明，具有较强的科学性和先进性，反映生物技术的发展前沿；同时，也注重教材的实用性和可操作性，充分体现北京农学院的办学定位，配合"3+1"的培养模式，着力提高学生实践和创新能力。

（1）针对性。主要针对农林院校生生物科学或生物技术等相关专业学生。

（2）特色鲜明。结合都市型农业特色和人才需求，体现人才培养目标中的"厚基础、重技术"的专业特色，力求知识体系具有先进性和实用性。

（3）系统性强。按照人才培养的不同模块，逐步建设专业基础课、专业课以及实验、实践教学指导教材，着力提高学生实践和创新能力。

四、都市型农业院校系列特色教材建设的成效和推广应用效果

近年来，生物技术系教师主编或参编出版了《植物生理学》《动物生理学》《动物生理学基础》《动物生物化学》《遗传育种学》《园艺植物生物技术》《生物信息学应用教程》《植物生理学实验指导》《动物生理学实验教程》《植物生理生化实验原理和技术》《生物学实验技术》《动物生物化学实验指导》等理论和实验教材。其中《植物生理生化实验原理和技术》入选为国家精品教材；《动物生理学》和《动物生理学实验教程》已经是第二次印刷。其他教材已在北京农学院和其他兄弟院校使用多年。

执笔人：郭　蓓

第五节　经济学类特色教材编写

一、都市型农业院校国际经济与贸易专业特色教材建设的意义和目的

特色教材建设是都市型农业院校特色专业建设的必要条件之一。特色教材建设是把专业建设和课程建设结合起来，以特色专业建设为龙头，以课程建设为载体，通过教材编写而实施的一项系统工程。计划遴选一批适应北京都市型现代农业发展需要的课程进行重点建设，创新人

才培养模式，深化课程体系改革，在教学内容、教学方法和手段、教学梯队、教材建设、教学效果等方面力争较大突破。计划到 2016 年全系的主干课程初步实现课程一体化体系构建。

二、都市型农业院校国际经济与贸易专业特色教材建设的指导思想

1. 满足培养方案的要求

教材的遴选和编写首先要满足培养方案中培养目标的要求。国际经济与贸易专业的培养方案要求"加强专业基础理论和贸易实务知识教学，注重外语、数学、计算机以及科技、人文知识和社会实践能力的训练，保持外语、数学和计算机教学三年半不断线，至少有 2 门课程实行双语教学。"投资学专业要求"学生应当具备基本的适应农村的人文社科素质，熟悉国家的金融方针、政策和法规；具备扎实的外语、数学、经济学基本理论和基础知识，系统掌握金融学的基础理论和方法；熟练掌握银行、证券、投资、保险、国际金融等方面的基本理论、知识和业务；熟悉证券投资、财务实务操作，具有分析和解决金融投资和实物投资、财务问题的基本能力；熟练掌握在农村、农业领域从事实际金融投资类工作的基本技能。"

除了基础理论课程之外，在专业课程中，特色教材的选取可以在贸易实务、金融实务、专业英语的范围内，以满足特色专业课程教学的需要。

2. 通过教材建设加强师资队伍建设

北京农学院经济学类的专业课程大致可分为西方经济学、贸易、金融、统计四个大的模块，教师的配置基本按这四个模块展开。贸易和金融两大模块对应于国际经济与贸易、投资学这两个专业高年级的专业课程，而西方经济学和统计两大模块则负责经管学院 6 个专业的专业基础课程。特色教材的建设不仅对于经济学类专业的教学具有重要意义，而且还涉及整个经济管理类的专业教学，意义更加重大。

根据教师承担课程的情况，按照课程团队的人员组成，有计划地安排条件成熟的专业课程团队编写教材，以教材建设促进课程建设，以教材建设强化课程团队的建设，为课程建设培养教师梯队。

3. 教材建设要体现都市型现代农业的特点

首先，都市型现代农业特色是专业建设的立足之本，教材的编写一定要体现这个特色。北京农学院的经济学专业起步较晚，只有强调都市型现代农业的特色，才能缩短同先进学校专业建设上的差距。其次，我们的目标是为首都经济发展培养应用型人才，因此，教材的编写要结合首都经济和都市型现代农业发展的需求。例如，贸易方面的教材要突出北京农产品贸易的特点，投资学教材要结合首都农业金融投资的特点，强调教材的适用性和实用性。

三、都市型农业院校国际经济与贸易专业特色教材建设的原则和方法

坚持"分类规划、突出特色、示范推动"的原则，按课程需求并结合课程授课团队的人员配置情况，拟定教材编写出版计划，有条不紊地推进教材建设。

1. 科学选题、合理定位

教材的选题和定位很重要。北京农学院的办学定位是为都市型现代农业的发展培养应用型人才，教材在选题上要突出办学定位和专业特色。无论是国际贸易还是金融投资方面的教材，都应结合北京都市型现代农业发展的需求来确定选题，在内容的编排上要贴近实际，侧重于应用性。

2. 系统规划、做成系列

专业建设是个系统过程，教材建设是其中的重要一环。对于具体的专业而言，教材建设要有总体规划，有轻重缓急之分，要优先将资源配置到教学急需的教材上，并以此为基础，由点到面，覆盖整个学科专业，形成系列教材。不仅要在数量上实现学科覆盖，而且内容上体现知识的承接和教学团队的分工协作。

3. 注重质量、出成精品

编教材易，出精品难。首先，要突出教材的都市型现代农业特色。突出特色是要将教材普遍适用的知识点同办学定位结合起来，在都市型现代农业的范畴内重新规划教材的内容设置，精心编排案例和习题，强化专业特色。其次，教材要体现教师的教学经验和科研、教改成果。要结合教学实际，将最新的研究成果和教学经验反映在教材中，紧跟时代潮流。第三，严格教材编写和校对的质量监督，杜绝学术不端行为，控制差错率。

四、都市型农业院校国际经济与贸易专业系列特色教材建设的成效和推广应用效果

北京农学院国际经济与贸易专业已有 13 年的办学历史，在专业改革、培养方案修订、教师队伍建设和科研方面已取得较丰硕的成果，为特色教材建设奠定了坚实的基础。10 年来，经济系教师主编或参编的教材有《微观经济学》《宏观经济学》《国际贸易实务》《国际结算》《国际服务贸易教程》《统计学》《专业英语》等。这些教材已投入到教学中，取得了良好的教学效果。投资学新专业于 2013 年招生，在教材建设方面还留有很大的发展空间，这是今后必须努力的方向。

执笔人：何 伟

第六节 法学类专业特色教材编写

一、都市型农业院校法学类专业特色教材建设的意义和目的

随着科学技术的不断发展，计算机、通信网络的进一步发展，新的形势对高等教育质量的要求更高了，不仅要在理论教学上突出重点，更要兼顾实践教学，否则就不能适应创新教育发展的形势。教师不能局限于传统的教材内容，需要更新教学思路，编制适合时代发展的特色教材，因材施教。要实施创新教育，必先在创新意识和创新能力上予以提高，加强实践、实验等教学环节，采用先进的教学手段等方面来提高教学水平。法学、社会工作教育属于大众教育的一个重要的组成部分，在高等教育大众化时期如何提高教育质量是每一个法律人都应思考的一个问题。法学专业本科教育应注重法学理论素质的提高，毕业生所能达到水平的正确定位应是具有法律人才的基本职业素质，应具备从事多种法律职业的基本能力。

教材建设是高等学校基本教学条件建设之一，是地方农业院校教学、科研水平及其成果的重要体现，是提高教学质量，稳定教学秩序，培养合格人才的重要保证。实践证明，人才培养需要与之相适应的教材。加强地方院校教材建设就是要体现特色，形成适合自身教学科研的教材体系。教材建设推动和反映了地方农业院校内涵建设的发展水平，有利于提升学校的美誉度和核心竞争力，有利于全面提高教育质量，是教学质量提高和人才培养的一项不可

或缺的重要工作。

二、都市型农业院校法学类特色教材建设的指导思想

（一）提升现代教育理念

都市型农业院校必须树立现代化的教育教学理念，教学与现代化要同时发展，教材建设要与时俱进。在教材编写过程中，还需要着重体现知识体系与能力体系的并重发展，力求做到在教材的内容上具有科学的深刻性和丰富性，同时具有地方性、区域性的独特风格和特色，在教材的形式上应该具有现代化、前沿化和时代精神。

（二）加强师资队伍建设

都市型农业院校的教材建设需要依托师资队伍建设。在教材建设中，为了提高教材内容的专业水平和编写质量，教材建设工作的开展需要有强大的师资队伍和雄厚的专业力量作为基础。因此，要求都市型农业院校结合自身发展实际情况，建立以教学经验以及业务基础为主要的考核标准，构建一支结构合理、且具有较深学术造诣的本科院校教材编写的专业队伍。

（三）结合专业建设与课程改革

当代高等教育的形式越来越丰富，高等教育蓬勃发展促进了本科院校学科发展，知识更新速度不断加快。这对于都市型农业院校自身的生存与发展而言，既是机遇，同时也是挑战。教材可以说是学科知识的最根本的承载载体，同时也是学生在接受教学内容过程当中，所使用的核心的媒介。因此，教材的质量会直接对都市型农业院校的教材建设质量以及人才培养目标的实现产生重要的影响。这就要求本科院校在加强学科专业改革的过程中，不断地持续开展教材建设工作，以学科专业的改革、创新精神为教材建设提供强大的发展动力，同时以教材建设为学科专业的改革、创新提供雄厚的理论基础。

三、都市型农业院校法学类特色教材建设的原则和方法

（一）坚持科学定位

在规划教材选题时要充分考虑所编教材的层次性和多样性等问题，坚持科学谋划、准确定位，切勿不切实际、好高骛远。

1. 定位准确

都市型农业院校以培养应用型、复合型现代农林人才为主。

2. 紧扣实际

特色教材要融合先进的学术与技术成果，适应我国经济转型升级需求，适应社会用人单位要求以及技术革新的需要。

3. 注重能力

注重把知识目标、能力目标、素质目标与专业实践能力、学习能力、方法能力有机融合，以此为创新特色，全面融入、贯穿到教材构架和编写体系中去。

4. 强化实践

着力解决以往教材应用型缺失，实践教学薄弱，评价导向重理论、缺实践等问题，做到应用为本，充分体现对学生创新创业等综合素质的培养。

5. 整体优化

制定教材建设规划时，要统筹兼顾，同一专业中先修课程和后继课程教材编写要协调统一，做到系统考虑，整体构建教材体系。

（二）合作开发教材

1. 校际合作

随着都市型农业院校师资力量的不断加强，越来越多的优秀教师具备了开发高质量教材的能力和水平。但由于教材种类繁多、结构多样；教材建设需要投入较大的人力、物力和财力。因此，加强校际合作，协作开发教材，可以有效地对各校的骨干教师进行优化组合，合理配置编写力量，促进教材建设。

2. 产学研合作

根据教材建设需求，吸引行业人士参与教材建设，开发适用性和实践性都很强的优秀教材。这样可以把最新的行业信息和科研成果引入教材，避免书本知识和工作实际相脱节，保证教材的先进性和针对性，培养出适应社会需要的人才。

3. 学校与出版社合作

一方面，出版社需要面向高校推荐教材、征集选题；另一方面，都市型农业院校需要和出版社建立长期战略性合作关系，以保证新编教材的出版发行。学校和出版社加强合作，有利于提高教材出版质量，降低教材价格，促进新编教材的推广工作，实现共赢。

（三）强化教材质量监控

加强教材建设全程管理，建立健全教材质量保障体系，起到良好的监督和反馈作用。

1. 选题立项监控

对教材建设规划、选题进行充分论证，优先考虑人才培养急需且编写提纲有新意的选题。

2. 编审监控

教材建设需要加强过程管理，规范编写行为。做好编审监控，有利于集思广益和客观公正，从而保证教材编写质量。

3. 评估反馈监控

评估反馈是一种有效的事后监控手段。坚持定性与量化相结合的原则，建立科学合理符合都市型农业人才培养的教材评估指标。

四、都市型农业院校法学类特色教材建设的成效和推广应用效果

都市型农业院校法学专业的快速发展与改革，在教学、科研、师资力量等各方面已取得较丰硕的成果，为特色教材建设奠定了坚实的基础。

不断深化的教学改革取得了不少喜人的成果，这些成果促进了精品教材的形成。广大教师为了将改革的成果及时反映到教学中，拥有参与教材建设与改革的高度热情。都市型农业院校法学专业教师长期从事"三农"相关法律问题研究，具有较丰富的"三农"领域法律人才培养经验，编写本科层次的特色教材有优势。农业院校法学特色教材需求量大，教材发行

市场前景广阔，这对农业类出版社具有很大的吸引力，因此农业类出版社对"三农"法律人才培养的特色教材建设支持力度空前。各级教育主管部门越来越重视"三农"法律人才的培养质量，出台了引导、规范、鼓励地方高校教材建设的具体措施，在教材立项审批、建设资金、评奖评优等方面给予政策扶持。

结合北京市教学质量提高工程，在专业建设项目中重点投入特色教材、系列教材建设。随着这些教材的陆续出版并应用于教学中，对于"三农"领域法律人才培养起到重要作用。

执笔人：韩　芳

第七节　艺术类专业特色教材编写

一、都市型农业院校环境设计专业系列特色教材建设的意义和目的

（一）推动学科建设、专业建设和课程建设的需要

环境设计专业特色教材的建设将依托学校建设都市型农林大学的办学理念和定位，结合课程建设和课程改革，建立起符合现代都市型农林院校所需要的环境设计教材体系，使其能够充分体现该学科和专业特色，在一定程度上将推动本专业学科建设、专业建设和课程建设。

（二）培养应用型、复合型和创新型人才的需要

环境设计专业在人才培养目标上以培养应用型、复合型和创新型的技术人才为主，特色教材的编写更注重专业知识的实践性和可应用性，尽量淡化专业界限，以培养学生的综合能力为重点。

（三）拓展环境设计专业方向，更好地服务于都市型农业区域经济发展和新农村建设发展的需要

特色教材的编写拓宽了原有专业设计领域，结合新农村建设和服务于京郊的科研立项，在室外空间环境、旧城区改造以及京郊民俗、手工艺设计等方面进行了一些研究，在拓宽环境设计专业方向的同时，也在一定程度上丰富了郊区环境在城镇化建设中的发展思路。

二、都市型农业院校环境设计专业系列特色教材建设的指导思想

（1）结合学校构建都市型现代农林大学的总体目标，充分利用和挖掘学校、学院的优势资源，突出都市型农业院校特色，结合环境设计专业建设和课程改革，实施特色教材建设。

（2）结合环境设计专业学生的特点，特色教材将服务于培养应用型、复合型、创新型人才的目标，并注重学生的社会适应能力和专业技术能力的培养，从而提高学生的综合竞争力。

三、都市型农业院校环境设计专业系列特色教材建设的原则和方法

（一）加强特色教材的质量建设

特色教材的质量将直接影响到课程建设和教学的质量水平，因此，环境设计专业在特色

教材建设上并没有大规模的开展编制工作，而是有针对性地从小规模展开，从教材的质量入手，循序渐进地进行。在特色教材建设中，着重注意以下几个方面的问题。

在特色教材的内容上注重创新，有的放矢地更新教学内容，吸收新的发展成果，从而打破教材内容上的陈旧，并结合都市型农林院校的办学理念，将新理论、新技术、新方法引入和充实到特色教材中。同时，在教材编写上紧跟学术最新动态，注入京郊历史文化内涵和文化需求，使特色教材的建设有所依托。由本专业教师编写中国农业出版社出版的《农村趣味手工艺品制作》，详细阐释了京郊手工艺的设计理论和工艺方法，在内容上突出的体现了都市型农业院校特色教材的特点。

在特色教材编写结构上注重理论知识与能力培养相结合，创新思维与动手能力相结合，并深入到学生的教学理论和教学实验环节中。由人民美术出版社出版的《立体构成与现代设计》将设计理论与设计实验环节作为教材中的两大重点部分进行编写，并重点阐释了学生从创新想法到设计作品的过程，让人耳目一新。

根据需要在特色教材的形式上进行了一定程度的创新，教材中除了配以大量的作品实例和实践结果，更注重实践过程的介绍，使学生能够更加直观地了解设计的始末。国家级教材《景观设计初步》在介绍专业设计理论的同时利用大量生动和现实的设计案例，配合设计制图，较为详细地介绍了项目的设计过程，使设计课题能生动地展现在学生面前，让学生体验探索、思考和研究的过程，积极引导学生将所学知识应用于实际。

（二）加强与出版社和院系相关专业间的合作

加强与出版社的联系，结合都市型农业院校和市场需求，努力参与特色教材的建设。同时，专业方向的拓展也要求教师积极与其他院校和相关专业进行合作，积极拓展知识领域和实践，共同打造能够满足教学需求的特色教材。

四、都市型农业院校环境设计专业系列特色教材建设的成效和推广应用效果

环境设计专业围绕学校办学方针，认真研究了都市型农业特色教材的内容和理论体系，并结合教学改革和课程建设，边研究，边实践，努力把教学和科研成果体现到特色教材之中。由本专业教师编写的《农村趣味手工艺品制作》在内容上较具特色，集中展现了都市型农业大环境下的京郊手工艺品设计。国家"十一五"规划教材《立体构成与现代设计》由人民美术出版社出版，在市场上得以推广，并得到业界的认可。此外，由建工出版社出版的《走向景观的公共艺术》、地质出版社出版的《景观设计初步》等教材也都不同程度地对围绕特色教材的内容作了探讨。

综上所述，环境设计专业在都市型农业院校特色教材的建设上正在积极地进行探索，同时由于该专业在本校起步较晚，与都市型农林方向结合还有更多的工作要做，因此，在农业特色教材建设上所取得的成效还有待于继续努力。在今后的专业建设和特色教材的建设上，还需要我们更加明确目标，积极找准专业方向，进一步深化教学改革和特色教材的建设。

执笔人：贾海洋

第十九章　都市型高等农业院校教学内容与教学方法改革

第一节　都市型高等农业院校专业课教学改革

当前，我国高等教育进入了以全面提高质量为核心任务的发展阶段，人才培养在高校工作中的中心地位受到高度重视。作为人才培养的基础环节，课程教学的质量直接影响和决定着学校的教学水平。课程建设不仅是教学基本建设，也是专业建设的细胞工程，它是学校教学水平的一个基本落脚点。

2012 年，北京农学院全面启动了对所有专业基础课和专业课的课程评估工作，引导教师钻研业务，改善课程教学条件，规范课程评价体系。2013 年，学校在"3＋1"人才培养模式"3 做精、1 做实"的理念引导下，以落实教育观念大讨论活动为抓手，积极推进专业课改革进程。"3＋1"人才培养计划即指本科生用 3 年时间完成基础知识、专业理论的课堂教学及其相应实验实习等教学环节的基础上，用相对集中的 1 年时间在校内外人才培养基地和人才需求单位，进行专业实习、毕业实习等实践环节，以强化学生综合运用知识解决实际问题的能力，从而缩短社会适应期，提高学生主动择业与就业及服务社会的能力。

一、专业课教学改革实施过程

（一）以学习北京农学院国际学院十年办学成果为切入点，开展专业课改革酝酿

北京农学院国际学院十年的办学积累，取得了良好的教学效果。在"中国大学生学习与发展追踪研究"项目调查的学业挑战度、主动合作学习、生师互动水平、教育经历丰富程度、校园支持度等方面的结果分析中有突出表现，并且得到了英国 QAA 评估的充分肯定。

专业课教学改革借鉴国际学院的办学经验，以学生学习收获为目的，在分析学校目前教学现状的基础上，加强师生教学互动环节，培养学生的主动学习能力，改进教学效果，提高教学质量，结合"学校党的群众路线实践专题活动之教育观念大讨论"，自 2013 年 4 月开始酝酿专业课改革计划。

（二）以一个专业一门专业主干课进行改革试点，做好教学改革的动员和文件支撑工作

王慧敏校长主持召开了北京农学院教学改革工作研讨会。会议主要内容是听取谭锋教授介绍北京农学院国际学院教学改革的主要做法和成功经验；对北京农学院专业主干课程教学改革实施方案进行研讨。参会人员围绕《北京农学院专业主干课程教学改革实施方案》，在课程教学内容、教学方法、课程考核和成绩评判等综合改革方面进行研讨。大家积极发言，建言献策，对专业主干课程教学改革实施方案提供了积极的参考意见。

王慧敏校长在教学改革目标、方法和措施等方面作了重要指示，力促教务处和各二级学院尽快落实改革计划，确保专业主干课程试点改革顺利实施。这次研讨会拉开了学校专业课改革的序幕。

按照一个专业一门专业主干课进行改革试点的规划，各二级学院向教务处上报改革试点课程。学校召开专业主干课教改教师培训会（观摩国际学院优秀课程教学）并发布《北京农学院专业主干课程教学改革实施方案》文件。按照《北京农学院专业主干课程教学改革实施方案》要求，教改课程负责人向所在院系报送改革试点课程的课程大纲、授课计划、教材、教学活动具体实施安排等内容，各二级学院教学副院长负责组织审核、修改，教务处整理授课计划并印刷成册。为扎实推进课堂教学改革工作，积极采用互动式的教学方法，切实提高课堂教学效果。此外，学校还组织召开了课程教学互动反馈系统软件培训会。教务处、各二级学院教学指导委员会、校院两级督导督察机制发挥各自职能，随时抽查专业主干试点课授课情况，及时开展试点课程评估和评议工作。

（三）以学生的学习收获为目标，积极落实专业课教学改革

教与学是学校的中心任务，高等教育进入大众化教育阶段，人才培养质量是生命线，学校人才培养的目标就是要以学生的成长需求和社会发展需要为导向，以学生的收获和社会的反馈来衡量教学过程和教学管理改革的成败。改革的关键有两点，一是课堂教学时间至少拿出30％部分让学生参与，参与方式不限；二是课程考核次数要在2次以上，不仅有课程结束后的考试，而且学生的参与过程要计分，并与学生课程总成绩挂钩，以此调动学生学习的积极性和主动性。

通过出台相关文件、召开针对不同层面的教学研讨会、教学互动培训等措施，引导教师加强教学过程的督导和考核机制，强化课程组长效机制，关注学生基本素质，注重教学过程对学生终生学习能力、科学思维能力、创新能力、组织能力、沟通能力等综合素质和专业技能的培养，强化教学内容和教学方法的改革，理论与实践相互促进，努力培养具有创新精神和创业能力的应用型、复合型人才。

（四）以"教学相长"为落脚点，夯实专业课改革成果

专业课教学改革作为教育观念大讨论活动的重要实施内容之一，在校院两级的牵头引导下，通过坚持以"学生学习收获"为目标，出台新的教学管理制度和措施，建立教学过程的督导和考核机制，以及不同层次和类别的教学研讨及教学互动反馈培训，加强师生互动等举措，确实提高了学生的学习效果和教学质量。

学生普遍反映，专业主干试点课能激发学生的学习兴趣，课堂讨论、课后大作业及论文写作等形式增强了思考、归纳和表达的能力；课堂成绩、课程作业（课程论文）成绩、期末考试成绩组成的综合考核方式加强了课程学习的活力，学业挑战度虽然大大增加，但是通过自主学习的内容记忆更牢固、深刻；教师课上的精彩点评，教学方式方法的丰富多样，网络平台的及时答疑，科学合理的教学内容增强了学生对课程学习的信心和喜爱。

专业主干试点课改革在实施过程中对教师的课堂设计、教学理念和方法、专业素养及综合素质都提出了挑战，授课教师在如何提高学生学习效果、调动学生积极性、满足学生学习

收获需求等方面下了很大功夫；教学理念的转变，也让学生对自己的学习目标有了明确认识，由被动学习到主动学习，收获的同时也付出了辛勤努力；教学相长的过程，为不断推进的专业课改革提供了宝贵的经验。

二、专业课改革实施过程中的不足

（一）学生学习效果反馈环节还需加强

专业课教学改革实施以来，在提高学生综合解决问题的能力和掌握关键知识上取得了突破，在更新理念、改革教学内容和教学方法、激发学生主动参与学习的热情等方面受到了师生的好评，教师的课堂教学水平不断提高，学生自主学习的能力、自主收获的能力也不断提升，但是对于学生学习效果的反馈方面做得还不够，在该环节的深入贯彻落实上还有很大空间。通过学习效果反馈环节的加强，可以及时调整课程内容深度、广度以及课程设计方式，达到引导—学习—收获—教学相长，良性教学循环。

（二）课程组内联动机制还需加强

《北京农学院专业课程教学改革实施方案》对课程组内的联动做了明确指导，在教案设计和评判方法等方面要求建立专业课课程组教研活动长效机制，课程组根据教学大纲研究制定并交流授课计划，任课教师对重点章节要有详细的教案设计；建立专业课课程组集体出题、集体阅卷机制，课程组统一评判标准，有条件地创造交叉阅卷和重复阅卷。但是在具体实施过程中，部分课程组的联动效果不明显，课程组集体教研活动较少，容易造成改革成效在组内推广力度不足。

三、专业课改革的下一步工作

（一）做好专业课改革成果的宣传和推广工作

以课程组内推广为基点，发挥课程组教师团队协作精神，在专业内推广试点课程改革成果，建立专业—课程组联动机制，以专业课程教学改革为推动，使课程建设在教学大纲、教材、教学内容、教学方法、教学手段、题库建设等方面取得实质性成效。

及时出版专业主干试点课教改论文集，通过试点课授课教师的经验介绍，在全校范围内推进专业课改革进程。

引导各教学单位组织好专业课改革成果推广工作，通过多种形式的生师互动，了解本单位学生学习现状、学习进步和学习效果，及时总结并反思学生的学习成效。

（二）做好学生学习效果反馈环节的引导工作

从专业课改革实施反馈效果来看，以"学生学习收获"作为检验指标，站在学生学习与发展的角度对教学内容和教学方式重新设计，加强过程管理，鼓励学生主动收获知识，既有利于教学相长，又对教师综合素养提出很高要求。尤其是目前教学改革中一致倡导的参与式教学方法，如何有效合理组织运用到教学活动中，如何做好教案准备、学生考核方法工作，以及如何安排好学生讨论题目和课后大作业内容，更重要的是如何将学生学习效果及时反馈到课堂上，这对教师的专业技能和综合素质提出很高挑战，需要学校—学院—系—课程组—教师的多层次配合和联动，以及积极引导和制度保障。

（三）继续做好专业课改革的过程管理工作

课程建设是一项系统工程，它由师资队伍建设、教材建设、考核体系、教学研究、教学效果等部分组成。学校专业课改革实施以来，在课堂教学方法和课堂设计中取得了突破性进展，我们要继续注重科学设计和科学管理，推动教学研究活动的开展；继续运用启发式教学、案例分析、课堂讨论等互动式教学方法，组织引导学生讨论教学内容，鼓励学生积极思考、提出问题、讨论问题，同时通过布置课程作业、小组活动等多种形式强化学生的自主学习，不断加强学生专业素养和专业能力的训练，培养合格的应用型、复合型人才。

执笔人：宋　微

第二节　动物生理学专业主干课教学改革

创新教育已成为当今高等教育改革的重中之重，如何培养大学生创新素质是高校素质教育的主旋律。教育教学改革的目的是培养创新人才，而创新人才必须具备良好的创新意识、创新思维、创新知识、创新能力等创新素质。

目前我国的高等教育仍然重视对学生知识的传授，而忽视了对学生能力的开发和培养。教师仍习惯于让学生消极被动地接受知识，把学生当作储存知识的容器，使学生一味通过获得既有的知识和经验来解决问题，并总是得出既定的答案或结论，这种接受型的传统教学模式使学生走进"读死书""死读书"的死胡同，成为分数的奴隶。由于我们对学生创新精神和应用能力的培养重视不够，使学生创新意识薄弱、创新能力不足，极大地束缚了学生创新精神的培养。社会需要的创新人才从哪里来？要从创新教育中培养出来。创新教育首先要有教育观念的创新，人才的培养重在创新意识、创新思维和创新能力的培养。

高校作为国家创新教育的最重要基地，必须按照科学发展的要求，通过教学观念的更新、新型教学体系的构建、和谐创新环境的营造来着重培养学生的创新能力，以实现高等教育的可持续发展。培养学生的创新能力是教学的一项重要任务，课堂教学作为整个高等教育体系中的一个重要环节，对于学生综合素质的提高，特别是学生创新能力的培养有着举足轻重的地位。为了提高课堂教学质量，北京农学院以专业课教学改革为试点，以学生的学习收获为目的，在教学大纲、教学内容、教学方法、教学手段等方面进行改革，切实做好课程建设工作。本节对动物生理学课程教学改革进行总结。

一、教学理念的更新

传统的教学模式主要以课堂教学为主，课堂教学又是以教师为中心，以灌输式教学为主，学生只是被动的、机械的接受知识，很难调动学生学习的积极性。而现代教学模式则是以学生的学习收获为目的，学生是教学的主体，不是被动接受而是主动获取知识，注重对学生学习能力和创新意识的培养。

二、课堂教学内容的改革与更新

动物生理学是动物医学、动物科学专业的专业基础课，也是生物技术、生物工程专业的专业选修课，从细胞和分子、器官系统以及整体水平，研究动物机体的生命活动规律及其调控的科学。

动物生理学虽然是生物学中比较古老的学科，但是近年来仍然有很大的发展。因此，在课堂教学中我们不断更新教学内容，进行补充修改，将生理学的进展及时介绍给同学们。例如，关于抗利尿激素作用于肾小管促进重吸收水的机制、关于跨膜信息传递机制等内容。同时，在课堂讨论课上，教师也鼓励学生上网查资料，拓展课堂讲述内容。例如，这学期的课堂讨论中关于脑的高级神经活动，就有学生专门探讨情绪、记忆与遗忘、裂脑人、注意力等书本之外的知识，但是同学们对它们很感兴趣，通过上网查阅资料，与大家一起分享。还有的同学介绍了科幻变现实意念打游戏，还介绍了日本新研制出的一款智能脑波耳机等。

三、教学方法、教学手段的更新

在课堂教学中，我们采取启发式、引导式、讨论式等互动式教学方法，充分调动学生学习的积极性，将学生作为课堂教学的主体，以学生的学习收获为教学目的。

（一）教学方法的改进

在现代教学模式中，学生是课堂的主体，他们通过与教师互动，主动地参与到课堂教学中，积极地获取知识。教师变成了课堂的主导，通过启发式、引导式、讨论式的教学方式，指导学生主动地去获取知识，而不仅仅是机械地、被动地接受知识。

（二）教学手段的更新

为了提高学生的学习兴趣，鼓励学生积极思考问题，我们采取多种教学手段，将教材中的某些章节交给学生，作为课堂讨论内容，学生课下分小组进行准备，派代表课堂讲解。为了巩固教学效果，采取课堂随堂提问、小测验等方法。在课堂教学中，结合实验录像、电子挂图、视频动画等，活跃课堂教学气氛。另外，充分利用网络教学平台，将教学课件、电子挂图、动物图片、实验录像、视频等放在教学平台上，同时，利用课程通知、课程作业、课程答疑等方式，充分开展课程的教学互动。

（三）改革教学评价系统，促进创新型人才的培养

我们通过改革教学评价系统，加大平时成绩在总评成绩中的比例，平时成绩占总评成绩的50%，期末考试占50%。平时成绩中课堂讨论占30%，课堂提问和发言占30%，课堂小测验占30%，考勤占10%。增加学习过程中的考核，充分激发学生的学习兴趣，培养学生的创新能力。在教学中，充分体现"学生为主体，教师为主导"的原则，注重学生学习能力、分析问题和解决问题能力的培养，一改以往教师从头到尾的讲解。

教学评价体系的改革，加强了形成性评价，弱化了结果性评价，使学生不再只注重期末考试，而是将学生的学习能力动员起来。对于教师来说，不仅了解和掌握了学生们的学习情况，提高了同学们对课程的重视程度，还有利于培养学生自己动手搜寻知识的学习能力。

四、课程教学改革的体会

(一) 激发了学生的学习兴趣

同学们通过对网络和计算机的广泛使用，搜寻资料，查阅参考书，极大地开拓了学生的思路，激发了学生的学习热情，挖掘了学生的学习潜力。同时提高了学生们的学习兴趣，调动了学生学习的积极性，使学生动手查阅资料、准备课件、课堂讲解的能力都得到了培养和提高。同时也激发了学生创造性思维的产生，为解决问题能力的培养提供了强大的物质保证，达到了培养学生创新能力的目的。

(二) 提高了教学效果

多种教学手段和教学方法的采用，充分调动了学生学习的积极性，活跃了课堂气氛，为进一步展示学生的创意、实践学生的想法提供了物质和技术条件，潜移默化地影响了学生们的思维和创造力。启发式、引导式和讨论式等多种教学手段的应用，提高了学生在课堂上的注意力，充分调动了学生学习的积极性，使学生参与到课堂教学的积极性得到了提高。在课堂讨论中，有些小组每个同学准备一部分，大家一起参与到课堂讲演中。通过实施课堂教学改革，学生们的学习收获有所增加，在我们组织的问卷调查中，大部分同学对教学改革的效果给予了肯定，并且提出了很多建设性的建议。

(三) 培养了团队精神

知识经济时代，合作是维系知识创新、社会发展与进步的重要基础，倡导合作是新时期的客观要求。作为开放社会的一员，必须要有团结协作、互帮互助的精神，也就是通常所说的"团队精神"。我们在课堂讨论中以小组为单位进行，同学之间需要互相协作才能完成，成绩共同拥有，有力地促进了学生之间团结协作精神的培养。

(四) 对教师提出了更高的要求

课堂教学改革还要求教师有更多的时间和精力投入，必须熟练掌握课程内容和相关进展，在此基础上投入大量的时间和精力对整个教学方案进行精心构思。课前教师要花大量的时间进行准备，课堂上，通过教师与学生的互动，一方面提高了学生学习的注意力，激发了学生的学习兴趣；另一方面也对教师的讲课效果提出了更高的要求。课后还要批改课堂测验的卷子，统计学生问卷调查的结果。

虽然课堂教学改革占用了很多时间和精力，但是看到同学们专注的听课，积极参与课堂讨论，老师心里还是很高兴，我们的付出是值得的。教务处能够如此重视课堂教学，校长亲自做动员，并且去教室听课，关注教学改革进程，说明我们学校对于教学质量提高的重视，不是停留在口头上，而是落实在行动中。希望学校能够投入更多的经费资助教师们进行教学改革，充分调动教师参与教改的积极性。教师愿意花费时间和精力投入到教学改革中去，使我们学校的教学质量能够得到有效的提高，培养出具有创新精神的合格人才。

执笔人：滑　静

第三节　分子生物学专业主干课教学改革

本课程组经过十余年的分子生物学教学，已经形成了一套较完整的教学体系，教学大纲清晰，教学资料完备，教学手段先进。但目前，分子生物学教学中仍存在如下的问题：师资力量短缺，教学方式过于单一，涉及的概念和专业术语较多，内容抽象，理论性强，学生很难把握教材的重点和难点等。为了更好地解决这一问题，我们尝试将与分子生物学知识点紧密相关的诺贝尔奖获奖成就引入课堂，希望学生在了解这一重大科学发现背后所蕴含的科学方法和创新精神，培养学生的科研思维和科学素养。同时，改进教学方式和方法，采用提问式、自学式、讨论式等灵活多样的教学方法，进一步推进教学改革，提高教学质量。

一、诺贝尔奖成就引入分子生物学课堂

获诺贝尔奖的科学家背后隐藏的研究经历总是曲折的，故事一样的经历总是能引起学生的好奇，激发学生的讨论和思考。科学家展现给大家的是对科学问题的敏锐的洞察力，以及追寻真理道路上的不懈与坚持，但往往也伴随着不被同行所认同的长久的埋没。自双螺旋模型提出以来，近20项诺贝尔奖与分子生物学的发展息息相关。在分子生物学授课过程中将课程相关知识点和所衔接的诺贝尔奖故事引入了课堂，诺奖的引入具有如下特点：

（1）诺贝尔奖科学家的奋斗历程，可以激励学生的科学兴趣，树立学生正确的科学观。例如移动基因的发现者芭芭拉·麦克琳托克在20世纪40年代就划时代地提出了：玉米的染色体含有跳跃基因，可在染色体上进行移动。但受到科学时代的局限，这一学说直到20世纪70年代才被人们所完全认可，在她的研究发现30多年以后于1983年获得诺贝尔奖。

（2）诺贝尔奖实验设计具有创新性和超前的思维，缜密的实验设计不仅可以推导结果的由来，而且可以启发学生思考，培养学生的逻辑思维能力。例如2006年获得诺贝尔奖的RNA干扰。这一实验将秀丽新小杆线虫 *mex*-3 等基因注射到秀丽新小杆线虫卵母细胞中，注射的分别是这些基因的有意义RNA、反义RNA和dsRNA，结果惊奇地发现dsRNA比反义RNA更能有效地使相应基因发生沉默。这个实验的创新之处在于人工合成了dsRNA双链RNA分子，发现了dsRNA诱导基因沉默的现象，称为RNA干扰。

（3）诺贝尔奖实验结果具有突破性，其创新精神可以培养学生开拓进取的能力。每一个诺贝尔奖的研究结果都是极具突破性的，打破了前人传统的认识，开拓了一个崭新的领域。

当然，在授课过程中还应该认识到很多获得杰出成就的科学家，由于当时时代的局限，并没有很快被科学界所接纳，遗憾的是在他们有生之年并没有获得这一崇高荣誉。譬如发现DNA是遗传物质的科学家O. Avery，以及发现DNA复制过程中冈崎片段的日本科学家冈崎令治。

二、教学方式的改进

（一）合作式教学

采用合作式教学，可以发挥各位任课教师的专业优势、教学特点。成立课程组，共同讨论教学内容，完善授课计划；根据每位老师的专业背景和特长，负责1～2章内容的讲解；

共同出题，流水作业的方式批改试卷。学期结束后，任课教师共同讨论教学过程中存在的问题，并进行调整。建立分子生物学课程网站，上传 PPT、动画、分子生物学常用软件、常用网址等，供学生下载使用。自 2004 年以来便成立了分子生物学课程组，最初由 2 名教师组成，现在由 4 名老师组成，每位老师均具有分子生物学学科的学习或科研背景。

（二）丰富和补充教学内容，适当调整教学方案

分子生物学发展迅速，新技术和新进展层出不穷。因此授课过程中，适当地引入最新研究进展或者社会中比较关注的生物学问题是十分必要的。此外，讲解过程应多联系实验室常规技术、科研实例进行讲述，可以更直观地展现难懂、深奥的内容，便于学生对于抽象内容的理解，激发学生学习的兴趣。如 DNA 复制与实验室常用技术 PCR 的原理是相同的，转录因子与酵母双杂交技术的原理是相同的，跳跃基因导致了玉米籽粒颜色的不均一性等。

（三）改进教学方法

由老师全盘授课转向提问式、自学式、小组汇报式等教学方式，充分发挥学生在学习过程中的主体作用。提问式的教学方式可以起到活跃课堂、针对关键问题进行强化的作用。自学式的教学方式主要围绕浅显易懂的章节，由教师简要地讲述一下要点，留出作业，学生自己课后或课中进行自学，并在规定时间内提交作业。自学式教学的优点是加快了教学进度，提高了学生查阅资料、自学的能力。小组汇报式主要针对某一些重大的科学发现、科学现象，结合课本的相关内容，提前安排学生分组、课后准备资料、制作 PPT，每一个主题抽查 1～2 组进行课堂汇报，并作点评和总结。汇报式教学的优点是训练了学生查阅文献资料并进行综合的能力，以及学生逻辑思维能力和口头讲解的能力。此外，每一章结束后需要对关键知识点进行简单的总结和梳理，便于学生对这一章节内容的理解和把握；不同章节的层次和逻辑关系需要简要讲解，便于学生对分子生物学整体结构的把握。

三、实施效果与分析

（一）改善教学效果

诺贝尔奖获奖成就与分子生物学教材核心知识点结合，通过诺贝尔奖故事的讲述将抽象的内容简单化、形象化，获得了较好的教学效果。通过合作式教学学生可以领略不同老师的教学风格，课堂气氛活跃。小组汇报式教学方式让学生学会合作，提高了团队协作能力，学生的积极性和参与度明显提高。

通过分子生物学课程的学习，结合大学生科创项目和老师承担的科研课题，可以将理论知识更好地与实践相结合，学生的学习兴趣和实践能力明显提高。统计了近三年学生发表的学术论文，以及农林杯、挑战杯等获奖论文，发现与分子生物学有关的论文占到 70% 以上，这与分子生物学课程奠定的良好基础有密切关系。

学生考研率逐年升高，2010 年考研录取率为 3.2%，2011 年考研录取率为 9.6%，2012 年考研录取率为 15.5%，位列学校前列。分子生物学是绝大多数生物学专业考研的必要科目，因此，考研录取率能较好地反映分子生物学的教学成果。

（二）教师自身水平得到提高

课程组各位老师互相听课、交流教学经验，取长补短；通过访问交流和学习，借鉴国内外先进教学经验，提升了分子生物学教学水平。近三年课程组出国交流和参加国际会议 6 人次，参加相关课程研讨会 10 人次。教学水平与科研实力密切相关。近三年，课程组 4 位老师，获得国家自然基金 2 项，市自然基金资助 3 项，参与国际合作项目 2 项，发表 SCI 收录论文 8 篇。通过课题的实施，课程组教师的科研能力和总体水平得到提高，带动了教学水平。

（三）分子生物学课程改革的难点

分子生物学课程改革的难点体现在：①此次教学改革学生参与度大，但由于惯性的学习方式，学生对于这一改革的接受程度不同。最开始时有些学生比较排斥。所以这一改革的深入还有待于全面开展其他课程类似的教学探索，加强学生对于新的教学理念的认可。②分子生物学偏重于理论知识的学习，内容较抽象。哪些内容适合于学生自主学习和讨论，哪些内容适合于老师讲授，还需要进一步讨论和实践。③此次改革至少 30％的学时是学生直接参与的，内容形式有 PPT 讲述、讨论、自学等。对于学生参与以哪种形式为主，通过一轮的实验还不能得出肯定的结论，也还需要进一步进行实践和比较分析。

执笔人：曹庆芹

第四节　种子生产学专业主干课教学改革

种子生产学是种子科学与工程专业的一门专业课程，主要介绍育种家种子、原种和良种的概念、品种区域试验和生产试验的方法；了解品种混杂退化的原因及防止措施，熟悉种子生产的意义和基本原理，学习各种农作物种子的生产技术。教学目的是让学生掌握主要农作物，如小麦、水稻、玉米、大豆、棉花、蔬菜和花卉等种子生产的基本知识和基本技能，培养解决种子生产上实际问题的能力，为农业生产服务。因此，在讲授过程中，如何激发学生学习的主动性，培养学生善于思考、善于观察、独立分析问题、解决问题和实际动手的能力，是教师所面临的重大课题。种子生产学课程作为改革试点的骨干课程，按照"激发学生学习动机，强化学生自主学习"的目标对种子生产学进行了教学改革的实践与探索，采取定性、定量相结合，运用启发式教学、课堂讨论等互动式教学方法，教师组织引导学生讨论教学内容，鼓励学生积极思考、提出问题、讨论问题，同时通过布置课程作业等多种形式强化学生的自主学习。通过一个学期的教学实践，学生反映良好，取得了一定的效果。

一、按照学校的统一要求，设计教学活动

（1）课时分配：本课程共 32 学时，修改授课计划，将教师课堂纯讲授课学时设置为不超过总课时的 70％，即 22 学时，其他教学形式（课程论文、作业、讨论、学生参与讲授和教师点评等）占 10 学时。

（2）积极转变教学观念，充分利用现代信息化教学工具和互动反馈技术开展教学活动。同时，在课堂讲授过程中，利用 10 学时的时间让学生来讲解和讨论。

（3）完善考核体系，建立了课堂成绩、课程作业成绩、期末考试成绩组成的综合考核方式，课堂成绩占到总评成绩的 30%，课程作业成绩占 20%，期末考试成绩占 50%。其中共完成了 6 次作业。

（4）建立网络课程平台，利用学校网络课程中心开展课程的教学互动，通过"课程通知""课程作业"等栏目，充分开展课程的教学互动活动。

二、整合教学内容，补充教学材料

由于授课计划的修改，将教师课堂纯讲授课学时设置为 22 学时，减少了 10 学时，需要对教学内容进行了精心的选择和编排，重新组合，对讲述做侧重选择及适当的补充或删除。为此，收集了一些国内外种子生产学的研究进展，补充教学资料，上传到网络课程平台，供学生课余时间学习和参考。

（一）采用启发式教学方法，培养学生的创新性思维

教学是教与学的双边活动，启发式教学能够激发学生主动学习的积极性。因此，教师的教要从有利于学生学的角度出发，发挥教师的主导作用，启发、组织、引导学生生动活泼地学习。为此，教师要熟练掌握教学内容和种子生产学发展的前沿动态，并研究和了解学生的心理状态，及时捕捉其思维兴奋点。另一方面，对课程中的一些创新技术进行剖析，如在讲授"种子生产程序"部分，为适应中国现行农业和种子工程研究应用的情况，我国一些地区研究采用了"四级种子生产程序"的技术创新及技术路线，在课堂上讲解时剖析了该创新技术，启发学生培养创新性的思维方法。

课堂讨论教学环节的目的是确立学生在学习中的主导地位，充分调动学生学习的积极性。本课程通过学生课堂讨论的形式，巩固和深化学生学到的知识，督促学生课余学习，使学生的阅读、分析、归纳和表达能力得到提高。为此，教师提前向学生布置讨论题目，学生围绕讨论题目按时完成需要自学的内容，及时复习教师课堂讲授的内容，查阅文献，写好发言提纲，并将发言内容作为作业上传到网络课程中。讨论采用自由发言形式，在进行报告和讨论之前，教师采取一些措施激励学生发言，克服他们胆怯的心理，增强其自信心。在讨论中，教师与学生都要认真倾听他人的发言，为培养学生乐于和善于倾听的习惯，可以要求学生对刚才别人的发言进行评价并说出自己的见解，使学生逐步学会耐心倾听，做必要的记录等，在倾听中学会归纳发言者的主要观点，善于吸取与自己有差异的独到见解，对发言中提出的问题可以提出质疑和要求答辩。在讨论过程中，教师根据学生的要求，对一些疑点和难点作相应的解释和补充说明，以引导讨论的深入进行。

（二）两点体会

1. 课堂教案设计很重要

课堂教案设计直接影响到教学效果，因此，教案设计要有明确的目标，要解决什么问题，要符合学生特点，做到因材施教，同时，以布置作业的方式引导学生提前自学和准备讨论的教学内容。

2. 教师必须进行角色转换

启发式教学要求"以内容为主线、教师为主导、学生为主体"的方针，因此，教师要进行角色转换。从讲台上的讲解转变为走到学生中间与学生交流、讨论，这就要求教师在充分吃透教材的同时，根据自己的知识水平、教学环境、教学设备、培养目标及学生的特点，采用合理、有效的教学手段进行教学，充分发挥学生的能动性，注意培养学生的综合能力和创新能力。

执笔人：谢　皓

第五节　农业植物病理学专业主干课教学改革

农业植物病理学是植物保护专业本科学生的重要课程，是专门研究农业植物主要病害及其防治方法的应用学科。课程内容主要包括大量的植物病害的理论知识，介绍各种植物病害的发生规律和防治技术。在以往的教学中，通常采用教师主讲的填鸭式教学方法，学生只是单向、被动的接收，缺少思考过程，容易产生厌学情绪。课程内容上虽然按照寄主植物或是病原物的类别进行了划分，但是针对每种病害都是从病害的分布与危害、症状特征与识别、病原形态与生物学特性、病害发生发展的规律和防治方法等五个方面依次进行讲解，讲课形式枯燥单调。而且不同的病害发生和流行规律不同，侧重于采用不同的防治措施，学生难以形成系统的知识记忆，容易在不同病害之间混淆。针对这个问题，为了学生能够真正掌握农业植物病理学的理论知识，并且在生产实践中加以应用，我们对该课程的教学方法进行了研究、探索和实践，旨在突出学生自主学习、自主实践的能力，以培养出适应都市农业发展的现代植物保护专业人才。

一、典型案例重点教学法

在植物病害中，有许多重要病害的研究已经相当深入，如锈病类、白粉病类、黑粉病类等。这些病害不仅是生产中的重要病害，而且对于病害发生的规律、病原物的致病机理、寄主植物的抗病机理、诊断鉴定的方法以及综合防治措施等的内容在各类参考书中都有比较详尽的报道。在教材中，这些重大病害的描述和相关内容也比较丰富。对于这样的病害，我们采取重点教学法，依然采用传统的"分布与危害—症状—病原—发病规律—防治方法"五步曲的方法，但是在每一步中都要进行详细的讲解，注重形式和内容的多样化，并以这些个案为例，深入的阐述和分析普通植物病理学的理论知识，病害发生和流行的规律等。如小麦有三种锈病，症状有时容易混淆，但是病原的形态、生物学和生活史各不相同，病害的发生和流行也较特殊，是典型的高空气流传播的病害。学生可以通过这个案例的学习，归纳总结气传病害的共同特点，以及植物锈病的一些共同特点，更好地理解气传植物病害和植物锈病的发生规律和特点等，当实践中遇到类似问题时，能活学活用，应付自如。另外，通过对这些典型案例的学习，能够更充分的学习和了解植物病害发生和流行的规律及其分析方法、防治策略的制定与具体实施方法等。

二、启发式教学法

启发式教学是目前广泛推广的教学方式，其精髓就是问题教学法，强调以问题为导向，尊重并以学习者原有的知识为基础，鼓励学生探索问题的解决方法，启发新思想。问题是引发"教"与"学"的原点和动力源，问题的提出，留给学生的是广泛的思考空间，学生在思考过程中学到了知识，并通过知识的运用找到了问题的答案，使学生成为知识创新的思考者和学习者。在这种教学方式中，学生是主动学习者，教师是促进者和设计者。我们的具体做法是，在讲到抗病品种的利用时，要强调品种的合理布局和轮换使用，以免造成抗病品种抗性的丧失。同时，应该提出问题，如抗病品种的抗病性为什么会丧失，有没有持久抗病的品种。问题提出后让学生自己去查阅资料，归纳总结，在寻找答案的过程中学生会对植物病原物生理小种的分化与变异，植物小种专化性抗性、病原物小种与植物抗病品种的相互作用等知识点有更深入的理解，在抗病品种的运用实践中也会更加科学。这种启发性教学形式不仅使学生掌握了参考书和科技期刊等资料的查阅与应用，还开阔了学生的视野，提高了学生学习的兴趣和能力，增加学生对新概念和新技术的了解。

三、自我评价教学法

自我评价教学法是自我意识的一种形式，是主体对自己思想、愿望、行为和个性特点的判断和评价。在这种教学法中，由于引入了自评和互评，激发了学生对知识的思考，学习效果更加明显。课程学习过程中，选取几类生产中常见的病害，要求学生自由选题，利用课余时间查阅资料，调查病害的发生情况、影响因素，分析和制定该病害的防治措施和方法，并制作多媒体课件，在课堂上进行讲解。相同选题的不同学生互相质疑，其他同学可提问，最后由教师进行总结和点评。这种教学模式有助于提高学生的学习兴趣，促进学生的思考和对理论知识的理解和运用，学生有问有答，积极的互动，形成良好的课堂氛围，有很好的教学效果。通过老师和同学之间的相互点评，使学生们能够了解自己和他人的学习方法、学习能力的长处和不足，促进互相学习，实现自我教育和完善。

四、情景式教学法

情景式教学法是一种情景模拟教学法，是指在教学过程中，教师根据教学内容、设定特殊的场景、模拟现实中该场景不同身份的人可能会面临的任务和挑战，要求学生对问题进行解决。该教学法以调动学生的学习积极性，激励学生自主学习作为教学理念，可以提高学生的实践能力。农业植物病理学是一门应用性、实践性极强的专业课程，学习农业植物病理学的最终目的是利用学到的知识防治植物病害。但是要防治植物病害，首先要认识病害，然后才能对症下药，并在掌握了植物病害的发生发展规律的基础上制定防治措施。因此，我们利用教学实习的机会，以田间调查的典型病害为例，引导大家认真观察病害的特征及与周围环境因素的关系等，鼓励大家利用课堂所学知识，设想自己如果作为管理者，将采用什么防治措施以及具体的实施方案是什么。引导大家在不同的时间、地点以及不同环境条件下观察病害症状和危害程度，理解植物病害的症状变化、病害发生过程、环境因素对病害发生的影响等。

五、结语

总结在农业植物病理学课程教学中几种常用教学方法的实践，我们认为典型案例重点教学法有利于重要病害的全方位的教学，通过这种教学法能使学生全面掌握植物病害发生流行的规律，防治策略制定的原则以及研究的前沿。启发式教学法有利于激发学生自主学习，促进思考，增强记忆。自我评价教学法有利于课堂的活跃，老师与学生之间的互动，促进老师对学生知识掌握程度的了解。情景式教学法有利于促进实践教学的发展，理论知识运用。

通过教学方法的研究、探索以及实践，以激励学生自主学习作为教学的理念，在教学过程中能形成良好的课堂氛围，更加突出重点，调动了学生的积极性，不断提高学生的实践能力。各种教学方法在植物病理学各论部分教学的应用各有千秋，只有多种方法结合使用，才能更有力的促进农业植物病理学教学的进步和发展。

植物病害的综合防治技术研究发展很快，新的抗病品种、新的防治技术、新的农药不断产生。我们在今后的教学过程中，要及时有选择地调整教学方法，向学生推荐专业参考资料，并有重点地介绍近年来给生产带来严重损失的病害，以便以拓宽知识面，掌握学科最新动态。

执笔人：尚巧霞

第六节　园艺植物栽培学专业主干课教学改革

一、园艺植物栽培学理论教学改革的必要性

（一）课时大幅度缩减

随着高等教育教学的改革不断深入以及学科专业结构的不断优化调整，使得原来一些过小、过窄的专业越来越不能满足社会的需要和学生的需求，阻碍了学科的发展，因而"厚基础、宽口径"成为学科专业发展的一种趋势。1999年教育部对全国的部分学科专业进行了相应的结构调整，其中包括将蔬菜、果树、观赏植物等过小、过窄的专业合并成大园艺专业。我们参照教育部的相关精神，多次对园艺专业必修课进行整合，2006年将果树园艺学、蔬菜园艺学、观赏植物园艺学有机结合在一起，推出新课程园艺学总论和园艺学各论，2009年又将两门课程进行整合成一门课程园艺植物栽培学，作为园艺专业本科学生的主干专业课程。

园艺学总论和园艺学各论当时都是原来的相应专业的骨干专业课程，总学时均是48学时，实验学时10学时。整合为园艺植物栽培学后，教学内容有所调整和合并，教学强度基本没有改变，但相应的教学时数却减少了，总学时为64学时，其中实验为16学时，理论占48学时，导致讲授课堂教学内容时学时比较紧张，使学生不能较好地掌握园艺植物栽培的相关理论。因此，为了更有效地将果树、蔬菜、观赏园艺的基本理论知识有机融合到一起，课程组对教学内容进行调整和取舍，对教学形式进行改革已是必然。

（二）教学方法落后

合并后的园艺植物栽培学在理论教学过程中虽然也已经普遍采用多媒体教学，但其教学方式在大多数情况下还是属于"填鸭式"教学，即老师在讲台上电脑前忙着讲解，学生在下面忙着抄幻灯片上的内容，教学内容的理论性较强且枯燥，而生产实际的案例分析较少，老师和学生之间交流互动较少，造成部分学生只为拿学分而被动学习，课堂反映较为平淡。特

别是在讲授园艺植物栽培学的各论部分，如第6章主要园艺植物栽培技术，每节都按果树、蔬菜、花卉的概论、生物学特性、主要栽培种类和品种、高产优质栽培技术4个部分进行讲述，各节内容大同小异，如果不联系到生产实际的典型案例，就难以调动同学的学习兴趣，学生对该课程的学习也是为了应付考试，获得相应的学分。

（三）教学内容陈旧

在传统的学科体系中，园艺植物栽培学理论教学内容过分强调理论知识的系统性和完整性，以至于造成理论知识过多和过深，但对实践能力的要求不足。随着新世纪科学技术及其他相关学科的迅猛发展，园艺植物新品种的不断涌现，栽培技术和管理方法的日新月异，这些新的信息无法在本课程教材中得到及时体现。与此同时，现代生物技术、地方特色的园艺植物栽培技术、最新研究成果等方面的内容，在教材中涉及的更是少之又少。

二、园艺植物栽培学理论教学改革措施

（一）教学内容优化与关注学科新动态

选用中国农业大学出版社出版，李光晨、范双喜主编的教育部面向21世纪课程教材《园艺植物栽培学》（第2版）作为本课程总论（1～5章）教学的主讲教材。选用中国农业大学出版社出版，张振贤主编的教育部面向21世纪课程教材《蔬菜栽培学》；中国农业出版社出版，陈杰忠主编的教育部面向21世纪课程教材《果树栽培学各论》；中国农业出版社出版，陈发棣主编的普通高等教育"十一五"国家规划教材《观赏园艺学》作为本课程各论部分（第6章）教学的主讲教材。

选用国家推荐教材《果树栽培学总论》（郗荣庭主编，中国农业出版社出版）、国家推荐教材《蔬菜栽培学总论》（浙江农大主编，中国农业出版社出版）、《园林植物花卉学》（刘燕主编，中国林业出版社）、《园艺学总论》（章镇、王秀峰主编，中国农业出版社，教育部面向21世纪课程教材）、《园艺学各论（北方本）》（章镇、王秀峰主编，中国农业出版社，教育部面向21世纪课程教材）等作为辅助教材。

在教学内容组织上，本课程组注重果树学、蔬菜学、观赏植物园艺学之间的衔接与配合。通过课程组的充分研讨，依据专业课改革方案修改教学大纲，对原有的园艺植物栽培学的教学大纲进行了进一步修订，将考核方式中平时成绩占30％，改为占50％及以上，在这一部分成绩中把课程论文、课堂讨论、学生课堂讲课、随堂测验等对不同教学检测内容纳入其中，培养学生自主学习的能力，也解决教师讲授学时不够的问题。

同时结合新时代园艺专业学生的特点，课程组在园艺植物栽培学整个课堂教学过程中对原来比较抽象、晦涩难懂的理论知识进行简化，转化成浅显易懂、学生可以接受的理论。对于一些和生产实际结合十分紧密、对学生生产实际技能具有较好指导作用的部分理论知识予以重点讲解。本课程有较完善的理论教学内容体系，主要将原来三门课程讲授的果树、蔬菜、花卉的种类和分类、生长发育规律、生长发育及其与环境条件的关系、繁殖与育苗、田间管理等方面的带有基础性和共通性的原理、知识和技术进行了有机的归纳与整合，删除重复、交叉、陈旧的内容，增加实践性、新技术应用等方面的教学内容。把果树、蔬菜和花卉的内容融合一起后，还保持了课程内容的系统性和完整性，但在不同章节和内容的取舍上根

据园艺生产的实际情况有所侧重和不同。如：成花、开花、坐果等内容以花卉和果树为主，设施园艺方面的内容以蔬菜、花卉为主，嫁接、修剪等内容以果树为主，播种等以花卉、蔬菜为主等。

课程组结合北京地区、华北地区主要园艺植物生产的具体情况，对北京近年来大力发展的优势园艺植物种类和关键栽培技术进行了重点介绍，如较详细地介绍主要园艺植物种类的主要栽培品种及基本特性，高产优质高效的栽培技术措施等。在园艺植物栽培学教学过程中，课程组广泛收集各地各种园艺植物高效栽培的典型经验材料，并结合任课老师的科学研究方向北京地区"特色果树""特色蔬菜""冬早反季节蔬菜栽培、夏秋反季节蔬菜栽培"和"常用名优花卉栽培"作为课程教学的主要内容之一，同时在整个教学过程中，课程组始终贯彻绿色农业、安全生产的基本理念，使同学能更好的掌握本课程的相关知识。

目前生物技术在园艺植物各方面的应用越来越广泛，如园艺植物种（苗）繁殖中的脱毒与快繁技术，花果调节和病虫害的防治中的植物生长调节剂使用技术等，创造单倍体和纯合二倍体材料的小孢子培养及加倍技术，创造细胞杂种的细胞融合技术，园艺植物栽培中各种性状的分子标记技术等。在课程的讲授过程中，课程组将本校在园艺植物方面的科学研究所取得的成果，进行整理归纳，积极将最新的研究动态、发展趋势和科研成果介绍给学生。

（二）教学方法改革

将启发式教学、参与式教学和讨论式教学等教学方法贯穿整个课程的讲授之中。适当改变以教师讲授为中心的传统教学模式，整个教学过程由教师和学生共同参与，通过师生之间的互动，使教学由原来单纯的单向传递转变为对课程内容的有趣探索，使学生在课堂上由原来单纯的听、写、记，变为边听边想，并发表自己的看法，甚至直接走上讲台讲授个别章节。

1. 启发式教学

任课教师在讲授课程的基本理论及相关原理的同时，将具体生产实践中的一些具体问题和相关理论结合起来，用理论来指导生产，启发式引导学生来分析问题和解决问题。

有意识增加课堂提问，尽量将一个章节用一连串问题连起来，边讲解边提问讨论解答，提问尽量切合学生的知识程度和理解认识能力，难度适中，多肯定、多鼓励学生，培养主动思考习惯，激发学习热情。随机提问，对一部分不积极的学生可起到督促听讲，集中注意力的作用；学习积极的学生则更获得自信，热情更高。

例如，讲授高海拔夏季喜冷凉蔬菜（如大白菜）反季节栽培技术时，首先给学生提出以下问题，夏季高海拔地区和低海拔地区蔬菜生产主要的差别有哪些？高海拔地区发展蔬菜产业的主要的限制因素有哪些？大白菜的主要生物学特性有哪几方面？让学生自己结合相关情况进行思考。然后再对学生的回答进行点评。通过点评，让学生沿着预设的教学思路，进入相关章节的学习，使学生最终理解高海拔夏季喜冷凉蔬菜生产的意义，掌握关键技术和操作要点等。

2. 参与式教学

将有关理论在生产技术上的应用等延伸内容，在对相关章节的讲授过程中，任课教师事先提出相关问题或留下相应的作业，然后在下次上课时要求学生回答或展示学生完成的相应作业，教师再进行相应的评价与总结。这种方法既可以活跃课堂气氛，加强学生对基础知识的学习记忆，同时还可以使学生的勇气和胆量得到锻炼，口才得到培养，促进全面发展。

例如，在讲述第6章主要园艺植物栽培技术（花卉部分）时，让每班学生自由分组，每组6人左右，教师根据花卉生态学分类将一二年生花卉、宿根花卉、球根花卉、水生与岩生花卉、花木类中的代表性花卉列出，布置学生上讲台讲授的课程内容，让学生抽签选题，经过参阅教材和参考书、制作PPT课件等课外自主学习的过程，在规定的时间内讲授各选择的教学内容，台下每组的学生可以补充，其他学生可以提问，最后教师对所有内容进行点评和总结。有些学生在教师点评后，又对PPT进行了修改，再让教师审阅。经过这样的过程，学生增强了自主学习的能力，也锻炼了胆量和口才，提高了制作课件的能力，收到了良好的效果。

3. 讨论式教学

在每章讲解完后，布置思考题让学生课外准备，选题主要是有关北京园艺产业发展的条件、现状、趋势、存在的问题及对策等内容，主要园艺植物的种类及品种、优良苗木的繁育、植株调整等，进行分组讨论、阐述看法，最后教师总结。

如在讲述园艺植物的根和茎（营养生长）时，布置作业思考题"联系生产中的问题论述环境对园艺植物生长发育的影响"，让学生课外准备，在下节课讨论。讨论完后接着讲第二节开花与坐果（生殖生长），再布置作业下节课讨论的题目"联系生产中的问题论述环境对园艺植物生长发育的影响"，这样把一些需要延伸的教学内容放到学生课外时间内完成，有助于学生课后复习和总结。

随着以计算机、网络、多媒体技术为代表的现代科学技术的发展，为教学手段的革新提供了强有力的保障，同时也为提高教学质量和教学效率开辟了广阔的前景。本课程组根据课堂教学的需要，拍摄了一些图片资料，如各类园艺植物的品种、修剪、育苗等，增强了教学视觉效果，也增强了学生的识别园艺植物的兴趣，将本来难以理解的专业知识加以形象化，使得学生能够在有限的教学时间内获得更多的专业知识。

三、园艺植物栽培学理论教学改革中的体会与思考

2013—2014第一学期是园艺植物栽培学课程实施新教学大纲后的第一次授课实践。本课程按照学校对专业课程的教改要求，对教学内容进行了优化，对教学手段和考核方式进行尝试性的改革，加强了师生互动环节，促进和培养了学生自主学习的能力。

作为授课教师体会较深的是，要把课程讲解得精炼，还需要教师自身备课作更好的准备，要学会把难的内容讲得简单，让学生觉得既能学到专业知识，又与自己的生活有联系，激发他们的学习热情。在教学过程中也体会到，教学难点是要讲授的基本专业知识内容较多，而学时太少，因此教师要学会挑重点，学会讲课技巧，在让学生讨论时要引导他们抓住重点、学会自学、学会归纳。建议适当增加课时，给学生和教师有更多的发挥空间。

在园艺植物栽培学理论课程教学改革中，由于课时有限，课堂上有时仅进行了几个问题的提问讨论，在布置学生参与教学进行上台讲解时，教师需要额外补课给予指导。因此，在以后的教学实践中，需要一步探讨的是：针对刚进入专业课程学习还不具备专业系统知识的学生，该如何在有限的学时里让学生更多地参与到教学中来，如何保证学生参与教学互动的质量，这关系到讨论课的质量和实际效果。

执笔人：沈　漫

第七节　污染生态学专业主干课教学改革

一、污染生态学

污染生态学课程内容涉及植物、动物、微生物和物理环境等多方面的内容，因此，在人才培养方案中设置在大三上学期。这样，其先修课程植物学、化学、高等数学、普通生态学、环境微生物学、植物生理学、土壤学等为学生学习该课程奠定了一定的专业基础。污染生态学的学习又为后继课程环境监测与质量评价、环境规划与管理、环境影响评价、生态修复等提供了重要的知识储备。污染生态学承上启下的课程地位，决定了学生在该课程的学习过程中要不断地巩固原有知识体系，并在此基础上不断增加新的知识点，为后继课程打好基础。因此，该课程的学习必然带来大量信息供学生了解和掌握。另外，污染生态学具有现实性、综合性和实践性的课程特点，要求在讲授过程中，加强实际案例的讲解与讨论，以加深学生对知识点的理解。巨大的信息量以及紧密联系实际的案例，如果只靠老师在课堂上"填鸭"式的单方讲解，必然会造成老师的"教"与学生的"学"相分离。为提高授课效果以及学生的学习效果，在该课程的教学中尝试采取了参与式教学模式。该模式不仅重视教师的主导作用，更重视学生的主体作用。在教学活动中加强师生间的交流，引导学生主动思考和探索，充分调动学生的积极性，使学生获取知识的同时，自身能力得到全面发展。

二、参与式教学的实践

参与式教学源于20世纪五六十年代的英国。参与式教学法主要以心理学的内在激励与外在激励的关系，以及弗洛姆的期望理论为支撑点。该理论认为人的需要可分为外在需要和内在需要。外在需要所瞄准和指向的目标或诱激物，是当事者本身无法控制而被外界环境所支配的。与此相反，内在需要的满足和激励动力则来自于当事者所从事的工作和学习本身。在参与式教学中，教师要通过采取各种有效措施创设轻松愉快、平等和谐的教学环境，运用小组讨论合作、师生间的信息交流和评价反馈等科学方法，灵活多样、形象直观的教学手段，调动学生学习的积极性、主动性和创造性，引导学生发现问题，帮助学生解决问题，鼓励学生主动介入教学活动的每个环节。充分调动学生的思维，使其以外在行为，不断内化教学内容，使课堂教学更具实效性，从而使学生的知识不断积累，能力和素质不断得到提高。

在参与式教学模式中，学生的参与形式包括课前参与、课中参与、课后参与和评价参与等。因此，在本次污染生态学的教学活动中也在课前、课中、课后以及评价阶段设计了学生参与的环节。具体改革措施如下：

（一）拓展阅读，增强专业认识

污染生态学是一门综合性课程，涉及植物、动物、微生物及物理环境等多方面内容。其中主要包括生态环境问题分析、污染物的环境行为、污染物对生物的影响、生物检测技术、污染生态原理及工程等。从内容上看，具有很明显的现实性、综合性和实践性。对于这样一门课程，必须要有足够的信息量才能使学生更为深刻地理解该课程的内涵及实践意义。因此，在课堂上除了讲授教材内容以外，适量增加了部分本领域的最新科学研究成果，让学生了解目前污染生态学的研究热点。课后还给学生布置了大量的课后拓展阅读作业，旨在拓宽他们的专业视野。其中包括定期登陆生态环保网站（如：中国环保部网站、环境保护网、生态论坛等），使其了解生态环境相关的先进技术和政策，以及目前我国生态环境的现实情况，使学生深刻了解本门课程的重要性，并激发学生保护生态环境的责任感和学习的热情。课前的拓展阅读使学生在上课之前了解一些生态环境问题的发生、发展情况以及对污染控制技术的现实需求，以提升他们课堂上的听课兴趣。课后的拓展阅读有助于他们将课上的理论知识与现实有机联系起来，加深对知识点的理解。为督促并检验学生的课外阅读，还定期布置作业，使学生的学习效果得到进一步巩固。

（二）学生自讲，提高学生的兴趣

为了提高学生在课堂上的学习兴趣，在本次教学活动中，除了教师讲授外，还挑出部分内容交由学生来完成讲授。但是需要注意学生讲授内容应是相对简单、容易理解的内容。在该课程中，特意挑选了第三章污染物对生物的影响的部分内容交给学生自学，然后由学生自己来讲授。具体实施过程是这样的：首先将学生分成四大组，每组确定不同的内容，分别为：污染物对生物生理生化过程的影响；污染物对生物在分子水平上的影响；污染物对生物细胞的影响；污染物对生物在器官水平上的影响。由学生根据内容查询相关教材与参考资料，然后整理，最后将主要知识点及相关内容融汇于 PPT 中，由本组一名成员在课堂上将此部分内容讲授给同学。在这种学习模式中，由于学生本身要参与课件制作的整个过程，使得他们在之前的资料收集与整理过程中更加认真和投入，更为深刻地去思考各个知识点的内涵和意义。另外，为了更好的完成课程的讲解，学生必须准备更丰富的资料来支撑讲解内容，这进一步拓宽了他们的知识面并加深了他们对知识点的理解。对听讲的同学来讲，由老师的一张"老面孔"换成了他们熟悉又陌生的一张"新面孔"，听讲的兴趣度会大幅提高。这种课堂上的参与形式使学生获得更好的学习效果。

（三）专项内容分组报告，提高学生综合能力

从前述内容中可以看出污染生态学是一门综合性课程，涉及领域非常广泛，任何一所高校都不可能培养全面的污染生态学人才。而在农业资源与环境专业开设此门课程必须要凸显出农业院校的特色。因此，在本课程中除了污染生态学的基本理论和技术外，专门设置了"农业生态系统中的污染生态学"这一章节，重点内容包括农业生态系统中的生态环境问题分析，农业生态系统的污染防治技术及修复等。这部分内容实际上是污染生态学基本理论与技术在农业生态系统中的应用。相较其他的内容，实践性更强，更适合以专题报告的形式教学。为了让学生更好地参与到这一部分的教学过程中来，老师将与农业生态系统污染生态学相关的问题划分了若干个小专题，让学生每三人一组，分别选择其中一个专题，来进行资料收集、整理，然后每组选择一人以报告的形式展示学习成果。各组之间的选题不能冲突，以避免各组之间内容的重复性，最大限度地拓宽知识面。另外，为提高学生听报告时的注意力，在每组中选择一名同学作为评委来给报告人打分，这样使得学生必须集中精力听取同学的报告才能给出较公正的评判。这次的评分结果作为该课程最终成绩评定的部分参考依据。这就更进一步提高了学生在教学活动中的参与度，并提高了学习效果。

三、教学效果的分析

以上三点就是本次教学改革中所采取的一些措施。这些措施的实施在一定程度上提高了学生的学习兴趣，学习效果相对往年也有一定的提高。为保证这些措施确实能够取得实效，在其实施过程中必须要注意以下几点。①教学过程要循序渐进，学生参与（作业）的难度也要循序渐进。因此，在授课的前期，学生的参与多是一些课外资料的阅读，一些生态环境指标的查询；中期可以过渡到对某一具体环境问题的分析（比如在此次课程中期让学生做了一次中国七大水系 2013 年度前三季度平均水质的分析）；后期才是一些综合问题的分析。这样学生在参与过程中由简到难，容易接受，也能取得预期的效果。②污染生态学的内容很广泛，但是留给学生的作业一定要细化、具体，否则，学生将无从下手，影响学习效果。再以"中国七大水系 2013 年度前三季度平均水质的分析"为例。这个作业最终的目的是想让学生得到我国七大水系的最终的平均水质状况。但是如果直接只提问这一问题，可能很多学生就不知道如何下手。为了避免这种情况，就要把得到的结果分解成若干个比较简单的小问题来进行提问，然后通过一个个小问题的串接得到最终的分析结果。学生在完成这个作业的过程中，也了解了各个问题之间的关系，从而学到了如何一步步地解决一个相对比较复杂的问题。

通过这个学期的改革，在教学过程中使学生参与进来确实能够提高学生学习的积极性，在一定程度上也能提高学习效果。但是实施过程中要有一定的技巧，并且学生参与的度要把握好，否则很可能会适得其反，达不到预期的效果。

执笔人：王敬贤

第八节　动物内科学专业主干课教学改革

动物内科学是 4 年或 5 年制兽医或动物医学专业学生的必修课程，开课学期多在大三或大四学年。学习内科学要先修畜禽解剖和组织胚胎学、动物生理生化、兽医病理和药理学、兽医临床诊断学、兽医微生物学和免疫学等课程，这是学习兽医临床学科的理论基础。学习动物内科学之后的临床实践更是动物医学专业教学工作的重要组成部分，是医学生从纯理论进入临床实践的桥梁。

一、动物内科学课程的特点

内科学是研究动物非传染性内部器官疾病的一门综合性临床学科，其研究的内容更加复杂和多样化，具有以下几个特点：

1. 系统性理论知识要有综合性

动物内科疾病分为消化、呼吸、心血管、血液和造血器官、泌尿和神经系统疾病，以及营养代谢病和中毒病。不同组织结构的生理功能有所不同，因此，内科病系统性和理论性更强。

2. 不同种属动物内科病侧重点不同

反刍动物消化系统与单胃动物不同，其前胃疾病临床多发，影响动物产奶性能和肉品质，讲授时应重点对病因和临床症状相似的前胃弛缓、瘤胃积食和瘤胃臌胀进行鉴别诊断。

3. 内科病的重点难点要突出

备课和制作幻灯材料时要认真阅读教学大纲，以大纲为指导做好教案；课上将理论知识点和临床实际病例进行概括总结和指导；课下引导学生复习和巩固理论要点，并不断提高其运用和综合分析问题的能力，实现双主模式教学的优势。

4. 加强临床实践

相较于外科学，内科学更加复杂多样和具有不确定性。在临床实践过程中，更加注重培养学生具有扎实的理论基础、细致缜密的综合思维能力、准确果断的诊断治疗措施。因此，动物医学专业学生学习内科学，更是检验多种学科理论和实践的重要途径。

二、内科学教学方法的灵活应用

内科学的特点决定了作为学习者常不能亲眼看到或亲耳听到相关信息，因此，在实际诊疗过程中，我们更多强调的是采用仪器检查和指标检测。那么，如何判读化验单？如何确诊疾病的性质、急缓及预后呢？针对理论与实践结合学习专业课程的实际情况，目前，北京市教委已批准动物医学专业"卓越兽医师"培养计划，且针对卓越兽医师计划在北京农学院配套了动物医学专业综合改革试点项目。临床诊疗的丰富经验和体会，需要教师在课堂上以多种教学方法来分享给动物医学学生，这成为现代兽医界培养合格兽医的重要内容。

（一）问题教学法（Problem Based Learning，PBL）

问题教学法来源于 1969 年美国神经病学教授 Barrows 在加拿大 McMaster 大学医学院时的首创，于 1993 年爱丁堡世界医学教育高峰会议中被广泛推荐。它强调以问题为基础，以学生为主体，以教师为导向的启发式教学模式，以重点培养学生能力为教学目标。在医学教学过程中，课程设置一级一级的问题，引导学生从专业基础知识、基本病理过渡到典型临床症状，确定疾病性质，制定预防和治疗方案，实施疾病诊治。

讲述消化系统疾病，首先要明确消化系统的组成。教师在课堂上发放包装小食品直接食用，请学生亲身感受从摄食、消化、吸收到排泄的全过程，而这四个过程正是消化系统的基本功能。然后引导学生回顾动物解剖学中口腔、食道、胃、肠、肛门等消化器官的组成，复习临床病理学中口炎、咽炎、食道阻塞、胃肠炎等的发病机理，结合临床诊断学对各系统疾病典型临床症状进行分析，初步诊断此类疾病的性质。因此，讲述这一章，采用问题教学法能更好地激发学生兴趣，其中以人类消化系统的结构和功能为参照，加深理解动物消化系统器官组成、基本功能和常见疾病的诊疗。当然，反刍动物瘤胃、网胃和瓣胃疾病的讲授要重新进行设计和研究。

（二）案例教学法（Cases Based Learning，CBL）

在动物内科学教学过程中，我们采用一个典型临床病例，交待其病史调查、临床症状观察、实验室指标检查、病理剖检结果等，让学生思考并提出可能的病因与结论，分析并阐述诊断要点与结论间的相关性。整个教学过程中，以学生思考为主体，教师引导学生，逐层总结分析疾病的病因、症状、确诊或疑诊疾病的类型，制定预防治疗方案。这种教学法对于学习典型的临床病例更为有益，让学生能够通过一个病例了解疾病诊疗的基本过程和原则，提出治疗原则和预防措施。例如，动物佝偻病的发生，我们选取一段视频，按照以下步骤进行教学活动：

（1）限定发病条件。犬年龄为 4 月龄，患犬长期肉食，间或饲喂狗粮。患犬主人从事IT 工作，他通常待在家里而无固定的户外活动时间。此时，提示学生认真观看视频材料，找出可疑的诊断证据。

（2）播放视频。这个过程中要密切观察学生对患犬异常行为的鉴别力，学生不能快速辨别症状时，可重复播放视频 2～3 次，必要时教师可模仿患犬走路摇晃、站立不稳以及"O"形腿的骨结构异常，进一步加深学生对本病典型临床特征的印象。

（3）请学生分组讨论上述资料。是幼龄动物多发病？骨骼疾病？运动系统或神经系统受损？营养代谢性疾病？或物质代谢障碍性疾病？微量元素或矿物质缺乏症？带着这些问题，引出佝偻病的概念：佝偻病是指生长期的幼畜或幼禽由于维生素 D、钙、磷缺乏，或饲粮中钙、磷的比例失调而引起的一种骨营养不良性代谢病。在这个概念中，分析强调本病的病因、发病动物年龄特征、发病部位和疾病性质，为确诊疾病奠定基础。

（4）共同分析视频中患犬"O"形腿特征。患犬走路摇摆、跟跟跄跄的异常姿势，是临床中典型的共济失调。提示，通常发生在动物营养不良、运动机能或神经机能受损时。

（5）实验室检查。患犬血清碱性磷酸酶活性升高，血清磷水平下降，血清钙水平后期下降；X 线平片显示骨骼变形，"O"形或"X"形腿、骨骼的密度降低、骨端的"羊毛状"或"蛾蚀状"，骨骺与长骨的融合；骨骼密度降低，显著多孔、部分骨腔或生长板显著增宽，呈现骨质疏松和易骨折的倾向。哪些情况会导致骨骼结构功能的异常？将实验室检查和 X 光检查的结果进行综合，分析得出：钙是影响骨骼结构和功能的主要因子。

（6）钙功能相关因子分析。与钙有关的因子有哪些？维生素 D、磷等。提示学生回顾维生素 D 的基本生理功能，维生素 D 原在阳光中紫外线的照射下可转化为有较强生理活性的 $1,25\text{-}(OH)_2$ 维生素 D_3，促进钙、磷在小肠中的吸收，促进钙在骨骼和牙齿内的沉积。维生素 D 缺失和（或）阳光缺失，钙的吸收受限；动物饲粮多肉食，其钙、磷比例远超出 1～2：1 的正常范围，过量磷限制钙在骨骼和牙齿中的沉积，导致幼龄动物骨营养不良。此时，疑诊犬佝偻病的发生。

（7）确诊疾病性质。还需要哪些诊断技术支持？提示动物内科学的营养代谢病部分有一项特殊的诊断方法，即治疗性诊断。这是营养代谢病的一个基本特点，缺什么补什么，在一定时期内能够缓解或改善动物临床症状，即可确诊某种营养物质缺乏症的发生。因此，我们可以给患犬注射钙制剂，同时纠正患犬日常肉食饲粮，改喂全价幼犬商品粮。通常治疗 1～2 个月后，患犬的行为异常有所改善，血清学指标恢复正常。因此，排除鉴别诊断时成年动物的骨软症和氟病，我们基本确诊了犬佝偻病的发生。

采用案例教学法，学生要有足够的分析思考时间，适时地分组讨论，引导学生掌握疾病诊断的基本流程和原则，将理论知识应用到临床实践中，给学生传递学习中的"正能量"。

（三）多元教学法的综合应用

通过犬佝偻病病例的综合分析，我们实际采用了问题教学法和案例教学法，并将这两种教学法联合或穿插应用于整个教学过程中，这即为多元教学法。实际课堂上，多元教学法让学生跟着老师遵从的教学大纲、已设计的教学方案进行深入思考，充分调动了学生学习中的积极性和主动性，鼓励学生运用熟悉和系统的理论知识解释案例中的异常变化，分析疾病发生的基本机理和典型的临床症状，并利用综合医学知识将"初步诊断—疑诊—鉴别诊断—确诊"这条主线贯穿起来，为其他内科疾病的诊断提供经验借鉴。

三、内科学教学的发展方向

鉴于内科学系统病和个病的复杂性，结合兽医临床对内科学疾病诊治的体会，我们准备做如下改进：

（1）内科学可分为普通病、营养代谢病和中毒病 3 个板块，同时增加动物内科学的课时。动物医学（兽医）专业是专才教育，掌握系统的理论知识和专业的实践技能是对每个医学生基本的素质要求。因此，需要更多的时间来学习和巩固基本原理，更多的病例来实践和检验诊疗思路和积累经验。

（2）相关科室专家或教授负责制。专业研究某类疾病的学者，定期进行授课演示。美国明尼苏达大学兽医学院的兽医内科学安排在每年春秋两个学期，由 3～5 位教授单独负责和讲授。教授们经历过系统的教学培训，了解教学大纲的设置和实施流程，同时具备丰富的临床诊疗经验；学生根据自身兴趣和对教授授课方式的接受程度选择听课。一方面几位教授在讲课形式和内容上有了良性竞争；另一方面教授擅长的讲授部分更容易得到学生的认可和广泛传播。结果使问题教学法和案例教学法交相呼应，课堂上常常座无虚席。

（3）内科学是多个学科知识点的综合应用。改变以往单纯授课模式，采用案例式教学或讨论式教学等适合执业兽医师考试的教学模式，提高兽医学生在理论和实际诊疗过程中的综合能力，尤其对临床兽医学方向的学生，教师授课能够更好地"授之以渔"。

执笔人：姚　华

第九节　动物生产学专业主干课教学改革

动物生产学为动物科学专业的主干课程之一，包括了牛、羊、猪、家禽四门传统的畜牧课程，是动物科学的支柱课程。在教学中必须十分注重其科学性、实用性及先进性，要使学生了解本学科的最新研究动态、掌握基本知识和操作技能以及新的养殖实用技术，培养并锻炼广大学生的分析问题和解决问题的能力，开阔学生的视野，加大知识的深度和广度，以培养更多合格的、综合素质高的复合型人才。为适应新的教学计划的调整，将学时进行了大量的压缩，原本 4 门课程并为 1 门，为在有限的课堂教学学时中完成教学内容，并发挥学生的自主能动性，培养学生的实践能力和创新能力，对本课程的教学方法以及实验内容等进行改革。

此外，随着经济社会的发展，创业活动越来越成为推动社会发展、促进国家财富增长的重要力量，创业者不断开创新的产品、产业和市场，促进了社会的进步。与此同时，创新创业也成为现代人的一种精神和生存方式。创业型人才便成为农学类高校最需要培养的人才类型之一。动物生产学为动物科学专业的主干课程，是一门理论性与实用性相容、特别重视实用性的一门应用学科。学生通过学习主要了解国内外畜牧业生产发展概况、发展趋势及重要意义，掌握猪、禽、牛、羊等畜禽的各个生产环节，为其后续创业提供坚实的理论和实践基础。

本次教学改革的目标就是优化教学过程，充实课堂和课外内容，本着传授知识和培养素质相结合、理论与实践相结合、学生全体教育与突出个性教育相结合等原则，注重厚基础、宽口径，强能力、广适应，改变动物生产课以往传统的单一的专业教育倾向。在教学上讲究教学策略，设置创业情境，加强对知识的理解和应用，以培养学生创业思维和创业能力。

在教学改革中，主要进行了动物生产学的养牛学和养羊学的改革，打破原来的课程体系，重新组合新的教学模式和教学体系，将有些章节进行删减合并，从而更加精炼。此外，将有限的课堂教学扩展到学生充裕的课外学习中，课内和课外结合，扩大学生的视野，增加学生知识获取的渠道，更好地培养学生学习的主观能动性。另外，实验部分增加了畜产品的加工实验内容，激发了学生的创业意识，提升了学生的综合能力。本课程的教改主要内容有以下几个方面：

一、精炼理论教学，提高学生创业素质

将主要的章节进行课堂讲授，其余通过目标设定，让学生在课外进行学习和完成相应作业。加强课堂教学设计的策略，对理论教学整体过程的决策、规划和把握。在教学中进行启发式、讨论式教学。同时，对学生课外学习进行指导和作业点评，使课堂和课外有机结合。如养羊学教学中，主要开展了三方面的课外学习：一是课程论文，学生每人完成一篇与养羊相关的课程论文，具体内容格式要符合教师给出的要求，成绩计入综合评分；二是分小组进行专题学习和汇报，教师点评和并打分计入平时成绩；三是每章节的课堂测验，成绩计入平时成绩。由于动物生产学的课堂教学学时比原有学时已经降低了一半以上，因此很多内容在未改革前是没时间讲授的，现在通过课内与课外结合的办法，已经顺利完成了系统的学习。学生觉得改革后他们的学习任务重了，课外的时间还要自学创业知识，但还是感觉受益很大，许多知识通过自己查阅文献，提高了大学生学习主动性。

二、强化实践教学，提升学生创业能力

在动物生产学的教学过程中，我们注重加强对知识发生过程和创业案例的教学。既重视知识结果的教学，又重视创业过程探索，努力把过程中蕴含的创业潜能充分展现出来，以培养学生观察、思维、实验和创业等各项能力。在实验和实习的教学中，增加了新的实验内容，使这门传统的课程能和研究及创业结合起来，以培养学生动手能力和创业能力。在实践性教学的改革中，主要增加了乳品加工与市场营销和肉品加工的实验，通过与食品科学畜产品实验室的合作，完成了2010级动物科学专业两个班学生的实践教学和创业教育，进行了两种酸奶的制作和推广，两种牛肉灌肠的制作和品尝。学生对这些新开的实验和市场营销兴趣很高，实验过程认真操作，并和其他师生品尝自己的劳动果实，领悟了动物生产学的真正用途，提升了大学生的创业能力。

三、以动物产业链为教学模块，开发学生创业思维

动物生产学是动物科学专业的一门重要的专业课，其特点是专业性强、内容庞杂，涉及面广，内容的伸缩性强，而教学的学时数又有较大压缩。为在有限的时间内圆满完成教学任务，必须按照本课程特点对教学内容进行大胆改革，适当拓宽产业链知识，增加创业教育。改革教学内容，从根本上改变了按动物品种设立课程的传统模式，按照产前、产中和产后三个模块将有关章节进行合理的组合和简化，侧重基础理论和基本技能，并能对畜牧产业链中的适合创业的知识点及发展趋势作为主讲方向。以养羊学的改革部分为例，将品种这一章节

进行了拆分，按照动物产品的类型按产业链进行全程模块讲述，教师重点讲解一类型中的主要品种及羊肉羊奶市场前景，其余创业计划学生课外完成，并在下一次课上分组进行汇报和交流，从而发挥了大学生的主观能动性，开发了大学生丰富了创业思维。

对于考试形式也进行了改革，将原来的闭卷考试70％＋实验成绩30％的模式，改为课堂讨论、课程论文、实验、创业计划、期末考评五个部分进行加权的办法，把评判学生的学习放在过程上而不是期末考试上。这样可以有效地指导学生进行全方位的学习和创业教育，在学习过程中学生会精力集中，能够更好完成本课程的教学任务。

总之，对动物生产学理论与实践教学进行教学方法、内容、创业、考核等方面的改革和实践表明：通过深化教学改革，可极大地激发和促进学生对动物生产学的学习兴趣、求知欲和创业意识，培养学生掌握理论知识和创业创新能力，全面提高了人才培养质量。

执笔人：鲁　琳　曹永春

第十节　经济法专业主干课教学改革

经济法课程是经济管理学院工商管理专业、市场营销专业和会计专业的专业课程，被列为专业课程教学改革试点课程。

一、经济法课程教学改革内容

根据《北京农学院专业课程教学改革实施方案》（以下简称《教改实施方案》）的精神以及经济法课程教学大纲的要求，改革的重点包括两部分内容，一是教学形式的改革；二是考核方式的改革。

（一）教学形式改革

在教学形式改革方面，主要采取以学生主讲及课上学生参与讨论相结合的形式，加强教学互动，充分调动学生自主学习的积极性。支撑该方面改革的具体措施包括：

第一，学生主讲及参与讨论内容的选择。关于学生主讲内容的选择，遵循的基本原则是选择可以产生争论或引以思考且便于文献查询的问题。本次学生主讲内容包括两个主题：一是合同订立的程序，选择了两个案例，通过案例分析探讨合同订立程序中的法律问题；二是商标概念及商标种类，重点讨论内容为商标概念及与其他商业标识的区别（商业标识——厂商名称、原产地标记、地理标志、产地标记、商品装潢、商品名称）；商标的种类及受法律保护的商标种类。关于学生参与讨论的内容选择，遵循的基本原则是根据学习重点确定相关案例。本次学生参与讨论的内容包括六个方面：法定代表人超越授权订立合同；代位权；不安抗辩权；合同解除，赔偿损失违约责任方式和商标侵权案例分析。

第二，学生主讲及参与讨论的组织形式。无论是学生主讲还是参与讨论都以小组为单位进行组织。小组组建以自愿且每组不多于6人（最少不能少于3人）为原则进行组建，每组设一名组长。在小组组建中可以打破班级界限。按照小组组建要求，将班集体分成若干学习团队，也即形成若干学习竞争团队。以小组为单位进行课程章节讲授，包括资料的收集、整理、准备课件及讲授人。各小组在准备中开拓思路，积极准备，课件的制作与讲授的效果都表现出学生的实践能力。小组讲授过程中，讲授人按照章节内容细致的讲述，把内容与选择的案例合理的组合，比较准确地讲述了教学内容，并通过其他小组成员的补充，较好地完成讲授的内容，基本达到教学预期设计的要求，激发了学生的学习兴趣。结合学生讲授中的问题，教师对重点内容重新进行讲授，采取教师与学生小组的互动方式，纠正问题，提高学生的认识与理解程度。

第三，学生主讲讨论和教师主讲课时分配。根据《教改实施方案》课时分配的要求，学生主讲讨论和教师主讲课时分配是 30％和 70％。

（二）考核方式的改革

根据《教改实施方案》要求，考核方式改革主要包括：一是考核形式；二是总评成绩构成。关于考核形式，采用试卷考试和课程论文相结合的考核方式。结合两次学生主讲内容，每一学生提交不少于 2 000 字的案例分析报告和课程论文。关于总评成绩构成，其中平时成绩占总评成绩的 50％，具体包括：考勤占 10％，平时测验占 10％，一次案例分析占 15％，一次课程论文占 15％。期末成绩占总评成绩的 50％。

（三）经济法课程教学改革措施

第一，课程小组成员进行两次讨论，确定改革具体方案。经济法课程小组为 3 人，本学期承担经济法教学的教师 2 人，主要涉及工商管理和会计专业。第二，建立相互听课制度。通过相互听课，可以站在学生的角度思考问题并且发现问题，进而不断完善课程的改革。第三，配备一名研究生，辅助课程改革的事务性工作。

二、经济法课程教学改革难点及建议

经过近一学期的实践，就经济法课程教学改革而言，其难点包括：一是学生主讲内容的选择和组织；二是学生参与学习效果的考核。为不断探索和完善专业课程改革，提出如下建议：增加改革经费，激励教师不仅仅实践教改内容，而且研究教改理论和实践；提供监督学生诚实学习的技术手段。

执笔人：隋文香

第十一节 财务管理专业主干课教学改革

财务管理作为北京农学院第一批主干课程教学改革试点课程之一，围绕人才培养方案能力体系，对教学的内容、教学方式、考核方式等进行了系列探索。综观国内外财务管理课程的内容框架，主要包括三大部分的内容：一是导论部分；二是财务管理的基本理念；三是包括筹资、投资、股利分配、营运资金管理等在内的财务管理活动。本节将结合财务管理课程的教学内容对各部分的教学探索进行逐一介绍。

一、课程改革着力于培养学生的职业能力

财务人员主要是对公司的财务关系和财务活动进行管理，他们利用自己的专业技能，创

造性地解决工作中出现的财务问题，履行受托责任，需要具备较强的沟通、协调和自主学习能力，通过实践活动，形成基本的决策和判断。具体能力包括：

（一）信息获取与利用能力

能够利用直接交流、文献、网络等渠道获得相关信息，通过数据统计分析软件对信息进行加工处理，有效地提出问题，通过讨论、辩论、报告，形成合理的判断和观点，进行有效的决策。

（二）团队合作能力

财务工作是每个具体岗位工作的有机整合，围绕公司财务管理目标，财务人员需要通过团队合作来完成本职工作，这种合作需要本部门及部门内外的合作。管理者还要负责具体的合作分工，协调工作进度和安排，在教学中，通过合理的角色分工，达到团队合作能力的培养。

（三）应对压力及合理安排时间能力

如何提高工作效率，合理分配和有效利用工作时间是财务人员应对职业压力应具备的基本能力之一。

（四）系统分析问题能力

财务管理处于复杂的经济环境中，在进行相关分析和决策时，需要明确各因素之间的联系，不仅要能够建立和运用模型进行结果分析，还要求能够结合具体的行业特征、金融环境、经济政策、企业实际经营等进行系统分析和结果评价。在分析中形成逻辑思维和批判思维的能力，能对现有的理论、结论、方法的适用性提出质疑。

二、重新梳理本科财务管理教学内容框架

财务管理作为会计专业的核心课程之一，内容涵盖会计学、金融学、投资学、管理学等课程的应用和延伸。

针对本科会计专业学生职业能力培养的要求，在课程改革中，以企业价值为主线，围绕财务关系和财务活动安排授课内容，主要包括对财务目标的讲述和讨论；财务管理的基本理念；介绍财务基本理论；投资、筹资、股利分配、营运资金管理等财务活动；以价值为中心的财务评价体系；并延伸部分企业价值评估的内容。

三、以职业能力培养为核心的具体教学设计

为将能力培养纳入日常教学中，增加学生自主学习的时间和能力。在课程教学设计中，遵循"理论—验证—质疑—分析"的思路，针对课程的主要内容，如财务管理目标、财务评价、筹资方式、资本结构、股利政策、投资评价、营运资金管理等设计讨论题目、学生讲授、提交研究报告等多种形式展开。目前国内的教材大多还是以西方的财务管理理论为基础，这些理论和模型的形成是基于西方的资本市场环境以及企业发展的实际情况进行统计研究而形成的，有些理论并不适合国内的实际情况。但这些理论形成的基本思想是值得借鉴的，在实际应用中，需要结合我国企业的实际进行分析，对理论的适用性进行质疑，从而更

好地利用理论来指导企业的财务管理工作。通过这些研究型的学习，培养学生的信息获取能力、逻辑分析能力、团队合作能力等。

（一）关于财务管理目标

在教学中，通过深入剖析财务关系人的利益冲突和协调，以及企业所处的发展环境，使学生理解这些目标提出的背景。通过分组讨论的方法，引导学生思考这些目标实现的利弊及可能性，使他们形成系统分析的能力。

（二）关于财务管理基本理念

在货币时间价值部分，通过引入彩票中奖领奖的案例，所有的学生选择如果现在和五年后都领取 100 万，他们会选择现在领取。引导学生理解货币是有时间价值的，给学生以直观的理解。然后通过领奖的不同方式，引出单利、复利、年金等货币时间价值的计算。在理解了货币时间价值最基本的形式之后，引导学生自主进行练习企业证券估值、简单的投资决策等，以有效利用所学知识。

（三）关于财务评价

在这一部分，主要是盈利能力指标、偿债能力指标、营运能力指标和发展能力指标的计算，以及利用杜邦财务分析体系进行盈利能力分析的综合分解。对学生的基本要求是掌握主要指标的计算公式，并在此基础上针对企业的指标结果进行综合分析。在现有的财务数据库系统中，对于上市公司的财务指标都是已经提供的，需要引导学生利用这些数据库的数据进行质疑分析。如一般认为资产负债率 50%～70% 对企业是安全的，这是基于国外企业的研究数据得来的结论。为验证这一结论，首先让学生收集数据统计我国企业分行业的资产负债率区间，发现不同行业的差异很大，从 20%～80% 的都有，那么是否说明这些企业就面临财务风险呢？通过进一步结合企业的行业特征，结合企业发展所处的环境进行进一步的分析，会发现由于我国企业所处的特殊金融环境和市场体制导致行业间的差异，从而完成"理论—验证—质疑—分析"的能力培养循环。

（四）关于资本结构理论

资本结构相关论的最核心思想是资本结构影响企业价值。从这一理论命题出发，让学生设计反映资本结构的指标，建立资本结构与企业业绩、企业价值之间的同级模型，收集我国企业的数据进行统计分析，得出结论。经过这些工作，加深了对理论的理解，锻炼了数据分析能力。

（五）关于股利政策

学生通过查阅文献、统计数据等了解我国企业股利分配现状，并结合企业的融资环境进行分析。对于具体股利分配的程序，以年报等公开报告为例，加深学生的记忆。对于具体的股利政策，结合资本结构、企业筹资的环节进行分析，加深章节和知识点之间的联系。

（六）关于投资决策

从理论上讲授项目经济效益评价的方法，然后结合 ATM 机运营投资的案例，让学生体会如何从项目的前期调查、原始经营数据中，提炼、分析评价用的经营流量信息，结合货币时间价值的知识计算相关指标。在此过程中，重点培养学生对原始调查获得信息的提炼能力，将经济数据转化为会计数据。

（七）关于营运资金管理

通过概述营运资金的管理现状、管理方法，让学生掌握营运资金的管理策略。以格力电器为例，通过营运资金的典型分析，了解企业的财务战略。对于企业营运资金的具体方法，在课堂上讲授一些主要的方法，对于其他的方法安排自学的方式解决。

总之，课程改革按照"理论—验证—质疑—分析"的思路，通过具体的教学设计，实现学生能力培养的目标，从目前执行情况来看，基本达到了原设计的目标，学生的职业能力得到提升。

执笔人：赵连静

第十二节　发展经济学专业主干课教学改革

一、发展经济学课程的特点

（一）课程内容涉及面较广

目前，国内外关于发展经济学的教材和著作较多，尽管每一本教材和著作都有其固有的思路与体系，但是综合这些教材和著作不难看出发展经济学所涉及的基本内容：

（1）发展经济学的基本理论，包括微观经济学中的市场供求关系理论、外部性理论；制度经济学中的产权理论等。

（2）发展中国家发展的主要因素，包括劳动力因素、资本因素、人力资源因素、自然资源因素等。

（3）发展中国家发展的战略，包括发展经济政策的制定以及这些政策对各方福利的影响评价等。

由此可见，发展经济学所涉及的三大块内容都是自成体系的，涉及的知识点众多。任课教师如果想在有限的课时中将上述三方面的内容全部讲授给学生，无论是讲课难度和学生接受的难度都非常大。因此，在教师的讲授和学生的学习中必须分清主次，根据教学大纲要求尽量不遗漏众多的知识点。

（二）课程的交叉性很强

发展经济学是 20 世纪 40 年代由经济学科与多学科相互融合而形成的新兴学科，是一门理论性和应用性均较强的经济科学。此外，随着人类社会与经济的发展，发展经济学所体现的交叉性已经不仅仅局限在经济学的范畴内，其课程还涉及社会学、系统工程学、人力资源管理等学科的内容。由于发展经济学的学科交叉性很强，因此仅仅停留在理论教学是远远不够的，相应实践教学的开展十分必要。否则，学生对部分内容没有感性的理解，久而久之则失去学习发展经济学的兴趣。

（三）课程内容时代性较强，与现实连接紧密

发展经济学是研究发展中国家的经济发展问题而诞生的，其学科的研究方法也是根据解决现实经济发展问题的需要，而不断发展和更新的。由于发展中国家的经济发展问题不断涌现，因此发展经济学所要解决的经济发展问题具有时代性和阶段性较强的特点。这就要求任课教师必须深刻了解当今发展经济学理论发展的前沿问题，透彻的掌握解决现阶段经济发展问题的最新理念和方法。此外在讲授的过程中还需要结合现阶段国内外的经济热点问题，激发学生学习的兴趣，加深学生对理论方法应用于实际的理解。

二、发展经济学教学过程中存在的问题现状分析

在本科培养方案的制定中，发展经济学除了继续作为全校的公选课之外，还是农林经济管理本科的专业选修课。本节以最近两年选修该课程的北京农学院学生为对象，对发展经济学教学过程中存在的问题进行了调查，回收问卷 100 份。通过对这些问卷整理分析，总结出发展经济学教学过程中存在的现实问题。

（一）对发展经济学的兴趣问题

问卷中"在选修本课程之前，你是否听说过经济发展问题？并尝试简单举例""你对经济发展问题是否感兴趣？"在以上两个问题的回答中，听说过经济发展问题的比例达到 87.24%，并且超过 50% 的学生举出了简单的经济发展问题。从学生举出的这些经济发展问题来看，超过 90% 的学生举的是发展中国家经济落后的例子。此外，68.35% 的被调查学生对经济发展问题是否感兴趣做出肯定的答复。

由此可见，大多数学生对于解决实际经济发展问题为目标的发展经济学是感兴趣的，绝大多数同学听说过经济发展问题，只不过他们对经济发展问题的认识还是比较肤浅的，仅仅停留在发展中国家经济落后上。如何加强学生对发展中国家经济落后问题认识的深度和广度是发展经济学教学的主要任务之一。

（二）经济学基础的问题

问卷中"你主修的本科专业是否是经济管理类专业""如果你的专业为非经济管理类专业，你对经济学了解的程度如何""如果你的专业为经济管理类专业，你的微观经济学和宏观经济学的平均分是多少"。在被调研的学生中，主修专业为经济管理类专业的学生 25 人，仅占 10.72%。在这 25 名同学中，两门经济学基础的平均分为 77.24 分，方差为 6.333，成绩的分布图呈左偏态分布。由此看出，来自经管专业的 25 名学生的经济学基础成绩不够突出，经济学功底一般。

此外，通过调研发现：主修专业为非经济管理类专业的学生所占比例非常高，达 89.28%。在这些学生中，对经济学没有任何了解的同学所占比例高达 63.27%，选修过公选课经济学基础的同学仅占 12.91%。由此可见，非经管类的学生的经济学基础几乎为空白。作为应用经济学之一的发展经济学，它的基础理论均来自于经济学基础。而选修发展经济学学生的经济学基础显然是远远不够的，这给教学过程带来了困难，增加了学生学习该门课程的难度。

（三）数学基础问题

通过问卷调查发现：无论是经管类学生和非经管类学生都学过一定的数学课程，但是由于各专业对于数学课的要求存在差异，因此各专业学习数学课程的深度与内容多少存在差别。以北京农学院的实际情况为例，对经济管理类学生的数学要求最高，这部分学生在大学前两年已经学过了高等数学、线性代数、概率统计等课程。而对其他非经管类学生的数学要求相对较低，无论是课时还是难度都较经管类学生逊色。因此，不妨以经济管理类学生的高等数学为例说明学生的数学基础。25 名经管类学生的高等数学成绩为 75.12 分，标准差为 12.129，分数的分布图依然呈偏态分布。与经济学基础成绩相比，高等数学成绩离散趋势更加明显（高等数学成绩的变异系数较大），不及格学生的数量和比例明显增大。对数学要求最高的经管类学生的数学基础尚且如此，非经管类学生的数学基础可能会更差一些。

由此可见，由于在发展经济学的课程中重要的一部分内容——全要素生产率的核算需要坚实深厚的数学基础，因此，学生数学基础的薄弱直接影响了教师授课的深度。

（四）安排实践课的问题

如前文所述，发展经济学是一门实践性非常强的学科，但是由于目前发展经济学是专业选修课和全校公选课，分别安排 40 学时和 24 学时，因此没有充裕的时间来安排实践教学。学习大量发展经济学理论，虽然配备了相应的案例，但是从调查问卷的反馈来看，依然有超过 50% 的学生感觉课堂讲授的理论不知道如何运用到实践中，大多数的学生认为发展经济学增加实践环节是必要的，有助于他们对发展经济学理论的理解与应用。

综合以上分析可以看出：随着经济全球化的发展，大学生对发展经济学产生了浓厚的兴趣，正是这种兴趣的驱使形成了学生选修发展经济学这门课程的动机。但是在发展经济学的讲授和学习过程中，经济学功底较差、数学基础不扎实、课程缺乏实践环节等一系列问题，导致在该课程的教学过程中学生对所学理论的理解困难，教师无法更深刻的讲授相应理论，从而课堂上的师生互动交流就无从谈起了。

三、建议

（一）改进现有的教学模式

参与式教学须树立"以学生为中心"的教学理念。以"教师组织教学为主"变为"学生自我控制为主"；以"单向传授为主"变为"双向沟通为主"；以"传授知识为主"变为"思维能力和实践能力的培养为主"。结合发展经济学的课程内容和教学要求特点，在教学中要以课程的专题设计为基本素材，以鼓励参与、培养实践能力为出发点，强调在教学中为学生创造一个良好的学习环境，使学生主动参与课堂教学，培养学生思考问题、分析问题和解决问题的能力。

（二）加强学生动手能力

实验教学应以应用基础研究为主，加强学生对所学知识的应用能力。研究内容以发展经济分析和管理政策模拟为主要研究领域。发展经济投入产出核算与动态分析研究方面，主要是应用优化理论运用相关软件来求解的动态规划问题和最优控制问题。另外，可以带领学生深入京郊农村，实际调研和考察发展经济学中的重要专题——发展中国家的农村发展问题。

（三）逐步开展双语教学

在推行双语教学的过程中，首先作为教学的主体——教师的外语口语能力的提高是一个关键因素，可以通过培训、自学等方式提高教师的外语水平，使得双语教学能顺利、高效地展开。其次教材的选择至关重要，遵循权威性、实用性、时效性相结合的原则，力图让学生获得实用、适用的知识。关于教材建设应从两层次考虑：一是在当前出版发行的发展经济学教材中选择学科内普遍公认的优秀教材作为教学用书，强调不断更新教材，通过专业学会或教学研究会每年举行一次评选与推荐活动，不断为学生遴选出优秀的教材或教学参考书。二是争取自编教材或讲义，从而对于陈旧的教材内容进行充实和修正，不断把学科新理论充实进去。

执笔人：黄　雷

第十三节　宏观经济学专业主干课教学改革

一、宏观经济学课程的教学内容和教学目标

宏观经济学是国家教育部确定的高等院校经济、管理类专业的核心课程，是经济学、管理学专业的重要专业基础课程之一，经济管理学院几乎所有专业课程均以本课程为基础。宏观经济学主要阐述宏观经济运行和宏观经济政策，通过本课程的学习，有助于培养学生经济学思维方式，有助于学生了解宏观经济学进行方面的情况，对于提高学生对社会经济问题的认知能力、理解宏观经济管理与调控手段有重要的理论指导价值。具体的，宏观经济学包括了国民经济核算、简单国民收入决定理论、IS-LM 模型、总需求与总供给模型、失业与通货膨胀和经济增长等内容。宏观经济学的教学目的在于使学生系统地掌握宏观经济学的基本理论、原理和方法，了解分析宏观经济运行的工具和手段，培养学生独立应用宏观经济学基本分析工具分析实际中主要经济问题的能力，为学生学后续课程提供理论基础和分析方法、分析能力。

二、宏观经济学课程改革的主要内容和具体实践

宏观经济学课程主要在于培养学生认识、分析宏观经济学理论的能力，了解宏观经济学的理论前沿，运用宏观经济学探讨和研究中国社会主义市场经济发展实践中出现的重大理论和现实问题，借鉴和指导中国特色的社会主义市场经济的发展。鉴于此，宏观经济学教学改革中主要采取了对宏观经济学经典理论的讲解与剖析、宏观经济学理论前沿不同观点碰撞、社会主义市场经济重大问题的讨论分析等教学改革手段加以解决。

（一）宏观经济学经典理论的讲解与剖析

这一方面主要是通过在课堂进行讲授的方法，对宏观经济学的经典理论，从观点到体系、从理论到政策、从形成到发展进行讲解剖析，提高学生对宏观经济学经典理论思想内涵的理解层次。

（二）宏观经济学理论前沿不同观点碰撞

当代经济发展的实践，极大地丰富了宏观经济学的理论内涵，各种宏观经济学派的观点也随之出现，宏观经济学的实证研究方法、实验经济学和行为经济学正在崛起，形成了其理论前沿观点不断碰撞更新。宏观经济学课程教学必须适应这一发展变化的动态情况，与时俱进地调整教学内容，在教学改革中倡导宏观经济学理论前沿不同观点的碰撞。从这一基本考虑出发，主讲教师为此增设了经济学前沿的章节，吸收消化先进研究成果。通过积极地参加各种学术活动，了解和掌握最新的学科前沿状态，并适当地向学生进行介绍，同时通过课堂讨论、写小论文等方式要求学生对这些不同的理论前沿学术观点加深认识。

（三）我国当代宏观经济重大问题的讨论分析

在这一方面，通过对宏观经济理论和政策的实践性教学改革，对于我国社会主义市场经济发展过程中的重大问题从多方面引导学生进行了解、认识和把握。一是通过多媒体教学方式，及时地将电视、报刊等各种媒体中反映和报道的我国经济发展中的各种热点问题传导给学生，增加其感性认识。二是采取请进来的方式，聘请宏观经济学专家和学者、政府宏观经济决策与管理部门的领导等不同的人士为学习宏观经济学的学生作辅导报告，进行沟通和交流，以便加深学生对宏观经济中热点问题的认识。三是组织对于我国当代宏观经济发展重大问题的讨论。

这主要通过教师事先布置或者给予相关的讨论话题，督促学生分头进行准备，再到课堂上进行讨论，最后由主讲教师进行有针对性的点评，课下布置学生根据讨论内容撰写小论文。通过案例的讲解和学生的讨论，加深学生对宏观经济学专业知识的理解，提高学生的学习兴趣。

在改革宏观经济学教学方法的同时也积极进行宏观经济学教学模式的改革，遵照"教学过程以任务驱动"的教学理念，探索"以典型工作任务为主线，以具体工作任务为载体"的教学模式，调动学生学习宏观经济学基础知识和技能的积极性。同时充分利用网络教学资源，包括立体化的辅助教学材料上网，实现网上教学互动。

三、宏观经济学课程改革的建议和措施

本次的骨干课课堂教学改革是一次非常有益的探索，教师采取了更加灵活多样的授课方式，同时也提高了学生学习的积极性，增加了教与学的互动，实现了教学相长。作为任课教师，在以后的教学中，争取把课堂教学改革和网络课程资源更好地结合起来，真正发挥现代化科技手段对于教学的辅助作用，加强教学方法研究，继续深化教学方法改革，探索出灵活多样的学生喜爱的互动式教学方式，从而培养学生独立应用宏观经济学基本分析工具分析实际中主要经济问题的能力，为学生后续课程的学习提供理论基础和分析方法与分析能力。

执笔人：郑春慧

第十四节　客户关系管理专业主干课教学改革

客户关系管理是市场营销专业的专业必修课，课程要求实现理论教学与实践教学并重。理论教学侧重于讲授客户关系管理的定义与内涵、客户关系管理的战略实施、客户满意与客

户忠诚的区别和联系、客户满意的实施战略、客户价值，使学生在以后的实际工作中树立以客户为中心的经营理念。而实践教学，通过计算机软件演练所学的"客户关系管理"理论，模拟企业客户关系管理的现实工作中如何进行查找线索、建立客户关系、开展市场营销、签订销售合同以及服务管理，通过模拟使学生熟悉和掌握客户关系管理软件的操作，并采用潜移默化的方式将客户为中心的经营理念和客户关系管理的理论知识传授给学生，为学生在未来的工作中做好铺垫和准备。

一、教学内容设计

（一）客户关系管理的基本理论教学任务

学生通过对客户关系管理理论的学习，对客户关系管理要有一个相对全面的了解。从纵向的层面，了解客户关系管理的定义、客户关系管理的产生背景与发展历史，客户关系管理的背景和其在中国实施的难点所在，同时了解客户关系管理的分类及作用。

从横向层面，了解客户关系管理行业应用、客户关系营销、一对一营销、客户满意与忠诚、客户价值等内容。学生逐步掌握一对一营销的定义与内涵、一对一营销的战略实施、客户满意与客户忠诚的区别和联系、客户满意的实施战略、客户价值不同计算方法的区别。

（二）客户关系管理的实践教学任务

从实践层面，了解客户关系管理的战略内涵及开发方法、客户关系管理项目的管理控制。应指导学生明确客户关系管理的战略内涵及开发规划方法，掌握管理控制的基本概念，了解如何选择客户关系管理系统并进行成败分析、客户关系管理项目的控制环境、客户关系管理项目的计划、客户关系管理项目的评价。采用"用友"客户关系管理软件学习，该系统可分为客户端、Web 服务器、应用服务器和数据库服务器 4 个层面，是其 U8 套件的一个组成部分。用友客户关系管理软件的功能包括基础管理、客户管理、市场管理、销售管理、服务管理、客户自助和系统管理 7 个方面。

从案例分析层面，了解客户关系管理的未来发展趋势，引导学生掌握客户关系管理的实施方法，并会运用所学知识分析客户关系管理实施流程及成效。通过案例分析使学生做到灵活掌握本门课程所学知识，为以后学习和工作打下良好基础。

二、教学方法设计及改革

教学方法设计本着调动学生自主学习与创造性学习为目的，通过对学生的学习心理进行分析，学生本能会对新奇的学科和事物感兴趣，通过调动学生自身的好奇心和兴趣，对陌生的领域进行探究根源。作为教师，安排问题为载体的教学，积极创造出一种类似科学研究的氛围，让学生收集数据、分析和处理数据并结合自己的认知，解决在生活中遇到的问题。因此，在客户关系管理教学中综合使用课堂理论知识的授课与实际案例分析和讨论、采用客户关系管理软件的演示和实验、汇报解决问题的方案和结果等多种方法，引导学生开展研究型学习。

（一）理论知识授课与案例分析

要使学生会分析问题，学生一定需要具备相应的理论知识，使用理论知识来分析案例。

因此在课堂教学中，系统地讲授客户关系管理的基本概念、理论和方法，同时要贯穿始终地介绍客户关系管理理论使用的情景和方法，客户关系管理在实际企业各项管理事务的关系，培养其系统分析的能力。使学生能从全局来理解客户关系管理的基础理论知识。案例分析是为了提高学生分析问题和解决实际问题的能力，使学生在模拟现实的情景下感悟客户关系管理的战略、策略、管理变革、方式方法、成功经验与失败教训。

（二）软件演示与角色演练

软件的演示与角色演练，要逼真地显现客户关系管理系统的运行情况，全面讲解和演示在 CRM 管理员状态进入后，熟悉客户关系管理软件各个子目录，可以熟练操作企业中的客户关系管理平台，掌握客户信息收集、管理，并进行分析利用。让学生对市场、销售、服务中的关键任务，在计划、组织、执行、控制、统计、分析、决策等方面具备基本的解决实际问题的能力，具有一定的问题研究、分析决策、自我发展和创新能力。

（三）答辩和报告

汇报和答辩成果，培养学生表述能力。这一环节加强了学生间的交流与讨论，对于遇到的问题教师可以回答学生的质疑和提问，增强了学生和教师间的互动，增强了教学的针对性。这种方式可以促进学生潜能的发挥和学生间的竞争意识，提高学生的积极性，减少学生对老师的依赖度。这一环节最后要求学生必须撰写研究报告和提出分析模型和技术路线。

三、教学改革中遇到的困难

一是教学压力大，学习压力小。由于学校的一些政策导致学生在学的过程中没有压力，不愿意参与课堂互动。比如，分配学生完成学校三个学生食堂的就餐学生满意度调查，最后基本没人完成。究其原因，学生怕麻烦不愿意完成。

二是客户关系管理软件过于陈旧，目前使用的 2009 年版的软件，学生无法每人都能分配到角色，7～8 位同学使用同一个角色容易出现滥竽充数的现象，有的学生没有积极参与实验而在机房的电脑上浏览新闻甚至观看电影。

四、建议

一是改革考试制度，加大学生压力。有压力才有动力，学生才会积极配合老师完成课后的一些作业及案例分析。二是购买新的客户关系管理软件，适应客户关系管理教学的要求。

执笔人：胡向东

第十五节　园林设计 I 专业主干课教学改革

一、项目实施预期目标

一是以"学生学习收获"作为检验指标，在提高学生综合解决问题的能力和掌握关键知识上取得突破，更新理念，改革教学内容和教学方法，激发学生主动参与学习的热情。二是教师担负起引导的责任，站在学生学习与发展的角度对教学内容和教学方式重新设计，加强过程管理，鼓励学生主动收获知识，注重学生专业素养和专业能力的训练。三是提高教学质量和学生基本素质，注重教学过程对学生终生学习能力、科学思维能力、创新能力、组织能力、沟通能力等综合素质的培养。

二、教学改革内容

园林设计课程中的课程设计是教学过程中的教学方式，通常采取给定典型的假设条件，或者结合实际场地，培养学生的观察、感知、想象、思考、动手以及解决实际问题的能力，并结合设计课传授相关理论知识、设计技巧与设计表达技能。在此过程中，划分为4个互相补充的部分：课程设计、调研与研讨会、理论学习以及多媒体，分为不同层次，每个学期都同时进行，互相补充，将学生引入到查找资料、研究讨论、实地勘查中来，对其进行方案设计都会有极大的帮助。加强讨论板块建设，引导学生去发现、去思考，并及时解答学生的疑问。

课程改革紧密围绕以学生为主的宗旨，从宏观到微观、从制定教学大纲到具体的方案实施过程，进行了具体的制订和过程实施。

（一）根据课程大纲，细化授课计划

为了进一步加强以学生为主的教学目的，对授课计划进行修订，其内容涵盖了每一节课学生的参与形式，如讨论、提问与回答、作业、小组协商、教师讲评、学生宣讲设计方案等。

（二）教案设计

建立专业课课程组教研活动长效机制，课程组根据教学大纲研究制定并交流授课计划，任课教师对重点章节有详细的教案设计。

（三）考核体系

建立专业课课程组集体评分机制，课程组统一评判标准。建立课堂成绩、课程作业成绩组成的综合考核方式，平时成绩占30％～35％，课程作业占65％～70％。

（四）考查要点

1. 设计任务的性质及特点

学生应能正确地理解规划用地的性质、特点及其规划设计与居住区环境的功能要求。

2. 规划区用地功能布局

①规划主题是否明确，是否反映当代园林设计的特征、时代风貌与发展趋势；②规划区用地功能划分是否合理；③规划结构是否清晰及富有创意；④与基地周边地域景观环境结合情况。

3. 规划区空间布局与景观设计

①开敞空间、半开敞空间与郁闭空间的营造效果；②规划区景观空间序列设计效果；③规划区植物景观空间设计效果。

4. 图面表现技能与效果

5. 评分参考

园林设计合理性、科学性、艺术性、创新性；图纸表现正确度，整洁美观度，是否符合国家标准和规范；说明书是否词能达意，能准确表达设计意图，有说服力；设计布局是否合理，是否符合设计的基本原理；立意是否有新意；入口、道路、场地等园林设施在大小、位置、面积上是否合理；树种运用是否正确，常落比、乔灌比、疏密度是否适当；图面的整体表现力。并给出不同分数段的标准。评分分项指标如下：

（1）图面效果：图框，图标，构图，线形，线条，文字，指北针，比例，整洁度等。

（2）平面图设计：园林各要素是否表达完整。

（3）植物名录：表框，表名，植物名称，植物规格。

（4）说明书：现状，设计指导思想，具体介绍（分区道路，场地，景点，建筑，种植，其他）进行完善的阐述。

（五）助教制度

充分发挥研究生的助教、助学作用，对专业试点课程配备 1～2 名研究生助教，将其纳入研究生学习管理与考核内容。

三、该课程改革的建议和措施

此次园林设计课程的改革实践，较有效地提高了园林设计课教学质量，提高了学生的学习参与度和主动性，提高学生的学习能力、科学思维能力、创新能力、组织能力、沟通能力等综合素质。为了进一步提高教学质量，还应在教学过程中加强以下几个方面。

园林设计课程的教学活动中，加强学生实际操作能力、理论与实践的结合、强化专业实训，对于提高教学时效具有重要的作用。学校、院系应进一步与有关部门共建校外的"园林科研与教学实习基地"，为园林设计课程的实习、实践教学提供良好的条件。比如可以进行各种教学模块的实际操作，如营造地形、配置植物、工艺铺张、喷泉安装、测量放样等。有这样一个操作平台，经过一段时间的真题操作，使学生可以把以前学的专业知识进行梳理，大大提高了动手能力。同时，为了提高学生的动手能力，深化基本的设计理论，了解基本设施、公益、技术，可以在校内划出专业的园林设计实习用地，由学生动手设计、施工、养护、管理，通过几平方米的土地来表达设计主题，体验施工工艺，了解工程技术，加强养护知识。

另外还可结合讲座、结合设计、结合时势等开展多种形式的研讨会，这种形式有助于师生之间，尤其是同学之间可以高效的彼此吸收营养。比如针对居住区景观设计，由老师提供或自选有代表性的居住区，让学生按照 5 个人左右一组进行调查。教师提前做一个引导性的调查重点内容题目，学生自己设计调查问卷和调查程序，整理后进行集体讨论。这样他们就对居民对环境的真正需求、居民的行为习惯、居住区景观设计重点解决的问题等做到心中有数，从而落实到自己的居住区景观设计实践中去。

除以上对策以外，还要进行师资队伍的建设。一名优秀的园林专业教师自身必须是一个优秀的园林工程师。除引进高学历、高职称师资，外送培养学习提高外，一个切实有效的途径就是在职教师直接参与实际工程，把自己所掌握的理论知识与实践结合，在亲身体验中丰富工程实践经验，提高综合素质，并应用到教学实践中。

执笔人：付　军

第十六节　旅游规划专业主干课教学改革

本节结合旅游规划课程教学改革的实践，对参与式教学实施中的几个重要环节进行了总结，特别强调了参与式方法的可实施与操作性，以供高校教师借鉴和参考。

一、前期准备

（一）方法论的学习

在准备进行一门课程的参与式教学改革前，必不可少的一项就是要进行参与式教学的方法论学习。真正的参与式教学绝非只是让学生参与一下讨论、写个报告、做个讲演那么简单，参与式教学方法有很多，如"分组讨论""案例分析""头脑风暴""角色扮演"等，我们要通过方法论的学习掌握各类方法的内涵和实施，此外，要想充分发挥参与式教学的主动学习作用，带动课堂上每一位学生的参与热情，作为老师，我们还必须回答两个关键问题：在课堂上我们应该"何时使用这些方法""如何才能高效地使用这些方法"，这有赖于我们在实践中反复总结和摸索。

（二）课程整体设计

1. 转变教学观念

传统以讲授为主的教学方法，是从课程体系角度按部就班进行，其目的是将课程的重点、难点内容以讲授形式传递给学生。实施参与式教学改革，就必须重新全面修改本课程的教学内容，但这不是简单的整合和筛选，其教学内容必须以学生为主体，从学生收获的角度进行设计。这要依据所在高校的人才培养方向、学生的知识储备和专业水平，认真思考本班学生每一堂课必须"知道什么""明白什么""会做什么"。因此同一门课，针对不同高校、不同层次的学生，会有不同的教学内容。

2. 确定教学内容

由于知识更新的速度加快，首先应删除原有教学内容中的过时部分，并依据专业的发展，增加新的教学内容。然后，从学生收获的角度，确定全课程的课上内容和课下自学内容，课上内容还要明确哪些是精讲内容、哪些是参与内容，课下自学内容，要给学生提出明确要求，完成相应作业，有些作业可能要在开学初布置、期中提交，所以在前期准备阶段，就应设计好作业的大概内容。

3. 设计考核标准

考试是教学的一个重要环节，科学的考核方式对教学目的的实现起到了不可替代的作用。考核不仅是对学生学习效果的检验，同时也是对学生综合能力的一种评价，让学生在自我评价和评价别人中成长和提高。在开课第一天，就应向学生公布课程考核标准，让学生做到心中有数。在旅游规划参与式教学改革中，主要从各类考核所占比例、考核方式及评分办法等三方面进行了设计。

（1）分配比例。为了鼓励学生上课积极参与，主动学习，加大了平时成绩的比例。以百分为满分计，平时成绩占50分，期末考试成绩占50分。平时成绩由平时作业（10分）、课堂表现（10分）、学生自主出题（10分）、小组作业与讨论（20分）组成。

（2）考核方式。考核方式采取自出题方式，期末时，教师不划重点，但要求学生自己出考试题目，同时必须出具相应的参考答案。教师可以从学生出的考题中选择部分题目，作为期末考试试题。在要求学生出题前，教师应明确学生自出题目所占试题的比例，可控制在60%以上，这是对学生的极大信任和鼓励，复习期间，同学之间相互询问所出试题，这也是调动学生复习积极性的极好办法。旅游规划课程学生出题质量较高，所出试题比例基本占到了期末试题的80%。

（3）评分办法。小组作业与讨论中，为了能科学地评价小组成员投入水平和解决问题的能力，可要求学生参与评价。小组作业分为两种情形，一种是小组作业有明确分工，另一种是小组作业由成员合力共同完成。有明确分工的作业，小组成员成绩由三部分组成：教师给小组内每位成员的打分、其他小组成员给本组的打分、本组同学互相之间打分；没有明确分工的作业，小组成员成绩也由三部分组成：教师给本小组的打分，其他小组成员给本组的打分，本组同学互相之间的打分。

二、认真上好第一堂课

（一）明确本课程的学习目标

第一堂课非常关键，学生应在本节课上明确自己对本课程的学习目标，这是开始主动学习的基础。笔者以一系列问题开始，"在一二年级，你们学习了哪些专业课程""从每一门课中你学到了什么""为什么学习旅游规划""学习旅游规划有用吗"。这些问题将学生放在了主体的位置。

（二）明确本课程的学习方法

在第一堂课，教师应明确"主动学习"的方法。应指定本课程的参考书，每节课为学生准备一些阅读材料，因此要求学生准备文件夹用于保存课堂或课下的阅读资料；明确要求学生课后要认真完成作业，并做好下一节内容的课前准备；要求学生关注本课程和每节课的学习目标；要求每一位学生都要做好课堂笔记，课上积极参与讨论和发言；并要求学生课后按要求进行分组，上课按小组就座。

在第一堂课，除了必须对以上两点明确说明外，还要宣布本课程的考核标准，包括考核分配比例、考核方式和评分办法。

三、精心设计教案

参与式教学不是一种形式，也不是活跃课堂气氛的点缀，而是要将激发主动学习的理念贯穿到整个课堂教学中去，这个目标的实现必须依赖于每一节教案的精心设计。在每一节教案中对于参与教学要回答三个问题："什么时候参与""参与的内容是什么"以及"参与方式是什么"。参与教学的方法很多，有"提问与回答""小组讨论""头脑风暴""辩论""案例研究""撰写报告""论坛""Jigsaw""研讨""角色扮演"等。下文讨论最常用的几个参与式教学方法的实施细节。

（一）参与内容

参与式教学一定不能变成对形式的追求，为了实现参与而参与。参与式教学内容应该是知识与能力的结合应用，不要把纯知识内容拿来进行参与式讨论，如"旅游规划类型""旅游规划程序"等，把这些内容应用于参与式教学是没有意义的，只能通过讲授或课后自学完成。而"旅游地宣传口号设计"，就是知识和能力结合的一节内容，笔者的做法是让学生课前每人收集十个旅游目的地宣传口号，每个小组 5 名同学将口号汇总，上课时进行讨论，选出他们认为优秀的宣传口号，并回答为什么。

（二）提问与回答

一个好的问题可以刺激学生的想法，鼓励学生表达自己，并与课程内容相关。"提问与回答"是最容易使用而且效果非常好的一种参与形式，这一方法看似简单，但一定要有精心设计，否则参与效果会大打折扣。

（1）设计教案时一定要明确什么时候提出问题，提出此问题的意义何在，并在教案中把问题写出来，以便上课时可以顺利提出。参与式教学中特别要注意提问的方式，如在第一堂课中，如果换一种提问方式"一二年级都安排有哪些专业课""每门课包括哪些内容"。这样的提问会严重影响学生的主体作用，直接影响到课堂参与效果。

（2）提问应遵循"3P"程序。3P 分别是 Pose、Pause 和 Pounce，也就是先提出问题，然后停顿 5 秒或更长时间，给学生一定的思考时间，最后，点名请同学回答问题。参与式教学中不鼓励集体回答问题，这会让部分学生的参与压力减小，影响参与效果。

（3）利用"3W"深入话题。3W 分别是 Why、What 和 How，即利用"为什么""是什么""如何"等问题，引发学生新的想法，触发更为深入的参与和讨论。

（4）问题要清晰地提出，一旦提出，最好不要重复或改述。

（三）小组讨论

（1）分组以 4～5 人为宜，可按不同水平相混或相同水平成组。

（2）小组在进行讨论时，教师应走下讲台，监督和观察每组的讨论，并鼓励和帮助处在困境中的小组和相对沉默的学生。

（3）争取给每组分配不同但相关的任务。例如"旅游市场特征分析"一讲，课上笔者将不同旅游市场的最新文献资料下发给不同的小组，每个小组针对一种旅游市场进行讨论，总结特征，然后每组请一名同学代表阐述观点。

（4）如果每个小组讨论的任务相同，可采取两种反馈方式：由一组展示观点，其他小组完善；或一个组提出一个观点，直到全部观点被提出。

（5）代表小组发言的同学要求轮换。

（6）小组讨论，时间可长可短，作为教师，应根据讨论内容把控好小组讨论的时间。

（四）头脑风暴

（1）头脑风暴是可以让每位学生对一特定题目做出反映和参与的方法。此法的关键在于不去评价学生的想法，直接接受并将结果记录在黑板上，让学生知道他们不必去证明或解释他的答案。

（2）此法适用于探索敏感或有争议的议题。如针对议题"什么样的旅游规划才是成功的？"同学们在很短的时间里产生出了很多想法，教师在黑板上记录下正反两方的观点，其中"可以吸引很多游客"这一观点同时出现在了正反两方，待头脑风暴结束后，还可继续针对此问题展开小组讨论或辩论。

（3）在头脑风暴过程中，教师应鼓励那些安静、内向、不愿参与讨论的同学。

（五）辩论

辩论是将学生分成两组从正反两方面讨论同一个问题，适合在小班进行，在辩论前各组可花费一定时间进行头脑风暴，之后每组选择两至三个代表进行阐述，在实施时要注意以下问题：

（1）选择易产生争议分歧的议题进行辩论，如古镇的保护与开发，陵寝旅游与伦理，动物园的搬迁等议题。

（2）辩论主题要提前说明，留给学生充足的时间收集资料，为辩论做好充分准备。

（3）营造辩论氛围。可将教室的课桌摆成了"U"形，以区分不同阵营。

（4）作为辩论主持人，教师课前也要做好充分准备，维持场上秩序，避免辩论停止或跑题。

（5）辩论过程中，每个发言人发言时间不能超过5分钟。

（六）小组汇报和答辩

课程可设立案例或实际问题，让小组课后进行调查和分析，课上进行汇报和答辩。如"旅游市场调查与分析"一讲结束后，布置了作业："北京市乡村旅游需求特征的调查与分析"，小组成员利用课后时间发放调查问卷，全班问卷进行了汇总，在教师的安排下，不同的组分别从不同的角度对市场进行差异分析，三周后每小组进行汇报并接受学生和教师的提问。

四、提供即时反馈

提供即时反馈，是提高参与式教学效果的关键一步，如果没有反馈，很多工作会事倍功半。因此在参与式教学改革中，要坚持"反馈要点评，点评要反馈"，即针对学生的回答、小组总结的观点，教师应给予准确的、积极的点评，而点评后教师应观察学生的反馈，必要时通过提问了解学生的想法。

（一）平时作业反馈

学生的作业要即时反馈，收学生作业时要制定出一个时间表，明确告知学生何时可收到反馈，在期限内将分数和点评反馈给学生，作业交学生保存，可留作资料以便将来查阅。

（二）实习报告反馈

旅游规划实习报告是以小组为单位完成，布置任务时应给定提交报告的最后期限，通常为期一个月，在这一期限前，教师要安排两次与小组成员沟通的机会。第一次会面，小组应说明他们的工作计划，包括工作重点、要解决的主要问题、资源信息来源等，并与教师讨论他们遇到的困难；教师应在这次会面中告知学生报告该如何完成、期望学生完成的任务、还有哪些资料可提供给学生。第二次会面，应安排在提交报告的前几天，小组应拿出报告草稿，由学生阐述报告主要内容，并与教师讨论，决定是否按原计划完成报告。最终提交了报告后，教师应对报告进行讲评，并指出或标出报告中需要改进和提高的地方，并将报告返还学生保存。

（三）学习收获反馈

每讲课程结束前，应给学生机会反馈他们所学到的、他们仍想知道的，以及他们是怎样评价他们自己的，教师可据此评价自己的教学效果，完善教学环节。同时教师可提供给学生有效的联系方式，以便展开个人之间的沟通。

（四）课堂效果自评

每节课结束后，教师应对课堂效果和自己的表现进行自评，可从以下几方面进行评价：学生主动参与的时间、学生兴奋点出现的次数和相应内容、学生收获反馈、教师自我评价、课堂可改进之处以及体会。

参与式教学强调学生的主动性，让学生积极主动地参与教学，但实施过程中，一定要避免参与的形式化，否则会沦为为参与而参与，表面上看来很热闹，花样繁多，但对教学效果的提高没有任何裨益。同时还要避免参与的精英化，参与成了少数优秀学生的事，这也将背离参与改革的初衷，影响学习效果的提高。

执笔人：陈　戈

第十七节　室内环境设计 I 专业主干课教学改革

一、国内室内环境设计课程现状

室内环境设计作为艺术设计专业的主干课程，长期以来一直呈现"以点概面"的传统教学模式和填鸭式教学状态。就近几年毕业生就业情况显示，相关设计行业普遍要求其引进的设计人才要具备较丰富的项目实践经验和快速应变的技术能力。结合教学中主要存在的问题如下：

（一）理论实践脱节

（1）"先理论后实践"的传统授课模式，导致理论与实践脱节。理论的抽象性、概括性，使学生听起来觉得空洞，缺乏感染力。学生往往由于对理论知识缺乏具象认知，理解模糊，在实践中无从下手，也就无法将抽象理论与具体设计案例结合，造成学生缺乏主动思考、研究和解决问题的能力。

（2）学生实践无真实体验，缺少解决实际问题的能力。在目前的理论讲授中，教师引用的案例，学生往往没有现场体验的机会，很难将理论联系实际、融会贯通的进行思考。而在设计练习阶段，课题大多虚拟，无法全程体验设计过程，无法掌握设计实践中遇到的具体的问题。

（3）学生个体完成作业，不利于培养学生团队协作能力。例如，在餐饮空间这类大型设计项目中，由于牵涉工种多、分工细，需要多人、多部门合作，故训练学生团队协作的能力尤其重要。在过去的教学中，学生作业往往由个人单独完成，同学间协作不够，缺乏团队精神和环节速效性。

（二）职场就业障碍

（1）设计相关行业普遍认为室内设计专业毕业生没有经历实践项目，就没有实践经验，也就不能立即给该公司企业带来经济效益。

（2）没有项目实践经历的室内设计专业毕业生的知识结构停留在"象牙塔"状态，室内设计案例刻意追求表现形式，而忽视实际情况，对于施工图的制作偏离实际。

（3）毕业生通常缺乏良好的沟通能力，对于个人设计理念陈述及实践不能满足客户的实际需求。而大部分公司或企业还担心缺乏实战经验的毕业生具有了独立执行项目能力后，面对市场诱惑会跳槽或转行。因此多数公司不愿接受没有项目实践经验的毕业生。

二、室内环境设计改革措施

针对室内环境设计课程的教学现状及就业存在的问题，根据现代教学主要任务的总体要求，保障北农教改政策的成功实施，笔者结合本专业知识体系和学生的知识结构，结合国际办学的先进理念，分别从教学计划、教学环节、运行现状、考核评价机制四个方面着手对室内环境设计课程的教学进行教改的实践和探讨，以提高教学质量。

（一）教学计划的完善化

教学计划是教学过程中的最初也是重要环节。笔者对于室内环境设计的授课计划先后制定并编辑了2套方案。第一套教师用授课计划依据教学大纲的要求和统一安排，先后进行了3次的修改完善至最终成形；第二套学生用授课计划是专门为学生们量身定做的，其中包括授课教师的基本信息，详细的授课目的、意义、重难点、方法、课程安排及与专业课相关的参考书和参考资料等内容。

（二）教学体系的递进化

整体授课体系可归纳总结为坚持"以理为基""化组为一""互动为法""修正完善""综合评价"的20字方针，整体教学循序渐进，具体表现如下。

（1）"以理为基"。整体教学体系呈现递进关系，先理论后实践。除直观理论讲解之外，结合国内外优秀空间设计案例，点评分析，深入学习。

（2）"互动为法"。整堂课呈现师生互动的状态，教师的工作由教学生如何学习设计转变为引导和激发学生们对设计的积极性和创造设计的潜能。整体授课实施理论合班实践分班，占据比重分别为40%和60%。其中除课堂授课外，各阶段结合其重难点还安排了1次课外参观实习的机会，理论与实践相结合加强同学们对室内设计空间要素及空间特性的理解。

（3）"化零为整"。师生互动以小组为单位，将学生整体分成两个班，每班30人，每组2～4人。各出代表上台陈述设计思路、方法、表现（主要评价以期中30%和期末的30%大发表为主），每组发表均可接受提问和点评，师生共同参与，相互学习，取长补短。

（4）"修正完善"。针对大家的点评，总结设计作品出现的问题，并针对其重要部分进行修正和完善设计方案。

（5）"综合评价"。作为最终教学成果的展示，大家需最终呈现与设计相关的 PPT，Sketch，Design Plan（CAD），3D Modeling，并对其设计方案进行连贯的说明和推广，并将最终给予整体评价。

（三）运行现状的多样化

教学过程呈现多元化的模式，"一对一"教学方式的改进，解决了传统教学模式的"以点概面"的局限性问题。笔者所设计的教学模式的关键因素是学生，教师采用引导式教学，启发学生自主发现设计中的问题和缺陷。该教学模式虽然刚开始推进的比较慢，但是对于以后的学习，学生的态度明显发生转变，且对待设计以及制图的态度更加严谨，在提高课堂效率的同时也保证设计方案的顺利推进，无形中也提高了学生们解决实际方案的设计素质。

（四）考核标准的双向化

考评机制用实施考核方式来评定学生的学习成果是教学质量评估中重要的测量方法，也是教学过程中重要的教学环节之一。不同的考核方式对老师的教学理念和学生的学习行为都会产生直接而明显的影响。因此，如何有效地进行课程考核是需要解决的重要问题。

笔者将考核分成双向两个阶段（期中/期末）四个部分，以陈述讲解设计方案为主要考核形式，制定明确的考核表，师生共同参与并为学生提供质疑、辩答和评价的机会，在此期间大家从中各抒己见、相互学习。

除分组评价之外，最后笔者针对各组评价的情况作总结评价及评价数据统计工作。最终考核比例为教师 60%＋学生 40%。双向评价整体效果良好，标准统一，公平公正。这与我们教改的初衷和预期的目标是一致的。

三、预期效果及工作展望

（一）预期效果的表现

室内环境设计课程作为艺术设计专业主干课程之一，它在整个专业课程教学中起着承上启下的作用。该课程通过分析国内本课程的教学现状及存在的问题，从创新能力的培养，教学内容的调整，教学方法的整合，课堂气氛的烘托以及考核方式的转变四个方面进行教改实践与探讨，具体成果如下：

在教改主体方面，以学生收获、主动学习为目的，充分发挥老师"主导"和学生"主体"作用，采用演、讲、练、评相结合，促进教学相长。教师在教学过程中虽然有义务帮助学生解决问题和指正错误，更重要的是引导学生们自己发现和找到自己的短板，决不能站在被动的位置。变被动为主动是本次教改的精髓。

在教学表现方面，改善课堂的互动环节，根据室内环境设计课程内容的特殊性，尽可能利用设计实践、多媒体教学等现代教育技术手段，结合国内外优秀案例赏析并进行分组实践练习。但是设计不是"拿来主义"，学习借鉴、取长补短可以有，但并不是一味地模仿和抄袭，培养学生的设计创新能力才是本次教学的重点。这种方式既做到学以致用又确保教学质量。同时设计方案也锻炼培养了学生团队合作能力和个人创意能力，这与本次教改最终的追求目标是一致的。

在考核评价机制方面，为保证与教学方法、教学成果达成一致，设置相对完善的评价体系，引入双向性评价方式，标准统一，公平公正。笔者通过一系列切实可行的教学改革策略，实现了教学师生"一体化"，达到了真正意义上"教"与"学"的有机结合。

（二）未来工作的完善

虽然本次教改工作取得了基础性的进步和成果，但通过这次改革也看到了在实际工作过程中还有很多需要改进和完善的地方，如何更快速有效地引导学生明确职责，提高团队合作的效率是后期教改工作中需要研究和完善的重点。

执笔人：高成琳

第十八节　食品工艺学原理专业主干课教学改革

食品工艺学原理课程是食品科学专业学生的一门主要专业课，是在学生完成基础课、专业基础课，掌握了食品微生物、食品化学等专业知识后学习的专业主干课程，是专业知识体系的重要构成。主要内容是讲解食品保藏基本原理与技术（食品干藏、食品冷冻保藏、食品罐藏、食品辐射保藏、食品腌渍、烟熏保藏、食品化学保藏）。通过食品工艺学原理的学习，使学生有基础和能力进行食品开发与创新，具有分析和解决食品科学问题的能力。当前社会对高等教育的要求越来越高，教育方式逐渐从应试教育向素质教育转变，专业设置逐渐从划分过细、过窄向宽口径、厚基础转变，人才培养也逐渐从单一的专业型向复合型、创新型转变。但长期以来重理论轻能力、填鸭式教学的教学模式和体制，造成上课死气沉沉，学生因缺乏积极性而使得教学效果并不好。因此，以本课程教学改革为试点，实施教与学的过程改革，坚持以学生的学习收获为目的，课程在教学大纲、教学内容、教学方法、教学手段、题库建设等方面进行了改革建设。通过教改锻炼了创新精神和分析问题、解决问题的能力，利于培养优秀的合格人才。

一、教学内容

随着科学技术的不断发展进步，食品工业中的各项先进技术层出不穷，而原有教材出版周期过长，部分内容过时陈旧，新技术、新方法涉及很少。因此，本学期上课以夏文水主编的《食品工艺学原理》为主要参考书，同时提供给学生一个书单目录和国内主要的查阅文献的杂志，以便学生能够更好的学习本课程。

对于课程教学大纲要求的内容，选择性地、有重点挑选了相关章节。本课程讲解食品保藏方面的内容时，保藏机理是重点，但并不是所有保藏技术都作为重点讲述。比如干制保藏中，水在食品中存在的几种形式和水分活度；在化学保藏中防腐剂和抗氧化剂的性能、使用等，这些知识在食品化学和食品添加剂中已经有详尽的讲解，所以本课程可以简单讲述或不讲，仅以学生讨论而已。食品保藏新技术纷纷涌现，因此本课程在授课时多积累相关新技术的内容，有针对性地给学生介绍冷冻升华干燥技术、速冻生产技术、气控保鲜（MPA）技术、微波杀菌技术及超高压杀菌技术、射线杀菌技术等方面的内容。另外，由于学生参与课堂教学时间的增加，有些章节的发展概况和相关加工设备内容有所减略。而对于重点章节、重点内容进行了深度讲解，并以讨论的形式让学生参与。

二、课时分配和考核体系

多年来，在食品工艺学原理的教学中，教师的主要任务是传授理论知识，学生是教学活动中的被动接受者，只是按照老师讲授的大纲进行学习相关理论知识。而且由于食品保藏部分内容理论性较强，学生听起来容易感到枯燥无味，所以要采取一些方法来调动学生自身的学习积极性。所以，首先在授课计划制定时，本课程总学时为 32 学时，教师课堂纯讲授课学时为 21 学时，学生（以课程论文、作业、讨论、学生参与讲授和教师点评等）分配学时为 11 学时。

本课程改变了以往平时成绩占 20％，期末成绩占 80％的成绩考核体系，建立了课堂提问、上课考勤、课程作业、课程论文成绩、期末考试成绩组成的综合考核方式。上课考勤和课堂提问成绩占 20％，两次课程论文和平时作业占 30％，平时成绩占到总评成绩的 50％，期末考试占 50％。课堂提问贯穿于整个学期的课堂教学中，每次提问都有记录，而且几乎平均到每位同学；两次调查课程论文，首先布置了题目并提出了要求，对课程论文的写作格式、查阅的期刊、引用的文献进行了科学引导和规范化写作训练，力戒写作抄袭和不当引用。如课程论文题目：调查超市脱水食品种类、特点、包装等，查阅资料分析存在问题（如微生物、添加剂超标，有无农残等）并提出改进措施。对课程论文提出的具体要求是：①必须要有调查数据，数据包括干制品都有哪些种类，产品特点？包装情况如何（散装还是塑料、金属、纸包装）？②结合调查，查阅相关文献分析存在的问题，比如干制品的水分含量是否在要求范围，包装材料、密封性是否合理，微生物指标是否超标等等问题进行认真分析。③提出自己的建议。④希望自己思考后撰写，文献拷贝超过 30％或报告雷同超过 30％，没有成绩。虽然课程论文对学生具有挑战性，分析问题的全面性较差，但是同学们完成的都很认真，大部分同学选择了存在问题的一个方面，对此进行了仔细的分析，这样很好地促进了学生自主学习的能力。

三、教学方法

本课程的改革主要以学生的学习收获为目的，因此本课程在教学过程中，贯穿的是注重教学过程管理，不论从教学内容还是教学方式上，都把如何提高学生自我学习的能力放在首位，注重学生的学习成效，提高学生学习效果。

在教学中逐步增加一些设计性和研究创新性的授课内容，鼓励学生自己查阅资料，自己掌握所授内容。教师按教学大纲出题目后，由学生从资料查询、收集、整理，将老师布置的题目写成一篇具有综述的文稿，并提交读书报告。如在讲解绪论时，讲到食品分类，涉及微波食品，课后就出题目"微波加热与普通加热对食品营养价值有何影响？"让学生自主学习、查阅文献、总结材料，扩大学习知识面。

在课堂讲课时，始终注重学生的课堂反应，采用随时提问的形式集中学生注意力，和学生们及时沟通。为了让学生掌握讲解的内容，有时在上课前或下课前，提问上节课的重点内容。对于该章节重点需要掌握的知识，首先让学生自己看书几分钟，之后抽查学生自己来讲解，理解不清楚的地方老师配合重点讲解，将教学大纲中的重点内容让学生自己消化、吸收。如在讲解肉的发色机理时，先让学生围绕以下几个问题自己学习，如肌红蛋白的结构、对色泽形成的影响因素、加硝酸盐发色的机理等，在学生一定的理解情况下，老师重点来讲解，对发色机理的掌握程度就有很大的提高。另外，课堂上还采取了老师讲解了计算公式后及时出题目，让学生计算。如课堂上讲解热力致死时间曲线和热力致死速率曲线后，直接出计算题目，让学生真正掌握这两条曲线的含义。

在本课程刚刚开始的教学中，主要让学生以做课件并自己讲解的形式来参与教学。但在随后的教学中发现，一部分学生制作课件后在课堂上念一遍，并没有自己深刻去理解课件的内容，同时他们也反映这种方式对知识的掌握作用不大，因此感觉效果不是很好。但也有一部分同学，希望自己能制作课件，并在课堂上讲解，他们认为这样可以促进自己查阅、整理资料和理解内容，并在课堂上讲解时锻炼自己的口才。因此，根据这些反映，在随后的课堂教学中，增加了随堂提问、做题的内容，缩短了学生讲解课件的时间和次数。每个学生参与的课件制作是在冷藏各论的教学中进行，每人一个果蔬品种，对此果蔬的特性、采后处理流程、贮藏方法进行讲解，之后老师提问，学生回答问题。整个学生自己讲解的过程中，大部分同学比较认真，课件制作精美，内容比较完善。对于这样的形式，同学们有了如下的反映：他们的学习主动性得到了提高，布置作业后，一下课全往图书馆跑，以前很少去图书馆查阅资料，更别说查阅外文资料。

四、教改难点及其建议

我们虽然采用了各种方式来调动学生的学习积极性，但是，仍然有些同学的学习主动性较差，分数的重要性使得同学们比以前认真，但实际上如何真正能够让学生喜欢一门课，全身心地投入这门课是很困难的事。我们提倡多搞一些专题讨论的形式，但是以什么样的方式来进行呢？经常在讨论的课堂上，很多学生不发言，或者课堂陷入沉静，最后还是老师在讲。

由于课程作业占课程总评成绩比例较高，为体现评分的公正性、客观性和科学性，建议学校制定北京农学院学生课程作业评分标准，为作业评价提供依据，并克服院系之间、课程之间、教师之间的评分误差。使学生了解这项标准，并按照标准的要求完成作业。另外，学校已经提出作业重复率小于20％的要求，但没有相关的应用工具，无法落实。建议购买相关软件，对学生作业进行检测，使学生养成遵循学术道德的良好规范。我们在使用网络课程平台时，在线测试没有得到很好的利用，使用起来经常出现问题。我们很希望找一些相关食品专业加工的视频，让学生更好的理解相关加工实际操作，如干腌和湿腌方法。这样在讲述各类食品工艺流程时，可以用图文并茂的形式来替代枯燥的黑板板书，效果会更好。

执笔人：李红卫

第十九节　软件工程导论专业主干课教学改革

农业院校的计算机专业在新农村建设中起着重要的作用，软件工程课程是计算机专业的一门核心的专业课程。软件工程课程主要介绍软件开发过程及其管理方法，学好软件工程课程不仅能够培养学生的软件开发能力，还可以使学生掌握分析问题和解决问题的方法。根据北京农学院专业课程教学改革精神，软件工程课程作为试点之一，参与了计算机专业专业课程教学改革。

一、教学内容的改革

在软件工程课程的教学内容改革方面，针对高深的专业理论知识，增加了软件工程应用于生活的实例对比，并将软件工程知识与能力培养相结合，使学生在更好地理解理论知识的同时，学会了实际应用。

（一）专业知识结合生活实例的改革

软件工程课程涉及计算机、工程学、管理学以及经济学等多个领域知识，是根据软件开发的经验总结出来的理论课程。软件工程的教学成效直接影响学生将来从事软件开发和软件项目管理的能力。由于学生本身没有软件开发的实际经历，所以学生在学习软件工程课程时很难深入理解软件工程中讲述的软件开发经验，因而在学习中容易感到枯燥、乏味，缺乏学习兴趣。本课程在教学改革中首先从教学内容入手，针对理论课程的各个知识点，增加了相应的生活实例。

例如，软件工程课程通常是将开发某个软件（例如图书馆管理系统）作为一个项目，围绕这个项目的开发过程讲述各个开发阶段的概念、方法及相关工具。为了避免学生因缺乏系统开发经验，不容易理解开发过程各阶段的概念等问题，本课程选用"计算机专业就业调查"作为与图书馆管理系统相对应的一个项目，将图书馆管理系统开发时运用的概念、方法和工具，运用到"计算机专业就业调查"这个项目中，使学生在更好地理解软件工程理论的同时，学习将软件工程理论运用到生活的方法。

软件工程课程的内容以软件项目开发为中心，分为需求分析、计划、设计、编程、测试等几个阶段。在软件工程课程的教学改革中，针对软件工程的这些原有的理论课内容，又分别增设了生活中的需求分析、生活中的计划与设计、生活中的实施和测试等内容。

（二）专业知识与能力培养相结合的改革

本课程在教学改革中结合软件工程课程的特点，在授课中增加了培养学生解决问题的能力、时间管理能力、沟通能力、合作能力和职业生涯管理能力的内容。

在培养解决问题的能力方面，增设了若干个复杂问题，要求学生使用软件工程管理的方法，从问题分析入手，按照软件工程理论中的需求分析方法，分析与问题相关的细节条件；按照软件工程理论中的计划方法，估计问题解决所需的工作量和时间，制定解决问题的时间表；按照软件工程中的设计方法，设计解决问题的步骤，以及应用软件工程中的测试方法进行检测等内容。

在培养学生时间管理能力方面，给学生一个课题，要求学生按照软件工程理论，自己设定每个阶段的工作内容，制定计划表，按照学生自己制定的时间表，定期检查学习完成的情况，按照学习时间管理的能力评定成绩。

在沟通和合作能力培养方面，增加沟通与合作的知识内容，并采取以小组为单位，合作完成的方式，创造机会，加强学生沟通和合作的能力。

在培养学生职业生涯管理能力方面，给学生讲解了运用软件工程中螺旋式开发的方式，设计和管理职业生涯的方法，并指导每个学生进行自身的职业生涯管理。

二、教学方法的改革

软件工程专业课程的改革从教学方法方面进行了引入企业培养模式方式、以学生收获为目的的教学方式和学生参与评判的方法改革。

（一）引入企业培养模式改进教学

将企业培养软件人才的方法引入到软件工程的教学中，加强了学生对软件工程内容的理解，提高了学生软件开发的实际能力。

企业培养软件人才的方法分三个步骤：培训、模拟训练、软件实际开发。培训的方法是以培训员为核心，讲解软件开发的方法、流程及相关内容；模拟训练则是由专人带领，对新员工进行软件开发过程中相关内容的训练，包括软件开发方法的训练和指导、软件工具的使用、文档的书写方法等。软件实际开发中，每个软件项目有一个项目主管，负责宏观控制软件开发的进度和质量。项目主管领导各个工作小组的组长，组长负责管理整个项目的具体工作。组长需要根据组员的能力和经验，分配给每个人承担的具体工作，带领全组成员，按照软件工程的要求，进行各个阶段的开发，并定期将结果汇报给项目主管。

在软件工程课程教学改革中，将教学方式按照企业培训的方式分为讲授、训练和实训三个部分。讲授以传统的授课方式为主，讲解软件工程的基本概念和方法，加强学生对理论知识的理解。训练以案例分析、工具使用、文档制作练习为主，加强学生的技能培养。实训是给学生布置一个软件开发题目，学生以小组为单位进行开发，开发和管理的步骤按照软件工程的原理，模仿企业实际的软件开发模式进行。具体的方法是：教师作为项目主管，负责宏观指导，学生组成4~6人小组，学生推选出组长，负责全组工作。教师在开发工作开始前，明确组长与组员的职责和最终完成开发后的评价标准，介绍工作中可能出现的问题和应该注意的问题。开发工作开始后，组长与组员共同协商，确定每个人的职责、制定小组纪律等。组长带领组员按照软件开发过程及要求进行开发，教师要求各组组长按企业实际开发模式，定期汇报工作进展。教师轮流参加各组的开发研讨会，针对各组的问题，教师以启发为主，尽量由学生自己解决遇到的问题，培养学生独立处理问题的能力。教师在学生进行开发的过程中允许失败，让学生从失败中体会正确管理的必要性。实训教训方式是软件工程课程的综合训练，学生在教学中亲历软件开发过程、独立进行过程的管理，使学生在实践中领会和掌握理论知识。

（二）以收获为目的的教学方法改革

在软件工程课程改革的三个部分：讲授、训练和实训中以学生收获为目的，根据各自的特点采取了不同措施。

讲授中以提问和课堂讨论为主，教师通过学生的回答和课堂讨论的结果了解学生对知识掌握的程度。课上讨论时，教师先将软件工程的相关内容介绍给学生，并通过案例，帮助学生分析理解理论和规则，之后教师结合所讲的内容出思考题，要求学生分组讨论，并以组为单位提交讨论结果，教师再进行讲评。通过讲评，学生在小组充分讨论的基础上，可以了解其他组的讨论结果，扩大分析问题的思路。小组讨论方式，可以避免全班提问时，少数人发言，多数人听的不足。

训练中以学生练习为主，当堂练习，当堂向全体学生展示每个学生的练习结果。如果课时不够，则选择愿意被讲评学生的练习结果，进行讲评。这样可以督促学生的学习热情，防止相互抄袭的现象。

实训中以小组为单位完成一个项目，项目分阶段设置若干目标，每个目标完成后，由各组负责人向全体同学讲解和汇报，其他学生进行质疑。这种先由学生找问题，再由老师提示的方式，可以极大地激发学生的学习能力，也使教师更好地掌握学生的学习程度。

（三）考试方式的改革

目前许多高校都在进行软件工程课程的考试改革。例如，"多元化"考试方法，总成绩由平时成绩（出勤率、讨论课表现、小测验、作业、设计、回答问题等）和期末考试成绩组成。"任务驱动"考试方法，总成绩由课堂练习、课后练习和软件作品组成。"课程实践"的考试方法，将总成绩分为软件开发文档40％、程序30％和答辩30％。这些考试方法的改革，从软件工程的教学目的出发，加强了能力和实践性内容的考核，符合软件工程课程的特点。但是，目前的软件工程考试改革中，主要注重考核学生对软件工程的开发过程、方法和工具的掌握程度，忽视了软件过程管理的考查。而软件过程管理是软件工程的重要组成部分，通过软件过程管理的考查，能够了解学生实际的软件开发能力，了解学生独立分析、处理问题的能力、沟通和合作能力等。软件过程管理中时间（进度）的管理是重要的要素，时间管理能力是软件开发者必备的重要能力之一。目前的考试方式中没有考核软件过程管理。例如，"多元化"的考试方法，侧重对概念、方法和工具的理解；"任务驱动"的考试方法，侧重对结果的考查。在考查软件作品时，没有考查学生在整个软件设计过程中是否遵循了软件开发过程的要求，是否合理地进行了软件开发时间的管理等，学生有可能为了提交一份好的作品，节省时间，在软件设计过程中没有执行软件开发的过程和管理，导致学完软件工程后对软件工程的关键内容"软件过程及其管理"不理解，不会应用。"课程实践"的考试方法，也侧重考查最终结果——文档和程序。由于网络的发展，教师很难控制文档和程序制作过程中的抄袭。答辩的方式只能帮助学生掌握知识，了解学生所完成的任务，很难真实地评价学生在完成任务的过程中的能力。本次改革提出了加强软件过程管理能力的考核方法。

具体的考核方式以考核学生对进度的管理能力为主。要求学生根据需求分析结果，制定整个项目的计划书，计划书中明确开发的内容，每个人的分工，整个开发的时间安排（日程表），提交各阶段文档的时间等。教师根据各组的日程表，检查计划的执行状况，即是否按计划完成相关工作。教师根据整个过程完成的情况，评判学生成绩。

（四）学生参与评判的改革方式

本次改革实施了学生参与评判的方式。在实训过程中，由于采取以小组为单位，学生自主开发，教师指导的方式，学生比教师更了解组内每个组员的工作成绩，所有在进行成绩评定时加入了学生评定的内容。具体方式分为组内评定和组外评定两部分。组内评定采取互评的方式，要求每个学生给本组成员评分。互评表内容包括对组长的领导能力、对各位成员的合作能力、沟通能力、责任心等方面的评定，每项由高到低5分制。如果评定的分数不诚实，也同样在责任心得分中扣除相应分数。组外评定是学生在听其他组讲解开发成果时，根据成果的独创性、复杂性、实用性等方面，进行评定。

由学生参与的评判使学生得到的分数比较真实地反映学生的能力。

三、教学改革困难

本次教学改革时间比较短暂，实施改革的一个学期还没有结束，不能完整地回收到学生对教学改革的整体看法和意见，影响了对教学效果的评定。

四、结论与建议

本次软件工程课程的教学改革，以教学内容和教学方法为主，进行了改革尝试。教学内容的改革中实施了专业知识结合生活实例，专业知识与能力培养相结合；教学方法的改革中引入了企业培养人才的模式，采用了以收获为目的的教学方法改革，对考试方式进行了改革，并让学生参与了考核评定。

建议延长改革的观察期，至少有一个完整的执行期，这样更能全面地反映改革的效果。

执笔人：刘　飒

第二十节　计算机网络基础专业主干课教学改革

课堂是学校教育的重要阵地，课程建设是实施教学计划的基本环节，是专业特色和学科优势的载体。传统的教学模式强调如何教，这种教学模式导致课堂教学结构模式化，教学目标和组织单一化，教学方式静态化和教学与生活相割裂的局面，学生的积极性和主动性没有得到充分调动和应有发挥，教学效果不尽人意。交互式教学模式强调如何学，教师为主导，为学习者提供认知体验实践目的的机会、环境和条件，有助于改善课堂教学中的师生关系和课堂气氛，培养学生良好的认知能力。

在课堂教学中为了实现交互式教学目标必须遵循主体性原则、自主性原则、合作性原则、策略训练原则、激励性原则、评价性原则。交互式教学的种类和实施方法多种多样，仍在不断的推陈出新中。如何实现课堂教学链条中"交互"这一重要环节的高效和有序，如何将交互式的教学模式融合到计算机网络课程的教学中是本节研究重点。

一、课程改革目标与实践

（一）明确课程的教学目标和学生的学习收获

教学目标是从教学者的角度考虑，定位课程预期能达到的教学效果。学习收获是从学生的立场出发，明确学习课程后能获得哪些知识和技能。教学目标和学习收获是一个事物的两个方面，两者相辅相成。教学目标以学生的学习收获为参考依据，学生的学习收获是检验教学是否达到教学目标的衡量指标。

计算机网络基础课程是信息管理与信息系统专业的主干专业技术课，其教学目标是：通过本课程的学习，帮助学生清楚的认识网络概念、基本原理及体系结构，熟练掌握网络互联技术和网络应用，了解网络新技术的最新发展，逐步培养学生设计、维护、管理计算机网络的能力，为后续课程的深入以及信息管理和信息系统的研究设计提供必要的平台和技术手段，为今后信息处理及相关工作打好基础。学生的学习收获是：理解计算机网络的基本组成、工作原理、应用、性能指标、安全和管理的基本内容，能够解释和解决日常生活当中的一些计算机网络问题，并能够轻松应付本门课的考研学习任务；认识和熟悉常见网络设备，掌握基本配置命令；能够进行小规模局域网的网络规划和组建；能够胜任简单的网络管理工作。

（二）基于构建主义丰富教学手段

建构主义认为，学习不是知识由教师向学生的传递，而是学生建构自己的知识的过程，学习者不是被动的信息吸收者，相反，他要主动地建构信息的意义，这种建构不可由其他人代替。建构主义学习理论把"情景""协作""会话"和"意义建构"作为学习环境中的四大要素。新的教学模式将整个教学环节分成四个步骤，分别是：创建学习场景，问题预设；任务驱动的讨论和知识发现与探索；总结回顾；自主练习与自我评价。

在这种模式中，教师根据授课内容的特点和学生自身的情况，适当运用提问、总结、带着问题自学、分组讨论、协作学习、即兴在线测试、课堂强化练习、课后学习任务、案例教学法、任务驱动教学法等。多种教学方法的引入能够让学生真正参与到教学当中，充分调动学生的学习能动性，帮助学生由被动学习向主观学习过渡。这种方式充分考虑到学生学习新知识时的心理活动趋向，在教学过程中引导学生由简到繁、由易到难、循序渐进地引入新知识，从而可以充分调动学生的学习兴趣。

（三）完整课堂＝理论课堂＋实验课堂＋自学课堂

学习的过程是循序渐进的，对于计算机网络的一个知识单元既有对应的理论知识，还有配套的实验技能。为了使学生完全参与学习，除了有教师参与的理论课堂和实验课堂外，还需要将学习延伸到课堂之下，即学生自主学习的自学课堂。

在理论课堂由教师作为主导者，根据课堂内容，引导学生学习重点和难点知识单元。课堂交互的方式可以选择前面介绍的教学手段中的抛锚式的引导和提问讨论、讲授与提问、案例分析与讨论、课堂的强化练习、学生讲授教师点评等。实验课堂学生的主体地位更是不可动摇的。教师明确实验目标、实验内容、实验方法、扩展内容。借助演示法、任务驱动法、协作学习、小组学习、自主学习等多种教学手段，让学生独立完成实验任务，强化技能训练。自学课堂适合学习课后自学，这种自学分为教师引导和学生自主。教师引导的自学，教师需要做好教学设计，筛选自学素材，布置学习任务和课后作业，补充课堂和实验学习。学生的自主学习指学生根据自己的兴趣爱好，进行自主专题的深入学习，教师可以针对这部分学生，开辟不同的学习专题讨论区，为学生提供学习指导。

（四）利用网络教学平台辅助教学

在本次课程改革中，充分利用了学校的网络教学平台的作业管理、课程通知、在线测试、教学材料、教学笔记等教学栏目。这些教学栏目各具特色，能够满足不同的教学需求。教学材料、教学笔记课程通知是比较松弛的互动方式，教师根据课程需求及时更新和发布教学材料、教学笔记和通知，学生各取所需。学生也可以记教学笔记，教师从中总结学生的学习情况，进行查缺补漏。作业管理和在线测试教学栏目是比较硬线条的互动方式。教师定期发布作业，指定截止完成的时间并进行评阅。教师在建设试题库的基础上，根据不同的测试策略，通过在线测试进行单元或者阶段的测试。

（五）丰富考核方法和手段，完善考核标准，加强过程管理

兴趣、压力、动力是学习的驱动器。兴趣是学习最好的催化剂，兴趣的培养不是一蹴而就的事情，让学生对课程有兴趣有热情是给教师最大的挑战。教师需要在尽量激发学生的前提下，使用"压力"和"动力"两种手段促进学生学习。考核是传统的、经典的也是最有力为学生增压的方式。考核效果的好坏关键取决于考核标准是否完善。考核标准必须是公正的、公开的，能够保证优秀的学生有取得好成绩的动力，还要保证不爱学习的学生有怕不及格的压力。考核的方式应该是丰富的、多样的，既要体现结果考核，还需要兼顾过程考核。

理论课堂的考核包括个人的出勤、回答问题的积分、课后作业完成情况、小组讨论成绩、在线测试的成绩、参加课后调研学习任务的反馈成绩。不同的考核类型侧重不同的方面，例如，课堂回答问题表现学生的参与度、对新知识的理解和掌握程度；课后作业体现学生的课后学习状态和对课堂知识的吸收状况；小组讨论成绩体现的是学生的自主协作、推理、归纳和总结的能力；在线测试体现学生对一个单元或多个单元的阶段性的、整体把握状况，一方面也在提醒学生温故知新和知识的连续性；参加课后调研学习任务的成绩更多的是考查学生自主学习的主观能动性和对学习的态度。

实验课堂的考核有多种，对于验证性实验项目，一般采用教师批改实验报告、现场抽查学生实验过程的方式进行；对于设计性和综合性实验项目，教师提出网络设计任务，要求学生从设计需求分析、项目设计、方案设计、安装配置维护等全过程的演练、考核，每一个训练环节提交完整的实验报告，对优秀的项目方案进行点评演示；对于创新性实验项目，要求学生详细记录实验过程中的每一个环节的问题解决的方法，记录实验的数据，撰写科技小论文、报告的形式作为评判的依据。

（六）提升教师业务素养，发挥"主导"作用

教师良好的业务素养是整个课程教学效果的关键所在。

首先，教师要完全掌控课程的内容。教师需要透彻理解课程各个知识单元及其联系，清楚课程的重点、难点。能够合理安排各个知识单元的教学策略，例如教师先仔细讲解然后学生互动、根据问题自学或者小组抢答、完全课后自学、情景式推入教学、案例探讨式教学、小组协作学习等。

其次，教师要完全掌控课堂的气氛。所谓的交互式教学需要学生的参与和互动，让学生头脑动起来才是王道。教师需要充分展现自己的"主持人"的气质，将课堂变成学生喜欢"秀"的舞台。让课堂的气氛轻松、愉快，还要学生感到充实和忙碌。教师需要把握好"度"，张弛有道，将知识尽量以趣味的方式或以比较"潮"的词汇解释，让知识更加融入到年轻人的生活，充分调动学生的兴趣和情绪。

二、总结

教学方式的改变会影响学生的学习方式，学生的学习方式影响着学生的学习能力和整体素质。学习是个不断积累和重复的过程，判断一门课的改革效果也不是单独以学生的考试成绩为

参考依据。在课程的改革过程中，学生普遍反映上计算机网络基础课程比较"累心"，原因就在于这门课中有很多需要他们参与的环节。这种参与在目前看来被动的成分居多，但是，多次的参与学习活动的背后隐藏着的是锻炼他们自主学习的"苦心"，而且，这种"苦心"学生们能够感受和理解到。在他们参与学习的过程中，他们的学习态度、学习方式都发生了潜移默化的变化，这种变化就像一种潜能量，需要积累到一定程度才会爆发。还需要更多的课程参与到这种课程改革中，持续这种变化和积累，只有这样，我们才能看到学生厚积薄发后的变化力。

执笔人：刘莹莹

第二十一节 经济法学专业主干课教学改革

课程改革促使教师从经济法学教学实际出发，对于课程教学目标、教学内容、教学方法、教学手段、考核评价等问题重新进行了思考。课程改革的过程不仅是学生经济法专业知识、技能提升的过程，也是教师教学理念更新、教学能力增长的过程。

一、经济法课程改革的主要内容

（一）分层次设定教学目标和要求

在开学前课程准备阶段，结合以学生收获为目标的课程改革要求，首先思考学生学习经济法课程应然的收获是什么呢？我们将其总结为"知识＋技能＋情感"。适应现代社会对于经济法律人才的需求，学生在经济法课程中除了需要掌握基本的经济法专业知识，更应当学会的是运用知识解决经济法律实际问题的技能和能力（包括逻辑分析判断能力、语言运用表达能力、团队沟通协作能力等），还要养成健全的人格，培养对于普适价值（如公平、正义等）的坚持和信仰等。

结合以上三个方面学生的应然学习收获，重新设定了经济法课程教学目标和要求。同时基于课程总体教学目标和要求，根据每个章节的教学内容、特点，分别明确各章节知识领域、技能领域、情感领域的教学目标和要求。从而明确了经济法教学预期产生的合理效果、学生应然的学习收获以及检验评价教与学效果的基本依据。在章节教学开始阶段，首先强调章节教学目标和要求，不仅使教师在教学中做到有的放矢，也使得学生对于具体学习目标做到心中有数。

同时在教学过程中，需要把握既面向全体又尊重个性的原则，尊重学生个体差异，帮助学生分别设定差异化的学习目标。对于学习吃力的学生，要求掌握知识要点，学会解决老问题；对于一般学生，要求领会知识重点、难点，学会解新问题；对于优秀学生引导其尝试发现并自主解决问题。力争让每个学生都能感受成功，获得快乐，实现最佳发展。

（二）分类别划分教学内容

依据教学目标和要求，从教学对象实际出发，对经济法课程教学内容重新进行了划分，分为：精讲、略讲、不讲三类。并将上述教学内容在开学之初向学生公布并根据学生反馈进行适当调整。

1. 对于课程核心知识点、要点难点"精讲"

精讲的基础在于教师对于相关专业知识和技能的前期的学习和研究。网络时代已经具备诸多优于口舌的传播之器。在当前信息时代，若面授教育还有存在的必要，首要的是教师不仅要"传道"更要结合自身知识积累和科学研究去"创道"。教师不能再充任知识的倒手者，必须做出独立的贡献，提供知识的增量。作为教师必须找到自己独特的讲授角度，我的课就是一本书，一本不与任何已有之书雷同的书。学生不再说"我去上经济法"，而是"我去上李蕊老师的经济法"。这门经济法的讲述角度绝不会同于其他经济法教师。正如陈寅恪先生在西南联大讲授隋唐史时声称："前人讲过的，我不讲；近人讲过的，我不讲；外国人讲过的，我不讲；我自己过去讲过的，也不讲。现在只讲未曾有人讲过的。"只有凭着这样的气度，教师才能保持其无可替代的价值。"未曾有人讲过的"就是创道，而非传道。"未曾有人讲过的"，才是图书馆与网络不能将教师淘汰的理由。

2. 对于一般知识和理论"略讲"

正如罗素所言"大学的作用不在于把许多事实塞进学生的头脑，而且似乎是塞得越多越好。大学的正当任务应该是引导学生养成批判地审察的习惯，使他们懂得那些与一切问题有关的准则和标准""教师之为教，不在全盘授予，而在相机诱导"。对于内容相对简单、资料较为齐全又较为贴近生活的章节应采用模拟授课法。在课上简单提示概括，指导学生课下通过网络、图书馆、实地调研访谈等多种手段以小组为单位进行研讨学习。上课时由学生充当"教师"进行讲解说明，对于其他学生提出的问题予以回答。也允许学生之间相互讨论甚至争论，最后由教师总结学习内容并讲评学生观点。引导学生在搜集资料、准备讲授的过程中系统深入地领会所学知识。通过学生自我讲授，及时了解他们对知识掌握和运用的情况；同时结合社会对于法律人才的综合素质要求，注重培养学生灵活运用所学法学理论知识解决实际问题的能力。

3. 对于浅显的知识和理论"不讲"

授人以鱼不如授人以渔。"好的先生不是教书，不是教学生，乃是教学生学"。信息时代知识总是具有时限性的，教师不可能把学生步入社会后几十年的知识都传授给他们，但我们可以培养他们独立思考的能力、动手实践的能力和探索创造的能力，培养他们严谨、理性、科学的思维方式以及良好的意志品质。

不讲不意味着对于学生这部分知识学习放任不管，只是教师的角色有讲授者转变为指导者和评价者。结合学科特点，本着"得法于课内，得益于课外，课内与课外相结合"的原则，除了课堂教学之外，充分利用课外答疑讨论、资料搜集、小组学习、批改作业、实践实习等环节因势利导，启发学生不仅要学会对于知识的联系、归纳、分析，更要学会用大脑思考，用心灵去感悟法学的真谛，让学生不仅学会读书更要学会做人。

在指导学生自主学习过程中，指导学生充分利用经济法课程网络平台结合其他媒体资源进行学习，突出强调学习小组作用的发挥。同时及时通过作业、师生互动、生生互动等方式检验学习效果。在此过程中，实现了以专业知识学习，带动学生自主学习能力、团队协作能力、表达思辨能力以及鉴别判断能力的提高。

（三）重新选择教学方式

在学习过程中教师也是求索者，只不过走在学生前面而已。在师生平等的交流学习中，才能共同获得收获。依据教学目标和要求，根据教学内容，以教学平等、师生相长为原则重新进行教学方式选择。一方面通过引导式、发现式、讨论式、问答式等多种教学方法的综合运用将授课模式由"独唱"改为"联唱"。另一方面通过师生互动、生生互动、生师互动等多种方式，借助多种教学媒体给学生更多表达的机会，实现经济法教学由教师"独角戏"向"多角戏"转变。

在本轮经济法课程教学改革过程中，结合教学内容和教学对象特点，应用了引导式教学法。在教学活动中，以教师的"引导"为手段，以学生的"发现"为目的，围绕教学内容设计问题，通过有层次地使用问题，引导出需要讲解的内容、方法或知识点，并通过解决一个具体问题，进而总结相应理论。引导式教学方法的采用有助于引导学生实现对于本门课程的了解和认识。教师通过对于一门课程的"全程式引导"，帮助学生认识本课程的学习意义和学科地位，引导学生明确本课程的学习重点、难点，了解本课程的教学方式和要求。从而促使学生从自身的实际出发，制定学习计划、设定学习目标，实现有针对性的学习。

在教学过程中有针对性地实施对于学生心理引导、知识引导、能力引导、学风的引导以及基本学习方法的引导，培养了学生自主学习的意识和毅力，也提高学生自主学习的能力。很多学习小组在课堂展示讲解中也有意识地应用了这一方法，收到了较好的效果。

（四）重新设计教学手段

随着现代教育技术发展，教学手段日益多样。从黑板板书、多媒体演示到现场模拟、网络教学平台、教学互动反馈系统等。在教学手段选择中，应注意以下原则：

1. 从教学需要出发，尊重教与学的规律，尤其不为使用而使用教学手段

目前几乎所有高校教师都会使用多媒体课件进行课堂教学。这一新技术在呈现教学内容，创设教学情境，调动学生的多种感官功能，使学生的学习更加直观、形象、生动方面有其独到的作用，大大改善了教学效果。但是在改革过程中，我逐渐认识到多媒体技术只是教学的辅助手段，其目的也只能是弥补教师授课时"一支粉笔、一本书、一块黑板、一张嘴"的不足，只能是发挥教师主导作用的辅助手段，而不能代替教师的教学活动。如果把一堂课的所有环节、所有内容统统纳入课件中，甚至一个小小的提问，以及本应由教师对学生活动作出的反应也由电脑代劳了，从而造成多媒体独霸课堂，教师就会成为多媒体技术的奴隶，也就丧失了在课堂上存在的价值。

教学过程是十分复杂、微妙的过程，教师的一个手势、一次微笑、一句赞语对学生来说，都是不可缺少的体态语，对提高教学效果有着不容忽视的作用。同时教学过程也是一个动态的、发展的过程，时常会产生一些不可预见的情况。教师如果过分依赖多媒体技术，把所有的教学环节全部使用多媒体手段再现出来，少了粉笔等传统教学手段的应用，不可避免地会压制教师和学生的灵感和创造，限制教师的临场发挥，使教师不能根据课堂教学的实际情况及时灵活地调整教学程序、教学内容，教学方法。因此在积极探索提高多媒体课件制作技术，结合教学需要适当应用多媒体辅助教学外，也要始终坚持了对于传统教学手段的应用。并探索如何从教学需要出发，将传统与现代教学手段有机结合，实现多种教学手段有机结合，为我所用。

2. 积极运用课程网络教学平台促进学生自主学习、实现师生即时交流

为了有效解决学生自主学习资源获取能力不高、师生互动交流滞后的问题，借助经济法网络教学平台构建了一个突破时空界限、立体化的、全方位的经济法学教学环境。不仅促进学生在课堂之外的自主学习，也实现了师生及时交流。网络课程中设有教学资源共享、讨论交流、问题答疑、笔记集、作业、测试等多个板块，教师将相应的教学资料和参考资料整理分类上传至平台以辅助学生的课外学习，而学生课余有任何疑问也可通过平台留言提出问题或与同学讨论，对课程的想法和感受也可和其他同学一同在平台上分享。最大程度的实现了师生之间的全方位交流。经过几年的探索和积累，网络课程教学平台已经发展成为经济法课堂教学不可或缺的辅助手段。学生随时随地只要登录平台，就可以展开学习，实现与教师和同学的即时互动。教师也可以在平台上随时针对学生学习中的问题与情况与学生及时交流与沟通，实现课堂教学向课下的延伸与拓展。

（五）改革学习效果评价模式

教学活动形式的多样性决定了学习效果评价模式也应该具有多样性。考试是课堂教学的延伸，从侧面反映教学的效果。传统的考试方式和试题设计容易将学生变成一部背书、背法条的机器，最终导致学生丧失学习兴趣，丧失思考能力与创新能力，不利于学生想象力和思维能力的培养。在教学改革要求使用教学反馈型评价、形成性评价、阶段总结性评价等多种评价方法，将学生平时成绩与期末成绩有机相结合，努力探索学习效果综合评价机制。

1. 尊重学生差别通过制作学习档案，实现对学生学习效果的形成性评价

由于每一个学生所处的文化环境、家庭背景和自身思维方式的不同，决定了学生的学习活动应当是一个富有个性的过程。由于学生个体的差异，应减少以往的横向比较性评价，把重点放在学生自身的纵向的形成性评价上。为每个学生建立学习档案来评价学生学习过程，使每个学生在经济法学习过程中都体验到自己的变化、成长和进步，增强信心，从而促进学生全程、多样、有效地获得经济法学习收获。

2. 运用现代教育技术实现对学生学习效果的即时互动反馈评价

在课堂教学过程中，充分利用了教务处引进的教学互动反馈软件，课堂上通过知识点相关问题设计，让学生利用手中的遥控器进行电子表态并即时反馈，然后通过系统即时统计参与结果。一方面使教师在教学中随时了解掌握学生知识信息接受情况并根据学生反馈进行教学内容、手段调整。另一方面，系统自动将学生反馈数据记录到后台并自动写入学生的数字成长记录，便于教师开展学习效果形成性评价。

二、对该课程后续改革的思考

课程的改革不仅意味着教学内容、教学方法、教学手段、考核方式的改革，更是促进教育教学理念不断完善更新的过程。

（一）现代社会教师作用的发挥

韩愈有言"师者，传道、授业、解惑"。随着社会的变迁，尤其是网络技术的出现，传播手段的多样化，同时意味着"解惑"途径的多样化，学生可以自主学习通过更多的方式求得答案。如果不能结合自身学习和研究进行知识再创造，则教师的传播功能已不再重要。与"解惑"相比，"导疑"更为重要。所谓"导疑"，就是引导学生对现有的知识体系产生疑问，从而生发改进与创新的热情。提供独特的研究视角，贡献知识的增量，引导学生的创新，才是教师独具的、机器不可取代的功能。

因而教师的作用在于"创道"和"导疑",其核心在于对于学生自主学习的引导。如全美最佳教师雷夫·艾斯奎斯所言"老师的工作是为学生打开一扇门,学生要自己走进来,我不会使劲地把学生推进这扇门,不是拉他们或者推他们进来,而走进来必须是学生自己的事情。"

（二）对于教学手段的合理使用

如前所述,辩证地看传统教学手段与现代化教学手段各有优点与不足。现代化教学手段多长于知识的传授、长于智力发展,而短于品德、情感、审美教育,师生之间缺乏人际交往、情感交往,学生难以从教师那里受到思想、情感、人格、审美方面的熏陶和感染。现代化教学手段的使用还存在短于具体的技能、技巧的培养,对眼、耳的过度刺激有害学生的感官等。因此,对待二者不可偏废,应当使传统教学手段与现代化教学手段相协调。

在未来教学改革中,除了加强现代教学手段的学习和应用外,还要进一步探索粉笔、黑板等传统教学手段的应用。板书是教师教学思路的一种体现,是教师教学目标的形象化呈现,可以全面反映课堂教学的主体内容,涵盖课堂教学的知识要点,对学生的主动学习能起引导作用。在教学过程中板书并不是可有可无的,而是重要的教学方式。只不过新课堂的板书并非传统课堂先期预设的一成不变式的板书,而应当是在学生主动学习过程中展现与生成的。相关板书的形式不应只是电脑页面程序化的播放与罗列,而应当是教师对开放式动态课堂的"完形填空"。当然,课堂最终生成的板书与教师预设的板书不可能完全一致,但也不应当杂乱无章,而应在一定程度上体现教师预设的基本点以及形式之美。

执笔人：李　蕊

第二十二节　个案工作专业主干课教学改革

社会工作作为一种专业在西方国家已有百年的历史,作为植根于西方文化特性的社会工作,它是在西方社会慈善组织与宗教组织长期的助人活动的基础上产生并发展起来的"助人自助"的专业。在我国,现代教育意义上的社工教育在 1949 年以前已经创立与发展,但由于战争的原因其发展非常缓慢。新中国成立后社工的发展受到了以国家行政力量为主导的福利模式的影响,其专业教育基本处于停滞状态。直到 20 世纪 80 年代改革开放后,西方社会工作再次被引入,社会工作教育才得以重建和恢复。这与学术界关于中国社工教育历史三阶段的划分较为一致,即 1949 年以前的创立与发展为第一阶段;1949—1979 年间的停顿为第二阶段;以 1980 年以来的恢复与重建时期为第三阶段。1987 年北京大学和中国青年政治学院首次招收社工专业学生,北京农学院于 2003 年开始招生,迄今已经有十年的历史。

由社会工作专业教育的发展概况可知,相比欧美发达国家,该专业属于新兴专业,社会认知程度低。因此多半大一新生属于专业调剂生,社会工作专业并非他们的第一志愿。毋庸置疑,这势必会给学生专业学习的兴趣和主动参与度带来影响。教学,顾名思义包括教与学,其中,学生的参与性和投入度是非常重要的。基于社会工作专业学生的特点,如何调动学生的学习积极性,提升学生的专业学习兴趣,最终成为合格的社会工作实务工作者,对于社会工作专业教师而言是任重道远的。

学生的任务是学习，学校教育的任务在于传授科学知识，帮助学生掌握知识、获得技能和形成良好的品德。学习理论揭示个体学习的本质和规律，解释和说明学习过程的心理机制，帮助学生运用学习规律提高学习效果。不同的理论学派从不同的角度揭示了学习活动的本质，其中，行为主义学习理论和认知主义学习理论是较有影响的两大流派，前者关注个体外显行为的持久变化，后者强调个体在学习中所经历的内部心理过程。20世纪90年代，认知学习理论的一个重要分支——强调学习的主动性、社会性和情境性的建构主义学习理论逐渐受到了学者的关注。日益发展的多媒体计算机和网络通信技术所具有的多种特性，适合于实现建构主义学习环境，使建构主义学习理论在世界范围内的影响力不断加强。

建构主义学习理论的教学思想：①以学生为中心。建构主义学习理论强调以学生为中心的教学模式，注重在教学过程中发挥学生能动性。在这个过程中，学生并非是一个"空心萝卜"，而是知识信息加工的主体，知识意义的主动建构者，而教师则由知识灌输者转变为学生建构知识的帮助者、指导者。②在实际情境中教学。③协作学习。④提供充分的资源，让学生自主探索。笔者认为，"主动教学法"则符合建构主义学习理论的教学理念，可以应用于本次教学改革中。

为了提升学生学习积极性，达到理想教学效果，在社会工作的主干课程之一——个案工作课程教学改革中，将主动教学法的教学理念和方法运用其中，并对其教学效果进行了评估。

一、课前需求评估

该课程为面向社会工作专业四年制本科大二学生的专业基础课程，也是他们所接触的第一门社会工作方法课。为更好了解学生的需求，更大程度地挖掘他们的学习潜能，在课前进行了学生需求评估，要求学生回答以下问题："社会工作专业是你的第一志愿选择吗？""通过以前的学习，你认为什么是社会工作？""你对老师的期望是什么？""你希望从这门课程中学到什么？""以往的老师授课中，你最喜欢什么样的教学方式？最讨厌什么样的教学方式？"通过以上问题，了解学生先修课程以及过往有关个案工作的知识，他们偏爱的授课方式等，及时调整自己的教学计划、课程大纲及课件。

二、主动学习法的应用

基于课前的需求评估、教学内容和要求，在不同的授课环节应用适宜的主动学习法教学策略，将主动学习法的教学理念和方法应用到个案工作的授课过程中。根据教学内容，依次选取的教学方法有：头脑风暴法回答问题、分组讨论与分享、辩论、情境模拟对话练习、角色扮演、视频反思、案例教学

为更好地促进学生之间互相学习以及课下学习，进行了相应的教学设置：第一，为方便学生讨论，在课程第一节课中，通过随机的方式将全班同学分为六组，每组平均7~8人，在上课时，要求同学们按照分组就座，方便随时进行讨论，这一方式既方便讨论也能让学生们在讨论过程中结成学习小组，互相学习，效果非常好。在评定小组成员的表现时，依次采用教师评分、各组评分及组员内部评分相结合的综合评分方式，更好地了解各组表现及每个小组成员的组内参与学习情况，既公平也激励学生。第二，利用学校课程中心的网络教学平

台，发起相关讨论，让同学们在下课后也能进行相应的学习讨论及交流活动。第三，在学生期末成绩的评定中，平时成绩的分数比例提高到50％，期末闭卷考试成绩占50％，这极大地提高了学生们参与到平时的教学活动中的积极性。第四，新的社工专业实验室的投入使用，为个案工作的实验教学提供了很好的场地。

三、结论及建议

通过教学研究发现，总体而言，"主动教学法"取得了较好的教学效果，达到了预期教学目的。学校及学院的重视和支持有力地推动了该教学法的运用。

虽然初期投入大量的时间精力，但鉴于其良好的教学效果，为以后的个案工作课程教学打下了良好的基础。但因为是社工专业试点课，第一轮授课，仍旧有很多不足。首先，专业教师数量不足，各专业教师教学任务繁重，因此暂不能做到统一出题，集体阅卷；课程组成员之间交流不够。其次，各个课程的性质及特点不一样，可以依据其课程特点，因地制宜地选用相应的具体教学策略，如有些课程可以使用互动反馈多媒体教学系统软件等，促进师生互动，最终实现教学相长。

执笔人：彭君其

第二十三节　区域经济规划专业主干课教学改革

近年来，国家先后提出了东部沿海地区率先发展、西部大开发、东北老工业基地振兴与中部崛起等重大区域发展战略，区域经济现实问题引起众多的关注，给区域经济规划带来了学科发展的重要时期，同时也对区域经济规划的教学和科研提出了新的要求。传统教学模式中，教师只是简单地灌输知识，但缺乏用所学经济理论解释某一区域经济现象的能力，更谈不上编制区域经济规划了。

本研究拟通过对参与式教学模式的深入剖析及在德国高校的实践经验，针对国内区域经济规划课程中传统教学模式的问题，结合区域经济规划的学科特点，将科学研究的各个元素渗透到教学全过程，通过教学实践活动改变学生被动接受知识传输的教学方式，在合作研讨中积累知识、培养能力和锻炼思维。

一、传统教学模式区域经济规划授课中的特点

区域经济规划是研究国内外不同区域经济发展变化、空间组织及其相互关系的综合性应用科学，是作为农村区域发展专业规划方向的特色课程。传统的理论教学模式已经无法适应其教学内容和要求，在教学实践中带来种种弊端。①教学方式主要采用以教师、课堂、书本为中心的传递—接受的被动教学方法。教师居于主导地位，学生仅仅被动接受，如同外部刺激的接受器。用这种方法培养出来的学生往往按部就班，照搬照抄，不利于学生主动性、创造性的培养和发挥。②教学内容过于偏重理论，过分强调学生获得知识的系统性和整体性，忽略了学生的主动精神和自主探究能力的培养。学生学了很多类似概念、特点、分类等内容，孤立、零碎地死记硬背各个理论，既无法和实践建立联系，也不知所学如何在实际中应用，造成教学资源巨大的浪费。③课程考核形式较为单一，过于强调对知识点的掌握。课程

考核大多采用闭卷形式，题型仅限于填空、名词解释、判断、简答等，仅靠考前突击背诵两天即可及格。这种考核只能体现学生的瞬间记忆能力，而忽略了学生理解知识在纵向的深度和横向的广度。

二、参与式教学模式的发展及其在德国高校应用

参与式教学是一种教学策略和教学方法，更是一种教学理念。参与式教学在理论教学内容和学生已有知识积累的基础上，不再单纯地要求学生对知识的记忆和背诵，而强调知识的广度和深度，强调知识的交叉与运用，以培养学生的创新精神和实践能力为目标。它要求改变教师的教学方式和学生的学习方式，以师生间的交流、探讨和互动取代被动、消极的讲座式课堂学习，使学习成为主动发现和运用知识的过程。在教学过程中将科学研究的各个元素渗透到教学全过程，通过教学实践活动改变学生被动接受知识传输的教学方式，引导学生创造性地运用知识和能力，自主地发现问题、研究问题和解决问题，在合作研讨中积累知识、培养能力和锻炼思维。

德国大学本科生教育十分注重培养学生的分析能力、创造能力和实践能力，教学活动也围绕着提高学生这三个方面的能力来进行，综合来看，德国本科课程教学有四个显著特点。

（一）学生决定学习内容和学习方式

在一门课开始第一节课，教师会给每位同学发一张自己根据课程特色设计的"需求意愿问卷表"，里面涉及对课程内容设计、学习方式、考核方式等问题。根据学生对课程的需求意愿，教师安排和调整自己的授课计划。德国高校课堂教学方式主要划分为讨论、启发、案例分析、专题等多种形式，以此充分发挥学生参与积极性、主动性，进而提高教学质量。通常学生更愿意选择理论与案例教学相结合的课程内容设计，学习方式倾向于以师生互动、生生互动为主的参与式教学，课程考核方式则青睐于提交课程论文的方式。课程结束，教师会设计一份"满意度调查表"作为对课程开始时"需求意愿问卷"的回应，同样由学生决定整个教学过程是否满足各自对学习内容、学习方法等多方面的诉求。

（二）课程无指定教材，学习功夫在课下

严格来讲，德国区域经济规划课程是没有指定的教材的，而是教师提供的一系列书单，大约包含了国内外比较有影响的关于区域经济规划的书籍和论文，比如德国区域经济规划家克里斯塔勒的《德国南部中心地理论》、美国胡佛的《区域经济导论》、艾萨德的《区域科学导论》。功夫在课外，教师讲完课后，要求学生自己去查找资料，完成课程论文。因此，学生课外下的功夫，常常是课内功夫的3～5倍，学生学习的成败很大程度上取决于学生课外利用图书馆的自主学习能力。

（三）教学形式丰富、宽松

教师讲课不仅仅是对问题进行描述，更重要的是教会学生如何分析问题并提出解决方案的能力。教师引导学生创造性地运用知识和能力，自主地发现问题和研究问题，重视学生分析问题、解决问题的经验、方法和体会。课堂上不仅教师向学生提问学生也可以向教师提问，然后师生就所提问题进行平等的对话，这种教学形式不仅使课堂充满了一种有益的紧张

气氛，同时也产生了富有成效的相互影响，教师亦能在头脑风暴式的讨论中激发灵感。

（四）课程考核方式多元化

课程考核既是对学生学习状况的一种检验也是对教师教学效果的一种衡量。科学合理的考核方式能够反映教学内容安排、教学方法、教学效果等多方面的信息。一般而言，德国高校对课程的考核方式较为多元化，包括课程论文、书面闭卷、开卷考试、规划设计、调研报告等多种方式，其不仅需要考核学生对基本理论、基本知识的掌握程度，还需要评判学生灵活运用基本原理提出问题、分析问题和解决实际问题的能力。

三、区域经济规划课程参与式教学的探索

总结理解德国参与式教学模式后，笔者在区域经济规划课程中进行了首次尝试，教学方法及手段如下：

（一）以问题为导向，拓展学生的思维

"传道授业解惑"的传统教育思想告知我们大学教育传授的知识固然重要，但更重要的是通过传授知识，去启迪思维，最终得以"成道"。著名教育家布鲁纳认为，教学既非教师讲，又非学生听，而是教师通过自己的引导、启发，让学生自己去认知、去概括、去亲自获得知识，从而达到发展他们的目的的过程。笔者认为，应让学生在对新观点了解的基础上解释区域经济现象，基于此编制规划方案。如在以北京郊区为例编制规划方案时，教师重点介绍了区域经济发展方向和规划设置上两种具有代表性的看法。一种是以经济增长作为规划定位的传统区域经济发展观念；另外一种认为社会和人才是发展的主体，经济发展只是一种手段。然后提出讨论的问题：在区域经济规划过程中，如何在经济增长中注意生态环境，避免对生态环境的破坏，保障人的生存环境。同学们各抒己见，争论十分热烈。最后笔者在肯定同学们讨论的基础上进行总结：区域经济规划是多种因素综合作用的结果，可以归纳为三个目标，生态环境的改善、社会进步以及经济增长，这些目标相互促进，又彼此联系，互相扶持又彼此制约。但具体到某个特定的区域和特定的历史时期，这些目标在促进区域经济发展中的作用上存在某些差异，有时表现为更侧重经济增长，有时表现为先改善生态环境。通过问题的提出，从比较和联系的角度来拓展思维，能使学生在思想的交锋中获得启迪。

（二）改革考核方式，注重学生学习过程的全面考核

根据区域经济规划课程的性质和特点，在该门课程考核中采用考评、期末考试及课程论文相结合的多元考核模式，注重学生在整个教学过程中的学习状况与掌握程度，采用多元化的考核方法，相对客观、科学地评判学生的学习效果，促进教与学的创新。考评采用灵活多样的课堂讨论、案例分析等方式进行，同时辅之区域经济实践问题的分析和研究，提高学生发现问题的敏感力、收集处理信息、分析和解决问题的能力，逐步培养学生的学习主动性和创新意识。期末考试采取笔试的方式，侧重对课程理论知识及应用的掌握，考核学生基础理论和相关实践问题分析的能力。课程论文则要求学生以小组形式编制规划方案，鉴于学生在课程学习期间外出调研机会较少，通常让学生选择自己熟悉的家乡作为编制规划的对象，当学生用所学的专业知识对养育自己的一方水土品头论足时，使其倍感亲切并更自然的融入到

原本枯燥的理论学习。

（三）借鉴德国评价体系对教学过程及教学效果进行评价

尝试在课程期初向学生下发"需求意愿问卷表"，更深入且有针对性的了解学生们对学习内容、教学方式及考核方式的诉求，据此调整教学计划和教学方案。在教学过程中，实时搜集学生的意见反馈，不断做出微调。课程结束后通过"满意度调查表"掌握学生的整体学习效果及对教学过程的综合评价，并对结果做出统计。从对 60 名上课学生的调查问卷情况看，绝大多数学生对参与式教学法是认可的，79％的学生对这种教学方法感到很满意，18％的学生感到满意，不满意的学生仅有 3％左右。与传统教学方法比，90％以上的学生认为参与式教学法使其学习兴趣和学习能力更高。

通过对参与式教学模式的深入剖析及借鉴德国高校的实践经验，针对国内区域经济规划课程中传统教学模式的问题，结合区域经济规划的学科特点，将科学研究的各个元素渗透到教学全过程。从实际运用效果看，学生出勤率更高，上课状态更加投入，与老师互动热情提高，提问更加踊跃。在大学生科研训练中，多数同学选择了研究区域经济发展规划的论文及报告中，并能够灵活运用课程专业知识。

执笔人：毕宇珠

第二十章　都市型高等农业院校教育
教学质量评价体系

第一节　都市型高等农业院校教育教学质量评价体系内涵

从 20 世纪 80 年代开始，高等教育进入了以提高教育质量为核心的时代，质量是一所大学的"灵魂"这一理念已被普遍认同。英国、美国、日本等发达国家的私立、公立大学均发展较快，其教学质量都取得了瞩目的成就，这与发达国家较早重视教学质量评价工作，积极开展教学质量评价体系的研究与实践密不可分。

1999 年以来，我国高等教育从精英教育朝着大众化教育的方向转化。大学的管理模式由"国家控制模式"向"国家监督模式"转变。可以预计不久的将来，随着高等教育改革的不断发展，我国大学办学的自主权将逐步增加，学校对于教学质量将肩负起更大的责任。现有教育主管部门的教学质量评价标准、体系、方法往往成为资源配置的重要依据，其组织的各种评价存在先天的不足，很难转化成一种全方位的教学质量评价体系，对于学校教学质量的提高作用有限。而教学质量的内部监控与评价的不足，很大程度上制约了教学质量的提高。

按照国家《2003—2007 年教育振兴行动计划》中所提出的《高等教育教学改革和教学质量工程》，借鉴发达国家高等教育发展和质量建设成功的经验，2004 年 10 月，教育部成立了高等教育教学评估中心，建立了五年一轮对高等学校教学质量进行评估的制度，力图带动地方、教育行政部门建立相应的评估监控制度和组织机构；促进高校建立自我发展、自我约束的内部质量保障机制。自此，我国高等教育有了一套经常化、制度化的评估制度，充分体现了国家和政府对高等教育保证教育质量的要求和期待。

作为北京市高等农业院校，北京农学院在严格遵循国家教育部和北京市有关办好高等教育的方针政策基础上，坚持以服务首都城乡经济社会发展一体化和新农村建设为使命，以培养具有创新精神和创业能力的应用型、复合型人才为中心，坚持"以农为本、唯实求新"的办学理念，加强人文北农、科技北农、绿色北农的建设，着力打造和完善"都市型现代农业人才培养、科技创新体系和科技推广服务体系"，努力在都市型现代农业人才培养、科学研究和社会服务等方面形成自身鲜明特色和优势。

在经历了 1998 年合格评估和 2004 年二次教育教学质量评估工作后，北京农学院从领导到教职员工充分认识到，要实现办学目标，教学质量是学校发展的生命线，而科学的、完善的教学质量监控体系则是确保教育教学质量不断提高的重要管理环节，是教学管理中一项基础性工作。

多年来，基于办学规模不断扩大，在校生人数由过去 1 000 多人增加到目前的 8 000 多人。为了提高整体教学质量，在原来教育教学质量管理的基础上，由过去部门零散式工作状态转变为全校的系统工程，专门成立了教学质量管理办公室，成立了学校教学督导组。从 2001 年起，根据学校的实际情况，在教学管理上实行了学校、学院、系（部）级管理模式。学校的教学质量监控工作由主管副校长直接领导，教务处教学质量管理办公室具体组织和实施；各学院成立教学指导委员会，负责对本学院的教学运行和教学质量进行监控。为发挥教研室的管理作用，学校还出台了《教研室工作条例》，强调教研室在教学质量监控体系中的作用，明确教研室主要工作就是负责教学改革、课程改革和教师教学水平的提高。

至此，在不断实践与艰苦的探索中，北京农学院教育教学质量评价体系的理论研究逐步达成共识，教育教学评价体系的框架也在不断完善，整个教育教学质量评价工作正在有条不紊地向前推进。概括起来主要包括以下几个方面。

一、对教育教学评价体系的内涵、作用和功能定位的认识

（一）教育教学评价体系的内涵

1. 对"教育"的理解

"教育"就是对新生一代准备从事社会生活的整个过程，也是人类社会生产经验得以继承发扬的关键环节，主要是指学校对儿童、少年、青年进行培养的过程。广义上讲，凡是增进人们的知识和技能、影响人们的思想品德的活动，都是教育。狭义的教育，主要指学校教育，其含义是教育者根据社会的要求，有目的、有计划、有组织地对受教育者的身心施加影响，把他们培养成为社会所需要的人的活动。

2. 对"教学"的理解

"教学"就是教师把知识、技能传授给学生的过程。仔细分析，这个定义忽略了教学过程的人文属性。其实，对于学生来说，教师的人文关怀（即以人为本的教学精神）在教学过程中具有非常重要的意义。因此，给教学下一个符合实际的定义，即"教学"应该是在一定的人文环境下，教师把知识、技能传授给学生的过程，教学的目的需要同时强调知识、技能和人文思想的传授。

教师是办学之本，是教学的第一资源，是提高教育教学质量的关键。本着"优化结构，形成梯队；严格要求，提高素质；提高待遇，大胆使用"的原则，北京农学院不断加强教师队伍建设，全面提高教师队伍基本素质和整体水平。目前已经形成了一支素质良好、富有活力、爱岗敬业、勇于创新、结构合理、发展趋势良好的师资队伍。

学校始终十分重视师德师风建设工作，制定了《北京农学院教职工道德规范》。绝大多数教师都能严格履行教师义务，做到严谨治学，为人师表，教书育人。从 1994 年至今，全校坚持每两年评选一次"教书育人，管理育人，服务育人"先进集体、先进个人和教书育人标兵的制度，对形成良好校风奠定了坚实的基础。

3. 对教育教学"评价"的理解

单纯的"评价"，是指评定价值的高低及其评定的价值。作为教育教学评价体系，即指按照一定的指标评定教育教学质量，并给予高或低、好或不好以及如何改进使之持续发展的分层次评价结论。

在 2004 年教育教学评价中，北京农学院严格按照国家规定的评价指标体系，自评并通过了专家组的审查。具体见表 20-1、表 20-2。

表 20-1　北京农学院教学水平评估自评结果

序号	一级指标	二级指标		评价结果等级
1	办学指导思想	1.1	学校定位	A
		1.2	**办学思路**	A
2	师资队伍	2.1	**师资队伍数量与结构**	A
		2.2	主讲教师	B
3	教学条件与利用	3.1	**教学基本设施**	B
		3.2	**教学经费**	A
4	专业建设与教学改革	4.1	**专业**	A
		4.2	**课程**	B
		4.3	**实践教学**	A
5	教学管理	5.1	管理队伍	B
		5.2	**质量控制**	A
6	学风	6.1	教师风范	A
		6.2	学习风气	B
7	教学效果	7.1	**基本理论与基本技能**	B
		7.2	**毕业论文或毕业设计**	B
		7.3	**思想道德修养**	A
		7.4	体育	A
		7.5	社会声誉	B
		7.6	就业	A
	特色项目	在服务北京郊区现代化中发展都市型高等农业教育，培养应用型、复合型人才		

注：黑体字表示重要项目。

表 20-2　二级指标及观测点自评等级一览表

一级指标	二级指标	主要观测点		参考权重	自评结果	
1 办学指导思想	1.1 学校定位	1.1.1	学校的定位与规划	1.0	A	A
	1.2 办学思路	1.2.1	教育思想观念	0.5	A	A
		1.2.2	教学中心地位	0.5	A	
2 师资队伍	2.1 师资队伍数量与结构	2.1.1	师生比	0.3	A	A
		2.1.2	整体结构状态与发展趋势	0.4	A	
		2.1.3	专任教师中具有硕士学位、博士学位的比例	0.3	A	
	2.2 主讲教师	2.2.1	主讲教师资格	0.3	B	B
		2.2.2	教授、副教授上课情况	0.3	A	
		2.2.3	教学水平	0.4	B	

（续）

一级指标	二级指标	主要观测点		参考权重	自评结果	
3 教学条件 与利用	3.1 教学基本设施	3.1.1	校舍状况	0.2	C	B
		3.1.2	实验室、实习基地状况	0.2	B	
		3.1.3	图书馆状况	0.2	C	
		3.1.4	校园网建设状况	0.2	A	
		3.1.5	运动场及体育设施	0.2	A	
	3.2 教学经费	3.2.1	四项经费占学费收入的比例	0.6	A	A
		3.2.2	生均四项经费增长情况	0.4	A	
4 专业建设 与教学 改革	4.1 专业	4.1.1	专业结构与布局	0.5	A	A
		4.1.2	培养方案	0.5	A	
	4.2 课程	4.2.1	教学内容与课程体系改革	0.3	B	B
		4.2.2	教材建设与选用	0.3	B	
		4.2.3	教学方法与手段改革	0.3	A	
		4.2.4	双语教学	0.1	C	
	4.3 实践教学	4.3.1	实习和实训	0.4	A	A
		4.3.2	实践教学内容与体系	0.3	A	
		4.3.3	综合性、设计性实验	0.2	B	
		4.3.4	实验室开放	0.1	B	
5 教学管理	5.1 管理队伍	5.1.1	结构与素质	0.6	B	B
		5.1.2	教学管理及其改革的研究与实践成果	0.4	B	
	5.2 质量控制	5.2.1	教学规章制度的建设与执行	0.3	A	A
		5.2.2	各主要教学环节的质量标准	0.6	A	
		5.2.3	教学质量监控	0.4	A	
6 学风	6.1 教师风范	6.1.1	教师的师德修养与敬业精神	1.0	A	A
	6.2 学习风气	6.2.1	学生遵守校纪校规的情况	0.3	B	B
		6.2.2	学风建设和调动学生学习积极性的措施与效果	0.3	B	
		6.2.3	课外科技文化活动	0.4	A	
7 教学效果	7.1 基本理论与基本技能	7.1.1	学生基本理论与基本技能的实际水平	0.7	B	B
		7.1.2	学生的创新精神与实践能力	0.3	B	
	7.2 毕业论文或毕业设计	7.2.1	选题的性质、难度、分量、综合训练等情况	0.5	B	B
		7.2.2	论文或设计质量	0.5	B	
	7.3 思想道德修养	7.3.1	学生思想道德素养与文化、心理素质	1.0	A	A
	7.4 体育	7.4.1	体育	1.0	A	A
	7.5 社会声誉	7.5.1	生源	0.6	B	B
		7.5.2	社会评价	0.4	A	
	7.6 就业	7.6.1	就业情况	1.0	A	A
	特色项目	在服务北京郊区现代化中发展都市型高等农业教育，培养应用型、复合型人才				

4. 都市型农业高等院校的教学评价体系内涵

农业院校具有与其他科类院校不同的独特的专业科目和教学方式，作为首都的农科类院校，要依据首都经济社会发展需求，担负着为首都培养合格的农科及其相关科类的专业人才，其专业设置和教育方式与其他省市农科类院校相比具有特殊性。

自建校以来，北京农学院依托首都得天独厚的政治、经济和文化区位优势，明确了"立足北京，服务首都现代化，服务都市型郊区经济，培养具有创新精神和实践能力的应用型、复合型技术人才、经营人才和管理人才，为实现首都的农村城市化、农业现代化和农民知识化提供有效的人才与智力支持"的指导思想。经过几代人长期探索与实践、改革与创新，逐步形成了在服务北京郊区现代化中发展都市型高等农业教育，培养应用型、复合型人才的办学特色。

因此，我们教育教学评价体系必须严格定位在首都—高等—农业院校这个基点之上。所制订的教育教学评价体系必须是适合这个特定范畴的。基于这种思考，多年来，学校逐渐形成了适合本校特点的教育教学评价标准。依据学校教育教学的实际情况，每个学年乃至每个学期都有对课堂教学、实验教学、实践实习基地，毕业论文等的考察与评价具体要求。

（二）教育教学评价的作用

教育教学质量评价体系的建立与运行，是在学校各级教学管理人员转变教育思想、更新教育观念、树立大众化高等教育质量的基础上，树立了教师是提高教学质量的核心力量、学生在教学中占主体地位的观念为前提展开工作的。该体系体现了以人为本、全员参与、科学管理、强化教学过程控制的特点，符合高校改革发展需要，进一步完善了以教学质量监控与评价为主线、以学院为基础、以教师为主体、以管理为纽带的校、学院二级教学质量监控体系，形成了自我约束、自我评价和自我发展的长效机制，使教学质量监控和评价成为保证和提高教学质量的重要手段。

教学质量监控体系建立了合理的激励和约束机制，建立了教学工作的奖罚规定，制订了多项优秀教学奖励办法，加大了教学奖励力度，通过对学校教学工作及教学管理进行监控科评价，能够起到奖励先进鞭策后进，调动教师教学和教学管理人员的积极性和创造性的作用。

（三）教育教学评价的功能定位

教育教学质量评价是学校生存的基础，不断提高教育教学质量是教学工作的中心，加强教育教学质量检查是提高基础教学质量的保证。为使教育教学质量得到稳步提高，保证教学机构的生存和进一步发展，必须加强教育教学质量的检查和评价。同时，通过教育教学质量的评价，让教师获得全面、准确、真实的教学反馈信息，为教师的自我提高提供服务；也为教师的评优、晋级提供客观依据。对教师的教学效果实行"一票否决制"，具体做法是，在教师评职称的材料袋里，放进不低于两个校督导组成员的听课表，作为评定职称时的参考资料。

因此，科学的教学评价体系具有如下四项功能：

（1）诊断教学效果的功能。通过教学评价对教学各个环节取得的效果和存在的不足进行科学的分析和诊断，为教学的决策或改进提供参考。

（2）激励教师积极进取的功能。通过教学评价来反映教师的教学效果和学生的学习效果，从而激励他们进一步提升教学能力和学习方法。

（3）调控教学过程的功能。科学的教学评价有利于使教学过程成为一个随时得到反馈调节的可控系统，使教学效果越来越接近预期的目标。

（4）指引教师发展的导向功能。教师教学目标、教学重点以及学生学习的方向、重点、学习时间的分配等都会以教学评价为导向，并受评价内容和评价标准影响。

二、教育教学评价需坚持的原则

高等学校的根本任务是培养"有理想、有道德、有文化、有纪律"的德智体全面发展的一代又一代新人，这是党和人民赋予高等学校光荣而神圣的历史使命。党中央提出构建社会主义和谐社会的任务，高校只有高度重视人才培养质量，把教育教学工作摆在更加突出的位置，千方百计提高教育教学质量，使学生成才、人民群众满意，国家和社会发展需求也就得到了满足。作为都市型高等农业院校，不仅要追求对社会可持续发展的贡献，还要追求学校自身的可持续发展。因此，在评价教育教学质量过程中，必须处理好目前与长远的关系。搞教学建设不仅要看眼前指标体系的需求，还要有适当的前瞻性。从某种意义上说，一所教学工作搞得好的学校，一定是有自己特色的校园文化的学校，校园文化是一种历史积淀，是良好的氛围和传统，是学校的特色之一。从1956年建校至今，北京农学院逐渐形成了自己独特的校园文化，即"艰苦奋斗，勤于实践、崇尚科学、面向基层"的优良传统，"以农为本、唯实求新"的办学理念，"立足首都、服务三农、辐射全国"的办学定位。

为实现上述办学目标，传承优秀校园传统文化，长期以来逐渐形成了教学评价在"客观、公平、公正、公开"基本原则的基点上，具体注意了如下几个方面：

（一）客观性原则

客观性原则是指对教师评价时必须坚持客观、实事求是的态度，从教师工作和自身的客观实际出发，对教师做出客观、准确的评价，不主观臆断和掺杂个人情感。要求评价者首先要坚持实事求是的态度和公正的立场，客观地对教师的工作和发展做出价值判断。其次，评价内容、评价方法与评价主体要多元化，多途径获取全面、真实的教师信息，及时反馈评价信息，为教师的个人发展献计献策，并为学校领导的决策提供依据。第三，要尊重教师差异。切实做到：评价标准客观，不带随意性；评价学生要客观，不带偶然性；评价态度要客观，不带主观性。达到这些要求，必须取得真实可靠的数据资料，以客观存在的事实为基础，实事求是，公正严谨地进行评定。

（二）整体性原则

教学评价要树立全面观点。教学是多因素组成的活动过程，对其评价要从育人的整体发展功能出发，判定教学的综合性价值。贯彻整体性原则应该做到：明确教学的基础性目标、教育性目标、发展性目标；具体施教过程中，各种教学内容不能被割裂，而应有机地联系起来，面向整体全面的人——学生。有意识地进行不同学科系统的相关渗透，以利于学生完整知识结构与认知结构的建构。评价教师的课堂教学质量，要看其教学基本功、教学思想、教学方法、教材处理和教学效率等几项因素。

（三）指导性原则

即教学评价要坚持服务教学实践、指导教学实践。贯彻这一原则，就要做到：明确评价的指导思想在于帮助师生改进教学，提高教学质量；评价的信息反馈要及时；重视实践过程中形成性的评价，不能只进行总结性的评价，要把两者结合起来，达到及时矫正的作用；与被评价者共同分析评价结果，查找因果关系，确认学生的原因，使指导切合实际，确有实效。

（四）发展性原则

着眼于教学的主客体发展，为体现教学的更大价值而实施评价，进而促进主客体关系的积极发展。要贯彻这一原则，应该做到：既要立足现实，又要面向未来，把握教学价值关系的发展趋势，评价人员要努力更新自己的教学观，使评价工作具有时代性、前瞻性。不以"做了什么"为依据，要以"发展了什么"为尺度；既注重学生在教学中的潜能挖掘，又注重可持续发展后续动因的培养。

（五）激励性原则

要最大限度地调动教师的积极性，促使被评教师形成继续努力或进一步改善不足、提高活动效果的动机与期望，从而发扬优点，改正缺点。首先，评价活动本身要成为一种教育的力量；其次，评价者在评价过程中要不断地给教师以激励，如目标激励、情感激励、信任激励、参与激励等。

总之，课堂教学评价是一门艺术，它植根于深厚的教学功底、良好的口语素养和正确的教学理念。

三、教育教学评价内容

（一）教学质量涵义

关于教学质量的涵义，学术界看法不一。我们认为，要清楚高校教师教学质量的涵义，并对评价指标进行分析，首先需要清楚高校的教学目标是什么。客观地讲，精英教育强调学术性教学，而大众化教育则更多地强调应用性或创业性教学，所以学生毕业后的社会适应能力与工作能力就显得非常重要。社会用人单位对高等学校毕业生诸方面的表现及其所做出的贡献的评价，是评估高等学校教学质量的唯一客观标准。从适应社会的要求来看，人除了具备一定的知识水平和动手能力以外，其心理和个性特征也是非常重要的。因此，教学质量的评价除了需要考虑知识传授和能力培养以外，还需要考虑教师教学过程中的人文关怀的因素。这是因为：一方面，人文关怀是教学环境的基础，强调人文关怀的教学环境可以进一步促进知识的传授和技能的培养；另一方面，具有人文关怀的教学环境可以促进学生在学习过程中保持愉快健康的心理，承接教师的人文关怀的精神并带入社会，既促进社会和谐，也促进学生良性发展。

总而言之：教学质量是在一定的人文关怀条件下，教师传授知识与培养能力的一种效率体现。其中，人文关怀是高校教师教学质量的前提，是保证学生良好心理品质的基础。知识传授是教学质量的核心，主要包括基础知识传授和扩展知识传授，基础知识传授是教育质量的根本，强调学生对这部分知识的扎实理解和掌握，扩展知识传授是教学质量的关键，强调知识面的拓宽。能力培养是教学质量的升华。

（二）教育教学评价应涵盖的内容

高等学校教育教学质量是一个复杂的多元因素的概念，所评价的内容应包含教师的人文关怀、基础知识传授、扩展知识传授和能力培养等四个方面。

1. 人文关怀

人文关怀的实质是指教师在教学过程中以学生为本的教学精神。教师在教学过程中所表现的人文关怀精神，可以从两个方面来体现：首先，教师应该注重与学生之间的互动，从整体的教学氛围上营造轻松的教学环境，激发学生的学习兴趣等。其次，教师应该具有基本人文关怀精神的基本素质，例如具有一定的幽默感、亲和力等。

2. 基础知识传授

教师在教学过程中，必须使得学生对基础知识进行深入学习，扎实掌握，这是教学要求的根本。学生必须掌握的基础知识具有相对的稳定性，一般有固定的教材或大纲。因此教师在强调基础知识的学习过程中，必须强调知识掌握的深度、重点与难点；以及相关概念和理论准确理解等。

3. 扩展知识传授

对于大学生来说，只有课本知识的学习显然是不够的，如何在学习好基础知识的同时，拓展学生知识的宽度，是学生灵活适应未来变化的基础。对教师来说，需要从专业或学科等更高层次上理解大学生的教学问题。因此，教师需要具有一定教学研究和科学研究的能力，是知识传授过程中的更高要求。

4. 能力培养

能力培养是建立在知识传授的基础之上，它包括基本能力的培养和综合能力的培养，是教学质量的升华。反过来，学生能力的培养可以促进知识传授的效率。

综上所述，人文关怀、能力培养、基础知识传授与扩展知识传授共同构成了高校教师教学质量评价的主要内容。其中，人文关怀维度是基础性的，属于"软性"要求；基础知识传授、扩展知识传授和能力培养构成了高校教师教学质量评价指标的"硬性"要求；四个方面相互关联，任何一方的短缺都将导致高校教师教学质量的降低。

四、教育教学质量评价指标体系

（一）教学质量评价系统

教学质量评价主要负责对学校的教学工作进行审议、评议。该系统包括教学工作评估、学生学习成绩评定、毕业论文（设计）质量评估、教材质量评估、专业与课程评估、系级教学工作评估6个方面。通过这些评估收集教学运行过程中的各类信息，为学校的教学管理与决策服务。

1. 教师教学质量评价

建立健全教师教学效果评价机制，包括教学管理部门对教师定期或不定期听课检查，通过网上在线学生调查问卷对教师面授教学、远程教学进行评价。教师教的情况，通过学生、同事、领导、管理人员和教学督导等各方面人员对教师的教学情况进行综合评价，使被评的教师能从各方面获得教学能力。

（1）学生评价。学生对教师的工作给予反馈，使教师能改进或完善自己的教学，明确个人的发展需求和相应的培训，提高教师自身的能力以促进完成目前的任务或达到将来的目标。

（2）同行教师评价。同行教师能直接或间接参与到教师的教学活动中，能了解同行教师的教学效果和教学情况，因此其评价能真实反映教学情况，使教师能及时调整和改进自己的教学情况。

（3）教学督导和校、学院领导评价。不同对象对教师的评价，主要从教师的教学技能、教学方法、教学过程、教学态度、学术及专业技术水平（科研教研能力、专业实践技能、新技术新知识掌握能力）、职业道德等方面进行评价；而对教师的教学过程评价主要从教学实施准备、理论教学内容、实践教学内容三个方面进行。教学督导组对全校开设的所有课程采取集体听课、随机听课、单独听课等多种方式，随机组织召开教师交流座谈会、学生代表座谈会、问卷调查、对学生评价研究讨论等方法进行，按评价指标体系得出合理客观的评价，及时与被评教师和学生交流教与学情况，提出合理建议，使教师和学生能及时有效地调整自己的教与学活动。近年来，学校督导组还根据主管副校长、教务处的要求，有重点地抽查了当年拟晋升职称、或新上岗教师、或学生反映较大、或在随机教学检查中被亮黄牌教师的上课情况。

校、学院领导实行定期或不定期随机听课的方式，促使教师规范化地组织整个教学过程。

（4）教师自评。反思教学是教师教学的重要环节，因此教师对自己的教学进行评价是教师教学水平提高的重要手段，是教师进行教学改进的关键。

及时反馈教学评价信息，能不断地进行反思，从而提高自己的教学活动和教学效果，这种对教师教学工作的科学评估有利于激发教师的工作热情，增进师生之间、教师与管理人员之间的相互了解，从而对提高教学质量产生极其关键的影响力。学校建立并完善各教学环节的质量标准，对教师教学工作的考核具备全方位、多元化的特性，不仅包括对教师课堂教学、实验教学与科研能力的评估，同时也包括对教师师德和人格魅力的综合评估。通过听课、问卷调查、同行评议、督导评价、学生以及教师自评等形式，对教师的教学工作进行综合考评，考评结果直接影响到教师的职称晋升、岗位聘任。

2. 学生学习质量评估

学生学习质量评估是教学质量的重要表现。对学生学习质量采取监控和评估，以抓学风建设为根本开展工作。如严格考试管理，狠抓考风建设，以考风促学风。教务处每学期都组织专家组对试卷进行抽查与评估；统计学生不及格率高的课程，分析原因；重视学生报考研究生工作，以考研促进学风建设；鼓励和扶持学生开展学科竞赛和科技创新，专门增加竞赛学分；定期公布各系公共基础考试平均成绩和英语等级考试成绩等学习信息；2008年还开通了网上教师评学。

另外，对学生学习效果的有效量化、及时评估和奖励，对其群体成长起着不可估量的作用。采取如下做法可以一定程度达到预期效果：

（1）自我评价。通过自评可以使学生能够认清本人的优缺点，找出自己与其他同学的差距，不断改进学习方法，使之能及时反省自己、完善自己，建立健全的人格。目前，在许多课堂上，教师会采取各种方式由学生登台展示才华、交流信息，既活跃了课堂又极大地激发了学生自主学习的积极性。

（2）组内互评。对于实践性要求强的院（系）如植物科学技术学院、动物科学技术学院、计算机科学与技术学院等，都比较注意通过校企合作，引进公司项目，企业教师把学生分成项目组进行项目实施。在项目实施过程中，同组学生间了解其他学生具体工作量及工作能力；还有的课堂采取由各学生组长和老师同时给登台演示的学生代表打分，再征求学生们的意见后确定该组成绩，这样打出的分数和评价结果也最客观。可以看出，同组同学间的互评尤为重要，增进了学生们的团队意识和参与意识。

（3）教师评价。教师对学生学习态度、学习效果、课堂表现、作业完成等情况进行综合评价，学生根据教师的评价和建议，可以不断改进自己的缺点，提高自己的学习能力。同时，任课教师对所教班级的班风、学风及学生的综合学习效果进行评议，通过教师的反馈和改进，使辅导员了解各班学生的学习和思想情况，从而进行针对性改进，引导学生在思想上和学习上全面提高。

3. 毕业论文（设计）质量评估

毕业论文（设计）管理是整个教学管理中的重要环节，是对四年教学成果的检验，也是对学生综合素质和知识运用能力的检验。我们注重加强实践教学的质量监控体系，先后制订了实践教学各主要环节的质量监控标准，特别加强了对毕业论文的管理。在《北京农学院毕业论文管理办法》的基础上，每年对每届毕业生的论文工作做出安排，同时制订了《北京农学院本科毕业论文质量评价指标体系》，校督导组每年参加毕业论文答辩，抽查毕业论文，加强了对毕业论文的监控，对保证毕业论文质量起到了显著地作用。

4. 教材质量评估

高校教材是体现教学内容和教学方法的知识载体，是进行教学的基本工具，也是深化教育教学改革，全面推进素质教育，培养创新人才的重要保证。为了保证选用教材的质量和适用性，学校出台了《北京农学院"十五"教材建设规划》《北京农学院教材工作条例》《北京农学院教材建设立项项目管理办法》等一系列办法和措施，保障了教材的质量。

5. 专业与课程评估

专业与课程建设是教学质量的两个重要载体。学校先后制订了《专业合格评估指标体系》等制度，开展了新办专业评估工作。校教学指导委员会、学术委员会定期讨论专业建设问题，重点加强特色专业和品牌专业建设，树立学校专业的品牌与榜样。

课程是实现专业教学目标的重要手段之一，是实现教学目标的基础工作，是教学改革的出发点和落脚点。学校制订了《课程评估指标体系》，每年教学优秀课程评估评选，每年确定一批重点建设课程。以课程评估为手段开展课程建设，建成一批学校的特色课程、优秀课程和网络课程，极大地调动了教师建设课程的积极性，提高整体课程教学水平，从而提高教学质量。

师生对课程的评价，主要采取每学期对课程进行一次评价，评价从课程的教学目标、教学大纲、教学实施手段、教学方法、学习成效、课程体系及课程自身的适用性等方面进行。通过分析评价结果，使下次开课前做进一步的完善提高，也使课程的教学目标、教学大纲等内容更明确化和适用性。

6. 系级教学工作评估

系是高校的教学基层组织，是高校教学工作的直接承担者。做好教学工作，提高人才培养质量，最终要由系教学工作的组织实施来实现。系教学管理工作状态和质量，直接体现学校的教学工作状态和质量。因此，学校制订了《北京农学院本科教学质量检测指标体系》，对各系的教学工作进行常态监控与评估，以更好地落实校、系两级的管理职能，协调两级管理的工作关系，更好地发挥各系工作的积极性和主观能动性，引导各系落实学校教学改革、教学建设的方针、整体思路及不同时期的重点工作，强化和突出教学工作的重要性，确保教学工作的中心地位，从而建立起整套有机联系的教学质量监控体系和激励约束机制。

（二）其他评价工作

1. 采用网络系统评价

网络评价是系统评价的一种，是一种客观性评价，通过学生主动提出问题次数、回帖次数、发帖次数、课堂上学生点击率等各种学生活动进行评价，系统汇总分析数据，根据网络提供的数据统计功能，对学生发帖量及点击率进行客观的衡量。

目前，全校只有少部分教师采用了这种先进的系统评价方式。但是，可以肯定地说，这种系统评价的方式具有很强的推广价值和发展前景。

2. 社会评价

社会评价是指用人单位对毕业生的思想道德素质、工作态度、专业知识技能、综合素质、创新能力、合作意识和团队精神、组织管理能力、身心素质、职业素质、英语水平、计算机能力、应变能力、社交能力、语言表达能力、职业资格证书与实际能力相符程度等方面的评价。不仅使学校了解本校毕业生的综合素质，以便采取合理的对策改进学校教学，而且也能了解本校学生的学习效果。

1997年前后，北京农学院曾经对毕业生工作情况进行过调研。一些用人单位反映：北京农学院的毕业生能吃苦耐劳，作风质朴，办事踏实；但是在语言表达和文字书写能力方面与其他院校毕业生相比欠佳。对于社会这种评价信息，学校领导曾经在多种场合进行公布，目的是要求引起广泛重视，强调各个专业在培养过程中，应加强对学生表达能力的培养和训练。学生管理部门加大了组织学生社团活动的力度，每年都组织多次演讲比赛、辩论大赛、文艺演出等活动，并形成长效机制，收到较好的效果。

现在，北京农学院的毕业生遍布北京社会经济建设的各行各业，尤其是京郊和基层单位。通过跟踪调查显示：学校毕业生以政治素养好、理论基础较扎实、动手能力强、合作精神好、适应能力强、有良好的职业道德等优势深受用人单位的欢迎，得到了用人单位的好评。用人单位普遍认为我们的学生"下得去，用得上，干得好，留得住"。

多年来，绝大多数毕业生仍然与学校保持联系，他们关心学校的建设、发展和改革，提出了许多宝贵的意见和建议。

3. 对教学管理人员的评价

学校和院（系）管理者是各项制度的制定人、执行人和解释人，因此其接受监督非常重要。对辅导员、电化教学管理员、行政管理等管理人员进行评价，需建立师生评管机制。师生对学校管理部门及相关管理人员进行评价，其主要是从教学计划、教学大纲、教学事故处理、管理人员的服务意识等方面进行。对教学管理人员的评价工作主要是通过座谈会、访谈等方式进行，再将评价信息通报相关人员和部门。

以上监控评价体系工作的落实，包括以下几个关键要素：管理监控和评价工作、确定监控部门和监控执行人员、设计监控与评价方案、收集与分析监控评价信息、得出问题并进行解决，同时需建立有效的意见反馈和持续改进的机制和教师奖惩机制。学校每学期对监控和评价情况都进行汇总、数据分析及反馈，对于评价中发现的问题提出改进意见。学校建立了教师奖惩机制，对于教学效果好的教师给予奖励，对于教学质量差的教师给予告诫甚至淘汰。通过全过程、全员参与的教学质量评价体系，完善各种监控制度和评价方法，健全校内教学过程中不同对象的评价建设，实现对各种对象的评价。评价所得的结果可以为被评价者提供反馈信息和改进建议，对师生及所有教学人员起到激励作用，能在一定程度上刺激并激发相关对象的竞争意识，使不同教学对象可以扬长避短，不断提高教与学的能力。

五、评价表

自 2002 年第一届督导组成立至今，学校已经聘任了七届校级督导组。每届督导组都在总结工作的基础上，对所制定的听课表内容进行反复研究修订。

表 20-3　第七届督导组 2014 年度课堂听课表（试用）

任课教师：	专业（系）：	课程名称：
学生班级：		听者：
听课时间： _____年_____月_____日，第_____周， 星期_____，第_____节课，教学楼_____教室		学生出勤情况：应到人数_____ 实到人数_____迟到人数_____ 不听课者人数_____

教师—学生互动：（画√）1次；2次；3次；4次；5次
学生—教师互动：（画√）1次；2次；3次；4次；5次

平台分内容	主要考查点	A轻	B中	C重
1. 概念准确，体系完整，重点难点突出。 2. 教材处理得当，理论联系实际，内容充实，逻辑性强。	1. 照本（屏）宣科，不能脱稿讲			
	2. 多媒体教材搬家			
3. 能因材施教，启发学生积极思维，深入浅出，与学生互动。	3. 无板书或板书随意			
4. 语言准确精练，板书工整规范。多媒体课件内容精练，形象生动、信息量大。	4. 教学方法单一，满堂灌			
5. 各教学环节连贯，利用合理有效，教师主导地位明确。	5. 学生管理较差，不听课者超过 10%，缺课超过 10%，迟到超过 5%			
6. 授课计划符合教学大纲、规范，课前准备充分、完善。	6. 教师打预备铃前未进教室			
7. 教书育人，为人师表，言传身教。 8. 对学生严格要求、耐心热情。	7. 教学效果差，多数学生听不懂			
9. 体现知识传授、能力及综合素质培养。 10. 学生听课认真，出勤率高，秩序好。	合计			

得分：_____

教师教学情况点评：

教风评价（画√）：负责（　　） 比较负责（　　） 一般（　　）

（续）

教法： 教法改革评价（画√）：好（ ） 较好（ ） 一般（ ）
多媒体： 多媒体评价（画√）：好（ ） 较好（ ） 一般（ ）
学生听课情况点评： 状态评价（画√）：优秀（ ） 良好（ ） 中等（ ）
教室教学条件点评：

表 20-4 第六届督导组 2013 年度课堂教学听课表（试用）

任课教师：	学院/部：	课程名称：
学生班级：		听课人：

听课时间： _____年_____月_____日，第_____周， 星期_____，第_____节课，教学楼_____教室	学生出勤情况：应到人数_____ 实到人数_____迟到人数_____

平台分内容	主要考查点	A轻	B中	C重
1. 概念准确，体系完整，重点难点突出。 2. 教材处理得当，理论联系实际，内容充实，逻辑性强。 3. 能因材施教，启发学生积极思维，深入浅出，与学生互动。 4. 语言准确精练，板书工整规范。多媒体课件内容精练，形象生动、信息量大。 5. 各教学环节连贯，利用合理有效，教师主导地位明确。 6. 授课计划符合教学大纲、规范，课前准备充分、完善。 7. 教书育人，为人师表，言传身教。 8. 对学生严格要求、耐心热情。 9. 体现知识传授、能力及综合素质培养。 10. 学生听课认真，出勤率高，秩序好。	1. 照本（屏）宣科，不能脱稿讲			
	2. 多媒体教材搬家，未结合板书			
	3. 教学方法单一，满堂灌			
	4. 不管理学生，不听课者超过 10%，缺课超过 10%，迟到超过 5%			
	5. 教师打预备铃前未进教室			
	6. 效果差，多数学生听不懂			
	合计			

得分：_____

教师教学情况点评： 责任评价（画√）：负责（ ） 比较负责（ ） 一般（ ）
学生听课情况点评： 状态评价（画√）：优秀（ ） 良好（ ） 中等（ ）
教室教学条件点评：

表 20-5　课堂教学师生互动状态评价简表（试用）

任课教师＿＿＿＿＿＿＿＿＿　课程名称＿＿＿＿＿＿＿＿＿＿＿　所在学院＿＿＿＿＿＿＿＿＿＿＿

教室＿＿＿＿＿　第＿＿＿周　星期＿＿＿＿　第＿＿＿＿节　＿＿＿＿＿＿年＿＿月＿＿日

教师对学生				学生对教师			
教师提问	质量 ABCD	学生回答	质量 ABCD	学生提问	质量 ABCD	教师解答	质量 ABCD
1							
2							
3							
4							
5							
6							
7							

简要评语：

注：A 为好；B 为较好；C 为一般；D 为不着边际或没回答。

表 20-6　教师对课堂教学有效性（度）问卷调查表

你的任课班级年级（√）	一年级		二年级		三年级		四年级
专业							
你对学生课堂学习效果的评价（√）	100 分	90 分	80 分	70 分	60 分	50 分	40 分
你认为学生课堂学习效果好的原因是：	教师层面			学生层面			
	1	2	3	1	2	3	

（续）

你认为学生课堂学习效果差的原因是：	教师层面			学生层面		
	1	2	3	1	2	3

建议	1	
	2	
	3	

注：1. 此问卷调查不针对个人，属于一般性判断，或概念性判断。2. 被调查者个人信息不记录。3. 随机。

表 20-7 学生对课堂教学有效性（度）问卷调查表

你的年级	一年级		二年级		三年级		四年级

专业							

你对课堂学习效果的评价（√）	100分	90分	80分	70分	60分	50分	40分

你认为课堂教学效果好的原因是：	教师层面			学生层面		
	1	2	3	1	2	3

你认为课堂教学效果差的原因是：	教师层面			学生层面		
	1	2	3	1	2	3

建议	1	
	2	
	3	

注：1. 此问卷调查不针对个人，属于一般性判断，或概念性判断。2. 被调查者个人信息不记录。3. 随机。

表 20-8 2011 年北京农学院教师教学水平评价表

任课教师：　　　　　　　　　　　　　　　所在院系：

评价指标	指标内容	在评价下画√			
		优	良	中	差
教学内容	1. 概念准确，体系完整，重点、难点突出。				
	2. 教材处理得当，理论联系实际，内容充实，逻辑性强。				
教学方法	3. 能因材施教，启发学生积极思维，深入浅出，与学生互动。				
	4. 语言准确精练，板书工整规范。或多媒体课件内容精练，形象生动、信息量大。				

（续）

评价指标	指标内容	在评价下画√			
		优	良	中	差
教学组织	5. 各教学环节连贯，利用合理有效，教师主导地位明确。				
	6. 授课计划符合教学大纲、规范，课前准备充分、完善。				
教学态度	7. 教书育人，为人师表，对学生言传身教。				
	8. 对学生严格要求、耐心热情。				
教学效果	9. 体现知识传授、能力培养及综合素质培养。				
	10. 学生听课认真，出勤率高，课堂秩序良好。				
综合评价					

教师教学情况点评：

表 20-9　2008 年教师教学质量评价表（教学督导用）

任课教师：	系别：	课程名称：	学生班级：
学生应到人数：	实到人数：	迟到人数：	

学生听课情况：

指标	指标内容	打分
教学内容（0.20）	1. 概念准确，体系完整，重点、难点突出。	
	2. 教材处理得当，理论联系实际，内容充实，逻辑性强。	
教学方法（0.20）	3. 能因材施教，启发学生积极思维，深入浅出，与学生互动。	
	4. 语言准确精练，板书工整规范。或多媒体课件内容精练，形象生动、信息量大。	
教学组织（0.20）	5. 各教学环节连贯，利用合理有效，教师主导地位明确。	
	6. 授课计划符合教学大纲、规范，课前准备充分、完善。	
教学态度（0.20）	7. 教书育人，为人师表，对学生言传身教。	
	8. 对学生严格要求、耐心热情。	
教学效果（0.20）	9. 体现知识传授、能力培养及综合素质培养。	
	10. 学生听课认真，出勤率高，课堂秩序良好。	
合计		
备注	1. 每项 10 分。 2. 第 4 项，教师授课形式不同，可按照不同要求打分。	

表 20-10　实验课及教学实习质量评价表（教学督导用）

任课教师：	系别：	课程名称：	学生班级：
学生应到人数：	实到人数：	迟到人数：	

学生听课情况：

指标	指标内容	打分
实验实习内容（20）	内容充实，逻辑性强	
实验实习方法（20）	能因材施教，启发学生积极思维，反映学科先进水平理论	
实验室实习场地环境状况（20）	实验室、实习场地整洁、规范	
学生实验实习情况（20）	学生实验有预习、准备充分，实验操作熟练、规范	
实验实习教学效果（20）	体现知识传授、能力培养及综合素质培养学生能基本掌握所学基础知识、理论、技能	
合计		
备注	每项 20 分	

表 20-11　课堂学习情况检查表

序号	学院	班级	课程	教师	听课时间	教室	不做笔记（不带笔/本）	不带教材	不听课（睡觉/玩手机等）
1									
2									
3									
4									
5									
6									
7									
8									
9									
10									
11									
12									

六、评价组织与过程

（一）教学评价管理系统

教学评价管理系统由校长办公会议、主管副校长、教务处、学院和教研室组成。根据管理的职能，在不同层面上实施质量监控。校长办公会议负责学校重大教学决策，主管教学副校长负责教学的日常决策；教务处代表学校全面负责教学质量管理，也是实施各教学质量监控最重要的组织；学院是教学实体，具体组织落实和执行学校的教学任务，负责教师的管理与指导；教研室是最基层的教学单位，是实施教学及管理的最小单位，也是实施各学科、各专业教学质量监控最直接、最关键的组织。学校的教学管理系统是保证学校正常教学秩序和教学质量的根本，各级教学管理监控组织在学校的统一部署下，各司其职，互相协调。校、系、教研室分别承担管理教学的工作，明确学校、系、教研室各自的工作范围、职责、权利和义务。校级工作的重心是突出目标管理，重在决策监督。教学管理重心下移到系一级，系管理工作重点突出过程管理和组织落实。教研室的管理重点是教学改革和科研。我们的教学管理系统主要包括以下3个方面：

1. 校、学院分级管理体制

在高校大规模扩招和深化管理体制改革的过程中，推进校、学院分级管理，是解决学校规模增大、组织结构复杂给学校管理带来的难题的有效手段。近年来，我们采取这一教学管理体制的实践证明，该体制的形成对完善学校内部管理体制，激发学校教学管理工作的活力具有显著的作用。

2. 教学计划管理制度

教学计划是高等学校培养人才和组织教学过程的依据，是实现人才培养目标和规格的首要环节和根本性文件。2007年根据"以素质教育为核心；扩宽专业口径；课程体系整体优化；加强实践、突出能力培养；因材施教；教学质量第一"的精神，重新修订了人才培养方案和教学计划。同时，进一步规范了教学计划审批程序和变更程序，维护教学计划执行的严肃性，通过对教学计划的制定与落实，进一步加强了监督与管理。

3. 教学过程管理制度

① 通过《北京农学院本科教学管理工作规范》《北京农学院教学奖励条例》《北京农学院教师岗位聘任条件》等项制度，对教师的教学活动和教学行为进行科学规范，激励教师的教学积极性，使教师最大限度地发挥主观能动性，把主要精力集中于教学，不断改进工作，从而提高教学质量。② 教学管理质量要提高，教学管理队伍的建设和完善是基础。充分重视教学管理队伍建设，建立了教务处管理人员、系教学主任、教学秘书、教研室主任、实验室主任等管理人员定期培训制度，努力提高管理队伍素质和完善其能力结构。③ 通过《北京农学院教学奖励条例》《北京农学院教学事故认定与处理办法》、《北京农学院教学名师评选实施办法》《青年教师教学比赛实施办法》《优秀课程评估实施办法》等措施来规范和鼓励教师的工作，规范学校的正常教学秩序，不断提高教学质量。

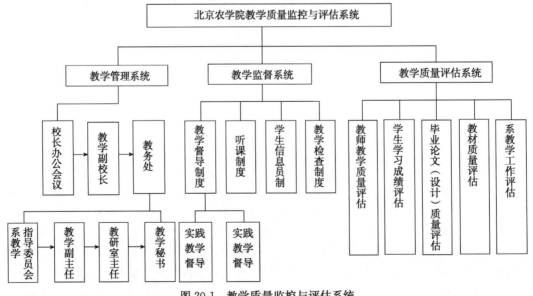

图 20-1　教学质量监控与评估系统

（二）构建全员参与的教学质量监督系统

教学监督系统主要由校、学院两级教学督导制度、听课制度、学生信息员制度、教学检查制度等组成。教学督导制度强化了校、系教学管理工作的监督职能，保证有关教学管理规章制度的贯彻执行；听课制度和学生信息员制度从学校的管理层面和教育层面不断向学校决策者提供影响教学质量的信息，使教学监督系统具有层次性。

1. 校、学院两级教学督导制度

这项制度是加强对教学质量管理系统的监控与管理的重要手段。依据《北京农学院教学督导组工作的细则》，校督导组是在校长和主管副校长的领导下，对全校的教学质量及教学工作状态进行监督指导的咨询机构。系级教学督导负责对系教学过程实施中影响教学质量的各个环节进行监督。校、学院两级督导组在教务处、学院教学管理部门配合下，相对独立地开展各项工作。校督导组分为理论听课组和实践教学检查组，校督导的工作侧重在"导"，有重点地听课，树立典范。例如，对学生反映大的课程，经过检查、核实后，提出相应的意见等；负责对各个教学环节进行专项检查工作。校、学院两级督导组成员一般由教学经验丰富、学术水平高、责任心强、具有高级职称的教师组成，对学校教学工作实行监督、检查、评估、审议、指导，在一定程度上避免了学校管理的盲目性和教学活动的随意性。

2. 听课制度

学校建立了领导干部、同行、教代会代表听课制度，及时发现并解决教学中存在的问题，避免教学一线与管理层脱节，保证了教学管理工作的针对性和有效性。

3. 学生信息员制度

学生在教学活动中处于主体地位，让学生参与学校管理及制度建设，发现并反映教学过程中的某些问题，是快速解决教学问题、树立"以人为本"教学理念的重要手段，对于不断提高教学质量具有积极的意义。依据《北京农学院关于进一步加强教学信息反馈、完善教学信息员制度的决定》精神，以班为单位，每班聘请一名学生信息员，让学生信息员通过每周填写"教学信息反馈表"的形式，把上课情况直接反馈到教务处，教务处定期把学生信息员提出的意见编辑成《学生信息员专刊》，发到各教学单位。学校主管教学工作的副校长每学期都召开学生座谈会，直接听取学生对教学和教学管理工作的意见和建议。各系督导组也定期召开学生座谈会，给学生以通畅的渠道向学校反映所在系、所在专业的教学管理、办学条件和教学质量中存在的问题，并对教学提出意见和建议，使学校的管理和教学更加贴近学生，贴近实际。

4. 教学检查制度

教学检查制度是常规教学管理的重要方面，是规范教学秩序的一项基础性工作，也是强化质量意识、推进教学改革的重要措施之一。2004年，学校重新修订了《北京农学院定期检查制度》，从期初到期末，教学情况的检查工作贯穿始终，一旦发现问题即及时解决，同时注意归纳分析和总结经验，以指导工作，不断提高管理者在日常教学检查中发现问题、解决问题的能力。

总而言之，建校几十年来，尤其是两次本科教学评估后，学校不断深化教育教学改革，坚持"以评促改，以评促建，以评促管，评建结合，重在建设"的方针，持之以恒地为把学校建成特色鲜明、多科融合的现代化农林大学而努力奋斗。

执笔人：李晓玲 吴晓玲

第二节 都市型高等农业院校教学督导体系

一、教学督导组的地位与作用

（一）教学督导组的地位

学校教学督导组是在校长和主管教学副校长直接聘任并领导的专家型教学监督指导的工作机构，是相对独立的专家组织，是高等学校教学质量管理监控体系的组成部分，具有专家权威而非行政机构。

校教学督导组经校领导授权，以专家身份对学校内部的教与学双方教学过程和教学质量以及教学后勤保障等方面进行监督、检查、评估、审议、指导。

教学质量是高校赖以生存的根本，提高教学质量是一个系统工程，涉及学校工作的各个方面和各职能部门。教学督导是高校教学管理制度中的重要环节。现代管理科学将一个完整的管理系统分为三个层次，即决策系统、决策支持系统和决策执行或控制系统。与此相适应，教学管理人员也分为三种类型，即决策人员、参谋人员和执行人员。教学督导组在管理系统中属于决策支持系统，是学校教学管理系统中的参谋机构，它不直接组织教学，也不直接参与教学管理，它的主要任务是以服务于教学和教学管理为宗旨，以促进教学质量提高为目标，以教学信息收集为手段，针对教与学双方和教学全过程，对整个教学实践活动进行监督、指导、检查和评估，及时客观地向学校教学行政管理部门及教学双方反馈教学现状、问题、质量等教学工作信息，并提出改进教学工作的建议。

（二）教学督导组的作用

学校教学督导组的作用主要是：监督检查、分析评价、沟通指导、信息反馈及参谋咨询。即对学校"教、学、管"及"教学后勤保障"工作进行监督检查；对学校"教、学、管"工作的有关环节和制度执行情况，通过听课、考察、巡视、座谈、审查有关教学资料等多种渠道和方式深入第一线进行调研、分析，并作出评价；在分析评价的基础上与有关单位进行沟通，并提出指导意见和改进措施的建议；督导组要密切关注国内外高校教育、教学发展形势和教改动态，为学校领导及有关单位提供信息，当好参谋；向学校领导及有关单位及时反馈教学管理和教学运行中出现的问题，并提出改进意见和建议；经常研究学校的学科（专业）建设、课程建设、教材建设、师资队伍建设和青年教师培养等方面的情况，及时向校领导及有关单位提出建议。

二、教学督导组的工作指导思想与基本原则

（一）工作指导思想

（1）保证一个中心：以不断提高教学质量为中心。

（2）深入三个群体：教师、学生、教管。

（3）抓住四个环节：理论教学、实践教学、教学研究、教学管理。

（4）关注三风：教风、学风、教管工作作风。

（5）坚持三项原则：①以导为主，督、导结合的原则；②重点听课，监察倾向性问题和注意教学秩序相结合的原则；③尊重领导，积极汇报和不干涉政务的原则。

认真贯彻学校党委和行政领导的指示精神，在党委和校长的领导下，在教务处的指导和帮助下，在二级学院领导和督导的支持下，努力做好学校督导组的工作，当好校领导的参谋和助手。

首先，要认识和领会督导的性质、职责、权限、任务；要以身作则、为人师表、公平公正地开展工作；督要严格，导要得法，评要中肯，帮要诚恳；处理好各种关系，把握好"督导不领导""到位不越位"；坚持常规督导与专项督导相结合，发现问题与总结经验相结合，校级督导和院级督导相结合；深入教学第一线，搞好调研，认真总结，加强内外交流；督导成员在工作中既有分工，又有协作，有爱心、细心和耐心。

其次，以"导"为主。"督"与"导"是督导工作的两个方面。从实践中体会到，"督导"是从"正""反"两个方面展开工作的。"督"主要是从反面展开工作。主要是查找问题，"督教督学"。"导"主要是从正面展开工作。就是在摸清教学中存在的主要倾向性问题的基础上，侧重从正面引导。"督"主要是说明不应该做什么，"导"主要是说明应该如何做。方法是"指导""引导""辅导""开导"。开展有目的的、带有导向性质的、对带有倾向性或前瞻性问题的调查研究活动。"以导为主"的难度比"以督为主"要大。如何实现"以督为主"向"以导为主"的转变，督导组作了一些调查研究。到校外考察、参观时，也向相关院校督导组或督导处提出了这样的问题，进行咨询和探讨。以"导"为主，不仅是指导思想的改变，也是督导组工作价值取向和工作方法的改变。

（二）工作基本原则

学校教学督导工作需要遵循以下基本原则：

1. 法制性原则

教学督导必须认真贯彻执行国家的教育方针、政策和有关教育法律、法规，同时还要积极宣传党的教育方针，宣传《中华人民共和国高等教育法》《中华人民共和国教育法》和《中华人民共和国教师法》，促进教师和学生在享有自主权利的同时履行其职责。

2. 方向性原则

教学督导必须明确教学改革的方向，树立现代教育教学理念，掌握现代教育理论和教学方式方法，要站在教学改革的高度，用现代教育教学理念去指导教学督导工作，以推动教学改革的健康发展。

3. 激励性原则

必须有利于调动教学与教学管理部门以及干部、教师的工作积极性。教学改革中，教师是发展中的教师，是有着独立价值和尊严的教师。教学督导要树立促进教师成长的教学督导观；要改变以往高高在上的姿态，从对教师冷冰冰的审视和裁判，转向对教师的关怀和激励；从指令性的要求转向协商和讨论式的沟通与交流；从教师被动接受督导转向主动要求听课和指导；改变以往非对即错的程序化督导，取而代之的是艺术性的指出不足和改进措施，以及充满热情的激励，引导教师始终处于积极的状态。

4. 服务性原则

督导员必须牢固树立"管理就是服务"的思想，与人为善，热心帮助教师提高教学水平，积极调动教师和学生的积极性。

5. 民主性原则

要相信、尊重、依靠有关部门的领导和工作同志，发挥他们的支持、配合和参与作用，并倾听他们对教学督导工作的意见和建议。教学督导要相信、尊重和依靠教师、学生和教学管理部门的有关领导，要以教师为本，以学生为中心，发挥他们的支持、配合和参与作用，并虚心听取他们对教学督导工作的意见和建议。

6. 科学性原则

要从实际出发，理论与实际结合。采集资料、诊断评估要有合理的程序、途径和方法；分析问题要定量分析与定性分析相结合，动态分析与静态分析相结合，保证督导结论的客观性、准确性。

7. 独立性原则

在按计划进行督导工作的过程中，不受校内某单位、部门或个人的干预。

8. 协调互补性原则

校内教学督导工作与教务处的教学管理工作、高教研究室的教学研究工作要协调一致，互相支持、配合补充。

三、教学督导组的组织体系

学校教学督导组主要由各学科具有高级职称的离退休专家及个别在职并具有高级职称的专家组成。成员应具备的条件：较高学术水平，较高威望，治学严谨，为人师表，作风正派，主持公道，甘于奉献，并具有丰富的教学与管理经验。北京农学院校级第六届本科教学督导组共11人，有10人来自本校各个学院，均为退休的老教师；1人来自华北电力大学，目前尚未退休。校级督导一般都兼任着二级学院督导组组长或督导员。

根据学校学院设置情况，在教学督导组内部按生命科学类、计工管理类、文法基础类划分为三个组，这三个组又有理论教学、实践教学和实习与毕业论文的侧重分工，各组明确一位组长。各组的每位老师应明确主要联系的学院，平时以团队为主活动，分工协作，全体活动与小组活动相结合。

（一）教学督导机构的三种模式

目前各个高校根据本校的实际情况建立的教学督导机构，大多为三种模式：

1. 综合学术型

学校的教学督导机构是在校长或主管教学工作的副校长直接领导下的独立部门，是与学校教学委员会平行的机构，其职能除了监督检查、沟通协调、分析评价、指导激励、信息反馈等基本职能外，还扩展有参谋和顾问的职能，体现了它的权威性，这种模式下的督导员应为"综合学术型"。

2. 综合管理型（1）

督导机构是与教务处平级的质量监控部门，两个部门可以协调地工作，但没有隶属关系，是高校教学质量管理系统中的一个非行政权威的监督机构，实施督导的各项基本职能，这种模式下的督导员应为"综合管理型"。

3. 综合管理型（2）

接受教务处领导的督导机构，特别是在一些实行校院两级督导机制的学校，学院的督导员工作重心比较低，处理的大多都是教学过程中的具体事务，更要强调校级督导员的管理能力，这种模式下的督导员也应为"综合管理型"。目前北京农学院校级教学督导组的组织体系属于第三种。

（二）教学督导员应完整地具备的"精神力量"和"物质基础"

1. 有先进的教育教学理念

当今的我国高等教育教学改革正深入发展，培养学生创新精神和实践能力，全面提升学生的整体素质已成为教学改革的核心。作为教学督导必须有改革意识，深入理解与掌握大学生素质教育内涵，具有先进的教育教学思想，有正确的教育观、质量观和人才观。

2. 有深广的学科专业知识

他们应熟悉并精通本学科的专业知识，专业理论掌握扎实，学识渊博，是本专业的行家里手，是本学科的专家教授。

3. 有丰富的教学经验

他们曾长期从事教学工作，有坚实的教学功底，深厚和广泛的教学经验，并有深邃的教学眼光，能洞察教学情况，发现教学问题和解决教学问题。

4. 有扎实的教学理论基础

他们熟悉高等教育教学理论,善于理论联系实际,能运用现代教学理论回答教学中的问题。

5. 有开拓创新精神

他们虽年过花甲，但能勤于学习，善于思考，乐于接受新生事物。思想不保守，不墨守成规，不因循守旧，能解放思想，开拓进取，实事求是，力求创新。在教学督导工作中，有真知灼见，善于评价与指导教学工作。

6. 有教学科研能力

他们除对学科专业有很高的科研能力之外，还有良好的教学科研能力。对各种教学情况，善于分析与综合，抽象与概括，有较高的研究水平，并有很好的语言文字表达能力。

7. 有良好的人格魅力

他们的服务意识强，有民主作风，平易近人，谦虚严谨，能与师生平等地探讨教学问题。评估教学公平、公正、客观、科学，令人信服。在师生中有良好的形象，能为人师表，是师生的楷模。

8. 有健康的身体和良好的心理素质

返聘的教学督导员，多已年过六旬，他们必须身体健康，头脑清晰，反应敏捷，思维严密，没有疾病，工作中善于同教师沟通，积极进行工作交流，能坚持正常工作。这些条件和标准，自然是理想的期待，返聘时应从实际出发，惟其如此，督导员才能胜任工作，才能很好地完成教学督导任务。

四、教学督导组的基本工作方法体系

（一）教学督导组的基本工作方法

1. 学校教学督导组需要重点做好的工作

①课堂理论教学；②实验实践教学；③毕业实习和毕业论文。

另有：教学管理；教学评估和检查；教学研究课题申报评选；教学相关内容评优和竞赛；领导交付的临时性工作等。

2. 学校教学督导组的基本工作方法

①服从领导，主动工作。

②集体讨论，团队运作。

③期初计划，期末总结。

④与教师和相关学院交流。听完课后马上与任课教师交换意见，期末总结时与相关学院交流听课情况。

（二）督导组要建成"学习型组织"

校督导工作要坚持"边工作，边学习"的原则，在工作中做贡献，在学习中求提高。工作需要学习，学习促进工作。紧紧依靠院、系、教研室各级领导和相关教师的支持。督导工作中，坚持"先学习，再工作"的原则，与相关领导和教师共同探讨相关问题，力争问题了解得更透彻一些，更准一些，解决问题的办法和措施更科学一些。坚持以不断提高教学质量为目标，深入课堂教学和实践性教学两个教学过程，深入教师和学生两个群体，抓住教风和学风两大难点，做好"导、评、督、查"工作，大处着眼、小处入手；"由表及里、重在治本"；出以公心、振聋发聩。敢于直言，大胆揭露矛盾和问题，把握住学校的教育教学发展方向，实事求是地开展工作，为本科教学质量的提高"弃瑕疵，添光彩"。

（三）具体的督导工作方法

1. 日常督导工作

听课、教学调研、考场巡视、典型调查、问卷调查、现场观察（校外基地调研）、座谈会、参与各学院教学活动和教学工作会议等。

2. 完成校领导授权的其他专项工作

参与讨论学校的建设与发展规划，围绕新问题进行调研和提出建议，参与学校各项教学评优和竞赛评比活动，参加学校本科教学评估工作，对学校教学质量监控中发现的重大问题进行认真审核并提出建议，参与教学研究项目评审评估工作，本科专业实践能力培养方案制定与实施调研等。

3. 督导组自行安排及配合教务处开展的工作

例如：关于学校外语教学现状的调查和改革的建议，关于如何完善学分制的建议，关于增强学校各部门树立以人才培养为中心提高教学服务意识的建议，关于采用现代信息技术提高教学水平的建议，关于加快实现学校"更名"工程的建议，关于开展对学生实践能力与创新能力培养状况的调研，关于加强学风建设的调研，关于青年教师教学状况的调研，关于各学院教学环节规范化的检查调研，关于实验室管理和实验教学质量的调研，关于校外实习基地条件的考察调研，关于本科毕业论文（设计）质量及管理调研等。

（四）北京农学院校级督导组几年来工作重点的调整

从 2002—2007 年，督导组工作的基本指导思想是：坚持以不断提高教学质量为目标，深入课堂教学和实践性教学两个教学过程，深入教师和学生两个群体，抓住教风和学风两大难点，做好"查、评、督、导"工作。从 2008 年开始，督导组的工作重点发生了较大的变化。

1. 逐步加强了实践教学环节的督导

2003—2007 年，教学督导主要是课堂教学和相应的教学实习等内容。实际上是以课堂理论教学为主。

2008 年，第四届校级督导组成立，主管教学的杜晓林副校长特别提出要加强实验、教学实习等实践教学环节的督导。增设了主管实践教学的副组长。这样一来，听课对象增加了实验课。督导组的活动开始分成两个大组，一个大组听课堂理论教学，一个大组负责实验实践教学督导。

2009 年上半年期末，杜校长提出，要对专业的实践教学体系进行调研。所以，2009 年下半年的工作计划，就增加了对各个专业、系或二级学院的专业教学计划中实践教学体系的研究。

2011 年，启动了黄牌警告，学生出勤状况明显改善。本科教学督导组听了因为学生缺勤率较高而黄牌警告的任课教师的课，目的在于刹住下滑的教学秩序和不良的学风。用反抄袭软件，对本科学生毕业论文抄袭情况进行了检查。提倡板书和多媒体相结合。本学期对实践教学的督导工作，主要是考察比较好的校外实习基地，目的是找到实践教学的制高点，客观评价实践教学状态。在课堂上对学生进行了"三不"——"不带、不听、不记"的调查。

从 2012 年春季开始，到 2013 年年底，历经两年四个学期。第六届本科教学督导组有计划地对全校各学院、系的"3＋1"准备情况，实践教学环节的计划、条件、施行情况等方面进行了跟踪调查督导。

督导组跟踪调查督导的基本做法是，首先与相关院系教学负责人联系，协商查访基地的地点和时间，然后督导组全体参与，调查了解基地状况，座谈、讨论并给出评价意见。

2. 开始明确以"导"为主

2008 年第四届校级督导组聘任会上，校长王有年教授、主管副校长杜晓林教授，以及教务处范双喜处长，均提出了要督导组实施功能转变的意见，就是从以前的以"督"为主，转变为以"导"为主。

"督"与"导"是督导工作的两个方面。从实践中体会到，"督导"是从"正""反"两个方面展开工作的。"督"主要是从反面展开工作。主要是查找问题，"督教督学"。"导"主要是从正面展开工作。就是在摸清教学中存在的主要倾向性问题的基础上，侧重从正面引导。"督"主要是说明不应该做什么，"导"主要是说明应该如何做。"以导为主"的难度比"以督为主"要大。

如何实现"以督为主"向"以导为主"的转变，督导组费了一番脑筋。到校外考察、参观时，也向相关院校督导组或督导处提出了这样的问题。如西南大学、广西大学等。以"导"为主，不仅是指导思想的改变，也是督导组工作方法的改变。

3. "以导为主"，把握三点

（1）要多做正面工作，对听课对象主要是"指导""引导""辅导""开导"。以导为主，就是要多做正面工作，多引导，多指导。对于需要解决的问题，要找好切入点，少批评，多进行正面引导。

对于青年教师，由于新上讲台，缺乏经验，重在指导；对于专业教学不熟悉的教师，只能照本宣科的教师，重在专业知识的辅导，主要是发挥老先生专业理论研究有造诣的特长；对于只顾讲课、不顾学生的，不能因材施教的教师，督导组引导他们注意抓住学生，注意课堂效果；对于有思想包袱，或者有一些情绪的教师，多从如何适应社会新的变化方面进行开导，使他们丢掉包袱，轻装上阵。督导组要多与教师交朋友，为教师和教学服务。

（2）要重点注意教学中的倾向性问题。"导"有导向的意思。督导组不是行政机构，所以不可能有领导的责任和行为。这个导向，就是要注意教学中的倾向性问题。对于个别教师教学中存在的问题，该纠正的还是要纠正，该说的还是要说，但是不再是重点。课照样听，对个别教师教学中存在的问题，仍然要进行细致的帮助，但是，不再着眼于个别现象，而是把重点放在课堂教学的趋势性和动态性的问题上。比如，在没有明确"以导为主"时，督导组把听课对象的每一个人的每一次课的情况记录下来，整理出来，写入学期的工作总结。明确"以导为主"以后，开始重点研究教学中存在的"趋势性""倾向性"问题。这也是学校新的《校级督导组工作条例》中所要求的。

过去听课时只给教师打分。"以导为主"提出后，督导组把"教与学"分成"两项教学活动"和"两个教学主体"来对待，同一节课，既给教师打分，同时给学生打分。给教师打分，按照教务处制定的教师课堂教学评价打分表进行，对学生打分，则重点放在学风和听课秩序、听课效果方面，目的是发现趋势性问题。结果发现，以往认为的"教风好—学风好"的推理，发生了变化。就是说不太一致。或者说，不完全一致。请看 2008 年上半年教师授课状态与学生课堂学习状态综合分析表和 2009 年上半年高级职称（正副教授）教师授课与学生课堂表现分析表。

表 20-12　2008 年上半年教师授课状态与学生课堂学习状态综合分析表

	教师课堂表现情况			学生课堂表现情况				
	等级	数量	％	优秀	良好	中等	及格	不及格
总合计	优秀	11	28.95	4	7			
	良好	21	55.26		11	9	1	
	中等	4	10.53			3	1	
	及格	2	5.26					2
	不及格	0	0					
合计		38	100	4	18	12	2	2
％			100	10.53	47.37	31.58	5.26	5.26

表 20-13　2009 年上半年高级职称（正副教授）教师授课与学生课堂表现分析

教师（正副教授）情况		学生情况				
数量（11）	％	优秀	良好	中等	及格	不及格
优秀　4	36.36	1	3	0	0	0
良好　6	54.55	0	1	5	0	0
中等　1	9.09	0	0	0	1	0
合计　11	100	1	4	5	1	0

督导组归纳的结论是，教风和学风比较，教风好于学风，学风较差。这个结论引起了院党委的重视，党委全体成员听了我们汇报。但是，这只是提出了问题。在分析问题方面，督导组提出了"主要责任仍然在教师，教师应该更加重视教学效果""教学改革也要尽快适应学生的需求"等。

对学生的学风，重在理解和教育。其原因，督导组认为主要是社会经济体制和管理体制发生了变化，比如教师实行了聘任制和学生就业不包分配进入市场。在这样的新的形势下，教师和学生的价值观都发生了变化。教师的任务观点逐步强化，学生的市场观念逐步强化。

（3）开展有目的性、导向性、倾向性或前瞻性问题的调研活动。以导为主，就要较多地开展有目的的带有导向性质的调查研究活动，提出一些带有倾向性或前瞻性问题进行调查研究。例如，2008—2009年第一学期，我们开展了"教学创新的调查研究活动"。结果发现，老师们积极性很高，尤其是青年教师。教研室和任课教师都能积极地反映自己在教学中的创新成果，共反馈创新点114条。从反馈情况看，10个教学单位，34个教师写出了他们的创新点114个。其中，观念创新21个，内容创新26个，方法创新22个，考试创新19个，作业创新16个，其他创新10个。

又如2008年下半年，校督导组对系级教学管理提出了督导检查为教学服务方面的内容，以此引起系级对教学服务的重视。校党委王书记给予了高度重视。

4. 一般性全面听课，转变为"重点听课"为主

学校领导，特别是杜副校长提出，有重点地听课，如听两头，听教授，听青年教师等。一个学期一个重点或一个目标。2009年下半年这个学期，确定重点听"公选课"，主要研究的问题是如何评价、保证和提高"公选课"的教学质量，不断提高公选课的有效性。

5. 明确"以系级教学管理"为主

前几届督导工作，是以听课为主的，根据主管校长的意见，校督导组的工作转为以系级教学管理为主。全面听课的任务，主要由系级督导组完成。系级教学管理工作，分成几个方面展开调查研究：

（1）教研室活动情况（规范化）总结和反映。

（2）实验室活动情况（规范化）总结和反映。

（3）系级教学管理情况（规范化）总结和反映。

（4）系级教学档案管理情况（规范化）总结和反映。

（5）校外实习基地活动情况（规范化）总结和反映。

（6）教学实习、毕业实习和毕业论文答辩（规范化）总结和反映。

（五）经验和体会

对于督导工作的认识，督导组也有一个不断提高的过程。督导组总结说：我们也是从不熟悉开始的。最初只是简单的理解为，督导就是听听课，提提意见，进行有关教学方面的督促检查。随着时间的推移和督导工作的实践，我们对于督导工作的认识和功能定位逐步加深了理解。

我们逐步认识到，教学督导是教学活动中质量监控和保障体系的重要组成部分和实践形式，属技术性监察范畴，是一项有着丰富内涵和外延的系统工程，是建立和健全教学质量监控体系的有效机制，在教学管理与学院发展中占据着重要地位。它的出发点和归宿，是为了提高教学质量。教学督导是高等学校内部对教学活动的全过程、全方位进行经常性检查、督促、评价和指导，为"确保正常的教学秩序，规范教学管理的过程"服务。

我们也在不断学习。比如，我们看到有的材料介绍说，古书认为："督"有统筹、监督之意。"督者，察也"；其"督"是观察、察看之义。而"导"有引导、疏导、开导、启发之意和作用。所以，我们也认识到，督导有监督、检查、启迪、指导的作用。督导工作不仅要"评教"，也要"评学"，校级督导组重点要"评管（服务）"。

1. 经验

做好督导工作，领导是关键。有三层含义：

（1）首先是领导重视。列入议程，经常过问，目的明确，标准（对督导组的考核）清楚，要求具体。如：上任党委书记提出："督导的生命力在于提出问题、分析问题"；本届党委书记提出："督导总结要善于归纳和提高"的要求。王有年校长提出："查、评、督、导"等。主管教学的副校长杜晓林教授提出："由以督为主转为以导为主"；"加强实践环节的督导""实现重心下移，由听课为主转变为以系级教学管理为主"等。校党委几乎每年都要召开一次党委会听督导组汇报，使得我们更加努力和认真。

（2）领导也是个群体。党委、校行政、教务处等都是领导。督导组一直很明确，"督导组要在院党委和院行政的领导下，在教务处的指导下开展工作。"督导组的工作围绕学校的中心工作开展活动。以教学为中心，以不断提高教学质量和管理水平为目标。

校党委的意见是纲领性的，如：要重视督导工作，要正视督导组提出的问题，不要回避；督导工作的生命力在于能够提出问题。

主管校长的意见就有了明确的目标，如加强实践性教学环节的督导，把重点放在系级教学管理等。

教务处的意见就比较具体，如听哪些人的课，做哪些检查工作。教务处处长非常关心也经常指导督导工作。教务处还有一名副处长分管督导工作。

每个学期开始制定工作计划时，他们都会抽出时间到督导组讲一讲。一是即将开始的这一个学期学校的教学工作；二是讲一讲对督导组的要求，希望督导组配合教务处做些什么。比如有一学期，沈文华副处长特别讲了关于公选课的问题，计划要对公选课进行评估，希望能找到一种评估公选课和保证公选课教学质量的办法或评价体系。督导组在该学期的工作计划中，就把公选课列入了重点。

督导组的作用就是把这些综合起来，条理化，找出纲，明确目标，落实具体对象，落实时间和进度，做出计划。

（3）督导组要把自己打造成一个"团队"。团队素质——保证高素质。专业素质和专业结构、思想素质和身体素质。团队精神——务实求是、合作奋进。团队方法——分工负责与合作，集体撰写工作计划和总结。督导组要"学习和实践科学发展观"，要"与时俱进，"要"不断创新"。包括：思想的、方法的。督导组由离退休的老教授组成。优点是有经验、严肃认真、发扬传统、不辞辛苦。由于切断了与现行工作的联系，所以没有顾虑。但是也有不足的方面。如果较长时间脱离了讲台，对于现实的教学工作就逐步疏远，与年轻教师有代沟，与学生之间有界沟。对于教与学中的问题和分析，能不能准确把握是一个问题。社会与学校的改革变化很快。督导组要与时俱进，注意学习和实践的科学发展，注意学习外校的经验，不断更新观念，不断创新。如我们每年要走出去一次，学习外地高等院校的经验，每次都收获很大。兄弟院校的高水平教学管理和高素质督导队伍建设让我们很受启发和教育，有的让我们大开眼界。校系两级督导员兼职，有许多好处。比如能够了解系级教学和管理的情况，而且督导组的工作大部分在系级或分院，一起做工作有很多方便。缺点就是工作量大，加重了校级督导组的负担。"挂牌上岗"。课堂是"神圣的殿堂"，有自己的尊严和纪律，不能随意进出。讲台是教师的工作岗位，要尊重讲台，尊重教师。教室是学生学习的地方，不能扰乱，要尊重学生、严肃教学环境和纪律。尊重教师，尊重学生，也是尊重人权。所以，要挂牌上岗。一方面表明督导员身份，表明了任务、责任和义务；另一方面对督导员自己也是一种约束。

2. 体会

（1）位置要摆正。督导组的重要性要认识清楚，不能轻视，但也不能过头。督导工作不是行政工作，不是纪检工作，是学校教学质量监控体系中的一个环节，一个重要方面。"督导工作就是督导工作，不是行政部门，不能句句落实，件件有着落。"我们提的意见仅供相关部门参考。行政有行政的工作准则，督导工作只能为行政领导从业务角度提供可以参考的意见。

（2）信念要坚定。经常听到好心的人对我们说，你们的话有用吗？就差那点钱吗？说实在的，我们不差钱。只是有一点不愿失去，那就是发挥一点余热。什么叫余热？忠诚于党的教育事业的心还有，还想做点事。一旦做不成了，也就不做了。

（3）活到老，学到老。经常警惕自己，检查自己很重要。要不断学习，与时俱进。

（六）教学督导工作的创新

随着高校教学工作的发展和改革的不断深入，教学形式不断发展变化，新问题不断出现，新的任务不断提出，教学督导工作的思想理念和工作方式方法等，也应随着新形势、新任务的要求而不断变革和创新。因此，教学督导除日常听课、评课和教学秩序的监控等常规督导外，应重点进行说课督导、专题督导和专题调研。

1. 说课督导

说课督导就是在教师精心备课的基础上，教学督导让教师讲述某节课的教学设想及其理论依据，然后由教学督导进行评议，并和教师互相切磋，从而提高教师的教学素养，增强教学能力。

2. 专题督导

专题督导就是针对教学中某个突出问题进行深入系统地了解和深层次的剖析，通过集体研究和诊断，有针对性地提出指导意见。专题督导具有很强的针对性、系统性和计划性。如对计算机多媒体的运用问题，多媒体技术目前在各高校已得到广泛应用，但如何协调多媒体教学与传统教学的关系，如何有效地发挥多媒体的功能，教师运用多媒体有哪些误区，遇到什么困难，在教学中怎样合理利用多媒体等，都需要研讨。因此对多媒体的应用现状、问题、教学效果和建议就可进行专题督导。这种专题督导，从解剖问题入手，追求问题的解决。

3. 专题调研

专题调研是指教学督导有计划地进行专题调查研究，属于研究型发展式的督导工作范畴。教学督导为配合教学改革，深谋远虑，选择一些研究性的问题进行专题立项，有组织的开展调查研究发表咨询意见，提供教学管理部门做决策参考。如对学校教学计划的修订、课程设置、教师开课的资格、某教师的课学生缺课率高等问题，进行专题调研。通过座谈、调查问卷等一系列的调查手段和途径，收集各种信息和资料，加以分析整理，以调查报告的形式提交给教学管理部门。专题调研是教学督导的一项基本任务，是教学督导工作的创新。

4. 常规督导与说课督导、专题督导、专题调研相结合

常规督导主要是日常的听课、评课、教学监控、教学检查、考试巡视、阅卷质量检查和毕业论文的审查等。它必须经常开展，以使督导工作具有可行性、连续性和时效性，并积累重要的教学信息，它是说课督导、专题督导和专题调研的基础。而说课督导、专题督导和专题调研是常规督导的升华，有利于解决实际问题。因此，常规督导与说课督导、专题督导和专题调研相结合，以提高教学质量，促进教学督导工作的可持续发展。

5. 教、导，全体师生进行民主督导

教，即教学督导要教会学生进行评课。学生对教师的评课，对改进教学和教学质量的提高起到了积极作用，但也存在一些问题，如有的学生不认真评议，有的学生评议时有报复心理，管理严的老师有时会被打低分等。针对这些问题，教学督导要教会学生评课，举办评课培训班，系统讲授评课的目的、意义及逐项讲解评价指标的内涵和标准。

导，即指导教师进行教学技能训练和教学方式、方法的选择，指导教师互相听课评课。教学督导要对新教师进行培训，使他们全面了解教学的基本要求，对个别教师进行辅导，强化教学技能的训练，指导教师正确运用多媒体。更重要的是对教师进行爱岗敬业精神的培育，增强教师工作的责任心和荣誉感。

教学督导只有以学生为中心，以教师为本，实行民主督导，突出指导、服务、咨询功能，才能有更大的发展空间。学生是主体，教师是教学工作的主力军，要充分调动他们的积极性，发挥他们的支持、配合和参与作用。同时要把教学督导工作置于师生监督之下，经常听取师生对督导工作的意见和建议，增加督导工作的透明度，提高督导质量和效益。教学督导还要不断总结经验，不断学习现代教育理论，加强自身建设，将教学督导工作不断推向更高水平。

五、教学督导组的队伍建设与督导文化

（一）队伍建设

1. 督导组的自身建设

为了规范教学督导组的工作，更好地完成督导任务，督导组制订了督导组工作规程，并且每届都加以修改、补充和完善。本规程从教学督导组的内部组织形式，教学督导组组长和学科组组长的职责，教学督导员的职责，信息汇报、反馈、提交建议及处理方式，组内规章制度与决议的形成，会议制度，学习与学术交流制度，请假制度等均有明确规定。每学期初召开一次全体校院两级督导会议，主要由校领导通报本学期在教学方面的主要工作，教务处通报本学期工作要点。然后根据校领导要求和教务处的工作要点，制定本学期教学督导的工作计划。每学期末召开一次全体校院督导会议，主要是校领导和教务处及相关处室，听取督导组本学期督导工作的汇报。最后由校长做总结并给予点评。为加强督导自身建设，督导组每半月召开一次全体例行会议。督导组例会包括两项内容，一是对当前的工作进行总结交流，沟通情况；二是在例会上学习相关教育教学文件和学校下发的教学文件等，即进行督导组的自身建设。

2. 督导员的任职条件

近年来，作为教学质量监控与保障体系中重要部分，各高校都建立了教学督导工作体系，以监控教学质量、指导教师教学为宗旨开展工作，对高校教学质量的提高产生了积极的作用。作为教学督导工作的主角，教学督导队伍的素质是督导工作成败的关键。为了确保教学督导队伍持续有效地发挥作用，探讨教学督导队伍建设的方法，寻求督导队伍完善发展的途径，是一个重要的研究课题。

关于督导员的任职条件，有研究认为主要有如下几种："综合学术型"督导员，应具有先进的教育教学理念、有深广的学科专业知识、有丰富的教学经验、有扎实的教学理论基础、有开拓创新精神、有教学科研能力、有良好的人格魅力、有健康的身体和良好的心理素质。"综合管理型"督导员，应具有较丰富的教学和教学管理经历、有较高的学识水平、在教学和教学管理方面有较强的能力、有较高思想政治理论和政策水平，坚持原则、实事求是、办事认真公道，有权威性和可信度。"综合创新型"督导员，应具有丰富的教学或教学管理经验、有广博的知识基础，有较高威信，有不断学习、开拓创新、与时俱进的精神，关心教学改革、对政策法规比较熟悉，热爱教学督导工作。

（二）加强教学督导队伍建设的对策

1. 坚持学习和研究

教学督导是教学质量监控体系的重要组成部分，它通过对教学活动全过程及其管理进行检查、监督，从而总结经验，发现问题，并及时进行分析与指导，力求达到保证教学质量的目的。而这些活动都需配合学校的工作重心协调进行，其工作方式、工作重点、工作目的也是阶段性动态变化的。因此，要坚持学习党和国家的教育方针政策及法规、主管行政机构的文件；学习先进的教育理念和教学管理的知识，熟悉教学督导基本理论和实践方法；学习本学科和相关学科的知识；坚持交流工作心得，分析工作情况，研究工作策略，集思广益，最有效地开展各项工作。努力学习其他院校的督导经验，学习教育学、教育心理学、教育法律法规，提高法律意识，依法督导。在每年考察同类院校的督导工作的同时，增加师范类院校考察，或请师范类院校专家、法学家，讲教育学、教育心理学、教育法学等。

2. 树立正确的督导理念

教学督导在工作中要树立"以人为本"的理念，从教师的角度出发，提倡进行换位思考，把督导工作从原来以检查、监督为主转为鼓励和提倡为主。要抱着向教师学习的态度，善于发现好的教学典型，虚心听取师生对教学工作的意见、要求和呼声，热情地发现并推广优秀教师的教学经验，与教师一起共同探讨解决教学问题的有效途径。要摒弃去监督、去检查的心态，在评教中以同行的身份出现，尊重教师，平等待人，以谈心的方式、商讨的方法，以共同研究切磋的精神，使教师心悦诚服地接受意见。

3. 加强工作责任心

教学督导员要认识教学督导工作的重要性，以高度的责任感和敬业精神来进行高质量的督导工作，要按照督导工作的规范办事，认真履行职责，按时按量完成任务，用心去投入，用智去解难，用情去感化，而不是敷衍了事。还要善于团队合作，个人解决不了的难题，由集体商量解决，而不轻易放弃。每个督导员的工作都是工作链中的一环，只要每一环都保证质量，相互间又有高质量的结合，督导工作就会发挥强有力的效果。

4. 构建结构合理的教学督导队伍

教学督导队伍一方面应考虑年龄结构、学科结构、职务结构、性别结构，比较合理的队伍结构是由已经离退休的老教师、在职教师、管理人员组成，这样使得队伍不会因年龄老化而观念滞后，精力和时间可以互相协调和补充。另一方面，要考虑文理结合、工管结合，使各有特长的教师优势互补，产生能力叠加的效果。而性别的不同，也方便督导员去面对不同的对象、应对不同的问题。同时，在队伍素质建设上实现个体与团体的结合。就个体而言，也许我们的督导员具有很强的能力，却难以做到十全十美，而且过高的要求也是不切实际的。但是我们可以通过个体的组合，发挥个人的特长，取长补短，完成各项不同特性的工作，从而发挥团体的完美作用。要注重团队精神的培育，使团队成员充满工作激情，在合作和谐的氛围中工作，并从中享受到乐趣和成就。

5. 建立教学督导队伍的建设机制

要建立激励机制，充分调动教学督导员的积极性，给教学督导员以适当的物质奖励、精神奖励，是提高教学督导员积极性的重要手段。要建立督导工作的认同机制，提高教学督导员认同度和权威性，树立督导先进典型，宣传督导工作经验及研究成果，是树立教学督导员良好形象、增强认同度的重要途径。要建立督导员的培训机制，重视督导员的经验交流与业务培训，多创造学习的机会，增强督导员做好工作的信心，提高督导工作能力。要建立督导工作评价机制，使督导员能明晰他人所长及自身之短，调整自我，完善发展。

6. 加强教学督导队伍的创新管理

一是要树立督导机构的核心力量，确立高威信强有力的带头人，把大家的力量凝聚在一起，朝着共同的目标努力。二是要通过创新思维，激发工作的动力和活力，不断寻求解决实际问题的更好的办法。三是要通过创新方法，建立督导信息交流研究的平台，借鉴别人的经验，拓宽自己的视野，从而审视自己的工作方法和效果。四是要创新条件，建立网络背景下的督导工作新模式，在校园网设立督导网站，建立督导信息发布及信息反馈平台、教学质量信箱、与督导员对话专栏、设置教学情况反馈热线电话等，实施多形式、多渠道的信息交流，促进教学质量的全方位监控。五是在工作成效上体现短期与长期的结合。督导工作是以"督"为手段，"导"为目的，而"导"的对象是教师、学生、管理人员。做人的工作是不可能一蹴而就的，是一项长期的工作，是一项需要接力的工作。督导员经常会出现这样的迷惘，教师的授课已经全部听过了，下来的工作如何做？其实听了某节课，只是完成了一次形式上的督导活动，只是对教师的授课有了基本的了解，可以进行基本的评价，但对于教师课程教学的整个过程的质量还不能由此作定论，要综合教学内容的组织、教学方法的选择、教育技术的运用、教学效果如何等因素才能下结论。而"导"的立足点也不能仅基于某节课，要随着课程的进程，有针对性、有时效性地提出具体意见，才能起到真正的指导作用。特别是对于一些青年教师，长期的考察、全面的指导才能真正利于他们的成长，以偏概全、急功近利的做法只会起到负面的作用。六是在分工合作上注重共性与专长的结合。具备教育心理学、教育测量学、现代教育技术、组织行为学等学科基本知识和实践经验，能够认识和探索教育规律，是对高校教学督导员的共性要求。而教学督导员还要具备丰富的专业知识才利于开展工作。应该为督导员制定合理的工作方案，根据督导员的专业特长，安排具体的工作：擅长管理的督导员，可从行政管理、学生管理等方面入手，分析考察教师的教学质量；有专业造诣的督导员，可直接在课堂及实验室上分析考察教师的教学质量，从不同的方面，由不同的意见综合出对教师评价及指导意见，更为全面，更可服人。

（三）督导文化

1. 逐步形成独特的督导文化

北京农学院本科教学督导组建立于 2002 年。2003 年起，每个学期做一个工作计划，期末做一个工作总结。工作计划主要是明确本学期的工作的指导思想，工作重点、任务和工作分工、工作进度、时间安排和如何做总结。期末工作总结是以书面形式汇报督导组的工作情况、工作过程、任务完成情况、教学和教学管理情况反馈、值得注意的问题以及督导组工作的不足等。

在六届本科教学督导组 12 年的工作实践中，逐步体会到北京农学院独具的督导文化，概括为：

督导价值观：学生为本、服务教学、公正公平。

督导形象：和蔼可亲、谦虚谨慎、严肃认真。

督导精神：为人师表、无私奉献、科学创新。

2. 教学督导要树立以人为本的督导理念

教学督导与被督导教师是一对矛盾的统一体，怎样在统一方面多做文章，拉近教学督导与被督导教师之间的距离，是影响教学督导效果的关键因素。因此，教学督导理念，要从教师的角度出发，提倡换位思考。要从思想上充分认识到教师那种渴望被社会肯定、被人尊重、被学生爱戴，从而实现自我价值的积极性。教学督导的根本目的不是抓教师的教学问题，而是指导、帮助教师改进教学和提高教学水平。因此，要把督导的职能从监督、检查为主转变为指导、帮助、服务为主。要抱着虚心向教师学习的态度，怀着去发现教师的亮点和总结成功经验的愿望，了解教学改革中教师的好经验、好方法、好典型。听取师生对教学工作的意见和要求，诚心地去发现、总结和推广优秀教师的教学经验，与教师一起探讨教学中存在的问题和原因，并提出改进措施。要摒弃对教师监督、检查和评价的心态，在教学评价中，要实施发展性评价，要尊重教师，平等待人，与人为善，要以研讨的方法、切磋的精神，做到启发点化、激励引导，使教师心悦诚服地接受意见。必要时教学督导还要进行示范教学，把自己的教学经验毫不保留地传授给青年教师，这有利于更好地和教师进行交流和沟通。

3. 督导文化的作用

教育督导是一种社会活动，既然是人的活动，自然就能创造自己的文化。教育督导领域应该有自己的督导文化。督导文化的作用主要体现为三个方面：

（1）督导文化的"导向"作用。督导的行为方式应该是创新求变的，不应该是因循守旧的；督导的过程应该是循循善诱的，不应该是居高临下的；督导的结果处理应该是审慎稳妥的，不应该是激进浮躁的。

（2）督导文化的"激励"作用。被聘的教学督导在本校、本专业中都是专家，不存在对物质生活的更多需求，但是他们从事工作的内在动力仍然丝毫不减。此来源于他们的文化精神、品格、禀赋、境界。

（3）督导文化的"规约"作用。即形成一种诚信督导、廉洁督导、公正督导的督导文化精神。

督导文化要发挥引导、激励、规约作用，必然是符合教育先进理念、引领学校进步的文化，是具有凝聚力、创新力和生命力的文化。督导文化涉及到物态文化、制度文化、行为文化、精神文化。

4. 督导文化涉及的物态、制度、行为和精神文化

我们需要的督导文化，应该是在现代教育思想基础上，继承了长期以来国内外教育督导的科学理念、制度规范、专业行为，在促进教育事业发展、促进学校发展、促进学生个体生命发展方面具有切实引领作用的文化；是一种能够在精神上吸引督导"主动做"、在价值和行为选择上引导督导"应该做什么"和"不能做什么"的文化；还是一种对督导有强凝聚力、对学校有强感召力、对教育决策者和执行者有高满意度的文化。

（1）物态文化。一套督导听课表格，一份督导会议记录，一篇督导评价报告，一篇督导随笔，一叠督导案卷等，都是一种物态文化。它反映我们对教育规律的认识，对促进学校科学发展、科学督导的理念，能折射出督导计划的专业性、督导过程的规范性、督导结果的严谨性，体现督导工作的专业和水平。

（2）制度文化。即督导实践活动中建立的各种督导规范。督导也有好的制度和坏的制度。好的制度才有好的制度文化，才能发挥正确的激励与约束作用。

（3）行为文化。一是平等合作的文化，督导是以平等的身份与学校沟通探讨，在帮助指导学校查明问题的原因、确定解决问题的方案、制定改进工作的时间表与路线图时，有一种合作、服务的意识和态度，能达到从"站着"到"蹲下"的转变；能够让学校感受到督导是学校可以信赖的朋友，与学校是常态的合作伙伴关系，而不是对他们进行干预；能够让教师感到与督导进行讨论是一种享受，而不是让他们难堪。二是求真求实的文化。客观公正、实事求是是做好教育督导工作的基本要求。在求真求实的文化里，督导既能大胆行使职权，坚持原则，敢于碰硬，不走过场，不和稀泥，又能以教育法律法规和方针政策为准绳，以客观事实为依据，不自定标准，不道听途说，不随心所欲。三是廉洁自律的文化。"公生明，廉生威"。督导本身就是一种权威的体现。而现实情况是，我们处在一个关系社会和人情社会里，很多人不管遇到什么事，总喜欢托人情、找关系，希望大事化小、小事化了。因此，我们既要靠制度来规范行为，更需树立廉洁自律的意识和文化氛围。

（4）精神文化。这是督导文化的核心，是督导在实践活动中逐渐形成的价值观念、审美情趣、思维方式等主观因素，是给督导行为提供指导并使督导活动采取这样而非那样行动的基本信念和基本态度。除了价值观和基本信念外，专业精神、科学精神在督导精神文化中尤为重要。此外，督导的文化精神，还是一种团队精神，它能够把督导都团结在这面精神的旗帜下，能使督导团队的每个成员从潜意识里产生认同感和归宿感、义务感和责任感，感到自己与团队、与学校息息相关。

执笔人：李　江　史习加

第三节　都市型高等农业院校课堂教学的
有效性（有效度）评价

进入 21 世纪以来，我国农业高等教育取得了举世瞩目的成绩，尤其是招生规模扩大，产生了巨大的教育效果、社会影响和产业效益。在充分肯定改革成就和发展变化的同时，我们也清楚地看到，高等农业院校的改革，正从宏观层面走向微观层面；从研究教育走向研究教学；从政府主导行为走向高校自主行为；从高校行政管理走向学术管理。农业高校改革关注的重点，也从管理者开始走向教师。

"教育大计，师生为本"。说到底，教师不"有效地教"，学生不"有效地学"，轰轰烈烈的教育改革的成果就不能有效地落到实处。在分析扩招所带来的正反两个方面的效应，特别是分析产生的负面效应和当前的教育发展态势后，研究深化教育教学改革，搞好农业高等教育质量的有效监控和评价，并不断有效地提高教育教学质量，从"教和学"两个方面提高有效性（有效度）。北京农学院提出了教学有效性（有效度）的概念，主要目的是希望能找到一种方法，对课堂教学有效性（有效度）进行量化，以便进行比较。通过测试，找到差异，寻求提高课堂教学有效性的途径，从而达到增加学生收获，提高教学效果，提高教学质量的目的。这也是北京农学院在高校本科教学质量监控和督导工作中，探索质量监控和督导工作重心转移的体会或经验总结。

一、关于"课堂教学有效性、有效度"的提出，评价的意义、功能和作用

近些年人们开始思考，高校如何实现"由扩招规模到提高质量"的转变，开始了课堂教学有效性的大讨论。如"课堂教学有必要实现五个转变"，即"教学观念"从传授到指导的转变，"学生习惯"从记录到研究的转变，"课堂模式"从讲授到研讨的转变，"考试方式"从答卷到论文的转变，"学生收获"从知识到能力的转变。然而要追求教学效果，提高教学质量，就要提高教师课堂教学的有效性，但是有效性是一个定性概念，不能量化就不能说明教学的有效程度。

因此，北京农学院校本科教学研究首次提出"教学有效度"的概念。"教学有效度"是衡量课堂教学有效性高与低的一个概念，即对课堂教学的有效度设置若干指标，建立一个指标体系，通过对现场教学状态的评估，得出教学有效性（度）的量化结果，然后进行分析，就有可能发现课堂教学有效性较差的原因，也能发现学生课堂学习收获不大的原因，从而采取措施，改进方法，提高效果，增加学生的学习收获。

因此，"教学有效性"的内涵，不仅包含狭义课堂教学有效性的提高，更要反映一种新的教学理念和价值追求。有效教学既要关注教师的"有效地教"，更要关注学生的"有效地学"；既关注知识的传授，更关注学生思维模式的变化、动机的激励和学习环境的改善和优化；既关注学生课程学习目标的实现，也关注教学对学生态度、行为等能否产生持久的实质性的影响。

（一）高校扩招创造了历史机遇，也带来了难题

1998 年到 2012 年，年年扩招，录取率年年攀升。全国高考录取人数，从 1998 年的 108 万人，剧增到 2012 年的 685 万人。录取率由 34%，上升到 75%，局部地区达到 80% 以上。50% 的转折点是 2001 年，录取 260 万人，录取率首超 50%。"一少一多"现象是从 2009 年开始，报考人数减少 3.8%，本专科招生比上一年度增加 4%，使得大学录取率攀升到 60%。以后继续攀升，继续是"一少一多"，即考生减少，录取增加。2010 年录取率达到 69%，2011 年是 72%，2012 年达到 75%。不少农业高校规模扩展到 3 万~4 万人，有的校区面积加倍翻番。

在我国，1978 年高等教育毛入学率只有 1.55%，1988 年达到 3.7%，1998 年是

9.76％。1999 年开始大学扩招，2002 年高等教育毛入学率达到 15％。高等教育从精英教育阶段进入大众化阶段。2007 年高等教育毛入学率达到 23％，2010 年达到 26.5％。高等教育毛入学率是指高等教育在学人数与适龄人口之比。适龄人口是指 18～22 岁年龄段的人口数。国际上通常认为，高等教育毛入学率在 15％以下时属于精英教育阶段，15％～50％为高等教育大众化阶段，50％以上为高等教育普及化阶段。

2013 年政府工作报告指出："全面提高教育质量和水平，高等教育毛入学率提高到 30％。"近十年来，我国高等教育发展迅猛，大众化水平进一步提高，高等教育毛入学率从 2003 年的 17％增长到 2012 年的 30％。在规模扩大的同时，高等教育的质量稳步提升。

我国提出的目标是到 2015 年达到 36％，2020 年达到 40％。从我国经济支撑能力与高等教育相对规模的关系来看，目前我国的人均 GDP 仅为世界平均水平的一半，而我国高等教育的毛入学率已经超过了 2007 年世界 26％的平均水平。我国目前的高等教育相对规模与我国的实际经济支撑能力发生了矛盾，我国从"发展规模"转为"提高质量"是必要的。

1. 高校扩招产生了许多积极影响，也有一定的负面影响

高校扩招，高中升学率提高，使更多高中生圆了大学梦；国民素质提高，提升了国民学历水平，缩小了与国外受教育水平的差距；缓解了就业压力；拉动了内需，发展了经济等。最重要的是，我国大规模扩招，提升了教育发展阶段，成为使更多适龄青年享受高等教育的战略举措。但是也要看到，扩招也产生了一些负面影响，带来一些社会难题。比如，高校基础设施跟不上规模的膨胀，师资力量的缺乏，学校教学质量的下滑，就业问题突出等。

2. "就业率倒挂""学风倒挂"让人费解

对于扩招出现的问题，人们做出了巨大的努力，试图解决这些问题，也取得了一些有效的成果。然而，客观性的问题解决起来比较容易一些，主观性的问题解决起来就难一点。近几年出现的两个倒挂，让人费解，问题已经不在表层。两个倒挂是"就业率倒挂""学风倒挂"。两个倒挂凸显办学效果（有效性）问题值得研究。"就业率倒挂"成了一种并不罕见的现象。有人形容是"研究生不敌本科生、本科生不如专科生、专科生比不过职校生"。"学风倒挂"凸显高等教育教学效果（有效性）问题的严重。高校在校生的学风，随着年龄的增长、年级的升高，两极分化严重。在学风方面，看得见的现象是高年级不如低年级。学风在学生刚入校时好一点，但是高中形成的学习的热度，逐年级下降。学校不再是避风港，"世俗之风"的负能量大于"书院之风"的正能量。高校也不再是一片净土，"纯洁和高尚"已经模糊，高校校园成了小社会。校外有什么校内就有什么，高校已经融于社会。据调查，普通高校大学生上课不带教材，不做笔记，不听课的比例，高年级高于低年级，而且是年级越高比例越大，呈现阶梯式上升态势。可见高校办学效果（有效性）值得重视。人们始终不解，怎么会越学越差呢？究竟问题出在哪里？领导没有少说，教师没有少讲，政治课学时按规定全部完成，听得多了反倒效果差了，值得深思。

3. 农业高等院校处于劣势

（1）生源质量下降。由于扩招，对许多考生而言，能不能上大学已经不是问题，开始考虑选择什么样的大学。名牌大学和重点大学，招到了更多的优秀生，本来只能进入一般大学的部分中等学生也进入重点大学和名牌大学。本没机会进入大学的学生庆幸进入了高校。农林院校由于"农"字当头，在高招的激烈竞争中处于弱势，优秀生报考农林院校的比例越来越少，有时不得不降线录取，有时降线 30 分也完不成招生指标。农林院校由于生源总体质量降低，从学生素质方面给教学的有效性带来了基础性影响。

（2）师资队伍欠佳。由于扩招，师资队伍也随之扩大，刚进校门的年轻教师直接就上了讲台，有的一进来就要上几门课。虽然有岗前培训，但是没有给教授当助教的经历，助教匆匆走上讲台，直接担任起主讲教师，短短时间内实现由学生到教师的转换，打乱了教师循序渐进培养与成长的客观规律。反过来，教授们争相退出本科教学课堂，虽然教育部在《教育部关于进一步深化本科教学改革全面提高教学质量的若干意见》（教高〔2007〕2号）明确规定了教授为本科生授课是基本制度和聘用条件。教授由于承担各种社会职责，忙于各类科研课题或是社会应酬，担任本科生课程的授课任务越来越少，部分教授几乎未承担本科课程的授课任务。近几年，师资队伍由于一大批博士生、博士后的加入，大学教师队伍的学历结构发生了根本性变化，但由于博士的研究型思维方式与本科生学习型思维方式的差距甚大，对接本科教学仍然有一个过程，课堂教学有效性的提高仍需要总结经验，不断提高。

（3）学生主动学习不够。学生是课堂教学的主体，虽是主体，但是当前高校的大学生主动学习积极性不高，出现"几多""几少"现象。如：学生混学分者多，欲得真知灼见者少；听课者多，做笔记少；被动学习者多，主动学习者少；死记硬背者多，理解研究者少；随课堂学者多，自学者少；进教室者多，进图书馆者少。虽然80％的学生表现较好，但超10％左右的学生存在迟到、旷课、上课不听课等现象。虽然从比例上来看，是少数，但是课堂影响较大，有的学生上课睡觉、玩手机、玩笔记本电脑、打游戏等，影响到"中间地带"的学生可能会做其他的事情，学习其他课程、做作业等，最后当堂认真听课者也就是三分之一或四分之一。学生课堂上的不认真学习的行为，使得教学效果大打折扣。一个方面是教师讲课内容、教法、教风等因素，另一方面就是学生的学习动力欠缺，学风不佳。农业院校的学生，由于就业改行率甚高，学生对于在校学习的内容的有用性抱怀疑态度，再加上教师讲课不精彩，厌学者较多。

（4）教学有效性较低。归根结蒂，还是教学效果（办学效果、教学有效性）出了问题。学校是在办，课在上，会在开，一天也没有停下来，但是，"软件"不如"硬件"，"育人"不如"教书"，"东风"不如"西风"。因此，高校要提高教学质量，就要抓教学效果，不断提高教学的有效性，提高教学有效度。要从一线抓起，从教室抓起，从教师的"教"抓起，从学生的"学"抓起，从"教与学"两个方面基本活动抓起。一手抓教师的"教"，一手抓学生的"学"，两手抓，两手都要硬，都要抓出成效。"低效的教学"会贻害后代，失败的办学会误国误民。

（二）现阶段，农业高校的教学改革面临很大的压力，或者说是处于两难的困境

农业高等院校的教学改革面临的压力和困境，一方面来自外部，如各级教育行政部门推进农业高校改革的决心，社会要求农业高校改革的愿望等。特别是扩招后学生就业难、所学专业和知识与社会对接难、社会对"农字专业需求弱化"等问题迫切需要解决。就业难的问题，上岗后报酬低的问题，使得众家长感到高投资没有高回报，已经引起相当的不满。另一方面则是农业高校内部存在的难以解决的问题，主要是农业高校教学改革进展缓慢。目前部分农业高校内部改革除去热衷于"上新专业""拿大课题""建大房子"等形象工程外，对于深化教学改革，软弱无力，或束手无策，始终难以找到重大的突破口。与此同时，农业高校一些教师对于参与教学改革热情也不高，忙于"拉关系跑课题""多上课多创收"。于是，不少教师"只管上课，不管效果""只管教书，不管育人"。有些教师上课简直就是"走过场"，很少对自己的教学进行深层次的思考，很少学习和研究教学理论，很少探索育人规律，很少对所讲课程进行改造更新，教学模式基本固定不变。不少农业院校高管层"重科研、轻教学"的思想导致了一线教师"轻教学、重科研"的行为，科研型院校如此，教学型院校也不甘落后，把大量的功夫下在"拿课题、争奖项"上。诚然，高校的四大任务中，确实有一项是科研，但是，不少院校"以教学为中心"稀里糊涂地变成了"以科研为中心"，"拿一个国家级奖就上升几个排名"成了部分农业高校主管的信条。

（三）教学改革难有突破

令人难以相信的是，教改虽然在不断地推动，但传统的教学模式、教学方法并没有发生根本的变化。"满堂灌""大呼隆""书本搬家""教死书，死教书"现象充斥课堂。"育人流程"难以改造，"育人目标"模糊不清，"应试教育"得心应手，而"创新教育"则不知何从，不少农业高校不适应国家对创新人才培养的迫切需要。究其原因，这些问题的出现，当然与政策导向、评价机制等因素有关。但是，最根本的原因还是在教学改革中忽视了一个问题，就是"对教学有效性重视不够"。大家都在忙，呈"万马奔腾"之势，但"机器轰鸣，工效不佳"，教学没有形成正能量。专业设置没有明确的培养目标，教师教学没有清晰的教学目标和要求，也没有设计出科学的质量（教学有效性）评价标准。高等农业教育教学质量的提高，教学改革措施的实施，归根到底要落实到教师的教学实践中。所以要特别关注教学的有效性和教师的积极性问题，不然，高校的教学改革就可能流于形式，不能形成一线教师的自觉自为，高校教学改革也将难以取得实质性的进步。教师参与教学改革的热情决定了教师主导地位的确立和发挥，也是提高教学有效性的基础。有效教学是提高教学质量和人才培养质量的根本保证。教学有效性问题，尤其是课堂教学有效性问题，直接关系到教学的各个环节，关系到大学到底需要什么样的教学，如何评价教师的教学，以及我们期望的好的教学，到底应具备和达到的质量标准是什么，体现的是大学教学改革的目标导向和价值取向。我们应该把教学研究和改革的重点转移到"提高教学有效性"方面来，以此来加强研究教师如何"有效地教"，学生如何"有效地学"，以提高教学质量，培育出适合社会需要的人才。

（四）高校课堂教学正面临历史性转变，质量监控和督导工作应该抓住机遇，实现工作重心的转移

从20世纪末到21世纪初的十多年里，我国的高等教育始终处于不断发展之中，尤其是高校的扩招，大大提高了升学率，高等教育实现了由"精英模式"到"普及模式"的转变。高校的规模在扩招中迅速膨胀，收入也随之增加，经费来源扩展，经济实力增强。随着高校规模的扩大，师资队伍也随之膨胀，但是仍显得不够用。近几年人们开始注意到了教学质量下降的问题。人们开始思考，高校如何实现"由扩招规模到提高质量"的转变，开始了课堂教学有效性的大讨论。人们提出来很多思考，如"课堂教学有必要实现五个转变"。即教学观念、学生习惯、课堂模式、考试方式、学生收获的转变。这些观点无疑是很超前的，也是有用的。但是，我国在校生目前达到近4 000万人，高校教师也有近200万人。这样大的队伍面临如此多的学生，实现转变不是一件容易的事。转变是必然的，但是如何转变更能适应

我国的现状，是值得研究的问题。

目前高校课堂教学的转变是历史性的，大家都在探索。我们认为，转变要从"提高课堂教学的有效性"开始。教师要"有效地教"，学生要"有效地学"，实现课堂教学有效性的提高。教师和学生都注意到了教学的有效性问题，其他方面的转变将随之展开，模式和方法等将因不同的院校、不同的专业和教师自己的优势，进行适应性的转变，一刀切不行，大呼隆也不行。

高校教学质量监控和督导工作，特别是校级质量监控和督导工作，重点应该是注意倾向性问题的归纳和研究。在目前的历史性转变时期，质量监控和督导工作的重心应该转向教学有效性的提高方面来，就是要注重课堂教学效果的督导。通过课堂教学的质量监控和督导工作，引导教师不断提高对教学的责任感，树立"以学生为本，以提高课堂教学效果为责任"的价值观念，不断提高课堂教学的有效性，并以此为中心，做好其他与教学有效性相关的质量监控和教学督导工作，如课程建设、教法改革、加强实践教学环节等。

（五）学生收获源于课堂教学效果、课堂教学有效性和有效度

进入课堂，无论是教师，还是学生，都想有收获，都不愿意走过场。然而，"收获"就是"效果"，就是"教和学"两个方面都要有效果。教师和学生两个方面都要做出努力，才能有效果、有收获。

课堂教学效果、课堂教学的有效性和有效度，是密切相关的、具有紧密逻辑关系的一组词。要追求教学效果，就要提高教师课堂教学的有效性，但是有效性是一个定性概念，不量化还不能说明教学的有效程度，就是教学有效性"高与低"的问题。所以，"有效度"的概念就提了出来。

"有效度"是衡量课堂教学有效性高与低的一个概念。对课堂教学的有效度设置若干指标，建立一个指标体系，通过测评，就有可能发现课堂教学有效性较差的原因，学生课堂学习效果不大的原因，从而采取措施，改进方法，提高效果，增加学生的收获。

目前，社会上对于教师教学行为有效性的研究，已经有了一个基本的共识，即认为"有效教学是能够促进学生有效学习的教学"。大学教学应该有助于提高学生的学习质量，鼓励学生较好的掌握专业知识和提高综合能力与素质，能帮助学生提高终身学习能力等。

如何判断教师的教学行为是否有效，国内外研究者提出了一些基本标准。如：教师能熟练掌握学科专业知识，对教学有热情和责任心；教师能充分了解学生的需求和背景，并据此进行课程设计和课堂教学方法设计；教师能清晰表述课程教学目标或学生学习目标、学习要求、考核评价方式与标准，并通过目标导向的教学活动帮助学生学习；教师能优选学生应学习掌握的知识要点、主要技能、方法，并通过合适的方法和策略帮助学生实现学习目标；教师对学生的学习表现给予及时的反馈，帮助学生对自己现有的知识和能力做出评价，建立鼓励学生有效学习的环境；教师能不断进行教学反思，根据教学效果调整教学策略方法，完善课程设计等。

不难看出，有效教学的内涵，不仅包含狭义课堂教学有效性的提高，更要反映一种新的教学理念和价值追求；既关注教师的"有效地教"，更为关注学生的"有效地学"；既关注知识的传授，更关注学生思维模式的变化、动机的激励和学习环境的改善和优化；既关注学生课程学习目标的实现，也关注教学对学生态度、行为等能否产生持久的实质性的影响。

有效教学要求教师把教学看成是一种严肃的责任行为、智力行为，一种学术成就、一种创造；要求教师的教学不仅要有先进的理念和技巧，更需要教师不断的做出创造性的努力。

（六）从"因材施教、因材施学、因材施考"到"因用施教、因用施学、因用施考"

提高有效性的关键是"因材施教、因材施学、因材施考"。

主要是：认真的改革教学内容，坚决的改进教学方法，努力的提高教学效果，提高教学的有效性，提高有效度。要"因材施教、因材施学、因材施考"。对于以培养"应用型"学生为目标的院校，要"因用施教、因用施学、因用施考"。农业高等教育需要一场教学革命，否则很难有重大的突破。

（七）"个性发展"与"流程再造"

我国目前的高等教育几乎是千篇一律，越改革越雷同。同样的流程，同样的材料，产品自然差别不大。造成这样的局面，原因是高校仍然是"中央集权制"，各个高校自己并没有办学的自主权，各个高校都在追求"大而全"的综合发展模式。各高校的学科越来越多，于是工业院校不再像工业院校，农业院校也不再像农业院校。专业院校向综合院校看齐。高校各自失去了特色。因此，我们认为，尽快给高校办学的自主权，专业综合要适度，教学流程要创新，教学流程要再造，要造出个性，造出优势，造出特色，真正呈现"百花齐放，百家争鸣"的大学改革新局面，打破目前的"沉闷"和"憋气"。

二、课堂教学有效性（有效度）的评价原则

课堂教学有效性（度）的测评，其目的主要是通过对现场教学状态的评估，得出教学有效性（度）的量化结果，然后进行分析，找出教与学两个方面存在的问题，进一步改进教学，提高教学的有效性。有效性、有效度的测评，给教学改革或协调师生关系找到契机。

我国的高等教育始终处于不断发展之中，但是，由于种种原因，有质量的评价并不多，尤其是教学改革的评价指标体系，太过于抽象、原则。课堂教学有效性（度）的评价，涉及教育价值观的维护和教育文化的未来，课堂上"师生关系""教与学"的关系的本末倒置应该尽早清理纠正，否则，价值观的模糊或缺损，会使教育教学改革进入恶性循环。

以"学生为主体，教师为主导"应该是课堂教学有效性（度）评价的基本原则，也是评价指标体系设计的基本原则。在这个基本原则下，还要有几个执行性原则。

1. 导向性原则

课堂教学有效性（度）的评价，实质上是一种能量化的对教学的调控手段，宗旨是引导教学方向，提高教学质量。如树立"学生是教育教学的主体""教为学服务"的现代教学观；引导教师在教学过程中增加互动，注意课内课外相结合；引导教师吾身自省，规范自己的教育教学行为，不断优化课堂教学等。

2. 科学性原则

构建课堂教学有效性（度）量化指标体系，要以现代教学理论为基础，以教学改革为核心，以科学方法为指导。要符合高等教育的特点，要从高校教学实际出发，以确保指标体系

的科学性。

3. 系统性原则

对课堂教学效果有效性（度）进行评价，实际是对课堂教学过程进行评价。通过对课堂教学过程的评价，实现对课堂教学过程的监控，从而促使教师优化课堂教学，提高教学有效性、有效度。课堂教学不仅对"教"进行评价，也要对"学"进行评价。

三、课堂教学的有效性（有效度）评价内容、指标体系和评价表

（一）课堂教学的有效性（有效度）评价内容

课堂教学有效性（有效度）评价，涉及教和学两个方面，既与教师的教有关，也与学生的学有关。所以，课堂教学有效性评价，既是评教师的教，也是评学生的学。"教"和"学"是教学的两方面，在传统的教学过程中，教师的教处于主动方面，学生的学处于被动方面。现代教学要求学生的学要变被动为主动，要以学生为本，以教师为主导。

因此，在评价教学效果时，要注重几个方面的要素。第一是教师教的要素，第二是学生学的要素，第三是教学方法、条件、手段以及环境等要素。特别是多媒体的使用，对于提高教学效率、提高教学效果，提高有效性（有效度）起到了重要的作用。

课堂教学效果的好坏，有效性的高低，应该是多种要素共同作用的结果。特别是在教室里，在课堂上，单一的满堂灌已经过时，应该对课堂教学进行全方位立体评价，目的是创造一个优越的立体教学环境，达到提高教学有效性的目的。

在教学中，可以归纳出三种教学策略，不妨叫做上中下三策。

上策当然是最好的，最理想的。就是靠三种力量提高课堂教学效果。一个是学生学习的自觉性，就是学生的自动力。第二是教师的个人魅力，渊博的知识，对教学事业的高度的责任感和爱教之心，幽默而风趣的谈吐等，都构成了教师魅力的重要元素。老师一进教室，一上讲台，学生的目光就齐刷刷地投向了讲台，学生渴望知识的目光也给教师极大的鼓励和鞭策。第三是课堂教学中教师传授的知识点的吸引力。常说"知识就是力量"，说得是实践。其实在课堂上也是一样，真正为学生所接受的知识也是一种力量，这种力量在鼓励和吸引着学生，学生如饥似渴地吸纳着老师所吐出的真知灼见，课堂教学效果可见，有效性明显。

但是，并不是所有教师和学生都具备这样的三种力量。那就要采取对学生的诱导、劝导、指导、训导等措施，加强师生互动，加强教法改革，加强多媒体声光色等的影响，希望能使学生把心留在课堂，放下手机，拿起教材和笔记，上好每一堂课，提高每一堂课教学的效果、有效性、有效度。这就是中策。

在以上两种策略均不够有效的情况下，就要通过考试、考核，查缺勤、查迟到，以及自律委员会、学生干部等硬办法管理学生，这就是下策。

上中下三策都用起来，就为提高课堂教学有效性、有效度提供了立体保证。所以，评价内容有教师的教、学生的学、教学条件和环境等因素。

（二）课堂教学有效性（度）量化表指标体系的特点

（1）"以学论教，以教促学"是本指标体系构建的基本指导思想和方法论，强调教师的

主导地位和学生的主体地位，树立"以学为主，教为学服务"的价值观。课堂教学有效性（度）量化的基本点是"教学理念更新"。

（2）课堂教学评价的着眼点是"教学效果（有效性、有效度）"，即学生参与学习的状态和目标达成的效果。有效的教学应该是学生积极主动参与学习，通过探究活动和合作交流，使学生实现"学以致用"，形成对专业知识的真正理解，并产生积极的价值体验。

（3）一个积极、有意义的课堂教学，需要教师以饱满的热情，采取积极的态度激发学生的学习情绪，通过师生之间、生生之间的交流、合作、互动的方式，创建一个温暖的、相互接纳的学习环境。教师通过有启发、有梯度的教学问题的设计，对学生进行积极的认知干预，促进学生的思维和知识的内化。在教学过程中，亲和性的教学语言、概括性的板书和动态的多媒体、合理和规范的教学技术等教学技能的应用将能促进教学活动有效地进行。

（4）本课堂教学有效性（度）评价主要是形成性评价，评价者应该现场评价，随课堂进行，边听课边评价。方法简单，操作容易，连环进行，出结果迅速。

（三）课堂教学有效性（度）量化表和指标体系

《课堂教学有效性（度）量化表》共设置13项指标。从第1～7项，是乘除法部分，从第8～13项，是加减法部分。

第1～7项指标主要是基础值，涉及学生的三项指标（缺勤率、迟到率、不听课率），涉及教师的三项指标（满堂灌、照本宣科、标准语差）等。

第8～13项的指标，是属于师生互动方面的内容。如：教师互动、学生互动、多媒体、板书、课堂练习、预留思考题或提问等。课堂互动对与教学有效性的影响较大，属于教学技术和手段方面。

各项指标的赋值，可以因不同的院校有调整。涉及学生的指标的赋值，需要现场调研统计产生。涉及教师的指标，其赋值或影响度值，可以因学校不同用不同的方法自行测定。如专家咨询法、问卷调查法等。

此量化表的准确性，可以通过学生或教师问卷调查进行校正，例如，学生"听懂了"多少，或有多少学生"听懂了"等。

表 20-14　课堂教学有效性（度）量化表及指标体系

指标内容	序号	赋值	测算公式	测算值
基础值	A	1	A＝1	1
排除一缺勤率（%）	B	1－缺勤率（缺勤数/应到数）	B＝A×（1－缺勤率）	
排除一迟到率（%）	C	1－迟到率（迟到数/实到数）÷5	C＝B×（1－迟到率÷5）	
排除一不听课者率（%）	D	1－不听课者率（不听课者数/实到数）	D＝C×（1－不听课者率）	
排除一满堂灌	E	1－0.12	E＝D×（1－0.12）	
排除一照本宣科	F	1－0.14	F＝E×（1－0.14）	
排除一讲述（听）不清	G	1－0.10～0.30	G＝F×（1－0.10～0.30）	

（续）

指标内容	序号	赋值	测算公式	测算值
增加—教师—学生互动	H	次数×0.01	H＝G＋0.01×次数（上限5）	
增加—学生—教师互动	I	次数×0.02	I＝H＋0.02×次数（上限5）	
增加—多媒体	J	优＋0.05；良＋0.03；中＋0.01；无－0.05	J＝I＋（优或良或中或无）（高数外语除外）	
增加—板书	K	优＋0.05；良＋0.03；中＋0.01；无－0.05	K＝J＋（优或良或中或无）	
增加—课堂练习	L	优＋0.05；良＋0.03；中＋0.01	L＝K＋（优或良或中）	
增加—预留思考题或检查预留	M	优＋0.05；良＋0.03；中＋0.01；无－0.05	M＝L＋（优或良或中或无）	

终值：

注：①本表"赋值"和"测算公式"中的各个数值为本校采用专家咨询法得出的赋值。②缺勤率、迟到率、不听课率以随堂听课数据为准。③JKLM各项由听课者随机判定。④测算值逐项顺序填写。

四、课堂教学有效性（度）检验情况

2013年下半年，校督导组用一个学期的时间，对全校本科生课堂教学有效度（有效性）进行了实验性、随机、无标识（不明示教师和学生）测评。目的是通过评估课堂教学"有效度"，找到提高课堂教学有效性的途径，理顺教师教育教学观念，优化教师课堂教学方法体系。

全校共计试验测评215人次。从试测评情况看，有效度平均值是0.7735（77.35％）。有效度测评样本215人中，其职称分布：教授21人，占9.77％；副教授103人，占47.91％；讲师80人，占37.21％；助教和新人11人，占5.12％。

测评结果有效性（有效度）值域（数值范围）：0.8～0.9以上者101人，占了46.97％；在0.60～0.80以下者92人，占42.79％；低于0.60者22人，占10.24％。

表20-15　本科教学第六届督导组有效度试测评汇总情况

测算样本总量：215

职称		≥0.300	≥0.400	≥0.500	≥0.600	≥0.700	≥0.800	≥0.900	合计 数量	合计 ％
合计	数量	2	3	17	41	51	69	32	215	
	％	0.93	1.4	7.91	19.07	23.72	32.09	14.88		100
	％		10.24			42.79		46.97		100
教授				1	7	6	4	3	21	9.77
副教授		1		11	18	23	29	21	103	47.91
讲师		1	3	4	16	19	29	8	80	37.21
新人、助教				1		3	7		11	5.12

注："新人"指新来的教师，包括没有职称的教师。

执笔人：江占民　高润清

第四节　都市型高等农业院校实践教学质量 和有效性（有效度）评价

实践教学是农业高等院校教学中的重要环节，对大学生创新意识、实践能力和科学素质的培养起着重要的作用。目前农业高等院校实践教学普遍存在重原理、轻实践，重过程、轻实效，重校内、轻校外等问题。如何提高农业高校本科生实践教学质量，提高实践教学的有效性，需要制定本科实践教学质量和有效性评估标准，完善实践教学质量和有效性（有效度）监控、评价体系。

一、实践教学质量和有效性（有效度）评价体系的重要性

实践教学是农业高等院校培养本科大学生实践能力的主要途径，与理论教学具有同等重要地位，是办好农业高等院校教学的两个轮子之一，是专业人才培养体系中贯穿始终、不可或缺的重要环节。因此，加强对实践教学质量、特别是加强实践教学有效性（有效度）评价，加强实践教学有效性评价体系的研究，对于培养更具时代性和创造性的人才，实现高等农业教育健康持续发展，具有重要的理论和现实意义。

随着人才培养模式的改革及新世纪高等教育"培养适应我国现代化建设需要的具有创新意识、实践能力和创业精神的高素质人才"目标要求的提出，实践教学在教学工作中发挥着越来越重要的作用。它从过去的验证性教学、理论课的附属地位，逐渐变成了独立的教学体系，是培养大学生创新能力、实践能力和创业精神的不可缺少的一个重要方面。实践教学相对理论教学更具直观性、实践性、综合性和创新性，它具有课堂理论教学所不可替代的作用。在培养学生的动手能力、独立分析问题的能力、解决问题的能力等方面具有其他教学方法无法取代的作用，成为学生创新思维和创新能力培养的重要环节。

国内外高等教育的实践也说明，要培养高素质人才，就必须高度重视实践教学这个环节。教育界人士一般都认为，我国大学本科教学质量在世界上并不落后，是先进的，但有严重不足，最为突出的就是实践能力较差，尤其是创新能力差。高等农业院校加强实践教学的评价和管理，不断提高实践教学的质量，特别是不断提高实践教学的有效性（有效度），抓好实验教学、课程实习、专业实习、毕业实习、社会实践和社会调查等各类实践教学环节，一刻不放松的磨练学生的意志，撞击他们思想火花，解放他们的思想，真正成为一代主人，开拓新时代的一代，而不是浮躁的一代、沉迷于手机电脑的一代、啃老的一代。

二、实践教学质量监控和有效性评价体系存在的问题及原因分析

实践教学环节开课形式的多样性及其内容的复杂性决定了对其进行质量监控和有效性评价的难度较大，需要一个相对完善和有效的监控机制和科学的评价体系，以及一系列有效措施，才能保证实践教学质量有效监控和有效性（有效度）的科学评价。

（一）实践教学质量和有效性（有效度）监控和评价思想不到位

目前，知识本位的价值观仍在高校占据主导地位，农业高等院校也是如此。农业高等院校课程设置大部分以理论课为主干，把实验课、实习课当成理论课的附属。实验课、实习课

的重心不在于培养学生动手能力和分析问题的能力，只是加深有关理论课的理解和掌握。与发达国家相比，我国农业高校本科教学理论课学时过多，实践技能训练相对不足。理论课堂上，学生感到烦躁、枯燥，相当一部分学生积极性较差。即便是实践教学，教师对实践教学中的理性内容重视较多，而学校也是对实践教学工作中的静态要素投入较多精力，如实践教学计划等监控较多，而对计划的执行、实践教学内容和方法等动态要素监控不足；对于教师的实践教学活动监控较全面，而对学生的学习过程监控不严格；对学生的课本知识考核严格，而对学生的专业素质和创新能力考核不到位，或者是无从下手，思想不到位、措施不到位。有相当一部分院校对于实践教学的有效性（有效度）问题认识不足或不认识、不重视，存在实践教学走过场现象。

（二）实践教学质量管理和有效性（有效度）评价制度有待完善

合理的实践教学质量管理与评价制度，对高等院校教师和学生在实践教学活动中的教和学，保证实践教学有效地进行，提高实践教学质量，提高有效性（有效度）起着至关重要的作用。目前，很多农业院校实践教学质量管理制度和有效性评价体系尚不完善。未能根据实践教学基本环节，建设或完善相应的管理制度，对各实践教学环节的目的要求、组织管理、工作流程和评价标准等研究不够，组织落实力度不够。实践教学质量及有效性评价体系涉及的内容很多，如实践教学质量的内涵，实践教学有效性（有效度）的界定，以及评价目的、评价对象、评价指标、评价程序、评价信息的处理等，都值得深入思考。很多高校未能积极进行相应的实践教学质量和有效性评价制度建设，缺乏以领导和督导员考评、同行互评、学生助评为主体的全方位实践教学质量评价办法反馈实践教学质量信息，特别是对于实践教学管理缺乏科学性和有效性思考。

（三）实践教学质量、有效性监控缺乏系统性

各高校的教务部门既是教学管理机构，又是教学质量监控机构，在目前教学任务繁重的情况下工作压力很大，加之"重理论、轻实践"思想的影响，难以从根本上对实践教学质量及其有效性、有效度等，进行适时有效的监控和督导。更值得注意的是，农业高等院校扩招后，由于师资队伍建设和实验、实习条件很难同步发展，教学运行部门为保证教学任务的完成，往往会优先理论教学，有意无意的降低实践教学的基本要求，更不要说对实践教学质量和有效性的监控和评价。一句典型的话就是"能开出课来就不错了"。有些高校的实践教学质量监控和有效性评价还基本处于较为松散的状态，没有将各个环节的质量监控和有效性评价工作进行合理的安排，没有形成科学的监控和评价体系，缺少约束和激励机制，所以，实践教学，尤其是专业实习和毕业实习，往往流于形式，通俗的说法就是"放羊"。

三、实践教学有效性的伦理

（一）实践教学与理论教学的关系

高等院校的教学过程，一是理论教学过程，二是实践教学过程。或者说，高等院校实现培养人才的目标，通常有两个途径，即理论教学和实践教学。理论教学侧重于基本理论、原

理、规律等理论知识的理性灌输与启蒙，具有抽象性，旨在培养学生的逻辑思维能力。而实践教学侧重于对基本理论、原理、规律等理论知识的实践验证与拓展，具有直观性，旨在培养学生的实践操作能力和创新能力。理论教学是实践教学的前奏和基础，实践教学是对理论教学的继续、补充、拓展和深化。

具体来说，实践教学是指在实验室，生产或经济管理活动现场，社会或法学活动场所，根据实验、设计和生产任务要求，在教师指导下，通过学做结合，以学生自我学习和操作为主，从而获得感性知识、技能或经验，提高综合实践能力的一种教学形式。

（二）高等院校实践教学的有效性与社会上生产中的有效性有所不同

"教学有效性"是 20 世纪具有代表性的一种教学理论。教学有效性反映的是教学预期所要达到的积极或肯定的结果的实现程度。如果高校教学活动目标的实现与社会和个人需要相吻合，并且能够用现有的资源达到最佳的预期高等教育教学结果，那么高校教学教育活动的实施就是有效的。

高等院校教学的有效性与社会上生产中的有效性有所不同。社会生产实践中，由于是物质（或服务）生产，有效地对立面就是无效，产品质量不达标就是废品。学校中的教学活动，一般为低效，不会是无效。但是，如果教育与教学出了严重的偏差，那可能后果会更严重，会成为负效应、负效果、负效益、负效率。因为教育与教学是人的培养与教育活动，培养教育的好就会产生"正能量"，成为"正人才"，培养不好就会产生"负能量""负人才"。

（三）实践教学有效性的理性分析

1. 实践教学"教"的有效性

高等院校的实践教学，我们希望是不断沿着专业方向和课程需要开展活动。实践教学的有效性，要看其"实践教学的效果"是否在较高程度上符合专业培养目标和课程教学目的；也要看其"实践教学的效率"是否高，就是同样的教学实践投入能否产生较大的教学成果，其表现是有较多的学生得到了较大的收获；还要看学生得到的收获是否社会需求、有用，并有较大的后续力量和作用。这就是"实践教学的社会效益"。这三个方面构成了实践教学的有效性。如果实践教学是"低效状态"，或者是"负效状态"，那么，实践教学就偏离了预期的目标，并会产生严重的、消极的、甚至是否定的后果。

2. 实践教学"学"的有效性

相对来说，实践教学的有效性，从学生"学"的有效性的视角来看，也可以包括学习效果、学习效益、学习效率三个层面。学习效果指高等院校的本科生在结束四年的实践性课程学习之后能够养成一名专业人才所必须具备的实践性知识和相关的实践能力。学习效率指在学生在对时间、精力等投入相对减少的情况下反而能够更加显著地丰富自己的实践性知识，提高自己的专业实践能力。学习效益指学生在走上工作岗位时自身所具备的实践性知识和专业实践能力能够满足社会综合能力的要求。

不难看出，实践教学有效性研究的切入点应该是教学过程中教师"教"的有效性，过渡点则是教学结果中学生"学"的有效性，最后的落脚点则是"用"的有效性，就是社会实践的检验。学生走向社会，其实践知识和能力是否能够为社会实践所承认，学生能否青出于蓝而胜于蓝，这也就是实践教学活动价值的实现。

四、影响高校本科生实践教学有效性的因素

实践教学有效性是一个受到众多因素影响的综合性概念，即高校本科学生实践教学的有效性必须依赖这些影响因素的共同作用才能实现。

（一）基本因素

指导教师和参与实践教学活动的学生是实践教学活动的主体，指导教师的专业能力和水平、学生参与实践教学活动的积极性是影响实践教学活动有效性的基本因素。

（二）关键因素

实践性教学课程，包括实验课、实习课、生产实践课以及调查研究课程，是农业高等院校实践教学的核心，实践性课程设置的合理性、有用性、科学性是影响农业高校本科生实践教学有效性的关键因素。

（三）保障因素

实验室、实践活动基地等是农业高等院校实践教学的实施场所，校内、校外实验室、实习基地环境和条件的完美性是影响农业高等院校本科生实践教学有效性实现的不可或缺的硬件因素，这些为教学实践活动提供了物质保障。

（四）调控因素

对实践教学活动效果的考试、考核、评价是保证实践教学活动质量的重要的调控环节，考试、考核、评价方式的科学性是影响农业高等院校实践教学活动有效性的调控因素。

五、判断农业高等院校实践教学有效性的标准

实践是检验真理的唯一标准，实践也是检验实践教学的唯一标准。

实践教学的有效性的检验和判断，可以分为三个阶段。第一个阶段是在校期间实践教学现场的检验，主要看学生对于实践教学的内容接受了没有，操作或方式会应用了没有，就是现场判断和评价。第二个阶段是毕业实习和毕业论文的检验，主要检验实践知识和技能的综合运用能力，也是毕业前的一次检验和评价，起到拾遗补缺、充实提高的作用。第三个阶段是走上工作岗位后是否能满足社会或生产实践需要的实践性知识和应用与实践能力。这是社会对农业高校实践教学的最终的检验和评价。第三个阶段可以通过调研完成。我们所能做的主要是第一和第二阶段，而这两个阶段是学习过程，是第三个阶段的准备，是基础。这就要求指导实践教学的教师必须具备较高的实践教学的知识、经验和能力。

教学实践知识和能力内涵丰富，是教师为了顺利地完成实践教学任务，必须具有的知识和实际能力。第一是教师本人的实践知识和实践能力，就是说要教会学生，教师自己必须先知道和先会做。第二是教师的实践性教学技能。如了解和研究学生的能力、钻研和处理实践性教学教材的能力，选择和运用实践教学原则及方法的能力、组织管理实践教学能力和语言表达能力等。第三是教师的创新能力和实践性智慧。实践教学也需要不断创新，所谓"讲重点""破难点""秀创新点"，在实践教学中也是非常重要的。在实

践教学中，一味的照本宣科，讲条条框框，没有新意，对学生就没有吸引力，实践教学就没有活力。

教师的实践性教学智慧，一般包括教学艺术、创新意识和合作精神。就合作而言，包括了与实验人员的合作，与基地单位的合作，也包括与学生的合作。

实践教学旨在培养未来农业工作者的实践性知识和实践能力，因此对农业院校的学生的实践教学是否具有有效性的判定要分阶段进行。

六、完善实践教学有效性监控与评价体系的措施

为切实保障和大幅度提高实践教学质量，必须构建切实可行的实践教学质量、有效性（有效度）监控体系和评价体系，制定实践教学的有效性评价标准及其反馈环节，实时地对实践教学有效性进行评价和监控。从建立实践教学有效性监控和评价体系的角度来探索有效提高实践教学有效性的方法和途径。

（一）制定本科实践教学质量、有效性评估标准

在实验教学方面，有效性评价主要涉及实验教学准备是否充分、实验教学条件是否完备、实验教学内容是否专业、实验教学过程是否科学、实验教学效果是否符合专业要求。实验教学准备包括学生预习、教师预做、实验仪器准备情况；实验教学条件是指实验环境、实验教材等，检查其是否满足实验教学需求；实验教学内容侧重考查是否符合实验教学大纲，实验项目涉及的知识面是否宽广，紧跟新技术发展，是否有利于激发学生创新思维；实验教学过程主要考查教师教学态度，教师所运用的教学方法与教学手段是否注重培养学生的独立思考问题和处理问题的能力，教师在实验验收和批改实验报告时是否严肃认真；实验教学效果考核学生通过实验掌握了与实验有关的知识，正确使用实验仪器，分析和解决问题的能力得到提高，有利于学生创新精神和实践能力的培养与提高。

在实习教学方面，实习教学过程质量监控包括实习工作条件、实习计划与指导、学生实习纪律与态度、实习报告和实习日志、实习总结及效果、成绩评定等。

在毕业论文（设计）方面，毕业论文（设计）质量监控的主要内容包括选题质量、毕业论文（设计）质量、评阅与答辩等方面。选题质量从符合培养目标、题目难易度、题目工作量、题目结合专业以及实际应用的程度等方面进行考核；毕业论文（设计）质量从综合运用知识能力、设计实验能力、应用文献资料能力、计算能力、论文撰写水平等方面考核；评阅与答辩主要按学校农、理、工和经管类专业《本科毕业论文（设计）评阅标准》，考核指导教师与答辩小组的评定是否公正、客观。

（二）建立实践教学质量、有效性常规检查制度

针对实验和实习教学，由于其教学安排不如课堂教学的计划性强，在每学期开学后，由学校教务处统一掌握该学期各学院实验和实习教学课程安排，组织各级领导随机听取实验、实习课。并于每学期初组织专家对上学期的实验报告、实习报告、实验课记录本进行全面检查，将检查意见及结果通过学校通报和教学工作例会等形式反馈给相关学院，予以及时整改。

毕业论文（设计）是一项为期较长且时间较集中的实践教学环节，通过选题检查、中期

检查和答辩抽查等方式开展全程质量监控，特别提出加强选题、审题检查，并通过深入学院开展中期检查和加大答辩抽查的力度，进一步严格过程管理、答辩程序。

（三）成立专门的实践教学督导组织

为了及时了解实践教学效果与质量，及时发现问题、解决问题，学校有必要成立专门的实践教学督导组织。北京农学院本科教学督导组，内部分工，建立了实践教学组，专门负责对实践教学的监督指导作用。督导员不仅有组织地到各实践教学课堂听课，从教学态度、教学内容、教学方法、教学条件、教学效果等方面进行综合测评，而且提出富有建设性的意见和建议。

（四）建立学生和社会信息反馈机制

对全校实践教学运行的监控离不开实践教学信息的反馈，尤其是当学校对实践教学要做出重大决策时，更需要及时收集掌握本校当前实践教学的相关信息，才可能做出科学的、符合实际的抉择，以确保实践教学目标的实现。实践教学质量和有效性信息的反馈源头，包括学生、教师、社会工作单位、学生家长以及政府相关部门等。

（五）改善实践教学条件，提高实践教学有效性，提高人才培养质量

实践教学条件是保证实践教学质量的基础，是培养高素质人才的前提。校内外教学实习基地的建立，解决了市场经济条件下大学生现场实习难的问题，也保证了他们实际操作能力、分析解决问题能力的掌握和提高。

可以引入和试用 ISO9000 标准从事实践教学监控和评价。ISO9000 标准是一种国际公认的社会生产标准，根据 ISO9000 标准的原理，要求"三全"：即全员性、全面性、全过程性。依据 ISO9000 标准建立实践教学质量监控和评价体系是一个系统工程。影响教学质量体系的因素量大而且变化。既要有良好的学习环境、先进的教学设备设施、科学适用的教材和资料、端正的学风、优秀的教师、优良的服务，也要有品质优秀、学习刻苦、身体健康的学生并且都处于多变的状态。教育的产品不像工业产品，原材料可以简单划一，而学生的情况却千差万别。对实践教学质量有效性的评价，要在学生后续学习和工作中才能作出准确的评价。学生获得实习成绩或某种证书，并不能全面准确地检验其教学质量的高低。

表 20-16　实践教学质量及有效性评价指标体系

一级指标	二级指标		指标内涵及打分标准		评价方法及评分依据	评分
	序号	内容				
实践教学管理 30 分	1	教学文件（3分）	院、系下发实践教学文件	缺文件扣 0.5 分/项	检查教学文件	
			实践课程教学大纲			
			实践课程授课计划			
	2	教学大纲、授课计划的执行情况（3分）	实践教学的内容严格按教学大纲和授课计划进行	不符合要求扣 1 分/教师人次	查阅文件，听课	

（续）

一级指标	二级指标		指标内涵及打分标准		评价方法及评分依据	评分
	序号	内容				
实践教学管理30分	3	实习基地及实验室管理（6分）	实习基地及实验室制度健全，卫生、整洁，实验员认真负责，服务到位，实验及实习日志完备，教师和学生反映良好	符合要求5～6分	实地检查，调查授课教师，学生进行问卷调查	
				基本符合要求3～4分		
				管理混乱或教师、学生反映差0～1分		
	4	毕业论文管理（6分）	毕业论文方面文件齐备、训练完整、制度健全，有好的执行措施和监督机制，有文献综述、开题报告、论文，有答辩和答辩记录，评分标准及结果合理	符合要求5～6分	检查文件、文献综述、开题报告、论文和答辩记录，对部分论文进行评分复查	
				基本符合要求3～4分		
				制度、文件不全或训练不完整或评分偏差大0～1分		
	5	教研室管理状况（2分）	教研室对实践教学重视，每月一次实践教学研讨会，有会议记录，教研室主任每学期听实践课3次以上，有听课记录，并能提出改进意见	缺记录扣0.5分/次，质量较差的记录扣0.2分/次	检查会议记录和听课记录	
	6	学生成绩考核管理（3分）	重视对学生实践操作能力的评价，考核有明细方案，有具体标准，有创新，学生对考核细则清楚，本专业职业技能的操作成绩占总成绩的35%～50%	符合要求2.5～3分	查看教师成绩考核方案，调查个别学生	
				基本符合要求1.5～2分		
				差距较大0～1分		
	7	教师教风（5分）	授课教师备课、授课认真，注意言传身教，操作性内容选择恰当、准备充分，操作示范认真到位，无迟到早退，调课率不超过1%，学生评分在4.5分以上	教师没达到要求，扣0.5分/项·人次	检查教师教案，听课，考察教师操作，学生调查及查阅学生打分结果	
	8	学生学风及考风（2分）	学生上课不迟到早退、不旷课，学习主动，认真对待操作训练，考试无作弊现象	迟到、早退扣0.1分/人次，旷课扣0.2分/人次，考试作弊扣0.5分/人次	听课，查阅教务处文件	
实践教学建设与教学改革30＋X分	1	师资素质及培养（5分）	教师具有丰富的实践及实践教学经验，爱岗敬业，每年下厂带实习等不少于7天，有针对实践教学的进修计划	符合要求4.5～5分	查看文件、基层证明材料，听课	
				基本符合要求3～4分		
				教师素质差或没参加实践教学活动或无教师进修计划0～1分		
	2	教材建设（4分）	实践课教材选用得当，鼓励自编教材，并根据都市农业发展的需要和科技的发展及时修订教材	自编或修订教材3～4分；公开出版教材另加4分/部	查看教材	
				选用教材得当3～4分		
				无自编、选用不当0～1分		

（续）

一级指标	二级指标		指标内涵及打分标准		评价方法及评分依据	评分
	序号	内容				
实践教学建设与教学改革 30+X分	3	校内外实习基地建设（5分）	有明确的、切实可行的建设规划，基地管理规范，发挥作用大，挂牌	符合要求 4～5分	查阅书面材料，考察、了解基地管理和使用情况	
				基本符合要求 3～4分		
				没有建设规划或管理差或发挥作用不大 0～1分		
	4	实验室建设（5分）	新购置实验仪器能充分利用，大型、贵重、精密仪器设备完好率高，使用率高，规章制度健全	符合要求 4～5分	检查规章制度、实验日志，抽查仪器对照仪器清单	
				基本符合要求 3～4分		
				不符合要求 0～1分		
	5	教学研究、论文及课题（4分）	积极进行实践教学改革的研究及申请课题，全专业每年发表实践教学的教改论文 3 篇	积极进行实践教学研究，多发表教改论文每篇加 2 分/篇，主持市级以上该类研究课题加 6 分/项	听取实践教学研究汇报，查看有关材料及论文	
	6	教学改革实践与创新（5分）	积极从事实践教学的改革，要有深度、有力度、有创新	3 年内实践教学改革有较大进展，在教材、授课形式、教学组织、学习方法、考核形式等方面有创新 4～5分；获市级以上教学成果奖加 5 分/项	听取实践教学改革的汇报，查验获奖证书，通过听课、查阅有关材料和学生调查验证	
				改革有进展、有力度和深度 3～4分		
				无改革举措或无新意 1～2分		
	7	应用多媒体教学、试验条件（2分）	教师都能熟练使用多媒体进行教学，室内授课内容 80% 以上有多媒体课件	符合要求 1.5～2分	听课，检查课件	
				基本符合或不符合 0～1分		
实践教学效果 40分	1	学生动手能力及实际操作能力（8分）	实践教学应使学生在动手能力和实际操作能力方面有明显的提高	学生动手能力和实际操作能力强，能吃苦 7～8分	抽查学生进行农事操作和室内实验的操作	
				学生动手能力和实际操作能力较好 5～6分		
				动手能力和实际操作能力差 1～2分		
	2	独立完成试验能力及毕业论文质量（8分）	毕业生应具备较好的试验设计能力，对论文格式熟悉，论文写作应达到教育部对本专业要求的水平	每一篇论文或每一个抽查学生不合格扣 1 分	抽查毕业论文进行测评，在第 7 学期初，对部分学生进行独立完成科研设计的能力考查	
				基本符合要求 7～8分		
				不符合要求 1～2分		

（续）

一级指标	二级指标		指标内涵及打分标准		评价方法及评分依据	评分
	序号	内容				
实践教学效果40分	3	学生对实践教学的兴趣和评价（4分）	实践教学只有让学生感兴趣才会取得好的教学效果，并要让学生感到真正有收获	学生感兴趣，评价高3.5～4分	与学生个别交谈	
				学生感兴趣，评价较好2～3分		
				学生评价不高或很差0～1分		
	4	学生综合素质（5分）	实践教学在对学生综合素质提高上应起到很大的作用。综合素质考查：交往能力、口头表达能力、独立做事能力、学习能力、对自己能力的信心、肯干务实等方面	综合素质高4.5～5分	模拟面试部分学生，征集学生处和系主管学生工作教师的意见	
				综合素质较高3～4分		
				综合素质不高1～2分		
	5	毕业生就业单位评价（8分）	实践教学应使毕业生在参加工作后，在短时间内适应工作环境，在能力和素质方面得到用人单位的认可	用人单位评价高7～8分	征集用人单位对毕业生的意见	
				用人单位评价较高5～7分		
				用人单位评价不高0～1分		
	6	一次就业率（7分）	达到学校平均就业率水平	每低于1个百分点扣0.2分	查询学生处的统计结果	

执笔人：江占民　高润清

第四篇

都市型高等农业教育实践
教学体系的探索研究

第二十一章　都市型高等农业教育实践教学体系建设

第一节　生物科学与工程学院实践教学体系建设

在我国高等教育进入大众化教育阶段，作为市属农业本科高等院校，北京农学院的人才培养目标是培养应用型、复合型人才。生物科学与工程学院充分认识到实践教学在实现这一人才培养目标过程中的重要性。在学校领导和各职能部门强有力的领导和支持下，学院紧密围绕学校"十二五"发展规划和"更名工程"，结合学院的专业特点，以学生学习收获为目标，有计划、有组织、科学地开展实践教学体系建设。

一、实践教学培养目标

实践教学是教学过程中的一个重要环节。通过实践教学，有助于培养学生理论联系实际的能力，提高学生动手能力，培养学生创新意识。结合学院的专业特点，生物科学与工程学院的实践教学培养目标有以下几点：

（一）扎实的专业基础

通过有层次、成体系的实验课程，强化学生对理论知识的理解、掌握和整合，掌握一套完整的生物学相关基本体系知识和实验技能。

（二）应用和创新精神

通过设计性实验、毕业设计、大学生科学研究计划、学生专业社团等环节培养学生在本专业领域中的知识应用和创新精神。

（三）宽阔的视野

通过课程实习、专业实习和毕业实习等环节扩宽学生的专业视野和知识面，使学生具备从事生物相关行业应具备的职业素质和能力。

二、实践教学内容体系

根据学校都市型农业院校的特色和定位，生物科学与工程学院的实践教学内容体系包括以下 3 个方面。

（一）专业基础实践教学

专业基础实践教学是整个实践教学内容体系中的基础。生物科学与工程学院的专业基础实践教学本着多层次性、系统性的原则，在专业基础课上强调验证性实验，同时兼顾综合性实验；在专业主干课程上主要是综合性实验，甚至将一些课程的综合性实验串起来，比如，生物工程专业中的基因工程、细胞工程、发酵工程和蛋白质与酶工程的实验，就通过上游构建基因表达载体，然后分别转化到相应的细胞中，下游则利用构建的基因工程细胞做进一步的实验。前者着重培养学生理论与实践知识的结合；后者着重培养学生对各个知识点的整合和应用能力，有利于学生对所学知识形成一个完整的体系，同时也避免各实验内容之间出现重复。

目前，生物科学与工程学院的专业基础实践教学包括课程实验和课程实习，这两部分内容的学时占专业课总学时的 30％以上，有的专业则达到 40％，其中综合性实验学时占专业基础实践教学总学时 70％以上。

（二）创新实践教学

为了培养学生对本专业知识的应用和创新精神，学院设立了创新实践教学模块。该模块是在专业基础实践教学的基础上提升学生对专业知识的应用能力和创新能力。它包括课程设计性实验、毕业设计（论文）、大学生科学研究计划、学生专业社团和各类科技竞赛等。

设计性实验包含在个别专业主干课程中，一般由老师在这个综合性实验中，拿出一部分实验提前布置给学生，学生通过自己查资料，设计实验方案，并在实验课上完成。

毕业设计（论文）则是学生从大二开始选择毕业论文指导教师，并进入指导教师实验室，从事科研工作，最后形成毕业论文。在目前的"3＋1"培养方案中，由于有 1 年的专业实习和毕业实习，有些学生的毕业论文是在有条件的校外实习基地内由校内外双导师的指导下完成。

大学生科学研究计划是北京市和北京农学院以项目的形式资助有兴趣从事科学研究的学生开展科研工作。

此外，学院鼓励学生以专业为背景开展各种社团活动，如组培社、食用菌社、精油社等，以及参加各种科技竞赛。在此基础上，学校鼓励并资助学生创业。目前由生物科学与工程学院学生自主创办的蘑食屋，是北京农学院第一家完全由在校学生创办的公司。

（三）素质实践教学

素质实践教学包括专业教育、军事训练、社会实践、专业实习、毕业实习等环节。

专业教育是生物科学与工程学院根据学生情况设定贯穿大一到大三的特色课程。该课程的主讲教师是全院的专业教师，讲授的内容主要涉及自己的科研经历、体会、对生物的理解以及该专业在行业内的应用前景。通过该课程增强学生对本专业的理解和学习兴趣，同时让学生及早地认识、了解专业教师，促进学生与专业教师之间的沟通和交流。

军事训练和社会实践旨在拓宽学生的知识面，增进学生了解社会，培养基本素质。

专业实习和毕业实习则是学校从 2011 年开始的"3＋1"教学改革的中的"1"部分，目的是让学生更贴近实际地了解本专业知识在实际生产中的应用，锻炼学生如何在实际工作中与别人合作，从而更好地促进学生就业。其中专业实习为期 4～5 个月，毕业实习为期 3 个月。这期间，学生需要到与学院合作的校外实习基地从事生产实践或到与生物相关的单位实习。学生专业实习和毕业实习的管理实行双导师制，考核成绩 70％是实习单位指导教师评判，30％由校内指导教师评判。

三、实践教学保障体系

为保障实践教学工作保质、高效地运行，生物科学与工程学院从师资队伍、生物学实验教学中心、校内、校外实习基地和经费投入等方面加强建设。

（一）师资队伍建设

在专业师资队伍建设方面，学院一方面加强新教师的引进，近五年学院共引进 11 位专业教师，这些引进教师都具有博士学位，其中 6 人有博士后经历，5 人有海外留学背景。目前学院有教授 8 人，副教授 11 人，讲师 10 人，形成了老、中、青结构合理的师资队伍。另一方面加强对新引进教师的进修和培训，建立分层次的高水平师资发展机制和中青年教师教学激励机制。用政策鼓励教师参与到行业企业生产一线，与企业在科研和技术开发方面合作。改变传统的"学术型"教师考核评价体系。同时要求所有专业教师都要参与实践教学，特别是专业实习环节。

学院现有实验员 8 人，其中高级职称 1 人，具有博士学位 1 人，硕士学位 5 人。为建设一支技术全面的实验员队伍，学院加强对实验员的培训，每年都资助 1～2 名实验员参加相关领域的技能培训。

为了更好地完成学生在校外实习基地的专业实习，学院聘请校外实习基地的负责人作为校外指导教师，并颁发聘书。学生在校外实习期间，实行双导师管理模式。同时，在一些课程中聘请校外指导教师参与部分内容的授课，或以名师讲学的形式给学生做报告，从而促进理论与生产实践的结合，让学生明白所学知识的用处。

（二）生物学实验教学中心和组培中心建设

生物科学与工程学院除了承担本学院的实验教学工作外，还承担着全校的生物化学、植物生理、动物生理和遗传学的实验教学工作。实验教学任务重，实验教学的实验室资源、人力资源相对不足。为此，学院早在 2009 年成立了生物学实验教学中心。通过实验室资源整合，仪器、药品资源整合，人力资源整合，以及相应的规章制度来提高资源的利用率和工作效率。目前，中心下设生化实验室、植物生理实验室、动物生理实验室、遗传实验室、分子生物学与基因工程实验室、发酵与蛋白质工程实验室和细胞工程实验室。各个实验室设备资产累计达 4 000 多万元。生物学实验教学中心每年开设 26 门实验课，200 个实验项目，年实验学生人数为 3 570 人。周学时（按 16 周计算）达到 206 学时。

此外，通过实验室资源的整合和内部空间的合理利用，整合出一些实验室资源用于学生科技社团活动。总体达到既保证课堂实验教学的正常运行，又能促进课外实训及开放性实验教学的运行。

创建于 2005 年的组培中心是集教学、科研、生产为一体的综合性、开放性和服务型实验中心。组培实验中心自筹建开始，就受到学校领导及市教委等有关部门的关心和大力支持，先后投入近 500 多万元用于中心建设。中心对仪器实行专管共用，资源共享，面向全校开放，成为植物组织培养教学和植物脱毒快繁及工厂化育苗的研究与开发工作平台。

（三）校内、校外实践基地建设

校内、校外基地是完成实践教学，培养复合型应用人才的重要场所。校外基地是学生接触社会、了解社会、服务社会的主渠道，通过生产实习、技术服务培养和提高学生解决生产实际问题的能力。

多年来，生物科学与工程学院非常重视建设发展校内、校外实践基地。目前，学院有一个校内发酵中试实践基地，该基地可以完成从菌种摇瓶培养，到 5 升、50 升和 300 升发酵罐的放大培养以及发酵产品的基本提取。通过该校内实习基地，可以培养学生对发酵生产工艺的基本了解，为学生到校外实践基地奠定基础。此外，学院还有 14 家签约的校外实践基地，这些基地涉及的领域包括微生物饲料、动物疫苗、生物肥料、发酵工业原料、转基因植物、免疫检测试剂盒、食用菌等方面的研发和生产。

在实践基地建设的过程中，学院采取走出去和引进来的建设方法，逐步建立长效运行机制。对校内实践基地，采用引进来的办法，即与校外生物企业合作共建、管理校内实习基地。对于校外实践基地，不仅学生要到校外基地从事专业实习，而且鼓励教师与相关基地深度合作，在完成教学任务的同时努力扩展合作的领域，为企业提供服务，力求产、学、研结合，实现学校、教师和实践基地的发展"多赢"的局面。

（四）运行经费保障

除了高水平的师资队伍、规范高效的实验教学中心和与专业紧密结合的校内、校外实践教学基地，生物科学与工程学院高度重视实践教学运行经费的管理。一方面，在能力范围内，学院对实践教学经费的使用不设上限，坚持"只要用在学生学习上的钱，花多少完全根据实践教学内容定"的原则。另一方面，坚持严格的财务审批制度和验收制度，保证每一笔经费都合理使用，不出现浪费现象。

四、实践教学管理体系

（一）组织管理

生物科学与工程学院实践教学管理体系是由学院教学指导委员会总体负责，各系主任和专业负责人、生物学实验教学中心和组培中心主任具体负责实践教学的组织与实施工作。

（二）运行管理

各系主任和专业负责人根据各个专业特点，制定科学的、系统的专业基础实践教学计划，并根据实践教学计划和人才培养方案编制实践课程标准，规范实践教学的考核办法，保证实践教学的质量。

根据指导教师的研究方向和课题，学院组织学生选择毕业论文指导教师，同时根据指导教师负责的校外实践基地落实学生专业实习和毕业实习。由校内和校外指导教师共同负责安排学生专业实习的内容并进行考核。

由教学指导委员会根据项目情况审批大学生科学研究计划项目。

由教学指导委员会和学校、学院二级教学督导监督实践教学的落实和运行质量。

由学生工作副院长和学院团委负责专业教育、社会实践、各科技社团和科技竞赛的安排、运行和考核。

（三）制度管理

在学校的指导下，学院根据实践教学的各个环节制定一系列关于实验（实训）、专业实习、毕业实习、毕业论文和学科竞赛等方面的实践教学管理文件，以保障实践教学环节的顺利开展。

实践教学文件和管理制度包括实践教学计划，实践教学课程大纲和教材，专业实习考核等实践教学文件和各实践教学环节管理制度。

执笔人：刘京国

第二节　植物科学技术学院实践教学体系建设

一、紧贴需求，注重实效，创新实践教学体系

植物科学技术学院高度重视专业性实践教学改革，注重学生实践能力培养效果，坚持实践教学四年不断线。在优化实验课和课程实习内容的基础上，强化了专业技能训练、科研训练及毕业论文、专业综合实习和毕业实习4个实践教学环节，较系统地对学生由浅入深、从宏观到微观、从具体到综合地进行实践能力培养，建立和完善了都市型植物生产类专业人才培养的实践教学体系。

（一）专业技能训练

专业技能训练是植物生产类专业重要的实践教学环节，是对学生专业基本技能的培训过程。早在20世纪80年代，专业技能训练的前身农事学课程是农学专业的特色课程，1989年和2001年先后获得北京市高等教育优秀教学成果奖和北京市教育教学成果二等奖。2003年农事学被评为北京市精品课程。2006年我们将农学专业的农事学和园艺专业的园艺植物技能训练进行了整合，统称为植物科技技能训练；2011年修订后更名为专业技能训练，并统一面向植物生产类各专业开设。

专业技能训练共分为三个层次。第一个层次为认知实践训练（第一学期），以参观都市型现代农业园区、增加感性认识的实践教学活动为主，培养学生对专业的认识和兴趣。第二个层次为专业核心技能训练（第二、三学期），设计了18项专业基本技能，由实践经验丰富的教师亲自传授，学生动手实际操作，反复练习。第三个层次为专业综合技能训练（第四学期），学生在老师的指导下完成某一特定作物从种到收的综合技能训练。

（二）科研训练及毕业论文

第五学期开始，学生参与教师的科研项目，每人一题。通过撰写综述、开题报告、做实验、撰写论文和论文答辩等环节，培养学生查阅文献、提出问题、归纳问题、进行实践操作和综合分析问题的能力。

（三）专业综合实习

第七学期，学生在校外实践教学基地集中进行 3 个月的专业综合实习，将三年多所学的理论和实践知识综合应用，提高解决实际问题的能力。每个实习点由 1~2 名教师负责，与实践教学基地共同指导和管理学生实习。

（四）毕业实习

第八学期，学生结合就业进行毕业实习。毕业实习是以学生就业为主要目的，学生可以自主选择实习点。学院给每一位学生配备 1 名指导教师，负责跟踪、指导，并检查学生毕业实习和就业状况。学生在毕业实习过程中，了解了社会发展现状，增强了社会责任感，锻炼了沟通和交流能力，提高了竞争意识和团结协作能力，为进一步走向社会工作岗位奠定基础。

二、加大投入，建设基地，创建植物生产类实践教学平台

2005 年以来，为改善植物生产类专业实践教学条件，学院投入经费 2 800 多万元，加强实践教学基地建设。建立了 1 个国家级植物生产实验教学示范中心，2 个校内实践教学基地，8 个长期稳定的校外实践教学基地并与 20 余家企业共建的校外实习基地。经过几年的建设和运行，逐渐建立了比较完善的、能够满足学生实践教学需求的 1+2+8+X 的实践教学平台。

植物生产实验教学示范中心是植物生产类专业实验室，2007 年被批准为北京高等学校实验教学示范中心，2012 年获批为国家级植物生产实验教学示范中心。植物生产实验教学示范中心承担着植物生产类专业所有实验课和课程教学实习的任务，并且为学生开展科研训练和完成毕业论文等实践教学活动提供服务。该中心的利用率很高，每年约为 1 万人次学生开设实验课 1 000 学时左右，接收 1 000 人次学生进行 20 天左右的教学实习活动。平均每周开设实验、实习课约 18 小时。每年接收科研训练和完成毕业论文的学生约 150~200 人。

2 个校内实践教学基地分别位于北农大学科技园东区（校本部）和西区（亭自庄）。北农大学科技园东区实践教学基地占地 2.67 公顷，分为认知展示区、无土栽培区、种植体验区和实验教学区。科技园西区（亭自庄）教学基地共 18 公顷，分为作物实践教学区、果树实践教学区、蔬菜花卉实践教学区、病虫害预测预报和综合防治区，主要为植物生产类专业技能训练和专业实习提供服务。2 个校内实践教学基地每年为学生开设专业技能课 700 多学时，约 8 000 人次；为 500 名左右的学生提供科研训练和毕业论文场所。基地还为学生的实验课教学提供必需的苗木和植物的根、茎、叶、花、果实、种子等植物器官作为实验材料。

8 个长期合作和设施相对完善的校外实践教学基地分别是：密云县优质农产品服务站、北京凯达恒业农业技术开发有限公司、昌平区农业服务中心金六环农业园、小汤山特菜基地、昌平兴寿乡、北京雷力农用化学公司、北京朝来农艺园有限公司、圣芳园花卉种植中心。2009 年，昌平区农业服务中心金六环农业园被评为北京市高等院校优秀校外人才培养基地，北京密云县优质农产品服务站被评为校级优秀校外人才培养基地。2010 年，小汤山特菜基地被评为校级优秀校外人才培养基地。学生在校外实践教学基地参观学习，并开展专业综合实习和科研训练。

此外，还分别与首农集团、北京顺鑫农业科技有限公司、北京小汤山地热开发有限公司、北京锦绣大地有限公司等20余家校外企业签订了校外基地共建协议，为培养都市型人才提供了实践场所和技术支撑。

执笔人：董清华

第三节　动物科学技术学院实践教学体系建设

一、实践教学体系建设目标

为适应新时期经济社会发展的需要，落实《国家中长期教育改革和发展规划纲要（2010—2020）》和《北京市中长期教育改革和发展规划纲要（2010—2020）》，根据北京市教委《关于进一步提高北京高等学校人才培养质量的意见》，围绕北京都市型现代农业定位和发展需求，以培养应用型、复合型人才为核心，全面落实"3（4）＋1"本科人才培养方案（3或4年的校内学习、1年校外实践实习）和卓越兽医师人才培养计划，不断加强示范中心建设，深化实验实践教学改革，形成优质资源融合、教学科研结合、学校和社会联合培养人才的实验教学新模式。进一步依托北京生态环境和生物多样性不可替代的资源优势，深化实验教学改革，围绕学生动手能力、科研素质、创新意识培养的整体定位和综合要求，深入研究实验内容之间的内在联系，科学分类、整合，处理好基础与前沿、经典与现代内容之间的关系，整体规划设计，形成以实验能力培养为核心、以培养科研素质和创新思维与意识为目的的分层次、模块化的实验教学体系。进一步完善中心体制、机制的改革，加大开放力度，提高实验室使用效率，培养更多的高质量学生。

二、实践教学体系初步建设

（一）围绕中心完善体系

围绕北京市级动物类实验示范中心，完善校内实验室教学实验体系，以创新能力和实践能力培养为重点，构建以突出强调培养学生牢固掌握基本原理和技能、全面提高综合动手和创新能力。

经过2008年的组织申报与完善，在2010年的申报中获得成功，在申报成功后近两年时间内，按照申报时中心理念"夯实专业基础、增强应用能力、重视专业素质"的要求，以创新能力和实践能力培养为重点，构建以突出强调培养学生牢固掌握基本原理和技能、全面提高综合动手和创新能力，以及强化实验课程体系、内容与方法更新为核心的实验教学综合体系。分层次、多模块地系统设置动物科学与动物医学类实验课程项目，不断提高实验教学效果。针对传统的动物类实验教学体系较落后、内容较陈旧、形式单一等问题，中心开展了一系列的实验教学改革，具体表现为：①单列实验课程。经过充分论证，将部分原有依附于理论课程的实验独立设课，如动物解剖学实验、动物组织胚胎学实验、兽医微生物学实验、兽医药理学实验、动物病理学实验、兽医诊断学实验等。②积极引入科研成果，更新实验教学内容。鼓励实验教师将科研成果引入实验教学，更新实验内容，开设基础与前沿相结合的综合性实验教学内容。如兽医药理学增设了畜产品中兽药残留危害与检测方法、常规食品残留检测的综合性实验内容；增加细胞毒理内容；解剖技能大赛；病原分子生物学检测；微生物与卫生检验综合技能测试等。此外，中西兽医临床课程合理设置，理论教学成果巩固，实验实践教学内容不断丰富，团队成员协作互助，在满足兽医学科的同时，通过积极开展国际交流合作，努力弘扬中国传统中兽医文化。③大力加强实验教材建设，组织教师编写一系列实验教学教材，目前使用的有《家畜环境卫生学实验指导》《兽医药理学实验指导》《动物营养学实验指导》《动物性食品卫生学实验指导》等。④初步建立了目前北京农学院最先进的显微示教互动平台（可联网），为进一步加强师生探究式实验、实践教学奠定良好基础。

（二）确立目标

确立培养都市型畜牧兽医所需专业人才的目标，建立相应的动物医学与动物科学交叉融合和强化实践的"3（4）＋1"人才培养新模式，实现了课程体系与教学内容、教学环境和教学方法的集成创新。

根据北京市都市型农业特点对畜牧兽医专业人才的需求，分析畜牧兽医专业人才培养规律，探索确立了以培养健康安全畜牧生产与宠物产业急需的应用型、复合型并具有潜在创新意识的人才为动物医学专业人才培养目标，并与学校两个专业人才培养相关的学科建设、基地建设和师资队伍建设紧密结合，在此基础上对动物医学专业人才培养上升到卓越兽医师计划；在"四梁八柱"主干课程以及完成素质教育必需的课程基础上，强调分层次、个性化教学，增加符合都市型人才需求的选修课程，加大实验与实践环节的训练。

目前，在北京观赏动物医院、北京沃德尔牧业科技有限公司、北京俊鹏犬业有限公司这3个校级优秀校外实践基地的基础上，借助学校与首都农业集团的全面合作，进一步拓展动物科技学院的校外实践基地。目前已与三元种业下属的北京奶牛中心、华都集团下属的北京峪口禽业，以及顺鑫农业下属的小店种猪总场等多个北京现代畜牧业的龙头企业建立了广泛合作。同时与北京资源集团以及生物制药企业开展了合作关系，推进各专业课教师与上述相关校外实践基地（企事业单位）高级技术管理人员的进一步对接，以"双导师制"的方式使相关专业本科生的综合实践技能与创新素质培养与训练落到实处，形成针对"畜牧生产管理—动物疫病防控—动物诊疗—食品安全"综合实习体系建设的综合技能要求，建立了与动物医学和动物科学专业特色方向相适应的农医交叉融合的新型应用型、复合型人才培养模式。

2007年版培养方案的实施与实验实践教学的完善，初步探索"＋1"的培养理念；07动物医学按照方向设置课程，突出实践教学环节分量，在小学期集中综合性实验的完成；注重实验内容衔接；试行毕业实习与就业实习的有机结合；针对动物医学专业，在4年级开始进入科研训练，并在最后一年，尝试专业课的综合实验技能与生产实践能力训练。基本搭建成厚基础、强实践、重交叉创新的"3（4）＋1"培养模式（即科研训练和毕业设计实践时间为1年）。2011版本科培养方案在此基础上又"更上一层楼"，在继续大力强化学生实践、实习内容落实之外，又结合学校率先推进的卓越农林人才培养计划——"卓越兽医师培养计划"的实施与推进，进一步完善了动物科学、动物医学两个专业的实践教学体系建设。

（三）构建体制

构建"产—学—研一体化"实验教学平台和模块化实验教学体系，推行复合型实验教师队伍的运行机制，实现开放式实验教学和创新人才培养。

根据动物医学专业都市型人才需求特色的培养目标，将实验教学与学科建设、科学研究、生产实践等紧密结合，构建与理论课程体系改革相适应的"宽口径、厚基础、模块化"的实验教学体系，建设以"科研训练、实验技能系统训练、生产实践"为主的产业化实践教学环境。特别是依托特色的中兽医学北京市重点实验室的科研平台、临床兽医学重点建设学科、兽医学一级学科硕士点，以及动物科学养殖领域硕士点，进行特色方向的科研训练，培养复合型创新创业人才。通过复合型实验教师队伍建设运行管理机制改革，实现了实验技术模块化与实验教学开放化，提高了特色专业学生的实验动手能力和创新能力。

(四) 建立模式

建立毕业生产实习与其他实践环节有机衔接的探究式实践教学模式，通过"产—学—研"多途径结合锻炼学生实践能力，使学生适应都市环境下畜牧兽医人才的发展需要。

根据新形势下本科人才培养质量要求，结合学生未来多元化发展，建立校内外集中与分散实习相结合的生产实习新模式，并围绕动物医学专业四个方向（宠物临床、公共卫生、中兽医以及兽药学）的特色，创设了特种动物养殖类、科研类和户外实践类等多种探究式生产实习新体系以及自主选题、自主探究、主动实践的教学新方法。在校内外建立了20多个稳定的实习基地，使生产实习与社会实践、科研训练、毕业设计等多种实践教学环节有机结合，以学生为主体的探究式生产实习教学内容和方法，激发了学生学习和探究问题的热情，提高学生的研究能力、实践能力和综合能力，实现了"学研产"多途径结合，锻炼了学生实践能力，以适应都市农业环境下畜牧兽医复合型人才的发展需要。完成大学生科研项目50余项，相关毕业论文30多篇，与专业相关的市级奖项11项，其他13项。

(五) 依托基地

依托高水平学科和研究基地，加强校企合作和国际合作，提高师资队伍水平和人才培养质量。

依托高水平学科和研究基地，加强校企合作和国际合作。一方面，要求专业课程主讲教师定期到相关领域的知名企业调研和交流，熟悉企业生产技术及工艺流程，以及产业技术需求和专业技术人才需求，鼓励教师到知名企业承担科技任务或联合承担国家重大项目，并将最新科研成果融入教学内容，同时聘请企业和相关行业专家到校兼职授课、指导实践，形成一批了解产业发展及人才需求、研发能力强、教学经验丰富的高水平专业教师和兼职教师（双师型教师）队伍。开设宠物医师、宠物美容、知识产权、中药研发、饲料生产等方面的课程和讲座，定期为学生介绍相关产业领域的企业管理、营销策略、技术和产品研发等产业化方面的知识技能，强化学生对畜牧兽医以及相关行业产业的整体认识，提高学生专业意识和解决实际问题的能力。另一方面，注重海外引进和派往国内外著名科研机构、大学进行青年教师培训，并依托回国学者的国际合作基础，推进教育与国际接轨，逐步实行国际化开放式教学，鼓励学生到国外短期学习或联合培养，聘请国外专家来校授课和合作。中外合作办学的进一步强化，中法合作办学推进了"＋1"的初步实施，现已有14名本科生陆续到法国帕潘（Purpan）农业工程学院学习（实习）1年，90余名学生在校学习法语。

（六）院级合作，多方位培养复合型人才

在实习基地，学生认养名犬，在对宠物饲养、管理、疫病诊疗、训练、科普宣传等方面得到全方位的锻炼。在此基础上将所繁育的名犬辐射到人文社科学院，达成动物科学/动物医学与人文社科社工专业学生的对接，服务于该院的社会工作专业本科生，强化学生动物保护与动物福利意识，扩大了动物医学与动物科学专业的影响力。

三、提升实践教学体系水平的建设内容

（一）建设"3（4）＋1"人才培养的实践教学平台

根据北京市都市型农业特点对畜牧兽医专业人才的需求，分析畜牧兽医专业人才培养规律，探索确立以培养健康安全畜牧生产与宠物产业急需的应用型、复合型并具有潜在创新意识的人才为动物医学专业人才培养目标，并与学校两个专业人才培养相关的学科建设、基地建设和师资队伍建设紧密结合，在此基础上对动物医学专业人才培养上升到卓越兽医师计划；在"四梁八柱"主干课程以及素质教育必需的课程完成基础上，强调分层次、个性化教学，增加符合都市型人才需求的选修课程，加大实验与实践环节的训练。

2007年版培养方案的实施与实验实践教学的完善，初步探索"＋1"的培养理念；07动物医学按照方向设置课程，突出实践教学环节分量，在小学期集中综合性实验的完成；注重实验内容衔接；试行毕业实习与就业实习的有机结合；针对动物科学专业，在三年级，动物医学专业，在四年级开始进入科研训练，并在最后一年，尝试专业课的综合实验技能与生产实践能力训练。基本搭建成厚基础、强实践、重交叉创新的"4＋1"培养模式（即科研训练和毕业设计实践时间为1年）。

（二）构建教学科研结合的大学生科研创新平台

一是整合专业、学科、省部级重点实验室、大学科技园等资源建立教学科研结合的大学生科研创新平台。

二是在大学三年级为学生提前配备导师，在导师指导下提前进入科研、指导学生参加大学生创新研究计划、学科竞赛和重点实验室开放课题。

三是以科研项目为依托，建立相对稳定的科研教学基地，让学生通过参加科研和生产实践参与基地建设，提高学生创新能力和实践能力。

高水平的科研成果是支撑和提高教师教学水平的重要基础，科研成果进课程实验和专业实践，可以让学生直接获得最新的理论和实际锻炼机会，科研成果进课堂可以让学生强化都市型农业理念和现代农业科技研究方法，科研与教学的结合，有利于促进教学发展，提升教学品质，进而提高学生的实践能力和专业素质。

（三）建立学校与社会协同育人的人才培养模式

"3（4）＋1"人才培养模式，将进一步整合学校、社会等相关资源，形成学校与社会协同育人的"3（4）＋1"动物类专业人才培养模式。一是与中国农大、北京农职院、北京市农林科学院等高校和研究所携手，三委两局（市教委、市科委、市农委和农业局、园林局）

共建，与首都农业集团、大北农集团及顺鑫农业等著名农业企业联姻，共用共享实践教学资源，让学生走出校门到企事业单位和园区实践实习或合作研究，真正做到实践育人。二是建立推广"教授＋校外人才培养基地教师＋社会兼职导师"相结合的实践教学队伍，指导实验实习和科研实践，真正做到协同育人。

（四）建立校、院二级运行管理体制，实现资源统筹、优化管理

创新有效管理制度，建立实践教学平台、科技创新平台与学科研究平台的紧密联系和良性互动，建立实验教学网络化信息管理平台，实现教学管理的高效运行，丰富网络教学资源，促进实验教学质量显著提高。

四、实践教学体系建设创新点

（1）人才培养定位明确、特色鲜明。培养具有特色的理工农医交叉复合型应用人才，建立了面向都市农业特点的畜牧兽医需求的人才培养方案。

（2）理念创新。以实践教学不间断为主线，培养学生扎实的基本实验技能、综合实践技能与科研创新意识，紧密围绕北京市动物类实验教学示范中心，依托北京农学院动物科技学院的校内动物医院、东大地、亭自庄实习基地以及校外优秀实习基地，强化"畜牧生产—疫病防控—动物诊疗—食品安全"综合实习体系建设。

（3）实践教学创新。建立了特色实验教学环境和实践教学一体化新体系，校企双师型队伍以及复合型实验教师队伍，突出"学研产"结合多途径强化实践能力培养，进行基础实验与专业试验模块集训，综合性和设计创新性实验互动教学，探究式的校内外集中与分散实习模式同科研训练、毕业设计以及就业目标相结合的一体化实践教学等，全面提高学生实践能力和创新能力。

（4）进一步与人文社科学院和城乡发展学院等相关人才培养体系相关联，尝试建立新型的跨学科交叉实习与实践体系。

五、实践应用及成效

（1）动物医学专业人才培养计划修订，以适应都市型农业对畜牧兽医人才的需要。卓越兽医师计划的提出，符合国家中长期教育发展纲要——卓越工程师培养。配合学校调整人才培养计划，尤其是"1"的落实，在聘请校外的行业专家与学者、各级官方兽医及用人单位相关人员论证的基础上，对培养计划进行了全方位的调整，对动物医学设定了宠物临床（重点培养职业兽医师与卓越兽医师）、中兽医（发挥传统医学特色）、卫生检疫（重点培养官方兽医）、兽药（为兽医管理与监督、兽药残留检测等培养专门人才）4个方向，对动物科学设定了宠物方向（重点是宠物繁育、饲养、护理、训练、美容等）和动物生物技术（主要是农场动物遗传与繁育、饲料与营养、管理等）。搭建了二年级（动物科学专业）和三年级（动物医学专业）大平台教育，进行基本技能训练。在三年级或四年级，根据市场及用人单位的需求以及学生的兴趣、爱好，在导师的指导下选择攻读方向，以全面适应都市农业环境下畜牧兽医人才的需要。课程体系自2007年已运用于动物医学专业与动物科学专业的培养中，至今已有10个年级、40班次。自立项以来，报考第一志愿率、录取分数均有提高。就业率居学校榜首；用人单位对毕业生满意度提高，毕业生的就业后专业相关度位列北京农学

院第一。

（2）北京市级动物类实验教学示范中心的成功申报、进一步建设与运行，实现了实践教学不间断。在小学期实习中增设综合性新实验项目，学生自行设计，并紧密联系社会需求，将创新教育贯穿始终。如兽医药理学实验增加中药有效成分提取、分离、鉴定及有关的药效学药动学研究；开展畜产品安全及兽药残留分析、病原微生物分子诊断技术等一系列综合性实验，以适应卫检方向的社会需求。中兽医开展老年慢性病研究，将针灸技术应用到宠物老年病治疗。示范中心实验室实施开放式管理，在完成规定实验项目后，鼓励和支持学生参与设计性和创新性实验，部分学生可以在实验室参与科研训练，完成大学生科研项目，延续到毕业论文实验结束，增强了学生实践能力与创新能力。目前，已与知名企业、相关畜牧兽医行业 20 余家签订了长期合作培养学生的协议，明确相关负责导师。

（3）加强国际交流与法律法规的教育，经常聘请国内外一流专家学者来校讲学。国际合作进一步深化，在校内举办多次中兽医药国际培训班，并把师生多次派往美国、日本、法国、英国等国家学习交流，进一步开拓师生的国际视野。

执笔人：李焕荣

第四节　经济管理学院实践教学体系建设

实践性教学是培养学生分析问题和解决实际问题能力的有效途径。根据以人为本、传授知识、培养能力、提高素质、协调发展的实验教学理念和以培养学生能力为核心的实验教学观念，按照北京农学院经管学院学生的培养目标及方案，整合优化实践教学资源，探索建立"重实践"的人才培养模式；"强能力"的实践教学方式；"促就业"的实践教学目标，逐步形成了经管学院"六位一体"的实践教学体系，有力地保障了实践性教学的实施。

一、经管学院实践教学环境建设情况

近五年来，经管学院紧紧围绕教学质量工程项目的实施，在学校各级领导的关心和支持下，先后获得经贸系经济管理综合实验室改造项目、金融与期货模拟实验室建设项目、经济管理综合实验室仪器设备更新项目、工商管理专业实践教学平台建设、国际贸易实训平台建设、财务会计实训平台建设等实验室建设专项资金的支持。随着专项的实施，实验中心先后引进"用友 ERP 沙盘模拟教学""用友 U8 财务管理""现代服务业综合实习平台""南北外贸实训系统""金融模拟实验室""中经网统计数据库查询与辅助决策系统""MapGIS 7.3 专业版"等 30 多个教学实验、实训软件，完善了经管学院的实验教学条件，较好地推动了经管各专业的实验实训教学。

目前学院所拥有的先进实验教学条件，能很好地满足本科和研究生的教学需要。2012年，面积近 3 000 平方米的经管楼投入使用，极大地改善了学院的教学和学习环境。学院现拥有经管综合实验教学中心 1 个，中心设备总值 1 300 多万元，万元以上仪器设备 146 件，总值达 800 多万元。现有物流与市场营销实验室、外贸实训与金融模拟实验室、农村规划与三农分析实验室、会计实训与 ERP 实验室、企业管理咨询实验室等 9 个专业实验室。学院拥有 40 多个校外实践教学基地，其中优秀校外人才培养基地 3 个。

经管学院十分重视实习单位的选择和实习基地的建设。择优、稳定是选择实习单位和实习基地的原则，先后与用友软件、零点调查、兴业证券股份有限公司、广发期货有限公司、北京南北天地科技股份有限公司、闽龙陶瓷、中业会计师事务所有限责任公司等30多家企事业单位签定了合作共建实习基地协议，并建立了长期稳定的校外实习基地合作关系，较好地满足了各专业实践教学的需要。其中，用友软件、零点调查被评为校外优秀实习基地。校外实习基地为经管学院6个专业的企业认知专业教育、课程实习、综合实训、毕业实习提供了有力的支持。

二、经管学院"六位一体"实践教学体系设计

按照"厚基础、宽专业、强能力"的本科生培养基本思路，经管学院全面修订了实习教学大纲，调整更新实践教学内容，实现实践教学体系化的目标。目前，建立了以基本业务能力、专业实践技能、创新创业能力三大能力为培养目标的"六位一体"实践教学体系。具体内容包括：①企业认知与经营决策模拟的认知平台；②以软件训练为主的20多门课程级的实验教学平台；③以市场营销综合实习、财务会计综合实习、外贸企业进出口业务模拟实习等为主的专业级实习平台；④以"现代服务业综合实训"为主的跨专业级综合实训平台；⑤以ERP沙盘模拟对抗赛、股票模拟大赛、金融投资模拟大赛、营销实战模拟竞赛、网络商务大赛等为主的创业教育平台；⑥以用友股份有限公司、兴业证券股份有限公司、北京南北天地科技股份有限公司、中业会计师事务所有限责任公司等30多个校外教学实习基地为载体的社会实践就业平台等"六位一体"的实践教学体系，有力地保障了实践性教学的实施。

创造性的实现了跨专业综合实训的实践教学模式。目前已经启动的"现代服务业综合实训平台""会计岗前实训平台""特色农经行动计划"的建设，将经管学院的实践教学改革推到全国的最前沿，进一步强化了各专业综合实践能力和经管专业的综合管理能力。

在实践教学改革中，充分利用现有实践教学资源，以"赛"促教、以"赛"促学。先后组织了四届"北农创业杯"ERP沙盘对抗赛、三届"兴业杯"股票模拟大赛、六届Simmarketing市场营销策划大赛，并组织开设"现代服务业实训"。通过专业竞赛，为学生提供了能力训练的平台，增强了学生的创新意识和实践动手能力，同时形成了一批理论功底扎实、指导经验丰富、实践能力过硬的指导教师团队。

三、经管学院"六位一体"实践教学体系运行情况

（一）企业认知平台——企业认知与经营决策模拟

认知平台主要为学生了解专业、规划未来的学习和职业发展，树立对企业的感性认识为目的，在新生中实施企业认知教育。为使学生深入了解企业的运作流程，掌握基本的企业经营管理知识，通过在实验室进行经营决策模拟实训，使学生对企业经营战略、规划与预算、产品研发与市场开发、生产、财务、采购、销售、团队沟通与建设等知识有所了解。

（二）课程实验教学平台

借助实践教学软件，通过多种形式，培养学生的查阅、分析思考能力和初步的实际操作能力，锻炼学生动笔、动口和动手的一般能力。包括案例分析、课堂习题训练、模拟学术会

议讨论、辩论会、课程论文写作等环节。目前，经管学院已建立 20 多门以软件训练为主的课程级的实验教学平台。主要课程实验内容如下：

宏观经济学课程实习。小组成员向大家展示了他们的实习成果，同学们深入住户、企业等进行问卷调查。每个小组汇报内容多彩多样，有的是对茴香价格的调查，有的是对货币贬值的研究，还有的小组针对历年的宏观数据进行研究；每个小组的汇报形式也各式各样，有的小组采用表格式说明法，有的采用图表式研究法。每组汇报完成后大家积极点评，互相学习，互相促进。

经济法教学实习。同学们结合经济法所学基本理论知识，认真听取了合同纠纷、商标确权行政诉讼等相关案件的审理，对具体案件的审理程序有了较充分深刻的了解，并结合案情作深入探讨。随后，同学们结合旁听的案例，积极组织讨论，并结合课内所学知识，分析案件，写出案件分析报告和或实习总结。

农业经济学教学实习。以参观企业、听报告、对相关村镇的调查相结合的方式展开。每个小组针对本组各位同学撰写的报告，分别从调查的目的，发现的问题，提出的解决方案等方面进行了详细阐述。各位老师对每位同学交流的报告都进行了认真点评，并提出了修改意见和建议。

农村统计与调查课程实习。为期一周，采取分小组、分主题深入农村调研的方式。共组建了"京郊农村对大学生村官的需求""农产品生产与消费""农民幸福指数调查"等农村调研实习。

财务管理课程实习。经过充分的调查准备，学生结合调研企业的实际情况，分别从财务报表分析、投资项目的分析与评价、现金和营运资本管理、筹资管理与资本结构决策等角度进行了汇报。通过实习和汇报，同学们掌握了财务管理的基本理论和方法，同时，提高了调查和分析企业财务管理实际问题的能力。

（三）专业实习平台

利用计算机、网络、多媒体等先进教学设备，安装各种先进适用的企业财务软件、管理软件、营销软件、经济信息数据库、银行账务处理与结算软件、证券市场信息的接收与技术分析软件（自动接收、生成图形）、企业投资项目评估软件等，为学生提供一个仿真环境。建立了以财务会计综合实习、市场营销综合实习、外贸企业进出口业务模拟实习等为主的专业级实习平台。

财务会计综合实习。通过模拟企业一定会计期间的经营活动，使学生真实体会企业经济业务处理和控制程序。是从理论到实践，再由实践提升理论水平的纽带，使学生树立起独立处理会计事务的信心，最终达到会计师所应具备的业务水平。为即将走上会计工作岗位奠定了实务基础。

外贸企业进出口业务模拟实习。学生们以 6~7 人为一个单位，组成模拟小组，分别扮演制造商、出口商、进口商、出口地银行、进口地银行和辅助员等角色，确定进出口的商品，分别制定进出口经营方案。每个小组分别按 FOB、CFR、CIF 三个术语，完成某一具体商品的一整套进出口贸易流程各个环节的操作。在完成进出口各个环节的模拟过程中，掌握各种单证的缮制。

营销综合实训。以营销综合实战模拟软件 Simmarketing 为依托，以综合应用营销相关知识为主线而展开。经过几天的演练，有的学生体会到了破产的滋味，有的则体会到了营销成功的快乐，由此对营销实战有了感同身受的理解，并强化了综合应用营销知识的意识。

（四）跨专业级综合实训平台——现代服务业综合实训

"现代服务业综合实训"包括生产制造型企业等核心企业及工商局、税务局、商业银行、会计事务所、第三方物流企业、招投标中心、国际货代等外围服务企业的岗位模拟。以现代企业运营为核心，模拟仿真现代服务业的真实环境，为经济管理类各专业学生搭建现代服务业实习大平台，使经管学院各专业之间进行有效整合。学生通过岗位轮换、角色轮换，可以系统模拟企业设立、产品决策、市场决策、销售决策和管理决策，以及模拟与工商局、税务局和第三方物流企业等环节的关系，有效地将所学的理论知识与企业实际运营结合起来，增强同学们的企业实际经营操作能力。实现具有不同专业背景的学生在学习完各专业课程之后，走向工作岗位之前有一个全面触摸现代服务业的核心业务环节和功能的机会，并通过企业业务流程模拟竞争，使学生在企业真实的业务流与信息流中体会现代企业经营与现代服务业的内在联系。并通过知识的构建与反馈，使各专业知识得以融会贯通，从而获得现代服务业的更深层次的认识，为走向社会做好知识与心理准备。

（五）专业竞赛、创业平台

在实践教学改革中，充分利用现有实践教学资源，以"赛"促教、以"赛"促学，先后组织了四届"北农创业杯"ERP沙盘对抗赛、三届"兴业杯"股票模拟大赛，六届Simmarketing市场营销策划大赛，并组织"现代服务业实训"。通过专业竞赛，为学生提供了能力训练的平台，增强了学生的创新意识和实践动手能力，同时形成了一批理论功底扎实、指导经验丰富、实践能力过硬的指导教师团队。

"北农创业杯"ERP沙盘对抗赛。"北农创业杯"ERP沙盘对抗赛依托用友软件集团、企业认知与经营决策模拟课程。比赛的开展对落实专业学科建设与深化实践教学改革，完善高校实训教学课程体系建设，改革创新、创业人才培养模式起到了重要作用。

北农"兴业杯"股票模拟大赛。"兴业杯"股票模拟大赛依托兴业证券、证券投资课程进行，成为加强实践教学环节的典型赛事，为在校生提供锻炼个人技能与增强个人理财能力的有力平台。通过模拟实践操作类型比赛提升学生的实际操作能力，并充分挖掘多方资源，提升校企合作项目多元化空间，以此推动了学校教学、就业双赢局面。

（六）社会实践就业平台

经管学院十分重视实习单位的选择和实习基地的建设，校外实习基地为经管学院5个专业的企业认知专业教育、课程实习、综合实训、毕业实习提供了有力的支持。在实习中积极探索"员工化"管理、"顶岗实习"等校外实习基地的共建和建设机制，做到前期沟通、实习指导、后期反馈，全程跟踪实习基地的建设情况。

毕业实习完成后，同学们结合自己在实习单位的经历、感受和遇到的问题，总结了自己的实习收获。同学们普遍认为，通过实习，不仅提高了将专业理论知识应用于实践的能力，而且也提高了人际交往能力，同时也对自身在专业知识上的不足有了更清醒的认识。同学们表示，要珍惜和把握最后一年的大学时光，学习和巩固专业知识，为今后入职做好充分的准备。

虽然实习单位性质不一样，但实习感悟却有很多相似之处。同学们在实习过程中都对实习公司的业务知识有了一个初步的认识，并对团队精神有了更深层次的理解。"你不理财，财不理你""商业思维二分法""生活中没有决定的对，但有绝对的错""工作中是没有绝对化的，抉择都是比较出来的"等都是在工作中学到的宝贵知识。

同学们在实习中不仅锻炼了自己，增长了知识，形成了良好的工作习惯、认真的工作态度，还提高了动手能力、主动思考能力、社会感悟力，对职业价值观的树立起到了良好的作用。

执笔人：赵连静

第五节　园林学院实践教学体系建设

实践教学不仅是大学生学习科学文化的重要环节，也是开启学生思维、掌握学习方法的重要手段，更是培养大学生创新精神、创新能力、动手实践能力、创业就业能力等的重要途径。对提高大学生的综合素质，积极推进高等学校本科教学质量与教学改革工程有着不可替代的作用。

北京农学院园林学院目前有 5 个本科招生专业，5 个专业既有各自特色和显著的区别，又有内在的联系。各专业紧密围绕都市生态环境建设这一主题设置人才培养方案。在实践教学体系中也是如此，既有共性又有区别和侧重。

（一）林学专业实践教学体系

林业属于国家公益性行业，北京林业更是如此，在社会可持续发展、生态环境改善等全局中的战略地位和作用日益凸现。北京农学院林学专业定位城市林业方向，以培养森林培育、林木育种、森林资源保护与开发利用、生态环境建设与管理等人才为目标。这决定了林学专业是实践性、开放性、探索性很强的专业。另外，由于林木生长周期长，占地面积大，而且有很强的季节性，在课堂内、校园内完成林学专业的实践教学受时间和场地的限制大，所以开展多种途径的实践教学活动是保证林学专业教学质量的关键。

林学专业实践教学体系建设是本着科学性、前瞻性、层次性、整体性、有效性的原则进行。具体内容是以课堂实验为基本途径，以多门课程的联合实习为综合实践途径。一年级以化学、植物学等基础课的课堂实验和植物学实习为实践途径；二年级以测量学、植物生理学、气象学、森林土壤学、树木学等专业基础课的课堂实验和课程实习为实践途径；三年级以森林生态学、林木病虫害、森林计测学、森林培育学（种苗部分）等专业基础课和专业课的课堂实验为基本实践途径，以树木学、森林生态学、森林计测学、森林培育学等多门课程的联合实习为综合实践途径，并选择百花山国家级自然保护区、鹫峰国家森林公园、北京农学院大学科技园怀柔林场作为实习场所；四年级以实习林场、森林公园、园林绿化部门、北京市各大公园等为主要场所，结合实习单位生产和管理开展苗圃设计、造林作业设计、小班调查、小班区划、林木碳汇、PM2.5 测试、林权林政宣传、森林防火等专业综合实习。

实践证明教学实践促进了学生综合能力的提高，有效地推动了科研成果向教学内容的转化，提高了学生的社会适应能力，缩短了学生从学校到社会的磨合期，培养了学生社会责任感和使命感，得到了用人单位的充分肯定。

（二）园林专业实践教学体系

我国社会经济的飞速发展以及人民生活水平的不断提高，对生态环境和生活质量的要求越来越高。为了培养出社会急需的复合型、创新型园林人才，结合理论教学，切实加强培养学生的实际操作能力，探索园林专业的实践教学改革。

园林专业实践教学体系建设是本着农工紧密结合、园林植物栽培养护与施工管理并重、园林设计为辅原则进行。具体内容为大学一、二年级以化学、植物学、植物生理学、气象学、树木学、花卉学、土壤学、苗圃学、园林植物遗传与育种、园林植物病虫害、园林植物栽培学、生态学等农学领域的基础课课堂实验和实习为实践途径，使学生了解和全面掌握构成园林的主要要素——园林植物知识；三年级增设园林设计、园林工程、园林绿地规划、植物造景等工学类课程的实习增加园林施工管理方面的技能；选择鹫峰国家森林公园、北京农学院大学科技园怀柔林场、园林绿化部门、园林设计公司、北京市各大公园等为主要场所，结合专业实习开展景区园林植物养护管理、园林施工管理、风景名胜区及森林公园建设等专业综合实习。

（三）旅游管理专业实践教学体系

旅游管理作为一门应用学科，它是为实践而不是为研究而存在的。因此，作为旅游管理本科专业课程体系的核心部分，实践教学体系的构建对于应用型旅游管理本科人才的培养意义重大。

旅游管理专业以生态旅游为特色，在多年办学的基础上，设计多层次实践教学内容，构建实践教学体系。以应用型旅游管理人才培养目标和市场实际需求为基准，以学生未来发展和潜能挖掘为导向，立足北京市属高等院校发展实际，按本科生人才培养规划将实践教学环节设置为三大阶段，即"专业认知—课程学习—岗位体验"。实践教学体系的特色是：课堂实践与课外实践相融合；基础理论学习与专业技能提升相对接；校内模拟实训与企业定岗锻炼相辅助的模式。在专业认知与课程学习阶段，即1～6学期，遵循由初步感性认识到全方位学习的逻辑关系设置基础实践课程，实践教学方式主要采用专业认知教育、课程实习、情景模拟、案例讨论、创新设计、导游证考取等。在体验阶段，即7～8学期，根据专业培养方向，遵循由岗位职业能力适应到岗位职业能力创新的逻辑关系设置生态旅游规划、生态旅游资源开发、旅行社管理、酒店管理等方向性明确、差异化的实践教学体系，实践教学方式主要采用专业综合实习、企业顶岗实习等。

（四）环境设计专业实践教学体系的构建

根据环境设计专业特点，我们拟定了四年本科教学中的实践教学体系。该体系由社会调研、设计采风、专业见习、设计竞赛、项目实践和毕业实习六大部分组成。①社会调研使学生了解专业、明确学习方向和目标、变被动学习为主动求知的过程，安排在1、2学期。②设计采风扩大学生视野和知识面，变闭门造车为广泛吸收、融会贯通的过程，需根据学习的不同程度在二年级时结合写生与测绘安排1～2周的传统民居采风，让学生领略我国传统人居环境和生活形态。③专业见习是在实践教师带领下到环境设计单位和相关的环境产品生产企业（如家具、环境小品生产企业等）进行参观考察的过程。在指导教师和相关企业人员的介绍下使学生切身感受本专业的工作特征和流程、产品的制作工艺和流程等，为今后的实习、工作打下基础。④设计竞赛和学科竞赛、专业竞赛，以及学校校园文化各个主题相关的作品征集相结合，与专业课程紧密联系，由课程教师进行竞赛指导。要求学生在二、三年级阶段以竞赛团队的方式至少参加一次设计竞赛。从中锻炼学生团队合作精神，启迪创新意识，并与其他院校师生进行交流学习。⑤项目实践是以工作室的运作模式，由教师带领学生完成相关设计任务，让学生在学习的同时参与单位设计项目的实际运作过程。在大学四年级完成。⑥毕业实习是学生在真正踏入社会工作之前，将理论学习与前阶段各类实践学习的经验融会贯通，缩短与实际工作距离的重要阶段。

（五）风景园林专业实践教学体系的构建

实践教学活动是培养学生发现问题、分析问题、创新性地综合解决问题等能力培养的重要载体，是人才培养教学体系构建中的重要组分。风景园林教学实践的过程更加强调身心感知与体悟，以职业精神、素养和能力为导向，在风景园林专业培养方案中减少了总学时、减少了必修课、减少了理论课学时，体现了风景园林专业人才培养的实践特征。

按照从基础认知到综合感悟、设计实践、研究创新，渐次构建梯度进阶的实践教学体系和实践教学内容，在做到户外环境空间的全尺度、全过程覆盖的同时，又突出阶段性重点。课程训练、课程设计与校外的风景园林认知、风景园林综合实习（以圆明园、颐和园、天坛公园、景山公园等为代表的皇家园林实习；以苏州、杭州的私家园林实习；以北京、上海城市园林的现代园林实习）、风景园林专题调研、风景园林师业务实践和毕业设计等互为补充、相得益彰。教师引导与学生自主学习相结合、独立研究与团队学习相结合、基础训练与创新实践相结合。积极引导和组织学生参加国内外大学生自主创新研究以及相关设计竞赛，使学生的学习、研究与实践创新的时空得以延展。

实践证明，我们培养出的学生从事本行业工作的比例最高，社会认可度高，个人收入高，个人价值得到最大体现。

执笔人：王文和

第六节　食品科学与工程学院实践教学体系建设

近年来，随着高等教育迅速发展，社会教育质量的要求日益增强，加之教育体制改革的不断深化，高校面临十分严峻的竞争和挑战。教育的竞争归根结底是教育质量的竞争，而实践教学环节直接影响学生的实践能力、创新能力和创业能力，影响人才培养目标的实现。为此，食品科学与工程学院确立了"厚基础，宽口径，强实践，求创新"的人才培养理念，注重知识、能力、素质的协调发展，注重理论教学与实践教学、实践能力与创新精神的有机结合，整合优化课程体系，加强课程建设、教材建设、实验室建设和实习基地建设，实现了理论教学与实践教学相结合、课堂教学与课外活动相结合、校内实践与校外实习相结合，全面培养学生的实践能力。

一、目标体系

根据食品科学与工程学科人才培养目标和培养规格的要求，结合北京市食品行业发展特点，制定与之相适应的能力培养目标和总体规划。

食品学院依托食品科学与工程硕士授权一级学科和农产品加工及贮藏北京市重点建设学科，构建都市农业食品安全与生产知识体系；依托都市农业食品加工与食品安全北京市实验教学示范中心和北京市优秀校外实习基地，培养学生的实践能力；依托农产品有害微生物及农残安全检测与控制北京市重点实验室，培养学生的创新能力。探索出适应都市农业需求的食品科学与工程学科应用型人才培养体系。

二、内容体系

打破原有与理论课程一一对应的平行的实践教学体系，建立了分层递进模块式实践教学体系。通过基础实验模块、专业技能训练模块、特色实践教学活动模块、综合实习模块等，分阶段培养学生实践能力。

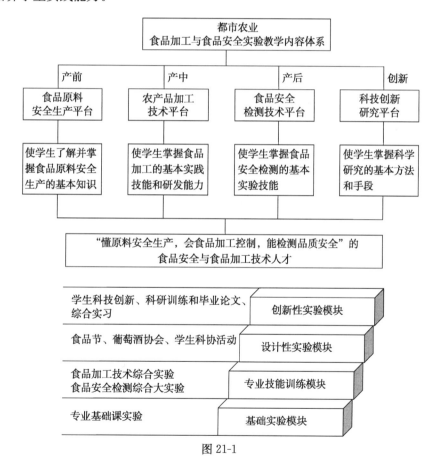

图 21-1

（一）基础实验模块

改变传统的理论课与实验课一一对应的实验教学模式，对优势课程群中的专业与专业基础课中的实验课，从传统课程中剥离出来，独立设课形成实验教学系列，目的是让学生深化理论知识，掌握实验基本技能和基本研究方法，既提高学生对实验课程的重视程度，增加学生锻炼动手能力的机会，又便于绩点考核。同时增加了综合性、设计性实验的比例，注重学生实践技能和创新思维的培养。

（二）专业技能训练模块

食品质量与安全专业在增加独立实验课门数基础上构建了食品质量与安全专业综合大实验教学平台。在第4和第5小学期开设食品安全微生物检验综合大实验、食品安全理化检测综合大实验与食品安全生物检测综合大实验，使学生接触先进的实验仪器和方法，掌握实验设计方法。学生在综合学习食品化学、食品分析与检验、食品微生物学、食品免疫学、食品生物技术等课程有关检验知识和基本技能训练基础上，在教师指导下，让学生自行设计并独立完成某种食品原料或产品的分析检验，综合训练学生的专业技能。食品科学与工程专业在食品工艺学原理各论的课程学习的基础上开设专业技能训练，由学生自主设计实验方案，教师指导，全面训练学生新食品研发、传统工艺改良、团队协作等综合能力。

（三）特色实践教学活动模块

以每年一届的食品文化节为载体，举行学生加入食品行业宣誓仪式，增强学生的食品行业职业道德和食品安全责任意识；由学生自愿报名参加各实验小组，在教师指导下学生自主设计实验方案并组织实施，展示实验作品（产品），重点对自制产品的卫生质量进行分析检验。充分调动了学生的主观能动性，引导学生的创新性思维，培养了学生实践能力和团队组织能力。

（四）"3＋1"模块

以北京市优秀人才实习基地、首农集团三元乳品公司、顺鑫农业集团等16家签约实习基地和农产品质量监督检验所、食品卫生监督所、疾控中心等30余家长期合作单位为依托，在第四学年对学生进行专业实习和毕业实习，使学生真正接触社会实际工作，将学校学到的理论知识和基本技能应用于实际工作，了解食品行业现状、发展，学习实际技能，全面培养学生生产实践能力。

（五）搭建创新教育平台，培养学生的创新能力

依托"农产品有害微生物及农残安全检测与控制北京市重点实验室"搭建了学生创新教育平台，为学生参与科学研究全过程提供了支撑。通过"大学生科研计划"项目、科研训练、毕业论文以及学生参加教师科研课题等实践环节，使学生更面向科研前沿，强化科研能力和创新能力。

三、管理体系

（一）组织管理

食品科学与工程学院实践教学管理，由学院教学指导委员会统一指导，各系和实验教学

中心办公室具体分工的管理。

（二）运行管理

各系组织制定各专业的独立、完整的实践教学计划，并针对实践教学计划编制实践教学大纲，编写实践教学指导书，规范实践教学的考核办法；实验教学中心负责实践教学环节的人、财、物统一管理调配，协调资源共享，组织制定并实施实验中心发展规划、年度建设计划和经费使用计划，组织审定与执行实验教学计划，安排并检查落实教学任务，组织制定并实施实验中心各项管理制度，组织对外开放服务。

（三）制度管理

各系制定了一系列关于实验、实习、毕业论文（设计）和学科竞赛等方面的实践教学管理文件，以保障实践教学环节的顺利开展。实验中心为了保证实验室的全面开放，实行目标、岗位责任制管理，实行使用实验室登记制度，制定了一系列的管理规章制度和办法，除北京农学院实验室管理制度外，还根据专业特点制定了管理制度，如《安全和卫生管理条例》《开放实验室管理规定》《实验指导教师岗位职责》《食品安全理化检测分析室安全守则》《食品安全微生物检测室安全守则》《食品安全生物检测室管理制度》《食品化学分析精密仪器室使用注意事项》《电工实验室安全制度》等。

四、保障体系

（一）质量保障

学生是实验教学的主体，而教师起着实验教学的指导作用，这样就要求实验课教师不断加强自身学习，扩展和更新自身的知识与技能，认真进行实验教学。为此制定了《实验课教学质量标准》等管理办法。

（1）通过聘请有丰富教学经验的资深老教师组成教学督导小组，经常深入实验室听课，并对实验课的各个教学环节做出综合评价，促进教师改进实验教学方法，提高实验课的教学质量。

（2）通过学生评教，反馈对实验课的意见和建议，以利于教师改进教学。

（3）通过实验室互评制度，由各教学实验室主任组织相关教师交叉检查，互相促进、共同提高。

（4）对实验教学质量实行整体的监测控制，了解各个环节的情况，反馈信息，及时改善教学。

（二）经费保障

学校每年根据实验课人时数下拨实验教学运行经费，单独立账，独立核算。中心的实验教学运行经费用于实验材料和仪器设备维护维修。各教学实验室主任根据所承担的教学任务量提出预算方案，经实验中心管理委员会审议，经院务会批准后执行预算。根据实验中心建设发展需要，学校和院里给予专项设备购置费，并设立仪器设备维护维修基金及人员培训基金。学校每年设立专项经费，用于支持中心图书资料更新、新实验项目开发、实验教学改革研究、开放实验项目、学生参加各类竞赛活动等。

执笔人：伍　军

第七节　计算机与信息工程学院实践教学体系建设

北京农学院计算机与信息工程学院是培养农业信息技术人才的主要教学单位，相关的本科专业有计算机科学与技术和信息管理与信息系统专业，培养具有都市型农业特色的信息技术人才，侧重农业信息方面的应用能力培养。

计算机与信息工程学院按照2011级"3+1"人才培养模式，构建了具有都市型现代农业信息专业特色的实践教学体系。

一、实践教学目标体系

（一）实践教学目标体系的内容

（1）使学生获得实践知识、开阔眼界，丰富并活跃学生的思想，加深对理论知识的理解掌握，进而在实践中对理论知识进行修正、拓展和创新。

（2）培养学生的基本技能和专业技术技能，使学生具有从事某一行业的职业素质和能力。

（3）增强实践情感和实践观念，培养良好的职业道德与责任意识，培养实事求是、严肃认真的科学态度和刻苦钻研、坚忍不拔的工作作风，培养探索精神和创新精神。

（二）调整教学目标

实践教学目标体系以职业能力培养为主线，以基本职业素质、岗位就业能力和职业发展能力培养为模块进行构建。设计实践教学体系时充分体现都市型现代农业特点，强调以职业能力的培养为中心，同时考虑职业素质教育。明确具有都市农业特色的信息技术人才应具备的能力，依据能力提炼各项基本技能。要根据学生的实际情况和就业的需要，调整实践课程的教学目标，设定多层次目标。

（三）制定实践课程标准

实践课程标准对各实践教学环节的内容、目的要求、时间（课时）安排、教学形式和手段、教学所需设施条件、考核办法等做出明确规定。包括实验、课程设计、专业实习、毕业实习以及毕业设计等各种教学形式。

二、实践教学内容体系

围绕计算机系统设计能力、编程能力、网站制作能力、系统运行与维护等能力，由浅入深设置相应的理论课程和实践课程，增加实验实践教学种类和学时数，保证实验实训教学时数不低于总学时的30%。设置至少一门以上独立的综合性和创新性实验课程。实践教学环节设置课程实习、专业实习、毕业实习、毕业论文、科研训练和社会实践等。设置专业能力培养体系，从个人能力、职业能力、人际交往等能力入手，设置相应能力训练课程，并在真实与模拟的企业和社会环境下，构思、设计、实现与运行系统。注重创设真实的学习环境，结合实际案例，与企业联合，培养学生利用计算机技术的实际工作能力。

为配合培养计算机工程应用型人才的培养目标定位，改革课堂教学模式，强化专业基本技能训练。倡导教师在教学中融传授知识、培养能力与提高素质为一体，改革课堂教学模式，采取灵活多样的教学方法；突出学生在教学活动中的主体地位，为学生提供更多的实践机会，使知识性课程技能化、实践化。要培养学生的实践能力，加大实践教学的比重，强化实验课教学、实习与实训教学、课程设计或社会实践。

构建层次化的实践教学内容体系。将计算机科学与技术专业的所有实践类教学内容根据能力结构划分到四个层次，即课程实验、综合实训及教学实习、科研训练及学科竞赛和专业实习与毕业实习及毕业设计。

课程实验。针对具有实践技能要求的课程配备课程实验，几乎覆盖所有专业主干课程和专业选修课程，按照每门课程的教学目标，提炼实践技能点，配备相应的单项实验。通过实践教学，既能巩固学生理论知识，又能提高实践能力。

综合实训及课程设计。针对一门课程或一个课程群的综合应用能力，设置独立开设的综合实验课程或教学实习，以课程内各个知识点之间的内在关系为线索，将若干个小的技能点综合起来，开设课程综合性实践项目。综合实训及课程设计主要安排在小学期进行。

科研训练及学科竞赛。学院鼓励学生利用第二课堂开展提高性综合能力的实践活动。利用大学生科学研究计划项目，选择计算机在农业应用方面的课题，学生自己进行项目研究，提升农业信息系统建设的实践能力。学院组织学生参加计算机相关学科竞赛，如全国软件专业人才设计与开发大赛、数学建模大赛和电子设计大赛等，提高学生专业技能。

专业实习与毕业实习及毕业设计。专业实习与毕业实习利用最后一年时间，采用"送出去，请进来"的方式，安排学生到校内外实习基地进行实习。"送出去"的方式是把学生安排校外实习基地，学生可以通过企业实习接触社会，了解企业文化，将前三年所学理论知识及技能与实际岗位相结合，提高自身的实践能力，适应毕业后的就业岗位。"请进来"的方式是安排学生在校内实习基地实习，把企业的实训平台、实训项目和工程师全部引进来，合作建立"北京农学院大学实训基地"，搭建平台，采用真实的企业项目，并由企业工程师带领学生开展实训实践，以达到把学生送到企业实习的效果。毕业设计从选题、开题、逻辑设计、结构设计、编写程序、调试、运行、写毕业论文、毕业答辩的全过程，对大学四年的学习进行检验，提高了学生综合应用能力。

三、实践教学保障体系

实践教学保障体系主要包含师资队伍建设，实践教学环境建设，实践教学经费保证以及实践考核四个重要方面。

（一）师资队伍建设

学院按照实践教学的目标要求制定具体的师资队伍建设规划，重点加强了对现有教师的培训。每名教师要明确对所负责的课堂实验教学和课程设计及综合实验课程的教学目标，教学内容要熟练，能够独立在学生实验之前进行所有实验。在专业实习、毕业实习和毕业设计阶段，每名教师要能够完成所有对学生的要求，并且在指导学生之前独立完成。对于需要知识更新的老师提供培训等经费支持。

（二）实践教学环境建设

在现有实验室和实习基地的基础上，根据教学计划和人才培养方案，制定出实验室和实习基地建设规划，保证实践课 100％的开出率，实习基地能够容纳所有参加实习的学生。

（1）建立专业实验室，保证专业课实践教学。根据专业特点，建立软件综合实验室、计算机网络工程与信息安全实验室、嵌入式实验室、农业信息技术实验室，保证专业课实验课程的教学实践活动。

（2）建立实训教学管理平台。通过搭建开放式 E-Learning 实训支撑平台、实训教学案例库，模拟 IT 企业实际工作的氛围与环境，使学生能够参加真实 IT 项目案例的实训。实训教学管理平台是为在网上进行教学活动而开发的综合性教学管理系统，是一个 E-Learning 支撑平台。对实训过程中的各环节进行管理监控，为实训实施提供保障。平台可以让学生通过平台获取参考资料、帮助文档、技术文档模板、任务安排等信息，全程引导实训顺利进行；可以协助实训指导教师完成教学环节，方便教师进行指导、监控，把握学生情况，减轻教学工作压力；可以帮助管理者获取实训的各类统计信息，实时掌握学生的实训情况。

（3）建立校内实习基地。除发挥其校内教学与鉴定功能外，具备开放性和服务性功能。充分利用校内的计算机系统，建立仿真的、模拟的基本实训室，使学生得到基本训练后，再进入校外实习或实训场。

（4）加强校外实践教学基地的建设。坚持"送出去，请进来"的原则建立校外实习基地。"送出去"指与能够接纳学生实习的企业建立合作关系，在学生专业实习和毕业实习阶段，到企业进行实习。建立校外实践教学基地应根据实践教学的需要选择，与既能满足实践教学需要又交通相对便利的单位，建立校外实践教学基地。建立校外实践基地由学院与企业签订基地建设协议书，举行挂牌仪式。在校外实践基地建设的过程中，应努力建立长效运行机制，明确实践项目和内容，在完成教学任务的同时努力扩展合作的领域，为企业提供服务，力求产学结合。"请进来"指与企业共同建立实习体系，实习地点位于校内与企业两处，实习内容和指导教师由企业提供。此种方式既能达到把学生送到企业实习的效果，又可以解决公司不愿意接纳学生、学生很难系统地学到企业项目技能的问题。

（三）实践教学经费保证

学院根据发展规划，对实践教学提供经费保障。利用北京市教学专项、北京农学院教学质量提高经费和学院教学日常经费对实验室建设、校内实习基地建设、校外实习基地建设以及校外实习指导教师报酬等方面提供保障支持。

执笔人：张仁龙

第八节 文法学院实践教学体系建设

一、文法学院实践教学体系建设概况

作为国家首都的北京已经进入高等教育的普及化阶段，学生的入学率不断提高。目前全国过半数的高等院校设有法学专业，全国高校社会工作专业的数量也在不断攀升。在绝大多数考生都有机会进入高等院校学习而高中毕业生逐年减少的情况下，法学和社会工作专业的招生工作面临着前所未有的压力。

法学与社会工作专业的毕业生与全国高校尤其是在京高校同类专业学生的就业竞争日趋激烈。北京作为全国高等教育的发达地区，每年都有大量的在京高校毕业生首选留京就业，外省市高校的毕业生也涌入北京寻找发展机遇，这对于属于市属本科专业的北京农学院法学和社会工作专业的毕业生而言就业的压力可想而知。

在北京农学院人文社科专业建设中贯彻落实科学发展观，就是要以学生的培养为本，体现办学的"三农"特色和实践特色，培养学生的综合素质，全面提高教学质量，满足社会对涉农人文社科专业人才的需要。经过文法学院领导班子和专业教师的充分调研论证，确立了贯彻落实科学发展观和学校党代会精神，以凝练专业的"三农"和实践特色为突破口，不断提高教学质量，培养高质量应用型复合型人才的专业建设目标。法学和社会工作专业依托北京农学院的农业院校背景，在都市型现代农业人才培养框架下获得了难得的发展机遇。

二、文法学院校外实习基地建设成效

作为理论性和实践性并重的学科，法学专业和社会工作专业对本科学生培养中的理论素养和实践能力都有很高的要求。依托校外实习基地开展系统的实践教学活动是培养学生实践能力的重要途径。农业院校人文社科专业在办学定位、培养目标和课程设置等方面形成了自身的特色，这对农业院校人文社科专业校外实习基地建设也提出了特殊要求。

(一)农业院校人文社科专业校外实习基地建设的目标

1. 提高学生实践能力，培养学生创新精神，全面提高教学质量的需要

人才培养是高校的根本任务之一，学生培养质量是学校的生命线，实践教学则是全面提高教学质量的重要环节。教育部多次发文要求高校加强实践教学和实习基地建设。教育部《关于进一步加强高等学校本科教学工作的若干意见》(教高〔2005〕1号)指出："大力加强实践教学，切实提高大学生的实践能力。要加强产学研合作教育，充分利用国内外资源，不断拓展校际之间、校企之间、高校与科研院所之间的合作，加强各种形式的实践教学基地和实验室建设。"教育部《关于进一步深化本科教学改革全面提高教学质量的若干意见》(教高〔2007〕2号)指出："高度重视实践环节，提高学生实践能力。……要加强产学研密切合作，拓宽大学生校外实践渠道，与社会、行业以及企事业单位共同建设实习、实践教学基地。"《国家中长期教育改革和发展规划纲要(2010—2020年)》规定，为提高人才培养质量，要"加强实验室、校内外实习基地等基本建设。"校外实习基地是人文社科专业学生把理论和实践联系起来的重要场所，是提高农业院校人文社科专业教学质量的前提

和保证。

2. 校外实践教学基地是检验学生理论水平的重要场所

法学和社会工作专业实践性很强，同时也具备系统的理论体系，理论和实践的有机结合是其重要特征。理论对于实践具有指导作用，校外实习基地的实习活动是人文社科专业学生运用所学理论知识分析问题、解决问题，提高实践能力的重要途径。与此同时，校外实习活动中需要解决的实践问题能够检验学生的理论水平，促使其反思理论学习的不足，继续巩固完善所学理论知识，不断提高学生的理论水平。

3. 校外实践教学基地是学生适应社会，提高就业竞争力的窗口

高等学校培养的学生最终要走向社会，从事某一方面的工作。在整个社会关系中，个体扮演的社会角色要与他人发生种种联系，良好的人际关系和社会适应能力是学生在未来职业生涯中生存和发展的关键因素。通过在校外实习基地的实习，人文社科专业学生可以增加社会阅历，适应社会环境，在心理上调整学校与社会的差距，提高沟通协调等社会交际能力，并在实践中培养职业道德。

4. 校外实践教学基地是提高教师实践能力，培养双师型教师的平台

培养理论和实践并重、全面发展的人才目标，对教师的实践能力也提出了新的要求。教师是教学一线的组织者，其自身的理论水平和实践能力决定了学生培养目标的实现。但是专业教师往往是应届毕业的研究生，缺乏实际工作经验。指导学生参加校外实习也为教师提供了接触实践的机会，促使其不断提高自身的实践能力。

（二）农业院校人文社科专业校外实习基地建设的困境

1. 校外实践教学基地选点、布局难度较大

法院、检察院、司法局、公安局、律师事务所、企业的法务部门等单位能够接收的实习学生人数有限，一个法学专业往往需要建立 10 余个校外实习基地才能完全满足学生校外实习的需要。农业院校法学专业基于专业特色设置的涉农法律课程的实习更是缺乏合适的实习单位。社会工作专业实践环节中涉及到一些特殊的领域，例如，残障社会工作实习、老年社会工作实习、应对精神障碍者的实习等。这些校外实习活动需要在专业的残障服务机构、养老院和精神病院等开展，选择合适的单位并建立校外实习基地也存在困难。农业院校人文社科专业涉农类课程的实习最好在郊区的实习单位开展，但是由于距离学校较远，住宿和交通有会制约这些实习基地作用的充分发挥。

2. 校外实践教学基地实习岗位与学生培养要求存在一定差异

以法学专业为例，法学专业不同的课程需要不同的实习基地。法学专业的学生需要实习的内容包括法院业务实习、检察业务实习、公安业务实习、司法业务实习、仲裁员业务实习、律师业务实习、企业法律顾问业务实习等领域。每一类实习单位的业务又可以进一步细分。例如，法院业务实习又可以分为民事审判实习、刑事审判实习、涉外审判实习、执行业务实习等。学生的实习需求与实习单位能够提供的实习岗位往往存在差异。由于法学专业实习基地的业务活动可能具有涉密性，且案件处理结果会影响当事人的切身利益，实习基地出于实习学生业务能力的考虑不会允许学生接触核心业务。根据学生的实习日志，有些学生在实习单位往往从事整理案卷、取送材料等辅助性工作，造成学生的实习热情不高，实习收获感不强。

3. 校外实践教学基地建设存在经费不足的问题

经费不足是农业院校人文社科专业校外实习基地建设面临的严峻问题。校外实习基地的建设需要一定的财力支持，用于校外实习基地办公条件、生活设施、管理、指导等项目的支出。虽然近年国家和地方政府对高等教育的投入力度越来越大，但是由于高等教育规模的不断扩大，学校提供的生均校外实习费用仍然不足。而农业院校人文社科专业校外实习基地所在单位一般为财政拨款单位，没有实习基地建设的专项资金。经营性的校外实习基地所在单位出于经济效益的考虑，也不会无偿提供较多的实习基地建设经费。由于校外实习基地建设经费没有保障，可能造成有关单位对实习基地建设漠不关心，新建和维持校外实习基地都存在一定困难。

(三) 农业院校人文社科专业校外实践教学基地建设的对策建议

1. 根据课程设置和实习安排拓展不同类型、不同地区的校外实习基地

法学专业和社会工作专业都具有很强的实践性，用人单位要求毕业生具有理论应用于实践的能力和熟练的专业操作技能。为此，两个专业开展了实践教学的有益探索。

农业院校法学专业的校外实习内容包括各个法学专业学生通常开展的法院业务实习、检察业务实习、公安业务实习、司法业务实习、仲裁员业务实习、律师业务实习、企业法律顾问业务实习等内容。农业院校法学专业可以出于交通和住宿的考虑在学校附近建立相关校外实习基地。农业院校法学专业往往开设一些涉农类的专业特色课程，为了使学生获得涉农法律的实习机会，需要选择远郊区县的公检法机关、提供涉农法律服务的律师事务所和农业企业的法律顾问部门建立校外实习基地。

为保证实践教学的开展，北京农学院文法学院法学专业不但以 85 万元市级实验室建设专项经费投资建设了数字化模拟法庭、法律检索和速录实验室、法律诊所，还建设了"三农法律网"，对外开展涉农法学理论、法律法规的宣传工作、涉农纠纷咨询和法律服务工作。法律诊所课程作为一门教师指导学生解决实际法律纠纷的新型综合实践课程，与"三农法律网"的宣传相互配合，有效提高了学生的实践能力。法学专业在怀柔区检察院、密云法院、雷曼（美国）律师事务所建立的校外实践基地在培养学生实践能力方面发挥了重要作用。同时，法学专业与学校附近的国有农场签订了共建协议。

北京农学院文法学院社会工作专业不但以北京市实验室建设专项建设经费投资建设了小组工作室、家庭工作室在内的社工实验室，而且在远郊区县和学校附近建立了 10 余个校外实习基地。社会工作专业与昌平区社会工作委员会合作创办了北京市第一批、昌平区第一家社工师事务所，由社会工作专业教师指导学生面向社会提供社会工作领域的服务，实现了实践教学与社会服务的有机结合。社会工作专业学生依托青年社工学会等学生组织积极开展志愿者服务，在奥运会服务、汶川地震灾区学生的心理辅导和人口普查工作中都有出色的表现。此外，社会工作专业建立的北京市残疾人康复服务中心、阳台山敬老院、回龙观社区等多层次多类别的校外实践教学基地发挥了锻炼学生实践能力的作用。

2. 根据实习内容和学生的实习意愿在实习基地设立实习岗位

农业院校人文社科专业的课程实习可以组织学生到与课程内容相关的实习基地开展实习活动。按照农业院校人文社科专业的培养计划可以把学生的实习划分为以参观了解为主的认知性实习、熟悉某一业务流程的程序性实习和全面参与某一业务领域的综合性实习。根据不

同的实习要求与校外实习基地商谈设立不同的实习岗位，满足不同年级学生实习的需要。在开展综合性的实习时间较长的毕业实习时，可以根据学生将来的就业意向分配学生到不同的实习基地实习。例如，北京农学院法学专业安排有意向从事律师业务的学生到律师事务所实习，一些在该所实习的学生毕业后被该律师事务所录用。

3. 整合校外实习基地建设经费资源

校外实习基地建设必须有足够的经费投入，而校外实习基地没有法律义务提供基地的建设费用。建议学校根据人文社科专业学生校外实习的需要安排足够的校外实习经费预算。同时，农业院校人文社科专业尽量在经费充裕，能够给学生提供经费支持的单位建立校外实习基地。例如，法学专业可以选择在律师事务所建立校外实习基地。实习学生能力突出是可以胜任一些律师助理的工作的，如果学生实习能够在一定程度上解决律师事务所的人力短缺问题，律师事务所是愿意提供一些经费支持的。同样，社会工作专业可以选择社工师事务所等单位建立校外实习基地。

三、农业院校人文社科专业校外实践教学功能拓展

农业院校人文社科专业校外实习基地建设的内容已远远超出安排学生实习的单一功能。农业院校人文社科专业在与校外实习基地所在单位的合作中可以拓展实践教学的功能，全方位促进教育教学质量的提高，为合格人才培养奠定更为坚实的基础。

（一）农业院校人文社科专业可以聘请校外实习基地专家担任客座教授

北京农学院文法学院法学和社会工作专业聘请了检察官、律师、社工机构负责人等担任客座教授，安排客座教授定期到学校为学生开设法律讲座。例如，法学专业聘请了怀柔区人民检察院的检察长担任客座教授，检察长不但多次到北京农学院给学生讲授法学知识，还在法学学生到实习基地实习方面给予了大力支持。

再如，北京农学院文法学院在佟丽华担任会长的北京市农村法治研究会建立了校外实习基地，并与他所领导的其他法律机构保持着良好的合作关系。经过北京农学院文法学院的申请，北京农学院聘任佟丽华为北京农学院校聘客座教授。佟丽华会长在受聘北京农学院客座教授后表示，虽然申请到他领导的机构实习的学生趋之若鹜，他可为北京农学院法学系学生保留相应名额，并积极对外推介北京农学院的法学教育。

（二）农业院校人文社科专业可以邀请校外实习基地工作人员指导校内专业实践活动

在农业院校人文社科专业的学生已经具备一定的专业基础知识的情况下，可以邀请实习基地的专业人士到校内指导学生的专业实践活动。校外实习基地专业人士丰富的实践经验可以弥补农业院校人文社科专业教师实践能力方面的欠缺，使学生掌握基本的操作技巧，使得学生的专业知识在校内实践活动中得以巩固。北京农学院社会工作专业邀请专业社工机构的工作人员到校指导社会工作专业实践。北京农学院法学专业邀请从事刑事案件处理的法官、检察官或律师到校指导刑法和刑事诉讼法方面的校内实践。法学专业还邀请法官、检察官和律师来指导法学学生的模拟法庭实践，指导学生开展"三农法律诊所"实践活动。北京农学院法学专业学生在 2010 年第一次参加北京市模拟法庭竞赛，过关斩将，一举获得竞赛一等奖和最佳书状奖。应该说，上述成绩的取得与校外实

习基地专业人士的指导是分不开的。

（三）农业院校人文社科专业可以与校外实习基地共同开展科研活动

公检法机关、社会工作委员会、民政局等实务部门都有调研任务或者针对疑难案件开展讨论的科研方面的需求，农业院校人文社科专业可以发挥教师在科研积累和理论研究方面的优势，为实习单位的调研活动和案件研讨提供智力支持，或者与实习单位联合申报课题共同开展研究。

例如，北京农学院法学专业教师参与怀柔区人民检察院等实习基地的疑难案件研讨会并联合申请法学课题，与怀柔区人民法院和密云县人民法院共同编写调研论文集，共同召开涉农犯罪方面的学术研讨会。再如，2010 年 11 月 13 日，由北京农学院法学专业与北京市法学会农村法治研究会联合举办了首届首都新农村法制建设研讨会。论坛主题是"世界城市背景下的首都农村法治建设"，包括两个分论题："城中村改造与农村集体所有权改革相关法律问题"；"农村宅基地转让相关法律问题"。王有年校长亲自出席开幕式。北京市法学会党组书记、常务副会长周信同志参加了整个论坛活动。莅临本次会议的还有司法部研究室科研管理处处长任永安，农村法治研究会会长佟丽华律师，怀柔区法院副院长王辉、昌平区检察院反贪局局长杨琳、中央民族大学法学院副院长张文香教授、中国政法大学柳经纬教授、对外经贸大学梅夏英教授等北京市农村法治研究领域的专家学者和法律实务界人士共 60 余人出席了会议。北京农学院社会工作专业教师积极参与昌平区社会工作委员会的项目，与校外实习基地联合举办农村社区建设研讨会。上述科研活动实现了优势互补，取得了良好的社会效果。

（四）农业院校人文社科专业可以获得校外实习基地设立的奖学金和免费培训

农业院校人文社科专业可以在律师事务所等营利性单位建立校外实习基地，这些实习单位有可能为学生设立奖学金。例如，北京市策略律师事务所决定在北京农学院法学专业设立"策略律师"奖学金，每年的奖学金额度为 2 万元，全部由策略律师事务所提供，用以奖励法学专业品学兼优的学生。再如，美国雷曼律师事务所为北京农学院法学专业的学生聘请了 3 名外籍教师开展外语培训。

（五）农业院校人文社科专业可以与校外实习基地共同开展服务社会活动

服务社会是高校的三大职能之一，校外实习基地可以成为农业院校人文社科专业开展服务社会活动的平台。例如，北京农学院人文社科学院与在昌平区司法局专门开展社区矫正工作的"阳光中途之家"建立了校外实习基地。经文法学院、昌平区司法局充分协商，在昌平区阳光中途之家与文法学院之间建立社区矫正和安置帮教相关工作长效合作机制。昌平区司法局在文法学院建立矫正帮教工作志愿者工作站，组织志愿者参与矫正帮教工作。昌平区司法局给法学教师颁发了"昌平区司法局客聘教授"的聘书，承担对昌平区司法局的相关工作人员、社区服刑人员的培训任务。

北京农学院社会工作专业协助回龙观地区办事处、昌平区志愿者协会回龙观分会、回龙观地区残疾人联合会、回龙观社区网举办"追思 5.12、感谢回龙观社区居民多年来为公益事业所作贡献、纪念'全国助残日'"等大型社区活动。社会工作专业学生为北京市残疾人康复服务中心对全市大多数的康复服务站的残疾人进行了生活质量和康复效果调查，范围覆盖了各区县的城镇和乡村。社工专业组织学生到北京松堂关怀医院、智障儿童学校、脑瘫儿童中心、孤独症儿童中心、打工子弟小学、农民工协作者组织等机构献爱心、做志愿者和开展社会服务。社会工作专业还为昌平区东小口镇和回龙观镇社区干部开始讲座，为昌平区社会工作委员会组织了为期 3 个月的社区工作者脱产培训活动。

（六）农业院校人文社科专业可以在学生就业方面获得校外实习基地的支持

近年来，高校毕业生的就业压力越来越大，就业率成为许多高校关注的焦点。农业院校人文社科专业毕业生的就业问题越来越严峻。农业院校人文社科专业毕业生的就业率受多种因素影响，学校的推荐和介绍也可以在一定程度上帮助毕业生就业。农业院校人文社科专业通过校外实习基地帮助学生就业则是一个有效的途径。多年来，北京农学院文法学院法学和社会工作专业通过与校外实习基地的良好合作关系为校外实习基地推荐优秀毕业生，实现了互利双赢的良好局面。例如，作为北京农学院法学专业校外实习基地的怀柔区人民检察院和密云县人民法院分别接收了一名法学专业本科生，美国雷曼律师事务所在接收 6 名法学学生实习之后，招录了 2 名学生。作为北京农学院社会工作专业校外实习基地的北京市残疾人康复服务指导中心接收了社会工作专业学生就业，昌平区社会工作委员会也招录了北京农学院社会工作专业的学生。

执笔人：韩　芳

第九节　城乡发展学院实践教学体系建设

都市型现代农业的发展，需要培养高素质、技能型、应用型农业人才，需要进一步拓宽学生国际化视野和学生动手能力的提高。为了顺应京郊都市型现代农业发展趋势，大力培养高素质、技能型、应用型人才，北京农学院城乡发展学院在人才培养方案、教学模式、实践教学体系、实践教学资源方面进行了探索与实践。

一、围绕都市型现代农业发展需要，修订人才培养方案

以都市农业建设需要为出发点，以市场需求、岗位需求为导向，城乡发展学院认真修订高职专科人才培养方案，使方案具有针对性、实操性，使学生的专业技能和理论知识结构更好的适应社会的发展和岗位需求。修订后的人才培养方案，更加注重培养学生的创新精神和实践能力。

为了实现高职人才培养目标，学院自 2009 年以来，试行了专科"2＋1"和本科"3＋1"人才培养模式。"2"和"3"是指本专科"专业理论＋基本专业技能"同步学习，"1"是指"专业实习＋毕业实习"。"2＋1"和"3＋1"的培养模式，强调了实习单位、实习岗位、实习内容与专业的对口性，全面结合学生在校所学和掌握的知识和技能，不仅强化了专业知识和技能的培养，强化了专业素质的养成，也训练了专业的综合操作能力和解决具体问题的专业能力，以此树立学生的专业形象，赢得实习单位的信任和好评，达到就业的目的。

人才培养方案的修订，一是在都市农业建设需要的背景下，以市场和岗位需求为导向，

以高等职业教育服务于社会发展这一功能为主线，适应市场、满足企业和社会需求为目标，培养学生专业技能、实践能力为核心，努力培养与首都经济建设、都市型现代农业发展和社会需要紧密结合的"适销对路"的高素质、应用型、技能型人才。二是强化实践教学环节，突出工作技能培养。学院设置的专业是符合都市型现代农业发展需要的，具有操作性、实践性较强的专业特色。根据高职高专重实践、重操作的特点，循序渐进，由浅入深，由专项能力训练到综合能力训练，通过多次实习对学生的技术、操作、能力、综合素质的提高，起到了积极作用。目前，城乡发展学院高职专科各专业实践学时占到总教学学时数的50％以上，本科则占到30％。三是完善规章制度，建立科学、合理的监督机制，形成有效的质量保障机制，保证高质量的实践教学开展。

二、基于人才培养方案，构建都市型现代农业教育实践教学体系

城乡发展学院根据高素质、技能型、应用型的人才培养目标，强化了实践教学为主线，理论够用为度的教学模式。围绕实践教学的需要来选择和组织必需的文化知识和专业理论知识作为支撑，强化实践教学在专业课程中的主导地位。

经过多年改革实践，北京农学院城乡发展学院创建了具有创新性和实践效果明显的实践教学体系。

1. 拓宽国际化视野

高职教育国际化是提高办学水平和办学层次，增强竞争能力，谋求自身发展的重要途径。学习和借鉴国外成熟的职业教育培训经验，加强国际交流和合作，利用海外职业教育机构在技术、培训、教育信息化和办学条件等方面的优势，引进优质教育资源和先进的教育观念、方法和评价体系，提升办学水平和办学层次，增强竞争力，培养具有国际化的都市型现代农业所需人才。

学院积极聘请外籍教师到学院任课，选派教师到国外农业院所考察、进修，赴农业企业参观、交流；与美国、英国高校开展专升本合作培养以及本科境外研修；吸引国际学生来校交流；去日本、美国高校短期游学；连续5年与农业部人力资源开发中心、中国农学会、欧中农业交流基金会等机构开展赴美国、荷兰、瑞典等国的农业研修项目。

2. 立足北京，放眼全国

由于涉农专业的京内实习基地有限，实习基地农业设备、生产规模、管理机制的现代化水平不高，学院积极拓展京外实习实践基地，为涉农专业学生实习创造条件。城乡发展学院先后赴广东、广西、云南等地拓展交流、洽谈合作意向。目前已与广东花卉世界有限公司、台湾世华花卉科技有限公司、美国维生园艺科技有限公司等签订学生实习协议。自2008年起，选派优秀学生赴广东、云南等京外实习，涉及草花、兰花等花卉种植、栽培技术以及区域发展规划等，在都市型现代农业人才培养和服务首都社会经济等方面起到积极作用。

3. 实践教学质量监控体系

建立完善的实践教学质量监控体系是实现教育教学良性循环的运行机制的重要保证，它可以推进高职教育质量和办学水平的不断提高。因此，教学质量监控尤为重要。

学院针对不同的教学环节和内容，在原有制度的基础上进行调整和完善，使教学的全过程都能在有效监控的状态下正常进行。学院在学校教学质量监控文件的基础上，修订了《城乡发展学院专业综合实习管理规定》《城乡发展学院毕业实习管理规定》等管理文件，完善

了学院领导、教学督导、专业负责人、辅导员、班主任检查实践教学制度。同时，通过学生评教、学生座谈会等多种渠道反馈、评价实践教学的开展情况和效果。

4. 校企合作，"双导师制"是实践教学质量保障

高等教育要切实从职业岗位和就业本位思考自身的发展。校企合作是实现教育与就业对接的有效途径。校企合作，能够充分发挥学校和企业的各自优势，共同培养社会与市场需要的人才。校企互相支持、双向介入、优势互补、资源互用、利益共享，是实现高等职业教育现代化，教育与生产可持续发展的重要途径。

城乡发展学院与物美集团等单位校企合作联合培养学生，并实行"双导师制"。"双导师制"，就是运用校内教师、企业的导师共同培养人才，为学生构建一个能力提升的平台，培养学生解决问题和理论与实践相结合的能力。学院教师积极参与到企业的运营实操中，与企业职工共同培养、管理学生。与此同时还锻炼了一支专兼结合的"双师型"教师队伍。

5. 鼓励学生积极参与专业技能大赛，提高实践水平

职业技能的掌握，实践能力的培养，关键要靠学生自己动手实践，反复强化训练。为此，创新高等职业教育实践教学方法，创造多种实践方法，提高实践教学自主性。

与单一的理论学习相比，专业竞赛既立足于校园，与在校学生密切相关，又符合许多实际社会工作中的过程和标准，具有较强的现实指导意义。积极参与专业竞赛，充分利用社会资源，能够令学生以较低的成本体验较高价值的实践环节，能够帮助学生深入了解专业，提高大学课程实践的质量和效率，也使企业在竞赛中认识优秀学生。因此学生可以通过参与专业竞赛来提高实践能力，促进专业素质的全面提升，达到"以赛促教""以奖促质"的效果。

6. 校内外实践基地建设是实践教学顺利开展的有效载体

实践基地是高等学校学生参加校内外实习和社会实践的重要场所。为满足社会对职业教育的需求和保证学校教育的可持续发展，满足学生掌握现代技能需要，学院非常重视校内外实习实训基地的建设。根据专业的发展及专项实践的需要，积极筹措资金，加大校内实验室的建设力度，改善原有实验室条件，加大实践基地的资金投入，积极拓展校外实践基地，加强与企业合作，优势互补共同培养学生。近年来，学院校内外实践基地接待了来自美、日、韩等多个政府、企业、高校在内的专家、学者参观、考察，他们对教学基地的建设、管理、实践活动的开展给予了高度评价和认可。

三、都市型现代农业高等职业教育实践教学体系实施的效果

1. 境外实习，拓宽学生国际化视野

按学院实习计划的安排，自2007年8月，北京农学院与农业部人力资源开发中心、中国农学会、欧中农业交流基金会合作开展"境外农业研修生"项目，截至2012年2月，北京农学院城乡发展学院共选派117名园林、观光农业、兽医等专业的优秀学生，赴美国、荷兰、瑞典等国参加境外农业研修项目；3名农村区域发展专业学生赴日本札幌学院大学进行短期交流；4名农村区域发展本科生赴美国、荷兰等国进行为期半年至一年的农业研修；6名同学赴美国进行短期游学交流；学生实习交流效果良好。在实践过程中，同学们接触了较为现代化、一体化的操作技术，都市农业发展中规范的工作程序以及现代管理。这不仅使学生们增长了见识，开拓了眼界，快速提高了英语交流应用能力，更确定了今后学习目标及职业生涯发展规划。回国就业渠道广阔，除了目前尚未结束研修的9名学生，有108名学生圆

满完成境外实习计划，如期回国，回国学生就业率达到100％，分赴区县级园林局、大型公园、动物防疫站等企事业单位工作，并受到用人单位一致好评。有2名学生在美国、荷兰攻读境外高校硕士学位。项目的良好开展，提高了学校的知名度和声誉。城乡发展学院境外农业研修项目曾被北青网、京华网等多家媒体报道，得到社会认可和学生、家长的关注。2012年4月，学院领导、教师受邀赴荷兰参加2012欧中农业教育交流暨海外实习项目研讨会。北京农学院被授予欧中农业交流定点合作单位。

2. 京外实习，提升学生专业综合能力

北京农学院城乡发展学院与广东花卉世界有限公司、台湾世华花卉科技有限公司、美国维生园艺科技有限公司签订学生实习协议。广东花卉世界有限公司于2011年被北京农学院评为校级优秀校外实习基地。城乡发展学院连续4年共派出214名毕业年级学生赴广东开展为期三个月的毕业实习。学生们分赴广东花卉世界有限公司、台湾世华花卉科技有限公司、美国维生园艺科技有限公司等实习单位从事盆花栽培、销售，蝴蝶兰组织培养、温室栽培管理及销售等相关工作。教学实践基地对学生们进行专业的训练，使学生在顶岗实习中学习专业知识，培养专业素养，领会大型工厂化育苗技术，了解公司化经营模式，从而达到扎实专业知识、锻炼专业实践技能，更好适应社会。并在每年春节期间，参加IPM中国国际植物展，许多学生的插画作品受到港、澳、台及海外专业人士好评，不仅从专业层面得到很大收获，也受到了学生和家长的充分肯定。

3. 校企合作"员工式"培养，提升学生就业技能

为充分贯彻"以就业为导向、以岗位为依据、以能力为本位"，为学生实习、就业开拓渠道。学院与物美集团等单位校企合作联合培养学生，企业把学生作为管理培训生，把企业文化、经营理念、工作技巧贯穿到学生的理论和实践授课环节，把企业领导、一线技术骨干请到课堂当中；在理论教授过程中，利用小学期等集中实习时间进行实习培训；利用"1"的专业综合和毕业实习时间，选送学生到企业一线，作为企业员工进行学习、培训、实践、上岗。"1"已被企业纳入转正定级期，最后由学生和企业进行双向选择。毕业时，学生直接作为储备干部的正式员工进入一线工作，提升到基层管理岗位任职。参与到校企合作"员工式"培养的学生，受到了本企业和同行其他企业的青睐。校企联合"员工式"培养的模式，降低了企业培养员工的成本，极大地缩短了学生在企业的实习期和转正定级期，提高了学生的就业选择和就业率，达到学校与企业双赢的局面。实施校企合作的几年间，共有200余名学生参与到"员工式"培养当中，近60名学生直接留在企业就业。

4. "以赛促教"，提高学生专业素养

鼓励学生参加专业竞赛，能够有效降低学生参与实践的成本，竞赛范围广、规模大，竞赛获奖作品易于获得广泛认可。学生也可以通过参赛进行横向比较，了解自身的优势和劣势。同时，竞赛奖项是对其专业能力的承认，不但能提高专业学习的积极性，更对毕业后的就业有很大帮助。例如，会展策划与管理专业学生自2008年以来，在学院的精心组织和培训下，120余名学生参加了会展职业技能大赛中，有43人次在6次全国级别的会展创意、技能大赛获得一等奖2次，二等奖6次等奖项；物流专业、会展经济与管理专业、旅游管理专业、兽医专业等本专科生也在相应的全国及省部级学科竞赛中获奖。不仅开拓了眼界，培养了应用技能，增加了与企业面对面接触的机会，获得用人企业的青睐，也打响了学校知名度，吸引许多企业直接到学校洽谈、预定毕业生。

5. 完善实践教学管理机制

为确保教学质量，建立并完善了"学校—学院—学生"的三级实践教学质量监控体系。一是学校层面，将实践教学质量检查纳入到期中教学检查中，每学期定期开展；组织教学督导组，深入实验室、校内外教学基地，对实践环节开展质量评价。二是学院层面，每学期通过下达教学任务，开展期中检查和召开年度教学工作总结会，对实践教学执行情况进行全面总结，对下一步工作进行规划。三是学生层面，每学期定期召开学生座谈会，全面听取学生对教学质量的反馈意见；要求学生对校内、外实习进行心得总结，定期整理反馈意见。学院要求专业负责人、专业教师深入一线指导，教学督导、辅导员、班主任按教学计划、教学指导书等材料到实地检查，了解实践教学内容，监控实践教学质量，促进实践教学可持续开展。

因此，城乡发展学院为了顺应京郊都市型现代农业发展趋势，大力培养高素质、技能型、应用型人才，在人才培养方案、教学模式、实践教学体系、实践教学资源方面进行不断探索与实践，为都市型现代农业发展的人才储备起到了积极的推动作用。

执笔人：孙　曦

第十节　基础教学部实践教学体系建设

北京农学院基础教学部是设立在学校直属下的基础课程教学部门，在行政上与二级学院同级，直接隶属于学校，面向全校开设基础课程。目前有化学、物理、数学、外语、体育五大学科，承担着全校各专业 30 多门基础课的教学任务。主要课程有有机化学、分析化学、普通化学、普通物理学、大学物理学、高等数学、概率论与数理统计、线性代数、大学英语、大学体育等课程。基础课对学生的专业课学习和素质提高具有重要作用，对实现人才培养目标具有基础性、先导性和关键性作用。因此基础教学部实践教学体系的建设具有极为重要的作用。

一、以卓越农林人才培养标准为指导

卓越农林人才培养的标准是形成多层次、多类型、多样化的具有中国特色的高等农林教育人才培养体系；开展拔尖创新型、复合应用型、实用技能型人才培养模式改革试点项目。高校开展的卓越农林人才培养标准不是整齐划一的，而应该因专业而不同兼具学校特色。北京农学院作为一所特色鲜明、多科融合的北京市属都市型高等农业院校，培养标准就是着力培养和造就一大批创新能力强、适应我国都市型农业发展需要的技术人才。基础教学部实践教学体系的建设，以卓越农林人才培养的标准为指导，结合学校特色，专业特色，重点培养学生的创新思维、创新能力、实践能力、分析问题解决实际问题的能力，同时兼顾其他相关素质的提高。

二、实践教学目标体系建设

1. 实践教学目标体系的内容

（1）使学生获得实践知识、开阔眼界，丰富并活跃学生的思想，加深对理论知识的理解掌握，进而在实践中对理论知识进行修正、拓展和创新。

（2）培养学生的基本技能，帮助学生打好基础，着力培养学生基础知识的综合运用能力、实践动手能力、分析问题和解决问题的能力，以进一步增强学生的创新能力和实践能力。

（3）增强学生的实践情感和实践观念，培养良好的团队协作精神和责任意识，培养实事求是、严肃认真的科学态度和刻苦钻研、坚忍不拔的工作作风，培养探索精神和创新精神。

2. 调整教学目标

（1）实践教学目标体系以基本技能的培养为主线，以培养学生基础知识的综合运用能力、实践动手能力、分析问题和解决问题的能力为模块进行构建。

（2）设计实践教学体系时以基本技能的培养为中心，同时考虑各个专业的特色，体现都市型高等农业教育的特点。

3. 制定基本技能规范

根据各专业人才培养方案以及人才培养目标的要求，制定基础教学部化学、物理、数学、外语、体育各实践课程的基本技能训练要求，并规定必须完成或选择完成的内容。

4. 修订实践教学计划

根据各专业人才培养方案的要求，重新修订基础教学部化学、物理、数学、外语、体育各实践教学计划，使其更具科学性、可操作性，注重实效性。避免重实践教学课时比例而轻实践教学质量的倾向。

5. 制定实践课程教学大纲

实践课程教学大纲对各实践教学环节的目的、内容、要求、时间（课时）安排、教学形式和手段、教学所需设施条件、考核办法等做出明确规定。包括基础性实验、综合性实验、设计性实验、技能训练、社会调查等各种教学形式。

在制定实践课程教学大纲时注意各课程内容的优化配合，避免重复或脱节；增加综合性、设计性实验实习的比重，使实践课真正发挥培养学生动手能力和创造能力的作用。每一个实践教学环节均应有配套的实践指导书。

6. 组织机构

成立基础教学部教学指导委员会，负责制定基础教学部的实践教学总体目标和规划，审核和批准各教研室上报的实践教学目标。

三、实践教学内容体系建设

实践教学的内容是实践教学目标任务的具体化，将实践教学环节（实验、实习、学科竞赛、社会实践等）通过合理配置，构建成以基本技能培养为主体，循序渐进地安排实践教学内容，将实践教学的目标和任务具体落实到各个实践教学环节中，让学生在实践教学中掌握必备的、完整的、系统的基础知识和基本技能。

基础课实践教学的内容与理论教学内容相互联系，但它并非完全依附于理论教学内容，具有相对的独立性，这是由基础课的特点决定的。因此，在构建实践教学内容体系时，既要注意与理论教学的联系与配套，又要注意其本身的完整性和独立性。

1. 理论课教学以"必需、够用"为度

理论课教学要以应用为目的，以"必需、够用"为度，以讲清概念、强化应用为教学重点，要改变过分依附理论教学的状况，探索建立相对独立的实践教学体系，实践教学在教学计划中应占有较大比重。理论课与实践课的比例达到1∶1，保证学生有足够的时间和精力进行实践能力训练。

2. 提高实验教学质量，切实把学生能力培养落到实处

实验教学的质量直接并长远地影响着学生自主学习的能力、实践动手能力、综合分析问题、解决问题的能力以及科研能力和创新能力。因此实验教学与理论教学共同构成了一个不可分割的统一整体。它不仅涵盖了理论教学的全部内容，而且比理论课还要复杂。实验教学是使学生更深刻理解掌握所学理论知识、训练实践能力、培养创新精神的最重要的教学环节。要提高实验教学的质量，把培养实践能力和创新精神这一目标落到实处。实验教学主要有基础性实验、综合性实验和设计性实验三个部分。基础性实验是实验教学内容的基础，要将实验内容进行整合并优化，淘汰一些内容陈旧过时、起点偏低和在同一水平上重复的实验内容，在保留少量必要的验证性试验的基础上，增加综合性和设计性试验的比重。使学生在得到基本技能训练的基础上，能够综合运用各学科的基础理论知识进行科学研究的能力得到训练和发展。设计性实验是在基础性实验基础上的再提高。因此在实验的设置选择上，既要考虑拓展知识面，又要考虑有适当的操作难度，为培养学生分析和解决实际问题及独立工作能力进行系统地训练。树立以学生为中心的教学理念，加大实验室对学生开放的力度，使学生有更多的独立实验的机会。通过开放性实验使学生学会利用各种资源从多学科、多角度解决问题，能够对问题作出合理的判断。激发学生自主学习的积极性，为学生的个性发展创造条件，更好地培养学生的动手能力和创新精神。

3. 认真组织好校外实习，确保增强学生实践能力

基础课的校外实习，是学生将基础理论知识与实际应用相结合的重要过程，也是学生提高实践能力和创新精神的必由之路。校外实习是学生在校学习期间最重要的实践环节，能够使学生完成知识从虚到实的转化，实践能力得到提升，并有助于使学生树立正确的就业观。只有充分重视并认真组织好学生的校外实习，才能保证其效果。首先，要建设好相对稳定的实习基地。实习基地是实践教学环节的载体，必须要让学生得到实际锻炼。其次，在实习过程中要让学生有事可做，有东西可学。一方面要有针对性地做好实习计划；另一方面，在实习过程中认真组织好各类讲座，适时地给学生补充知识。通过认真组织实施，使实习质量达到预期的目标，真正使学生在实践中增强能力。

4. 以竞赛带动实践教学

学科竞赛是面向大学生的群众性科技活动，是在紧密结合课堂教学又高于课堂教学水平的基础上，以竞赛的方式考查学生基本理论知识和解决实际问题能力的活动，是整合课内外实践教育教学的重要环节，是培养学生创新精神和动手能力的有效载体。可以激发大学生的学习兴趣和潜能，对培养和提高学生的创新思维、创新能力、团队合作精神、解决实际问题和实践动手能力具有极为重要的作用。因此，基础教学部实践教学非常重视学科竞赛。基础课主要集中在大一、大二学年，是以基础知识和基本技能为主要内容。基础教学部每年组织选拔优秀学生参加全国大学生英语竞赛、北京市大学生物理实验竞赛、北京市大学生化学实验竞赛、北京市大学生数学建模及计算机应用竞赛等，着力培养学生基础知识的综合运用能力、实践动手能力、分析问题和解决问题的能力，以进一步增强学生的创新能力和实践能力。

5. 开设各种选修课，加强实践能力培养

为让更多的学生参与相关知识和技能的学习和训练，基础教学部开设了各种旨在培养学生动手能力、实践能力、分析问题解决问题能力、创新能力的实践选修课。例如开设数学建模、物理学理论与技能在相关专业的应用、化学实验与社会生活、化学综合与设计实验、化学发现与创造思维等。

6. 实践教学小学期制

选择仪器分析、环境化学、英语听说强化训练等课程作为试点，实行"实践教学小学期制"教学改革，即根据各学院专业的实际情况，将实践性教学环节相对集中安排，设置实践教学小学期。根据实践教学内容，实践教学小学期有长有短，仪器分析 3 天、环境化学 2 天、英语听说强化训练 14 天。实行"实践教学小学期制"，能更好地整合实践教学内容，更合理地安排教学环节，更有力地促进理论教学与实践教学的衔接。

四、实践教学管理体系

实践教学管理体系主要包括实践教学组织管理、运行管理和制度管理 3 个方面。

1. 组织管理

基础课实验教学中心设立主任一名，常务副主任一名，与各实验室主任、实验员共同构成完整的实践教学组织体系。基础课实验教学中心负责实践教学的宏观管理、实践教学任务的落实、检查与考核；各实验室负责实践课程教学大纲、实践指导书的编写，校外实践基地的建设与管理。基础课实验中心制定相应的管理办法和措施，各实验室具体负责实践教学的组织与实施工作。

2. 运行管理

各实验室制定独立、完整的实践教学计划，并根据实践教学计划和人才培养方案编制实践课程教学大纲，规范实践教学的考核办法，保证实践教学的质量。对实践性教学环节做到 6 个落实：计划落实、大纲落实、指导教师落实、经费落实、场所和考核落实；抓好 4 个环节：准备工作环节、初期安排落实环节、中期安排检查环节、学期末的成绩评定及工作总结环节。

3. 制度管理

制定一系列关于实验、实习、学科竞赛等方面的实践教学管理文件，以保障实践教学环节的顺利开展。实践教学文件和管理制度包括实践课程教学计划、实践课程教学大纲、教材、实践指导书、实验报告等实践教学文件和各实践教学环节管理制度。

五、实践教学保障体系

1. 实践教师队伍建设

（1）实践教师是教师队伍的重要组成部分，基础部非常重视对实践教师的培养和引进。目前基础课实验教学中心有副教授 1 名，高级实验师 1 名，中级实验师 4 名，师资结构合理。

（2）实践教学人员有明确的分工和相应的岗位职责。实践教学人员要按照各实践教学环节的管理规范，积极承担实践教学工作，努力完成各项实践教学任务。

（3）按照实践教学的目标要求制定具体的实践教师队伍建设规划，加强对实践教师的培训，鼓励实践教师深入到行业企业一线熟悉生产，参与科研和技术开发，建立有利于激发实践教师积极性的激励机制。

2. 仪器设备与实验实践基地建设

（1）加强实验室建设，配备优质的仪器设备。逐步建立开放实验室、创新实验室、仿真实验室，为学生自选实验和科学研究提供良好条件。各实验室在现有实验室的基础上，根据教学计划和人才培养方案，制定出实验室建设规划，保证必修实践课100％的开出率。制定实验室建设规划时要统筹规划，优化配置，尽可能照顾不同专业的需求。

（2）加强校外实践教学基地的建设，基本目标为每学期学生到基地实习至少一次。各实验室根据此目标结合专业特点和学生规模，制订校外实践教学基地建设规划。建立校外实践教学基地由各实验室根据实践教学的需要选择，选择既能满足实践教学需要又是交通相对便利的单位。建立校外实践基地由各实验室申请，报学校教务处实验实习科审核，同意后报基础教学部审批，由基础教学部与基地所在部门签订基地建设协议书，举行挂牌仪式。在校外实践基地建设的过程中，应努力建立长效运行机制，明确实践项目和内容，在完成教学任务的同时努力扩展合作的领域，力求产学结合。各实验室要积极开发比较稳定的校外实践基地，广泛吸纳社会办学资源，与企业合作共同建立实践基地实现"双赢"发展。

3. 大力推进实践教学教材建设

实践教学内容体系改革主要体现在教材建设上，为此，基础教学部采取强有力的措施支持教材建设，成立由主管教学工作副主任任组长的教材建设领导小组，负责实践教材建设规划与指导。已出版的实验教材有《有机化学实验》（赵建庄主编，高等教育出版社，国家级精品教材）、《大学物理学实验》（柴丽娜主编，中国农业出版社，"十二五"规划教材）、《定量分析化学实验》（苑嗣纯、罗蒨主编，中国林业出版社）等。

4. 实践教学经费保证

各实验室根据规划制订实践教学各环节的经费使用预算计划，经基础教学部教学指导委员会论证和报学校批准后，形成标准和规范。专款专用，保证每一个项目的开出。制订计划的原则是保证教学目标的实现，同时尽可能节约经费使用。

六、实践教学评价体系

建立科学、完整的实践教学评价体系，是重视实践教学，促进实践教学质量快速提高，加强宏观管理的主要手段。

1. 建立一套科学、完整的学生评价体系

校内实践教学和校外实践教学都要加强指导和管理，每次实践都有实验报告或成果，由指导教师评定成绩并作好记载，按实践教学学时占总学时数的比例记入课程成绩。

对学生参加实验、实习的各个实践教学环节的效果提出严格要求，加强学生综合实验能力的考评，制定综合实验能力考评方案，确定考评内容与方法，提高考评成绩的学分比重，通过笔试、口试、操作考试及实验论文等多种形式考评学生的综合实验能力。对于实习考核可通过实习报告、现场操作、理论考试、设计和答辩等形式进行，可以由校内实验室和校外实践基地联合考核。

2. 建立教师评价体系

根据培养目标的要求，制定出实践教学各个环节的具体明确的质量标准，并通过文件的形式使之制度化，严格规范执行。再结合同行评价结果、学生评教结果，在学年度末给每位教师写出评语，同本人见面，并纳入人事考核之中。

3. 建立严格的考核机制、激励机制

对实践教学活动中，不按实践教学计划执行的实验室和个人实行严格的考核；对在实践教学活动中具有开拓、创新精神的实验室和个人要有一定的奖励。

4. 建立实践教学督导体系

实践教学督导员进行实践教学全过程检查，不仅要检查实践教学的完成情况，而且要重点检查实践教学的质量。

执笔人：王玉辞

第十一节 思想政治理论教学部实践教学体系建设

高校思想政治理论课作为对大学生进行思想政治教育的主阵地和主渠道，对于其树立正确的世界观、人生观、价值观具有重要影响。教育部等部门《关于进一步加强高校实践育人工作的若干意见》（教思政〔2012〕1号），明确要求积极组织思想政治理论课教师、辅导员和团干部参加社会实践、学习考察等活动。目前学校在重视课堂理论教学的同时，越来越重视思想政治理论课实践教学环节。构建完整的、系统的符合校情和学生特点的高校思想政治理论课实践教学体系，对于增强思想政治理论课教学实效性和促进学生全面发展具有重要意义。

一、高校思想政治理论课"实践教学"的内涵

实践教学作为高校思想政治理论课的重要组成部分，是相对于理论教学而独立存在但又与之相辅相成的教学环节。所谓高校思想政治理论课的实践教学是指在教师的指导下，依据思想政治理论课教学大纲和内容的要求，安排一定的课时，组织和引导大学生参与社会实践，使其主观世界得到感性的再教育，以达到对课堂上学习的基本理论、原理的应用，从而提升学生的思想政治素质和增强思想政治教育实效性的教学环节。这个概念包含三层含义：一是高校思想政治理论课实践教学活动必须与课程内容相联系，必须依据高校思想政治理论课教学大纲和内容的要求，安排一定的课时，组织学生参加实践教学；二是高校思想政治理论课实践教学必须是教师主导的教学活动，离开教师组织和指导，也就不属于该课程的实践教学；三是高校思想政治理论课实践教学是以指导学生运用理论、掌握方法、锻炼能力、接触社会开展实践为特征和目的的教学环节和教学活动。

二、高校思想政治理论课实践教学中存在的主要问题

目前，虽然大部分高校都充分认识到了高校思想政治理论课实践教学的重要性，在教学改革上不断加大力度，但在思想认识上和实际操作上仍然存在着一些问题，这直接影响实践教学实效性的发挥，主要表现在：

1. 教学目标缺乏明确性

许多高校思想政治理论课的实践教学与理论教学定位不清，角色不明，没有正确处理实践教学与课堂教学的关系，没有把实践作为思想政治理论课的一种课程形态和必要的教学环

节，而只是作为一种纯粹的辅助手段导致实践教学没有明确的教学目标，往往是重形式、轻实效，从而没有真正发挥实践教学这一促进大学生全面发挥和提高思想政治理论课实效性的有效手段的作用。

2. 教学形式缺乏多样性

目前，多数高校思想政治理论课实践教学形式比较单一，没有根据不同的教学目标和教学内容，充分利用校内与校外、社会与网络等各种资源，选择适当的多样化的实践教学形式。而更多的是依赖于寒暑假期间布置学生完成一篇调查报告，这不利于提高学生的整体分析能力、创新能力和实践能力。

3. 考核评价缺乏系统性

高校思想政治理论课实践教学活动要持续健康地开展下去，必须加强制度建设，建立一套科学系统的考核评价体系。目前很多高校的实践教学评价体系和制度都很不完善，对于实践教学没有一个科学的考核评估指标，经费支持缺乏保障性。从而使实践教学很多时候流于形式，不能够达到预期效果。

4. 为了保证实践教学的正常进行，经费支持是一个重要条件

有些高校没有建立合理的实践教学经费管理体系和制定相应的管理制度，没有拨给必要的经费用于实践教学，导致思想政治理论课实践教学缺乏相应的经费保障而无法顺利开展，只能成为空谈。

通过以上分析可以看出，要有效克服当前高校思想政治理论课实践教学中存在的问题，最根本的就是要将实践教学置于整个高校思想政治理论课的教学过程和整个大学生的学习过程之中来研究，在整体上建立一个完整、系统的实践教学体系。

三、思想政治理论课实践教学体系的构建

高校思想政治理论课实践教学体系，是指在高校思想政治理论课实践教学过程中，由实践教学活动的构成要素相互联系、相互制约而成的有机联系整体。目前思想政治理论课实践教学体系的构建主要从以下几个方面开展：

1. 确定思想政治理论课实践教学的目标，构建明确的实践教学目标体系

思想政治理论课实践教学体系的首要环节是明确实践教学的目标。思想政治理论课实践教学要服务于高校思想政治理论课的总目标，即引导大学生树立建设中国特色社会主义的共同理想和正确的世界观、人生观、价值观，培养大学生的综合素质和能力，为促进大学生的全面发展打好思想基础。实践教学目标体系围绕这个总目标形成以下几个层次：

第一，道德目标，这是高校思想政治理论课实践教学的首要目标。通过实践教学活动，能够用感性直观的方式引导大学生在实践中明辨是非、磨练意志、锻炼品质，以实现对学生思想道德素质的提升。

第二，知识目标，通过实践教学活动，运用更为客观灵活的方式让学生真正做到理论联系实际，在实践中检验理论的正确性，在正确的理论指导下进行实践，以加深对马克思主义基本理论的理解和认同，并自觉地将其作为自己的行动指南。

第三，能力目标，通过实践教学活动，充分调动学生的积极性，在引导他们参与、策划和组织活动的过程中，培养观察、分析问题的能力，团队协作能力和语言表达能力，创新能力和组织管理能力，以提高学生的综合素质。

2. 拓展思想政治理论课实践教学形式，构建丰富多彩且多样化的实践教学内容和方法体系

高校思想政治理论课实践教学要收到良好的教学教学效果，教学形式和内容的选择尤为重要。思想政治理论课实践教学，在形式上不断拓展，在内容上不断丰富，在方法上不断创新，积极探索多种形式的实践教学途径。概括起来主要包括以下几个方面：

第一，校园活动实践。校园活动实践能在更为广泛的空间和层面上将思想政治理论课课教育中的基本理论和观点展开，是高校思想政治理论课课堂教学的延伸和补充。校园活动实践以丰富多样的内容和形式来增强实践效果：一是学生互动辩论，我们列举一些社会热点问题、有争议的问题以及学生普遍关注和感兴趣的问题作为辩论主题，组织学生展开讨论，使学生在思辨和争鸣中感悟理论的正确性。二是知识竞赛。对于一些理论性很强的知识内容，我们设计成为竞赛题，组织学生积极参加。在竞赛中，既督促学生学到了知识，又增强了学习的趣味性。三是情节模拟。这是一种感性直观的实践教学形式。如思想道德修养与法律基础课，我们根据教学内容选择典型案例，组织法庭辩论，使学生既掌握了基本的法律知识，又切身体会到法律的尊严和权威。

第二，社会实践调查。社会实践调查是高校思想政治理论课实践教学的重要环节，通过组织大学生围绕经济社会发展的重要问题开展调查研究，能够帮助大学生正确认识社会现象，提高对社会的认识能力。从2011年开始，每年暑期都会组织在校学生进行思想政治理论课暑期社会实践活动，撰写社会实践论文，取得了非常好的效果和成绩，连续三年获得北京市委教育工委的表彰。再如：以毛泽东思想和中国特色社会主义理论体系概论课程实践教学为例，为了让学生对"三农"问题有更直观、更深刻的体会和理解，我们组织学生赴北京昌平郑各庄村等典型单位进行参观考察，使其了解到在科学发展观指导下，我国新农村发展历程及其为国家和地区经济发展所做的重大贡献。

第三，参观爱国主义教育基地实践。充分发挥博物馆、纪念馆等爱国主义教育基地的教育作用，组织学生学习参观，了解中国革命和建设的历史，增强大学生对中国特色社会主义的热爱，激发他们实现中华民族伟大复兴的中国梦的责任感。以中国近现代史纲要课程实践教学为例，为使学生对中华民族抗日战争这部分教学内容有一个全面的理解和可持续的把握，我们组织学生赴中国人民抗日战争纪念馆等进行参观学习。

3. 强化思想政治理论课实践教学内容的评价与管理，构建科学合理的实践教学评价体系和完善的保障体系

第一，思想政治理论课实践教学要健康持续地开展下去，必须建立一套科学合理的评价体系，这是提高实践教学质量的重要保证。学校以评价的科学性和客观性原则为指导，从以下几个方面开展评价：一是对学生实践教学学习效果的评价，加强对学生在实践教学中参与度的考评，包括学生的出勤情况、撰写报告的质量、在实践中解决问题的能力等；二是对教师的考核评价，主要看教师是否严格按照实践教学的教学计划开展教学活动，教学活动的组织是否到位、是否有详细的实践教学方案等；三是强化社会评价，主要包括上级主管部门和社会的肯定和认可，如上级给予的各类奖励等。这些对实践教学的全面科学评价具有重要参考价值。

第二，高校思想政治理论课实践教学的实施是一项系统工程，需要各方面协调配合才能顺利开展，因此学校构建了一套完整的实践教学保障机制，这是提高思想政治理论课实践教学质量的关键环节。主要包括以下几个方面：一是舆论保障，我们加强对大学生社会实践的报道和宣传，充分利用各种手段和现代传媒，营造良好的社会实践氛围，引起学校和青年学生的重视。如：我们每年都要在校园网上发布组织思想政治理论课暑期社会实践活动的通知。二是人力保障。主要包括学校重视、社会支持和教师自身素质的提高。学校高度重视实践教学，全面支持实践教学的开展，认真监督实践教学的实施，科学考核实践教学的效果，校内教务处、党委宣传部、学生处、校团委、各院系等都大力支持思想政治理论课实践教学的开展。学校对师资队伍建设也给予了大力支持，鼓励教师积极参加社会实践活动，增强教师的创新能力和指导操作能力，使他们在实践中全面了解国情、社情、民情，以提高教师的综合素质。三是财力保障。学校在实践教学经费上给予了充足的保障，把思想政治理论课实践教学经费纳入预算，单设思政专项资金，专款专用，保证了实践教学的有序进行。同时，每年都从教学质量提高经费中安排经费购买思想政治理论课实践教学所需的教学硬件设备，使思想政治理论课实践教学借助于投影、录像、广播、电视、计算机等现代教育媒体提高实践教学的吸引力、感染力和说服力，增强实践教学的效果。

四、思想政治理论课课堂外实践教学的主要内容和方法

自"05"新方案出台后，学校制定了实践教学方案，并将实践教学纳入教学计划。

1. 深入学习党的各种文件，进行实践教学规划

高校思想政治理论课实践教学是一个富有挑战性的课题，从中发 2004 年 16 号文件到教社科 2008 年 5 号文件、2011 年教育部《高等学校思想政治理论课建设标准（暂行）》可以看出，党中央、国务院高度重视高校的思想政治理论课的实践教学。学习思想政治理论课的根本方法就是理论联系实际，开展实践教学与思想政治理论课的核心目标有关，那就是培养学生理论联系实际的能力，使学生能够学好理论和用好理论，能够做到知和行的统一。加强和规范实践教学就是贯彻这一根本方法的体现。

2. 深入开展实践教学，提高教学实效性

四门思想政治理论课主干课都有实践教学内容，除去校内实践教学外，在校外的实践教学活动主要以社会调查活动为主。其方法分别是：

马克思主义基本原理概论课运用辩证唯物主义和历史唯物主义的一个基本观点，深入考察某一个社会问题并谈自己的体会（具体内容由老师拟定），在开学后第一次上课时交给任课教师，作为平时成绩记录在案。

毛泽东思想和中国特色社会主义理论体系概论课是进行改革开放成果与问题的社会调查（具体内容由老师拟定），在开学后第一次上课时交给任课教师，作为平时成绩记录在案。

思想道德修养与法律基础课是在学生收到学校入学录取通知书时启动，即请学校招生办在录取通知书信封内装入要求进行类似"社会不文明行为现象的调查提纲"（具体内容由老师拟定），形成社会调查报告，在开学后第一次上课时交给任课教师，作为平时成绩记录在案。

形势与政策课主要是与校团委一起进行暑期社会实践。

具体实践内容如下：

（1）马克思主义基本原理概论：实践 1 学分，16 课时（活动学期开设）。每学期的实践内容均是带学生下乡进行实践考察活动。

（2）毛泽东思想和中国特色社会主义理论体系概论：实践 2 学分，32 课时（活动学期开设）。每学期的实践内容是带学生下乡进行实践考察活动和社会调查。

（3）思想道德修养与法律基础：实践 1 学分，16 课时（活动学期开设）；采用社会调查方式，学生进行调查后撰写调查的报告，由教师审阅后在课堂上进行评价。

（4）形势与政策：实践 1 学分，按照形势与政策课程实施方案，大一年级形势与政策课程的实践学时为 38 学时。其中 12 学时为平时社会实践，26 学时为暑期社会实践。实践教学任务在第一学年暑期结束前完成。

实践教学活动都配有指导教师，有专项经费支持，实践教学经费按工作量从总教学经费中支出。实践教学能够覆盖所有学生。

目前，思政部在昌平区郑各庄村、亭自庄村建立了实践教学基地。

总之，高校思想政治理论课实践教学是进行大学生思想政治教育的有效手段，要从实践教学的目标、形式、评价和保障手段着手，积极构建思想政治理论课实践教学体系，并在教学实践中进一步研究、探索，使其不断完善。

执笔人：范小强　王建利

第二十二章　都市型高等农业教育实验教学示范中心建设

第一节　生物学实验教学中心建设

一、实验教学中心总体情况

（一）中心建设发展历程

生物科学与工程学院生物学实验教学中心于 2009 年 2 月正式成立，是由生物技术教研室和生物工程教研室整合而成，隶属于学院教学指导委员会。变教研室管实验室为学院统管实验室；变按课程设置实验室为按学科群设置实验室；变理论课设实验为独立开设实验课程；变单一功能的实验室为综合实验平台；变实验室、仪器的"小单位所有"为统管共用；变"只提供条件和服务"的实验平台为实验教学实体。我们的教学理念："资源共享，统一管理，统筹规划"。两个服务目标："以教学带科研，以科研促教学"。保证实践教学质量的提升，为生物学院和全校师生做好实践教学的后勤保障工作。

（二）教学简况

实验教学中心面向生物学院、植科学院、动科学院、园林学院、食品学院、国际学院等 14 个专业开设专业基础课。每年开设 27 门实验课，200 个实验项目，年实验学生人数为 3 810 人。

（三）环境条件

实验教学中心实验用房 500 平方米，教学设备 2 342 台件，设备总值达到 4 030 万元，设备完好率达到 90％以上。

（四）教材建设

主编植物生理学和动物生理学实验教程 2 部；参编实验教程 4 部，自编实验讲义 8 部。

（五）近五年经费投入数额来源、主要投向

（1）实验室建设—生物学实验教学中心配套设备建设（100 万元）。

（2）实验室建设—生物技术学院实验教学中心仪器更新及增补（80 万元）。

（3）实验室建设—生物学实验教学中心专业基础课实验条件建设（30 万元）。

（4）实验室建设—中央和地方共建项目生物学实验教学中心显微互动平台的建设 100 万元。

（六）近五年中心人员教学科研主要成果

"生物学实验教学中心的改革与实践"成果荣获 2009—2012 年度北京农学院高等教育教学成果一等奖。"植物生理学教学体系的改革与实践"成果荣获 2009—2012 年度北京农学院高等教育教学成果二等奖。2010—2012 年度生物学实验教学中心荣获"三育人"先进集体称号。

二、实验教学

（一）实验教学理念与改革思路

培养高素质的本科生不仅需要高水平的理论课教学，更需要开展符合现代科技要求的高水平的实验技能训练。目前本科生的动手能力是培养高素质本科生的主要瓶颈，我们实验教学中心的教学理念就是要给学生提供良好的实验技术平台，在很大程度上有助于提高本科生使用现代生物技术手段解决科研实际问题的能力。有助于本科生毕业后更好地为北京都市农业服务，有助于提高学术地位。

（二）实验教学总体情况

生物学实验教学中心始终坚持"资源共享，统一管理，统筹规划"的教学理念。生物学实验教学中心全年承担全校的 8 门专业基础课，涉及包括植科学院、动科学院、园林学院、食品学院、国际学院等院系及专业的 61 个班级。承担生物学院 19 门专业课的 76 个班级的实验教学任务，全年上课 137 个班级，上课人数 3 810 人次，全年总学时 3 436 学时。承担的周学时数（16 周）215 学时。

（三）实验教学体系与内容

成立实验教学中心和构建实验共用平台，是与重组实验教学体系和优化课程结构体系改革相适应的教学管理体制和实验室结构体系，是高校实验室建设和实验教学改革的主要内容，也是高等学校实现高素质创新型人才培养目标的重要环节。优化师资力量，统一调配实验仪器设备，合理布局实验环境，统筹管理实验耗材，不断完善实验教学，重视科研训练，强化教学实习。坚持"以学生为本，把知识传授、能力培养、素质提高贯穿于实验教学全过程"的教育教学理念，按照"宽基础、强能力、高素质"的人才培养要求，从人才培养体系的整体出发，以培养学生实践能力和创新能力为核心，构建了基础实验层、提高设计层、综合应用层、研究创新层"四层面"课内外一体的开放创新实验教学体系。通过基础层实验注重培养学生基本操作素质和基本实验技能；通过提高层设计实验着重培养学生知识更新、独立分析处理问题的能力以及创新思维能力；通过综合应用层实验着重培养学生自主学习、综合应用能力；研究创新层主要面向大学生创新研究性实验以及各类科技创新与科技竞赛活动等。创新教学体系充分发挥学生的个性，突出培养学生对所学知识的融会贯通，让学生提出问题、分析问题、独立地设计与解决问题，逐步培养学生的创新精神和实践能力，全面提高学生的综合素质。

（四）实验教学方法与手段

构建"一体化、多层次、开放式"的实验教学体系。以学生创新精神和实践能力培养为核心，以改革为动力，遵循"系统优化、整合集成"要求和"基础、综合设计、研究创新"阶段递进原则，根据实验课程间、实验教学与理论教学间内在联系，整体设计，构建以教学内容时代性、教学方法和手段先进性、科学的教学质量评价及高效的教学条件保障为内涵的实验教学体系，使实验教学在时空和认知上相互衔接、相互补充、相互支撑，在时间上由分散转向集中。按照"基础、综合设计性、研究创新性"3个层次设置实验项目，循序渐进分层次、分阶段实施教学。

三、实验队伍

(一) 队伍建设

为了开阔实验老师的眼界，不断拓宽老师们的知识面，学习其他高校的先进经验和教学理念，鼓励老师们利用空闲时间，走出去学习兄弟院校的先进经验，组织老师外出调研、开会、仪器培训等。重视实验技术人员培养，提高其综合素质。实施引进优秀人才与加大现有队伍培养相结合，学校应把实践教学队伍纳入师资队伍整体建设规划，抓好现有人员的继续教育，为他们创造条件，通过对口专业培训，攻读学位、开展专项研究和老教师"传、帮、带"等措施，全面提高实验技术队伍整体素质。

(二) 实验教学中心队伍结构状况

目前中心共有8名实验员，这支实验员队伍层次和年龄合理科学，其中1名博士生，5名硕士生，2名本科生；有20年以上经验丰富的3名老实验员，有思维敏捷的4名年轻硕士生，其中有一名10年实验室工作经历的博士生。大家相互之间各取所长，互相扶持帮助，保证实验中心稳步向前发展。

(三) 实验教学中心队伍教学、科研、技术状况

实验教学中心面向全校本科生和研究生开设专业基础实验课，包括：植物（动物）生理、基础生化、普通遗传学等课程，涉及生物学院、植科学院、园林学院、食品学院、动科学院。同时，还面向本学院本科生开设普通生物学、细胞生物学、细胞工程实验技术、生物化学实验技术、分子生物学、基因工程、免疫学、发酵工程、蛋白质与酶工程、化工原理、仪器分析、生物显微技术、生物信息学等专业实验课。除此，还开设动物生理（生化）、发酵工程等实验实习课。2013年申请教学质量提高经费——"生物实验中心提高型实验的运行模式初探"重点项目。

四、体制与管理

(一) 管理体制

对中心的人员、经费、仪器设备、实验用房、实验教学等统一管理、统一调配。将中心建设成实验教学实体是实验中心建设的高级阶段。能否使中心成为实验教学的实体，一个重要的前提就是要改变实验中心的角色定位，使实验中心彻底摆脱理论教学的附庸地位和"教辅"角色，使中心成为实验室建设和实验教学改革的领导者和实施者，真正体现"管理与服

务相统一"的职能定位。为此，必须在管理体制上实行校、院二级管理；落实"实验室建设与教学管理委员会决策制"。实验中心建设过程中的重大问题必须经过该委员会的论证、审议，以充分发挥其在校、院二级实验中心建设和运作过程中的决策、监督、协调和"保驾护航"的作用。

（二）信息平台

结合教务处开发的信息平台项目，我们生物学实验教学中心也参与其中。通过信息平台的具体要求和环节，结合实验教学中心的具体情况，应用于我们的实验教学管理系统，经过各个项目的规范化管理，使我们的实验教学中心管理也趋于合理化、规范化、系统化。

（三）运行体制

在保障全校和本学院实验教学工作方面发挥了重要作用。中心人少工作量大，在全体老师的共同努力下，实现零事故完成全校实验教学任务；仪器设备与实验室面积等资源利用率达到100%；有力杜绝实验耗材低值易耗的浪费和安全隐患。在运行机制上实行中心主任负责制和实验教学实行课程负责制，每门综合实验课设课程负责人1名。保证实验课程体制改革与实验室建设密切配合、同步进行，只有这样才能从体制上保证教育资源共享，提高效益，促进实验教学改革、提高教学质量和科研水平的建设目标得以实现。

五、设备与环境

（一）仪器设备配置情况

近几年，在学校和学院的大力支持下，仪器购置经费达到每年80万元以上，陆续增补了许多新式现代仪器，实验条件日益完善。生理生化实验室常规用的仪器，例如，紫外分光光度计达到2组一台；离心机、灭菌锅等都是进口的，安全系数较高；遗传学等实验室显微镜达到一人一台。分子生物学和基因工程实验室配备有Bio-PCR仪、eppendorf离心机、Sanyo灭菌锅、Sanyo制冰机等。同时，为了便于师生科研工作，中心配有许多高端实验仪器，为师生的科研工作搭建了良好的平台，例如：激光共聚焦显微镜、ABI荧光PCR仪、原子吸收仪、膜片钳、双通道荧光显微镜等仪器。

（二）维护与运行

仪器定时维护与检修，使用过程中做到坏了及时修理，保质保量的完成每个学期的实验教学任务。对于大型仪器设备做到专人专管，使用人用完要认真填写使用记录、仪器运行状况等。

（三）实验中心环境与安全

根据学校加强实验室安全及使用管控（易制毒、剧毒）化学药品安全责任书的要求，我们针对实验室的化学药品特别定制了药品通风柜，保证实验室化学药品的安全。加强化学药品的使用、登记制度。不论是老师还是学生，借用化学药品，必须先登记再使用的原则。对使用实验室的老师和学生，逐级签定安全责任书，确保实验室安全无隐患。为了改善实验室的工作环境，增加学生实验操作的使用空间，我们特意申请购置了学生存包柜。

六、特色

按照教育部本科学生"厚基础、宽口径、重能力"的培养模式，更新实验教学理念。实验教学是与理论教学具有同等重要地位的独立课程，实验教学与理论教学相辅相成，构成完整的实践教育体系。随着改革的不断深化，实验教学中心对实验教学理念与人才培养目标的认识越来越清晰，确定了以培养具有"高尚品德、扎实基础、综合能力、创新精神"的高素质综合型人才为总目标，以学生为主体、人才培养质量为主线，以能力培养为核心，坚持传授知识、培养能力、提高素质协调发展，以多渠道、全方位培养学生探索精神、科学思维和实践创新能力为主要任务的实验教学理念。通过实验技能大赛、组培大赛、科技活动月以及根据同学们的各种兴趣小组、社团活动等丰富多彩的形式，形成学科、专业特色。

七、实验教学效果与成果

当前社会上各企业单位对硕士研究生的要求越来越高，复试实验技能的挑战越来越大。为适应这种要求，中心着重针对实验技能进行分层次训练，学生复试通过率达到100%。对于考取研究生的学生，实验室工作水平要求更高，均需能够熟练应用分光光度计、离心机、PCR仪、电泳仪、水浴锅等日常仪器。导师们一致认为我们培养的学生动手能力强、思维逻辑性强，在这样的优势和基础下，学生出国和就业于生物公司的比率逐年提高。同学们也在各种竞赛如：大学生"挑战杯""春蕾杯"及各种科技竞赛活动中获奖。

八、自我评价及发展规划

（一）自我评价

校、院二级实验教学中心的构建是一个系统工程，需要得到学校领导的大力支持和学校各职能部门、各学院的领导的高度重视和通力协作，需要得到学校政策、物质、经费以及组织的保障，才能确保校、院二级实验教学中心的建设方案得以落实。要以解放思想引领体制机制创新。体制机制的改革会触及部分单位、群体的利益，会面临各种阻力，但要从学校长远发展考虑。要敢于"破"，更要善于"立"，抢抓机遇，看准了要大胆地改、大胆地尝试，以无所畏惧的精神冲破束缚科学发展的思想体制障碍，积极建立适应科学发展的体制机制和人才培养模式，使实验教学中心适应高等教育的发展和培养创新创业型人才的需要。

（二）实验教学中心今后建设发展思路与规划

实验室是高校教学、科研的重要基地，建立高效的实验室是建设高校的重要环节，也是办好高校的基本条件。实验中心承担高校基础实验室的建设、管理和维护的任务，是进行实验教学和科学研究的重要场所，是对学生实施综合素质教育、技能训练和科技创新的重要课堂。作为应用型本科院校，更加需要加强实验中心建设，加大投入，强化管理力度，狠抓实验教学质量。为高校培养具有较强实践能力和创新精神的应用型高级专门人才提供一个良好的实践教学平台。在实施科教兴国、科技强国的今天，高校的实验室改革和建设任重道远。实验中心运行机制的完善要经历一个长期的发展过程，需要高校各级领导的大力支持和全体教职工的不懈努力，需要不断地学习国内外兄弟院校的先进经验，也需要不断地提高自身的管理技能和水平。只有在实践中不断地探索和改善，才能找到一条适合各高校自身发展的运行模式。

执笔人：王文平

第二节 植物生产实验教学中心建设

一、实验教学中心总体情况

（一）中心建设发展历程

根据北京农学院教育教学改革和专业调整的总体部署，按照"统筹规划，集中建设，统一管理，提高效率，提升质量"的原则，整合原实验室，2002年4月筹建了北京农学院植物生产实验教学中心，成为植物生产类专业的共用实验教学平台。2007年8月，批准为北京市植物生产实验教学示范中心。实验中心实行由学校、学院两级管理，主任负责制。中心主任由院长担任，统筹教学、科研和重点实验室等相关资源。中心常务副主任由主管教学的副院长兼任，另设中心专职副主任一名，负责中心的日常运行。

2012年3月，为了加快实验室的现代化建设、优化教学资源配置，对中心按专业配置进行实验室整合。整合后的中心设置了农学、园艺、植物保护、农业资源与环境实验室和公共实验室。各实验室设专人负责，分工明确，负责本区域日常工作协调，确保各项措施得以实施。逐步建设了由专业实验室、大学科技园田间试验室、重点实验室和校外综合实习基地构成的实验实践教学平台。

2013年7月获批为国家级植物生产实验教学中心，2013年11月通过了北京市级植物生产实验教学中心的验收。

植物生产实验教学中心有公共和专业实验室142间，使用面积7 146平方米；田间品质速测和配方施肥实验室14间，使用面积360平方米；温室11栋，5 280平方米；塑料大棚12栋，6 000平方米；果树资源与生产圃6.01万平方米；种子繁育与生产圃16.01万平方米；蔬菜品种资源圃1.07万平方米。中心现有专兼职教工80人，其中教授24人，副教授30人，高级职称教师比例为67.5%，中心现有博士生导师（联合招生）4人，硕士生导师45人。享受政府特贴专家3人，北京市名师2人。

中心积极为教学和科研提供优质的服务平台。5年来，中心教师完成了教学研究项目78项，其中国家级项目1项，省部级项目13项；完成了科研项目154项，其中国家级项目31项，省部级项目52项。获得省部级教育教学成果奖5项，其中一等奖3项，二等奖2项；获得省部级及以上科技成果奖11项，其中国家科技进步二等奖1项。发表教改论文78篇，科研论文500多篇，其中SCI、EI收录77篇。获得国家发明专利41项，培育新品种14个。

遵循学校都市农业人才的培养目标，根据植物生产类专业实践性强的特点，先后两次调整了本科生专业人才培养方案，优先和倾斜发展实验实践教学，适当压缩理论教学内容，把实验教学与理论教学放到同等重要的地位上，以学生实践能力、创新能力和综合素质培养为中心，以学生为主体、教师为主导构建了都市型植物生产类专业四年不断线的实验实践教学体系。

中心紧密围绕都市农业生产、生活、生态和示范功能，制订人才培养方案，更新教学内容，充分整合大学科技园、学科实验室、北京市重点实验室等校内资源，最大限度地利用在京高等院校、科研院所、农业科技园区等校外资源，打造都市农业实验实践共享平台。与中国农业大学、北京林业大学、北京市农林科学院、北京农业职业学院、北京首农集团、顺鑫农业集团、中央批发市场、金六环农业科技园等 30 多家单位签订人才培养合作协议，形成了校校、校企、校政合作的人才培养共享长效机制。

（二）教学简况

表 22-1　教学简况

年度	实验课程数	实验项目数	面向专业数	实验学生人数（人/年）	实验人时数（人学时/年）	备注
2009—2010	53	222	5	2 076	34 827	
2010—2011	57	198	5	2 529	33 756	
2011—2012	59	213	5	2 516	37 618	
2012—2013	71	278	5	3 445	63 954	
2013—2014	58	246	6	1 239	58 855	

（三）环境条件

表 22-2　中心仪器设备台数及设备总值

实验室名称		仪器台数	仪器总值（元）
基础实验室		1 011	9 019 965.66
专业实验室	农学专业	219	3 865 779.4
	园艺专业	1 073	13 656 354.5
	植物保护专业	345	6 094 615.65
	农业资源与环境专业	118	4 149 408.4
公共平台实验室（含农业应用新技术实验室）		428	23 967 928.28
合计		3 194	60 754 051.89

实验室仪器设备性能良好，运转正常，外观整洁卫生，定期对仪器进行维护保养，在实验过程中出现的问题，及时进行维修，学校的维修经费足额到位，能够保证仪器设备完好率 98% 以上，很好的满足了实验教学需求。

（四）教材建设

表 22-3　教材建设

	名称	作者	出版社	出版时间
自编实验教材	《植物生理学实验教程》	李奕松	中国林业出版社	2012
	《园艺植物栽培学实验指导》	范双喜	中国农业大学出版社	2011
	《园艺植物育种学实验指导》	张喜春	中国农业大学出版社	2011
	《北京野生大型真菌图册》	陈青君	中国林业出版社	2013

	名称	作者	已使用届次	编写时间
自编实验讲义	《园艺植物栽培学实验指导》	范双喜	2	2011
	《作物育种学实验指导》	潘金豹	3	2010
	《种子检验学实验指导》	谢皓	3	2010
	《食用菌栽培学实验指导》	陈青君	3	2010
	《园艺植物育种学实验指导》	高遐虹	3	2010
	《普通昆虫学实验指导》	孙淑玲	3	2010
	《农业昆虫学实验指导》	孙淑玲	3	2010
	《植物检疫学实验指导》	杜艳丽	3	2010
	《植物免疫学实验指导》	赵晓燕	3	2010
	《农药及其应用实验指导》	杨宝东	3	2010
	《普通植物病理学实验指导》	刘素花	3	2010
	《土壤学实验指导》	贾月慧	3	2010
	《环境监测与质量评价实验指导》	王敬贤	3	2010
	《生物试验设计与统计分析实验指导》	王建文	3	2010

（五）近五年经费投入数额来源、主要投向

表 22-4　经费来源

经费	金额（万元）	备注
建设及运行经费总额	2 716.160 2	
其中：①中央财政示范中心专项经费（中央支持地方专项）	100	
②地方示范中心专项经费	1 326.160 2	
③学校示范中心专项经费	500	
④社会捐赠专项经费	20	
年均运行经费	95	
其中：①年均仪器设备维护维修经费	15	
②年均实验耗材费	80	
③生均学时实验耗材费	12.5	
校（院）及以上实验教学改革立项投入经费	240.45	
国家级实验教学中心建设经费	200	

（六）近五年中心人员教学科研主要成果

1. 教学研究项目

中心高度重视实践教学的改革与教学质量的提高，积极鼓励中心人员主持和参加教学研究，开展教学改革和管理创新，成果显著。近三年来，主持教学研究项目 40 项，其中北京市教学研究项目 10 项；获得北京市教育教学成果一等奖 2 项、二等奖 2 项；出版教材 16 部，其中国家级规划教材 6 部，省部级规划教材 3 部；发表教学研究论文 30 余篇；出版著作 7 部。

2. 科研项目

近年承担国家"973""863"、科技支撑计划、国家自然科学基金、农业部"948"等国家级、省部级科研项目 200 余项，其中国家级科研项目 31 项。

3. 科技奖励

近年获得省部级及以上科技成果奖励 15 项，其中国家科技进步二等奖 1 项，省部级科学技术奖一等奖 1 项、三等奖 5 项。

4. 学术论文

近五年发表论文 500 多篇，其中 SCI 收录论文 35 篇、EI 收录论文 43 篇。SCI 收录论文 35 篇；制定国家和地方标准 3 部。

5. 获准专利

近五年获得国家专利 31 项，其中发明专利 25 项，实用新型 12 项。培育新品种 14 个，省市审定 10 个，鉴定 4 个。

二、实验教学

（一）实验教学理念与改革思路

1. 实验教学理念

为适应新时期经济社会发展的需要，落实《国家中长期教育改革和发展规划纲要（2010—2020）》和《北京市中长期教育改革和发展规划纲要（2010—2020）》，根据教育部高等教育司《关于进一步开展"十二五"高等学校实验教学示范中心建设工作的通知》和北京市教委《关于进一步提高北京高等学校人才培养质量的意见》，围绕北京都市型现代农业定位和发展需求，以培养应用型复合型人才为核心，全面落实"3＋1"本科人才培养方案（3 年的校内学习、1 年校外实践实习）和卓越农林人才培养计划，不断加强示范中心建设、深化实验实践教学改革，形成优质资源融合、教学科研结合、学校和社会联合培养人才的实验教学新模式。把实验教学示范中心建设成为都市型现代农业应用型、复合型人才培养和高校都市型现代农业科技创新的重要基地，使之成为特色鲜明、成绩突出、在都市型植物生产类专业居先进水平的植物生产实验教学示范中心，在北京乃至全国产生显著示范效应。

（1）教学科研结合，以全面提高学生的创新素质和实践能力为核心，创建应用型、复合型卓越农林人才培养模式。

（2）整合优质资源，搭建"3＋1"人才培养的实验教学平台，进一步完善具有都市型现代农业特色的实践教学体系，示范辐射同类院校。

（3）加强与行业、企业、高等院校、科研院所等合作，改革传统的"教师中心、教材中心、课堂中心"的人才培养模式，建立学校与社会协同育人的新模式。

（4）完善校、院二级管理、独立运行体制，实现资源统筹、优化管理。

2. 建设思路

（1）坚持先进的教育观念，树立以学生为主体，教师为主导，融知识、能力、素质"三位一体"协调发展的教育理念，紧密结合植物生产类专业特点，开展满足新时期人才培养需要的实验室建设和实验教学改革，努力把实验室建设成为支撑高素质创新人才培养的重要基地。

（2）以教学改革为主线，以提高人才培养质量为目标，不断深化实践教学体系和实验教学内容改革，创新实践教学模式、改革实验教学方法与手段，突出学研产紧密结合特色，培养具有实践能力强、创新素质高和具有植物生产类专业特色的优秀人才。根据社会及产业对专业人才的要求，按照人才培养目标，对实验教学课程内容进行合并、优化、更新，构建由基础实验训练、专业技能训练、生产实践训练、科技创新训练构成的多层次、模块化的实践教学体系，全方位培养实践能力强的应用型、复合型人才。

（3）加强实验教学队伍的建设，发挥教师在实验教学改革中的主导作用。通过引进、调整和补充机制优化队伍结构，提升队伍整体素质，建立稳定的实验教学队伍；制定实验技术人员培训制度和实验教师学习交流制度，不断提高实验教学人员及技术人员的业务能力和水平，确保实验教学质量和水平；通过政策引导和激励机制，鼓励优秀骨干教师积极参与实验教学改革，指导本科生实验、科技创新和生产实践等活动，更好地发挥教师在实验教学改革中的主导作用。

（4）进一步整合和优化配置实验资源，积极申报北京和国家级专业建设项目，多渠道争取政策和建设项目支持，扩大经费来源，不断改善仪器设备条件，改善实践基地条件，努力满足高素质创新人才培养对实验设备设施及环境条件的要求。

（5）中心实行校、院二级管理、独立运行体制，统筹各类实验资源，实现资源优化管理。通过体制和机制的创新，建立功能集约、资源共享、运作高效的实验室管理制度，创建实验教学平台、大学生科技创新平台和学科研究平台紧密联系机制，促进实验教学与科研相结合，扩大人才培养平台空间。以网络化信息平台建设，促进网络化视频辅助教学课件和各类网络实验教学资源的开发，为学生自主式学习提供有利条件；以网络化综合管理信息平台建设，带动实验教学、实验室仪器设备基本信息等的网络化管理，为实现教学管理的高效运行和保证实验教学质量起到有力的保障作用。

（二）实验教学总体情况

1. 优化了适应都市农业发展需求的教学体系和教学内容

围绕生产、生活、生态和示范"四位一体"的都市农业对人才培养的新需求，建立了完善的理论课程体系和实验实践教学体系。2012年"北京都市型现代农业人才培养的研究与实践"和"面向都市农业需求，改造植物生产类传统专业"均获得北京市教育教学成果一等奖。

2. 强化了应用型、复合型植物生产类人才培养的实验实践教学环节

建成了专业实验室、田间实验室、科研重点实验室和校外综合实践基地等的"一主两翼"的实验实践教学平台，形成了四年不断线的实验实践教学体系，全面提升了学生的动手能力、实践能力和创新能力。近三年，学院有 300 多名学生踊跃参加"农林杯""挑战杯"数学建模、化学竞赛、物理竞赛、植物组培技能、昆虫标本制作等科技创新和创业大赛，获得北京市科技竞赛奖 34 项，发表论文 35 篇。

3. 整合了校内外资源，创新了运行机制

整合了校内外实验实践教学资源，实行了校、院两级管理机制，建立了校校、校企、校政人才培养共享机制，实现了资源的高效利用，教学科研有机结合，学校与社会协同育人。2012 年"地方在京农林院校与中央属农林院校人才培养共享机制创新与实践"和"都市型高等农业教育创新体系与京郊大学生'村官'培育长效机制研究"均获得北京市教育教学成果二等奖。

4. 完善了考核体系，提高了学生实验实践能力

通过实验实践教学考核小组对实验实践教学的定期检查、定期评教、定期评学，增强了实验实践能力和综合素质。学生的一次签约率、就业率明显提高，2012 年均为 97.7%。用人单位普遍反映，学生综合素质明显增强，独立工作能力突出。北京市首农集团、顺鑫农业集团、大兴区种植业服务中心、北京雷力农用化学有限公司、七彩蝶文化创意有限公司等50 多家涉农单位年年上门招聘。

（三）实验教学体系与内容

1. 完善和优化都市型植物生产类专业的教育教学体系

（1）优化都市型植物生产类专业的理论和实验实践教学体系。面向都市型现代农业发展需求，以都市农业人才培养的目标为指导，专业实验室和大学生科技园田间实验室为主体，学科与省部级重点实验室以及校外实践教学基地为两翼，不断更新教学内容，完善都市型植物生产类专业的理论和实验教学体系。农学专业以种子生产、检验、贮藏加工和经营管理为主，同时加强作物遗传育种技术的实际运用；园艺专业进一步加强园艺规划设计、设施园艺学、休闲园艺、有机农业等课程建设；植物保护专业加强农药与安全、农产品安全检测技术、农产品安全认证、转基因与转基因生物安全等课程建设。

注重学生实践能力和创新能力培养，坚持实践教学四年不断线。在优化实验实践教学内容的基础上，进一步加强专业实验室的基础实验操作、大学生科技园田间实验室的专业技能训练、学科与省部级重点实验室的科研训练和毕业设计、校外实践教学基地的专业综合实习和毕业实习等多个实践教学环节，较系统地对学生进行实践能力和创新能力培养。

（2）完善学校与社会协同育人的人才培养模式。"3+1"人才培养模式，将进一步整合学校、社会等相关资源，形成学校与社会协同育人的"3+1"都市型植物生产类专业人才培养模式。进一步深化校校、校企、校政合作共建，共用共享实践教学资源；建立推广教授、校外人才培养基地导师和社会兼职导师相结合的实践教学队伍，指导实践、实习和科技创新，真正做到协同育人、实践育人。

2. 建设和完善都市农业人才培养的实践教学和科技创新平台

统筹校内教学和科研资源、借助校外基地资源，加强多元化的实验实践教学平台建设。完善以实验能力提升为主的专业实验室和大学科技园田间实验室，以科研训练和毕业论文为主的省部级重点实验室和以综合实践能力培养为主的校外人才培养基地。

3. 优化实验实践教学队伍，不断提升实验实践教学水平

通过人才引进，优化队伍结构，提升整体水平。加强教师和专职实验人员培训，发挥老教师的传、帮、带作用，不断提高业务能力和水平。通过激励机制，鼓励教师和专职实验人员积极开展实验实践教学改革，提升实验实践教学水平。

4. 加强管理，完善实验教学中心运行机制

进一步完善学校、学院两级管理运行机制，强化学校的统筹和宏观指导作用。实行岗位责任制，按需设岗、竞聘上岗、按岗考核。建立实验教学网络化信息管理平台，实现教学管理的高效运行，丰富网络教学资源，促进实验教学质量显著提高。建立实验中心管理委员会，制定中心发展规划，组织实验实践教学改革，监督实验实践教学运行。

（四）实验教学方法与手段

本中心自批准为北京市植物生产实验教学中心以来，紧密围绕都市农业生产、生活、生态和示范功能拓展需求，结合北京农学院应用型、复合型现代农业人才培养定位，面向农学、园艺、植物保护和农业资源与环境及其他相关专业，优化人才培养方案，调整课程比例和结构，更新教学内容，整合校内外实验实践资源，创建了适应都市农业需求的理论教学体系、实验实践教学体系和实验实践教学平台，有力地支撑了都市农业特色的应用型、复合型植物生产类人才的培养。

1. 围绕都市农业发展需求，优化教学体系与教学内容

经济社会发展到较高水平时，人民对农业的功能需求由单一食物数量的需求拓展为对农产品及食品质量与安全、对生活环境的体验、观光休闲、生态宜居等方面的需求，农业从以生产功能为主的传统农业转变为集生产、生活、生态和示范"四位一体"的都市农业。针对都市农业对人才培养的新需求，本中心更新教学体系和教学内容。农学专业从传统的以作物生产技术为核心的教学体系，调整为以种子产业为核心的教学体系；园艺专业从以园艺植物生产为核心的教学体系，调整为以观光休闲、设施农业为核心的教学体系；植物保护专业从以植物病虫害防治技术为核心的教学体系，调整为以农产品安全生产、有害生物综合治理与监控技术为核心的教学体系；农业资源与环境专业从以土肥水技术为核心的教学体系，调整为以生态安全、循环农业和可持续发展为核心的教学体系。

2. 把握应用型、复合型植物生产类人才培养定位，强化实验实践教学环节

通过增加小学期和制定"3+1"人才培养方案，优化理论课和实验实践课的比例结构，使实验实践时数的比例达到45%；减少认知性、验证性实验，提高综合性、设计性和研究性实验比例，使之达到80%左右；建设专业实验室、田间实验室、科研重点实验室和校外综合实践基地构成的实验实践教学平台，实施分类分层实验教学，形成了"一主两翼"实验实践教学体系和平台。

在专业实验室，对学生进行室内实验技术培养。以理论课程为指导，开展验证性、综合性和设计性实验。如农学专业的种子活力检验，园艺专业的果品品质分析，植物保护专业的病原鉴定，农业资源与环境专业的土壤重金属检测等。

在大学科技园田间实验室，对学生进行田间专业技能培养。根据专业培养目标，开展田间技能训练。如农学专业的良种繁育技术，园艺专业的无土栽培技术，植物保护专业的病虫害预测预报与综合防治技术，农业资源与环境专业的农田环境检测技术等。

在科研重点实验室，对学生进行科技创新能力的培养。开展科研选题与科研训练，毕业论文与毕业设计，大学生科技创新计划项目与学科竞赛，校际科技交流与合作，培养学生高层次科技创新能力，为未来从事科学研究、技术研发、科技推广奠定基础。

在校外综合实践基地，对学生进行综合实践能力培养。农学专业学生在种子企业进行作物遗传育种、良种繁育、种子加工、贮藏与销售等环节的训练；园艺专业学生在农业园区进行观光园规划与管理、设施农业生产与经营等环节的训练；植物保护专业学生在农业园区进行病虫害预测预报与综合治理、农产品安全生产与检测等环节的训练；农业资源与环境专业学生在农业园区进行农业生态环境监测、农业环境污染综合治理等环节的训练，为学生就业创业奠定基础。

3. 整合校内外资源，打造实验实践教学平台

中心充分整合校内外实验实践教学资源，协同打造都市农业应用型、复合型人才培养体系和平台。实现实验资源有效整合，教学科研有机结合，学校与社会协同育人。

对专业实验室的资源进行整合，成立公共实验室和体现专业特色的农学专业实验室、园艺专业实验室、植物保护专业实验室、农业资源与环境专业实验室。公共实验室按功能分类，设置了无菌操作、规划设计、种子检验、显微技术、组织培养等实验室。农学专业实验室下设遗传实验室、作物育种实验室、作物栽培实验室、种子生物学实验室、种子健康实验室、种子加工与贮藏实验室等；园艺专业实验室下设园艺植物育种实验室、园艺植物栽培实验室、设施园艺实验室；植物保护实验室下设昆虫实验室、植物病理实验室、农药生物测定实验室、植物检疫实验室；农业资源与环境专业实验室下设土壤实验室、农化实验室、植物营养实验室、环境监测与质量评价实验室。

对大学科技园田间实验室重新规划和建设，建立品质快速测定、配方施肥等田间实验室，以及连栋温室、高效节能日光温室、塑料大棚等配套设施体系。将田间实验室分为植物认知体验区、技能操作训练区、设施农业试验区、高新技术示范区、科技成果展示区。

对科研重点实验室的资源进行整合，建设学生科研训练和学科竞赛等平台。分为作物学科实验室、园艺学科实验室、植物保护学科实验室和高新技术重点实验室。高新技术重点实验室整合119台大型仪器设备，组建分子生物学技术平台、理化分析技术平台和显微技术平台。

充分利用校外教学资源，建立校校、校企资源共享平台。与中国农业大学、北京林业大学、北京市农林科学院、首农集团、顺鑫农业集团、金六环农业园等校外综合实践基地签订共建合作协议，共享教学科研资源。

4. 创新协同育人机制，强化运行层级管理

实验中心实行校、院两级管理机制。主管教学的副校长负责总体规划，教务处负责协调校、院两级的运行；学院院长作为中心主任统筹教学、科研和重点实验室等相关资源，负责中心的具体规划和建设；学院主管教学副院长作为常务副主任负责规划的实施和运行管理质量监控；专职副主任负责中心的日常运行管理。

实验中心实行"三开放"制度。对教师、学生和其他单位实行实验室开放、实验时间开放和实验仪器开放。

实验中心实行人才培养共享机制。与在京高等院校、科研院所、农业科技园区等建立校校、校企、校政合作，协同育人、实践育人。

5. 完善实验实践教学考核体系，提高学生收获实效

成立实验实践教学考核小组，组长由主管教学的副院长担任，成员由系主任、实验室主任、教学秘书、督导员和学生信息员组成。学院聘请教学经验丰富的退休老教师为督导员，班级学习委员为信息员。

考核小组定期检查、定期评教、定期评学。对教师的考核包括实验准备、教学过程和教学效果，考核结果作为年终考核、晋升晋级的依据之一。鼓励教师积极从事教学科研活动，将教学科研成果及时融入实验实践教学中。

对学生的考核，采用操作与能力并重，过程与结果并重的方法。通过对学生实验态度、实验操作、结果分析、报告撰写等指标的考核，评价学生实验实践能力。对于验证性实验，实验态度占 10％、实验操作占 40％、实验结果占 10％、实验报告占 40％；对于综合性实验，实验态度占 10％、实验操作占 30％、实验结果占 30％、实验报告占 30％；对于设计性实验，实验态度占 10％、实验操作占 20％、实验结果占 40％、实验报告占 30％。对于学生创新能力的评价，以项目结题、论文发表、专利、作品或参加学科竞赛获奖等方式进行评定。

三、实验队伍

中心现有专兼职教工 80 人，其中教授 24 人，副教授 30 人，讲师及实验师 26 人，高级职称教师比例为 67.5％。具有博士学位教师 51 人，占中心教职工的 63.8％，硕士学位教师 23 人，占中心教职工的 28.8％，硕士学位以上的教师所占比例达 92.6％。中心现有博士生导师（联合招生）4 人，硕士生导师 45 人。享受政府特贴专家 3 人，北京市名师 2 人，长城学者 1 人，北京市科技新星 13 人，入选北京市跨世纪优秀人才工程 6 人，北京市中青年骨干教师 9 人，北京市总工会教育创新标兵 1 人，北京市经济技术创新标兵 1 人。

通过引进、调整、补充和培养等多个渠道，建立了一支稳定的、高素质的实验实践教师队伍，40％以上专职实验教学人员具有高级技术职称，80％以上专职实验教学人员具有硕士以上学位；科学研究和技术开发成果显著，整体学术水平和业务能力居全国都市型农业院校先进水平。

中心积极组织教师参加国内外各种培训与参观学习，不断提升教师业务水平。比如近年来组织名师讲学 160 余次，邀请了中国农业大学、北京林业大学、北京大学、浙江大学、北京师范大学、中国农业科学院等国内 15 所高校和科研院所以及美国康奈尔大学、波兰波兹南农业大学、匈牙利德布勒森大学、德国基尔大学等 8 所国外大学专家学者来校作学术报告。选派 12 名教师赴英国、美国、澳大利亚、匈牙利、斯里兰卡参加国际培训项目与交流合作。组织教师赴河北农业大学、福建农林大学、南京农业大学、仲恺农业工程学院等多所高校学习考察。支持教师参加非损伤微测技术（NMT）、RTC 分子互作仪实验技术、毛细管电泳技术、激光共聚焦显微技术、原子吸收及 ICP 等离吸收光谱技术、扫描电镜及透射电镜技术、蛋白组学技术、气相色谱和液相色谱仪实验技术等培训。还选派 8 位教师参加国家精品课程骨干教师高级研修班，以及组织 25 位教师到浙江大学生物实验示范中心、湖南农业大学植物科学实验教学中心、山东农业大学农业科学实验教学示范中心参观学习。

在学校相关制度的管理下，积极支持和鼓励专职实验人员的继续教育，开展实验技术开发与实验实践教学研究，不断提高业务水平。专职实验人员高级专业技术职务比例达 40％以上。

四、体制与管理

(一) 信息平台

中心信息化平台建设较为完善，有丰富的网络实验教学资源，校内外均能正常访问和利用。中心建立了网络化实验教学和实验管理平台，有丰富的网络实验教学资源，实现了网上辅助教学和网络化管理。中心网址为：http：//sys. buazk. com/，在线本科生教学辅助平台http：//www. buazk. com/，实现了实验教学和管理的现代化和信息化。4 门精品课程在北京农学院主页上可以随时访问，为建立课程、实践和网络结合的立体化教学平台创造了条件，为广大师生提供了一个资源共享的平台。

各实验课程的相关内容和资料可以在网上查询，包括实验教学执行计划、实验教学大纲等。为学生开展创新实验提供了快捷、高效的环境，调动了学生的积极性，收到了很好的效果。

拥有了实验室管理系统、信息查询系统，为实验教学提供了优化的资源配置。学生通过这些智能化系统可以了解当前实验室的资源状况，建立学生与实验室之间方便快捷的沟通渠道。

(二) 运行体制

实验中心实行校、院两级管理模式。中心设主任 1 名，由院长担任，统筹教学、科研和重点实验室等相关资源；设常务副主任 1 名，由主管教学的副院长兼任；另设中心专职副主任 1 名，负责中心的日常运行。实验中心建立健全了《实验室仪器设备管理制度》《实验室大型、精密、贵重仪器设备管理制度》《化学试剂管理制度》《中心安全培训制度》等规章制度。

五、设备与环境

(一) 仪器设备配置情况

中心依据实验教学大纲，按照满足教学需求，适当超前发展的原则，制定仪器设备申请计划，仪器设备由学校统一招标购置，仪器设备购置经费有保障，新购置的仪器设备品质精良，组合优化，配置合理，数量充足。近三年来，学校累计购置仪器 427 台，投入购置费600 余万元，用于更新设备，新开实验，所购仪器设备全部投入使用，利用率高。教学大纲规定的必做实验，常用的小型设备如显微镜等每人一台，分光光度计等每 4～5 人一台，保证学生有充足的动手机会。

中心的仪器设备满足教学需求，实验开出率 100%。中心的成立为学科交叉、资源共享、增强实验教学研究和综合实力提供了良好条件，在实验教学改革中发挥了极其重要的作用。

(二) 维护与运行

仪器设备运行良好，定期维护，及时报修。学校的维修经费足额到位，能够保证仪器设备完好率 98％以上。实验中心设置专人进行固定资产管理，定期进行资产清查，做到账物相符。学校每年根据学生人数及实验项目等下拨足额经费，包括材料、工具、维护费等。

（三）实验中心环境与安全

实验室仪器设备齐全，设备摆放、实验室空间布局、水、电、采光、通风设计科学合理，环境优雅，通风透光，干净卫生，宽敞舒适、安全设施齐全，网络安装到位，无安全隐患，能够满足教学的要求。

实验中心拥有实验室管理系统、信息查询系统，为实验教学提供了优化的资源配置。学生通过这些智能化系统可以了解当前实验室的资源状况，建立学生与实验室之间方便快捷的沟通渠道。

学校在各楼层安装监控摄像系统，做到 24 小时实时监控，确保实验室安全，并配有消防安全设施，如消防栓、灭火器等，并按公安消防要求摆放，以及安全操作规程等。实验中心药品室装有安全技防系统，时时监控；管理制度健全，账目清楚，出入库有专人负责，领用、存放规范。对易制毒化学品的管理实行"五双"制度，即双人保管、双人发放、双人领用、双锁和建立双台账账本。做到日清月结，账物相符。实验室安全和环保严格执行国家要求，符合环保要求，应急设施和措施完备。

实验中心制定了实验室安全责任、安全检查的管理制度和措施，坚持定期和不定期检查，特别是在节假日，全面检查确保安全。逐级签署安全责任书，要求实验室人员发现隐患及时处理、报告。同时根据消防需要，定期安排人员进行安全教育和消防安全培训及演练。

六、辐射作用

通过实验中心网站、学术交流、培训及规范化大型实验实习基地的建设，使中心的实验实践教学在全国的植物生产类专业起到示范与引领作用，在都市型植物生产类专业实验实践教学体系和平台建设方面独具特色。

（1）中心与北京首都农业集团有限公司、顺鑫农业、中国农业大学、北京林业大学、北京市园林绿化局、北京农业局和北京市门头沟区人民政府等签订人才培训、交流合作、成果推广等协议书，实现校企合作、校校合作、校政合作，发挥各自优势，整合资源，共同推动建设有特色、高水平的地方农林大学，不断加强实践教学，全面提升北京高等农业教育服务地方经济社会发展的能力和水平。

（2）中心主办和协办多次学术会议，如中国植物保护学会第十届六次常务理事会扩大会议、第二届中国农业技术推广协会园艺产业促进分会会议、现代农业产业技术体系北京市创新团队 2013 年工作会议、2013 年园艺植物嫁接育苗研讨会、2009 年北京果树产业发展建设专家座谈会、2008 第八届全国高校园艺学科建设与发展高层论坛等。

（3）承担校内外师资培训、实验技术培训活动，如中心组织显微技术、快速溶剂萃取技术及其应用、色谱技术及其在农产品检测中的应用、原子吸收等的培训，使教师和学生的实验技能得到提高。

（4）中心接待兄弟院校来我中心参观交流。比如：多次接待英国中央兰开夏大学、波兰波兹南生命科学大学、仲恺农业工程学院、河北科技师范学院、唐山师范学院、昆明学院、德州学院等多所高等院校来访及师资培训。

（5）中心教师积极参加国内外的各种学术会议，与参会的同行们交流经验，不少教师还在会上作学术交流报告。如参加第五届固体废物管理与技术国际会议、参加在沈阳农业大学举行的中国作物学会第九次全国会员代表大会暨 2010 年学术年会、2012 年第七届世界草莓大会、北京蔬菜学会第十一届会员代表大会、中国植物病理学会学术年会、2010 年 1 月中心实验员参加全国高校实验教学示范中心建设研讨会等，了解国内外实验教学的同时，也让国内外同行了解我中心的实验教学现状。

执笔人：董清华

第三节　动物生产类实验教学示范中心建设

一、实验教学中心总体情况

（一）中心建设发展历程

北京农学院北京市动物生产类实验教学示范中心于 2010 年 5 月申报并获准。中心前身为动物科学、动物医学两个专业所属的 3 个实验室，即动物基础实验室、动物医学实验室和动物科学实验室。2004 年，通过资源整合，在 3 个实验室的基础上，组建动物生产类实验教学示范中心，包括动物医学和动物科学两个专业，分设基础兽医学、临床兽医学、预防兽医学，以及动物遗传育种与繁殖、动物营养与饲料科学、动物生产学六个功能实验平台和一个动物医院，一个 SPF 实验动物房，校内东大地一个观赏动物房，北农科技园（亭自庄）内有一个奶牛场和一个放养蛋鸡场。

（二）教学简况

中心实验课程数 42 个，实验项目数 308 个，面向专业数 3 个，每年实验学生人数平均为 1 080 人，每年实验人时数为 5.44 万人学时。

（三）环境条件

根据实验室的功能，中心设有解剖组织胚胎学实验室、细胞生物学实验室，分子生物学实验室、微生物实验室、动物临床诊断实验室和营养代谢及成分测定实验室等，中心实验用房使用面积 3 100（平方米），设备台件数 2 839 台（件），设备总值 3 558.10 万元，大型精密仪器 65 台（件），价值 1 282 万元，总设备完好率 98.6%，可同时容纳近 300 名学生进行实验，为动物科技相关专业的学生提供实验保障。

（四）教材建设

中心出版实验教材 10 种（主编 3 种，参编 7 种），自编实验讲义 10 种，实验教材获奖数量 1 种。

（五）近五年经费投入数额、来源及主要投向

中心成立以来共投入 3 900 余万元；经费来源为北京市教育委员会下达的教学专项、北

京市重点实验室建设、学科平台建设及学校自筹资金等；投入主要以相关专业实验室的基础建设、如设备更新、实验室与校内实习基地综合条件改善、实践环节生产资料、耗材配置以及实验教师和技术人员培训等。

（六）近五年中心人员教学科研主要成果

近五年来，中心共获得北京市科技进步一等奖 1 项、北京市教学成果二等奖 1 项、北京市科技进步三等奖 1 项、北京市科协"金桥工程"三等奖 1 项、北京市农业技术推广二等奖 2 项、北京市农业技术推广三等奖 1 项、申报国家发明专利 20 余项。北京市教学名师 2 名，北京市青年教师基本功比赛二等奖 1 项。

二、实验教学

（一）实验教学理念与改革思路

1. 学校实验教学相关政策

注重实验，加强实验教学，提高实验室管理水平，是北京农学院一贯宗旨。根据校规章制度，如《北京农学院实验教学管理条例》《北京农学院实验室工作条例》，以及安全、设备使用、维修，危险物品管理等 20 条规章制度。中心制定了《北京市动物类实验教学示范中心管理办法》《北京市动物类实验教学示范中心学生实验守则》《北京农学院动物类实验示范中心生物安全管理制度》《北京农学院动物类实验示范中心生物安全事故应急处置预案》等。

2. 实验教学定位及规划

定位：以学生为主体，以培养高素质应用型人才为目标，立足于学生科学思维、实践、创新能力培养，使中心成为学生自主学习、实训、探索、创新的场所，成为应用型卓越农林才培养的示范区，创新教育的重要基地。

规划：加强实践教学环节管理，提高实验课任课教师业务水平，不断对实验教学模式进行探索与研究，完善实验教学体系和实验教学条件；努力建设成优秀市（省）级动物类实验教学示范中心和国家级动物类实验教学示范中心。

3. 实验教学改革思路及方案

"夯实专业基础、增强应用能力、重视专业素质"，鼓励提倡实践内容与方法更新，构建和强化实验课程体系，分层次、多模块地系统设置实验课程项目，不断提高实验教学效果。

实验教学改革方案：①强化实验课程。将部分原有依附于理论课程，学分超过 1.5 的实验课，如动物解剖学实验等独立设课。②积极引入科研成果，更新、充实实验教学内容。鼓励教师将科研成果引入实验教学；教学、科研团队成员积极开展国际交流合作，开设基础与前沿相结合的综合性实验教学内容。③建立科学的质量评价和保证体系，确保实验教学的质量。通过问卷调查、座谈、教学检查、学生评分和同行评议等多种形式，对实验教学效果进行评价。④不断改进和完善中心的管理工作，确保实验教学质量不断提高。

（二）实验教学总体情况

中心实践教学以全日制本科教学为主，面向动物科学、动物医学、生物技术等专业，每年 1 080 人，完成教学任务 5.44 万人学时/年。

具体面向专业和学生人数如下：动物医学专业学生 480 人、动物科学专业学生 240 人、生物技术专业学生 240 人、动物医学硕士研究生 90 人、本校继续教育学院动物医学专业学生 30 人。

（三）实验教学体系与内容

中心实验教学体系即"三个模块，三个层次"。以专业基础实验、专业实验、综合训练三个模块，按照基础性、综合设计性、研究创新性三个层次，从基本技能训练到综合性实验，分阶段训练培养。结合大学生科技创新项目和毕业论文，开发和培养学生分析问题、解决问题的能力。

（四）实验教学方法与手段

学生课前预习，根据实验教学大纲，实验指导教师简要提示技术性指导，学生按照实验指导教材逐步操作。根据实验性质（验证、综合等），要求学生掌握实践操作技能，指导教师认真巡视，个别指导与集中示范相结合。师生之间或学生之间根据实验内容互相探讨，学生根据个人实验体会写出实验报告或总结。

（五）实验教材

穆祥、胡格主编的《动物解剖学实验指导》、杨佐君主编的《动物医学专业兽医师实验（实践）教学指导书》、李秋明参译的《犬猫超声诊断技术图谱与教程（第 4 版）》、孙英健参编的《动物性食品卫生学实验教程》。

三、实验队伍

（一）队伍建设

按照学校有关文件和学院建设发展规划，选聘吸引高职称人员担任实验教学工作，提高中心队伍中具有博士、硕士研究生学历、学位教师的比例。通过老教师传、帮、带，培养和帮助青年教师迅速成长，逐步建立一支教学与学术水平高、实践创新能力强、具有敬业精神的以中青年学术骨干为主体的高素质实验教学队伍。

（二）实验教学中心队伍结构状况

1. 队伍组成模式

中心现有专兼职人员 47 人，其中教授 13 人，占 27.7%，副教授及高级实验师 21 人，占 44.7%。具有博士学位的教师占 70.2%。教授、副教授上实验课、指导学生创新实验、校内外实习、科研训练和毕业论文等。同时，聘请相关科研院所、合作共建单位的高职专家为教学实习指导教师。

2. 培养培训优化情况等

中心采取引进与培养相结合，内聘与外聘相结合，重视新选留人员的岗前培训，有计划地安排相关人员进修、学习，鼓励和支持结合本职工作继续深造，支持实验室教师参加相关业务研讨会与培训会。先后派出 21 人次到中国农业大学、南京农业大学、中国科学院、中国农业科学院等重点院校和科研单位进修、考察和学习。今后计划每年派出 1～2 名优秀中青年教师到国内外著名大学进修或学术访问。

（三）实验教学中心队伍教学、科研、技术状况

中心教师集教学、科研与实验室建设于一身，既有丰富的教学经验，又有雄厚的科研资质。中心已完成国家级特色专业建设 1 项、北京市级特色学科建设 1 项、北京市级精品课程 1 门、校级优秀课程 3 门，国家"十二五"规划教材一部。

近五年来，中心专兼职教师承担院级教改研究项目 24 项，获得北京市市级教学成果二等奖 1 项、校级教学成果一等奖 1 项、二等奖 2 项；教师在多种刊物发表教学研究论文 30 余篇。

中心教师以科研能力见长，近五年来，承担国家级、省部级项目近 80 项，其中包括国家"十一五"科技支撑计划课题、国家"十一五"863 计划一级子课题、国家"转基因生物新品种培育科技重大专项"二级子课题（抗病转基因羊培育）、国家科技支撑计划二级子课题、国家自然科学基金面上项目、北京市自然科学基金面上项目以及合作主持北京市自然基金重点项目等，科研总经费约 2 000 余万元；在国内外刊物发表科研论文一百多篇，其中 SCI 文章 20 余篇。

中心人员积极参加国际学术交流，5 年来有 20 人次在国外开展合作研究，20 余人次参加国际学术会议。

四、体制与管理

（一）管理体制

中心实行主任负责制，中心副主任密切配合主任开展工作，加强与各实验室负责人的沟通与协调。根据实验室功能和特点，中心主任统筹调配资源。专职实验技术人员实行竞聘上岗，实验教师与实验技术人员协作完成实验教学。

中心设立教学指导委员会、管理委员会，四个实验教学课程组，通过多渠道收集学生的反馈信息，构成了实验教学组织、管理体系和全方位、多角度的实验教学质量监控体系。

（二）信息平台

在校教务处组织领导下，中心已着手建立信息化平台，中心实验室配备有多媒体设施，全部实现网络化。实验室所有规章制度，实验课程安排，实验项目、内容及要求，实验室人员信息，仪器设备资源及教学信息等面向师生公开。学生根据自己情况选择实验课，进入中心进行实验、实训，实习及毕业设计。

（三）运行体制

中心对本科生全面开放，学生可自带感兴趣的实验题目，进入实验室进行自主设计、自主实验（经指导教师同意后实施）。中心管理制度化、规范化，严格实施实验室人员管理与仪器设备等系列管理制度。

依据《北京农学院本科教学实验工作评价指标体系》，期末组织学生对各实验课程的质

量进行评价，教学督导组每学期对各实验教学人员进行教学质量评定，学生评价和教学督导组评定结果做为年终业绩考核的重要指标。鼓励实验技术人员勤奋上进，配合教师搞好实验教学和教学改革。

教学质量保证体系包括：①师资力量；②集体备课和实验预试制；③期中评估制度；④督导督察与学生评议制度。校教务处对设备维修及运行经费予以保障。

五、设备与环境

（一）仪器设备配置情况

中心现有仪器设备2 839台（件），设备总值3 500余万元。单件10万元以上的仪器设备共 65 件，价值1 282万元。购置经费，主要来源于市、校两级专项和学科建设资金及自筹经费等；大部分仪器设备处于国内先进水平，仪器设备配备的档次符合本科生甚至研究生实验教学的要求，设备配套数具有一定规模。仪器设备完好，利用率高。

（二）维护与运行

实验室专职人员负责仪器设备管理，校教务处保障对设备进行定期维护和日常维修，共同保障各种实验、实习过程中的设备完好与运行。

（三）实验中心环境与安全

中心制订了防火、防盗、防爆、防破坏等安全制度及基本措施。高压容器、易燃、易爆、有毒等物品按规定存放，专人管理。中心配有"三废"装置及生物实验环保和安全措施。实验动物的购置、使用和实验后的处理严格按相关规定执行，生物安全环境达到国家有关要求。

对新进入实验室的学生首先进行安全培训，强化学生安全与环保意识，并定期进行安全、卫生检查。

六、特色

（一）依托区位优势，构建高水平实验教学平台，特色鲜明的都市型动物类人才培养基地

根据北京地区宠物饲养密度大、畜产品质量要求极高等特点，动物医学专业按大类招生，分宠物临床、中兽医、卫生检疫和兽药四个方向，突出中兽医药的特色；动物科学专业开始按照伴侣动物和动物生物技术两个方向招生，并主要向伴侣动物繁育与养护、动物生物技术在伴侣动物繁育中的应用等方面倾斜。

北京市各级政府及教委等部门对中心建设给予了大量专项奖金投入和诸多支持与帮助，为培养特色鲜明的都市型动物类人才基地搭建了"基础实验、专业系统实验、综合实习、创新研究、毕业论文"层次分明的实验实践教学平台。

（二）以临床兽医学重点建设学科和动物科学教学团队平台建设为龙头，科研促进教学、提高本科实验教学水平

北京农学院兽医学专业是国家级特色建设专业，临床兽医学是北京市重点建设学科。中

心教授、副教授比例占 72%，各学科学术带头人和科研创新团队的负责人及教师将相关科研成果有效渗透到实验教学中去，改进实验技术与方法；教师的科研经费支撑学生的创新实验和科研训练、毕业论文，对实验教学水平和实验教学效果的提升产生巨大的作用。学生对参加实验和科研训练的积极性很高，部分学生从低年级开始，主动进入中心，接触毕业论文内容，参加科研和实训工作，明显提高了学生的综合素质和实验技能。

七、实验教学效果与成果

（一）实验教学效果与成果

中心通过加大实践教学力度，鼓励并组织学生参加全国、市级、校级及学院内课程的各种形式实践技能竞赛，使学生实操兴趣逐步提高。在中心教师指导下，各专业本科生正式发表论文 30 多篇。并获多项奖励：全国第二届生泰尔杯动物医学专业技能大赛（2013）二等奖 1 项；第七届"挑战杯"首都大学生课外学术科技作品竞赛（2013）三等奖 1 项；北京市大学生创业设计竞赛（2012）三等奖 1 项；北京农学院"农林杯"学生课外科技作品大赛等一等奖 3 项、二等奖 1 项、三等奖 1 项、纪念奖 6 项。

中心教师近五年共获得多项教学成果及奖励。

（二）辐射作用

依托特有区位优势，联合市级农业应用新技术重点实验室等资源，构建校内、外学生创新实验实习基地。实践教学与京郊区县农业建设相适应，大学生"村官"服务于京郊，从事与动物生产技术应用、推广和经营管理，为都市农业服务。中心参与了北京市畜牧业、宠物业专业人才培训和从事动物生产的农民相关技术培训，并为部分中学生等动物类相关专业知识培训等。此外，还接待国内外师生、学者如美国、日本、韩国、德国、法国、意大利、哈萨克斯坦等 10 个国家和台湾地区的师生实习和实训 1 000 余人次。

八、自我评价及发展规划

（一）自我评价

第一，调整布局，搭建平台。中心对实验课程按研究对象划分功能模块，整合各实验室与校内实践基地，联合校外合作共建单位，构建公共实验与创新实验基地平台。逐步迈向"开放、流动、联合、共享"和面向全校的动物生产类本科生的实验教学和创新实验公共服务平台。

第二，推进中心管理体制与实验教学改革。组建以教授和博士学位教师为主的实验教学团队。实行岗位责任制，按需设岗，按岗考核、绩效分配。实验教学与学生创新研究有机结合，研究生与本科生实验教学有效互动，强调"宽口径、厚基础、重能力"，构建了"基础实验、专业实习、创新研究、毕业论文"的实验及实践教学体系。通过多形式专业性知识与趣味性结合的实践竞赛活动，提高学生参与性、互动性。

"中心"的良性运行与发展将为卓越农林人才的培养创造更优越的条件。

（二）实验教学中心今后建设发展思路与规划

1. 发展思路

依托北京生态环境和生物多样性的资源，利用都市农业经济文化资源优势，形成以实践能力培养为核心，培养创新意识和创新思维，在分层次、模块化的实验教学体系基础上，深入研究实验内容之间的内在联系，科学分类、整合，处理好基础与前沿、经典与现代内容之间的关系。整体规划设计，进一步完善中心体制、机制的改革，加大开放力度，提高实验室使用效率，使其适应培养更高质量的学生。

2. 发展规划

首先，进一步加强实验教学队伍和管理人员队伍建设，建立一支符合首都现代都市型高等畜牧兽医产业发展新趋势要求的学历结构、职称结构、年龄结构的，集较强实验教学力量和实验技术力量为一体的，有高度敬业精神的实验教学队伍。本科实验教学队伍保持总量充实稳定，具有研究生学历者达到 90％以上，其中博士比例达到 80％以上，任课高职人员比例超过 85％。

其次，进一步优化实验教学体系，改革实验内容，增加综合性、设计性、创新研究性实验的比例，每年更新实验项目 15％左右；力争把一部分实验课建设成为北京市级精品课程，并争取获得相关北京市级教学成果奖项。出版具有特色的优秀实验教材、教学参考书和辅助材料 3～4 部。

第三，进一步完善与加强中心科学管理模式建设，优化资源配置，配合学校网管中心等单位，推进信息化管理平台的建设，实现高效管理，科学运转、资源开放共享。管理制度规范化，加强实验室环境资源科学合理的配置和仪器设备的科学管理及高效利用与维护。加强实验条件建设，达到在常规实验中每个学生都能够具有独立的一套实验设备和仪器，单人操作率达到 90％。

通过"十二五"建设，使本中心成为特色鲜明，环境优良，具有高水平、示范作用突出的优秀北京市级实验教学示范中心，并向国家级实验教学示范中心迈进。

执笔人：郭　勇

第四节　经济管理类实验教学中心建设

一、实验教学中心总体情况

（一）中心建设发展历程

1997 年 12 月，筹建了经济管理模拟实验室。实验室建立以来，从 2001—2012 年，经济管理学院先后获得北京市教委专项经费和北京农学院校专项经费的投入约 1816 万元，有力地推动了实验室建设、改革和发展。2008 年，经济管理学院农林经济管理学科成为北京市重点建设学科、农林经济管理专业成为北京市特色专业，为实验室的进一步发展创造了有利条件。

2010 年 11 月，在原有经济管理模拟实验室的基础上成立了经济管理综合实验教学中心。中心成立后，将原有的各专业分散的、单一的实验室，整合重组为1个以功能性为核心的经济管理综合实验教学中心：包括工商管理实验室、会计手工模拟实验室、沙盘模拟实验室、金融与期货实验室、多媒体语音实验室、农林经济管理实验室。

2012年6月，中心搬迁到经管楼。中心使用面积达2 124平方米，现有设备总值1 500多万元，2001年以来新增万元以上仪器设备144件，总值达770多万元。中心现有实验室9间：物流与市场营销实验室（1间）、外贸实训与金融模拟实验室（2间）、农村规划与三农分析实验室（2间）、现代服务业综合实训室（2间）、会计实训与ERP实验室（2间）。

目前，中心以经管楼为主体，构建了面向全校的经济管理实验教学的公共服务平台。面向经济管理学院、人文学院、植物科技学院、城乡发展学院、动物科学学院、计算机与信息工程学院的工商管理、农林经济管理、会计学、国际经济与贸易、市场营销、社会工作、植物生产类、动物科学、信息管理9个本科专业和国际贸易、园林工程技术、商务英语、物流管理、观光农业、农业经济管理、会展策划与管理7个专科专业的实验教学与相关学科的研究生实验教学，同时为研究生和全体教师提供科学研究的实验服务平台。

中心实行校、院两级管理，中心主任负责制，建立了开放、灵活、高效的实验教学管理新机制，实现了人、财、物和实验室空间等教学资源集中的统一管理，制定和完善了一系列的规章制度和工作条例。

在今后的建设中，中心将进一步深化实验教学改革，巩固实验教学成果，扩大示范辐射作用，成为具有都市型特色的实验教学示范中心。

（二）教学简况

中心为本、专科教学提供了良好的实验教学资源，近五年来总计承担了9个本科专业、7个专科专业的实验教学任务，共有实验课52门，实验项目456项，总计实验学生109 954人次（平均每年21 990人次），322 516人学时数（平均每年64 503人学时）。为学生科技创新活动提供了实验基地，为研究生培养和教师科研提供了服务，实现了资源的高度共享，提高了资源的利用效益。

（三）环境条件

中心的实验教学用房有11间，实验用房使用面积2124.25平方米，可以满足实验教学的使用需要。到2014年3月，中心购置实验仪器设备1 299件，教学软件32套，仪器设备总值1 200多万元，设备完好率97.63%。

实验室内的仪器设备功能配置完善，仪器设备布局合理、摆放整齐，实验环境整洁明亮，为学生营造了良好的实验教学条件和环境氛围。

（四）教材建设

中心已出版实验教材有：《国际贸易案例精选》《企业财务业务一体化模拟实战演练》《企业会计模拟实战演练》《国际贸易实务》《会计学基础实训与案例》《会计学原理实训教程》《会计学综合实践教程》《国际贸易单证实操教程》《营销策划实务》《国际贸易单证实务》。自编实验讲义、参考教材目前没有。

（五）近五年经费投入数额、来源及主要投向

经费投入：中心近五年来获得北京市教委专项和校内专项投入共计人民币 1 100 多万元。新增万元以上设备 136 台，总值 610 多万元。

经费来源：北京市教育委员会教学专项和北京农学院校内专项。

主要投向：实验设备更新；实验室改造；实验教师和技术人员培训等。

（六）近五年中心人员教学科研主要成果

科研项目：中心师资队伍 40 人，其中专职 4 人。专兼职教师承担国际项目 2 项、国家部委项目 24 项、市级项目 41 项、横向课题 48 项、北京农学院校级课题 11 项。

科研成果：国家科技进步奖 1 项、全国商业科技进步奖 1 项、国家粮食局优秀软科学研究成果奖 1 项、北京市哲学社会科学优秀成果奖 3 项、北京市科学技术奖 5 项、中国农业科学院科学技术奖 2 项、新农村建设暨城乡一体化优秀调查研究成果奖 3 项、全国科普先进工作者、北京市科普先进工作者等 4 项、新品种选育及其推广应用奖 1 项、获奖优秀论文 2 篇；发表科研论文 194 篇，其中被 CSSCI、ISTP、ISSHP、EI 检索 43 篇；科教兴农 50 次；社会服务工作 42 次。

教研项目：专兼职教师承担北京市教委教改项目 2 项；校级教改项目 13 项；系级教改项目 3 项；市级精品课程 1 项；校级重点课程建设 4 项；校级网络课程建设 15 项；市级特色专业建设 1 项；校级特色专业建设 1 项；市级优秀教学团队建设 1 项；校级优秀教学团队建设 2 项；大学生学科竞赛 3 项；大学生科学实验与创业行动计划（文科）2 项。

教研成果：获得全国商科院校技能大赛市场调查分析专业竞赛总决赛优秀辅导教师奖 2 项、全国高等农林院校优秀教材 1 部、北京市高校多媒体教育软件大奖赛三等奖 2 项、北京市多媒体课件大赛二等奖 1 项、北京市首届教学课件优秀奖 1 项、北京市教育科学研究优秀成果奖 1 项、北京市高等教育教学成果奖 1 项、北京市优秀教学团队 1 项、北京市精品教材 1 部、校级优秀教学团队 1 项、校级高等教育教学成果奖 12 项、校级优秀课程 3 项、校级教学竞赛奖 2 项、其他各种教学奖 9 项；编写教材 42 部、实验实训教材 5 部、专著 59 部；发表教改论文 40 篇；对外交流 153 次。

二、实验教学

（一）实验教学理念与改革思路

树立"以学生为主体，以教师为主导，以培养能力、提高素质为目标"的实验教学理念，按照"宽口径、厚基础、重能力"的人才培养目标，结合北京优势和北京农学院各学科的特色，科学构建分模块、分层次的实验与实践教学体系，加大改革与建设力度，建成"设施一流、设备精良、队伍精干、管理科学、开放高效"的实验教学环境，使实验教学达到国内先进水平。

（二）实验教学总体情况

中心近五学年来总计承担了 9 个本科专业、7 个专科专业的实验教学任务，52 门实验课，共计 456 个实验项目，实验项目开出率为 100%，有综合、设计、创新实验所占比例

为 100%。

（三）实验教学体系与内容

1. 实验教学体系建设

中心的实验教学体系，是基于经济管理类学科专业的知识技能体系，充分考虑社会、企业的工作流程等对于经管人才综合素质的需求的特点构建起来的，该体系包含经管基本技能实验、专业仿真模拟（综合）实验和职业能力训练三个层次组成：

（1）经管基本技能实验。经管基本技能实验主要包括各专业基本技能的训练和各专业应用软件的熟练使用等内容。经管基本技能实验的特点是专业针对性比较强，专业实验的内容比较具体。因此，提供各专业基本技能训练所需要的专业软件，并保证基本技能实验的时间与效果，是搞好经管基本技能实验的关键。例如：物流管理、国际贸易、ERP 生产管理系统、财务软件的使用等。

（2）专业仿真模拟（综合）训练。专业仿真模拟（综合）训练主要包括各专业仿真模拟的实际操作、实战训练等内容。它的特点是仿真性和实战性效果很强，对实验教学环节软硬件条件及整体环境的要求非常高，而且，为了达到预期的实验教学效果，所需要花费的实验教学时间也比较多。因此，为相关专业的仿真模拟（综合）训练提供较好的软硬件条件及良好的实验教学氛围，保证实验室的开放时间，是搞好专业仿真模拟（综合）训练的关键。例如：财务会计岗前培训、电子商务网站建设、国际贸易实务实习等。

（3）跨专业能力训练。跨专业能力训练主要是指与学生就业相关的各种职业和岗位实践能力训练等内容。跨专业能力训练是专业仿真模拟或综合训练的更高级阶段。它不仅专业性更强，而且应用性体现得也更加明显。跨专业能力训练不仅能够更好的帮助学生拓宽就业门路，而且也是对中心承担专业实验教学任务与能力的真实考验。因此，配合相关各专业实验教学环节的建设，努力体现和落实应用性教育，是搞好跨专业能力训练的关键。跨专业能力训练包括企业认知与经营决策沙盘模拟、现代服务业大实习和科技竞赛、建立虚拟企业等方式，完成具体的真实任务，锻炼学生的综合专业能力。

2. 实验课程、实验项目名称

中心近五学年来总计承担了 9 个本科专业、7 个专科专业的实验教学任务，52 门实验课，共计 456 个实验项目。

3. 实验教学与科研、工程和社会应用实践结合情况

中心注重将实验教学与科研、工程和社会应用实践相结合，为不同的专业构建起了各具特色的实验教学体系。

（1）在工商管理专业中引入经营实战训练的理念。在一年级开设的工商管理专业概论课程中增加未来职业倾向的测评分析，目的是引导工商管理专业本科生树立职业意识，通过职业倾向分析，认清自身兴趣与能力，预设职业定位，为进一步开展择业教育提供基础。从三年级开始，鼓励学生选修市场营销实训、人力资源管理实训、物流管理实训等与获得通用能力职业资格证书相关的课程，并积极参加通用能力职业资格证书考试，为四年级的求职以及就业奠定扎实的基础。

（2）在国际经济与贸易专业中已经构建了分层次的实践教学体系，即基础实验层、综合提高实验层和研究创新实验层三个层次。

第一，基础实验层。基础实验层是开展科学研究、科学创新的基础。在该层次的教学中，主要注重学生对基础知识的积累，对专业知识的了解，以及相对简单的应用。在一年级开设专业教育，通过对专业方向的应用，培养学生的职业意识。在二年级、三年级的课程教学中，融入基础的实验内容，尤其是微观经济学和宏观经济学，创新性的引入实验教学体系，采用国内最先进的实验经济学软件，以仿真的方法创造与实际经济相似的实验室环境，通过在学生全员的参与过程中，不断改变实验参数，以获得不同的实验结果，通过学生自己对实验数据的加工和整理，检验已有的经济理论及其前提假设，加强学生对经济学理论的掌握。在统计学教学中，增设 16 个课时的上机实验，将枯燥的理论讲授转化为统计数据的搜集整理和显示，并利用 SPSS 和 EXCEL 对数据进行分析，统计学实验中实验报告的撰写可以帮助学生掌握项目报告的基础写作方法。除此之外，基础实验层还包括了 2 周的英语听说强化训练和商务英语写作模拟实训等。

第二，综合提高实验层。综合提高实验层教学平台开设的全部实验，都以国际经济贸易和投资学两个专业的专业应用为主线，学生参与实验设计为前提，教师的科研成果为来源，开出一批有特色的实验。这一实验平台主要包括三类，第一类为课程类专业实验，包括一周的金融会计实务，一周的证券投资学实习，一周的国际贸易实训，一周的经管类跨专业综合实训等。第二类为资格考试类，包括证券从业人员资格考试、报关员考试、国际贸易跟单员考试。第三类为竞赛类，包括 POCIB 全国大学生外贸从业能力大赛和证券模拟大赛等。

第三，研究创新实验。研究创新实验采用以"学生为主体，教师为主导"的开放式实验教学新模式，实验过程注重方法论、创造性科学思维的培养，强调学生的实验应用能力。针对经济系学生专业特点，经济系构建了非课程研究性学习和课外创新实践等内容丰富的研究创新实验。非课程研究性学习以大学生暑期社会实践为依托，通过学生调研、报告撰写等方式培养学习的实践能力。课外创新实践则通过鼓励学生参加创业杯等全国性专业比赛，提高学生的综合实践能力，同时还鼓励学生参与到教师的课题当中，进一步培养学生的研究能力。

（3）在会计专业中注重学生创业能力、实践能力和综合执业能力的培养。根据专业特点，采取不同的实践模式，以培养学生的会计业务技能、动手实操能力和职场能力为导向，着力提高学生的实践意识、实践素质和实践能力，全面提高教学质量和毕业生就业竞争力。学生从第三学期开始，中心陆续开设会计学原理起步实训、财务会计手工模拟实训、会计电算化信息处理、会计岗前实训等实验课程。会计学原理起步实训是针对刚接触会计理论的大学生开设的，设计一套简单而相对完整的经济业务，让学生采用会计凭证、会计账簿、会计报表进行操作，让学生从感性认识上了解会计的操作流程，从实务操作上激发学生对理论学习的兴趣，继而对会计的操作介质和会计的处理程序形成初步认识。财务会计手工模拟实训是在学生已掌握了一定的会计理论知识和会计实务操作知识以后开设的，在中级财务会计课程教学完成后，集中两周的时间，在手工模拟实验室中完成。以锻炼学生的实践操作能力和团队合作能力。会计电算化信息处理实训，使学生进一步掌握了会计电算化信息系统的功能与操作方法，实现了从手工会计核算向电算化核算的转化，为学生日后走上会计电算化岗位奠定了良好的基础。会计岗前实训以就业为导向，以能力为本位，其落脚点就是满足社会的需求，从会计职业岗位需要出发，培养学生在未来实际工作中的操作能力和职业判断能力，奠定学生就业基础。根据现代企业对会计职业岗位的要求，设置出纳、会计核算、审计、税务会计、财务管理、会计电算化等职业岗位，同时，设计外围环境，如工商、税务、银行、审计及会计师事务所等部门，建立与会计岗位相互对应的实践教学模块，把每个会计岗位的应知应会知识点和能力要素落实到实训课程中。同时，有意识地对学生进行职业素质训练，培养会计工作人员应具备高尚的道德情操和良好的职业素养。

（4）在市场营销专业中引入综合实训的理念。在一年级开设的企业认知中增加市场营销方向的企业经营环境认知等内容，意在对市场营销专业学生树立市场经营主体适应环境的意识，通过宏观和微观政策的趋势性分析，认识企业、自我和专业方向定位，为开展营销综合实践教育奠定基础；在二、三年级开设营销综合实训、营销综合实践等培养专业知识综合应用能力课程，重点开展专业知识综合应用的训练、通过提供仿真实训软件、开展营销策划竞赛、现代服务业经营模拟等，全面提升学生理论结合实践而应用专业知识的素养。在实验课程的教学计划中，实验室配合各专业实验教学需要，全面增加了实验教学环节的学时数量，使实验教学占总学时的比例超过了30％。如市场营销专业结合物流管理课程和物流沙盘及应用软件，开出了落实物流规划能力培养的物流沙盘模拟训练；结合网络营销软件和客户关系管理软件、在实验实训环节开设网络营销及CRM实训等相应实验教学内容，同时还组织学生结合软件应用进行相应的应用技能竞赛与互动。

（5）在农林经济管理专业的教学计划中，增加了实验教学环节的学时数量。为了进一步培养学生的专业能力，突出实践操作能力，在农林经济管理专业的专业课程农业项目投资评估增加了8学时实验，农业技术经济学增加了12学时实验，使实验教学占总学时的比重达到了25％。为了更好地开展实验教学，购买和安装的农业项目投资评估、农业技术经济学等课程适用的软件，为学生在实验室计算机上进行上网操作和实践模拟提供了良好的条件。尤其在农业技术经济学课程软件的使用中，通过实验让学生更深入直观地理解和掌握农业技术经济学的基本理论、研究方法、分析的步骤和程序，从而达到实际应用的目的。根据课程内容确定了一系列的实验项目，主要包括：运用MATLAB软件实现综合评分法来评价农业技术经济效果的评价；运用Microsoft office软件包中的EXCEL实现线性规划（LP）分析农业生产结构及其优化问题；运用EVIEWS，SPSS软件测定农业技术对经济增长的贡献，其他物质投入要素对经济增长的贡献；运用FRONTIER软件或DEAP软件采用包络分析法（DEA）和随机前沿法（SFA）分析农业技术效率问题。

（四）实验教学方法与手段

1. 实验技术

经管类的实验教学工作，主要是利用中心的场地、设备、信息、网络环境以及经管类的各种应用软件，使学生在国际经济与贸易、企业生产运营管理、电子商务、会计、ERP、证券、外汇、期货、物流管理、市场营销等方面得到真实、有效的锻炼。在仿真环境和模拟软件的支持下，流程要素及要求等一目了然，从而提高了学生的学习兴趣、自主动手能力以及对问题的综合判断与应用能力。

2. 实验教学方法

在实验教学过程中，实验指导教师主动采用项目驱动式的教学方法，在开展实验项目的过程中，组织学生进行团队协作式学习，努力使教、学、做相结合，强化学生综合能力的锻炼与培养。

3. 实验教学手段

中心重视教学手段的改进，在学校支持下，改善了实验室外部环境，并对实验室内部的教学条件进行改造，提高了实验室现代化水平，鼓励教师采用多媒体技术和网络教室实现实验教学多媒体化和网络化；通过教学录像、多媒体技术等现代教学辅助手段，引导学生独立地完成实验，提高实验技能，为学生提供丰富的学习素材，帮助学生掌握实验技术。实验中心基于网络资源利用，建立了全新的网络实验教学平台为教师与学生提供无时空限制的交流通道，可在网上完成辅导、答疑等工作。

4. 实验课考核办法

为了培养学生的专业素质、实践能力和创新能力，引导学生由"学习、考试"型向"学习、思考、研究、创新"型转变，实验教学的考试与考核鼓励创新，制定了"平时成绩＋实验操作＋考试成绩"相结合的实验考核原则，各实验课可根据各自课程特点制订相应的具体考核办法。

主要体现为：

（1）过程考核与结果评价相结合：中心积极探索文科实践实验课考核方式方法，根据各实验课程特点制定考核办法，注意过程考核和结果考核并重。过程考核注重学生在每个实践实验过程中的综合表现和参与活动的质量，结果考核则注重专业技巧的综合运用的考量。如实习成绩根据实习机构督导评语、实习考勤表、教师日常督导记录、学生实习总结报告以及学生实习表现等结合评定。

（2）基本技能考核与创新能力考核相结合：要求学生在掌握基本技能的基础上，注重考核学生设计和再创能力。

（3）考核手段多元化：根据各实践实验课程的不同要求，各实践实验课程采用不同的考核方式，有口试、笔试、情景再现、实际操作等多种形式。

三、实验队伍

（一）队伍建设

中心从 1997 年建设至今，积极鼓励硕士以上学历的中青年教师参与实验教学，并使其成为实验教学的主力。同时，聘任兼职的专业教师参与实验教学，构建合理的专兼职实验教师队伍。建立了一支教学与学术水平高，敬业和创新精神强，结构合理、团队精神突出，以中青年学术骨干为主体的高素质实验教学队伍。

按照《北京农学院关于加强本科实践教学的意见》《北京农学院本科实验教学管理规定》等办法，以及《北京农学院实验技术人员管理暂行办法》等学校文件与学院建设与发展规划，制定队伍建设规划，目前中心成员平均年龄 41 岁，具有高级职称成员所占比例为65％，博士所占比例为 52.5％，硕士为 35％。

（二）实验教学中心队伍结构状况

1. 队伍组成模式

经过多年来不懈的努力，中心已经形成了一支由高水平的学术带头人为核心，以中青年为骨干，结构合理，学科、专业覆盖面较广，能够胜任实验教学工作的团队。中心现有专兼职人员 40 人，其中教授 7 人，占 17.5％；副教授及高级实验师 19 人，占 47.5％；博士所占比例为 52.5％，硕士为 35％。

2. 培养培训优化情况

经过建设，初步建立了一支符合新形势要求的学历结构、职称结构、年龄结构较为合理，敬业精神强，业务水平较高的实验教学队伍。

重视教师和实验人员的业务培训，有计划地安排相关人员进修、学习，鼓励和支持结合本职工作继续深造，参加业务研讨会。采取请进来，走出去的方法，与兄弟院校进行工作经验交流。

近五年来，先后 187 次派出实验中心教师、管理人员到全国各地进行技术培训、进修、考察和交流。

已经建立了明确的岗位责任与应聘解聘制度，制定一系列行之有效的奖惩制度、考核分配制度，包括要求和鼓励教授、副教授上实验课、指导学生创新实验、校内外实习基地、科研训练和毕业论文等。

四、体制与管理

（一）管理体制

1. 实验中心建制

中心实行由校、二级学院两级管理，中心主任由二级学院院长担任。

中心主任根据管理需要，推荐中心副主任 1～2 名协助主任工作，推荐人选上报学校审核批准并任命。

2. 管理模式

中心实行主任负责制，人、财、物统一管理调配，协调资源共享，组织制定并实施中心发展规划、年度建设计划和经费使用计划；组织审定与执行实验教学计划，安排并检查落实教学任务；组织实验教学改革与实验教材编写；组织制定并实施中心各项管理制度，按照岗位目标聘任、考核中心人员；组织对外开放服务。

中心设立建设与管理委员会，负责教学实验室常规管理与设备维护，档案、公共实验设施设备的管理维护；制定中心仪器设备的采购计划和仪器设备的使用、管理、维护；负责实验材料等采购与管理。

中心实行岗位责任制，按需设岗、竞聘上岗、按岗考核、绩效分配。围绕实验教学和学生创新研究，实行实验室开放式管理。

中心制定了一系列的实验教学中心管理制度文件，规范并完善了教学管理、设备管理、人员管理、信息收集与管理及安全管理办法。实现实验设备的计算机管理，做到仪器设备名称、规格、型号、学校编号等项目账物相符；实验设备的完好率达到 97.63％；所有教学实验室为多媒体实验室，实现了网络化教学和管理。

3. 资源利用情况

中心从创建之初，就制定了"开放、流动、联合、共享"的八字方针，建设面向全校学生的经济管理实验、实践的公共服务平台。按照"集中空间、仪器设备、实验技术人员，统筹规划，统一管理，支持实验教学内容和管理体制改革，提高效率，提高教学质量"的原则，显著提高了中心使用率。

（二）信息平台

中心依托学校的"网络学堂"建设项目，及时地开展了网络化的实验教学工作，在专用网站上向学生们提供了实验教学的项目简介、实验教学大纲、实验教学指导书和实验教学多媒体课件等内容。在网络上进行答疑、收发学生作业，不仅为学生的自主学习提供了更多的学习机会，而且对规范各种实验教学文件、提高实验教学课件的制作质量等，也起到了非常积极和有效的促进作用。

中心为所有的实验室都安装了局域网并统一接入了互联网，为所有的实验室都安装了多媒体教学设备。力图通过加速中心网络、计算机和信息技术的建设，充分利用网络信息和教学资源，努力为学生提供更多的学习和信息渠道，为学生的自主学习提供更多的选择机会。

（三）运行体制

1. 中心的运行机制

（1）中心负责对实验室建设进行整体规划，对各教学单位进行协调，对实验教学质量进行监督、控制，对实验设备实行集中管理、统一调配。中心主任负责实验教学的具体业务工作，以及仪器设备的购置、建设和管理工作。

（2）各专业实验教学负责人具体负责本专业实验室的建设规划、实验教材和实验内容以及相关资料的建设工作。

（3）中心由专职实验管理和实验技术人员以及专兼职的实验指导教师这两大部分人员组成。专职实验管理和实验技术人员重点负责中心的日常工作，包括中心实验室的建设、实验设备的日常管理与维护、实验教学的准备与安排、实验文档资料的管理等工作；专兼职实验指导教师重点负责实验教学的组织，实验教材的撰写、实验教学内容、手段与方法的实施等工作。

2. 开放运行情况

按《北京农学院教学实验室开放基金管理规定（试行）》《北京农学院本科实验教学管理规定》《北京农学院实验室开放管理办法》等办法，中心建立了开放、灵活、高效的实验教学管理新机制，白天、晚上、周末均安排实验课。中心五年来总计承担了 16 个本、专科专业的实验教学任务，52 门实验课，109 954 人次，322 516 人学时数（平均 64 503 人学时/年）。在优先满足本科生教学需要的基础上，统一安排协调，本科生和研究生的科研训练、毕业论文以及教师的科研，基本实现了实验室的全天开放。本科生的创新实验、毕业论文、参与教师科研的部分实验、研究生的实验、教师的部分科研实验等，均可以申请在中心完成。

3. 管理制度

为了保证实验室的全面开放，实行目标、岗位责任制管理，实行使用实验室登记制度，制定了一系列的管理规章制度和办法，除北京农学院实验室管理制度外，中心还根据专业特点制定了管理制度，如《经济管理综合实验教学中心低值用品管理办法》《经济管理综合实验教学中心工作档案管理制度》《经济管理综合实验教学中心防火职责》《经济管理综合实验教学中心分工细则》《经济管理综合实验教学中心会计核算室管理规定》《经济管理综合实验教学中心实验员工作职责》《经济管理综合实验教学中心卫生管理规定》《经济管理综合实验教学中心学生机房管理规定》《经济管理综合实验教学中心仪器设备管理办法》《经济管理综合实验教学中心中心机房管理规定》《经济管理综合实验教学中心实验室大型精密仪器的使用管理办法》《经济管理综合实验教学中心计算机房安全管理条例》等。

4. 考评办法

中心除采取平时成绩与期末考试成绩相结合的考评方法外，还采用现场操作或口试的综合考评方法。设计型实验项目还采取成果展示、答辩等方式进行考评。平时成绩以实验操作、实验能力、实验结果及实验报告是否准确、规范为主要依据。

5. 质量保证体系

学生是实验教学的主体，而教师起着实验教学的引导作用，这样就要求实验课教师不断加强自身学习，扩展和更新自身的知识与技能，认真进行实验教学。

通过聘请有丰富教学经验的资深老教师组成教学督导小组，经常深入实验室听课，并对实验课的各个教学环节做出综合评价，促进教师改进实验教学方法，提高实验课的教学质量。

通过学生评教，反馈对实验课的意见和建议，以利于教师改进教学。

中心对实验教学质量实行整体的监测控制，了解各个环节的情况，反馈信息，及时改善教学。

6. 运行经费保障

中心的运行经费主要由学校提供，其中：

（1）教学软件的采购主要由各系向学校申报专项经费，由学校从教学引导经费中开支。

（2）常规教学实验经费的支出（含实验材料费、设备与环境维护费）、实验室日常办公经费的支出，主要是从学院的教学经费中支出。

（3）师资及管理人员的进修与培训经费，主要是从学院的教学经费、学校的教学引导经费和市人才强教专项经费中支出。

近五年来由于中心各种主要的实验教学设备一直都处在不断地更新状态下，有一部分设备还处于保修期内，实验教学设备的完好率始终都处于较好的水平，所以，中心的日常运行经费基本保持在 5 万元/年左右，完全可以保证实验教学工作的顺利进行。另外，学校在实验教学中心和实验室建设方面的资金投入逐年递增，为有效地保证中心的正常运行提供了有力的经费支持。

五、设备与环境

（一）仪器设备配置情况

中心建设获得了北京市教育委员会教学专项的支持，对中心的购置经费给予了保障。2001—2013 年，北京市专项、学校专项经费等累计投入达 1 800 多万元。2001 年以后新增500 元以上仪器 1 329 台套，总价值达 1 200 多万元。其中单价在万元以上的实验教学设备135 件。经费中用于新建和改建实验室基础设施的建设经费 280 多万元。

（二）维护与运行

1. 仪器设备管理制度、措施

执行学校资产处与教务处等关于仪器设备管理制度《北京农学院教学仪器设备维修管理

办法》《北京农学院实验室仪器设备丢失损坏赔偿制度》外，中心制定了一系列相关管理制度、办法和措施，包括实验室使用和安全、仪器设备管理、低值易耗材料采购及管理等制度和措施实施设备管理与使用维护。如：大型设备专人管理，管理人负责仪器设备档案的建立和管理工作、保管相关实验仪器设备的说明书、建立各类仪器设备的使用记录、每学期统计各教学实验室分管设备的使用率和完好率、设置专人负责维护和保养中心的各种仪器设备，对仪器设备出现的问题及时安排维修事宜，保证各种仪器设备处于良好使用和运行状态。如果出现由于管理不善、工作失误而造成的仪器损坏和丢失的情况，中心按规定对相关责任人予以处罚等。

2. 维护维修设备经费保障

学校专门针对教学仪器设备设立了维修基金，由学校教务处和资产管理处共同管理，并有相应的管理措施和办法，优先保证教学用实验仪器设备的维修维护，专款专用。中心根据实际需求，专门列项申报使用（上报教务处和资产管理处），现已利用相关经费对仪器设备进行了维修维护，从而保证中心仪器设备的完好率（97.63%），为实验教学提供良好的硬件条件。

（三）实验中心环境与安全

中心的实验教学用房有 11 间，可以满足实验教学的使用需要；实验室内的仪器设备功能配置完善，仪器设备布局合理、摆放整齐，实验环境整洁明亮，为学生营造了良好的实验教学条件和环境氛围。

（1）所有的实验室，都配备有专用地线和防雷电装置，所有的计算机都连接到局域网络内，并均可通过光纤接入 Internet。

（2）所有安装计算机实验教学设备的实验室，除安装有硬件多媒体设备以外，还安装有软件多媒体系统，可以对学生的学习过程进行实时的监控。

（3）中心的教学管理、设备管理和运行管理等工作，都实现了计算机网络化和智能化的管理。

（4）在各计算机实验室，安装了"云平台"管理系统，对实验室的开放情况实现了开放式和智能化的管理。

（5）所有实验室的电源容量余度、通风和照明条件良好，符合实验室的设计标准；所有实验室和实验准备室都安装了空调，所有实验室的水、电布局安全、规范、无污染或有害物质、无三废和放射性物质，符合国家安全环保标准。

（6）所有有计算机的实验室都安装了视频监视系统，配备了专用的消防器材，实现了防火、防爆、防盗、防破坏等四防措施。

（7）中心实行安全目标责任制，每个实验室都确定一名安全责任人，具体负责该实验室的卫生、消防、安全防范等工作。中心建立了严格的安全防范措施，并定期接受学校有关部门的严格监督、培训和检查考核。中心十分重视对师生进行安全教育，学生初次进入实验室时，实验教师都按规定先介绍实验室的安全条例和安全实验的知识，有效地保证了实验室的正常运行。

六、特色

中心在从事经管类实验教学的工作中，大胆探索、积极实践、认真建设、不断完善，逐步建立起了与经管类实验教学任务相适应的实验教学体系与运行管理机制，并且在实践中形成了自己的特色。

（一）实验教学面向学科、专业交叉的体系结构

在多个专业共性和个性实验教学的基础上，调整结构，优化组合实验平台，合并实验内容，使软件与硬件交叉，加强了实验平台的通用性，提高了实验教学的资源共享率，有利于拓宽学生专业知识、加强学生的实际动手能力。

（二）不断更新实验内容，强化学生创新能力培养。

为本科生新开设了一系列的研究创新型实验项目，学生的创新能力得到明显提高。

（三）利用现代网络技术，实验网络化教学

中心挂靠学校网站，建立了学院自己的网页，将实验中心的资源整合在一起，方便老师和学生访问。实现了教学内容和电子教案的学习与下载、实验项目网上发布与更新等功能，为进一步深化计算机基础实验教学改革提供了有力保障，提高了实验室的管理水平。

（四）利用高新 IT 技术，实现中心的网络化、智能化、科学化管理

利用高新技术，实验中心可以轻松完成如下的工作：

（1）使用网络同传技术，以广播的方式克隆学生计算机的操作系统及应用程序，大大提高了机房维护效率。

（2）建立瑞星杀毒软件系统中心，由单机杀毒发展到网络防护，实现了计算机网络病毒综合防护的技术性飞跃。

（3）建立 Ftp 服务器，学生作业提交到服务器，便于存档。老师可以在任意一台计算机上批改学生作业。

（4）应用虚拟计算机技术这一最新概念，解决了实验中心计算机需要多操作系统、多台计算机联机的难题。

七、实验教学效果与成果

（一）实验教学效果与成果

中心建立以来，总计承担了 16 个本、专科专业及方向的实验教学任务，学生学习效果如下：中心的建设为人才培养提供了有力的支撑，教学条件得到明显改善；学生学习积极性明显增强；主动性与动手能力明显提高，综合实验素质与实验技能明显增强；实验教学效果明显，学生实验技能掌握扎实，实验动手能力强，综合素质高。毕业生不论是进入研究生阶段继续学习，还是走向社会参加工作，都受到用人单位的欢迎和好评。

近年来，中心组织学生多次参加了"用友杯"ERP 企业经营决策沙盘模拟全国大赛、"兴业杯"股票模拟大赛等各种竞赛活动并取得了较好的成绩。各类大赛是课堂教学的延伸，可以让学生从沉闷的课堂中走出来，缩小了学和用的距离，激发了学生的学习乐趣和欲望，促使学生自发学习、主动学习，丰富了学生的知识，提高了各专业学生参与实验教学的积极

性和实效性。

目前，在北京市众多单位的中上层领导以及业务骨干中，有许多是我校经管学院的毕业生，他们在北京市经济建设和社会发展中发挥了举足轻重的作用。

学生深受用人单位欢迎，说明中心实验教学定位准确，符合社会的人才需求。

（二）辐射作用

中心率先在校内进行了实验教学资源优化整合，成功搭建了经济管理实验教学平台，尤其在实验教学改革方面进行了积极有效的探索，积累和总结了一整套实验教学中心建设与管理改革的有益经验。来讲学与学术交流的专家学者都对我们的实验室建设与管理一致给予好评，对其他学科、兄弟院校的实验中心的建设起到了良好的示范辐射作用。

目前已有 20 多所高校相关专业人员来考察中心的建设。部分教师还多次参加了"全国高校经济管理类专业实验室建设会议""全国高校校级综合实践教学平台及特色专业建设高峰论坛"等交流活动，将中心实验室建设的经验与全国多所高校的相关专业进行了充分交流。

中心的实验教师赴英国、美国、澳大利亚及中国香港、中国台湾等地进行交流访问。使得社会各界对北京农学院经管学院的教学与研究有了更多的了解和认识，对于中心实践教学的创新性做法给予了好评。

八、自我评价及发展规划

（一）自我评价

近年来，在上级主管部门和学校的大力支持下，中心充分认识并坚决落实实验教学在学校人才培养和教学工作中的重要地位，锐意进取，在实验教学改革、教学资源共享，实验室建设和管理等方面进行了积极有益的探索。中心的建设理念与思路明确，软硬件条件及环境建设的现代化水平较高，在经管类专业实验教学体系设计、校内外实验环节建设、实验课程与综合实验环节开发、实验教学的组织实施与运行管理等方面都取得了较好的成绩。中心承担了我校近 1/6 学生的专业实验教学任务，工作量饱满；在学生实践技能和创新能力的培养方面，资源共享实验室及实验设备的管理与维护等方面起到较好的示范作用。目前，中心实验教学面向的专业众多，覆盖面广，已成为重要的人才培养、教学研究、科研与发展、社会服务的重要实验基地，在人员的专业水平、学历层次、科研能力、仪器设备的装备水平、实验室的管理水平等方面已基本达到规范性实验教学工作的要求。

（二）实验教学中心今后建设发展思路与规划

1. 加强教师队伍建设，优化师资队伍结构

注重发挥资深教师对实验的指导作用，支持实验技术人员和指导教师进修学习；继续鼓励中心教师在职攻读硕士、博士学位，组织实验教学教师参加科研。要进一步改善实验指导教师的学历结构，拓展实验教学队伍的视野，提高实验教学队伍的水平。建立一支具有创新精神、教学水平与科研水平双高的实验中心管理队伍，教授担任中心主任，副教授担任副主任，高级实验师或副教授担任实验室主任。建立一支具有创新精神、高素质、复合型的实验教师队伍和实验技术队伍，具有博士学历的教师将超过 70％。完善实验技术人员的培训制

度，与国内外开展广泛交流。

2. 加强课程建设，加大实验更新力度，建设实验精品课程

紧密结合经济管理的最新研究成果不断调整和更新实验教学内容；在教学大纲的指导下，有计划地编制和出版中心各课程的实验教材，在充分体现本学科内涵的基础上尽量吸收本专业的新技术、新方法、新设备的现代实验技术和手段，充分体现经济管理综合实验教学中心的职能与特色，并争取在"十二五"期间建设1～2门实验精品课程。

3. 完善实验室的开放运行体制

建设1～2个对本科生全面开放的开放性实验室。实验室开放期间，学生可自由选择时间和实验题目进行实验。学生可以做基础实验，也可以根据学生自己所感兴趣的问题，通过查阅文献、参考书等将某些科研成果、生产或生活中遇到的实际问题设计实验方案。科研课题组进一步对学生开放，创造条件，扩大进入科研课题的本科生比例和范围。加大实验室对社会的开放的，扩大实验教学的受益群体。

4. 加强网络化建设

建立以学生为本的信息平台。在实验教学中充分发挥多媒体教学、网络教学资源信息化的作用，为学生网上学习、在线测试和成绩管理等搭建信息化平台。

5. 进一步优化实验教学平台

中心在今后的实验教学和管理中，将全面贯彻落实教育部《关于加强高等学校本科教学工作提高教学质量的若干意见》文件精神，进一步提高高等学校实验室的建设和管理水平，推进实验教学改革，保证教学质量，建设具有辐射、示范作用的实验教学示范中心的实验教学管理和运行平台，为培养适应新世纪国家经济建设与社会发展需要的、具有竞争能力的高素质人才创造条件。

执笔人：黄漫红

第五节　园林学院实践实验教学中心建设

一、实验教学中心总体情况

（一）中心建设发展历程

园林学院的实验室从1983开始建立。1983年林学专业的创办招生成立了造林实验室、森林经理实验室、树木学实验室、森林保护实验室。1986年新增了园林专业，随之又成立了园林制图实验室、园林设计实验室、园林工程实验室。1997年10月全院资源整合后成立了园林植物实验室和园林工程实验室。园林植物实验室涵盖了造林实验室、森林经理实验室、树木学实验室；园林工程实验室涵盖了园林制图实验室、园林设计实验室、园林工程实验室。2000年新增了森林保护与游憩专业（2005年调整为旅游管理——生态旅游方向本科专业），2002年新增艺术设计——城市环境艺术方向本科专业。随着专业的增加2004年7月改名为植物与生态实验室和设计与工程实验室。2007年开始招收园林植物与观赏园艺二级学科的硕士研究生。至此，园林学院经过30多年的发展，已从只有林学一个专业的林学系，发展为林学、风景园林、园林、旅游管理、环境设计5个本科专业和林学、风景园林学

2 个一级学科。为了集约利用资源，满足教学和科研需求，2009 年实验室再一次资源整合，统一调配，成立了现在的"园林学院实验教学中心"。

(二) 教学简况

由于专业特点，园林学院的实验实习课较多。以 2011－2012 学年为例（每学年基本相同），实验课面向林学专业、园林专业、风景园林专业、旅游管理专业、环境设计专业，共 81 门，44 个班级，1 320 名学生，3 564 学时，实验项目次数 1 178 次。实习课 44 门，42 个班级，总计 296 天，折合 2 368 学时。

(三) 环境条件

新启用园林楼，实验用房使用面积 9 100 平方米，设备台件数 2 711 件，设备总值 2 136. 07 万元，设备完好率 96% 以上。

(四) 教材建设

石爱平主编的《园林树木栽培基础应用技术实训》，2011 年由气象出版社出版。
王丽、关雪莲主编的《植物学实验指导》，2013 年由中国农业大学出版社出版。

(五) 近五年经费投入数额来源主要投向

近五年来争取到教委专项经费用于实验中心建设共计 1 400 万元，主要用于课程实验室建设，如园林工程实验室建设、艺术专业实验室建设、旅游综合实验室建设、园林植物分子育种实验室建设等；专业公共平台建设，如园林系机房改造、旅游模拟软件建设、植物学显微互动实验平台、植物标本室建设等硬件条件建设；各专业实验室和校内基地设备的补充，如测量实验室仪器补充、设施花卉基地设备添置、艺术模型实验室耗材购置、北农科技园西区苗圃建设等。

(六) 近五年中心人员教学科研主要成果

表 22-5　近五年中心人员教学科研主要成果

年份	出版教材	专著	论文	科研获奖	专利
2009	17	2	37	11	4
2010	23	2	48	2	1
2011	26	2	22	4	4
2012	21	1	29	5	7
2013	5	1	41	10	49

二、实验教学

(一) 实验教学理念与改革思路

本着培养"高素质、强能力、会创新、能创业"的人才为宗旨，在实验教学理念上，以学生为本，重视学生实践能力的培养，以实验项目驱动为主导，倡导"做中学"的实验学习方式，培养学生自主学习能力；重视实践实验教学，重视学生基本能力的培养；重视科研成果向实验项目的有效转化，强化创新、研究意识，注重创新、创业意识的引导，促进科学研究能力的培养，突出个性能力发挥，促进学生知识、能力、素质协调发展；全面培养学生的科学作风、实验技能以及综合分析、发现和解决问题的能力，使学生具有创新、创业精神和实践能力。

中心实验教学以"素质为本，技能为用，高素质，强能力"为教学目标，大力培养综合素养优良和创新能力突出的人才。能力素质结构中，包含素质、知识、技能三个基本要素，中心以实践实验教学为纽带，将这三个能力素质结构的构成要素整合起来，形成一个有机整体。以素质为本，强调以综合素质（政治思想道德素质、人文素质、专业素质等）的提高作为专业人才培养的根本；以技能为用，强调实验教学的应用型特色，让学生实实在在地掌握一专多能的真本事，熟练掌握技能，获得技术理念和创意表达的有效载体和手段，全面培养学生实验技能以及综合分析、发现和解决问题的能力。

（二）实验教学总体情况

仪器设备、耗材能满足实验教学的需要，实验课按计划完成，实验开出率100%。

（三）实验教学体系与内容

根据课程设置和培养需要，更新实验课程体系，将实验教学环节设计成三个层次：第一层次以验证性实验为主，主要在专业基础课程中开设，确保学生掌握本专业的基本实验技能；第二层次以设计性与创新性实验为主，主要在专业课程中开设，启迪学生的专业设计与创新能力，此外还通过实验室开放项目和学生创业中心锻炼学生创新能力；第三层次以跨课程综合性实验为主，融合各门专业课，重在培养学生系统完整的知识结构与综合实验技能。通过三个层次的实验教学体系，形成了夯实基础知识技能－启发设计与创新能力－形成综合应用能力。

（四）实验教学方法与手段

先进的教学体系和合理的教学内容安排是取得高质量教学效果的前提，但是教学目的能否实现还在于有没有先进的教学方法和教学手段。我们认为取得高质量的实验教学效果主要取决于学生的参与程度。吸引学生兴趣的一个关键点是将"实验"转化为"试验"，将填鸭式教学改为师生互动的讨论式教学，调动同学的兴趣和培养学生的参与意识。第一，强化实验前预习，这是实行讨论式教学的前提条件。第二，强化讨论式教学，加强师生互动，给学生更多的发言权，鼓励学生大胆发表意见，部分实验做完后，组织学生对实验结果、内容、方法及相关内容进行现场讨论，指导教师适当提出问题，引导学生主动思考，以培养学生对实验结果的分析能力，同时对实验背景知识及相关领域内的发展作进一步了解。

1. 实验技术、方法、手段

根据不同学科和不同专业的特点建立了以学生为中心、实现以学生自我训练为主的教学模式。在演示和验证性实验中，对经典实验按照实验原理要求，采用经典的技术、方法和手段，便于学生学习实验基础知识和操作技术，理解理论教学内容和实验设计者的原创思想。对于综合性、设计性、综合设计性和开放性实验则以培养学生的创新能力为教学目的，给学生提供当前我们实验室所拥有的最新、最先进的仪器设备，让学生掌握和设计先进的实验方法，提高学生的实验水平。依据课程和学科特点，某些实验分室配备多媒体，在实验指导过程中，配合可视化的音影材料供学生参考学习，加强教学效果。在教师的指导上，采取集中讲解和个别指导相结合；对于设计性实验，师生面对面探讨。

2. 考核方法

多种考核形式并行，依据实验内容和学科特点组织实验教学效果的考核和测评。成绩依据不同权重在实验多个环节上体现。主要考核依据有：实验报告、实验中操作技能水平表现、实验课时纪律性、有否违章事故、设计性和综合设计性实验创新性、开放实验纪律表现和实验结果等。一些实验还需要配合试卷考试作综合评定。

三、实验队伍

（一）实验教学中心队伍结构状况

截至 2013 年，园林学院专任教师 48 人，其中教授 10 人，副教授 21 人，讲师 17 人。专任实验员 7 人。

（二）队伍建设

我们应该认识到实验员工作性质的多样性。实验员应具备道德素质、专业素质和管理素质，应具有高度的责任心，即懂教学又善管理的多面人才。多年来认为实验员只是简单的保管员（或卫生员或安全员）、随便什么人都可做的错误认识，导致实验员素质参差不齐，因此也给工作带来了不利的影响。针对目前中心实验员队伍现状，应从以下两个方面进行队伍完善。

第一结构调整。从年龄结构看，7 名实验员中 30 岁以下 1 人，30～40 岁 1 人，40～50 岁 3 人，50 岁以上 2 人，很明显的老龄化。从专业结构看，实验员所负责的工作和所学专业不对口。从职称结构看，高级实验师缺乏，目前"设计与工程实验室"实验室主任还空缺。

第二增加编制。目前园林学院专任教师 48 人，而专任实验员只有 7 人。其中 1 人负责实验场站（3 000 平方米大棚、3.33 公顷露地）工作，1 人负责资料室和模型室，1 名负责研究生实验室。本科教学只有 4 名实验员，负责 5 个专业 44 间包括各类实验教室、准备间、标本室的管理；固定资产的购买、入库及现有 2711 件资产的管理和维护；44 个班级实验实习课低值物品与试剂的购买和保管；81 门课 3564 学时实验课的准备和开出；44 个班级实习课安排和实施。另外还有资产审计、专项申报、辅导实验实习、指导毕业论文等等一系列工作。4 名实验员要完成如此大的工作量显然是困难的。所以只能采取临时措施，如使用临时工、退休教师、教师准备实验。所以急需增加编制、引进管理人才 1～2 名。

（三）实验教学中心队伍教学、科研、技术状况

园林实验教学中心现有实验系列人员 7 人，在全面负责 5 个本科专业、3 个硕士点所有实验室及基地正常教学运行外，中心成员承担部分实习的教学任务，改进和开发新的实验实习内容，编写实验实习指导教材。近 3 年来新参与或主编教材 4 部，积极撰写教学改革论文，平均每年人均发表教改论文 0.5 篇。每年指导本科生完成专业实习、毕业实习人数共计 10 余人，指导毕业生完成毕业论文 10 余人，发表科研论文 4～5 篇。中心人员积极开展创

新研究工作，近年来获得授权专利8项。主持科研项目2项，参与科研多项，获得北京市农业技术推广奖三等奖1项，通过一串红新品种3个，鼠尾草新品种1个，海棠新品种1个。实验人员也积极参与社会服务工作，如禽畜粪便的去污化处理技术推广，参加新农村建设规划，协助学院完成北农大学科技园生态示范林场的实地测设工作，参与横向项目的规划设计制图工作，承办国际赛事"园冶杯"评审的电脑评图工作等。

园林实验教学中心队伍在教学、科研和技术方面对人才培养起到重要的支撑作用。

四、体制与管理

（一）管理体制

实验教学中心设主任1人，由教学副院长担任，负责全面工作和经费使用。常务副主任1人，负责中心的日常工作，由高级实验师担任。根据专业特点，中心下设植物与生态实验室和设计与工程实验室，两个实验室各设实验室主任1人，负责实验室的日常工作。中心下设实验室由实验员负责。

（二）信息平台

2014年3月开始学校开始建立实践教学信息平台，相关数据正在录入。

（三）运行机制

（1）实验教室按功能分类。中心成立后，根据不同功用把实验教室分为三种类型。第一种类型为基础课实验教室，包括植物实验室（2间）、气象生态室、插花盆景室、计算机房（2间）、测量室；第二种类型为专业课实验教室，包括森林培育室、树木花卉室、林木育种室、森林计测室、模型室、专业机房、制图室（2间）、美术室（6间）、模型车间、陶艺室。第三种类型为研究生（科研）实验教室，包括植物解剖室、植物栽培室、生理生态室（2间）、分子生物室。基础课实验教室是面向全校本科专业开的基础课实验，包括植物学、观赏植物学、植物学概论、生物技术概论、农业气象、旅游气象、环境生态、遥感概论、信息管理、测量学等，只是上实验课不做科研应用。专业课实验教室面对本学院的本科专业的专业课实验，除了保证实验课外，课余学生可做科研应用，包括计算机辅助设计（Ⅰ、Ⅱ、Ⅲ、Ⅳ）、3Dmax、园林设计、园林工程、建筑结构、园林绿地规划、园林设计（Ⅰ、Ⅱ）、环境色彩学、环境艺术品设计效果图技法、材料构成、模型制作、园林植物遗传育种、园林苗圃学、树木学、园林树木学、花卉学、组织培养、森林生态学、园林生态学、森林计测学等。研究生实验室主要用于科研和研究生的实验课程。

（2）实验实习教学按计划进行。每学期的期末把下学期全院的实验实习计划和本学期的实验实习完成情况上报到学校实验实习管理科。下学期的实验实习按计划进行。

五、设备与环境

（一）仪器设备配置情况

学院在实验教学中心成立前，实验室的仪器设备放置较杂乱。例如显微镜和解剖镜在森林培育室、树木花卉室、林木育种室、植物实验室均有，不好管理也不利使用。2009 年实验教学中心成立后，根据实验教室不同的功用重新进行了仪器整合分配，把同类的仪器设备集中到一个实验教室，以方便应用和提高仪器设备的使用率，显微镜集中到植物实验室，解剖镜集中到树木花卉室。仪器设备基本满足了教学需要。

（二）维护与运行

每学期末实验员会对有问题的仪器设备联系厂家维修或报到教务处实验实习管理科统一联系维修，以保证教学的顺利进行。

（三）实验中心环境与安全

1. 规章制度的制定

其一制定了《园林学院教学实验中心仪器设备及物品管理和使用细则》，这是我们每个实验室工作人员都要学习和掌握并认真执行的国有资产管理制度。

其二制定了实验教室五项规章制度，并且张贴在显著位置，以明示师生。包括《学生实验室守则》《实验室安全管理办法》《实验室低值耐用品管理办法》《实验室仪器设备管理办法》《实验室仪器设备损坏丢失赔偿办法》。

其三为了更好的管理研究生实验室，特别制定了《园林学院研究生实验室管理制度》《园林学院研究生实验室安全手册》《园林学院研究生实验室管理奖惩机制》。

其四为了保证化学试剂的安全使用，特别制定了《园林学院管控化学品管理制度》。

2. "安全卫生责任书"的签订

由于实验室是仪器设备和化学试剂的存放地和使用地，因此也是安全隐患最多的场所，特别是防火防盗十分重要。实验室要保证实验课的正常运行，就要保持良好的卫生环境，无灰尘及垃圾，仪器及物品要摆放整齐。为了确保实验室的安全卫生，实验教学中心成立后，逐级签订了"安全卫生责任书"。通过"安全卫生责任书"的签订，增加了每个人对自己负责范围的责任心，使实验室无任何事故发生，改变了一些实验教室卫生较差的状况。

六、特色

园林实验教学中的特色为管理体系清晰；实验教室按功能定位明确；实验员分工协作工作效率高；实验教学仪器管理到位。

七、实验教学效果与成果

高等院校特别是理工科院校的教学包括两部分，一部分是理论教学，一部分为实验教学。园林学院各专业的课程几乎都有实验课，只有理论和实验结合才能掌握专业知识。有的课程理论和实验是同时进行的，如园林植物组织培养，插花与盆景、模型制作等。因此实验室建设尤为重要。通过实践教学，学生实践、创新和科研能力都得到了提高。仅 2013－2014 年度学生设计创作、科研论文获奖等 26 项。

八、自我评价及发展规划

（一）自我评价

园林学院成立实验教学中心以来具有了清楚的管理体系，制定了各项规章制度，仪器设备、低值耐用、低值易耗管理到位，能保证实验实习的正常进行。实验室安全卫生管理良好。

（二）实验教学中心今后建设发展思路与规划

园林学院成立实验教学中心以来取得了很多成绩，但随着本科教学和研究生培养的不断深入，实验教学中心在管理体系建设、实验员队伍建设、实验员及实验教师培训、实验室资产管理等方面还存在着一定问题。为进一步理清各种脉络，优化各种资源，让实验教学中心更好的为教学和科研服务，对实验教学中心的诸多方面还要进一步发展完善。

1. 管理体系的完善

设计与工程实验室缺乏高级实验师，所以目前实验室主任还空缺，因此应尽快补缺。

2. 实验员队伍的完善

目前全院本科5个专业、2个一级学科，只有7实验员，1个负责实验基地、1个负责资料室、1个负责学科，实际上本科教学的5个专业只要4名实验员。因此应该增加编制。

3. 实验设备与耗材的管理

虽然成立了实验教学中心，但设备与耗材的管理仍然延续以前的方式，每个实验员都在做设备与耗材的计划、购置、入库、保管、使用、维修的工作。因此为了更好的系统管理，建议设备与耗材的计划、购置、入库专人负责。设二级负责制进行管理、使用和维修。

4. 人员的培训

"与时俱进"应是各项工作的指南。知识不断更新、仪器不断更新、人员不断更新，所以专业培训、仪器培训、安全培训应是实验教学中心的常态。

总之实验教学中心的建设发展直接关系到全院教学与科研的发展水平。实验教学中心虽然才成立5年，但在各方面已取得了初步成效。今后全体实验教学中心人员会不断努力，使园林学院实验教学中心不断完善，取得更好成绩。

执笔人：李月华

第六节　食品科学与工程学院实验教学中心建设

一、实验教学中心总体情况

（一）中心建设发展历程

2004年，根据北京市新农村建设和都市型现代农业发展需求，以"为北京都市农业培养食品安全和食品加工合格人才"为目标，北京农学院食品科学系整合资源，以学科为基础构建平台，成立了都市农业食品安全与食品加工实验教学中心。2009年7月被评为北京市级实验教学示范中心。

（二）教学简况

表 22-6　教学简况

学年	实验课程数	实验项目数	面向专业数	实验学生人数（人/年）	实验人时数（人时/年）	实验学时数（学时/年）
2009—2010	39	134	16	969	56 938	1 758
2010—2011	37	156	15	1 185	39 310	1 284
2011—2012	35	143	16	871	41 891	1 402
2012—2013	25	126	18	1 162	41 506	1 408
2013—2014	38	165	16	896	47 044	1 636
小计	174	724	81	5 083	226 689	7 488
5 年平均	35	145	17	1 017	45 338	1 498

（三）环境条件

目前，中心实验用房使用面积 2 022.17 平方米，0.1 万元以上设备 1 720 台（件），设备总值 2 915.537 万元，设备完好率 96.6%。

（四）教材建设

近五年再版实验教材 1 部，副主编普通高等教育"十二五"规划实验教材 1 部。自编实验教材包括：《食品分析与检验》《食品安全微生物检测综合大实验》《食品安全生物检测综合大实验》《食品免疫学实验技术》《食品生物技术实验》《葡萄酒品评学实验》《食品品质检验及感官评价分析》《肉及水产品加工工艺学》《动物性食品加工工艺实验》《植物性食品加工工艺实验》《电工电子学实验》《食品机械与设备课程实践》《食品工程原理课程实践》《机械设计基础实践》《专业技能训练》等 30 多门实验课程讲义。

（五）近五年经费投入数额来源主要投向

近五年经费投入来源分为学校下拨的基本教学经费、教学质量提高经费和北京市教委专项。

表 22-7　教学经费来源

单位：万元

年度	基本教学经费	教学质量提高经费	市专项	小计
2009—2010	48	16	340	404
2010—2011	52	28	200	280
2011—2012	50	71	128	249
2012—2013	51	94.4	77	222.4
2013—2014	49	55	150	254
合计	250	264.4	895	1 409.4

（六）近五年中心人员教学科研主要成果

2009—2013 年，中心教师获得国家发明专利 22 项，主编教材 6 部，实验教材 2 部，专著 4 部，科普书籍 1 部。科研方面获得了北京市科学技术奖二等奖 1 项和三等奖 1 项，北京市农业技术推广奖一等奖 1 项和三等奖（参与）1 项；北京市高等教育教学成果奖二等奖 1 项，校级教学一等奖 1 项和二等奖 4 项。

二、实验教学

（一）实验教学理念与改革思路

中心遵循北京农学院"懂生产，有技术，会经营，善管理"应用型、复合性都市农业人才培养观，实验教学中心把实验教学与理论教学放到同等重要的地位上，以学生综合能力和创新素质培养为核心，形成了"以人为本，夯实基础，注重实践，引导创新"的实验教学理念。

在此实践教学理念指导下，实验教学中心大力推进本科生实践教学改革进程，将实验教学内容与理论教学进行剥离，单独设立独立的实验课，改变围绕理论课程设计实验教学的传统做法，重点改革实验教学内容与实验方法，围绕学生动手能力、科研素质、创新意识培养的要求，整体设计实验教学体系，构建了由基础实验模块、专业技能训练模块、设计性实验模块和创新性实验模块组成的分阶段、多层次、分模块的实践教学新体系。

（二）实验教学总体情况

2009—2013 年，本中心平均每年承担了 35 门专业基础课和专业课及公共选修课的实验，年均实验项目数达到 145 个，面向 18 个专业和全校学生（公共选修课），年均实验学生人数 1 017 人，年均学时数达到 1 498 学时，年均人时数为 45 338 人时。

（三）实验教学体系与内容

中心积极进行实验教学体系改革，坚持以学生为本，以素质教育为核心，树立以学习能力、实践能力、创新能力和创业精神为主要标志的人才质量观。根据实验教学改革的思路和方案，整合了原来分散的与理论课一一对应的实验课，重新设计了层次分明的模块式实验教学体系。该实验体系由分层递进的基础实验、专业技能训练、设计性实验及创新性实验四个模块组成，分阶段、多层次培养学生的实践能力和创新能力。

（四）实验教学方法与手段

基础实验模块注重启发式和引导式实验的教学方法，多为验证性实验，采用经典的或是国标类的检测方法。专业技能训练模块多为综合性实验，采用目标式、案例式、阶梯式教学方法，注重培养学生发现问题和分析问题的能力。设计性实践模块以承办食品文化节和组织葡萄酒协会等形式，组织部分学生自主设计实验，旨在锻炼其独立设计实验、组织实施的综合能力及团队精神。目的是充分调动学生的主观能动性，引导学生的创新性思维，培养学生独立实验和团队合作能力。创新性实验模块使学生面向科研前沿，强化科研能力和综合素质训练，组织学生申报大学生科研与创业计划，科研训练与毕业论文，生产实习和毕业实习等环节，给予学生个性化的指导，注重培养学生进行科学研究的能力和创新、创业的能力。目前，中心拥有签约的校外实践基地 15 个，既有现代化的大、中型农产品加工企业，也有农产品质量监督检验所、食品卫生监督所、疾控中心等检验检疫机构。通过不同形式的实习，丰富了学生食品加工与食品安全的知识，提高了学生解决实际问题的能力，增强学生的综合能力。

教学手段上采用传统方法与现代教育技术相结合，利用多媒体技术、虚拟现实技术和网络平台，激发学生的学习热情。

（五）实验教材

根据专业特点，我们的验证性实验比例较小，综合性和设计性实验比例较高（超过 50%）。为了适应教学手段的不断更新和学生个性化的培养，实验教材和实验内容也在不断的更新之中，每年都会增加一些新的实验内容，尤其是综合性和设计性实验。因此，我们的实验教材以自编的实验讲义为主。

三、实验队伍

（一）队伍建设

中心积极鼓励中青年教师参与实验教学，并使其成为实验教学的主力。同时鼓励具有硕士学历的中青年教师和实验技术人员攻读博士学位，近五年有 4 位教师和实验技术人员获得博士学位，1 位博士在读。同时，中心聘任其他二级学院的具有高级职称的相关专业教师兼职参与实验教学，构建合理的专兼职实验教师队伍。建立了一支教学学术水平高、敬业和创新精神强，结构合理、团队精神突出，以中青年学术骨干为主体的高素质实验教学队伍。目前中心成员平均年龄 44 岁，具有高级职称成员所占比例为 56.5%，博士所占比例为 50%。

近五年，中心先后组织了"紫外分光光度计培训""原子吸收分光光度计培训""高效液相色谱培训""气相色谱培训""液质联用培训""气质联用培训"。同时组织实验员和教师到北京理工大学、中国农业大学、北京林业大学、北京大学、北京师范大学、西北农林科技大学、华南理工大学、江南大学、暨南农学院、天津科技大学、天津农学院、中国农业科学院等多家高校及科研院所进行调研和交流。

（二）实验教学中心队伍结构状况

中心队伍包括专职人员和兼职人员两部分。专职人员由长期主要从事食品加工和安全实验教学的教师和实验技术人员构成，兼职人员主要是相关学科的带头人。中心现有专兼职人员 46 人，其中教授 12 人，副教授及高级实验师 14 人，博士 23 人，具有硕士学历或学位的 20 人。中青年教师占 76.1%。

中心积极鼓励实验技术人员外出学习和深造，近五年有 2 位实验技术人员分别获得了硕士学位和博士学位。中心有专职的实验技术人员 8 人，其中高级实验师 2 人，具有博士学位的 1 人，具有硕士学位的 4 人。

（三）实验教学中心队伍教学、科研、技术状况

2009—2013 年，中心教师承担科研项目 113 项，其中国家级项目 14 项、省部级项目 16

项、横向课题 57 项，一般项目 26 项。科研经费 2 141.81 万元。获得国家发明专利 22 项，核心期刊以上级别发表学术论文 208 篇，其中 SCI 11 篇、EI 8 篇、一级学报 40 篇，学生发表论文 87 篇。主编教材 6 部，实验教材 2 部，专著 4 部，科普书籍 1 部。拍摄教学软件 2 部：农残国标检测，啤酒酿造工艺。开发实验中心低值易耗品管理系统 1 个。获得了北京市科学技术奖二等奖 1 项和三等奖 1 项，北京市农业技术推广奖一等奖 1 项和三等奖（参与）1 项；北京市高等教育教学成果奖二等奖 1 项，校级教学一等奖 1 项和二等奖 4 项。

四、体制与管理

（一）管理体制

实行校、院两级管理体制和实验中心主任负责制，历届中心主任由食品学院院长担任，常务副主任由教学副院长担任，日常工作设专职副主任负责，由高级实验师担任，强化对人、财、物和实验教学的统一管理和调配。中心按学科专业设三个教学实验室，各设实验室主任 1 名，由中心主任选聘。教学实验室成员由专职和兼职的实验课指导老师和实验技术人员组成。

中心设立建设与管理委员会，负责教学实验室常规管理与设备维护，档案、公共实验设施设备的管理维护；制定中心仪器设备的采购计划和仪器设备的使用、管理、维护；负责药品、试剂、实验材料等采购与管理。

中心设立"教学指导委员会"，主要职责是审批通过中心发展规划，审批实验教学计划及大纲修订，督导实验教学，检查教学质量，协助主任组织每年教学团队考核，批准教学改革方案。

中心实行岗位责任制，按需设岗、竞聘上岗、按岗考核、绩效分配。围绕实验教学和学生创新研究，实行实验室开放式管理。

中心制定了一系列的实验教学中心管理制度文件，规范并完善了教学管理、设备管理、人员管理、信息收集与管理及安全管理办法。实现实验设备的计算机管理，做到仪器设备名称、规格、型号、学校编号等项目账物相符；实验设备的完好率达到 96.58％；部分教学实验室为多媒体实验室，为今后实现网络化教学和管理奠定了较好的基础。

（二）信息平台

依托校园网，2011 年中心设计开发了"食品学院实验中心低值易耗品信息管理系统"，2013 年由学校教务处牵头开发了"北京农学院实践教学信息化管理系统"。我们将此前的"食品学院实验中心低值易耗品信息管理系统"并入到"北京农学院实践教学信息化管理系统"中运行。建立了实验室资源管理、实践教学基地管理、实验教学管理、大型仪器设备管理、低值易耗品管理、化学试剂管理、实验教师队伍管理等全方位的信息化管理平台。

（三）运行体制

高校实验室的运行机制包括日常管理、教学运行、经费投入、开放共享、评价考核、人员激励、人才培养等方面的内容。

中心的日常工作由专职副主任负责，统一管理和调配人、财、物，维持正常的实验教学运行。正常的实验教学经费由中心副主任和系主任协同管理，学院办公室主任负责监督。学校和北京市下拨的专项经费由中心常务副主任和系主任协同管理。中心管理下的各专业实验室向全学院的师生开放，仪器设备共享。实验技术人员的工作由中心统一安排，不受专业实验室的限制。积极鼓励实验技术人员外出学习和深造，近五年有 2 位实验技术人员分别获得了硕士学位和博士学位。

五、设备与环境

（一）仪器设备配置情况

2009 年至今，中心获得北京市教委和学校的大力支持。2009 年获得"食品安全毒理评价实验室建设"90 万元，"食品工程方向专业实验室建设"100 万元，"食品科学与工程特色专业建设"150 万元专项投入。2010 年获得"都市农业食品安全与食品加工实验教学示范中心建设"50 万元，"食品安全与食品加工课程实验室建设"150 万元专项投入。2011 年获得"食品安全与食品加工课程实验室二期建设"80 万元，"食品学院葡萄与葡萄酒实习实践基地建设"48 万元专项投入。2012 年获得"食品学院本科实验室建设"40 万元，"新增专业建设"77 万元。2013 年获得"包装工程专业建设"150 万。先后购置了纯水管网系统、实验台、离心机、旋转蒸发仪、培养箱、硬度计、组织捣碎机、杂交泵、摇床等本科生实验设备，为实验教学提供了有力保障，促进了实验教学内容的更新和改革。目前，中心有 1 000 元以上设备 1 720 台（件），总值 2 915.537 1 万元。5 年来维修仪器设备数量 195 件，维修费 15.2 万元。

（二）实验中心环境与安全

五年来，在北京市级实验教学示范中心的基础上，食品学院又成功申报了"农产品有害微生物及农残安全检测与控制北京市重点实验室""食品质量与安全北京实验室"和"蛋品安全生产与加工北京市工程研究中心"。将产学研紧密结合，对教学和科研都起到了极大的促进作用。五年来，学校又给食品学院增加了 360 平方米的科研实验室和 50 平方米的食品包装本科教学实验室。我们将本科教学实验室与科研实验室分开管理。目前，本科教学实验中心现有一幢独立的实验楼，实验用房使用面积 2 022 平方米，其中 50 平方米以上的实验室 18 间。实验楼安装了门禁系统和监控系统，有专人 24 小时值守，保证了实验楼的安全。

六、特色

北京农学院作为北京市属唯一的农业类高等院校，承担着为北京市培养合格的食品安全和食品加工专业人才的重任。中心立足北京都市型现代农业的特点，紧紧围绕"加强基础，拓宽专业，提高素质，培养能力"的人才培养原则和"懂生产、有技术、会经营、善管理"应用型、复合性人才培养观，通过不断深化教学体系与内容的改革、加强师资队伍建设和师德师风教育、改善实践教学环境等，形成了连接"从田间到餐桌"全方位食品安全和食品加工实践能力和创新能力培养的鲜明特色。

（1）根据北京都市型现代农业的特点，构建连接产前、产中、产后的食品安全与食品加工实验教学平台。

（2）革新教学计划，调整实验内容，形成了"以学生为主体，以教师为主导"的分模块、分层次立体的实践教学体系。

（3）以科技创新平台建设和品牌专业建设为龙头，通过科研促进教学、提高实验教学水平。各个学科方向富有教学科研经验的教师参加到实验教学中，形成了专兼结合、互动发展、核心稳定、外延支撑、技术能力和水平较高的实验教师队伍。为中心教学创新和人才培养提供了重要的保证。科研、科技开发与实验教学紧密结合，有力支撑了实验教学和人才培养。

七、实验教学效果与成果

（一）实验教学效果与成果

中心成立以来，以"统筹规划，集中建设，统一管理，提高效率，提升质量"为原则，经过多年的建设和发展，已在教学环境条件、实践教学体系与内容改革、师资队伍建设以及管理运行机制建设等方面取得了显著成效。

近五年来，中心从实验教学内容、方法和体系等各方面开展教学改革，共承担了 50 项校级教育教学改革项目，获得市级教改项目 1 项。发表了 40 余篇教学研究论文。获得校级青年教师教学基本功比赛三等奖 1 项，校级优秀网络课程二等奖 1 项，校级精品课程 1 门。获得北京市高等教育教学成果奖二等奖 1 项，北京市大学生科学研究与创业行动计划项目成果奖二等奖 1 项，校级教学一等奖 1 项和二等奖 4 项。北京市大学生物理实验竞赛三等奖 1 项，校级大学生物理实验竞赛一等奖 2 项和三等奖 2 项。

从 2008 年起创办的每年一度的"食品文化节"已成功举办了六届，受到广大师生的欢迎，以及学校领导的关注。学生在食品节期间充分发挥了创造力，研发了许多具有创新性和想象力的食品，如"功能性酸奶""脆脆鸡""麻辣核桃""微波紫薯蛋糕""豆渣饼干""宫廷奶酪""米酒面包"等项目。2009 年为 16 项，2010 年为 19 项，2012 年为 25 项、2013 年为 34 项。2011 年举办葡萄酒主题文化节。

除课程实验和第二课堂外，中心还积极组织学生进行科学研究和创新实验。2009 年度获得"大学生科学研究与创业行动计划"6 项、2010 年 10 项、2011 年 27 项、2012 年 13 项、2013 年 18 项。2011 年获得校级优秀结题报告奖一等奖 2 项，二等奖和三等奖各 1 项。2012 年获得校级优秀结题报告奖一等奖 1 项，二等奖 2 项。学生通过科学研究和创业实践，大大提高了实践能力和创新能力。

（二）辐射作用

中心率先在校内进行了实验教学资源优化整合，成功搭建了都市农业食品安全与食品加工实验教学平台，尤其在实验教学改革方面进行了积极有效的探索，积累和总结了一整套实验教学中心建设与管理改革的有益经验。对其他学科、兄弟院校的实验中心的建设起到了良好的示范辐射作用。五年来，接待了来自北京、天津、内蒙古、青海、新疆、云南等省市多家高校和企业的参观调研，并为云南和新疆的高校和企业培训实验技术人员。

八、自我评价及发展规划

（一）自我评价

在上级主管部门和学校的大力支持下，都市农业食品加工与食品安全实验教学中心作为学校教学中重要的实验平台，经过近五年的发展，在实验教学改革、教学资源共享，开放实验室建设和管理等方面做出了有益的尝试；在学生实践技能和创新能力的培养方面，资源共享实验室及实验设备的管理与维护等方面起到较好的示范作用。目前，中心成为食品科学与工程、食品质量与安全、食品包装工程以及相关其他专业实验教学的重要基地，在人员的专业水平、学历层次、科研能力、仪器设备的装备水平、实验室的管理水平等方面都已迈上了一个新台阶。

（二）实验教学中心今后建设发展思路与规划

实验教学中心今后将继续努力建设具有较高教学和科研水平的实验教师队伍，具有较高管理水平的实验技术人员队伍。努力构建体系完整、设施完善、内容充实、思想先进的实验教学平台。

执笔人：黄漫青

第七节　计算机与信息工程学院实验教学中心建设

一、实验教学中心总体情况

（一）中心建设发展历程

计算机与信息工程学院的前身是基础科学系的计算机教研室，成立于 1979 年。计算机实验教学中心始建于 1989 年，当时隶属于基础科学系计算机教研室，称计算机实验室，并伴随计算机与信息工程学院发展而壮大。当时计算实验室主要承担全校各专业的基础必修课计算机基础、计算机语言实验教学课程。1997 年，建立计算机专业，并招收学生，计算机实验室开始承担计算机专业和全校各专业基础必修实验课。2007 年 6 月，学校决定在计算机教研室的基础上成立计算机与信息工程系，后成立学院，计算机实验室也同时隶属于计算机与信息工程学院，2010 年更名为计算机实验教学中心。中心包括：计算机公共实验室、计算机软件实验室、电工电子实验室、计算机组成原理与体系结构实验室、微机接口与单片机实验室、网络实验室等。

（二）教学简况

计算机实验教学中心面向全校，11 个二级学院和 4 个教学部各专业学生，提供计算机专业及公共基础实验教学、实习和课程设计的教学环境，为学生提供自主学习的网络环境，并面向全校学生提供开放上机服务。中心开设实验课程见计算机实验教学中心教学简况表。

表 22-8　计算机实验教学中心教学简况

实验	实验课程数	实验项目数	面向专业数	实验学生人数（人/年）	实验人时数（人时/年）	备注
	45	966	2＋（全校）	2 252	93 660	
实习	实习课程数	实习学时	面向专业	实验学生人数（人/年）	实验人时数（人时/年）	
	14	510	2	683	25 340	

（三）环境条件

实验中心主要是服务于全校各专业的计算机公共课程，以及计算机与信息工程学院的计算机科学与技术和信息管理与信息系统专业的实验教学工作。计算机实验教学中心建筑面积2 000 多平方米，实验中心分为计算机专业实验室和计算机基础实验室，使用面积 1 671 平方米。房间 18 个，设有计算机公共实验室，农业信息实验室，图形图像实验室，网络工程实验室，电子电路实验室，嵌入式实验室，微型计算机技术实验室，计算机组成原理与体系结构实验室及智慧课堂实验室等。实验中心组建了光纤千兆主干网，有线千兆到桌面，并实现了整个实验中心无线网全覆盖。实验中心拥有各种实验设备 1 659 台件，设备总值 1 425 万元，实验中心设备完好率达到 95％以上，实验室设备利用率达到 97％。宽敞舒适的实验室环境，浓厚的科技文化氛围，先进的实验设备为学生提供了良好的实验教学环境。

（四）教材建设

表 22-9　教材建设情况

名称	作者	出版时间	出版单位
中文 Word 2003 应用教程	杨全月（副主编）	2004	清华大学出版社
虚拟现实技术在农业中的应用 2008	王玉洁（主编）	2008	中国农业出版社
大学计算机基础	王玉洁（主编）	2008	中国农业出版社
农业信息技术概论	王玉洁（主编）	2009	中国农业出版社
新农村文化建设及信息资源开发	王玉洁（主编）	2010	金盾出版社
仿真与虚拟农业技术	王玉洁（副主编）	2011	中国农业出版社
Computer and Computing Technologies in Agriculture IV-4th，CCTA 2010	石恒华（副主编）	2011	中国农业出版社
新编电脑组装维修完全学习手册	杨全月（主编）	2011	清华大学出版社
新编系统安装、重装与维护完全学习手册	杨全月（主编）	2011	清华大学出版社
微型计算机及其在现代农业中的应用	王玉洁（主编）	2011	中国农业出版
都市农业信息化概论	张娜、潘娟等	2011	中国农业出版社
都市农业信息化实例解析	张娜、潘娟等	2011	中国农业出版社
大学计算机基础教程	张仁龙等	2011	中国铁道出版社
大学计算机基础实验教程	张仁龙等	2011	中国铁道出版社
中老年人看图学电脑（第二版）	杨全月（副主编）	2012	机械工业出版社
Visual basic 程序设计	张燕（副主编）	2012	中国农业出版社
Visual basic 程序设计　实验教程与习题集	李晓华（副主编）	2012	中国农业出版社
新编计算机图形学	杨焱（主编）	2012	电子工业出版社
iPhone4S 酷乐志	石恒华（主编）	2012	机械工业出版社
Photoshop CS6 完全学习手册	杨全月（副主编）	2013	清华大学出版社
Office 2010 高效应用从入门到精通	杨全月（副主编）	2013	清华大学出版社
Photoshop 修图实用速查通典	杨全月（主编）	2013	电子工业出版社

（五）近五年经费投入数额来源主要投向

学校十分重视计算机中心实验室的建设，2010年1月计算机实验教学中心由实验楼搬迁至现在的计算机实验教学中心，实验室建筑面积由原来的800多平方米扩大到了现在的2 000多平方米。在校院各级领导的高度重视和支持下，通过资源优化，市级专项经费，学校的经费划拨，中央与地方共建项目等多方筹措资金，近五年来共投入教学资金1 000多万元，用于仪器设备更新，实验室环境建设，网络实验室建设，嵌入式实验室建设，计算机多媒体建设，购置设备数达1 025多台套。其中购置更新计算机357台，每个机房配置了投影仪多媒体教学设备及空调设备，实验中心组建了光纤千兆主干网，有线千兆到桌面，并实现了整个实验中心无线网全覆盖并增添了新的教学仪器设备，通过不断建设，实验中心的规模不断扩大，实验教学环境得到了极大的改善。

（六）近五年中心人员教学科研主要成果

近五年中心人员不断进行了教学改革探索和科学研究并取得了成果，下表是部分教学科研成果。

表 22-10　教学科研主要成果

名称	类别	作者	获奖	项目	日期	备注
A computer network teaching model based on constructivism	论文	李晓华			WISET2012	
A new teaching model of computer network based on packet tracer	论文	李晓华			ACAI2012	
Research on learning process design of computer network based on GNS	论文	李晓华			WISET2012	
Optimization of Computer Network Teaching and Learning Behavior Using Virtual Experiment Technology	论文	李晓华			ICIBET2013	国际学术会议，CPCI_S（即 ISTP）检索
北京农学院教学成果奖	奖励	刘莹莹	二等奖			
北京农学院教学成果奖	奖励	刘莹莹	三等奖			
以电子设计竞赛促进计算机专业实践教学改与创新	项目	牛芗洁		2008年校教学改革项目	2008年8月至2009年9月	
电路与电子学网络课程建设	项目	牛芗洁		2009年网络课程建设项目	2009年9月至2010年8月	
北京市农村专业技术协会会员系统及信息平台建设	项目	牛芗洁		横向	2010年4月至2011年4月	
智慧农业背景下的计算机专业嵌入式课程体系建设	项目	牛芗洁		2013年教学改革项目	2013年9月至2014年9月	
温室监控系统技术合作项目	项目	牛芗洁		横向	2013年3—11月	
北京农学院教学成果奖	奖励	张仁龙	一等奖			

二、实验队伍

（一）队伍建设

学院领导非常重视实验队伍建设，近些年来一是积极引进具有高学历的实验教师人才，为实验队伍增添新鲜血液；二是接受应届博士毕业生和具有丰富教学经验的教师，每年引进1～2人，充实队伍，为以后的发展奠定基础并做好人才储备，形成学术梯队；三是现有教师的知识更新及业务水平的提高，鼓励教师在职学习，积极参加教学研究及科学研究，撰写论文，以促进教师水平的提高及教学质量的提高。并通过在职攻读博士学位，积极提高现有教师队伍的整体水平。

（二）实验教学中心队伍结构状况

从现有专业的实验教师队伍情况来看，信息管理与信息系统本科专业后续的专业课、专业选修课等教师还比较少，其他学科教师数量也不足。所以还要进一步加强实验队伍建设工作。

（三）实验教学中心队伍教学、科研、技术状况

从现有的实验人员队伍情况来看，实验人员数量还少，不能满足后续专业实验、实践教学、毕业设计及毕业实习的要求。新建专业的实验人员也要相应的增加。最好能引进1～2名具有高级职称且具有实验室工作经验的实验人员，以后专门主持专业实验室的实践教学工作。还要接收计算机专业的应届毕业生，从事计算机科学与技术专业的有关硬件、软件及网络实验室的工作。

三、体制与管理

（一）管理体制

计算机实验教学中心实行统一领导，校、院（系、部）二级管理体制；学校设立了由校领导、职能部门负责人和学术、技术、管理等方面的专家组成实验室工作委员会，对学校实验室的发展与规划、建设与管理、大型仪器设备的布局和科学管理、开放共享、实验技术队伍建设、人员培训等重大问题进行研究、咨询和决策。由教学副校长主管全校的教学实验室工作；由分管教学副院长主管中心工作，并成立相应的实践教学领导小组，统一管理全院的实验教学中心和实践教学工作。

（二）信息平台

1. 网络实验教学资源

计算机实验教学中心所有实验室与学校校园网、中国教育网相连，信息资源非常丰富。在校园网建立了内容丰富的网络教学综合管理平台，包括个人首页，研究性教学，精品课程及资源中心。建有适合实训课程的东软实训教学平台，研究生远程教学管理系统。这些平台为学生提供了丰富的多媒体学习资源，并创设了生动有趣的学习情境，实现了软件的超链接结构，启发了学生的联想思维，极大地调动了学生自主学习的兴趣和积极性，收到了良好的教学效果。

2. 实验室信息化

信息化管理是实验室管理现代化、规范化、科学化，是提高实验室开放率和利用率，最根本且又行之有效的手段。那么如何提高实验效率，规范开放式实验教学，增强实验效果，加强过程管理，规范实验考核，是实验室管理的目标，也是我们在实验建设和管理过程需要逐步完善和解决的问题。中心在各个实验室建设安装了投影设备，建立了多媒体教学系统，在实际教学中获得了好评。利用学校网络资源优势，建立网上教学系统网站，实训教学平台，无忧考试系统，学生成绩网络化，固定资产管理系统实现了录入。中心在教学资源管理信息化、实验教学信息化、实验室仪器管理信息化、学生成绩考核管理信息化等方面进行了信息化建设和探索，并取得了良好效果。

3. 网络化建设及应用

计算机实验教学中心网络建设情况：计算机实践教学中心网络是根据学院的具体情况考虑教学的需求，遵照国家的相关设计标准和规范设计。计算机实验教学中心网络主干采用光纤连接，每个教室汇聚到主控机房。教室网络考虑到强电和网线交错敷设，采用 AMP 屏蔽系列产品，做屏蔽处理，避免干扰，保证网络数据的正常传输。

为了直观形象生动地教学，使学生能更加容易地理解和记忆所学知识，所有授课教室，搭建了计算机、投影仪、投影屏幕、音箱、话筒等硬件设备，并且各个多媒体教室联入了校园网，可直接访问 Internet。整个教学过程充分利用了现代化以及网络化的教育手段，改革了教学方式，更新了教学内容。

中心建立实验中心考勤系统，实训系统，远程教学系统，教学综合平台。这些系统在教学中得到了很好应用，维护了教学秩序，提高了教学质量，取得了好的效果。

（三）运行体制

1. 开放运行情况

中心实验室机房以"为教学实验提供使用方便的、充足的、环境好的实验机时"为基本要求，在保证课程教学要求机时数的前提下实行全天候开放：每学期初公布本学期的实验教学总课程表，在没有课程安排的工作期间内，各分实验室随时对校内学生开放。由于管理制度规范，提倡以学生为主，人性化管理，实验中心运行良好，受到了一致好评。

实验中心不仅为教师承担的实验教学服务，还为其他学院教学实验开放。开放分两种：一种是学生自由学习的开放；另一种开放是在老师的指导下有计划的开放，学生自带题目或者是老师指导题目，规定在一定的时间内完成（一般的学时在 60 学时以上，并且是免费的），以提高学生的综合能力和软件的开发能力。

2. 管理制度

加强实验室安全管理，根据实验中心的发展，深入加强实验室制度建设，对实验室制度进一步完善。实验室的制度包括：计算机实验室安全责任制、北京农学院实验室仪器设备损坏丢失赔偿办法、计算机实验室机房管理条例、计算机实验室防火规定、实验教师安全责任、实验课教师岗位职责、实验室低值耐用品管理办法、实验室主任职责、实验员岗位职责、学生守则、自由上机须知。为了切实落实实验室制度管理，制作了各项制度展板，悬挂在各个实验室房间，保证各项制度的落实。

3. 经费保障

计算机实验教学中心根据建设规划在每年的年底向学校提出下一年的实验室建设费用申请，根据学校的情况，经学校相关部门和领导的论证，将保证计算机实验教学中心的实验室建设经费。计算机与信息工程学院也根据情况进行适当的投入和运行费用的补充。在平时运行的过程中，计算机实验教学中心也有一定的经费用于临时购置设备。这样从三个方面给予了经费保障。

四、设备与环境

(一) 仪器设备配置情况

实验室设备更新情况计算机实验室不断进行对老旧实验设备进行更新，来满足实验教学的需求，近几年来，淘汰报废一些老旧计算机，新购置联想计算机 212 台，同方计算机 75 台。满足了教学要求。

(二) 维护与运行

1. 仪器设备管理制度、措施

为保证计算机实验教学工作正常进行，仪器设备管理严格按照学校规章制度执行。为了规范中心实验室的管理，建立了一整套完善的管理制度和管理方法，包括设备管理制度、仪器设备损坏丢失赔偿制度和低值耐用品管理方法等，与学校规定一起形成实验室管理制度体系，分别对实验教师、实验技术人员、学生和设备管理人员做出了明确的规定。

2. 维护维修经费保障

学校拨给计算机实验教学中心仪器设备维护维修费，此费用纳入学校的预算，每学期下拨一次，足额到位。对于费用多的设备维护维修时，填写报修单，经设备处批准并给予经费；对于费用少的设备维护维修，可直接从实验教学中心的机房运行经费中支出。从这两个方面，可以保证做到设备维修及时，机房设备正常运行。

(三) 实验中心环境与安全

1. 实验室智能化建设情况

中心进行了智能化建设情况：除建有视频管理系统，还包括计算机实验室多媒体建设项目：项目总额 90 万元，投资 48.6 万元购置同方 T7000 计算机 75 台，配置一间计算机机房。投资约 29 万元安装建设 6 套多媒体投影系统和一块 LED 显示屏系统。

投资 88.814 8 万元进行实验室建设，建设项目包括：投资 11.556 万元建设了视频管理系统，投资 5.7 万元建设了网络备份系统。投资 25.5 万元购置魔法师系统投资 6 万元及 5.3 万元购置手机 Android3G 和物联网智能温室实训系统。新建了嵌入式实验室。温室改造投资 29 万元建设精准农业实验室。

2. 实验室安全、环保情况

实验室建设时根据各种安全要求，特别是对防火、安全用电等都是根据具体情况考虑教学的需求，遵照国家的相关设计标准和规范设计建设。各个实验室都配备了空调系统、多媒体教学设备。加强实验室安全管理，根据实验中心的发展，深入加强实验室制度建设，对实验室制度进一步完善。

根据电子电路实验室的安全性突出的特点，特意为电子电路实验室制定了《电器控制实验规程》。这个规程内容包括：①必须在实验台主电源关闭的情况下，才可以连接实验线路，如需要更改线路，必须先切除主电路总电源，即按主电路"停止"的红色按钮。②必须在保证安全和实验线路准确无误，经实验老师同意的情况下，才可以开启主电源。③当断路器脱钩后，必须仔细检查线路，排除故障，并确保安全，方可合闸。④双踪示波器的两个探头，其地线已通过示波器机壳短接，使用时务必使两个探头的地线等电位（或只用一根地线即可），以免测试时系统经示波器与机壳短路。通过加强制度建设及严格的操作规程，保证了电子电路实验的安全顺利地进行。

五、实验教学效果与成果

计算机实验教学中心为计算机与信息工程学院教学服务过程中，能够满足教学需要，实验开出率达到100％。实验过程中发现问题能够及时解决，保证了实验教学的正常运行，取得了很好的教学效果。同时协助学生第二课堂的进行，为学科竞赛、大学生科学研究计划、毕业设计等提供服务，取得了一些成果。

学生在教师的指导下参加过三届"蓝桥杯"全国软件专业人才设计与创业大赛，在第二届"蓝桥杯"全国软件专业人才设计与创业大赛中，获得二等奖1个、三等奖5个、优秀奖1个。在第三届"蓝桥杯"全国软件专业人才设计与创业大赛中，获得三等奖3名、优秀奖6个。在第四届"蓝桥杯"全国软件专业人才设计与创业大赛北京赛区的选拔赛中，有11名同学分别获得一等奖、二等奖、三等奖和优秀奖。最终获得北京赛区一等奖的同学代表学校参加了全国总决赛，并获得三等奖的优异成绩。

第六届"挑战杯"首都大学生创业计划竞赛，有3人获得铜奖。2011年北京农学院数学建模比赛，1人二等奖，1人三等奖。2011年北京市数学建模与计算机应用大赛，1人获得一等奖。2011年全国数学建模北京赛区，3人获得成功参赛奖。

执笔人：唐　剑

第八节　文法学院实验教学中心建设

一、实验教学中心总体情况

（一）中心建设发展历程

文法学院实验室于2002年建立模拟法庭，2006年建成社会工作实验室。学校在文法实验中心投资近200万元，2012年在教学楼A座四层建立法律诊所、法律案卷室、谈判调解实训室、多功能室、信息检索室、个案工作室、小组工作室等。经过十多年的改造更新，从设备配置、人员安排到科学管理方面取得了显著成绩，能够满足法学、社会工作专业对学生进行校内实验实训的需求。

（二）教学简况

文法实验教学中心从成立至今，承担了法学专业和社会工作专业课程实验学时教学、实习实训，以及心理诊所、法律诊所、模拟法庭实训、法律文书写作、法律案卷整理、速录课程、个案工作、小组工作等实验、实训课程。包括人才培养方案中的所有专业基础课、专业主干课及专业选修课程。

专门开设了法律诊所、成长小组实训课程，24 学时均为实训课程，全部在实验室完成。实验学生包括大一至大三近 300 名学生，另外包括"3＋1"方案中校内专业实习学生每年30 人。

（三）环境条件

文法实验教学中心目前实验用房的使用面积为 574 平方米。

硬件方面，除了模拟法庭和中央控制室的相关设备外，还有供学生上课使用的台式电脑79 台，法律诊所配备自动录音电话、摄像机、DV、照相器材和其他与之相关配套的多媒体设备等，基本能够满足学生实验教学的需要。

在软件方面，目前已经购置并投入使用的实验教学软件有：法律实务综合模拟平台、诊所式法律教育教学系统、司法考试系统、法律文书写作实训系统、社工小组管理软件、社工实验室管理平台、市区一体化管理平台、个案工作管理系统和万维题库管理系统。

截至 2014 年 6 月，实验教学中心的软硬件总值为 338 万元。设备完好率 100％。

（四）教材建设

法学与社会工作专业实验课程及校内实训课程均为教师自编讲义，共 5 部，分别为《法律诊所》《个案工作实训》《小组工作实训》《心理咨询理论与实务》《社工技巧综合实训》等。

（五）近五年经费投入数额来源主要投向

近几年经费投入全部用于设备购置，其中市专项 77.77 元，教学质量提高经费 167.67万元。2011 年社工实验室建设，市专项资金58.776 2万元，用于购置法学、社会工作专业实验室设备。2011 年教学质量提高经费 11.145 万元，用于购置教学软件，包括《法律诊所》《法律文书写作》《社区工作模拟平台》等。2011 年教学质量提高经费 14 万元，用于购置心理咨询室软件。2012 年教学质量提高经费8.918 5万元，用于实验室设备改造更新。2012 年教学质量提高经费 44 万元，用于基础设施改造，主要用于专业实验室地面、墙面处理。2012 年教学质量提高经费 39.75 万元，用于实验室设备更新及改造。2013 年市专项 16万元，用于购买实训软件。2013 年教学质量提高经费39.877 3万元，用于实验室升级改造，将原有一些陈旧设备更新。2014 年教学质量提高经费9.983 1万元，用于购置残障社会工作设施、心理沙盘设备及相关软件。

（六）近五年中心人员教学科研主要成果

2013 年校级重点教改项目"多媒体辅助教学研究"，出版专著一部《多媒体在农业院校文科教学中的应用》（知识产权出版社，2013 年）。2014 年校级重点教改项目文法实验教学中心管理与建设研究发表论文 3 篇：《农业院校文科实验教学质量保障体系初探》《浅谈"3＋1"培养模式下的文科实验教学》《高校"以学生为本"的教育教学改革的动力及路径分析》。

二、实验教学

（一）实验教学总体情况

保证实验教学目标的实现，提高实验教学质量，首先需要掌握农业院校文科实验课程的基本特点和要求。

1. 农业院校文科实验教学侧重人文素养的培养

文科实验教学侧重于培养学生的学习能力、环境适应能力、表达能力、团队协作能力、人际交往能力等多种综合能力的培养。强调树立正确的价值观、世界观人生观，注重形成正确的政治理念、法治理念、艺术情操等人文素养。

2. 农业院校文科实验教学对象具有复杂性

文科教学往往是与政治、文化、历史、经济、人类相关的社会科学，其实验教学对象涉及个人或者群体。而人类又是感性的、个性意识较强的，有丰富感情的群体。因此将其作为教学对象，有很大的复杂性和不确定性。

3. 农业院校文科实验教学侧重模拟实训和演练

文科实验教学从教学内容上注重将所讲授的内容在一个模拟的、较为接近真实工作场景的实验场所进行实战性运用，从而更好地锻炼文科学生的动手能力与专业技能。比如北京农学院法学专业的模拟法庭、法律诊所和三农法律网是对法学专业学生进行实验教学的一种很好的从业模拟演练。社会工作专业的学生通过小组工作室、个案工作室和社区工作模拟软件平台进行实操，很大程度地提高了学生对从业知识的认知和动手能力。

4. 农业院校文科实验教学实验设备依赖度低

文科实验教学对实验设备的依赖程度相对较低，文科实验教学更依赖于先进的软件设备、信息检索系统、数据库系统。

（二）实验教学体系与内容

1. 完整的实验教学计划

教学计划是教学组织和运行的指导性文件，实验教学作为本科教学的一个重要环节，制定实验教学计划，是开展实验教学的首要任务。实验教学计划需包括实验教学方式、实验教学内容、学时分配、教学环节、成绩评定等内容，应反映出一个完整的实验教学体系。实验教学计划的拟定应经过反复论证与修订，通过集体讨论、专家咨询、严格审查等环节，使实验教学计划科学化、合理化。北京农学院重视实验课程体系的整体研究，强调综合性、创新性实验，要求文科实验教学环节不低于课堂理论教学环节总学时的25%，指明了实验教学的方向与比例。

2. 合理的实验教学内容

实验教学内容是实验教学的中心环节，不同学校不同专业应根据学校办学特色，开展特色的实验项目。北京农学院重视增加综合性、创新性实验，减少验证性实验。文、经、管、法类专业实验教学环节时数不低于课堂理论教学环节总学时的25%，农、工、理各专业实验教学时数不低于总学时的30%。要求各专业至少要设置一门以上独立的综合性和创新性实验课程。北京农学院法学专业开设法律诊所实验课程、社会工作专业开设小组工作实验课程。这些实验课程适宜开展实验教学，实验教学内容具有针对性，较好地培养了学生的专业实际操作能力。

3. 开放的实验教学平台

进一步提高实验教学质量，培养学生的综合素质，仅有课堂的实验教学是不够的。因此开放实验室，让学生在课外的时间随时参与到实际操作中，充分发挥学生的主动性，有助于培养学生的学习能力、分析能力等各方面的能力。开放实验室应以学生为主体，老师指导为辅助，学生自主管理，学校予以政策支持，针对不同水平不同层次的学生，确定开放的内容；编制开放指南、实验室介绍、指导教师介绍、实验指导并制定配套的管理办法。

4. 多样的实验教学方法

教学方法作为实现教学目标，完成教学任务的方式与手段，其重要性也不可忽视。好的教学方法有助于学生对知识技能的掌握，有助于调动学生的积极性、参与性，从而更好的实现教学目标。农业院校文科实验的多样性与复杂性，更需要灵活与多样的教学方法。综合性实验、开发性实验、设计性实验，参与式教学、互动式教学、研究式教学、启发式教学都应充分地融合与应用于文科实验教学当中。

5. 丰富的实验教材

实验教材不仅是知识传授的载体，更是指导学生动手操作的重要工具。实验教材的编写应充分发挥所有实验教学人员的实践经验，编写符合现代教育发展，内容丰富、形式多样的教材，提供多种优秀教材供学生参考使用。

6. 高水平的实验教师队伍

《中国教育改革和发展纲要》指出："振兴民族的希望在教育，振兴教育的希望在教师"。可见教师在学校教育教学中起着核心的作用，教师水平的高低直接影响着教育教学的质量，提高教师的教学能力与素质，建立一支的强有力的实验教学师资队伍是重中之重。北京农学院注重对青年教师的培训、通过各种形式的比赛，如教学基本功比赛、网路课程比赛、微课程比赛、多媒体课件比赛，促进青年教师教学水平的提高。

7. 先进的实验教学设备

现代教育技术与实验教学设备更新很快，设备陈旧、仪器老化会直接影响实验教学的质量。因此实验室设备应不断更新、配备齐全。实验室设备是实验教学的基本条件，只有设备条件跟上了，实验教学才能得以更好的展开。

（三）实验教学方法与手段

保证实验教学质量，内部环节是关键，然而外部的监督、控制也不容忽视。实验教学没有外部的质量保障，内部保障也将难以实现。因此，建立健全规章制度，完善督导机制，建立灵活的激励机制、合理的评估体系是实验教学的重要外部保障力量。

1. 健全的规章制度

实验室相关规章制度规范着教师、学生、实验员等各种与实验教学相关人员的行为。建立健全各项实验规章制度，明确职责，各司其职，实验教学方可正常运行，科学、合理、可行的规章制度更是实验教学质量的保障。因此实验室不仅要建立规章制度，而且各项制度要健全、完善、科学、合理、可行。北京农学院文法学院实验中心根据自身实际情况，制定了《北京农学院文法学院本科教学实验室工作条例》，规定了实验室设置的基本条件、实验室的基本任务、实验室的管理、实验室主任职责等内容。在《北京农学院文法学院本科教学实验室工作条例》的指导下又制定了《实验室工作人员岗位职责》《学生实习管理规定》《实验室档案管理规定》《实验设备使用管理规定》《实验室安全管理制度》，分别对实验室数据资料的采集、存储、归档、使用、共享，实验室设备登记、使用、维护、报废等进行了规范，细化了实验室的安全管理规章、明确了安全管理的责任。

2. 有效的督导机制

实验教学督导机制在实验教学质量监控中起着承上启下的作用，跟踪实验教学，为提高教学质量提供一线的实际情况与改革建议，真正体现了督导的"监督"与"指导"职能。北京农学院督导组由德高望重、实验教学经验丰富、认真负责、态度端正、业务水平较高的高级职称老师构成。督导老师随机抽查实验教学课程，查阅学生实验与实习报告，及时发现并处理问题。督导组定期召开学生座谈会，了解学生学习状态，听取学生的意见与建议反馈，并及时将学生的意见与建议及督导听课情况反馈与老师。督导组每学期期末都要形成一份工作总结与听课情况报告，详细分析教师授课状态与学生听课状态，发现实验教学中存在的普遍性问题，并分析原因，提出对策建议。同时详细的记录听课班级的出勤率，迟到率、课堂教学效果等内容，形成汇编，为下一个学期老师们提高课堂教学质量，学校管理部门形成决策提供参考。

3. 灵活的激励机制

教师是教学的中坚力量，如何充分调动教师的积极性，激发教师的潜在能力，对提高教学质量起着很重要的作用。因此，建立对教师的激励机制有助于实验教学质量的提高。根据马斯洛的需求理论，通过增加教师工资、改善教学条件、提高福利待遇以满足教师的生理需求；通过提供教师之间社交往来的机会，支持与赞许教师寻找及建立和谐温馨的人际关系，开展集体聚会与体育比赛等，以满足教师的社会需要；通过公开奖励和表扬，颁发荣誉奖章、在公开刊物发表文章表扬、开设优秀员工光荣榜等，以满足教师的尊重需要。总之，采取各种激励措施，充分调动教师从事教学研究和实验教学改革的积极性，激励和鞭策教师不断提高实验教学质量。

4. 合理的评价体系

实验教学质量评价是评价实验教学的主要手段，是引导教师改进教学方法，提高教学水平，保证教学质量的有效措施。建立合理、公平的实验教学质量评价体系，及时反馈评价结果，引导教师互相学习，督促老师不断改进不足，增强教学效果。实验教学质量评价的建立应根据不同学校不同专业的具体情况而定。在建立评价体系时，应遵循完备性、合理性、可操作性、可比性的原则。完备性主要是指从各阶段、多层次、多角度出发，形成一个完整的教学评价体系。合理性是指评价指标体系应该与评价目标保持一致，即所有的指标总和应该等于评价目标，如果总和小于评价目标，说明评价指标体系的设计时遗漏了重要的指标。如果总和大于评价目标，则说明有多余或重复的指标。可操作性是指评价内容是可观察记录的行为表现和现象；评价内容应当精细，以便分项等级评定且收集的各项信息与数据应易于处理分析。可比性是评价体系的每项指标，反映的是被评价对象的共同属性，或共同属性中的共同东西。

（四）实验教材

现有的教材大多选用高等教育出版社实验教材，但是相对于农业院校法学和社会工作专业实验教材少且缺乏针对性。因此，文法学院鼓励教师在编写实验实训课程讲义的基础上编写正式出版的实验教材。

三、实验队伍

文法实验教学中心队伍包括实验中心主任，由教学副院长兼任，负责实验教学中心全面工作。副主任1人，为高级职称，负责实验教学中心具体工作。试验队伍由法学和社会工作专业全部专职教师组成，包括3名教授、17名副教授及4名讲师。负责实验教学中心的运行、建设工作。

四、体制与管理

（一）管理体制

1. 理顺理论教学与实验教学之间的关系

实验是理论的来源，实验先于理论，成功的新实验往往是新兴学科的生长点，为科技的发展开辟新的研究领域。脱离实验学理论，学生将难以理解理论知识的内涵，就无法把握理论的发展方向，当然更谈不上对理论进行修正、拓展和创新了。而且，同为培养人才的活动，实验教学培养的是人才的较高层次的能力。从一定意义上讲，实验教学不仅涵盖了理论课的内容，而且比理论课更复杂。学生通过实验教学的各个环节，眼、手、脑并用，培养了学生运用知识的能力、分析与综合能力以及创造性思维的能力。学习理论的目的是要应用于生活、生产和科学研究之中，实验教学是一种模拟环境下对于理论知识的应用，这对今后学生应用理论知识解决实际问题提供了一个良好的训练。大量的事实证明，在实验中应用过的理论知识，学生理解的比较透彻，记得比较牢固，也能在需要时予以灵活应用。理论教学与实验教学的关系不是主从关系，而是辩证统一的关系，是两个相互独立、相互依存、相互促进和相互发展的教学体系。理论教学固然重要，而实验教学相对理论教学更具有直观性、时间性、综合性与创新性，实验教学是实现素质教育和创新人才培养目标的重要教学环节，实验教学在加强对学生的素质教育与培养创新能力方面有着重要的、不可替代的作用。实验教学是一个相对独立、统一的实践性教学环节，而不是课堂教学的辅助环节。

2. 改革管理体制，建设创新型实验室

深化实验室体制改革，加快建立与社会主义市场经济体制相适应、符合科技发展规律的实验室管理体制，更大程度地发挥实验室教学、科研、科技开发为一体的多功能作用，面向经济建设，大幅度地激发广大实验教师和实验技术人员创新活力。打破那种自我封闭的实验室管理框架，建立一个开放式的实验大平台，成立基础课实验教学中心、专业技术基础课教学实验中心、专业实验研究中心3种类型的实验室群，实行校一级管理模式，即由学校统一规划、统一建设、统一管理，实行3个层次的开放。第一层次面向全校学生开放，承担全校基础课实验教学任务和中等学校教师实验技能培训任务。第二层次面向有关专业本科生开放，除承担专业实验教学任务外，还承担一定量的科研任务和社会职业技术培训工作。第三

层次面向部分本科学生和研究生开放，其主要任务是开展科学研究、承担科研项目、校企合作开发和指导高年级学生的毕业设计与研究生的论文撰写等。实验室管理体制改革有利于实验室建设在管理上合理化，有利于进一步优化教育资源，充分发挥实验室的综合效益，更好地培养高素质人才。

3. 加强实验师队伍建设

想要建设好创新实验室的关键是要有一批具有创新思维、创新精神和创新能力的创新型实验人员。采取积极的机制和措施，建立一支结构合理、素质优良、精干高效的实验队伍。引入激励机制。鼓励实验教师结合实验教学及社会实践问题积极参与课题和创新活动，实现科研、教学结合，跟踪本学科的最新发展动态，不断收集利用最新的科研成果充实、更新实验教学内容，使实验教学紧跟时代的脉搏。鼓励实验技术人员积极参与教师的科研活动，实现创新实验技术、革新管理并举。结合重大科技工程和重点任务的实施，大胆启用青年人才，造就高水平的青年骨干。

引入管理机制。根据不同岗位的特点，以岗位职责为依据，以履行岗位职责和取得的工作业绩为重点，按照各类人员的考核标准，对各类实验室工作人员进行业绩考核。实行实验人员竞争上岗，优胜劣汰，合理流动等措施，建立起一支职称和年龄结构合理的学术队伍。

引入培训机制。通过聘请著名专家、学者讲学、任职或者兼职，对实验师资和技术人员进行培训，开展合作研究，组织参观考察等方式，使实验人员在交流中提高业务素质。

引入引进机制。通过优惠政策引进高学历和高水平的实验技术人员，要采取有力措施，调动实验教学人员积极开展实验技术和方法研究的积极性，以及设备功能开发和设备研制的积极性，提高实验室的整体水平。

（二）信息平台

实验室综合管理信息平台的构建需要具备以下几方面主要的功能：

（1）实验室门户网站管理功能。门户网站管理主要是指对本校实验室门户网通过合理的规划与管理，将实验室信息以及成果展示在内部网上，便于教师、学生、管理人员了解与沟通。

（2）实验室日常办公管理功能。实验室日常办公管理包括论坛、邮件、在线、课件、公告等方面的管理，通过综合化信息管理，更加便于教师与学生开展实验，利用场地与设备，也方便了实验室管理人员的管理工作。

（3）实验室教学管理功能。实验室教学管理主要是指教学实践的信息化管理工作，从实验预习、网上预约、实验安排、实验考勤、过程、设备耗材使用等方面进行管理，进而促进实验教学的合理性。

（4）实验室资产设备管理功能。实验室资产设备管理包括物资耗材、设备仪器等方面的管理，通过综合管理信息系统，建立起基本设备、耗材、仪器的信息库，对各资产设备的使用状态、领用、借用、报修、报废等进行科学、规范、合理的管理。

（5）实验室综合信息管理功能。而实验室综合信息管理主要是指从实验室的规划监制、队伍建设、规章制度、环境安全到工作人员的工作量化评估、数据上报等实施综合化、信息化的管理，从而提高工作效率，减轻管理人员工作量。

（三）运行体制

实验室主任负总责，设副主任 1 名，对专业实验室日常管理实行教学和课题组的两种管理体制。实验室必须实行"三配套"。一是知识结构配套。除了本专业的教学、科研人员以及辅助教学、科研人员优化组合外，还吸收相关学科知识人员进入实验室。二是教材配套。编写具有设计性、研究性、综合性内容并具有自身特色的实验配套教材。三是经费配套。教学业务费、设备配套费、研究经费以及其他辅助性经费按学校独立核算单位到位。

落实实验室的各项规章制度，加强实验室仪器设备的日常维护管理，提高运行效率。高校实验室队伍、财务、设备的运行机制。

五、设备与环境

（一）仪器设备配置情况

模拟法庭配置了庭审软件和相应录播系统，社工实验室安装的录像系统可完整记录学生开展小组活动和个案工作的录像，供学生回看讨论，信息查询室配备的 79 台台式机可供学生使用模拟软件进行实验教学。

（二）维护与运行

实验中心设备定期进行检查维护，保证设备正常使用，教学软件由厂家不定期进行升级，操作系统定期进行维护。

（三）实验中心环境与安全

实验中心设备定期进行安全软件和杀毒软件的升级，保证机器的病毒库处于最新状态，避免影响上课使用设备。实验室各房间做到人走电断，关闭门窗，按时锁门。

六、特色

文法实验教学中心建设不应该也不可能只有一种模式。高校应尝试建立各种体系、各种类型的符合专业特点的文法实验教学中心。文法实验教学中心的建设要依据所在学科的专业特点，通过实践能力培养点寻求实验室建设及实验项目的设立，从自身学生培养的目标出发，建设具有本专业特点和特色的适合自身教学需要的实验室。不仅要有传统手工型实验室、计算机机房型实验室，还要建立虚拟技术型实验室，为研究者构建一个多维的信息环境。文法学院还通过实验功能对文法实验教学中心的作用进行分类，选择某一种或者某几种类型的文法实验教学中心来建设，从而最大限度地满足教学和科研的需要。

文法实验教学中心既注重学生创新能力的培养，更应该依据自身学校的定位和各专业人才培养目标，通过发展自身的优势和特点建设有自己的特色和风采文法实验教学中心。面对人才培养与社会人才需求脱节的现实情况，高校文法实验教学中心的建设要有使命感、紧迫感。文法实验教学中心的规划，要依据各不同高校的发展方向、办学理念、学科特色、科研方向等实际情况对实验室的功能、目标、规模、预期效益等进行不同定位和分析，不仅要有合理科学的布局、更要有先进和科学的理念；不仅有学校资金的支持，更需要各部门通力合作与合理分工；不仅有建设的目标和方向，更需要调动和激发专业教师的积极性、能动性和创新精神。在探索中建设、在探索中发展，是高校文法实验教学中心发展与成长的必由之路。高校文法实验教学中心要不断加强自身建设，理顺体制，整合资源，加大文法实验教学中心建设的力度和步伐，在创建文法实验教学中心的规模上、类型上、功能上、效益上力求新的突破、有自己的特色和亮点。

七、实验教学效果与成果

（一）实验教学效果与成果

文法实验教学中心从投入使用至今，已经培养了近十届本科生，同时为研究生提供了实验教学和实训平台，通过师生反馈，取得了良好的教学效果。

（二）辐射作用

文法学院实验教学中心针对全校开展新生入学教育成长小组，同时针对幼儿园、离退休处及校工会组织丰富多彩的活动。提供专业场地和专业人员的服务，有利于人文环境的营造，同时为和谐校园建设起到了积极作用。

八、自我评价及发展规划

（一）自我评价

虽然文科实验教学得到了一定程度的加强，但是从上到下还是没有得到足够的重视。尽管很多高校都在强调文科实验教学的重要性，可是仍有一些领导和管理部门对文科实验教学的认识不足，对文科实验教学特别是文法实验教学中心建设缺乏支持措施，有些文科教师也不重视文科实验教学，导致一些文法实验教学中心的利用率较低。

在传统的教学实践中，文科专业课程设置里有很多课程没有实验教学课时，有实验教学的课程所占比重不大，而且文科实验课程设置的系统性不够强，有相当部分的文法实验教学中心是按课程或专业来设置的，从而导致实验室建设小而全，致使实验设备和技术力量难以形成整体优势。所以，文科实验教学从教学计划、实验课时、实验教学设计、实验指导书、实验设备及实验室经费投入等各方面与理工科实验室没法相比。

文法实验教学中心的实验教学人才严重不足。现有实验教学人员很多是由理论教学的老师来兼任，这些教师往往理论水平较高但可能实验技能欠缺，而且由于学校考核体制的原因，这些教师往往注重理论研究而不能全身心地投入到实验研究之中，无法很好地保障文科实验教学质量。另外，现有的文法实验教学中心管理人员的学历结构和职称结构也相对较低，进修机会少，知识不能及时得到更新等也是一个不可忽视的问题。

（二）实验教学中心今后建设发展思路与规划

结合学校 2011 年人才培养方案，结合"3＋1"实践教学模式，文法学院实验教学中心在以下几个方面需要不断改进和提升。

1. 更新观念，重视实验教学在文科教学中的作用

在本科院校实行"3＋1"人才培养模式的大背景下，要作好这个"1"，领导首先要带头更新观念，打破传统教育思维的框框，改变重理轻文的观念，在政策和资金方面加大对文法实验教学中心的投入力度，让文法实验教学中心成为培养创新型人才的重要阵地。文科理论教师要从自己所讲的课程出发，加大实验课时和设计合理有效的实验教学指导书，让学生在实验课的互动过程中真正体会和理解相应理论。要上好文科实验教学课，不仅教师需要转变观念，学生也必须转变"重理论轻实验"的观念。学校可以通过制定文科实验考核制度和学分制度等硬性制度来引起学生对文科实验课的重视，使文科实验教学的理念深入到整个教学过程之中。

2. 创新实验教学形式，保障文科实验教学效果

文法实验教学中心的建设应借鉴国内先进的建设经验，结合文科专业的特点，规范实验教学，制定合理的专业教学计划和培养方案。加强教材建设，编制、修订系统完整的实验课程教材、实验大纲及实验指导书，保障文科实验教学效果。教学形式、内容和方法是教学过程中的重要组成部分，采取多种实验教学形式、方法，以及采用丰富的实验教学内容，是保障文科实验教学效果的必要条件。文科实验教学可以采取多种形式来提高学生对实验课的积极性，如设立实验竞赛、开放性实验、课外实验等。文科实验教学内容可根据社会的发展变化，灵活地调整实验内容，也可以借鉴理工科以实验项目为实验教学内容。在实验教学方法方面，根据不同实验课程的具体情况，可采用多种实验教学方法，如观察体验式、情境仿真式、全真案例式、专业集成式、自主研发式等来创新实验教学。

3. 改革实验考核制度，提高文科实验教学质量

科学合理的文科实验考核制度，对提高实验教学质量、衡量实验教学效果、提高学生实验的主动性和积极性，以及改进教师实验教学方法等具有重要意义。文科与理工科实验结果的差异，导致文科与理工科对实验考核评价的标准不同。文科实验考核标准不能只注重单一的分数量化，还应注重多级的、全面的评估。比如可借鉴理工科将实验考核分为4个部分，即实验预习部分、实验操作部分、实验报告部分和笔试考核部分进行考核，这种考核方式可直接反映学生的实验情况。还可以采取评语式与自评式结合考核，对于研究型、开放型、创新型这类文科实验，可先让学生根据自己的实验情况进行自评，进而促进学生的主动意识，然后教师再进行综合评定，评定方式以评语式为主，这种考核方式从一定程度上调动了学生参加实验的积极性与主动性。通过多种形式的考核，对文科实验教学的教学质量一定会有促进作用。

4. 建设高素质的文科实验教学队伍

由于文法实验教学中心建设起步晚，实验员队伍建设也相对落后，而且文科涉及面广，很多实验员的专业不对口、比如经济学实验室的实验员不一定是学习经济的，法学实验室的实验员不一定懂法律，特别是近年的一些新兴专业比如社会工作专业、会展专业等，实验员更缺乏，从而会直接影响文科实验教学的教学质量。因此，相关部门需要结合本地实际调整与加强实验教学队伍，加大相关人才引进力度，优化实验教学队伍结构，制定政策鼓励青年实验技术人员在职攻读相关学位。引进具有现代文科实验教学技能的实验教师，不断增加高层次、高学历年轻实验技术人员的比例。积极为实验人员提供各种机会参加培训、研讨和考察等活动，使其向一专多能方向发展，更好地适应文科实验教学的需要。

执笔人：韩　芳

第九节 城乡发展学院实验教学中心建设

一、实验教学中心总体情况

（一）中心建设发展历程

城乡发展学院从 1999 年成立开始建设实验教学中心，从以应用型人才培养为目标的单一专业实验室，逐渐发展成为实验教学、实习实训、课外创新活动等为一体的综合性实验教学中心。

实验中心的发展历程可分为两个阶段：第一阶段（1999—2005 年）：专业实验室的成立与发展。自 1999 年开始，随着专业的不断增加，陆续成立了语音教室、计算机教室、综合实验室等相对独立的专业实验室，并开展实验教学。第二阶段（2005 年至今）：实验教学中心的发展与完善。根据学院提出的建立实验教学中心的长远发展目标，本着"稳定规模、优化结构、提高质量、突出特色、统筹安置、和谐发展"的原则，为了更好地实现优质教学资源共享，保证实验教学资源的效益最大化，从 2005 年至今，又成立了本科农村区域发展实验室、会展经济与管理实验室；专科成立了两个兽医综合实验室、动物饲养房、物流管理专业实训室、会展实训室、导游实训室、酒吧实训室、客房实训室、无土栽培实验室、组织培养实验室、模拟花店、温室、有机肥发酵室、沼气站等实验实训室。使实验教学中心成为一个特色鲜明的实践教学基地，更充分地发挥了实验中心在大学人才培养中的作用。

（二）教学简况

实验教学中心每学年共开展实验课程 50 门，实验项目 95 项，面向本专科 8 个专业，实验学生人数为 2 850 人/学年，实验人时数为 200 460 人时/年。

（三）环境条件

实验教学中心使用面积 2 679 平方米，配备仪器设备共 773 台，设备总值约 825.079 万元，设备完好率达 99%。

（四）教材建设

为了不断适应新的教学要求与需要，本实验教学中心根据实验教学经验，正在主编实验教材 1 部。

（五）近五年经费投入数额来源主要投向

近五年北京市专项投入 786.243 万元，主要用于实验室设备、软件建设及环境建设；学校专项投入 336.953 万元，主要用于实验室设备更新、软件建设及环境建设，总计投入 1 123.196万元。

（六）近五年中心人员教学科研主要成果

教育部科技成果："一串红种质资源收集、创新与推广"。

二、实验教学

（一）实验教学理念与改革思路

1. 实验教学理念

实验教学是高等学校课程教学的重要组成部分。近年来，为了进一步加强实践教学，全面提高学生的教学质量，本院制定了一系列有关实验教学的政策和制度。

（1）重视学生实践能力的培养，着重培养学生自主学习能力。

（2）重视实践实验教学，培养学生基本实践能力。

（3）重视学生创新意识的引导，促进科学研究能力的培养，突出学生个性能力的发挥，促进学生知识、能力、素质协调发展。

根据这个定位，本院开展符合高等院校学生实际需求的教学内容，利用多元化的教学模式和手段，在强化基本实践能力的基础上，培养学生创新学习能力。

2. 改革思路

实验教学中心是高校进行教学和科研的重要基地，它对于提高教学质量和实践能力，培养创新思维都具有重要作用，是高校完成人才培养目标的重要场所。而实验教学则是完成人才培养目标的重要手段与途径。随着社会发展的需要，培养知识、能力、素质、个性综合发展，具有创新精神和实践能力的高水平人才，成为各高校的人才培养目标。依照此需要，实验室坚持以人为本的原则，以学生为立足和出发点，对实验教学进行改革。

（二）实验教学总体情况

城乡发展学院实验教学中心仪器设施齐全、功能完善、环境良好，合理的人员配置以及完善的管理制度很好地保证了实验教学的开展，能较好满足教学和科研的需要。本实验中心为本院本专科 8 个专业的学生提供基础实验教学和专业实践课程教学场所。实验课程包括基本实验技能、植物生物学基础、园林植物、植物生理生化、动物生物化学、水仙雕刻与插花、计算机课程、物流实训、旅游实训等。

（三）实验教学体系与内容

针对学生的特点与社会人才需要的发展趋势，本实验中心构建了以理论教学为基础，以能力培养为核心的实验教学体系。

实验教学和理论教学相辅相成，是现代教学体系中不可缺少的部分，是培养学生实践能力和创新精神的重要手段。理论教学与实验教学虽然都可以引发学生的创造思维和探索精神，但理论教学侧重于知识的传授和认知，实验教学侧重于实践能力的培养，实验教学是提高学生实践能力和创新精神的必要途径。因此，必须建立理论教学与实验教学并重的教学模式，研究制定出与理论课程教学体系相配套的实验课程教学体系。

根据教学具体情况，主要做了以下工作：

（1）适当增加实验课学时，逐渐压缩验证性实验，加大综合性、设计性实验比例。

（2）鼓励高素质教师投入实验教学工作，充分将科研成果及时进行实验教学转化，使实验内容不断拓展和更新。

（3）增加实验课考核成绩在期末总成绩中的权重，使学生更加重视实验教学环节。

（4）实验室面向学生开放，为学生在课余时间进行实践训练提供良好的环境。

（四）实验教学方法与手段

实验教学中心承担的实验课程为基础实验和专业实验课程，在实验课程教授的过程中，本实验中心根据学科和课程的特点和定位，建立了以教师为主导、以学生为中心，实现以学生自我训练为主的教学模式，从教学环节、教学方法与手段多个方面改革实验教学。

1. 注重实验教学环节

（1）强化预实验，保证实验教学顺利进行。

（2）注重实验过程，通过实验使学生巩固理论知识、锻炼动手能力、学习操作技能、培养协作能力和严谨细致的工作作风。

（3）实验做完后，组织学生对实验结果进行现场讨论，指导教师适当提出问题，引导学生主动思考，以培养学生的分析能力。

2. 实验方法与手段

（1）实验课程中的经典实验需采用经典的技术、方法和手段，便于学生学习实验基础知识和操作技术。

（2）本实验中心拥有先进的仪器设备，有助于学生提高实验能力和科研水平。

（3）在实验教学手段上采用多种类型实验并举，促进学生综合素质的提高和创新能力的培养。

（五）实验教材

近年来，为了不断适应新的教学要求与需要，本实验中心根据实际实验教学经验，使用符合学生实际学习情况、能满足其学习需要的实验教材。

三、实验队伍

（一）队伍建设

实验教学队伍建设是实验教学建设与改革成功的关键。为了建设一支有一定理论基础、技术过硬、事业心强、热爱本职工作、结构合理的实验技术人员队伍，学院制定了实验教学队伍建设规划及一系列相关政策，采取了多项措施，加快实验教学师资队伍建设步伐。

（1）鼓励实验室人员参加教研室科研活动，提高自身素质。鼓励实验人员积极参加与业务相关的专题内容的进修学习。鼓励实验人员撰写论文，总结实验教学中的经验和体会。从多方面调动实验室管理人员的积极性，更好地为教学管理服务。

（2）增加专任实验技术人员数量，补充学历层次较高的人员进入实验中心，以充实实验技术人员队伍，提高整体素质。

（3）建立健全实验技术人员量化管理制度，建立相应的实验室岗位责任制，把各种职责任务明确分解到各实验技术人员，各司其职。

（4）培养一专多能、专职的实验师队伍，掌握本专业的基本理论和实验技术、方法，能指导各种实验。

（5）加强实验教学与理论教学的交流。

（二）实验教学中心队伍结构状况

以任课教师与实验员相结合的方式共同完成本实验室所承担的教学任务。以高水平的学术带头人为核心，建立相对稳定、结构合理、能够胜任实验教学的队伍。本实验中心设实验中心主任1名、实验员4人，其中博士1名、硕士3名。

（三）实验教学中心队伍教学、科研、技术状况

近年来，实验室加强教学队伍建设，使每位教师在教学、科研能力和技术水平方面得到了很大提高。

（1）实验室加强教风建设，每位教师能够严格遵守师德规范，做到教书育人，爱岗敬业。教师教风严谨，职业道德良好。

（2）实验室工作人员做到了积极踊跃参与教学任务和教学方法的改革。

（3）实验室人员积极学习目前国内先进的技术方法，完善自己，以便更好地开展实验教学。

（4）实验教学队伍有很强的科研能力，参与了多个科研项目的研究。

四、体制与管理

（一）管理体制

实验教学中心由实验教学中心主任负责管理，统一调配人力资源、设备资源。目前实验教学中心已建立完善的规章管理制度，包括《实验室安全卫生制度》《实验室学生守则》《实验课教师岗位职责》《实验室仪器管理规定》与《实验室化学药品使用管理制度》等。实验任课教师、实验员与上课学生严格遵守各项规定，以保证实验室各项工作能够安全顺利地进行。

（二）信息平台

实验中心非常重视实验室的信息化建设，指派专人承担管理工作，利用校园网的有利条件，管理固定资产，该系统在管理方面发挥了积极的作用。

（三）运行体制

（1）在保证正常的实验教学任务的基础上，实验室对学生开放（8：00—17：00），为学生提供实验场所，提高设备的利用率。

（2）实验室管理制度全面、规范，有严格的实验室安全制度、仪器设备使用管理制度、药品使用管理制度等规章制度。实验室人员要填写工作记录和设备维修记录。学生上实验课要登记签到等。

（3）实验室注重对实验员的考核和培训，每学年对实验人员进行一次年终考核，保证实

验室正常运行，保证教学质量和教学效果。

五、设备与环境

（一）仪器设备配置情况

目前实验教学中心现有仪器设备 773 台，总价值约 825.079 万元，处于国内先进水平。

（二）维护与运行

实验教学中心的设备管理制度健全，实验室严格执行各项设备管理规章制度。做到责任到人，及时维护，保证机器完好率。操作规范、保养及时、定期维护，损坏及时登记、报修并有维修记录，使仪器设备处于完好可用状态。实验员负责所在实验室仪器设备的账目管理、定期检查核对，保持仪器设备的账、卡、物相符。对大型精密贵重仪器设备，设有专人管理和维护，建立专门的仪器设备技术档案，要求详细记载仪器的使用情况、技术状态和维修记录。

（三）实验中心环境与安全

实验教学中心设计规范，实验室地面防滑且耐磨；实验台和实验柜耐酸碱，符合规范标准；照明和通风良好；水、电、气管道、网络走线布局合理、安全，符合国家规范；各种安全设施配备齐全。为了给学生、实验员和教师提供一个清洁、整齐、卫生、安全、舒适的实验教学环境，实验室严格执行《实验室化学药品使用管理制度》，确保化学品安全管理。实验室具有符合国家有关标准的防火、防盗、防爆、防破坏的基本设备及相应的安全措施。高压气瓶用专柜存放；化学试剂有专用库房存放；易燃和易爆物品有专用存放设备。以上实施均有专人负责管理。

六、特色

实验教学中心多年来主要服务于学生的实验教学，形成了适应本专科学生需要的教学模式，探索出了一系列实验方法与实验手段，以应对社会对学生技能要求。本实验中心从社会对学生的技能要求出发，建立了加强学生基本实验操作技能，不断提高专业实验技能的教学模式。学生从入学到毕业，先学习基本实验技能，再进行专业技能训练并不断对基本实验技能进行巩固。把基础实验课程和专业实践教学有机融合在一起，通过教学、实验各个环节的共同作用，注重创新意识、创新能力的培养，并贯穿于人才培养的全过程。

七、实验教学效果与成果

（一）实验教学效果与成果

通过基础实验教学与专业实验训练，绝大部分学生达到了教学大纲的基本要求，掌握了基本的实验操作技能。而且通过实验数据结果分析的训练，具有一定的解决问题的能力。部分学生还参与了本院教师的科研课题组，协助教师完成科研项目。

（二）辐射作用

在学校和学院领导的高度重视和全力建设下，实验教学中心在实验教学、实验队伍、管理体制以及设备与环境等方面的建设与改革取得了一定成效。专业建设离不开课程建设，而合理的课程教学大纲，是保障专业教学水平的前提。要使课程体系在宏观上适应高教发展的需求，微观上适应提高学生素质的要求，首先要认真编好教学大纲，它是进行课程教学的基本依据。编写好教学大纲是课程教学的关键环节，对规范课程教学，保证教学质量具有重要意义。本中心坚持科学研究以社会需求为导向，不断加强科研为企业服务，并有一批科研成果已转化为生产力，真正做到了科研对生产的促进，成为生产发展的动力。通过理论课教学和实验课教学的经验介绍和交流，有效地发挥了本专业的辐射与示范作用。

八、自我评价及发展规划

（一）自我评价

实验教学中心多年来一直努力为学生服务，在长期的教学服务过程中，实验室形成了适应学生需要的教学理念与特色。特别是近几年，实验室树立了以人为本、知识传授、强化培养、素质提高、协调发展的教学理念，努力为广大师生服务。不断进行教学改革，更新教学内容，改革教学方法，培养造就了一支热爱教育事业的教师队伍。近几年来，实验室不断加强教学基础建设，使实验室的软、硬件环境得到极大改善，为教学质量的提高打下了良好基础。不断加强实验教学的改革与创新，提高学生解决实际问题的能力。同时实验室还制定了各项规章制度，建立了有效的运行机制，做到集约化管理，实现资源共享，充分提高利用设备效率，为广大学生提供优质服务。

（二）实验教学中心今后建设发展思路与规划

以新的教育理念和教学观念为先导，以培养实践和创新能力为核心，以教学体系、教学内容、教学方法、教学技术手段改革为重点，以优良的软硬件条件和开放服务环境建设为基础，以高水平的实验教学队伍建设和先进高效的运行机制为保障，深化改革，不断提高实验教学的水平和质量。

（1）进一步完善现有的规章制度，牢固建立以学生为本，促进素质提高与知识传授、能力培养与协调发展的教育理念和办学指导思想，抓创新、抓落实。

（2）建立有效机制，突出做好资源共享，坚持实验室全天开放。

（3）不断进行实验内容改革，提高学生的科研素质和创新能力。

（4）加强实验室队伍建设和管理，提高实验人员的素质和能力，做到定期业务培训。

（5）保持实验设备的先进性。

（6）注意环境建设，使实验室布局科学合理。

执笔人：遇　玲　张　昭

第十节　基础教学部实验教学中心建设

一、实验教学中心总体情况

(一)中心建设发展历程

基础教学部实验中心由物理—数学实验室、化学实验室、外语语音实验室组成。化学实验室和物理实验室始建于建校初期。随着学校的不断发展，于 1984 年成立外语语音室，2009 年建立数学建模室，并将数学建模室并入物理实验室统一管理。2010 年根据学校统一安排，成立基础教学部实验中心。

(二)教学简况

1. 物理实验

学校开设的物理实验课程有 3 门；实验项目数共计 24 项，面向全校 11 个专业开课；实验学生年人数为 720 人，年实验人时数约为 14 760 人时数。

2. 数学建模实验

面向全校的选修课，实验学生年人数为 150 人，年实验人时数约为 2 400 人时数。

3. 化学实验

学校开设的化学实验课程有 11 门，实验项目数共计 90 项，面向六个学院必修和全校选修；实验学生年人数为 2 670 人，年实验人时数约为 75 380 人时数。

4. 外语语音室

学校开设的英语语音课程有 4 门，语音项目数共计 40 项，面向全校 30 个专业开设；实验学生年人数为 4 564 人，年实验时数约为 146 048 人时数。

(三)环境条件

1. 物理与数学实验室

物理与数学实验室使用总面积为 279.72 平方米，其中物理实验室使用面积为 219.24 平方米，数学建模实验室使用面积为 60.48 平方米；数学建模实验室设备台件数为 63 件，设备总值为 70 万元，设备完好率 100%；物理实验室设备台件数为 282 件，设备总值为 125.2 万元，设备完好率为 90%。

2. 化学实验室

化学实验室使用面积为 777 平方米；设备台件数为 223 件，设备总值为 232.1 万元，设备完好率为 100%。

3. 外语语音室

语音室使用面积为 471 平方米；设备台件数为 522 件，设备总值为 322.79 万元，设备完好率为 100%。

(四)教材建设

主编《大学物理实验》教材 2 部。各类化学实验教材主编 3 部，副主编 2 部，参编 7

部，其中一部获奖。

（五）近五年经费投入数额来源主要投向

1. 物理与数学实验室

2009 年（数学建模学校专项）建立数学建模实验室，总计为 78.6 万元；2010—2013 年物理实验室投入经费 11.6 万元，用于物理实验竞赛和购买仿真物理实验软件（8 万元）。

2. 化学实验室

主要用于拓宽实验教学，让学生更好、更多的学习、掌握先进的大型仪器，购买了原子吸收分光光度计、紫外分光光度计、荧光分光光度计、液相色谱仪、气相色谱仪、红外分光光度计、气质连用色谱仪等。

3. 外语语音室

近五年经费投入 5 万元，来源于教学经费，主要用于语音教学设备的日常维护。

（六）近五年中心人员教学科研主要成果

参与教师的科研项目，辅助完成一种农药残留速测仪（实用新型），获国家级专利。参与并指导校内大学生各项实验竞赛获一、二、三等奖等。参与并指导北京市级大学生各项实验竞赛获二等奖、三等奖、优秀奖等。

二、实验教学

（一）实验教学理念与改革思路

以教育部《关于进一步深化本科教育改革全面提高教学质量的若干意见》中要求的内容为指导，以"为学生的发展提供支撑"为目标，以培养方案和教学体系（包括实验教学体系）为依据，以方式模式为手段，以实验条件为支持，全面推进人文素质实验教学的内容、方法、手段及人才培养模式改革与创新。做到实验教学同传统人文素质教育交融结合，理论与实验互渗互动，形成适应现代大学生成长需求的兼顾基础实验、综合实验、设计实验、创新性实验的全新综合素质实验教学体系。

在教学内容方面，对整个基础实验的教学体系进行重新组织，本着循序渐进、分阶段、分层次教学的思路，整个基础实验教学按四个级别来进行：基础型实验、提高型实验、综合设计型实验、研究创新型实验。在基础型实验中，以基本物理量的测量和验证性实验为主，培养学生掌握基本的实验知识、方法和技能；在提高型实验中，以激发学生学习兴趣，开阔物理视野，培养学生的分析问题和解决问题的能力；在综合设计型实验中，以提高学生综合应用多学科知识与实验技能为主要目的，全面提升学生的科学素养，培养学生的综合实践能力；在研究创新型实验中，以学生的科技活动项目为主，培养学生科研意识和创新精神。

在实验教学方法改革方面，充分利用实验中心现有的资源，开展多种形式的教学，如演示实验教学、分组实验教学、网络实验教学等；实行实验室对学生充分开放，为学生提供自主学习的空间和研究创新的公共平台。如：对学生实行网上预约实验，网上书写实验报告，网上下载资料，以及网上对学生辅导答疑，网上批阅实验报告，网上登载实验成绩，努力做到网上预习实验与实际实验相结合，不断地完善实验的网络化管理。

（二）实验教学总体情况

1. 物理、数学实验教学

（1）物理实验课面向全校 5 个学院、11 个专业，开设普通物理实验、医用物理实验和大学物理实验必修课程。

（2）数学建模课程为面向全校的选修课程，自数学建模实验室建立以来，平均每年约有150 人次选修这门课程。

（3）多元统计分析方法及应用课程为面向全校研究生的选修课，平均每年约有 20 人次选修这门课。

2. 化学实验教学

化学实验室承担着全校的化学基础课教学任务，其中普化、有机、分析三大课程的实验教学班级数分别为每年 24～25 个班。除了三大化学基础课，我们还承担了不同专业的环境化学实验、仪器分析实验、物理化学实验。另外，我们还为全校对化学实验有兴趣的同学开设了四门选修化学实验课程。

3. 外语语音室

外语实验室承担着全校的一、二年级所有专业英语课。外语数字语音教室主要功能服务于学校 5 000 余名学生的英语听说学习，重点满足学生正常课堂教学和课外自主学习两大需求。学生外语听说教学以及课外自主听力训练频率相当高，每间语音室每周平均超过 40 小时使用时间，数字语音室 4 间每周均达到 5 000 人次的学生使用量。

（三）实验教学体系与内容

1. 物理实验

目前开设的物理实验分为力学实验、电学实验、光学实验及近代物理实验，包含了验证性实验、基础性实验和综合设计性实验；通过大学生科技创新研究和科技创新实践活动平台完成一些研究与创新实验。

2. 化学实验

包含三个层次的实验：①基础内容实验：主要有无机化学实验、分析化学实验、有机化学实验等。②设计与综合实验：主要在环境化学环境土壤学、水污染控制、大气污染控制等。③研究与创新实验：主要通过大学生科技创新研究和科技创新实践活动平台完成实验项目。

3. 外语语音室

内容有：新视野大学英语一级视听说 1～8、新视野大学英语二级视听说 1～8、新视野大学英语三级视听说 1～8、新视野大学英语四级视听说 1～16。

（四）实验教学方法与手段

1. 物理实验教学

物理实验授课采取单班分组进行实验。要求学生实验前要进行预习，实验课上首先检查学生的预习情况，分为对相关实验内容提问和检查预习报告。在学生进行实验操作前老师讲解实验的注意事项，提醒学生注意实验中的重要细节。学生得到的测量结果要交给老师批阅，批阅合格的学生才能下课。课后学生要独立完成实验报告，主要是实验数据的处理，老师对实验报告的批改主要强调数据处理方法的正确性。

2. 化学实验教学

化学实验教学方法是对于技能训练和基础性实验，学生在预习实验讲义的基础上，在实验室独立完成实际操作训练和数据测量，课后再撰写实验报告。对于综合性、设计型和创新研究性实验，为2～3人一组，在教师的指导下，从了解实验背景、学习相关理论知识开始，学生须自行完成查阅文献、设计实验方案、配置溶液、组装和调试仪器、测量数据、数据分析、结果讨论等，撰写一篇科技论文格式的研究报告；最后通过实验课程的考试与考核检验学生的掌握情况。

3. 外语语音室

以自主学习为主，教师讲解为辅，通过多媒体、网络、软件、教学等手段进行实验教学。

（五）实验教材

物理实验教学均使用由本校教师主编的《大学物理实验》教材。普通化学、有机化学、分析化学、物理化学等课程都有以农业院校为主导的配合理论教材的实验教材，同时也使用以本部教辅人员、本部教师共同完成的实验教材。

三、实验队伍

（一）队伍建设

作为基础实验，中心人员与教师一起完成学生的实验教学。作为使用大型仪器设备的实验，在近几年的实验队伍上，不定期的让实验人员出去培训，参加仪器使用的有关讲座等。同时组织大家积极参加相关会议，能够独立完成各自的实验教学任务。

（二）实验教学中心队伍结构状况

本部实验教学中心，现有行政管理人员1人，实验人员7人，其中1名高级实验师、4名实验师、1名工程师，适应实验教学需要，能够圆满地完成各自的实验教学任务。同时还积极组织、配合教师一起完成大学生科研实验课题和各级别、各项实验技能竞赛。

（三）实验教学中心队伍教学、科研、技术状况

基础教学部各项实验教学，均以教师为主、实验人员为辅参与实验教学。科研上，实验人员除了参与相应学科教师各层次的科研项目，近几年已有自己主持的教学改革或科学研究等科研项目。技术上，实验人员能够独立完成基础实验的准备、教学工作。能够熟练操作大型实验仪器进行实验教学和科研。

四、体制与管理

（一）管理体制

实验室管理为校院两级管理，在校级实验实习办的统一管理下，根据基础部实验教学特点，制定了如下管理细则：《化学实验室仪器管理制度》《化学实验室安全管理制度》《化学

实验室管理规则》《化学实验室危险品使用制度》。

（二）信息平台

暂无专属实验信息交流平台，和学生的沟通多在校园平台的好友群中进行。

（三）运行体制

各实验室均严格按照校级和部级各项管理制度运行，做到责任明确、细心管理、负责到位和加强学习。

五、设备与环境

（一）仪器设备配置情况

基础部中心实验室仪器设备配置基本合理，基本能满足基础教学部各学科的基础教学实验任务。

（二）维护与运行

实验中心对于教学、科研用的各类仪器设备维护与运行做到：仪器室配有通风、遮光设施，经常保持清洁卫生，并保持合理的温度和湿度；各种仪器摆放整洁、科学，仪器表面保持清洁、干燥、无尘；仪器、设备不能与化学药品同放；加强国有资产的质量管理，根据要求做仪器的定期保养；实验效果、故障、维修保养等均要做记录；根据要求定期保养仪器；实验仪器出现故障或发生损坏，尽快报修；实验室设有仪器维修与保养记录册。

（三）实验中心环境与安全

实验中心环境基本满足实验教学条件，并严格执行校级实验实习管理办制定的安全条例和危险化学品安全管理条例，实验室按"四防"（防火、防盗、防破坏、防治安灾害事故）要求，建立健全了以室主要负责人为主的各级安全责任人的安全责任制和各种安全制度。

六、特色

在化学实验教学中充分渗透绿色化学理念，增加了土壤环境检测、农药残留、食品质量安全等内容。

七、实验教学效果与成果

（一）实验教学效果与成果

基础课实验教学效果良好。通过基础实验教学，学生能够掌握基本的实验技能、独立处理实验数据、分析实验结果；为顺利地通过国家四六级英语考试打下良好基础。

1. 数学建模竞赛获奖情况

在北京市大学生数学建模竞赛中，2009 年一个队获北京市二等奖；2010 年一个队获北京市二等奖；2011 年一个队获北京市一等奖、一个队获北京市二等奖；2012 年一个队获北京市二等奖；2013 年两个队获北京市一等奖、四个队获北京市二等奖。

2. 物理实验竞赛获奖情况

在北京市大学生物理实验竞赛中，2009 年获得三等奖一项；2010 年获得三等奖 4 项；2011 年获得二等奖一项、三等奖一项；2012 年获得二等奖两项、三等奖一项；2013 年获得二等奖一项、三等奖两项。

3. 化学实验竞赛获奖情况

2010 年参加北京市大学生创新性实验比赛获得一个北京市一等奖、三个北京市二等奖；2013 年参加北京市级化学技能竞赛有 3 人获得一等奖、4 人获得二等奖、3 人获得三等奖。

4. 外语竞赛获奖情况

自 2011 年至 2014 年 6 月参加大学生英语竞赛以来，获得全国大学生英语竞赛 C 类一等奖 4 人次；21 世纪杯全国英语演讲比赛国家级三等奖 1 人次；华北区英语竞赛二等奖 1 人次，三等奖 3 人次；北京市大学生英语演讲比赛二等奖 1 人次，三等奖 5 人次。

同时还组织学生参加大学生科研计划项目，分别完成了国家级、北京市级的科研项目。

（二）辐射作用

基础教学部的"农产品安全与农药残留分析科研团队"长期从事农药残留分析、农药污染降解与修复技术研究的科研工作，熟悉农药残留分析检测相关技术，具备丰富的降解农药微生物筛选、降解酶的固定化及污染土壤修复的研究经验。

应用特定的物理技术处理农作物，能促进作物生长，控制病虫害，绿色无污染。它是一种新兴的农业生产技术，可在减少化肥和农药使用量的同时，达到增产、优质、抗病和高效的目的。

八、自我评价及发展规划

（一）自我评价

较好完成了基础实验教学的基本任务。基础实验教学起到了对学生的基本实验能力、数据处理能力和团结协作能力培养，为学生更好的适应社会实践工作发挥了作用。

（二）实验教学中心今后建设发展思路与规划

坚持育人为本、学生为先、质量为重的基本原则，树立"重品德，重能力，重实践，重协作，重创新"的"五重"教育理念，构建课内外互动的四级实验教学体系，加强综合设计型实验和研究创新型实验，努力实现开放式实验教学，全面提升学生的动手能力和创新能力。

以实验教学体系构建为主导，建设仪器先进，种类齐全，既能满足实验教学需要，又能为科学研究提供条件的优良实验教学环境。发挥网络资源优势，运用现代化技术及先进的实验教学手段，探索实验教学改革的新方法和新途径，实现开放式的实验教学。加强实验教学质量监控，建立实验教学质量考核评价机制。

加强实验教学队伍建设，以学科带头人为核心，带动团队教师进行教学研究，改革实验教学，提高教师特别是青年教师的综合素质，建立一支稳定的、热心实验教学及科研开发的师资队伍。

执笔人：徐晓洁

第十一节　思想政治理论教学部实践教学中心建设

一、实践教学中心总体情况

（一）中心建设发展历程

思想政治理论教学科研部（以下简称思政部）自 2011 年 3 月单独设置以来，认真贯彻和落实教育部四门骨干课程实践教学要求，积极构建思政课实践教学体系，推进实践教学中心建设。2012 年年初，学校将艺术与创业教育教研室调整至思政部，由思政部统筹全校艺术与创业教育实践教学工作。

2012 年 4 月，为进一步加强本科实验教学中心和实验室建设工作与管理，整合和利用实验室资源，根据《北京农学院本科教学实验室工作条例》（院发〔2009〕33 号），按照学校要求，在学校教务处的大力支持下，思政部在统筹思政课、艺术与创业教育实践教学工作，思想政治理论教学科研部实践教学中心，下设两个实验室：思想政治理论课实验室和艺术与创业教育实验室。

（二）教学简况

1. 思想政治理论课实验室

党中央、国务院高度重视高校的思想政治理论课的实践教学几年来，思政部充分发挥社会实践在思想政治理论课教学中的作用，引导学生在实践中深化理论认识，推进完善思想政治理论课实践教学机制，增强思想政治理论课实践教学的实效性，完善思想政治理论课实践教学总结经验，积极开展思政课学生社会实践。按照教育部要求，四门思政课中三门课设有实践教学环节，授课对象是学校各专业学生，性质是公共必修课，由各课程组按照实践教学大纲开展实践教学。分别是一年级是思想道德修养与法律基础，1 学分；二年级是马克思主义基本原理概论，1 学分；三年级是毛泽东思想和中国特色社会主义理论体系概论，2 学分。另外，形势与政策在大一暑假期间组织开展社会实践活动。

2. 艺术与创业教育实验室

主要是通过学校公选课提高青年学生艺术和创业素质，主要是 6 位教师每学期开设 15 门次全校性公选课。艺术类课程实践环节主要是运用视听室音视频专业设备，保证教学效果，并组织学生艺术团体开展日常教学。创业类课程实践环节主要是利用学校丰富多彩的科技活动、团学活动和社团活动等有效途径，培养学生的创业意识和创业能力，使学生具有了一种能吃苦、敢尝试、会创新、能创业的精神品质。

（三）环境条件

思想政治理论教学科研部实践教学中心使用面积是 140 平方米，主要是艺术类课程音视频专业设备，成套设备一套，设备总值 60 余万元，设备完好。

（四）教材建设

近年来，结合中发 2004 年 16 号文件、2008 年 5 号文件、2011 年教育部《高等学校思想政治理论课建设标准（暂行）》，围绕思政课实践教学目标，培养学生理论联系实际的能力，使学生能够学好理论和用好理论，能够做到知和行的统一。先后主编 6 人次、副主编 6 人次、参编 2 人次，公开出版 3 本实践教学类教材。

（五）近五年经费投入数额来源主要投向

2012 年 4 月，思想政治理论教学科研部实践教学中心成立后，在学校给予经费支持。主要是配合国际学院建设，将阶一教室相关设备移至现在的视听室，并进行基本建设。2012—2014 年经费主要来源是学校实践教学中心基本建设经费，主要投向是进行视听室环境改造和教学基本设备购置，均通过学校国资处等部门的专门验收。

（六）近五年中心人员教学科研主要成果

中心人员近三年内围绕思政课实践教学和艺术与创业教育实践教学，积极申报学校教学改革项目和科研项目，并积极进行科学研究。根据统计，中心人员承担教改项目 6 项，发表论文 20 余篇。

二、实践教学

教育部等部门《关于进一步加强高校实践育人工作的若干意见》（教思政〔2012〕1 号），明确要求积极组织思想政治理论课教师、辅导员和团干部参加社会实践、学习考察等活动。目前学校在重视课堂理论教学的同时，越来越重视思想政治理论课实践教学环节。构建完整的、系统的符合校情和学生特点的高校思想政治理论课实践教学体系，对于增强思想政治理论课教学实效性和促进学生全面发展具有重要意义。

（一）实验教学理念与改革思路

高校思想政治理论课实践教学体系，是指在高校思想政治理论课实践教学过程中，由实践教学活动的构成要素相互联系，相互制约而成的有机联系整体。目前思想政治理论课实践教学体系的构建主要从以下几个方面开展：确定思想政治理论课实践教学的目标，构建明确的实践教学目标体系；拓展思想政治理论课实践教学形式，构建丰富多彩且多样化的实践教学内容和方法体系；强化思想政治理论课实践教学内容的评价与管理，构建科学合理的实践教学评价体系和完善的保障体系。

（二）实验教学总体情况

自 "05" 新方案出台后，学校制定了实践教学方案，并将实践教学纳入教学计划。四门思想政治理论课主干课都有实践教学内容，除去校内实践教学外，在校外的实践教学活动主要以社会调查活动为主。其方法分别是：

马克思主义基本原理概论课运用辩证唯物主义和历史唯物主义的一个基本观点，深入考察某一个社会问题并谈自己的体会（具体内容由老师拟定），在开学后第一次上课时交给任课教师，作为平时成绩记录在案。

毛泽东思想和中国特色社会主义理论体系概论课是进行改革开放成果与问题的社会调查（具体内容由老师拟定），在开学后第一次上课时交给任课教师，作为平时成绩记录在案。

思想道德修养与法律基础课是在学生收到学校入学录取通知书时启动，即请学校招生办在录取通知书信封内装入要求进行类似"社会不文明行为现象的调查提纲"（具体内容由老师拟定），形成社会调查报告，在开学后第一次上课时交给任课教师，作为平时成绩记录在案。

形势与政策课主要是与校团委一起进行暑期社会实践。

（三）实验教学体系与内容

不断将教师新的教研和科研成果转化为体验性、创新型和开放性实践教学项目和内容。基于资源整合与开发利用原则，把全校各专业的思政课参观考察、社会调查、"三下乡"服务、志愿者活动与相关专业的案例分析、实训融为一体，构建"大实践"理念与模式下的新的实践教学内容。

（1）深化对马克思主义、毛泽东思想和中国特色社会主义理论体系的学习；加深对党的路线、方针、政策的理解；培养和巩固科学的世界观、革命的人生观和正确的价值观，提高思想道德素质，坚定建设中国特色社会主义信念。

（2）认识国情，认识社会，增加对祖国、对家乡、对人民的了解和热爱，增强历史责任感和服务意识。

（3）初步掌握社会实践及社会调查的基本方法和技能，学会收集、分析、整理相关信息资料，提高认识问题、分析问题、解决问题的能力和写作能力。

（4）提高大学生的参与意识和学习的主动性、积极性，培养其实践能力、创新能力、交往能力和团结协作精神。

（5）增加社会经验，锻炼在社会交往中的综合能力，为广大学生以后走上社会打下了良好基础。

（四）实践教学方法与手段

通过实践教学，培养学生科学的世界观、人生观和价值观，在实际生活中自觉运用马克思主义方法论思考和解决问题，对马克思主义理论真懂、真信、真用成为一个真正的马克思主义践行者，为有中国特色的社会主义事业作出贡献。

（1）马克思主义基本原理概论：实践1学分，16课时（活动学期开设）。每学期的实践内容均是带学生下乡进行实践考察活动。

（2）毛泽东思想和中国特色社会主义理论体系概论：实践2学分，32课时（活动学期开设）。每学期的实践内容是带学生下乡进行实践考察活动和社会调查。

（3）思想道德修养与法律基础：实践1学分，16课时（活动学期开设）；采用社会调查方式，学生进行调查后撰写调查的报告，由教师审阅后在课堂上进行评价。

（4）形势与政策：实践1学分，按照形势与政策课程实施方案，大一年级形势与政策课程的实践学时为38学时。其中12学时为平时社会实践，26学时为暑期社会实践。实践教学任务在第一学年暑期结束前完成。

实践教学活动都配有指导教师，有专项经费支持，实践教学经费按工作量从总教学经费中支出。实践教学能够覆盖所有学生。目前，思政部在昌平区郑各庄村、亭自庄村建立了实践教学基地。

（五）实践教材

近些年来，在学校领导的高度重视下，围绕思政课实践教学实效性、针对性，有效性，组织思政课教师编写《形势与政策》（知识产权出版社，2012 年 3 月出版，中国农业出版社，2013 年 8 月出版），《大学生社会实践教程》（国防工业出版社，2012 年 5 月出版）、《思想道德修养与法律基础案例教学》（计划出版）、《社会主义核心价值观概论》（计划出版）等教材。教材与时代发展相契合，凸显实践特色，强化学生的创新意识培养等特色，为思政课实践教学环节提供教学计划、教学方案、教学实例等，成为学生实践教学环节必要的支撑。

三、实践队伍

（一）队伍建设

实践中心日常管理工作同志有：范小强、王建利、王红英、卢彤。参与实践教学的教师有各课程组全体专兼职教师，兼职教师 33 名（主要是形势与政策课程实践教学）。专兼职德育教师成为学校思政课社会实践的强大力量，推进思政教育发展的核心力量和决定性因素。

（二）实践教学中心队伍结构状况

思政部专职教师共有 21 人，思政课教师 15 人，艺术与创业教师 6 人。以各门思政课现有的、已经具体到章节知识点的教学形式、实施方法和要求等方面的教学方案为基础，科学设计覆盖思政课各门课程实践教学的具体和细化方案，促进思政课实践教学的规范化、系统化和可操作化。

（三）实践教学中心队伍教学、科研、技术状况

坚持从事实践教学与理论教学教师的互通或合一，建立一支既熟悉思政课教学内容，又能懂得相关专业基础理论的理论教学与实践教学相结合的高素质师资队伍。现有教授 1 人，副教授 8 人，中级职称 12 人。下一步还需要进一步优化教职工队伍结构。

四、体制与管理

（一）管理体制

从系统工程角度，对思政课实践教学资源与校内宣传、教务、团委、学生等职能部门和校外主管部门、社会组织等拥有的资源进行整合，在此基础上，构建思政课实践教学资源整合与"合力育人"的长效机制。

（二）运行体制

结合高校思想政治理论课实践教学改革的发展趋势，以学生为本，以在实践中培养学生理论素养和观察问题、分析问题、解决问题的综合能力为目标，在整合学校内外各种实践教学资源的基础上，创造多种实践教学机会，提供多种理论联系实际环境或场合，构建集课堂实践教学、社会实践和专业实习"三位一体"的教学实验创新平台，倡导师生互动交流，倡

导学生自主性实践和研究性实践。

五、设备与环境

(一)仪器设备配置情况

思想政治理论课实践教学中心设备主要是围绕多媒体、视听效果方面，进行的设备配置，电脑、多媒体、视听专业器材等能够满足艺术类课程视听效果和思政课实践教学效果。

(二)维护与运行

思想政治理论课实践教学中心设备均为耐用器材，日常维护由任课教师进行管理，部门定期请专业公司进行检修。

(三)实践中心环境与安全

实践中心设置操作间，进行设备管理与维护，采用专人管理，卫生委托后勤人员专业管理，室内外设置三处摄像头进行安全维护。

六、特色

主要是构建了专兼结合的师资队伍：采取培养与引进相结合、专职与兼职相结合、教学与科研相结合的方式，逐步形成一支思想作风好、事业心强、技术水平和工作效率高的实践教学队伍。实践项目的开发、实践方案的编写，形成人人参与实践教学、关心实践教学的氛围，吸引尽可能多的教师直接参与中心的实践教学活动的良好局面。

七、实验教学效果与成果

经过近几年的实践，在实践教学中夯实学生的理论素养，激发学生实践创新思维，从而提高了学生的"五个能力"，即马克思主义理论分析能力、逻辑思维能力、语言表达能力、文字表达能力和实践创新能力。

八、自我评价及发展规划

(一)自我评价

在社会变革背景下，围绕国家提出的"合格建设者和可靠接班人"的育人目标，从全校三个年级思想政治理论课实践教学过程、教学效果及日常思想政治教育效果反映来看，在校大学生思想政治教育效果还需要进一步提高。

(二)实践教学中心今后建设发展思路与规划

具体细化的方案设计。要以各门思政课现有的、已经具体到章节知识点、实践的教学形式、实施方法和要求等方面的教学方案为基础，科学设计覆盖思政课各门课程实践教学的具体和细化方案，促进思政课实践教学的规范化、系统化和可操作化。

多元多向的资源整合。为解决思政课实践教学资源短缺这一关键性问题，需探索思政课和相关人文素质课程实践教学资源的多元化、多方向整合。比如：实践教学队伍（思政课教师、学生工作队伍、其他课程教师、管理人员等）的整合；实践教学计划、内容与目标的整合；实践教学经费、物资、基地等条件的整合；实践教学活动的形式与环节的整合；实践教学信息的整合以及其他校内外各种可利用的实践教学资源的整合等。

多位一体的教学创新。其一，进行教学形式创新。实践教学过程应从以"教"为中心转向以"学"为中心，学生应成为实践活动的主体，以教师指导为主的实践形式转向以辅导、监控、考核的学生自主学习为主。其二，进行教学内容创新。实践教学内容的安排应注意理论与实际应用的紧密结合，力求达到通过实践教学活动，促使学生进行理论知识与相关实务知识的整合，将零散的知识转变为相互贯通的系统知识，引导学生将学过的知识转化为自身的能力与素质。其三，进行教学手段创新。实现传统手段与现代化信息化手段相结合，引入网络与计算机多媒体辅助教学手段，形成一套丰富多彩、相互补充、相互完善的教学方法体系。其四，进行管理方式创新。随着以"教"为中心的教学模式向以"学"为中心的教学模式的转换，实践教学的管理方式也应做相应调整，即从以教师管理为主转向以学生自我管理为主。

执笔人：范小强　王建利

第二十三章　都市型高等农业教育
实践教学基地建设

第一节　校内外基地建设基本情况

一、校外基地建设情况

(一) 校外基地建立的指导思想

校外基地建设坚持以学校与社会结合为前提,充分利用社会资源,以提高教学质量为首要目的,以有效措施为保障,既遵循教育规律,又要适应社会主义市场经济体制的要求,努力做到有利于加强实践教学,培养学生的创新精神和实践能力;有利于先进科技成果的示范推广;有利于教师的科研活动和学校科技创新体系的建设和完善,全面提升人才培养质量。

(二) 校外基地建设的原则

1. 充分满足教学需要的原则

校外基地是实现人才培养目标,培养高素质人才的重要依托,基地应为实践教学提供必要的条件和场所,充分满足实践教学的要求,确保教学实习质量。

2. 坚持"学研产"结合的原则

学校与二级学院应根据专业建设、学科发展需要,结合不同地域的经济发展条件,积极探索"学研产"合作的内容和形式,不断探索新的校外基地建设模式。

3. 坚持"互惠互利、双向受益"的原则

学校利用基地的条件培养学生实践能力和创新精神;基地可以从实习生中优先选拔优秀人才,并可凭借学校的技术力量参与生产、指导生产,提高基地生产水平,达到双向受益、共同发展的效果。

4. 先进性原则

校外基地应能展示生产经营的新成果、新典型,具有区域代表性,能体现现代科技、现代农业发展的新方向。

5. 共享原则

基地建设必须坚持共享原则,鼓励各专业现有基地的共享,共享程度较高的基地学校给予更多的经费支持,将其建设成为校级实践教学基地。

(三) 校外基地建设情况

1. 北京农学院校外实践教学基地资源情况

学校现有 31 个本科专业,涉及文、理、农、工等多种学科,不同学科、不同专业、不同层次学生实践教学的模式、特点、内容和方法各不相同。校外实践基地的组织管理由学校、院系和实习单位三方共同承担实施，学校起主导作用，企业起关键作用。

表 23-1 北京农学院校外实践教学基地资源情况

学院名称	生物学院	动科学院	经管学院	园林学院	食品学院	基础科学部	文法学院	计算机学院	思政部	城市发展学院	学校
数量	14	22	48	33	17	2	22	7	2	32	2

2. 基地建设的实施方案

领导重视，学校统筹。学校、院、系领导高度重视实践教学基地的建设，设立实践教学基地建设专项经费，加强专业基地的开拓和建设。在学校层面上组织专家教授研讨如何开拓、如何建设基地，充分发挥各院、系（部）教师与学生的自主性，加强与大型、综合企业的结合来强化实践教学活动，才能培养出具有实践能力、创新精神和社会需要的高素质的技术人才。

学校制定具体管理措施和实施办法，鼓励本校教师为基地介绍学科前沿动态，为基地提供科研信息服务，为基地工作人员提供学历进修机会，开放有关实验室或者测试中心，免费或者成本收费为企业单位提供测试检验服务。加大投入，政策扶持。基地建设前期工作需要花费大量时间和精力，除在经费投入外，在政策面上也应予以倾斜，尤其是新专业，在学校资源、教改课题、合作等方面制定优惠政策。在基地建立之初，学校或院、系领导亲自到基地了解沟通有关工作。经常保持与基地的沟通与联系，邀请基地领导和工程技术骨干到学校访问、学习，定期召开基地单位负责人会议，商讨如何共建基地、深化合作。

校外基地是高等农业院校提高学生实践能力、科研能力、创新能力的重要场所，也是加强学校和社会间交流与合作，拓宽农业院校人才培养新途径的教育平台。学校紧密围绕首都经济建设和社会发展的需要，以培养学生创新精神为重点，以提高学生的实践能力和创业能力为抓手，不断加强多专业融合的校外基地建设，努力发挥校外基地的指导引领作用，力求把校外基地建成"高技能人才培养的摇篮，高校社会化服务的基地"。学校成立了校外基地建设领导小组，以主管教学副校长为组长、各学院教学副院长为小组成员，建立校外基地评估检查机制，出台《北京农学院校外实践教学基地建设与管理办法》，目前已评出校级优秀校外实践教学基地 23 个。为促进校外基地的建设与管理，学校聘任退休教师作为校外人才培养基地的督导教师，出台《北京农学院校外实践教学基地聘任指导教师实施细则》，聘任 200 余名具有相应专业知识、技术水平、管理经验和实践指导能力的企业"双师型"兼职指导教师。2008—2012 年，学校已经建设了 4 个北京市级校外人才培养基地：昌平区农业服务中心校外人才培养基地、北京百花山国家级自然保护区校外人才培养基地、北京红叶葡萄酒有限公司校外人才培养基地、北京首都农业集团有限公司校外人才培养基地。

二、校内基地建设情况

大学科技园为学校校内基地，分为大学科技园东区、西区、北区。随着学校办学规模的扩大，办学水平的提高，2008 年开始建设北农科技园。2009 年 12 月北农科技园被北京市科委、北京市教委、国家科技园中关村管理委员会联合认定为"北京市大学科技园"。大学科技园成为学校对外展示办学特色的一个重要窗口，也是全校各专业教学、科研、学生自主科创活动的主要阵地，成为"十二五"期间，学校提出建设都市型现代农林大学的奋斗目标。为实现这一宏伟目标，2011 年，学校新增建设占地万亩的山区林场实践教学基地，以提高农林大学办学质量，特别是满足林学专业教学、科研和人才培养需求，推动沟域经济理论研究与实践，建设国家级大学科技园，更好地服务首都"三农"建设。

（一）校内基地大学科技园东区

东区基地占地 20 余公顷，建有 12 000 平方米现代花卉栽培设施温室、500 平方米实验室，仪器设备齐全，实验室空间布局、设备安放、水、电、采光、通风设计科学合理，环境优雅，宽敞舒适。基地拥有安全监控系统，消除安全隐患，保障基地安全运转，能够满足大学生开展创新活动的要求。基地现有设备总值 600 万元，近三年获得市教委投入合计 100 多万元，用于更新设备和提高设备的智能化。基地的成立实现了学科交叉，资源共享，同时为实践教学研究能力和综合实力增强提供了保证。

（二）校内基地大学科技园西区

西区位于昌平区马池口镇亭自庄村，占地 68.2 公顷，分为 4 个功能区域：一号地：24.8 公顷，设施农业、养殖、加工区；二号地：12.4 公顷，果树区；三号地：15.67 公顷，大田作物区；四号地：15.3 公顷，园林树木、花卉区。西区设施先进，办公、教学、住宿、食堂等建筑齐备，并达到网络化管理，引领示范作用强。

（三）校内基地大学科技园北区（林场）

北区林场位于北京市怀柔区宝山镇四道河村，占地 666.67 公顷，分为综合服务区（1.6 公顷）、原始林区（480 公顷）、林下经济区（53.33 公顷）、生态林修复区（131.47 公顷）四个部分。截至目前，完成项目选址、规划、实施方案的编制和实践教学区的改造，以及管护作业、防火隔离通道、梯田造林坡面蓄水、雨洪利用等基础工程改造。建成面积 900 平方米的学生公寓楼一栋，面积 500 平方米的教室和会议室，总面积 600 平方米的教师公寓 4 栋，面积 1 000 平方米的学生食堂，2014 年 6 月已正式投入使用。

执笔人：周锦燕

第二节　生物科学与工程学院实践教学基地建设

生物科学与工程学院非常重视实践教学基地的建设，经过近 10 年的努力和探索，逐步形成有层次、成体系的实践教学基地体系。

一、生物科学与工程学院实践教学基地基本情况

（一）校内实践教学基地基本情况

表 23-2　校内实践基地

校内实践教学基地名称	基地面积（平方米）
农业部都市农业（北方）重点实验室	2 190
发酵中试实验室	200
生物学实验教学中心	500
植物组织培养中心	500

（二）校外实践教学基地基本情况

生物科学与工程学院现有签约校外实践基地 14 个，另有 5 个未签约基地。

表 23-3　校外实践基地

基地名称	基地建立时间	基地面向主要专业	基地主要承担的实习任务
中科院微生物所技术转化中心	2010	生物工程	菌种改造、发酵工艺
北京丹路生物科技有限公司	2006	生物工程	菌种改造、发酵工艺
首农集团—华都诗华生物科技有限公司	2011	生物工程/生物技术	疫苗生产、检测
北京万泰药业股份有限公司	2011	生物工程/生物技术	免疫检测试剂盒研发、生产
国家计生委生物技术研究所	2013	生物技术	生化与分子生物学技术
北京市理化分析测试中心-生物部	2013	生物技术	分子生物学技术
大北农集团饲用微生物工程国家重点实验室	2013	生物工程/生物技术	菌种分离、改良和发酵工艺
中国农科院生物技术中心	2011	生物工程/生物技术	生化与分子生物学技术
中牧集团总公司研究院	2013	生物工程/生物技术	生物制药
妊达（北京）生物技术有限公司	2009	生物工程/生物技术	抗体研发、生产
北京农科院农业微生物菌种保藏中心	2010	生物工程/生物技术	微生物技术
中国农林科学院植保环保所食用菌工程中心	2010	生物工程/生物技术	微生物技术
百济神州（北京）生物科技有限公司	2013	生物工程/生物技术	抗体研发、生产
北京生命科学研究所（NIBS）	2013	生物工程/生物技术	生物学相关研究

二、生物科学与工程学院实践教学基地建设思路

结合生物科学与工程学院的办学定位和专业特点，以及北京在生物高新技术产业方面的优势，确定学院的实践教学基地的建设思路。

①坚持"以学生收获为目标"，全面提高学生专业素质和实践动手能力；②坚持校内实践基地和校外实践基地并重，优势相互渗透、相互补充的原则，但分工根据基地的不同，培养能力的侧重点、运行和管理方式也不同；③校外实践基地的建立力求覆盖生物相关专业所有的应用领域，同时兼顾多科融合；④校外实践基地的建设坚持学生、学校和基地"三赢"的原则；⑤校外实践基地的建设以北京为中心，辐射北京周边省市。

三、生物学院与基地合作方式

经过近 10 年的努力，生物科学与工程学院在实践教学基地建设过程中，摸索出以下几

种合作途径：

（1）校内实践教学基地主要以学院管理为主，如生物学实验教学中心、农业部都市农业（北方）重点实验室三种合作模式与企业合作管理方式，如组织培养中心除了满足正常的教学任务外，还与企业合作研发品种；发酵中试实验室则以企业管理运行为主，同时满足实践教学任务。

（2）生产型企业基地。以教师与企业科研合作牵头，带动学生实践教学。这种合作方式主要针对生产型企业。

（3）与集团合作建立基地。由学校牵头，学院跟进的方式与企业合作进行实践教学。这种方式主要针对大型企业，如首农集团、大北农集团等。学院根据这些集团公司下属公司的生产经营范围是否与专业对口，有选择地与下属公司合作。

（4）与科研院所合作。以教师个人关系牵头，学院主导的方式与一些公司和科研院所合作。

四、合作双方在基地建设中所起的作用

在校外实践教学基地建设过程中，本着互惠互利的原则，生物科学与工程学院和基地各自的作用如下：

学院方面：①学院根据每个专业的特点、人才培养目标和每个基地的实际情况制定可行的实践教学计划；②安排落实每个校外实践基地的校内指导教师，聘请校外实践教学基地的指导教师并颁发聘书；③与基地共同组织、实施实践教学活动；④在基地指导教师对学生实习鉴定意见的基础上给予学生专业实习考核成绩；⑤组织基地负责人座谈，讨论实践教学基地的建设和发展情况；⑥学院在一定范围内，为校外实践教学基地提供人才培训、课程进修、技术服务、项目申请、转化、设备使用和接受应届毕业生等方面优先帮助和服务。

基地方面：①每个基地指定专人作为学生实习的校外指导教师；②校外指导教师协助学院制定学生实践教学计划；③基地为学生实习提供必要的劳动工具、劳保用品、安全教育和管理，与学院一起组织、落实实践教学活动；④校外指导教师在学生实习结束后为每位学生提供实习鉴定意见，基地就学生实习期间出现的问题及时与校内指导教师沟通协商。

五、基地的组织管理及运行模式

生物科学与工程学院根据各个基地的特点和不同需求，采取不同的管理和运行模式。

1. 校内实践教学基地

校内实践教学基地主要以学院管理为主，但有些基地由于使用频率不高和校内人员的不足的原因，则采取以企业管理为主，学院管理为辅的管理模式。在实验课或课程实习期间，基地全职为教学工作服务，保证实践教学工作的正常开展；其他时间则由企业管理，为企业研发或生产所用，同时部分学生也可以在这些基地完成专业实习和毕业实习。

2. 校外实践教学基地

校外实践教学基地则由基地独立管理和运行，但在涉及学生课程实习、专业实习和毕业实习时，按照学院与基地签订的协议运行。具体运行情况如下：学院每年5月初根据各个基地需求安排学生人数，然后在5月中旬到6月上旬安排学生到校外基地面试，6月下旬落实每位学生专业实习的去向。根据每个学生的毕业论文和所修学分情况，分别在8月初、9月初和10月

初由校内指导教师将学生送到相应的实习基地，学生在校外基地实习的内容在实习计划的框架下，由基地指导教师根据基地的工作内容确定。实习期间，校内指导教师与基地安排相应人员共同管理学生。同时学院教学指导委员会和学校、学院督导对学生实习情况进行检查。

六、基地特色

生物科学与工程学院建设的各个实践教学基地具有层次性和系统性。每个层次的基地都有各自的特色和功能。

校内实践教学基地中，生物学实验教学中心、组培中心和发酵中试实验室主要满足生物技术和生物工程两个专业的实验课教学和课程实习，同时兼顾本科生的毕业论文、学生科技社团活动以及科技竞赛等实践教学活性。农业部都市农业（北方）重点实验室则主要满足本科生毕业论文和大学生科学研究计划等活动。因此，校内实践教学基地更侧重于培养学生专业基础和创新实践能力。

校外实践教学基地则主要满足学生课程实习、专业实习和毕业实习，其重点培养学生对理论知识的运用、了解行业动态以及提早了解社会。因此，生物科学与工程学院校外实践教学基地的选择侧重于应用领域广、工作内容丰富、管理规范、在相关领域内处于龙头地位的企业或科研院所。目前学院签约的14家校外实践教学基地涉及的领域包括与生物学相关的科研、微生物饲料、疫苗、生物肥料、发酵工业原料、转基因植物、免疫检测试剂盒、食用菌等方面的研发和生产，工作内容包含科研、研发、生产、质量检测、管理和市场等多个方面。很多基地是知名高新技术企业或研究院所，如大北农集团饲用微生物工程国家重点实验室、首农集团—华都诗华生物科技有限公司、中科院微生物所技术转化中心、中牧集团总公司研究院、北京生命科学研究所。这些基地的条件完全能够满足学院制定的复合型应用人才培养的需要。

七、基地在自身教学改革与建设、实践教学内容及科研促进教学等方面取得的成绩

生物科学与工程学院的实践教学基地在学院教学改革与建设、实践教学内容及科研等方面发挥重要作用，具体表现在以下几个方面：

（一）实践教学改革与建设方面

2009年生物学院在原来2个教研室的基础上，组建了生物学实验教学中心。中心坚持"资源共享，统一管理，统筹规划"，极大地提高了资源的利用率和工作效率。中心在只有8个实验员，500平方米的实验室条件下，每年开设26门实验课，200个实验项目，年实验学生人数为3 570人。中心的建设成果"生物学实验教学中心的改革与实践"荣获2009—2012年度北京农学院高等教育教学成果一等奖。

学校在2011年推行"3+1"培养方案，其中，前3年在校内从事理论学习和专业技能训练，最后1年到校内外实践基地从事专业实习和毕业实习。该培养方案的实施离不开校内外实践基地的建设，特别是校外实践基地的建设。生物科学与工程学院于2006年建立第一个校外实践基地——北京丹路生物科技有限公司。该基地在2011年被评为北京农学院优秀校外实习基地。在此基础上，生物学院先后与其他13家校外实践基地合作并签约。

（二）实践教学内容

依托生物学实验教学中心，生物科学与工程学院近五年来先后申请学校教学改革项目11项，在实验课程整合和实验内容的优化等方面取得了显著的成效。其中，"植物生理学教学体系的改革与实践"和"动物生理学课程建设"分别获得2009—2012年度北京农学院高等教育教学成果二等奖和三等奖。发酵中试实验室的建立，为发酵工程和生物分离技术与设备的课程实习提供了必要的场所。

（三）科研方面

校内外实践基地的建设同样也为生物科学与工程学院的科研工作做出了重要贡献。近几年来，依托农业部都市农业（北方）重点实验室、生物学实验教学中心和组培中心，生物学院先后申请到"973""863"、国家自然科学基金、北京市自然科学基金等科研项目39项，发表SCI论文60余篇，授权国家发明专利47项。获得国家科技进步二等奖1项，省部级科技进步一等奖3项。

八、基地的示范与辐射作用

生物科学与工程学院实践教学基地的示范与辐射作用主要表现在以下几个方面：

（一）开放办学，互惠互利

生物科学与工程学院校内实践教学基地在创建之初，就实行开放办学的原则。一方面，在完成正常的实践教学任务后，学院校内基地还为企业提供技术服务、员工培训、科技下乡的活动。近五年，学院为企业提供技术服务达50余次，为企业员工培训达10余次，科技下乡活动达20余次。另一方面，企业也回报学校。目前有2家基地企业在学校或学院设立奖学金，资助有志青年。

（二）促进产、学、研结合

生物科学与工程学院的很多校外基地就是建立在教师与基地科研合作的基础上。通过科研合作，既提升了教师的科研能力，也促进了理论和实践教学工作的开展，同时也帮助基地解决了实际生产问题。

（三）基地建设与就业融合

生物科学与工程学院的校外实践教学基地在学生就业方面也发挥积极的作用。一方面，通过实践教学活动，校外基地会选择中意的学生留在基地工作。近五年，校外基地先后接受了近30名本科毕业生。另一方面，学生通过在高水平的校外基地实习，了解社会，了解相关行业需求和职业要求，明确未来的职业方向，及早树立职业意识。通过在高水平的校外基地实习，能丰富学生的职业经验，促进学生的就业。

（四）扩大影响，提高学校知名度

校内实践教学基地和校外基地的建立，逐渐提高了生物科学与工程学院在社会上的知名度，越来越多的用人单位主动联系学院要求建立实习基地或安排学生就业。

九、未来的建设思路

经过近十年的发展，生物科学与工程学院的校内、校外实践教学基地已形成一定规模，具备一定的层次性和系统性，但还有很多地方需要提高。

（一）扩大规模

一方面，要根据社会发展和需求，调整和完善校内实践教学基地的某些环节，做到与时俱进。另一方面，还需进一步扩大校外基地的数量，拓宽基地涉及的领域，为学生创造更深广的实习领域，同时提高学院的知名度。

（二）加强管理，提高基地的利用率

实践教学基地建设的根本目标是培养复合型、应用型人才。在扩大基地规模的同时，更要加强管理，完善相关的制度和考核指标，提高基地的利用率。

（三）深度合作，提高质量

在基地数量增加的同时，更要强调基地的质量，增强学院与基地合作的深度和广度，全面实现产、学、研的有机结合，形成学院声誉、教师发展、学生收获和基地获利多方共赢的局面。

执笔人：刘京国

第三节　动物科学技术学院实践教学基地建设

一、实践教学基地基本情况

（一）校内实践教学基地基本情况

校内实践教学基地主要包括北京农学院教学动物医院和东大地用于观赏动物或宠物的饲养和饲料添加剂平台建设。

动物医院建于 2004 年 11 月，占地面积 440 平方米，主要是供动物医学专业临床相关课程教学实习用，兼顾对外服务，目前动物医院负责人是倪和民教授。

东大地基地始建于 2010 年，正式使用在 2011 年 3 月，后因城市规划，拆迁重建。宠物饲养占地面积 400 平方米左右，主要用于宠物犬与兔饲养。由于学科专业需要，2013 年学校划拨 200 平方米左右简易房屋，建成饲料添加剂平台。

（二）校外实践教学基地基本情况

动物科学技术学院从建院（系）以来一直与相关企事业单位合作进行人才培养。在 2011 年新的培养方案修订后确立了"3＋1"或"4＋1"方案，重点针对"1"的落实情况，重新梳理校外实习基地，已确定并签约的基地共 22 个，即养殖企业类 6 个，包括禽、猪以

及牛三大农场动物养殖；营养与饲料加工类企事业基地 3 个；繁殖育种类企业 1 个；食品检验与生物制品 4 个；疾病检验与控制 4 个；宠物医院 2 个。所选择的实习基地类型可以满足 2011 本科培养方案的落实与实施。此外，多年来一直与日本麻布大学、法国 PERPAN 工程大学等进行合作培养。

表 23-4　动科学院校外实践教学基地

名　称	地　点	建立时间	实习专业
北京沃德尔牧业科技有限公司	顺义区大孙各庄镇崔各庄村	2011 年 3 月	动科专业
首农-华都集团峪口鸡场	平谷区峪口养鸡场	2013 年 1 月	动科和动医专业
北京金维福仁清真食品有限公司	大兴区半壁店	2014 年 5 月	动科专业
延庆八里店养殖中心	沈家营八里店	2014 年 5 月	动科专业
北京中地良种奶牛有限公司	朝阳区曙光西里甲 6 号时间国际	2012 年 1 月	动科专业
农机试验站奶牛场	昌平沙河镇	2013 年 4 月	动科专业
北京南海汇川饲料有限公司	南彩镇西江头村	2014 年 5 月	动科专业
北京浩邦猪人工授精服务有限责任公司	顺义区北河村北	2014 年 5 月	动科专业
北京富仕特农业技术发展有限公司	通州张家湾姚辛庄	2014 年 5 月	动科专业
昌平动监局城南防疫站	城南街道南郝庄	2014 年 5 月	动科和动医专业
中国农科院饲料所	中关村南大街	2014 年 5 月	动科专业
北京俊鹏工作犬训练有限公司	昌平区马池口镇横桥村	2014 年 5 月	动科专业
北京市顺义区动检站	南彩镇顺平老路 25	2012 年 1 月	动医专业
北京市动物疫病预防控制中心	北苑路甲 15 号	2014 年 5 月	动医专业
北京市兽药监查所	中关村南大街	2014 年 5 月	动医专业
北京资源集团	大兴区兴货街 31 号	2012 年 5 月	动科和动医专业
食品药品检定研究院	亦庄经济开发区	2012 年 3 月	动医专业
宠福鑫宠物医院	回龙观龙锦三街	2013 年 4 月	动医专业
北京观赏动物医院	北三环马甸	2011 年 3 月	动医专业
首农-北京养猪育种中心	海淀区上庄镇	2014 年 5 月	动科和动医专业
生泰尔科技公司	大兴生药基地永大路	2014 年 5 月	动医专业
朝阳动物疫控中心	朝阳区东坝	2012 年 3 月	动医专业

二、学院基地建设思路

(一) 校内基地

动物医学专业依托市级动物类实验教学示范中心，下设学院教学动物医院、各功能实验室、市级兽医学（中医药）重点实验室，完善校内普通级动物房，以满足基础兽医学、临床兽医学、预防兽医学教学实验实训用。动物科学专业依托市级动物类实验教学示范中心各功能实验室、奶牛营养学市级重点实验室和中关村实验室，完善饲料添加剂平台和亭子庄三大产业体系动物养殖示范场，以满足动物繁育、饲料加工和动物生产等教学实验实训用。

（二）校外基地

以校内基地建设为基础，针对学院专业特点，依托学校层面的校企合作协议，进一步深化院系级与企业合作，就学生专业实习目标协商详细实习计划与管理方式、人员配备、实习安排等。根据都市特色适时调整或拓展专业实习基地，如现有实习基地中缺少疫苗生产企业，宠物医院数量偏少，针对动物性食品安全问题如何进行健康养殖等，均需建设相应的实习基地来满足社会对畜牧兽医人才的需要。另外还继续深化扩大对外合作办学，推进"3＋1"或"4＋1"的顺利进行。

三、学院与基地合作方式

根据专业设置和实习教学需求，本着"优势互补，互惠互利"的原则，在有发展前景又有合作意向的企业建立校外实习基地。目前，主要是依托学校层面共建校外实习基地，以校外优秀实习基地为支撑，借助校友拓展可满足畜牧兽医相关行业需求的相关企事业单位作为动科学院学生实习基地。这些基地不仅成为师生接触社会、了解企业的重要阵地，而且学校可以利用基地的条件培养学生职业素质、动手能力和创新精神，增加专业教师接触专业实践的机会，促进专业教师技能提高。基地也可以从实习生中优先选拔优秀人才，满足企业日益增长的用人需求，达到"双赢"的效果。

此外，为满足日常课程实习，还有教学见习模式，是学生经过一定的在校专业理论学习后，为了解实习单位的动物养殖情况（厂址、养殖规模、管理模式等）、饲料或动物性食品生产加工工艺、经营理念及管理制度，提前接受企业文化职业道德和劳动纪律教育，培养学生强烈的责任感和主人翁意识，在实习企事业单位对企业不同部门工作、生产过程、操作流程等进行现场观摩与学习，为专业实习奠定基础。

四、合作双方在基地建设中所起的作用

（一）校（院系）方作用

为企业争取政策优惠。凡是与高校进行合作培养人才的企业单位，校方在力所能及范围内协调地方政府对校外实习基地建设给予支持，积极组织协调企业、社会和学校，使之建立牢固的伙伴关系。为企业加大宣传力度，使企业真正认识到高校校外实习基地建设不仅是高校自身教育教学的需要，也是企业和社会可持续发展的需要。结合动物科学和动物医学的专业特点，在合作中主动将学院教师有关动物营养饲料以及动物疾病预控方面新的研究成果和成品融入实习单位中，做好企业和学生的沟通。与企业合作申请相关基地建设或科研项目，保证互惠互利和长期稳定，达到双赢。

（二）实习单位作用

保障实习需要的硬件设施。实习单位在原有基础设施上提供实习学生基本生活所需，如实习住所和饮食场所，制定实习学生制度管理，提供合适的校外指导老师。

实习基地按照实习学生专业特点，在不影响生产情况下提供相应的技能实训场所和必要的材料，组织学生参与各项企业活动，了解企业文化，学习行业内人际交流与沟通等综合能

力训练，与校内指导老师及时沟通交流实习中存在问题，共同指导学生完成实习，督促实习报告的完成，并给与相应的实习成绩。

五、基地的组织管理及运行模式

管理是实习基地建设中的一个重要问题。动物科学技术学院学生的实习单位以畜牧兽医相关企事业单位为主，涉及的面较广，欲使学生实习达到预期效果，对实习基地合理有效地管理，寻求适合本院实习的运行模式是关键。

针对畜牧养殖企业，动物疫病防控是关键，学生到实习单位实践，考虑到对实习单位正常生产干扰而成为企业"负担"，实习人数偏多存在的安全隐患，以及有意接纳学生实习的企业的畏难情绪等，需要统一协调，加强管理。

校内基地管理实行示范中心主任负责，副主任协调，学院全体教师参与的运行管理模式。创新有效管理制度，建立实践教学平台、科技创新平台与学科研究平台的紧密联系和良性互动，建立实验教学网络化信息管理平台，学生掌握本专业所有基本技能，分别进行考核以验证是否合格。对于校外基地，一是整体优化配置，统筹管理。分析企业经营模式，将不同研究方向专业教师进行组合，培养方案中实习内容分模块执行。结合学生实习目的和企业运作目标，根据专业特点和企业规模，由学院系统筹并集中精力建立满足不同实习内容的实习基地，实现学生实习基地、教师科研基地和培训基地、就业基地统一管理理，采用集中-分散实习基地建设与管理模式开展实习活动。避免扎堆实习和实习资源浪费。如动科专业学生，按北京市产业体系划分，共分三块，即养禽体系、生猪体系以及奶牛体系，学生先集中专业实习 3 个月，期间至少轮换一次，随后按学生考研、就业意向，在指导老师安排下完成科研训练、就业实习等。二是完善实习管理制度，严格实习成绩考评。到企业实习是学生步入社会之前的实践工作，完善实习管理制度极其重要。学生与带实习老师均要明确实习大纲、实习计划和实习任务书。在学校实习工作质量标准和检查方案指导下，二级学院（系）制定针对学生与老师考核办法，加强质量监控。学生在生产单位实习过程由企业人员指导为主，校内每个学生至少有一名专业教师与联系。学生实习考核由企业教师考核，除了检查学生的实习记录外，还要求学生撰写可以全面地反映学生运用知识和解决实际问题能力的实习报告。在实习完成后，要求校内实习教师根据实习质量评价指标写出实习总结，安排学生进行交流，为后一步的实习提供成功的经验和改进工作的依据。

按照 2011 培养方案以培养学生个性化为特色、分模块多层次培养人才为目标，动科学院学生实践能力培养实施是以校内基地建设为依托，结合校外基地综合实训的动科学院学生实践技能训练。以北京市动物类实验示范中心、重点实验室科研平台为依托，分层次、分模块依次进行基本技能实训。在此基础上利用北京农学院动物医院、亭子庄基地进行相关综合实训，如宠物普通疾病诊疗，大动物猪/牛普通疾病和传染性疾病诊疗与防控，家畜家禽营养与生产，饲料加工等实训。在学生掌握基本技能基础上，通过技能考核、实习前动员，使学生认识到实习的重要性，以及实习机会的来之不易。

六、基地特色

动科学院实习基地主要是围绕动科专业"3＋1"或动医专业"4＋1"人才培养方案中都市型农业畜牧兽医复合型、应用型人才培养目标而建设的。依据都市型畜牧业现状，动科专业实习基地主要是按畜牧业三大产业体系搭建实习基地，即家禽体系、生猪体系以及奶牛体系，设置技能训练也是围绕体系要求制定。动医专业不仅体现都市型特点，还要体现卓越兽医人才培养。按照"4＋1"方案中"1"的实施方案，分三个方面，动物临床方向，主要是进入校外相关动物临床诊疗基地进行技能训练；企业（养殖企业、制药相关企业等）方向，进入相关企业就传染病的预防和控制、动物饲养管理与保健、企业生产的基本过程和生产工艺以及营销模式等进行训练；检验检疫方向，主要是在相关实习基地进行检疫、检验、养殖、兽药以及食品安全领域的法律法规及具体应用方法，流行病学调查和病原体检测，有毒有害物质检测的基本方法，畜禽检疫的基本方法和程序，畜禽产品检验的基本方法，环境检测的基本项目、方法和程序等实训。

七、基地在自身教学改革与建设、实践教学内容及科研促进教学等方面取得的成绩

在校内市级动物类实验教学示范中心基础上，结合校外所建立的 20 多个稳定的实习基地，建立了稳定的"3＋1"中法合作办学模式，使生产实习与社会实践、科研训练、毕业设计等多种实践教学环节有机结合。以学生为主体的探究式生产实习教学内容和方法，激发了学生学习和探究问题的热情，提高学生的研究能力、实践能力和综合能力，实现了"学产研"多途径结合，锻炼了学生实践能力，以适应都市农业环境下畜牧兽医复合型人才的发展需要。完成大学生科研项目 50 余项，相关毕业论文 40 多篇，与专业相关的市级奖项 13 项，其他 13 项。编写了 4 部都市特色教材，多位老师参编国家级规划教材。发表教改论文 20 余篇。

八、未来的建设思路

鉴于动物医学专业开始一本招生，对校内实习基地建设尤显重要。动物科学技术学院主要针对校内实习基地，集中优势资源，规范管理，整合市级动物类实验教学示范中心，强化动物医院硬件设施建设，更好地为教学服务。东大地普通级动物房建设与使用，面积至少600 平方米，设施要求达到北京市动物管理办公室要求，满足普通级动物饲养，为临床兽医学大动物诊疗技术、预防兽医学综合实训提供可用场所。亭子庄三大产业体系动物养殖场建设与运行，结合现有设施，满足动物科学专业和动物医学专业养殖领域动物生产、管理与疾病防控等实训需求。

执笔人：李焕荣

第四节　经济管理学院实践教学基地建设

一、经管学院实践教学基地基本情况

经管学院十分重视实习单位的选择和实习基地的建设，择优、稳定是选择实习单位和实习基地的原则，先后与用友软件、零点调查、兴业证券股份有限公司、广发期货有限公司、北京南北天地科技股份有限公司、闽龙陶瓷、中业会计师事务所有限责任公司等 30 多家企事业单位达成合作共建实习基地协议，并建立了长期稳定的校外实习基地合作关系，较好地满足了各专业实践教学的需要。其中，用友软件、零点调查、闽龙陶瓷被评为校外优秀实习基地。

表 23-5　经管学院校外实践教学基地

基地名称	基地地点	建立时间
顺鑫农业市场部（有协议）	顺义	2007 年
北京中视电传广告有限公司	朝阳区建国路万达广场 10 号楼 15 层	2011 年 7 月
用友、畅捷通信息技术股份有限公司	北京	2012 年 1 月
北京三元禾丰牧业有限公司	昌平	2003 年 9 月
闽龙陶瓷集团公司	朝阳	2008 年 3 月
兴业证券	北京兴业朝阳团结湖营业部	2009 年 3 月
广发期货	广发期货	2009 年 4 月
北京南北天地科技股份有限公司	海淀区魏公村	2009 年 5 月
北京比格泰宠物食品有限公司	通州区	2010 年 1 月
中宣育会计师事务所	西城	2011 年 11 月
西郊农场	北京	2012 年 1 月
密云县农民专业合作社服务中心（有协议）	密云	2012 年 12 月
艾瑞谷（北京）生物科技有限公司	北京	2013 年 3 月
北京新奥混凝土集团有限公司	北京	2013 年 4 月
北京平谷区大兴庄镇西柏店村	大兴	2013 年 9 月
平谷区大兴庄镇政府	平谷区大兴庄镇	2013 年 9 月
北京神州绿谷农业科技有限公司	北京	2013 年 9 月
北京怡诚科训发展有限公司	昌平	2013 年 12 月
北京天安农业股份有限公司（有协议）	小汤山	2014 年 1 月
北京中农信达电子商务股份有限公司	朝阳	2014 年 1 月
帕维斯管理咨询（北京）有限公司	北京	2014 年 1 月
中农盛源（北京）农业科技有限公司	北京	2014 年 1 月
清水腾达乡村旅游合作联社	门头沟	2014 年 4 月
大山鑫港技术开发有限公司	北京	2014 年 4 月
渤海银行北京分行望京支行	北京	2014 年 5 月
兴业联合投资基金管理（北京）有限公司	海淀区知春路	2014 年 5 月
北京卓越学苑教育咨询有限公司	北京	2014 年 5 月
北京恩友信息咨询有限公司	朝阳	2014 年 6 月
北京雄特牧业有限公司	朝阳	2014 年 9 月
北京金荷香信息咨询有限公司	朝阳	2014 年 9 月

二、经管学院基地建设思路

（一）领导重视，全员参与

以 2011 人才培养方案实施为基础，以提高学生的实践动手能力为目标，制定校外基地建设和实习的相关管理、考核办法，规范校外实习基地的建设和运行。成立以学院领导、系主任、班主任、辅导员、实习指导教师等组成的实习领导小组。

（二）加强联系，适当投入

利用学校大型活动、外出开会、社会关系等，充分调动一切可利用的资源，增加校外基地的建设数量和实习容量。采取适当的经费和感情投入，了解基地需求，利用学院资源和教师资源，为企业提供咨询、培训等活动，解决企业经营中面临的困境，建设良好的实习环境。

（三）全面合作，互利共赢

以学生作为联系学院和基地的桥梁纽带，加强产学研合作，努力将实习基地建成实践教师的成长基地，科研成果转化的平台，为培养高素质的创新型应用人才打下坚实的基础。

（四）诚信合作，利益驱动

诚信和合作是基地建立的基础，但考虑到企业是一个利益主体，以营利为目的，仅靠一纸协议很难保证长期的合作，特别是遇到主要负责人的人事变动时，合作的过程就有可能终止。因此，在合作的基础上，建立互惠互利双赢的利益驱动机制，让实习企业感到学生的实习能带动双方的利益增加，而不仅仅是学生给实习企业添麻烦。这需要学生在校内加强素质提升，尽快适应企业的岗位需求。同时校内指导教师加强与企业的合作，为企业的发展出谋划策。

三、学院与基地合作方式

（一）共建实验室

本着"精诚合作，互惠双赢"的原则，已与用友软件公司建立 ERP 实验室，并在以下环节取得进展：

（1）通过建立 ERP 实验中心，加强合作院校教学实验设施建设，强化实践性教学环节，缩短理论教学与管理职业岗位的差距，培养学生的综合职业能力。

（2）以 ERP 实验中心建设为契机，带动院校重点专业、学科建设。通过建立财务、供应链、生产制造、人力资源、电子商务实验室，加大现有课程改革的力度，进而创造出理论联系实际的复合型人才培养模式。

（3）通过在实验室模拟企业实施 ERP 系统方案，重新构建企业的业务流程和管理流程，可以丰富教师参与管理咨询和企业流程再造的工作经验，培养一批精通 ERP 系统实施、管理咨询专家。增强 ERP 在企业实施的成功率，实现产、学、研的有机结合。

（4）利用 ERP 实验中心，开展用友认证相关培训，承接全国计算机 NIT 认证考试，承担会计电算化、管理软件的中职、高职专业教师培训。

（二）产学研合作

针对企业对新技术、市场信息、科技服务等方面的要求，为基地提供咨询服务，进行课题合作。如为西柏店做的产业规划、正谷有机农业的营销策划、大北农、华都禽业的咨询等。

（三）请进来、走出去的人才培训服务

开设经管论坛和经管名师讲坛、企业家论坛等请企业的技术和管理人员走进大学教室，传授实践经验。为企业提供相关的专业培训，如为新奥集团的中层管理干部培训、为乡镇组织的都市农业经营培训等。

四、合作双方在基地建设中所起的作用

（一）学院所起的作用

（1）选派优秀教师为带队指导教师，协助管理实习生的业务和纪律。

（2）委派专人按照学校的有关规定负责管理实习学生的有关事务，如学籍处理、违纪处理等。负责学生的往返交通安全教育、负责教育学生严格遵守实习基地的各项管理制度和劳动制度教育。负责执行实习领导小组的有关决定。

（3）向实习基地推荐优秀毕业生，实习基地招聘录用人员时优先考虑。

（二）实习基地的作用

（1）选派思想素质好、业务能力强的人担任实习指导人员，与学校指导教师共同管理实习业务。

（2）按学院要求在规定时间实施完成实习任务，保证校方教学工作计划的顺利实施。

（3）与校方共同制定实习生具体实习方案。

（4）对实习学生的实习成绩提出建议，并做出实习鉴定。

五、基地的组织管理及运行模式

（1）实习基地建设主要依托专业对口的企业、事业单位、相关政府部门等单位建设，经过前期运作或洽谈，对建设比较成熟的基地签署正式的校企合作实践基地协议，以保证基地能够稳定、持续接收学生的实习参观、顶岗实习等任务。

（2）建立健全校外实践教学基地管理规章制度，双方协商建立由学院领导和基地负责人组成的领导小组，建立包括学生实习日常管理、考核、安全保障等具体的管理体系。

（3）为实习学生配备校内和校外指导教师，实行双导师制。基地选派优秀的、具有指导经验的专业技术人员、管理人员组成校外实习指导教师队伍。同时根据教学需要，请他们到经管名师讲坛作报告，讲授实践性较强的专业课程或部分，参与讨论学科、专业发展，修订教学计划、教学大纲等教学文件。校内导师由学生毕业论文指导教师担任，负责学生实习期间的日常管理和成绩考核，负责与实习基地联系沟通。

（4）共建校外教学基地管理体系，形成实践教学长久运作机制。由学院牵头，针对教学的需要和教学中出现的问题，和基地合作进行教学改革研究，如已经开展的都市型卓越农林经管人才培养机制与模式研究课题。定期结合实习的需要，进行人才培养方案的更新和修订。基地协助学院共同编制、修改和完善教学实习指导手册，建立实习教学基础文件。

（5）建立定期的交流、研讨会议制度。总结实习基地运行状况、运行中出现的问题，针对社会和企业对人才的需求，提出修订培养方案和实习内容的建议。

六、经管学院各专业基地特色

（一）会计专业基地特色

会计专业有数量充足、职责明确、长期稳定的实践基地 10 个，其中，会计师事务所 4 个，分别是：中业会计师事务所、中宣育会计师事务所、北京鑫税广通税务师事务所、北京中税信达税务师事务所，总容纳量 20 人左右；企业 6 个，分别是：闽龙陶瓷集团公司、大北农集团公司、用友软件、畅捷通信息技术股份有限公司、北京首农集团、首都农产品中央批发市场管委会，容纳量 30 人左右，基本能满足需要。基地的主要特色是容纳量大，既有事务所又有企业，具有长期性、稳定性、专业性、规范性、互惠互利、产学研相结合等特点，能满足本科层次实践教学的需要，对于学生实践能力的提高，安排毕业生就业等具有重要意义。而且实践基地有一定数量实践经验丰富的专业技术人员和专家，能有效实施双导师制。

（二）市场营销专业基地特色

市场营销系正式签约的校外实习基地有 4 个，其中运行时间满 3 年的有 3 个。自 2003 年营销专业第一批入校学生开始实习至今，这 4 个校外基地是支撑学生认知实习、课外调研实践、专业综合实践课实习和毕业实习的主要力量。营销系实践教学基地的特色，主要体现在结合农产品营销和都市型现代农业发展，引导学生参与相关实习和调研等内容。其中天安农业发展有限公司和北京顺鑫农业股份有限公司在农产品营销渠道建设、应用 ERP 管理、农产品安全生产、品牌营销和体验营销等方面一直走在同行前列，是每届营销系学生必去的调研和实习基地。

七、基地在自身教学改革与建设、实践教学内容及科研促进教学等方面取得的成绩

（一）会计专业基地取得的成绩

4 个事务所均拥有一批既有专业知识、又具丰富实践经验的审计、会计、评估、税务、金融、管理、法律、计算机及工程技术等各类专业人才，有的事务所专门设置"税务技术研究开发中心"，负责专题性财税业务课题研究与开发。每年接待多批毕业生进行实践活动，而且为每位实习学生配备了指导教师，进一步促进了双导师制的落实。6 个企业基地均能提供多个实习岗位，实习流程、管理比较规范，在实习的过程中，实习基地都选派专门的指导老师带领学生实习。学生通过在企业实习，不只是将所学专业知识用于实践，更使自己认识了社会、了解了社会，提高了自己的职业能力。

（二）市场营销专业基地取得的成绩

营销实习基地为方便接待学生实习和调研，提供了学生食宿等条件，结合学生实习内容

的需求，天安农业发展有限公司向学生开放了农产品物流及加工管理场所，现场展示企业信息化及渠道管理情况，为师生提供了农产品生产、加工、产后流通与市场开拓以及"企业＋农户"等产业化经营模式的体验场所。同时也成为师生进行农产品营销及产业经济研究的调研基地，为科研和教学提供了渠道网络及有关经营数据支撑。借助名师讲坛平台，公司负责人还到学校为学生进行理论授课，形成了良好互动。

实习基地在促进实践教学改革和科研等方面取得的成绩主要包括：

（1）提高了人才培养质量。基地在承担并配合完成市场营销综合实践和农产品营销课程实习的实践教学任务过程中，为学生开阔眼界、深入感受与体会并消化理论知识、提高应用知识的相应能力奠定了良好基础，明显促进了教学效果的提高，提高了人才培养质量。部分同学在此基础上进一步通过毕业论文和假期到公司兼职等形式，与基地开展深入一步的合作。

（2）促进了科研水平提高。基地在配合校方成员完成科研任务方面做出了贡献。市场营销团队老师在完成有关园艺产品营销和供应链管理等方面的课题过程中，基地积极配合有关调研工作的进行。

（3）校方成员从公司营销管理实践中获得了支撑理论教学的鲜活案例。基地在农产品营销组合策略与物流管理技术应用、ERP 管理、"公司＋市场＋农户"产业化经营模式运行、都市型现代农业示范窗口展示等方面独具特色，为校方师生及时追踪市场动态趋势提供了良好的实践范例。

（4）为进一步完善合作机制奠定了基础。双方通过实践教学上的合作，以协议形式初步确立了合作内容与权利义务。在合作中不断发现新的合作机会，为下一步的深入合作和完善现有合作制度、开展新的实践教学探索提供了经验。

（5）现场实践教学环节。一是由刘瑞涵老师负责，专业教师全员参与的市场营销专业实践教学环节的核心课程市场营销综合实践，在实习基地得到公司相关负责人的全力配合。公司已经连续接待 7 届营销专业毕业生到公司参访实践。公司既提供学生参与现场实习、物流配送环节工作的机会和场地，还派出专业讲解员指导答疑实习学生的各种问题，受到学生好评。二是公司成员还承担指导重要专业课程企业认知实践、农产品营销、营销调研等实践教学环节。包括提供学生文案策划和案例教学的现实经营资料、图片等。

（6）指导营销专业学生在毕业实习环节参与基地的营销管理创新工作。市场营销专业已毕业和即将毕业的学生均经过深入企业实习环节的锻炼。同时，部分同学参与了实习基地（公司）的产品促销和推广工作。并且，多名同学以实践教学基地相关产品和营销内容为研究对象，从不同角度进行调研。2012 年有 3 名同学的毕业实习参与到实习基地的工作中。

校外实习基地既保障了课程实习和综合实践课中实践教学环节的有效执行也满足了专业实习、毕业实习等环节学生深入企业的需要。

八、基地的示范与辐射作用

（一）会计专业基地的示范与辐射作用

基地不仅提供课程实习平台，同时提供了学生毕业、就业综合实习平台，而且也为非会计专业如市场营销、国际贸易等专业提供实习机会，起到良好的示范与辐射作用。

（二）市场营销专业基地的示范与辐射作用

营销系基地的实践教学内容也同时适合经管工商管理系、农林经济管理系和经济系等相关专业。基地企业在同行中无论是经营模式还是经营实力，都是具有较强的影响力的，天安农业发展有限公司和北京顺鑫农业股份有限公司每年都多次接待来自中央和地方各部门的各级领导、各类单位负责人乃至游客的大量参观和访问，具有较广泛的示范和辐射能力。

九、未来的建设思路

（一）会计专业基地未来的建设思路

在今后的实习基地建设中重点做好以下几方面的工作：

（1）进一步增加实习基地的数量，为学生提供更多的实习机会和实习场所。

（2）有效利用实习基地。有效利用实习基地，改变仅仅将实习基地定位在毕业实习方面，要把基地与日常课程教学、教学研究、教学改革相融合，重点开发和丰富实习内容和实习形式，可向学生提供在实习基地财务部门、营销部门、物流部门、采购部门、生产部门、内部审计部门以及会计师事务所审计部门、培训部门、评估部门等多种岗位，使学生能够全方位接触、了解企业的经营运转。同时选派专业教师到实训基地进行实践锻炼，提升专业实践操作能力，构建培养双师素质教师的长效机制。

（3）加强实习基地内涵建设。为保障实践教学的顺利实施，按照实践教学质量管理要求，通过建立健全实践教学保障机制，制定科学合理的实践教学考核标准及操作规程，建立完整齐全的学生校外实习档案，做到实践教学的真正落实。如实习组织、实习制度、实习人员、实习时间、实习地点、实习内容、实习考核方法的落实，使实践教学实现标准化、规范化和科学化。

（二）市场营销专业基地未来的建设思路

一是在经费上统一预算和安排。为进一步拓展基地的实际潜力空间，学校需要在基地建设经费上统一提供支持，探索针对发挥作用的基地给予普惠制性质的支持政策，而不是仅仅限于支持优秀基地。同时也给予校外基地指导教师一定额度的指导费，使得实习基地和学校各方的权利义务对等。二是加强与实习基地的双向沟通，在科研和教学上推进更密切的合作，比如促使师生参与基地科研和产品及项目的营销推广与策划工作，在合作中提高双赢空间和互惠力度。

执笔人：赵连静

第五节　园林学院实践教学基地建设

一、校外人才培养基地建设的意义

加强校外人才培养基地建设是高等教育未来中长期改革和发展的需要。北京农学院"3＋1"人才培养方案的出台，对基地在数量和规模上提出更高的要求。充分发挥社会资源优势，弥补校内实践基地不足是建设校外实践教学基地的必然选择；培养完全适应社会需求的人才和高校实现产、学、研、社会服务一体化，就必须面向市场，寻求良好的合作基地。北京农学院园林学院经过多年的探索与实践，在校外人才培养基地的建设模式方面进行了有益的尝试，并获得良好的实践经验。

二、校外人才培养基地建设的基本情况

园林学院在校外人才培养基地建设过程中，遵循平等互惠，合作共赢原则；签署协议，注重长效原则；规范管理，定期考评原则。

园林学院经过 20 多年的不断探索，逐步建立了 33 个稳定的校外人才培养基地。

表 23-6　园林学院校外实习基地

基地名称	签约时间	适合的专业
北京农学院园林系与昌平县花果山村共建协议	1995 年 12 月	园林、林学、旅游管理
北京农学院园林系与下庄水站共建协议	1995 年 12 月	园林、林学
北郎中农工贸集团	1998 年 6 月	园林、林学
北京市农林牧科技开发中心园林技术部	2000 年 1 月	园林、林学、旅游管理
北京市园林科学研究所	2002 年 6 月 2012 年 11 月	园林、风景园林、林学
北京大森林生态旅游发展有限公司	2003 年 1 月	林学、旅游管理
北京市喇叭沟门自然保护区	2003 年 4 月	林学、旅游管理、环境设计
北京市朝阳区旅游局	2003 年 6 月	旅游管理
北京市百花山国家级自然保护区	2003 年 6 月 2008 年 12 月	林学、旅游管理、园林
河北省雾灵山国家森林公园	2004 年 5 月	林学、旅游管理
北京小龙门国家森林公园	2004 年 5 月	林学、旅游管理
北京植物园	2004 年 12 月	林学、园林、风景园林
北京市朝阳区崔各庄乡马泉营村	2008 年 8 月	旅游管理
北京教学植物园	2010 年 5 月	林学、园林、风景园林
北京昆泰嘉禾酒店	2010 年 12 月	旅游管理
北京首都机场物业管理有限公司	2011 年 8 月 2013 年 7 月	园林、风景园林
北京市南郊农场	2012 年 1 月	园林、旅游管理、环境设计
北京农学院科技产业集团	2012 年 3 月	林学、园林、旅游管理、环境设计
北京世纪立成园林绿化工程有限公司	2012 年 11 月	园林、风景园林
北京都会规划设计院	2012 年 11 月	园林、风景园林
北京顺鑫农业股份有限公司	2012 年 12 月	园林、旅游管理
北京珀丽酒店有限责任公司	2013 年 1 月	旅游管理
北京远见时代旅游景观规划设计院有限公司	2013 年 1 月	风景园林、旅游管理
北京城规远景规划咨询有限公司	2013 年 1 月	风景园林、旅游管理、环境设计
北京安福房地产开发有限公司华滨国际大酒店	2013 年 7 月	风景园林、旅游管理、环境设计
北京众信国际旅行社股份有限公司	2013 年 9 月	旅游管理

（续）

基地名称	签约时间	适合的专业
北京首都机场旅业有限公司首都机场希尔顿酒店	2013 年 12 月	旅游管理
北京外企服务集团有限责任公司	2014 年 1 月	旅游管理
北京和谐长治园林工程有限公司	2014 年 3 月	风景园林、环境设计
北京森林国际旅行社	2014 年 4 月	旅游管理
拾图（中国）景观设计有限公司	2014 年 5 月	环境设计
四海基业控股集团	2014 年 5 月	园林
北京清华同衡规划设计研究院有限公司	2014 年 6 月	环境设计

三、校外人才培养基地的三种模式

依据基地的特点和发挥的作用，结合教学需要，创建了三种不同的校外人才培养基地建设模式。对于不同模式基地，采取不同的合作内容与合作形式，在基地建设、教学运行、科研开发、社会服务等方面开展工作，以实现学校与基地的共赢。

（一）教学实践主导模式

教学实践主导模式是指依托基地完成教学实践过程，包括教学计划全部实践类课程涵盖课程实习、综合实习、毕业论文实习等，是大学实践教学的主体，占整个教学时数的 1/3 以上。采取学校老师为主，基地老师辅助指导的形式。其中课程实习和综合实习多以班级为单位，时间根据课程需要一般为 0.5～2 周，毕业实习多以小组或学生个人为单位，时间为 3～6 个月不等。

教学实践主导模式建设的重点是教学条件的不断改善，使其充分发挥了教学实践主导的功能。如"百花山国家级自然保护区"基地，在长达 20 多年的建设中，能够满足涉及农林类 10 余门课程在此实习、完成毕业论文等。同时，通过共建，协助基地完成了自然保护区的总体规划、资源调查、标本馆建设等。依托基地出版了《百花山植物》《北京野生花卉》等教学辅助资料。基地为高校服务范围不断扩大，影响力不断提升，近年来陆续接受北京林业大学等其他多所高校来此进行实践教学。2008 年该基地被评为"北京农学院校外优秀实践基地"，2009 年被评为"北京市高等学校校外人才培养基地"。

（二）创新实践主导模式

创新实践主导模式是指依托基地完成科技创新活动，主要以实际科研项目形式开展，包括毕业论文实践、大学生科技创新活动等。以高年级学生为主，以小组或个人形式参与校内外老师的科技项目，或在老师指导下自主申请立项的大学生科技创新项目，通过科技创新活动使学生的创新精神和创新能力得到锻炼和培养。经费与条件由项目和基地共同提供，所获得成果由学校和基地共享。

创新实践主导模式建设的重点是以科研项目或产业为依托，如延庆四海镇基地，从 2002 年开始合作共建，重点发展花卉产业。该基地充分发挥创新实践主导功能，依托基地多名教师带领学生完成了北京市科委、农委、教委以及园林绿化局的相关科研项目、大学生自主创新科技项目、研究生毕业论文试验。在百合种球生产、野生花卉引种驯化、草花生产的技术规程、环境友好型基质的研发等方面开展试验研究，取得显著成果。在共建方面，长期指导参与四海镇科教兴农基地建设，完成了四海镇域内自然环境资源调查、协助编制了《四海镇花卉产业发展规划（2006—2010）》、建立了宿根花卉资源圃、百合种球生产基地、草花盆花生产基地，形成年产值超亿元的花卉产业规模。

（三）社会服务实践主导模式

社会服务实践主导模式是指通过为基地提供专业技术服务体现高校社会服务职能，提高专业的社会声誉和影响力；突出学生的能动性，使学生接触社会，同时提高就业率。主要包括承担专业技术服务、志愿者活动及职业技能培训等。以实践基地为平台，围绕基地的需求与条件以及学生的专业背景进行，以个人或团队为单位，学校和基地老师共同指导完成。在社会服务实践中，突出学生的能动性，在为基地提供服务的同时，使学生接触社会，全面提高就业能力。

社会服务主导模式的建设重点是以服务社会为重点，如北京园林科学研究院基地，自2002年正式合作后，开展城乡景观规划设计、设计咨询、培训等方面工作。基地老师指导学生参与到基地的实际园林规划设计项目中，即服务于社会，将学校学习的理论和基地的生产实践有机结合，培养学生在实践中发现问题、研究问题、解决问题的能力，培养具有实战意识的专业人才，更为学生即将走向工作岗位奠定了工作基础。

今后基地建设过程中注重内涵式发展，根据不同基地单位的性质和基地的生产经营等的范围，探索不同的合作方式，逐渐形成一种相互促进的良好机制，达到"平等互惠，合作共赢，稳定长效，规范管理"的目的。

执笔人：王文和

第六节　食品科学与工程学院实践教学基地建设

食品科学与工程学院根据学校人才培养方针，本着"校企合作，优势互补，面向市场，资源共享，平等协商，互惠互利"的基本原则，先后与红叶葡萄酒公司、北京三元乳品、北京进出口检验检疫局检验检疫中心、北京德青源农业科技股份有限公司、北京伟嘉人生物技术有限公司、庆丰包子铺等企业签订教学实习基地和产学研基地协议，开展校企合作，共同培养食品行业的专业人才，并合作探索学生的生产实习、毕业实习、课程实习等教学方式方法和管理手段。

一、食品科学与工程学院实践教学基地的基本情况

食品科学与工程学院为提高学生的实践能力、就业能力，落实"3+1"人才培养方案，2006—2013年分别与北京红叶葡萄酒有限公司、北京三元食品有限公司、北京伟嘉人生物技术有限公司等17家企业签订了产学研基地、教学实习基地和教授工作站，为教学实习、科研合作、技术推广搭建了发展平台。

1. 教学实习基地

（1）北京红叶葡萄酒有限公司。北京农学院与红叶葡萄酒公司合作以来，在葡萄种植、葡萄酒酿造领域开展了连续的技术合作与人才培养工作。2003年开始首先在鲜食葡萄采摘

园进行合作至今，已有 10 余年，2006 年 4 月，双方正式签订校外人才培养基地合作协议。2010 年被评为北京市优秀校外实习基地。

（2）北京三元食品股份有限公司。2011 年与食品科学与工程学院签订教学实习基地协议。

（3）北京市通州区疾病预防控制中心。2012 年与食品科学与工程学院签订教学实习基地协议。

（4）北京理化分析中心永丰分部。2012 年与食品科学与工程学院签订教学实习基地协议。

（5）北京进出口检验检疫局检验检疫中心。2012 年与食品科学与工程学院签订教学实习基地协议。

2. 产学研基地和教授工作站

（1）北京伟嘉人生物技术有限公司。2013 年与食品科学与工程学院共建"微生态制剂关键技术开发北京市工程实验室"，并与北京农学院签订教授工作站，与食品科学与工程学院签订产学研基地协议。在科研成果转化、教学实习等多方面广泛开展合作。

（2）北京德青源农业科技股份有限公司。2013 年与学院共建"蛋品安全生产与加工北京市工程研究中心"，并与北京农学院签订教授工作站，与食品科学与工程学院签订产学研基地协议。在科研成果转化、教学实习等多方面广泛开展合作。

（3）庆丰万兴食品科技研发中心。2013 年与食品科学与工程学院签订产学研基地协议。

（4）顺鑫农业创新食品有限公司。2013 年与食品科学与工程学院签订产学研基地协议。

（5）北京营养源研究所。2013 年与食品科学与工程学院签订产学研基地协议。

（6）中国肉类食品综合研究中心。2013 年与食品科学与工程学院签订产学研基地协议。

（7）北京和美科盛生物技术有限公司。2013 年与食品科学与工程学院签订产学研基地协议。

（8）北京京味坊食品有限责任公司。2013 年与食品科学与工程学院签订产学研基地协议。

（9）北京勤邦生物技术有限公司。2013 年与食品科学与工程学院签订产学研基地协议。

（10）北京市房山区莱恩堡酒庄。2013 年与食品科学与工程学院签订产学研基地协议。

（11）北京市裕农优质农产品种植公司蔬菜加工厂。2013 年与食品科学与工程学院签订产学研基地协议。

二、食品科学与工程学院基地建设思路

（一）建立健全实践教学指导小组

实践教学指导小组的组成人员中应包括院系领导、指导教师和相关行业、部门、社会用人单位管理和技术人员；要建立和完善有关管理制度，定期开展活动，共同研究解决培养目标定位、专业教育改革、学生职业素质培养、实习实训及毕业生就业等问题。

（二）共同制定人才培养方案

树立开放型办学的思路，应广泛听取吸收企业专业技术人员的合理建议，共同探讨人才

培养方案，使人才培养更贴近实际，使培养的人才更具科学性、针对性和实用性，增强学生的就业竞争力。

（三）建立校外指导教师队伍

聘请企业技术人员、管理人员等作为学生实践的校外指导教师，负责学生实习内容的安排和实践指导，并及时与学院指导教师沟通反映学生实习情况。同时，将企业优秀技术、管理人员引入课堂，使学生随时了解行业发展动态和市场对人才需求，强化学生的专业认识和就业意识。

（四）建立校企共同评价的教学质量监控和评价体系

建立实习基地管理制度、实习教学考核办法、实习成绩评定办法、院系主任坚持走访实习基地制度等实习教学文件，建立校企共同评价的教学质量监控和评价体系，确保实践教学质量。

三、基地的示范与辐射作用

北京农学院与红叶葡萄酒公司是最早开始合作的教学实习基地，积累了丰富的合作经验，为后续的基地建设提供示范。

（一）实践教学方面

（1）接待北京农学院食品科学与工程、食品质量与安全、植物生产类、农业信息化与管理等专业学生完成生产实习、科研训练、毕业实习、课程实习、参观实习约计 1 700 余人次。

（2）为学院"葡萄酒爱好者协会"提供实践条件，开拓了大学生课堂外学习新途径。协会成员圆满完成由中国酿酒工业协会、中国就业培训技术指导中心、中国财贸轻纺烟草工会全国委员会、中国轻工职业技能鉴定指导中心联合组织的"全国首届葡萄酒品酒职业技能竞赛"的专业服务工作。

（3）建成了以食品专业的酿酒工艺学专业选修课为核心，以葡萄酒欣赏公共选修课程为辐射的传统的教学平台，并成立了"大学生葡萄酒爱好者协会"，为那些对该课程领域具有兴趣，以获得知识为主要目的，而不是以获得学分为主要目的的同学提供了轻松学习方式。几年来，已有多名毕业生通过该学习平台，实现了在葡萄酒行业领域就业或出国深造。

（4）完成《葡萄酒酿造工艺》视频电教片外景录制。

（5）参与完成劳动与社会保障部主持的国家职业标准《品酒师》《酿酒师》编写。

（6）基地工程技术人员走进课堂，实践双师课堂教学，受到学生欢迎。

（二）服务社会方面

①协助合作基地完成了鲜食园品种引种，共引进鲜食品种 23 个。②确定了鲜食葡萄种植模式，成功建设鲜食葡萄园 13.33 公顷。③协助合作基地引进酿酒葡萄品种 3 个，并成功扩繁建园 20 公顷。④协作完成了酿酒葡萄种植架式改造技术体系，并推广 20 公顷。⑤协助合作基地完成了 2 500 瓶/小时灌装生产线安装调试任务，特别是为之配套的纯水及臭氧发

生混合设备，采用国内生产设备取得成功。在行业内率先采用纯净水臭氧溶液消毒灭菌，优点是臭氧产量高、混合浓度高、能耗低、价格低，使用维护费用低。⑥合作完成 12 款产品的研制，联合开发生产（共同制定生产工艺与调配方案）北农庄园系列葡萄酒 8 款。⑦协助合作基地完成了厂区新规划。⑧邀请国际知名专家交流——美国、法国、澳大利亚等著名葡萄酒专家现场交流，扩大企业知名度。⑨协助企业加入中国酒庄联盟。

（三）科学研究方面

由校方基地建设成员主持合作完成北京市教委科研课题"葡萄籽深加工技术""葡萄酒中影响健康的天然发酵副产物分析及其工艺控制""酿酒葡萄氮化合物含量水平对酒精发酵影响的研究"。在研项目"国家葡萄产业技术体系子课题——葡萄加工"等科研项目，合作基地给予场地、设备以及原料的支持。合作研发了"京白梨酒""樱桃酒""玫瑰香葡萄新酒"等风味独特的果酒。

根据与北京红叶葡萄酒有限公司的产学研推合作经验，与其他 16 家签约基地将在食品安全控制与检测、功能乳制品、畜产品加工、果蔬加工等领域，在学生培养、科研合作、技术推广开展广泛合作，真正做到"实践、合作、共赢"。

执笔人：伍　军

第七节　计算机与信息工程学院实践教学基地建设

实践教学是教学工作中的重要组成部分，是提高学生综合素质和就业竞争力的重要途径，对提高学生的实践能力、创新能力和创业能力具有重要的作用，是实现人才培养目标的重要条件。实践教学基地建设既能培养学生动手能力、弥补教学实验设备不足的需要，又可以加强学校与企业、科研院所的联系，了解社会对人才素质的需求，是加强学生实践教学环节的保障，是人才培养十分重要的一环。

计算机与信息工程学院实践教学基地建设是以学生能力提高作为基本出发点，根据本学院"以计算机技术为基础，面向农业应用，服务都市农业建设，培养农业信息技术应用人才"人才培养最终目标，提炼出本院学生应当具备的特色能力——农业信息系统开发能力、农业信息技术应用能力、农业信息系统管理能力。通过实习基地建设，加强农业信息技术人才培养过程中的实践环节，让学生自己体验和领悟利用信息技术解决农业实际问题的思路和方法，具有将信息技术熟练运用于农业管理、生产和科研领域的能力。

计算机与信息工程学院实践教学基地建设从校内实践教学基地和校外实践教学基地两个方面开展。

一、校内实践教学基础建设情况

校内实践教学基地利用计算机实验教学中心的设施和校园网络环境，开展"设施农业智能控制"和"农业院校计算机本科专业教学实训平台"两个方面的实训。

"设施农业智能控制"实训通过在计算机实验教学中心智能温室已有农业设施中引进先进的农业传感器技术、智能节水灌溉控制技术、智能温室控制技术等，实时监测温室的当前状态，包括空气温度、空气湿度、光照度、二氧化碳、土壤温度、土壤湿度、电导率等参数等的信息采集以及各个设备的开关状态；并通过设定各个温室的运行参数，温室内的土壤湿度、土壤温度、电导率、时间等参数来自动控制电磁阀和水泵、施肥系统等的目标值，通过空气温度、空气湿度、光照、二氧化碳、等参数来自动控制天窗、侧窗、内遮阳、外遮阳、风机、湿帘、外翻窗、加温设备、加湿设备、二氧化碳发生器等的目标值和设备的开启/关闭时间。通过该实训平台学生可以自己编制程序对相应的传感器数据进行采集然后根据采集的信号进行控制，也可以通过网络、3G 等多种手段进行远传和控制，最终达到学习技术、理解应用、动手实践、感受效果的综合教学实训目的，满足对涉农计算机类人才设施农业智能控制实训教学的需要。

"农业院校计算机本科专业教学实训平台"是本院与企业合作开发建立的涉农计算机类专业学生校内实训平台，通过搭建开放式 E-Learning 实训支撑平台、实训教学案例库和精准农业实训平台，模拟 IT 企业实际的工作氛围与环境，使学生能够参加真实 IT 项目案例的实训。从而将中小企业、特别是涉农信息化企事业单位难以规模化完成的培训任务应用到大学内进行，让学生通过短期的项目实训更牢固的记忆知识点，快速提高岗位技能，掌握企业主流开发技术，积累一定的实际工作经验，真正实现本科学历教育与用人企业入职要求的无缝对接，实现从学校教育与企业需求接轨。平台系统主要由实训管理平台、实训教学体系两部分组成。实训管理平台是为在网上进行教学活动而开发的综合性教学管理系统，是一个 E-Learning 支撑平台。对实训过程中的各环节进行管理监控，为实训实施提供保障。实训管理平台能够让学生通过平台获取参考资料、帮助文档、技术文档模板、任务安排等信息，全程引导实训顺利进行；能够协助实训指导教师完成教学环节，方便教师进行指导、监控、把握学生情况，减轻教学工作压力；能够让管理者能够获取实训的各类统计信息，实时掌握学生的实训情况。实训教学体系创建 IT 企业实际工作的氛围与环境，将中小企业、特别是涉农信息化企事业单位难以规模化完成的培训任务应用到大学内进行，并借鉴企业（如东软集团）员工的技能要求和综合素质要求对参加实训的学生进行全方位的模拟岗位集中训练，参加真实 IT 项目案例的实训，使即将毕业的大学生初步熟悉企业工作流程，掌握企业主流开发技术，积累一定的实际工作经验，实现从学校教育与企业需求接轨。

二、校外实践基地建设情况

校外实践教学基地建设旨在充分利用企业资源，与 IT 企业建立长期合作机制，建立实习基地，将学生派往实习基地进行顶岗实习。

为培养应用型、复合型农业人才，学校在 2011 级本科生培养方案修订中，强调实践能力的培养，确定了"3＋1"培养模式，即在大学学习的最后一年开展专业实习和毕业实习，将学生送到社会上，在企业或科研院所进行实习，把大学所学知识综合运用到实际工作中，同时适应工作实际工作环境，为就业做好准备，提升就业竞争力。

计算机与信息工程学院主要培养农业信息化人才，由于计算机相关产业的特点是技术更新快，并且对于从业人员的技术实践应用能力要求非常高，高校信息类毕业生与企业用人需求仍存在很大差距，从而导致了高校同企业之间的人才供给矛盾日益严重。为解决这个问题，本学院采用"引进来、送出去"的模式。"引进来"就是把企业的实训平台、实训项目和工程师全部引入到学院来，合作建立"北京农学院大学实训基地"，搭建平台，采用真实的企业项目，并由企业工程师带领学生开展实训实践，按照此种模式，完全可以达到把学生送到企业实训的效果。这样将解决公司不愿意接纳学生、学生很难系统化的学到企业核心项目技能的问题。"送出去"就是把学生派到 IT 企业或科研院所顶岗实习，让学生体验真实的工作环境。

目前学院已建立了北京农学院大学实训基地、北京农林科学院信息所、HP Global Business Services、用友股份有限公司、北京软件产品质量检测检验中心、源讯中国等实习基地。

北京农学院大学实训基地坚持以学习者为中心的系统设计理念，结合技能型人才成长的教育规律，依托先进信息技术，整合双方软件开发、软件测试、ERP、互联网产品设计、农业物联网等各类教学资源，实现平台开放式和无边界化，即跨专业集成最优教育资源，打造北京农学院和企业两地实训基地。学生可以选择在北京农学院基地学习，企业派工程师讲师进校授课；也可以选择前往企业基地学习，企业的工程师讲师本地授课，并安排管理人员全程监管学生在企业的学习生活。学院在 2011 级专业实习中安排学生该基地实习。

北京市农林科学院农业科技信息研究所是集信息理论研究、信息资源建设、信息技术研发、信息推广服务为一体的综合性农业信息科研机构。2007 年以来学院先后派往该基地 20 余名学生进行实习，实习岗位包括技术开发、网站维护、服务器维护、数据库优化、行政管理等。

HP GBS（Global Business Service）北京，主要负责亚太地区的企业存储及服务器部分的商务订单支持，是一个正在迅速壮大，快速发展的部门，是一个培养各类技术，商务人才的摇篮。2012 年以来，学院先后选派 8 名学生在该基地实习，实习岗位包括报价配置专员、价格申请专员、订单管理专员等。

用友软件股份有限公司成立于 1988 年，致力于用信息技术推动商业和社会进步，提供具有自主知识产权的企业管理/ERP 软件、行业解决方案和服务。2013 年以来，学院先后选派 12 名学生在该基地实习，实习岗位包括销售助理、产品经理助理、技术培训、软件测试等岗位。

北京软件产品质量检测检验中心成立于 2002 年 7 月，是经北京市编办批准，由北京市科学技术委员会和北京市质量技术监督局联合成立的一家研究型事业单位。2013 年以来，学院选派了 4 名学生在该基地实习，实习岗位包括软件测试工程师、安全测试工程师、软件开发工程师等。

源讯是一家国际性信息技术服务公司，2012 年的年收入达 88 亿欧元，在 52 个国家拥有 77 100 多名员工，为全球客户提供咨询与技术服务、系统集成服务、运维管理与外包等三大领域的 IT 服务以及通过旗下 Wordline 提供的高科技交易服务。公司的专业能力也圆满体现在 2008 北京奥运以及 2013 南京亚青会上。2014 年，学院与源讯中国签订实习基地协议，并将选派 2011 级学生到基地进行专业实习和毕业实习。

用友优普公司是用友集团二级子公司，公司总体定位是互联网时代企业应用领导者，为中型、中大型企业提供软件、行业解决方案以及企业云服务等全面解决方案，帮助企业在互联网、移动时代继续拥有和不断提升管理及运营优势，成就"数据驱动的企业"。2014 年，学院与用友优普签订实习基地协议，并已选派 2011 级学生到基地进行专业实习和毕业实习。

执笔人：张仁龙

第八节 文法学院实践教学基地建设

一、实践教学基地建设原则

(一)校内实践教学基地

文法学院校内实践基地本着"宁缺毋滥"的原则，与人才培养紧密结合。法学专业建立了模拟法庭、法律诊所和三农法律热线工作室；社会工作专业设立社会工作实训室、"心晴"热线及心理咨询工作室。同时有文法学院信息检索中心作为学生校内实习实训基地。每个实践教学基地配备专门的专业课教师担任督导，重视实践教学的时效性。

(二)校外实践教学基地

文法学院高度重视校外实践教学基地建设，采取"两手抓"的举措，一方面巩固和利用好已有的基地；同时，根据专业发展和人才培养需求积极发展新的实践基地。

表 23-7 文法学院校外教学实践基地

基地名称	基地地点	建立时间
北京市昌平区回龙观司法所	昌平区回龙观镇	2004 年 4 月
北京市昌平区司法局	昌平区司法局	2004 年 6 月
北京市怀柔区检察院	怀柔区检察院	2004 年 9 月
北京市亚太律师事务所	石景山区亚太律师事务所	2008 年 11 月
北京市雷曼律师事务所	朝阳区雷曼律师事务所	2008 年 11 月
北京市密云区法院	密云区法院	2009 年 2 月
策略律师事务所	朝阳区	2010 年 7 月
京博律师事务所	东城区	2011 年 11 月
北京市农村法治研究会	丰台区	2012 年 6 月
北京市怀柔残联	怀柔区	2004 年 5 月
北京市昌平区流村镇长峪城村	昌平区流村镇长峪城村	2005 年 1 月
北京市阳台山老年公寓	海淀区阳台山	2005 年 12 月
北京市密云区不老屯镇社会福利中心	密云区	2005 年 12 月
北京市残疾人康复服务指导中心	朝阳区	2005 年 12 月
北京市昌平区兴寿镇木厂村	昌平区兴寿镇木厂村	2007 年 5 月
北京市昌平区东小口地区办事处	昌平区东小口镇	2009 年 4 月
北京市朝阳区左家庄地区办事处	朝阳区左家庄街道	2010 年 5 月
北京市昌平区回龙观地区街道办事处	昌平区回龙观镇	2010 年 7 月
北京市海淀区社会工作事业发展中心	海淀区马连洼北路菊园 1 号楼	2010 年 12 月
北京市昌平区司法局阳光中途之家	昌平区司法局	2012 年 6 月
致诚农民工维权与服务中心	丰台区	2012 年 6 月
北京市农村法治研究会	丰台区	2012 年 6 月

二、文法学院基地建设思路

高校培养的学生不仅要有扎实的基础理论知识，同时还要有较强的动手能力。因此，大学教育除了理论教学，实践教学也是同等重要。实践教学开展必须要建立相应的实践基地，否则实践教学无从进行。目前对于高校来说实践基地主要有两种类型：校内实践基地和校外实践基地。校内实践基地受学校自身条件的限制，无法承担起实践教学的全部功能需求。校外实践基地能够弥补校内实践基地所不具备的功能，是培养学生专业应用能力，提高综合素质，提高实践教学质量的重要平台。2012年3月，教育部发布《关于开展"本科教学工程"大学生校外实践教育基地建设工作的通知》（教高函〔2012〕7号）。由此可见，建设校外实践基地势在必行。随着高校对实践教学的重视，校外实践基地从无到有开始发展起来。但是，由于校外实践基地建设研究尚处于起步阶段，还没有形成一套完整的长效稳定机制，校外实践基地现状不容乐观。大量校外实践基地管理不规范、政策不到位、缺乏有效性和持续性。因此，给实践教学带来诸多问题，如需要实践时临时找企业，而临时确定的实践地点往往缺乏针对性，难以实现实践教学目标。时时变动的实践地点，无法满足学校实践教学的长期性需求，严重制约了高素质人才的培养质量。

作为理论性和实践性并重的专业，法学和社会工作专业对本科学生培养中的理论素养和实践能力都有很高的要求。在校内扎实理论教学的基础上，依托校外实践基地开展系统专业的实践教学活动是培养学生实践能力的重要途径。在办学定位、培养目标和课程建设等方面形成自己的特色和思路。

（一）新生专业见习

大一新生入学，结合专业教育，专业教师带领学生到公检法部门、律师事务所及社会福利、服务机构参观考察。通过参观考察、现场观摩，学生与专业人士及服务对象进行深入交流，对专业培养目标、行业特色及需求有初步的感性认识，了解本专业的性质、工作环境、工作方法，树立良好的专业价值观和理念。

（二）课程实践教学体系

通过课程实验学时和课程同步实习、课程实践教学三个环节。在课程实验学时环节，教师根据课程特色，分为理论学时与实验学时，在文法实验教学中心，通过案例教学、角色扮演、模拟法庭等多种形式开展实验教学活动，提高学生语言表达、专业技能及能力，培养学生初步的专业素质。在课程同步实习环节，通过专业理论课程学习，要求学生完成课程内容的实习环节，通过签约的校外实践教学基地，对学生进行岗位能力训练。课程实践教学由教师根据课程门类特点，引导学生自主安排实践教学活动。帮助学生在实践中掌握与运用相关的理论和方法，提高学生职业素养。

（三）专业技能训练与"3+1"模式实习

根据实践教学基地特点，结合大学生科研训练、暑期社会实践和专业调研等任务，完成社会服务和社会调查，提高学生的科研能力和认识社会、适应社会的能力。结合"3+1"专业实习，第七学期16周的专业实习，加强学生的专业体验，培养未来从事相关职业的能力。

第八学期的毕业实习，结合就业方向，完成入职训练，通过专业实习与毕业实习，使学生完成从实习到就业的一站式过渡。

三、法学与社会工作专业主要校外教学实践基地简介及运行情况

（一）法学专业

1. 昌平区司法局

北京市昌平区司法局下辖 17 个司法所。法学专业与昌平区司法局合作领域广泛，合作基础好，合作层次高。昌平区司法局 2005 年在法学系设立了普法宣传、人民调解、法律援助和社区矫正工作站，法学专业全体教师和部分学生是昌平区司法局聘请的法律志愿服务者。法学专业师生经常参与昌平区司法局组织的活动，部分教师因此获得了北京市社区矫正先进个人、"四五""五五"普法先进个人的荣誉称号。

2. 北京市昌平区回龙观司法所

司法所是司法行政机关最基层的组织机构，是县（区、市）司法局在乡镇（街道）的派出机构，负责具体组织实施和直接面向广大人民群众开展基层司法行政各项业务工作。在基层政法机构体系中，司法所是基层政法组织机构之一，它与公安派出所、法庭共同构成我国乡镇（街道）一级的政法体系，成为我国基层司法运行机制中不可缺少的重要组成部分。在基层社会治安综合治理机构体系中，司法所是司法行政系统参与基层综合治理工作的重要成员单位，处在化解人民内部矛盾、预防和减少犯罪的第一线。师生协助回龙观司法所组织社区矫正人员到敬老院进行了公益劳动。社区矫正人员对敬老院里的餐厅、院落、楼道、窗户等进行了认真、彻底的打扫，为老人们还提供了免费的法律咨询和帮助，他们的服务受到老人们的一致认可和好评。

3. 北京市怀柔区人民检察院

北京市怀柔区人民检察院是首批优秀校外实习基地之一。怀柔区人民检察院领导高度重视这一实习基地的建设，不但为法学专业学生实习选定专门的指导教师，还提供了餐饮、住宿等生活条件。法学专业经常选派学生前往怀柔区人民检察院实习。在多名资深检察官的悉心指导下，学生能够掌握各种办案技能，实习效果非常好。

4. 雷曼律师事务所

雷曼律师事务所是法学专业开展涉外法律实践教学最为重要的实习基地之一，英语基础比较好的法学专业学生被选派去该律师事务所实习，曾有实习表现良好的同学被该律师事务所录用。除专业实习之外，该律师事务所还为法学专业学生进行了纯外教的外语强化训练，并多次开设有关美国法律、涉外律师实务等方面的专题讲座。

5. 北京市亚太律师事务所

北京市亚太律师事务所是法学专业稳定的、长期开展合作的校外实践教学基地之一。该律师事务所资深律师多次给学生作报告，与学生进行沟通交流，许多学生曾在该律师事务所接受律师业务实训。

6. 密云区人民法院

密云区人民法院拥有一支优秀精干的法官队伍，是法学系重要的校外实践教学基地，是法学专业学生深入了审判过程、积极参与专业实践的"主战场"，能够肩负起锻炼学生实际

工作能力，帮助同学们更好更快地融入社会。法学系和密云区人民法院都十分重视这一实习基地建设。

7. 策略律师事务所

策略律师事务所有着鲜明的办所理念和特色，拥有一批具有丰富法律实践经验，极富锐意进取精神的律师。北京市策略律师事务所决定在北京农学院法学专业设立"策略律师"奖学金，每年的奖学金额度为 2 万元，全部由策略律师事务所提供，用以奖励法学专业品学兼优的学生。

8. 京博律师事务所

京博律师事务所与法学系的合作将把法学学者与律师密切联系起来，相互取长补短，实现良性互动。同时，双方的合作也将缩短法学专业学生从理论学习到实践操作的过渡周期，为法学学子的职业发展铺平道路。

9. 昌平区司法局阳光中途之家

昌平司法局为法学和司法社会工作课程提供了良好的实习实践机会。实习主要在昌平阳光中途之家完成，每年有近 100 人次学生在此实习。司法局有专门的实习督导教师，为学生提供专业的指导。

经人文社科学院、昌平区司法局充分协商，经过一个月的前期筹备工作，双方达成共识，在昌平区阳光中途之家与人文学院之间建立社区矫正和安置帮教相关工作长效合作机制。

10. 致诚农民工维权与服务中心

文法学院与北京致诚农民工法律援助与研究中心建立了长期合作的机制，法学学生在校内的法律诊所经过长期专业训练，具备了法律专业理论知识及实务技能。该服务中心为实习学生配备了专业的指导教师，对学生进行"一对一，手把手"的指导。

11. 北京市农村法治研究会

法学专业学生长期在法治研究会参与课题研究和调研工作。2013 年，文法学院与北京市农村法治研究会共同举办学术研讨会。

（二）社会工作专业

1. 北京市怀柔区残疾人联合会

怀柔区残疾人联合会建于 1989 年 7 月 24 日，具有"代表、服务、管理"职能，承担着残疾人康复、宣传文体、教育就业、扶贫解困等各项工作。社会工作专业学生长期在此完成"残障社会工作"课程实习。

2. 密云区不老屯镇社会福利中心

不老屯镇位于密云水库北部，是京郊典型的"政策注入型"农村社区。该基地为师生开展科研和社会实践活动提供便利条件；教师为密云水库库区的发展出谋献策，为京郊农村建设出力。

3. 阳台山老年公寓

阳台山老年公寓建于 1998 年，2000 年 8 月试运行，是一所由海淀区政府投资兴办、民政局直接管理的中高档社会福利机构，是海淀区对外开放宣传的窗口。

社会工作专业师生的服务活动受到老年公寓的老人与工作人员们的热烈欢迎。每年实习期间，社会工作专业的同学为老人们带去合唱、相声、快板书等小节目，社工同学还与老人们进行个案访谈，开展小组活动。

4. 流村镇长峪城村

长峪城村位于昌平区最西端，是有"京西小西藏"之称的典型山村社区。在合作过程中，法学和社会工作专业学生利用学校的智力资源为长峪城村的农村社区社会工作，特别是老人照顾、心理咨询工作的开展提供必要的服务，并以此为契机，锻炼了师资队伍，提高了学生的实践能力。

5. 北京市残疾人康复服务指导中心

北京市残疾人康复服务指导中心是隶属于北京市残疾人联合会的事业单位，位于北京市朝阳区左家庄北里 35 号楼。社会工作专业师生利用学校的智力资源为康复服务指导中心的残障社会工作、社区康复，特别是残障者服务、心理咨询、法律咨询工作的开展提供必要的服务，并对北京市残疾人联合会展开的京郊农村社区残障社会工作提供力所能及的协助。康复服务指导中心协助师生在所属单位建立社会实践基地，开展社会实践和实践教学活动提供场所和其他必要条件。

6. 昌平区兴寿镇木厂村

木厂村位于昌平区东北部山区的大杨山国家森林公园脚下。由于当地青壮年劳动力的急剧减少，使木厂地区成为山村人口老龄化、农村社区空心化问题比较典型的地区。合作过程中利用学校的智力资源为木厂村的农村社会工作，特别是农村老人服务、心理咨询工作的开展提供必要的服务，并以此为契机，锻炼了师资队伍，提高了社会工作专业学生的实务操作能力。

7. 昌平区东小口地区办事处

昌平区东小口地区现有 42 万人，共 40 个社区，是北京城乡一体化进程中最具代表性的超大型社区。办事处为法学和社会工作专业学生的小学期课程实习及专业实习提供了良好的条件和指导。

8. 朝阳区左家庄地区办事处

左家庄街道办事处位于新源里西 11 楼，1977 年 1 月正式对外办公。学校与该实践教学基地精诚协作，乘国家和社会大力加强社区建设，大力开展专业社会服务，大力推进社会工作事业的东风，开创学校和地方基层行政部门合作的新局面，并进一步提升社会工作专业的知名度和美誉度。专业师生能够利用其良好资源为教学和科研服务。

四、学院与基地合作方式

（一）与政府合作

文法学院与检察院、法院、社工委、农委、司法局、街道办事处等建立合作关系，除了派学生到这些部门实践实习，专业教师还与这些部门建立深度的科研项目、社会调查、政策建议等方面的合作。

（二）与企事业单位合作

文法学院与律师事务所、残联、妇联、医院、学校等企事业单位建立密切合作，各单位为学生提供专业实习的指导教师。学院与基地通过隆重仪式，签署合作协议，签字挂牌，对于每个实践教学基地做到精挑细选，必须与专业方向一致。对实习基地有明确的责任义务规范。

（三）与机构合作

文法学院与社会机构建立了密切合作关系，基于法学专业和社会工作专业特点，学生就业方向包括社会机构，如扶贫机构、基金会、社会服务机构、公益慈善组织等。学校与其签署实践基地协议，如孤独症儿童康复机构、培智学校、社工师事务所、协作者社会工作文化中心、慧灵残障服务机构等，这些机构的运作模式为学生提供了良好的专业训练。

五、合作双方在基地建设中所起的作用

从法学、社会工作专业建立至今，文法学院共有 3 个校级优秀实践基地，其他基地也获得校领导及督导的好评。文法学院两个专业通过同行交流、业务拓展及发展需要，及时补充调整校外实践教学基地，把签协议较早且利用率低的基地及时调整为根据行业发展新兴的一些部门补充进来，做到与时俱进、效用优先。

实践基地对文法学院法学及社会工作两个专业的发展起到极大的保障和支撑作用。通过基地实习，基地专业的工作人员担任校外指导老师，对学生手把手的传授，使学生通过 4 个月的专业实习训练，完成了入职技能掌握和人际适应的过程。

六、校外实践教学基地的组织管理及运行模式

对于实践教学基地，文法学院出台了《文法学院学生校外实习管理制度》《文法学院师生校外实习财务相关制度》《文法学院校外实践基地指导老师聘任制度》等一系列规章制度。教学基地实习采取师生与实践基地双向选择，组织宣讲、报名、面试等环节，对于选定人员进行业务培训并由实习单位配备校外指导教师。学生实习成绩严格按照校内指导教师和校外指导教师的评价测定。

七、校外实践教学基地的特色

（1）校外实践基地有效地提高了学生实践能力，培养适应社会需要的应用型、复合型人才。人才培养是高校的根本任务之一，实践教学是全面提高人才培养质量的重要环节。文法学院的校外实践基地体现了"覆盖面宽、涉及领域广及合作机构多"的特点。目前法学、社会工作专业已有稳固的实践基地 20 余个，同时随着专业发展和培养方案修订不断增加新的领域。

（2）合作程度不断深化。法学和社会工作专业实践能力要求高，同时也要具备扎实的理论基础，体现专业性和职业性。理论对实践有指导作用，同时理论也需要实践的检验，校外实践基地的专业实习活动，是学生有效运用所学理论知识分析问题、解决问题并提高实践能力的重要途径。校外实习活动有力地推动学生反思理论学习的不足，激发其学习的动力。校外实践基地指导老师的专业引导和督导，有力的提高了人才培养的质量。

（3）校外实践基地是学生适应社会和提高就业竞争力的窗口。高校是一个相对封闭、单纯的环境，学生通过实践基地实习接触错综复杂的职场环境，了解应对复杂的人际关系。增加社会阅历，适应社会环境，在心理上调整学校与社会的差距，提高沟通协调等能力，尤其

是在实践中通过耳濡目染培养职业操守和职业道德。

（4）通过校外实践基地提高教师实务能力，培养双师型教师。高校需要理论和实践并重，全面发展的人才目标要求教师的实践能力也不断提高。专业教师通过指导学生实践实习，接触社会实践，促使其不断提高自身的实践能力。

八、基地在自身教学改革与建设、实践教学内容及科研促进教学等方面取得的成绩

法学专业设有三农法律研究与咨询中心、三农法律诊所、三农法律网 3 个可以提供法律实践能力训练的校内平台。学校下属的科技产业集团和大学科技园可以为有志于自主创业的学生提供见习训练。学校已经在北京市郊区县司法机关、基层政府机关、律师事务所、大型涉农企业建立了 15 个适合学生实习的校外实践基地，其中首都农业集团于 2013 年 5 月获批成为国家级校外实践教育基地。

社会工作专业至今已建立起 15 个稳定的校外实践基地，其中 6 个在京郊农村或城乡结合部地区，校级优秀基地 2 个，东小口地区办事处（天通苑）实践基地被共青团中央列为大学生校外优秀实践基地。此外，本学位点完成了一批高质量的实践教学成果，曾获校级教学一等奖及二等奖。本学位点任职教师在实践教学成果方面先后获得学校以及市级奖励，其中北京市优秀教师 1 人，"北京市残疾人康复工作先进个人" 1 人，"首都教育先锋教学创新个人" 1 人，"首都高校社会实践先进工作者" 1 人，社工专业集体曾获校级 "三育人" 先进集体和优秀党支部的称号。

九、基地的示范与辐射作用

法学教师积极参与 "三农" 相关领域的法律实践和政府委托的各类法律实施评估、立法修改建议、法律培训、普法宣传等活动，带领学生利用三农法律诊所、三农法律网等平台积极开展相关领域的社会服务活动，取得良好的社会效果。

社会工作专业利用校外实践基地建设契机，于 2009 年、2010 年先后两次召开自闭症儿童社会工作研讨会，新加坡驻华大使以及英国、加拿大的专家前来参加相关活动。北京市社工委、北京市农委、北京市残联、昌平区司法局等单位领导多次委托学位点开展为政府进行政策咨询的活动。

优越的办学条件、完善的培养机制造就了一批又一批优秀的专业学生：2003 级的郁文君同学获得了第四届香港 "约翰·凯瑟克爵士社会工作奖金"；2003 级的李萌同学毕业后即加入全国著名的自闭症儿童康复社会组织 "慧灵" 机构，现担任北京地区总干事；2005 级的郑思雨同学在北京市西城区开办了全区第二家社会工作事务所，获得北京市妇联、西城区政府等单位的高度赞扬；2011 年根据麦可思公司对毕业生的跟踪调查结果显示，本学位点的社会工作本科毕业生就业竞争力排名全校第一，专业认可率全校第一。

十、未来的建设思路

校外实践基地建设有其内在的机制，只有建立并实施完整的机制，校外实践基地才能具备有效性和持续性，才能切实保证实践教学质量。校外实践基地的长效稳定机制主要有以下几方面：

（一）更新理念机制

学校、企业、学生必须统一思想、提高认识。从培养高素质人才的战略高度来认识实践基地建设，增强校外实践基地建设的自觉性、主动性和责任感。学校要改变临时抱佛脚的思想，要有完善的实践教学体系、长远规划，为学生创建更多的校外实践基地，增加更多的实战演习机会。企事业单位不能存在消极应付的思想，要主动地接纳学生并承担起培训辅导等实践教学任务。学生不要认为校外实践只是走走形式，要深刻领会到"纸上得来终觉浅，绝知此事要躬行"，要积极参与到实践中去。要做到思想认识的统一，学校、企业、学生三方必须要加强沟通、交流与对接。因为缺少沟通与交流，学校不了解企业的现状及发展、不了解学生的兴趣需求；企业不明确自身在实践教学中应扮演的角色，缺少培养人才的主动性和责任感；学生不明白参与校外实践的目的及意义。

学校、企业、学生要树立产学研互赢理念。在社会主义市场经济体制下，企业有其应负的社会责任，但是企业作为市场的主体，要自负盈亏，面临很大的压力和困难。因此，在校外实践基地建设过程中要始终树立互惠互利的理念，深化产学研相结合的模式，实现三方利益的最大化，最终达到校外实践基地有效稳定地发展。

（二）建立选择机制

专业性原则。目前，校外实践基地建设处于起步阶段，学校处于被动地位，仅仅是为了完成实践教学任务而让学生外出实践，有些实践单位与专业没有相关性。校外实践基地建设一定要强化专业性，符合大学生的专业特点。只有这样，大学生才能更深刻地理解所学的理论知识，才能更好地了解所学专业的职业特点，才能更好地在实践中提升所学的内容，最终实现从理论到实践的飞跃。如果实践基地与学生的专业相差太大，就难以实现实践教学目的。

实践性原则。实践基地是学生进行实战演习的重要场所，因此，校外实践基地建设要突出应用性和实用性。学生在基地得到实际锻炼，培养分析问题、解决问题的能力，保证实践教学质量。

发展性原则。校外实践基地建设要充分调研，选择本区域行业内最有代表性，具有生产开发规模、有较好的技术管理水平、发展前景光明，具有较强的接受学生教学实践、生产实践能力的企事业单位。

最优原则。往往能满足上述条件的企事业单位有多个，那么在这种情况下必须遵循效益最优选择。这里的最优就是最大的减少人财物的消耗，即优先考虑离学校近的企事业单位，优先考虑交通便利和安全问题。

双赢原则。校外实践基地不能只是服务于校、企、生某一个方面，必须要做到三方的互赢。学校利用校外基地条件，安排学生实践，培养学生的实践创新的能力；安排教师下企业锻炼，培养"双师型"教师，提升教师的教学水平。基地可以借助高校的科研、师资力量推进企业的生产研发、员工培训。

（三）完善保障机制

校外实践基地建立后，还必须有组织、队伍、制度和物质保障，这样才能实现校外实践基地的可持续发展。

组织机构保障。学校要成立专门负责管理实践基地建设的组织机构。组织机构人员应该由校领导、科研处、教务处、学生处、计财处和保卫处等人员共同组成。该组织机构主要的职责和任务，制定实践基地管理办法和相关规章制度；统筹安排全校各院系实践基地建设，合理布局与协调配合，及时解决发展过程中出现的矛盾与问题等，保证实践基地建设的良性运转。各院系具体负责各专业学生校外实践基地的组织管理和实施工作，做好校外实习实训的计划和记录等基础工作。

队伍建设保障。实践基地运转过程中要建立一支业务精、善管理、结构合理的指导队伍。队伍的构成不能由单一的学校教师组成，除了校内学术过硬的教师外，还应该聘请企业技术骨干。校内专家与校外专家紧密配合，使大学生在实践过程中接受企业技术骨干和学校教师的共同指导，这样能够使理论与实践实现最优化地结合。

政策支持保障。校外实践基地的长效稳定仅依靠学校自身的努力是难以完成的，还必须有国家政府部门的政策支持。国家可以通过立法和出台相关政策，同时进行一定的舆论宣传，明确校企双方的权利、义务，鼓励企事业单位积极提供有效稳定的实践基地。此外学校和企事业单位可以制定规范实践教学及产学研合作的具有政策性的规章制度。

经费投入保障。实践基地的持续发展需要专项经费的投入。学校要规范实践基地建设资金投入体系，每年必须设置专项经费用于基地建设。但是，大学的资金是有限的，教育经费也是捉襟见肘。同时相关系部还可以通过申报项目、洽谈合作等途径为基地的经费添砖加瓦。此外，可以寻求地方政府及相关企业等社会力量出资，补充基地建设和发展的资金。多部门、多渠道共同努力，保证校外实践基地建设和发展有较充分的资金。

（四）建立评价机制

校外实践基地建设还要有评价机制，定期对实践基地建设及发展进行考核评估。

基地建设可行性评估。在选择基地阶段，主要评估指标是所选择的基地是否符合专业性、实践性、互惠性、发展性、最优性等原则，并对基地的建设可行性进行评价。

基地实践教学质量评估。在基地建立后，不定期地对基地进行检查，评估实践教学情况，包括基地实践环境、教师的指导、经费的使用等。学校对实践基地、指导队伍发挥作用情况，可每年一次对其进行奖惩。对那些热情支持学生实习的单位和个人予以奖励，以促进校外实习基地的建设。

学生实践效果评估。制定明确的考核指标，由学校和实践基地联合对学生的实习过程和实习结果进行考核，对于在实习期间表现优秀的学生给予一定的物质奖励。

执笔人：韩　芳

第九节　城乡发展学院实践教学基地建设

城乡发展学院是涵盖高等职业教育和本科教育的二级学院。学院在校内和校外建设实践教学基地，服务于8个专科专业（园林工程技术专业、兽医专业、农业经济管理专业、商务英语专业、物流管理专业、会展策划与管理专业、旅游管理专业、观光农业专业）和2个本科专业（农村区域发展专业、会展经济与管理专业），为提高学生专业技能和综合职业素质提供必要保证。

一、实践教学基地基本情况

（一）城乡发展学院校内实践教学基地基本情况

城乡发展学院校内实践教学基地共有 2 处，分别是北京农学院（校本部东区）花卉生产实践教学基地、北京农学院（北校区）城乡发展学院实践教学基地，面积达 3.47 公顷。

表 23-8　城乡发展学院校内实践教学基地

基地名称	基地面积（公顷）
北京农学院（校本部东区）花卉生产实践教学基地	0.73
北京农学院（北校区）城乡发展学院、继续教育学院实践教学基地	2.73

北京农学院（校本部东区）花卉生产实践教学基地占地面积约 0.73 公顷，以服务于涉农专业和课程为主，主要面向园林工程技术专业和观光农业专业。基地承担两专业课程内实践教学、实践教学课程，并接受部分学生进行专业综合实习。具体课程包括园林苗圃、蔬菜栽培、园林实训、花卉与草坪、园林植物室内外装饰应用、土壤肥料等 8 门课程。

北京农学院（北校区）城乡发展学院、继续教育学院实践教学基地面向学院 8 个专科专业和 2 个本科专业，承担着约 1 500 名学生的部分实践类课程。基地总占地面积约 2.73 公顷，总建筑面积 5 263 平方米。基地包括五个功能区：①北京农学院城乡发展学院教学实验中心；②北京农学院继续教育学院教学实验中心；③北京农学院-美国派克维尔大学应用英语培训中心；④中国农学会出国人员培训中心；⑤国家劳动和社会保障部特有工种职业技能鉴定站。教学、科研功能室有无土栽培实验室、组织培养实验室、种质资源冷库、物流实训室、会展实训室、旅游管理专业实训室（酒吧实训室、导游实训室、客房实训室）、兽医综合实验室、动物饲养室、教室、温室、发酵室等。另有基地管理和教师办公室、食堂、学生宿舍、学生室内活动室、教师宿舍、花店及其他辅助用房等功能室。

（二）城乡发展学院校外实践教学基地基本情况

根据各专业发展规划，经过多年的建设，建成了一批稳定、优质的能满足涉及 8 个专科专业和 2 个本科专业实践教学需要的校外实践实习基地 30 个，每专业 1~8 个。

表 23-9　校外基地基本情况

基地名称	专业	建立时间	基地主要承担的实习任务
大理白族自治州农业科学推广研究院	农村区域发展	2012 年 11 月	农村发展规划
和众泽益志愿服务中心	农村区域发展	2012 年 9 月	项目管理
讯狐（北京）科技有限公司	会展经济与管理	2014 年 5 月	会展营销、会展多媒体演示、信息技术在会展经济中的应用

（续）

基地名称	专业	建立时间	基地主要承担的实习任务
北京天卉苑花卉研究所	园林工程技术	2012 年 9 月	园林专业综合实习、毕业实习：观赏植物组织培养，草本花卉栽培养护，菊花选育和杂交育种
北京温榆河花卉有限公司	园林工程技术	2012 年 9 月	园林专业综合实习、毕业实习：草本花卉商业化生产和栽培养护
广州陈村花卉世界有限责任公司	园林工程技术 观光农业	2007 年 3 月	园林专业综合实习、毕业实习：观赏植物组织培养，草本花卉商业化生产和栽培养护
北京健爱缘动物医院	兽医	2011 年 9 月	兽医专业宠物临床实习：宠物寄养、护理、美容和诊疗三方面
康龙化成新药技术有限公司（北京）	兽医	2008 年 9 月	兽医专业实验动物实习：实验室操作规程、实验动物饲养环境、实验动物饲养管理、实验动物的剖检与其他实验室检验等
北京德青源农业科技股份有限公司	兽医	2009 年 9 月	兽医专业禽类养殖饲养管理等实习：禽的饲养管理、养殖场的防疫、禽病的诊疗等
保丰亿农技术服务有限公司（亲农耕）	观光农业	2013 年 5 月	专业综合实习、毕业实习
北京京林科源科技有限公司	观光农业	2012 年 3 月	专业综合实习、毕业实习：基质生产
北京四季昌盛种子有限公司	观光农业	2014 年 5 月	专业综合实习、课程实习：番茄繁育、制种
中绿大地（北京）销售中心	农业经济管理	2014 年 5 月	农经专业综合实习：农业企业产品营销、人力资源管理等
博惠佳信科技（北京）有限公司	农业经济管理	2014 年 5 月	农经专业综合实习：财务管理、销售、谈判等
王府国际逸途商旅部	商务英语	2012 年 9 月	商务英语专业综合实习：商务书信的往来，国际商务英语在实际工作中的应用，英语听说翻译在实践中的检验
欧联嘉华（Stichting Agricultural Exchange Union of China-Europe）	物流管理	2010 年 9 月	园林、兽医、农经、观光农业专业的境外农业研修，旅游、商务英语、物流专业境内专业及毕业实习。每年接收毕业生 5 人左右。与教师共同开展科学研究
物美集团北京商业股份有限公司	物流管理	2011 年 12 月	物流管理专业实习，在理货、仓储、零售等岗位进行顶岗实习，同时承担农经、农村区域发展专业学生人资岗位实习。会展专业的宣传、策划岗位实习
北京艺览新天地国际展览有限公司	会展策划与管理	2012 年 9 月	展览现场实习
北京双通展览有限公司	会展策划与管理	2010 年 9 月	会展专业设计搭建实习
中国电子协会企信委	会展策划与管理	2013 年 9 月	展览现场实习
北京路博会议展览有限公司	会展策划与管理	2011 年 6 月	会议运营实习，会议现场执行

（续）

基地名称	专业	建立时间	基地主要承担的实习任务
北京博汇创景科技有限公司	会展策划与管理	2012 年 9 月	会展多媒体实习
中青创联会议服务有限公司	会展策划与管理	2012 年 6 月	会议运营实习
北京五彩农城乡规划设计研究院	会展策划与管理	2012 年 6 月	会展专业设计搭建实习
讯狐（北京）科技有限公司	会展策划与管理	2013 年 7 月	会展多媒体实习
北京青年假期旅行社	旅游管理	2010 年 9 月	旅游管理专业实习：旅行社产品的设计及销售，旅游日常行政工作，业务操作流程以及国内游的拓展等
北京国都大饭店	旅游管理	2012 年 9 月	旅游管理专业实习：酒店实际操作，包括前台、餐饮（中西餐）、总机服务等
北京起航假期旅行社	旅游管理	2013 年 9 月	旅游管理专业实习：旅行社产品的设计及销售，旅游日常行政工作，业务操作流程以及日韩、东南亚等亚洲国境线和其他国家的签证工作等
北京精品极栈酒店	旅游管理	2011 年 9 月	旅游管理专业实习：酒店实际操作，包括前台、餐饮（中西餐）、总机服务以及酒店人力资源等管理岗位的工作等
北京神州国际旅行社	旅游管理	2012 年 9 月	旅游管理专业实习：旅行社产品的设计及销售，旅游日常行政工作，业务操作流程等

二、城乡发展学院基地建设思路

基地建设总体思路是提升学生的就业能力，提升北京农学院对外的影响力；保障实习基地质量同时，增加实习基地数量；抓校内实践基地，不断完善软硬件条件，努力开拓校外实践基地，建立长期稳定的合作关系。

（一）提升学生的就业能力，提升北京农学院对外的影响力

学院坚持认为，基地建设是引导学生顺利走向就业的灯塔，它承载着孵化器的功能。基地建设有两个目标导向：第一是提升学生的面向就业的能力；第二是提升北京农学院对外的影响力。就面向就业的能力而言，学院各专业将技能分解为以下几个部分：专业基本技能、拓展技能、人际沟通技能。以农村区域发展专业为例，基本技能包括专业的基本知识，重点培养学生的统计分析能力、规划制图能力和报告编制能力；拓展技能包括项目管理能力，要求学生了解战略设计的基本程序和方法，围绕战略设计如何对项目的计划、实施、监测和评估开展相关的工作；人际沟通技能是专业培养的重点，签约基地建设以及拓展其他各类实践活动均是围绕完善学生人格，提升学生人际沟通技能来开展的，相关的基地岗位要求也重点围绕团队工作、外联工作等设计的。

（二）保障实习基地质量同时，增加实习基地数量

实习基地建设，既要考虑基地能容纳实习生的数量，又要考虑专业实习质量，既要考虑现状，又要着眼未来。因此，基地建设从这两方面进行规划。在基地选择上，以有较高的专业技术水平和丰富的教学指导与管理经验，能为实践实习师生的工作和生活提供适当条件，满足教学实践实习的需要为条件。在满足质量的同时，各专业积极建立实践实习基地，满足10个专业"X＋1"教学模式的需要。在未来5年，每专业应建立长期稳定合作关系的实践教学基地2家及以上。

（三）抓校内实践基地，不断完善软硬件条件，努力开拓校外实践基地，建立长期稳定的合作关系

根据办学需要和社会教育资源状况，实践实习基地主要分为四个类型开展建设。

1. 以模拟实践实习和企业环境为主，建立校内仿真实践实习基地

仿真模拟有两种类型：实物仿真和计算机与网络仿真。实物仿真是用教学模型的形式对生产实际进行仿真模拟，用模型的方式再现生产实际的主要工艺和主要设备的结构原理，并实现主要设备的仿真运行。如花卉生产实践教学基地，建立播种车间、催芽室、育苗室和成苗室。学生通过在模拟的花卉生产企业环境下，并对主要设备进行操作实习，了解企业花卉商品化生产流程和工艺。并且有学院实习花店，生产的商品花卉还可进入销售环节，而花店也由实习学生进行运营管理。如此形成花卉产业的生产、销售产业链，学生获得综合性训练，从而掌握相关技能。而计算机与网络仿真技术主要通过现代化的教学设备与先进的交互网络系统，为学生创造全方位的仿真模拟环境，指导学生运用学到的基本理论和基本知识，规范地掌握实际操作基本技能。如旅游管理专业采用电子环形幕布，将国内一些主要景点进行视频播放，让学生如临其境，随着视频进行导游讲解实训。又如会展策划与管理专业引入会展业务管理实训平台软件，这一目前国内多数大型会展公司进行营销管理的软件。通过购买软件，让学生在校期间对软件进行使用练习，学生能清晰地了解会展项目销售办公自动化流程，并通过系统与参展商、专业观众、媒体、展会服务商等进行联系，熟悉会展项目管理、展会参展商管理、专业观众管理、会议管理、展会财务管理、服务商管理、媒体管理等管理模块。把实训基地建设成仿真的企业环境，并把企业的管理模式移植到日常的运作中。在实训过程中，训练项目与产业一一对应，有利于培养学生的岗位适应能力和良好职业素质的形成。

2. 立足北京，建立京内实践实习基地

学院始终坚持要注重实践教学体系的建立，而实践教学基地建设是其中重要内容之一。在努力建设校内实践基地的同时，要善于借用资源，以互惠互利合作的关系建立校外基地。学院积极与各专业所在行业相关企事业单位联系，组织学生参观实习和顶岗实习，从而建立一批京内实践实习基地。如北京天卉苑花卉研究所、物美集团北京商业股份有限公司、北京青年假期旅行社等。

3. 面向广州、云南等经济、农业或花卉产业发达地区，建立京外实践实习基地

在实践实习基地建设方面，学院在走出学校、面向首都的同时，也逐渐意识到京外资源的重要性。如对于园林工程技术专业和观光农业专业，与专业相关的花卉产业在南方如火如

茶。2006年，学院领导率队南下广州，与广州陈村花卉世界有限公司建立联系，达成合作意向，在2007年上半年签订合作协议，建立第一个京外实习基地。自2008年10月以来，园林工程技术专业、观光农业专业5届学生100余人赴粤进行专业综合顶岗实习。通过京外实习，学生不仅获得了商品花卉生产技能，而且锻炼了独立生活的能力，培养了吃苦耐劳的品格，提高了适应社会的能力，毕业时受到用人单位的青睐。认识到京外实习对学生的培养效果，学院不断推进各专业京外实践实习基地。目前又在云南大理建成一处基地，并积极拓展内蒙古、海南、广西、山东等省市的基地。

4. 拓展境外实习

在充分利用国内资源建设基地的同时，还将眼光伸向国外，积极与国际院校、组织合作交流，如与美国CAEP组织、荷兰SUSP基金会合作，积极派遣农业研修生赴美国、荷兰、瑞典等国家进行农业研修，至今参加此项目的学生50余人。

三、城乡发展学院与基地合作方式

学院与实践教学基地合作方式主要是校企合作，双方本着"互惠互利、共同发展"的原则，以各自优势资源互补。对于学生培训，以学生到基地进行顶岗实习为主，结合短期和分散的课程实践实习和参观。学校在科技研发、人才培训、咨询服务、信息交流、文化建设等方面对实习基地单位提供服务；实习基地除接收学生实习，企业招聘时在同等的条件下对实习的学生优先考虑。

四、合作双方在基地建设中所起的作用

学院和基地在基地建设中充分利用各自资源，实现双赢。利用学院的科技、人才、文化、信息等资源优势，在完成实践教学任务的同时，帮助基地单位培养人才和进行科技咨询与开发、文化建设等。企业提供场地和先进的设备、技术，乃至实践指导教师，对学生进行职业技能的全面培训。

五、城乡发展学院基地的组织管理及运行模式

校内实践教学基地的管理采用集中与分块相结合管理模式。校内实践教学基地由专人负责，设实践教学基地主任、副主任和实践教学基地办公室主任，另有基地实验员，这些人员负责基地日常管理。基地内各实验、实训室由相关专业的负责人进行具体运营管理，如实验设备维护、实验和实训课程统筹安排、实验实训室的建设等工作，任课教师具体负责相关实训课程的专业技能指导和训练。校内基地成本支付由学院统筹安排教学经费维持，同时也积极吸纳校外培训资源为学生开展相关的专业技能培训。

校外基地建设由学院领导牵头，各专业负责人为基地校内负责人，与基地随时保持联系，负责基地共建工作的具体执行。各专业负责人制定本专业的实习计划，安排学生实习，在实习过程中进行指导、检查。实习基地制定一整套切实可行的措施，配备工作能力较强、工作态度认真的指导教师指导学生实习，确保每届毕业生实习质量和实习工作任务的完成。双方保持加强学生实习形式、内容、管理等方面的改革与研究，健全实习质量监控体系，做好每届实习生综合能力的调查、评价与分析工作。

六、城乡发展学院基地特色

实践教学基地建设以放宽眼界,建立多类型基地为特色。学院除打造满足日常短期实践教学的校内基地外,还建立京内、京外乃至境外实习基地,最终形成多方位的实践教学基地布局。

实践教学基地除满足学生实践实习需求外,还兼具一定的社会服务能力。如校内的城乡发展学院、继续教育学院实践教学基地是挂牌认定的"国家劳动和社会保障部特有工种职业技能鉴定站"。该基地是职业资格鉴定中心,可承担花卉园艺师、绿化工、食品检验员、动物疫病防治员、动物检疫检验工等特殊工种的培训、考试和考核。此外,还是"北京农学院-美国派克维尔大学应用英语培训中心""中国农学会出国人员培训中心",为国内和本校涉农专业出国研修进行语言类培训。

七、城乡发展学院基地在自身教学改革与建设、实践教学内容及科研促进教学等方面取得的成绩

基地建设效果显著,实践教学改革不断创新,学生实践能力提升显著。在实践教学改革方面发表论文有 10 余篇,获国家级教学成果奖二等奖 1 项,北京市高等教育教学成果奖二等奖 1 项,本专科学生在专业竞赛和论文发表方面成绩突出。

基地在建设过程中由于实践教学的需要,促进了双师素质教学队伍建设。目前,已有 12 人获得职业资格证书或不同工种的考评员资格,占学院专业教师人数的 63%,强化了学院的双师素质教学队伍。

八、城乡发展学院基地的示范与辐射作用

城乡发展学院在基地建设过程中还特别注意发挥基地的示范辐射作用。学院京外实习基地"广州陈村花卉世界"是学校 2010 年优秀校外实践教学基地中唯一一个京外实习基地,该基地的成功建立为学校其他二级学院拓展境外基地提供一定经验。学院在注重基地建设,进行实践教学改革创新过程中,根据新的教学需要,精心筹划、组织编写并出版了 16 门观光农业专业主要和主干课程,形成了具有都市农业特色的系列化教材,为形成北京农学院都市型农业教育特色做出了贡献,填补了国内观光农业系列教材的空白。教材一经发行,先后在北京、重庆、云南、四川、江西、安徽、黑龙江、湖南、湖北等 10 余省市售卖,目前已在全国发行 3.5 万册,社会反响强烈。城乡发展学院、继续教育学院实践教学基地作为"中国农学会出国人员培训中心",自 2008 年以来,应农业部人力资源开发中心、中国农学会委托,赴美国农业研修生英语培训班于每年 5 月至 8 月在北京农学院城乡发展学院进行为期三个月英语培训。城乡发展学院负责培训并选派优秀培训生赴美国参加农业研修项目。培训生由全国各省市基层农业骨干及农业院校在校学生组成。至今已选派优秀基层骨干 200 余人赴海外进行农业研修。

九、城乡发展学院基地未来的建设思路

(一)完善基地各项制度建设

基地长远、良性发展,要有长远的、科学的实践教学基地建设与发展规划和一系列管理规章制度及实施办法。基地建设要在先前制度建设基础上对部分制度再行完善,如实践教学

基地评估体系及标准；学生实践成绩考核办法；实践教学基地工作人员岗位职责及年度考核办法等。制度要切合实际，具有可操作性，能量化的尽量量化，使各项实践教学活动有章可循。

（二）增强校内基地对学生的开放性

目前校内基地以实习计划和专业综合实习或毕业实习安排为依据，向相关专业学生开放。在今后建设中将扩大对学生的开放力度，增强对学生课外学术科研活动的支持，能够为本专科生开展课外学术科研活动提供包括活动空间、实验设备、科研仪器、教师辅导、项目经费等在内的各项软硬件资源，使之成为学生开展各类社会调查、学术研究、科研创新和发明创造活动的主要场所，成为服务学生课外学术科研活动的重要平台。

（三）强化基地教学、科研、生产、服务相结合的多功能作用

通过面向学生、教师、社会开放实习实训基地，密切校企合作，开展技术服务、新产品开发途径。充分发挥人、财、物优势，使实习实训基地逐步具有在同行业中教学、科研、生产和服务功能的基础条件。

执笔人：陈洪伟　孙　曦

第十节　基础教学部实践教学基地建设

一、实践教学基地基本情况

1. 化学实习基地

北京军都山红苹果专业合作社坐落于苹果之乡——北京市昌平区崔村镇真顺村。基地建立时间为 2007 年 5 月 1 日，基地签订协议时间为 2013 年 12 月 1 日。基地面向主要专业：食品工程、食品安全、园林、林学，农业资源与环境、动科、动医、植保、包装、种子、农学、园艺。基地主要承担的实习任务：本着加强产、学、研合作，资源共享，优势互补，相互协作，互惠互利，共同发展的原则，方便本科生开展课题研究、实施安全检测工作、仪器分析采果、蔬、水、土样本进行基地生产实习等活动，提供了相关的实践研究场所，既发挥了我校的教学和科研优势，又为合作社提供了安全生产技术支持。

2. 高尔夫实习基地

北京农学院高尔夫教学实习基地，建立时间为 2007 年 9 月，基地签订协议时间为 2008 年 12 月。基地面向全院学生，主要承担高尔夫实践教学。

二、基地建设思路

本着"教学、科研、生产三结合"和"互惠互利、双向受益"的原则，依托高科技高标准的果树、草莓、蔬菜示范园，建设农学类科研站，为学校教师和本科生提供相关课题科研基地，促进科技成果的转化，同时丰富教学试材，提高实践教学的保障能力。

为适应新时代需求，满足学生的兴趣爱好，2007 年体育教学部开设高尔夫课程。由于高尔夫教学场地的特殊性，学校充分利用社会资源，租用龙城高尔夫俱乐部场地进行教学。

试行一个学期，教学效果良好，学生表现强烈的求知欲望。为了教学的持续性，2008 年与龙城高尔夫俱乐部签订北京农学院高尔夫球教学实践基地。

三、学院与基地合作方式

1. 化学实习基地

学校在基地所形成的科研成果，经双方认可后，方可在国内外期刊和学术会议上发表，论文署名单位为双方。学校在基地形成科研成果的产权归属，据不同情况规定如下：①学校承担基地科研课题，研究成果归基地所有；②学校承担双方联合参加的科研课题，研究成果归双方所有。

2. 高尔夫实习基地

本着"相互支持，互惠互利，共同发展"的原则，充分利用学校科技、人才、信息等资源优势，在完成教学任务的同时，帮助基地培养人才与文化建设；充分发挥学科专业优势，帮助基地解决草坪养护及场地管理等问题，使实习基地同时成为人才培养基地。基地为学校提供教学场地及设备，选派优秀教练员担任指导教师，参与教学环节的管理和指导，增强教学的指导和管理力量，并将学校教学计划列入本单位工作计划，与学校共同建立实习基地建设工作领导组，协调有关事项，解决有关问题。

四、合作双方在基地建设中所起的作用

1. 化学实习基地

基地为学校派送、推荐的果蔬专家、安全检测人员、本科生在基地生产实习提供相关的实践研究场所，协助支持学校完成相应研究任务。

基地提供管理人员、适当专业技术人员和学校教师一起指导本科生在基地的实验、实习任务，并给予服务、指导及日常管理工作。

2. 高尔夫实习基地

基地提供高尔夫教学实习练习场地、设备及用球。基地选派优秀教练员担任指导教师，参与高尔夫教学环节的管理和指导。利用学校科技、人才、信息等资源优势，帮助基地解决草坪养护及场地管理。

五、基地的组织管理及运行模式

股份制企业。

六、基地特色

高尔夫球场从事草坪管理的人才，大多出自农林院校的草业科学专业，高尔夫场地的设计、球场管理，与园林设计、经管专业息息相关。北京农学院具有植科、经管、园林专业，学生拥有扎实的专业基础，如果学生就业为高尔夫方向，他们缺少高尔夫综合教育。通过高尔夫课程教学，专业与高尔夫相互促进，使他们学以致用，就业方向又多了一项选择。通过与农业资源与环境系的配合，注重学生专业课程与实践训练相结合，以及知识综合运用能力和社会适应能力等素质的培养，课程设置有利于学生知识面的扩展与学科交叉，培养学生适应高尔夫行业对学生素质较为全面的就业要求。

七、基地在自身教学改革与建设、实践教学内容及科研促进教学等方面取得的成绩

方便本科生开展课题研究、实施安全检测工作、进行基地生产实习等活动，提供了相关的实践研究场所，既发挥了学校的教学和科研优势，又为合作社提供了安全生产技术支持。

围绕农林院校的专业特色，构建学科交叉的专业人才培养方案。体育课程的设置与本科专业紧密配合，使专业技术与体育技能相互融合，相互利用，体育促进专业更好、更宽、更广的发展。2010年以来，学校高尔夫球代表队在全国大学生高尔夫球竞赛中，获得过团体第一名，女子个人冠亚军、男子亚军；北京市大学生高尔夫球竞赛中，获得过高尔夫竞赛团体第一名9次，团体第二名6次，团体第三名3次。

八、基地的示范与辐射作用

基地带领200多户农民走上了富裕道路。合作社主营产品有苹果、甜柿、樱桃、李子、桃等各类水果。同时，结合本地的地缘优势，大力发展了农家院等民俗旅游项目，使得果品销售、采摘、农家院等联成一体。

九、未来的建设思路

为提高本科生综合科研素质，学校和基地双方定期召开本科生、老师及有关技术人员的基地研讨会，汇报合作进展和问题，分享研究中的实践经验，针对本科生遇到的实践问题进行集中研究，定期举办学生科研成果展览会等。

执笔人：王玉辞

第五篇

都市型高等农业创新人才培养研究

第二十四章　大学生科学研究计划

第一节　本科生科研训练项目相关文件汇编

北京市属高等学校提高人才培养质量
建设项目管理办法（试行）

第一章　总　　则

第一条　为贯彻实施国家和北京市高等教育发展战略，巩固拓展"质量工程"和"创新工程"建设成果，提升北京高等学校人才培养质量，规范和加强提高人才培养质量建设项目（以下简称"人才培养项目"）管理，确保项目建设取得实效，依据教育部《关于全面提高高等教育质量的若干意见》（教高〔2012〕4号）、教育部财政部《关于"十二五"期间实施"高等学校本科教学质量与教学改革工程"的意见》（教高〔2011〕6号）、市教委《关于进一步提高北京高等学校人才培养质量的若干意见》（京教高〔2012〕26号）以及有关法律法规，制定本办法。

第二条　人才培养项目建设以促进北京高等学校人才培养工作为目标，坚持"育人为本，突破创新；丰富内涵，共享资源；分类发展，彰显特色；提高质量，服务社会"的基本原则，以提高教育质量、促进学生发展为中心，进一步确立人才培养在高等学校中的中心地位，加大教学投入，推动教育教学改革和人才培养模式创新，加强教学基本建设，优化教学管理，提高人才培养质量。

第三条　本办法适用于北京市属普通高等学校。

第二章　建设内容

第四条　本办法所称人才培养项目包括专业建设、本科生培养、研究生培养、高职学生培养、国际交流合作、教师教学促进、教学资源建设与共享、就业指导与创业教育发展等八个方面建设内容。

第五条　专业建设项目指支持高校分层次、分类别地开展专业建设，优化专业结构，加强专业内涵建设，推动专业综合改革，提高教育质量与办学效益的项目。主要包括专业群建设项目、专业调整与特色专业建设项目、专业综合改革项目。

第六条　本科生培养项目指在教学内容、课程体系、人才培养模式、实践教学等方面对本科生综合素质和创新能力培养有积极作用的项目。主要包括本科课程改革项目、实践教学改革项目、大学生科研训练项目、大学生学科竞赛项目、人才培养模式创新试验项目、教学改革促进项目。

第七条　研究生培养项目指支持研究生参加各种学术组织和学术活动，着力培养研究生解决实际问题能力的项目。主要包括研究生培养模式改革与课程体系建设项目、产学研联合研究生培养基地建设、研究生创新活动项目、优博评选项目。

第八条 高职学生培养项目以促进高职院校培养高素质技能型人才为目标，通过提升院校办学条件，深化人才培养模式改革，推动校企深入合作，不断提高人才培养的针对性和有效性。主要包括高职实训基地建设项目、高职人才培养模式改革项目、高职学生技能竞赛项目、教学改革促进项目。

第九条 国际交流合作项目指鼓励和支持北京高校与世界一流大学开展广泛深入的交流与合作的项目。主要包括国内外联合培养本科生项目、国内外联合研究生培养基地建设、国内外合作办学项目、来华留学奖学金项目、境外学习奖学金项目。

第十条 教师教学促进项目指充分发挥知名教授、团队传帮带作用，吸引教师积极投入教育教学改革和人才培养工作，提升教师队伍整体水平的项目。主要包括教学名师建设项目、优秀教学团队建设项目、研究生导师队伍建设项目、教师教学发展中心建设项目、校外名师讲学项目。

第十一条 教学资源建设与共享项目指通过优质教学资源的共建共享，推动教学共同体建设，并促进优秀文化成果在高校乃至全社会的推介，实现区域内的资源整合、优化配置、协调发展的项目。主要包括数字化教学资源建设项目、教学资源共享平台项目、精品教材建设项目、教学质量保障建设项目、文献资源建设项目、高校博物馆联盟项目。

第十二条 就业指导与创业教育发展项目是指通过支持北京高校就业中心、创业教育中心建设，打造就业特色工作品牌，进一步加强高校在大学生职业发展与就业指导、就业服务和创业教育等方面的工作，持续提升北京高校毕业生就业工作水平的项目。主要包括北京高校"就业特色工作"建设项目、创业教育示范中心建设项目。

第三章 项目组织管理

第十三条 人才培养项目实行市教委、高等学校和项目负责人三级管理。

第十四条 市教委联合相关部门负责制定实施规划、经费分配预算、实施方案以及相关管理制度建设，负责项目全过程绩效管理，并对项目建设过程中的重大问题进行决策。

第十五条 高等学校负责对项目的规划、实施、管理和检查，并按照要求组织项目的申报、论证、项目预算、管理与验收，科学合理使用建设资金，接受教育、财政、审计、监察等部门对项目实施过程和结果进行监控、检查和审计。

第十六条 项目负责人具体落实项目的建设任务，全面负责组织项目的实施，并合理安排项目经费，及时做好项目总结、验收以及宣传展示推广项目建设成果等工作。

第四章 项目申报立项

第十七条 人才培养项目分立项评审类和立项备案类项目两类。

评审立项类项目是指市教委提出人才培养项目的工作要求，由各高等学校提出申请，经市教委组织评审后正式批准的项目。主要包括：专业综合改革、实践教学改革、人才培养模式创新试验、研究生培养模式改革与课程体系建设、产学研联合研究生培养基地建设、国内外联合研究生培养基地建设、优博评选、国内外合作办学、教学名师建设、优秀教学团队建设、研究生导师队伍建设、教师教学发展中心建设、精品教材建设、北京高校"就业特色工作"建设、创业教育示范中心建设等项目。

备案立项类项目指高等学校结合已有的建设基础，根据市教委相关项目申报方案，自行确定具体项目内容、完成建设任务、达到建设目标的项目。主要包括以下几个方面：专业群建设、专业调整与特色专业建设、本科课程综合改革、大学生科研训练、大学生学科竞赛、教学改革促进、研究生创新学术活动、高职实训基地建设、高职人才培养模式改革、高职学生技能竞赛、国内外联合培养本科生、来华留学奖学金、境外学习奖学金、国内外合作办学项目、校外名师讲学、数字化教学资源建设、教学资源共享平台、教学质量保障建设、文献资源建设、高校博物馆联盟等项目。

第十八条　项目申报条件和立项程序如下：

（一）评审立项类项目

1. 申报评审立项类项目需符合以下条件：

（1）符合市教委人才培养工作规划及相关专项工作要求。

（2）目标明确，内容详实，计划可行。

2. 申报立项程序

（1）市教委发布工作通知。

（2）各高等学校根据市教委通知要求申报项目。

（3）市教委组织项目评审并以文件形式将项目名单下达至项目所在学校。

（4）项目所在学校组织填报项目经费申报书。

（5）经市财政局审定项目经费方案后，批准立项实施。

（二）备案立项类项目

1. 备案立项类项目申报条件：

（1）符合学校定位和发展规划。

（2）具有项目建设规划周期和年度工作计划。

（3）年度建设内容和实施计划详细，可执行。

（4）立项项目必须绩效目标明确。

2. 申报程序：

（1）市教委根据年度工作要求发布项目申报方案。

（2）学校根据方案组织项目负责人填写项目申报书并对各项目进行项目论证。

（3）经市财政局审定项目经费方案后立项实施。

第五章　项目实施

第十九条　人才培养项目实行学校统一领导下的项目负责人负责制。

第二十条　项目负责人负责项目的具体实施、协调、经费使用，并及时向所在学校提交项目年度进展报告、项目中期进展报告、项目总结报告等。

项目负责人需满足以下条件：

1. 为项目所在学校在职人员。

2. 具有较高的学术造诣与先进的教育思想观念。

3. 具有良好的团队协作能力和较好的组织管理能力。

第二十一条　项目所在学校应有专门机构负责本单位项目的规划、论证、管理等工作，并加强对项目的统筹及监督，确保项目建设进度、建设经费和预期目标。

项目所在学校作为项目承担单位，对项目任务完成和实施效果负责，主要职责为：

1. 负责项目经费管理，为项目组织实施提供条件保障。

2. 负责对项目执行中形成的国有资产和研究成果管理。

3. 协调处理项目执行过程中出现的问题，包括审查项目计划任务书（项目申报书）、调整方案以及项目其他上报材料。

4. 接受市教委的指导、检查和验收。

第二十二条 项目计划任务书（批准的项目申报书）是项目实施的主要依据，项目计划任务书应报市教委备案。

第二十三条 项目实行重大事项报告制度。人才培养项目建设目标、内容、进度安排及项目负责人不得随意调整。项目实施过程中如确需调整或变更的，项目所在学校应按程序向市教委报告并提交书面申请。

第二十四条 项目实行年度报告制度。项目负责人年底前应对年度计划执行情况进行检查和总结，并报项目所在学校管理部门，经学校审核后向市教委报学校提高人才培养质量项目年度工作总结。

第二十五条 项目实行责任追究制度。

（一）在项目实施过程中，出现玩忽职守、以权谋私、弄虚作假等行为的管理人员，一经查实，视情节轻重给予教育批评，或由纪检监察部门依照有关规定对其给予行政（纪律）处分。

（二）对于在项目申请、评审、执行和验收过程中发现的弄虚作假、徇私舞弊、剽窃他人科技成果等不端行为，以及违规操作或因主观原因未能完成计划任务并造成损失的单位或个人，一经查实，视情节轻重给予通报批评、终止项目任务并追回专项经费、一定时间内不得申请市教委人才培养项目相关项目等处理。构成违纪的，由纪检部门依照有关规定对其给予行政（纪律）处分。

（三）对不按时上报年度报告材料或信息，以及不按规定接受监督检查的项目，市教委可以采取缓拨、减拨、停拨经费等措施，要求项目单位限期整改。整改不力的项目，视情节分别给予通报批评，追回已拨付经费，一定时间内不得申请市教委人才培养项目相关项目等处理。

第六章　项目检查与验收

第二十六条 人才培养项目由市教委和项目所在学校分别在项目建设过程中和完成后进行检查和验收。

第二十七条 项目建设情况检查指在项目建设过程中的随机检查和年度检查。项目所在学校负责项目年度检查，可采用项目组填报项目年度进展报告，也可实地检查。年度检查结束后须将学校年度检查总结材料报市教委备案。

检查的主要内容是：

1. 项目进展情况。

2. 资金的使用情况。

3. 项目建设中的主要问题和改进措施。对于在检查中发现的组织实施不力或自行调整建设内容的，市教委有权调整或终止项目建设计划的执行。

第二十八条 项目建设周期根据各类项目要求确定，一般为 1 至 3 年。建设期满须接受验收。

项目所在学校负责备案立项类项目的验收，可采用项目单位报送项目结题验收报告或实地验收的方式进行，验收完将项目验收材料报市教委备案。

市教委负责评审立项类项目验收，项目组填写项目结题验收总结报告，并附相关材料，经所在学校主管部门审核后报市教委。市教委可视情况采取实地验收或专家审核的方式进行验收。

项目验收的主要依据为项目计划任务书、项目计划任务书调整方案和项目结题验收总结报告等。

项目验收的主要内容是：

1. 建设目标和任务的实现情况。

2. 实施效果，取得的标志性成果以及经验分析，对项目实施效果的评价，按照项目类型有所侧重。

3. 项目管理情况。

4. 资金使用情况。

第二十九条 项目验收结果将由市教委在系统内予以公布。

第七章 成果管理

第三十条 人才培养项目实施过程中产生的成果归项目所在学校所有，学校应按照有关知识产权保护的法律、法规进行规范管理。

第三十一条 项目单位应建立项目科学数据库、项目报告档案，按照市教委有关数据共享的要求和项目信息管理规定要求，按时上报项目有关数据。

第三十二条 项目实施形成的成果，包括论文、专著、专利、软件、数据库、研究报告等，均应标注资助项目名称。

第八章 附 则

第三十三条 《北京市属高等学校提高人才培养质量建设项目经费管理办法》另行制定。

第三十四条 本办法自 2014 年 2 月 6 日起实施。《北京高等学校市级质量工程项目管理办法》（京教财〔2008〕37 号）同时废止。本办法发布前已经启动实施的项目继续执行，项目管理参照本办法执行。

第三十五条 本办法由市教委、市财政局负责解释和修订。

北京农学院本科生科学研究训练项目实施细则

第一章 总 则

第一条 为落实《北京市教育委员会关于实施北京市大学生科学研究与创业行动计划的通知》（京教高〔2008〕6 号）文件的要求，进一步深化我校教育教学改革、推进创新人才的培养，进一步调动本科学生参与科学研究计划活动的积极性，制定《北京农学院本科生科学研究计划项目实施细则》。

第二条 《本科生科学研究计划》为北京农学院教育教学"质量工程"的重要组成部

分，分为北京市级项目、校级项目或校院（校部）共建项目。分别由北京市教委、北京农学院或院（部）提供经费支持。

第三条 《本科生科学研究计划》由主管教学的校领导牵头，教务处负责项目的组织协调、项目审批和成果上报，二级学院（含相关教学部）指定领导和人员，负责项目的日常管理、中期检查和结题验收等工作。

第四条 参与项目研究、实践的对象为学校在校本科学生，一般以二至五人为一个项目研究小组，有一名项目负责人；项目指导教师为本校教师和中级职称以上的实验师。

第五条 项目执行自项目批准之日起一年为限，经费使用按北京市财政局相关规定执行，一般截止于财政年度的 12 月 10 日。

第二章 项目申报与评审

第六条 项目申报。学校根据市教委的安排下达立项数目和经费额度，各二级学院和相关教学部按照学校的安排，组织本科生科学研究计划的项目申报活动。项目申请书由二级学院组织学生填写，项目申报书应依据有关要求，由学生项目申请人填写，内容包括立项依据（市场调研报告），现有研究基础，项目创新点，项目组成员和研究计划，预期效果，经费预算等内容，并由项目指导教师签署意见。项目由二级学院教学指导委员会限额审报，并报教务处批准。项目申请书的电子文档和打印文档分别提交教务处和二级学院。

第七条 经市教委和学校批准的项目，由项目负责人根据批准金额修改申报书和项目执行计划，项目一经批准，应在规定时间内组织实施。

第三章 项目运行与验收

第八条 二级学院在项目实施四个月后组织中期检查。各项目负责人应向二级学院提交项目中期研究报告，内容包括研究内容、研究进度、研究经费使用情况，研究中存在的问题与解决方法。依据检查结果，对于项目实施过程中出现的问题要责成指导教师进行分析，协调、帮助解决；对于没有按期完成项目实施计划的给予批评，确定无法完成项目的停止经费使用。市级项目中期检查完成后，由二级学院汇总项目中期检查总结提交教务处。

第九条 按照执行计划完成的项目，由二级学院组织验收。验收程序是：

1. 由承担项目的学生团队撰写项目总结报告，并提供相应的实验（调查）报告、设计图纸、发明专利、研究论文等研究成果。

2. 指导教师撰写指导工作总结，并由二级学院签署评价意见。

3. 项目涉及的创新科学研究成果由二级学院教学指导委员会进行鉴定，鉴定意见作为上报成果的支撑材料。

4. 市级项目各学院提交全院总结和验收材料。教务处组织提交全校总结验收材料。

第四章 项目变更管理

第十条 更改项目内容：根据更改内容的程度规定，凡是局部更改，如改变实验设计、实验方法、实验材料等而不改变项目基本内容的，经指导教师同意，可以予以更改，并报送二级学院存档；凡是需要更改项目基本内容的，经指导教师同意，学院领导签署意见，报送二级学院存档和教务处备案。

第十一条　更换项目成员：根据项目组成员责任规定，项目运行中一般不允许更改项目负责人，因不可抗拒原因需要更换负责人的，必须履行报批手续。项目运行中需要更改项目成员，经指导教师同意，二级学院领导签署意见，报送二级学院存档和教务处备案。

第十二条　提前或推迟项目结题：凡是提前项目结题的，按照项目验收程序进行验收，验收不合格者不能结题。凡是推迟项目结题的，要由项目组负责人写出项目推迟结题申请，陈述推迟结题的理由，由指导教师签署同意并报送二级学院和教务处备案，推迟结题原则上不能超过原实施计划规定时间3个月。

第十三条　因某种不可控因素导致研究中断并且不能继续运行，项目负责人应在项目中断时向学院提出项目中断申请，从中断研究之日起，停止经费使用，接受前期经费使用情况审计检查。

第五章　项目经费管理

第十四条　市级项目和校级项目经费由学校按规定拨付到二级学院，实行专款专用，二级学院负责项目经费统一管理，项目负责人按照财务报销制度汇总原始单据，经项目指导教师签字、二级学院需分项目进行审核并登记，经二级学院领导签字后，到财务处进行报销。

第十五条　项目经费开支范围包括实验材料费、交通费、租赁费、差旅费、测试化验加工费、出版印刷费、劳务费、专家咨询费、会议费等。各项目要依据项目预算，有计划按比例分进度予以实施。项目开支仅限于学生研究费用，指导教师不得私自占用学生的研究经费。

第十六条　项目申报、实施过程中出现弄虚作假，工作无明显进展，发现违规操作，一经查实，立即停止项目运行，停止经费使用。

第六章　项目运行条件保障

第十七条　学校为本科生科学研究计划项目提供必要的实验条件，学校现有实验中心、开放性实验室和各类专业实验室要创造条件为本科学生科学研究项目提供必要的设备支持和实验帮助。学生使用实验设备必须服从实验室的相关管理规定。二级学院要提前做好本科生科学实验的计划安排，学生要与实验室协调好项目实验的具体起始时间。学校图书馆和各专业资料室对本科生科学研究计划项目提供查询参考文献及其检索的支持与帮助。

第七章　项目成果及其奖励

第十八条　大学生科学研究项目形成的科学研究成果的知识产权归学校所有。

第十九条　二级学院的领导和指导教师应积极支持并组织学生参加各种实验、实习的学术交流活动，为学生参加专业学术会议、在专业期刊和报刊杂志上发表研究论文、在有关会议上展示创新科学研究成果提供必要的帮助。发表论文须注明"北京市本科生科学研究计划"项目资助。

第二十条　项目指导教师参照指导大学生毕业论文的条例计算指导工作量，并接受专项考核，项目结题验收后的下一个学期，指导教师按一个项目15学时计算教学工作量，该教学工作量由二级学院（部）统计，经教务处审核后，汇总下拨到各二级学院（部）。

第二十一条 参加项目的学生按照专业选修课的标准计算学分，完成市级项目并通过结题验收的项目负责人计算 2 个学分，项目成员计算 1 个学分；完成校级项目并通过结题验收的项目负责人计算 1.5 个学分，项目成员计算 1 个学分。除经学校特别批准，在校本科生参加科学研究项目不重复计算学分。

第二十二条 参加《大学生科学研究与创业行动计划》项目并按照项目责任书规定完成该项目的学生，由学校颁发"本科生科学研究计划项目考核合格证书"。学校鼓励在本科生科学研究计划中成果显著的项目团队，积极申报国家及市级有关奖项的评比，对于获得国家级与市级奖项的项目，项目组成员每人加 1 学分，并给予表彰奖励，对指导教师颁发荣誉证书并给予相应奖励。

第八章 附 则

第二十三条 本实施细则的解释权归团委。

执笔人：郭 郦

第二节 北京农学院本科生科研训练项目
开展情况（2008—2014）

近七年来，北京农学院按照教育部和北京市教委关于教育教学改革的指示精神，开展了全校教育教学改革的学习和讨论。在此基础上，提出了一系列教育教学改革措施，遵循努力提高大学生的学习能力、创新能力、实践能力、交流能力、创业能力和社会适应能力，为首都社会经济发展培养高素质的人才的原则，开展了以科研训练、发明创造、创新性实验和创业计划为核心内容的一系列活动。全校共开展了千余项北京市级本科生科学研究项目，2008 年 17 项、2009 年 61 项、2010 年 61 项、2011 年 226 项、2012 年 163 项、2013 年申报了国家级和北京市级的该项目 200 项，2014 年共申报 181 项。通过科研和创业行动计划项目，提高了学生的科研创新能力和学习的自主性、积极性，提升了学生的创新精神、增强了科研能力，推动了教育教学改革，提高了本科教育质量。

一、建设目标

本项目的目标是：通过项目运行，提升学生的创新精神和创业能力，提高学生的科研创新能力和学习的自主性、积极性，推动教育教学改革，提高本科教育质量。该项目与北京农学院整体战略规划一致，是整体战略规划的具体实施。该项目主要工作内容是：

（1）在全院师生中组织学习贯彻京教高文件，深刻认识实施大学生科学研究计划项目的意义，进一步更新教育观念，改变教学方法与培养模式，推动高等教育教学改革，提高教学质量。

（2）贯彻执行《北京农学院本科生科学研究项目实施细则》，进一步明确项目申请、评审、申报、运行、中期检查和项目总结等环节的管理办法和责任，制定有关配套政策。

（3）研究制定《本科生科研训练项目评估标准》，开展项目评估。

（4）广泛动员和组织本科学生申请科研训练项目，通过专家评审筛选一批由学生自主设计的、具有创新性和可行性的项目。为每个项目配备1～2名指导教师，要求指导教师一般具有高级职称和丰富的实践经验。

二、组织保障

学校高度重视本科生科研训练项目，对该项目的实施提

供了一系列保障措施：

（1）学校组成了《本科生科研训练项目》领导组。领导组成员由校领导和团委、学生、教务、财务、科研等处级领导组成。负责协调各部门和各院、部的工作。

（2）校团委具体负责组织大学生项目申请，组织有关专家进行项目评审，向市教委申报。项目实施计划管理，项目运行中期检查，项目总结和鉴定。项目经费预算管理，经费使用检查，经费使用统计及报账等工作。

（3）学校具有较强的科研队伍和师资力量。学校具有北京市农业应用新技术重点实验室、北京市中兽医重点实验室和北京市新农村建设研究基地等三个市级重点实验室，三家重点实验室具有"激光共聚焦扫描显微镜"等国际上比较先进的仪器设备，为大学生开展科学研究和创业的提供必要的场地和仪器设备等条件。学校目前承担众多国家和省部市等各级科研项目，以保障《本科生科研训练项目》的顺利实施，依据市教委关于北京市大学生科学研究与创业行动计划指南提出的学校工作要求，提出条件保障如下：

学校为本科生科研训练项目提供必要的实验条件，我校现有示范实验中心、开放性实验室和各类专业实验室全部提供给学生科研和创业项目使用。由各实验室安排项目实验时间。

学校图书馆和各专业资料室全部对大学生科学研究与创业行动计划项目开放，安排好项目查阅资料时间。为项目提供必要的实验仪器设备，涉及的实验材料消耗和设备维护等费用由项目经费开支，经费不足部分由学校专款补助。

项目依托本校重点实验室和试验设备，各系指定项目指导教师，专项专人辅导。

三、经费投入

北京市级该项目资金投入由市教委拨付，国家级项目由北京市教委和学校1∶1配套，校级项目资金来源为学校提供。为保障《本科生科学研究计划》的顺利实施，依据市教委《关于北京市大学生科学研究与创业行动计划指南》提出的工作要求，提出经费管理办法如下：

（1）学校财务处对项目经费设立专门账户进行管理，严格规定项目经费由承担项目的学生使用，教师不得使用学生研究经费，学校不提取管理费。

（2）由校团委负责项目预算和经费使用监督，经费使用由各部门和各院、部按照财务报销制度，统一汇总原始单据，在每月规定时间予以统一报销。

（3）由财务处对项目经费使用情况进行监督和检查。

四、建设情况

按照市教委关于北京市大学生科学研究与创业行动计划指南提出的学校工作要求，制定《北京农学院本科生科研训练项目实施细则》，项目建设情况如下：

（1）由学院统一印制《本科生科研训练》项目申请书，申报书包括立项依据，现有研究

基础，项目创新点，项目组成员和研究计划，预期效果和指导教师意见等内容。创业项目还要包括市场需求研究和预期投资额及经济效益。

（2）由各学院、部负责组织学生填写、提交《本科生科研训练》项目申请书，由系学术委员会提出初审意见。

（3）由校团委项目评审组组织专家进行项目评审，项目评审分为国家级和市级项目两级。

（4）经过市教委批准的项目和院内批准立项的项目均由指导教师指导学生写出项目实施计划和经费使用预算，交由校团委运行管理组和经费使用监督组审查，审查通过后实施。

（5）项目运行过程中，由校团委项目运行管理组会同各系及高职学院进行一次中期检查，重点检查项目实施计划执行情况和经费使用情况，对于项目实施计划完成好的学生团队给予表扬，对于项目实施过程中出现的问题进行分析，协调解决；对于没有认真完成项目实施计划的给予批评，确定无法完成项目的停止经费使用。

（6）按照实施计划完成的项目，由校团委项目运行管理组组织验收。验收程序是：

①由承担项目的学生团队写出项目总结报告，并提供论文、设计、专利或经过审计的企业财务报表等相关支撑材料。

②指导教师写出指导工作总结并由各部门和各学院、部作出评价意见。

③项目涉及的创新科研成果由各部门和各学院、部学术委员会进行鉴定，鉴定意见作为支撑材料提供。

④按照市教委要求报送验收结果。

⑤在完成项目验收工作基础上，评选优秀项目给予表彰。

五、建设成果

通过该项目的实施进一步深化了我校的教育教学改革，提高了大学生的学习能力、创新能力、科研能力和创业能力。该项目的实施也探索了开展大学生科研创新和创业教育的途径，积累了必要的经验，为更好的推进教育教学改革和教育质量工程的实施起到了一定的作用。

（一）提升了学术科技拔尖学生的创新实践能力

通过该项目的实施，我们发现了一些学术科技拔尖学生，项目激发了他们学习的兴趣，培养了他们的创新实践能力，从而提高了人才培养质量，例如：我们通过该项目和学生竞赛有机结合，"农林杯"大学生课外科技作品竞赛和创业计划大赛是北京农学院大学生科技创新活动的品牌项目。经层层选拔，学校推荐优秀学生参加北京市"挑战杯"科技作品竞赛和创业计划大赛、全国大学生电子设计竞赛、"青春奥运你我同行"首届北京青少年多米诺大赛等科技创新活动竞赛，取得了不俗的成绩。

（二）增强学生学以致用的实践动手能力

学校始终把实践教学作为学生创新实践能力培养的重要手段。通过仿真模拟训练、专业实习、社会调查、毕业设计等方式，使教学贴近社会实际，提高教学效果和质量。通过该项目的资助，学生和教师能够开展更多的实践项目，如通过该项目的实施促进了 ERP 综合模拟实验室的建立，并开 ERP 系列教学活动，其中沙盘模拟决策模拟大赛已举办多次，参加学生 300 多人，并选出参加全市 ERP 大赛的代表队。

（三）积极组织实施《本科生科学研究计划项目》

根据市教委《北京市大学生科学研究与创业行动计划指南》的要求和部署，全校共开展了千余项北京市级大学生科学研究与创业行动项目，2008 年 17 项、2009 年 61 项、2010 年 61 项、2011 年 226 项、2012 年 163 项、2013 年申报了国家级和北京市级的该项目 200 项，2014 年共申报 181 项。项目覆盖全校 70％以上的本科生，通过科研和创业行动计划项目，提高了学生的科研创新能力和学习的自主性、积极性，提升了学生的创新精神、增强了科研能力，推动了教育教学改革，提高了本科教育质量。

六、思考及展望

本项目对于实施北京市高等学校教学质量与教学改革工程有重要意义，是对当前高等院校教育教学改革的探索，是一项对于我国高等教育思想和教育制度有深远影响的改革实践。该项目突出了全面落实科学发展观，不断更新教育思想观念，实施素质教育的理念，对于北京农学院适应北京都市型现代农业发展，提升在校学生科研和创业能力，为北京农业和农村经济发展培养创新、创业型人才有重要意义。大学生科学研究项目是大学生科研能力、创新能力的重要组成部分。通过开展实施计划，带动广大的学生在本科阶段得到科学研究训练，改变目前高等教育培养过程中实践教学环节薄弱，动手能力不强的现状，改变灌输式的教学方法，推广研究性学习和个性化培养的教学方式，形成创新教育的氛围，进一步推动高等教育教学改革，提高教学质量。近七年来以项目形式开展的大学生科学研究活动已经成为学校创新人才培养的重要形式，我校非常重视此项工作的开展，认真落实本科生科学研究活动，积极探索良好的管理模式和管理方法以推动本科生有更多的科研训练的支持和发展，为毕业论文撰写、理论联系实际的能力提升打下坚实的基础。

以项目形式开展的大学生科学研究活动的管理工作是一项复杂的系统工程，目前虽然机制已相对成熟，但在实际管理过程中还是存在着诸多挑战，这些挑战主要集中在项目计划种类繁多、项目工作周期交叉、项目数量多、项目参与学生复杂、项目执行环节多等方面，因此确实给项目管理带来一定难度，这些经验在今后的工作中还要不断改进。

执笔人：郭　郦

第二十五章　大学生学科竞赛

第一节　文件制度

关于印发《北京农学院学生学科竞赛活动管理意见》的通知

各单位：

现将《北京农学院学生学科竞赛活动管理意见》印发给你们，望遵照执行。

特此通知。

北京农学院

2013 年 6 月 28 日

北京农学院学生学科竞赛活动管理意见

学生学科竞赛活动对于营造校园文化的良好氛围，推进校风学风建设，培养学生的创新精神、协作精神和实践能力具有重要作用。为了正确引导各类学生学科竞赛活动，激励学生创新积极性，保证学校资源合理使用，规范竞赛活动管理，特制定本意见。

一、竞赛组织机构

（一）学生学科竞赛活动由学校学生工作委员会负责，主要工作包括我校学生各类学科竞赛活动的宏观领导与整体规划、学生各类学科竞赛项目和级别的认定、承办单位的确定、资金的审批使用以及协调相关部门的工作。

（二）设立学生学科竞赛管理办公室，办公室设在团委。办公室负责制定学生学科竞赛管理意见，监管各类竞赛活动的相关经费，组织落实各类学科竞赛参赛学生补助及奖励等各项工作。

（三）成立学校学生学科竞赛专家指导委员会，负责校级学术学科竞赛的评审及指导。专家指导委员会由具有高级专业技术职务或具有博士学位的相关学科教师组成，组成人员以个人申请、组织单位推荐等方式由校学生工作委员会遴选产生。

二、竞赛管理

（一）各类校级以上（含校级，下同）学科竞赛项目，由竞赛拟承办单位填写相应表格（校外竞赛项目填写《北京农学院学生参加校外学科竞赛申请表》，校级竞赛项目填写《北京农学院举办校级学科竞赛申请表》），每年 1 月提交至团委。每年 3 月，学校学生工作委员会根据各单位申报的学科竞赛项目，确定学科竞赛项目的等级，确定承担竞赛组织工作任务的单位，即承办单位，确定学科竞赛项目的资助金。

（二）学科竞赛项目具体工作由承办单位分管领导总负责，包括竞赛的宣传、组织、报名、培训、选拔、辅导和参赛等工作，提供竞赛和培训所需的设备、仪器、材料和场地，选聘竞赛负责人和指导教师，做好参赛时的后勤保障和赛后总结等工作。承办竞赛项目整体工作结束后，每年1月，承办单位须将上一年度书面总结及相关材料上报团委。

三、竞赛等级分类

（一）国家级竞赛：由教育部、科技部等相关部委组织的全国范围高水平的学生学科竞赛。国际竞赛级别等同于国家级竞赛。

（二）市级竞赛：由北京市教育工委、市教委、团市委等上级部门或国家一级学会下属二级分会主办的各类学生学科竞赛活动。

（三）校级竞赛：由校学生工作管理委员会审定的全校范围的学生学科竞赛（原则上至少两个以上院（部）学生参加）。

四、竞赛补助

学校对参加市级以上（含市级，下同）学科竞赛活动的学生给与补助，对参加校内和校级竞赛的学生原则上不予补助。参加市级以上竞赛时，赛前集训以≤10元/天的标准发放，校外比赛期间以≤20元/天的标准发放。所发补助主要用于竞赛训练和比赛期间的餐饮等费用。各类补助经团委审批后，报学生处支出。

五、竞赛奖励

（一）学生奖励办法

1. 学分奖励

学校鼓励学生积极参加校级以上学科竞赛活动，并予以本科生学分奖励，奖励学分可用于减免公共选修课学分。国家级奖励前8名学生，按排名顺序从最高奖励学分依次递减1分直至1分；省部级奖励前5名学生，特等奖、一等奖按排名顺序从最高奖励学分依次递减0.5分直至1分，二等奖按排名顺序从最高奖励学分依次递减0.5分直至0.5分，三等奖一律奖励0.5学分。

获得国家级特等奖，最高奖励6学分；获得国家级一等奖，最高奖励5学分；获得国家级二等奖，最高奖励4学分；获得国家级三等奖，最高奖励3学分；获得市级特等奖，最高奖励3学分；获得市级一等奖，最高奖励2学分；获得市级二等奖，最高奖励1学分；获得市级三等奖，最高奖励0.5学分。同一项目多次获奖，按最高级别标准奖励，不重复计算。奖励经团委审批后，报教务处备案。

2. 物质奖励

参加校级学科竞赛活动的学生获奖后颁发证书，证书由团委统一印制发放。

学校对参加市级以上学科竞赛项目获得奖项的学生给予奖金奖励。奖励标准为参加国际或国家级竞赛获一等奖，奖励奖金10 000元/队；获国家级二等奖，奖励5 000元/队；获国家级三等奖、市级（或北京赛区）特等奖，奖励3 000元/队；获市级（或北京赛区）一等奖，奖励2 000元/队；获市级（或北京赛区）二等奖，奖励1 000元/队；获市级（或北京赛区）三等奖，奖励800元/队。单个学生参赛获奖时，奖励金额标准按上述对应级别的一半进行计算。奖励经团委审批后，报学生处支出。

（二）指导教师奖励办法

学校对参加市级以上学科竞赛项目获得奖项的指导教师给予奖金奖励。奖励参照院发〔2011〕55号《北京农学院教学奖励实施办法》，经团委审批后报教务处执行。

指导教师同时指导多个学生团队（或个人）参加同一竞赛项目获奖时，按其中最高奖项颁奖。

（三）其他

学校奖励参加市级以上学科竞赛的学生和指导教师时，须由获奖部门或个人提供竞赛获奖证书原件、奖杯或奖品的实物送交团委核实、备案后才能下发奖励。

六、竞赛经费管理

学校设立学生学科竞赛专项基金用于资助学生参与校级以上学科竞赛活动，该基金实行专款专用，只能用于参赛所需的设备费、材料费、会议费、培训费、劳务费、资料费、专家咨询费、差旅费等。对参加学科竞赛活动所添置的设备和资产归学校所有。

学校鼓励各单位组织开展各种校级学科竞赛活动，可参照本办法制定活动细则，活动经费由承办单位自行解决。

七、附则

本办法自公布之日起执行。

执笔人：王　雪

第二节　北京农学院近五年学科竞赛开展情况

北京农学院近五年开展大学生学科竞赛一览表

序号	赛事名称
1	北京农学院本科生物理实验竞赛
2	北京农学院创意创新文化大赛
3	北京农学院大学生化学实验竞赛
4	北京农学院大学生模拟法庭竞赛
5	北京农学院大学生职业发展大赛
6	北京农学院旅游文化知识竞赛

（续）

序号	赛事名称
7	北京农学院生物标本制作大赛
8	北京农学院食品节学生操作技能大赛
9	北京农学院数学建模与计算机应用竞赛
10	北京农学院思想政治理论课学生社会实践优秀论文评选
11	北京农学院四六级词汇竞赛
12	北京农学院园林植物知识竞赛
13	北京市大学生创业设计竞赛
14	北京市大学生书法大赛
15	北京市大学生英语演讲比赛北京农学院选拔赛
16	北京市教育系统节水知识大赛
17	北京农学院"创业杯"ERP沙盘模拟大赛
18	二十一世纪杯全国英语演讲比赛北京农学院选拔赛
19	海峡两岸口译大赛北京农学院选拔赛
20	解剖知识竞赛
21	两岸三地高校品牌策划赛大陆地区选拔赛
22	全国插画艺术展
23	全国大学生包装结构设计大赛
24	全国大学生电子设计竞赛选拔赛
25	全国大学生环保科技大赛
26	全国大学生计算机应用能力与信息素养大赛院校赛
27	全国大学生市场调查分析技能大赛暨海峡两岸大学生市场调查分析大赛选拔赛
28	全国大学生外贸从业能力大赛
29	全国大学生英语竞赛北京赛区北京农学院初赛C类
30	全国环境艺术设计大展
31	全国旅游院校服务技能大赛
32	全国商科院校技能大赛会展专业竞赛
33	人文知识竞赛
34	外研社杯全国大学生英语辩论赛北京农学院选拔赛
35	外研社杯全国大学生英语演讲比赛北京农学院选拔赛
36	中国包装创意设计大赛
37	中国高等院校设计艺术大赛
38	中国食品科学技术学会大学生创新竞赛
39	组培技能大赛
40	做文明有礼的北京人——"大学生杯"动漫大赛北京农学院赛区比赛
41	"城乡杯"导游风采大赛

（续）

序号	赛事名称
42	"城乡杯"花卉应用创意大赛
43	"城乡杯"旅游线路设计大赛
44	"城乡杯"品牌策划竞赛
45	"创新杯"企业策划竞赛
46	"国家会议中心杯"中国会展院校大学生专业技能大赛
47	"蓝桥杯"全国软件专业人才设计与创业大赛北京农学院赛区比赛
48	"农林杯"北京农学院大学生课外学术科技作品/创业计划竞赛
49	"兴农杯"农业经济学讲演大赛
50	"园冶杯"风景园林（毕业作品、论文）国际竞赛
51	IFLA（国际风景园林师联合会学生设计竞赛）

执笔人：王　雪

第三节　北京农学院近五年开展的部分学科竞赛摘录

竞赛一：挑战杯

一、竞赛简介

挑战杯是"挑战杯"全国大学生系列科技学术竞赛的简称，是由共青团中央、中国科协、教育部和全国学联和地方省级政府共同主办，国内著名大学、新闻媒体联合发起的一项具有导向性、示范性和群众性的全国性的大学生课外学术实践竞赛，竞赛官方网站为www. tiaozhanbei. net。

"挑战杯"系列竞赛是目前国内大学生最关注最热门的全国性竞赛，也是全国最具代表性、权威性、示范性、导向性的大学生竞赛，被誉为中国大学生学生科技创新创业的"奥林匹克"盛会。共有两个并列项目，一个是"挑战杯"中国大学生创业计划竞赛（简称"小挑"），另一个则是"挑战杯"全国大学生课外学术科技作品竞赛（简称"大挑"）。这两个项目的全国竞赛交叉轮流开展，每个项目每两年举办一届。

大挑和小挑比赛侧重点不同，大挑注重学术科技发明创作带来的实际意义与特点，而小挑更注重市场与技术服务的完美结合，商业性更强。小挑奖项设置为金奖、银奖、铜奖，而大挑设置特等奖、一等奖、二等奖、三等奖。大挑有学历限制而小挑没有，大挑分为专本科组、硕士组、博士组分开评审。大挑比赛证书盖共青团中央、中国科协、教育部、全国学联、举办地人民政府的章，而小挑证书只盖共青团中央、中国科协、教育部、全国学联的章。

自1989年首届大挑举办以来，始终坚持"崇尚科学、追求真知、勤奋学习、锐意创新、迎接挑战"的宗旨，在促进青年创新人才成长、深化高校素质教育、推动经济社会发展等方面发挥了积极作用，在广大高校乃至社会上产生了广泛而良好的影响。竞赛的发展得到党和国家领导同志的亲切关怀，江泽民同志为"挑战杯"竞赛题写了杯名，李鹏、李岚清等党和国家领导同志题词勉励。

历经 20 余年发展，"挑战杯"竞赛已经成为：

（1）吸引广大高校学生共同参与的科技盛会。从最初的 19 所高校发起，发展到 1000 多所高校参与；从 300 多人的小擂台发展到 200 多万大学生的竞技场，"挑战杯"竞赛在广大青年学生中的影响力和号召力显著增强。

（2）促进优秀青年人才脱颖而出的创新摇篮。竞赛获奖者中已经产生了两位长江学者，6 位国家重点实验室负责人，20 多位教授和博士生导师，70%的学生获奖后继续攻读更高层次的学历，近 30%的学生出国深造。他们中的代表人物有：第二届"挑战杯"竞赛获奖者、国家科技进步一等奖获得者、中国十大杰出青年、北京中星微电子有限公司董事长邓中翰，第五届"挑战杯"竞赛获奖者、"中国杰出青年科技创新奖"获得者、安徽中科大讯飞信息科技有限公司总裁刘庆峰，第八届、第九届"挑战杯"竞赛获奖者、"中国青年五四奖章"标兵、南京航空航天大学 2007 级博士研究生胡铃心等。

（3）引导高校学生推动现代化建设的重要渠道。成果展示、技术转让、科技创业，让"挑战杯"竞赛从象牙塔走向社会，推动了高校科技成果向现实生产力的转化，为经济社会发展做出了积极贡献。

（4）深化高校素质教育的实践课堂。"挑战杯"已经形成了国家、省、高校三级赛制，广大高校以"挑战杯"竞赛为龙头，不断丰富活动内容，拓展工作载体，把创新教育纳入教育规划，使"挑战杯"竞赛成为大学生参与科技创新活动的重要平台。

（5）展示全体中华学子创新风采的亮丽舞台。香港、澳门、台湾众多高校积极参与竞赛，派出代表团参加观摩和展示。竞赛成为两岸四地青年学子展示创新风采的舞台，增进彼此了解、加深相互感情的重要途径。

在主办方、承办方、参赛选手和社会各界的共同推动下，"挑战杯"正逐渐成为：

全民"挑战杯"：与社会媒体紧密合作，打造综合电视、广播、报纸、周刊、网络、微博等载体的立体传媒平台，挖掘"挑战杯"内涵，推广"挑战杯"文化，以新锐的创意触动公众心灵，以广泛的传播扩大赛事影响，以社会的美誉彰显青年责任，让"挑战杯"走出校园、走向社会，成为全民关注、全民参与的国家盛事。

全球"挑战杯"：向全世界的青年大学生发出邀请，吸引来自全球各地的著名高校参加竞赛，举办国际大学生创业夏令营、创业大讲堂等活动，让中国成为全球创业青年的向往之地，让"挑战杯"引领世界的目光。

全体验"挑战杯"：推动大学校区、城市社区、创业园区的三区联动，调动各类社会资源，为参赛选手提供包括意识培育、技能训练、项目咨询、苗圃孵化、投资融资等在内的全体验式赛事服务，让"挑战杯"参赛经历成为青年学子的真实创业体验。

绿色"挑战杯"：秉持节约办赛的原则，在赛事组织的全过程倡导环保、低碳、生态的"绿色"理念，通过节能减排、低碳交通、省电节水、循环利用、低耗高效等方式，贯彻落实科学发展观，将创业与绿色完美结合，让大学生成为"绿色"生活方式和发展模式的倡导者与践行者。

实战"挑战杯"：坚持实战导向，通过调整赛制（首次将作品分为已创业与未创业两类）、完善规则（对已创业作品给予加分）、多元评审（提高来自企业界、投资界的评委比例）等方式，推动"挑战杯"由学术导向型向实战导向型转变，并通过专属的优惠政策，扶持优秀创业项目与团队落地运营。

"挑战杯"全国大学生课外学术科技作品竞赛（大挑）：

"大挑"作品一般分为三大类：自然科学类学术论文、社会科学类社会调查报告和学术论文、科技发明制作，在单年份举办。凡在举办竞赛终审决赛的当年7月1日起前正式注册的全日制非成人教育的各类高等院校的在校中国籍本专科生和硕士研究生、博士研究生（均不含在职研究生）都可申报参赛。各类作品先经过省级选拔或发起院校直接报送至组委会，再由全国评审委员会对其进行预审、终审，奖项设置为参赛的三类作品各有特等奖、一等奖、二等奖、三等奖。

"挑战杯"中国大学生创业计划竞赛（小挑）：

"小挑"起源于美国，又称商业计划竞赛，是风靡全球高校的重要赛事。它借用风险投资的运作模式，要求参赛者组成优势互补的竞赛小组，提出一项具有市场前景的技术、产品或者服务，并围绕这一技术、产品或服务，以获得风险投资为目的，完成一份完整、具体、深入的创业计划。

2013年11月8日，习近平总书记向2013年全球创业周中国站活动组委会专门致贺信，特别强调了青年学生在创新创业中的重要作用，并指出全社会都应当重视和支持青年创新创业。党的十八届三中全会对"健全促进就业创业体制机制"作出了专门部署，指出了明确方向。为贯彻落实习近平总书记系列重要讲话和党中央有关指示精神，适应大学生创业发展的形势需要，在原有"挑战杯"中国大学生创业计划竞赛的基础上，共青团中央、教育部、人力资源社会保障部、中国科协、全国学联决定，自2014年起共同组织开展"创青春"全国大学生创业大赛，每两年举办一次。

竞赛采取学校、省（自治区、直辖市）和全国三级赛制，分预赛、复赛、决赛三个赛段进行。大力实施"科教兴国"战略，努力培养广大青年的创新、创业意识，造就一代符合未来挑战要求的高素质人才，已经成为实现中华民族伟大复兴的时代要求。作为学生科技活动的新载体，创业计划竞赛在培养复合型、创新型人才，促进高校产学研结合，推动国内风险投资体系建立方面发挥出越来越积极的作用。

二、北京农学院近五年参加"挑战杯"获奖情况

北京农学院 2010 年第六届"挑战杯"首都大学生创业计划竞赛成绩

序号	作品名称	参赛学生	所获奖项
1	"花花果果"水果花束公司	王斌、常旭、姜鹰、石爱华	铜奖
2	北京德农昆虫养殖与产品开发有限公司	卢强、李秋菊	铜奖
3	"杏花天"农乐果园	张旭、于琪、曹广玉	铜奖
4	清泽蔬菜直通公司	刘彦军	铜奖
5	乐宠养生休闲会馆	刘立平、王彬	铜奖

北京农学院 2011 年第六届"挑战杯"首都大学生课外学术科技作品竞赛成绩

序号	作品名称	参赛学生	所获奖项	类别
1	草莓磷转运蛋白基因 pt5 的克隆与序列分析	邓杰、朱丽静	二等奖	自然科学类
2	螺旋藻对金鲫生长及免疫相关指标的影响	贾志军、苏恺威、郝雯雯	二等奖	自然科学类
3	对位红抗原的合成与多克隆抗体的制备及其在食品残留中的检测	梁琳、张洁、唐宇	二等奖	自然科学类
4	北京鲜活果蔬市场需求及价格现状调查报告	马晓阳、王玉婷、叶梓 闻卢欢、刘鹏	二等奖	哲学社科类
5	北京市门头沟区爨底下村乡村旅游业发展存在问题及对策研究	张芝理、高可心、朱满阳 于乐乐、刘志翔	二等奖	哲学社科类
6	拟南芥海藻糖酶 RNAi 载体的转化与筛选	蒙萌、张晓晨、王露婷、刘双	三等奖	自然科学类
7	北京蜻蜓目昆虫名录及区系分析	吴超	三等奖	自然科学类
8	SOD 模拟物在蔬菜生长及保鲜中的研究	樊星、周扬颜	三等奖	自然科学类

北京农学院 2012 第七届"挑战杯"首都大学生创业计划竞赛成绩

序号	作品名称	参赛学生	所获奖项
1	创美盛世绿色立体装饰公司	夏茜、董玲玲、肖美佳 白玛、左艳红	银奖
2	酒魅优品——专注于红酒精品团购的艺术化购物平台	张民、刘一林、朱智霖	银奖
3	北京天麻养生生活馆	何小萌、邢云峰、王子朝 阚然、史雨梦、秦改娟	铜奖
4	米菲新材料应用科技有限公司	王寿南、于悦、吴昊	铜奖
5	百变金刚组合镜框生产	张家森、彭兴磊、张芝理 韩启龙、于海东、黄栌	铜奖
6	国学荟萃馆	刘奇、孙博奇、张若也、周一娜 缪鹏宇、闫姝、闫妍、王楠	铜奖

北京农学院 2013 第七届"挑战杯"首都大学生课外学术科技作品竞赛成绩

序号	作品名称	参赛学生	所获奖项	类别
1	桃果实发育过程中 ABP1 的免疫组织化学定位分析	谢维威、兰秒、侯旭、胡晓	二等奖	自然科学类
2	一种中国新记录种田头菇及其培养条件的探索	秦改娟、管博文、吴凡、卫莹	二等奖	自然科学类
3	农业保险"不保险"的因素探究	韩雪、王云、凌晨、刘璐 张梦茹、赵书晴	二等奖	哲学社科类
4	绿原酸对小鼠不同组织巨噬细胞功能的影响	徐双、李洋	三等奖	自然科学类
5	NaCl、PEG 胁迫对华北紫丁香和暴马丁香种子萌发的影响	孔欣然、于雅慧、白果	三等奖	自然科学类

（续）

序号	作品名称	参赛学生	所获奖项	类别
6	GA3、温度和光照对薄皮木种子萌发的影响	董开茂、张蓉、石杰霞	三等奖	自然科学类
7	我国集体林权抵押贷款现状、问题及对策分析研究——基于2 060个样本农户访谈数据	刘延安	三等奖	哲学社科类
8	北京市国际鲜花港花卉创意农业的调研报告	李硕、杨洋、张立楠 常文杰、刘晴	三等奖	哲学社科类
9	当代社会变迁背景下北京城镇居民生鲜蔬菜消费文化调查研究	卢瑞雪、孙晓玲、王艳宇	三等奖	哲学社科类
10	水污染现象的分析——以北京密云水库为例	王大欣、董苑、贺炳林、黄栌	三等奖	哲学社科类

北京农学院2014"创青春"首都大学生创业竞赛成绩

序号	作品名称	参赛学生	所获奖项	类别
1	手机端农业信息之窗	黄薇、刘玉朋、左清富 罗红、陈景研	银奖	公益创业赛
2	北京老友所依信息服务有限责任公司	董苑、尚云、杨婷 刘雨楠、吴畏	银奖	公益创业赛

竞赛二：数学建模竞赛

一、竞赛简介

数学建模简单地说就是对实际问题的一种数学表述。具体上，数学模型是关于部分现实世界为某种目的的一个抽象的简化的数学结构。更确切地说：数学模型就是对于一个特定的对象为了一个特定目标，根据特有的内在规律，做出一些必要的简化假设，运用适当的数学工具，得到的一个数学结构。数学结构可以是数学公式，算法、表格、图示等。

数学建模就是建立数学模型，重点在数学建模的过程。它是一种数学的思考方法，是运用数学的语言和方法，通过抽象、简化建立能近似刻画并"解决"实际问题的一种强有力的数学手段。

1985年，美国开始开展一年一度的大学生数学模型竞赛，逐渐发展成为著名的国际性的大学生赛事，产生了很大影响。中国自1989年首次参加这一竞赛，历届均取得优异成绩。为使这一赛事更广泛地展开，1990年先由中国工业与应用数学学会发起，后于1992年与教育部高等教育司联合主办全国大学生数学建模竞赛（China Undergraduate Mathematical Contest in Modeling，CUMCM）。目的在于激励学生学习数学的积极性，提高学生建立数学模型和运用计算机技术解决实际问题的综合能力，鼓励广大学生踊跃参加课外科技活动，开拓知识面，培养创造精神及合作意识，推动大学数学教学体系、教学内容和方法的改革。

数学模型竞赛与通常的数学竞赛不同，它来自实际问题或有明确的实际背景。题目一般来源于工程技术和管理科学等方面经过适当简化加工的实际问题，不要求参赛者预先掌握深入的专门知识，只需要学过高等学校的数学课程。题目有较大的灵活性供参赛者发挥其创造能力。参赛者应根据题目要求，完成一篇包括模型的假设、建立和求解、计算方法的设计和计算机实现、结果的分析和检验、模型的改进等方面的论文（即答卷）。竞赛评奖以假设的合理性、建模的创造性、结果的正确性和文字表述的清晰程度为主要标准。整个赛事是完成一篇包括问题的阐述分析，模型的假设和建立，计算结果及讨论的论文。经过数年参加美国赛表明，中国大学生在数学建模方面是有竞争力和创新联想能力的。

数学模型竞赛主要培养大学生用数学方法解决实际问题的意识和能力，通过参加训练和比赛，有利于培养创新意识和创造能力、训练快速获取信息和资料的能力、锻炼快速了解和掌握新知识的技能、培养团队合作意识和团队合作精神、增强写作技能和排版技术、更重要的是训练人的逻辑思维和开放性思考方式。竞赛的意义和应用，是其最大的动力和促进。

全国大学生数学建模竞赛秉承创新意识、团队精神、重在参与、公平竞争的宗旨，坚持扩大受益面，保证公平性，推动教学改革，提高竞赛质量，扩大国际交流，促进科学研究的指导原则，目前已成为全国高校规模最大的基础性学科竞赛和课外科技活动之一，也是世界上规模最大的数学建模竞赛。

全国大学生数学建模竞赛官网地址：http：//www.mcm.edu.cn。

二、竞赛要求

参赛要求

全国大学生数学建模竞赛有着严格的赛事流程和要求。一般每年9月（一般在上旬某个周末的星期五至下周星期一共3天，72小时）举行。全国统一竞赛题目，采取通讯竞赛方式，以相对集中的形式进行。大学生以队为单位参赛，每队3人（须属于同一所学校），不分专业，但分本科、专科两组，本科生参加本科组竞赛，专科生（包括高职、高专生）参加专科组竞赛（也可参加本科组竞赛），研究生不得参加。每队可设一名指导教师（或教师组），从事赛前辅导和参赛的组织工作，但在竞赛期间必须回避参赛队员，不得进行指导或参与讨论。

竞赛要求本科组参赛团队从A、B题中任选一题，专科组参赛团队从C、D题中任选一题。评奖时，每个组别一、二等奖的总名额按每道题参赛队数的比例分配；但全国一等奖名额的一半将平均分配给本组别的每道题，另一半按每道题参赛队比例分配。竞赛开始后，赛题将公布在指定的网址供参赛队下载，参赛队在规定时间内完成答卷，并准时交卷。竞赛期间参赛队员可以使用各种图书资料、计算机和软件，在国际互联网上浏览，但不得与队外任何人（包括在网上）讨论。

竞赛分赛区组织进行。原则上一个省（自治区、直辖市）为一个赛区，每个赛区应至少有6所院校的20个队参加。邻近的省可以合并成立一个赛区。

三、北京农学院近五年参加北京市大学生数学建模与计算机应用竞赛获奖情况

序号	参赛学生	所获奖项	参赛年份
1	徐小云、赵景楠、黄晓东	二等奖	2010
2	杨越、王丰邦、王一罡	一等奖	2011
3	李雅慧、谷学佳、杨波	二等奖	2011
4	付方方、秦畅、赵鹏姚	二等奖	2012
5	张爽、王新新、罗福秋	一等奖	2013
6	黄文恒、耿昊、张婷	一等奖	2013
7	崔丹枫、韩丹丹、牛晓	二等奖	2013
8	王刚、李婕、申建立	二等奖	2013
9	王一罡、赵鹏姚、王雪阳	二等奖	2013
10	杨越、黄雪晨、栾奕	二等奖	2013

竞赛三：全国大学生英语竞赛

一、竞赛简介

全国大学生英语竞赛（National English Contest for College Students，NECCS）是高等学校大学外语教学指导委员会和高等学校大学外语教学研究会组织的全国唯一一个考察大学生英语综合能力的竞赛活动。本竞赛旨在配合教育部高等教育教学水平评估工作，贯彻落实教育部关于大学英语教学改革和考试改革精神，激发广大学生学习英语的兴趣，促进大学生英语水平的全面提高，选拔并奖励大学英语学习成绩优秀的大学生。开展此项竞赛活动，有助于全面展示全国各高校大学英语教学水平和教学改革的成果，保证高校教学水平评估有关大学英语教学的各项指标的落实，有助于学生夯实和扩展英语基础知识和基本技能，全面提高大学生英语综合运用能力，推动全国大学英语教学上一个新台阶。

竞赛分 A、B、C、D 四个类别，全国各高校研究生及本、专科所有年级学生均可自愿报名参赛。A 类考试适用于研究生参加；B 类考试适用于英语专业本、专科学生参加；C 类考试适用于非英语专业本科生参加；D 类考试适用于体育类和艺术类本科生和非英语专业高职高专类学生参加。竞赛面向全体学生，提倡"重在参与"的奥林匹克精神，坚持自愿报名参加的原则，避免仅仅选拔"尖子"参加竞赛，而把大多数学生排除在竞赛之外的做法。

竞赛分初赛和决赛。初赛定于每年的 4 月中旬(4 月第二个星期日)上午 9：00—11：00 在全国各地同时举行。初赛赛题包括笔答和听力两部分。初赛听力采取播放录音的形式。

决赛笔试（含听力）定于每年 5 月中旬（5 月第二个星期日）上午 9：00—11：00 在全国各地同时举行。决赛分两种方式，各地可任选一种：第一种是只参加笔试（含听力），第二种是参加笔试（含听力）和口试。只参加笔试（含听力）的学生的决赛成绩满分为 150 分；既参加笔试（含听力）又参加口试的学生满分是 200 分，其中笔试分数为 150 分（含听力），口试分数为 50 分。决赛赛题和口试方案、题目由全国竞赛组委会统一命制。各省级竞

赛组委会选择是否统一参加口试，并决定口试地点、时间、形式等具体事宜。

竞赛每年都会举行后续活动，即全国大学生英语夏令营活动。营员从获特等奖的学生中择优产生。在夏令营活动期间，营员们将接受封闭式的英语强化训练，并参加丰富多彩的活动，包括全国大学生英语演讲赛、全国大学生英语辩论赛、英语学习经验交流、旅游观光、英语联欢会等活动。其中，全国大学生英语辩论赛和全国大学生英语演讲赛是整个夏令营的"重头戏"。在全国大学生英语辩论赛和全国大学生英语演讲赛中的优秀选手将参加由中央电视台和教育部联合举办的CCTV杯全国大学生英语辩论赛，部分优秀选手将被选派出国参加国际大学生英语竞赛和夏令营活动。

二、北京农学院近五年参加全国大学生英语竞赛获奖情况

序号	奖项等次	比赛类别	参赛学生	比赛年份
1	三等奖	C类	范宣丽	2011
2	一等奖	C类	赵全明、张婷婷	2012
3	一等奖	C类	唐安舟	2013
4	三等奖	D类	石燕	2013

竞赛四：首都高校思想政治理论课学生社会实践优秀论文评选

一、竞赛简介

为贯彻北京市委宣传部、市委教育工委、市教委《关于进一步加强北京高校思想政治理论课教师队伍建设的实施意见》（京教工〔2009〕4号）精神，充分发挥社会实践在思想政治理论课教学中的作用，引导学生在实践中深化理论认识，推进完善思想政治理论课实践教学机制，市委教育工委于2010年开始组织开展高校思想政治理论课学生社会实践优秀论文评选活动。每年一次。

组织开展高校思想政治理论课学生社会实践优秀论文评选，是为了强调社会实践环节作为思想政治理论课教学的重要组成部分，其根本目的是引导学生理论联系实际，用马克思主义立场、观点、方法认识国情、认识社会，科学分析各种社会现象与问题，加深对党的理论、路线、方针、政策的理解，树立和巩固科学的世界观、人生观、价值观。通过评选思想政治理论课学生社会实践优秀论文，鼓励学生利用暑期开展集中社会实践，引导学生加强理论学习，深化思想政治理论课教学内容的理解与运用，推动思想政治理论课实践教学的探索与开展。

北京高校参加思想政治理论课社会实践的团队和个人（本专科生和在校研究生）要按照思想政治理论课社会实践主题、内容及具体要求，选取与思想政治理论课教学内容紧密相关的选题，并在思想政治理论课教师指导下，在社会实践的基础上完成。论文要求观点明确，调查科学，分析全面，逻辑严密，数据可靠，具有较强的创新性与实践性，具有一定的学术价值和现实意义；字数在5 000字左右。

各高校思想政治理论课教学科研部门负责组织初评，并推荐上报3-5篇优秀论文；市委

教育工委、市教委组织；评选结果经公示后进行表彰。

专家评选主要标准为：

（1）规范性。社会实践有明确的调查对象，调查方法科学；论文要符合撰写规范，标题及摘要准确、精练；清楚、简要描述社会实践过程；逻辑性强，数据可靠，结论明确。

（2）创新性。在社会实践中深化对思想政治理论课教学知识的认识；创造性地运用思想政治理论课的观点、方法认识社会，分析当前现实问题，并提出针对性建议，具有较强的现实价值。

二、北京农学院参加首都高校思想政治理论课学生社会实践优秀论文评选获奖情况

序号	论文题目	参赛学生	奖项等次	参评年份
1	北京、山东两地新农村建设调查报告—北京市延庆县广积屯村与山东省寿光市三元朱村调查比较研究	付鹏飞、林美玉、史亚慧、王薇薇 张凯旋、张鹏、张志成	优秀奖	2011
2	农业保险"不保险"的因素探究—以四川省广元三镇为例	韩雪、刘璐、张梦茹 王云、赵书晴、凌晨	特等奖	2012
3	期满大学生"村官"的去向调研报告—基于北京市延庆县康庄镇的调查分析	张晓蒙、苏凌霄、司蕊、苑新顿 梁夫荣、赵玥、黄紫藤、刘国琪	一等奖	2012
4	"空心村"何去何从？——以四川省广元市三镇五村为例	史博丽、郝杰、陈玮、苏玉桃	特等奖	2013
5	基于涉农专业大学生和京郊农民视角的北京大学生村官职业认可度调查研究	王树田、段伊静、贾海洋、申鹏 田窦美杰、刘宽博、黄玉杰、孙永胜	二等奖	2013
6	合作社不"合作"因素探究——以河北省柴各庄闻名合作社为例	史陇燕、蔡光前、雷广元 党朝霞、贺斌、王妮	二等奖	2013

竞赛五：北京市大学生物理、化学实验竞赛

一、全国大学生物理实验邀请赛

（一）竞赛简介

全国大学生物理实验竞赛是教育部高教司（高教司函〔2010〕13号）批准的大学生竞赛项目。由高等学校国家级实验教学示范中心联席会主办，全国高校实验物理教学研究会协会的大学生学科竞赛。具体工作由高等学校国家级实验教学示范中心联席会物理学科组委托相关学校承办。

本着公开、公平、公正的原则，坚持竞赛的公益性、非盈利性，赛事旨在激发大学生对物理实验的兴趣和潜能，培养大学生的创新能力、实践能力和团队协作意识，促进物理实验教学改革。

参赛对象为教育部审批的高等学校的大学本科在校学生。每两年举办一届，以高等学校为基本参赛单位，按照组委会规定的限额，自行选拔组队后统一申报。

竞赛采用现场实验的形式，各代表队参加基础物理实验、综合性、研究性实验题的

竞赛。

第一届全国大学生物理实验竞赛于 2010 年 12 月在中国科技大学物理教学实验中心举行。

（二）北京市大学生物理实验竞赛

根据《北京市教育委员会关于印发北京市大学生学科竞赛管理办法的通知》（京教高办〔2008〕2 号）精神，经研究，市教委决定由北京交通大学承办 2008 年首届北京市大学生物理实验竞赛，由北京交通大学大学承办。举办大学生物理实验竞赛是为了激发大学生对物理实验的兴趣与潜能，培养大学生的创新能力、实践能力和团队协作意识，促进物理实验教学改革，通过竞赛使学生广泛参与到物理实践中来，不断提高大学物理实验教学的质量。

在京各类普通高等学校在校本科大学生均可报名参加，由各高校统一组织，每校限报 4 个队，每队不超过 3 名学生。

北京市大学生物理实验竞赛一般设置共设 4 个题目，每组参赛选手限选其中一个题目在本校进行准备并完全部实验。实验所需设备、费用由各校自行负责解决。竞赛时，参赛队伍携带参赛作品，提交参赛作品说明书（包含设计原理、测量方法、实验仪器、测量数据及结论等）当场进行陈述并答辩。部分题目还需要在现场操作实验或演示装置。

（三）北京农学院近五年参加北京市大学生物理实验竞赛获奖情况

序号	参赛题目	参赛学生	奖项等次	参赛年份
1	水龙头流量计的设计	赵江晨、张振宇、张纪斌	三等奖	2010
2	水龙头流量计的设计	赵景楠、徐小云、李海建	三等奖	2010
3	流量计制作	罗刚、白隽帆、周扬颜	三等奖	2010
4	用低电势电位差计和热电偶对犬体表温度分布状况的探究	宋晓丽、段芳、穆明星	二等奖	2011
5	实验研究肥皂泡或肥皂膜的物理特性	徐鑫、刘玮、刘淳	三等奖	2011
6	空气物理量的实验研究	王天奇、祈智慧、张天桐	二等奖	2012
7	旋光仪光源和读数方法的改进	张群、王雪、阳刘淳	二等奖	2012
8	便携式旋光仪	郭祺瑞、郭强、赵鹏姚	三等奖	2012
9	落球法测液体黏度方法改进	刘子雄、董晴、张志远	二等奖	2013
10	用落球法测定液体黏度实验仪的改进	管晓旭、张磊、马陇平	三等奖	2013
11	自行车安全警示灯的制作	蒋苏玥、李超、魏文广	三等奖	2013

二、全国大学生化学实验邀请赛

（一）竞赛简介

全国大学生化学实验邀请赛是我国高等学校化学学科最高级别赛事，由教育部高等学校化学教育研究中心主办。该赛事旨在推动我国高等学校化学实验教学模式、教学内容、教学方法的改革，探索培养创新型化学人才的思路、途径和方法，以提高我国化学实验教学总体水平。

邀请赛秉承了"检验化学实验教学改革的成果,加强交流,总结经验,探索培养和提高本科生创新能力的思路、途径和方法"的宗旨,把"重参与,淡名次"的精神贯穿到了邀请赛的始终。

邀请赛每两年举办一次。

竞赛内容主要包括实验理论笔试和实验操作考试。实验理论笔试的考察范围主要是化学实验理论知识、化学实验操作规范、化学实验室安全知识等。实验操作考试的考察范围主要是化学实验基本技能、实验设计与操作、数据采集和分析、常规和大型仪器的使用、图谱解析、实验总结与报告等

自 1998 年以来,全国大学生化学实验邀请赛已先后在南开大学、吉林大学、北京大学、厦门大学、中山大学、浙江大学、武汉大学、复旦大学和兰州大学成功举办了九届。

(二)北京市大学生化学实验竞赛

根据市教委《关于印发北京市大学生学科竞赛管理办法的通知》(京教高办〔2008〕2号),为了促进首都高等学校化学实验教学改革,提高大学化学实验教学质量,北京市教育委员会于 2009 年开始主办开展北京市大学生化学实验竞赛。通过竞赛引导学生通过自主设计化学实验加深对化学基础理论的理解,强化化学基础理论与实践的结合,提高大学生的综合能力和实践能力,培养学生的创新精神和团队协作意识。

开设化学基础实验课程的北京地区普通高等学校在校本科生均有资格参赛。

竞赛分为"化学新实验设计赛"及"化学实验技能赛"两种形式,每种形式竞赛两年举办一次,两种形式交替进行。内容为大学基础化学实验,包括无机化学实验、分析化学实验、有机化学实验和物理化学实验。

"化学新实验设计赛"一般在双年份举办。由各参赛队提交创新性化学实验项目,实验项目要符合基础性、科学性、创新性的标准,并适于拓展为本科生基础化学实验。"化学新实验设计赛"各校参赛团队数不限,每个参赛团队人数不超过三人,每队指导教师不超过两人。参赛者需提交所设计实验项目的指导书、实验录像及创新点说明等材料。经专家初评之后,进入决赛的团队进行现场答辩。

"化学实验技能赛"一般在单年份举办。竞赛为命题式,分为理论测试和实验测试两部分,检验学生化学实验的基本知识、技能和创新实验能力,强调基础,注重实验操作的规范性和准确性。由各参赛学校提供若干名学生名单,由组委会随机抽取三名学生,集中进行理论测试和实验操作。

(三)北京农学院近五年参加北京市大学生化学实验竞赛获奖情况

序号	参赛题目	参赛学生	奖项等次	参赛年份
1	SOD模拟物的合成及在蔬菜生长中的应用	熊晔卿、樊星、李语甜	一等奖	2010
2	混合酒易醉原因探索	姜珊、周倩丽、宋倩娜	一等奖	2010
3	纳米孔分子筛材料用于土壤保水以及鲜花保鲜性能研究	徐世阔、刘婧怡、周扬颜	一等奖	2010
4	生活用"万能"胶的制备与应用	王玉立、禹璐、李敏	一等奖	2010
5	SOD模拟物的合成及在蔬菜保鲜中的应用	郭建辰、苗露、寇红祥	二等奖	2011

（续）

序号	参赛题目	参赛学生	奖项等次	参赛年份
6	介孔分子筛的合成及其在农药缓释领域的应用研究	徐鑫、刘玮、郭芳芳	二等奖	2011
7	分子筛基多效养分缓释剂的制备及其缓释性能研究	崔丹枫、苗英、李晓光	三等奖	2011
8	牛粪对土壤中 Pb^{2+}、Cu^{2+} 传递的阻碍作用的研究	赵立平、左万珠、赵杰	优秀奖	2011
9	大蒜素对小鼠生理、生化指标的影响	张立媛、李赟、王力红	优秀奖	2011
10	地龙"吸金"—蚯蚓对有机肥的优化	王力红、邢宇犟、寇红祥	二等奖	2012
11	分子筛的原位改性及其对水中重金属离子的脱除研究	韩丹丹、罗羽净、崔丹枫	三等奖	2012
12		黄小萌、梁颖博、杨博文	一等奖	2013
13		韩丹丹、廉旭凡、刘海深、尤天琦	二等奖	2013
14		李世景、刘兵、马晓龙	三等奖	2013

执笔人：王　雪

第二十六章　大学生创新创业

党中央国务院高度重视大学生创业工作，出台了系列促进大学生创业的文件和政策。教育部等相关部门要求高校将创业教育工作作为重要的工作来抓，通过大学生创业带动大学生就业。近几年，北京农学院在学校党委和行政的高度重视下，鼓励在校生和毕业生结合专业实际和个人实际创业，涌现出了一批大学生"村官"创业的典型。2014 年，在北京相关政策的激励下，学校教师和学生的创业项目如雨后春笋般涌现出来，受到了校外各大媒体和政府部门的高度关注。

一、创业的概念及类型

（一）创业的概念

创业是创业者通过发现和识别商业机会，组织各种资源提供产品和服务，以创造价值的过程。它实质是指一种更广泛、更全面的思考、推理和行动的方法。既要执着于商机，又要有高度平衡的领导艺术 。创业的要素主要有：创业者（团队）、创业机会和资源等。

1. 创业者

创业者，是具有创业精神，能发掘机会，组织资源，研拟策略，提供市场新价值的事业催生者与创造者。他们是新兴公司的发起人。一家企业的发起通常涉及三个重要角色：发起人、经理人、投资人。企业的发起人和管理者是两个不同的角色，可以由同一个人承担。例如比尔·盖茨，既是微软公司的发起人，又参与它的管理。更普遍的情况是发起人和管理者的分离，例如美国的生物科技公司。这些公司有一半左右是由大学教授们发起的。教授们懂技术，但不一定精通管理，通常需要雇佣职业经理人负责企业经营管理。经理人不一定是发起人，同样，投资人也不一定是发起人。在现代市场经济社会中，投资人可以由银行或风险投资公司承担。投资机构除了提供资金以外，通常在企业的发起阶段也参与管理和策划。尤其是在高科技领域，风险投资人经常要帮新公司物色高级职员、开拓市场、插手董事会工作。创业的成功与否，在很大程度上取决于创业者和团队的素质和经验。创业者在创业中的作用比创意、商机、资源等更加重要，因为创意能否转化为商机、商机能否实现其价值和资源能否得到有效利用，都取决于创业者的素质和经验。

美国风险投资家乔治·多里特（George Doriot）有一句名言：我更喜欢拥有二流创意的一流创业者和团队，而不是拥有一流创意的二流创业团队。这个观点如今已成为风险投资界的一个标准投资原则。曾成功地投资于英特尔、苹果电脑等著名公司的风险投资家阿瑟·洛克（Arther Lock）总结其经验时说：如果你选择了优秀的人，他们总是能够改变产品，几乎我犯的每件错误都是选错了人，而不是选错了创意。实际上，风险投资家选择项目时，首先要看的是创业者和团队，然后才是技术先进性、产品独特性和市场潜力及盈利前景等。

2. 创业机会

创业机会是指开创新事业的可能性，以及通过自身努力达到创业成功的余地。商机具有可利用性、永恒性和适时性三个特点。商机的可利用性是指商机对创业者具有价值，创业者可以利用它为他人和自己谋取利益，体现在为购买者和最终使用者创造和增加价值的产品或服务以及赚取利润上。商机的永恒性是指商机永远存在，看你能否发现和识别。变化的环境、经济的转型、市场机制不完善、信息不对称、市场空白等，都孕育着无限的商机。商机的适时性是指一个机会转瞬即逝，如果不及时抓住，可能就永远错过了。因此，及时地发现、识别和抓住有价值的创业机会，是成功创业的第一步。

对创业过程来说，真正的创业过程开始于商业机会的发现。商业机会存在何处，如何从繁杂多变的市场环境中找到富有潜在价值的商业机会，进而开发并最终转化为新创企业，是创业者关注的中心问题。创业过程是围绕着机会进行识别、开发、利用的一系列过程。因此，创业机会是创业的关键要素之一。对创业者自身而言，能否把握正确的创业机会，并且通过充分的开发使之成为一个成功的企业，是创业者应当具备的最重要的能力之一。

创业机会主要是来源于现有市场的供给与需求的不均衡。一方面，市场供给的一方可能对市场变化造成影响，例如一种具有潜在价值的新技术的发明，新的生产工艺的开发，可能影响市场供给的成本和收益，从而带来新的市场，创造新的价值。另一方面，市场需求的变化同样带来巨大的商机，例如新的需求的出现以及需求方式的改变等，创业者都可能从中找到富有价值的创业机会。值得注意的是，应当从不同市场类型的角度考察机会的不同来源。对于产品市场的商业机会，其机会来源主要有：①新技术的发明所带来的新产品及新的信息；②信息不对称导致的市场低效率；③政治因素、规章制度的变动带来的相关资源使用上的成本收益的变动。当然，尽管大多数的机会存在于产品市场之中，要素市场中的创业机会同样不能忽视，例如某一新材料的发现等。

3. 创业资源

资源是企业创立和运营的必要条件，分为有形资产，如厂房、机器、设备等；无形资产，如品牌、专利、企业声誉等。主要包括：创业资本、创业技术、创业人才和创业管理。这四种创业资源共同作用，形成创业产品和创业市场，并决定创业利润的水平以及创业资本的积累能力，进而左右着创业企业成长发展的速度。

创业企业最理想的条件是能同时拥有这四种创业资源，这样的创业企业很快便能够实现创业的跨越。但国内外企业创业的事实表明，只有极少数的创业企业能够同时拥有这四种创业资源，绝大多数创业者只拥有一种资源或几种资源。因此，创业者的关键职能之一就是吸引这些资源即投资，将其转化为市场需要的产品和服务，实现商业机会的价值。

创业者主要任务是组织企业内外的资源，包括资源的确定、筹集和配置。新创的企业是一个投入产出系统，即投入资源产出产品与服务，创业的过程就是不断地投入资源以连续地提供产品与服务的过程。能否以最小的资源获得最大的产出，使得企业具有较强竞争力并盈利，是衡量创业活动成效的标准之一。

很多人在开始创业的时候，资源往往十分欠缺。资源不足，使创业成功的可能性降低，但要等资源完全充分的条件下再来创业就会失去很多机遇。创业活动所需的资源，有些必须是自己具备的，有些必须是创业团队具备的。但是也有一些创业资源，可以通过市场化的办法解决，不一定非要自己或创业团队具备。例如，租用厂房设备，发现和适当地利用外部的人力资源，包括律师、会计师、银行家、管理咨询专家、外部董事以及其他方面专家而不是自己拥有这些资源。利用外部资源可以节约创业成本，加快企业成长速度和提高创业的成功率。这是年轻创业者最易忽视的问题之一。一些创业者倾向于试图拥有所有所需资源，不仅提高了创业的难度和成本，而且也降低了创业成功的概率，因为等一切准备就绪时，可能机会也错过了。因而创业者寻求的是控制资源而不是拥有资源。

一般而言，在创业初期，创业技术是最关键的资源。其原因有三：一是创业技术是决定创业产品的市场竞争力和获利能力的根本因素；二是创业技术核心与否决定了所需创业资本的大小。对于在技术上非根本创新的创业企业来说，创业资本只要保持较小的规模便可维持企业的正常运营；三是从创业阶段来说，由于企业规模较小，因此管理及对人才的需求度不像成长期那样高，创业者的企业家意识和素质是创业阶段最关键的创业人才和创业管理资源。美国的微软公司和苹果公司，最初创业资本都不过几千美元，创业人员也只有几人。它们之所以走向成功，就是因为它们拥有独特的创业技术。所以，创业企业成功的关键是首先寻找成功的创业技术。

精明的创业者之所以成功就在于能对其创业资源进行有效整合，进而形成自己的核心竞争力。杜邦公司因开发尼龙等纤维品而一举成名，它的成功在很大程度上受益于公司长期在纤维品染色方面积累的特殊能力。20世纪初，美国福特公司在众多的汽车厂商中脱颖而出，关键是该公司拥有大规模生产汽车的能力，使得汽车成本大幅度降低，成为大众买得起的消费品。正是由于这些企业具备了一定的创业能力，才使它们公司很快地实现了创业跨越，规模、速度、利润以及资本积累同时跨入快速增长的轨道。

综上所述，创业是创业者、商机和资源相互作用、相互匹配，以发现和捕获商机并由此创造出新颖的产品或服务和实现其潜在价值的动态过程。创业者必须要贡献时间和付出努力，承担相应的财务、精神和社会的风险，并获得金钱的回报、个人的满足和独立自主。

（二）创业类型

按照不同的标准，可将创业分成不同的类型。从个人参与创业动机看，可将创业分为机会型创业与生存型创业；从对市场和个人的影响程度看，创业可以区分为创新型创业与保守型创业；从创办新企业类型看，创业可以区分为个人独资创业、合伙创业、公司创业。

1. 机会型创业与生存型创业

在"2005年全球创业观察"研究中，对37个国家和地区的创业活动按照机会型创业与生存型创业进行了划分。总体上看，全球的创业活动是以机会型创业为主、生存型创业为辅的。而我国创业状况则是以生存型为主的，这种创业类型的结构与全球创业活动主导类型正好是相反的。

（1）机会型创业。创业总是在捕捉市场机会，没有市场机会的创业是不会成功的。机会型创业是指创业的动机在于创业者抓住现有机会的强烈愿望，是一种个体的偏好，创业者把创业作为其职业生涯中的一种选择，将创业作为实现某种目标（如实现自我价值、追求理想等）的手段。机会型创业看重的市场机会，是以新的大市场和中市场为主要的创业市场机会。

（2）生存型创业。生存型创业，是指创业者的动机处于没有更好的选择，是一种被迫的选择，而不是个人的自愿行为。因为所有的其他选择不是没有就是不满意。创业者必须依靠自己的创业为自己的生存和发展谋求出路，改变现有状况是创业的动机。生存型创业中很少考虑去捕捉大的和中的新市场。

中国的创业活动以生存型为主，主要集中在现有市场和创造的小市场上捕捉市场机会。在行业上，中国的生存型创业主要集中在零售、旅馆和餐馆行业。据调查，男性的创业活动高于女性，男性创业与女性创业的比率是 1.24：1，男性创业活动的年龄主要在 18～34 岁，而女性创业活动的年龄主要在 24～44 岁。而且，中国的男性创业活动水平与其受教育程度没有明显的关系，女性的创业活动水平与其受教育程度有一定的关系。20 世纪 90 年代后期，随着国家鼓励创业活动和各地高新技术园区中创业园区的成立，我国掀起了新一轮创业高潮，而且创业者中高学历比率增加。特别是高新技术行业，如果没有一定的科技知识基础，创业很难成功。

我国从事机会型创业的人数低于生存型创业人数，因此，总体上看，创业在开创新的市场，尤其是大中规模的新市场方面表现为动机和能力不足。这是一种不利状况。我们知道，新的产业出现都是大的市场被创造出来的结果。如果创业活动集中在现有市场只能是加剧现有产业的竞争程度，除非是现有产业的发展还不能满足消费需求。然而，机会型创业和生存型创业不是创业者的主观选择结果，而是创业者面临的环境和能力决定的。创业环境需要有意识和有计划地改善，而创业能力，特别是开创新市场的能力可以通过教育来提高。例如，只有具备开发新技术的能力，才有可能建立开创新市场的科技基础，从而为进入新市场创造基础。

2. 创新型创业与保守型创业

创业依照其对市场和个人的影响程度，可以区分为两种类型：

（1）创新型创业。创新型创业是在创新的基础上将创新的思想或成果转化为现实生产力的一种创建企业的活动。按照熊彼特的观点，所谓"创新"，就是"建立一种新的生产函数"，也就是说，把一种从来没有过的关于生产要素和生产条件的"新组合"引入生产体系。包括以下五种情况：①引进新产品；②引用新技术，即新的生产方法；③开辟新市场；④控制原材料的新供应来源；⑤实现企业的新组织。创新型创业主要包括基于产品创新的创业、基于市场营销模式创新的创业、基于企业组织管理体系创新的创业等形式。

产品创新的创业。在激烈的市场竞争中，成功的创新产品可以开拓出新的使用价值和市场需求，为创业者带来高额利润，创造出新的增长点。统计显示，从事生产制造或代理销售的企业的利润一般在 5％左右，而不断进行产品创新的企业的利润则普遍达到 20％或更高。在当前，创业者要提高创业成功率将越来越多地依靠脑力而不是体力，产品创新是一个新创企业赖以生存、发展、成功和提升经济效益的基本要素。产品创新还是科学技术与创业活动之间的桥梁。科技成果虽然可以通过多种途径转化为生产力，但是只有通过产品才能直接进入市场变为财富，实现科技成果支撑创业活动的价值和作用。产品创新的创业是科技成果转化为生产力的一个重要途径。产品创新是推动创业的活动发展的强大动力。在人类社会发展的历史上，每次创业活动的高潮都伴随着一个或几个标志性创新产品的诞生。200 多年前，蒸汽机推动了第一次工业革命，100 多年前的第二次工业革命中诞生了发电机、内燃机、汽车、电话机等一批革命性的新产品，第二次世界大战之后，计算机、半导体集成电路、互联网等新产品将人类带入了崭新的信息时代。我国改革开放 30 多年来，正因为大量的新产品引入市场，带来了新的创业热点，必然会引发创业大军的形成，强有力地推动了我国创业活动的发展。

商业模式创新的创业。管理学家德鲁克说："当今企业之间的竞争，不是产品之间的竞争，而是商业模式之间的竞争。"可见商业模式的重要地位。有了一个好的商业模式，成功就有了一半的保证。那么，到底什么是商业模式？它包含什么要素，又有哪些常见类型呢？有一个案例可以用来说明什么是商业模式：有一个美国人参加亲属的殡葬处理，他发现殡仪公司利润高得惊人，于是他构思了一个商业网站，自销殡葬用品，既可赚钱，又可以让消费者减少支出。于是，他找到风险投资商，风险投资商说这个商业模式不成立，因为人们是不会上网买棺木的。于是他又进行构思，构思了一个哀思网站。故人的亲友都可以上网站免费发贴子寄托哀思，也方便了远途的亲友，不必再千里迢迢赶去吊唁，网站收入的解决方法为：由于网站的点率高，所以网站可以让生产销售殡葬用品的公司发布广告，收取广告费作为利润来源。他再找到风险投资商，这个商业模式被风险投资商认可，于是新的企业创办成功。事实上，无论偏僻山村的杂货店，还是繁华都市的巨型企业，无论传统的手工企业，还是现代化的 IT 公司，从最原始、最简单的组织到最庞大、最复杂的机构，无一例外，都拥有自己的商业模式。

要取得创业成功，必须依靠具有创业精神的行动和优良的商业模式。首先，商业模式有助于提高创业成功率。创业者一旦发现机会，往往迫不及待地去进行开发，结果常以失败而告终。其实，创业失败的原因并不是创业者工作不努力或机会不好，而是创业者没有能在用心开发机会的过程中对创业活动进行协调，没能把握好创业机会的内在经济逻辑。创业者一味地注意价值创造因素，重视满足顾客需求和解决实际问题，但却对同样重要的价值获取因素视而不见，忽视可行性分析和获取收益，这已成为许多企业失败的主要原因。创业者利用商业模式可以更加全面地对创业活动进行思考，能有效避免创业者匆忙创业造成的失误，从而提高创业成功率。其次，商业模式有助于保证创建企业快速、健康地成长。商业模式以机会为中心，包含价值创造与获取的内在经济逻辑，是对企业系统的整体描述。企业进行商业模式创新，意味着构建特有的资源组合形式，它难以被其他企业复制，但却有可能改变整个产业的经济性，具有巨大的经济潜力，从而有可能为企业快速成长打下基础。另外，由于商业模式关注企业系统平衡，因而能较好地减轻或避免企业快速成长引发的问题和不对称现象，从而能实现企业快速成长过程的平稳发展。再次，商业模式创新有助于增强新建企业的竞争力。要想在竞争中战胜竞争对手，就必须根据建立具有创造性的商业模式的思路，利用当前各种资源和环境条件，围绕市场提供的特殊机会构建独有的商业模式，从而提高企业的竞争力。当今的企业竞争，是企业综合系统间的竞争，要依靠企业具有的难以模仿的综合优势来最终赢得胜利。过去，企业可以通过单一的产品或技术创新获得成功，而现在就越来越需要通过更为综合的商业模式创新来战胜对手。因为商业模式可以提供具有独特资源组合的企业系统，并为企业持续发展竞争优势奠定基础，所以商业模式创新是创业者进行创业活动的重要途径。

（2）保守型创业。保守型创业，是指创业者通过以成熟的商业模式，提供市场上已存在的产品或服务，在现有市场上生产销售来创建企业的活动。保守型创业者害怕引领潮流，一直要等到事情已经变得百分之百可靠时才肯做，只能是跟在别人后面追随着。保守型创业可分为复制型创业和模仿型创业。创业者运用原有的专业技术与顾客关系创立新公司，并且能够提供比原公司更好的服务。或者复制原有公司的经营模式，创新的成分很低。例如某甲原本在乙餐厅里当任厨师，后来某甲离职自行创立一家与乙餐厅类似的餐厅。新创公司中属于复制型创业的比率虽然很高，但由于这类型创业的创新贡献太低，缺乏创业精神的意涵。模仿型创业，对于市场虽然也无法带来新价值的创造，创新的成分也很低，但与复制型创业不同之处在于，创业过程对于创业者而言还是具有很大的冒险成分。例如某一制鞋公司的经理辞掉去工作，开设一家当下流行的网络咖啡店。这一种形式的创业具有较高的不确定性，学习过程长，犯错的概率高，代价也较昂贵。这种创业者如果具有适合的创业人格特质，经过系统的创业管理培训，掌握正确的市场进入时机，还是有很大机会可以获得成功。

对于那些生活目标只是想拥有一家商店，有一份稳定收入的创业者来说，特许专营也许可以让我们实现这个目标。特许经营是一个商业机会，它是一种开发和创造财富的创业工具。特许经营就其实质来说，是两大部分：特许专营授权商和特许专营被授权商之间的创业联盟。特许专营授权商拥有特有的商标、商号、产品及服务、专利和专有技术、管理技术、经营模式等知识产权，特许专营被授权商希望利用这些知识产权发展自己的企业，由此而形成的特许加盟体系。加入特许经营的经销商（特许专营被授权商）意味着有了"所有权"，可以亲自当老板。

对创业者来说，选择特许经营的创业形式要注意这种方式的优势和劣势。特许加盟的优势有：商标：可以使用特许经营企业的商标、专利等知识产权，降低前期广告及产品研发费用；成功经验：可以获得特许经营企业多年积累下来的成功经验，少走弯路，节约时间和资金成本；培训和指导：加盟商可以得到总部系统的培训及管理上的指导；广告优势：通过特许体系的庞大规模而获得广告上的规模效应；通过总部集中进货，统一配送可降低成本，保证货源；可得到特许者金融会计上的帮助；因不受资金限制，总部能集中精力提高管理水平，增加品牌等无形资产的价值。

特许加盟的劣势有：对总部的依赖较大：加盟商的成功相当程度上取决于总部提供的各项资源，如品牌的知名度，培训的有效性，产品的研发能力；加盟商受到特许经营合同的限制和监督，一定程度上缺乏经营自主权；与特许总部沟通好坏，可直接导致投资人的经营效益；特许总部决策错误时，加盟商会受到牵连；特许要求的统一产品或服务，"克隆"的经营模式也许不适合加盟商当地的市场。

3. 个人独资创业、合伙创业、公司创业

（1）个人独资创业。开办个人独资企业，主要是由创业者个人承担无限财产责任。当企业资产不足以清偿企业债务时，法律规定企业主不是以投资企业的财产为限，而是要用企业主个人的其他财产来清偿债务。也就是说，一旦经营失败，创业者有可能倾家荡产。因此，开办个人独资企业，纯属创业者单枪匹马闯江湖。打算在小型加工、零售商业、服务业领域开办较小规模企业的创业者适合这种创业方式。

这种创业形式有优势也有劣势。优势有二：首先，创业制约因素较少。开设、转让与关闭企业等，一般仅需向工商部门登记即可，手续简单。创业者在企业管理、经营上有很大的自由度和灵活性，创业者独自运作这份事业，因而不管处在顺境还是逆境，都会全身心地投入企业的运作。由于是个人独资，有关企业销售数量、利润、生产工艺、财务状况等均可保密，有助于企业在竞争中保持优势。其次，开办个人独资企业，只需交纳个人所得税，无需双重课税；税后利润归创业者个人所有，不需要和别人分摊。此外，对创业者来说，创业成功带来的收获，不仅仅是经济利益，更是自我价值的充分体现与肯定。

这种创业方式的劣势亦有二：一是在企业迈上正常成长的轨道后，由于成功的经验渐渐固化为经营者模式化的思维，加之长期以来形成的个人权威，易使企业陷入爱迪思所讲的

"创业者陷阱";二是企业正式运作后，创业者的工作作风、经营方向和经营业绩以及发展前景等，可能会与参股者原先的预期有一定的出入，从而引起创业者与参股人之间的分歧。分歧达到一定的程度，参股人就会对原先并未参与的企业具体经营进行干预。爱多电器公司的破产和瀛海威网络信息公司创业者被迫出走，正是这种干预的结果。

（2）合伙创业。创建合伙制企业，是指由 2 个以上合伙人订立合伙协议，共同出资，合伙经营，共享收益，共担风险，并对合伙企业债务承担无限连带责任的经营性组织。创业者可采取货币、实物、土地使用权、知识产权或其他财务权利出资，甚至可以用劳务出资。有意涉足广告代理、咨询服务、设计事务所、会计师事务所、法律事务所、股票经纪、零售商业等领域的创业者比较适合这种创业方式。

这种创业形式有优势也有劣势。优势有：与个人独资企业相比，开办合伙制企业的资金来源较广，信用度也有所提高，因而容易筹措资金，如从银行获得贷款，或从供货商那里赊购产品。而且，合伙创业能够集思广益，增强创业企业的决策能力和经营管理能力，有利于提高企业的市场竞争力。劣势有：开办合伙制企业，合伙人要承担无限连带责任，使其家庭财产具有经营风险，因此合伙关系必须要以相互之间的信任为基础，如果合伙人产生意见分歧，互不信任，就会影响企业的有效经营。此外，产权不易流动。根据我国法律规定，合伙人不能自由转让自己所拥有的财产份额，产权转让必须经过全体合伙人同意。对创业者来说，不能进退自如。

从实际操作情况看，合伙制企业大多都是由两三名志趣相投者组成的创业小组。合伙创业型是一种比较多见的高科技企业创业形式。这种创业形式既能满足企业运作中的专业知识的要求，又能解决资金筹集上的困难，因而受到从传统企业到现代高科技企业创业者一致的偏爱。合伙创业型的企业俯拾皆是，在现代高科技领域中最为引人注目的还有作为世界最大电脑芯片制造商的英特尔公司的葛鲁夫三人小组。

（3）公司创业。创办有限责任公司，是指由 2 个以上 50 个以下创业者共同出资设立，创业者以其出资额为限对公司承担责任，公司以其全部资产对公司承担责任的法人组织。我国《公司法》规定，科技开发、咨询、服务性公司的注册资本不少于人民币 10 万元，以商业零售为主的公司不少于 30 万元，以商业批发或以生产经营为主的公司不少于 50 万元。与以上两类企业相比，有限责任公司的创业者规模明显较大。有意开办中小型企业的创业者比较适合这种创业方式。

这种创业形式有优势也有劣势。优势有：开办有限责任公司，是以出资人的出资额为限承担公司的经营风险，这有效分散创业风险，使创业者能通过优化投资组合取得最佳的投资回报。此外，有限责任公司可以吸纳多个投资人，促进资本的有效集中。这种多元化的产权结构，有利于创业企业决策的科学化，从而促进企业稳定经营并逐步扩张。劣势有：开办有限责任公司，首先需要双重纳税，即公司盈利要上缴公司所得税，创业者作为股东还要上缴企业投资所得税或个人所得税。其次，由于不能公开发行股票，筹集资金的范围和规模一般不会很大，难以适应大规模的生产经营需要。此外，由于产权不能充分流动，创业企业的资产运作也受到一定的限制。

二、大学生创业成功应具备的十种能力和注意事项

专家们认为，在一个人决定进行创业之前，必须要评价一下自己，看看自己有没有当业

主应有的性格特点、技能水平的物质条件。成功的业主之所以成功不是因为他们"走运"，而是因为他们工作努力并且有管理企业经营活动的素质和能力。那么，促使创业成功的能力到底有哪些呢？专家们给出了如下 10 个答案：

（1）承担责任的能力。创业要成功，就要承担责任和义务。这意味着你将把企业看得非常重要，并经常为之加班加点地工作。

（2）创业的动力。如果你想创业的动力越足，创业成功的可能就越大。

（3）良好的信誉。如果你做事不注重信誉，那你的生意一定不会长久地保持良好态势，你的商业伙伴也会越来越少。

（4）健康的身体。没有健康的身体，你将无法为自己的企业承担义务。

（5）面对风险的信心。办企业，遇到风险在所难免，你必须要有承担风险的准备。

（6）果断决策的能力。在企业里，你随时要做出决定，当你面对一些对企业发展有重大影响的决定时，必须要果断决策，决不能优柔寡断。

（7）家庭的支持。办企业将占用你很多时间，因此来自家庭的支持将显得举足轻重。家庭成员要同意你的创业想法并支持你的创业计划，你的创业可能性才会大大增加。

（8）高人一等的技术能力。这是你生产产品或提供服务所必需的实用技能。技术能力的类型将取决于你计划创办企业的类型。

（9）企业管理技能。这是指经营企业所需要的技能。仅有单一的销售技能是不够的，其他技能如成本核算、做账等能力也应该有所了解和掌握。

（10）相关行业知识。懂行就意味着更容易成功。你必须对生意的特点有所了解和认识，做起生意来才能做到心里有数。

有管理学者曾讲过这么一句话："创业，其实人人都会成功。只是有些人被陈腐观念所束缚，也就失去获取成功的最佳时机，未能成为幸运的宠儿。"事实也是如此，前怕豺狼后怕虎，何来成功？以下五种常见的理由，对创业者来说是"忌讳"。如果被其绊倒，成功也就遥遥无期了。

理由一：没有足够的资金。不少渴望创业的人表示，其实自己并不喜欢打工，只是因为资金不够，也就未去创业。正方培训中心总经理魏先生表示，那只是不敢创业的借口。他在开办电脑培训时，当时就只有一台 486 的二手电脑，并且是在位于七楼的民房内开始创业生涯。如果要说启动资金，全部加起来也不到 3 000 元。可自己豁出去了，不做成功不罢休。几年拼搏下来，不单电脑更新换代，也让自己在业界小有名气，固定资产已逾百万。他常说的一句话是："创业并不需要太多的钱。如果钱太多了，也就无所谓创业了。"

理由二：没有稳赚的项目。曾经有研究者在知名网站进行过一次有关创业问题的心理调查，从反馈的结果看，有超过 80％的被调查者表示，如果没有稳赚的项目，自己宁愿打工，也不去盲目投资创业。但维美广告设计公司总经理曾先生认为，赚与不赚只是一个相对的概念。他举了一个例子。房地产几乎是被公认利润最高的产业，可在这一领域，经营成功的房地产公司不到 30％。是因为项目不赚钱吗？绝对不是！是因为缺乏赚钱的方法。因此，他建议，如果想创业成功，不要过分计较项目好与不好，而要琢磨自己是否爱好这个行业，喜欢这个项目。如果具备这两个基本条件，好方法加巧手段，泥土也能变黄金。

理由三：没有十足的信心。信心是制胜的法宝。可一些人在期望创业时，总是觉得自信心不足，相反，更多怀疑自己是否有驾驭项目与风险的能力。在这种消极心态作用下，机遇与幸运也就擦肩而过。从事直销行业的陈先生说，因为"传销"的关系，我国的直销市场一直狼烟四起，战乱纷飞。可自己对所代理的品牌进行充分考证后，认为合情合法合理，在反对大于赞成的亲友团中，还是拿出"不入虎穴，焉得虎子"的勇气，干起来。两年的风吹雨打，自己也从一家直销店发展到五家，年收入均在百万以上。

理由四：没有成功的经验。经验来自不断地摸索与积累，绝对没有哪一仁人志士天生下来就什么都懂、什么都会。这一朴实的道理几乎人人都懂。可面对创业时，却有相当多的人在这方面犯迷糊。纪先生现是一鞋业集团的老板，资产逾亿。他在谈到创业的体会时说："十年前，我开始涉足运动鞋。当时，我根本不知道会有今天的规模。只是觉得，人人都要穿鞋子，世界如此之大，市场应该不会小。"于是，自己贷款办鞋厂。贴牌生产，边走边看，边做边改，日积月累，自己便从门外汉成为这一领域的专家。他不赞同"经验说"，认为那是创业者的脚镣手铐，是懦夫与失败者的理由。

理由五：市场竞争太激烈。"要说竞争，在这个社会，没有哪一行哪一业没有竞争的。可因为有竞争，才使企业发展更加快速，社会发展才会多元化。但如果希望在风平浪静的日子获得创业的成功，也许只有梦中才存在。"从事顾问服务的金宏文化传播公司总裁邹先生认为，创业者就必须到社会的浪潮中接受洗礼。只有竞争过才会知道自己与对手的差距、自己对市场的不足。他坦言，自己所从事的顾问服务，吃这碗饭的人，早已多于牛毛。一台电脑一部手机就能办公的事实早已人人皆知。鱼龙混杂是当前顾问咨询行业的真实写照。因为自己始终坚持"唯精唯一、专业执着"的经营之道，在竞争白热化的顾问咨询服务行业还是站稳脚跟，赢得顾客青睐。

执笔人：党登峰　韩宝平

第六篇

高等教育教学项目及成果

第二十七章　都市型高等农业教育教学改革项目

第一节　北京农学院 2005—2014 年市级
以上教育教学改革立项项目

序号	项目负责人	项目名称	立项时间	项目类型 （资助/自筹）	单位
1	杜晓林	都市型农业院校创新人才培养模式研究与实践	2005	资助	学校
2	王树栋	创建园林专业实践性教学的新模式	2005	自筹	园林学院
3	张喜春	都市型农业院校植物生产类专业改革的研究与实践	2005	资助	植科学院
4	张中文	动物手术及临床诊断动画多媒体课件的制备	2005	自筹	动科学院
5	董跃娴	都市型农业高校完全学分制教学管理模式研究与实践	2006	资助	教务处
6	贾昌喜	食品科学与工程专业特色方向人才培养模式的研究	2006	自筹	食品学院
7	李梅	高等学校二级教学单位教学管理信息化研究与实践	2006	自筹	植科学院
8	沈文华	高等农林院校多媒体教学质量标准化的研究	2006	资助	教务处
9	陈娆	都市型农林经济管理专业复合型人才培养模式研究与实践	2007	自筹	经管学院
10	王有年	都市型高等农业教育创新体系与京郊"村官"培育长效机制研究	2007	重点	学校
11	王玉洁	面向新农村建设的计算机专业人才培养研究	2007	资助	计信学院
12	范双喜	农林院校实践教学资源共享机制研究与利用	2008	面上	学校
13	李兴稼	农业院校创业教育模式与创业型人才培养途径的研究	2008	面上	经管学院
14	仝其根	食品科学与工程专业提高学生实践能力和科研能力的研究	2008	面上	食品学院
15	赵连静	都市型农林经济管理专业卓越人才培养机制与模式研究	2013 年	北京市资助	经管学院
16	王文和	林学专业人才培养基地分类建设研究	2013 年	北京市资助	园林学院
17	范双喜	北京农林院校实践基地开放共享机制研究	2014 年	北京市资助	学校
18	伍军	食品科学与工程专业葡萄酒特色方向人才培养模式研究	2014 年	北京市资助	食品工程
19	张艳芳	高中课改背景下高等农林院校数学教学的对策研究	2014 年	北京市资助	基础教学部

执笔人：宋　微

第二节　北京农学院 2009—2014 年校级教育教学改革立项项目

序号	所在单位	年度	等级	项目名称	主持人
1	生物学院	2009	重点	生物类人才培养的教学基地建设	李奕松
2	植科学院	2009	重点	北京市级植物生产实验教学示范中心实验教学平台建设	张喜春
3	动科学院	2009	重点	都市型动物科学特色专业教学改革-伴侣动物方向课程体系研究	刘凤华
4	经管学院	2009	重点	农业院校经济管理专业实践教学体系建设与实践	刘芳
5	园林学院	2009	重点	专业实践课辅助器具的研制	柳振亮
6	食品学院	2009	重点	食品质量与安全专业阶梯式实验教学体系的建立与实践	綦菁华
7	计信学院	2009	重点	计算机基础课程实验教学模式研究	张仁龙
8	文法学院	2009	重点	都市型农业院校法学专业人才培养模式研究	金瑞锋
9	基础教学部	2009	重点	"农科化学实验技能测试系统"的研究	王春娜
10	国际学院	2009	重点	农业院校中外合作办学的成功经验与发展趋势的研究	王力荣
11	基础教学部	2009	重点	都市农业高校外语应用能力培养研究	马修地
12	教务处	2009	重点	高等院校都市型现代农业特色教材及电子化建设的研究	乌丽雅斯
13	城乡学院	2009	重点	农业院校高职教育实践教学体系的理论构建与实践研究	刘克锋
14	生物学院	2009	一般	生物学院实验教学中心开放实验室建设的探索	杨爱珍
15	植科学院	2009	一般	《种子检验学》课程设计性实验教学方法的研究	谢皓
16	植科学院	2009	一般	《园艺学总论》双语教学研究探讨	王绍辉
17	动科学院	2009	一般	动物营养实验内容的改革	郭玉琴
18	经管学院	2009	一般	证券交易类软件在教学与实验课中的应用	李佰杰
19	经管学院	2009	一般	国际贸易专业双语教学思路研究	杨静
20	园林学院	2009	一般	插花及盆景艺术课程改革与实践	侯芳梅
21	园林学院	2009	一般	旅游管理专业双语教学课程研究	马亮
22	食品学院	2009	一般	《食品分析与检验》教学内容与方法改革的研究	王芳
23	食品学院	2009	一般	高等学校教学管理与教学管理人员职业发展的共生机制研究	董延辉
24	计信学院	2009	一般	农业院校学生创业平台建设的研究	兰彬
25	计信学院	2009	一般	农业院校计算机硬件课程教育教学改革初探	聂娟
26	文法学院	2009	一般	农业经济法规类课程教学内容改革研究——以都市型高等农业教育为背景	李蕊
27	文法学院	2009	一般	体验式教学模式研究在心理健康教育中的运用研究	齐力

（续）

序号	所在单位	年度	等级	项目名称	主持人
28	基础教学部	2009	一般	我院农科物理课教学方法的探究	柴丽娜
29	基础教学部	2009	一般	大学数学教学质量评价体系的研究	孔素然
30	基础教学部	2009	一般	英语个性化学习与学习效果的相关研究	宏梅
31	基础教学部	2009	一般	小语种公共选修课教学模式探索与研究	董占萍
32	城乡学院	2009	一般	农业院校开展远程教育，加强社会服务功能的研究（一般）	张唯聪
33	教务处	2009	一般	基于课程中心的网络教学管理规范研究	杨若军
34	教务处	2009	一般	高等学校教学督导工作效能的研究	李红艳
35	学生处	2009	一般	农科院校大学生全程职业生涯规划辅导体系研究	牟玉荣
36	生物学院	2010	重点	都市型农业院校生物工程专业课程体系的建设	刘悦萍
37	经管学院	2010	重点	加强会计实训，提高会计专业学生执业能力	李瑞芬
38	食品学院	2010	重点	基于综合能力培养的工程类课程实验教学改革	伍军
39	计信学院	2010	重点	农业院校计算机本科专业培养方案研究	张一
40	国际学院	2010	重点	以国际化视角研究跨文化素质培养	谭锋
41	基础教学部	2010	重点	农业院校英语报刊阅读课程体系研究与实践	刘满贵
42	城乡学院	2010	重点	面向都市农业的农村区域发展人才培养研究	张子安
43	学校	2010	重点	提高学生服务都市现代农业实践能力的研究	杜晓林
44	教务处	2010	重点	农林院校大学生学习与发展追踪研究	沈文华
45	教务处	2010	重点	农业高校弹性学分制教学管理的研究与实践	董跃娴
46	生物学院	2010	一般	发酵工程实验与实习教学的定位和内容分配问题的探讨	刘京国
47	植科学院	2010	一般	二级学院本科教学质量监控管理体系的研究	许广鑫
48	植科学院	2010	一般	园林植物病害案例库建设	赵晓燕
49	动科学院	2010	一般	动科学院延庆县八里店校外教学实习基地建设	王占赫
50	动科学院	2010	一般	动物传染病学教学与实验内容改革的探索	周双海
51	经管学院	2010	一般	提高农经专业学生运用数据进行实证分析能力探讨	曹暕
52	经管学院	2010	一般	宏观经济学案例教学模式及其对学生学习效果的影响研究	吕晓英
53	园林学院	2010	一般	提高学生园林设计实践能力和科研能力的研究	王先杰
54	园林学院	2010	一般	林学、园林植物本科生素质教育与创业教育模式研究	张克中
55	食品学院	2010	一般	互动式教学在食品生物技术课程中的应用	徐文生
56	食品学院	2010	一般	果蔬工艺实验教学改革初探	李红卫
57	计信学院	2010	一般	具有农业特色的高校信息类专业课程体系研究	姚山
58	文法学院	2010	一般	法学特色课——《农业法学》教学方法探索	董景山
59	基础教学部	2010	一般	大学生体能测试结果分析与对策	王秀云
60	基础教学部	2010	一般	化学综合实验与学生创新能力研究	吴昆明

（续）

序号	所在单位	年度	等级	项目名称	主持人
61	国际学院	2010	一般	零售运营实践教学改革	徐扬
62	基础教学部	2010	一般	网络教学模式下英语学习评价模式研究	罗赟梅
63	城乡学院	2010	一般	拓宽境外研修渠道，开创X＋1教育教学模式	孙曦
64	教务处	2010	一般	数据挖掘技术在教务管理系统中的研究	宋微
65	图书馆	2010	一般	创新图书馆服务模式，促进农业院校本科教学改革	刘乾凝
66	植科学院	2011	重点	"景观生态学"教学方法与实践教学环节提高研究	刘云
67	动科学院	2011	重点	动物医学专业"4＋1"培养模式的探索研究	任晓明
68	经管学院	2011	重点	农业院校经管实验教学平台与实践教学基地建设研究	赵连静
69	计信学院	2011	重点	信息管理与信息系统专业综合实践能力提升研究	潘娟
70	园林学院	2011	重点	园林学院实施职业资格证书制度的实践与探索	马晓燕
71	园林学院	2011	重点	校外实践教学基地运行机制研究	冷平生
72	食品学院	2011	重点	农业院校工程类课程体系建设及教学方法改革与实验	贾昌喜
73	食品学院	2011	重点	食品学院实验教学中心实验室低值易耗品管理研究	黄漫青
74	文法学院	2011	重点	农业院校人文社科专业校外实践教学体系研究	佟占军
75	基础教学部	2011	重点	大学英语教学中的文化差异研究	蒋立辉
76	教务处	2011	重点	北京农学院对外交流学习学生学习状况分析	安健
77	生物学院	2011	一般	动物生理学多层次实验教学体系的建立	滑静
78	植科学院	2011	一般	大学生科研实践与创新能力培养研究	张爱环
79	植科学院	2011	一般	《园林植物昆虫学》课程体系建设与改革	王进忠
80	动科学院	2011	一般	动科专业"3＋1"合作项目课程设置管理的研究	邓桂馨
81	动科学院	2011	一般	动物性食品卫生检验检疫学小学期教学质量研究	孙英健
82	动科学院	2011	一般	动物病理生理学课程教学改革探索	张建军
83	经管学院	2011	一般	案例教学在会计学专业教学中的推广研究	白华
84	经管学院	2011	一般	国际市场营销双语课程案例教学模式研究	桂琳
85	经管学院	2011	一般	都市型农业院校工商管理专业创新型人才培养模式研究	张志强
86	园林学院	2011	一般	条件反射与设计软件操作技能固化的研究	贾海洋
87	园林学院	2011	一般	"旅游市场营销学"有效教学研究	张鲸
88	园林学院	2011	一般	高等农林院校测量实践教学改革研究	陈改英
89	园林学院	2011	一般	基于"支架式"教学模式的园林设计类课程教学应用研究	付军
90	食品学院	2011	一般	《转基因食品研究进展》教学内容改革初探	谢远红
91	食品学院	2011	一般	《环境微生物》理论与实践教学体系的建立	高秀芝
92	文法学院	2011	一般	《环境与资源法》课程教学内容和方法改革	龚刚强
93	文法学院	2011	一般	《社区工作》课程实践教学模式研究	李巧兰

（续）

序号	所在单位	年度	等级	项目名称	主持人
94	文法学院	2011	一般	法学专业能力综合培训与测试小学期课程建设	刘剑骅
95	计信学院	2011	一般	信息管理与信息系统专业程序设计类课程体系的建立与实践	朱晓冬
96	工程学院	2011	一般	农林院校 Web 应用开发技术教学的探索	廉世彬
97	城乡学院	2011	一般	研究型教学模式在《区域经济学》课程中的探讨与实践	毕宇珠
98	城乡学院	2011	一般	英语教学过程中的"超限效应"及控制研究	李侠
99	基础教学部	2011	一般	课堂小组活动在大学英语教学中的有效性研究	杨隽
100	基础教学部	2011	一般	大学英语课堂教学内容由理论性向实用性转变的探索性研究	李正玉
101	国际学院	2011	一般	多媒体英语教学环境下学生自主学习能力培养的研究	李宁
102	基础教学部	2011	一般	基于目标教学的体育课程考教分离机制与实施方案研究	赵淼
103	学生处	2011	一般	互动式教学在职业规划课程中的应用	郭贵川
104	教务处	2011	一般	学分制条件下的考试制度改革	宋佩枫
105	教务处	2011	一般	关于构建北京农学院完善的教学质量监控体系的研究	郑冬梅
106	图书馆	2011	一般	文献检索课程教学改革研究与实践	邢燕丽
107	生物学院	2012	重点	提高课堂教学质量的研究（以遗传学为例）	孙祎振
108	植科学院	2012	重点	院系级实践教学管理信息化建设	董清华
109	动科学院	2012	重点	彩色獭兔养殖（动科专业）	王占赫
110	经管学院	2012	重点	农林经济管理专业实践教学质量监控与评价研究	陈娆
111	园林学院	2012	重点	校外实践教学基地建设与模式创新	马晓燕
112	食品学院	2012	重点	葡萄酒相关课程实践教学对大学生就业作用的研究	李德美
113	计信学院	2012	重点	现代农业信息系统关键技术实训案例规范化研究	刘莹莹
114	文法学院	2012	重点	农业院校应用型法律人才培养方法研究——以我校"三农法律网"为平台	李蕊
115	基础部	2012	重点	大学英语四六级通过率影响因素研究	孔素然
116	思政部	2012	重点	思想政治理论课教学中社会主义核心价值体系传授实践载体研究	范小强
117	国际学院	2012	重点	北农/哈勃教学质量提高动力分析	张志勇
118	生物学院	2012	一般	生物学院本科教学管理系统数据分析与挖掘	刘宇博
119	植科学院	2012	一般	以赛促学，提高学生学习积极性	赵宇昕
120	动科学院	2012	一般	伴侣动物养殖与人类健康教学（动科专业）	郭凯军
121	经管学院	2012	一般	经管学院教学服务质量调查与提升对策研究	王兆洋
122	园林学院	2012	一般	园林学院"3＋1"教学模式质量保障和监控体系探索	王文和

（续）

序号	所在单位	年度	等级	项目名称	主持人
123	园林学院	2012	一般	高等教学秘书应具备的素质研究	莫建玲
124	食品学院	2012	一般	食品理化检测基本技能训练	张馨如
125	食品学院	2012	一般	稳定高校教务管理队伍机制研究	杜斌
126	计信学院	2012	一般	基于项目驱动的嵌入式编程实训平台建设的研究	杨焱
127	计信学院	2012	一般	以信息化手段规范毕业论文管理流程	李小顺
128	文法学院	2012	一般	法学案卷库建设与应用	蒋颖
129	文法学院	2012	一般	浅谈教学秘书在教学管理中的育人功能	刘海芳
130	城乡学院	2012	一般	都市型现代农业高职教育校企合作实践教学基地的创新与实践	孙曦
131	城乡学院	2012	一般	农业院校高职教育中校企合作办学模式的探讨	王雪坤
132	基础部	2012	一般	改善大学生体质的理论与实践研究	刘军占
133	基础部	2012	一般	农业院校基础课教学质量评价体系研究	王玉辞
134	思政部	2012	一般	思想政治理论考研内容精选	孙亚利
135	思政部	2012	一般	都市型农业院校思政教学秘书素质研究	王建利
136	生物学院	2013	重点	生物实验中心提高型实验的运行模式初探	王文平
137	植物学院	2013	重点	《农业植物病理学》实验课程建设	尚巧霞
138	动物学院	2013	重点	兽医公共卫生相关系列主干课程教学团队建设	李焕荣
139	经管学院	2013	重点	网络模拟实训课程（竞赛）对国际贸易专业学生的学习和择业意愿的影响	何伟
140	园林学院	2013	重点	风景园林一级学科背景下的农林院校风景园林专业课程体系建设研究	付军
141	食品学院	2013	重点	食品学院"3+1"实践教学管理及评价体系建设的探索	伍军
142	计信学院	2013	重点	以计算思维能力培养为核心的计算机基础教学研究	张仁龙
143	文法学院	2013	重点	文法实验教学中心管理与建设研究	韩芳
144	城乡学院	2013	重点	大学生英语学习负动机形成及消解研究	李侠
145	国际学院	2013	重点	中外合作办学模式下跨文化教育研究与实践	刘铁军
146	基础部	2013	重点	大学英语分级教学探索与研究	蒋立辉
147	基础部	2013	重点	提高农科学生化学技能的研究	贾临芳
148	思政部	2013	重点	思想政治理论课实践教学形式研究	范小强
149	高教所	2013	重点	2013年北京农学院大学生学习与发展追踪调查	沈文华
150	教务处	2013	重点	"3+1"培养模式中"1"的教学管理体系研究	李奕松
151	生物学院	2013	一般	提高生物化学实验课教学质量的思路与方法	刘悦萍
152	生物学院	2013	一般	分子生物学与基因工程原理实验功能模块单元式教学研究	曹庆芹
153	植物学院	2013	一般	《种子生物学》课程教学方法改革	谢皓
154	植物学院	2013	一般	《园艺学概论》课程教学改革与实践	谷建田

（续）

序号	所在单位	年度	等级	项目名称	主持人
155	植物学院	2013	一般	双语课程《Plant Breeding and Seed Production》建设及课堂互动效果的研究	韩莹琰
156	动物学院	2013	一般	动物解剖学技能大赛对提高实践教学质量的影响研究	胡格
157	动物学院	2013	一般	动物传染病教学实习内容改革的探索	周双海
158	经管学院	2013	一般	农业项目投资评估课程教学改革研究—基于大学生创业能力培养的思考	郭爱云
159	经管学院	2013	一般	统计学实践课教材建设	李宗泰
160	经管学院	2013	一般	基于学生综合能力培养的中级财务会计教学改革研究	勾德明
161	经管学院	2013	一般	联动教学在理论经济学教学中的应用	蒲应奂
162	园林学院	2013	一般	面向"3＋1卓越工程师培养计划"的风景园林教学改革	卢圣
163	园林学院	2013	一般	林学专业实践教学改革	李月华
164	园林学院	2013	一般	旅游经济学课程实践教学改革研究	黄凯
165	食品学院	2013	一般	食品分析实验课结合食品检验员职业资格考试培养模式的研究	黄漫青
166	食品学院	2013	一般	食品添加剂实验教学改革初探	许丽
167	计信学院	2013	一般	网站建设专业方向实训项目教学研究	张燕
168	计信学院	2013	一般	智慧农业背景下的计算机专业嵌入式课程体系建设	牛芗洁
169	文法学院	2013	一般	优化资源配置，实用性残障社工人才培养研究	胡勇
170	文法学院	2013	一般	农业院校法学专业学生公益法实践研究	王春光
171	文法学院	2013	一般	教学方法多元化及其应用研究 ——以高等法学专业教学为视角	赵志毅
172	城乡学院	2013	一般	基于"岗位技能"的《动物解剖学与组织胚胎学》教学方法改革研究	傅业全
173	国际学院	2013	一般	国际合作教学团队合作机制的研究与实践	李宁
174	基础部	2013	一般	语料库数据驱动模式在英语写作教学中的应用研究	张德凤
175	基础部	2013	一般	首都高校高尔夫选项课教学现状与分析	勾占宁
176	基础部	2013	一般	提高农科大学生数学学习的能动性	颜亭玉
177	思政部	2013	一般	《毛泽东思想和中国特色社会主义理论体系概论》	王永芳
178		2013	一般	课教学提升大学生就业能力对策研究	
179	思政部	2013	一般	新媒体对当代大学生思想政治教育的影响及对策研究	高英
180	教务处	2013	一般	关于课程评估体系的研究与探索	宋微
181	教务处	2013	一般	北京农学院教学工作量核算系统的设计与开发研究	李志
182	生物学院	2014	重点	对生物专业学生专业认同的调查及对策研究	张子安
183	植科学院	2014	重点	农业资源与环境专业人才培养的实践与探索	段碧华

（续）

序号	所在单位	年度	等级	项目名称	主持人
184	动科学院	2014	重点	"卓越兽医师"培养实践技能阶段测试项目	杨佐君
185	经管学院	2014	重点	地方本科院校会计学专业实践教学体系改革与实践	李瑞芬
186	园林学院	2014	重点	旅游管理专业校外人才培养基地建设的研究与实践	马亮
187	食品学院	2014	重点	食品学院实验室安全培训体系建设	张馨如
188	计信学院	2014	重点	计算机辅助教学质量管理的研究与应用	朱晓冬
189	文法学院	2014	重点	农业院校大学生学习投入与学习态度研究	罗雪原
190	基础教学部	2014	重点	适应专业特色的高等数学分层次教学设计与实践	张俊芳
191	基础教学部	2014	重点	高等农业院校体育俱乐部教学的可行性研究	常海林
192	思政部	2014	重点	都市型农业科技人才社会主义核心价值观培养模式研究	牛变秀
193	国际学院	2014	重点	资源环境学科教学过程中的"导学"模式探索	孙傅蓉
194	城乡学院	2014	重点	首都农林高等院校继续教育人才培养定位与实现路径研究	周先林
195	高教研究所	2014	重点	北京农学院大学生学习与发展追踪调查	沈文华
196	教务处	2014	重点	以社会需求为导向的都市农业院校专业内涵建设研究与实践——以北京农学院为例	乌丽雅斯
197	生物学院	2014	一般	生物工程专业蛋白质与酶工程实验及实习教学体系建设	万善霞
198	生物学院	2014	一般	培养都市农业应用型人才的基因工程教学平台的建设	葛秀秀
199	植科学院	2014	一般	《生物试验设计与统计分析》教学改革	韩俊
200	植科学院	2014	一般	二级学院"3+1"专业综合实习信息化管理研究	许广鑫
201	动科学院	2014	一般	动物免疫学与免疫化学技术实践教学的改革初探	阮文科
202	动科学院	2014	一般	《探索生命的奥秘》网络化教学体系建立	曹素英
203	经管学院	2014	一般	农业高等院校工商管理专业人才培养模式研究	李玉红
204	经管学院	2014	一般	"双主"教学模式在《市场营销学》课程中的应用	李嘉
205	经管学院	2014	一般	审计学课程模拟实验案例建设	张宁
206	园林学院	2014	一般	《建筑设计初步》课程案例式教学改革研究	冯丽
207	园林学院	2014	一般	基于头脑风暴的《旅游策划学》教学方法研究	安永刚
208	食品学院	2014	一般	适应"3+1"的小学期实验教学新探	王宗义
209	食品学院	2014	一般	基于情景式教学模式的包装结构设计课程改革与实践	徐广谦
210	计信学院	2014	一般	探索计算机仿真技术的教学新模式研究	石恒华
211	计信学院	2014	一般	大学ERP管理与应用课程实践教学体系改革与研究	聂娟
212	文法学院	2014	一般	农业院校中国法制史课程实践教学探索	龙谦
213	文法学院	2014	一般	高等学校学师生及行政人员和谐关系构建研究	刘海芳

（续）

序号	所在单位	年度	等级	项目名称	主持人
214	基础教学部	2014	一般	"自主—合作—探究"教学模式在游泳教学中的实践研究	吴宝利
215	基础教学部	2014	一般	非英语专业大学生语言学习策略与语言能力的相关性研究	王利娟
216	基础教学部	2014	一般	农科院校普通化学双语教学模式的探索与实践	曲江兰
217	基础教学部	2014	一般	基于AHP和模糊综合评判的大学生数学建模能力评价模型研究	侯首萍
218	思政部	2014	一般	思想政治理论教师教学能力的现状及提升策略研究	王红英
219	国际学院	2014	一般	高校中外合作项目创业教育研究与探索	朱涛
220	城乡学院	2014	一般	旅游管理专业双语实践教学模式的研究	张莹莹
221	城乡学院	2014	一般	跨境高等教育项目对大学生自主学习的影响研究	孙曦
222	国有资产管理处	2014	一般	农业院校实验仪器开放平台建设研究	闫树刚
223	图书馆	2014	一般	大学生读者信息行为影响因素的实证研究	刘乾凝
224	研究生处	2014	一般	农业院校大学生学习动机研究—以北京农学院为例	苗一梅
225	教务处	2014	一般	农业院校教学质量监控体系中信息反馈与调控系统的分析与研究	郑冬梅
226	教务处	2014	一般	信息化时期现代教务管理高效运行机制研究	吴卫元

执笔人：宋　微

第二十八章　高等教育教学成果奖

第一节　北京农学院市级以上高等教育教学成果奖情况

序号	获奖成果名称	获奖等级	获奖年度	获奖届数	成果完成人
1	都市型现代农业特色人才培养体系的构建与实践	国家级教学成果二等奖	2014	第七届	张喜春、王慧敏、范双喜、潘金豹、秦岭
2	北京市普通高等学校优秀教学成果	北京市级教学成果一等奖	1993	第二届	姚允聪
3	果树重点学科建设与实践教学体系的深化改革	北京市级教学成果一等奖	1997	第三届	姚允聪、王有年、秦岭、高遐虹、李金光
4	在改革中不断提高教书育人效果	北京市级教学成果二等奖	1997	第三届	刘洪彬、华玉武
5	21世纪都市型农业院校食品专业学生培养模式的研究	北京市级教学成果一等奖	2001	第四届	谭锋、王玫、孙容芳、陈璧州
6	农科《有机化学》教材及配套多媒体教学课件	北京市级教学成果一等奖	2001	第四届	赵建庄、罗菁、李元珍、林瑞余、胡世荣
7	设置《农事学》课程，加强专业实践教学改革	北京市级教学成果二等奖	2001	第四届	金文林、白宝良、赵波、陈学珍、谢皓
8	都市型植物生产类专业结构调整的研究与实践	北京市级教学成果一等奖	2005	第五届	范双喜、秦岭、金文林、张喜春、潘金豹
9	都市型农林经济管理专业改革的研究与实践	北京市级教学成果二等奖	2005	第五届	陈娆、杨为民、田淑敏、何美丽、郭爱云
10	都市型高等农业院校人才培养的创新与实践	北京市级教学成果一等奖	2009	第六届	王有年、杜晓林、范双喜、何忠伟、史亚军
11	都市中动物医学教学改革的探索与实践	北京市级教学成果二等奖	2009	第六届	吴国娟、穆祥、陈武、任晓明、张中文
12	农业院校学生计算机应用能力培养研究	北京市级教学成果二等奖	2009	第六届	王玉洁、张仁龙、张燕、唐剑、牛芗洁
13	都市型现代农业特色人才培养体系的研究与实践	北京市级教学成果一等奖	2013	第七届	王慧敏、杜晓林、范双喜、张喜春、沈文华
14	面向都市型现代农业需求，改造植物生产类传统专业	北京市级教学成果一等奖	2013	第七届	潘金豹、张喜春、秦岭、董清华、李梅
15	都市型高等农业教育创新体系与京郊大学生"村官"培育长效机制研究	北京市级教学成果二等奖	2013	第七届	王有年、高东、范双喜、何忠伟、韩宝平

（续）

序号	获奖成果名称	获奖等级	获奖年度	获奖届数	成果完成人
16	特色农经行动计划：都市型农林经济管理专业人才培养与创新	北京市级教学成果二等奖	2013	第七届	郑文堂、何忠伟、李华、刘芳、赵连静
17	食品质量与安全专业实践教学体系的构建与创新	北京市级教学成果二等奖	2013	第七届	刘慧、张红星、艾启俊、伍军、陈湘宁
18	基于都市型现代农业高等职业教育的《观光农业系列教材》建设（教材）	北京市级教学成果二等奖	2013	第七届	刘克锋、杨为民、孙曦、陈洪伟、傅业全
19	构建三农法律人才实践能力培养模式	北京市级教学成果二等奖	2013	第七届	佟占军、李蕊、金瑞锋、李刚、蒋颖
20	地方在京农林院校与央属农林院校人才培养共享机制创新与实践	北京市级教学成果二等奖	2013	第七届	杜晓林、范双喜、安健、谭豫之、孟祥刚、张喜春、李奕松
21	突出人才培养特色，服务首都创新型城市建设	北京市级教学成果二等奖	2013	第七届	郭广生、郭福、韩占生、杜晓林、张琪、李雪华、薛素铎、刘红琳、李雨竹

执笔人：宋 微

第二节 近两届校级高等教育教学成果奖情况

序号	申报单位	成果等级	成果名称	成果完成人
1	学校	特等奖	北京都市型现代农业人才培养的研究与实践	王慧敏、杜晓林、范双喜、张喜春、沈文华
2	新农村建设基地	一等奖	都市型高等农业教育创新体系与京郊"村官"培育长效机制	王有年、高东、范双喜、何忠伟、韩宝平
3	教务处	一等奖	都市农业卓越人才培养实践教学模式的改革与实践	张喜春、安健、李奕松、何忠伟、冷平生
4	生物学院	一等奖	生物学实验教学中心的改革与实践	师光禄、李奕松、杨爱珍、王文平、刘玉芬
5	植科学院	一等奖	卓越农艺师人才培养模式的研究与实践	潘金豹、张喜春、刘志民、康恩宽、董清华
6	动科学院	一等奖	现代都市农业高等教育中动物类实验实习教学改革的探索与实践	郭勇、李焕荣、任晓明、杨佐君、鲁琳
7	经管学院	一等奖	都市型高等农业院校经管类专业立体式人才培养改革与实践	何忠伟、李华、刘芳、赵连静、刘柳
8	园林学院	一等奖	园林专业校外人才培养基地建设的模式与实践	马晓燕、王文和、冷平生、卢圣、赵群
9	食品学院	一等奖	食品质量与安全应用型人才培养	刘慧、张红星、艾启俊、伍军、陈俐
10	计信学院	一等奖	都市型现代农业信息技术人才培养探索与创新	张仁龙、王玉洁、刘飒、张娜、兰彬

（续）

序号	申报单位	成果等级	成果名称	成果完成人
11	人文学院	一等奖	都市型高等农业院校三农法律人才实践能力培养模式	佟占军、李蕊、金瑞锋、李刚、蒋颖
12	城乡学院	一等奖	都市型现代农业高等职业教育实践教学体系的探索	刘克锋、杨为民、孙曦、仲欣、张海玲
13	国际学院	一等奖	通过中外合作办学的教改实践提升人才培养质量	谭锋、张志勇、徐扬、宋金品、崔丽娜
14	思政部	一等奖	《形势与政策》教学体系研究（《形势与政策》教材）	高东、孙亚利、王红英、范小强、王建利
15	基础部	一等奖	北京农学院高尔夫特色课程建设与实践	常海林、王惠川、闫晓军、刘军占、勾占宁
16	基础部	一等奖	以培养都市型农业人才为目标建设普通化学课程	王春娜、赵建庄、贾临芳、吴昆明、梁丹
17	基础部	一等奖	基础课教学管理改革实践与效果	王玉民、王惠川、柴丽娜、颜亭玉、王玉薜
18	生物学院	二等奖	课程考核评价方式的改革与实践	孙祎振、郭蓓、刘玉芬、王雪、赵洪娥
19	生物学院	二等奖	《植物生理学》教学体系的改革与实践	李奕松、姬谦龙、厉秀茹、葛秀秀、王文平
20	生物学院	二等奖	本科论文信息化管理系统的建立与优化	刘宇博、刘悦萍、姬谦龙、赵晓萌、张淑萍
21	植科学院	二等奖	服务型院（系）级教学信息平台的开发与实践	秦岭、潘金豹、李梅、许广鑫、杨瑞
22	植科学院	二等奖	都市型农学专业的建设和实践	谢皓、潘金豹、陈学珍、万平、韩俊
23	动科学院	二等奖	兽医药理学教学实践探索	沈红、吴国娟、陆彦
24	经管学院	二等奖	特色农经行动计划：都市型农林经济管理专业人才培养与创新	何忠伟、陈娆、李华、刘芳、郭爱云
25	经管学院	二等奖	经管类本科生跨专业综合实训体系建设与实践	刘芳、白华、李萍、张宁、李玉红
26	经管学院	二等奖	《农村公共管理》课程建设与实践	李华、郭爱云、何忠伟、陈娆、李刚
27	园林学院	二等奖	园林专业南方实习实践教学与效果研究	付军、卢圣、马晓燕、王树栋、王先杰
28	园林学院	二等奖	强化"植物学"课程实践教学，培养学生的综合实践能力	关雪莲、王文和、于建军、田晔林、张睿鹏
29	园林学院	二等奖	旅游管理专业职业资格培养体系建设	马亮、黄凯、陈戈、张鲸、何深
30	食品学院	二等奖	以提高工程实践能力为导向的"食品科学与工程专业"人才培养	贾昌喜、伍军、仝其根、党登峰、慕菁华
31	食品学院	二等奖	非课堂教学对食品科学专业大学生成才的作用	李德美、姜怀玺、贾昌喜、敖日嘎、顾熟琴

（续）

序号	申报单位	成果等级	成果名称	成果完成人
32	食品学院	二等奖	《现代食品微生物学》教材	刘慧、张红星、熊利霞、高秀芝、易欣欣
33	食品学院	二等奖	食品质量与安全专业分层递进式实践教学体系的构建与效果	艾启俊、刘慧、张红星、徐文生、王芳
34	计信学院	二等奖	农业院校计算机公共课程体系构建与创新	张燕、刘莹莹、唐剑、聂娟、张仁龙
35	计信学院	二等奖	计算机与信息工程学院教学管理与服务信息系统	朱晓冬、徐践、闫晓军、刘艳红、李小顺
36	人文学院	二等奖	社会工作专业无间隙实践教学体系构建及实施效果	李宝龙、胡勇、马泽春、韩芳、李巧兰
37	人文学院	二等奖	《老年社会工作》课程"四位一体"的教学改革模式	马泽春、李巧兰、韩芳、李宝龙、张彦敏
38	人文学院	二等奖	"三农法律诊所"实践教学模式	蒋颖、李刚、宋桂兰、杨璐
39	城乡学院	二等奖	观光农业系列特色教材的建设	刘克锋、傅业全、王顺利、陈洪伟、张子安
40	基础部	二等奖	网络教育环境下学生自主学习能力培养模式比较研究	张玉莲、李侠、宏梅、杨晓丹、王利娟
41	基础部	二等奖	北京农学院跆拳道课程建设与特色教学	路正荣、王惠川、常海林、刘军占、赵淼
42	基础部	二等奖	都市型农业院校理化实验课教学中学生实践与科研能力研究	葛兴、苑嗣纯、柴丽娜、郑燕英、罗蒨
43	思政部	二等奖	《毛泽东思想和中国特色社会主义理论体系概论》实践教学模式	孙亚利、范小强、王永芳、张一平、牛变秀
44	思政部	二等奖	心理健康教育全新教学模式探索与实践（教材）	齐力、路文联、兰岚、牟玉荣、苗一梅
45	图书馆	二等奖	引导优良学风形成的文献资源与服务体系建设	杨剑平、高飞、曾频、宁璐、邢燕丽
46	网信中心	二等奖	集群化多媒体管理模式的探索与实践	高明山、史伟、胡晓燕、马大凯、王宏伟
47	教务处	二等奖	都市型现代农业特色教材建设的研究与实践	乌丽雅斯、宋微、杨若军、李红艳、郑冬梅
48	教务处	二等奖	立体化网络课程建设管理体系构建与实施效果	杨若军、安健、宋微、乌丽雅斯、郑冬梅
49	教务处	二等奖	构建北京农学院教学质量监控体系的探索与实践	郑冬梅、宋微、周锦燕、王志芳、李红艳
50	生物学院	三等奖	动物生理学课程建设	滑静、王立虎、刘京国、张淑萍
51	植科学院	三等奖	《园林草坪建植与养护管理》特色教材	段碧华、韩宝平、刘永岗、陈之欢、王敬贤
52	植科学院	三等奖	《植物育种学》教学综合改革	万平、潘金豹、韩俊、陈学珍、南张杰

（续）

序号	申报单位	成果等级	成果名称	成果完成人
53	植科学院	三等奖	《土壤肥料学》课程建设	贾月慧、程继鸿、韩莹琰、郭家选、王敬贤
54	经管学院	三等奖	会计学综合实训改革与实践	李瑞芬、赵连静、白华、戴晓娟、勾德明
55	园林学院	三等奖	园林学院研究生"月读一本好书，提高综合素质"自我教育模式	张克中、李金苹、赵菊、满晓晶、赵铁蕊
56	计信学院	三等奖	以提升技能、培养创新意识为核心的计算机网络课程体系建设	李晓华、刘莹莹、张仁龙、张娜、张一
57	计信学院	三等奖	农业院校计算机硬件课程教育教学改革	聂娟、王玉洁、刘飒、杨炎
58	人文学院	三等奖	以基地为载体，残障社工人才培养的实践探索	胡勇、施继良、韩芳、李巧兰、穆歌
59	基础部	三等奖	大学生学科竞赛成果	王玉民、苑嗣纯、柴丽娜、颜亭玉、王玉辞
60	基础部	三等奖	新大学英语阅读教程（教材）	张玉莲、王利娟、王芬、杨晓丹、李宁
61	思政部	三等奖	都市型农业院校思想政治理论课教学吸引力及实效性提升策略研究	牛变秀、王峰明、吕文林、王永芳、兰岚

2008 年北京农学院高等教育教学成果汇总表

序号	成果名称	成果等级	成果主要完成人姓名	成果主要完成单位
1	都市型高等农业院校人才培养的创新与实践	一等奖	王有年、杜晓林、范双喜、何忠伟、史亚军	学校
2	都市型动物医学教学改革的探索与实践	一等奖	吴国娟、穆祥、陈武、任晓明、张中文	动物科学技术学院
3	校企合作，构建经管类仿真实训体系	一等奖	沈文华、赵连静、刘芳、黄玉梅、周云	经济管理学院
4	园林专业实践性教学模式创新与实践	一等奖	王树栋、冷平生、马晓燕、王文和、李金苹	园林学院
5	农业院校学生计算机应用能力培养研究	一等奖	王玉洁、张仁龙、张燕、唐剑、牛芗洁	计算机与信息工程学院
6	动物生理学多层次教学体系的建设	一等奖	滑静、王立虎、刘京国、张淑萍	生物技术学院
7	《普通植物病理学》精品课程建设	一等奖	刘正坪、魏艳敏、尚巧霞、赵晓燕、刘素花	植物科学技术学院
8	高等农业院校深化学分制教学改革的研究与实践	一等奖	董跃娴、范双喜、沈文华、吴晓玲、陆家兰	教务处
9	《刑法》（教材）	一等奖	金瑞锋、黄国泽、杨曙光、邓定远、王子晏	人文社会科学学院
10	都市型高等农业教育的体育教学改革与实践	一等奖	刘琦、李江、蔡菊英、勾占宁、王秀云	基础教学部
11	以"重质量、多实践、促教学"推动高等职业教育实习实训体系建设	一等奖	刘克锋、范小强、张子安、孙曦、刘永光	城乡发展学院

（续）

序号	成果名称	成果等级	成果主要完成人姓名	成果主要完成单位
12	西方经济学课程建设与实践	一等奖	何忠伟、郑春慧、夏龙、蒲应龚、吕晓英	经济管理学院
13	全日制分子生物学综合实验教学模式	二等奖	曹庆芹、李奕松、杨爱珍、刘玉芬、赵福宽	生物技术学院
14	都市型农林院校《生物化学》精品课程建设—教学改革	二等奖	刘悦萍、花宝光、丁宁	生物技术学院
15	《遗传学》课程体系与实验教学环节的优化	二等奖	郭蓓、孙祎振、杨起简、刘玉芬、葛秀秀	生物技术学院
16	构建具有都市型特色的园艺专业人才培养模式与课程体系	二等奖	高遐虹、沈漫、张喜春、陈青君	植物科学技术学院
17	《普通昆虫学》精品课程体系建设	二等奖	王进忠、张志勇、覃晓春、张爱环、杜艳丽	植物科学技术学院
18	都市型院校植物生产类人才培养模式改革与实践	二等奖	张喜春、范双喜、秦岭、潘金豹、刘正坪	植物科学技术学院
19	高等学校院系级教学管理信息化研究与实践	二等奖	李梅、杨瑞、秦岭、高遐虹、沈漫	植物科学技术学院
20	《兽医临床诊断学》网络教学课程建设与应用	二等奖	任晓明、张中文、王静、杨超	动物科学技术学院
21	家畜环境卫生学课程教学改革	二等奖	刘凤华、鲁琳、王占赫、周双海、方洛云	动物科学技术学院
22	都市型农林经济管理专业人才培养模式研究	二等奖	陈娆、何忠伟、李华、田淑敏、郭爱云	经济管理学院
23	大学生创造、创新、创业能力培养模式研究	二等奖	张子睿、李华、赵洪娥、王建利	经济管理学院
24	创新系级教学管理督导模式、全面提高教学质量	二等奖	马晓燕、王文和、冷平生、刘克锋、赵和文	园林学院
25	都市型农业院校植物学课程建设	二等奖	王文和、关雪莲、于建军、田晔华、陈之欢	园林学院
26	《现代食品微生物学实验技术》教材	二等奖	刘慧、张红星、熊利霞、高秀芝、张海予	食品科学学院
27	食品科学与工程专业特色方向人才培养模式的研究	二等奖	贾昌喜、伍军、徐广谦、智秀娟、张大革	食品科学学院
28	农业院校计算机公共教学课程体系研究	二等奖	张仁龙、王玉洁、张燕、张娜、李晓华	计算机与信息工程学院
29	小学期英语听说强化训练实践与效果研究	二等奖	蒋立辉、马修地、刘满贵、张德凤、宏梅	外语部
30	建立北京农学院教学质量监控体系的研究与实践	二等奖	吴晓玲、范双喜、沈文华、董跃娴、李红艳	教务处

执笔人：宋　微

图书在版编目（CIP）数据

都市型卓越农林人才培养体系的创新与实践：北京
农学院人才培养成果/王慧敏，范双喜，张喜春主编
.—北京：中国农业出版社，2016.2
ISBN 978-7-109-21428-6

Ⅰ.①都…　Ⅱ.①王…②范…③张…　Ⅲ.①农业院
校－人才培养－成果－中国　Ⅳ.①S-40

中国版本图书馆 CIP 数据核字（2016）第 020696 号

中国农业出版社出版
（北京市朝阳区麦子店街 18 号楼）
（邮政编码 100125）
责任编辑　姚　红　边　疆

北京中科印刷有限公司印刷　新华书店北京发行所发行
2016 年 6 月第 1 版　2016 年 6 月北京第 1 次印刷

开本：787mm×1092mm 1/16　印张：47.25
字数：1155 千字
定价：120.00 元

（凡本版图书出现印刷、装订错误，请向出版社发行部调换）